混凝土结构设计禁忌及实例

（第二版）

李国胜　主编

中国建筑工业出版社

图书在版编目（CIP）数据

混凝土结构设计禁忌及实例/李国胜主编. —2 版.
北京：中国建筑工业出版社，2012.2
ISBN 978-7-112-13874-6

Ⅰ.①混… Ⅱ.①李… Ⅲ.①混凝土结构-结构设计-基
本知识 Ⅳ.①TU370.4

中国版本图书馆 CIP 数据核字（2011）第 263871 号

　　本书是针对混凝土结构设计中的一些问题，采用"禁忌"提示的方法，告
诫读者这些问题不能那样做，而应该怎样做才是正确的。本书共有 14 章：结
构设计中的重要概念，荷载和地震作用，结构设计的基本规定，地基与基础，
楼（屋）盖结构，框架结构，剪力墙结构，框架-剪力墙结构，板柱-剪力墙结
构，底部大空间剪力墙结构，筒体结构，多塔楼、连体、错层等复杂结构，混
合结构，其他（经济指标等）。本书列有弯曲构件的配筋、挠度、裂缝及按塑
性理论内力分布双向板和转换梁等手算方法，附有许多实用图表和工程实例。

　　本书可供土建结构设计、施工图文件审查、监理、施工、科研人员及大专
院校土建专业师生使用和参考。

＊　　　＊　　　＊

责任编辑：武晓涛
责任设计：李志立
责任校对：王誉欣　王雪竹

混凝土结构设计禁忌及实例
（第二版）
李国胜　主编

＊
中国建筑工业出版社出版、发行（北京西郊百万庄）
各地新华书店、建筑书店经销
北京红光制版公司制版
北京圣夫亚美印刷有限公司印刷
＊
开本：787×960 毫米　1/16　印张：42¼　字数：828 千字
2012 年 8 月第二版　　2013 年 2 月第九次印刷
定价：**92.00** 元
ISBN 978-7-112-13874-6
（21894）

第二版前言

本书第一版在 2007 年出版以后，深受读者的欢迎和厚爱。第二版是在第一版的基础上依据新修订的《建筑抗震设计规范》GB 50011—2010、《混凝土结构设计规范》GB 50010—2010、《高层建筑混凝土结构技术规程》JGJ 3—2010、《建筑地基基础设计规范》GB 50007—2011 等标准，以及由于建筑多样化出现某些较复杂工程和一些较特殊的问题，近年来收集的新结构、新材料、复杂结构有关资料和在学术交流中、指导工程设计中大家提出的一些问题，对内容做了大量补充和调整。图书仍然采用"禁忌"提示的方法，也就是告诫读者这些问题不能那样做，而应该怎样做才是正确的，既阐述了相关概念，又引用了规范、规程的有关规定和工程实践经验，并列有一些手算方法和实用图表，部分"禁忌"更以计算和工程实例辅助说明。

本书共 14 章：结构设计的重要概念，荷载和地震作用，结构设计的基本规定，地基与基础，楼（屋）盖结构，框架结构，剪力墙结构，框架-剪力墙结构，板柱-剪力墙结构，底部大空间剪力墙结构，筒体结构，多塔楼、连体、错层等复杂结构，混合结构，其他（经济指标等）。

本版增加和补充了以下新的内容：建筑结构的耐久性设计，防连续倒塌设计，既有建筑设计原则，钢筋混凝土楼盖结构的竖向振动舒适计算等内容。

本版重点突出以下诸方面：提示新规范与旧规范不同的重要内容；规范中不十分明确的问题；一些重要内容引摘规范、规程条文号；实例放在相关内容后面阐明如何应用。

本书的特点是概念交代清楚、重点突出、简明实用，可读性和可操作性强。可供从事建筑结构设计、工程施工图文件审查、施工及监理等工作的人员参考。编写中参考和引摘的文献资料较多，对原作者深表谢意。限于编者的水平，有不当或错误之处在所难免，热忱盼望读者指正，编者将不胜感激。

2012 年 6 月

第一版前言

  混凝土结构是建筑结构中最常用的一种结构类型，是建筑结构设计人员的主要设计工作内容。2001 年以来新的规范、规程相继颁布执行，由于新旧规范、规程许多内容有所不同，以及近几年建筑设计的多样化，出现某些较复杂工程和一些较特殊的问题，给建筑结构设计人员造成一定的困难和挑战。

  本书内容是对混凝土结构设计中若干问题采用"禁忌"提示的方法，也就是告诫读者这些问题不能那样做，而应该怎样做才是正确的，既阐述了相关概念，又引用了规范、规程的有关规定和工程实践经验，并列有实用图表及手算方法，附有计算和工程实例。

  本书的特点是简明实用，可读性和可操作性强。有助于建筑结构设计人员对新规范、规程的内容进一步理解和应用，提高设计质量及效率，也可供从事建筑结构施工图文件审查、施工及监理等工作的人员和大专院校土建专业师生使用参考。本书在编写过程中参考了大量的有关文献资料，得到许多同志的帮助，为此对有关作者和同志们表示诚挚的谢意。由于引用的资料较多，难免有疏漏之处，望有关作者予以谅解。内容涉及的专业技术面广，限于编写者的水平，有不当或错误之处，热忱盼望读者指正，编者将不胜感谢。

目　　录

第1章 结构设计的重要概念

【禁忌1】 对结构分析软件计算结果不作分析判断

【正】 1.《建筑抗震设计规范》(GB 50011—2010)（以下简称《抗震规范》）第 3.6.6 条第 4 款，《混凝土结构设计规范》(GB 50010—2010)（以下简称《混凝土规范》）第 5.1.6 条，《高层建筑混凝土结构技术规程》(JGJ 3—2010)（以下简称《高规》）第 5.1.16 条均规定：对结构分析软件的计算结果，应进行分析判断，确认其合理，有效后方可作为工程设计的依据。

2. 结构工程师的工作不仅仅是"规范＋计算"，更不是"规范＋一体化计算机结构设计程序"，而是要凭借作为一个结构工程师本应具有的结构设计概念、经验、悟性、判断力和创造力。创新才是结构工程师对设计业主和社会的最大贡献。

3. 在目前计算机和计算软件广泛应用的条件下，除了根据工程具体情况要选择使用可靠的计算软件外，还应对软件的计算结果从力学概念和工程经验等方面加以必要的分析判断，确认其合理性和可靠性，以保证结构安全。

4. 计算软件是根据现行规范、规程进行编制的，在建立计算模型时必须作必要的简化，同时现行规范、规程是成熟经验的总结，而且是最低要求，但对当前许多较复杂的工程而言，这些经验是滞后的。

5. 在某些计算软件中，现行规范、规程规定的一些要求验算的内容却没有或不完全符合。

因此，对软件计算结果应进行分析判断。工程经验上的判断一般包括：结构整体位移、结构楼层剪力、振型形态和位移形态、结构自振周期、超筋超限情况等。

【禁忌2】 认为结构设计总是被动的配合

【正】 1. 真正的结构设计不仅是一门专业技术，更是一门艺术。而且，结构设计没有唯一解，只有通过不断地探索去寻求相对的最优解，创造力和创新是结构工程师对设计的贡献。

2. 一个结构设计工程师的首要任务就是在每一项工程设计的开始，即建筑方案设计阶段，就能凭借自身拥有的结构体系功能及其受力、变形特性的整体概念和判断力，用概念设计去帮助建筑师开拓或实现该建筑物业主所想要的，或已初步构思的空间形式及其使用、构造与形象功能。并以此为统一目标，与建筑师一起构思总结构体系，并能明确结构总体系和主要分体系之间的最佳受力特征要求。

3. 由于我国建筑师在大学中所授专业课程不同，建筑师的结构设计思想是无法替代一个结构设计工程师的工程设计理念、经验和判断力的，同时也根本无法弥补结构工程和建筑专业之间技术共识的空白与隔阂。而只有富于创新并兼有丰富实践经验的结构设计工程师才能帮助建筑师去实现理想的构思、甚至还能帮助他们进一步开拓；尤其是在方案设计阶段，结构工程师的参与也就是一种项目设计所必需的知识投入。实践证明，世界上那些著名的工程实例若在建筑方案设计阶段没有结构工程师凭借自身拥有的结构设计概念、悟性、判断力和创造力去参与构思、开拓，是根本无法充分地去实现业主的理想的。

【禁忌3】 仅满足规范、规程要求，对具体工程不区别对待

【正】 1. 现行规范、规程是建筑结构设计应遵循的依据，但是其条款内容是若干年前的科研和设计经验的总结，已经滞后。

2. 现行规范、规程的条款，是针对工程设计的最低要求，不是最高要求。规范、规程既是成熟经验的总结，又是经济技术的体现，所有条款是对一般的、大量的工程设计提出的规定和要求，对于使用功能或标准高的工程，设计时与一般工程应有所区别。

3. 规范、规程是全国性标准，沿海地区与西南、西北等地区的自然条件和经济发展情况不同，房屋建筑的标准、造价有所不同。因此，在工程设计时应贯彻因地制宜方针，执行规范、规程也应因地区的不同而区别对待。如果有的省市或地区有当地制定的标准，在设计该地区的工程时应执行当地的标准。

4. 现行规范、规程的条款，是针对一般工程的规定及要求，可是随着经济的发展，人们对房屋建筑使用功能需求不断变化，尤其是建筑艺术的不断创新和多样化，给建筑结构设计提出挑战和新的技术要求。因此，在一些工程设计中要求设计人员去适应新形势发展的需要，根据已有经验或收集必要的有关资料，甚至于试验研究去创新，不能完全依据现行规范、规程的条款。

5. 在设计中对某些构件仅按规范、规程的要求进行截面设计是不够的。例如，承托上部墙或柱的转换梁，其剪压比和受剪承载力应比一般框架梁严格，纵向钢筋应比计算所需要的富余一些；受力较敏感或施工操作中钢筋位置下移对承载力影响较大的悬挑梁和悬挑阳台及走廊、挑檐板，其纵向钢筋应该比计算所需要的多一些。如《混凝土规范》第 9.2.13 条规定："梁的腹板高度 h_w 不小于 450mm 时，在梁的两个侧面应沿高度配置纵向构造钢筋，每侧纵向构造钢筋

（不包括梁上、下部受力钢筋及架立筋）的间距不宜大于 200mm，截面面积不应小于腹板截面面积（bh_w）的 0.1%，但当梁宽较大时可以适当放松。"如果设计的工程平面长度或宽度超过相应结构类型的伸缩缝间距时，梁的腰筋应适当加多，间距宜取 150mm。

6. 一个结构设计工程师的首要任务就是在每一项工程设计的开始，即建筑方案设计阶段，就能凭借自身拥有的结构体系功能及其受力、变形特性的整体概念和判断力，用概念设计去帮助建筑师开拓或实现该建筑物业主所想要的，或已初步构思的空间形式及其使用、构造与形象功能，并以此为统一目标，与建筑师一起构思总结构体系，并能明确结构总体系和主要分体系之间的最佳受力特征要求。结构工程师不仅仅是"规范加计算"，更不是"规范加一体化计算机结构分析程序"，而应具有结构设计概念、经验、悟性、判断力和创造力。在当前面临困难、挑战和竞争的形势下，建筑结构设计者要不断学习，设计水平要提高，技术要创新，这样才能与时俱进，去适应时代的发展。

7. 我国随着房屋建筑商品化和设计工作与国际接轨，逐步要求进行限额设计，如建筑的总造价、结构单位面积用钢量和混凝土量等。因此，结构设计人员在设计时不仅技术应先进，而且应该经济合理，始终要贯彻安全、适用、经济的方针。

8. 为了适应市场经济对建筑结构设计人员的要求，对自己设计的工程应总结整理有关经济技术的资料，掌握不同结构类型的造价和用料指标，同时也应收集这方面信息。要打破仅考虑结构专业的经济比较，应该从各专业、施工、材料、工期等对造价和投资进行综合比较。例如，高层建筑地下室楼盖采用无梁楼盖，基础采用平板筏基，按结构设计人员一般概念，无梁楼盖及平板式筏基的混凝土量和钢筋用量比梁板式多，这是事实。但是，由于采用无梁楼盖和平板式筏基，可减低层高而减少墙体，减小基础埋深而减少护坡和土方量，平板式单价比梁板式低，而且施工方便，其他如防水面积减少，降水费用降低，工期缩短，减去了梁板式筏基梁间回填材料等，因此，综合造价降低了许多。

9. 建筑结构设计，应做多方案比较，不仅要安全可靠技术可行，还应经济合理节省造价。地基基础的方案比较，对节省造价，方便施工，缩短施工周期具有极大的意义。

【禁忌 4】 设计中应用规范条文时不区别抗震设计和非抗震设计

【正】《建筑地基基础设计规范》（GB 50007—2011）（以下简称《地基规范》）、《混凝土规范》、《高规》等规范、规程的多数条文中，如果没有提出对抗震设计的规定，非抗震设计和抗震设计都应遵循执行，有抗震设计要求的各规范分章或条文中作了明确规定。例如，《混凝土规范》第 11 章专为结构构件抗震设计，并在11.1节一般规定的11.1.1条作了明确规定；《地基规范》8.2.2条钢筋混凝土柱和剪力墙纵向受力钢筋在基础内的锚固长度 l_a，有抗震设防要求时最小锚固长度为 l_{aE}，8.4.17条规定对有抗震设防要求的无地下室或单层地下室平板式筏基，计算柱下板带截面受弯承载力时，柱内力应按地震作用不利组合计算；《高规》3.3节房屋适用高度和高宽比的表中均有非抗震设计和抗震设防的不同规定，6.5.4条和6.5.5条分别规定了非抗震设计和抗震设计时框架梁、柱的纵向钢筋在框架节点区的锚固和搭接，7.2.1条剪力墙截面厚度分别对抗震设计和非抗震设计有不同规定，等等。

【禁忌5】 将结构的设计基准期与设计使用年限相混淆

【正】 结构的设计基准期是指为确定可变作用及与时间有关的材料性能等取值而选用的时间参数，它不等同于建筑结构的设计使用年限，也不等同于建筑结构的寿命。一般设计规范所采用的设计基准期为50年，即设计时所考虑荷载、作用的统计参数均是按此基准期确定的。

设计使用年限指设计规定的结构或结构构件不需进行大修即可达到其预定目的使用年限，即房屋建筑在正常设计、正常施工、正常使用和一般维护下所应达到的使用年限。当房屋建筑达到设计使用年限后，经过鉴定和维修，可继续使用。因而设计使用年限不同于建筑寿命。同一建筑中不同专业的设计使用年限可以不同，例如，外保温、给排水管道、室内外装修、电气管线、结构和地基基础，均可有不同的设计使用年限。

在结构施工图总说明中应该写明设计使用年限，而不应写设计基准期。

【禁忌6】 国家标准与行业规范某些条文的规定不一致不作分析，任意执行

【正】 1. 按有关规定，行业规范、规程及地方标准的规定可以严于国家标准（GB），而不能低于国家标准，但是行业或地方标准中某些内容与国家标准有出入而不一致，这是因为行业或地方标准更结合实际作出的规定，一般在制定过程中与建设部国家标准管理部门及相关规范主编单位进行了协调，并经有关部门进行审批后方颁布执行。因此，在结构设计时有相应的行业或地方标准则按这些标准执行，没有相应的行业或地方标准就按国家标准执行。例如，北京、上海、浙江等省市有地基基础设计规范，在这些地方的建筑基础设计应执行当地规范；《高规》4.3.1条规定抗震设防类别的高层建筑都要进行地震作用计算，则包括设防烈度6度至9度的高层建筑，《抗震规范》第5.1.6条规定抗震设防为6度时，除建造在Ⅳ类场地上较高的高层建筑外可不进行地震作用计算，但应符合有关的抗震措施要求，因此，10层及10层以上或房屋高度超过24m的高层民用建筑结构应按《高规》执行，上述高度以下的多层建筑则按《抗震规范》执行；《抗震规范》表6.1.1注3"部分框支抗震墙结构指首层或底部两层为框支层的结构"，《高规》10.2.5条规定底部大空间部分框支剪力墙高层建筑结构在地面以上的大空间层数，8度时不宜超过3层，7度时不宜超过5层，6度时可适当提高，高层建筑应按《高规》执行。

《高规》表3.9.3A级高度的高层建筑结构抗震等级，框架结构6度、7度、8度分别为三级、二级、一级；《抗震规范》表6.1.2现浇钢筋混凝土房屋的抗震等级，框架结构6度、7度、8度的高度≤24m时分别为四级、三级、二级，当＞24m时与《高规》一致。当框架结构房屋为小于等于24m的多层时，抗震等级应按《抗震规范》表6.1.2采用。

2. 相邻楼层侧向刚度的计算。

《高规》3.5.2条规定：对框架结构，楼层与其相邻上层的侧向刚度比 γ_1 不宜小于0.7，与相邻上部三层刚度平均值的比值不宜小于0.8。对框架-剪力墙、板柱-剪力墙结构、剪力墙结构、框架-核心筒结构、筒中筒结构，楼层与其相邻上层的侧向刚度比 γ_2 不宜小于0.9；当本层层高大于相邻上层层高的1.5倍时，该比值不宜小于1.1；对结构底部嵌固层，该比值不宜小于1.5。γ_1 与 γ_2 的计算方法完全不同。

《抗震规范》3.4.3条的表3.4.3-2和条文说明，楼层侧向刚度计算方法及楼层与其相邻上部楼层的刚度比值要求，是与《高规》中框架结构相同，其他结构类型的楼层侧向刚度比值计算与框架结构不再区别。

上述两标准对相邻楼层侧向刚度比值计算和要求是不相同的，多层及高层建筑结构设计中采用《高规》的规定比较合理。

3. 扭转效应的计算。

《高规》4.3.3条规定：计算单向地震作用时应考虑偶然偏心的影响。每层质心沿垂直于地震作用方向的偏移值可采用 $e_i = \pm 0.05 L_i$。

《抗震规范》5.2.3条1款规定：规则结构不进行扭转耦联计算时，平行于地震作用方向的两个边榀各构件，其地震作用效应应乘以增大系数。

《高规》与《抗震规范》对扭转效应的计算方法不同，实际工程设计中是采用《高规》的方法，相对概念明确，软件计算操作方便。

4. 柱箍筋加密区箍筋体积配筋率的计算。

《混凝土规范》11.4.17条规定：柱箍筋加密区的体积配筋率 ρ_v 计算中应扣除重叠部分的箍筋体积。

《高规》6.4.7条4款规定：柱箍筋加密区范围计算复合箍筋的体积配箍率时，可不扣除重叠部分的箍筋体积。

上述两标准对柱箍筋体积配筋率计算不同，实际工程设计中采用《混凝土规范》的方法，操作方便，偏于安全。剪力墙的约束边缘构件箍筋体积配箍率也可按此方法计算。

5. 剪力墙截面厚度的确定。

《高规》7.2.1 条 1 款规定了剪力墙的截面厚度应符合《高规》附录 D 的墙体稳定验算要求，其他各款规定了不同部位和抗震等级的墙截面最小厚度。取消了 2002 版《高规》剪力墙厚度与层高或无支长度比值的要求。

《抗震规范》6.4.1 条规定了抗震墙截面在不同部位和抗震等级的最小厚度，以及墙厚度与层高或无支长度比值的要求。没有稳定验算的规定。

剪力墙截面厚度首先按与层高或无支长度的比值，再按最小厚度确定，这样操作比较方便，也符合稳定要求，最后还应满足轴压比规定。应注意的是对于一字形截面外墙、转角窗外墙、框架-剪力墙结构中的单片剪力墙等剪力墙截面厚度不宜按《高规》附录 D 的稳定验算确定。

6. 剪力墙的 L 形和 T 形构造边缘构件的长度。

《高规》7.2.16 条的图 7.2.16 中 L 形和 T 形阴影部分边端与距垂直墙边均为 300mm。《抗震规范》6.4.5 条的图 6.4.5-1 中 L 形阴影部分边端距垂直墙边为 $\geqslant 200mm$，总长为 $\geqslant 400mm$；T 形阴影部分总长 $\geqslant b_w$，$\geqslant b_f$ 且 $\geqslant 400mm$。

上述两标准的取值不一样，工程设计时高层建筑结构应按《高规》，多层建筑结构宜按《抗震规范》。

7. 剪力墙结构其他方面：

(1)《高规》7.1.2 条较长的剪力墙宜开设洞口，宜设置跨高比较大连梁连接；《抗震规范》6.1.9 条 1 款较长的抗震墙宜开设洞口连梁的跨高比宜大于 6。

(2)《高规》7.1.9 条，抗震设计时一般剪力墙结构底部加强部位的高度可取墙肢高度的 1/10 和底部两层二者的较大者；《抗震规范》底部加强部位的高度房屋高度大于 24m 时，可取嵌固部位以上墙肢总高度的 1/10 和底部二层二者的较大值；房屋高度不大于 24m 时，底部加强部位可取底部一层。

(3)《高规》7.2.1 条剪力墙厚度仅规定最小厚度，不规定层高或无支长度的比值；《抗震规范》6.4.1 条规定剪力墙厚度有层高或无支长度比值，还有厚度最小值；《混凝土规范》11.7.9 条同《抗震规范》。

(4)《高规》7.2.7 条 2 款剪力墙有地震作用组合时，验算剪压比时按剪跨比 λ 大于 2.5 或不大于 2.5 进行；《混凝土规范》11.7.3 条同《高规》；《抗震规范》6.2.9 条验算剪压比时按剪跨比 λ 大于 2 或不大于 2 进行。

8. 框架-剪力墙结构中带边框剪力墙暗梁高度取值。

《高规》8.2.2 条 3 款规定：暗梁截面高度可取墙厚的 2 倍或与该榀框架梁截面等高，暗梁配筋可按构造配置且应符合一般框架梁相应抗震等级的最小配筋要求。《抗震规范》6.5.1 条 2 款规定：暗梁的截面高度不宜小于墙厚和 400mm 的较大值。

试验表明，带边框剪力墙具有较好的延性，在水平地震或风荷载作用下可阻止裂缝扩展，暗梁高度的取值直接关系暗梁配筋的数量。高层建筑结构宜按《高规》规定取值，多层建筑结构可按《抗规》取值。对于框架-核心筒结构的高层建筑的核心筒外墙厚度≥400mm时，暗梁高度可取1.5倍墙厚度。

9. 基础筏板厚度大于2m时板厚中间是否设钢筋。

《地基规范》8.4.10条规定：当筏板的厚度大于2000mm时，宜在板厚中间部位设置直径不小于12mm、间距不大于300mm的双向钢筋网。

《北京市建筑设计技术细则——结构专业》（北京市建筑设计标准化办公室2004年，以下简称《北京细则》）3.8.10条规定，不论筏板之板厚为多少，皆不需在板厚中间面增设水平钢筋。

现在有许多工程的基础筏板按《大体积混凝土施工规范》GB 50496—2009，采用了"跳仓法"施工，并采用分层、放坡、一次到顶整体施工操作方法。因此，板厚中间没有必要再设置钢筋。

10. 基础筏板和基础梁配筋率及底部钢筋拉通量。

《地基规范》8.4.11条规定：梁板式筏基的底板和基础梁的配筋除满足计算要求外，纵横方向的底部钢筋尚应有1/2～1/3贯通全跨，且其配筋率不应小于0.15%，顶部钢筋按计算配筋全部连通；8.4.12条规定：平板式筏基柱下板带和跨中板带的底部钢筋应有1/2～1/3贯通全跨，且配筋率不应小于0.15%，顶部钢筋应按计算配筋全部连通。

《北京地区建筑地基基础勘察设计规范》DBJ 11—501—2009（以下简称《北京地基规范》）8.5.3条6款规定：当基础梁、板各截面受力钢筋实际配筋量比计算所需多1/3以上时，可不考虑现行国家标准《混凝土结构设计规范》GB 50010有关受力钢筋最小配筋率要求；8.6.3条规定：筏形基础按倒楼盖方法进行设计时，梁板式筏形基础的底板和基础梁配筋以及平板式筏形基础的柱下板带和跨中板带配筋，除满足计算要求外，底部支座钢筋应有1/3～1/4在跨中连通，对梁板式筏形基础中的基础梁和板，计算弯矩和剪力时可采用净跨；8.6.5条规定：梁板式筏形基础底板可按塑性理论计算弯矩。

北京地区的工程应按《北京地基规范》执行，其他地区的工程也可参考《北京地基规范》的规定。根据不少工程基础底板和基础梁钢筋实测应力值仅相当于钢筋强度设计值的1/10（参见全国注册结构工程师继续教育必读教材《高层建筑结构概念设计》第7章），基础构件进行优化设计，安全能得到保证，而且可以节省钢筋用量。

11. 主楼与裙房或地下车库基础连一体时，主楼基础地基承载力的修正深度取值。

《地基规范》5.2.4 条的条文说明：对于主体结构地基承载力的深度修正，宜将基础面以上范围内的荷载，按基础两侧超载考虑，当超载宽度大于基础宽度两倍时，可将超载折算成土层厚度作为基础埋深，基础两侧超载不等时，取小值。

《北京地基规范》7.3.8 条的条文说明：本次修编将该问题作为一个专题进行了研究。认为当主楼外围裙楼、地下室的侧限超载宽度大于等于 0.5 倍的主楼基础宽度时，应将地下室或裙楼部分基底以上荷载折算为土层厚度进行承载力验算分析。当主楼外围裙楼、地下室的侧限超载宽度小于等于 0.5 倍的主楼基础宽度时，应根据工程的复杂程度、地基持力层特点和地基差异沉降和主楼总沉降的控制要求，综合研究确定承载力验算的侧限基础埋深。

《北京细则》3.2.1 条 4 款规定：当高层建筑侧面附有裙房且为整体基础时（不论是否有沉降缝分开），可将裙房基础底面以上的总荷载折合成土重，再以此土重换算成深度，以此深度进行深度修正。当高层四面的裙房形式不同，或仅一、二面为裙房，其他面为天然地面时，可按加权平均方法进行深度修正。

北京地区的工程应按《北京地基规范》和《北京细则》的规定对主楼地基承载力的深度修正取值，其他地区的工程可参考。

12.《抗震规范》5.2.7 条 8 度和 9 度时建造在 Ⅲ、Ⅳ 类场地，采用箱基、刚性较好的筏基和桩箱联合基础的钢筋混凝土高层建筑，当结构基本自振周期处于特征周期 T_g 的 1.2 倍至 5 倍范围时，水平地震剪力可折减；《高规》无此规定。

13.《高规》10.2.17 条，当框支层为 1～2 层时，框支柱数目不多于 10 根的场合，每根柱所受的剪力应至少取底部剪力的 2%，框支柱数目多于 10 根的场合，每层框支柱承受剪力之和应取基底剪力的 20%；当框支层为 3 层及 3 层以上时，每层框支柱数目不多于 10 根的场合，每根柱所受的剪力应至少取基底剪力的 3%，框支柱数目多于 10 根的场合，每层框支柱承受剪力之和应取底部剪力的 30%。《抗震规范》6.2.10 条，框支柱承受的最小地震剪力，当框支柱数量少于 10 根时，柱承受地震剪力之和不应小于结构底部总地震剪力的 20%；当柱少于 10 根时，每根柱承受的地震剪力不应小于结构底部总地震剪力的 2%。

【禁忌 7】 对受弯构件的最大挠度限值的目的不了解

【正】 1. 为保证结构构件能正常使用，规范规定，在使用上需要控制变形的结构构件，应进行变形验算。这类结构构件主要是吊车梁、设置精密仪表的楼盖梁、板等。吊车梁的挠度过大会妨碍吊车的正常运行；楼盖的挠度过大会影响精密仪表的正常使用，并引起非结构构件（如粉刷、吊顶、隔断等）的破坏。

2. 对于正常使用极限状态，理应按荷载效应的标准组合或准永久组合分别加以验算。但对挠度验算，为了方便，规范规定只按荷载效应的标准组合并考虑其长期作用影响进行验算。按此计算出的受弯构件的最大挠度 f 应不大于《混凝土规范》表3.4.3挠度限值，计算见第7章7.2节。

3. 挠度的限值对民用建筑而言，主要为了建筑空间外观上的要求，控制荷载作用下受弯构件（板、梁）下垂程度，因此不同跨长及使用上不同要求其挠度限值有区别。《混凝土规范》表3.4.3的附注3规定：如果构件制作时预先起拱，且使用上也允许，则在验算挠度时，可将计算所得的挠度值减去起拱值；对预应力混凝土构件，尚可减去预加应力所产生的反拱值。《混凝土结构工程施工质量验收规范》（GB 50204—2002）规定，现浇钢筋混凝土梁、板当跨度等于或大于4m时，模板应起拱，当设计无具体要求时，起拱高度宜为全跨长度的1/1000～3/1000。因此，为满足受弯构件梁、板挠度的限值，在施工图设计说明中可根据恒载可能产生的挠度值，提出预起拱数值的要求，一般取跨度的1/400。

【禁忌8】 对钢筋混凝土结构构件正截面裂缝控制的目的理解不全面

【正】 1.《混凝土规范》3.4.4条和3.4.5条规定了结构构件正截面的裂缝控制分级及最大裂缝宽度限值，其目的是为了防止钢筋的锈蚀，影响结构的耐久性。

钢筋混凝土结构构件以及在使用阶段允许出现裂缝的预应力混凝土结构构件，应按《混凝土规范》7.1.2条验算裂缝宽度。在按荷载效应的标准组合或准永久组合并考虑长期作用影响所求得的最大裂缝宽度 w_{max} 应符合下列要求：

$$w_{max} \leqslant w_{lim}$$

式中 w_{lim} ——允许的最大裂缝宽度限值。

上述的裂缝宽度计算公式只适用于线形构件（梁、桁架等）外荷载产生的正截面裂缝。对于其他因素，如混凝土结硬时的自身收缩引起的裂缝，温度变化引起的裂缝，混凝土干缩引起的裂缝，混凝土骨料下沉引起的塑性沉降裂缝以及碱-骨料反应引起的裂缝等，都不包含在内。这些裂缝，由于涉及因素很多，问题异常复杂，其计算方法还有待深入研究。

2. 在一般情况，混凝土的大多数裂缝都在施工阶段或者在工程正式交付使用前发生的，对工期较长的大型工程尤其如此。这些裂缝主要是混凝土硬化前的塑性沉降裂缝和硬化后早期发生的温度、收缩、干缩裂缝。这当然与施工时的原材料选择不当、混凝土级配不合理、配比中的用水量过多、振捣养护不当等有关，但显然也与设计有关。设计者不能以为已按前述公式验算了裂缝宽度，并已满足 $w_{max} \leqslant w_{lim}$ 的条件，所有裂缝问题就都已经解决。设计者应该根据具体条件，认真考虑分缝或分层浇注的位置，以减少温度或收缩变形的约束；认真选择混凝土的强度等级及材料性能，防止因水泥用量过多导致温度和收缩变形增大；认真研究在关键部位布置足够的温度钢筋和构造钢筋等。

3. 应特别注意，在上述公式中，w_{max} 是与保护层厚度 c 成比例的，c 越大，w_{max} 也随之加大。但除该结构对耐久性没有要求，而对表面裂缝造成的观瞻有严格要求者外，不能为了满足裂缝控制的要求而任意减小保护层厚度。从耐久性角度来看，垂直于钢筋的横向裂缝的出现与开展只在开裂截面附近使钢筋发生局部锈点，而对钢筋的整体锈蚀并不构成重大的危害。因此近年来，各国规范对钢筋混凝土构件的横向裂缝宽度的控制都有放松的趋势。而保护层厚度的大小及混凝土的密实性却都是关系到钢筋锈蚀和混凝土耐久性的关键因素，对它们的严格要求实际上比用计算公式来控制裂缝宽度要重要得多。

4. 还应特别注意，按电算计算所得的梁裂缝宽度多数是不真实的，设计人应作认真分析判断计算结果的真实性。对矩形、T形、倒 T形和 I形截面的钢筋混凝土受拉、受弯和偏心受压构件以及预应力混凝土轴心受拉和受弯构件，其最大裂缝宽度 w_{max}（mm）可按下列公式计算：

$$w_{max} = \alpha_{cr} \psi \frac{\sigma_s}{E_s} \left(1.9c + 0.08 \frac{d_{eq}}{\rho_{te}} \right)$$

式中　σ_s——按荷载效应的准永久组合计算的钢筋混凝土构件纵向受拉钢筋的应力，受弯构件为：

$$\sigma_{sq} = \frac{M_k}{0.87 h_0 A_s}$$

电算所得梁的支座弯矩是在柱中，梁支座截面配筋按此弯矩确定，而且多数是按单筋梁截面计算求出的钢筋截面面积，在有抗震设计的框架梁支座下部钢筋实配量相当多，因此梁支座受拉钢筋的实际应力小很多，相应电算结果的裂缝宽度必将大了许多；梁跨中截面配筋电算是按矩形截面单筋梁计算的，现浇梁实际均有楼板形成 T形梁，框架梁抗震或非抗震设计跨中均有一定数量的上部受压钢筋形成双筋梁，这样梁跨中受拉钢筋的实际应力也小很多，相应电算结果的裂缝宽度也是不真实的。所以，当电算结果有超过规范规定的限值现象，不应简单增多配筋处理，应作分析判断，必要时采用手算进行验算，否则梁支座为裂缝控制增加了配筋，对柱和梁柱节点核心区应增强而不顾，违反了抗震结构应该强柱弱梁、强节点的基本原则。

【禁忌 9】 对抗震结构设计不注意重要概念、整体性及多道防线的意义

【正】 1. 结构抗震概念设计的目标是使整体结构能发挥耗散地震能量的作用，避免结构出现敏感的薄弱部位，地震能量的耗散仅集中在极少数薄弱部位，导致结构过早破坏。现有抗震设计方法的前提之一是假定整个结构能发挥耗散地震能量的作用，在此前提下，才能以多遇地震作用进行结构计算、构件设计并加以构造措施，或采用动力时程分析进行验算，试图达到罕遇地震作用下结构不倒塌的目标。下面重点阐述结构抗震概念设计的基本原则：

（1）结构的简单性

结构简单是指结构在地震作用下具有直接和明确的传力途径，结构的计算模型、内力和位移分析以及限制薄弱部位出现都易于把握，对结构抗震性能的估计也比较可靠。

（2）结构的规则和均匀性

1）沿建筑物竖向，建筑造型和结构布置比较均匀，避免刚度、承载能力和传力途径的突变，以限制结构在竖向某一楼层或极少数几个楼层出现敏感的薄弱部位。这些部位将产生过大的应力集中或过大的变形，容易导致结构过早的倒塌。

2）建筑平面比较规则，平面内结构布置比较均匀，使建筑物分布质量产生的地震惯性力能以比较短和直接的途径传递，并使质量分布与结构刚度分布协调，限制质量与刚度之间的偏心。建筑平面规则、结构布置均匀，有利于防止薄弱的子结构过早破坏、倒塌，使地震作用能在各子结构之间重分布，增加结构的赘余度数量，发挥整个结构耗散地震能量的作用。

（3）结构的刚度和抗震能力

1）水平地震作用是双向的，结构布置应使结构能抵抗任意方向的地震作用。通常，可使结构沿平面上两个主轴方向具有足够的刚度和抗震能力。结构的抗震能力则是结构承载力及延性的综合反映。

2）结构刚度选择时，虽可考虑场地特征，选择结构刚度，以减少地震作用效应，但也要注意控制结构变形的增大，过大的变形将会因 $P\text{-}\Delta$ 效应过大而导致结构破坏。

3）结构除需要满足水平方向的刚度和抗震能力外，还应具有足够的抗扭刚度和抵抗扭转振动的能力。现有抗震设计计算中不考虑地震地面运动的扭转分量，在概念设计中应注意提高结构的抗扭刚度和抵抗扭转振动的能力。

（4）结构的整体性

1）多、高层建筑结构中，楼盖对于结构的整体性起到非常重要的作用。楼盖相当于水平隔板，它不仅聚集和传递惯性力到各个竖向抗侧力子结构，而且要使这些子结构能协同承受地震作用，特别是当竖向抗侧力子结构布置不均匀或布置复杂或各抗侧力子结构水平变形特征不同时，整个结构就要依靠楼盖使各抗侧力子结构能协同工作。楼盖体系最重要的作用是提供足够的面内刚度和抗力，并与竖向各子结构有效连接，当结构空旷、平面狭长或平面凹凸不规则或楼盖开大洞口时，更应特别注意。设计中不能误认为，在多遇地震作用计算中考虑了楼板平面内弹性变形影响后，就可削弱楼盖体系。

2）多、高层建筑基础的整体性以及基础与上部结构的可靠连接是结构整体性的重要保证。

2. 结构的地震反应是地震作用下建筑物的惯性力，其大小取决于地震震级及距震中距离、场地特征、结构动力特性，它具有冲击性、反复性、短暂性和随机性。

一次地震只有一个震级，震级是以地震时释放的能量大小确定的，震级相差一级释放能量相差 30 倍左右。地震烈度是地震波及范围内建筑物和构筑物遭受破坏的程度。地震烈度有两种定义：第一，地区抗震设防烈度，它是由国家根据地震历史记录和地质调查研究确定的。《抗震规范》规定，地震影响应采用设计基本地震加速度和设计特征周期。设计基本地震加速度值为 50 年设计基准期超越概率 10％的地震加速度的设计值，设计基本地震加速度与抗震设防烈度的对应关系如表 1-1 所示。

设计基本地震加速度与抗震设防烈度关系　　　　　　　　　表 1-1

设计基本地震加速度	$0.05g$	$0.10g$	$0.15g$	$0.20g$	$0.30g$	$0.40g$
抗震设防烈度	6	7		8		9

设计特征周期，《建筑抗震设计规范》（GBJ 11—89）其取值根据设计近、远震和场地类别来确定，现行规范将设计近震、远震改称设计地震分组，分为第一、二、三组。

我国主要城镇的抗震设防烈度、设计基本地震加速度和设计地震分组详见《抗震规范》附录 A。

第二，地震发生后地震波及范围内各地区遭受破坏的地震烈度，它不是地震发生后立即能确定的，而是需要经过震害调查根据建筑物、构筑物遭受损坏和破坏情况确定的，确定烈度的标准可见本章表 1-2。一次地震，震中（地震发生的地方即震源正对着的地面位置）烈度约为震级的 $1.3\sim1.4$ 倍，如当某地区发生了地震，震级为 6.2 级，则震中烈度为 8 度左右。一次地震，当震源距地表越深，震中相对应烈度较小，地震波及范围大；震源距地表浅时，震中烈度较大，地震波及范围小。

3. 我国的建筑结构抗震设计按"三个水准"和"二阶段"进行。

（1）建筑结构采用三个水准进行抗震设防，其要求是："小震不坏，中震可修，大震不倒"，即是说：

第一水准：建筑物在其使用期间，对遭遇频率较高、强度较低的地震时，建筑不损坏，不需要修理，结构应处于弹性状态，可以假定服从线性弹性理论，用弹性反应谱进行地震作用计算，按承载力要求进行截面设计，并控制结构弹性变形符合要求。

第二水准：建筑物在基本烈度的地震作用下，允许结构达到或超过屈服极限（钢筋混凝土结构会产生裂缝），产生弹塑性变形，依靠结构的塑性耗能能力，使结构得以保持稳定保存下来，经过修复还可使用。此时，结构抗震设计应按变形要求进行。

第三水准：在预先估计到的罕见强烈地震作用下，结构进入弹塑性大变形状态，部分产生破坏，但应防止结构倒塌，避免危及生命安全。这一阶段应考虑防倒塌的设计。

小震烈度比基本烈度约低 1.55 度，大震烈度比基本烈度约高 1 度（图 1-1）。

从三个水准的地震出现的频度来看，第一水准，即多遇地震，约 50 年一遇；第二水准，即基本烈度设防地震，约 475 年一遇；第三水准，即罕遇地震，约为 2000 年一遇的强烈地震。

（2）二阶段抗震设计是对三水准抗震设计思想的具体实施。通过二阶段设计中第一阶段对构件截面承载力验算和

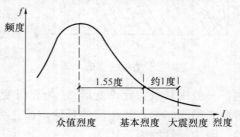

图 1-1　三个水准下的烈度

第二阶段对弹塑性变形验算，并与概念设计和构造措施相结合，从而实现"小震不坏、中震可修、大震不倒"的抗震要求。

1）第一阶段设计

对于多、高层建筑结构，首先应满足第一、二水准的抗震要求。为此，首先应按多遇地震（即第一水准，比设防烈度约低 1.55 度）的地震动参数计算地震作用，进行结构分析和地震内力计算，考虑各种分项系数、荷载组合值系数进行荷载与地震作用产生内力的组合，进行截面配筋计算和结构弹性位移控制，并相应采取构造措施保证结构的延性，使之具有与第二水准（设防烈度）相应的变形能力，从而实现"小震不坏"和"中震可修"。这一阶段设计对所有抗震设计的多、高层建筑结构都必须进行。

2）第二阶段设计

对地震时抗震能力较低、容易倒塌的多、高层建筑结构（如纯框架结构）以及抗震要求较高的建筑结构（如甲类建筑），要进行易损部位（薄弱层）的塑性变形验算，并采取措施提高薄弱层的承载力或增加变形能力，使薄弱层的塑性水平变位不超过允许的变位。这一阶段设计主要是对甲类建筑和特别不规则的结构。

4. 有抗震设防的多、高层建筑结构设计，除要考虑正常使用时的竖向荷载、风荷载以外，还必须使结构具有良好的抗震性能，做到小震时不坏，中震时可修，大震时不倒塌。即当遭遇到相当于设计烈度的地震时，有小的损坏，经一般修理仍能继续使用；当罕遇超烈度强震下，结构有损坏，但不致使人民生命财产和重要机电设备遭受破坏，使结构做到裂而不倒。

建筑结构是否具有耐震能力，主要取决于结构所能吸收和消耗的地震能量。

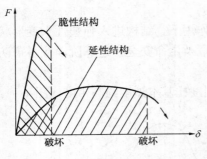

图 1-2　结构的变形

结构抗震能力是由承载力和变形能力两者共同决定的。当结构承载力较小，但具有很大延性，所能吸收的能量多，虽然较早出现损坏，但能经受住较大的变形，避免倒塌。但是，仅有较大承载力而无塑性变形能力的脆性结构，吸收的能量少，一旦遭遇超过设防烈度的地震作用时，很容易因脆性破坏使房屋造成倒塌（图 1-2）。

一个构件或结构的延性用延性系数 μ 表达，一般用其最大允许变形 Δ_p 与屈服变形 Δ_y 的比值表示，变形可以是线位移、转角或层间侧移，其相应的延性，称之为线位移延性、角位移延性和相对位移延性。结构延性的表达式为：

$$\mu = \Delta_p / \Delta_y$$

式中　Δ_y——结构屈服时荷载 F_y 对应的变形；

　　　Δ_p——结构极限荷载 F_m 或降低 10% 时所对应的最大允许变形（Δ_p 或 Δ'_p）（图 1-3）。

钢筋混凝土是一种弹塑性材料，钢筋混凝土结构具有塑性变形的能力，当地震作用下结构达到屈服以后，利用结构塑性变形来吸收能量。增加结构的延性，不仅能削减地震反应，而且提高了结构抗御强烈地震的能力。

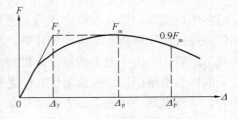

图 1-3　屈服变形和最大允许变形

结构或构件的延性是通过试验测定的，是由采取一系列的构造措施实现的。因此，在结构抗震设计中必须严格执行规范、规程中有关的构造要求。从保证延性的重要性而言，抗震结构的构造措施比计算更重要。

多、高层建筑钢筋混凝土结构的延性要求为 $\mu = 4 \sim 8$。为了保证结构的延性，构件要有足够截面尺寸，柱的轴压比、梁和剪力墙的剪压比、构件截面配筋率要适宜，应遵照规范、规程的规定要求。

5. 抗震结构尽可能设置有多道抗震防线，应采用具有联肢墙、壁式框架的剪力墙结构，框架-剪力墙结构，框架-核心筒结构，筒中筒结构等多重抗侧力结构体系。高层建筑避免采用纯框架结构。

6. 结构的承载力、刚度要适应在地震作用下的动力要求，并应均匀连续分布。在一般静力设计中，任何结构部位的超强设计都不会影响结构的安全。但是，在抗震设计中，某一部分结构的超强，就可能造成结构的相对薄弱部位。因此，抗震设计中要严格遵循该强的就强、该弱的就弱原则，不得任意加强，以及在施工中以大代小、以高钢号代低钢号改变钢筋，如必须代换时，应按钢筋抗拉承载力设计值相等的原则进行换算。

7. 合理的控制结构的非弹性部位（塑性铰区），掌握结构的屈服过程及最后形成的屈服机制。要采取有效措施防止过早的混凝土剪切破坏、钢筋锚固滑移和混凝土压碎等脆性破坏。

为保证混凝土与钢筋共同工作，必须使钢筋有足够的锚固长度和混凝土保护层厚度，在设计中无论柱、梁的纵向钢筋、墙的分布钢筋和楼板钢筋，直径宜细不宜粗，间距宜密不宜稀。

8. 结构自振周期应与地震动卓越周期错开，避免共振造成灾害。地震动卓越周期又称地震动主导周期，是根据地震时某一地区地面运动记录计算出的反应谱的主峰值位置所对应的周期，它是地震震源特性、传播介质和该地区场地条件的综合反应，并随场地覆盖土层增厚变软而加长。

场地卓越周期 T_0 可按下列公式计算：

场地为单一土层时

$$T_0 = \frac{4H}{v_s}$$

场地为多层土时

$$T_0 = \sum \frac{4h_i}{v_{si}}$$

式中　H、h_i——单一土层或多层土中第 i 土层的厚度（m）；

　　　　v_s、v_{si}——单一土层或第 i 土层的剪切波速值（m/s）。

按照《抗震规范》的规定，场地的计算深度一般为 20m，且不大于场地覆盖厚度。因此，H 或 Σh_i 的取值不大于 20m。

多、高层建筑结构的自振周期，可参考下列经验公式：

框架结构　　　　　　　$T_1 = 0.085N$

框架-剪力墙结构　　　 $T_1 = 0.065N$

框架-核心筒结构　　　 $T_1 = 0.06N$

外框筒结构　　　　　　$T_1 = 0.06N$

剪力墙结构　　　　　　$T_1 = 0.05N$

式中　N——地面以上房屋总层数。

【禁忌 10】　结构设计仅注重具体计算不重视概念设计

【正】　1. 多、高层建筑设计尤其是在高层建筑抗震设计中，应当非常重视概念设计。这是因为高层建筑结构的复杂性，发生地震时地震动的不确定性，人们对地震时结构响应认识的局限性与模糊性，高层结构计算尤其是抗震分析计算的不精确性，材料性能与施工安装时的变异性以及其他不可预测的因素，致使设计计算结果（尤其是经过实用简化后的计算结果）可能和实际相差较大，甚至有些作用效应至今尚无法定量计算出来。因此在设计中，虽然分析计算是必须的，也是设计的重要依据，但仅此往往不能满足结构安全性、可靠性的要求，不能达到预期的设计目标。还必须非常重视概念设计。从某种意义上讲，概念设计甚至比分析计算更为重要。

概念设计是通过无数的事故分析，历年来国内外震害分析，模拟试验的定量定性分析以及长期以来国内外的设计与使用经验分析、归纳、总结出来的。而这些原则、规定与方法往往是基础性、整体性、全局性和关键性的。有些概念设计的要求，为整个设计设置了二道防线，保证了建筑物的安全、可靠。合理优秀的结构方案是安全可靠的优秀设计的基本保证。

2. 概念设计是结构设计人员运用所掌握的知识和经验，从宏观上决定结构设计中的基本问题。要做好概念设计应掌握以下诸多方面：结构方案要根据建筑使用功能、房屋高度、地理环境、施工技术条件和材料供应情况、有无抗震设防选择合理的结构类型；竖向荷载、风荷载及地震作用对不同结构体系的受力特点；风荷载、地震作用及竖向荷载的传递途径；结构破坏的机制和过程，以加强结构的关键部位和薄弱环节；建筑结构的整体性，承载力和刚度在平面内及沿高度均匀分布，避免突变和应力集中；预估和控制各类结构及构件塑性铰区可能出现的部位和范围；抗震房屋应设计成具有高延性的耗能结构，并具有多道防线；地基变形对上部结构的影响，地基基础与上部结构协同工作的可能性；各类结构材料的特性及其受温度变化的影响；非结构性部件对主体结构抗震产生的有利和不利影响，要协调布置，并保证与主体结构连接构造的可靠等。

3. 高层建筑结构设计与低层、多层建筑结构设计相比较，结构专业在各专业中占有更重要的地位。不同结构体系的选择，直接关系到建筑平面布置、立面体形、楼层高度、机电管道的设置、施工技术的要求、施工工期的长短和投资造价的高低。

4. 水平力是设计的主要因素。在低层和多层房屋结构中，水平力产生的影响较小，以抵抗竖向荷载为主，侧向位移小，通常忽略不计。在高层建筑结构中，随着高度的增加，水平力（风荷载或水平地震作用）产生的内力和位移迅速增大。如图 1-4 所示，把房屋结构看成一根最简单的竖向悬臂构件，轴力与高度成正比；水平力产生的弯矩与高度的二次方成正比；水平力产生的侧向顶点位移与高度的四次方成正比。

竖向荷载产生的轴力

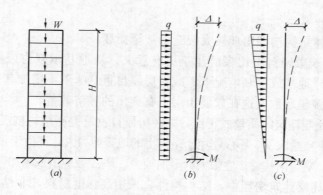

图 1-4 高层建筑结构受力简图

$$N = WH$$

水平力产生的弯矩

均布荷载
$$M = \frac{1}{2}qH^2$$

倒三角形分布荷载
$$M = \frac{qH^2}{3}$$

水平力产生的顶点侧向位移

均布荷载
$$\Delta = \frac{qH^4}{8EI}$$

倒三角形分布荷载
$$\Delta = \frac{11qH^4}{120EI}$$

式中 EI——竖向构件弯曲刚度。

5. 高层建筑结构设计中，不仅要求结构具有足够的承载力，而且必须使结构具有足够的抵抗侧向力的刚度，使结构在水平力作用下所产生的侧向位移限制在规范规定的范围内。因此，高层建筑结构所需的侧向刚度由位移控制。

结构的侧向位移过大将产生下列后果：

（1）使结构因 P-Δ 效应产生较大的附加内力，尤其是竖向构件，当侧向位移增大时，偏心加剧，当产生的附加内力值超过一定数值时，将会导致房屋的倒塌。

（2）使居住的人员感到不适或惊慌。在风荷载作用下，如果侧向位移过大，必将引起居住人员的不舒服，影响正常工作和生活。在水平地震作用下，当侧向位移过大，更会造成人们的不安和惊吓。

（3）使填充墙或建筑装饰开裂或损坏，使机电设备管道受损坏，使电梯轨道变形造成不能正常运行。

（4）使主体结构构件出现较大裂缝，甚至损坏。

6. 高层建筑减轻自重比多层建筑更有意义。从地基承载力或桩基承载力考虑，如果在同样地基或桩基情况下，减轻房屋自重意味着不增加基础的造价和处理措施，可以多建层数，这在软弱土层上有突出的经济效益。

地震效应是与建筑的质量成正比，减轻房屋自重是提高结构抗震能力的有效办法。高层建筑中质量大了，不仅作用于结构上的地震剪力大，还由于重心高、地震作用倾覆力矩大，对竖向构件产生很大的附加轴力，$P\text{-}\Delta$ 效应造成附加弯矩更大。

因此，在高层建筑房屋中，结构构件宜采用高强度材料，非结构构件和围护墙体应采用轻质材料。减轻房屋自重，既减小了竖向荷载作用下构件的内力，使构件截面变小，又可减小结构刚度和地震效应，不但能节省材料，降低造价，还能增加使用空间。

7. 在高层建筑的抗风设计中，应保证结构有足够承载力，必须具有足够的刚度；控制在风荷载作用下的位移值，保证有良好的居住和工作条件；外墙（尤其是玻璃幕墙）、窗玻璃、女儿墙及其他围护和装饰构件，必须有足够的承载力，并与主体结构有可靠的连接，防止房屋在风荷载作用下产生局部损坏。

8. 有抗震设防的高层建筑，应进行详细勘察，摸清地形、地质情况，选择位于开阔平坦地带，具有坚硬场地土或密实均匀中硬场地土的对抗震有利的地段；尽可能避开对建筑抗震不利的地段，如高差较大的台地边缘，非岩质的陡坡、河岸和边坡，较弱土、易液化土、故河道、断层破碎带，以及土质成因、岩性、状态明显不均匀的情况等；任何情况下均不得在抗震危险的地段上建造可能引起人员伤亡或较大经济损失的建筑物。

9. 地基基础的承载力和刚度要与上部结构的承载力和刚度相适应。当上部结构与基础连接部位考虑受弯承载力增大时，相邻基础结构及上部结构嵌固部位的地下室结构，应考虑弯矩增大的作用。

【禁忌 11】 地震和地震作用有哪些特点不熟悉

【正】 1. 地震和刮风、下雨一样是一种自然现象，是由地球内部引起的地表震动。地震的类型可分为三类：构造地震、火山地震、塌陷地震。构造地震，是由于地下深处岩层错动、断裂所造成，这类地震发生的次数最多，约占全世界地震的95％以上；火山地震，是由于火山作用，如岩浆活动、气体爆炸等引起，只有在火山活动地区才有可能发生，这类地震只占全世界地震的7％左右；塌陷地震，是由于地下岩洞或矿井顶部塌陷而引起，这类地震只在小范围发生，次数很少，往往发生在溶洞密布的石灰岩地区或大规模地下开采的矿区。

构造地震是造成灾害的主要地震，也是高层建筑及其他工程抗震设计需要考虑的地震。

2. 一次地震只有一个震级，震级是根据地震时释放的能量大小确定的，震级相差一级，能量相差 30 倍左右，国际上现行震级定义是 1935 年里希特（Richter）给出的，称为里氏震级。地震烈度是地震波及范围内建筑物和构筑物遭受破坏的程度，地震烈度有两种定义：第一，地区建筑物的抗震设防烈度，我国各地区的抗震设防烈度可由《抗震规范》附录 A 查得；第二，地震发生后地震波及范围内各地区建筑物、构筑物遭受破坏的地震烈度，可由表 1-2 查得。一次地震在震中的烈度在数值上约为震级的 1.3～1.4 倍，见表 1-3。某一地区地表和建筑物遭受地震影响的平均强弱程度用烈度表示，烈度因地而异，与震级、震中距、传播介质、场地土质等因素有关。我国将地震烈度分为 12 度，见表 1-2。

中国地震烈度表（1980）

表 1-2

烈度	人的感觉	一般房屋		其他现象	参考物理指标	
		大多数房屋震害程度	平均震害指数		加速度（mm/s²）（水平向）	速度（mm/s）（水平向）
1	无感					
2	室内个别静止中的人感觉					
3	室内少数静止中的人感觉	门、窗轻微作响		悬挂物微动		
4	室内多数人感觉；室外少数人感觉；少数人梦中惊醒	门、窗作响		悬挂物明显摆动，器皿作响		
5	室内普遍感觉；室外多数人感觉；多数人梦中惊醒	门窗、屋顶、屋架颤动作响，灰土掉落，抹灰出现微细裂缝		不稳定器物翻倒	310（220～440）	30（20～40）
6	惊慌失措，仓皇逃出	损坏——个别砖瓦掉落、墙体微细裂缝	0～0.1	河岸和松软土上出现裂缝。饱和砂层出现喷砂冒水。地面上有的砖烟囱轻度裂缝、掉头	630（450～890）	60（50～90）
7	大多数人仓皇逃出	轻度破坏——局部破坏、开裂，但不妨碍使用	0.11～0.30	河岸出现坍方。饱和砂层常见喷砂冒水。松软土上地裂缝较多。大多数烟砖囱中等破坏	1250（900～1770）	130（100～180）

烈度	人的感觉	一般房屋		其他现象	参考物理指标	
		大多数房屋震害程度	平均震害指数		加速度(mm/s²)(水平向)	速度(mm/s)(水平向)
8	摇晃颠簸，行走困难	中等破坏——结构受损，需要修理	0.31～0.50	干硬土上亦有裂缝。大多数砖烟囱严重破坏	2500 (1780～3530)	250 (190～350)
9	坐立不稳；行动的人可能摔跤	严重破坏——墙体龟裂，局部倒塌，复修困难	0.51～0.70	干硬土上有许多地方出现裂缝，基岩上可能出现裂缝。滑坡、坍方常见。砖烟囱出现倒塌	5000 (3540～7070)	500 (360～710)
10	骑自行车的人会摔倒；处于不稳状态的人会摔出几尺远；有抛起感	倒塌——大部倒塌，不堪修复	0.71～0.90	山崩和地震断裂出现。基岩上的拱桥破坏。大多数砖烟囱从根部破坏或倒毁	10000 (7080～14140)	1000 (720～1410)
11		毁灭	0.91～1.00	地震断裂延续很长。山崩常见。基岩上拱桥毁坏		
12				地面剧烈变化，山河改观		

注：1. 1～5度以地面上人的感觉为主；6～10度以房屋震害为主，人的感觉仅供参考；11、12度以地表现象为主。11、12度的评定，需要专门研究；

2. 一般房屋包括用木构架和土、石、砖墙构造的旧式房屋和单层或数层的、未经抗震设计的新式砖房。对于质量特别差或特别好的房屋，可根据具体情况，对表列各烈度的震害程度和震害指数予以提高或降低；

3. 震害指数指房屋"完好"为0，"毁灭"为1，中间按表列震害程度分级。平均震害指数指所有房屋的震害指数的总平均值而言，可以用普查或抽查方法确定之；

4. 使用本表时可根据地区具体情况，作出临时的补充规定；

5. 在农村可以自然村为单位，在城镇可以分区进行烈度的评定，但面积以1km²左右为宜；

6. 烟囱指工业或取暖用的锅炉房烟囱；

7. 表中数量词的说明：个别：10%以下；少数：10%～50%；多数：50%～70%；大多数：70%～90%；普遍：90%以上。

地震震级、能量释放、加速度、烈度对应关系　　　　表 1-3

时　间	地　点	震　级	能量释放 TNT（t）	加速度（Gal）	烈　度
1957	旧金山	5.3	500	52	7.1
1933	长滩	6.3	15800	190	8.6
1940	El Centro	7.1	250000	540	10.1
1906	旧金山	8.2	12.55×10^6	2000	11.7
1964	阿拉斯加	8.5	31.55×10^6	3100	12.3

3. 地震发生的地方称"震源"，震源在地表的投影称"震中"，震源至地面的垂直距离称为"震源深度"。通常把震源深度在 60km 以内的地震称浅源地震，60～300km 称中源地震，300km 以上称深源地震，到目前为止观测到的最深地震震源是 700km，世界上绝大部分地震是浅源地震，震源深度在 5～20km 左右，中源地震比较少，而深源地震为数甚少。一般情况，对于同样震级的地震，当震源较浅时，波及范围较小，而破坏程度较大；当震源深度较大时，波及范围则较大，而破坏的程度相对较小。地面某一位置至震中的距离称为震中距。

地震动的特性可以用峰值（最大振幅）、频谱和持续时间三个要素来描述。峰值是指地震加速度、速度、位移三者之一的峰值、最大值或某种意义的有效值（如：有效峰值加速度）；峰值反映了地震动的强弱程度或地震动的能量。地震动不是单一频率的简谐振动，而是由很多频率组成的复杂振动。工程中用加速度反应谱表征地震动的频谱特性。加速度反应谱是通过一定阻尼比的单自由度弹性体系的地震反应计算得到的曲线，其纵轴为谱加速度，横轴为周期。不同地震加速度时程、相同阻尼比的反应谱曲线不同；同一地震加速度时程、不同阻尼比的反应谱曲线也不同，阻尼比大，相同周期对应的谱值小。增大房屋建筑结构的阻尼，如设置阻尼器等，可以减小结构的地震反应。最大加速度谱值对应的一个周期（频率）或周期范围（频率范围）称地震动的主要周期（主要频率）。若房屋建筑的基本频率与地震动的主要频率相同或接近，则会发生类共振，引起结构严重破坏甚至倒塌。地震动的持续时间是指地震的振动时间，有多种定义。地震动的持续时间越长，可能产生的震害越大。地震动的三要素与震级、震源深度、震中距、传播介质的特性和场地特性等有关。一般而言，震级大、震源浅、震中距小，则峰值大；近震或坚硬土，地震动的高频成分丰富；大震、远距、软土，地震动的低频成分为主，且持续时间长。

4. 地震对建筑物作用的特点，可以归纳为下述三个方面：

（1）不确定的、不可预知的作用

地震的不确定、不可预知有多方面的含义。其一是指地震发生的时间、地点、强度是不确定的、随机的。地震是在毫无警告的情况下发生的。预期不会发生大震的地方却发生毁灭性的地震，预期会发生地震的地方却没有地震。按 6 度抗震设防的唐山，1976 年地震达 7.8 级，损失惨重。美国加州中部的 Parkfield 小镇，在 20 世纪 90 年代前的 100 年间，每 22 年发生一次中等强度以上的地震，当时估计下一次地震在 1993 年。20 世纪 80 年代中期，美国国家地质调查局花费了大量财力、人力在 Parkfield 安装仪器设备，希望能观察到地震前的预兆、预报地震，但 1993 年过去了好多年，地震一直没有发生。1995 年前，日本一直认为东海会发生大震，但 1995 年 1 月 17 日，毫无抗震防灾准备的大阪、神户附近的淡路岛却发生了强烈地震，死亡 8000 多人，经济损失近 1000 亿美元。地球上的任何一个地方都有可能发生地震。地震不确定性的另一个含义是指没有两次地震的特性是相同的，不同地点同一地震的特性不同，同一地点不同地震的特性也不同。地震的随机性，给建筑结构时程分析时选用地震加速度时程带来困难。

（2）短时间的动力作用

到目前为止持续时间最长的地震是 1964 年 3 月发生的美国阿拉斯加地震，约 7 分钟。一般而言，一次地震的持续时间为 1 分钟左右，持续时间长的也就是 3 分钟左右，但造成的破坏却极大。20 世纪地震造成的死亡超过 200 万人，振动时间的总和不到 1 小时。地震是在短时间内造成巨大灾害的一种自然力量。地震通过地基的摇晃，使建筑结构产生前后、左右、上下的振动，从而使结构产生加速度和惯性力，造成结构破坏甚至倒塌。地震对建筑结构产生的是动力作用，地震发生时，结构加速度的方向和惯性力的方向、大小不断变化。惯性力的大小与地震动的特性有关，与建筑结构本身的动力特性、承载能力等也有关。

（3）有选择的破坏作用

地震动是由不同周期的振动组成的，地震动的传播过程非常复杂，但有下列主要规律：短周期的振动衰减快，传播的距离短，长周期的振动衰减慢，传播的距离远；硬土中长周期的振动衰减快、短周期振动的成分多，软土中短周期的振动衰减快、长周期振动的成分多。如果建筑结构的基本频率与地震动振幅大的频率相同或接近，则结构的地震反应相对较大，有可能造成破坏或倒塌；反之，结构的反应小，破坏小，甚至没有破坏。震中附近，硬土上层数少的建筑结构破坏严重；在距离震中远、震级比较大的地震作用下，软土上层数多的建筑结构破坏严重。这就是所谓的地震有选择的破坏作用。

1923 年日本关东地震，硬土上刚度大的结构破坏严重，而软土上刚度大的结构破坏不严重。原因是硬土上地震动频率高的成分的能量大，软土上地震动相对低频成分的能量大。1985 年墨西哥地震，7.2 级，震中距墨西哥城 280km，墨西哥城基岩上地震动的峰值加速度为 0.035g 左右，而原河床上地震动的峰值加速度为 0.166g、主要周期为 2～3s。峰值加速度增大，主要周期加长，引起层数为 14 层左右的建筑严重破坏或倒塌。另一个突出的例子是 1967 年 7 月 29 日委内瑞拉加拉加斯地震，6.3 级，震中距 63km，房屋建筑破坏率与土层厚度关系非常明显。土层厚度 50m 左右的场地，3~5 层建筑物的破坏率大；土层厚度大于 160m 时，10 层以上建筑物、尤其是 14 层以上建筑物的破坏率显著增大；一些地区地震动的主要周期为 1.42s，基本周期为 0.9~1.5s 的建筑大量破坏。

5. 建筑结构的震害。

人们主要通过三条途径认识地震对建筑结构的影响以及结构的抗震能力，即：试验研究、计算分析和地震灾害调查。地震是对建筑结构抗震能力的直接检验。在震害调查、科学研究、总结设计成功经验和失败教训的基础上，修订抗震设计规范，完善抗震概念设计和设计方法，提高结构抗震能力。可以相信，随着对地震影响认识的深入和抗震设计水平的提高，建筑结构的震害会越来越少。历史上钢筋混凝土房屋建筑结构的震害主要表现在下述几个方面：

（1）扭转引起破坏。结构平面布置严重不对称，"刚度中心"严重偏离质量中心，地震中由于结构扭转造成破坏。例如，1972 年尼加拉瓜地震，楼梯、电梯间和砌体填充墙集中布置在平面一端的 15 层中央银行严重破坏。

（2）"软弱层"或"薄弱层"破坏。结构某一层的抗侧刚度或层间水平承载力突然变小，形成所谓"软弱层"或"薄弱层"，地震时，这一层的塑性变形过大甚至超过结构的变形能力，或这一层的承载能力不足，引起结构构件严重破坏，或楼层塌落，或结构倒塌。典型的震害有：1971 年美国圣弗南多地震使 Olive-View 医院主楼底层柱严重破坏，残余侧向位移达 60cm；1995 年日本阪神地震中，大量多层和高层建筑的空旷底层严重破坏或倒塌，中部某一楼层坍塌，其主要原因是钢骨混凝土柱改为钢筋混凝土柱，刚度和承载力都变小；1999 年我国台湾集集地震，许多底层空旷的建筑严重破坏或倒塌。

（3）地基液化建筑整体倾倒。砂土液化，使地基丧失承载力，上部结构整体倾斜、倒塌。最有名的例子是 1964 年日本新潟地震中，建筑结构整体倾倒。

（4）鞭梢效应破坏。结构顶部收进过多，抗侧刚度急剧减小，地震中出现鞭梢效应，使结构局部破坏。

（5）碰撞破坏。地震中相邻结构碰撞破坏，或一幢建筑倒塌，压在相邻建筑上，引起相邻建筑破坏甚至倒塌。

（6）相邻建筑之间的连廊塌落。1976 年唐山地震、1995 年阪神地震和 1999 年台湾集集地震中，都有连廊塌落的震害。

（7）框架柱破坏。框架柱的破坏形式比较多，例如：短柱剪切破坏；梁-柱核芯区剪切破坏；承载力不足、柱折断破坏；箍筋不足引起纵筋压屈成灯笼状、混凝土压碎；角柱破坏较中间柱的破坏严重；框架内的刚性填充墙不到顶，使上部柱成为短柱，且增大了柱的刚度，承受比设计计算大得多的地震作用，柱由于承载能力不足而破坏甚至引起结构局部倒塌；由于地震作用下，框架侧向位移大，$P-\Delta$ 效应造成严重破坏或倒塌。

（8）多次地震中框架结构震害共同点有：

短柱的变形特征为剪切型、脆性破坏。震害表明，砖填充墙对框架柱的约束，如：框架柱间砌筑不到顶的隔墙、窗间墙以及楼梯间休息平台使框架柱变成短柱。因填充墙约束形成短梁，同样会剪切破坏。

【禁忌 12】 认为按现行规范、规程设计的结构水平构件与竖向构件在中震及大震作用下具有相同安全度

【正】 1. 从国内外若干地震震害调查发现，整浇钢筋混凝土多、高层建筑结构在大震作用下破坏受损乃至倒塌的主要表现是柱、墙的脆性剪切破坏或压屈破坏，严重者裂缝贯穿，墙柱折断、压屈、房屋倒塌，而框架梁未见正截面裂缝、钢筋屈服，未形成塑性铰，仅有未设置箍筋或箍筋极少的个别连梁及梁柱节点出现脆性剪切斜裂缝破坏。

2. 我国与目前世界多数国家一样，采用基本烈度（地震）配合延性指标进行结构抗震设计，但由于未计入结构整浇楼板的巨大卸荷、增强效应，大地震时结构延性耗能机制难以实现，连梁、框架梁未经弹塑性耗能阶段，使结构的竖向构件率先破坏。地震作用下，任一实际工程结构的各竖向构件受力是不均匀的，当结构布置不规则、不合理时，不均匀性更突出。

3. 为保证结构竖向构件在大震作用下有足够安全度，应首先调整结构布置改变结构不均匀性，改变竖向构件的不利受力状态，其次可通过竖向构件极限承载力的复核，适当加大截面或配筋来满足大震组合作用效应要求，达到整个结构在大震作用下不遭受较大破坏而倒塌的设防目标。

4. 《抗震规范》中，大、中、小震的反应谱水平地震影响系数最大值 α_{max} 及地震加速度时程曲线的最大值 a_{max} 如表 1-4 所示。

规范 α_{max} 与 a_{max} 取值 表 1-4

抗震设防烈度		7 度	7.5 度	8 度	8.5 度
小震	$\alpha_{max}^{小}$	0.08	0.12	0.16	0.24
（多遇烈度）	$a_{max}^{小}$ (cm/s^2)	35	55	70	110
中震	$\alpha_{max}^{中}$	0.23	0.33	0.46	0.66
（基本烈度）	$a_{max}^{中}$ (cm/s^2)	100	150	200	300
大震	$\alpha_{max}^{大}$	0.5	0.72	0.9	1.2
（罕遇烈度）	$a_{max}^{大}$ (cm/s^2)	220	310	400	510

同一场地的同一结构若按弹性计算，其大、中震作用效应较小震作用效应的增大系数 $\beta_{大}$，$\beta_{中}$ 为

$$\beta_{\text{大}} = \alpha_{\max}^{\text{大}}/\alpha_{\max}^{\text{小}} \approx a_{\max}^{\text{大}}/a_{\max}^{\text{小}} \tag{1-1}$$

$$\beta_{\text{中}} = \alpha_{\max}^{\text{中}}/\alpha_{\max}^{\text{小}} \approx a_{\max}^{\text{中}}/a_{\max}^{\text{小}} \tag{1-2}$$

由表 1-4 及式（1-1）、式（1-2）可得 $\beta_{\text{大}}$，$\beta_{\text{中}}$，如表 1-5 所示。

地震效应增大系数 表 1-5

抗震设防烈度	7 度	7.5 度	8 度	8.5 度
$\beta_{\text{大}}$	6.25	6.0	5.625	5.0
$\beta_{\text{中}}$	2.86	2.73	2.86	2.73

考虑到大震发生的概率很低和建筑结构抗震的经济性，通过合理地设计框架梁、连梁的塑性铰，使整体结构在大震发生时，能够较好地经历弹塑性变形的延性耗能阶段。此时，整体结构刚度有所退化，阻尼比有所增加，大震对实际结构的作用将有所减弱。用于构件极限承载能力复核的大震作用效应增大系数 $\beta_{\text{大}}$ 应可适当予以折减。根据多个实际多高层建筑结构静力、动力弹塑性分析结果，$\beta_{\text{大}}$ 可折减为 $\beta_{\text{大}}^{*}$：

$$\beta_{\text{大}}^{*} = (0.7 \sim 0.8)\beta_{\text{大}}$$

5. 弹性中震的抗震设计，目前世界各国大多采用中震（基本烈度）按弹性反应谱计算加以延性指标控制进行建筑结构抗震设计，并根据安全度、可靠度，采用地震作用效应与重力荷载效应组合的方法进行构件承载力设计计算。

根据我国现行规范"中震可修"的设防目标，建议可按中震作用下竖向构件基本保持弹性来控制，即竖向构件的设计承载能力须满足中震作用组合效应要求：

$$S_{\text{中}} = S_{\text{G}} + \beta_{\text{中}}\, S_{\text{E}} \leqslant R_{\text{S}} \tag{1-3}$$

式中 R_{S}——按现行规范材料强度设计值计算的竖向构件设计承载能力；

     $\beta_{\text{中}}$——中震作用效应增大系数；

     S_{G}——重力荷载效应；

     S_{E}——小震作用效应标准值。

弹性小震反应谱计算结果是中震、大震效应控制的基础数据，其精度直接关系到中震、大震效应控制的可靠度。因此，弹性小震计算模型的选取确定应尽量与实际结构工作状态接近，多种计算软件、模型计算对比分析判断更显重要。

按我国现行规范"小震不坏"的设防目标，竖向构件设计承载能力满足弹性小震作用效应组合要求

$$1.3S_{\text{G}} + 1.3S_{\text{E}} \leqslant R_{\text{S}}/\gamma_{\text{RE}}$$

式中 S_{G}，S_{E}，R_{S}——物理意义同式（1-3）；

     γ_{RE}——结构构件抗震承载能力调整系数（偏心受压 $\gamma_{\text{RE}} = 0.8$）。

6. 大、中、小震作用组合效应控制的比较，对于偏心受压竖向构件，由材料标准强度得到的极限承载能力 R_{m} 与由材料计算强度得到的设计承载能力 R_{S}

的关系为：

$$R_{m} = \psi(f_{ck}/f_{c}, f_{yk}/f_{y})R_{S}$$

$$\psi(f_{ck}/f_{c}, f_{yk}/f_{y}) \approx (f_{ck}/f + f_{yk}/f_{y})/2$$

$$\approx (1.4 + 1.1)/2 \approx 1.25$$

$$R_{m} \approx 1.25R_{S}$$

偏心受压竖向构件的大、中震作用组合效应控制与小震作用组合效应控制之比为：

$$\alpha_{大} = \frac{S_{G} + \beta_{大}^{*} S_{E}}{1.25(S_{G} + S_{E})}$$

$$\alpha_{中} = \frac{S_{G} + \beta_{中} S_{E}}{S_{G} + S_{E}}$$

式中　S_{G}、S_{E}、$\beta_{中}$、$\beta_{大}^{*}$——物理意义与前面的相同；

　　　$\alpha_{大}$、$\alpha_{中}$——分别为大、中震作用组合效应控制与小震作用组合效应控制之比。

令小震作用效应标准值 S_{E} 与重力荷载、小震作用总效应标准值 $(S_{G}+S_{E})$ 之比为

$$\gamma = S_{E}/(S_{G} + S_{E})$$

则可简化为：

$$\alpha_{大} = 0.8[1 + (\beta_{大}^{*} - 1)\gamma] \tag{1-4}$$

$$\alpha_{中} = 1 + (\beta_{中} - 1)\gamma \tag{1-5}$$

由式（1-4）、式（1-5）及表 1-5，取 $\beta_{大}^{*}=0.75\beta_{大}$，可得 $\alpha_{中}$、$\alpha_{大}$，如表 1-6 所示。

α 值　　　　　　　　　　　　　　　　　表 1-6

γ		0	0.05	0.1	0.15	0.2	0.3	0.4	0.5	0.6	0.7	0.8	0.9	1.0
7度抗震设防	$\alpha_{中}$	1.0	1.09	1.19	1.28	1.37	1.56	1.74	1.93	2.12	2.3	2.49	2.67	2.86
	$\alpha_{大}$	0.8	0.95	1.1	1.24	1.39	1.68	1.98	2.28	2.57	2.87	3.16	3.46	3.75
8度抗震设防	$\alpha_{中}$	1.0	1.09	1.19	1.28	1.37	1.56	1.74	1.93	2.12	2.3	2.49	2.67	2.86
	$\alpha_{大}$	0.8	0.93	1.06	1.19	1.32	1.57	1.83	2.09	2.35	2.6	2.86	3.12	3.38

由表 1-6 可知：1）中震效应控制比小震效应控制严，而且随着地震作用效应比 γ 的增大，$\alpha_{中}$ 不断增大，控制更加严格；2）大震效应控制与小震效应控制之比 $\alpha_{大}$ 随着地震作用效应比 γ 的增大而增大，而且控制严格程度增加较快，当 $\gamma<0.067$（7 度），0.078（8 度）时，$\alpha_{大}<1$，大震作用效应不起控制作用；3）当 $\gamma<0.2$（7 度），0.3（8 度）时，$\alpha_{中}>\alpha_{大}$，中震效应起控制作用，当 $\gamma>0.2$（7 度），0.3（8 度）时，$\alpha_{大}>\alpha_{中}$，大震效应起控制作用；4）$\alpha_{大}$ 与 $\alpha_{中}$ 总体比较接近，若按照文中设计方法控制中震效应或大震效应，大震作用下构件极限承载能力有所保证，结构从"中震可修"（少数框架梁、连梁进入塑性）到

"大震不倒"（竖向构件极限承载能力满足要求），两者衔接较好。

以上结果说明，小震效应控制有一个弱点，即大震发生时，部分竖向构件实际受力状态被掩盖而不清晰，尤其是对受力不利的竖向构件，由于地震作用效应被缩小、重力荷载效应被放大而不易确定，从而对实际结构的抗震构成隐患。大、中震效应控制则可较清晰地揭露地震作用下受力较大的不利的竖向构件，采取明确的加强措施。

【禁忌 13】　混凝土强度等级越高越好

【正】　1. 在建筑结构设计中，钢筋混凝土构件的混凝土强度等级越高越好是一种误区。众所周知，混凝土强度越高水泥用量多，现在多采用商品混凝土为运输和泵送浇注，混凝土的水灰比和坍落度大，在现浇梁、板和墙构件普遍产生可见裂缝。因此，原《高规》6.1.9 条曾规定现浇框架梁的混凝土强度等级不宜大于 C40，就是为了控制梁的裂缝。新《高规》3.2.2 条 8 款对抗震设计时的混凝土强度等级也有规定。

2. 为满足抗震设计中柱轴压比要求，柱子混凝土强度取高是可取的，混凝土的轴心受压强度设计值 f_c，C30 与 C40 之间和 C40 与 C50 之间分别相差 33.6% 和 20.9%。为满足梁、柱和墙的剪压比要求，混凝土强度取高一些作用也是明显的，因为剪压比与混凝土的轴心受压强度设计值成反比。为提高框架或剪力墙的侧向刚度，提高混凝土强度等级是有意义的，但强度等级越高相互间弹性模量 E_c 的提高比例变小，例如，C20 与 C30 之间和 C40 与 C50 之间弹性模量的比值分别相差 17.6% 和 6.2%。混凝土强度等级对梁、柱和墙的受剪承载力作用比较大，但随强度等级提高相互间轴心受拉强度设计值 f_t 的提高比例变小，例如，C20 与 C30 之间、C30 与 C40 之间和 C40 与 C50 之间 f_t 的值分别相差 30%、19.6% 和 10.5%。受弯构件的纵向受力钢筋量，混凝土强度等级的变化影响比较小，例如，某梁的截面为 250mm×500mm，采用 HRB335 钢筋，弯矩设计值 $M=169$kN·m，当混凝土强度等级分别采用 C20、C25 和 C30，计算求得所需纵向受力钢筋截面面积为 1526mm²、1454mm² 和 1417mm²，钢筋截面积相互仅减少 4.7% 和 2.5%，并随混凝土强度提高相互间的比值变小。

3. 为控制裂缝，楼盖的板、梁混凝土强度等级宜低不宜高；结构的竖向构件柱和墙为满足轴压比和受剪承载力，混凝土强度等级可以取稍高一些，对于有较大外墙面的剪力墙宜采用必要的保温隔热等措施，以控制裂缝；地下室外墙的混凝土强度等级宜采用 C30，不宜大于 C35；基础梁板式筏基或平板式筏基混凝土强度等级不宜大于 C40。

【禁忌 14】　对标准图集、手册资料不作分析照搬照套

【正】　1. 建设部批准的各类建筑结构标准设计图集，以及出版的大量设计

手册，为提高建筑结构设计质量和设计效率起到了极大的作用，深受广大结构设计人员钟爱和应用。

2. 标准图集及手册，是根据国家标准、行业标准和工程设计实践经验编制的，同时是由某些设计单位或研究单位的人员编制的，因此，难免有局限性和片面性。如同现行国家标准及行业标准，对当前建筑多样化带来许多建筑结构的复杂化，它们的内容也是滞后的。所以，结构设计人员在采用标准图集、借鉴有关手册资料时，务必根据具体工程、具体情况有选择地应用，避免照搬照套。

3. 我们有时会发现某些标准图集中的一些做法，手册中的要求并不符合规范、规程的规定，这是编制人他们的经验，他们以前在工程设计中就是这样的做法，如果我们设计时采用人云亦云，不加分析照抄该做法是不可取的。

例如，某设计深度图样标准图集，框架梁跨中上部钢筋 4 Φ 25，为支座上部钢筋的一半；楼盖十字梁（次梁）箍筋全跨均为 ϕ8@200；地上 19 层外柱 800mm×1000mm，边框架梁 450mm 宽靠外侧，梁柱中心线偏心距大于 1/4 柱宽；独立柱基底板尺寸 4m×4m，5.7m×5.7m，底板钢筋均通长；平板筏基在边墙附壁柱设柱帽；施工后浇带设附加加强钢筋，梁两侧 2 Φ 16@200，底板上下 Φ 16@200，楼板和墙 Φ 12@250，并不少于原配筋的 15%（应该指出，后浇带的作用是为释放混凝土硬化过程中的收缩应力控制裂缝，《高规》3.4.13 条要求钢筋采用搭接接头）。又如某手册，关于剪力墙的约束边缘构件阴影范围内的拉筋不计入体积配筋率。按规范、规程要求，阴影部分应以封闭箍筋为主，少量拉筋是箍筋的一部分，可以计入体积配箍率，柱的少量拉箍也是复合箍的一部分。再如，有的标准图和手册，对无端柱或无翼墙的剪力墙墙肢端部，水平分布钢筋在端部直钩长度要求 15d，根据《混凝土规范》第 9.4.6 条规定，水平弯折长度可为 10d。

4. 作为标准图和手册，有关规定和要求应以规范、规程为依据，编制者尽可能避免以各自的"习惯做法"引导别人不必要的浪费或给施工带来不便。对采用标准图和手册的设计人，在设计时应根据工程具体情况，依据规范、规程有关规定进行设计，标准图和手册仅仅是作为参考，设计内容正确与否，安全如何，是否有浪费是由设计者负责。

【禁忌 15】　对建筑结构抗风和抗震刚度不同要求不了解

【正】 1. 风荷载引起的侧移和振动见图 1-5。在稳定的风压作用下，房屋会有一定的侧移，其大小取决于风荷载的大小和建筑物高度及其整体刚度。但在阵风作用下，房屋还会左右摇摆。虽然小的摆动不会对结构造成危害，但是却会给居住者带来不安全感和不舒服。所以高层建筑应具有一定大的刚度，也即在风荷载作用下能具有一定程度的相应频率，致使这种摆动不太明显，或使居住者没有明显的感觉。

2. 而高层建筑在地震作用下的变形方式是与风荷载所引起的侧移截然不同的。在强烈地震作用下结构会在任意方向变形，而且有时位移会很大，所以设计的关键问题是要避免会引起倒塌的过大变形（其中包含 P-Δ 效应）。计算高层建筑这种由于地震引起的侧移还是比较复杂的，因为有很多振型。当然，主要是第 1 振型，同时还包括具有鞭梢效应的第 2 和第 3 振型，见图 1-6。

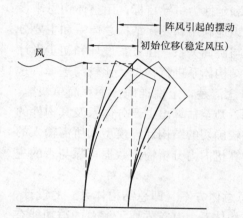

图 1-5　风荷载引起的侧移与摆动

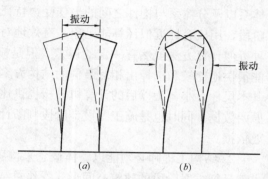

图 1-6　地震作用下的第 1 振型 (a)
和第 2 振型 (b)

3. 设计高层建筑结构考虑抗风和抗震要求的出发点往往是相互矛盾的。刚度大的结构对抗风荷载有利，其动力效应小，也即频率高，振动的振幅小。反之，较柔的结构抗震性能好，一是地震作用小，二是可以避免与地震运动共振，这样就不会产生过大的应力。地震的主要周期只是几分之一秒，而较柔的高层建筑自振周期是几秒，结构的自振周期和地面运动加速度的周期相差大，则由惯性引起的内力就不会增大，即使地震引起高振型也不会进入共振，地震反应就不会太大。所以要设计一个抗风和抗震性能都很好的高层建筑结构并不是件容易的事。

4. 作为一个结构工程师（特别是结构项目工程师），首先应根据建筑功能要求、地理环境条件（其中包括地域与场地）及所构思的结构总体系，心中应有一个多道防线、刚柔结合的理想刚度目标，即应具有一定大的刚度和承载力来抵御风荷载和小震，在风和规范设防烈度水准的地震作用下，能保证结构完全处于弹性工作状态。并且还应在第一道防线的有意识屈服后，在结构变柔的同时仍具有足够大的弹塑性变形能力和延性耗能能力来抵御未来可能遭遇的罕遇大地震。然后根据这个多道防线、刚柔结合的理想目标，再从具体的结构整体设计中去满足（其中包括合理的构造措施），而不是仅仅满足于计算机分析下来的层间位移没有超过规范条文的限值就可以了。因为罕遇地震的强度是无法预估的，一味地盲目加大结构的整体刚度是根本不可行的，这不但会造成很大的浪费，还可能会给结构带来很大的危害。

【禁忌 16】 对结构概念设计的重要性不了解

【正】 1. 概念设计的宗旨就是在特定的空间形式、功能和地理环境条件下，以结构工程师自身确定的理想承载力、刚度和延性为主导目标，用整体构思来设计各部分有机相连的结构总体系，并能有意识地利用和发挥结构总体系和主要分体系以及分体系与构件之间的最佳受力特征与协调关系。在方案设计和初步设计阶段，用概念性近似计算能迅速、有效地对结构体系进行构思、比较与选择。这种近似计算方法虽然有一定的误差，但是概念清楚，定性准确，手算简单快捷，能很快地比较和选择出相对最佳的结构方案，乃至估算出主要分体系及其构件的基本尺寸大小，为以后的计算机分析提供比较确切的结构计算模型和所需输入的原始数据。同时也是施工图设计阶段判断计算机内力分析输出数据可靠与否的主要依据。

2. 结构工程师必须能以整体概念来构思总体方案（即总结构体系）的设计，也就是把方案阶段的建筑空间形式看作总结构体系。其首先要了解总的与功能有关的内容，然后再创造性地去探索总体系、分析系和构件设计的关系，并不断地反馈、优化，这样才能将自身专业知识的作用得以充分发挥，并能反过来增强自身对结构设计的兴趣。

3. 在高层建筑中水平荷载对建筑物的效应不是线性的，而是随着建筑物的高度的增加而迅速递增的。例如，在风荷载的作用下，建筑物底部的倾覆力矩与其高度的平方成正比（在其他条件不变的情况下），建筑物顶部的侧向位移则与其高度的四次方成正比。而地震的效应就更加显著。所以，随着建筑物高度的增加，侧向位移与振动就会越来越变成主要的设计控制条件，而风荷载和地震作用是引起侧向位移和振动的两个主要因素。因此，必须以承载力、刚度和延性为统一主导目标来进行高层建筑的结构概念设计。另外，高层建筑（指高度较大的）阴阳面的温差也会引起变形。

4. 在高层建筑结构的概念设计中，除上述的以承载力、刚度、延性为主导目标，实施多道防线、刚柔结构的基本理念外，尚需重视下面的一些基本原则：

（1）应将复杂的变成简单。将结构的受力与传力途径设计成越简单、直接和明确就越好。尽可能避免出现以抗扭为主导的关键性传力构件。传力途径越复杂就越易形成内力与变形的不协调和难以预料的薄弱环节。

同理，在对结构进行分析计算时，应该运用最简单、最直接、概念很清楚的计算方法；切忌使用那些概念含糊不清，有的甚至连概念都看不出来，系数套系数的繁琐计算方法。

（2）应尽可能使结构平面布置的正交抗侧力刚度中心（或称刚心）和建筑物表面力（风力）作用中心或质量重心（或称质心）靠近，最好重合，以避免或减小在风荷载或地震作用下产生的扭转效应及其相应的破坏。例如，在1972年的马那瓜大地震中，与美籍华人林同炎教授所设计的美洲银行毗邻的15层马那瓜中央银行就因抗侧力刚度中心和质量中心之间的偏心距太大而遭受严重破坏，甚至部分倒塌。

（3）沿建筑物竖向布置的抗侧力刚度构件也最好设计成均匀、连续，以避免出现软弱层和层间位移角、内力及其传力途径的突变。在建筑空间形式和使用功能要求必需的情况下，也不是不可以例外，但必须有效地协调上、下（特别是层间）剪切刚度、弯曲刚度和轴压刚度的平稳（非突变）过渡。

（4）应重视上部结构与其支承结构（或构件）整体共同作用的机理，即传力者和受力者共同抗力的概念。例如，框支剪力墙转换梁的实际受力状态是跨中截面不但存在着弯矩，而且同时还有轴拉力。这说明上部剪力墙和转换梁是在共同整体抗弯，中和轴已上移到上部剪力墙上。这个概念同样适用于钢筋混凝土高层建筑的箱形和筏形基础的设计。这是因为实际的建筑物都是一种整体的三维空间结构，所有的结构构件都以相当复杂的方式在共同协调工作，而都不是脱离总结构体系的孤立构件。

（5）应遵循能有效增大高层建筑（包括钢筋混凝土和钢结构）抵抗侧向力和侧移的能力，而无须增加更多成本的若干基本理念：

1）尽可能加大抗侧力结构竖向分体系抗倾覆力臂的有效宽度，也就是尽可能将抗倾覆的竖向构件设置在结构平面的最外边缘，取消内柱。这是极其有效的，可以直接减小倾覆产生的内力。在其他条件都不变的情况下，其顶部侧向位移是按力臂宽度增大比例的三次方递减，见图1-7。

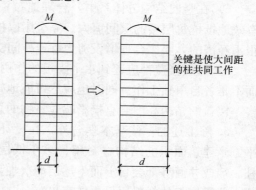

关键是使大间距的柱共同工作

图1-7 抗倾覆力臂的有效宽度对
结构的承载力与刚度有很大影响

2）设计结构分体系时，应使其构件能以最有效的方式相互共同作用。例如，采用具有有效受力状态的由弦杆和斜腹杆组成的桁架式结构；在剪力墙的关键部位设置补强钢筋；使框架的梁柱线刚度比达到最优。如在其他条件都相同的情况下，当框架的梁柱线刚度比 $\eta \geqslant 4$ 时，其顶部的侧向位移只是相应排架的1/4，而其整体刚度是相应排架的4倍，称其为完全框架作用；当 $\eta = 2$ 时，框架的整体刚度是相应排架刚度的2.7

倍；而 $\eta=1$ 时，框架顶部的位移只是相应排架的 $1/2$，而其刚度是相应排架的 2 倍，见图 1-8。当然，在框架结构的民用建筑中，几乎没有梁柱线刚度比能达到 $3\sim4$ 的，除了大跨度（$L\geqslant24\mathrm{m}$）单向密肋楼（屋）盖的边支承框架刚度比能达到 $2\sim3$ 外，其他一般都不会超过 $1.5\sim2.0$。

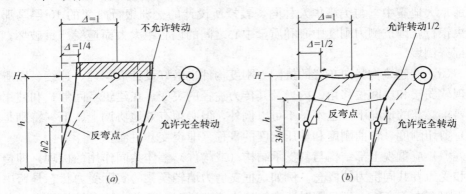

图 1-8　梁柱线刚度比决定框架的整体刚度（框架和排架作用的比较）
(a) $\eta\geqslant4$，完全框架作用；(b) $\eta=1$，$1/2$ 框架作用

3）使绝大部分的竖向荷载直接由主要的抗倾覆构件来承担，这样可以使这些抗倾覆构件受到预压，从而减小倾覆引起的拉力，有助于房屋的稳定。

4）对钢结构高层建筑来讲，渐次加大底部楼层柱及其连接大梁的翼缘宽度，就能直接有效地减小侧向位移和增大抵抗力矩。

5）在竖向结构分体系中，合理地布置钢筋混凝土剪力墙或柱间支撑，可以有效地抵抗每层楼的层间剪力。完全用以抗弯为主的框架来抵抗这层剪力往往是很不经济的，要比合理增设剪力墙或柱间支撑耗费更多的材料和精力。

6）每层楼盖都应起到水平隔板的作用，以保证各竖向构件能共同协调作用，而不是各自单独工作。同时也应尽可能地减小楼盖的结构高度，高层建筑的层数多，楼盖的结构高度会直接影响建筑物的总高度和风荷载与地震作用下的效应。

5. 除上述的一些基本理念外，在设计高层建筑时还应注意的是高层建筑每平方米建筑面积的结构材料用量多于低层建筑，承受重力荷载的竖向构件，如柱、墙或井筒等都会自上而下逐层渐次加强。而对钢结构的高层建筑来讲，其抗侧力所需增加的材料用量更加突出。

因此，在设计高层建筑时，设法减少为抵抗侧向力所需增加的材料用量是很重要的。这也是衡量一个结构设计人员能力好坏的主要标准之一。这个目标只有通过优化整体方案及其结构体系才能达到，同时也是对业主的一种贡献。

6. 值得注意的是，对于钢筋混凝土结构来讲，虽然材料用量也是随楼层数量的增多而加大，但其为承担重力荷载而增加的材料用量要比钢结构大得多，而为抵抗风荷载而增加的材料用量却并不那么多。这是因为混凝土结构的自重有利于抵抗倾覆。但是混凝土高层建筑固有的大质量会使抗震设计更加严峻。在地震作用下，大质量惯性所引起的总侧移和惯性力会变得更加厉害。

【禁忌17】 不了解梁、柱、墙的剪跨比和剪压比为什么重要

【正】 剪跨比与剪压比是判别梁、柱和墙肢等抗侧力构件抗震性能的重要指标。剪跨比用于区分变形特征和变形能力，剪压比用于限制内力，保证延性。剪跨比与剪压比可分别按以下公式计算：

1. 剪跨比：
$$\lambda = \frac{M}{V h_0}$$

$\lambda > 2$，弯剪型，弯曲型；$\lambda \leqslant 2$，剪切型。剪跨比可以用以下图形表示（图1-9）。

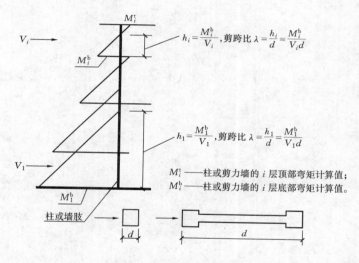

$h_i = \dfrac{M_i^b}{V_i}$，剪跨比 $\lambda = \dfrac{h_i}{d} = \dfrac{M_i^t}{V_i d}$

$h_1 = \dfrac{M_1^b}{V_1}$，剪跨比 $\lambda = \dfrac{h_1}{d} = \dfrac{M_1^b}{V_1 d}$

M_i^t——柱或剪力墙的 i 层顶部弯矩计算值；
M_i^b——柱或剪力墙的 i 层底部弯矩计算值。

柱或墙肢

图 1-9 柱或墙的剪跨比

2. 剪压比：
$$\beta = \frac{\gamma_{RE} V}{f_c b h_0}$$

跨高比大于2.5的梁和连梁及剪跨比大于2的柱和墙肢应限制 $\beta \leqslant 0.2$。
跨高比不大于2.5的梁和连梁及剪跨比不大于2的柱的墙肢应限制 $\beta \leqslant 0.15$。

以上式中 λ——剪跨比，反弯点位于楼层中部的框架柱可按柱净高与两倍柱截面高度之比计算，$\lambda = \dfrac{H_n}{2h}$；

M——柱端或墙截面组合的弯矩计算值，取楼层上下端弯矩较大值；

V——柱或墙的截面组合的剪力计算值或设计值，计算 λ 时用计算值，计算 β 时用设计值；

f_c——混凝土轴心抗压强度设计值；

γ_{RE} ——承载力抗震调整系数；

H_n ——柱净高度；

h ——柱截面高度；

b ——梁、柱截面宽度或墙肢截面厚度，圆形截面柱可按面积相等的方形截面计算；

h_0 ——梁、柱截面或墙肢截面的有效高度。

第2章 荷载和地震作用

【禁忌1】 设计墙、柱及基础时不考虑楼层活荷载的折减

【正】 1.《建筑结构荷载规范》(GB 50009—2001)(2006年版)(以下简称《荷载规范》) 4.1.2 条规定,设计楼面梁、墙、柱及基础时,《荷载规范》表 4.1.1 中的楼面活荷载标准值在下列情况下应乘以规定的折减系数。

(1) 设计楼面梁时的折减系数:

1) 第 1 (1) 项当楼面梁从属面积超过 25m² 时,应取 0.9;

2) 第 1 (2) ~7 项当楼面梁从属面积超过 50m² 时,应取 0.9;

3) 第 8 项对单向板楼盖的次梁和槽形板的纵肋应取 0.8;

对单向板楼盖的主梁应取 0.6;

对双向板楼盖的梁应取 0.8;

4) 第 9~12 项应采用与所属房屋类别相同的折减系数。

(2) 设计墙、柱和基础时的折减系数:

1) 第 1 (1) 项应按表 2-1 规定采用;

2) 第 1 (2) ~7 项应采用与其楼面梁相同的折减系数;

3) 第 8 项对单向板楼盖应取 0.5;

对双向板楼盖和无梁楼盖应取 0.8;

4) 第 9~12 项应采用与所属房屋类别相同的折减系数。

注:楼面梁的从属面积可按梁两侧各延伸二分之一梁间距的范围内的实际面积确定。

活荷载按楼层的折减系数 表 2-1

墙、柱、基础计算截面以上的层数	1	2~3	4~5	6~8	9~20	>20
计算截面以上各楼层活荷载总和的折减系数	1.00 (0.90)	0.85	0.70	0.65	0.60	0.55

注:当楼面梁的从属面积超过 25m² 时,可采用括号内的系数。

2. 设计时采用分析软件进行计算,对墙、柱及基础各楼面活荷载是可以折减,但需要设计人在活荷载信息中确定。

3. 在建成投入使用后由于功能改变需要改造验算的结构构件,应该按《荷载规范》的规定对楼面梁的活荷载进行折减,墙、柱及基础更应该按规定活荷载进行折减,否则可能造成许多构件不必要的加固补强处理。应需要注意的是有的

分析软件（如 SATWE）对墙、柱及基础楼层活荷载可以折减，但对楼层梁没有活荷载折减的功能，需要设计人进行手算或采用工具箱进行计算。

【禁忌 2】 结构整体分析取混凝土重度时不考虑建筑饰面重量

【正】 钢筋混凝土结构房屋，在结构设计时对混凝土墙、柱、梁的表面建筑饰面层，一般是不单独计算其重量，只对楼板上下的面层、抹灰或吊顶考虑其重量。因此，结构整体分析和基础计算荷载时，为简化起见但又不漏应有的荷载，总信息中混凝土重度取值根据不同结构类型按 $26 \sim 27 kN/m^3$。如一般剪力墙结构可取 $27 kN/m^3$，框架结构、框架-剪力墙结构及框架-核心筒结构可以取 $26 kN/m^3$。结构整体分析和基础计算时，将混凝土重度取大于 $27 kN/m^3$ 没有必要。

【禁忌 3】 消防疏散楼梯活荷载取值及消防车荷载的确定不区别情况

【正】 1.《荷载规范》表 4.1.1 第 11 项消防疏散楼梯活荷载标准值 $3.5 kN/m^2$，主要用于高层建筑及大型公共建筑中人群有可能密集的楼梯。因此，高层住宅的楼梯应按消防疏散楼梯活荷载取值，低层和多层住宅的楼梯的活荷载可取 $2.0 kN/m^2$。

2.《荷载规范》表 4.1.1 规定，消防车按均布活荷载标准值，当单向板楼盖（板跨不小于 2m）取 $35 kN/m^2$，双向板楼盖和无梁楼盖（柱网尺寸不小于 $6m \times 6m$）取 $20 kN/m^2$。当楼盖上方有较厚的地面做法或覆盖较厚的填土层时，取上述荷载值是不确切的，应根据当地使用的最大消防车轮压值及楼盖上覆盖层厚度计算确定作用在楼板结构面上的面积及重量，按此计算有关构件的内力及截面配筋。例如，30t 消防车或目前国内较高的博浪涛 68m（BRONTO F68）云梯车（按车样本有关参数）计算，当填土加道路面层总厚度 1.5m 时，折算面荷载为 $16 kN/m^2$，总厚度为 2m 时为 $10 kN/m^2$（相当于绿化庭院活荷载）。

对某些建筑物的过街楼地下室顶板上地面做法较薄时，应按消防车轮压验算楼板的冲切承载力及计算板局部荷载作用下的内力和配筋。

【禁忌 4】 对在何种情况下采用永久荷载分项系数 1.35 不了解

【正】 1.《荷载规范》3.2.3 条 2）规定的由永久荷载效应控制的组合的计算公式，其中永久荷载的分项系数当其效应对结构不利时应取 1.35。在实际工程的构件设计时是否按 $\gamma_G = 1.35$ 计算，可对下列两式进行比较并取大值：

$$S = \gamma_G S_{Gk} + \gamma_Q \psi S_{Gk} = 1.2 S_{Gk} + 1.4 S_{Qk} \tag{2-1}$$

$$S = 1.35 S_{Gk} + 1.4 \times 0.7 S_{Qk} \tag{2-2}$$

当 $S_{Qk} \leqslant 0.26 (S_{Gk} + S_{Qk})$ 时，则公式（2-2）所得结果比公式（2-1）大，即活

荷载标准值产生的效应小于等于永久荷载加活荷载标准值效应的 26% 时，应由公式（2-2）控制。例如，顶板上覆土较厚的地下车库顶部楼盖结构、保温隔热做法较重而不上人屋面的屋顶楼盖结构等。

2. 《地基规范》3.0.6 条，对由永久荷载效应控制的基本组合，设计值 S 按公式（2-3）确定：

$$S = 1.35S_k \qquad\qquad (2\text{-}3)$$

式中　S_k——活荷载效应加永久荷载效应的标准组合值，此项活荷载应按《荷载规范》4.1.2 条的规定考虑折减系数。

公式（2-3）中的 1.35 是偏大的，经我们分析综合取 $S = 1.30S_k$ 比较真实合理。

【禁忌 5】 风荷载取值不注意新旧规范和多层、高层建筑结构的区别

【正】 1. 旧《建筑结构荷载规范》（GBJ 9—87）第 6.1.2 条规定的基本风压系以当地比较空旷平坦地面上离地 10m 高统计所得的 30 年一遇 10 分钟平均最大风速为标准。对于高层建筑和高耸结构，其基本风压值乘以系数 1.1 后采用；对于特别重要和有特殊要求的高层建筑和高耸结构，其基本风压值可乘以系数 1.2 后采用。第 6.2.1 条规定地面粗糙度分为 A、B、C 三类。

《荷载规范》7.1.2 条规定，基本风压应按该规范附录 D.4 中附表给出的 50 年一遇的风压采用，但不得小于 0.3kN/m²。对于高层建筑、高耸结构以及对风荷载比较敏感的其他结构，基本风压应适当提高，并应由有关的结构设计规范具体规定。7.2.1 条规定地面粗糙度分为 A、B、C、D 四类，A 类指近海面和海岸，湖岸及沙漠地区（新旧规范一致），B、C、D 类的划分可由该条的条文说明得知：

1) 以拟建房屋为中心、2km 为半径的迎风半圆影响范围内的房屋高度和密集度来区分粗糙度类别，风向原则上以该地区最大风的风向为准，但也可取其主导风向；

2) 以半圆影响范围内建筑物的平均高度来划分地面粗糙类别。当平均高度不大于 9m 时为 B 类；当平均高度大于 9m 但不大于 18m 时为 C 类；当平均高度大于 18m 时为 D 类；

3) 影响范围内不同高度的面域可按下述原则确定：每座建筑物向外延伸距离等于其高度的面域内均为该高度，当不同高度的面域相交时，交叠部分的高度取大者；

4) 平均高度取各面域面积为权数计算。

2. 旧《高规》（JGJ 3—91）基本风压及地面粗糙度均按旧《荷载规范》执行，现行《高规》4.2.2 条高层建筑的承载力设计时应按基本风压的 1.1 倍采

用，并按照 5.6.4 条的表 5.6.4 规定 60m 以上的高层建筑风荷载效应才与水平地震作用效应组合，风荷载的组合系数应取 0.2；地面粗糙度按新《荷载规范》取用。

3. 旧《高规》(JGJ 3—91) 第 3.2.7 条对于高度大于 30m 且高宽比大于 1.5 的高层建筑计算风振系数 β_z。现行《高规》规定高层建筑均应按式 (2-4) 计算风振系数 β_z：

$$\beta_z = 1 + \frac{\varphi_z \xi \nu}{\mu_z} \tag{2-4}$$

式中　φ_z——振型系数，可由结构动力计算确定，计算时可仅考虑受力方向基本振型的影响；对于质量和刚度沿高度分布比较均匀的弯剪型结构，也可近似采用振型计算点距室外地面高度 z 与房屋高度 H 的比值；

　　　ξ——脉动增大系数，可按表 2-2 采用；

　　　ν——脉动影响系数，外形、质量沿高度比较均匀的结构可按表 2-3 采用；

　　　μ_z——风压高度变化系数，应按表 2-4 采用。

脉动增大系数 ξ　　　　　　　　　　　　　　　　　　表 2-2

$w_0 T_1^2$（kNs²/m²）	地面粗糙度类别			
	A　类	B　类	C　类	D　类
0.1	1.25	1.23	1.19	1.16
0.2	1.30	1.28	1.24	1.19
0.4	1.37	1.34	1.29	1.24
0.6	1.42	1.38	1.33	1.28
0.8	1.45	1.42	1.36	1.30
1.0	1.48	1.44	1.38	1.32
2.0	1.58	1.54	1.46	1.39
4.0	1.70	1.65	1.57	1.47
6.0	1.78	1.72	1.63	1.53
8.0	1.83	1.77	1.68	1.57
10.0	1.87	1.82	1.73	1.61
20.0	2.04	1.96	1.85	1.73
30.0		2.06	1.94	1.81

注：w_0——基本风压，按《荷载规范》的规定采用；T_1——结构基本自振周期，可由结构动力学计算确定。对比较规则的结构，也可采用近似公式计算：框架结构 $T_1 = (0.08 \sim 0.1)n$，框架-剪力墙和框架-核心筒结构 $T_1 = (0.06 \sim 0.08)n$，剪力墙结构和筒中筒结构 $T_1 = (0.05 \sim 0.06)n$，n 为结构层数。

高层建筑的脉动影响系数 ν

表 2-3

H/B	粗糙度类别	房屋总高度 H (m)							
		≤30	50	100	150	200	250	300	350
≤0.5	A	0.44	0.42	0.33	0.27	0.24	0.21	0.19	0.17
	B	0.42	0.41	0.33	0.28	0.25	0.22	0.20	0.18
	C	0.40	0.40	0.34	0.29	0.27	0.23	0.22	0.20
	D	0.36	0.37	0.34	0.30	0.27	0.25	0.27	0.22
1.0	A	0.48	0.47	0.41	0.35	0.31	0.27	0.26	0.24
	B	0.46	0.46	0.42	0.36	0.36	0.29	0.27	0.26
	C	0.43	0.44	0.42	0.37	0.34	0.31	0.29	0.28
	D	0.39	0.42	0.42	0.38	0.36	0.33	0.32	0.31
2.0	A	0.50	0.51	0.46	0.42	0.38	0.35	0.33	0.31
	B	0.48	0.50	0.47	0.42	0.40	0.36	0.35	0.33
	C	0.45	0.49	0.48	0.44	0.42	0.38	0.38	0.36
	D	0.41	0.46	0.48	0.46	0.44	0.42	0.42	0.39
3.0	A	0.53	0.51	0.49	0.45	0.42	0.38	0.38	0.36
	B	0.51	0.50	0.49	0.45	0.43	0.40	0.40	0.38
	C	0.48	0.49	0.49	0.48	0.46	0.43	0.43	0.41
	D	0.43	0.46	0.49	0.49	0.48	0.46	0.46	0.45
5.0	A	0.52	0.53	0.51	0.49	0.46	0.44	0.42	0.39
	B	0.50	0.53	0.52	0.50	0.48	0.45	0.44	0.42
	C	0.47	0.50	0.52	0.52	0.50	0.48	0.47	0.45
	D	0.43	0.48	0.52	0.53	0.53	0.52	0.51	0.50
8.0	A	0.53	0.54	0.53	0.51	0.48	0.46	0.43	0.42
	B	0.51	0.53	0.54	0.52	0.50	0.49	0.46	0.44
	C	0.48	0.51	0.54	0.53	0.52	0.52	0.50	0.48
	D	0.43	0.48	0.54	0.53	0.55	0.55	0.54	0.53

注：B 为结构迎风面宽度。

风压高度变化系数 μ_z

表 2-4

离地面或海平面高度（m）	地面粗糙度类别			
	A	B	C	D
5	1.17	1.00	0.74	0.62
10	1.38	1.00	0.74	0.62
15	1.52	1.14	0.74	0.62
20	1.63	1.25	0.84	0.62
30	1.80	1.42	1.00	0.62
40	1.92	1.56	1.13	0.73
50	2.03	1.67	1.25	0.84
60	2.12	1.77	1.35	0.93
70	2.20	1.86	1.45	1.02
80	2.27	1.95	1.54	1.11
90	2.34	2.02	1.62	1.19

离地面或海平面高度（m）	地面粗糙度类别			
	A	B	C	D
100	2.40	2.09	1.70	1.27
150	2.64	2.38	2.03	1.61
200	2.83	2.61	2.30	1.92
250	2.99	2.80	2.54	2.19
300	3.12	2.97	2.75	2.45
350	3.12	3.12	2.94	2.68
400	3.12	3.12	3.12	2.91
≥450	3.12	3.12	3.12	3.12

4. 计算高层建筑的风荷载时，应考虑相邻建筑间狭缝效应的影响。尤其是高层建筑群，房屋相互间距较近时，由于旋涡的相互干扰，房屋某些部位的局部风压会显著增大，设计时应予注意。对比较重要的高层建筑，建议在风洞试验中考虑周围建筑物的干扰因素。

5. 房屋高度大于 200m 时应采用风洞试验来确定建筑物的风荷载。房屋高度大于 150m，有下列情况之一时，宜采用风洞试验确定建筑物的风荷载：

1）平面形状不规则，立面形状复杂，内收较多；

2）立面开洞或连体建筑；

3）相邻建筑高度相近，距离较小。

6. 多层建筑的基本风压值应按《荷载规范》取用。设计建筑幕墙时，风荷载应按国家现行有关建筑幕墙设计标准采用。

【禁忌6】 对建筑工程抗震设防分类标准不了解

【正】 1. 建筑应根据其使用功能的重要性分为甲类、乙类、丙类、丁类四个抗震设防类别。甲类建筑应属于重大建筑工程和地震时可能发生严重次生灾害的建筑，乙类建筑应属于地震时使用功能不能中断或需尽快恢复的建筑，丙类建筑应属于除甲、乙、丁类以外的一般建筑，丁类建筑应属于抗震次要建筑。

2. 建筑抗震设防类别的划分，应符合国家标准《建筑工程抗震设防分类标准》（GB 50223—2008）的规定，该标准比 GB 50223—2004 有较多变化，其中乙类的建筑增多，尤其公共建筑和居住建筑部分。因此，建筑结构设计人员必须熟悉和掌握该标准，因为抗震设防分类标准与抗震计算和抗震措施关系较大，现行分类标准详见第 14 章【禁忌 1】。

【禁忌7】 不重视地震作用计算的原则和方法

【正】 1. 我国目前已建的多高层建筑绝大多数是在 6～8 度范围内设计；9

度抗震设计的工程不多；10 度抗震设计的多高层建筑目前尚无经验。因此高层建筑抗震设计考虑在 6～9 度范围内设防。各类高层建筑地震作用的计算，应符合下列规定：

（1）甲类建筑：应按高于本地区抗震设防烈度计算（表 2-5），其值还应按批准的地震安全性评价结果确定；

（2）乙、丙类建筑：应按本地区抗震设防烈度计算。

建筑类别调整后用于结构抗震验算的烈度 表 2-5

建筑类别	设 防 烈 度			
	6	7	8	9
甲 类	7	8	9	9*
乙、丙、丁类	6*	7	8	9

注：1. 9* 提高幅度，应专门研究；
2. 6* 除特殊要求外，不需抗震验算。

2.《抗震规范》第 5.1.6 条规定设防烈度 6 度时的建筑，除建造于Ⅳ类场地上较高的高层建筑外，应允许不进行截面抗震验算，但应符合有关的抗震措施要求。6 度设防时不规则建筑、建造于Ⅳ类场地上较高的高层建筑结构，7 度和 7 度以上的建筑应进行多遇地震作用下的截面验算。

3. 多高层建筑结构应按下列原则考虑地震作用：

（1）一般情况下，应至少在结构两个主轴方向分别计算水平地震作用；有斜交抗侧力构件的结构，当相交角度大于 15°时，应分别计算各抗侧力方向的水平地震作用；

（2）质量与刚度分布明显不对称的结构，应计入双向水平地震作用下的扭转影响；其他情况，应允许采用调整地震作用效应的方法计入扭转影响；

（3）7 度（0.15g）、8 度、9 度抗震设防时，多高层建筑中的大跨度和长悬臂结构应考虑竖向地震作用；

（4）9 度抗震设防时应计算竖向地震作用。

计算单向地震作用时，结构应考虑偶然偏心的影响，附加偏心距可取与地震作用方向垂直的建筑物边长的 5%。

4. 多、高层建筑结构应根据不同情况，分别采用下列地震作用计算方法：

（1）多、高层建筑结构宜采用振型分解反应谱法。对质量和刚度不对称、不均匀的结构以及高度超过 100m 的高层建筑结构应采用考虑扭转耦联振动影响的振型分解反应谱法；

（2）高度不超过 40m、以剪切变形为主且质量和刚度沿高度分布比较均匀的建筑结构，以及近似单质点体系的结构，可采用底部剪力法等简化方法；

（3）7～9度抗震设防的多、高层建筑，下列情况应采用弹性时程分析法进行多遇地震下的补充计算：

1）甲类多、高层建筑结构；

2）表2-6所列的乙、丙类高层建筑结构；

3）不满足《高规》第3.5.2～3.5.6条规定的高层建筑结构；

4）《高规》第10章规定的复杂高层建筑结构；

5）质量沿竖向分布特别不均匀的多、高层建筑结构。

采用时程分析法的高层建筑结构　　　　　　　　　　表2-6

设防烈度、场地类别	建筑高度范围
8度Ⅰ、Ⅱ类场地和7度	>100m
8度Ⅲ、Ⅳ类场地	>80m
9度	>60m

5. 按《高规》第4.3.5条规定进行动力时程分析时，应符合下列要求：

（1）应按建筑场地类别和设计地震分组选用不少于两组实际地震记录和一组人工模拟的加速度时程曲线，其平均地震影响系数曲线应与振型分解反应谱法所采用的地震影响系数曲线在统计意义上相符，且弹性时程分析时，每条时程曲线计算所得的结构底部剪力不应小于振型分解反应谱法求得的底部剪力的65%，多条时程曲线计算所得的结构底部剪力的平均值不应小于振型分解反应谱法求得的底部剪力的80%；

（2）地震波的持续时间不宜小于建筑结构基本自振周期的5倍，也不宜少于15s，地震波的时间间距可取0.01s或0.02s；

（3）输入地震波的最大加速度可由场地危险性分析确定，未作场地危险性分析的工程，可按表2-7采用；

（4）地震作用效应可取多条时程曲线计算结果的平均值与振型分解反应谱法计算结果的较大值。

时程分析时输入地震加速度的最大值（cm/s²）　　　表2-7

设防烈度	6度	7度	8度	9度
多遇地震	18	35 (55)	70 (110)	140
设防地震	50	100 (150)	200 (300)	400
罕遇地震	125	220 (310)	400 (510)	620

注：7、8度时括号内数值分别用于设计基本地震加速度为0.15g和0.30g的地区，此处g为重力加速度。

6. 计算地震作用时，建筑结构的重力荷载代表值应取永久荷载标准值和可变荷载组合值之和。可变荷载的组合值系数应按下列规定采用：

（1）雪荷载取 0.5；

（2）楼面活荷载按实际情况计算时取 1.0；按等效均布活荷载计算时，藏书库、档案库、库房取 0.8，一般民用建筑取 0.5。

7. 建筑结构的地震影响系数应根据烈度、场地类别、设计地震分组和结构自振周期及阻尼比确定。其水平地震影响系数最大值 α_{max} 应按表 2-8 采用；特征周期应根据场地类别和设计地震分组按表 2-9 采用，计算 8、9 度罕遇地震作用时，特征周期应增加 0.05s。需要注意：

（1）周期大于 6.0s 的高层建筑结构所采用的地震影响系数应做专门研究；

（2）已编制抗震设防区划的地区，应允许按批准的设计地震动参数采用相应的地震影响系数。

水平地震影响系数最大值 α_{max}　　　　　　表 2-8

地震影响	6 度	7 度	8 度	9 度
多遇地震	0.04	0.08（0.12）	0.16（0.24）	0.32
设防地震	0.12	0.23（0.34）	0.45（0.68）	0.90
罕遇地震	0.28	0.50（0.72）	0.90（1.20）	1.40

注：7、8 度时括号内数值分别用于设计基本地震加速度为 0.15g 和 0.30g 的地区。

特征周期值 T_g（s）　　　　　　表 2-9

场地类别　　设计地震分组	I_0	I_1	II	III	IV
第一组	0.20	0.25	0.35	0.45	0.65
第二组	0.25	0.30	0.40	0.55	0.75
第三组	0.30	0.35	0.45	0.65	0.90

8. 建筑结构的地震作用影响系数应根据烈度、场地类别、设计地震分组和结构自振周期及阻尼比按图 2-1 确定。其中，水平地震作用影响系数最大值 α_{max}

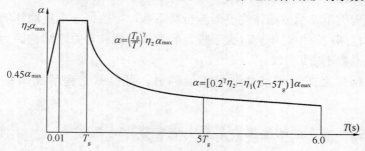

图 2-1　地震影响系数曲线

α—地震影响系数；α_{max}—地震影响系数最大值；T—结构自振周期；

T_g—特征周期；γ—衰减指数；η_1—直线下降段下降斜率调整系数；

η_2——阻尼调整系数

应按表2-7采用；特征周期应根据场地类别和设计地震分组按表2-8采用，计算8、9度罕遇地震作用时，特征周期应增加0.05s。

周期大于6.0s的高层建筑结构所采用的地震影响系数应做专门研究。

9.《抗震规范》5.1.6条规定，设防烈度为6度时的建筑，除建造于Ⅳ类场地上较高的高层建筑外，应允许不进行截面抗震验算，但应符合有关的抗震措施要求。因此，6度设防建造在Ⅰ、Ⅱ、Ⅲ类场地上的多层建筑结构可以不计算地震作用效应。

【禁忌8】 结构自振周期不折减

【正】 1.《高规》4.3.16条（强制性条文）规定，计算各振型地震影响系数所采用的结构自振周期应考虑非承重墙体的刚度影响予以折减。

2. 多、高层建筑结构内力位移分析时，只考虑了主要结构构件（梁、柱、剪力墙和筒体等）的刚度，没有考虑非承重结构的刚度，因而计算的自振周期较实际的长，按这一周期计算的地震力偏小。为此，《高规》规定应考虑非承重墙体的刚度影响，对计算的自振周期予以折减。

3. 大量已建工程现场周期实测表明：实际建筑物自振周期短于计算的周期。尤其是有实心砖填充墙的框架结构，由于实心砖填充墙的刚度大于框架柱的刚度，其影响更为显著，实测周期约为计算周期的0.5~0.6倍。剪力墙结构中，由于填充墙数量少，其刚度又远小于钢筋混凝土墙的刚度，所以其作用可以少考虑。

据此结构的计算自振周期应考虑非承重墙刚度的影响予以折减，折减系数 ψ_T 可按下列规定取值：

（1）框架结构取0.6~0.7；

（2）框架-剪力墙结构取0.7~0.8；

（3）剪力墙结构取0.8~1.0。

上述结构类型非承重墙体刚度影响折减系数，可根据非承重墙体的材料和数量在规定的范围内取用，不宜取大于规定的数值。短肢剪力墙结构因为有较多填充墙，折减系数不应取1.0。

其他结构体系或采用其他非承重墙体时，可根据工程情况确定周期折减系数。

【禁忌9】 不重视结构各楼层最小地震剪力的规定

【正】 1.《抗震规范》第5.2.5条和《高规》第4.3.12条以强制性条文规定了结构各楼层水平地震作用下楼层最小剪力的要求。

2. 多遇地震水平地震作用计算时，结构各楼层的水平地震剪力标准值应符合下式要求：

$$V_{Eki} \geqslant \lambda \sum_{j=i}^{n} G_j$$

式中　V_{Eki}——第 i 层的楼层水平地震剪力标准值；对于竖向不规则结构的薄弱
层，尚应乘以 1.15 的增大系数；

　　λ——水平地震剪力系数，不应小于表 2-10 规定的最小值；

　　G_j——第 j 层的重力荷载代表值；

　　n——结构计算总层数。

楼层最小地震剪力系数　　　　　　　　　　　　　　　表 2-10

类　别	6 度	7 度	8 度	9 度
扭转效应明显或基本周期小于 3.5s 的结构	0.008	0.016 (0.024)	0.032 (0.048)	0.064
基本周期大于 5.0s 的结构	0.006	0.012 (0.018)	0.024 (0.032)	0.040

注：1. 基本周期介于 3.5s 和 5.0s 之间的结构，可线性插入取值；
　　2. 括号内数值分别用于《建筑抗震设计规范》(GB 50011—2010) 表 3.2.2 中设计基本地震加速
　　度 0.15g 和 0.30g 的地区。

　　由于地震影响系数在长周期段下降较快，对于基本周期大于 3s 的结构，由此计算所得的水平地震作用下的结构效应可能偏小。而对于长周期结构，地震地面运动速度和位移可能对结构的破坏具有更大影响，但是规范所采用的振型分解反应谱法尚无法对此作出估计。出于结构安全的考虑，增加了对各楼层水平地震剪力最小值的要求，规定了不同烈度下的楼层地震剪力系数（即剪重比），结构水平地震作用效应应据此进行相应调整。对于竖向不规则结构的薄弱层的水平地震剪力应按《高规》第 3.5.8 条的规定乘以 1.25 的增大系数，并应符合本条的规定，即楼层最小剪力系数不应小于 1.25λ。

　　3. 为使结构有较好的安全性，结构总水平地震作用应控制在合适的范围内，参照一些经验资料，剪力重力比 $\gamma_v = F_{Fk}/G$ 的经验范围如表 2-11 所示。

γ_v 的适宜范围　　　　　　　　　　　　　　　表 2-11

地震烈度	7 度		8 度	
场地类别	Ⅱ	Ⅲ	Ⅱ	Ⅲ
框架结构	0.015～0.03	0.02～0.04	0.03～0.05	0.04～0.08
框剪结构	0.02～0.04	0.03～0.05	0.04～0.08	0.05～0.08
剪力墙结构	0.03～0.04	0.04～0.06	0.04～0.08	0.07～0.10

注：此表仅适用于平面比较规则，竖向刚度较均匀的结构。

　　若 γ_v 过小，说明底部剪力过小，此时应注意结构位移满足要求，构件截面配筋为构造配筋的"安全"假象，要对构件截面尺寸、周期是否折减进行全面检查，找出原因。若 γ_v 过大，说明底部剪力过大，应检查输入信息，是否填入信息有误，或剪力墙数量过多，结构太刚。不论剪力重力比过小过大，都要找出原因，将其控制在适宜的范围以内，其计算的位移、内力、配筋才有意义。

需要注意的是，结构的剪力重力比是一个相当灵活的指标，控制剪力重力比既有安全方面的考虑，也有经济方面的考虑，不能生搬硬套，更不能绝对化，应在具体使用时视实际的情况来确定。有的资料表明，同类条件下，我国底部剪力计算值仅为日本的 1/4、美国的 1/3、罗马尼亚的 1/4、前苏联的 1/2，故我国高层结构所算得的底部总剪力值还是偏小的，上述的剪力重力比 γ_v 的适宜范围仅供参考。

4. 剪力重力比与相应的结构自振周期不符合两者之间的关系，出现异常。

剪力重力比中的水平地震作用标准值与相应的结构基本自振周期是存在一定关系的，不论是新老抗震规范，结构的水平地震作用标准值应为：

$$F_{Ek} = \alpha_1 G_{eq}$$

式中　α_1——相应于结构基本自振周期的水平地震影响系数值；

　　　G_{eq}——结构等效总重力荷载。

经推导可得剪力重力比为：

$$\gamma_v = \frac{F_{Ek}}{G_E} = 0.85\alpha_1 = 0.85\left(\frac{T_s}{T}\right)^{0.9}\alpha_{max}$$

式中　G_E——结构的重力荷载代表值；

　　　T_s——场地特征周期值（s）；

　　　T——计算得到的结构自振周期（s）；

　　　α_{max}——水平地震影响系数最大值。

【例 2-1】　一幢 22 层高的写字楼，框剪结构，Ⅲ类场地，电算的结果 $T=1.565$，$\gamma_v=0.050$，查得 $T_s=0.45$，$\alpha_{max}=0.16$，验算两值是否合理。代入上述公式：

$$\gamma_v = 0.85 \times \left(\frac{0.45}{1.565}\right)^{0.9} \times 0.16 = 0.044$$

与计算值基本吻合，电算结果是可信的。

【例 2-2】　一幢 13 层高的办公楼，框剪结构，Ⅲ类场地，电算结果 γ_v 为 0.041，$T=0.75$s，查得 $T_s=0.4$，$\alpha_{max}=0.16$，验算两值是否合理。代入上述公式，得：

$$\gamma_v = 0.85 \times \left(\frac{0.4}{0.75}\right)^{0.9} \times 0.16 = 0.077$$

与电算值相差过大，说明电算有误，结构方案有问题。

某工程抗震设防烈度为 8 度，设计基本地震加速度值为 0.20g，结构的基本自振周期小于 3.5s，且结构竖向规则。因此，楼层最小地震剪力系数为 0.032。

水平地震作用下结构各楼层的地震剪力系数参见表 2-12，从表中可以看出，在单向水平地震作用下，结构在 X 方向和 Y 方向的基底地震剪力系数分别为 0.042 和 0.048，其他各楼层的地震剪力系数均大于 0.032，符合《抗震规范》水平地震剪力系数最小值的要求。

楼层地震剪力系数 表 2-12

楼层号	恒载 (kN)	活载 (kN)	重力荷载代表值 (kN)		地震剪力 V_{Eki} (kN)		地震剪力系数 λ_N	
			G_i	$\sum G_i$	X 向地震	Y 向地震	X 向地震	Y 向地震
26	1618.0	22.0	1629.0	1629.0	334.14	397.59	0.205	0.244
25	1245.0	390.0	1440.0	3069.0	564.87	652.16	0.184	0.212
24	8610.0	813.0	9016.5	12085.5	1626.87	1821.58	0.135	0.151
23	7455.0	639.0	7774.5	19860.0	2400.55	2704.03	0.121	0.136
22	7455.0	639.0	7774.5	27634.5	3029.83	3426.78	0.110	0.124
21	7455.0	639.0	7774.5	35409.0	3530.24	4006.58	0.100	0.113
20	7455.0	639.0	7774.5	43183.5	3919.50	4463.31	0.091	0.103
19	7455.0	639.0	7774.5	50958.0	4215.99	4818.52	0.083	0.095
18	7455.0	639.0	7774.5	58732.5	4441.20	5095.59	0.076	0.087
17	7455.0	639.0	7774.5	66507.0	4616.23	5318.99	0.069	0.080
16	7455.0	639.0	7774.5	74281.5	4761.94	5510.96	0.064	0.074
15	7455.0	639.0	7774.5	82056.0	4896.09	5691.13	0.060	0.069
14	7455.0	639.0	7774.5	89830.5	5033.88	5875.67	0.056	0.065
13	7455.0	639.0	7774.5	97605.0	5187.57	6076.84	0.053	0.062
12	7455.0	639.0	7774.5	105379.5	5367.04	6303.03	0.051	0.060
11	7455.0	639.0	7774.5	113154.0	5578.26	6560.22	0.049	0.058
10	7455.0	639.0	7774.5	120928.5	5822.87	6849.78	0.048	0.057
9	7455.0	639.0	7774.5	128703.0	6096.31	7167.68	0.047	0.056
8	7455.0	639.0	774.5	136477.5	6391.05	7504.33	0.047	0.055
7	7455.0	639.0	7774.5	144252.0	6695.86	7849.46	0.046	0.054
6	7455.0	639.0	7774.5	152026.5	6698.24	8187.85	0.046	0.054
5	7455.0	639.0	7774.5	159801.0	7303.11	8517.13	0.046	0.053
4	7802.0	639.0	8121.5	167922.5	7583.49	8808.01	0.045	0.052
3	7802.0	639.0	8121.5	176044.0	7819.43	9045.50	0.044	0.051
2	7802.0	639.0	8121.5	184165.5	7995.22	9217.51	0.043	0.050
1	8534.0	639.0	8853.5	192287.0	8102.65	9317.18	0.042	0.048

【禁忌 10】 不注意长悬臂和大跨度结构构件竖向地震作用的计算

【正】 1.《抗震规范》第 5.3.3 条和《高规》4.3.15 条规定，在 8 度和 9 度抗震设防时竖向地震作用的影响比较明显，设计水平长悬臂构件和大跨度结构考虑竖向地震作用时，竖向地震作用的标准值在 8 度和 9 度设防时，可分别取该结构、构件重力荷载代表值的 10% 和 20%，设计基本地震加速度为 0.30g 时，可取该结构、构件重力荷载代表值的 15%。

《高规》长悬臂的长度可取大于 5m，大跨度的跨度为大于等于 24m。

2.《抗震规范》5.3.2 条规定，平板型网架屋盖和跨度大于 24m 屋架的竖向地震作用标准值，宜取其重力荷载代表值和竖向地震作用系数的乘积；竖向地震作用系数可按表 2-13 采用。

竖向地震作用系数   表 2-13

结 构 类 别	烈 度	场 地 类 别		
		I	II	III、IV
平板型网架、钢屋架	8	可不计算（0.10）	0.08（0.12）	0.10（0.15）
	9	0.15	0.15	0.20
钢筋混凝土屋架	8	0.10（0.15）	0.13（0.19）	0.13（0.19）
	9	0.20	0.25	0.25

注：括号中数值分别用于设计基本地震加速度为 0.15g 和 0.30g 的地区。

【禁忌 11】 结构抗震计算，楼层剪力的折减不区分多层建筑还是高层建筑

【正】 1.《抗震规范》5.2.7 条规定，结构抗震计算，一般情况下可不计入地基与结构相互作用的影响；8 度和 9 度时建造于 III、IV 类场地，采用箱基、刚性较好的筏基和桩箱联合基础的钢筋混凝土高层建筑，当结构基本自振周期处于特征周期的 1.2 倍至 5 倍范围时，若计入地基与结构动力相互作用的影响，对刚性地基假定计算的水平地震剪力可按下列规定折减，其层间变形可按折减后的楼层剪力计算。

（1）高宽比小于 3 的结构，各楼层水平地震剪力的折减系数，可按下式计算：

$$\psi = \left(\frac{T_1}{T_1 + \Delta T} \right)^{0.9}$$

式中　ψ——计入地基与结构动力相互作用后的地震剪力折减系数；

　　　T_1——按刚性地基假定确定的结构基本自振周期（s）；

　　　ΔT——计入地基与结构动力相互作用的附加周期（s），可按表 2-14 采用。

附加周期（s）		表 2-14
烈　度	场 地 类 别	
	Ⅲ 类	Ⅳ 类
8	0.08	0.20
9	0.10	0.25

（2）高宽比不小于 3 的结构，底部的地震剪力按（1）款规定折减，顶部不折减，中间各层按线性插入值折减。

（3）折减后各楼层的水平地震剪力，应符合《抗震规范》第 5.2.5 条的规定，见表 2-10。

2. 多层建筑无论采用何种基础，楼层地震剪力不应折减。

3.《高规》没有楼层剪力折减的规定。计算软件 SATWE 没有楼层剪力折减的功能。

第3章　结构设计的基本规定

【禁忌1】 不了解钢筋混凝土结构方案设计原则要求

【正】 1. 混凝土结构的方案设计应遵循下列原则：

（1）结构的平、立面布置宜简单、规则、均匀、连续，高宽比、长宽比适当；

（2）根据建筑的使用功能布置结构体系，合理确定结构构件的形式；

（3）结构传力途径应简捷、明确，关键部位宜有多条传力途径，竖向构件宜连续贯通、对齐；

（4）宜采用超静定结构，并增加重要构件的冗余约束；

（5）结构的刚度和承载力宜均匀、连续；

（6）为避免连续倒塌，必要时可设置结构缝将结构分割为若干独立的单元。

2. 混凝土结构体系中结构缝的设计应遵循下列原则：

（1）应根据结构体系的受力特点、尺度、形状、使用功能，合理确定结构缝的位置和构造形式；

（2）结构缝的构造应满足相应功能（伸缩、沉降、防震等），并宜减少缝的数量；

（3）混凝土结构可根据需要在施工阶段设置临时性的缝（收缩缝、沉降缝、施工缝、引导缝等）；

（4）应采取有效措施减少设缝对使用功能带来的不利影响。

3. 结构构件的连接和构造应遵守下列原则：

（1）连接处的承载力应不小于被连接构件的承载力；

（2）当混凝土结构与其他材料构件连接时，应采取可靠的措施；

（3）应考虑构件变形对连接节点及相邻结构或构件造成的影响。

4. 混凝土结构的方案设计尚应考虑下列要求：

（1）有利于减小偶然作用效应的影响范围，避免结构发生与偶然作用不相匹配的大范围破坏或连续倒塌；

（2）减小环境条件对建筑结构耐久性的影响；

（3）符合节省材料、降低能耗与环境保护的要求。

【禁忌2】 不熟悉结构设计的原则

【正】 1. 多高层建筑设计中应符合安全适用、技术先进、经济合理、方便施工的原则。设计应有先进性，尽量采用先进的、高科技的材料、设备与施工安装方法。

2. 建筑物首先是为了使用，因此对于不同类型建筑物必须满足使用功能的要求。住宅、办公楼、商场、宾馆、剧院、车站、机场、医院、学校等各种类型的建筑，他们的使用功能有着很大的区别。如果建筑物不能或不能很好地满足其使用功能，则建造起来的建筑将是废品或者次品。

建筑同时又体现出社会的文化艺术。建筑设计中往往采用许多建筑艺术手法，体现出社会与时代的艺术气息。结构设计应当配合与保证建筑设计的很好实现，能够准确反映出建筑设计师所要表现的建筑艺术要求。

3. 结构设计必须确保使用者在正常使用时的安全，而且在遇到可能预料的各种灾害时，使生命财产的损失减少到最低程度。为此结构设计方案应当尽量做到受力明确、利于计算、便于计算、减小作用效应、增加结构构件抗力，利于与非结构构件可靠连接，不易破坏、脱落与坍塌。

4. 建筑物的使用尚有采光、通风、采暖、温湿度调节、供水、排水、照明、通信以及提供动力等要求，因此建筑结构的设计应和相关专业密切配合，便于多种管线、设备及设施的设计与施工安装。

5. 应重视上部结构与其支承结构（或构件）整体共同作用的机理，即传力者和受力者共同抗力的概念。例如，框支剪力墙转换梁的实际受力状态是跨中截面不但存在着弯矩，而且同时还有轴拉力。这说明上部剪力墙和转换梁是在共同整体抗弯，中和轴已上移到上部剪力墙上。这个概念同样适用于钢筋混凝土高层建筑的箱形和筏形基础的设计。这是因为实际的建筑物都是一种整体的三维空间结构，所有的结构构件都以相当复杂的方式在共同协调工作，都不是脱离总结构体系的孤立构件。

6. 尽可能设置多道抗震防线。强烈地震之后往往伴随多次余震，如只有一道防线，在首次破坏后再遭余震，将会因损伤积累而导致倒塌。适当处理构件的强弱关系，使其在强震作用下形成多道防线，是提高结构抗震性能、避免倒塌的有效措施。

7. 结构单元之间应遵守牢固连接或彻底分离的原则。高层建筑宜采取加强连接的方法，而不宜采取分离的方法。

8. 承载力、刚度和延性要适应结构在地震作用下的动力要求，并应均匀连续分布。在一般静力设计中，任何结构部位的超强设计都不会影响结构的安全，但在抗震设计中，某一部分结构设计超强，就可能造成结构的相对薄弱部位。因此在设计中不合理的任意加强以及在施工中以大代小改变配筋，都需要慎重考虑。

采取有效措施防止过早的剪切、锚固和受压等脆性破坏。在这方面，"约束混凝土"是非常重要的措施。

9. 合理选用结构材料。在设计高层建筑时还应注意的是高层建筑每平方米建筑面积的结构材料用量多于低层建筑，承受重力荷载的竖向构件，如柱、墙或井筒等都会自上而下逐层渐次加强。而对钢结构的高层建筑来讲，其抗侧力所需增加的材料用量更加突出。

因此，在设计高层建筑时，设法减少为抵抗侧向力所需增加的材料用量是很重要的。这也是衡量一个结构设计人员能力高下的主要标准之一。这个目标只有通过优化整体方案及其结构体系才能达到，同时也是对业主的一种贡献。

值得注意的是，对于钢筋混凝土结构来讲，虽然材料用量也是随楼层数量的增多而加大的，但其为承担重力荷载而增加的材料用量要比钢结构大得多，而为抵抗风荷载而增加的材料用量却并不那么多。这是因为混凝土结构的自重有利于抵抗倾覆。但是混凝土高层建筑固有的大质量会使抗震设计更加严峻。在地震作用下，大质量惯性所引起的总侧移和惯性力会变得更加厉害。

10. 《抗震规范》第3.6.2条规定：不规则且具有明显薄弱部位可能导致地震严重破坏的建筑结构，应按本规范有关规定进行罕遇地震作用下的弹塑性变形分析。对各类具体工程，《抗震规范》第5.5.2条给出了具体的规定。《高规》第5.1.13条也规定：B级高度的高层建筑结构和复杂高层建筑结构，如带转换层、加强层及错层、连体、多塔结构等，宜采用弹塑性静力或动力分析方法验算薄弱层弹塑性变形。

国外多次震害表明了弹塑性分析的必要性：1968年日本的十胜冲地震中不少按等效静力方法进行抗震设防的多层钢筋混凝土结构遭到了严重破坏，1971年美国 San Fernando 地震、1975年日本大分地震也出现了类似的情况。1957年墨西哥地震中11~16层的许多高建筑遭到破坏，而首次采用了动力弹塑性分析的一幢44层高层建筑结构却安然无恙，1985年该建筑又经受了一次8.1级的地震依然完好无损。

11. 在我国，通过许多实际工程的弹塑性静、动力分析可以看出，进行罕遇地震作用下建筑结构的仿真分析和基于性能的设计对于保证建筑结构安全是很有意义的，主要表现在以下方面：

（1）可以直观清楚地了解建筑结构的薄弱部位、薄弱楼层、薄弱杆件，了解建筑结构的弹塑性发展过程，破坏、倒塌过程。在一定程度上可以检验弹性阶段设计和概念设计以及构造措施所达到的效果。

（2）可以给出建筑结构在罕遇地震作用下的量化性能指标，包括罕遇地震作用下的层间位移角、楼层剪力、有害层间位移角、需求位移等。这些量化的计算结果可以使得设计人员对结构基于概念的定性抗震能力认识更进一步，从而给出更加明确、可操作、容易把握的量化分析。

（3）可以在一定程度上提高结构设计人员的设计水平。使得结构设计人员对于复杂结构性能的认识更进一步。

【禁忌3】　不了解结构的设计使用年限、建筑寿命和安全等级怎样确定

【正】　1.《建筑结构可靠度设计统一标准》GB 50068—2001 规定：
1.0.5　结构的设计使用年限应按表 1.0.5 采用。

设计使用年限分类　　　　　　　　　　　　　　　　　　表 1.0.5

类别	设计使用年限（年）	示　例	类别	设计使用年限（年）	示　例
1	5	临时性结构	3	50	普通房屋和构筑物
2	25	易于替换的结构构件	4	100	纪念性建筑和特别重要的建筑结构

（一般钢筋混凝土结构的设计使用年限为 50 年，若建设单位提出更高的要求，也可以按建设单位的要求确定。）

1.0.6　结构在规定的设计使用年限内应具有足够的可靠度。结构可靠度可采用以概率理论为基础的极限状态设计方法分析确定。

1.0.7　结构在规定的设计使用年限内应满足下列功能要求：

1. 在正常施工和正常使用时，能承受可能出现的各种作用；

2. 在正常使用时具有良好的工作性能；

3. 在正常维护下具有足够的耐久性能；

4. 在设计规定的偶然事件发生时及发生后，仍然保持必需的整体稳定性。

1.0.8　建筑结构设计时，应根据结构破坏可能产生的后果（危及人的生命、造成经济损失、产生社会影响等）的严重性，采用不同的安全等级。建筑结构安全等级的划分应符合表 1.0.8 的要求。

建筑结构的安全等级　　　　　　　　　　　　　　　　　表 1.0.8

安全等级	破坏后果	建筑物类型
一级	很严重	重要的房屋
二级	严重	一般的房屋
三级	不严重	次要的房屋

注：1. 对特殊的建筑物，其安全等级应根据具体情况另行确定；
　　2. 地基基础设计安全等级及按抗震要求设计时建筑结构的安全等级，尚应符合国家现行有关规范的规定。

1.0.9　建筑物中各类结构构件的安全等级，宜与整个结构的安全等级相同。对其中部分结构构件的安全等级可进行调整，但不得低于三级。

2. 设计使用年限指设计规定的结构或结构构件不需进行大修即可达到其预

定目的使用年限，即房屋建筑在正常设计、正常施工、正常使用和一般维护下所应达到的使用年限。当房屋建筑达到设计使用年限后，经过鉴定和维修，可继续使用。因而设计使用年限不同于建筑寿命。同一建筑中不同专业的设计使用年限可以不同，例如，外保温、给排水管道、室内外装修、电气管线、结构和地基基础，均可有不同的设计使用年限。

3. 建筑寿命指从规划、实施到使用的总时间，即从确认需要建造开始直到建筑毁坏的全部时间。

【禁忌4】 不熟悉设计使用年限为 100 年及其以上的丙类建筑，设计基本地震加速度、抗震措施和抗震构造措施如何确定

【正】 1. 结构的设计基准期是指为确定可变作用及与时间有关的材料性能等取值而选用的时间参数，它不等同于建筑结构的设计使用年限，也不等同于建筑结构的寿命。一般设计规范所采用的设计基准期为 50 年，即设计时所考虑荷载、作用材料强度等的统计参数均是按此基准期确定的。

2. 对于设计使用年限为 100 年及其以上的丙类建筑，结构设计时应另行确定在其设计基准期内的活荷载、雪荷载、风荷载、地震等荷载和作用的取值，确定结构的可靠度指标以及确定包括钢筋保护层厚度等构件的有关参数的取值。其中结构抗震设计所采用的基本地震加速度、抗震措施和构造措施，应根据结构形式、设计使用年限、原设计基本地震加速度等条件专门研究后确定。基本地震加速度确定的一种方法，可参阅《建筑结构》杂志 2002 年第 1 期的文章《估计不同服役期结构的抗震设防水准的简单方法》（周锡元、曾德民、高晓安）。

3. 结构在规定的设计使用年限内应具有足够的可靠性，满足安全性、适用性和耐久性的功能要求。结构可靠度是对结构可靠性的定量描述，即结构在规定的时间内，在规定的条件下，完成预定功能的概率。

安全性指结构在正常设计、施工和使用条件下，应该能承受可能出现的各种作用（各种荷载、外加变形、约束变形等）；另外，在偶然荷载作用下，或偶然事件（地震、火灾、爆炸等）发生时或发生后，结构应能保持必需的稳定性，不致连续倒塌。

适用性指结构在正常使用时应能满足预定的使用要求，其变形、裂缝、振动等不超过规定的限度。

耐久性指结构在正常使用和正常维护条件下，在设计使用年限内应具有足够的耐久性，如钢筋混凝土构件保护层不能过薄或裂缝不得过宽而引起钢筋锈蚀，混凝土不能因严重碳化、风化、腐蚀而影响耐久性。对于普通房屋和构筑物，在设计文件的总说明中应明确结构（含基础）的设计使用年限为 50 年；纪念性建筑和特别重要的建筑结构应为 100 年。设计文件中，不需要给出设计基准期。

【禁忌5】 不了解建筑结构耐久性设计有哪些规定

【正】 1. 混凝土结构应根据设计使用年限和环境类别进行耐久性设计，耐久性设计包括下列内容：

（1）确定结构所处的环境类别；

（2）提出对混凝土材料的耐久性基本要求；

（3）确定构件中钢筋的混凝土保护层厚度；

（4）不同环境条件下的耐久性技术措施；

（5）提出结构使用阶段的检测与维护要求。

注：对临时性的混凝土结构，可不考虑混凝土的耐久性要求。

2. 混凝土结构暴露的环境类别应按表 3-1 的要求划分。

混凝土结构暴露的环境类别   表 3-1

环境类别	条　　件
一	室内干燥环境； 无侵蚀性静水浸没环境
二 a	室内潮湿环境； 非严寒和非寒冷地区的露天环境； 非严寒和非寒冷地区与无侵蚀性的水或土壤直接接触的环境； 严寒和寒冷地区的冰冻线以下与无侵蚀性的水或土壤直接接触的环境
二 b	干湿交替环境； 水位频繁变动环境； 严寒和寒冷地区的露天环境； 严寒和寒冷地区冰冻线以上与无侵蚀性的水或土壤直接接触的环境
三 a	严寒和寒冷地区冬季水位变动区环境； 受除冰盐影响环境； 海风环境
三 b	盐渍土环境； 受除冰盐作用环境； 海岸环境
四	海水环境
五	受人为或自然的侵蚀性物质影响的环境

注：1. 室内潮湿环境是指构件表面经常处于结露或湿润状态的环境；

    2. 严寒和寒冷地区的划分应符合现行国家标准《民用建筑热工设计规范》GB 50176 的有关规定；

    3. 海岸环境和海风环境宜根据当地情况，考虑主导风向及结构所处迎风、背风部位等因素的影响，由调查研究和工程经验确定；

    4. 受除冰盐影响环境是指受到除冰盐盐雾影响的环境；受除冰盐作用环境是指被除冰盐溶液溅射的环境以及使用除冰盐地区的洗车房、停车楼等建筑；

    5. 暴露的环境是指混凝土结构表面所处的环境。

3. 设计使用年限为 50 年的混凝土结构，其混凝土材料宜符合表 3-2 的规定。

结构混凝土材料的耐久性基本要求   表 3-2

环境等级	最大水胶比	最低强度等级	最大氯离子含量（%）	最大碱含量（kg/m³）
一	0.60	C20	0.30	不限制
二 a	0.55	C25	0.20	
二 b	0.50（0.55）	C30（C25）	0.15	3.0
三 a	0.45（0.50）	C35（C30）	0.15	
三 b	0.40	C40	0.10	

注：1. 氯离子含量系指其占胶凝材料总量的百分比；
    2. 预应力构件混凝土中的最大氯离子含量为 0.05%；其最低混凝土强度等级宜按表中的规定提高两个等级；
    3. 素混凝土构件的水胶比及最低强度等级的要求可适当放松；
    4. 有可靠工程经验时，二类环境中的最低混凝土强度等级可降低一个等级；
    5. 处于严寒和寒冷地区二 b、三 a 类环境中的混凝土应使用引气剂，并可采用括号中的有关参数；
    6. 当使用非碱活性骨料时，对混凝土中的碱含量可不作限制。

4. 混凝土结构及构件尚应采取下列耐久性技术措施：

（1）预应力混凝土结构中的预应力筋应根据具体情况采取表面防护、孔道灌浆、加大混凝土保护层厚度等措施，外露的锚固端应采取封锚和混凝土表面处理等有效措施；

（2）有抗渗要求的混凝土结构，混凝土的抗渗等级应符合有关标准的要求；

（3）严寒及寒冷地区的潮湿环境中，结构混凝土应满足抗冻要求，混凝土抗冻等级应符合有关标准的要求；

（4）处于二、三类环境中的悬臂构件宜采用悬臂梁-板的结构形式，或在其上表面增设防护层；

（5）处于二、三类环境中的结构构件，其表面的预埋件、吊钩、连接件等金属部件应采取可靠的防锈措施，对于后张预应力混凝土外露金属锚具，其防护要求见《混凝土规范》第 10.3.13 条；

（6）处在三类环境中的混凝土结构构件，可采用阻锈剂、环氧树脂涂层钢筋或其他具有耐腐蚀性能的钢筋、采取阴极保护措施或采用可更换的构件等措施。

5. 一类环境中，设计使用年限为 100 年的混凝土结构应符合下列规定：

（1）钢筋混凝土结构的最低强度等级为 C30；预应力混凝土结构的最低强度等级为 C40；

（2）混凝土中的最大氯离子含量为 0.06%；

（3）宜使用非碱活性骨料，当使用碱活性骨料时，混凝土中的最大碱含量为

$3.0kg/m^3$；

（4）混凝土保护层厚度应符合《混凝土规范》第 8.2.2 条的规定；当采取有效的表面防护措施时，混凝土保护层厚度可适当减小。

6. 二、三类环境中，设计使用年限 100 年的混凝土结构应采取专门的有效措施。

7. 耐久性环境类别为四类和五类的混凝土结构，其耐久性要求应符合有关标准的规定。

8. 混凝土结构在设计使用年限内尚应遵守下列规定：

（1）建立定期检测、维修制度；

（2）设计中可更换的混凝土构件应按规定更换；

（3）构件表面的防护层，应按规定维护或更换；

（4）结构出现可见的耐久性缺陷时，应及时进行处理。

9. 混凝土保护层厚度：

（1）结构中最外层钢筋的混凝土保护层厚度（钢筋外边缘至混凝土表面的距离）应不小于钢筋的公称直径。

设计使用年限为 50 年的混凝土结构，其保护层厚度尚应符合表 3-3 的规定。设计使用年限为 100 年的混凝土结构，其最外层钢筋的混凝土保护层厚度应不小于表 3-3 数值的 1.4 倍。

混凝土保护层的最小厚度 c（mm）　　　　　　　表 3-3

环境类别	板、墙、壳	梁、柱、杆
一	15	20
二 a	20	25
二 b	25	35
三 a	30	40
三 b	40	50

注：1. 混凝土强度等级不大于 C25 时，表中保护层厚度数值应增加 5mm；
　　2. 钢筋混凝土基础宜设置混凝土垫层，基础中钢筋的混凝土保护层厚度应从垫层顶面算起，且不应小于 40mm。

（2）当有充分依据并采取下列措施时，可适当减小混凝土保护层的厚度。

1）构件表面有可靠的防护层；

2）采用工厂化生产的预制构件；

3）在混凝土中掺加阻锈剂或采用阴极保护处理等防锈措施；

4）当对地下室墙体采取可靠的建筑防水做法或防护措施时，与土层接触一侧钢筋的保护层厚度可适当减少，但不应小于 25mm。

（3）当梁、柱、墙中纵向受力钢筋的保护层厚度大于 50mm 时，宜对保护层采取有效的构造措施。当在保护层内配置防裂、防剥落的钢筋网片时，网片钢筋的保护层厚度不应小于 25mm。

【正】 1. 既有结构延长使用年限、改变用途、改建、扩建或需要进行加固、修复等，均应对其进行评定、验算或重新设计。

2. 对既有结构进行安全性、适用性、耐久性及抗灾害能力进行评定时，应符合现行国家标准《工程结构可靠性设计统一标准》GB 50153 的原则要求，并应符合下列规定：

(1) 应根据评定结果、使用要求和后续使用年限确定既有结构的设计方案；

(2) 既有结构改变用途或延长使用年限时，承载能力极限状态验算宜符合《混凝土规范》的有关规定；

(3) 对既有结构进行改建、扩建或加固改造而重新设计时，承载能力极限状态的计算应符合《混凝土规范》和相关标准的规定；

(4) 既有结构的正常使用极限状态验算及构造要求宜符合《混凝土规范》的规定；

(5) 必要时可对使用功能作相应的调整，提出限制使用的要求。

3. 既有结构的设计应符合下列规定：

(1) 应优化结构方案，保证结构的整体稳固性；

(2) 荷载可按现行规范的规定确定，也可根据使用功能作适当的调整；

(3) 结构既有部分混凝土、钢筋的强度设计值应根据强度的实测值确定；当材料的性能符合原设计的要求时，可按原设计的规定取值；

(4) 设计时应考虑既有结构构件实际的几何尺寸、截面配筋、连接构造和已有缺陷的影响；当符合原设计的要求时，可按原设计的规定取值；

(5) 应考虑既有结构的承载历史及施工状态的影响；对二阶段成形的叠合构件，可按《混凝土规范》第 9.5 节的规定进行设计。

【正】 1. 近年来在世界各地出现了一些连续倒塌的工程案例，究其原因可以归结为两类：第一类是由于地震作用下结构进入非弹性大变形，构件失稳，传力途径失效引起连续倒塌。第二类是由于撞击、爆炸、人为破坏，造成部分承重构件失效，阻断传力途径导致连续倒塌。

2. 通过对工程案例的分析发现，有一些结构对引发连续倒塌属于不利结构体系。框支结构及各类转换结构、板柱结构、大跨度单向结构、装配式大板结构、无配筋现浇层的装配式楼板、楼梯及装配式幕墙结构，均属于引发连续倒塌的不利结构。其中框支柱、转换梁及大跨度单向结构缺少转变传力途径，一旦失效将导致连续倒塌。板柱结构的板柱节点在侧向大变形作用下，节点受弯剪失效，会导致连续倒塌。装配式结构及各类装配式幕墙在大震特别是爆炸作用下，极易造成连接部位失效。L形及U形建筑平面，由于爆炸冲击波受约束，不利于防爆。预应力结构在爆炸冲击波作用下，可能出现反向受力，引起不利作用。

3. 高层建筑结构造成连续倒塌的原因多种多样，如可以是爆炸、撞击、火灾、飓风、地震、设计施工失误、地基基础失效等偶然因素。当偶然因素导致局部结构破坏失效时，整体结构不能形成有效的多重荷载传递路径，破坏范围就可能沿水平或者竖直方向蔓延，最终导致结构发生大范围的倒塌甚至是整体倒塌。

结构连续倒塌事故在国内外并不罕见，英国 Ronan Point 公寓煤气爆炸倒塌，美国 Alfredp. Murrah 联邦大楼，WTC 世贸大楼倒塌，我国湖南衡阳大厦特大火灾后倒塌，法国戴高乐机场候机厅倒塌等都是比较典型的结构连续倒塌事故。每一次事故都造成了重大人员伤亡和财产损失，给地区乃至整个国家都造成了严重的负面影响。随着国家建设发展，建设项目越来越多，一些地位重要、较高安全等级要求的或者比较容易受到恐怖袭击的建筑结构抗连续倒塌问题显得更为突出。结构除了对强度、刚度、稳定进行设计验算外，还应对其进行抗连续倒塌设计。这在欧美多个国家得到了广泛关注，英国、美国、加拿大、瑞典等国颁布了相关的设计规范和标准。

我国《建筑结构可靠度设计统一标准》（GB 50068—2001）第 3.0.6 条对结构抗连续倒塌也作了定性的规定："对偶然状况，建筑结构可采用下列原则之一按承载能力极限状态进行设计：1）按作用效应的偶然荷载组合进行设计或采取保护措施，使主要承重结构不致因出现设计规定的偶然事件而丧失承载能力；2）允许主要承重结构因出现设计规定的偶然事件而局部破坏，但其剩余部分具有在一段时间内不发生连续倒塌的可靠度"。

4.《高规》规定高层建筑结构应具有在偶然作用发生时适宜的抗连续倒塌能力，应符合下列规定：

（1）安全等级为一、二级时，应满足抗连续倒塌概念设计的要求；

（2）安全等级为一级且有特殊要求时，可采用拆除构件方法进行抗连续倒塌设计。

5. 抗连续倒塌概念设计应符合下列要求：

（1）通过必要的结构连接措施增强结构的整体性，不允许采用摩擦连接传递重力荷载；

（2）主体结构宜采用多跨规则的超静定结构；

（3）结构构件应具有适宜的延性，避免剪切破坏、压溃破坏、锚固破坏、节点先于构件破坏；

（4）结构构件应具有一定的反向承载能力；

（5）周边及边跨框架的柱距不宜过太；

（6）转换结构应具有整体多重传递重力荷载途径；

（7）钢筋混凝土结构梁柱宜刚接，梁板顶、底钢筋在支座处宜按受拉要求连续贯通；

（8）钢结构框架梁柱宜刚接；

（9）独立基础之间宜采用拉梁连接，基础宜采用筏板或梁式条形基础。

6. 高层建筑结构应具有在偶然作用发生时适宜的抗连续倒塌能力，不允许采用摩擦连接传递，重力荷载，应采用构件连接传递重力荷载，具有适宜的多余约束性。整体连续性，稳固性和延性。水平构件应具有一定的反向承载能力，如连续梁边支座、简支梁支座顶面及连续梁、框架梁梁中支座底面应有一定数量的配筋及合适的锚固连接构造，以保证偶然作用发生时，该构件具有一定的反向承载力，防止和延缓结构连续倒塌。

7. 抗连续倒塌的拆除构件方法应符合下列基本要求：

（1）逐个分别拆除结构周边柱、底层内部柱以及转换桁架的腹杆等重要构件；

（2）可采用弹性静力方法分析剩余结构的内力与变形；

（3）剩余结构构件承载力应满足下式要求：

$$R_d \geqslant \beta S_d$$

式中　S_d——剩余结构构件效应设计值，可按第 8 条；

　　　R_d——剩余结构构件承载力设计值，可按第 9 条；

　　　β——效应折减系数，对中部水平构件取 0.67，对角部和悬挑水平构件取 1.0，其他构件取 1.0。折减系数 β，主要是考虑偶然作用发生后，结构进入弹塑性内力重分布，对中部水平构件有一定的卸载效应。

8. 结构抗连续倒塌设计时，荷载组合的效应设计值可按下式确定：

$$S_d = \eta_d (S_{Gk} + \Sigma \psi_{qi} S_{Qi,k}) + \psi_w S_{wk}$$

式中　S_{Gk}——永久荷载标准值产生的效应；

　　　$S_{Qi,k}$——第 i 个竖向可变荷载标准值产生的效应；

　　　ψ_{qi}——可变荷载的准永久值系数；

　　　ψ_w——风荷载组合值系数，取 0.2；

　　　S_{wk}——风荷载标准值产生的效应；

　　　η_d——竖向荷载动力放大系数。当构件直接与被拆除竖向构件相连时，荷载动力放大系数取 2.0，其他构件取 1.0。

9. 构件截面承载力计算时，混凝土强度可取标准值；钢材强度，正截面承载力验算时，可取标准值的 1.25 倍，受剪承载力验算时可取标准值。

10. 拆除构件不能满足结构抗连续倒塌要求时，该构件表面附加 60kN/m^2 侧向偶然作用标准值，构件承载力应满足下式的要求。

$$R_\text{d} \geqslant S_\text{d}$$
$$S_\text{d} = 1.2 S_\text{Gk} + 0.5 S_\text{Qk} + 1.3 S_\text{Bk}$$

式中　R_d——构件承载力设计值；

　　　S_d——构件效应设计值；

　　　S_Gk——永久荷载标准值产生的构件效应；

　　　S_Qk——活荷载标准值产生的构件效应；

　　　S_Bk——侧向偶然作用标准值产生的构件效应。

【禁忌 8】 不熟悉承载能力极限状态计算及正常使用极限状态验算内容

【正】 1. 混凝土结构的承载能力极限状态计算应包括下列内容：

(1) 结构构件应进行承载力（包括失稳）计算；

(2) 直接承受重复荷载的构件应进行疲劳验算；

(3) 有抗震设防要求时，应进行抗震承载力计算；

(4) 必要时尚应进行结构的倾覆、滑移、漂浮验算；

(5) 对于可能遭受偶然作用，且倒塌可能引起严重后果的重要结构，宜进行防连续倒塌设计。

2. 对持久设计状况、短暂设计状况和地震设计状况，当用内力的形式表达时，结构构件应采用下列承载能力极限状态设计表达式：

$$\gamma_0 S \leqslant R \tag{3-1}$$
$$R = R(f_\text{c}, f_\text{s}, a_\text{k}, \cdots)/\gamma_\text{Rd} \tag{3-2}$$

式中　γ_0——结构重要性系数：在持久设计状况和短暂设计状况下，对安全等级为一级的结构构件不应小于 1.1，对安全等级为二级的结构构件不应小于 1.0，对安全等级为三级的结构构件不应小于 0.9；对地震设计状况下应取 1.0；

　　　S——承载能力极限状态下作用组合的效应设计值：对持久设计状况和短暂设计状况应按作用的基本组合计算；对地震设计状况应按作用的地震组合计算；

　　　R——结构构件的抗力设计值；

　$R(\cdot)$——结构构件的抗力函数；

　　　γ_Rd——结构构件的抗力模型不定性系数：静力设计取 1.0，对不确定性较大的结构构件根据具体情况取大于 1.0 的数值；抗震设计应用承载力抗震调整系数 γ_RE 代替 γ_Rd；

f_c、f_s——混凝土、钢筋的强度设计值，应根据《混凝土规范》第 4.1.4 条及第 4.2.3 条的规定取值；

a_k——几何参数的标准值，当几何参数的变异性对结构性能有明显的不利影响时，应增减一个附加值。

注：公式（3-1）中的 $\gamma_0 S$ 为内力设计值，在《混凝土规范》各章中用 N、M、V、T 等表达。

3. 对二维、三维混凝土结构构件，当按弹性或弹塑性方法分析并以应力形式表达时，可将混凝土应力按区域等代成内力设计值，按《混凝土规范》第 3.3.2 条进行计算；也可直接采用多轴强度准则进行设计验算。

4. 对偶然作用下的结构进行承载能力极限状态设计时，公式（3-1）中的作用效应设计值 S 按偶然组合计算，结构重要性系数 γ_0 取不小于 1.0 的数值；公式（3-2）中混凝土、钢筋的强度设计值 f_c、f_s 改用强度标准值 f_{ck}、f_{yk}（或 f_{pyk}）。

当进行结构防连续倒塌验算时，结构构件的承载力函数应按本章【禁忌 7】的原则确定。

5. 对既有结构的承载能力极限状态设计，应按下列规定进行：

（1）对既有结构进行安全复核、改变用途或延长使用年限而需验算承载能力极限状态时，宜符合本章【禁忌 8】第 2 条的规定；

（2）对既有结构进行改建、扩建或加固改造而重新设计时，承载能力极限状态的计算应符合本章【禁忌 6】的规定。

6. 混凝土结构构件应根据其使用功能及外观要求，按下列规定进行正常使用极限状态验算：

（1）对需要控制变形的构件，应进行变形验算；

（2）对不允许出现裂缝的构件，应进行混凝土拉应力验算；

（3）对允许出现裂缝的构件，应进行受力裂缝宽度验算；

（4）对舒适度有要求的楼盖结构，应进行竖向自振频率验算。

7. 对于正常使用极限状态，钢筋混凝土构件、预应力混凝土构件应分别按荷载的准永久组合并考虑长期作用的影响或标准组合并考虑长期作用的影响，采用下列极限状态设计表达式进行验算：

$$S \leqslant C$$

式中 S——正常使用极限状态荷载组合的效应设计值；

C——结构构件达到正常使用要求所规定的变形、应力、裂缝宽度和自振频率等的限值。

8. 钢筋混凝土受弯构件的最大挠度应按荷载的准永久组合，预应力混凝土受弯构件的最大挠度应按荷载的标准组合，并均应考虑荷载长期作用的影响进行计算，其计算值不应超过表 3-4 规定的挠度限值。

受弯构件的挠度限值 　　　　　　　　　　　　表 3-4

构件类型		挠度限值
吊车梁	手动吊车	$l_0/500$
	电动吊车	$l_0/600$
屋盖、楼盖及楼梯构件	当 $l_0<7$m 时	$l_0/200$ ($l_0/250$)
	当 7m$\leqslant l_0\leqslant$ 9m 时	$l_0/250$ ($l_0/300$)
	当 $l_0>9$m 时	$l_0/300$ ($l_0/400$)

注：1. 表中 l_0 为构件的计算跨度；计算悬臂构件的挠度限值时，其计算跨度 l_0 按实际悬臂长度的 2 倍取用；

2. 表中括号内的数值适用于使用上对挠度有较高要求的构件；

3. 如果构件制作时预先起拱，且使用上也允许，则在验算挠度时，可将计算所得的挠度值减去起拱值；对预应力混凝土构件，尚可减去预加力所产生的反拱值；

4. 构件制作时的起拱值和预加力所产生的反拱值，不宜超过构件在相应荷载组合作用下的计算挠度值。

9. 结构构件正截面的受力裂缝控制等级分为三级，等级划分及要求应符合下列规定：

一级——严格要求不出现裂缝的构件，按荷载标准组合计算时，构件受拉边缘混凝土不应产生拉应力。

二级——一般要求不出现裂缝的构件，按荷载标准组合计算时，构件受拉边缘混凝土拉应力不应大于混凝土抗拉强度的标准值。

三级——允许出现裂缝的构件：对钢筋混凝土构件，按荷载准永久组合并考虑长期作用影响计算时，构件的最大裂缝宽度不应超过表 3-5 规定的最大裂缝宽度限值。对预应力混凝土构件，按荷载标准组合并考虑长期作用的影响计算时，构件的最大裂缝宽度不应超过《混凝土规范》第 3.4.5 条规定的最大裂缝宽度限值；对二 a 类环境的预应力混凝土构件，尚应按荷载准永久组合计算，且构件受拉边缘混凝土的拉应力不应大于混凝土的抗拉强度标准值。

10. 结构构件应根据结构类型和本章表 3-1 规定的环境类别，按表 3-5 的规定选用不同的裂缝控制等级及最大裂缝宽度限值 $w_{\lim}$。

结构构件的裂缝控制等级及最大裂缝宽度的限值（mm） 　　表 3-5

环境类别	钢筋混凝土结构		预应力混凝土结构	
	裂缝控制等级	$w_{\lim}$	裂缝控制等级	$w_{\lim}$
一	三级	0.30 (0.40)	三级	0.20
二 a				0.10
二 b		0.20	二级	—
三 a、三 b			一级	—

注：1. 对处于年平均相对湿度小于 60% 地区一类环境下的受弯构件，其最大裂缝宽度限值可采用括号内的数值；

2. 在一类环境下，对钢筋混凝土屋架、托架及需作疲劳验算的吊车梁，其最大裂缝宽度限值应取为 0.20mm；对钢筋混凝土屋面梁和托梁，其最大裂缝宽度限值应取为 0.30mm；

3. 在一类环境下，对预应力混凝土屋架、托架及双向板体系，应按二级裂缝控制等级进行验算；对一类环境下的预应力混凝土屋面梁、托梁、单向板，应按表中二 a 级环境的要求进行验算；在一类和二 a 类环境下需作疲劳验算的预应力混凝土吊车梁，应按裂缝控制等级不低于二级的构件进行验算；

4. 表中规定的预应力混凝土构件的裂缝控制等级和最大裂缝宽度限值仅适用于正截面的验算；预应力混凝土构件的斜截面裂缝控制验算应符合《混凝土规范》第 7 章的有关规定；

5. 对烟囱、筒仓和处于液体压力下的结构，其裂缝控制要求应符合专门标准的有关规定；

6. 对于处于四、五类环境下的结构构件，其裂缝控制要求应符合专门标准的有关规定；

7. 表中的最大裂缝宽度限值为用于验算荷载作用引起的最大裂缝宽度。

11. 对混凝土楼盖结构应根据使用功能的要求进行竖向自振频率验算，并宜符合下列要求：

（1）住宅和公寓不宜低于 5Hz；

（2）办公楼和旅馆不宜低于 4Hz；

（3）大跨度公共建筑不宜低于 3Hz。

【禁忌 9】 不注意结构及构件效应组合的有关规定

【正】 1.《荷载规范》有关规定：

（1）3.1.1 条，结构上的荷载可分为下列三类：

1）永久荷载，例如结构自重、土压力、预应力等。

2）可变荷载，例如楼面活荷载、屋面活荷载和积灰荷载、吊车荷载、风荷载、雪荷载等。

3）偶然荷载，例如爆炸力、撞击力等。

注：自重是指材料自身重量产生的荷载（重力）。

（2）3.1.2 条，建筑结构设计时，对不同荷载应采用不同的代表值。

对永久荷载应采用标准值作为代表值。

对可变荷载应根据设计要求采用标准值、组合值、频遇值或准永久值作为代表值。

对偶然荷载应按建筑结构使用的特点确定其代表值。

（3）3.1.5 条，承载能力极限状态设计或正常使用极限状态按标准组合设计时，对可变荷载应按组合规定采用标准值或组合值作为代表值。

可变荷载组合值，应为可变荷载标准值乘以荷载组合值系数。

（4）3.1.6 条，正常使用极限状态按频遇组合设计时，应采用频遇值、准永久值作为可变荷载的代表值；按准永久组合设计时，应采用准永久值作为可变荷载的代表值。

可变荷载频遇值应取可变荷载标准值乘以荷载频遇值系数。

可变荷载准永久值应取可变荷载标准值乘以荷载准永久值系数。

（5）3.2.3 条，对于基本组合，荷载效应组合的设计值 S 应从下列组合值中取最不利值确定：

1）由可变荷载效应控制的组合：

$$S = \gamma_G S_{Gk} + \gamma_{Q1} S_{Q1k} + \sum_{i=2}^{n} \gamma_{Qi} \psi_{ci} S_{Qik}$$

式中　γ_G——永久荷载的分项系数，应按第 3.2.5 条采用；

　　　γ_{Qi}——第 i 个可变荷载的分项系数，其中 γ_{Q1} 为可变荷载 Q_1 的分项系数，应按第 3.2.5 条采用；

　　　S_{Gk}——按永久荷载标准值 G_k 计算的荷载效应值；

S_{Qik}——按可变荷载标准值 Q_{ik} 计算的荷载效应值，其中 S_{Q1k} 为诸可变荷载效应中起控制作用者；

ψ_{ci}——可变荷载 Q_i 的组合值系数，应分别按各章的规定采用；

n——参与组合的可变荷载数。

2）由永久荷载效应控制的组合：

$$S = \gamma_G S_{Gk} + \sum_{i=1}^{n} \gamma_{Qi}\psi_{ci}S_{Qik} \qquad (3\text{-}3)$$

注：1. 基本组合中的设计值仅适用于荷载与荷载效应为线性的情况；

2. 当对 S_{Q1k} 无法明显判断时，轮次以各可变荷载效应为 S_{Q1k}，选其中最不利的荷载效应组合；

3. 当考虑以竖向的永久荷载效应控制的组合时，参与组合的可变荷载仅限于竖向荷载。

（6）3.2.4 条，对于一般排架、框架结构，基本组合可采用简化规则，并应按下列组合值中取最不利值确定：

1）由可变荷载效应控制的组合：

$$S = \gamma_G S_{Gk} + \gamma_{Q1} S_{Q1k}$$

$$S = \gamma_G S_{Gk} + 0.9 \sum_{i=1}^{n} \gamma_{Qi}S_{Qik}$$

2）由永久荷载效应控制的组合仍按公式（3-3）采用。

（7）3.2.5 条，基本组合的荷载分项系数，应按下列规定采用：

1）永久荷载的分项系数：

①当其效应对结构不利时：

a. 对由可变荷载效应控制的组合，应取 1.2；

b. 对由永久荷载效应控制的组合，应取 1.35。

②当其效应对结构有利时的组合，应取 1.0。

2）可变荷载的分项系数：

①一般情况下应取 1.4；

②对标准值大于 4kN/m^2 的工业房屋楼面结构的活荷载应取 1.3。

注：对于某些特殊情况，可按建筑结构有关设计规范的规定确定。

（8）3.2.6 条，对于偶然组合，荷载效应组合的设计值宜按下列规定确定：偶然荷载的代表值不乘分项系数；与偶然荷载同时出现的其他荷载可根据观测资料和工程经验采用适当的代表值。各种情况下荷载效应的设计值公式，可由有关规范另行规定。

对结构的倾覆、滑移或漂浮验算，荷载的分项系数应按有关的结构设计规范的规定采用。

2.《荷载规范》3.2.3 条 2）规定，由永久荷载效应控制组合按公式（3-3）

计算，其中永久荷载的分项系数当其效应对结构不利时应取 1.35。在实际工程的构件设计时是否按 $\gamma_G = 1.35$ 计算，可对下列两式进行比较并取大值：

$$S = \gamma_G S_{Gk} + \gamma_Q \Psi S_{Gk}$$
$$= 1.2 S_{Gk} + 1.4 S_{Qk} \qquad (3\text{-}4)$$
$$S = 1.35 S_{Gk} + 1.4 \times 0.7 S_{Qk} \qquad (3\text{-}5)$$

当 $S_{Qk} \leqslant 0.26 (S_{Gk} + S_{Qk})$ 时，则公式（3-5）所得结果比公式（3-4）大，即活荷载标准值产生的效应小于等于永久荷载加活荷载标准值效应的 26% 时，应由公式（3-5）控制。例如，顶板上覆土较厚的地下车库顶部楼盖结构、保温隔热做法较重而不上人屋面的屋顶楼盖结构等。

【禁忌 10】 不熟悉荷载组合的效应和地震作用组合的效应有哪些规定

【正】 1. 无地震作用组合且荷载与荷载效应按线性关系考虑时，荷载组合的效应设计值应按下式确定：

$$S_d = \gamma_G S_{Gk} + \gamma_L \psi_Q \gamma_Q S_{Qk} + \psi_w \gamma_w S_{wk} \qquad (3\text{-}6)$$

式中　S_d——荷载组合的效应设计值；

　　　γ_G——永久荷载分项系数；

　　　γ_Q——楼面活荷载分项系数；

　　　γ_w——风荷载的分项系数；

　　　γ_L——考虑结构设计使用年限的荷载调整系数，设计使用年限为 50 年时取 1.0，设计使用年限为 100 年时取 1.1；

　　　S_{Gk}——永久荷载效应标准值；

　　　S_{Qk}——楼面活荷载效应标准值；

　　　S_{wk}——风荷载效应标准值；

　　ψ_Q、ψ_w——分别为楼面活荷载组合值系数和风荷载组合值系数，当永久荷载效应起控制作用时应分别取 0.7 和 0.0；当可变荷载效应起控制作用时应分别取 1.0 和 0.6 或 0.7 和 1.0。

注：对书库、档案库、储藏室、通风机房和电梯机房，本条楼面活荷载组合值系数取 0.7 的场合应取为 0.9。

2. 无地震作用组合时，荷载分项系数应按下列规定采用：

（1）承载力计算时：

1）永久荷载的分项系数 γ_G：当其效应对结构不利时，对由可变荷载效应控制的组合应取 1.2，对由永久荷载效应控制的组合应取 1.35；当其效应对结构有利时，应取 1.0；

2）楼面活荷载的分项系数 γ_Q：一般情况下应取 1.4；

3）风荷载的分项系数 γ_w 应取 1.4。

（2）位移计算时，公式（3-6）中各分项系数均应取 1.0。

3. 有地震作用组合且作用与作用效应按线性关系考虑时，荷载和地震作用组合的效应设计值应按下式确定：

$$S_d = \gamma_G S_{GE} + \gamma_{Eh} S_{Ehk} + \gamma_{Ev} S_{Evk} + \psi_w \gamma_w S_{wk}$$

式中　S_d——荷载和地震作用组合的效应设计值；

　　　S_{GE}——重力荷载代表值的效应；

　　　S_{Ehk}——水平地震作用标准值的效应，尚应乘以相应的增大系数或调整系数；

　　　S_{Evk}——竖向地震作用标准值的效应，尚应乘以相应的增大系数或调整系数；

　　　γ_G——重力荷载分项系数；

　　　γ_w——风荷载分项系数；

　　　γ_{Eh}——水平地震作用分项系数；

　　　γ_{Ev}——竖向地震作用分项系数；

　　　ψ_w——风荷载的组合值系数，应取 0.2。

4. 有地震作用组合时，荷载和地震作用的分项系数应按下列规定采用：

（1）承载力计算时，分项系数应按表 3-6 采用。当重力荷载效应对结构承载力有利时，表 3-6 中 γ_G 不应大于 1.0；

有地震作用组合时荷载和作用的分项系数　　　　　　表 3-6

所考虑的组合	γ_G	γ_{Eh}	γ_{Ev}	γ_w	说　明
重力荷载及水平地震作用	1.2	1.3	—	—	
重力荷载及竖向地震作用	1.2	—	1.3		9 度抗震设计时考虑；水平长悬臂和大跨度结构 7 度、8 度、9 度抗震设计时考虑
重力荷载、水平地震及竖向地震作用	1.2	1.3	0.5		9 度抗震设计时考虑；水平长悬臂和大跨度结构 7 度、8 度、9 度抗震设计时考虑
重力荷载、水平地震作用及风荷载	1.2	1.3	—	1.4	60m 以上的高层建筑考虑
重力荷载、水平地震作用、竖向地震作用及风荷载	1.2	1.3	0.5	1.4	60m 以上的高层建筑，9 度抗震设计时考虑；水平长悬臂和大跨度结构 7 度、8 度、9 度抗震设计时考虑
	1.2	0.5	1.3	1.4	水平长悬臂结构和大跨度结构，7 度、8 度、9 度抗震设计时考虑

注：表中"—"号表示组合中不考虑该项荷载或作用效应。

（2）位移计算时，公式（3-6）中各分项系数均应取1.0。

5. 非抗震设计时，应按本禁忌第1条的规定进行荷载组合的效应计算。抗震设计时，应同时按上述第3条和第4条的规定进行荷载和地震作用组合的效应计算；按上述第3条计算的组合内力设计值，尚应按《高规》有关规定进行调整。

【禁忌 11】 不熟悉构件承载力抗震调整系数 γ_{RE} 及结构重要性系数 γ_0 怎样取

【正】 1. 多高层建筑结构构件承载力应按下列公式验算：

对持久、短暂设计状况（无地震作用组合）　　$\gamma_0 S \leqslant R$

地震设计状况（有地震作用组合）　　　　$S \leqslant R/\gamma_{RE}$

式中　γ_0——结构重要性系数，对安全等级为一级的结构构件，不应小于1.1；对安全等级为二级的结构构件，不应小于1.0；

S——作用组合的效应设计值，应符合《高规》第5.6.1~5.6.4条的规定；

R——构件承载力设计值；

γ_{RE}——构件承载力抗震调整系数。

2. 抗震设计时，钢筋混凝土构件的承载力抗震调整系数应按表3-7采用；型钢混凝土构件和钢构件的承载力抗震调整系数应按《高规》第11.4.2条的规定采用。当仅考虑竖向地震作用组合时，各类结构构件的承载力抗震调整系数均应取为1.0。

承载力抗震调整系数　　　　表3-7

构件类别	梁	轴压比小于 0.15 的柱	轴压比不小于 0.15 的柱	剪力墙		各类构件	节点
受力状态	受弯	偏压	偏压	偏压	局部承压	受剪、偏拉	受剪
γ_{RE}	0.75	0.75	0.80	0.85	1.0	0.85	0.85

【禁忌 12】 不重视结构平面和竖向布置规则性要求的有关规定

【正】 1.《高规》3.1.4条规定，高层建筑不应采用严重不规则的结构体系，并应符合下列要求：

（1）应具有必要的承载能力、刚度和变形能力；

（2）应避免因部分结构或构件的破坏而导致整个结构丧失承受重力荷载、风荷载和地震作用的能力；

（3）对可能出现的薄弱部位，应采取有效的加强措施。

2. 高层建筑物设置了伸缩缝、沉降缝或防震缝后，独立的结构单元就是由这些缝划分出来的各个部分。各独立的结构单元平面形状和刚度对称，有利于减少地震时由于扭转产生的震害。唐山地震、墨西哥城地震和阪神地震都明显看出：平面不规则、刚度偏心的建筑物，在地震中容易受到较严重的破坏。因此，在设计中宜尽量减小刚度的偏心。如果建筑物平面不规则、刚度明显偏心，则应在设计时用较精确的内力分析方法考虑偏心的影响，并在配筋构造上对边、角部位予以加强。

3. 平面过于狭长的建筑物在地震时由于两端地震波输入有位相差而容易产生不规则振动，产生较大的震害，平面有较长的外伸时，外伸段容易产生局部振动而引发凹角处破坏。需要抗震设防的 A 级高度钢筋混凝土高层建筑，其平面布置宜符合下列要求：

（1）平面宜简单、规则、对称，减少偏心，否则应考虑扭转不利影响；

（2）平面长度不宜过长，突出部分长度 l 不宜过大，凹角处宜采取加强措施（图 3-1）；L、l 等值宜满足表 3-8 的要求；

（3）不宜采用角部重叠的平面图形或细腰形平面图形。

L、l 的限值 表 3-8

设防烈度	L/B	l/B_{max}	l/b
6 度和 7 度	≤6.0	≤0.35	≤2.0
8 度和 9 度	≤5.0	≤0.30	≤1.5

4. 抗震设计的 B 级高度钢筋混凝土高层建筑、混合结构高层建筑及复杂高层建筑，其平面布置应简单、规则，减少偏心。

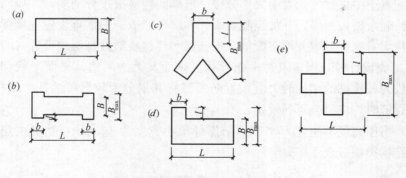

图 3-1　建筑平面

5. 当楼板平面过于狭长、有较大的凹入和开洞而使楼板有过大削弱时，应在设计中考虑楼板变形产生的不利影响。楼面凹入和开洞尺寸不宜大于楼面宽度的一半，楼板开洞总面积不宜超过楼面面积的 30%；在扣除凹入和开洞后，楼板在任一方向的最小净宽度不宜小于 5m，且开洞后每一边的楼板净宽度不应小于 2m（图 3-2）。

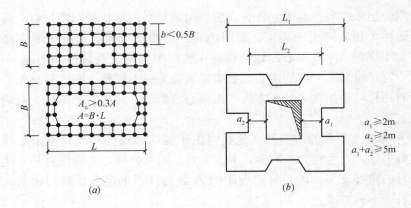

图 3-2　建筑结构平面

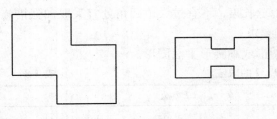

图 3-3　对抗震不利的建筑平面

6. 角部重叠和细腰形的平面图形，在中央部位形成狭窄部分，在地震中容易产生震害（图 3-3），尤其在凹角部位，因为应力集中容易使楼板开裂、破坏。这些部位应采用加大楼板厚度，增加板内配筋，设置集中配筋的边梁，配置45°斜向钢筋等加强措施。

7. 高层住宅建筑常采用艹字形、井字形平面以利于通风采光，而将楼电梯间集中配置于中央部位。当中央部分楼、电梯间使楼板过分削弱时，应将楼电梯间周边的剩余楼板加厚，并加强配筋。外伸部分形成的凹槽宜设置连接梁或连接板，连接梁宜宽扁放置并增多配筋，连接梁和连接板最好每层均设置（图 3-4）。

8. 抗震设计时，当建筑物平面形状复杂而又无法调整其平面形状和结构布置使之成为较规则的结构时，宜设置防震缝将其划分为较简单的几个结构单元。设置防震缝时，应符合下列规定：

（1）房屋高度不超过 15m 时，防震缝最小宽度为 100mm，当高度超过 15m 时，各结构类型按表 3-9 确定；

房屋高度超过 **15m** 防震缝宽度增加值（mm）　　　　　　表 3-9

设 防 烈 度		6 度	7 度	8 度	9 度
高度每增加值（m）		5	4	3	2
结构类型	框　架	20	20	20	20
	框架-剪力墙	14	14	14	14
	剪力墙	10	10	10	10

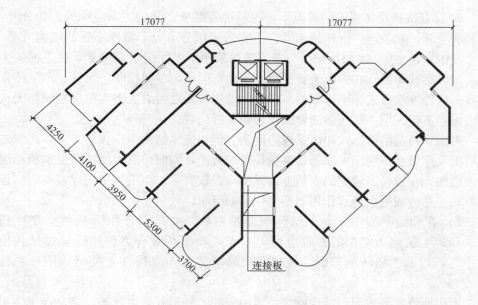

图 3-4 凹槽设连接梁板

（2）防震缝两侧结构体系不同时，防震缝宽度按不利的体系考虑，并按较低一侧的高度计算确定缝宽；

（3）防震缝应沿房屋全高设置，基础及地下室可不设防震缝，但在防震缝处应加强构造和连接；

（4）当相邻结构的基础存在较大沉降差时，宜增大防震缝的宽度；

（5）8、9 度抗震设防的框架结构房屋防震缝两侧结构高度、刚度或层高相差较大时，可根据需要在缝两侧房屋的尽端沿全高设置垂直于防震缝的抗撞墙，每一侧抗撞墙的数量不应少于两道，宜分别对称布置，墙肢长度可不大于 1/2 层高，框架和抗撞墙的内力应按考虑和不考虑抗撞墙两种情况分别进行分析，并按不利情况取值，抗震等级可同框架结构。抗撞墙在防震缝一端的边柱，箍筋应沿房屋全高加密（图 3-5）。

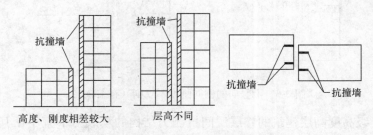

图 3-5　抗撞墙示意图

71

9. 在有抗震设防要求的情况下，建筑物各部分之间的关系应明确；如分开，则彻底分开，如相连，则连接牢固。不宜采用似分不分、似连不连的结构方案。天津友谊宾馆主楼（8层框架）与单层餐厅采用了餐厅层屋面梁支承在主框架牛腿上加以钢筋焊接，在唐山地震中由于振动不同步，牛腿拉断、压碎、产生严重震害，这种连接方式是不可取的。因此，结构单元之间或主楼与裙房之间如无可靠措施，不应采用牛腿托梁的做法作为防震缝处理。

考虑到目前结构形式和体系较为复杂，例如连体结构中连接体与主体建筑之间可能采用铰接等情况，如采用牛腿托梁的做法，则应采取类似桥墩支承桥面结构的做法，在较长、较宽的牛腿上设置滚轴或铰支承，而不得采用焊接等固定连接方式。并应能适应地震作用下相对位移的要求。

10. 在规则平面中，如果结构刚度不对称，在地震作用下仍然会产生扭转。所以，抗侧力结构的布置应均匀分布，并使荷载合力作用线通过结构刚度中心，以减少扭转的影响。楼梯及电梯墙体的布置应注意使结构刚度对称分布。

历次地震震害表明：结构刚度沿竖向突变、外形外挑内收等，都会产生变形在某些楼层的过分集中，出现严重震害甚至倒塌。所以设计中应力求自下而上刚度逐渐、均匀减小，体型均匀不突变。1995年阪神地震中，大阪和神户市不少建筑产生中部楼层严重破坏的现象，其中一个原因就是结构刚度在中部楼层产生突变。有些是柱截面尺寸和混凝土强度在中部楼层突然减小，有些是由于使用要求而剪力墙在中部楼层突然取消，这些都引发了楼层刚度的突变而产生严重震害。

11. 抗震设计的高层建筑结构，其楼层侧向刚度不宜小于相邻上部楼层侧向刚度的70%或其上相邻三层侧向刚度平均值的80%（图3-6）。结构竖向抗侧力构件不宜不连续。

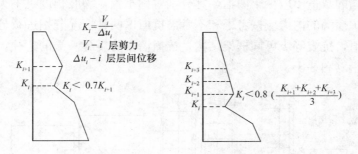

图3-6　沿竖向的侧向刚度不规则（有柔软层）

12. A级高度高层建筑的楼层层间抗侧力结构的承载力不宜小于其上一层的80%，不应小于其上一层的65%（图3-7）；B级高度高层建筑的楼层层间抗侧力

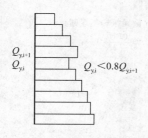

图 3-7 竖向抗侧力结构
屈服抗剪强度非
均匀化（有薄弱层）

结构的承载力不应小于其上一层的 75%。

注：楼层层间抗侧力结构承载力是指在所考虑的水平地震作用方向上，该层全部柱及剪力墙的受剪承载力之和。

13. 抗震设计时，当结构上部楼层收进部位到室外地面的高度 H_1 与房屋高度 H 之比大于 0.2 时，上部楼层收进后的水平尺寸 B_1 不宜小于下部楼层水平尺寸 B 的 0.75 倍（图 3-8a、b）；当上部结构楼层相对于下部楼层外挑时，下部楼层的水平尺寸 B 不宜小于上部楼层水平尺寸 B_1 的 0.9 倍，且水平外挑尺寸 a 不宜大于 4m（图 3-8c、d）。

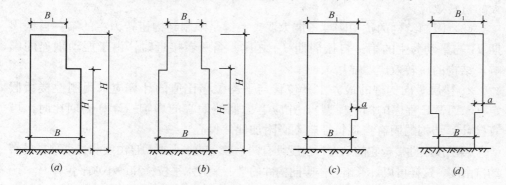

(a) $\qquad$ (b) $\qquad$ (c) $\qquad$ (d)

图 3-8 结构竖向收进和外挑示意图

【禁忌 13】 不熟悉限制结构不规则性的目的和计算方法

【正】 1.《高规》3.4.5 条规定结构平面布置应减少扭转的影响。地震作用考虑耦连偏心影响时，楼层竖向构件的最大水平位移和层间位移角，A 级高度高层建筑不宜大于该楼层平均值的 1.2 倍，不应大于该楼层平均值的 1.5 倍（图 3-9）；B 级高度高层建筑、混合结构高层建筑及复杂高层建筑不宜大于该楼层平均值的 1.2 倍，不应大于该楼层平均值的 1.4 倍。结构扭转为主的第一自振周期 T_t 与平动为主的第一自振周期 T_1 之比，A 级高度高层建筑不应大于 0.9，B 级高度高层建筑、混合结构高层建筑及复杂高层建筑不应大于 0.85。

不满足以上要求时，宜调整抗侧力结构的布置，增大结构的抗扭刚度。

国内、外历次大地震震害表明，平面不规则、质量与刚度偏心和抗扭刚度太弱的结构，在地震中受到严重的破坏。国内一些振动台模型试验结果也表明，扭转效应会导致结构的严重破坏。对结构的扭转效应需从两个方面加以限制：

（1）限制结构平面布置的不规则性，避免产生过大的偏心而导致结构产生较

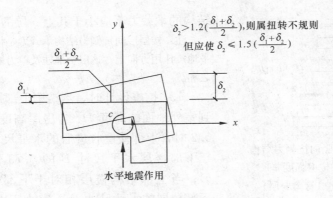

图 3-9　建筑结构平面的扭转不规则示例

大的扭转效应；

（2）限制结构的抗扭刚度不能太弱。关键是限制结构扭转为主的第一自振周期 T_t 与平动为主的第一自振周期 T_1 之比。当两者接近时，由于振动耦连的影响，结构的扭转效应明显增大。

2. 楼层竖向构件的最大水平位移与平均位移比值的计算应采用刚性楼板假定（SATWE 程序的侧刚模型），并应考虑偶然偏心的影响。计算周期比时，可直接计算结构的固有自振特征，不必附加偶然偏心。

楼层按刚性楼板它的动力自由度具有两个独立的水平平动自由度和一个独立的转动自由度，这样可以计算出各楼竖向构件的唯一最大水平位移和最小水平位移。

3. A 级高度房屋和 B 级高度房屋水平位移当比值分别大于 1.5 和 1.4 时，一般判断为严重不规则，此时结构布置应作调整。正常情况下，楼层位移比的上限条件是不应超过的。根据新的《高规》规定，当楼层的最大层间位移角不大于规定的限值 0.4 倍时，该楼层竖向构件的最大水平位移和层间位移与该楼层平均值的比值可适当放松，但不应大于 1.6。《北京细则》5.2.4 条规定，最大层间位移角的数值小于《高规》表 3.7.3 中限值的 50% 时，例如剪力墙结构的最大层间位移角为 1/2000 时，可以放松约 10%。

计算上述水平位移（或层间位移）应按结构两个主轴方向分别进行，并按 +5% 和 -5% 的偶然偏心进行比较。但需注意，最大水平位移和平均水平位移值的计算，均取楼层中同一轴线两端的竖向构件，不应计入楼板中悬挑端。

4. 计算结构扭转第一自振周期与地震作用方向的平动第一自振周期之比值，其目的就是控制结构扭转刚度不能过弱，以减小扭转效应。当不满足限值时，应调整结构布置，可采用下列方法：

（1）在层间最大位移与层高之比 $\Delta u/h$ 比规范限值小时，调整结构竖向抗侧力构件的刚度（减小截面或降低混凝土强度等级），从而加大平动自振周期。需注意，抗扭转两主轴方向竖向构件的刚度同时起作用；

（2）当结构楼层刚度中心与质量中心有偏心时，加大质量中心一侧楼层边端部位的抗侧力构件的刚度，如增大剪力墙墙肢截面的长度或厚度；框架柱截面增大或加高框架梁截面；

（3）框架-剪力墙结构、剪力墙结构，在楼层边端部位的剪力墙纵、横向连成一体，形成 L 形、T 形和口字形，使其有较好抗扭刚度。

【禁忌 14】 抗震设计的建筑结构不重视有关场地的规定

【正】 根据《抗震规范》第 4 章第 1 节，有关场地有下列规定：

1. 选择建筑场地时，应按表 3-10 划分对建筑抗震有利、一般、不利和危险的地段。

有利、一般、不利和危险地段的划分　　　　　　　表 3-10

地段类别	地质、地形、地貌
有利地段	稳定基岩，坚硬土、开阔、平坦、密实、均匀的中硬土等
一般地段	不属于有利、不利和危险的地段
不利地段	软弱土，液化土，条状突出的山嘴，高耸孤立的山丘，陡坡，陡坎，河岸和边坡的边缘，平面分布上成因、岩性、状态明显不均匀的土层（含故河道、疏松的断层破碎带、暗埋的塘浜沟谷和半填半挖地基），高含水量的可塑黄土，地表存在结构性裂缝等
危险地段	地震时可能发生滑坡、崩塌、地陷、地裂、泥石流等及发震断裂带上可能发生地表位错的部位

2. 建筑场地的类别划分，应以土层等效剪切波速和场地覆盖层厚度为准。

3. 土层剪切波速的测量，应符合下列要求：

（1）在场地初步勘察阶段，对大面积的同一地质单元，测试土层剪切波速的钻孔数量不宜少于 3 个。

（2）在场地详细勘察阶段，对单幢建筑，测试土层剪切波速的钻孔数量不宜少于 2 个，测试数据变化较大时，可适量增加；对小区中处于同一地质单元内的密集建筑群，测试土层剪切波速的钻孔数量可适量减少，但每幢高层建筑和大跨空间结构的钻孔数量均不得少于 1 个。

（3）对丁类建筑及丙类建筑中层数不超过 10 层、高度不超过 24m 的多层建筑，当无实测剪切波速时，可根据岩土名称和性状，按表 3-11 划分土的类型，再利用当地经验在表 3-11 的剪切波速范围内估算各土层的剪切波速。

土的类型划分和剪切波速范围　　　　　　　表 3-11

土的类型	岩 土 名 称 和 性 状	土层剪切波速范围（m/s）
岩石	坚硬、较硬且完整的岩石	$v_s > 800$
坚硬土或软质岩石	破碎和较破碎的岩石或软和较软的岩石，密实的碎石土	$800 \geqslant v_s > 500$

续表

土的类型	岩 土 名 称 和 性 状	土层剪切波速范围（m/s）
中硬土	中密、稍密的碎石土，密实、中密的砾、粗、中砂，$f_{ak}>150$ 的黏性土和粉土，坚硬黄土	$500 \geqslant v_s > 250$
中软土	稍密的砾、粗、中砂，除松散外的细、粉砂，$f_{ak} \leqslant 150$ 的黏性土和粉土，$f_{ak}>130$ 的填土，可塑新黄土	$250 \geqslant v_s > 150$
软弱土	淤泥和淤泥质土，松散的砂，新近沉积的黏性土和粉土，$f_{ak} \leqslant 130$ 的填土，流塑黄土	$v_s \leqslant 150$

注：f_{ak} 为由载荷试验等方法得到的地基承载力特征值（kPa）；v_s 为岩土剪切波速。

4. 建筑场地覆盖层厚度的确定，应符合下列要求：

（1）一般情况下，应按地面至剪切波速大于 500m/s 且其下卧各层岩土的剪切波速均不小于 500m/s 的土层顶面的距离确定。

（2）当地面 5m 以下存在剪切波速大于其上部各土层剪切波速 2.5 倍的土层，且该层及其下卧各层岩土的剪切波速均不小于 400m/s 时，可按地面至该土层顶面的距离确定。

（3）剪切波速大于 500m/s 的孤石、透镜体，应视同周围土层。

（4）土层中的火山岩硬夹层，应视为刚体，其厚度应从覆盖土层中扣除。

5. 土层的等效剪切波速，应按下列公式计算：

$$v_{se} = d_0/t$$

$$t = \sum_{i=1}^{n}(d_i/v_{si})$$

式中　v_{se}——土层等效剪切波速（m/s）；

　　　d_0——计算深度（m），取覆盖层厚度和 20m 两者的较小值；

　　　t——剪切波在地面至计算深度之间的传播时间；

　　　d_i——计算深度范围内第 i 土层的厚度（m）；

　　　v_{si}——计算深度范围内第 i 土层的剪切波速（m/s）；

　　　n——计算深度范围内土层的分层数。

6. 建筑的场地类别，应根据土层等效剪切波速和场地覆盖层厚度按表 3-12 划分为四类。其中Ⅰ类分为Ⅰ₀、Ⅰ₁两个亚类。当有可靠的剪切波速和覆盖层厚度且其值处于表 3-12 所列场地类别的分界线附近时，应允许按插值方法确定地震作用计算所用的特征周期。

岩石的剪切波速或土的等效剪切波速（m/s）	场　地　类　别				
	I₀	I₁	II	III	IV
$v_s > 800$	0				
$800 \geqslant v_s > 500$		0			
$500 \geqslant v_{se} > 250$		<5	≥5		
$250 \geqslant v_{se} > 150$		<3	3～50	>50	
$v_{se} \leqslant 150$		<3	3～15	15～80	>80

注：表中 v_s 系岩石的剪切波速。

7. 场地内存在发震断裂时，应对断裂的工程影响进行评价，并应符合下列要求：

（1）对符合下列规定之一的情况，可忽略发震断裂错动对地面建筑的影响：

1）抗震设防烈度小于 8 度；

2）非全新世活动断裂；

3）抗震设防烈度为 8 度和 9 度时，隐伏断裂的土层覆盖厚度分别大于 60m 和 90m。

（2）对不符合本条（1）款规定的情况，应避开主断裂带。其避让距离不宜小于表 3-13 对发震断裂最小避让距离的规定。在避让距离的范围内确有需要建造分散的、低于三层的丙、丁类建筑时，应按提高一度采取抗震措施，并提高基础和上部结构的整体性，且不得跨越断层线。

发震断裂的最小避让距离（m）　　表 3-13

烈　　度	建 筑 抗 震 设 防 类 别			
	甲	乙	丙	丁
8	专门研究	200m	100m	—
9	专门研究	400m	200m	—

8. 当需要在条状突出的山嘴、高耸孤立的山丘、非岩石和强风化岩石的陡坡、河岸和边坡边缘等不利地段建造丙类及丙类以上建筑时，除保证其在地震作用下的稳定性外，尚应估计不利地段对设计地震动参数可能产生的放大作用，其水平地震影响系数最大值应乘以增大系数。其值应根据不利地段的具体情况确定，在 1.1～1.6 范围内采用。

9. 场地岩土工程勘察，应根据实际需要划分的对建筑有利、一般、不利和危险的地段，提供建筑的场地类别和岩土地震稳定性（含滑坡、崩塌、液化和震陷特性）评价，对需要采用时程分析法补充计算的建筑，尚应根据设计要求提供土层剖面、场地覆盖层厚度和有关的动力参数。

【禁忌 15】 抗震设计，地震作用计算与抗震措施之间关系不熟悉

【正】 1.《抗震规范》1.0.2 条、2.1.4 条、2.1.10 条和 2.1.11 条规定，抗震设防烈度为 6 度及以上地区的建筑，必须进行抗震设计；地震作用是由地震动引起的结构动态作用，包括水平地震作用和竖向地震作用；抗震措施是指除地震作用计算和抗力计算以外的抗震设计内容，包括抗震构造措施；抗震构造措施是指根据抗震概念设计原则，一般不需计算而对结构和非结构各部分必须采取的各种细部要求。

2.《抗震规范》6.1.2 条规定，钢筋混凝土房屋应根据设防类别、烈度、结构类型和房屋高度采用不同的抗震等级，并应符合相应的计算和构造措施要求。

3. 抗震措施包括抗震计算措施和抗震构造措施两部分。抗震计算措施应按相应的抗震等级满足计算要求，例如，对各类构件组合内力乘增大系数进行截面设计，梁、柱、墙满足剪压比，达到强剪弱弯；抗震构造措施，也应按相应的抗震等级满足构造要求，例如，各类构件截面大小，受力钢筋最大和最小配筋率，箍筋要求，轴压比，剪力墙边缘构件，钢筋锚固长度等。

抗震措施的不同要求与抗震等级相关。

【禁忌 16】 确定抗震等级时的烈度与计算地震作用的设防烈度不区别及对有关规定不熟悉

【正】 1. 多、高层建筑结构的抗震措施是根据抗震等级确定的，抗震等级的确定与建筑物的类别相关，不同的建筑物类别在考虑抗震等级时取用的抗震烈度与建筑场地类别有关，也就是考虑抗震等级时取用烈度与抗震计算时的设防烈度不一定相同。抗震等级是根据国内外高层建筑震害、有关科研成果、工程设计经验而划分的。

2. 建筑结构应根据其使用功能的重要性分为甲、乙、丙、丁类四个抗震设防类别。建筑的抗震设防类别划分见国家标准《建筑工程抗震设防分类标准》（GB 50223—2008）和本书第 14 章【禁忌 1】的规定。

高层建筑没有丁类抗震设防。

各抗震设防类别的高层建筑结构，其抗震措施应符合下列要求：

（1）甲类、乙类建筑：当本地区的抗震设防烈度为 6～8 度时，应符合本地区抗震设防烈度提高一度的要求；当本地区的设防烈度为 9 度时，应符合比 9 度抗震设防更高的要求。当建筑场地为 I 类时，应允许仍按本地区抗震设防烈度的要求采取抗震构造措施。

（2）丙类建筑：应符合本地区抗震设防烈度的要求。当建筑场地为 I 类时，除 6 度外，应允许按本地区抗震设防烈度降低一度的要求采取抗震构造措施。

抗震措施按建筑类别及场地调整后用于确定抗震等级烈度如表 3-14 所示。

按调整后的抗震等级烈度 表 3-14

建筑类别	场 地	设 防 烈 度			
		6 度	7 度	8 度	9 度
甲、乙类	Ⅰ、Ⅱ、Ⅲ、Ⅳ	7	8	9	9 *
丙类	Ⅰ、Ⅱ、Ⅲ、Ⅳ	6	7	8	9

表中 9 * 表示比 9 度一级更有效的抗震措施，主要考虑合理的建筑平面及体型、有利的结构体系和更严格的抗震措施。具体要求应进行专门研究。

（3）抗震设计的钢筋混凝土多高层建筑结构，根据表 3-15、表 3-16 确定的烈度、结构类型、房屋高度区分为不同的抗震等级，采用相应的计算和构造措施。抗震等级的高低，体现了对结构抗震性能要求的严格程度。特殊要求时则提升至特一级，其计算和构造措施比一级更严格。

当建筑场地为Ⅲ、Ⅳ类时，对设计基本地震加速度为 $0.15g$ 和 $0.30g$ 的地区，宜分别按抗震设防烈度 8 度（$0.20g$）和 9 度（$0.40g$）时各类建筑的要求采取抗震构造措施。

3. 抗震设计时，高层建筑钢筋混凝土结构构件应根据烈度、结构类型和房屋高度采用不同的抗震等级，并应符合相应的计算和构造措施要求。A 级高度丙类建筑钢筋混凝土结构的抗震等级应按表 3-15 确定。当本地区的设防烈度为 9 度时，A 级高度乙类建筑的抗震等级应按特一级采用，甲类建筑应采取更有效的抗震措施。

注："特一级和一、二、三、四级"即"抗震等级为特一级和一、二、三、四级"的简称。

A 级高度的混凝土结构的抗震等级 表 3-15

结构类型		设 防 烈 度						
		6		7		8		9
框架结构	高度（m）	≤24	>24	≤24	>24	≤24	>24	≤24
	普通框架	四	三	三	二	二	一	一
	大跨度框架	三		二		一		一
框架-剪力墙结构	高度（m）	≤60	>60	<24	>24 且 ≤60	>60	<24	>24 且 ≤60	>60	≤24	>24 且 ≤50
	框架	四	三	四	三	二	三	二	一	二	一
	剪力墙	三		三		二		一		二	一
剪力墙结构	高度（m）	≤80	>80	<24	>24 且≤80	>80	≤24	>24 且 ≤80	>80	≤24	24~60
	剪力墙	四	三	四	三	二	三	二	一	二	一

结构类型			设防烈度			
			6	7	8	9
部分框支剪力墙结构		高度（m）	≤80 ／ >80	≤24 ／ >24且≤80 ／ >80	≤24 ／ >24且≤80	
	剪力墙	一般部位	四 ／ 三	四 ／ 三 ／ 二	三 ／ 二	—
	剪力墙	加强部位	三 ／ 二	三 ／ 二 ／ 一	二 ／ 一	—
	框支层框架		二	二	一	
筒体结构	框架-核心筒	框架	三	二	一	
	框架-核心筒	核心筒	二	二	一	
	筒中筒	内筒	三	二	一	
	筒中筒	外筒	三	二	一	
板柱-剪力墙结构		高度（m）	≤35 ／ >35	≤35 ／ >35	≤35 ／ >35	
	板柱及周边框架		三 ／ 二	二 ／ 一	二 ／ 一	
	剪力墙		二 ／ 二	二 ／ 一	二 ／ 一	
单层厂房结构	铰接排架		四	三	二	一

注：1. 接近或等于高度分界时，应结合房屋不规则程度及场地、地基条件适当确定抗震等级；

2. 底部带转换层的筒体结构，其框支框架的抗震等级应按表中部分框支剪力墙结构的规定采用；

3. 当框架—核心筒结构的高度不超过 60m 时，其抗震等级允许按框架-剪力墙结构采用；

4. 乙类建筑及Ⅲ、Ⅳ类场地且设计基本地震加速度为 $0.15g$ 和 $0.30g$ 地区的丙类建筑，当高度超过表中上界时，应采用特一级的抗震构造措施；

5. 大跨度框架指跨度不小于 18m 的框架；

6. 表中框架结构不包括异形柱框架。

4. 抗震设计时，B 级高度丙类建筑钢筋混凝土结构的抗震等级应按表 3-16 确定。

B级高度的高层建筑结构抗震等级　　　　　　　　　　　　表 3-16

结构类型		烈度		
		6度	7度	8度
框架-剪力墙	框架	二	一	一
	剪力墙	二	一	特一
剪力墙	剪力墙	二	一	一
框支剪力墙	非底部加强部位剪力墙	二	一	一
	底部加强部位剪力墙	一	特一	特一
	框支框架	一	特一	特一

结 构 类 型		烈　　　　度		
		6 度	7 度	8 度
框架-核心筒	框 架	二	一	一
	筒 体	二	一	特一
筒中筒	外 筒	二	一	特一
	内 筒	二	一	特一

注：底部带转换层的筒体结构，其框支框架和底部加强部位筒体的抗震等级应按表中框支剪力墙结构的规定采用。

5. 在结构受力性质与变形方面，框架-核心筒结构与框架-剪力墙结构基本上是一致的，尽管框架-核心筒结构由于剪力墙组成筒体而大大提高了抗侧力能力，但周边稀柱框架较弱，设计上的处理与框架-剪力墙结构仍是基本相同的。对其抗震等级的要求不应降低，个别情况要求更严。

框架-剪力墙结构中，由于剪力墙部分刚度远大于框架部分的刚度，因此对框架部分的抗震能力要求比纯框架结构可以适当降低。当剪力墙部分的刚度相对较少时，则框架部分的设计仍应按普通框架考虑，不应降低要求。

6. 抗震设计的高层建筑，当地下室顶层作为上部结构的嵌固端时，地下一层的抗震等级应按上部结构采用，地下一层以下抗震构造措施的抗震等级可逐层降低一级，但不应低于四级；地下室中超出上部主楼范围且无上部结构的部分，其抗震等级可根据具体情况采用三级或四级。

7. 抗震设计时，与主楼连为整体的裙房的抗震等级，除应按裙房本身确定外，相关范围不应低于主楼的抗震等级；主楼结构在裙房顶板上、下各一层应适当加强抗震构造措施。裙房与主楼分离时，应按裙房本身确定抗震等级。裙房与主楼相连的"相关范围"，一般指主楼周边外扩不少于三跨的裙房结构，且不大于 20m（图 3-10）。

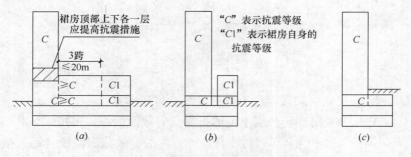

图 3-10　裙房和地下室的抗震等级

8. 高层建筑结构中，抗震等级为特一级的钢筋混凝土构件，除应符合一级抗震等级的基本要求外，尚应符合下列规定：

（1）框架柱应符合下列要求：

1）宜采用型钢混凝土柱或钢管混凝土柱；

2）柱端弯矩增大系数 η_c、柱端剪力增大系数 η_{vc} 应增大 20%；

3）钢筋混凝土柱柱端加密区最小配箍特征值 λ_v 应按本书第 6 章表 6-16 的数值增大 0.02 采用；全部纵向钢筋最小构造配筋百分率，中、边柱取 1.4%，角柱取 1.6%。

（2）框架梁应符合下列要求：

1）梁端剪力增大系数 η_{vb} 应增大 20%；

2）梁端加密区箍筋构造最小配箍率应增大 10%。

（3）框支柱应符合下列要求：

1）宜采用型钢混凝土柱或钢管混凝土柱；

2）底层柱下端及与转换层相连的柱上端的弯矩增大系数取 1.8，其余层柱端弯矩增大系数 η_c 应增大 20%；柱端剪力增大系数 η_{vc} 应增大 20%；地震作用产生的柱轴力增大系数取 1.8，但计算柱轴压比时可不计该项增大；

3）钢筋混凝土柱柱端加密区最小配箍特征值 λ_v 应按本书第 6 章表 6-16 的数值增大 0.03 采用，且箍筋体积配箍率不应小于 1.6%；全部纵向钢筋最小构造配筋百分率取 1.6%。

【禁忌 17】 不了解几种侧向刚度的计算及应用范围有何区别

【正】 1.《高规》附录 E 的 E.0.1 条规定的为剪切刚度，该条规定当转换层设置在 1、2 层时，可近似采用转换层上、下层结构等效剪切刚度比 γ_{e1} 表示转换层上、下层结构刚度的变化，γ_{e1} 宜接近 1，非抗震设计时 γ_{e1} 不应大于 0.4，抗震设计时 γ_{e1} 不应大于 0.5。γ_{e1} 可按下列公式计算：

$$\gamma_{e1} = \frac{G_1 A_1}{G_2 A_2} \times \frac{h_2}{h_1} \tag{3-7}$$

$$A_i = A_{wi} + \Sigma C_{ij} A_{cij} \quad (i=1, 2) \tag{3-8}$$

$$C_{ij} = 2.5 \left(\frac{h_{cij}}{h_i} \right)^2 \quad (i=1, 2)$$

式中 G_1、G_2——底层和转换层上层的混凝土剪变模量；

A_1、A_2——底层和转换层上层的折算抗剪截面面积，可按式（3-8）计算；

A_{wi}——第 i 层全部剪力墙在计算方向的有效截面面积（不包括翼缘面积）；

A_{cij}——第 i 层第 j 根柱的截面面积；

h_i——第 i 层的层高；

h_{cij}——第 i 层第 j 根柱沿计算方向的截面高度；

C_{ij}——第 i 层第 j 根柱截面面积折算系数，当计算大于 1 时取 1。

《抗震规范》第 6.1.14 条和《高规》第 5.3.7 条规定，多、高层建筑结构计算中，当地下室顶板作为上部结构嵌固部位时，地下室结构的楼层侧向刚度不宜小于相邻上部结构楼层侧向刚度的 2 倍。《高规》第 5.3.7 条的条文说明中规定，侧向刚度比采用剪切刚度比，则按公式（3-7）计算。

2.《高规》附录 E 的 E.0.3 条规定的为剪弯刚度，该条规定底部大空间层数大于 2 层时，其转换层上部与下部结构的等效侧向刚度比 γ_{e2} 可采用图 3-11 所示的计算模型按公式（3-9）计算。γ_{e2} 宜接近 1，非抗震设计时 γ_{e2} 不应小于 0.5，抗震设计时 γ_{e2} 不应大于 0.8。

$$\gamma_{e2} = \frac{\Delta_2 H_1}{\Delta_1 H_2} \qquad (3-9)$$

式中　γ_{e2}——转换层上、下结构的等效侧向刚度比；

　　　H_1——转换层及其下部结构（计算模型 1）的高度；

　　　Δ_1——转换层及其下部结构（计算模型 1）的顶部在单位水平力作用下的位移；

　　　H_2——转换层上部剪力墙结构（计算模型 2）的高度，其值应等于或接近计算模型 1 的高度 H_1，且不大于 H_1；

　　　Δ_2——转换层上部剪力墙结构（计算模型 2）的顶部在单位水平力作用下的位移。

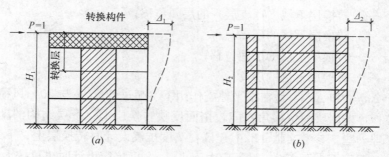

图 3-11　转换层上、下等效侧向刚度计算模型

（a）计算模型 1—转换层及下部结构；（b）计算模型 2—转换层上部部分结构

当转换层设置在大于 2 层时，其楼层侧向刚度比 $\gamma_1 = \dfrac{V_i \Delta_{i+1}}{V_{i+1} \Delta_i}$ 的计算值不应小于 0.6。

上述 γ_{e1} 中所用计算方法仅考虑层剪切刚度；γ_{e2} 和 γ_1 中所用方法均考虑了剪切刚度、弯曲刚度和地震作用，其值更切合结构实际变形特征。

3. 抗震设计时，对框架结构，楼层与上部相邻楼层的侧向刚度 γ_1 比不宜小于 0.7，与上部相邻三层侧向刚度比的平均值不宜小于 0.8；对框架-剪力墙和板柱-剪力墙结构、剪力墙结构、框架-核心筒结构、筒中筒结构，楼层与上部相邻楼层侧向刚度比 γ_2 不宜小于 0.9，楼层层高大于相邻上部楼层层高 1.5 倍时，不应小于 1.1，底部嵌固楼层不应小于 1.5。

$$\gamma_1 = \frac{V_i \Delta_{i+1}}{V_{i+1} \Delta_i}$$

式中　γ_1 ——不考虑层高修正的楼层侧向刚度比；
　　V_i、V_{i+1} ——第 i 层和第 $i+1$ 层的地震剪力标准值；
　　Δ_i、Δ_{i+1} ——第 i 层和第 $i+1$ 层的层间位移。

$$\gamma_2 = \frac{V_i \Delta_{i+1}}{V_{i+1} \Delta_i} \frac{h_i}{h_{i+1}}$$

式中　γ_2 ——考虑层高修正的楼层侧向刚度比；
　　V_i、V_{i+1} ——第 i 层和第 $i+1$ 层的地震剪力标准值；
　　Δ_i、Δ_{i+1} ——第 i 层和第 $i+1$ 层的层间位移。

4. 转换层上、下层结构层间位移角比为：

$$\theta_2 / \theta_1 = \eta_\theta$$

式中　$\theta_1 = \Delta u_{i-1} / h_{i-1}$；
　　$\theta_2 = \Delta u_{i+1} / h_{i+1}$；
　　Δu_{i-1} ——转换层下层（框支层）的层间位移；
　　h_{i-1} ——转换层下层的层高；
　　Δu_{i+1} ——转换层上层的层间位移；
　　h_{i+1} ——转换层上层的层高。

由于 Δu_{i-1} 和 Δu_{i+1} 是在水平地震作用下（超过 60m 还与 20% 风荷载组合）的层间位移，采用层间位移角比能较全面反映转换层上、下层结构的动力特征，因此更合理一些。参考文献［82］建议在 7 度抗震设计时转换层上、下结构层间位移角比一般宜不大于 1.2，且不应大于 1.5。8 度抗震设计时也可按上述限值。

参考文献［20］建议转换构件所在层的下层与上层相邻两层的层间变形角之比值为 $\gamma_{\theta i} = \dfrac{\theta_{i-1}}{\theta_i} = \dfrac{\Delta u_{i-1}}{h_{i-1}} \Big/ \dfrac{\Delta u_i}{h_i}$，如果该比值接近于 1，则变形曲线是连续均匀的，如果不小于 0.5，也不大于 2.0，则可认为层间变形基本均匀，在抗震结构中，宜控制得更严一些为好（如 0.7～1.4 之间）。

5. 实际上，这四种方法计算的刚度含义是不同的，差异较大。如仅有一个标准层的简单框架结构，按 γ_{e1} 计算，各层的刚度都相同；按 γ_{e2} 计算，各层的刚度也相同；按 γ_1、γ_2 和 η_{θ} 计算，各层的刚度不相等，而且与水平力的取法有关，此刚度应用于各楼层的刚度比值，界定是否为竖向不规则。

【禁忌 18】 不重视不同结构体系的最大适用高度和高宽比的规定

【正】 1. 钢筋混凝土高层建筑结构的最大适用高度应区分为 A 级和 B 级。B 级高度高层建筑结构的最大适用高度可较 A 级适当放宽，其结构抗震等级、有关的计算和构造措施应相应加严，并应符合本节的有关规定。高度为室外地面到主要屋顶板板顶的高度。

2. A 级高度钢筋混凝土乙类和丙类高层建筑的最大适用高度应符合表 3-17 的规定，B 级高度钢筋混凝土乙类和丙类高层建筑的最大适用高度应符合表 3-18 的规定。

平面和竖向均不规则的高层建筑结构，其最大适用高度应适当降低。

A 级高度钢筋混凝土高层建筑的最大适用高度（m） 表 3-17

结构体系		非抗震设计	抗震设防烈度				
			6 度	7 度	8 度		9 度
					0.20g	0.30g	
框 架		70	60	50	40	35	24
框架-剪力墙		150	130	120	100	80	50
剪力墙	全部落地剪力墙	150	140	120	100	80	60
	部分框支剪力墙	130	120	100	80	50	不应采用
筒 体	框架-核心筒	160	150	130	100	90	70
	筒中筒	200	180	150	120	100	80
板柱-剪力墙		110	80	70	55	40	不应采用

注：1. 表中框架不含异形柱框架结构；
    2. 部分框支剪力墙结构指地面以上有部分框支剪力墙的剪力墙结构；
    3. 甲类建筑，6、7、8 度时宜按本地区抗震设防烈度提高一度后符合本表的要求，9 度时应专门研究；
    4. 框架结构、板柱-剪力墙结构以及 9 度抗震设防的表列其他结构，当房屋高度超过本表数值时，结构设计应有可靠依据，并采取有效的加强措施。

表 3-17 的 A 级高度钢筋混凝土建筑的最大适用高度与《混凝土规范》、《抗震规范》中钢筋混凝土房屋适用的最大高度是一致的。超过 A 级高度及 B 级高度的房屋，均需要进行超限高层建筑抗震设防专项审查。

B 级高度钢筋混凝土高层建筑的最大适用高度（m）　　　　表 3-18

结 构 体 系		非抗震设计	抗震设防烈度			
			6 度	7 度	8 度	
					0.20g	0.30g
框架-剪力墙		170	160	140	120	100
剪力墙	全部落地剪力墙	180	170	150	130	110
	部分框支剪力墙	150	140	120	100	80
筒 体	框架-核心筒	220	210	180	140	120
	筒中筒	300	280	230	170	150

注：1. 部分框支剪力墙结构指地面以上有部分框支剪力墙的剪力墙结构；

2. 甲类建筑，6、7 度时宜按本地区设防烈度提高一度后符合本表的要求，8 度时应专门研究；

3. 当房屋高度超过表中数值时，结构设计应有可靠依据，并采取有效措施。

3. 钢筋混凝土高层建筑结构的高宽比不宜超过表 3-19 的数值。

钢筋混凝土高层建筑结构适用的高宽比　　　　表 3-19

结 构 体 系	非抗震设计	抗震设防烈度		
		6 度、7 度	8 度	9 度
框架	5	4	3	2
板柱-剪力墙	6	5	4	—
框架-剪力墙、剪力墙	7	6	5	4
框架-核心筒	8	7	6	4
筒中筒	8	8	7	5

高层建筑的高宽比，是对结构刚度、整体稳定、承载能力和经济合理性的宏观控制。在复杂体型的高层建筑中，如何计算高宽比是比较难以确定的问题。一般场合，可按所考虑方向的最小投影宽度计算高宽比，但对突出建筑物平面很小的局部结构（如楼梯间、电梯间等），一般不应包含在计算宽度内；对于不宜采用最小投影宽度计算高宽比的情况，应由设计人员根据实际情况确定合理的计算方法；对带有裙房的高层建筑，当裙房的面积和刚度相对于其上部塔楼的面积和刚度较大时，计算高宽比的房屋高度和宽度可按裙房以上部分考虑。高层建筑的高宽比在满足限值时，可不进行稳定验算，超过限值时应进行稳定验算。

表 3-19 的适用高宽比不是限制条件而是不宜，目前超过 B 级高度高层建筑的高宽比的房屋已经有不少，例如上海金茂大厦（88 层，421m）高宽比为 7.6，深圳地王大厦（69 层，384m）高宽比为 8.75，上海明天广场（58 层，230.9m），裙房以上高宽比为 5.76 等。

【禁忌 19】　**不熟悉多高层建筑结构的内力和位移计算有哪些规定**

【正】 1. 高层建筑结构的荷载和地震作用应按《高规》第 4 章的有关规定进行计算。

2. 复杂结构和混合结构高层建筑的计算分析，除应符合本章要求外，尚应符合第 9 章和第 11、12 章的有关规定。

3. 高层建筑结构的变形和内力可按弹性方法计算。框架梁及连梁等构件可考虑塑性变形引起的内力重分布。

4. 高层建筑结构分析模型应根据结构实际情况确定。所选取的分析模型应能较准确地反映结构中各构件的实际受力状况。

高层建筑结构分析，可选择平面结构空间协同、空间杆系、空间杆-薄壁杆系、空间杆-墙板元及其他组合有限元等计算模型。

5. 进行高层建筑内力与位移计算时，一般可假定楼板在其自身平面内为无限刚性，设计时应采取相应的措施保证楼板平面内的整体刚度。

当楼板可能产生较明显的面内变形时，计算时应考虑楼板的面内变形影响或对采用楼板面内无限刚性假定计算方法的计算结果进行适当调整。

6. 高层建筑结构按空间整体工作计算分析时，应考虑下列变形：

（1）梁的弯曲、剪切、扭转变形，必要时考虑轴向变形；

（2）柱的弯曲、剪切、轴向、扭转变形；

（3）墙的弯曲、剪切、轴向、扭转变形。

7. 高层建筑结构应根据实际情况进行重力荷载、风荷载和（或）地震作用效应分析，并按《高规》第 5.6 节的规定进行荷载效应和作用效应组合。

8. 高层建筑结构内力计算中，当楼面活荷载大于 $4kN/m^2$ 时，应考虑楼面活荷载不利布置引起的结构内力的增大；当整体计算中未考虑楼面活荷载不利布置时，应适当增大楼面梁的计算弯矩。

9. 高层建筑结构在进行重力荷载作用效应分析时，柱、墙、斜撑等构件的轴向变形宜采用适当的计算模型考虑施工过程的影响；房屋高度 150m 以上及复杂高层建筑，应考虑施工过程的影响。

10. 高层建筑结构进行风作用效应计算时，正反两个方向的风作用效应宜按两个方向计算的较大值采用；体型复杂的高层建筑，应考虑风向角的不利影响。

11. 结构整体内力与位移计算中，型钢混凝土和钢管混凝土构件宜按实际情况直接参与计算，也可将型钢混凝土和钢管混凝土构件等效为混凝土构件进行计算，并按国家现行有关标准进行截面设计。

12. 体型复杂、结构布置复杂以及 B 级高度高层建筑结构，应采用至少两个不同力学模型的结构分析软件进行整体计算。

13. 抗震设计时，B 级高度的高层建筑结构、混合结构和《高规》第 10 章规定的复杂高层建筑结构，尚应符合下列要求：

（1）宜考虑平扭耦联计算结构的扭转效应，振型数不应小于 15，对多搭楼结构的振型数不应小于塔楼数的 9 倍，且计算振型数应使振型参与质量不小于总质量的 90%；

（2）应采用弹性时程分析法进行补充计算；

（3）宜采用弹塑性静力或弹塑性动力分析方法补充计算。

14. 高层建筑结构地震作用效应分析时，框架-剪力墙、剪力墙结构中的连梁刚度可予以折减，折减系数不宜小于 0.5。计算风荷载效应时不应折减。

15. 在结构内力与位移计算中，现浇楼面和装配整体式楼面中梁的刚度可考虑翼缘的作用予以增大。近似考虑时，楼面梁刚度增大系数可根据翼缘情况取 1.3～2.0。

对于无现浇面层的装配式结构，可不考虑楼面翼缘的作用。

16. 在竖向荷载作用下，可考虑框架梁端塑性变形内力重分布对梁端负弯矩乘以调幅系数进行调幅，并应符合下列规定：

（1）装配整体式框架梁端负弯矩调幅系数可取为 0.7～0.8；现浇框架梁端负弯矩调幅系数可取为 0.8～0.9；

（2）框架梁端负弯矩调幅后，梁跨中弯矩应按平衡条件相应增大；

（3）应先对竖向荷载作用下框架梁的弯矩进行调幅，再与水平作用产生的框架梁弯矩进行组合；

（4）截面设计时，框架梁跨中截面正弯矩设计值不应小于竖向荷载作用下按简支梁计算的跨中弯矩设计值的 50%。

17. 高层建筑结构楼面梁受扭计算时应考虑楼盖对梁的约束作用。当计算中未考虑楼盖对梁扭转的约束作用时，可对梁的计算扭矩予以折减。梁扭矩折减系数应根据梁周围楼盖的约束情况确定。

18. 下列竖向不规则高层建筑结构的计算分析应符合上述第 13 条的有关规定：

（1）结构楼层侧向刚度不符合《高规》第 3.5.2 条要求的；

（2）结构楼层层间抗侧力结构的承载力小于其上一层的 80%；

（3）结构楼层竖向抗侧力构件不连续。

19. 对多塔楼结构，宜按整体模型和各塔楼分开的模型分别计算，并采用较不利的结果进行结构设计。当塔楼周边的裙楼超过两跨时，分塔楼模型宜至少附带两跨的裙楼结构。多塔楼结构振动形态复杂，整体模型计算有时不容易判断结果的合理性，辅以分塔楼模型计算分析，取二者的不利结果进行设计较为妥当。

20. 对受力复杂的结构构件，宜按应力分析的结果校核配筋设计。

21. 对结构分析软件的计算结果，应进行分析判断，确认其合理、有效后方可作为工程设计的依据。

22. 高层建筑结构分析计算时宜对结构进行力学上的简化处理，使其既能反映结构的受力性能，又适应于所选用的计算分析软件的力学模型。

23. 在结构内力与位移计算中，应考虑相邻层竖向构件的偏心影响。楼面梁与竖向构件的偏心以及上下层竖向构件之间的偏心应按实际情况考虑并宜计入整体计算。当结构整体计算未考虑上述偏心时，应采用柱、墙端附加弯矩的方法予以近似考虑。

24. 在结构内力与位移计算中，密肋板楼盖宜按实际情况进行计算。当不能按实际情况计算时，可按等刚度原则对密肋梁进行适当简化后再行计算。

对平板无梁楼盖，在计算中应考虑板的面外刚度影响，其面外刚度可按有限元方法计算或近似将柱上板带等效为扁梁计算。

【禁忌 20】 不重视结构楼层层间最大位移与层高比值和舒适度的含意

【正】 1. 多高层建筑结构应具有必要的刚度，在正常使用条件下限制建筑结构层间位移的主要目的为：第一，保证主要结构基本处于弹性受力状态，对钢筋混凝土结构要避免混凝土墙或柱出现裂缝；将混凝土梁等楼面构件的裂缝数量、宽度控制在规范允许范围之内。第二，保证填充墙、隔墙和幕墙等非结构构件的完好，避免产生明显损坏。因此，《高规》第 3.7.3 条规定了按弹性方法计算的楼层层间最大位移与层高之比 $\Delta u/h$ 的限值。

2. 正常使用条件下的结构水平位移是按地震小震考虑，即 50 年设计基准期超越概率 10％的地震加速度的多遇地震考虑，比设防烈度约低 1.55 度的设计基本地震加速度计算确定；风荷载按 50 年或 100 年一遇的风压标准值计算确定。

第 i 层的 $\Delta u/h$ 指第 i 层和第 $i-1$ 层在楼层平面各处位移差 $\Delta u_i = u_i - u_{i-1}$ 中的最大值与层高之比，不扣除整体弯曲变形。由于多高层建筑结构在水平力（水平地震作用或风荷载）作用下几乎都会产生扭转，所以 Δu 的最大值一般在结构单元的边角部位。

高层建筑结构的水平地震作用下最大位移，应在单向水平地震作用时不考虑偶然偏心的影响，采用考虑扭转耦联振动影响的振型分解反应谱法进行计算，并应采用刚性楼板假定。

3. 按弹性方法计算的风荷载或多遇地震标准值作用下楼层层间最大位移与层高之比 $\Delta u/h$ 宜符合以下规定：

（1）高度不大于 150m 的高层建筑，其楼层层间最大位移与层高之比 $\Delta u/h$ 不宜大于表 3-20 的限值；

风荷载及水平地震作用下楼层层间最大位移与层高之比的限值　　　表 3-20

结 构 体 系	$\Delta u/h$ 限值	结 构 体 系	$\Delta u/h$ 限值
框 架	1/550	筒中筒、剪力墙	1/1000
框架-剪力墙、框架-核心筒、板柱-剪力墙	1/800	除框架结构外的转换层	1/1000

（2）高度不小于 250m 的高层建筑，其楼层层间最大位移与层高之比 $\Delta u/h$ 不宜大于 1/500；

（3）高度在 150～250m 之间的高层建筑，其楼层层间最大位移与层高之比 $\Delta u/h$ 的限值可按本条第（1）款和第（2）款的限值线性插入取用。

注：楼层层间最大位移 Δu 以楼层最大的水平位移差计算，不扣除整体弯曲变形。抗震设计时，本条规定的楼层位移计算可不考虑偶然偏心的影响。

4. 超高层建筑在风荷载作用下将产生振动，过大的振动加速度将使在高楼内居住的人们感觉不舒适，甚至不能忍受，直接影响工作和生活，不舒适程度与建筑物的加速度关系如表 3-21 所示。

不舒适度与风振加速度关系   表 3-21

不舒适的程度	建筑物的加速度	不舒适的程度	建筑物的加速度
无感觉	$<0.005g$	十分扰人	$0.05g\sim0.15g$
有 感	$0.005g\sim0.015g$	不能忍受	$>0.15g$
扰 人	$0.015g\sim0.05g$		

《高规》第 3.7.6 条规定，高度不小于 150m 的高层建筑结构应具有良好的使用条件，满足舒适度要求，按 10 年一遇的风荷载取值计算的顺风向与横风向结构顶点最大加速度 a_{max} 不应超过表 3-22 中数值。

结构顶点最大加速度限值 a_{max} 表 3-22

使 用 功 能	a_{max}（m/s²）	使 用 功 能	a_{max}（m/s²）
住宅、公寓	0.15	办公、旅馆	0.25

5. 超高层建筑风振反应加速度包括顺风向最大加速度、横风向最大加速度的和扭转角速度。结构顶点的顺风向和横风向振动最大加速度可按下列公式计算，也可通过风洞试验结果判断确定，计算时阻尼比宜取：混凝土结构取 0.02，混合结构根据房屋高度和结构类型取 0.01～0.02。

（1）顺风向顶点最大加速度

$$a_w = \xi\nu\frac{\mu_s\mu_r w_0 A}{m_{tot}}$$

式中 a_w——顺风向顶点最大加速度（m/s²）；

      μ_s——风荷载体型系数；

      μ_r——重现期调整系数，取重现期为 10 年时的系数 0.76；

      w_0——基本风压，取 0.55kN/m²，对重要建筑和 B 级筒体结构，另乘系数 1.1；

      ξ、ν——分别为脉动增大系数和脉动影响系数，按《荷载规范》（2006 年版）的规定采用；

A——建筑物总迎风面积（m²）；

m_{tot}——建筑物总质量（t）。

（2）横风向顶点最大加速度

$$a_{tr} = \frac{b_r}{T_t^2} \cdot \frac{\sqrt{BL}}{\gamma_B \sqrt{\zeta_{t,cr}}}$$

$$b_r = 2.05 \times 10^{-4} \left(\frac{v_{n,m} T_t}{\sqrt{BL}} \right)^{3.3} \quad (kN/m^3)$$

式中　a_{tr}——横风向顶点最大加速（m/s²）；

$v_{n,m}$——建筑物顶点平均风速（m/s），$v_{n,m} = 40\sqrt{\mu_s \mu_z w_0}$；

μ_z——风压高度变化系数；

γ_B——建筑物所受的平均重度（kN/m³）；

$\zeta_{t,cr}$——建筑物横风向的临界阻尼比值；

T_t——建筑物横风向第一自振周期（s）；

B、L——分别为建筑物平面的宽度和长度（m）。

6. 新修订的《高规》第 3.7.7 条及附录 A 增加了有关规定。

楼盖结构宜具有适宜的刚度、质量及阻尼，其竖向振动舒适度应符合下列规定：

（1）钢筋混凝土楼盖结构竖向频率不宜小于 3Hz，轻钢楼盖结构竖向频率不宜小于 8Hz。自振频率计算时，楼盖结构的阻尼比可取 0.02。

（2）不同使用功能、不同自振频率的楼盖结构，其振动峰值加速度不宜超过表 3-23 限值。

楼盖竖向振动加速度限值　　　　　　　　　　　表 3-23

人员活动环境	峰值加速度限值	人员活动环境	峰值加速度限值
住宅，办公	0.005g	室内人行天桥	0.015g
商　场	0.015g	室外人行天桥	0.05g

（3）人行走引起的楼盖振动峰值加速度可按下列公式近似计算：

$$a_p = \frac{F_p}{\beta w} g$$

$$F_p = p_0 e^{-0.35 f_n}$$

式中　a_p——楼盖振动峰值加速度（m/s²）；

F_p——接近楼盖结构自振频率时人行走产生的作用力（kN）；

p_0——人们行走产生的作用力（kN）；

f_n——楼盖结构竖向自振频率（Hz）；

β——楼盖结构阻尼比，按表 3-24 采用；

w——楼盖结构阻抗有效重量（kN），可按第4条计算；

g——重力加速度，取$9.8m/s^2$。

人行走作用力及楼盖结构阻尼比　　　　　表 3-24

人员活动环境	人员行走作用力 p_0(kN)	结构阻尼比 β
住宅、办公、教堂	0.3	0.02～0.05
商　场	0.3	0.02
室内人行天桥	0.42	0.01～0.02
室外人行天桥	0.42	0.01

注：1. 表中阻尼比用于普通钢结构和混凝土结构和钢-混凝土组合楼盖结构；

　　2. 对住宅、办公、教堂建筑，阻尼比0.02可用于无家具和非结构构件情况，如无纸化电子办公区、开敞办公区和教堂；阻尼比0.03可用于有家具、非结构构件，带少量可拆卸隔断的情况；阻尼比0.05可用于含全高填充墙的情况；

　　3. 对室内人行天桥，阻尼比0.02可用于天桥带干挂吊顶的情况。

（4）楼盖结构的阻抗有效重量w可按下列公式计算：

$$w = \overline{w}BL$$

$$B = CL$$

式中　$\overline{w}$——楼盖单位面积有效重量（kN/m^2），取恒载和有效分布活荷载之和。楼层有效分布活荷载：对办公建筑可取$0.55kN/m^2$；对住宅可取$0.3kN/m^2$；

　　　　L——梁跨度（m）；

　　　　B——楼盖阻抗有效质量的分布宽度（m）；

　　　　C——垂直于梁跨度方向的楼盖受弯连续性影响系数，对边梁取1，对中间梁取2。

（5）楼盖结构的竖向振动加速度也可采用时程分析方法计算。

【禁忌21】 不了解结构弹塑性分析及薄弱层弹塑性变形验算有哪些规定

【正】 1. 多高层建筑混凝土结构进行弹塑性计算分析时，可根据实际工程情况采用静力或动力时程分析方法，并应符合下列规定：

（1）当采用结构抗震性能设计时，应根据本章的有关规定预定结构的抗震性能目标；

（2）梁、柱、斜撑、剪力墙、楼板等结构构件，应根据实际情况和分析精度要求采用合适的简化模型；构件的几何尺寸、混凝土构件所配的钢筋和型钢、混合结构的钢结构构件应按实际情况参与计算；

（3）应根据预定的结构抗震性能目标，合理取用钢筋、钢材、混凝土材料的力学性能指标以及本构关系。钢筋和混凝土材料的本构关系可按《混凝土规范》的有关规定采用；

（4）应考虑几何非线性影响；

（5）进行动力弹塑性计算时，地面运动加速度时程的选取以及预估罕遇地震作用时的峰值加速度取值应符合《高规》第 4.3.5 条的规定；

（6）应对计算结构的合理性进行分析和判断；

（7）对重要的建筑结构、超高层建筑结构、复杂的高层建筑结构进行弹塑性计算分析，可以分析结构的薄弱部位、验证结构的抗震性能，是目前应用越来越多的一种方法。

在进行结构弹塑性计算分析时，应根据工程的重要性、破坏后的危害性及修复的难易程度，设定结构的抗震性能目标，这部分内容可参见本章 3.3 问的有关规定。

建立结构计算模型时，可根据结构构件的性能和分析进度要求，采用恰当的分析模型。如梁、柱、斜撑可采用一维单元；墙、板可采用二维或三维单元。结构的几何尺寸、钢筋、型钢、钢构件等应按实际设计情况采用，不应简单采用弹性计算软件的分析结果。

结构材料（钢筋、型钢、混凝土等）的性能指标（如变形模量、强度取值等）以及本构关系，与预定的结构或结构构件的抗震性能目标有密切关系，应根据实际情况合理选用。如材料强度可分别取用设计值、标准值、抗拉极限值或实测值、实测平均值等。结构材料本构关系直接影响弹塑性分析结果，选择时应特别注意；钢筋和混凝土的本构关系，在《混凝土规范》中有相应规定，可参考使用。

结构弹塑性变形往往比弹性变形大很多，考虑结构几何非线性进行计算是必要的，结果的可靠性也会有所提高。与弹性静力分析计算相比，结构的弹塑性分析具有更大的不确定性，计算分析结果是否合理，应根据工程经验进行分析和判断。

2. 震害表明，结构如果存在薄弱层，在强烈地震作用下结构薄弱部位将产生较大的弹塑性变形，会引起结构严重破坏甚至倒塌。因此，《高规》第 5.5.2 条规定了对某些抗震设计的高层建筑结构，要进行罕遇地震作用下薄弱层弹塑性变形验算。

3. 高层建筑结构在罕遇地震作用下的薄弱层弹塑性变形验算，应符合下列规定：

（1）下列结构应进行弹塑性变形验算：

1）7～9 度时楼层屈服强度系数小于 0.5 的框架结构；

2）甲类建筑和 9 度抗震设防的乙类建筑结构；

3）采用隔震和消能减震设计的建筑结构；

4）房屋高度大于 150m 的结构。

（2）在预估的罕遇地震作用下，高层建筑结构薄弱层（部位）弹塑性变形计算可采用下列方法：

1）不超过 12 层且层侧向刚度无突变的框架结构可采用《高规》第 5.5.3 条规定的简化计算法；

2）除第 1 款以外的建筑结构可采用弹塑性静力或动力分析方法；

3）采用弹塑性动力分析方法进行薄弱层验算时，宜符合以下要求：

①应按建筑场地类别和设计地震分组选用不少于两组实际地震波和一组人工模拟的地震波的加速度时程曲线；

②地震波持续时间不宜少于结构自振周期的 5 倍和 15s，数值化时距可取为 0.01s 或 0.02s；

③输入地震波的最大加速度，可按《高规》表 4.3.5 采用。

（3）结构薄弱层（部位）的弹塑性层间位移的简化计算，宜符合下列要求：

1）结构薄弱层（部位）的位置可按下列情况确定：

①楼层屈服强度系数沿高度分布均匀的结构，可取底层；

②楼层屈服强度系数沿高度分布不均匀的结构，可取该系数最小的楼层（部位）和相对较小的楼层，一般不超过 2～3 处。

2）弹塑性层间位移可按下列公式计算：

$$\Delta u_p = \eta_p \Delta u_e$$

或

$$\Delta u_p = \mu \Delta u_y = \frac{\eta_p}{\xi_y} \Delta u_y$$

式中　Δu_p ——弹塑性层间位移；

$\quad\quad \Delta u_y$ ——层间屈服位移；

$\quad\quad \mu$ ——楼层延性系数；

$\quad\quad \Delta u_e$ ——罕遇地震作用下按弹性分析的层间位移。计算时，水平地震影响系数最大值应按第 2 章表 2-8 采用；

$\quad\quad \eta_p$ ——弹塑性位移增大系数，当薄弱层（部位）的屈服强度系数不小于相邻层（部位）该系数平均值的 0.8 时，可按表 3-25 采用；当不大于该平均值的 0.5 时，可按表内相应数值的 1.5 倍采用；其他情况可采用内插法取值；

$\quad\quad \xi_y$ ——楼层屈服强度系数。

结构的弹塑性位移增大系数 η_p　　　　　　表 3-25

ξ_y	0.5	0.4	0.3
η_p	1.8	2.0	2.2

4. 结构薄弱层（部位）层间弹塑性位移应符合下式要求：

$$\Delta u_{\mathrm{p}} \leqslant [\theta_{\mathrm{p}}]h$$

式中　Δu_{p}——层间弹塑性位移；

$[\theta_{\mathrm{p}}]$——层间弹塑性位移角限值，可按表 3-26 采用；对框架结构，当轴压比小于 0.40 时，可提高 10%；当柱子全高的箍筋构造采用比本规程中框架柱箍筋最小配箍特征值大 30% 时，可提高 20%，但累计不超过 25%；

h——层高。

层间弹塑性位移角限值　　　　　　　　　　表 3-26

结　构　体　系	$[\theta_{\mathrm{p}}]$
框架结构	1/50
框架-剪力墙结构、框架-核心筒结构、板柱-剪力墙结构	1/100
剪力墙结构和筒中筒结构	1/120
框支层	1/120

【禁忌 22】 不熟悉地下室顶板作为上部结构的嵌固部位的条件

【正】　1.《高规》第 5.3.7 条规定，高层建筑结构计算中，当地下室顶板作为上部结构嵌固部位时，地下室结构的楼层侧向刚度不应小于相邻上部结构楼层侧向刚度的 2 倍。

2.《抗震规范》第 6.1.14 条规定了地下室顶板作为上部结构的嵌固部位时的有关要求。主要考虑柱在地上一层的下端出现塑性铰而不是梁柱节点两侧的梁出现塑性铰。通常采用提高地下室顶板梁受弯承载力且增大地下室柱顶的受弯承载力的方法来考虑柱底的嵌固。

（1）地下室结构应能承受上部结构屈服超强及地下室本身的地震作用，如上一层结构侧向刚度，不宜大于相关范围（一般可从地上主楼、裙房结构周边外延不大于 20m）地下一层结构的侧向刚度的 0.5 倍。

（2）地下室柱截面每侧的纵向钢筋面积，除满足计算要求外，不应小于地上一层对应柱每侧纵筋面积的 1.1 倍（地下室柱子多出的纵向钢筋不应向上延伸，应锚固于地下室顶板的框架梁内），且地下一层柱上端和节点左右梁端实配的抗震受弯承载力之和应大于地上一层柱下端实配的抗震受弯承载力的 1.3 倍。

（3）地下一层梁刚度较大时，梁端顶面和底面的纵向钢筋面积均应比计算增大 10% 以上。

（4）地下一层剪力墙墙肢端部边缘构件纵向钢筋截面面积，不应少于地上一层对应墙肢端部边缘构件纵向钢筋的截面面积。

（5）地下室的现浇顶板厚度不宜小于 180mm 且不宜在较大洞口。

3.《上海市建筑抗震规程》DGJ 08—9—2003（简称《上海抗规》）第 6.1.19 条规定，地下室顶板作为上部结构的嵌固部位时，地下室结构的楼层侧向刚度不宜小于相邻上部楼层侧向刚度的 1.5 倍。在第 6.1.19 条的条文说明中指出，考虑到上海市设有地下室的高层建筑一般都采用桩筏或桩箱基础，对地下一层的嵌固作用将非常明显。因此，当地下室结构的侧向刚度大于相邻上部楼层侧向刚度的 1.5 倍及以上，且地下室顶板厚度不小于 180mm 时，对于仅有一层地下室的高层建筑，也可以将地下室顶板作为上部结构的嵌固部位进行计算分析。如遇到较大面积的地下室而上部塔楼面积较小的情况，在计算地下室结构的侧向刚度时，只能考虑塔楼及其周围的抗侧力构件的贡献，塔楼周围的范围可以在两个水平方向分别取地下室层高的 2 倍左右。

关于地下室的埋深问题，根据上海市近 20 年的工程经验，一般最浅可以做到 1/20 房屋高度，但必须具备下面的条件：①采用桩筏或桩箱基础；②每根桩与筏板（箱基底板）应有可靠的连接；③基础周边的桩应能承受可能产生的拔力。

【禁忌 23】 不重视高层建筑结构重力二阶效应及稳定和倾覆验算的重要性

【正】 1. 所谓重力二阶效应，一般包括两部分：一是由于构件自身挠曲引起的附加重力效应，即 P-δ 效应，二阶内力与构件挠曲形态有关，一般中段大、端部为零；二是结构在水平风荷载或水平地震作用下产生侧移变位后，重力荷载由于该侧移而引起的附加效应，即重力 P-Δ 效应。分析表明，对一般高层建筑结构而言，由于构件的长细比不大，其挠曲二阶效应的影响相对很小，一般可以忽略不计；由于结构侧移和重力荷载引起的 P-Δ 效应相对较为明显，可使结构的位移和内力增加，当位移较大时甚至导致结构失稳。因此，高层建筑混凝土结构的稳定设计，主要是控制、验算结构在风或地震作用下，重力荷载产生的 P-Δ 效应对结构性能降低的影响以及由此可能引起的结构失稳。

高层建筑结构只要有水平侧移，就会引起重力荷载作用下的侧移二阶效应（P-Δ 效应），其大小与结构侧移和重力荷载自身大小直接相关，而结构侧移又与结构侧向刚度和水平作用大小密切相关。控制结构有足够的侧向刚度，宏观上有两个容易判断的指标：一是结构侧移应满足规程的位移限制条件，二是结构的楼层剪力与该层及其以上各层重力荷载代表值的比值（即楼层剪重比）应满足最小值规定。一般情况下，满足了这些规定，可基本保证结构的整体稳定性，且重力二阶效应的影响较小。对抗震设计的结构，楼层剪重比必须满足《高规》第 4.3.12 条的规定；对于非抗震设计的结构，虽然《荷载规范》规定基本风压的取值不得小于 $0.3kN/m^2$，可保证水平风荷载产生的楼层剪力不至于过小，但对楼层剪重比没有最小值规定。因此，对非抗震设计的高层建筑结构，当水平荷载较小时，虽然侧移满足楼层位移限制条件，但侧向刚度可能依然偏小，可能不满足结构整体稳定要求，或重力二阶效应不能忽略。

2.《抗震规范》第 3.6.3 条规定:"当结构在地震作用下的重力附加弯矩大于初始弯矩的 10%时,应计入重力二阶效应的影响。"

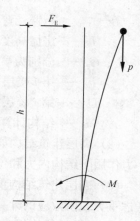

图 3-12 重力二阶效应示意图

初始弯矩为该楼层地震剪力与楼层层高的乘积,即 $M_1 = F_E h$;重力附加弯矩为任一楼层以上全部重力荷载与该楼层地震产生的层间位移的乘积,即

$M_2 = P \cdot \Delta$,亦称二阶弯矩(图 3-12),总的弯矩为:

$$M = M_1 + M_2 = F_E \cdot h + P \cdot \Delta$$

结构由于 M_2 作用又使 Δ 增加,进而二阶弯矩进一步增大,如此反复,对某些结构可能产生积累性的变形增大而导致结构失稳倒塌。

重力二阶弯矩与初始弯矩的比值 θ 称之为稳定系数,其值为:

$$\theta_i = \frac{\Delta u_i \sum\limits_{j=i}^{n} G_j}{V_i h_i}$$

式中 G_j——第 j 层重力荷载设计值;

Δu_i——第 i 层楼层质心处的层间位移;

V_i——第 i 层楼层地震剪力设计值;

h_i——第 i 层楼层层高。

当楼层稳定系数 $\theta_i \leqslant 0.1$ 时,可不考虑重力二阶效应的不利影响。θ_i 也不可能很大,其上限值受到规范楼层层间(弹性或弹塑性)位移角限值控制。弹性分析时,对于钢筋混凝土结构,因为楼层层间位移角限值较严,稳定系数一般不大于 0.1,多数情况下可不考虑重力二阶效应的影响。

3.《高规》第 5 章 5.4 节对重力二阶效应作如下规定:

(1)在水平力作用下,当高层建筑结构满足下列规定时,可不考虑重力二阶效应的不利影响。

1)剪力墙结构、框架-剪力墙结构、筒体结构:

$$EJ_d \geqslant 2.7 H^2 \sum_{i=1}^{n} G_i$$

2)框架结构:

$$D_i \geqslant 20 \sum_{j=i}^{n} G_j / h_i \quad (i = 1, 2, \cdots, n)$$

式中 EJ_d——结构一个主轴方向的弹性等效侧向刚度,可按倒三角形分布荷载作用下结构顶点位移相等的原则,将结构的侧向刚度折算为竖向悬臂受弯构件的等效侧向刚度；

H——房屋高度；

G_i、G_j——分别为第 i、j 楼层重力荷载设计值；

h_i——第 i 楼层层高；

D_i——第 i 楼层的弹性等效侧向刚度，可取该层剪力与层间位移的比值；

n——结构计算总层数。

（2）高层建筑结构如果不满足（1）条的规定时，应考虑重力二阶效应对水平力作用下结构内力和位移的不利影响。

（3）高层建筑结构重力二阶效应，可采用弹性方法进行计算，也可采用对未考虑重力二阶效应的计算结果乘以增大系数的方法近似考虑。结构位移增大系数 F_1、F_{1i} 以及结构构件弯矩和剪力增大系数 F_2、F_{2i} 可分别按下列规定近似计算，位移计算结果仍应满足《高规》第 3.7.3 条的规定。

1）对框架结构，可按下列公式计算：

$$F_{1i} = \frac{1}{1 - \sum_{j=1}^{n} G_j / (D_i h_i)} \quad (i = 1, 2, \cdots, n)$$

$$F_{2i} = \frac{1}{1 - 2\sum_{j=1}^{n} G_j / (D_i h_i)} \quad (i = 1, 2, \cdots, n)$$

2）对剪力墙结构、框架-剪力墙结构、筒体结构，可按下列公式计算：

$$F_1 = \frac{1}{1 - 0.14 H^2 \sum_{j=1}^{n} G_i / (EJ_d)}$$

$$F_2 = \frac{1}{1 - 0.28 H^2 \sum_{j=1}^{n} G_i / (EJ_d)}$$

4. 《高规》第 5.4.4 条规定，结构整体稳定应符合下列规定：

（1）剪力墙结构、框架-剪力墙结构、筒体结构应符合下式要求：

$$EJ_d \geqslant 1.4 H^2 \sum_{i=1}^{n} G_i \qquad (3-10)$$

（2）框架结构应符合下式要求：

$$D_i \geqslant 10 \sum_{j=i}^{n} G_j / h_i \quad (i = 1, 2, \cdots, n) \qquad (3-11)$$

高层建筑结构的稳定设计主要是控制在风荷载或水平地震作用下，重力荷载产生的二阶效应（重力 P-Δ 效应）不致过大，以致引起结构的失稳倒塌。如果结构的刚重比满足本条公式（3-10）或公式（3-11）的规定，则重力 P-Δ 效应可控制在20%之内，结构的稳定具有适宜的安全储备。若结构的刚重比进一步减小，则重力 P-Δ 效应将会呈非线性关系急剧增长，直至引起结构的整体失稳。在水平力作用下，高层建筑结构的稳定应满足本条的规定，不应再放松要求。如不满足上述规定，应调整并增大结构的侧向刚度。

当结构的设计水平力较小，如计算的楼层剪重比过小（如小于0.02），结构刚度虽能满足水平位移限值要求，但有可能不满足稳定要求。

5. 结构的弹性等效侧向刚度 EJ_d，可近似按倒三角形分布荷载作用下结构顶点位移相等的原则，将结构的侧向刚度折算为竖向悬臂受弯构件的等效侧向刚度。即

$$EJ_d = \frac{11qH^4}{120u}$$

式中　EJ_d——结构的弹性等效侧向刚度；

　　　　q——水平作用的倒三角形分布荷载的最大值；

　　　　u——在最大值为 q 的倒三角形荷载作用下结构顶点质心的弹性水平位移；

　　　　H——房屋高度。

6. 当高层、超高层建筑高度比较大，水平风荷载或地震作用较大，地基刚度较弱时，结构整体倾覆验算十分重要，直接关系到整体结构安全度的控制。

《抗震规范》规定：在地震作用效应标准组合（各作用分项系数取1.0）下，对高宽比大于4的高层建筑，基础底面不应出现拉应力（零应力区面积为0）；其他建筑，基础底面与地基土之间，零应力区面积不大于基础底面面积的15%。

《高规》第12.1.7条规定：高宽比大于4的高层建筑，基础底面不宜出现零应力区；高宽比不大于4的高层建筑，基础底面与地基之间零应力区面积不应超过基础底面面积的15%。

（1）倾覆力矩与抗倾覆力矩的计算（图3-13）：

假定倾覆力矩计算作用面应为基础底面，倾覆力矩计算的作用力应为水平地震作用或水平风荷载标准值，则倾覆力矩为：

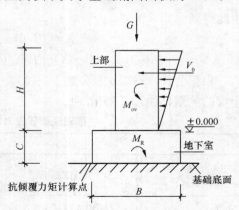

图 3-13　结构整体倾覆计算示意图

$$M_{ov} = V_0 \ (2H/3 + C) \quad (3\text{-}12)$$

式中　M_{ov}——倾覆力矩标准值；

　　　　H——建筑物地面以上高度，即房屋高度；

C——地下室埋深；

V_0——总水平力标准值。

抗倾覆力矩计算点假设应为基础外边缘点，抗倾覆力矩计算作用力为总重力荷载代表值，则抗倾覆力矩为：

$$M_R = GB/2 \qquad\qquad (3-13)$$

式中　M_R——抗倾覆力矩标准值；

　　　G——上部及地下室基础总重力荷载代表值（永久荷载标准值＋0.5活荷载标准值）；

　　　B——基础地下室底面宽度（图3-13）。

（2）整体抗倾覆的控制——基础底面零应力区控制：

设总重力荷载合力中心与基础底面形心重合，基础底面反力呈线性分布（图3-14），水平地震或风荷载与竖向荷载共同作用下基底反力的合力点到基础中心的距离为 e_0，零应力区长度为 $B-X$，零应力区所占基底面积比例为 $(B-X)/B$，则

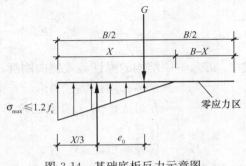

图 3-14　基础底板反力示意图

$$e_0 = M_{ov}/G$$
$$e_0 = B/2 - X/3$$
$$\frac{M_R}{M_{ov}} = \frac{GB/2}{Ge_0} = \frac{B/2}{B/2 - X/3} = \frac{1}{1 - 2X/3B}$$

由此得到

$$X = 3B\,(1 - M_{ov}/M_R)/2$$
$$(B-X)/B = (3M_{ov}/M_R - 1)/2$$

根据公式（3-12）和公式（3-13），可得基础底面零应力区比例与抗倾覆安全度的关系，如表3-27所列。

基础底面零应力区与结构整体倾覆 表3-27

M_R/M_{ov}	3.0	2.308	1.0
$(B-X)/B$ 零应力区比例	0（全截面受压）	15%	100%
抗倾覆安全度	$H/B>4$ 高层建筑《高规》规定值	$H/B \leqslant 4$ 高层建筑《高规》规定值	基趾点临界平衡

1)《高规》和《抗震规范》，参照国外规范，对高层建筑尤其是高宽比大于4的高层建筑的整体抗倾覆提出了更严格的要求，以减小和控制水平荷载作用下

地基转动变形，避免因此产生过大 $P\text{-}\Delta$ 效应，造成结构破坏。

2）以上计算的假定是基础及地基均具有足够刚度，基底反力呈线性分布；重力荷载合力中心与基底形心基本重合（偏心距 $\leqslant B/60$）。如为基岩，地基足够刚，M_R/M_{ov} 要求可适当减小放松；如为中软土地基，M_R/M_{ov} 要求还应适当增大从严。

3）地震时，地基稳定状态受到影响，故抗震设计时，尤其抗震防烈度为 8 度及以上地区，M_R/M_{ov} 要求还宜适当从严；抗风时，计及地下室周边被动土压力作用，但 M_R/M_{ov} 要求仍应满足规程规定，不宜放松。

4）当扩大地下室基础的刚度有限而不能可靠传力时，抗倾覆力矩计算的基础底面宽度宜适当减小，或可取塔楼基础的外包宽度计算，以策安全。

【禁忌 24】 不注意结构构件可采用考虑塑性内力重分布计算的有关规定

【正】 1.《混凝土规范》5.4 节规定，房屋建筑中的钢筋混凝土连续梁和连续单向板，宜采用考虑塑性内力重分布的分析方法，其内力值可由弯矩调幅法确定。框架、框架-剪力墙结构以及双向板等，经过弹性分析求得内力后，也可对支座或节点弯矩进行调幅，并确定相应的跨中弯矩。

按考虑塑性内力重分布的分析方法设计的结构和构件，尚应满足正常使用极限状态的要求或采取有效的构造措施。

对于直接承受动力荷载的构件，以及要求不出现裂缝或处于侵蚀环境等情况下的结构，不应采用考虑塑性内力重分布的分析方法。

承受均布荷载的周边支承的双向矩形板，可采用塑性铰线法或条带法等塑性极限分析方法进行承载能力极限状态设计，同时应满足正常使用极限状态的要求。

2.《高规》5.1～5.3 节规定，高层建筑结构的内力与位移可按弹性方法计算。框架梁及连梁等构件可考虑局部塑性变形引起的内力重分布。

（1）在竖向荷载作用下，可考虑框架梁端塑性变形内力重分布对梁端负弯矩乘以调幅系数进行调幅，并应符合下列规定：

1）装配整体式框架梁端负弯矩调幅系数可取为 0.7～0.8；现浇框架梁端负弯矩调幅系数可取为 0.8～0.9；

2）框架梁端负弯矩调幅后，梁跨中弯矩应按平衡条件相应增大；

3）应先对竖向荷载作用下框架梁的弯矩进行调幅，再与水平作用产生的框架梁弯矩进行组合；

4）截面设计时，框架梁跨中截面正弯矩设计值不应小于竖向荷载作用下按简支梁计算的跨中弯矩设计值的 50%。

（2）在内力与位移计算中，抗震设计的框架-剪力墙或剪力墙结构中的连梁刚度可予以折减，折减系数不宜小于 0.5。仅计算风荷载时连梁刚度不应折减。

3. 钢筋混凝土材料的结构构件具有塑性变形内力重分布的性能。连续单向板及双向板按塑性计算降低支座弯矩加大跨中弯矩，如果施工中操作人员踩支座钢筋减小板计算有效高度 h_0，对提高板的承载力是有利的。框架梁和连梁在竖向荷载作用下梁端弯矩进行调幅加大跨中弯矩，对活荷载的不利分布影响是有效的措施。

4. 梁和板考虑塑性变形内力重分布及按弹性计算时，在正常使用情况下都不应出现裂缝。《钢筋混凝土连续梁和框架考虑内力重分布设计规程》（CECS 51：93）第 3.0.5 条规定：经弯矩调整后，构件在使用阶段不应出现塑性铰；同时，构件在正常使用极限状态下的变形和裂缝宽度应符合《混凝土规范》的规定。

5. 据前苏联有关资料，按考虑塑性变形内力重分布计算此按弹性方法计算，双向板配筋可节省 20%。北京市建筑设计研究院在 20 世纪 80 年代初对人防顶双向板按考虑塑性变形内力重分布与按弹性方法计算进行比较，配筋可节省 30%左右。

6《北京细则》3.8.8 条和 3.9.8 条规定，有梁筏基底板及箱基底板也可按塑性双向板或单向板计算。

【禁忌 25】 不重视设置伸缩缝、防震缝应该注意的规定

【正】 1. 多、高层建筑结构伸缩缝的最大间距宜符合表 3-28 的规定。

伸缩缝的最大间距　　　　　　　　　　表 3-28

结构体系	施工方法	最大间距（m）
框架结构	现浇	55
剪力墙结构	现浇	45

注：1. 框架-剪力墙的伸缝缝间距可根据结构的具体布置情况取表中框架结构与剪力墙结构之间的数值；
　　2. 当屋面无保温或隔热措施、混凝土的收缩较大或室内结构因施工外露时间较长时，伸缩缝间距应适当减小；
　　3. 位于气候干燥地区、夏季炎热且暴雨频繁地区的结构，伸缩缝的间距宜适当减小。

2. 当采用下列构造措施和施工措施减少温度和混凝土收缩对结构的影响时，可适当放宽伸缩缝的间距。

（1）地下室钢筋混凝土墙为控制混凝土裂缝，可采取下列措施：

1）设置施工后浇带，间距 30~40m，带宽 800~1000mm。

2）采用掺膨胀剂配制的补偿收缩混凝土，并留施工后浇带。

3）墙体一般养护困难，受温度影响大，容易开裂。为了控制温差和干缩引起的竖向裂缝，水平分布钢筋的配筋率不宜小于 0.5%，并采用变形钢筋，钢筋间距不宜大于 150mm。

4）地下一层外墙，在室外地平以上部分，应设置外保温隔热层，避免直接

暴露。

5）在有条件的工程中，地下一层外墙采用部分预应力，使混凝土预压应力有 0.6～1.0MPa。

（2）楼盖结构，可采取下列措施：

1）设置施工后浇带，间距 30～40m，带宽 800～1000mm。

2）采用掺膨胀剂配制的补偿收缩混凝土。

3）楼板宜增加分布钢筋配筋率。楼板厚度大于等于 160mm 时，跨中上铁应将支座纵向钢筋的 1/2 拉通，或设 φ8@200 双向钢筋网并与支座纵向钢筋按搭接长度。屋顶板应考虑温度影响，配筋更应加强。

4）梁（尤其是沿外侧边梁）应加大腰筋直径，加密间距，并将腰筋按受拉锚固和搭接长度。梁每侧腰筋截面面积不应小于扣除板厚度后的梁截面面积的 0.1％，腰筋间距不宜大于 200mm。

5）外侧边梁不宜外露，宜设保温隔热面层。

6）有条件的工程，在地下室顶板（±0 层）及屋顶板采用部分预应力，使混凝土预压应力有 0.2～0.7MPa。

（3）剪力墙结构不宜超长（特别是住宅商品房）。剪力墙结构的外墙，宜采用外保温隔热做法。剪力墙的首层及屋顶层水平和竖向分布钢筋，应按不小于 0.25％的配筋率进行配筋。

（4）超长结构的屋面保温隔热非常重要，应采用轻质高效吸水率低的材料。施工时防止雨淋使保温隔热材料吸湿而影响效果。有条件的工程，屋面可采用隔热效果较好的架空板构造做法。

（5）为考虑温度影响，可以仅在屋顶层设置伸缩缝，缝宽按防震缝最小宽度，缝两侧设双柱或双墙，不得采用活搭构造做法（图 3-15）。

3. 抗震设计时，伸缩缝、沉降缝的宽度均应符合防震缝最小宽度的要求。

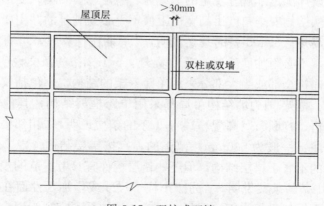

图 3-15　双柱或双墙

【禁忌 26】 挑檐、遮阳板、外走廊及女儿墙等外挑外露构件不设伸
缩缝

【正】 1. 通长挑檐板、通长遮阳板、外挑通廊板，宜每隔 12m 左右设置伸
缩缝，宜在柱子处设缝，缝宽 10~20mm。缝内填堵防水嵌缝膏，卷材防水可连
续，在伸缩缝处不另处理，刚性面层应在伸缩缝处设分格缝。

上述这些挑板，当挑出长度大于等于 1.5m 时，应配置平行于上部纵向钢筋
的下部筋，其直径不小于 8mm。这些板的分布钢筋应适当加强。

2. 钢筋混凝土女儿墙属外露结构，温度影响易产生裂缝，宜每隔 12m 左右
设置伸缩缝，缝内堵防水嵌缝膏。

【禁忌 27】 不注意规范、规程中的条文注释和说明

【正】 规范、规程中的条文注释和说明是规范、规程内容的重要组成部分，
有的甚至直接影响执行。例如，《高规》表 3.3.3-1，A 级高度钢筋混凝土高层建
筑的最大适用高度的注 2，"部分框支剪力墙结构指地面以上有部分框支剪力墙
的剪力墙结构"；《高规》3.4.5 条的注，"当楼层的最大层间位移角不大于本规
程第 3.7.3 条规定限值的 40% 时，该楼层竖向构件的最大水平位移和层间位移与
该楼层平均值的比值可适当放松，但不大应大于 1.6"；《高规》3.7.3 条的注，
"抗震设计时，本条规定的楼层位移计算可不考虑偶然偏心的影响"；《抗规》
表 6.3.6 和《高规》表 6.4.2，柱轴压比限值的注 1~6 条都很重要；《高规》
表 8.1.8，剪力墙间距的注 4，"当房屋端部未布置剪力墙时，第一片剪力墙与房
屋端部的距离，不宜大于表中剪力墙间距的 1/2"；《高规》3.3.2 条的条文说明，
"高层建筑的高宽比，是对结构刚度、整体稳定、承载能力和经济合理性的宏观
控制；在结构设计满足本规程规定的承载力、稳定、抗倾覆、变形和舒适度等基
本要求后，仅从结构安全角度讲高宽比限值不是必须满足的，主要影响结构设计
的经济性"；《高规》3.4.5 条的条文说明，"周期比计算时，可直接计算结构的
固有自振特征，不必附加偶然偏心"；《高规》6.1.2 条的条文说明，"单跨框架
结构是指整栋建筑全部或绝大部分采用单跨框架的结构，不包括仅局部为单跨框
架的框架结构。框架-剪力墙结构可局部采用单跨框架结构；其他情况应根据具
体情况进行分析、判断"；《高规》10.4.1 条的条文说明，"相邻楼盖结构高差超
过梁高（编者注：一般为 600mm）范围的，宜按错层结构考虑。结构中仅局部
存在错层构件的不属于错层结构，但还些错层构件宜参考本节的规定进行设计"；
《高规》11.1.1 条的条文说明，"为减小柱子尺寸或增加延性而在混凝土柱中设
置构造型钢，而框架梁仍为钢筋混凝土梁时，该体系不宜视为混合结构；此外对

于体系中局部构件（如框支柱）采用型钢梁柱（型钢混凝土梁柱）也不应视为混合结构"；《抗震规范》14.1.1 条的条文说明，"本章的适用范围为单建式地下建筑。高层建筑的地下室（包括设置防震缝与主楼对应范围分开的地下室）属于附建式地下室建筑，其性能要求通常与地面建筑一致，可按本规范有关章节所提出的要求设计"。等等。

【禁忌 28】 不重视规范、规程中一些不明确问题的处理

【正】 1. 上部结构的地下一层顶不具备嵌固条件时，该嵌固在哪层。

《高规》5.3.7 条及其条文说明规定：高层建筑结构整体计算中，当地下室顶板作为上部结构嵌固部位时，地下一层与首层侧向刚度比不宜小于 2。计算地下室结构楼层侧向刚度时，可考虑地上结构以外的地下室相关部位的结构，"相关部位"一般指地上结构外扩不超过三跨（不大于 20m）的地下室范围。楼层侧向刚度比可按本规程附录 E.0.1 条公式计算。

《高规》中没有规定当不满足楼层侧向刚度比时嵌固部位该设置在哪层。一般剪力墙结构的地下一层顶按楼层侧向刚度比是满足不了作为上部结构的嵌固部位条件的。当房屋的地下室层数多于一层时，如果地下一层顶满足不了嵌固部位条件，地下二层顶为嵌固部位即可，不需要再往下延伸。因为地下二层周围土的侧限约束，结构基本无侧移，以下部位可作为具有嵌固条件的大基础。

2. 地下楼层设转换构件及上部楼层设局部转换构件的设计。

《抗震规范》和《高规》中有关转换层的规定，均指地上建筑结构底部。现在有不少工程地下室用做汽车库或设备机房，上部剪力墙不能直接落到基础，而需要设转换构件；上部屋顶因建筑体形需要，部分柱需要由下部楼层梁承托转换。这些部位的转换构件及相关柱和墙，应参照《高规》有关转换结构的规定，按原抗震等级对转换结构构件的水平地震作用计算内力应乘增大系数，7 度（0.15g）和 8 度抗震设计时还应考虑竖向地震影响。这些结构构件受力复杂，整体分析外，应进行局部补充计算。

3. 无上部剪力墙的地下室钢筋混凝土墙要不要设置边缘构件。

上部剪力墙墙肢的边缘构件，相当于偏心受压柱或偏心受拉柱配置竖向受力钢筋的部位。无上部剪力墙的地下室钢筋混凝土墙，无论高层、多层建筑结构，还是地下车库，这些墙主要承受剪力而不是偏压或偏拉构件，因此，从受力概念可以不设置边缘构件。地下室人防部分，应按人防规范有关规定洞口按计算或构造进行配筋。

4. 地下室楼盖结构的选型。

《抗震规范》6.1.14 条和《高规》3.6.3 条规定：地下室顶板作为上部结构的嵌固部位时，地下室顶板应采用现浇梁板结构。《北京细则》5.1.2 条 4 款 3)规定：地下室顶板作为上部结构的嵌固部位时，如地下室结构的楼层侧向刚度不小于相邻上部楼层侧向刚度的 3 倍时，地下室顶板也可采用现浇板柱结构（但应设置托板或柱帽）。

当房屋设有多层地下室时，规范、规程、《北京细则》只有作为上部结构嵌固部位楼盖结构的规定，其他层楼盖结构没有要求。在实际工程设计中，有不少工程的地下室其他层楼盖结构采用了设有平托板柱帽的板柱结构。地下室用做汽车库时，当采用梁板式楼盖结时，层高一般为 3.7m 或 3.8m，采用板柱式楼盖时层高可 3.3m 或 3.4m。地下车库的楼盖和顶板也可采用板柱结构。地下室楼盖采用板柱结构，可减少挖土量、基坑护坡，方便施工，缩短工期，节省造价。

5. 地下室内外钢筋混凝土墙，在楼板、基础底板相连处没有必要设置暗梁；在底层当门口宽度不大于基础底板厚度的两倍时，在底板处可不设梁。

6. 地下室外墙，承受土压、水压、地面活载、人防等效侧压等侧向压力，同时有竖向轴压力，因此，外墙的裂缝宽度应按偏心受压构件验算，不应按纯弯曲构件验算，否则需增加许多不必要的为裂缝控制的钢筋。应注意一般计算软件没有外墙按偏心受压构件验算裂缝宽度的功能，需要另行补充计算。

7. 框架-核心筒结构的基础，由于核心筒部分在竖向荷载作用下反力比平均值大得多，核心筒基础范围内无论天然地基或桩基必须强化，控制核心筒部分基础与其他部分基础的不均匀沉降。

8. 施工后浇带不应设置附加钢筋。

设置施工后浇带的目的是为释放混凝土硬化过程中收缩应力控制裂缝。《高规》3.4.13 条 3 款规定，施工后浇带钢筋采用搭接接头，后浇带混凝土宜在 45天后浇筑。现在工程施工中后浇带处钢筋不断是为避免后浇带宽度过大，有利方便施工操作和质量。因此，后浇带处不应增设附加钢筋，否则失去设置后浇带的意义。

9. 剪力墙在与楼板、梁相连范围混凝土强度等级可同梁板的混凝土。

框架梁柱节点混凝土强度等级要求同柱的混凝土强度等级，当梁、板混凝土强度等级低于柱的混凝土强度等级时，应采取措施保证梁柱节点应有的混凝土强度等级。

10. 主楼旁边地下车库顶部填土顶面同样可作为室外地面考虑主楼基础埋置深度。

11. 地下车库顶板与主楼地下一层顶板不在同一高度，而且相差超过 600mm以上形成错层时，与主楼相关部位的地下车库楼层侧向刚度不能计入主楼地下一层侧向刚度，确定主楼地下一层顶板是否能作为上部结构的嵌固部位。

12. 山坡地上的建房，正面室外地面与背面或侧面有高差，高层建筑的基础埋置深度应按正面低的地面算起，低层或多层建筑的基础埋深要求可不同高层建筑，但基础底必须在防冻层以下。此类建筑结构整体计算时，应考虑侧面土压产生的水平力作用及各侧面钢筋混凝土墙不同布置水平地震作用下扭转效应。高层、多层和低层住房房屋，有下沉式庭院时也应参照上述山坡上建房进行结构设计。

第4章 地基与基础

【正】《地基规范》3.0.4条规定，地基基础设计前应进行岩土工程勘察，并应符合下列规定：

1. 岩土工程勘察报告应提供下列资料：

(1) 有无影响建筑场地稳定性的不良地质条件及其危害程度；

(2) 建筑物范围内的地层结构及其均匀性，以及各岩土层的物理力学性质；

(3) 地下水埋藏情况、类型和水位变化幅度及规律，以及对建筑材料的腐蚀性；

(4) 在抗震设防区应划分场地土类型和场地类别，并对饱和砂土及粉土进行液化判别；

(5) 对可供采用的地基基础设计方案进行论证分析，提出经济合理的设计方案建议；提供与设计要求相对应的地基承载力及变形计算参数，并对设计与施工应注意的问题提出建议；

(6) 当工程需要时，尚应提供：

1) 深基坑开挖的边坡稳定计算和支护设计所需的岩土技术参数，论证其对周围已有建筑物和地下设施的影响；

2) 基坑施工降水的有关技术参数及施工降水方法的建议；

3) 提供用于计算地下水浮力的设计水位。

2. 地基评价宜采用钻探取样、室内土工试验、触探，并结合其他原位测试方法进行。设计等级为甲级的建筑物应提供载荷试验指标、抗剪强度指标、变形参数指标和触探资料；设计等级为乙级的建筑物应提供抗剪强度指标、变形参数指标和触探资料；设计等级为丙级的建筑物应提供触探及必要的钻探和土工试验资料。

3. 建筑物地基均应进行施工验槽。如地基条件与原勘察报告不符时，应进行施工勘察。

【正】 1.《高规》12.1.2条规定，高层建筑的基础设计，应综合考虑建筑场地的地质状况、上部结构类型和房屋高度、施工条件和经济条件等因素，以保证建筑物不致发生过量沉降或倾斜，并能满足正常使用要求。还应注意了解邻近地下构筑物及各类地下设施的位置和标高，减少与相邻建筑的相互影响，多层建筑的基础设计也应遵守此规定。

2. 基础形式应选用整体性好，能满足地基承载力和建筑物容许变形的要求，并能调节不均匀沉降，达到安全实用和经济合理的目的。

根据上部结构类型、层数、荷载及地基承载力，可采用条形交叉梁、满堂筏板或箱形基础。筏板基础可以是梁板式和平板式，当建筑物层数较多、地下室柱距较大、基底反力很大时，宜优先采用平板式。采用梁板式筏基时，基础梁截面大必然增加基础埋置深度，当水位高时更为不利，梁板的混凝土需分层浇注，梁支模费事，因而增长工期，综合经济效益不一定比平板式好。

3. 在现有建筑相邻较近新建多、高层房屋时，必须考虑新建房屋的基础下沉对现有建筑产生不均匀沉降的影响，应采取有效措施。例如采用复合地基或桩基等，控制新建房屋基础沉降与现有建筑基础间差异沉降在规范范围内。应特别注意的是仅在新旧建筑之间设置沉降缝不能避免新房屋基础下沉对现有建筑的影响。

【禁忌3】 无确切的设计水位依据进行抗浮验算，不区分抗浮设计水位实际情况及主楼基础地基情况均采用抗拔桩

【正】 1.《地基规范》3.0.2条6款规定，当地下水埋藏较浅，建筑地下室或地下构筑物存在上浮问题时，尚应进行抗浮验算；3.0.4条1款6规定，岩土工程勘察报告应提供用于计算地下水位浮力的设计水位。

2.《荷载规范》3.2.5条规定，永久荷载对结构的倾覆、滑移或漂浮验算，荷载的分项系数应按有关的结构设计规范的规定采用。（《荷载规范》2001年版永久荷载分项系数取0.9）。《混凝土规范》3.3.1条4款规定，在必要时尚应进行结构的倾覆、滑移及漂浮验算。但是没有漂浮验算时荷载分项系数取值的规定。

3.《北京细则》3.1.8条5款规定，对于地下室层数较多而地上层数不多的建筑物（编者注：包括地下车库），应慎重验算地下水的水浮力作用，在验算建筑的抗浮能力时应不考虑活载，抗浮安全系数取1.0，即：

$$\frac{建筑物重量（不包括活载）}{水浮力} \geqslant 1.0$$

建筑物重量及水浮力的分项系数取1.0。

4. 北京市建筑设计研究院的《建筑结构专业技术措施》（中国建筑工业出版社2007年2月出版）3.1.8条5款规定，应按下式进行抗浮验算：

$$KF_{wk} \leqslant 0.9G$$

式中 F_{wk}——地下水浮力标准值，$F_{wk} = \gamma h A_w$ （kN）；

       γ——基底以上水的重度（kN/m³）；

       h——计算浮力时水头高度（m）；

       G——建筑物自重及压重之和（kN）；

       K——水浮力调整系数（其值应根据实际情况确定）；

       A_w——基础底面积（m²）。

在此款说明 4 中指出，由于（北京市）对抗浮水位的确定目前尚无统一规定，各勘察单位所提供的抗浮水位有时差异很大，有的取考虑南水北调、官厅水库放水、丰水年的最高水位等不利因素的简单叠加，此时可取 $K \geqslant 0.9$；若所提抗浮水位已对上述不利因素同时出现的可能性进行了合理分析组合，此时可取 $K \geqslant 1.0$ 的系数。

北京市城区具有压力的第二层潜水水位距地面 15～20m，考虑南水北调、官厅水库放水，勘察单位提的抗浮水位普遍偏高。为此，如北京金融街、国家体育场等重要工程召开专家论证会或另向勘察单位进行咨询，使取用的抗浮设计水位有所降低，从而节省了工程造价。

5.《上海地基规范》5.7.9 条规定，箱形基础在施工、使用阶段应验算抗浮稳定性。在抗浮稳定验算中，基础及上覆土的自重分项系数取 1.0，地下水对箱形基础的浮力作用分项系数取 1.2。

6. 当抗浮设计水位较高，裙房满堂地下室或地下车库需要采取抗浮措施时，应按工程具体情况区别对待。如果裙房满堂地下室或地下车库是独立建筑，与多、高层主楼基础非连接成整体，并有一定距离不会因差异沉降造成影响时，抗浮措施可根据经济技术比较采用抗浮锚杆、抗拔桩或压重等方法；多、高层主楼基础与裙房满堂地下室或地下车库连接整体，均采用桩基，抗浮可采用抗拔桩方法；多、高层主楼基础与裙房满堂地下室或地下车库连接整体，多、高层主楼采用天然地基预估有若干沉降量，裙房或地下车库抗浮宜采用压重（采用素混凝土，重度不小于 30kN/m³ 钢渣混凝土或砂石料）方法，不宜采用抗浮桩或抗浮锚杆，否则必将与多、高层主楼之间形成差异沉降造成影响，尤其如北京市的抗浮设计水位由于考虑南水北调提供的较高，但实际地下水位目前非常低，如果抗浮采用抗拔桩或抗浮锚杆，裙房或地下车库与主楼间基础差异沉降将是突出的问题。

【禁忌 4】   不重视地基基础的设计等级及相应的有关规定

【正】   1.《地基规范》3.0.1 条规定，根据地基复杂程度、建筑物规模和功能特征以及由于地基问题可能造成建筑物破坏或影响正常使用的程度，将地基基础设计分为三个设计等级，设计时应根据具体情况，按表 4-1 选用。

地基基础设计等级 表 4-1

设计等级	建 筑 和 地 基 类 型
甲 级	重要的工业与民用建筑物 30 层以上的高层建筑 体型复杂，层数相差超过 10 层的高低层连成一体建筑物 大面积的多层地下建筑物（如地下车库、商场、运动场等） 对地基变形有特殊要求的建筑物 复杂地质条件下的坡上建筑物（包括高边坡） 对原有工程影响较大的新建建筑物 场地和地基条件复杂的一般建筑物 位于复杂地质条件及软土地区的二层及二层以上地下室的基坑工程 开挖深度大于 15m 的基坑工程 周边环境条件复杂、环境保护要求高的基坑工程
乙 级	除甲级、丙级以外的工业与民用建筑物 除甲级、丙级以外的基坑工程
丙 级	场地和地基条件简单、荷载分布均匀的七层及七层以下民用建筑及一般工业建筑物；次要的轻型建筑物 非软土地区且场地地质条件简单、基坑周边环境条件简单、环境保护要求不高且开挖深度小于 5.0m 的基坑工程

2. 《地基规范》3.0.2 条规定，根据建筑物地基基础设计等级及长期荷载作用下地基变形对上部结构的影响程度，地基基础设计应符合下列规定：

（1）所有建筑物的地基计算均应满足承载力计算的有关规定；

（2）设计等级为甲级、乙级的建筑物，均应按地基变形设计；

（3）表 4-2 所列范围内设计等级为丙级的建筑物可不作变形验算，如有下列情况之一时，仍应作变形验算：

1）地基承载力特征值小于 130kPa，且体型复杂的建筑；

2）在基础上及其附近有地面堆载或相邻基础荷载差异较大，可能引起地基产生过大的不均匀沉降时；

3）软弱地基上的建筑物存在偏心荷载时；

4）相邻建筑距离过近，可能发生倾斜时；

5）地基内有厚度较大或厚薄不均的填土，其自重固结未完成时。

（4）对经常受水平荷载作用的高层建筑、高耸结构和挡土墙等，以及建造在斜坡上或边坡附近的建筑物和构筑物，尚应验算其稳定性；

（5）基坑工程应进行稳定性验算；

（6）建筑地下室或地下构筑物存在上浮问题时，尚应进行抗浮验算。

地基主要受力层情况	地基承载力特征值 f_{ak}（kPa）	$80 \leqslant f_{ak}$ <100	$100 \leqslant f_{ak}$ <130	$130 \leqslant f_{ak}$ <160	$160 \leqslant f_{ak}$ <200	$200 \leqslant f_{ak}$ <300
	各土层坡度（%）	≤5	≤10	≤10	≤10	≤10
建筑类型	砌体承重结构、框架结构（层数）	≤5	≤5	≤6	≤6	≤7
	单层排架结构（6m柱距）　单跨　吊车额定起重量（t）	10～15	15～20	20～30	30～50	50～100
	单层排架结构（6m柱距）　单跨　厂房跨度（m）	≤18	≤24	≤30	≤30	≤30
	单层排架结构（6m柱距）　多跨　吊车额定起重量（t）	5～10	10～15	15～20	20～30	30～75
	单层排架结构（6m柱距）　多跨　厂房跨度（m）	≤18	≤24	≤30	≤30	≤30
	烟囱　高度（m）	≤40	≤50	≤75		≤100
	水塔　高度（m）	≤20	≤30	≤30		≤30
	水塔　容积（m³）	50～100	100～200	200～300	300～500	500～1000

注：1. 地基主要受力层系指条形基础底面下深度为 $3b$（b 为基础底面宽度），独立基础下为 $1.5b$，且厚度均不小于 5m 的范围（二层以下一般的民用建筑除外）；

　　2. 地基主要受力层中如有承载力特征值小于 130kPa 的土层时，表中砌体承重结构的设计，应符合《地基规范》第 7 章的有关要求；

　　3. 表中砌体承重结构和框架结构均指民用建筑，对于工业建筑可按厂房高度、荷载情况折合成与其相当的民用建筑层数；

　　4. 表中吊车额定起重量、烟囱高度和水塔容积的数值系指最大值。

【禁忌 5】 不注意地基基础设计各地区地方性标准和寒冷及严寒地区地基的冰冻深度

【正】 1. 地基基础的设计地方性很强，尤其是桩基的设计应因地制宜，各地区对桩的选型、成桩工艺、承载力取值有各自成熟经验，不少省、市有地区规范。当工程所在地有地区性地基基础设计规范或标准时，应依据该地区的规范或标准进行地基基础的设计。

2. 有关寒冷及严寒地区地基基础因冻胀需注意的事项，在《地基规范》中有明确规定：

（1）确定基础埋深应考虑地基的冻胀性。地基的冻胀性类别应根据冻土层的平均冻胀率 η 的大小，按《地基规范》附录表 G.0.1 查取。

（2）季节性冻土地基的设计冻深 z_d 应按下式计算：

$$z_d = z_0 \cdot \psi_{zs} \cdot \psi_{zw} \cdot \psi_{ze}$$

式中　z_d——设计冻深。若当地有实测资料时，也可：$z_d = h' - \Delta z$，h' 和 Δz

　　　　　分别为实测冻土层厚度和地表冻胀量；

　　　z_0——标准冻结深度（m）；当无实测资料时，按《地基规范》附录 F

采用；

ψ_{zs}——土的类别对冻深的影响系数，按表 4-3 取用；

ψ_{zw}——土的冻胀性对冻深的影响系数，按表 4-4 取用；

ψ_{ze}——环境对冻深的影响系数，按表 4-5 取用。

土的类别对冻深的影响系数　　　　　　表 4-3

土的类别	影响系数 ψ_{zs}	土的类别	影响系数 ψ_{zs}
黏性土	1.00	中、粗、砾砂	1.30
细砂、粉砂、粉土	1.20	碎石土	1.40

土的冻胀性对冻深的影响系数　　　　　　表 4-4

冻胀性	影响系数 ψ_{zw}	冻胀性	影响系数 ψ_{zw}
不冻胀	1.00	强冻胀	0.85
弱冻胀	0.95	特强冻胀	0.80
冻胀	0.90		

环境对冻深的影响系数　　　　　　表 4-5

周围环境	影响系数 ψ_{ze}	周围环境	影响系数 ψ_{ze}
村、镇、旷野	1.00	城市市区	0.90
城市近郊	0.95		

注：环境影响系数一项，当城市市区人口为 20 万～50 万时，按城市近郊取值；当城市市区人口大于 50 万小于或等于 100 万时，只计入市区影响；当城市市区人口超过 100 万时，除计入市区影响外，尚应考虑 5km 以内的郊区近郊影响系数。

（3）当建筑基础底面之下允许有一定厚度的冻土层，可用下式计算基础的最小埋深：

$$d_{min} = z_d - h_{max}$$

式中　h_{max}——基础底面下允许残留冻土层的最大厚度，按《地基规范》附录表 G.0.2 查取。

当有充分依据时，基底下允许残留冻土层厚度也可根据当地经验确定。

（4）在冻胀、强冻胀、特强冻胀地基上，应采用下列防冻害措施：

1）对在地下水位以上的基础，基础侧面应回填非冻胀性的中砂或粗砂，其厚度不应小于 200mm。对在地下水位以下的基础，可采用桩基础、自锚式基础（冻土层下有扩大板或扩底短桩）或采取其他有效措施。

2）宜选择地势高、地下水位低、地表排水良好的建筑场地。对低洼场地，宜在建筑四周向外一倍冻深距离范围内，使室外地坪至少高出自然地面 300 至 500mm。

3）防止雨水、地表水、生产废水、生活污水浸入建筑地基，应设置排水设施。在山区应设截水沟或在建筑物下设置暗沟，以排走地表水和潜水流。

4）在强冻胀性和特强冻胀性地基上，其基础结构应设置钢筋混凝土圈梁和基础梁，并控制上部建筑的长高比，增强房屋的整体刚度。

5）当独立基础联系梁下或桩基础承台下有冻土时，应在梁或承台下留有相当于该土层冻胀量的空隙，以防止因土的冻胀将梁或承台拱裂。

6）外门斗、室外台阶和散水坡等部位宜与主体结构断开，散水坡分段不宜超过1.5m，坡度不宜小于3‰，其下宜填入非冻胀性材料。

7）对跨年度施工的建筑，入冬前应对地基采取相应的防护措施；按采暖设计的建筑物，当冬季不能正常采暖，也应对地基采用保温措施。

3. 全国各地季节性冻土标准冻深见《地基规范》附录F。

【禁忌6】 对上部结构、地下室、地基的相互作用不了解

【正】 1. 高层建筑的基础上部整体连接着层数很多的框架、剪力墙或（和）筒体结构，地下室四周很厚的挡土墙又紧贴着有效侧限的密实回填土，下部又连接着沿深度变化的地基。无论在竖向荷载还是水平荷载的作用下，它们都会有机地共同作用，相互协调变形。尽管在这方面的设计计算理论仍不够完善，但如果再把基础从上部结构和下部地基的客观边界条件中完全隔离出来进行计算，是根本无法达到真正设计要求的目的的。

高层建筑基础的分析与设计经历了不考虑上、下共同相互作用的阶段，仅考虑基础和地基共同作用的阶段，到现今开始全面考虑上部结构和地基基础相互作用的新阶段。我国目前也有了专门的高层建筑与地基基础共同作用理论的相关程序，如果设计人员所用的计算机结构分析软件仍是沿袭着不具体充分考虑相互作用的常规计算方法，设计的计算结果往往和工程实测的结果相差甚远。

2. 无论是箱基还是筏基，诸多工程的实测都显示：底板的整体弯曲率都很小，往往都不到万分之五。甘肃省的一些高层建筑箱形基础的实测都在（0.16～3.4）$\times 10^{-4}$之间，德国法兰克福展览会大楼的筏板实测挠曲率只有2.55×10^{-4}。而我国测得的筏（或底）板钢筋应力一般都在20～30N/mm^{2}之间，只有钢筋强度设计值的十分之一，个别内力较大的工程也几乎没有超过70N/mm^2。如陕西省邮政电信网管中心大楼筏板所测得的最大钢筋拉应力也只有42.66N/mm^2。

出现这种基础底板内力远远小于常规计算方法的因素很多，如在基础底板施工时，只有底板的自重，且无任何上部结构的边界约束，而混凝土的硬化收缩力大，在底板的收缩应变的过程中，使混凝土中的纵向钢筋产生预压应力。若混凝土的收缩当量为15℃，则钢筋的预压应力可达31.5N/mm^2，例如陕西省邮政电信网管中心大楼研测得的筏板钢筋预压应力为30.25N/mm^2，相当于十分之一的设计强度，从而在正常工作状态下抵消了部分拉应力，使钢筋的受力变小；另外，基础底面和地基土之间巨大的摩擦力起着一定程度的反弯曲作用。摩擦力是整栋建筑的客观边界条件，不能视而不见。特别是对于天然地基的箱形和筏形基础来讲，地基土都比较坚实，变形模量，基床系数都比较大，则基础底板的内力和相应的挠曲率势必会相应减小。

3. 除上述等因素外，最主要的是上部结构和地下室整体刚度的贡献，并参与了基础的共同抗力，起到了拱的作用，从而减小了底板的挠曲和内力。对若干工程基础受力钢筋的应力测试表明，在施工底部几层时，基础钢筋的应力是处于逐渐增长的状态，变形曲率也逐渐加大。施工到上部第4、5层时，钢筋的应力达到最大值。然后随着层数及其相应的荷载逐步增加，底板钢筋的应力又逐渐减小，变形曲率也逐渐减缓。其原因是，在施工底部第4、5层时，已建上部结构的混凝土尚未达到强度，刚度也尚未形成，这时的上部荷载全部由基础底板来单独承担。而随着继续往上施工，上部结构的刚度渐次形成，并逐渐加大，和基础底板整体作用，共同抗力，则产生拱的作用，使基础底板的变形趋于平缓。北京中医院工程箱形基础的现场实测显示，底板和顶板均为拉应力。这充分说明了由于上部结构和基础的共同作用，弯曲变形的中和轴已移到上部结构。

又如北京前三门604号工程，地下2层，地上10层，箱形基础实测显示：钢筋应力随底部楼层施工的增高而加大，当施工至连同地下室共5层时，基础底板钢筋应力最大值为$30N/mm^2$，5层以后，底板钢筋应力随楼层施工的增高而减小。结构封顶时，底板钢筋的最大应力只有$4N/mm^2$。

从上述的诸多工程实例中可以看出，高层建筑基础底板实际所承受的弯曲内力都远远小于常规计算值，有很大的内在潜力。所以结构工程师在具体工程项目的设计中，必须细心把握，否则基础截面和配筋量都会比实际所需的大得多，会造成很大的浪费。

【禁忌7】 基础埋置深度不作区别对待

【正】 1. 多、高层建筑宜设置地下室以减少地基的附加压力和沉降量，有利于满足天然地基的承载力和上部结构的整体稳定性。基础有一定的埋置深度，对房屋抗震有利，可以减小上部结构的地震反应。同时，由于基础具有一定的埋置深度后，地下室前后墙的被动土压力和侧墙的摩擦力限制了基础的摆动，使基础底板压力的分布趋于平缓。

2. 在抗震设防区基础埋置深度（由室外地面至基底）应符合下列要求：

(1) 天然地基上的箱形和筏形基础，不宜小于建筑物高度（室外地面至主体结构顶板上皮）的1/15，且不小于3m；

（2）岩石地基，可不考虑埋置深度的要求，但应验算倾覆，当不满足时应采取可靠的锚固措施；

（3）桩箱或桩筏基，不宜小于建筑物高度的1/18（桩长不计在内，埋置深度算至承台底）。

当基础埋置深度不能满足上述要求时，在满足地基承载力和稳定性要求原则下，可适当减小，但应验算建筑物的倾覆，在基础位于岩石地基上有可能产生滑移时还应验算滑移。

3. 天然地基中的基础埋置深度，不宜大于邻近的原有房屋基础，否则应有足够的间距（可根据土质情况取高差的1.5至2倍）或采取可靠的措施，确保在施工期间及投入使用后相邻建筑物的安全和正常使用。

4. 《高规》12.1.8条规定，在确定基础埋置深度时，应考虑建筑物的高度、体型、地基土质、抗震设防烈度等因素。《北京细则》3.1.10条规定，无地下室之多层建筑物，在满足稳定、承载力和变形要求的前提下，基础宜尽量浅埋，但埋深应不小于冰冻深度。上海市《建筑抗震设计规程》（DGJ 08—9—2003）关于地下室的埋深问题，根据上海市近20年的工程经验，一般最浅可以做到1/20房屋高度，但必须具备下面的条件：（1）采用桩筏或桩箱基础；（2）每根桩与筏板（箱基底板）应有可靠的连接；（3）基础周边的桩应能承受可能产生的拔力。

【禁忌8】 设置地下室对抗震、提高地基承载力的意义不了解

【正】 1. 高层建筑设置地下室除了能增加建筑物的使用空间功能（如作停车库、设备机房等）外，还在整个建筑物的正常工作状态下，其下对地基基础，上对地面以上整体结构的受力性能都会有很大的贡献，设计人员务必在设计中充分挖掘它的潜在功能。

2. 地下室深基坑的开挖，对天然地基或复合地基的基础能起到很大的卸载和补偿作用，从而减少了地基的附加压力。例如，一栋地上36层，地下2层的高层建筑，若筏板底埋深9m，在基坑周围井点降水后，将原地面以下9m厚的岩土挖去建造地下室，则卸去的土压力为9×18＝162kPa，约相当于10层楼的标准荷载重量（上部楼层的标准荷载按16kPa计）。如果该场地的地下水位为地表下2m，当地下室建成后，井点降水终止，则地下水回升正常水位的浮托力为70kPa，约相当于4层楼的标准荷载重量。所以，地基实际上所需支承的仅是36＋2－10－4＝24层楼（包括地下室在内）的荷重，即卸去了约36%的上部荷载，从而也就大大地降低了对地基承载力的要求。

3. 由于地下室具有一定的埋置深度，周边都有按设计要求夯实的回填土，所以地下室前、后钢筋混凝土外墙的被动土压力和侧墙的摩擦阻力都限制了基础的摆动，加强了基础的稳定，并使基础底板的压力分布趋于平缓。所以，很多资

深结构设计人员认为，当地下室的埋深大于建筑物高度的 1/12～1/10 时，完全可以克服和限制偏压引起的整体倾覆问题。

地下室周边回填土的摩擦阻力功能有多大，可以通过例如陕西省邮政电信网管中心大楼的实测结果来说明。现场测试表明，在结构封顶时的桩、土分担比值之和约为 78%，则说明桩和筏底土只共同承担了约 78% 的上部结构总重，而剩余的 22% 结构总重却是由地下水的浮力和地下室（包括筏板自身的厚度）周边回填土的摩擦阻力来分担。该场地的稳定地下水位埋深 11.15～12.0m，筏底埋深 13.0m，以最高水位计算，地下水的浮托力才 $38.8×42.4×1.85×10=30.4kN$，很小，所以绝大部分的剩余荷载都是由侧摩擦阻力来分担的。该地下室外墙的有效总面积 $A_w = 2×（35.8+40）×（13-1）=1820m^2$，确实具有较大的可挖潜在功能。

所以，对于高层建筑的基础设计，结构工程师必须加强对地下室周边回填土的质量要求和控制，以避免不认真夯实回填土的情况产生。内摩擦角越大，土回填就越密实，抗剪强度越高，提供的被动土压力也就越大，对基础的稳定越有保证。同时，地下室外墙与回填土之间巨大接触面积上的摩擦力同样也对地基基础起着很大的卸载与补偿作用。

4. 地下室结构的层间刚度要比上部结构大得多，地上建筑的井筒、剪力墙和（或）柱都直接贯通到地下室，特别是地下室的外墙都是很厚且开洞极少的钢筋混凝土挡土墙，在大面积的被动土压力与摩擦阻力的侧限下，与地基土形成整体，地震时与地层移动同步。所以，无论是箱形还是筏形基础，地下室的顶板和底板之间基本上不可能出现层间位移。

而且，地下室与地基及周边土的共同作用又反过来对上部结构的整体刚度提供了一定的补偿性贡献。无论是模拟试验还是理论分析的结果都充分显示，在上部结构和工程地质条件完全相同的情况下，有地下室的高层建筑的自振周期要比无地下室的小，而且有桩基的要小于天然地基的，大直径桩的要小于小直径桩的。同时，有两层地下室的整体刚度要大于只有一层地下室的。日本某科研单位对一栋坐落在软土地基上的 15 层住宅楼进行了这方面的专题研究，结果表明，随地下室的层数和埋深的增加，建筑物的整体刚度增大，自振周期明显减小，而且小直径桩基只能起到半层地下室的作用，见图 4-1。

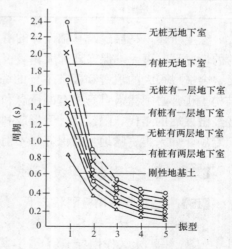

图 4-1　地下室对结构整体刚度的影响

从图中的第一振型标示不难看出，由于上部结构-地下室-桩-土的共同相互作用，有两层地下室＋桩基的自振周期（$T_1 = 1.2s$）要比无地下室桩基础的自振周期（$T_1 = 2.0s$）小 40%，则在地震作用下相应的结构侧向位移要比无地下室的小。如果用概念性近似计算来比较，在上部结构质量和所有其他边界条件都不变的情况下，本案例中，有两层地下室＋桩基的结构整体刚度是相应无地下室桩基础的整体刚度的 2.8 倍左右。但其自振周期还是要比按上部结构完全嵌固在地下室顶板上的所谓刚性地基计算模型的自振周期（$T = 0.8s$）大 50%，也就是说，假设坐落在刚性地基上的结构计算模型的刚度要比实际两层地下室＋桩基的结构整体刚度大了 2.2 倍左右，即 $K_刚 = 2.2K_实$。所以，设计人员必须要有这个概念，才能做到心中有数，即按照刚性地基计算模型算出来的层间或顶部位移值要小于实际位移值，而地震反应（基底剪力和倾覆力矩）却都大于实际值。

5. 日本计算桩基承担地震剪力的经验方法也充分反映了地下室的潜在补偿功能。当地下室周边土标准锤击贯入度为 4 时，每增加一层地下室，桩所承受的水平剪力就可以减少 25%，当有 4 层地下室时，则可不考虑桩基承受地震剪力的问题；当周边土的锤击贯入度为 20 时，一层地下室桩基所承担的剪力就能减少 70%，两层地下室的桩基就可以不考虑地震剪力的问题，见表 4-6。

日本桩基工程地下室侧壁承担的水平荷载 表 4-6

侧壁土的锤击贯入度 地下室层数	$N = 4$	$N = 20$
一层地下室	25%	70%
二层地下室	50%	100%
三层地下室	75%	
四层地下室	100%	

综上所述，高层建筑基础设计的潜力很大，如果在所依据的计算理论不够完善的情况下，再无端保守地加大箱（筏）形基础底板的厚度、配筋量和布桩的数量，会造成很大的浪费和极其不良的综合经济效益。在具体工程项目的设计中，结构工程师必须凭借自身拥有的概念和正确的判断力进行把握，特别是在这个市场经济发展的年代，限额设计已形成和启动，而基础设计又是最有潜力可挖的一门专项，如果再一味地盲目保守，不但有损自身的信誉，还会有被淘汰的可能。

【禁忌 9】 不熟悉设计基础时上部结构荷载如何取

【正】 1. 正常使用极限状态下，效应设计标准组合的值 S_k 可用下式表示：

$$S_k = S_{Gk} + S_{Q1k} + \psi_{c2} S_{Q2k} + \cdots + \psi_{cn} S_{Qnk}$$

式中　S_{Gk}——永久作用标准值 G_k 计算的效应值；

　　　　S_{Qik}——可变作用标准值 Q_{ik} 计算的效应值；

ψ_{ci}——第 i 个可变作用 Q_i 的组合值系数，按现行《建筑结构荷载规范》
GB 50009的规定取值。

2. 准永久组合的效应设计值 S_k 可用下式表示：

$$S_k = S_{Gk} + \psi_{q1} S_{Q1k} + \psi_{q2} S_{G2k} + \cdots\cdots + \psi_{qn} S_{Qnk}$$

式中　ψ_{qi}——第 i 个可变作用的准永久值系数，按现行《建筑结构荷载规范》
GB 50009 的规定取值。

3. 承载能力极限状态下，由可变作用控制的基本组合的设计值 S_d，可用下
式表达：

$$S_d = \gamma_G S_{Gk} + \gamma_{Q1} S_{Q1k} + \gamma_{Q2} \psi_{c2} S_{Q2k} + \cdots\cdots + \gamma_{Qn} \psi_{cn} S_{Qnk}$$

式中　γ_G——永久作用的分项系数，按现行《建筑结构荷载规范》GB 50009 的
规定取值；

　　　γ_{Qi}——第 i 个可变作用的分项系数，按现行《建筑结构荷载规范》
GB 50009 的规定取值。

4. 对由永久作用控制的基本组合，可采用简化规则，基本组合的效应设计
值 S_d 按下式确定：

$$S_d = 1.35 S_k$$

式中　S_k——标准组合的作用效应设计值。

《北京细则》第 2.0.1 条规定，由永久荷载控制的组合，不宜将分项系数直
接取为 1.35。对于一般民用建筑的桩基础等构件，宜取为 1.30。

【禁忌10】　天然地基承载力深度修正时不重视不同情况应区别对待

【正】　1. 基础埋置深度 d，一般从室外地面算起。当地下室周围无可靠侧向
限制时，埋置深度应从具有侧限的地面算起（图 4-2）。

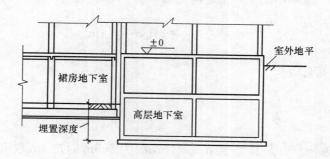

图 4-2　基础埋置深度

高层主楼与低层裙房之间设有沉降缝时，两者的基础埋深宜有一定的高差，
根据地基土质情况一般不小于 2m，沉降缝两侧应设置钢筋混凝土墙，缝隙宽度

应考虑拆模板，防水层操作，缝隙内在室外地面以下用粗砂填实，使高层主楼地下室具有侧向约束。

2. 地基承载力特征值可由载荷试验或其他原位测试、公式计算、并结合工程实践经验等方法综合确定。

3. 当基础宽度大于 3m 或埋置深度大于 0.5m 时，从载荷试验或其他原位测试、经验值等方法确定的地基承载力特征值，尚应按下式修正：

$$f_a = f_{ak} + \eta_b \gamma (b - 3) + \eta_d \gamma_m (d - 0.5)$$

式中　f_a——修正后的地基承载力特征值（kPa）；

f_{ak}——地基承载力特征值，按第 2 条的原则确定；

η_b、η_d——基础宽度和埋深的地基承载力修正系数，按基底下土类查表 4-7；

γ——土的重度，为基底以下土的天然质量密度 ρ 与重力加速度 g 的乘积，地下水位以下取浮重度（可取 11kN/m³）；

b——基础底面宽度（m），当基宽小于 3m 按 3m 考虑，大于 6m 按 6m 考虑；

γ_m——基础底面以上土的加权平均重度，地下水位以下取浮重度；

d——基础埋置深度（m），一般自室外地面标高算起。在填方整平地区，可自填土地面标高算起，但填土在上部结构施工后完成时，应从天然地面标高算起。对于地下室，如采用箱形基础或筏基时，基础埋置深度自室外地面标高算起，如果采用独立基础或条形基础而无满堂抗水板仅房心土时，应从室内地面标高算起。

4. 《北京细则》规定，对于非满堂筏形基础或无抗水板的地下室条形基础及单独柱基，地基承载力特征值进行深度修正时，其基础埋置深度 d 按下列规定取用：

（1）对于一般第四纪土，不论内外墙

$$d = \frac{d_1 + d_2}{2}，且 \, d_1 \geqslant 1m$$

（2）对于新近沉积土

$$d_外 = \frac{d_1 + d_2}{2}$$

$$d_内 = \frac{3d_1 + d_2}{4} \quad 且 \, d_1 \geqslant 1m，d_2 \, 大于 \, 5m \, 时按 \, 5m \, 取值。$$

式中　d_1——自地下室室内地面起算的基础埋置深度（m）；

d_2——自室外设计地面起算的基础埋置深度（m）；

$d_外$、$d_内$——外墙及内墙和内柱基础埋置深度取值（m）。

土 的 类 别		η_b	η_d
淤泥和淤泥质土		0	1.0
人工填土 e 或 I_L 大于等于 0.85 的黏性土		0	1.0
红 黏 土	含水比 $a_w > 0.8$	0	1.2
	含水比 $a_w \leqslant 0.8$	0.15	1.4
大面积压实填土	压实系数大于 0.95，黏粒含量 $\rho_c \geqslant 10\%$ 的粉土	0	1.5
	最大干密度大于 $2.1t/m^3$ 的级配砂石	0	2.0
e 或 I_L 均小于 0.85 的黏性土		0.3	1.6
粉 土	黏粒含量 $\rho_c \geqslant 10\%$	0.3	1.5
	黏粒含量 $\rho_c < 10\%$	0.5	2.0
粉砂、细砂（不包括很湿与饱和时的稍密状态）		2.0	3.0
中砂、粗砂、砾砂和碎石土		3.0	4.4

注：强风化和全风化的岩石，可参照所风化成的相应土类取值，其他状态下的岩石不修正。

当偏心距 e 小于或等于 0.033 倍基础底面宽度时，根据土的抗剪强度指标确定地基承载力特征值可按下式计算，并应满足变形要求：

$$f_a = M_b \gamma b + M_d \gamma_m d + M_c c_k$$

式中 f_a ——由土的抗剪强度指标确定的地基承载力特征值（kPa）；

M_b、M_d、M_c ——承载力系数，按表 4-8 确定；

         b ——基础底面宽度，大于 6m 时按 6m 考虑，对于砂土小于 3m 时按 3m 考虑；

         c_k ——相应于基底下一倍短边宽深度内土的黏聚力标准值。

承载力系数 M_b、M_d、M_c 表 4-8

土的内摩擦角标准值 ϕ_k (°)	M_b	M_d	M_c	土的内摩擦角标准值 ϕ_k (°)	M_b	M_d	M_c
0	0	1.00	3.14	22	0.61	3.44	6.04
2	0.03	1.12	3.32	24	0.80	3.87	6.45
4	0.06	1.25	3.51	26	1.10	4.37	6.90
6	0.10	1.39	3.71	28	1.40	4.93	7.40
8	0.14	1.55	3.93	30	1.90	5.59	7.95
10	0.18	1.73	4.17	32	2.60	6.35	8.55
12	0.23	1.94	4.42	34	3.40	7.21	9.22
14	0.29	2.17	4.69	36	4.20	8.25	9.97
16	0.36	2.43	5.00	38	5.00	9.44	10.80
18	0.43	2.72	5.31	40	5.80	10.84	11.73
20	0.51	3.06	5.66				

5. 《地基规范》5.2.4 条规定了地基承载力特征值修正计算，在该条的条文说明中规定：目前建筑工程大量存在着主裙楼一体的结构，对于主体结构地基承载力的深度修正，宜将基础底面以上范围内的荷载，按基础两侧的超载考虑，当超载宽度大于基础宽度两倍时，可将超载折算成土层厚度作为基础埋深，基础两侧超载不等时，取小值。因此，当多高层主楼周围为连成一体筏形基础的裙房（或仅有地下停车库）时，基础埋置深度，可取裙房基础底面以上所有竖向荷载（不计活载）标准值（仅有地下停车库时应包括顶板以上填土及地面重）$F(kN/m^2)$与土的重度 $\gamma(kN/m^3)$ 之比，即 $d' = F/\gamma(m)$（图 4-3）。

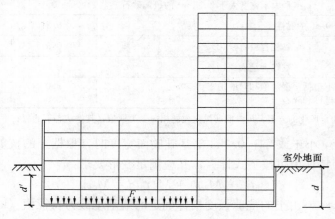

图 4-3 主楼与裙房相连

6. 《北京地区建筑地基基础勘察设计规范》DBJ 11—501—2009 第 8.7.1 条规定，裙房地下室或地下车库，有整体防水板时，对于内、外墙基础，调整地基承载力所采用的计算埋置深度 d 均可按下式计算：

$$d = \frac{d_1 + d_2}{2}$$

式中 d_1——自地下室室内地面起算的基础深度，d_1 不小于 1m；

d_2——自室外设计地面起算的基础埋置深度。

该规范在对 7.3.8 条文说明中，针对《地基规范》5.2.4 条，作为一个专题进行了研究，结论是当外围（裙房或地下车库地下室）超载基础宽度 B_x 与主楼基础宽度 B_0 的比值 $B_x/B_0 \leqslant 0.5 \sim 0.6$ 时，主楼沉降差随 B_x 的增大而增大；$B_x/B_0 > 0.5 \sim 0.6$ 时，主楼沉降差不再随 B_x 的增加而显著增大。因此，认为当主楼外围裙楼，地下室的侧限超载宽度大于等于 0.5 倍的主楼基础宽度时，应将地下室或裙楼部分基底以上荷载折算为土层厚度进行承载力验算分析，当 $B_x < 0.5B_0$ 时也可用线性插值方法确定等效基础埋深。把裙楼或纯地下室的结构自重折算成土的厚度，从而对承载力进行深度修正，是一种偏于安全的方法。

7. 《北京细则》3.2.1条4款规定，当高层建筑侧面附有裙房且为整体基础时（不论是否有沉降缝分开），可将裙房基础底面以上的总荷载折合成土重，再以此土重换算成埋置深度，并以此深度进行深度修正。当高层建筑四面的裙房形式不同，或一、二面为裙房，其他两面为天然地面时，可按加权平均法进行深度修正。此处加权平均则按高层建筑各侧边的裙房、室外地面下填土（或地下车库）基础底面以上标准值（不计活荷载）总重折成埋深的承载力修正值，乘以相应边长，然后各边的乘积相加除以高层建筑基础周长。

【禁忌 11】 不熟悉基础地基承载力怎样验算

【正】 1. 基础底面压力的确定，应符合下式要求：

当轴心荷载作用时

$$p_k \leqslant f_a$$

式中 p_k——相应于荷载效应标准组合时，基础底面处的平均压力值（kPa）；

f_a——修正后的地基承载力特征值（kPa）。

当偏心荷载作用时，尚应符合下式要求：

$$p_{kmax} \leqslant 1.2 f_a$$

式中 p_{kmax}——相应于荷载效应标准组合时，基础底面边缘的最大压力值（kPa）。

2. 基础底面的压力，可按下列公式确定：

（1）当轴心荷载作用时

$$p_k = \frac{F_k + G_k}{A}$$

式中 F_k——相应于荷载效应标准组合时，上部结构传至基础顶面的竖向力值（kN）；

G_k——基础自重和基础上的土重（kN）；

A——基础底面面积（m²）。

（2）当偏心荷载作用时

$$p_{kmax} = \frac{F_k + G_k}{A} + \frac{M_k}{W}$$

$$p_{kmin} = \frac{F_k + G_k}{A} - \frac{M_k}{W}$$

式中 M_k——相应于荷载效应标准组合时，作用于基础底面的力矩值（kN·m）；

W——基础底面的抵抗矩（m³）；

p_{kmin}——相应于荷载效应标准组合时，基础底面边缘的最小压力值（kPa）。

当偏心距 $e > b/6$ 时（图4-4），p_{kmax} 应按下式计算：

123

$$p_{kmax} = \frac{2(F_k + G_k)}{3la}$$

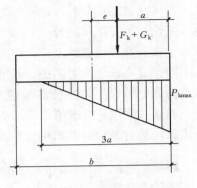

式中 l ——垂直于力矩作用方向的基础底面
　　　　边长（m）；

　　　a ——合力作用点至基础底面最大压力
　　　　边缘的距离（m）；

　　　b ——力矩作用方向基础底面边长
　　　　（m）。

3. 天然地基的地基土抗震承载力应按下
式确定：

图 4-4　偏心荷载（$e > b/6$）
下基底压力计算示意

$$f_{aE} = \zeta_a f_a$$

式中 f_{aE} ——调整后的地基土抗震承载力（kPa）；

　　　ζ_a ——地基土抗震承载力调整系数，按表 4-9 采用；

　　　f_a ——深宽修正后的地基承载力特征值（kPa）。

地基土抗震承载力调整系数 ζ_a　　　　　　　　　表 4-9

岩 土 名 称 和 性 状	ζ_a
岩石，密实的碎石土，密实的砾、粗、中砂，$f_{ak} \geqslant 300$ 的黏性土和粉土	1.5
中密、稍密的碎石土，中密和稍密的砾、粗、中砂，密实和中密的细、粉砂；$150 \leqslant f_{ak} < 300$ 的黏性土和粉土，坚硬黄土	1.3
稍密的细、粉砂，$100 \leqslant f_{ak} < 150$ 的黏性土和粉土，可塑黄土	1.1
淤泥、淤泥质土，松散的砂，填土，新近堆积黄土及流塑黄土	1.0

4. 验算天然地基在地震作用下的竖向承载力时，按地震作用效应标准组合的基础底面的平均压力和边缘最大压力应符合下列要求：

$$p \leqslant f_{aE}$$

$$p_{max} \leqslant 1.2 f_{aE}$$

式中 p ——地震作用效应标准组合的基础底面平均压力（kPa）；

　　　p_{max} ——地震作用效应标准组合的基础边缘的最大压力（kPa）。

高宽比大于 4 的高层建筑，在地震作用下基础底面不宜出现零应力；其他建筑，基础底面与地基土之间零应力区面积不应超过基础底面面积的 15%。计算时，质量偏心较大的裙房与主楼可分开考虑。

【禁忌 12】　不了解筏形基础的设计要点

【正】　1. 筏形基础也称片筏基础，具有整体刚度大，能有效地调整基底压力和不均匀沉降，或者跨过溶洞。筏形基础的地基承载力在土质较好的情况下，将随着基础埋置深度的增加而增大，基础的沉降随埋置深度的增加而减少。筏形基础适用于高层建筑的各类结构。

2. 筏形基础分为平板式和梁板式两种类型，应根据上部结构、柱距、荷载大小、建筑使用功能以及施工条件等情况确定采用哪种类型。

3. 筏形基础的平面尺寸，应根据地基承载力、上部结构的布置以及荷载情况等因素确定。当上部为框架结构、框剪结构、内筒外框和内筒外框筒结构时，筏形基础底板面积当比上部结构所覆着的面积稍大些，使底板的地基反力趋于均匀。当需要扩大筏形基础底板面积来满足地基承载力时，如采用梁板式，底板挑出的长度从基础边外皮算起横向不宜大于 1200mm，纵向不宜大于 800mm；对平板式筏形基础，其挑出长度从柱外皮算起不宜大于 2000mm 或 1.5 倍板厚度取其中大者。

筏形基础底板平面形心宜与结构竖向永久荷载重心相重合，当不能重合时，在荷载效应准永久组合下其偏心距 e，宜符合下列要求：

$$e \leqslant 0.1 \frac{W}{A} \tag{4-1}$$

式中　W——与偏心距方向一致的基础底面抵抗矩（m³）；

　　　A——基础底面积（m²）。

对低压缩性地基或端承桩基，可适当放宽偏心距的限制。按公式（4-1）计算时，裙房与主楼可分开考虑。

4. 筏形基础结构（图 4-5）。

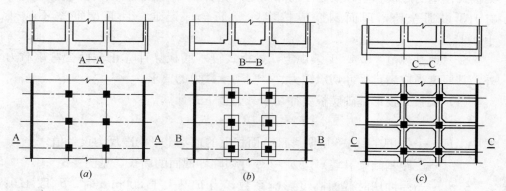

图 4-5　筏形基础类型
（a）平板式筏基；（b）带柱墩平板式筏基；（c）梁板式筏基

（1）梁板式筏形基础板厚，可参照表 4-10 确定板厚，但当底板的承载力和刚度满足要求时，厚度也可小于表中规定，但不应小于 200mm；当有防水要求时，不应小于 250mm。

（2）梁板式筏形基础的板厚，对 12 层以上的建筑不应小于 400mm，且板厚与板格最小跨度之比不宜小于 1/14。基础梁的宽度除满足剪压比、受剪承载力外，尚应验算柱下端对基础的局部受压承载力。

筏形基础底板厚度参考值　　　　　表 4-10

基础底面平均反力（kN/m²）	底板厚度
150～200	$\left(\dfrac{1}{14}\sim\dfrac{1}{10}\right)L_0$
200～300	$\left(\dfrac{1}{10}\sim\dfrac{1}{8}\right)L_0$
300～400	$\left(\dfrac{1}{8}\sim\dfrac{1}{6}\right)L_0$
400～500	$\left(\dfrac{1}{7}\sim\dfrac{1}{5}\right)L_0$

注：L_0 为底板计算板块短向净跨尺寸。

（3）当上部结构柱网和荷载较均匀，地基压缩层范围内无软弱土层、可液化土层或严重不均匀土层，且筏形基础的基础梁的线刚度不小于柱线刚度的 3 倍或梁高不小于跨度的 1/6 时，筏形基础内力分析可按倒楼盖方法进行计算，计算时基底反力可视为直线分布。当不符合上述要求时，应按弹性地基梁板方法进行分析。

5. 按倒楼盖法计算的梁板式筏基，其基础梁的内力可按连续梁分析，边跨跨中弯矩以及第一内支座的弯矩值宜乘以 1.2 的系数。考虑到整体弯曲的影响，梁板式筏基的底板和基础梁的配筋除满足计算要求外，纵横方向的支座钢筋尚应有 1/3 贯通全跨，顶面钢筋应按实际配筋全部连通，且其配筋率不应小于 0.15%。

6.《地基规范》8.4.11 条规定，梁板式筏基底板除计算正截面受弯承载力外，其厚度尚应满足受冲切承载力、受剪切承载力的要求。

（1）梁板式筏形基础底板受冲切承载力按下式计算：

$$F_l \leqslant 0.7\beta_{hp}f_t u_m h_0$$

式中　F_l——作用在图 4-6 中阴影部分面积上的地基土平均净反力设计值；

u_m——距基础梁（墙）边 $h_0/2$ 处冲切临界截面的周长，见图 4-6；

β_{hp}——受冲切时截面高度影响系数，当 h 不大于 800mm 时，β_{hp} 取 1.0；当 h 大于 2000mm 时，β_{hp} 取 0.9，其间按线性内插法取用。

（2）底板斜截面受剪承载力应符合下式要求：

$$V_s = 0.7\beta_{hs}f_t(l_{n2} - 2h_0)h_0$$

$$\beta_{hs} = (800/h_0)^{1/4}$$

式中　V_s——距梁（墙）边缘 h_0 处，作用在图 4-7 中阴影部分面积上的地基土平均净反力设计值；

β_{hs}——受剪切时截面高度影响系数，当板的有效高度 h_0 小于 800mm 时，

h_0 取 800mm；h_0 大于 2000mm 时，h_0 取 2000mm。

7. 按《北京地区地基规范》第 8.6.5 条规定，梁板式筏形基础底板可按塑性理论计算弯矩。

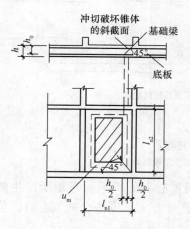

图 4-6 底板冲切计算示意图

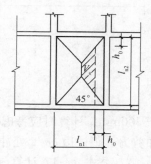

图 4-7 底板剪切计算示意图

【禁忌 13】 多、高层建筑结构基础强调设计成箱形基础

【正】 箱形基础具有整体刚度，能较好地调节地基不均匀沉降。现在多数多、高层建筑地下室用作停车库，机电用房，需要有较大平面空间时，没有必要强调采用箱形基础，因为筏形基础（尤其平板式）和周边钢筋混凝土外墙及内墙相组合，整体刚度也很大，当多层地下室时其整体刚度将更大。

【禁忌 14】 不重视平板式筏基的计算与构造

【正】 1. 筏板基础可以是梁板式和平板式，当建筑物层数较多、地下室柱距较大、基底反力很大时，宜优先采用平板式。采用梁板式筏基时，基础梁截面大必然增加基础埋置深度，当水位高时更为不利；梁板的混凝土需分层浇注，梁支模费事，因而增长工期，综合经济效益不一定比平板式好。

2. 当采用平板式筏板时，筏板厚度一般由冲切承载力确定。在基础平面中仅少数柱的荷载较大，而多数柱的荷载较小时，筏板厚度应按多数柱下的冲切承载力确定，在少数荷载大的柱下可采用柱帽满足抗冲切的需要。柱帽形式当地下室地面有布架空层或填层时可采用往上的方式，但柱帽上皮距地面不宜小于 100mm（图 4-8a），地下室地面无架空层或填层时，可采用往下倒柱帽形式（图 4-8b）。

3. 平板式筏基的板厚应能满足受冲切承载力的要求。板的最小厚度不应小

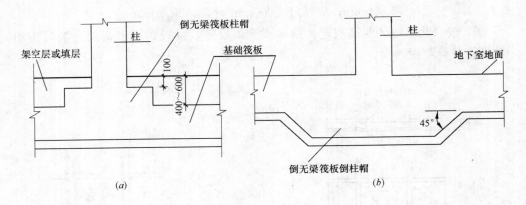

图 4-8　倒无梁筏板柱帽

(a) 有架空层或垫层；(b) 无架空层或垫层

于 500mm。计算时应考虑作用在冲切临界截面重心上的不平衡弯矩所产生的附加剪力。距柱边 $h_0/2$ 处冲切临界截面的最大剪应力 $\tau_{\max}$ 应按公式（4-2）、公式（4-3）、公式（4-4）计算（图 4-9）。

$$\tau_{\max} = \frac{F_l}{u_m h_0} + \alpha_s \frac{M_{unb} c_{AB}}{I_s} \tag{4-2}$$

$$\tau_{\max} \leqslant 0.7(0.4 + 1.2/\beta_s)\beta_{hp} f_t \tag{4-3}$$

$$\alpha_s = 1 - \frac{1}{1 + \frac{2}{3}\sqrt{\dfrac{c_1}{c_2}}} \tag{4-4}$$

式中　F_l——相应于作用的基本组合时的冲切力设计值，对内柱取轴力设计值减去筏板冲切破坏锥体内的基底净反力设计值；对边柱和角柱，取轴力设计值减去筏板冲切临界截面范围内的基底净反力设计值；地基反力值应扣除底板自重；

u_m——距柱边 $h_0/2$ 处冲切临界截面的周长（m）；

h_0——筏板的有效高度（m）；

M_{unb}——作用在冲切临界截面重心上的不平衡弯矩设计值（kN·m）；

c_{AB}——沿弯矩作用方向，冲切临界截面重心至冲切临界截面最大剪应力点的距离（m）；

I_s——冲切临界截面对其重心的极惯性矩（m⁴），按第 4 条计算；

f_t——混凝土轴心抗拉强度设计值；

c_1——与弯矩作用方向一致的冲切临界截面的边长，按第 4 条计算；

c_2——垂直于 c_1 的冲切临界截面的边长，按第 4 条计算；

α_s——不平衡弯矩传至冲切临界截面周边的剪应力系数；

β_{hp}——受剪切承载力截面高度调整系数，见本章【禁忌12】第6条；

β_s——柱截面长边与短边的比值，当 $\beta_s < 2$ 时，β_s 取2，当 $\beta_s > 4$ 时，β_s 取4。

当柱荷载较大，等厚度筏板的受冲切承载力不能满足要求时，可在筏板上面增设柱墩或在筏板下局部增加板厚或采用抗冲切箍筋来提高受冲切承载能力。

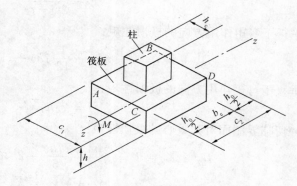

图 4-9　内柱冲切临界截面示意图

4. 冲切临界截面的周长 u_m 以及冲切临界截面对其重心的极惯性矩 I_s，应根据柱所处的部位分别按下列公式进行计算：

(1) 内柱（图 4-9）：

$$c_1 = h_c + h_0$$
$$c_2 = b_c + h_0$$

冲切临界截面周长：

$$u_m = 2c_1 + 2c_2$$

平行于弯矩作用方向的极惯性矩：

$$I_{xx} + I_{yy} = 2\left(\frac{1}{12}c_1 h_0^3 + \frac{1}{12}c_1^3 h_0\right)$$

垂直于弯矩作用方向的极惯性矩：

$$I = c_2 h_0 \left(\frac{c_1}{2}\right)^2 \times 2$$

冲切临界截面对其重心的极惯性矩：

$$I_s = I_{xx} + I_{yy} + I = \frac{c_1 h_0^3}{6} + \frac{c_1^3 h_0}{6} + \frac{c_2 h_0 c_1^2}{2}$$

$$c_{AB} = \frac{c_1}{2}$$

式中　h_c——与弯矩作用方向一致的柱截面的边长；

b_c——垂直于 h_c 的柱截面边长。

(2) 边柱（图 4-10）：

$$c_1 = h_c + \frac{h_0}{2}$$
$$c_2 = b_c + h_0$$

冲切临界截面周长：

$$u_m = 2c_1 + c_2$$

冲切临界截面重心位置：

$$\overline{X} = \frac{c_1^2}{2c_1 + c_2}$$

平行于弯矩作用方向的极惯性矩：

$$I_{xx} + I_{yy} = \left[\frac{1}{12}c_1 h_0^3 + \frac{1}{12}c_1^3 h_0 + c_1 h_0 \left(\frac{c_1}{2} - \overline{X} \right)^2 \right] 2$$

垂直于弯矩作用方向的极惯性矩：

$$I = c_2 h_0 \overline{X}^2$$

冲切临界截面对其重心的极惯性矩：

$$I_s = I_{xx} + I_{yy} + I = \frac{c_1 h_0^3}{6} + \frac{c_1^3 h_0}{6} + 2h_0 c_1 \left(\frac{c_1}{2} - \overline{X} \right)^2 + c_2 h_0 \overline{X}^2$$

$$c_{AB} = c_1 - \overline{X}$$

（3）角柱（图 4-11）：

$$c_1 = h_c + \frac{h_0}{2}$$

$$c_2 = b_c + \frac{h_0}{2}$$

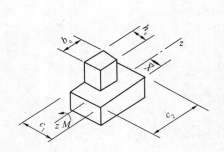

图 4-10　边柱

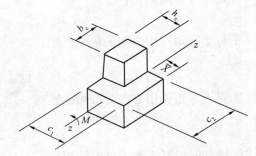

图 4-11　角柱

冲切临界截面周长：

$$u_m = c_1 + c_2$$

冲切临界截面重心位置：

$$\overline{X} = \frac{c_1^2}{2c_1 + 2c_2}$$

平行于弯矩作用方向的极惯性矩：

$$I_{xx} + I_{yy} = \left[\frac{1}{12}c_1 h_0^3 + \frac{1}{12}c_1^3 h_0 + c_1 h_0 \left(\frac{c_1}{2} - \overline{X} \right)^2 \right]$$

垂直于弯矩作用方向的极惯性矩：

$$I = c_2 h_0 \overline{X}^2$$

冲切临界截面对其重心的极惯性矩：

$$I_s = I_{xx} + I_{yy} + I = \frac{c_1 h_0^3}{12} + \frac{c_1^3 h_0}{12} + c_1 h_0 \left(\frac{c_1}{2} - \overline{X}\right)^2 + c_2 h_0 \overline{X}^2$$

$$c_{AB} = c_1 - \overline{X}$$

5. 由于使用功能上的要求，内筒占有相当大的面积，因而距内筒外表面 $h_0/2$ 处的冲切临界截面周长是很大的，在 h_0 保持不变的条件下，内筒下筏板的受冲切承载力实际上是降低了，因此需要适当提高内筒下筏板的厚度。内筒下筏板的受冲切承载力按下式计算（图 4-12）：

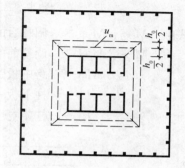

$$F_l/(u_m h_0) \leqslant 0.7 \beta_{hp} f_t / \eta$$

式中 F_l——相应于作用的基本组合时，内筒所承受的轴力设计值减去筏板冲切破坏锥体范围内的基底净反力设计值。地基反力值应扣除板的自重；

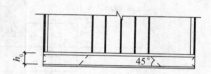

图 4-12　筏板受内筒冲切的临界截面位置

u_m——距内筒外表面 $h_0/2$ 处冲切临界截面的周长（m）（图 4-12）；

h_0——距内筒外表面 $h_0/2$ 处筏板的截面有效高度（m）；

η——内筒冲切临界截面周长影响系数，取 1.25，是通过实际工程中不同尺寸的内筒，经分析并和美国 ACI 318 规范对比后确定的。

6. 按倒楼盖法计算的平板式筏基，柱下板带和跨中板带的承载力应符合计算要求。柱下板带中在柱宽及其两侧各 0.5 倍板厚且不大于 1/4 板跨的有效宽度范围内的钢筋配置量不应小于柱下板带钢筋的一半，且应能承受部分不平衡弯矩 $\alpha_m M$ 的作用，M 为作用在冲切临界截面重心上的不平衡弯矩，α_m 按下列公式计算：

$$\alpha_m = 1 - \alpha_s$$

式中 $\alpha_m M$——板与柱之间的部分不平衡弯矩；

α_m——不平衡弯矩传至冲切临界截面周边的弯曲应力系数；

α_s——见公式（4-4）。

考虑到整体弯曲的影响，柱下筏板带和跨中板带的底部钢筋应有 1/2～1/3 贯通全跨，且配筋率不应小于 0.15%；顶部钢筋应按实际配筋全部连通。

7. 筏形基础的混凝土强度等级不宜低于 C30，垫层厚度一般为 100mm，有垫层时钢筋保护层的厚度不应小于 40mm，当防渗混凝土时不应小于 50mm。

8. 当柱下普遍设有柱帽时，为了充分利用柱帽的有效高度，节省钢筋，柱下板带和跨中板带配筋范围进行调整（图 4-13），相应弯矩调整为：

$$M''_{支} = M'_{支}\left(\frac{L_1}{B_1}\right) - \left(\frac{L_1 - B_1}{L_2}\right)M_{支}$$

$$M''_{中} = M'_{中}\left(\frac{L_1}{B_1}\right) - \left(\frac{L_1 - B_1}{L_2}\right)M_{中}$$

式中　$M''_{支}$、$M''_{中}$——调整后的柱下板带支座弯矩和跨中弯矩；

　　　$M'_{支}$、$M'_{中}$——调整前的柱下板带支座弯矩和跨中弯矩；

　　　$M_{支}$、$M_{中}$——跨中板带的支座弯矩和跨中弯矩；

　　　L_1、L_2——柱下板带和跨中板带的宽度；

　　　B_1——柱帽宽度。

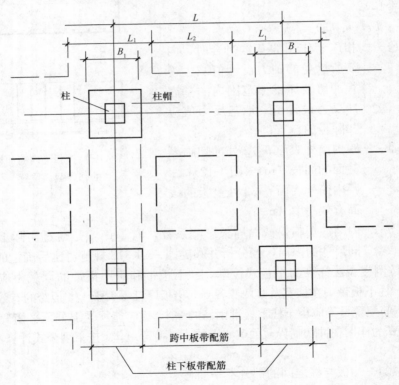

图 4-13　柱下板带和跨中板带配筋

　　调整后的柱下板带支座配筋，由弯矩 $M''_{支}$ 按柱帽有效高度求得，柱下板带跨中配筋，由弯矩 $M''_{中}$ 按筏板有效高度求得，柱下板带的宽度按 B_1 确定配筋；跨中板带的支座和跨中配筋分别由 $M_{支}$、$M_{中}$ 按宽度 L_2 确定。施工图标注的柱下板带配筋宽度即为柱帽宽度，跨中配筋宽度为柱距 L 减柱帽宽度 B_1，原柱下板带在柱帽宽度以外部分的配筋同跨中板带。

【禁忌 15】 基础底板与地下室外墙相连部位，底板上筋及下筋端部均弯直钩

【正】 1. 地下室外墙竖向钢筋与基础底板的连接，因为外墙厚度一般远小于基础底板，底板计算时在外墙端常按铰支座考虑，外墙在底板端计算时按固端，因此底板上下钢筋可伸至外墙外侧，在端部可不设弯钩（底板上钢筋锚入支座按需要 5d 就够）。外墙外侧竖向钢筋在基础底板弯后直段长度按其搭接与底板下钢筋相连，按此构造底板端部实际已具有与外墙固端弯矩同值的承载力，工程设计时底板计算也可考虑此弯矩的有利影响（图 4-14）。

2. 目前在一些标准图集和手册中，基础底板与地下室外墙相连

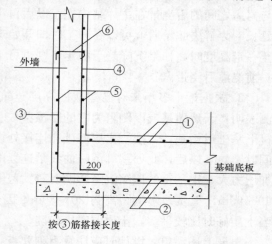

图 4-14 外墙竖向钢筋与底板连接构造

部位底板上筋及下筋端部不论底板多厚一律弯成直钩（图 4-15），这是所谓习惯做法，实际按受力是没有必要的，这样构造还将给钢筋加工、运输、堆放和绑扎带来许多困难，也会有不必要的浪费。

3. 当基础底板伸出外墙时，底板上筋及下筋端部也可不弯直钩。如果为构造可设置纵横构造筋，直径 12～16mm，间距 200mm（图 4-16）。

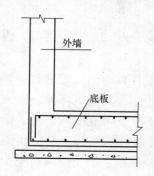

图 4-15 底板端部筋

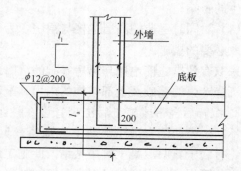

图 4-16 外伸底板端部构造筋

【禁忌 16】 沉降后浇带一律要求主楼到顶以后再浇灌成整体

【正】 1.《地基规范》8.4.20 条要求，当高层建筑与相连的裙房之间不设

置沉降缝时，宜在裙房一侧设置后浇带，后浇带的位置宜设在距主楼边柱的第二跨内。后浇带混凝土宜根据实测沉降值并计算后期沉降差能满足设计要求后方可进行浇注。

《北京细则》3.10.8条规定，较高的高层建筑施工周期较长，如果要求高层与裙房之间的后浇带在主体结构完工以后再浇灌混凝土，有可能使整个施工周期延长。为解决此矛盾，可以在开工时即开始进行沉降观测，当高层主体结构施工至一定高度时，如果沉降趋于稳定，则也可不必到高层主体结构全部完工，即可提前浇灌后浇带。

2. 根据近十多年来对已建成的高层建筑主楼基础与相连的裙房基础沉降观测表明，天然地基或以侧阻为主的摩擦型桩基，当裙房为满堂筏形基础，主楼为筏形基础或箱基，主楼与裙房基础相连接处设置沉降缝或施工后浇带，在施工期间以及竣工以后，此处基础沉降曲线是连续的，没有突变现象；由于主楼基底附加压力大，地基土的压缩沉降影响有较大范围，裙房基底土质好，影响距离可达40～60m，土质差影响距离为20～30m，因此沉降曲线的倾斜程度与土质相关，当土质好时比较平缓，土质差时则较陡。

根据上述现象，设计时应注意下列几点：

(1) 同时施工的高层建筑主楼基础与裙房基础之间可不设置沉降缝及沉降后浇带，但应设置施工后浇带（浇灌混凝土时间相隔不少于1个月）；

(2) 与高层主楼同时建造的裙房基础，设计必须考虑高层部分基础沉降所引起的差异沉降对裙房结构内力影响。当裙房基础设计未采取有效措施时，差异沉降不仅产生在与主楼相连的一跨，在离主楼的若干跨内也同时存在；

(3) 新建高层建筑设计时，应考虑基础沉降对周围已有房屋及管道设施等可能产生的影响；

(4) 对同时建造的高层主楼与裙房，为减少或避免基础的差异沉降，设计时应采取必要的措施。

采取有效措施使主楼与裙房基础的沉降差值在允许范围内，或通过计算确定差异沉降产生的基础及上部结构的内力和配筋时，可以不设置沉降缝。

3. 沉降后浇带或施工后浇带宜设在柱距三等分的中间范围内，板、梁钢筋贯通不断，带两侧宜采用钢筋支架加铅丝网或单层钢板网（新产品"快易网"）隔断，有利于新旧混凝土接搓粘结。此施工后浇带待筏板混凝土浇灌后至少一个月采用此筏板设计强度等级提高一级的补偿收缩混凝土进行灌填，并加强养护。

当筏板混凝土为刚性防水时，在施工后浇带处筏板下宜采用附加卷材防水做法。

4. 由于沉降后浇带浇灌混凝土相隔时间较长，在水位较高施工时采用降水，按一般沉降后浇带做法在未浇灌混凝土前降水不能停止，因此将增加降水费用，为此可采用如图 4-17 所示在沉降后浇带的基础底板和外墙处增设抗水及防水措施，只需要结构重量能平衡水压浮力时即可停止降水。施工后浇带可不设抗水板。

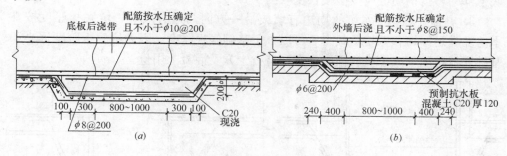

图 4-17　基础底板及外墙后浇带抗水做法
(a) 基础底板后浇带；(b) 外墙后浇带

5. 在一些标准图集及手册中，要求沉降后浇带必须待主楼到顶后再浇灌是不确切的。前《钢筋混凝土高层建筑结构设计与施工规程》（JGJ 3—91）的第六章第 6.1.3 条曾规定：为减小高层部分与裙房间的差异沉降量，在施工时应采用施工后浇带断开，待高层部分主体结构完成时再连接成整体。这些标准图集及手册可能按前规程而不是现行《高规》执行。

【禁忌 17】 基础底板梁及地下室外墙的后浇带中设置附加加强钢筋

【正】 1.《高规》3.4.13 条规定，每 30～40m 间距留出施工后浇带，带宽 800～1000mm，钢筋采用搭接接头，后浇带混凝土宜在 45d 后浇灌。

2. 施工后浇带的作用是释放混凝土硬化过程中的收缩应力，减少或控制混凝土的初始裂缝。在 20 世纪 80 年代的许多图册或手册中，后浇带（包括施工后浇带和沉降后浇带）处的梁、板和墙钢筋要求断开，为使混凝土收缩更自由减少约束，在后浇带浇注前梁的钢筋采用焊接，板、墙钢筋采用搭接，由于此类做法施工费事而且难以保证焊接质量，因此，从 20 世纪 90 年代起改为在后浇带处钢筋连续不再断开。现在有图集和资料中要求在后浇带范围增设加强钢筋，这是没有必要的，相反增大约束，丧失了后浇带的作用。

【禁忌 18】 基础底板在电梯井坑或周边有墙的集水坑边，底板上筋一律弯到坑底

【正】 1. 当基础底板的电梯井坑、集水坑的周边有钢筋混凝土墙时，这些墙已是底板的支座，底板上部钢筋没有必要沿坑边下弯，只需伸入墙内至对边，而墙的坑边竖向筋应伸至坑底，水平分布筋可按墙的水平分布筋（图 4-18a）。

2. 当基础底板的电梯井坑、集水坑的周边或一侧无钢筋混凝土墙时，底板

上部钢筋在坑边应下弯，并与坑底上部钢筋相互按搭接长度，底板下部钢筋与坑底下部的弯折钢筋也应按搭接长度（图4-18b）。

3. 电梯井坑、集水坑的周边有墙或沿一方向两边有墙时，坑底板厚度按支承情况满足冲切和剪切承载力后可以小于基础底板厚度，因为坑底板跨度远小于基础底板跨度，减小坑底板厚度有利节省土方及混凝土用量。

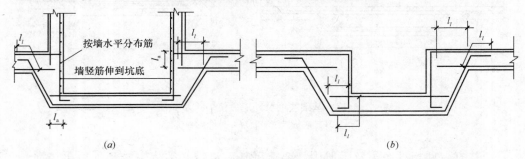

图4-18　电梯井坑、集水坑

【禁忌19】　独立柱基或条形基础的底板不论宽度大小，钢筋一律伸到底板边缘

【正】　1. 单独柱基为锥形时，边缘高度不宜小于200mm，顶面坡度不宜大于1：3（垂直：水平），应注意矩形柱基短边的坡度。阶梯形基础每阶高度宜取300～500mm。

单独柱基的混凝土强度等级不应低于C20，应优先采用HRB335钢筋，受力钢筋直径不宜小于10mm，间距一般取100～200mm。基础下应设素混凝土垫层，其厚度不宜小于70mm，混凝土强度等级可采用C10。有垫层时受力钢筋保护层可取40mm。

单独柱基底板的边长大于等于2.5m时，在该方向的钢筋长度可减短10%，并交错放置（图4-19）。

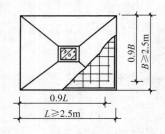

图4-19　单独柱基底板配筋

2. 条形基础底板厚度不宜小于200mm。当底板厚度≤250mm时宜等厚；当底板厚度＞250mm时宜采用变厚度，但边缘厚度不宜小于200mm（墙下可150mm），其顶面坡度应小于或等于1：3（竖向：水平）。混凝土强度等级应不低于C20。垫层厚度不小于100mm，混凝土强度等级可取C10。

底板宽度大于等于2.5m时，如同单独柱基底板钢筋长度可减短10%，并交错放置。

3.《混凝土规范》8.5.2条规定的对卧置于地基上的混凝土板，受拉钢筋的最小配筋率不应小于0.15%，是指基础筏板、抗水板和水池底板等结构板。对于扩展基础《地基规范》8.2.1条也有此要求，但其截面通常是台阶形或坡形，边缘高度一般取200mm，而柱或墙边的高度根据荷载不同出入很大，因此，按最小配筋率配筋是取边缘高度确定还是最大高度或平均高度确定，配筋量有很大不同，但规范中对此问题没有明确规定。《地基规范》8.2.1条规定，扩展基础底板受力钢筋的最小直径不宜小于10mm，间距不应大于200mm，也不应小于100mm。

【禁忌20】 仅最下层地下室有墙而上部无墙，不区分情况均作为底板的支承构件

【正】 地下室或箱形基础墙体按建筑物四周、上层柱网或上层剪力墙位置布置后，如遇人防等级较高、地基反力较大时，由于墙间距过大可能导致箱形基础底板及顶板厚度过厚，如使用上许可，可增设一些纵横墙以减少板的跨度。此种增设的墙当视为支承在内外墙上的次梁时，必须对其进行承载力的验算（图4-20）。

当增设的墙洞口较大，或不具有作为次梁的条件时，底板应按单向或双向板计算，此时向上荷载为基底反力，向下荷载为顶板传给增设墙的荷载和墙体自重（图4-21）。

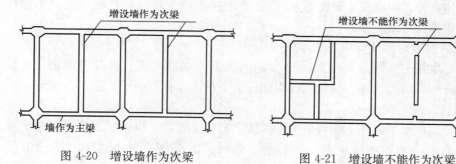

图4-20 增设墙作为次梁　　　　图4-21 增设墙不能作为次梁

【禁忌21】 沿地下室外墙设有通长窗井时不设置分隔墙

【正】 1.《高规》12.2.7条规定，有窗井的地下室，应在窗井内部设置分隔墙以减少窗井外墙的支撑长度，且窗井分隔墙宜与地下室内墙或柱连通成整体。窗井内外墙体的混凝土强度等级应与主体地下室外墙相同。窗井外墙实为建筑地下室受侧边土约束的受力构件。

2. 窗井底板与箱形基础或筏基底板取平时，窗井底板不应按悬挑板计算，而应视作支承在地下室外墙和窗井外墙上的单向板，窗井隔墙则为箱形基础内墙伸出的悬挑梁，且应注意验算此隔墙截面符合 $V \leqslant 0.2\beta_c f_c b h_0$，式中 V 为窗井隔墙根部剪力；b 为墙厚；h_0 为墙的有效高度。窗井外墙平面内按梁（或深梁）计算，平面外按地下室外墙考虑相关荷载。

【禁忌 22】 独立柱基之间不区分情况一律设拉梁

【正】 1.《抗震规范》6.1.11 条规定,框架单独柱基有下列情况之一时,宜沿两个主轴方向设置基础系(拉)梁:

(1) 一级框架和Ⅳ类场地的二级框架;

(2) 各柱基承受的重力荷载代表值差别较大;

(3) 基础埋置较深,或各基础埋置深度差别较大;

(4) 地基主要受力层范围内存在软弱黏性土层、液化土层和严重不均匀土层;

(5) 桩基承台之间。

2. 设置拉梁的目的是为了独立柱基之间的整体性,有效调整柱基不均匀沉降和减小首层柱的高度。因此,拉梁应有一定的刚度,拉梁截面的高度取$\left(\frac{1}{15} \sim \frac{1}{20}\right) L$,宽度取$\left(\frac{1}{25} \sim \frac{1}{35}\right) L$,其中 L 为柱间距。拉梁位置除桩基承台外宜在靠近首层地面。

3. 当框架独立柱基的地基及荷载无上述第 1 条情况,而且柱距较大(单跨厂房、体育馆、影剧院、餐厅等),没必要设拉梁,否则拉梁截面高度小不起什么增大整体性作用。

4. 拉梁内力的计算按下列方法:

(1) 取相连柱轴力 F 较大者的 1/10 作为拉梁的轴心受拉的拉力或轴心受压的压力进行承载力计算。拉梁截面配筋应上下相同,各不小于 2Φ14,箍筋不少于 φ6@200。

(2) 以拉梁平衡柱下端弯矩,柱基按中心受压考虑。拉梁的正弯矩钢筋全部拉通,支座负弯矩钢筋应有 1/2 拉通。此时梁的高度宜取上述第 2 条中的较高值。

当拉梁承托隔墙或其他竖向荷载时,则应将竖向荷载所产生的内力与上述两种方法之一计算所得之内力进行组合。

(3) 拉梁作为一楼层作整体计算,竖向荷载同(2)款,但应按(1)款取轴心拉力与整体所得内力组合确定拉梁配筋,一、二、三级框架结构的底层柱底截面弯矩设计值增大系数应用在首层,不应在拉梁以下的底层,否则不安全。

【禁忌 23】 柱下条形基础或梁板式筏基,地基梁宽度一律设计成大于柱宽度

【正】 1.《地基规范》8.3.2 条和 8.4.14 条规定,当地基土比较均匀、上部结构刚度较好、梁板式筏基梁或条形基础梁的高跨比不小于 1/6 时,梁的截面应符合 $V \leqslant 0.2 \beta_c f_c b h_0$,式中 V 为梁端剪力设计值,b 为梁宽度,h_0 为梁有效高

度，β_c 为混凝土强度影响系数，当不大于 C50 时取 1.0，f_c 为混凝土轴心受压强度设计值。

2. 地下室底层柱、剪力墙与基础梁的连接构造要求应符合下列规定：

（1）当交叉基础梁的宽度小于柱截面的边长时，交叉基础梁连接处应设置八字角，柱角和八字角之间的净距不宜小于 50mm［图 4-22（a）］；

（2）当单向基础梁与柱连接时，柱截面的边长大于 400mm，可按图 4-22（b）、（c）采用；柱截面的边长小于等于 400mm，可按图 4-22（d）采用；

（3）当基础梁与剪力墙连接时，（如果墙为完整通长时可不设基础梁），基础梁边至剪力墙边的距离不宜小于 50mm［图 4-22（e）］。

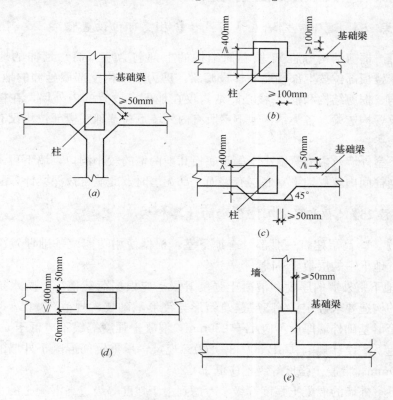

图 4-22　基础梁与地下室底层柱或剪力墙连接的构造

3. 当基础梁满足上述第 1、2 条时，梁宽度没有必要一定要大于柱宽度，以使设计更经济合理。

【禁忌 24】　地下室的筏板和地基梁同上部结构一样按延性要求构造

【正】　1.《地基规范》8.4.17 条规定，有抗震设计要求时，对无地下室且抗震等级为一、二、三和四级的框架结构，基础梁除满足抗震构造要求外，计算时尚应将柱根组合的弯矩设计值分别乘以1.7、1.5、1.3和1.2的增大系数。

2.《北京细则》3.7.8条规定，条形基础的基础梁以及筏板基础中的基础梁，不需按照延性要求进行构造配筋，即：

（1）梁端箍筋不需要按抗震要求加密，仅按承载力要求配置即可，箍筋可按90°弯钩，无需135°；

（2）梁的纵筋伸入支座长度应按非抗震要求；

（3）纵筋的锚固长度、接头要求等也一律按非抗震要求。

3. 地下室的满堂无梁筏板，不需要按照上部无梁楼板考虑延性而沿柱子之间设置暗梁，应按非抗震要求进行构造配筋。

【禁忌25】 地下室外墙在底板及楼板相交部位设置暗梁

【正】 框剪结构和框架-核心筒结构的上部剪力墙（筒）延伸的地下室墙（筒），在楼板部位按上部楼层一样设暗梁。剪力墙结构上部墙延伸的地下室墙，框架结构、框剪结构和框架-核心筒结构仅在地下室设置的内外墙，在楼板部位均可不设置构造梁。各类结构地下室所有内外墙下在基础底板部位均没有必要设置构造地梁。

地下室外墙及内墙宽度小于等于底板高度两倍的较小洞口，墙下可不设置基础梁。当柱间内墙仅地下室底层有墙而上部无墙时，此墙可按深梁计算配筋。

【禁忌26】 不重视地下室外墙的计算和构造

【正】 1. 高层建筑一般都设有地下室，根据使用功能及基础埋置深度的不同要求，地下室的层数1～4层不等。

2. 地下室外墙的厚度和混凝土强度等级，应根据荷载情况、防水抗渗和有关规范的构造要求确定。《高层建筑箱形与筏形基础技术规范》（JGJ 6—2011）规定，箱形基础外墙厚度不应小于250mm，混凝土强度等级不应低于C20；《人民防空地下室设计规范》（GB 50038—2005）规定，承重钢筋混凝土外墙的最小厚度为250mm，混凝土强度等级不应低于C25。

地下室外墙的混凝土强度等级，考虑到由于强度等级过高混凝土的水泥用量大，容易产生收缩裂缝，一般采用的混凝土强度等级宜低不宜高，常采用C20～C30。有的工程地下室外墙有上部结构的承重柱，此类柱在首层为控制轴压比混凝土的强度等级较高，因此在与地下室墙顶交接处应进行局部受压的验算，柱进入墙体后其截面面积已扩大，形成附壁柱，当墙体混凝土采用低强度等级，其轴压比及承载力一般也能满足要求。

3. 地下室外墙所承受的荷载，竖向荷载有上部及地下室结构的楼盖传重和自重，水平荷载有地面活载、侧向土压力、地下水压力、人防等效静荷载。风荷载或水平地震作用对地下室外墙平面内产生的内力值较小。在实际工程的地下室外墙截面设计中，竖向荷载及风荷载或地震作用产生的内力一般不起控制作用，墙体配筋主要由垂直于墙面的水平荷载产生的弯矩确定，而且通常不考虑与竖向荷载组合的压弯作用，仅按墙板弯曲计算墙的配筋。

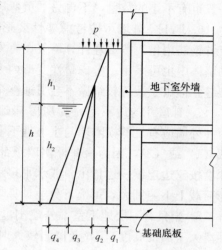

图 4-23　外墙水平荷载

4. 地下室外墙的水平荷载如图 4-23 所示进行组合：

(1) 地面活荷载、土侧压力；

(2) 地面活荷载、地下水位以上土侧压力、地下水位以下土侧压力、水压力；

(3) 上列（1）加人防等效静荷载或（2）加人防等效静荷载。

图 4-23 中的各值：

$$
\left.
\begin{array}{l}
q_1 = p \cdot K_a \\
q_2 = K_a \gamma h \text{ 或 } K_a \gamma h_1 \\
q_3 = K_a \gamma' h_2 \\
q_4 = \gamma_w \cdot h_2
\end{array}
\right\}
$$

$$
K_a = \tan^2\left(45° - \frac{\varphi}{2}\right)
$$

式中　　h_1——地下水位深度（m）；

　　　　h——外墙室外地坪以下高度（m）；

　　　　h_2——外墙地下水位以下高度（m）；

　　　　p——地面活荷载，取 $5\sim10\mathrm{kN/m^2}$；

　　　　γ——土的重度，取 $18\mathrm{kN/m^3}$；

　　　　γ'——土的浮重度，取 $11\mathrm{kN/m^3}$；

　　　　γ_w——水的重度，取 $10\mathrm{kN/m^3}$；

　　　　φ——土的安息角，一般取 $30°$。

荷载分项系数除地面活荷载的 $\gamma_Q = 1.4$ 外，其他均为 1.2。

5. 地下室外墙可根据支承情况按双向板或单向板计算水平荷载作用下的弯矩。由于地下室内墙间距不等，有的相距较远，因此在工程设计中一般把楼板和基础底板作为外墙板的支点按单向板（单跨、两跨或多跨）计算，在基础底板处按固端，顶板处按铰支座。在与外墙相垂直的内墙处，由于外墙的水平分布钢筋一般也有不小的数量，不再另加负弯矩构造钢筋。

6. 地下室外墙可按考虑塑性变形内力重分布计算弯矩，有利于配筋构造及节省钢筋用量。按塑性计算不仅在有外防水的墙体中采用，在考虑混凝土自防水的墙体中也可采用。考虑塑性变形内力重分布，只在受拉区混凝土可能出现弯曲裂缝，但由于裂缝较细微不会贯通整个截面厚度，对防水仍有足够抗渗能力。

7. 有窗井的地下室，为房屋基础能有有效埋置深度和有可靠的侧向约束，窗井外墙应有足够横隔墙与主体地下室外墙连接，此时窗井外侧墙应承受水平荷载（1）或（2），因为窗井外侧墙顶部敞开无顶板相连，其计算简图可根据窗井深度按三边连续一边自由，或水平多跨连续板计算。如按多跨连续板计算时，因为荷载上下差别大，可上下分段计算弯矩确定配筋。

8. 当只有一层地下室，外墙高度不满足首层柱荷载扩散刚性角（柱间中心距离大于墙的高度），或者窗洞较大时，外墙平面内在基础底板反力作用下，应按深梁或空腹桁架验算，确定墙底部及墙顶部的所需配筋。当有多层地下室，或外墙高度满足了柱荷载扩散刚性角时，外墙顶部宜配置两根直径不小于 20mm 的水平通长构造钢筋，墙底部由于基础底板钢筋较大没有必要另配附加构造钢筋。

9. 地下室外墙竖向钢筋与基础底板的连接，因为外墙厚度一般远小于基础底板，底板计算时在外墙端常按铰支座考虑，外墙在底板端计算时按固端，因此底板上下钢筋可伸至外墙外侧，在端部可不设弯钩（底板上钢筋锚入支座按需要 $5d$ 就够）。外墙外侧竖向钢筋在基础底板弯后直段长度按其搭接与底板下钢筋相连，按此构造底板端部实际已具有与外墙固端弯矩同值的承载力，工程设计时底板计算也可考虑此弯矩的有利影响（图 4-14）。

10. 当有多层地下室的外墙，各层墙厚度和配筋可以不相同。墙的外侧竖向钢筋宜在距楼板 1/4～1/3 层高处接头，内侧竖向钢筋可在楼板处接头。墙外侧水平钢筋宜在内墙间中部接头，内侧水平钢筋宜在内墙处接头。钢筋接头当直径小于 22mm 时可采用搭接接头，直径等于大于 22mm 时宜采用机械接头或焊接。

11. 地下室外墙的竖向和水平钢筋，除按计算确定外，每侧均不应小于受弯构件的最小配筋率。当外墙长度较长时，考虑到混凝土硬化过程及温度影响可能产生收缩裂缝，水平钢筋配筋率宜适当增大。外墙的竖向和水平钢筋宜采用变形钢筋，直径宜小间距宜密，最大间距分别不宜大于 200mm 和 150mm。外侧水平钢筋与内侧水平钢筋之间应设拉接钢筋，其直径可选 6mm，间距不大于 600mm 梅花形布置，人防外墙时拉接钢筋间距不大于 500mm。

12. 多高层的地下室外墙，当满堂基础的地基承载力满足要求时，基础底板没必要再从外墙边向外延伸挑出，使外端与外墙平，有利防水卷材质量和方便施工（图 4-14）。低层建筑的地下室或地下车库的外墙，当地下室底板采用满堂筏板（梁板式或平板式）或独立柱基抗水板时，底板也不必伸出外墙边。中部独立柱基抗水板，外墙下部为条形基础，其宽度按地基承载力确定，条基外边与外墙平，反力产生的偏心可按整体计算考虑，地下室外墙与地下室顶板及抗水板取边一跨整体计算确定配筋（图 4-24）。

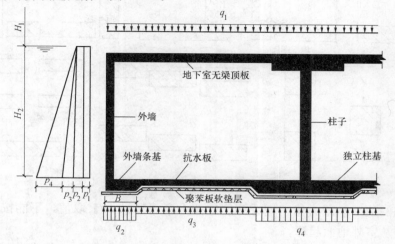

图 4-24　地下室顶板、底板与外墙整体计算

q_1—填土重、顶板重、地面活荷载；q_2—条基反力（不计水压力）；

q_3—水压力减抗水板及地面重；q_4—柱基反力（不计水压力）；

p_1—地面活荷载侧压力（$p_1=kp$）；p_2—顶板以上土侧压（$p_2=kH_1\gamma$）；

p_3—水位以下土侧压（$p_3=kH_2\gamma'$）；p_4—水侧压（$p_4=H_2\gamma'$）

【禁忌 27】　地下车库结构的设计缺少综合考虑

【正】　1. 地面上为庭院绿化，地下为停车库，楼房位置与地下停车库位置总平面有多种类形，如图 4-25 所示，图中斜线为楼房，虚线范围内为地下停车库。

2. 地下停车库结构设计中的主要问题：

（1）地下停车库与楼房之间是否设永久缝分开，从建筑、机电专业要求以不设缝比较好，从结构专业设计时应区别处理，如果解决好楼房与地下停车库之间的差异沉降及超长处理，已经建造的不少工程实践表明，采用不设永久缝是可行的，否则应设永久缝分开。

（2）地下停车库位于地下水位较高的场地时，必须考虑抗浮设计。当抗浮设计中应由地面填土作为一部分平衡荷载时，必须完成地面回填土以后方允许施工排水停止。关于地下水位的取值，应根据工程地质勘察报告确定。当存在有滞水层时应根据场地地质情况与勘察单位商定地下水位是否考虑滞水水头。

（3）地下停车库紧贴楼房时，无论设与不设永久缝，采用天然地基时楼房靠

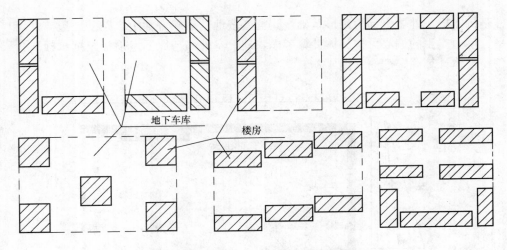

图 4-25　楼房与地下停车库总平面形式

车库一侧的地基承载力修正埋置深度应按本章【禁忌 10】取值，不能按无地下车库那样从室外地面起算。

(4) 地下停车库的楼盖结构形式，采用无梁式或梁板式，应根据地基、地下水位、车库层数及与楼房地下室标高相互关系确定。地下停车库按净距 7.2m 停放三辆车，柱网间距一般为 8m，车库顶板以上填土厚度常为 1.2～3m，地下车库内设有通风管、喷洒水管等机电管线，净高最低点要求不小于 2.2m（小型汽车库）。有许多工程为了减少层高争取有较大净高、减少土方及水浮力，采用了无梁楼盖，为解决板的抗冲切，楼板设托板，顶板设反柱帽或托板加反柱帽（图4-26），这种结构形式综合经济效益是比较好的。

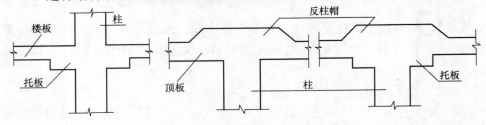

图 4-26　无梁楼盖托板、反柱帽

(5) 地下停车库的基础由于 2 层车库或埋深较大时，如果采用满堂筏形基础，基底压力常小于土的原生压力，当与楼房连成整体或紧靠一起不设沉降缝，车库与楼房之间地基的差异沉降是显而易见的。为解决好差异沉降，处理的措施见本章【禁忌 29】。

(6) 楼房与地下停车库连成整体时，地下停车库实为楼房基础的一部分。地下停车库结构可以不考虑抗震设计，但为了保证楼房基础底盘的整体性和刚度，在地下车库内除了车道、防火分隔墙、楼梯间、通风竖井的钢筋混凝土墙以外，宜设置一定数量的纵横向钢筋混凝土构造墙。

（7）当地下停车库紧靠楼房地下室而设双墙有永久缝分开时，缝隙宽度应考虑施工拆模板、防水层操作等需要。为保证楼房地下室有侧向约束，在缝隙内采用粗砂填实。

3. 独立柱基抗水板可按倒无梁楼盖进行计算。抗水板的配筋应取下列荷载：向下竖向荷载包括地面做法、板自重和车库活荷载；向上竖向荷载包括水浮力，人防底板等效静荷载（如无人防不计此项）减地面做法和板自重。

柱基底面积按柱子轴力、抗水板向下竖向荷载和柱基自重确定。柱基底钢筋按柱基计算所需钢筋截面面积与抗水板向上竖向荷载柱下板带支座（有效高度按柱基考虑）所需钢筋截面面积之和。当柱基底面积较大时，基底钢筋的1/2可伸过柱中心柱距的四分之一断；当柱基底面积较小时，在柱基与抗水板交接变高度处应验算柱下板带所需钢筋截面面积。

【禁忌 28】 不重视地下室基础有高差时的处理

【正】 在工程设计中，因为地形高低错落，沿坡建房，或地下室使用功能的要求层数不等，形成如图 4-27 所示情况。

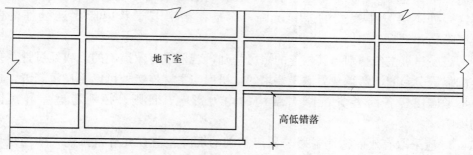

图 4-27　地下室基底有高低

此类工程设计中需注意以下几点：

（1）高的地下室基底压力，应作为地面活载一样对低的地下室外墙产生侧压力，连同土压、水压及人防等效静载计算低的地下室外墙内力；

（2）施工时一般低的地下室先挖土，靠高的地下室一侧放坡，待低的地下室结构施工到与高的部分基底标高时，采用低强度混凝土、灰土回填肥槽，此时回填材料应有足够的密实性，其承载力不能低于高的地下室基底土的承载力。也可不采取放坡方式，采用护坡桩方案，这种处理一般造价比放坡高，如果考虑工期等因素可进行综合比较。采用护坡桩时，在桩顶与高的地下室基底之间应设褥垫层（厚度250～300mm,宜用中砂、粗砂、级配砂石或碎石等，最大粒径不宜大于 30mm）；

（3）高、低两部分地下室，相互间基础的差异沉降应满足规范的允许值。

多、高层主楼与相邻裙房或地下车库之间的基础设置沉降缝或沉降后浇带认为就能解决相互间差异沉降

【正】 1. 在大、中城市的写字楼、商住综合楼及住宅建筑中，为解决有足够的汽车停放位置，需要设置地下停车库。当主楼及部分裙房占地面积较大时，在建筑物下设多层地下室，将部分用做停车库，这是常见的第一种地下汽车库形式。现在一些住宅小区和商住综合楼楼群中，为了有较好的生活环境，建筑物之间设有庭院绿化，利用地下空间设置1至2层停车库，并与楼房连通，这是近十年来出现的第二种地下汽车库形式。

目前在许多工程中地下部分连成一片，长达 200～400m，宽 100m 以上，不设伸缩缝或沉降缝，地上多幢建筑为独立或防震缝（伸缩缝）分开。

2.《高规》12.1.9 条的条文说明中指出，带裙房的高层建筑，现在全国各地应用较普遍，高层主楼与裙房之间根据使用功能要求多数不设永久缝。我国从 20 世纪 80 年代初以来，对多栋带有裙房的高层建筑沉降观测表明：地基沉降曲线在高低层连接处是连续的，不会出现突变。高层主楼地基下沉，由于土的剪切传递，高层主楼以外的地基随之下沉，其影响范围随土质而异。因此，裙房与主楼连接处不会发生突变的差异沉降，而是在裙房若干跨内产生连续性的差异沉降。

高层建筑主楼基础与其相连的裙房基础，若采取有效措施的，或经过计算差异沉降量引起的抗弯承载力满足要求的，裙房与主楼连接处可以不设沉降缝，也可不考虑裙房各跨差异沉降对结构的内力影响。否则，必须考虑差异沉降的影响。

3. 应采取有效措施使主楼与裙房基础的沉降差值在允许范围内，或通过计算确定差异沉降产生的基础及上部结构的内力和配筋时，可以不设置沉降缝。

减少高层主楼基础沉降可采取下列措施：

（1）地基持力层应选择压缩性较低的土层，其厚度不宜小于 4m，并且无软弱下卧层；

（2）适当扩大基础底面面积，以减少基础底面单位面积上的压力；

（3）当地基持力层为压缩性较高的土层时，可采取高层建筑的基础采用桩基础或复合地基，裙房为天然地基的方法，或高层主楼与裙房采用不同直径、长度的桩基础，以减少沉降差。

为使裙房基础沉降量接近主楼基础沉降值，可采取下列措施：

（1）裙房基础埋置在与高层主楼基础不同的土层，使裙房基底持力层土的压缩性大于高层主楼基底持力层土的压缩性；

（2）裙房采用天然地基，高层主楼采用桩基础或复合地基；

（3）裙房基础应尽可能减小基础底面面积，不宜采用满堂基础，以柱下单独基础或条形基础为宜，并考虑主楼基底压力的影响。

4. 当裙房地下室需要有防水时，地面可采用抗水板做法，柱基之间设梁支承抗水板或无梁平板，在抗水板下铺设一定厚度的易压缩材料，如泡沫聚苯板或干焦砟等，使之避免因柱基或条形梁基础沉降时抗水板成为满堂底板。易压缩材料的厚度可根据基础最终沉降值估计。抗水板上皮至基底的距离宜不小于1m，抗水板下原有土层不应夯实处理，当压缩性低的土层可刨松200mm（图4-28）。

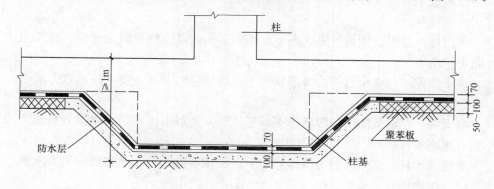

图 4-28　独立柱基抗水板

【禁忌 30】　不了解桩基的设计要点

【正】　1. 桩基的详细勘察除应满足现行国家标准《岩土工程勘察规范》GB 50021 的有关要求外，尚应满足下列要求：

（1）勘探点间距：

1）对于端承型桩（含嵌岩桩）：主要根据桩端持力层顶面坡度决定，宜为12～24m。当相邻两个勘察点揭露出的桩端持力层层面坡度大于10%或持力层起伏较大、地层分布复杂时，应根据具体工程条件适当加密勘探点。

2）对于摩擦型桩：宜按 20～35m 布置勘探孔，但遇到土层的性质或状态在水平方向分布变化较大，或存在可能影响成桩的土层时，应适当加密勘探点。

3）复杂地质条件下的柱下单桩基础应按柱列线布置勘探点，并宜每桩设一勘探点。

（2）勘探深度：

1）宜布置 1/3～1/2 的勘探孔为控制性孔。对于设计等级为甲级的建筑桩基，至少应布置 3 个控制性孔；设计等级为乙级的建筑桩基，至少应布置 2 个控制性孔。控制性孔应穿透桩端平面以下压缩层厚度；一般性勘探孔应深入预计桩端平面以下 3～5 倍桩身设计直径，且不得小于 3m；对于大直径桩，不得小于 5m。

2）嵌岩桩的控制性钻孔应深入预计桩端平面以下不小于 3～5 倍桩身设计直

径，一般性钻孔应深入预计桩端平面以下不小于 1～3 倍桩身设计直径。当持力层较薄时，应有部分钻孔钻穿持力岩层。在岩溶、断层破碎带地区，应查明溶洞、溶沟、溶槽、石笋等的分布情况，钻孔应钻穿溶洞或断层破碎带进入稳定土层，进入深度应满足上述控制性钻孔和一般性钻孔的要求。

2. 桩的分类根据《建筑桩基技术规范》JGJ 94—2008（简称《桩基规范》）规定：

（1）按承载性状分类：

1）摩擦型桩：

摩擦桩：在承载能力极限状态下，桩顶竖向荷载由桩侧阻力承受，桩端阻力小到可忽略不计；

端承摩擦桩：在承载能力极限状态下，桩顶竖向荷载主要由桩侧阻力承受。

2）端承型桩：

端承桩：在承载能力极限状态下，桩顶竖向荷载由桩端阻力承受，桩侧阻力小到可忽略不计；

摩擦端承桩：在承载能力极限状态下，桩顶竖向荷载主要由桩端阻力承受。

（2）按成桩方法分类：

1）非挤土桩：干作业法钻（挖）孔灌注桩、泥浆护壁法钻（挖）孔灌注桩、套管护壁法钻（挖）孔灌注桩；

2）部分挤土桩：冲孔灌注桩、钻孔挤扩灌注桩、搅拌劲芯桩、预钻孔打入（静压）预制桩、打入（静压）式敞口钢管桩、敞口预应力混凝土空心桩和 H 型钢桩；

3）挤土桩：沉管灌注桩、沉管夯（挤）扩灌注桩、打入（静压）预制桩、闭口预应力混凝土空心桩和闭口钢管桩。

（3）按桩径（设计直径 d）大小分类：

1）小直径桩：$d \leqslant 250$mm；

2）中等直径桩：250mm$< d < 800$mm；

3）大直径桩：$d \geqslant 800$mm。

3. 多、高层建筑应根据结构类型、荷载性质、桩的使用功能、穿越土层、桩端持力层土类、地下水位、施工设备、施工环境、施工经验、制桩材料供应条件等，选择经济合理、安全适用的桩型和成桩工艺。选择桩型时可参考《桩基规范》附录 A。

（1）对于框架-核心筒等荷载分布很不均匀的桩筏基础，宜选择基桩尺寸和承载力可调性较大的桩型和工艺。

（2）挤土沉管灌注桩用于淤泥和淤泥质土层时，应局限于多层住宅桩基。

（3）抗震设防烈度为 8 度及以上地区，不宜采用预应力混凝土管桩（PC）

和预应力混凝土空心方桩（PS）。

4. 基桩的布置应符合下列条件：

（1）基桩的最小中心距应符合表 4-11 的规定；当施工中采取减小挤土效应的可靠措施时，可根据当地经验适当减小。

基桩的最小中心距 表 4-11

土类与成桩工艺		排数不少于 3 排且桩数不少于 9 根的摩擦型桩桩基	其他情况
非挤土灌注桩		3.0d	3.0d
部分挤土桩	非饱和土、饱和非黏性土	3.5d	3.0d
	饱和黏性土	4.0d	3.5d
挤土桩	非饱和土、饱和非黏性土	4.0d	3.5d
	饱和黏性土	4.5d	4.0d
钻、挖孔扩底桩		2D 或 D＋2.0m（当 D＞2m）	1.5D 或 D＋1.5m（当 D＞2m）
沉管夯扩、钻孔挤扩桩	非饱和土、饱和非黏性土	2.2D 且 4.0d	2.0D 且 3.5d
	饱和黏性土	2.5D 且 4.5d	2.2D 且 4.0d

注：1. d——圆桩设计直径或方桩设计边长，D——扩大端设计直径；

2. 当纵横向桩距不相等时，其最小中心距应满足"其他情况"一栏的规定；

3. 当为端承桩时，非挤土灌注桩的"其他情况"一栏可减小至 2.5d。

（2）排列基桩时，宜使桩群承载力合力点与竖向永久荷载合力作用点重合，并使基桩受水平力和力矩较大方向有较大抗弯截面模量。

（3）对于桩箱基础、剪力墙结构桩筏（含平板和梁板式承台）基础，宜将桩布置于墙下。

（4）对于框架-核心筒结构桩筏基础应按荷载分布考虑相互影响，将桩相对集中布置于核心筒和柱下；外围框架柱宜采用复合桩基，有合适桩端持力层时，桩长宜减小。

（5）应选择较硬土层作为桩端持力层。桩端全断面进入持力层的深度，对于黏性土、粉土不宜小于 2d，砂土不宜小于 1.5d，碎石类土不宜小于 1d。当存在软弱下卧层时，桩端以下硬持力层厚度不宜小于 3d。

（6）对于嵌岩桩，嵌岩深度应综合荷载、上覆土层、基岩、桩径、桩长诸因素确定；对于嵌入倾斜的完整和较完整岩的全断面深度不宜小于 0.4d 且不小于 0.5m，倾斜度大于 30％的中风化岩，宜根据倾斜度及岩石完整性适当加大嵌岩深度；对于嵌入平整、完整的坚硬岩和较硬岩的深度不宜小于 0.2d，且不应小于 0.2m。

5. 抗震设防区桩基的设计原则应符合下列规定：

（1）桩进入液化土层以下稳定土层的长度（不包括桩尖部分）应按计算确

定；对于碎石土，砾、粗、中砂，密实粉土，坚硬黏性土尚不应小于$(2\sim3)d$，对其他非岩石土尚不宜小于$(4\sim5)d$；

（2）承台和地下室侧墙周围应采用灰土、级配砂石、压实性较好的素土回填，并分层夯实，也可采用素混凝土回填；

（3）当承台周围为可液化土或地基承载力特征值小于40kPa（或不排水抗剪强度小于15kPa）的软土，且桩基水平承载力不满足计算要求时，可将承台外每侧1/2承台边长范围内的土进行加固；

（4）对于存在液化扩展的地段，应验算桩基在土流动的侧向作用力下的稳定性。

6. 桩基结构的耐久性应根据设计使用年限、现行国家标准《混凝土结构设计规范》GB 50010 的环境类别规定以及水、土对钢、混凝土腐蚀性的评价进行设计。

（1）二类和三类环境中，设计使用年限为 50 年的桩基结构混凝土耐久性应符合表 4-12 的规定。

二类和三类环境桩基结构混凝土耐久性的基本要求　　　　　　表 4-12

环境类别		最大水灰比	最小水泥用量（kg/m³）	混凝土最低强度等级	最大氯离子含量（％）	最大碱含量（kg/m³）
二	a	0.60	250	C25	0.3	3.0
	b	0.55	275	C30	0.2	3.0
三		0.50	300	C30	0.1	3.0

注：1. 氯离子含量系指其与水泥用量的百分率；

2. 预应力构件混凝土中最大氯离子含量为 0.06％，最小水泥用量为300kg/m³；混凝土最低强度等级应按表中规定提高两个等级；

3. 当混凝土中加入活性掺合料或能提高耐久性的外加剂时，可适当降低最小水泥用量；

4. 当使用非碱活性骨料时，对混凝土中碱含量不作限制；

5. 当有可靠工程经验时，表中混凝土最低强度等级可降低一个等级。

（2）桩身裂缝控制等级及最大裂缝宽度应根据环境类别和水、土介质腐蚀性等级按表 4-13 规定选用。

桩身的裂缝控制等级及最大裂缝宽度限值　　　　　　表 4-13

环境类别		钢筋混凝土桩		预应力混凝土桩	
		裂缝控制等级	w_{lim}（mm）	裂缝控制等级	w_{lim}（mm）
二	a	三	0.2(0.3)	二	0
	b	三	0.2	二	0
三		三	0.2	一	0

注：1. 水、土为强、中腐蚀性时，抗拔桩裂缝控制等级应提高一级；

2. 二 a 类环境中，位于稳定地下水位以下的基桩，其最大裂缝宽度限值可采用括弧中的数值。

7. 抗拔桩基的设计原则应符合下列规定：

（1）应根据环境类别及水、土对钢筋的腐蚀、钢筋种类对腐蚀的敏感性和荷载作用时间等因素确定抗拔桩的裂缝控制等级；

（2）对于严格要求不出现裂缝的一级裂缝控制等级，桩身应设置预应力筋；对于一般要求不出现裂缝的二级裂缝控制等级，桩身宜设置预应力筋；

（3）对于三级裂缝控制等级，应进行桩身裂缝宽度计算；

（4）当基桩抗拔承载力要求较高时，可采用桩侧后注浆、扩底等技术措施。

【禁忌31】 不熟悉桩基的计算

【正】 1. 桩顶作用效应计算

（1）对于一般建筑物和受水平力（包括力矩与水平剪力）较小的高层建筑群桩基础，应按下列公式计算柱、墙、核心筒群桩中基桩或复合基桩的桩顶作用效应：

①竖向力

轴心竖向力作用下

$$N_k = \frac{F_k + G_k}{n}$$

偏心竖向力作用下

$$N_{ik} = \frac{F_k + G_k}{n} \pm \frac{M_{xk} y_i}{\sum y_j^2} \pm \frac{M_{yk} x_i}{\sum x_j^2}$$

②水平力

$$H_{ik} = \frac{H_k}{n}$$

式中　　　F_k ——荷载效应标准组合下，作用于承台顶面的竖向力；

G_k ——桩基承台和承台上土自重标准值，对稳定的地下水位以下部分应扣除水的浮力；

N_k ——荷载效应标准组合轴心竖向力作用下，基桩或复合基桩的平均竖向力；

N_{ik} ——荷载效应标准组合偏心竖向力作用下，第 i 基桩或复合基桩的竖向力；

M_{xk}、M_{yk} ——荷载效应标准组合下，作用于承台底面，绕通过桩群形心的 x、y 主轴的力矩；

x_i、x_j、y_i、y_j ——第 i、j 基桩或复合基桩至 y、x 轴的距离；

H_k ——荷载效应标准组合下，作用于桩基承台底面的水平力；

H_{ik} ——荷载效应标准组合下，作用于第 i 基桩或复合基桩的水平力；

n ——桩基中的桩数。

（2）对于主要承受竖向荷载的抗震设防区低承台桩基，在同时满足下列条件时，桩顶作用效应计算可不考虑地震作用：

①按《抗震规范》规定可不进行桩基抗震承载力验算的建筑物；

②建筑场地位于建筑抗震的有利地段。

（3）属于下列情况之一的桩基，计算各基桩的作用效应、桩身内力和位移时，宜考虑承台（包括地下墙体）与基桩协同工作和土的弹性抗力作用，其计算方法可按《桩基规范》附录 C 进行：

①位于 8 度和 8 度以上抗震设防区的建筑，当其桩基承台刚度较大或由于上部结构与承台协同作用能增强承台的刚度时；

②其他受较大水平力的桩基。

2. 桩基竖向承载力计算

（1）桩基竖向承载力计算应符合下列要求：

①荷载效应标准组合：

轴心竖向力作用下

$$N_k \leqslant R$$

偏心竖向力作用下，除满足上式外，尚应满足下式的要求：

$$N_{kmax} \leqslant 1.2R$$

②地震作用效应和荷载效应标准组合：

轴心竖向力作用下

$$N_{Ek} \leqslant 1.25R$$

偏心竖向力作用下，除满足上式外，尚应满足下式的要求：

$$N_{Ekmax} \leqslant 1.5R$$

式中　N_k——荷载效应标准组合轴心竖向力作用下，基桩或复合基桩的平均竖向力；

N_{kmax}——荷载效应标准组合偏心竖向力作用下，桩顶最大竖向力；

N_{Ek}——地震作用效应和荷载效应标准组合下，基桩或复合基桩的平均竖向力；

N_{Ekmax}——地震作用效应和荷载效应标准组合下，基桩或复合基桩的最大竖向力；

R——基桩或复合基桩竖向承载力特征值。

（2）单桩竖向承载力特征值 R_a 应按下式确定：

$$R_a = \frac{1}{K} Q_{uk}$$

式中　Q_{uk}——单桩竖向极限承载力标准值；

K——安全系数，取 $K=2$。

（3）对于端承型桩基、桩数少于 4 根的摩擦型柱下独立桩基、或由于地层土性、使用条件等因素不宜考虑承台效应时，基桩竖向承载力特征值应取单桩竖向承载力特征值。

（4）对于符合下列条件之一的摩擦型桩基，宜考虑承台效应确定其复合基桩的竖向承载力特征值：

①上部结构整体刚度较好、体型简单的建（构）筑物；

②对差异沉降适应性较强的排架结构和柔性构筑物；

③按变刚度调平原则设计的桩基刚度相对弱化区；

④软土地基的减沉复合疏桩基础。

（5）考虑承台效应的复合基桩竖向承载力特征值可按下列公式确定：

不考虑地震作用时
$$R = R_a + \eta_c f_{ak} A_c$$

考虑地震作用时
$$R = R_a + \frac{\zeta_a}{1.25} \eta_c f_{ak} A_c$$

$$A_c = (A - n A_{ps})/n$$

式中　　η_c ——承台效应系数，可按表 4-14 取值；

f_{ak} ——承台下 1/2 承台宽度且不超过 5m 深度范围内各层土的地基承载力特征值按厚度加权的平均值；

A_c ——计算基桩所对应的承台底净面积；

A_{ps} ——桩身截面面积；

A ——承台计算域面积对于柱下独立桩基，A 为承台总面积；对于桩筏基础，A 为柱、墙筏板的 1/2 跨距和悬臂边 2.5 倍筏板厚度所围成的面积；桩集中布置于单片墙下的桩筏基础，取墙两边各 1/2 跨距围成的面积，按条形承台计算 η_c；

ζ_a ——地基抗震承载力调整系数，应按《抗震规范》采用。

当承台底为可液化土、湿陷性土、高灵敏度软土、欠固结土、新填土时，沉桩引起超孔隙水压力和土体隆起时，不考虑承台效应，取 $\eta_c = 0$。

承台效应系数 η_c 　　　　　　　　　表 4-14

B_c/l \ s_a/d	3	4	5	6	>6
≤0.4	0.06～0.08	0.14～0.17	0.22～0.26	0.32～0.38	0.50～0.80
0.4～0.8	0.08～0.10	0.17～0.20	0.26～0.30	0.38～0.44	
>0.8	0.10～0.12	0.20～0.22	0.30～0.34	0.44～0.50	
单排桩条形承台	0.15～0.18	0.25～0.30	0.38～0.45	0.50～0.60	

注：1. 表中 s_a/d 为桩中心距与桩径之比；B_c/l 为承台宽度与桩长之比。当计算基桩为非正方形排列时，$s_a = \sqrt{A/n}$，A 为承台计算域面积，n 为总桩数；

2. 对于桩布置于墙下的箱、筏承台，η_c 可按单排桩条形承台取值；

3. 对于单排桩条形承台，当承台宽度小于 1.5d 时，η_c 按非条形承台取值；

4. 对于采用后注浆灌注桩的承台，η_c 宜取低值；

5. 对于饱和黏性土中的挤土桩基、软土地基上的桩基承台，η_c 宜取低值的 0.8 倍。

3. 单桩竖向极限承载力

（1）设计采用的单桩竖向极限承载力标准值应符合下列规定：

①设计等级为甲级的建筑桩基，应通过单桩静载试验确定；

②设计等级为乙级的建筑桩基，当地质条件简单时，可参照地质条件相同的试桩资料，结合静力触探等原位测试和经验参数综合确定；其余均应通过单桩静载试验确定；

③设计等级为丙级的建筑桩基，可根据原位测试和经验参数确定。

（2）单桩竖向极限承载力标准值、极限侧阻力标准值和极限端阻力标准值应按下列规定确定：

①单桩竖向静载试验应按现行行业标准《建筑基桩检测技术规范》JGJ 106执行；

②对于大直径端承型桩，也可通过深层平板（平板直径应与孔径一致）载荷试验确定极限端阻力；

③对于嵌岩桩，可通过直径为 0.3m 岩基平板载荷试验确定极限端阻力标准值，也可通过直径为 0.3m 嵌岩短墩载荷试验确定极限侧阻力标准值和极限端阻力标准值；

④桩的极限侧阻力标准值和极限端阻力标准值宜通过埋设桩身轴力测试元件由静载试验确定。并通过测试结果建立极限侧阻力标准值和极限端阻力标准值与土层物理指标、岩石饱和单轴抗压强度以及与静力触探等土的原位测试指标间的经验关系，以经验参数法确定单桩竖向极限承载力。

（3）当根据单桥探头静力触探资料确定混凝土预制桩单桩竖向极限承载力标准值时，如无当地经验，可按下式计算：

$$Q_{uk} = Q_{sk} + Q_{pk} = u \sum q_{sik} l_i + \alpha p_{sk} A_p$$

当 $p_{sk1} \leqslant p_{sk2}$ 时

$$p_{sk} = \frac{1}{2}(p_{sk1} + \beta \cdot p_{sk2})$$

当 $p_{sk1} > p_{sk2}$ 时

$$p_{sk} = p_{sk2}$$

式中　Q_{sk}、Q_{pk}——分别为总极限侧阻力标准值和总极限端阻力标准值；

u——桩身周长；

q_{sik}——用静力触探比贯入阻力值估算的桩周第 i 层土的极限侧阻力；

l_i——桩周第 i 层土的厚度；

α——桩端阻力修正系数，可按表 4-15 取值；

p_{sk} ——桩端附近的静力触探比贯入阻力标准值（平均值）；

A_p ——桩端面积；

p_{sk1} ——桩端全截面以上 8 倍桩径范围内的比贯入阻力平均值；

p_{sk2} ——桩端全截面以下 4 倍桩径范围内的比贯入阻力平均值，如桩端持力层为密实的砂土层，其比贯入阻力平均值超过 20MPa 时，则需乘以表 4-16 中系数 C 予以折减后，再计算 p_{sk}；

β ——折减系数，按表 4-17 选用。

桩端阻力修正系数 α 值 表 4-15

桩长（m）	$l < 15$	$15 \leqslant l \leqslant 30$	$30 < l \leqslant 60$
α	0.75	0.75~0.90	0.90

注：桩长 15m$\leqslant l \leqslant$30m，α 值按 l 值直线内插；l 为桩长（不包括桩尖高度）。

系 数 C 表 4-16

p_{sk}（MPa）	20~30	35	>40
系数 C	5/6	2/3	1/2

折减系数 β 表 4-17

p_{sk2}/p_{sk1}	$\leqslant 5$	7.5	12.5	$\geqslant 15$
β	1	5/6	2/3	1/2

注：表 4-16、表 4-17 可内插取值。

（4）当根据双桥探头静力触探资料确定混凝土预制桩单桩竖向极限承载力标准值时，对于黏性土、粉土和砂土，如无当地经验时可按下式计算：

$$Q_{uk} = Q_{sk} + Q_{pk} = u \sum l_i \cdot \beta_i \cdot f_{si} + \alpha \cdot q_c \cdot A_p$$

式中 f_{si} ——第 i 层土的探头平均侧阻力（kPa）；

q_c ——桩端平面上、下探头阻力，取桩端平面以上 $4d$（d 为桩的直径或边长）范围内按土层厚度的探头阻力加权平均值（kPa），然后再和桩端平面以下 $1d$ 范围内的探头阻力进行平均；

α ——桩端阻力修正系数，对于黏性土、粉土取 2/3，饱和砂土取 1/2；

β_i ——第 i 层土桩侧阻力综合修正系数，黏性土、粉土：$\beta_i = 10.04$ $(f_{si})^{-0.55}$；砂土：$\beta_i = 5.05 (f_{si})^{-0.45}$。

注：双桥探头的圆锥底面积为 15cm^2，锥角 60°，摩擦套筒高 21.85cm，侧面积 300cm^2。

（5）当根据土的物理指标与承载力参数之间的经验关系确定单桩竖向极限承载力标准值时，宜按下式估算：

$$Q_{uk} = Q_{sk} + Q_{pk} = u \sum q_{sik} l_i + q_{pk} A_p$$

式中 q_{sik} ——桩侧第 i 层土的极限侧阻力标准值，如无当地经验时，可按《桩基规范》表 5.3.5-1；

q_{pk} ——极限端阻力标准值，如无当地经验时，可按《桩基规范》表
5.4.5-2。

(6) 根据土的物理指标与承载力参数之间的经验关系，确定大直径桩单桩极限承载力标准值时，可按下式计算：

$$Q_{\mathrm{uk}} = Q_{\mathrm{sk}} + Q_{\mathrm{pk}} = u\sum \psi_{\mathrm{si}}q_{\mathrm{sik}}l_i + \psi_{\mathrm{p}}q_{\mathrm{pk}}A_{\mathrm{p}}$$

式中　q_{sik} ——桩侧第 i 层土极限侧阻力标准值，如无当地经验值时，可按《桩基规范》表 5.3.5-1 取值，对于扩底桩变截面以上 $2d$ 长度范围不计侧阻力；

　　　q_{pk} ——桩径为 800mm 的极限端阻力标准值，对于干作业挖孔（清底干净）可采用深层载荷板试验确定；当不能进行深层载荷板试验时，可按表 4-18 取值；

　　　ψ_{si}、ψ_{p} ——大直径桩侧阻力、端阻力尺寸效应系数，按表 4-19 取值；

　　　u ——桩身周长，当人工挖孔桩桩周护壁为振捣密实的混凝土时，桩身周长可按护壁外直径计算。

干作业挖孔桩（清底干净，$D=800\mathrm{mm}$）极限端阻力标准值 q_{pk}（kPa）　　表 4-18

土名称		状　　态		
黏性土		$0.25 < I_{\mathrm{L}}$ ≤ 0.75	$0 < I_{\mathrm{L}}$ ≤ 0.25	$I_{\mathrm{L}} \leq 0$
		$800 \sim 1800$	$1800 \sim 2400$	$2400 \sim 3000$
粉土		—	$0.75 \leq e$ ≤ 0.9	$e < 0.75$
		—	$1000 \sim 1500$	$1500 \sim 2000$
砂土、碎石类土		稍密	中密	密实
	粉砂	$500 \sim 700$	$800 \sim 1100$	$1200 \sim 2000$
	细砂	$700 \sim 1100$	$1200 \sim 1800$	$2000 \sim 2500$
	中砂	$1000 \sim 2000$	$2200 \sim 3200$	$3500 \sim 5000$
	粗砂	$1200 \sim 2200$	$2500 \sim 3500$	$4000 \sim 5500$
	砾砂	$1400 \sim 2400$	$2600 \sim 4000$	$5000 \sim 7000$
	圆砾、角砾	$1600 \sim 3000$	$3200 \sim 5000$	$6000 \sim 9000$
	卵石、碎石	$2000 \sim 3000$	$3300 \sim 5000$	$7000 \sim 11000$

注：1. 当桩进入持力层的深度 h_{b} 分别为：$h_{\mathrm{b}} \leq D$，$D < h_{\mathrm{b}} \leq 4D$，$h_{\mathrm{b}} > 4D$ 时，q_{pk} 可相应取低、中、高值；

　　2. 砂土密实度可根据标准贯击数判定，$N \leq 10$ 为松散，$10 < N \leq 15$ 为稍密，$15 < N \leq 30$ 为中密，$N > 30$ 为密实；

　　3. 当桩的长径比 $l/d \leq 8$ 时，q_{pk} 宜取较低值；

　　4. 当对沉降要求不严时，q_{pk} 可取高值。

土类型	黏性土、粉土	砂土、碎石类土
ψ_{si}	$(0.8/d)^{1/5}$	$(0.8/d)^{1/3}$
ψ_p	$(0.8/D)^{1/4}$	$(0.8/D)^{1/3}$

注：当为等直径桩时，表中 $D=d$。

（7）当根据土的物理指标与承载力参数之间的经验关系确定钢管桩单桩竖向极限承载力标准值时，可按下列公式计算：

$$Q_{uk} = Q_{sk} + Q_{pk} = u\sum q_{sik}l_i + \lambda_p q_{pk} A_p$$

当 $h_b/d < 5$ 时，$\qquad \lambda_p = 0.16 h_b/d$ （4-5）

当 $h_b/d \geqslant 5$ 时，$\qquad \lambda_p = 0.8$ （4-6）

式中　q_{sik}、q_{pk}——分别按《桩基规范》表 5.3.5-1、表 5.3.5-2 取与混凝土预制桩相同值；

$\qquad \lambda_p$——桩端土塞效应系数，对于闭口钢管桩 $\lambda_p = 1$，对于敞口钢管桩按式（4-5）、式（4-6）取值；

$\qquad h_b$——桩端进入持力层深度；

$\qquad d$——钢管桩外径。

对于带隔板的半敞口钢管桩，应以等效直径 d_e 代替 d 确定 λ_p；$d_e = d/\sqrt{n}$；其中 n 为桩端隔板分割数（见图 4-29）。

（8）当根据土的物理指标与承载力参数之间的经验关系确定敞口预应力混凝土空心桩单桩竖向极限承载力标准值时，可按下列公式计算：

$n=2 \qquad n=4 \qquad n=9$

图 4-29　隔板分割

$$Q_{uk} = Q_{sk} + Q_{pk} = u\sum q_{sik}l_i + q_{pk}(A_j + \lambda_p A_{p1})$$

当 $h_b/d_1 < 5$ 时，$\qquad \lambda_p = 0.16 h_b/d$

当 $h_b/d_1 \geqslant 5$ 时，$\qquad \lambda_p = 0.8$

式中　q_{sik}、q_{pk}——分别按《桩基规范》表 5.3.5-1、表 5.3.5-2 取与混凝土预制桩相同值；

$\qquad A_j$——空心桩桩端净面积：

$\qquad\qquad$ 管桩：$A_j = \dfrac{\pi}{4}(d^2 - d_1^2)$；

$\qquad\qquad$ 空心方桩：$A_j = b^2 - \dfrac{\pi}{4}d_1^2$；

$\qquad A_{p1}$——空心桩敞口面积：$A_{p1} = \dfrac{\pi}{4}d_1^2$；

$\qquad \lambda_p$——桩端土塞效应系数；

$\qquad d$、b——空心桩外径、边长；

d_1——空心桩内径。

（9）桩端置于完整、较完整基岩的嵌岩桩单桩竖向极限承载力，由桩周土总极限侧阻力和嵌岩段总极限阻力组成。当根据岩石单轴抗压强度确定单桩竖向极限承载力标准值时，可按下列公式计算：

$$Q_{uk} = Q_{sk} + Q_{rk}$$
$$Q_{sk} = u \sum q_{sik} l_i$$
$$Q_{rk} = \zeta_r f_{rk} A_p$$

式中　Q_{sk}、Q_{rk}——分别为土的总极限侧阻力标准值、嵌岩段总极限阻力标准值；

q_{sik}——桩周第 i 层土的极限侧阻力，无当地经验时，可根据成桩工艺按《桩基规范》表 5.3.5-1 取值；

f_{rk}——岩石饱和单轴抗压强度标准值，黏土岩取天然湿度单轴抗压强度标准值；

ζ_r——桩嵌岩段侧阻和端阻综合系数，与嵌岩深径比 h_r/d、岩石软硬程度和成桩工艺有关，可按表 4-20 采用；表中数值适用于泥浆护壁成桩，对于干作业成桩（清底干净）和泥浆护壁成桩后注浆，ζ_r 应取表列数值的 1.2 倍。

桩嵌岩段侧阻和端阻综合系数 ζ_r　　　　　　　　表 4-20

嵌岩深径比 h_r/d	0	0.5	1.0	2.0	3.0	4.0	5.0	6.0	7.0	8.0
极软岩、软岩	0.60	0.80	0.95	1.18	1.35	1.48	1.57	1.63	1.66	1.70
较硬岩、坚硬岩	0.45	0.65	0.81	0.90	1.00	1.04	—	—	—	—

注：1. 极软岩、软岩指 $f_{rk} \leqslant 15\text{MPa}$，较硬岩、坚硬岩指 $f_{rk} > 30\text{MPa}$，介于二者之间可内插取值；

2. h_r 为桩身嵌岩深度，当岩面倾斜时，以坡下方嵌岩深度为准；当 h_r/d 为非表列值时，ζ_r 可内插取值。

（10）后注浆灌注桩的单桩极限承载力，应通过静载试验确定。在符合《桩基规范》6.7 节后注浆技术实施规定的条件下，其后注浆单桩极限承载力标准值可按下式估算：

$$Q_{uk} = Q_{sk} + Q_{gsk} + Q_{gpk} = u \sum q_{sjk} l_j + u \sum \beta_{si} q_{sik} l_{gi} + \beta_p q_{pk} A_p$$

式中　Q_{sk}——后注浆非竖向增强段的总极限侧阻力标准值；

Q_{gsk}——后注浆竖向增强段的总极限侧阻力标准值；

Q_{gpk}——后注浆总极限端阻力标准值；

u——桩身周长；

l_j——后注浆非竖向增强段第 j 层土厚度；

l_{gi}——后注浆竖向增强段内第 i 层土厚度；对于泥浆护壁成孔灌注桩，当为单一桩端后注浆时，竖向增强段为桩端以上 12m；当为桩端、桩侧复式注浆时，竖向增强段为桩端以上 12m 及各桩侧注浆断面以上 12m，重叠部分应扣除；对于干作业灌注桩，竖向增强段为桩端以上、桩侧注浆断面上下各 6m；

q_{sik}、q_{sjk}、q_{pk} ——分别为后注浆竖向增强段第 i 土层初始极限侧阻力标准值、非竖向增强段第 j 土层初始极限侧阻力标准值、初始极限端阻力标准值；

β_{si}、β_p ——分别为后注浆侧阻力、端阻力增强系数，无当地经验时，可按表 4-21 取值。对于桩径大于 800mm 的桩，应按表 4-19 进行侧阻和端阻尺寸效应修正。

后注浆侧阻力增强系数 β_{si}，端阻力增强系数 β_p 表 4-21

土层名称	淤泥淤泥质土	黏性土粉土	粉砂细砂	中砂	粗砂砾砂	砾石卵石	全风化岩强风化岩
β_{si}	1.2~1.3	1.4~1.8	1.6~2.0	1.7~2.1	2.0~2.5	2.4~3.0	1.4~1.8
β_p	—	2.2~2.5	2.4~2.8	2.6~3.0	3.0~3.5	3.2~4.0	2.0~2.4

注：干作业钻、挖孔桩，β_p 按表列值乘以小于 1.0 的折减系数。当桩端持力层为黏性土或粉土时，折减系数取 0.6；为砂土或碎石土时，取 0.8。

（11）后注浆钢导管注浆后可等效替代纵向主筋。

4. 承受拔力的桩基

应按下列公式同时验算群桩基础呈整体破坏和呈非整体破坏时基桩的抗拔承载力：

$$N_k \leqslant T_{gk}/2 + G_{gp}$$
$$N_k \leqslant T_{uk}/2 + G_p$$

式中　N_k ——按荷载效应标准组合计算的基桩拔力；

T_{gk} ——群桩呈整体破坏时基桩的抗拔极限承载力标准值，可按下述 5 条（2）中②确定；

T_{uk} ——群桩呈非整体破坏时基桩的抗拔极限承载力标准值，可按下述 5 条（2）中①确定；

G_{gp} ——群桩基础所包围体积的桩土总自重除以总桩数，地下水位以下取浮重度；

G_p ——基桩自重，地下水位以下取浮重度，对于扩底桩应按表 4-22 确定桩、土柱体周长，计算桩、土自重。

5. 群桩基础及其基桩的抗拔极限承载力的确定

应符合下列规定：

（1）对于设计等级为甲级和乙级建筑的桩基，基桩的抗拔极限承载力应通过现场单桩上拔静载荷试验确定。单桩上拔静载荷试验及抗拔极限承载力标准值取值可按现行行业标准《建筑基桩检测技术规范》JGJ 106 进行。

（2）如无当地经验时，群桩基础及设计等级为丙级建筑桩基，基桩的抗拔极限载力取值可按下列规定计算：

①群桩呈非整体破坏时，基桩的抗拔极限承载力标准值可按下式计算：

$$T_{uk} = \sum \lambda_i q_{sik} u_i l_i$$

式中　　T_{uk}——基桩抗拔极限承载力标准值；

　　　　u_i——桩身周长，对于等直径桩取 $u = \pi d$；对于扩底桩按表 4-22 取值；

　　　　q_{sik}——桩侧表面第 i 层土的抗压极限侧阻力标准值，可按《桩基规范》表 5.3.5-1 取值；

　　　　λ_i——抗拔系数，可按表 4-23 取值。

扩底桩破坏表面周长 u_i　　　　　　　　　　　　　　　表 4-22

自桩底起算的长度 l_i	$\leqslant (4 \sim 10)d$	$> (4 \sim 10)d$
u_i	πD	πd

注：l_i 对于软土取低值，对于卵石、砾石取高值；l_i 取值按内摩擦角增大而增加。

抗拔系数 λ　　　　　　　　　　　　　　　　　表 4-23

土　类	λ　值
砂土	$0.50 \sim 0.70$
黏性土、粉土	$0.70 \sim 0.80$

注：桩长 l 与桩径 d 之比小于 20 时，λ 取小值。

②群桩呈整体破坏时，基桩的抗拔极限承载力标准值可按下式计算：

$$T_{gk} = \frac{1}{n} u_l \sum \lambda_i q_{sik} l_i$$

式中　　u_l——桩群外围周长。

（3）季节性冻土上轻型建筑的短桩基础，应按下列公式验算其抗冻拔稳定性：

$$\eta_f q_f u z_0 \leqslant T_{gk}/2 + N_G + G_{gp}$$

$$\eta_f q_f u z_0 \leqslant T_{uk}/2 + N_G + G_p$$

式中　　η_f——冻深影响系数，按表 4-24 采用；

　　　　q_f——切向冻胀力，按表 4-25 采用；

　　　　z_0——季节性冻土的标准冻深；

　　　　T_{gk}——标准冻深线以下群桩呈整体破坏时基桩抗拔极限承载力标准值，可按本条（2）中②确定；

　　　　T_{uk}——标准冻深线以下单桩抗拔极限承载力标准值，可按本条（2）中①确定；

　　　　N_G——基桩承受的桩承台底面以上建筑物自重、承台及其上土重标准值。

标准冻深（m）	$z_0 \leqslant 2.0$	$2.0 < z_0 \leqslant 3.0$	$z_0 > 3.0$
η_f	1.0	0.9	0.8

切向冻胀力 q_f（kPa）值   表 4-25

土 类 \ 冻胀性分类	弱冻胀	冻胀	强冻胀	特强冻胀
黏性土、粉土	30～60	60～80	80～120	120～150
砂土、砾（碎）石 （黏、粉粒含量>15%）	<10	20～30	40～80	90～200

注：1. 表面粗糙的灌注桩，表中数值应乘以系数1.1～1.3；

    2. 本表不适用于含盐量大于 0.5% 的冻土。

6. 桩身承载力与裂缝控制计算

（1）桩身应进行承载力和裂缝控制计算。计算时应考虑桩身材料强度、成桩工艺、吊运与沉桩、约束条件、环境类别等因素，除按本节有关规定执行外，尚应符合《混凝土规范》、《钢结构规范》和《抗震规范》的有关规定。

（2）钢筋混凝土轴心受压桩正截面受压承载力应符合下列规定：

① 当桩顶以下 $5d$ 范围的桩身螺旋式箍筋间距不大于 100mm，且符合第 7 条规定时：

$$N \leqslant \psi_c f_c A_{ps} + 0.9 f'_y A'_s \tag{4-7}$$

② 当桩身配筋不符合上述 1 款规定时：

$$N \leqslant \psi_c f_c A_{ps} \tag{4-8}$$

式中 N ——荷载效应基本组合下的桩顶轴向压力设计值；

       ψ_c ——基桩成桩工艺系数，按《桩基规范》第 5.8.3 条规定取值；

       f_c ——混凝土轴心抗压强度设计值；

       f'_y ——纵向主筋抗压强度设计值；

       A'_s ——纵向主筋截面面积。

（3）基桩成桩工艺系数 ψ_c 应按下列规定取值：

① 混凝土预制桩、预应力混凝土空心桩：$\psi_c = 0.85$；

② 干作业非挤土灌注桩：$\psi_c = 0.90$；

③ 泥浆护壁和套管护壁非挤土灌注桩、部分挤土灌注桩、挤土灌注桩：$\psi_c = 0.7 \sim 0.8$；

④ 软土地区挤土灌注桩：$\psi_c = 0.6$。

（4）计算轴心受压混凝土桩正截面受压承载力时，一般取稳定系数 $\varphi = 1.0$。对于高承台基桩、桩身穿越可液化土或不排水抗剪强度小于 10kPa 的软弱土层的基桩，应考虑压屈影响，可按式（4-7）、式（4-8）计算所得桩身正截面受压承载力乘以 φ 折减。其稳定系数 φ 可根据桩身压屈计算长度 l_c 和桩的设计直径 d（或矩形桩短边尺寸 b）确定。桩身压屈计算长度可根据桩顶的约束情况、桩身露出地面的自由长度 l_0、桩的入土长度 h、桩侧和桩底的土质条件按表 4-26 确定。桩的稳定系数 φ 可按表 4-27 确定。

桩身压屈计算长度 l_c 表 4-26

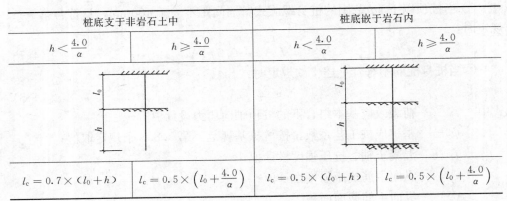

桩 顶 铰 接			
桩底支于非岩石土中		桩底嵌于岩石内	
$h < \dfrac{4.0}{\alpha}$	$h \geqslant \dfrac{4.0}{\alpha}$	$h < \dfrac{4.0}{\alpha}$	$h \geqslant \dfrac{4.0}{\alpha}$
$l_c = 1.0 \times (l_0 + h)$	$l_c = 0.7 \times \left(l_0 + \dfrac{4.0}{\alpha}\right)$	$l_c = 0.7 \times (l_0 + h)$	$l_c = 0.7 \times \left(l_0 + \dfrac{4.0}{\alpha}\right)$
桩 顶 固 接			
桩底支于非岩石土中		桩底嵌于岩石内	
$h < \dfrac{4.0}{\alpha}$	$h \geqslant \dfrac{4.0}{\alpha}$	$h < \dfrac{4.0}{\alpha}$	$h \geqslant \dfrac{4.0}{\alpha}$
$l_c = 0.7 \times (l_0 + h)$	$l_c = 0.5 \times \left(l_0 + \dfrac{4.0}{\alpha}\right)$	$l_c = 0.5 \times (l_0 + h)$	$l_c = 0.5 \times \left(l_0 + \dfrac{4.0}{\alpha}\right)$

注：1. 表中 $\alpha = \sqrt[5]{\dfrac{mb_0}{EI}}$；

2. l_0 为高承台基桩露出地面的长度，对于低承台桩基，$l_0 = 0$；

3. h 为桩的入土长度，当桩侧有厚度为 d_l 的液化土层时，桩露出地面长度 l_0 和桩的入土长度 h 分别调整为，$l'_0 = l_0 + \psi_l d_l$，$h' = h - \psi_l d_l$，ψ_l 按《桩基规范》表 5.3.12 取值。

桩身稳定系数 φ 表 4-27

l_c/d	≤7	8.5	10.5	12	14	15.5	17	19	21	22.5	24
l_c/b	≤8	10	12	14	16	18	20	22	24	26	28
φ	1.00	0.98	0.95	0.92	0.87	0.81	0.75	0.70	0.65	0.60	0.56

l_c/d	26	28	29.5	31	33	34.5	36.5	38	40	41.5	43
l_c/b	30	32	34	36	38	40	42	44	46	48	50
φ	0.52	0.48	0.44	0.40	0.36	0.32	0.29	0.26	0.23	0.21	0.19

注：b 为矩形桩短边尺寸，d 为桩直径。

（5）计算偏心受压混凝土桩正截面受压承载力时，可不考虑偏心距的增大影响，但对于高承台基桩、桩身穿越可液化土或不排水抗剪强度小于 10kPa 的软弱土层的基桩，应考虑桩身在弯矩作用平面内的挠曲对轴向力偏心距的影响，应将轴向力对截面重心的初始偏心矩 e_i 乘以偏心矩增大系数 η，偏心距增大系数 η 的具体计算方法可按《混凝土规范》执行。

（6）对于打入式钢管桩，可按以下规定验算桩身局部压屈：

① 当 $t/d = \frac{1}{50} \sim \frac{1}{80}$，$d \leqslant 600mm$，最大锤击压应力小于钢材强度设计值时，可不进行局部压屈验算；

② 当 $d > 600mm$，可按下式验算：

$$t/d \geqslant f_y'/0.388E$$

③ 当 $d \geqslant 900mm$，尚应按下式验算：

$$t/d \geqslant \sqrt{f_y'/14.5E}$$

式中　t、d——钢管桩壁厚、外径；

　　　E、f_y'——钢材弹性模量、抗压强度设计值。

（7）钢筋混凝土轴心抗拔桩的正截面受拉承载力应符合下式规定：

$$N \leqslant f_y A_s + f_{py} A_{py}$$

式中　N——荷载效应基本组合下桩顶轴向拉力设计值；

　　f_y、f_{py}——普通钢筋、预应力钢筋的抗拉强度设计值；

　　A_s、A_{py}——普通钢筋、预应力钢筋的截面面积。

（8）对于抗拔桩的裂缝控制计算应符合下列规定：

① 对于严格要求不出现裂缝的一级裂缝控制等级预应力混凝土基桩，在荷载效应标准组合下混凝土不应产生拉应力，应符合下式要求：

$$\sigma_{ck} - \sigma_{pc} \leqslant 0$$

② 对于一般要求不出现裂缝的二级裂缝控制等级预应力混凝土基桩，在荷载效应标准组合下的拉应力不应大于混凝土轴心受拉强度标准值，应符合下列公式要求：

在荷载效应标准组合下：$\sigma_{ck} - \sigma_{pc} \leqslant f_{tk}$

在荷载效应准永久组合下：$\sigma_{cq} - \sigma_{pc} \leqslant 0$

③ 对于允许出现裂缝的三级裂缝控制等级基桩，按荷载效应标准组合计算

的最大裂缝宽度应符合下列规定：

$$w_{max} \leqslant w_{lim}$$

式中　　σ_{ck}、σ_{cq}——荷载效应标准组合、准永久组合下正截面法向应力；

　　　　σ_{pc}——扣除全部应力损失后，桩身混凝土的预应力；

　　　　f_{tk}——混凝土轴心抗拉强度标准值；

　　　　w_{max}——按荷载效应标准组合计算的最大裂缝宽度，可按《混凝土规范》计算；

　　　　w_{lim}——最大裂缝宽度限值，按本章表 4-13 取用。

(9) 当考虑地震作用验算桩身抗拔承载力时，应根据《抗震规范》的规定，对作用于桩顶的地震作用效应进行调整。

(10) 对于受水平荷载和地震作用的桩，其桩身受弯承载力和受剪承载力的验算应符合下列规定：

① 对于桩顶固端的桩，应验算桩顶正截面弯矩；对于桩顶自由或铰接的桩，应验算桩身最大弯矩截面处的正截面弯矩；

② 应验算桩顶斜截面的受剪承载力；

③ 桩身所承受最大弯矩和水平剪力的计算，可按《桩基规范》附录 C 计算；

④ 桩身正截面受弯承载力和斜截面受剪承载力，应按《混凝土规范》执行；

⑤ 当考虑地震作用验算桩身正截面受弯和斜截面受剪承载力时，应根据《抗震规范》的规定，对作用于桩顶的地震作用效应进行调整。

【禁忌 32】　不熟悉桩基的构造

【正】　1. 灌注桩

(1) 灌注桩应按下列规定配筋：

1) 配筋率：当桩身直径为 300～2000mm 时，正截面配筋率可取 0.65%～0.2%（小直径桩取高值）；对受荷载特别大的桩、抗拔桩和嵌岩端承桩应根据计算确定配筋率，并不应小于上述规定值；

2) 配筋长度：

① 端承型桩和位于坡地、岸边的基桩应沿桩身等截面或变截面通长配筋；

② 摩擦型灌注桩配筋长度不应小于 2/3 桩长；当受水平荷载时，配筋长度尚不宜小于 $4.0/\alpha$（α 为桩的水平变形系数）；

③ 对于受地震作用的基桩，桩身配筋长度应穿过可液化土层和软弱土层，进入稳定土层的深度不应小于《桩基规范》第 3.4.6 条的规定；

④ 受负摩阻力的桩、因先成桩后开挖基坑而随地基土回弹的桩，其配筋长度应穿过软弱土层并进入稳定土层，进入的深度不应小于（2～3）d；

⑤ 抗拔桩及因地震作用、冻胀或膨胀力作用而受拔力的桩，应等截面或变

截面通长配筋。

3）对于受水平荷载的桩，主筋不应小于 8ϕ12；对于抗压桩和抗拔桩，主筋不应少于 6ϕ10；纵向主筋应沿桩身周边均匀布置，其净距不应小于 60mm；

4）箍筋应采用螺旋式，直径不应小于 6mm，间距宜为 200～300mm；受水平荷载较大的桩基、承受水平地震作用的桩基以及考虑主筋作用计算桩身受压承载力时，桩顶以下 5d 范围内的箍筋应加密，间距不应大于 100mm；当桩身位于液化土层范围内时箍筋应加密；当考虑箍筋受力作用时，箍筋配置应符合《混凝土规范》的有关规定；当钢筋笼长度超过 4m 时，应每隔 2m 设一道直径不小于 12mm 的焊接加劲箍筋。

（2）桩身混凝土及混凝土保护层厚度应符合下列要求：

①桩身混凝土强度等级不得小于 C25，混凝土预制桩尖强度等级不得小于 C30；

②灌注桩主筋的混凝土保护层厚度不应小于 35mm，水下灌注桩的主筋混凝土保护层厚度不得小于 50mm；

③四类、五类环境中桩身混凝土保护层厚度应符合国家现行标准《港口工程混凝土结构设计规范》JTJ 267、《工业建筑防腐蚀设计规范》GB 50046 的相关规定。

（3）扩底灌注桩扩底端尺寸应符合下列规定（见图 4-30）：

1）对于持力层承载力较高、上覆土层较差的抗压桩和桩端以上有一定厚度较好土层的抗拔桩，可采用扩底；扩底端直径与桩身直径之比 D/d 应根据承载力要求及扩底端侧面和桩端持力层土性特征以及扩底施工方法确定；挖孔桩的 D/d 不应大于 3，钻孔桩的 D/d 不应大于 2.5；

2）扩底端侧面的斜率应根据实际成孔及土体自立条件确定，a/h_c 可取 1/4～1/2，砂土可取 1/4，粉土、黏性土可取 1/3～1/2；

3）抗压桩扩底端底面宜呈锅底形，矢高 h_b 可取（0.15～0.20）D；

4）大直径扩底桩应在无地下水或人工降低地下水位后的条件下施工，施工工艺分为：

人工成孔，人工扩底；

机械成孔，人工扩底；

机械成孔，机械扩底。

当采用人工成孔人工扩底时，应设混凝土护壁，其构造同人工挖孔灌注桩的护壁，可参见图 4-31。当采用机械成孔人工扩底时，在机械成孔后，可采用工具式钢筋笼作为护壁或其他安全保护措施。

2. 混凝土预制桩

（1）混凝土预制桩的截面边长不应小于 200mm；预应力混凝土预制实心桩的截面边长不宜小于 350mm。

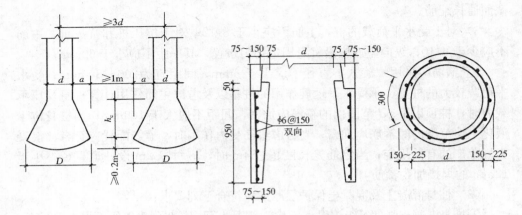

图 4-30　扩底桩底部　　　　　　　　图 4-31　灌桩桩护壁

（2）预制桩的混凝土强度等级不宜低于 C30；预应力混凝土实心桩的混凝土强度等级不应低于 C40；预制桩纵向钢筋的混凝土保护层厚度不宜小于 30mm。

（3）预制桩的桩身配筋应按吊运、打桩及桩在使用中的受力等条件计算确定。采用锤击法沉桩时，预制桩的最小配筋率不宜小于 0.8%。静压法沉桩时，最小配筋率不宜小于 0.6%，主筋直径不宜小于 14mm，打入桩桩顶以下（4～5）d 长度范围内箍筋应加密，并设置钢筋网片。

（4）预制桩的分节长度应根据施工条件及运输条件确定；每根桩的接头数量不宜超过 3 个。

（5）预制桩的桩尖可将主筋合拢焊在桩尖辅助钢筋上，对于持力层为密实砂和碎石类土时，宜在桩尖处包以钢钣桩靴，加强桩尖。

3. 预应力混凝土空心桩

（1）预应力混凝土空心桩按截面形式可分为管桩、空心方桩；按混凝土强度等级可分为预应力高强混凝土管桩（PHC）和空心方桩（PHS）、预应力混凝土管桩（PC）和空心方桩（PS）。离心成型的先张法预应力混凝土桩的截面尺寸、配筋、桩身极限弯矩、桩身竖向受压承载力设计值等参数可按《桩基规范》附录 B。

（2）预应力混凝土空心桩桩尖形式宜根据地层性质选择闭口形或敞口形；闭口形分为平底十字形和锥形。

（3）预应力混凝土空心桩质量要求，尚应符合国家现行标准《先张法预应力混凝土管桩》GB 13476 和《预应力混凝土空心方桩》JG 197 及其他的有关标准规定。

（4）预应力混凝土桩的连接可采用端板焊接连接、法兰连接、机械啮合连接、螺纹连接。每根桩的接头数量不宜超过 3 个。

（5）桩端嵌入遇水易软化的强风化岩、全风化岩和非饱和土的预应力混凝土空心桩，沉桩后，应对桩端以上约 2m 范围内采取有效的防渗措施，可采用微膨胀混凝土填芯或在内壁预涂柔性防水材料。

4. 钢桩

（1）钢桩可采用管形、H 形或其他异形钢材。

（2）钢桩的分段长度宜为 12～15m。

（3）钢桩焊接接头应采用等强度连接。

（4）钢桩的端部形式，应根据桩所穿越的土层、桩端持力层性质、桩的尺寸、挤土效应等因素综合考虑确定，钢管桩可采用下列桩端形式：

① 敞口：

带加强箍（带内隔板、不带内隔板）；不带加强箍（带内隔板、不带内隔板）。

② 闭口：

平底；锥底。

③ 不带端板：

锥底；平底（带扩大翼、不带扩大翼）。

（5）钢桩的防腐处理应符合下列规定：

① 钢桩的腐蚀速率当无实测资料时可按表 4-28 确定；

② 钢桩防腐处理可采用外表面涂防腐层、增加腐蚀余量及阴极保护；当钢管桩内壁同外界隔绝时，可不考虑内壁防腐。

钢桩年腐蚀速率　　　　　　　　　　表 4-28

钢桩所处环境		单面腐蚀率（mm/年）
地面以上	无腐蚀性气体或腐蚀性挥发介质	0.05～0.1
地面以下	水位以上	0.05
	水位以下	0.03
	水位波动区	0.1～0.3

【禁忌 33】　不熟悉桩基承台的计算与构造

【正】　1. 承台计算

（1）桩基承台应进行正截面受弯承载力计算。承台弯矩可按下列（2）至（5）的规定计算，受弯承载力和配筋可按《混凝土规范》的规定进行。

（2）柱下独立桩基承台的正截面弯矩设计值可按下列规定计算：

1）两桩条形承台和多桩矩形承台弯矩计算截面取在柱边和承台变阶处［图 4-32（a）］，可按下列公式计算：

$$M_x = \Sigma N_i y_i$$
$$M_y = \Sigma N_i x_i$$

式中 M_x、M_y——分别为绕 X 轴和绕 Y 轴方向计算截面处的弯矩设计值;

x_i、y_i——垂直 Y 轴和 X 轴方向自桩轴线到相应计算截面的距离;

N_i——不计承台及其上土重,在荷载效应基本组合下的第 i 基桩或复合基桩竖向反力设计值。

2) 三桩承台的正截面弯矩值应符合下列要求:

①等边三桩承台［图 4-32 (b)］

$$M = \frac{N_{max}}{3}\left(s_a - \frac{\sqrt{3}}{4}c\right)$$

式中 M——通过承台形心至各边边缘正交截面范围内板带的弯矩设计值;

N_{max}——不计承台及其上土重,在荷载效应基本组合下三桩中最大基桩或复合基桩竖向反力设计值;

s_a——桩中心距;

c——方柱边长,圆柱时 $c = 0.8d$(d 为圆柱直径)。

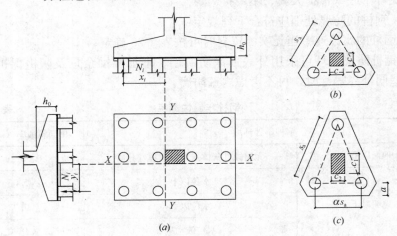

图 4-32　承台弯矩计算示意

(a) 矩形多桩承台;(b) 等边三桩承台;(c) 等腰三桩承台

② 等腰三桩承台［图 4-32 (c)］

$$M_1 = \frac{N_{max}}{3}\left(s_a - \frac{0.75}{\sqrt{4-\alpha^2}}c_1\right)$$

$$M_2 = \frac{N_{max}}{3}\left(\alpha s_a - \frac{0.75}{\sqrt{4-\alpha^2}}c_2\right)$$

式中 M_1、M_2——分别为通过承台形心至两腰边缘和底边边缘正交截面范围内板带的弯矩设计值；

s_a ——长向桩中心距；

α ——短向桩中心距与长向桩中心距之比，当 α 小于 0.5 时，应按变截面的二桩承台设计；

c_1、c_2 ——分别为垂直于、平行于承台底边的柱截面边长。

（3）箱形承台和筏形承台的弯矩可按下列规定计算：

1）箱形承台和筏形承台的弯矩宜考虑地基土层性质、基桩分布、承台和上部结构类型和刚度，按地基-桩-承台-上部结构共同作用原理分析计算；

2）对于箱形承台，当桩端持力层为基岩、密实的碎石类土、砂土且深厚均匀时；或当上部结构为剪力墙；或当上部结构为框架-核心筒结构且按变刚度调平原则布桩时，箱形承台底板可仅按局部弯矩作用进行计算；

3）对于筏形承台，当桩端持力层深厚坚硬、上部结构刚度较好，且柱荷载及柱间距的变化不超过 20% 时；或当上部结构为框架-核心筒结构且按变刚度调平原则布桩时，可仅按局部弯矩作用进行计算。

（4）柱下条形承台梁的弯矩可按下列规定计算：

1）可按弹性地基梁（地基计算模型应根据地基土层特性选取）进行分析计算；

2）当桩端持力层深厚坚硬且桩柱轴线不重合时，可视桩为不动铰支座，按连续梁计算。

（5）砌体墙下条形承台梁，可按倒置弹性地基梁计算弯矩和剪力，并应符合《桩基规范》附录 G 的要求。对于承台上的砌体墙，尚应验算桩顶部位砌体的局部承压强度。

（6）桩基承台厚度应满足柱（墙）对承台的冲切和基桩对承台的冲切承载力要求。

（7）轴心竖向力作用下桩基承台受柱（墙）的冲切，可按下列规定计算：

1）冲切破坏锥体应采用自柱（墙）边或承台变阶处至相应桩顶边缘连线所构成的锥体，锥体斜面与承台底面之夹角不应小于 45°（见图 4-33）；

2）受柱（墙）冲切承载力可按下列公式计算：

$$F_l \leqslant \beta_{hp}\beta_0 u_m f_t h_0$$

$$F_l = F - \sum Q_i$$

$$\beta_0 = \frac{0.84}{\lambda + 0.2} \qquad\qquad (4\text{-}9)$$

式中 F_l ——不计承台及其上土重，在荷载效应基本组合下作用于冲切破坏锥体上的冲切力设计值；

f_t ——承台混凝土抗拉强度设计值；

β_{hp} ——承台受冲切承载力截面高度影响系数，当 $h \leqslant 800\text{mm}$ 时，β_{hp} 取

1.0，$h \geqslant 2000$mm 时，β_{hp} 取 0.9，其间按线性内插法取值；

u_m ——承台冲切破坏锥体一半有效高度处的周长；

h_0 ——承台冲切破坏锥体的有效高度；

β_0 ——柱（墙）冲切系数；

λ ——冲跨比，$\lambda = a_0/h_0$，a_0 为柱（墙）边或承台变阶处到桩边水平距离；当 $\lambda < 0.25$ 时，取 $\lambda = 0.25$；当 $\lambda > 1.0$ 时，取 $\lambda = 1.0$；

F ——不计承台及其上土重，在荷载效应基本组合作用下柱（墙）底的竖向荷载设计值；

$\sum Q_i$ ——不计承台及其上土重，在荷载效应基本组合下冲切破坏锥体内各基桩或复合基桩的反力设计值之和。

3）对于柱下矩形独立承台受柱冲切的承载力可按下列公式计算（图 4-33）：

$$F_l \leqslant 2 \left[\beta_{0x}(b_c + a_{0y}) + \beta_{0y}(h_c + a_{0x})\right] \beta_{hp} f_t h_0$$

式中　β_{0x}、β_{0y} ——由式（4-9）求得，$\lambda_{0x} = a_{0x}/h_0$，$\lambda_{0y} = a_{0y}/h_0$；$\lambda_{0x}$、$\lambda_{0y}$ 均应满足 0.25～1.0 的要求；

h_c、b_c ——分别为 x、y 方向的柱截面的边长；

a_{0x}、a_{0y} ——分别为 x、y 方向柱边至最近桩边的水平距离。

4）对于柱下矩形独立阶形承台受上阶冲切的承载力可按下列公式计算（见图 4-33）：

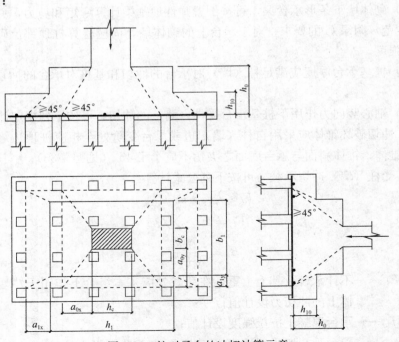

图 4-33　柱对承台的冲切计算示意

$$F_l \leqslant 2 \left[\beta_{1x}(b_1 + a_{1y}) + \beta_{1y}(h_1 + a_{1x}) \right] \beta_{hp} f_t h_{10}$$

式中　β_{1x}、β_{1y}——由式（4-10）求得，$\lambda_{1x} = a_{1x}/h_{10}$，$\lambda_{1y} = a_{1y}/h_{10}$；$\lambda_{1x}$、$\lambda_{1y}$ 均应满足 0.25～1.0 的要求；

h_1、b_1——分别为 x、y 方向承台上阶的边长；

a_{1x}、a_{1y}——分别为 x、y 方向承台上阶边至最近桩边的水平距离。

对于圆柱及圆桩，计算时应将其截面换算成方柱及方桩，即取换算柱截面边长 $b_c = 0.8 d_c$（d_c 为圆柱直径），换算桩截面边长 $b_p = 0.8d$（d 为圆桩直径）。

对于柱下两桩承台，宜按深受弯构件（$l_0/h < 5.0$，$l_0 = 1.15 l_n$，l_n 为两桩净距）计算受弯、受剪承载力，不需要进行受冲切承载力计算。

5）对位于柱（墙）冲切破坏锥体以外的基桩，可按下列规定计算承台受基桩冲切的承载力：

① 四桩以上（含四桩）承台受角桩冲切的承载力可按下列公式计算（图4-34）：

$$N_l \leqslant \left[\beta_{1x}(c_2 + a_{1y}/2) + \beta_{1y}(c_1 + a_{1x}/2) \right] \beta_{hp} f_t h_0$$

$$\left. \begin{array}{l} \beta_{1x} = \dfrac{0.56}{\lambda_{1x} + 0.2} \\[3mm] \beta_{1y} = \dfrac{0.56}{\lambda_{1y} + 0.2} \end{array} \right\} \tag{4-10}$$

式中　N_l——不计承台及其上土重，在荷载效应基本组合作用下角桩（含复合基桩）反力设计值；

β_{1x}、β_{1y}——角桩冲切系数；

a_{1x}、a_{1y}——从承台底角桩顶内边缘引 45° 冲切线与承台顶面相交点至角桩

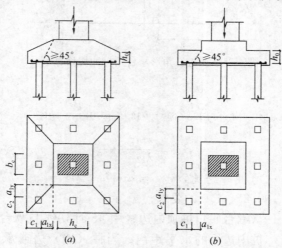

图 4-34　四桩以上（含四桩）承台角桩冲切计算示意

(a) 锥形承台；(b) 阶形承台

171

内边缘的水平距离；当柱（墙）边或承台变阶处位于该 45°线以内时，则取由柱（墙）边或承台变阶处与桩内边缘连线为冲切锥体的锥线（图 4-34）；

h_0 ——承台外边缘的有效高度；

λ_{1x}、λ_{1y} ——角桩冲跨比，$\lambda_{1x} = a_{1x}/h_0$，$\lambda_{1y} = a_{1y}/h_0$，其值均应满足 0.25～1.0 的要求。

②对于三桩三角形承台可按下列公式计算受角桩冲切的承载力（图 4-35）：

底部角桩：

$$N_l \leqslant \beta_{11}(2c_1 + a_{11})\beta_{hp}\tan\frac{\theta_1}{2}f_t h_0$$

$$\beta_{11} = \frac{0.56}{\lambda_{11} + 0.2}$$

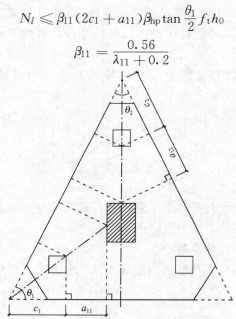

图 4-35 三桩三角形承台角桩冲切计算示意

顶部角桩：

$$N_l \leqslant \beta_{12}(2c_2 + a_{12})\beta_{hp}\tan\frac{\theta_2}{2}f_t h_0$$

$$\beta_{12} = \frac{0.56}{\lambda_{12} + 0.2}$$

式中　λ_{11}、λ_{12} ——角桩冲跨比，$\lambda_{11} = a_{11}/h_0$，$\lambda_{12} = a_{12}/h_0$，其值均应满足 0.25～1.0 的要求；

a_{11}、a_{12} ——从承台底角桩顶内边缘引 45°冲切线与承台顶面相交点至角桩内边缘的水平距离；当柱（墙）边或承台变阶处位于该 45°线以内时，则取由柱（墙）边或承台变阶处与桩内边缘连线为冲切锥体的锥线。

172

6) 对于箱形、筏形承台，可按下列公式计算承台受内部基桩的冲切承载力：

①应按下式计算受基桩的冲切承载力，如图 4-36（a）所示：

$$N_l \leqslant 2.8 (b_p + h_0) \beta_{hp} f_t h_0$$

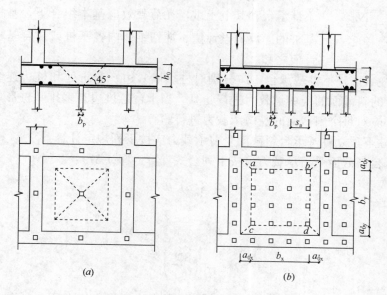

(a)　　　　　　　　　(b)

图 4-36　基桩对筏形承台的冲切和墙

对筏形承台的冲切计算示意

（a）受基桩的冲切；（b）受桩群的冲切

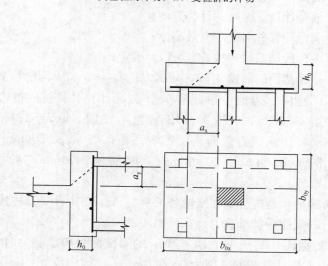

图 4-37　承台斜截面受剪计算示意

②应按下式计算受桩群的冲切承载力，如图 4-36（b）所示：

$$\sum N_{li} \leqslant 2 \left[\beta_{0x} (b_y + a_{0y}) + \beta_{0y} (b_x + a_{0x}) \right] \beta_{hp} f_t h_0$$

式中　β_{0x}、β_{0y}——由式（4-9）求得，其中 $\lambda_{0x} = a_{0x}/h_0$，$\lambda_{0y} = a_{0y}/h_0$，$\lambda_{0x}$、$\lambda_{0y}$ 均应满足 0.25～1.0 的要求；

　　N_l、$\sum N_{li}$——不计承台和其上土重，在荷载效应基本组合下，基桩或复合基桩的净反力设计值、冲切锥体内各基桩或复合基桩反力设计值之和。

7）柱（墙）下桩基承台，应分别对柱（墙）边、变阶处和桩边连线形成的贯通承台的斜截面的受剪承载力进行验算。当承台悬挑边有多排基桩形成多个斜截面时，应对每个斜截面的受剪承载力进行验算。

8）柱下独立桩基承台斜截面受剪承载力应按下列规定计算：

①承台斜截面受剪承载力可按下列公式计算（图 4-37）：

$$V \leqslant \beta_{hs} \alpha f_t b_0 h_0$$

$$\alpha = \frac{1.75}{\lambda + 1} \tag{4-11}$$

$$\beta_{hs} = \left(\frac{800}{h_0} \right)^{1/4}$$

式中　V——不计承台及其上土自重，在荷载效应基本组合下，斜截面的最大剪力设计值；

　　f_t——混凝土轴心抗拉强度设计值；

　　b_0——承台计算截面处的计算宽度；

　　h_0——承台计算截面处的有效高度；

　　α——承台剪切系数；按式（4-11）确定；

　　λ——计算截面的剪跨比，$\lambda_x = a_x/h_0$，$\lambda_y = a_y/h_0$，此处，a_x，a_y 为柱边（墙边）或承台变阶处至 y、x 方向计算一排桩的桩边的水平距离，当 $\lambda < 0.25$ 时，取 $\lambda = 0.25$；当 $\lambda > 3$ 时，取 $\lambda = 3$；

　　β_{hs}——受剪切承载力截面高度影响系数；当 $h_0 < 800\text{mm}$ 时，取 $h_0 = 800\text{mm}$；当 $h_0 > 2000\text{mm}$ 时，取 $h_0 = 2000\text{mm}$；其间按线性内插法取值。

② 对于阶梯形承台应分别在变阶处（$A_1 - A_1$，$B_1 - B_1$）及柱边处（$A_2 - A_2$，$B_2 - B_2$）进行斜截面受剪承载力计算（图 4-38）。

计算变阶处截面（$A_1 - A_1$，$B_1 - B_1$）的斜截面受剪承载力时，其截面有效高度均为 h_{10}，截面计算宽度分别为 b_{y1} 和 b_{x1}。

计算柱边截面（$A_2 - A_2$，$B_2 - B_2$）的斜截面受剪承载力时，其截面有效高度均为 $h_{10} + h_{20}$，截面计算宽度分别为：

对 $A_2 - A_2$ $b_{y0} = \dfrac{b_{y1} \cdot h_{10} + b_{y2} \cdot h_{20}}{h_{10} + h_{20}}$

对 $B_2 - B_2$ $b_{x0} = \dfrac{b_{x1} \cdot h_{10} + b_{x2} \cdot h_{20}}{h_{10} + h_{20}}$

③对于锥形承台应对变阶处及柱边处（$A-A$ 及 $B-B$）两个截面进行受剪承载力计算（图 4-39），截面有效高度均为 h_0，截面的计算宽度分别为：

对 $A-A$ $b_{y0} = \left[1 - 0.5 \dfrac{h_{20}}{h_0} \left(1 - \dfrac{b_{y2}}{b_{y1}} \right) \right] b_{y1}$

对 $B-B$ $b_{x0} = \left[1 - 0.5 \dfrac{h_{20}}{h_0} \left(1 - \dfrac{b_{x2}}{b_{x1}} \right) \right] b_{x1}$

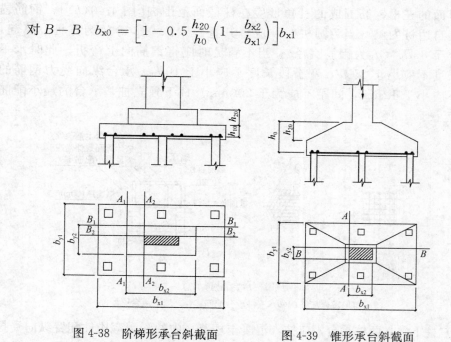

图 4-38　阶梯形承台斜截面　　　图 4-39　锥形承台斜截面
　　　　受剪计算示意　　　　　　　　　受剪计算示意

9）梁板式筏形承台的梁的受剪承载力可按《混凝土规范》计算。

2. 承台构造

（1）桩基承台的构造，除应满足抗冲切、抗剪切、抗弯承载力和上部结构要求外，尚应符合下列要求：

1）柱下独立桩基承台的最小宽度不应小于 500mm，边桩中心至承台边缘的距离不应小于桩的直径或边长，且桩的外边缘至承台边缘的距离不应小于 150mm。对于墙下条形承台梁，桩的外边缘至承台梁边缘的距离不应小于

75mm，承台的最小厚度不应小于 300mm。

2）高层建筑平板式和梁板式筏形承台的最小厚度不应小于 400mm，墙下布桩的剪力墙结构筏形承台的最小厚度不应小于 200mm。

3）高层建筑箱形承台的构造应符合《高层建筑筏形与箱形基础技术规范》JGJ 6 的规定。

（2）承台混凝土材料及其强度等级应符合结构混凝土耐久性的要求和抗渗要求。

（3）承台的钢筋配置应符合下列规定：

1）柱下独立桩基承台钢筋应通长配置[图 4-40（a）]，对四桩以上（含四桩）承台宜按双向均匀布置，对三桩的三角形承台应按三向板带均匀布置，且最里面的三根钢筋围成的三角形应在柱截面范围内[图 4-40（b）]。钢筋锚固长度自边桩内侧（当为圆桩时，应将其直径乘以 0.8 等效为方桩）算起，不应小于 $35d_g$（d_g 为钢筋直径）；当不满足时应将钢筋向上弯折，此时水平段的长度不应小于 $25d_g$，弯折段长度不应小于 $10d_g$。承台纵向受力钢筋的直径不应小于 12mm，间距不应大于 200mm。柱下独立桩基承台的最小配筋率不应小于 0.15％。

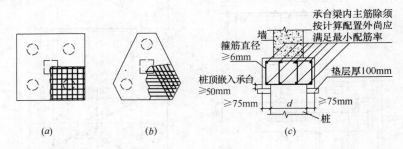

图 4-40　承台配筋示意

（a）矩形承台配筋；（b）三桩承台配筋；（c）墙下承台梁配筋

2）柱下独立两桩承台，应按《混凝土规范》中的深受弯构件配置纵向受拉钢筋、水平及竖向分布钢筋。承台纵向受力钢筋端部的锚固长度及构造应与柱下多桩承台的规定相同。

3）条形承台梁的纵向主筋应符合《混凝土规范》关于最小配筋率的规定[图 4-40（c）]，主筋直径不应小于 12mm，架立筋直径不应小于 10mm，箍筋直径不应小于 6mm。承台梁端部纵向受力钢筋的锚固长度及构造应与柱下多桩承台的规定相同。

4）筏形承台板或箱形承台板在计算中当仅考虑局部弯矩作用时，考虑到整体弯曲的影响，在纵横两个方向的下层钢筋配筋率不宜小于 0.15％；上层钢筋应按计算配筋率全部连通。当筏板的厚度大于 2000mm 时，宜在板厚中间部位设置直径不小于 12mm、间距不大于 300mm 的双向钢筋网。

5）承台底面钢筋的混凝土保护层厚度，当有混凝土垫层时，不应小于 50mm，无垫层时不应小于 70mm；此外尚不应小于桩头嵌入承台内的长度。

（4）桩与承台的连接构造应符合下列规定：

1）桩嵌入承台内的长度对中等直径桩不宜小于 50mm；对大直径桩不宜小于100mm。

2）混凝土桩的桩顶纵向主筋应锚入承台内，其锚入长度不宜小于 35 倍纵向主筋直径。对于抗拔桩，桩顶纵向主筋的锚固长度应按《混凝土规范》确定。

3）对于大直径灌注桩，当采用一柱一桩时可设置承台或将桩与柱直接连接。

（5）柱与承台的连接构造应符合下列规定：

1）对于一柱一桩基础，柱与桩直接连接时，柱纵向主筋锚入桩身内长度不应小于 35 倍纵向主筋直径。

2）对于多桩承台，柱纵向主筋应锚入承台不小于 35 倍纵向主筋直径；当承台高度不满足锚固要求时，竖向锚固长度不应小于 20 倍纵向主筋直径，并向柱轴线方向呈 90°弯折。

3）当有抗震设防要求时，对于一、二级抗震等级的柱，纵向主筋锚固长度应乘以 1.15 的系数；对于三级抗震等级的柱，纵向主筋锚固长度应乘以 1.05 的系数。

（6）承台与承台之间的连接构造应符合下列规定：

1）一柱一桩时，应在桩顶两个主轴方向上设置联系梁。当桩与柱的截面直径之比大于 2 时，可不设联系梁。

2）两桩桩基的承台，应在其短向设置联系梁。

3）有抗震设防要求的柱下桩基承台，宜沿两个主轴方向设置联系梁。

4）连系梁顶面宜与承台顶面位于同一标高。连系梁宽度不宜小于 250mm，其高度可取承台中心距的 1/10～1/15，且不宜小于 400mm。

5）连系梁配筋应按计算确定，梁上下部配筋不宜小于 2 根直径 12mm 钢筋；位于同一轴线上的相邻跨联系梁纵筋应连通。

（7）承台和地下室外墙与基坑侧壁间隙应灌注素混凝土或搅拌流动性水泥土，或采用灰土、级配砂石、压实性较好的素土分层夯实，其压实系数不宜小于 0.94。

【禁忌 34】　不了解"跳仓法"施工超长基础筏板的要点

【正】　1. 依据《大体积混凝土施工规范》GB 50496—2009，采用"跳仓法"，取消施工后浇带。

（1）超长地下室基础不留永久伸缩缝而采用施工后浇带，已经在我国许多工程中应用。《混凝土规范》第8章表8.1.1规定，挡土墙、地下室墙壁等类结构伸缩缝最大间距在室内或土中为30m。现在有不少多、高层建筑的地下室与地下汽车库连成一整体，其长度和宽度达近百米至数百米，不设永久性伸缩缝，而采用施工后浇带控制混凝土早期收缩裂缝，实践表明是行之有效的，并已将此方法编入有关设计和施工规范、规程。例如：地下室超长工程，北京首都机场第二航站楼平面呈工字形，南北长747.5m，东西翼宽342.9m，停车楼呈矩形，地下4层地上1层，南北长为263.9m，东西宽为134.9m；北京火车西站，主楼336m×102m，东西配楼179m×104m；北京八一大楼，地下东西长236.6m，地上主楼东西长156m；北京东方广场，地下4层东西长479.53m，南北宽153.54m；北京阳光广场地下3层145m×122m；北京国美家园，地下室264.54m×458.63m，地上10幢23层和27层高层住宅及其他配套公共用房；北京东直门交通枢纽250m×336m；北京奥运媒体村南北长385m；福州长乐机场航站楼348m×36m；上海嘉里中心二期东西长172m；杭州逸天广场南区最宽65.6m，长向伸缩缝两边分别为192.1m和206.45m。

（2）一般大体积钢筋混凝土结构，承受的温差有气温、水化热温差及生产散发的热温差。混凝土实际裂缝的出现可分为三个活动期。浇灌混凝土入模后，经过24～30h可达最高温度，最高水化热引起的温度比入模温度约高30～35℃，以后根据不同速度降温，经10～30d降至同周围气温，此期间大约有15%～25%的收缩，有些结构出现裂缝，此阶段称为"早期裂缝活动期"。往后3～6个月，收缩完成60%～80%，此期间可能出现"中期裂缝"。至一年左右，收缩完成95%，此时可能出现"后期裂缝"。因此，结构出现裂缝与降温和收缩有直接关系。现在不少结构工程发生的早期裂缝现象，在拆模板时就出现，甚至拆模板前就已经出现，特别是高强度等级泵送混凝土，由于水泥用量多，水灰比大，尤为常见。此种早期裂缝是由"早期塑性收缩"、"终凝前的收缩"引起，包括自身收缩、沉缩和水分蒸发收缩，此种收缩发生在混凝土浇灌后12h以内。

结构长度是影响温度应力的因素之一，并且只在结构长度较小的一定范围之内对温度应力影响较为显著，超过一定长度即使设置伸缩缝也没有意义，留伸缩缝不仅麻烦，而且主要问题是容易造成漏水并对抗震不利。取消伸缩缝，采用"后浇带"办法控制裂缝，是基于把总温差分为两部分：在第一部分温差经历时间内，把结构分为许多段，每段的长度尽量小，并设施工后浇带，可有效地减少温度收缩应力；在施工后期把许多分段浇灌成整体，再继续承受第二部分温差和收缩，使两部分的温差和收缩应力叠加值小于混凝土设计抗拉强度或约束应变小于混凝土的极限拉伸。通过施工后浇带释放收缩应力，后浇带保留时间应根据施工期间气温和混凝土强度增长情况，一般不应小于 30d，最宜 60d，在此期间"早期温差"以及至少有 30％的收缩都已完成。不设伸缩缝而采用施工后浇带，是建筑工程技术发展的成果。但是施工后浇带尚存在突出的下列问题：由于后浇带留的时间较长，许多建筑垃圾不可避免地落入带内，基础底板钢筋既粗又密使得清理工作非常艰难，若不清理干净必然影响工程质量；基础底板的沉降后浇带因留的时间较长，为提前停止降水必须采取防水措施，增加支模及保护工作量，给施工带来许多不便，影响施工进度；在后浇带浇灌混凝土前，带两侧原混凝土面必须清理干净，以保证新老混凝土有可靠粘接，此工序施工麻烦；后浇带常采用掺有膨胀剂的混凝土，养护非常重要，需充分浇水饱和养护两周，否则接头形成两条细裂缝，留下漏水隐患。

（3）根据"先放后抗"的原则，并由于现在胶凝材料（水泥）的活性不断提高，水化热温升迅速，1～2d 达到峰值，以后迅速下降，经过 5～7d 接近环境温度的特点，在不少工程中采用了"跳仓法"施工，取消了设置施工后浇带。采取"跳仓法"释放早期温度收缩应力，利用混凝土硬化不断增长的抗拉能力。"跳仓法"浇灌混凝土，跳仓间隔时间为 7～10d。

"跳仓法"施工从 1978 年开始，在上海宝钢等工业建筑及上海八万人体育场、上海金融广场等民用建筑中采用。北京从 2005 年开始，在中京艺苑（梅兰芳大剧院）、蓝色港湾、居然大厦等工程中应用，取消了后浇带，获得了良好的裂缝控制效果及施工方便、缩短工期、降低造价、质量可靠等技术和经济效益，其成果通过了专家技术鉴定，为新的施工技术规范修订提供新内容。

2."跳仓法"施工要点。

（1）"跳仓法"施工主要是在筏板基础工程中采用，根据筏板面积大小分为长度和宽度各不大于 40m 的区格，沿任一方向分条编号（图 4-41），筏板（平板式或梁板式）钢筋可根据施工安排先后有序绑扎，混凝土浇灌分仓为 1、3、5～2、4、6……跳仓进行，仓与仓之间设置钢筋支架和"快易收口

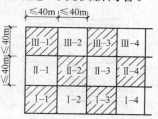

图 4-41 跳仓平面示意

网"（专门用于后浇带，代替木模板），并在板厚中间设遇水膨胀橡胶条或钢板止水带（图 4-43），跳仓浇灌混凝土时间间隔为 7～10d。

（2）混凝土强度等级宜低不宜高（C30～C40），掺粉煤灰，减少水泥用量，减小水灰比，控制好坍落度，适当延长初凝时间，设计强度等级的龄期采用 60d 或 90d（《高规》12.1.11 条有此规定）。

（3）浇灌混凝土采用"分层浇筑、分层振捣、一个斜面、连续浇灌、一次到顶"施工方法（图 4-42），分层每层厚度控制在 500mm 以内，每层错开 5m 左右，斜面坡度为 1∶6，各浇筑层前后错位，分层退着浇灌，下层初凝前上层接上，

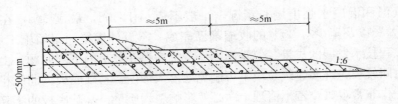

图 4-42　基础底板分层浇筑示意

确保混凝土上下层的结合及质量。最上层混凝土初凝前，表面用铁滚筒滚压，增强表面密实性，待混凝土收水后用木抹子搓平不少于三次，以消除混凝土表面层的早期塑性收缩裂缝。

（4）保温保湿养护极其重要，良好的养护对于减少混凝土收缩、控制内外温差、降低收缩应力十分重要，气候条件较好时可采用蓄水养护，夏天大气温度较高时，应在抹面压实后立即覆盖一层塑料薄膜，防止表面失水产生干裂。地梁侧面与顶面等不具备蓄水养护条件的，采用花管喷水加人工浇水养护，确保混凝土表面保持湿润状态。混凝土养护时间不宜少于 14d。

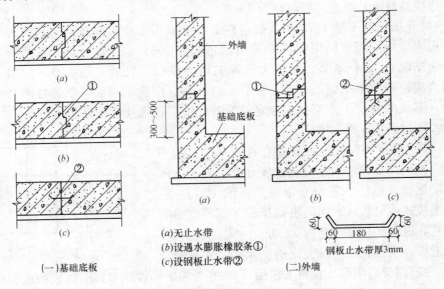

(a)无止水带
(b)设遇水膨胀橡胶条①
(c)设钢板止水带②

(一)基础底板　　(二)外墙

图 4-43　混凝土接缝

（5）加强混凝土的测温工作和试块的留置，及时掌握混凝土温度变化的内外温差情况和混凝土强度的增长情况。

（6）地下室外墙取消施工后浇带，采用每 30m 左右设一条宽 600mm 的"诱导缝"，其目的为释放或减小结构的收缩应力，减少混凝土的收缩裂缝，每条缝两侧竖向采用双层钢板网或收口快易网，此缝在顶板浇灌混凝土时同时进行浇筑。

（7）底板跳仓或地下室外墙"诱导缝"浇灌混凝土时，新旧混凝土连接面的清理十分重要，灌新混凝土前必须在连接面浇水泥浆，以确保连接面严实。

（8）基础筏板和地下室外墙的混凝土，根据承载力需要和地下水位情况，设计提出混凝土强度等级和抗渗等级，按王铁梦教授的"普通混凝土好好打"名言，不必掺加膨胀剂，精心浇灌振捣，精心养护管理，能够控制好混凝土的早期收缩裂缩。混凝土掺加膨胀剂水化反应需要大量供水，养护要求比较高，混凝土几乎要浸泡在水里，现场施工很难实现，如果达不到这样的养护条件，因水养护不足反而更容易出现裂缝。因此，目前许多工程的混凝土中不再掺加膨胀剂。

3. "跳仓法"工程实例。

（1）北京中京艺苑（梅兰芳大剧院）工程，地下三层连成整体，东西长197.6m，南北宽87m，地上由两栋高层办公楼、一栋高层酒店和梅兰芳大剧院组成。中元设计院设计，中建一局二公司施工，北京方圆监理公司监理。原设计外墙混凝土强度等级为C35，基础混凝土强度等级为C40，抗渗等级为P8，基础筏板设有施工后浇带和沉降后浇带分割成13块。工程开工之初2005年2月6日召开了有王铁梦教授等参加的专家技术论证会，经讨论并有设计、施工、监理和建设单位等各方同意，决定取消原来施工后浇带和改变部分沉降后浇带位置，采用"跳仓法"施工方案，专家会对设计、施工管理方面提出如下建议：

1）基础混凝土强度等级改为C35，龄期采用60d，取消抗渗混凝土中添加膨胀剂，优选混凝土配合比，适当掺加粉煤灰及矿粉。

2）底板混凝土采取"跳仓法"，分层、放坡、连续、一次到顶浇灌施工，并应加强混凝土养护和表面压光，以减少早期塑性收缩裂缝。

3）外墙长30m左右，设置宽600mm的施工缝，以减少收缩裂缝。

4）混凝土浇筑过程中宜采用测温方法，实现温控和信息化施工。

5）成立综合性裂缝控制技术攻关小组，跟踪记录施工过程，监督严格执行施工组织设计，形成一整套施工技术成果。

该工程由于优化设计、采取"跳仓法"施工，结构工期提前了18天，利用混凝土后期强度及不掺膨胀剂等，为建设单位节省投资151.34万元，取得了明显的经济效益。由于施工过程中加强管理，各有关方面重视配合，工程质量达到预期效果，于2006年3月24日召开了成果鉴定会，施工单位中建一局二公司还获得了2005年度中国建筑一局集团"优秀新技术应用示范工程"第二名。作者参加了该工程的技术论证会和成果鉴定会。

（2）北京蓝色港湾工程，位于北京朝阳公园西北角，平面三边水面形如半岛，地上多栋商业建筑，地下连成整体。东西长为386m，南北宽为163m，北京市建筑设计研究院设计，中国新兴建设施工，北京方圆监理公司监理。工程开工之初 2006 年 3 月 29 日，为地下室混凝土工程采取"跳仓法"施工召开了专家技术论证会，会议决定参照中京艺苑工程经验，并得到有关各方同意，地下室混凝土采用"跳仓法"施工。该工程混凝土中没有掺加膨胀剂，也是"普通混凝土好好打"。在施工过程由于有关各方精心管理和配合，工程质量和经济效益方面均取得较好效果，并于 2006 年 12 月 19 日召开了成果鉴定会。

以下介绍一些工程实例，供读者更好地理解本章内容：

1. 某工程筏板厚度为 1600mm，柱网为 8.3m×8.3m，中柱截面 1100mm×1100mm，柱轴向荷载设计值 $F=18050$kN，不平衡弯矩设计值 $M=655.4$kN·m，筏板混凝土强度等级 C30，$f_t=1.43$N/mm²，验算筏板受冲切承载力（图 4-44）。

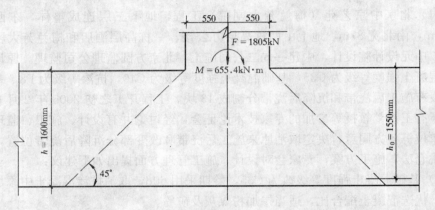

图 4-44　中柱筏板

解：（1）已知 $h_0=1550$mm，$b_c=h_c=1100$mm，$c_1=c_2=h_L+h_0=1100+1550=2650$mm，$u_m=2(c_1+c_2)=10600$mm，$c_{AB}=\dfrac{c_1}{2}=\dfrac{2650}{2}=1325$mm，由 13.10 问第 7 条，得冲切临界截面对其重心的极惯性矩为：

$$I_s=\frac{c_1 h_0^3}{6}+\frac{c_1^3 h_0}{6}+\frac{c_2 h_0 c_1^2}{2}$$

$$=\frac{2650\times 1550^3}{6}+\frac{2650^3\times 1550}{6}+\frac{2650\times 1550\times 2650^2}{2}$$

$$=208746.56\times 10^8 \text{mm}^4$$

集中反力设计值为：

$$V=F-\frac{F}{8.3\times 8.3}\times 4.3\times 4.3$$

$$=18050-262.01\times 4.3\times 4.3=13205.44\text{kN}$$

$$\alpha_s = 1 - \frac{1}{1 + \frac{2}{3}\sqrt{\frac{c_1}{c_2}}} = 0.40$$

本工程的建筑结构的安全等级为二级，重要性系数 $\gamma_0 = 1.0$。

（2）按本章公式（4-3）验算筏板冲切承载力：

$$\gamma_0 \tau_{max} = \frac{V_s}{u_m h_0} + \alpha_s \frac{M c_{AB}}{I_s} = \frac{13205.44}{10600 \times 1550} + 0.4 \frac{655.36 \times 10^6 \times 1325}{208746.56 \times 10^8}$$

$$= 0.804 \text{N/mm}^2$$

$$\gamma_0 \tau_{max} < 0.7(0.4 + 1.2/\beta_s)\beta_{hp} f_t = 0.7 \times 1.0 \times 0.933 \times 1.43$$

$$= 0.934 \text{N/mm}^2, 满足要求。$$

2. 某高层建筑地下室共三层，室内外高差 0.3m，层高分别为地下 1、2 层 3.5m，地下 3 层 3.3m，地下水位距室外地面 6m，外墙厚度地下 1、2 层为 300mm，地下 3 层为 350mm，混凝土强度等级 C25，钢筋采用 HRB335，室外地面活荷载取 10kN/m²。计算地下室外墙在地面活荷载、土侧压和水压作用下的内力及配筋。

解：（1）侧向力计算[图 4-45(a)]：

荷载分项系数取值，地面活荷载为 1.4，其他均为 1.2。

$$q_1 = \frac{1}{3} p\gamma_Q = \frac{1}{3} \times 10 \times 1.4 = 4.67 \text{kN/m}^2$$

$$q_2 = \frac{1}{3} \gamma h_1 \gamma_G = \frac{1}{3} \times 18 \times 6 \times 1.2 = 43.2 \text{kN/m}^2$$

$$q_3 = \frac{1}{3} \gamma' h_2 \gamma_G = \frac{1}{3} \times 11 \times 4.1 \times 1.2 = 18.04 \text{kN/m}^2$$

$$q_4 = \gamma'' h_2 \gamma_G = 10 \times 4.1 \times 1.2 = 49.2 \text{kN/m}^2$$

（2）按三跨连梁计算弯矩，采用弯矩分配法，并考虑塑性内力重分布支座弯矩调幅系数取 0.8。

1）AB 跨荷载及固端弯矩

$$p_1 = q_1 + q_2 + q_3 + q_4 = 4.67 + 43.2 + 18.04 + 49.2 = 115.11 \text{kN/m}$$

$$p_2 = q_1 + q_2 + (q_3 + q_4) \times \frac{0.85}{4.1} = 4.66 + 43.2 + (18.04 + 49.2) \times \frac{0.85}{4.1}$$

$$= 61.80 \text{kN/m}$$

$$M_{AB}^F = \left[\frac{1}{12} \times 61.8 + \frac{1}{20} \times (115.11 - 61.8)\right] \times 3.25^2 = 56.74 \text{kN} \cdot \text{m}$$

$$M_{BA}^F = \left[\frac{1}{12} \times 61.8 + \frac{1}{30} \times (115.11 - 61.8)\right] \times 3.25^2 = 55.96 \text{kN} \cdot \text{m}$$

2）BC 跨荷载及固端弯矩

$$p_1 = 4.67 \text{kN/m}, p_2 = 43.2 \text{kN/m}$$

$$p' = (18.04 + 49.2) \times \frac{0.85}{4.1} = 13.94 \text{kN/m}$$

$$M_{BC}^F = \frac{1}{12} p_1 L^2 + \frac{p_2 a^2}{12}\left[6 - 8\frac{a}{L} + 3\left(\frac{a}{L}\right)^2\right] + \frac{p_2 b^3}{4L}\left[1 - \frac{4\left(\frac{b}{L}\right)}{5}\right]$$

$$+ \frac{p' a^2}{12}\left[2\frac{b}{L} + \frac{3\left(\frac{q}{L}\right)^2}{5}\right]$$

$$= \frac{1}{12} \times 4.67 \times 3.6^2 + \frac{43.2 \times 0.85^2}{12}\left[6 - 8 \times \frac{0.85}{3.6} + 3 \times \left(\frac{0.85}{3.6}\right)^2\right]$$

$$+ \frac{43.2 + 2.75^3}{4 \times 3.6} \times \left[1 - \frac{4 \times \left(\frac{2.75}{3.6}\right)}{5}\right]$$

$$+ \frac{13.94 \times 0.85^2}{12}\left[2 \times \frac{2.75}{3.6} + \frac{3 \times \left(\frac{0.85}{3.6}\right)^2}{5}\right]$$

$$= 41.72 \text{kN} \cdot \text{m}$$

$$M_{CB}^F = \frac{p_1 L^2}{12} + \frac{p_2 a^3}{12L}\left(4 - 3\frac{a}{L}\right) + \frac{p_2 b^2}{6}\left[2 - 3\frac{b}{L} + \frac{6\left(\frac{b}{L}\right)^2}{5}\right] + \frac{p' a^3}{12L}\left[1 - \frac{3\frac{a}{L}}{5}\right]$$

$$= \frac{4.67 \times 3.6^2}{12} + \frac{43.2 \times 0.85^2}{12 \times 3.6}\left(4 - 3 \times \frac{0.85}{3.6}\right) + \frac{43.2 + 2.75^2}{6}$$

$$\times \left[2 - 3 \times \frac{2.75}{3.6} + \frac{6 \times \left(\frac{2.75}{3.6}\right)^2}{5}\right] + \frac{13.94 \times 0.85^3}{12 \times 3.6}\left[1 - \frac{3 \times \frac{0.85}{3.6}}{5}\right]$$

$$= 29.46 \text{kN} \cdot \text{m}$$

3）CD 跨荷载及固端弯矩

$$p_1 = 4.67 \text{kN/m}, p_2 = 43.2 \times \frac{3.35}{6} = 24.12 \text{kN/m}$$

$$M_{CD}^H = \frac{p_1 b^2}{8}\left(2 - \frac{b}{L}\right)^2 + \frac{p_2 b^2}{24}\left[4 - 3\frac{b}{L} + \frac{3\left(\frac{b}{L}\right)^2}{5}\right]$$

$$= \frac{4.67 \times 3.35^2}{8}\left(2 - \frac{3.35}{3.6}\right)^2$$

$$+ \frac{24.12 \times 3.35^2}{24}\left[4 - 3 \times \frac{3.35}{3.6} + \frac{3 \times \left(\frac{3.35}{3.6}\right)^2}{5}\right]$$

$$= 26.97 \text{kN} \cdot \text{m}$$

4）采用弯矩分配法，支座弯矩的调幅系数 0.8，弯矩、剪力、配筋见图4-45（e）。

5）配筋计算，混凝土 C30，$f_c = 14.3 \text{N/mm}^2$，钢筋 HRB335，$f_y = 300 \text{N/mm}^2$。

$$M_A = 49.03 \text{kN} \cdot \text{m}$$

$$\alpha_s = \frac{M}{f_c b h_0^2} = \frac{49.03 \times 10^6}{14.3 \times 1000 \times 305^2} = 0.037$$

$$\xi = 1 - \sqrt{1 - 2\alpha_s} = 1 - \sqrt{1 - 2 \times 0.037} = 0.038$$

$$\gamma_s = \frac{\alpha_s}{\xi} = \frac{0.037}{0.038} = 0.974$$

$$A_s = \frac{M}{\gamma_s f_y h_0} = \frac{49.03 \times 10^6}{0.974 \times 300 \times 305} = 550 \text{mm}^2/\text{m}$$

$$AB \text{ 跨中} M = 73.28 \text{kN} \cdot \text{m}$$

$$\alpha_s = \frac{73.28 \times 10^6}{1000 \times 14.3 \times 315^2} = 0.0516$$

$$\xi = 1 - \sqrt{1 - 2 \times 0.0516} = 0.053$$

$$\gamma_s = \frac{0.0516}{0.053} = 0.974$$

$$A_s = \frac{73.28 \times 10^6}{0.974 \times 300 \times 315} = 796 \text{mm}^2/\text{m}$$

3. 地下车库，单层，采用无梁楼盖，层高 3.3m，底板为独立柱基抗水板，柱网 8m×8m，上有覆土厚 3m 的花园，顶板及抗水板厚度均为 400mm，外墙厚为 300mm，混凝土强度等级 C30，钢筋采用 HRB400，地基土为粉质黏土，$f_{ak} = 200 \text{kPa}$，抗浮设计水位及计算水压水位为顶板上皮。要求确定外墙条形基础宽度，外墙和顶板、抗水板边跨配筋。

解：（1）荷载计算

1）地下室顶板：花园活载按 10kN/m^2

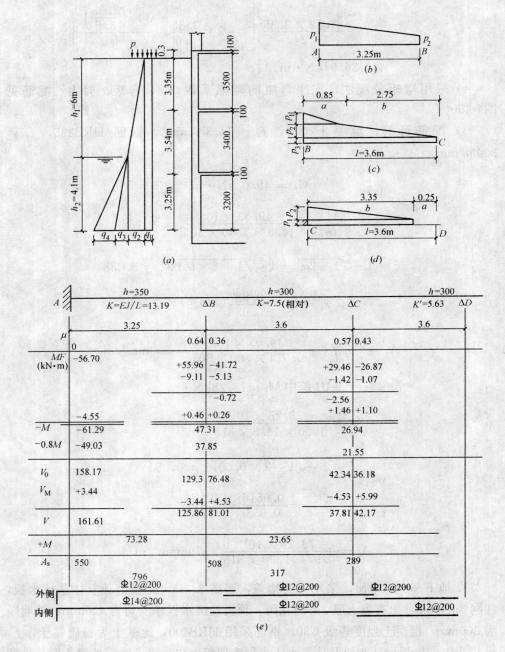

图 4-45 计算简图

(a) 地下室外墙；(b) AB 跨计算简图；(c) BC 跨计算简图；

(d) CD 跨计算简图；(e) 弯矩分配及配筋

$$填土\ 18\times 3=54$$
$$防水\ 20\times 0.075=1.5$$
$$风道等\ 0.4$$
$$顶板\ 25\times 0.4=10$$
$$\left.\vphantom{\begin{matrix}1\\1\\1\\1\end{matrix}}\right\}65.9\mathrm{kN/m^2}$$

$q_k=10+65.9=75.9\mathrm{kN/m^2}$，$q=10\times0.98+65.9\times1.35=98.8\mathrm{kN/m^2}$

2) 抗水板：
$$汽车活载\ 2.5\mathrm{kN/m^2}$$
$$面层\ 20\times0.05=1.0$$
$$抗水板\ 25\times0.4=10$$
$$\left.\vphantom{\begin{matrix}1\\1\\1\end{matrix}}\right\}13.5\mathrm{kN/m^2}=q_k$$

$$q=2.5\times1.4+11\times1.2=16.7\mathrm{kN/m^2}$$

3) 外墙：$25\times0.3=7.5\mathrm{kN/m^2}$

（2）计算外墙条形基础宽度

地下室顶板、墙、抗水板恒载折算对地基的超载值：

$$F=65.9+11+\frac{7.5\times2.9}{4.25}=82\mathrm{kN/m^2},\ d'=82/18=4.56\mathrm{m}$$

室外地面至基底 $d_{外}=3+3.3+0.6=6.9\mathrm{m}$

按本章【禁忌10】

$$d=\frac{6.9+4.56}{2}=5.73\mathrm{m}$$

$$f_a=f_{ak}+\gamma_d\gamma_m(d-0.5)=200+1.5\times14.5\times(5.73-0.5)$$
$$=313.7\mathrm{kN/m^2}$$

条形基础　$N_k=75.9\times4.25+7.5\times2.9+13.5\times3.95=397.7\mathrm{kN/m}$

需要宽度　$B=\dfrac{N_k}{f_a}=\dfrac{397.7}{313.7}=1.27\mathrm{m}$，取 $1.3\mathrm{m}$

（3）外墙荷载作用及弯矩（图4-46）

$p_1=0.33\times18\times3\times1.2=21.4\mathrm{kN/m}$

$p_2=21.4+0.33\times11\times3.3\times1.2=35.8\mathrm{kN/m}$

$p_3=10\times3.3\times1.2=39.6\mathrm{kN/m}$

$p_4=0.33\times10\times1.3=4.3\mathrm{kN/m}$

弯矩计算：

$q_1=21.4+4.3=25.7\mathrm{kN/m}$

$q_2=35.8+39.6+4.3=79.7\mathrm{kN/m}$

$$M_A=\frac{1}{12}\times25.7\times3.1^2+\frac{1}{20}\times54\times3.1^2$$
$$=46.53\mathrm{kN\cdot m}$$

$$M_B=\frac{1}{12}\times25.7\times3.1^2+\frac{1}{30}\times54\times3.1^2$$
$$=37.88\mathrm{kN\cdot m}$$

（4）顶板及抗水板端部弯矩计算

顶板及抗水板按经验系数法无梁楼板计算，并且顶板边支座调幅系数取0.5，柱上板带和跨中板带弯矩取平均值，并按每延米值与外墙一次弯矩分配与远端不传递。

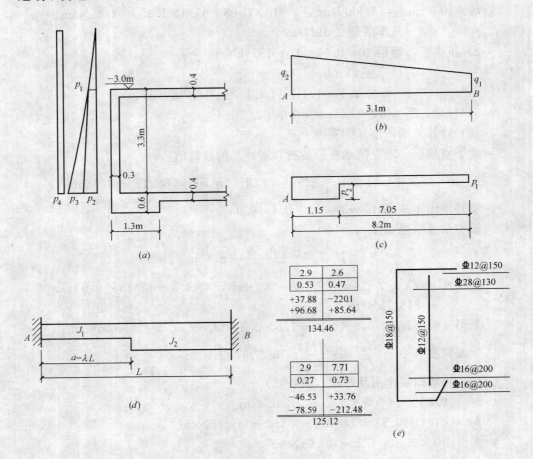

图 4-46 计算简图

（a）外墙与顶、底板；（b）外墙荷载；（c）抗水板荷载；

（d）抗水板连接计算简图；（e）变矩分配及配筋

顶板端弯矩

$$M_{\mathrm{B}} = \frac{98.8 \times 8.2^2}{8} \times 0.53 \times 0.5 = 220.1 \mathrm{kN \cdot m}$$

抗水板端弯矩

$$p_1 = 10 \times 3.7 \times 1.2 - 11 \times 1.2 = 31.2 \mathrm{kN/m}$$

$$p_2 = \frac{397.3 \times 1.3}{1.3} - 31.2 = 366.1 \mathrm{kN/m}$$

$$M_A = \frac{31.2 \times 8.2^2}{8} \times 0.53 + 0.00807 \times 366.1 \times 8.2^2 = 337.6 \text{kN} \cdot \text{m}$$

墙与抗水板连接节点弯矩分配应考虑抗水板变截面的线刚度,其计算方法参见湖南大学编著 1959 年 8 月出版的《结构力学》第 468、469 页。

等截面的刚度

$$S_{AB} = S_{BA} = 4\frac{EJ}{L} = 4i$$

变截面的刚度

$$S_{AB} = \frac{4(1 + \mu\lambda^3)}{[(1 + \mu\lambda^2)^2 + 4\mu\lambda(1 - \lambda)^2]} \times \frac{EJ_2}{L}$$

$$S_{BA} = \frac{4[1 + \mu(3\lambda - 3\lambda^2 + \lambda^3)]}{[(1 + \mu\lambda^2)^2 + 4\mu\lambda(1 - \lambda)^2]} \times \frac{EJ_2}{L}$$

式中 $\mu = \frac{1}{n} - 1$,$\lambda = \frac{a}{L}$,$n = J_1/J_2$

顶板、墙、抗水板混凝土强度等级相等,刚度按相对值。

顶板 $S = \frac{4^3}{12} \times \frac{4}{8.2} = 2.6$,墙 $S = \frac{3^3}{12} \times \frac{4}{3.1} = 2.9$。

抗水板 $J_1 = \frac{4^3}{12} = 5.33$,$J_2 = \frac{6^3}{12} = 18$,$n = J_1/J_2 = 0.296$,$\mu = \frac{1}{n} - 1 = 2.38$,$\lambda = 0.14$,代入上述公式,$S_A = 7.712$。

(5) 配筋计算

墙顶 $A_s = 1640 \text{mm}^2$,$\Phi 18@150$ (1696mm²)。

墙内侧中 $A_s = 692 \text{mm}^2$,$\Phi 12@150$。

墙根 $\Phi 18@150$。

墙条基按墙延续,抗水板上铁 $A_s = 831 \text{mm}^2$,$\Phi 16@200$。

顶板跨中 $M_{中} = 489.6 \text{kN} \cdot \text{m}$,$A_s = 4624 \text{mm}^2$,$\Phi 28@130$。

(6) 墙下部裂缝验算

轴力 $N_k = $ 顶板传重 (10+65.9) ×4.25=322.57kN
墙重 0.3×25×2.9=21.75kN }344.32kN

弯矩 M_k 按 125.12/1.2=104.27kN·m。

混凝土 C30,$f_{tk} = 2.01 \text{N/mm}^2$,钢筋 $\Phi 18@150$,$A_s = 1696 \text{mm}^2/\text{m}$,$E_s = 2 \times 10^5 \text{N/mm}^2$。

1) 按弯曲构件计算

由本书第 5 章【禁忌 15】公式 (5-23) 得

$$\sigma_{sk} = \frac{M_q}{0.87h_0A_s} = \frac{104.27 \times 10^6}{0.87 \times 250 \times 1696} = 282.67 \text{N/mm}^2$$

由公式 (5-20) 得

$$\rho_{te} = \frac{A_s}{A_{te}} = \frac{1696}{150 \times 1000} = 1.13\%$$

由公式（5-18）得

$$\psi = 1.1 - 0.65 \frac{f_{tk}}{\rho_{te}\sigma_{sk}} = 1.1 - 0.65 \frac{2.01}{1.13 \times 282.67} = 1.096, \text{取 } 1.0$$

由公式（5-17）得

$$w_{max} = \alpha_{cr}\psi\frac{\sigma_{sk}}{E_s}\left(1.9C + 0.08\frac{d_{eq}}{\rho_{te}}\right)$$

$$= 1.9 \times 1 \times \frac{282.67}{2 \times 10^5}\left(1.9 \times 40 + 0.08\frac{18}{1.13}\right)$$

$$= 0.21\text{mm}$$

其中 α_{cr} 由表 5-19 查得为 1.9。

2）按偏心受压构件计算

$$N_q = 344.32\text{kN}, e_0 = \frac{M_q}{N_q} = \frac{104.27}{344.32} = 0.3\text{m} = 300\text{mm}$$

由本书第 5 章【禁忌 15】第 3 条（1）得：

$$\eta_s = 1 + \frac{1}{4000e_0/h_0}\left(\frac{L_0}{h}\right)^2 = 1 + \frac{1}{4000 \times \frac{0.3}{0.25}}\left(\frac{3.1}{0.3}\right)^2 = 1.0, \text{当}\frac{L_0}{h} < 14, \text{取 } 1.0$$

$$y_s = 0.15 - 0.05 = 0.1\text{m}$$

$$e = \eta_s e_0 + y_s = 1 \times 0.3 + 0.1 = 0.4\text{m}$$

$$Z = \left[0.87 - 0.12(1 - \gamma'_f)\left(\frac{h_0}{e}\right)^2\right]h_0$$

$$= \left[0.87 - 0.12 \times \left(\frac{0.25}{0.4}\right)^2\right]250$$

$$= 179.35\text{mm}$$

其中 γ'_f 为零。

按偏心受压得

$$\sigma_{sk} = \frac{N_k(e - Z)}{A_s Z} = \frac{344.32 \times 10^3(400 - 179.35)}{1696 \times 179.35} = 249.77\text{N/mm}^2$$

代入公式（5-17）得

$$w_{max} = \alpha_{cr}\psi\frac{\sigma_{sk}}{E_s}\left(1.9C + 0.08\frac{d_{eq}}{\rho_{te}}\right)$$

$$= 1.9 \times 1 \times \frac{249.77}{2 \times 10^5}\left(1.9 \times 40 + 0.08\frac{18}{1.13}\right)$$

$$= 0.18\text{mm}$$

按偏心受压验算所得裂缝宽度小于按弯曲构件验算的裂缝宽度。因此，在实际工程的地下室外墙如果按弯曲构件验算所得裂缝宽度大于规范规定值时，不应该采用增加配筋的方法简单处理，而应该按偏心受压构件验算裂缝宽度。

4.富盛大厦位于北京朝阳区惠新东街，靠近北四环，抗震设防 8 度，Ⅲ 类场地，设计与施工分为两期。一期为商务写字楼，地下室共 4 层，其中地下 4 层为人防兼汽车库，地上 27 层，高度 99.9m，钢筋混凝土框架-核心筒结构，建筑面积为 83095m²，于 2003 年 5 月开工，2006 年 10 月竣工。二期为商业及办公建筑，主楼地下室共 4 层，其中地下 4 层为人防物资库兼汽车库，地上 13 层，高度 62.2m，钢筋混凝土框架-核心筒结构，建筑面积为 50082m²，于 2006 年 2 月开工，2007 年 12 月竣工，此工程由北京市建筑工程设计公司设计。

(1) 一期工程地下共 4 层，地下 1 层层高 6.6m，局部设有夹层，用作空调制冷机房等，地下 2 层至地下 4 层层高均为 3.3m，地下 4 层为人防物资库，平时用途为汽车库（图 4-47）。基础采用平板式筏板基础，混凝土强度等级 C40，强度龄期采用 60d，核心筒部分厚 3.3m，主楼其他部分板厚 2.5m，主楼以外纯地下室部分板厚 0.7m，柱根设柱帽。基础底标高分别为 −18.1m，−19m，−19.8m，基底为黏质粉土、粉质黏土，$f_{ak}=230kPa$，为控制差异沉降，核心筒部分采用 CFG 桩，要求地基承载力标准值 $f_a=600kPa$，最大沉降量≤55mm，其他部分为天然地基。

地下 2、3、4 层顶板采用了无梁楼板，设平托板帽，混凝土 C40，无梁楼板配筋分为柱上板带和跨中板带。为增大地下室整体刚度及地下室外墙承载力，在

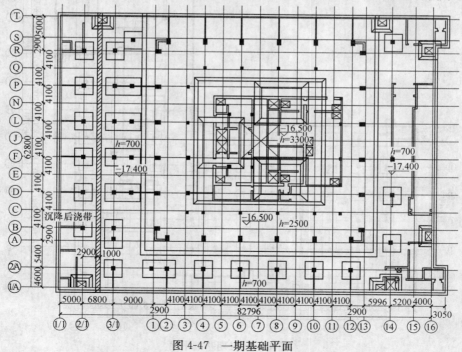

图 4-47　一期基础平面

不影响停车的条件下，靠外墙一跨柱与外墙间设置了剪力墙。地下 1 层和作为上部嵌固部位的地下夹层顶，按《高规》第 3.6.3 条规定采用了梁板式结构。

一期地下室结构设计选型，当按实施方案改为一般采用的方案时，地下 2、3、4 层顶采用梁板式，层高由 3.3m 改为 3.8m，基础由平板式改为梁板式筏基，地基梁上反，梁间回填砂石。根据《北京市建设工程概算定额》（2004 年）计算，各层内外墙厚度和柱子截面不变，混凝土强度等级两种方案相同，由于层高加大，基础埋深加深，墙柱高度增大，基坑护坡面积加多，基坑土方增加，外墙防水面积加大，地下室四层地面增加了回填砂石，在不计地下水抽水增加量和工期变化的费用情况下，综合造价估算，两者相差 12.4%，即按现实施方案比一般采用的方案节省 444.8 万元。

（2）二期工程分为主楼及地下车库两部分。主楼部分地下室共 4 层，地下 1 层层高 4.9m，设有变配电室和空调机房等，地下 2 层层高 4.85m，用作职工餐厅及厨房等，地下 3 层层高 3.3m，为汽车库及仓库，地下 4 层层高 3.3m，为人防物资库，平时用途为汽车库（图 4-48）。基础采用平板式筏形基础，混凝土强

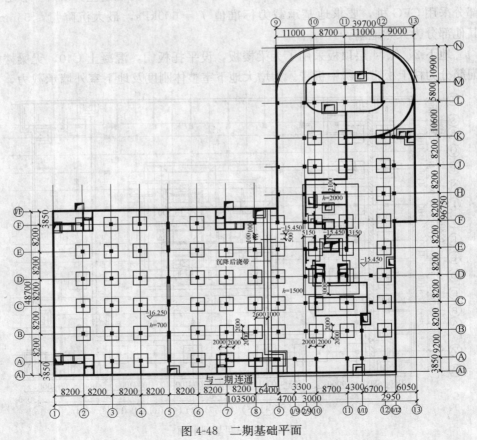

图 4-48 二期基础平面

度等级 C40，强度龄期采用 60d，核心筒部分厚 2m，其他部分板厚 1.5m，柱根设柱帽。基础底标高分别为 −16.95m，−17.45m，基底为黏质粉土、粉质黏土，$f_{ak}=200\sim240$kPa，采用天然地基。地下 1、2 层采用了梁板式结构。地下 3、4 层顶板采用了无梁楼板，设平托板帽，无地上建筑部分的地下室外墙，在梁端不设附壁柱。

地下车库的地下室共 3 层，顶部按室外绿化要求覆土厚度 3m，地下 1 层层高 5.55m，用作地下商场，地下 2 层层高 3.3m，为汽车库，地下 3 层层高 3.3m，为人防物资库，平时用途为汽车库，地下 1、2、3 层与主楼部分的地下 2、3、4 层连为一体。并在地下 2、3 层设有汽车通道与一期地下 3、4 层汽车库连接。地下车库部分与主楼之间基础设沉降后浇带，采用了满堂平板式筏基。

二期工程地下室结构，吸取了一期的有益经验和为使地下室车库地面标高接近，主楼地下 3、4 层及地下车库各层顶板采用了无梁楼板，设平托板帽，降低了层高，基础采用平板式筏基。因此，不但有明显的经济效果，而且使用空间简洁明快。

5. 清华同方科技广场：北京市建筑工程设计公司设计，位于北京清华大学东侧，建筑面积 10.6 万 m²，地下 3 层，地上两座塔楼 26 层高 99.9m，框架-核心筒结构，裙房 5 层框剪结构，地上塔楼与裙房设防震缝分开，地下有地下车库、机电、健身等用房与塔楼、裙房地下室连成整体。基础底距地面 15m，地基土为重粉质黏土、黏土层，$f_{ak}=190$kPa。塔楼由于上部楼层四周外挑，基础底面积小于标准层楼层面积，采用了复合地基，设计要求基底承载力

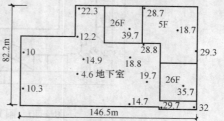

图 4-49　清华同方科技广场沉降（mm）

550kPa，最终沉降量不大于 50mm，裙房及地下车库等采用天然地基与塔楼均采用满堂筏形基础，相互间地下室不设永久缝。该工程 2001 年开工，2001 年 6 月基础底板完成后设沉降观测点，结构在 2002 年 4 月封顶，在 2003 年 4 月第 23 次观测（投入使用后 4 个月）表明（图 4-49）：两塔楼核心筒最大沉降量分别为 39.7mm 和 35.7mm，裙房最小 18.7mm，地下车库最小 4.6mm，塔楼与裙房及仅地下部分用房相连接部位沉降量是接近的、无突变现象，各部位差异沉降均在规范允许范围。所以该工程到第 23 次观测时虽未达到沉降稳定，但预计最终沉降量不会超过原设计要求，说明地基基础采用的方案是成功的。

6. 阳光广场：北京星胜设计公司设计，位于北京亚运村安立路慧中北路转角，建筑面积 14.96 万 m²，地下 3 层，地上四周下部 3 层商业框支剪力墙，4 层

至 31 层台阶式变化的公寓为剪力墙结构，四角高度 94m，中部地上 1 层屋顶为花园（图 4-50），基础底距地面 12.2m 和 11.4m，整体筏板不设永久缝，厚度四周 1.8m，中部 1.0m，地基为粉土及粉砂层，$f_{ak}=230kPa$，深度修正后 $f_a=413kPa$，基底反力高层部分平均 330kPa，中部为 110～130kPa。为了处理差异沉降，四角高层部分底板外挑 4m，裙房外挑 2m，经沉降计算四角高层与中部最终沉降将相差 80mm 左右。该工程 1993 年开工，1994 年 2 月基础底板完成后设沉降观测点，1995 年 5 月结构封顶，投入使用后近三年的 1999 年 4 月第 24 次实测结果表明，共五年多的观测，沉降比较正常，沉降量与相应点所受荷载有比较明显的线性关系，四角最大，依次向两边和中部递减，其中西南角最大值为 43.72mm，中部中心点上升 4.83mm，沉降已基本稳定（小于 1mm/100 天）。

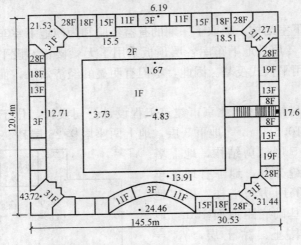

图 4-50　阳光广场沉降（mm）

　　该工程在基础设计时考虑到地基土属中等压缩性，结构的整体性比较好，虽有不均匀沉降但沉降曲线均是平缓的，并在四周高低层和中部之间设置了沉降后浇带，中部的底板按预计的差异沉降经计算加强了配筋。经沉降观测最终沉降量比预估算的小得多，沉降曲线是连续平缓的，在后浇带处也无突变，因此在高层部分施工到地上 19 层，后浇带浇灌成了整体。

　　7. 北京金融街 B7 大厦，位于北京西城区二环东侧，使用功能为办公楼及配套，总建筑面积约 22 万 m^2。建筑物地下共四层，最大埋深 21m。地上由两座 24 层塔楼及两座 4 层裙房组成，塔楼檐高 99.2m，屋顶机房层顶高度为 109m，塔楼与裙房间通过四季花园相连。中国建筑设计研究院配合美国 SOM 公司完成初步设计并独立完成施工图设计。本工程抗震设防烈度为 8 度，设计地震基本加速度 0.2g，设计地震分组为第 1 组，建筑场地类别为Ⅱ类，特征周期 0.35s，50 年一遇的基本风压为 0.45kN/m^2。结构设计在地上设防震缝将整个建筑分成四个抗震单元，两座塔楼采用框架-核心筒体系，两座裙房采用框架体系。四季花园为单层连接体结构，其屋面采用 27m 跨张弦梁，梁两端支承在塔楼与裙房的四层楼面。地下部分连成一体为大底盘，基础采用设反柱帽的平板筏基（图 4-51）。

基础设计中的关键问题一是高、低层荷载差异大，塔楼部分荷载标准值为 450kN/m²，而低层部分荷载标准值仅为 150kN/m²；二是基础平面尺寸达 153m × 147m，需要控制施工期间混凝土收缩应力及跨季施工时温度应力；

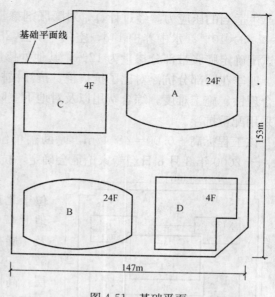

图 4-51 基础平面

三是抗浮设计水位高，最轻的四季花园部分底板承受的水头约 12.2m，抗浮设计十分重要。

对于高、低层间差异沉降问题，由于工程所处场区地质条件好，基础补偿性大，持力层可以选择在较厚的卵石层，且下卧层均为低压缩性土，持力层承载力标准值 $f_{ak}=350kPa$，压缩模量 $E_s=70MPa$。经 JCCAD 程序分析并与简化计算结果对比后，塔楼沉降计算取值为 47mm。裙房部分为超补偿，仅有回弹再压缩引起的极小变形，可忽略不计。根据以上分析在高、低层间设置了沉降后浇带。由开始施工直至主体竣工的沉降观测曲线，可以看出整个建筑的沉降发展与设计预计是一致的。竣工时最大沉降 30mm，出现在 B 楼核心筒处（B-14），B-7 在外框柱处沉降略小为 22.5mm。B-17 在多层部分，与塔楼基础由沉降后浇带分开，沉降很小为 13.3mm，C、D 楼各点沉降均小于 9mm，可见多层部分再压缩沉降除由自身荷载引起外，也受塔楼基底应力扩散影响，表现在离塔楼愈远，沉降愈小。

两个塔楼都有部分基础外挑较大也无法设后浇带分开，B 楼最大外挑长度约 14m。处理的办法是在底板下间隔设 150mm 厚褥垫，按外挑部分竖向荷载确定与持刀层相接触的基底面积。相比于不设褥垫外挑产生的弯矩大为减小，而截面的承载能力仅在设褥垫处略有降低，可以满足要求。

为解决大底盘的温度、收缩问题，基础底板结合沉降后浇带又设置了若干条收缩后浇带，将其分为 60m 左右的单元以尽可能减小底板拉应力。同时在底板及外墙中掺加膨胀剂、设膨胀带，并设置了一定量的通长约束钢筋，以在混凝土中产生适当的压应力。经过计算，对膨胀剂掺量的要求为水中养护 14d，限制膨胀率 $\geqslant 3\times 10^{-4}$；水中养护 14d，空气中养护 28d，限制干缩率 $\leqslant 3\times 10^{-4}$。搅拌站试配确定膨胀带部分掺量为 12%，其他处掺量为 10%。

四季花园部分抗浮对比了抗拔桩、抗浮锚杆、加配重三种方案，根据基础受力合理性、施工难度、综合费用以及对地下室防水的影响等几方面比较的结果确定采用配重抗浮。

该工程标高 $\pm 0.00 = 48.47$m，原勘察单位提供抗浮设计水位按 41.00m 考虑，于 2000 年 3 月 8 日经专家论证会确定，抗浮水位取 39.58m。

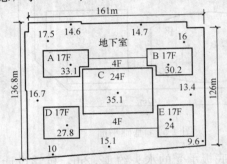

图 4-52　光彩中心沉降（mm）

8. 光彩中心：天津大学设计院设计，位于北京东单，总建筑面积 23.7 万 m²，地上 17 层高 64m 四幢，24 层高 85m 一幢及 4 层裙房组成，地下均为 3 层（图 4-52）。基础底地面下 17.5m 中砂、细砂层，高楼采用满堂平板筏基，裙房及地下车库采用独立柱基抗水板，各部分地下室连成一体均为天然地基。该工程 2001 年开工，在 2002 年 2 月基础底板完成后设沉降观测点，2003 年 4 月结构封顶后 3 个月第 20 次观测结果及设计时沉降计算量如表 4-29 所示。该工程在高楼与地下车库相连部位无突变。至 20 次沉降观测尚未沉降稳定，根据地基土质情况最终沉降量与目前不会相差很多。

最大沉降值（mm）　　　　　　　　　　　　　　　　表 4-29

部　　位	计　算　值	实　测　值	部　　位	计　算　值	实　测　值
A 楼	55.1	33.1	D 楼	54.6	27.8
B 楼	64.3	30.2	E 楼	51.1	24.0
C 楼	53.5	35.1	地下室	26.5	22.1

实例 4 至实例 8 小结：以上工程实例的实际沉降观测表明，沉降计算值与实测值有较大差异，高层主楼与裙房之间的基础即使设沉降缝，在相接处的沉降值变化也是连续的，没有突变现象。这种结果说明以前认为基础附加压力悬殊处基础会有沉降突变的观点是不符合实际的。因此，仅从差异沉降量考虑，高层主楼与裙房之间的基础可以不设沉降缝。

高层主楼与裙房之间设置沉降后浇带作为一种短时期释放约束应力的技术措施，较设永久性沉降缝已大大前进了一步。但是，在基础底板留沉降后浇带，将历时较长，如到主楼封顶需几个月甚至几年，在这么长时间里后浇带中将不可避免地落进各种各样的垃圾杂物及积水，钢筋出现锈蚀，在灌注后浇带混凝土前清理工作非常艰难，而若不清理干净势必影响工程质量。根据实测，桩筏及桩箱基础的差异沉降与基础的整体刚度有明显关系，主楼与裙房的基础联合为一体的差异沉降远小于以后浇带或沉降缝分离基础的差异沉降。所以，取消沉降后浇带，用主楼及裙房的桩基调节差异沉降，利用主楼与裙房联合基础的整体刚度来减少差异沉降是完全可能的。

第5章 楼（屋）盖结构

【禁忌1】 对楼盖体系的选择重要性无概念

【正】 1. 建筑结构是水平结构分体系—楼盖体系和竖向结构分体系—墙、柱等组成总结构体系。

2. 可以将多高层建筑的水平分体系看成是二维的整体构件，在垂直方向，它通过抗弯起着支承楼面和屋面荷载的作用；在水平方向，它起着隔板和连接竖向构件的作用，并成为抗侧力体系中的一部分。应该注意的是，水平分体系的方案选择与设计和竖向分体系的结构布置有关。竖向分体系可由比较规则布局的柱、框架、剪力墙或筒组成。因此，在具体工程项目的设计中，必须同步综合协调考虑水平分体系和竖向分体系的结构平面布置与类型，以达到理想的承载力、刚度和其他综合效益的要求。

3. 对所有的建筑物来讲，楼盖体系方案的选择要考虑：建筑空间功能所要求的开间大小及其跨度的长宽比、活荷载的大小、规划设计所限定的结构层间容许高度、所需对结构总体系整体刚度的贡献大小和允许的边支承条件等。对于高层建筑来讲，尽管其楼盖体系和多层建筑基本相同，但确有一些问题会在高层建筑中变得更加突出和重要。

4. 高层建筑往往都有几十层，由于楼盖的结构高度将直接影响建筑物的总高度及其抗侧力效应，所以高层建筑中的楼盖结构高度就变得非常重要，结构工程师必须认真地去比较和选择最佳的楼盖体系设计方案，并认真确定其构件的截面高度。

例如，一幢柱距为9m×9m的50层钢筋混凝土框架-核心筒办公楼，梁-板式楼盖体系。9m跨度的钢筋混凝土框架梁的截面高度一般控制在 500～700mm。如果设计选用700mm高的常规梁，而不是500mm高的宽扁梁，尽管两者的楼盖单位面积的平均重量差不多，但使每层楼盖的结构高度增加了20cm，50层累积起来就将整个建筑物的高度抬高了10m。即使规划设计没有限定建筑物的总高度，但风荷载和地震作用势必会加大。如在风荷载作用下的建筑物顶部侧移是与其自身高度的四次方成正比，则其顶部位移就无形之中加大了约25%。而倾覆力矩是与自身高度的平方成正比，即增加了12%左右。另外，电梯、墙饰面和其他一些服务设施的费用也都会相应增加。

5. 不同楼盖体系的自重也会逐层叠加而直接影响基础的造价。较重的楼盖结构势必会要求较大截面尺寸的柱子和剪力墙，这不但会增加上部结构的材料和施工费用，同时也会加大基础的用量和造价。此外，较重的楼盖结构还势必会加大地震作用下的惯性力，反过来又加大抗侧力构件的抗震补强。

6. 在高层建筑中，倾覆力矩是一个很重要而且必须关注的问题。一方面要尽可能采用大跨度的楼盖结构体系，取消内柱，以加宽抗倾覆力矩的力臂；另一方面应尽可能地将楼盖所承受的重量直接传递给最外边缘的抗倾覆力矩的竖向构件，这样就能以预压力来平衡（或减小）倾覆力矩所产生的轴向拉力。大跨度的楼盖结构也可以用来作为水平隔板，但有时必须在满足承受竖向荷载的基础上再进一步加强才能起到这种作用。不过，当竖向受力构件在平面内布置得比较均匀和对称时，那就没有必要再用很强的楼盖结构作为水平刚性隔板。千万记住，只要将每层楼盖的结构自重减轻一点，就可以使整幢建筑的重量减轻很多。这无论从经济还是从受力上来讲都是极其有利的。

【禁忌2】 楼（屋）盖结构选型不根据建筑使用功能

【正】 1. 楼盖形式常用的有梁板组成的肋形楼盖和无梁楼盖。常用肋形楼盖的板有：现浇梁式单向板、现浇双向板、现浇单向密肋板和双向密肋板；后张无粘结预应力现浇单、双向板；预制预应力混凝土薄板叠合楼板；预制圆孔板。无梁楼盖有：现浇无梁平板；带平托板（柱帽）的无梁楼板等。还有预应力现浇圆孔板（适用于大跨度楼板）等。

2. 不同使用功能的建筑，楼盖结构选型应考虑其适用性。例如，住宅、公寓、旅馆等建筑，居室、客厅多数不设吊顶，常采用现浇单向板、现浇双向板、预制预应力混凝土薄板叠合楼板、预制圆孔板等，不宜采用后张无粘结预应力现浇板及预应力现浇圆孔板，因为此类房屋竖向管道和管井在安装过程中及改造中位置经常有变化，预应力现浇板易造成难以处理；办公楼、商业用房通常有吊顶，楼盖可采用单向次梁或双向井字、双向十字次梁，有利于减小板厚和结构自重；大柱距商场宜采用无梁楼盖，有利于空间效果及减小层高；地下室或地下汽车库宜采用无梁楼盖，尤其是地下停车库采用无梁楼盖，可降低层高，减小埋深，减少施工护坡和土方，缩短工期，减少外墙防水面积，有明显的综合经济效益。

【禁忌3】 对楼（屋）盖板、梁的厚度和高度取值不熟悉

【正】 1. 各类现浇楼板为满足承载力和刚度的需要，板的最小厚度和板厚与跨度的比值有一定要求，其值见表 5-1 和表 5-2。

项 次	板　类		板的最小厚度
1	梁式板	屋面板 板跨度＜1500	50
2		板跨度≥1500	60
3		民用建筑的层间楼板	60
4		工业建筑的层间楼板	70
5		工业建筑行车道楼板	80
6	双向板		80
7	密肋板	肋的间距≤700 时	40
8	（单向及双向）	肋的间距＞700 时	50
9	悬臂板	当板的悬臂长度≤500 时	板的根部 60
10		当板的悬臂长度＞1200 时	板的根部 100
11	无梁板	有托板	120
		无托板	150

板的厚度与跨度的最小比值（h/L）　　　　　　表 5-2

项次	板的支承情况	板 的 种 类			无梁楼盖	
		单向板	双向板	悬臂板	有托板	无托板
1	简 支	1/30	1/40		1/32～1/40	1/30～1/35
2	连 续	1/40	1/50	1/12		

注：1. L 为板的短边计算跨度；

　　2. 跨度大于 4m 的板宜适当加厚；

　　3. 双向板系指板的长边与短边之比等于 1 的情况，当大于 1 时，板厚宜适当增加；

　　4. 荷载较大时，板厚另行考虑；

　　5. 板厚尚应满足防火要求。

2. 现浇混凝土结构的梁截面高度可根据荷载情况参照表 5-3 取用。

梁 截 面 高 度　　　　　　　　　　　表 5-3

分 类	梁截面高度	分 类	梁截面高度
简支梁	1/12～1/15L	悬挑梁	1/5～1/7L
连续梁	1/12～1/20L	框支梁	有抗震设防 1/6L
单向密肋梁	1/18～1/22L		非抗震设计 1/7L
井字梁	1/15～1/20L		

注：1. 双向密肋梁截面高度可适当减少；

　　2. 梁的荷载较大时，截面高度取较大值，必要时应计算挠度及裂缝宽度。梁的设计荷载的大小，一般可以布设计荷载 40kN/m 为界，超过此值，可认为是属于荷载较大；

　　3. 有特殊要求的梁，截面高度尚可较表列数值减少，但应验算刚度及裂缝宽度，并采取加强刚度的措施，如增设受压钢筋；在需要与可能时梁内设置型钢；增设预应力钢筋等；

　　4. 在计算梁的挠度时，应考虑梁受压区现浇板（翼缘）的有利作用；

　　5. 在验算挠度时，可将计算所得挠度值减去构件的合理起拱值；

　　6. 表中 L 为梁的计算跨度（井字梁为短跨）。

【禁忌4】 不重视楼盖结构的有关规定

【正】 1. 房屋高度超过 50m 时，框架-剪力墙结构、简体结构及《高规》第 10 章所指的复杂高层建筑结构应采用现浇楼盖结构，剪力墙结构和框架结构宜采用现浇楼盖结构。

2. 现浇楼盖的混凝土强度等级不宜低于 C20、不宜高于 C40。

3. 房屋高度不超过 50m 时，8 度、9 度抗震设计的框架-剪力墙结构宜采用现浇楼盖结构；6 度、7 度抗震设计的框架-剪力墙结构可采用装配整体式楼盖，且应符合下列要求：

（1）楼盖每层宜设置钢筋混凝土现浇层。现浇层厚度不应小于 50mm，混凝土强度等级不应低于 C20，不宜高于 C40，并应双向配置直径 6~8mm、间距 150~200mm 的钢筋网，钢筋应锚固在剪力墙内；

（2）楼盖的预制板板缝宽度不宜小于 40mm，板缝大于 40mm 时应在板缝内配置钢筋，并宜贯通整个结构单元。预制板板缝、板缝梁的混凝土强度等级应高于预制板的混凝土强度等级，且不应低于 C20。

4. 房屋高度不超过 50m 的框架结构或剪力墙结构，当采用装配式楼盖时，应符合下列要求：

（1）以上第 3 条第（2）款的规定；

（2）预制板搁置在梁上或剪力墙上的长度分别不宜小于 35mm 和 25mm；

（3）预制板板端宜预留胡子筋，其长度不宜小于 100mm；

（4）预制板板孔堵头宜留出不小于 60mm 的空腔，并采用强度等级不低于 C20 的混凝土浇灌密实。

5. 房屋的顶层、结构转换层、平面复杂或开洞过大的楼层、作为上部结构嵌固部位的地下室楼层应采用现浇楼盖结构。一般楼层现浇楼板厚度不应小于 80mm，当板内预埋暗管时不宜小于 100mm；顶层楼板厚度不宜小于 120mm，宜双层双向配筋；转换层楼板应符合《高规》第 10 章的有关规定；普通地下室顶板厚度不宜小于 160mm；作为上部结构嵌固部位的地下室楼层的顶楼盖应采用梁板结构，楼板厚度不宜小于 180mm，混凝土强度等级不宜低于 C30，应采用双层双向配筋，且每层每个方向的配筋率不宜小于 0.25%。

6. 现浇预应力混凝土楼板厚度可按跨度的 1/45~1/50 采用，且不宜小于 150mm。

7. 现浇预应力混凝土板设计中应采取措施防止或减少主体结构对楼板施加预应力的阻碍作用。

8. 现浇板钢筋构造应按下列要求：

（1）现浇板受力钢筋的间距按表 5-4 要求采用。

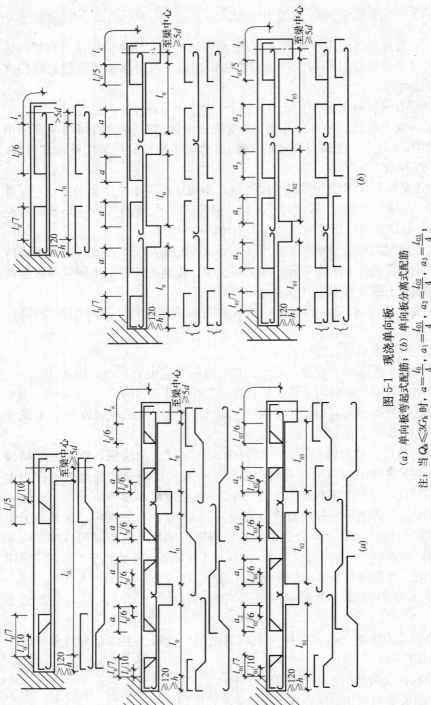

图 5-1 现浇单向板

(a) 单向板弯起式配筋;(b) 单向板分离式配筋

注:当 $Q_k \leqslant 3G_k$ 时,$a = \dfrac{l_0}{4}$,$a_1 = \dfrac{l_{01}}{4}$,$a_2 = \dfrac{l_{02}}{4}$,$a_3 = \dfrac{l_{03}}{4}$;

当 $Q_k > 3G_k$ 时,$a = \dfrac{l_0}{3}$,$a_1 = \dfrac{l_{01}}{3}$,$a_2 = \dfrac{l_{02}}{3}$,$a_3 = \dfrac{l_{03}}{3}$;

其中 Q_k ——可变荷载标准值;

G_k ——永久荷载标准值。

不等跨连续板跨度相差≤20%。

板受力钢筋的间距（mm）　　　　　　　　　表 5-4

间距要求	跨　　中		支　　座	
	板厚 $h \leqslant 150$	板厚 $h > 150$	下部	上部
最大间距	200	1.5h，250	400	200
最小间距	70	70	70	70

（2）单向板单位长度上的分布钢筋，其截面面积不应小于单位长度上受力钢筋截面面积的 15%，其间距不应大于 250mm。当板承受较大温度变化情况时，分布钢筋宜适当增加。分布钢筋的直径及间距参见表 5-5。挑出长度大于 1.5m 的悬臂板，板底宜根据挑出长度，配置与上部受力钢筋平行的构造钢筋，直径为 6～10mm，间距及分布钢筋同上部。

现浇板分布钢筋的直径及间距（mm）　　　　　　　　　表 5-5

受力钢筋直径（mm）	受　力　钢　筋　间　距										
	70	75	80	90	100	110	120	140	150	160	200
6～8	φ6@250										
10	φ6@200 φ8@250					φ6@250					
12	φ8@200				φ8@250			φ6@250			
14	φ8@200			φ8@250					φ6@250		
16	φ8@150 φ10@250		φ8@200				φ8@250				

（3）现浇单向板的受力钢筋配置分为弯起式和分离式（图 5-1）。弯起配置时，弯起数量一般为 1/2，且不超过 2/3，起弯角度板厚小于 200mm 时可采用 30°，板厚等于大于 200mm 时采用 45°。在实际工程中因钢筋多数在工厂加工，为加工、运输、堆放、施工方便，现在多采用分离式配筋。

（4）现浇单向板支座上部钢筋伸入跨中的长度及边支座锚入梁或钢筋混凝土墙内的长度应为受拉锚固长度 l_a。单向板下部受力钢筋伸入支座锚固长度为：简支板在梁上时，大于等于 5 倍钢筋直径；连续板在中支座梁上，边跨板在边支座梁或钢筋混凝土墙上时，伸至梁或墙中心线，且大于等于 5 倍钢筋直径。

（5）对于两边均嵌固在钢筋混凝土墙内的板角部分，应双向配置上部构造钢筋，其伸出墙边的长度应不小于 $l_1/4$（l_1 为板短跨），锚入墙内长度应为受拉锚固长度 l_a。

（6）当现浇单向板的受力钢筋与梁平行时，沿梁方向应配置间距不大于 200mm，直径应不小于 8mm，且单位长度内的总截面面积应不小于板单位长度内受力钢筋的 1/3 与梁相垂直的构造钢

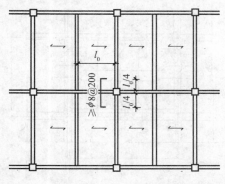

图 5-2　垂直单向板主筋支座构造钢筋

筋，伸入板跨中的长度从梁边算起应不小于板计算跨度的 1/4（图 5-2）。

（7）现浇双向板受力钢筋的配置分为分离式和弯起式两种。跨中受力钢筋小跨度方向布置在下，大跨度方向在上。支座上部钢筋，分离式配置时可按图 5-3；弯起式配置时，支座上部除利用跨中弯起的 1/2～1/3 外，不足时可增设直钢筋(图 5-4)。

（8）现浇单向板和双向板，当跨中设置施工后浇缝时，相邻两边支座的上部钢筋应考虑施工后浇缝浇灌混凝土前的悬臂作用而予以适当加强。

（9）现浇板内埋设机电暗管时，管外径不得大于板厚的 1/3，管子交叉处不受此限制。

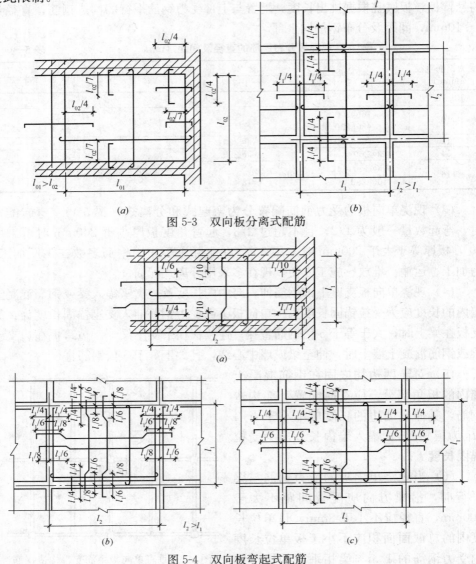

图 5-3　双向板分离式配筋

图 5-4　双向板弯起式配筋

【禁忌5】 对现浇密肋板的构造不了解

【正】 1. 现浇单向密肋板，可根据建筑顶棚装修的要求，在小肋之间填置空心砖、加气混凝土块等，形成平板底面，或不填置任何材料成为空格。

2. 现浇单向密肋板，板净跨一般为 500～700mm，肋宽 60～120mm，板厚度应大于等于 50mm，肋的纵向受力钢筋和箍筋应按计算确定，构造如图 5-5 所示。

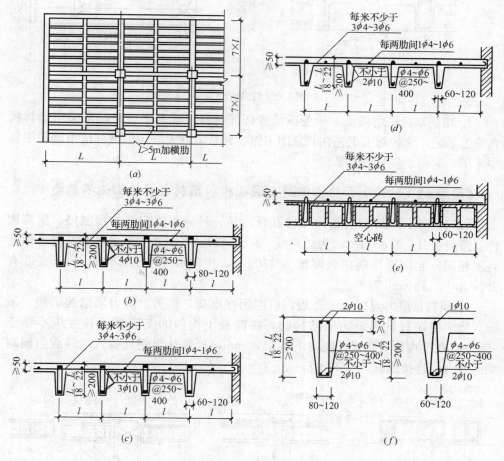

图 5-5 单向密肋板

3. 现浇双向密肋井字楼盖，既可在框架结构中采用，也可在板柱结构中应用，一般适用于较大跨度。区格的长边与短边之比宜不大于 1.5，肋梁一般为正交，肋梁的截面尺寸和配筋根据荷载及跨度计算确定。板的厚度等于大于 50mm。肋梁宽度不宜小于 100mm，纵向受力钢筋不小于 2ϕ10，箍筋不小于 ϕ6@250（图 5-6）。

205

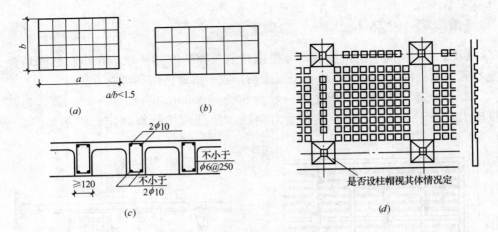

图 5-6 双向密肋盖

4. 现浇双向密肋楼盖，一般不填置任何材料形成井字空格，常采用塑料模壳施工工艺，这种施工工艺在北京图书馆、北京华侨大厦、机械部情报楼等工程中采用，取得了较好的效果。

【禁忌 6】 对预制预应力混凝土圆孔板和预制大楼板构造不熟悉

【正】 1. 预制预应力混凝土圆孔板，是一种应用较普遍的预制楼、屋盖构件。按跨度分：1.8～4.2m 为短向板，4.5～6m 为长向板，其厚度和宽度各地区各不相同。北京地区短向板厚度为 130mm，长向板厚度为 180mm，板宽度有880mm 和 1180mm 两种。

2. 预制预应力混凝土圆孔板，可应用在框架、框剪、剪力墙结构的楼、屋盖。当应用在有抗震设防的结构时，在混凝土构件的支座搁置长度应不小于65mm，在钢构件上搁置长度应不小于 50mm，板端伸出钢筋锚入端缝或与预制梁的叠合层连接成整体（图 5-7）。

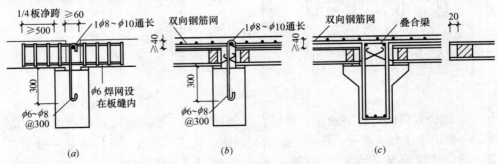

图 5-7 圆孔板与梁连接

应用在非抗震设计的结构时，板端可不伸出钢筋，但支座搁置长度，在混凝土构件上应不小于 80mm，在钢构件上应不小于 50mm。

3. 框架和框剪结构采用预制预应力混凝土圆孔板时，板缝宽度不宜小于 60mm，缝内应配置纵向钢筋和箍筋，其大小应按计算确定，且纵向钢筋不应少于上下各 1ϕ8，箍筋不小于 ϕ6@300mm。

4. 高层框剪结构的预制预应力混凝土圆孔板上应设置厚度不小于 50mm 的现浇混凝土叠合层，使圆孔板与叠合层形成装配整体式楼盖。现浇混凝土叠合层的混凝土强度等级不低于 C20 不高于 C40，配置 ϕ6～ϕ8@200 双向分布构造筋，且必须锚入剪力墙内。现浇混凝土叠合层应与板缝混凝土同时浇灌。

有抗震设防时，圆孔板的端部不得伸入剪力墙内，应在剪力墙上挑出牛腿，以支承预制圆孔板，同时应验算现浇混凝土叠合层内伸入剪力墙分布钢筋为承担传递楼层剪力所需的截面面积。

5. 框架结构的预制预应力混凝土圆孔板上除特殊需要外，一般可不设置现浇混凝土叠合层。

6. 有抗震设防的高层剪力墙结构，由于预制预应力混凝土圆孔板板端进墙削弱墙的整体性，不宜采用预制圆孔板。高度 50m 以上的剪力墙结构不得采用预制预应力混凝土圆孔板。

7. 预制预应力混凝土圆孔板的纵向受力钢筋保护层较薄，应注意是否满足防火等级要求，必要时应采取有效措施，如板底面加抹灰层或其他防火材料。

预制预应力混凝土圆孔板应用在潮湿环境的房间时，必须采取措施防止板纵向受力钢筋的锈蚀。

8. 预制大楼板主要应用在小开间（2.7～3.9m）的高层住宅、公寓等居住建筑的现浇剪力墙结构，板厚 110mm，混凝土强度等级一般为 C30，板底板面光滑平整，板底不再抹灰，可喷浆或其他材料直接饰面，板面不再做抹砂浆饰面层。

9. 预制大楼板为采用先张法模外张拉双向预应力钢筋的实心板，预应力钢筋采用 ϕ^b5 甲级工组冷拔低碳钢丝，其他钢筋采用 HPB300 级及 HRB335 级钢筋。预应力钢筋在混凝土达到设计强度等级的 70% 时才允许松张。

10. 剪力墙结构，横墙厚度为 140mm 和 160mm 时，预制大楼板长边入墙长度分别为 5mm 和 15mm，凸键入墙长度分别为 50mm 和 60mm；纵向内墙厚度一般 160mm 时，预制大楼板短边入墙长度为 10mm。双向预应力钢筋各边甩出 150mm，沿长边每侧甩出 6 道 ϕ12 拉筋，以备与相邻板或山墙埋件焊接相连。

11. 预制大楼板上的孔洞必须预留，并在洞边设非预应力加强钢筋。当必要时可在现场用电钻打≤ϕ80 孔洞，但后打洞应避免位于构造的薄弱部位。

电气照明等管线在预制大楼板时，应预埋在板内。

12. 预制大楼板两端支承在墙或梁上的凸键，在运输、堆放、吊装过程中应注意保护，不得损坏，更不得凿断。

13. 安装预制大楼板时，须沿板长边支座架设通长支架。为保证安全，可在板底入墙部分（包括凸键）支座上铺垫 1∶2 水泥砂浆座浆层。

14. 预制大楼板就位后，将相邻板沿长边设置的 6 道拉筋进行焊接，焊缝长度≥90mm，在山墙与预埋件做等强度焊接。

15. 为使板与板、板与墙连结成整体，浇灌板缝现浇混凝土前，必须先将板缝内的残渣污物清除干净，喷水润湿。浇灌混凝土时必须振捣密实，并注意养护。在板缝现浇混凝土达到设计强度等级的 70% 时，方可拆除板底的支架。

16. 预制大楼板的外形、拉筋、吊钩如图 5-8 所示。预制大楼板与内、外墙的连接构造见图 5-9。

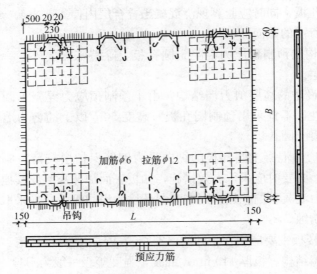

图 5-8　预制大楼板

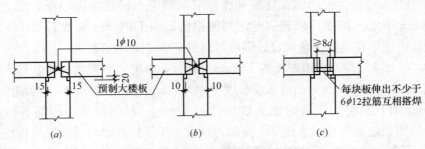

图 5-9　预制大楼板与墙连接构造

【禁忌7】　对预应力混凝土薄板叠合板和双钢筋薄板叠合板构造不熟悉

【正】　1. 预应力混凝土薄板叠合楼板系由预制预应力混凝土薄板和现浇混

凝土叠合层组成的整体式钢筋混凝土板，板底平整，不用抹灰，可用做非地震区和地震区的高层建筑的楼、屋盖板。

2. 预应力混凝土薄板叠合楼板，可设计成单向板和双向板。单向板时，预制预应力混凝土薄板的宽度可根据房间进深或开间尺寸分块，每块宽度可取1500mm 以内，厚度当板跨度 2.4～6.6m 时为 40～60mm。高层住宅、公寓、饭店建筑，多采用双向板，此时预制预应力混凝土薄板的大小一般取一间一块，其厚度根据房间大小取 40～60mm。

现浇混凝土叠合层厚度，可根据板的跨度及荷载大小确定。当现浇混凝土叠合层内埋设电气管线时宜不小于 90mm。

3. 预制预应力混凝土薄板的混凝土强度等级应不低于 C30，预应力钢筋可采用冷拔低碳钢丝或刻痕钢丝。现浇叠合混凝土强度等级应不低于 C20，不高于C40，叠合层支座负钢筋可采用 HRB335 钢筋或 HPB300 钢筋。

预制预应力混凝土薄板采用长线台座先张法制作，预应力钢筋一般沿板宽均匀布置在距板高度中心偏下25mm 处。放张预应力钢筋时，混凝土强度等级应达到设计强度等级的 70％。

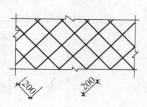

图 5-10　预制薄板网纹

4. 为了使预制预应力混凝土薄板与现浇混凝土叠合层有较好的粘结，在预制预应力混凝土薄板表面应加工成粗糙面，可采用网状滚筒等方法压成网纹，其凹凸差约为 4～6mm（图 5-10）。

5. 预制预应力混凝土薄板安装时，两端搁置在墙上或梁上的长度应≥20mm。为了让预制预应力混凝土薄板能承受现浇混凝土叠合层重量和施工荷载，在薄板底面跨中及支座边应设置立柱和横撑组成临时支架，支架间距应≤1.8m，支架顶面应严格抄平，以保证薄板底面平整，支承薄板的墙或梁的顶面应比薄板底面设计标高低 20mm，成硬架支模，在浇灌现浇混凝土叠合层时填严成整体。

6. 在浇筑叠合层混凝土前，应将预制预应力混凝土薄板表面清扫干净，并浇水充分湿润（冬季施工除外），但不得积水，以保证叠合层与预制预应力混凝土薄板连结成整体。浇筑叠合层混凝土时，宜采用平板振捣器。叠合层混凝土中严禁采用对钢筋产生锈蚀作用的早强剂。

7. 预制预应力混凝土薄板侧边及端部形状及薄板之间拼缝、支座支承、负钢筋构造做法如图 5-11 所示。

8. 预应力混凝土薄板叠合板的设计与施工，可参考中国建筑标准设计研究所编制的《全国通用建筑标准设计结构试用图集》JSJT—93。

9. 预制混凝土双钢筋薄板叠合楼板：

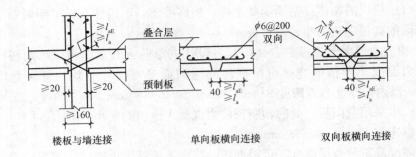

楼板与墙连接　　　　　单向板横向连接　　　　双向板横向连接

图 5-11　预应力混凝土薄板叠合楼板构造

（1）采用双钢筋预制混凝土底板上加现浇混凝土叠合层组成的整体钢筋混凝土连续板。适用于有抗震设防和非抗震设计的高层建筑楼、屋盖板。

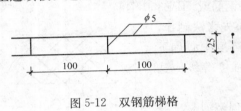

图 5-12　双钢筋梯格

（2）此种板可作单向板或双向板。双钢筋预制板的厚度：板跨度在 3.9m 以内时为 50mm；板跨度大于 3.9m 时为 63mm。现浇混凝土叠合层厚度可根据板跨度、荷载等情况确定，一般不超过预制底板厚度的两倍，不少于预制底板厚度。当为旅馆、试验楼等电线管道较多的房屋时，为埋设电线管道，现浇混凝土叠合层厚度不宜小于 90mm。

（3）预制底板的钢筋，采用 $\phi5$ 冷拔低碳钢丝平焊成型的双钢筋，主筋间距 25mm，梯格间距 100±10mm，梯格由专用点焊机制作成型（图 5-12），成卷运输堆放，使用时长度按需切割。

纵横向配置双钢筋，受力钢筋数量按计算确定，预制底板四周均伸出板边 $\phi5@200$，长 300mm，主要受力方向的双钢筋保护层为 20mm。

预制底板单板宽度为 1500～3900mm，长度为 4200～7200mm，可根据房间尺寸选用。当按双向板计算时，整块楼板可由两块或三块预制单板拼成底板，此时拼接板缝宽度一般为 100mm，拼接板缝应置于内力较小部位。拼接叠合后可按整间弹性双向板计算内力，连续板支座钢筋根据支座弯矩按现浇板确定数量，配置 HPB 300 级或 HRB 335 级钢。

（4）支承预制底板的墙或梁顶面应比板底低 15～20mm，以便浇灌叠合层和墙体混凝土后使板底接触严实。支撑预制底板的支架待叠合层混凝土强度等级达到 100% 后才能拆除。

（5）预制混凝土双钢筋薄板叠合楼板非常重要的一点是，预制底板上表面做预制时应保持粗糙，在浇灌叠合层混凝土前清理干净并喷水润湿，以使预制与现浇结合面能有良好粘结。预制底板拼接构造如图 5-13 所示。

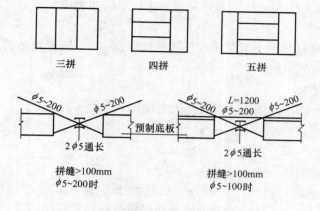

图 5-13 预制底板拼接构造

【正】 1. 现浇圆孔板主要适用于需要有较大跨度之公共建筑,如办公楼。其他如健身房、中小型厂房等,皆可适用。现浇圆孔板是在浇筑混凝土之前,按设计要求布置薄壁圆孔管而形成的一种现浇圆孔板。由于圆孔减轻了板自重,而且可按设计要求采用后张预应力措施,可以适用于较大跨度。

2. 适用跨度:非预应力空心板,可达 8m 左右;预应力空心板,可达 12m 左右。

3. 现浇空心板之空心率,视各种情况而有所不同,一般在 25%~50% 之间。此类空心板的造价,常由空心管的排列控制。管子的上下保护层不宜太厚,太厚会增加板自重,也增加混凝土用量与造价。管与管之间的水平净距,不宜小于 50mm,以便于浇筑混凝土,但也不宜过大。

4. 现浇圆孔板是一种单向板。即使板的区格为正方形,由于此种板两个方向的刚度差别较大,也不能按一般的双向板计算。即使采取一些措施,例如将每节管子之间留出间距,使板的横向也有一定的混凝土肋,但两个方向的刚度仍相差不少,仍以按单向板设计为宜。

5. 对于空心管管材的要求:

(1) 为控制造价,管材的价格应低于其同体积混凝土的价格;

(2) 管材应有防水性能和一定强度,能经受振捣混凝土之操作而不破裂;

(3) 不含对混凝土和钢筋有害的化学成分。

6. 施工时应采取措施,防止管子浮起。

【正】 1. 后张无粘结预应力混凝土主要应用在跨度大于 8m 的楼板和大跨度

梁，一般采用预应力钢筋的同时还配置一定数量的非预应力钢筋，以提高其受力性能。

2. 后张无粘结预应力混凝土现浇板的跨厚比 l/h，应考虑结构形式和荷载等因素，可按下列值采用：

（1）无梁楼盖：

楼板：40～45；屋顶板（荷载较大者除外）：42～52。

（2）肋形楼盖：

单向板：40～45；双向板：45～52。

（3）双向密肋板一般不超过 35。

3. 无粘结预应力钢筋，由 $7\phi5$ 高强钢丝组成钢丝束或用 $7\phi5$ 高强钢丝扭结成的钢绞线，通过防锈、防腐润滑油脂等涂层包裹塑料套管而构成，工程应用时可按设计要求截成所需长度，在绑扎非预应力钢筋的同时将钢丝束或钢绞线的预应力钢筋在板内按设计要求放置成直线或曲线。

4. 设计与施工应参见《无粘结预应力混凝土结构技术规程》（JGJ 92—2004）。

【禁忌 10】 现浇楼板过分强调按弹性理论计算

【正】 1.《混凝土规范》5.4.1 条和 5.4.2 条规定，房屋建筑中的钢筋混凝土连续梁和连续单向板，可采用考虑塑性内力重分布的分析方法，承受构布荷载的周边支承的双向矩形板，可采用塑性铰线法或条带法等塑性极限方法进行承载能力极限状态设计。

2.《钢筋混凝土连续梁和框架考虑内力重分布设计规程》（CECS 51：93）对连续梁和单向连续板的计算有具体规定。双向板考虑内力重分布的塑性计算方法在许多手册中都有介绍。

3. 承受均布荷载的等跨单向连续板，各跨跨中及支座截面的弯矩设计值 M 可按下列公式计算：

$$M = \alpha_{\mathrm{mp}}(g+q)l_0^2$$

式中　α_{mp}——单向连续板考虑塑性内力重分布的弯矩系数，按表 5-6 采用；

　　　g——沿板跨单位长度上的永久荷载设计值；

　　　q——沿板跨单位长度上的可变荷载设计值；

　　　l_0——计算跨度，根据支承条件按下列规定确定：当两端与梁整体连接时，取净跨；当两端搁支在墙上时，取净跨加板厚，并不得大于支座中心线间的距离；当一端与梁整体连接，另一端搁支在墙上时，取净跨加 1/2 板厚，并不得大于净跨加墙支承宽度的 1/2。

端支座 支承情况	截 面					
	端支座	边跨跨中	离端第二支座	离端第二跨跨中	中间支座	中间跨跨中
	A	Ⅰ	B	Ⅱ	C	Ⅲ
搁支在墙上	0	$\dfrac{1}{11}$	$-\dfrac{1}{10}$ （用于两跨连续板）	$\dfrac{1}{16}$	$-\dfrac{1}{14}$	$\dfrac{1}{16}$
与梁整体连接	$-\dfrac{1}{16}$	$\dfrac{1}{14}$	$-\dfrac{1}{11}$ （用于多跨连续板）			

注：表中弯矩系数适用于荷载比 q/g 大于 0.3 的等跨连续板。

4. 考虑塑性内力重分布计算双向板，由于计算跨度取净跨，一般支座弯矩与跨中弯矩比值取小于等于 2，使支座上铁伸入跨中的数量减少。经分析比较一般楼板和人防顶板，按塑性计算与按弹性计算钢筋量分析能节省 20%～25% 和 30%。

支座弯矩与跨中弯矩的比值 β，连续跨度相等的板可取 1 或 1.4；跨度较大的板或边跨第二支座宜取 1.8。

考虑塑性内力重分布的分离式配筋双向板弯矩计算，可按表 5-7 取用。

【例 5-1】 有一四边固端的双向板，$L_1 = 6m$，$L_2 = 7.2m$，活荷载 $Q_k = 2.0kN/m^2$，可变荷载分项系数 $\gamma_Q = 1.4$，永久荷载 $G_k = 5.8kN/m^2$，永久荷载分项系数 $\gamma_G = 1.2$，求跨中及支座弯矩（图 5-14）。

解：$q = \gamma_Q Q_k + \gamma_G G_k = 1.4 \times 2.0 + 1.2 \times 5.8 = 9.76kN/m^2$，$\lambda = \dfrac{7.2}{6} = 1.2$，查表 5-7，$\alpha = 0.69$，取 $\beta = 1.4$，$\xi_1 = 0.024$。

$$M_1 = 0.024 \times 9.76 \times 6^2$$
$$= 8.433 kN \cdot m/m$$
$$M_I = M'_I$$
$$= 1.4 \times 8.433$$
$$= 11.806 kN \cdot m/m$$
$$M_2 = 0.69 \times 8.433$$
$$= 5.819 kN \cdot m/m$$
$$M_{II} = M'_{II} = 1.4 \times 5.819$$
$$= 8.147 kN \cdot m/m$$

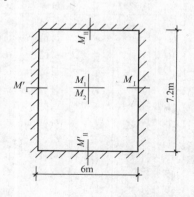

图 5-14 例 5-1 图

【例 5-2】 图 5-15 平面尺寸及荷载同例 5-1，两边支座钢筋（HPB235）为已知，求其余配筋。

			边界类型							
$\lambda=\dfrac{L_2}{L_1}$			ξ_1	C_1	ξ_2	C_2	ξ_3	C_3	ξ_4	C_4
λ	α	β	ξ_1	C_1	ξ_2	C_2	ξ_3	C_3	ξ_4	C_4
1.00	1.00	1.0	0.021	0.000	0.024	0.145	0.024	0.145	0.028	0.169
1.05	0.91	1.0	0.023	0.000	0.026	0.150	0.026	0.146	0.031	0.173
1.10	0.83	1.0	0.025	0.000	0.029	0.153	0.028	0.147	0.033	0.176
1.15	0.76	1.0	0.027	0.000	0.032	0.156	0.030	0.147	0.036	0.177
1.20	0.69	1.0	0.029	0.000	0.034	0.159	0.031	0.147	0.038	0.178
1.25	0.64	1.0	0.030	0.000	0.036	0.160	0.033	0.146	0.040	0.178
1.30	0.59	1.0	0.032	0.000	0.039	0.161	0.035	0.145	0.043	0.178
1.35	0.55	1.0	0.033	0.000	0.041	0.162	0.036	0.143	0.045	0.177
1.40	0.51	1.0	0.035	0.000	0.043	0.162	0.037	0.141	0.047	0.176
1.45	0.48	1.0	0.036	0.000	0.045	0.161	0.039	0.139	0.048	0.175
1.50	0.44	1.0	0.037	0.000	0.046	0.160	0.040	0.137	0.050	0.173
1.55	0.42	1.0	0.039	0.000	0.048	0.159	0.041	0.135	0.052	0.171
1.60	0.39	1.0	0.040	0.000	0.050	0.158	0.042	0.133	0.053	0.169
1.65	0.37	1.0	0.041	0.000	0.051	0.157	0.043	0.130	0.054	0.166
1.70	0.35	1.0	0.042	0.000	0.053	0.155	0.044	0.128	0.056	0.164
1.75	0.33	1.0	0.043	0.000	0.054	0.153	0.044	0.126	0.057	0.161
1.80	0.31	1.0	0.043	0.000	0.055	0.151	0.045	1.124	0.058	0.159
1.85	0.29	1.0	0.044	0.000	0.056	0.149	0.046	0.121	0.059	0.156
1.90	0.28	1.0	0.045	0.000	0.058	0.147	0.046	0.119	0.060	0.154
1.95	0.26	1.0	0.046	0.000	0.059	0.145	0.047	0.117	0.061	0.151
2.00	0.25	1.0	0.046	0.000	0.060	0.143	0.048	0.115	0.062	0.149
1.00	1.00	1.4	0.017	0.000	0.020	0.123	0.020	0.123	0.025	0.149
1.05	0.91	1.4	0.019	0.000	0.023	0.128	0.022	0.124	0.027	0.152
1.10	0.83	1.4	0.021	0.000	0.025	0.131	0.024	0.125	0.029	0.155
1.15	0.76	1.4	0.022	0.000	0.027	0.134	0.025	0.125	0.032	0.156
1.20	0.69	1.4	0.024	0.000	0.029	0.136	0.027	0.124	0.034	0.157
1.25	0.64	1.4	0.025	0.000	0.031	0.138	0.028	0.123	0.036	0.157
1.30	0.59	1.4	0.027	0.000	0.033	0.139	0.029	0.122	0.038	0.157
1.35	0.55	1.4	0.028	0.000	0.035	0.139	0.030	0.121	0.039	0.156
1.40	0.51	1.4	0.029	0.000	0.037	0.140	0.032	0.119	0.041	0.155
1.45	0.48	1.4	0.030	0.000	0.039	0.140	0.033	0.117	0.043	0.154
1.50	0.44	1.4	0.031	0.000	0.040	0.139	0.033	0.115	0.044	0.152
1.55	0.42	1.4	0.032	0.000	0.042	0.138	0.034	0.113	0.045	0.151
1.60	0.39	1.4	0.033	0.000	0.043	0.137	0.035	0.111	0.047	0.149
1.65	0.37	1.4	0.034	0.000	0.045	0.136	0.036	0.110	0.048	0.147

ξ_5	C_5	ξ_6	C_6	ξ_7	C_7	ξ_8	C_8	ξ_9	C_9
0.028	0.169	0.028	0.169	0.033	0.204	0.033	0.204	0.042	0.256
0.030	0.169	0.031	0.177	0.036	0.205	0.037	0.211	0.046	0.262
0.032	0.167	0.035	0.184	0.039	0.205	0.041	0.218	0.050	0.265
0.033	0.166	0.038	0.191	0.041	0.205	0.045	0.223	0.054	0.268
0.035	0.163	0.042	0.196	0.043	0.203	0.048	0.227	0.057	0.269
0.036	0.161	0.045	0.200	0.046	0.201	0.052	0.230	0.061	0.269
0.038	0.158	0.049	0.204	0.048	0.199	0.055	0.232	0.064	0.269
0.039	0.155	0.052	0.207	0.049	0.196	0.058	0.233	0.067	0.267
0.040	0.152	0.055	0.209	0.051	0.193	0.062	0.234	0.070	0.265
0.041	0.149	0.058	0.210	0.053	0.190	0.065	0.234	0.072	0.263
0.042	0.146	0.061	0.211	0.054	0.187	0.067	0.233	0.075	0.260
0.043	0.143	0.064	0.212	0.055	0.184	0.070	0.232	0.077	0.257
0.044	0.140	0.066	0.212	0.057	0.180	0.072	0.231	0.080	0.254
0.045	0.137	0.069	0.211	0.058	0.177	0.075	0.229	0.082	0.250
0.046	0.134	0.071	0.211	0.059	0.174	0.077	0.227	0.083	0.246
0.046	0.131	0.074	0.209	0.060	0.170	0.079	0.225	0.085	0.243
0.047	0.128	0.076	0.208	0.061	0.167	0.081	0.222	0.087	0.239
0.047	0.126	0.078	0.207	0.062	0.164	0.083	0.220	0.089	0.235
0.048	0.123	0.080	0.205	0.063	0.161	0.085	0.217	0.090	0.231
0.049	0.120	0.082	0.203	0.063	0.157	0.086	0.214	0.091	0.227
0.049	0.118	0.093	0.201	0.064	0.154	0.088	0.212	0.093	0.223
0.025	0.149	0.025	0.149	0.031	0.189	0.031	0.189	0.042	0.256
0.026	0.148	0.028	0.157	0.033	0.189	0.035	0.196	0.046	0.262
0.028	0.146	0.031	0.164	0.036	0.188	0.038	0.203	0.050	0.265
0.029	0.144	0.034	0.171	0.038	0.187	0.042	0.209	0.054	0.268
0.030	0.141	0.038	0.177	0.040	0.185	0.046	0.213	0.057	0.269
0.031	0.139	0.041	0.182	0.041	0.183	0.049	0.217	0.061	0.269
0.033	0.136	0.044	0.186	0.043	0.180	0.052	0.220	0.064	0.269
0.034	0.133	0.048	0.189	0.045	0.178	0.056	0.222	0.067	0.267
0.034	0.130	0.051	0.192	0.046	0.175	0.059	0.223	0.070	0.265
0.035	0.127	0.054	0.195	0.047	0.171	0.062	0.224	0.072	0.263
0.036	0.124	0.057	0.197	0.049	0.168	0.065	0.224	0.075	0.260
0.037	0.121	0.060	0.198	0.050	0.165	0.067	0.224	0.077	0.257
0.037	0.119	0.062	0.199	0.051	0.162	0.070	0.223	0.080	0.254
0.038	0.116	0.065	0.199	0.052	0.159	0.072	0.222	0.082	0.250

边界类型 λ=$\frac{L_2}{L_1}$										
λ	α	β	ξ_1	C_1	ξ_2	C_2	ξ_3	C_3	ξ_4	C_4
1.70	0.35	1.4	0.035	0.000	0.046	0.135	0.037	0.108	0.049	0.144
1.75	0.33	1.4	0.036	0.000	0.047	0.134	0.037	0.106	0.050	0.142
1.80	0.31	1.4	0.036	0.000	0.048	0.132	0.038	0.104	0.051	0.140
1.85	0.29	1.4	0.037	0.000	0.049	0.130	0.038	0.102	0.052	0.138
1.90	0.28	1.4	0.037	0.000	0.050	0.129	0.039	0.100	0.053	0.136
1.95	0.26	1.4	0.038	0.000	0.051	0.127	0.039	0.098	0.054	0.133
2.00	0.25	1.4	0.039	0.000	0.052	0.125	0.040	0.096	0.054	0.131
1.00	1.00	1.8	0.015	0.000	0.018	0.108	0.018	0.108	0.022	0.133
1.05	0.91	1.8	0.016	0.000	0.020	0.111	0.019	0.108	0.024	0.136
1.10	0.83	1.8	0.018	0.000	0.022	0.115	0.021	0.108	0.026	0.138
1.15	0.76	1.8	0.019	0.000	0.024	0.117	0.022	0.108	0.028	0.140
1.20	0.69	1.8	0.020	0.000	0.026	0.119	0.023	0.108	0.030	0.140
1.25	0.64	1.8	0.022	0.000	0.027	0.121	0.024	0.107	0.032	0.140
1.30	0.59	1.8	0.023	0.000	0.029	0.122	0.025	0.106	0.034	0.140
1.35	0.55	1.8	0.024	0.000	0.031	0.123	0.026	0.104	0.035	0.140
1.40	0.51	1.8	0.025	0.000	0.033	0.123	0.027	0.103	0.037	0.139
1.45	0.48	1.8	0.026	0.000	0.034	0.123	0.028	0.101	0.038	0.138
1.50	0.44	1.8	0.027	0.000	0.036	0.123	0.029	0.100	0.039	0.136
1.55	0.42	1.8	0.028	0.000	0.037	0.122	0.030	0.098	0.041	0.135
1.60	0.39	1.8	0.028	0.000	0.038	0.122	0.030	0.096	0.042	0.133
1.65	0.37	1.8	0.029	0.000	0.040	0.121	0.031	0.094	0.043	0.131
1.70	0.35	1.8	0.030	0.000	0.041	0.120	0.032	0.093	0.044	0.129
1.75	0.33	1.8	0.030	0.000	0.042	0.118	0.032	0.091	0.045	0.127
1.80	0.31	1.8	0.031	0.000	0.043	0.117	0.033	0.089	0.046	0.125
1.85	0.29	1.8	0.032	0.000	0.044	0.116	0.033	0.087	0.047	0.123
1.90	0.28	1.8	0.032	0.000	0.045	0.114	0.033	0.086	0.047	0.121
1.95	0.26	1.8	0.033	0.000	0.046	0.113	0.034	0.084	0.048	0.119
2.00	0.25	1.8	0.033	0.000	0.046	0.111	0.034	0.082	0.049	0.117

注：计算公式：$\lambda = L_2/L_1$，$\alpha = M_2/M_1$，$\beta = \dfrac{M_I}{M_1} = \dfrac{M'_I}{M_1} = \dfrac{M_{II}}{M_2} = \dfrac{M'_{II}}{M_2}$，$M_1 = \xi_i q L_1^2$，$M_2 = \alpha M_1$，$M_I = M'_I = \beta M_1$，$M_{II} = M'_{II} = \beta M_2$。

当支座弯矩为已知时：$M_1 = \xi_i q L_1^2 - C_i$ $(\lambda M_I + \lambda M'_I + M_{II} + M'_{II})$。

求配筋：$A_{s1}^0 = \dfrac{M_1}{\gamma h_0 f_y}$，$A_{s2} = \alpha A_{s1}$，$A_{sI} = A'_{sI} = \beta A_{s1}$，$A_{sII} = A'_{sII} = \beta A_{s2}$。

当已知支座钢筋时：$A_{s1} = A_{s1}^0 - C_i$ $(\lambda A_{sI} + \lambda A'_{sI} + A_{sII} + A'_{sII})$。

ξ_5	C_5	ξ_6	C_6	ξ_7	C_7	ξ_8	C_8	ξ_9	C_9
0.039	0.113	0.068	0.199	0.053	0.155	0.075	0.220	0.083	0.246
0.039	0.111	0.070	0.199	0.054	0.152	0.077	0.218	0.085	0.243
0.040	0.108	0.072	0.198	0.054	0.149	0.079	0.217	0.087	0.239
0.040	0.106	0.074	0.197	0.055	0.146	0.081	0.214	0.089	0.235
0.040	0.104	0.076	0.196	0.056	0.143	0.083	0.212	0.090	0.231
0.041	0.101	0.078	0.195	0.056	0.140	0.084	0.210	0.091	0.227
0.041	0.099	0.080	0.193	0.057	0.137	0.086	0.207	0.093	0.223
0.022	0.133	0.022	0.133	0.029	0.175	0.029	0.175	0.042	0.256
0.023	0.132	0.025	0.141	0.031	0.175	0.032	0.183	0.046	0.262
0.025	0.129	0.028	0.148	0.033	0.174	0.036	0.190	0.050	0.265
0.026	0.127	0.031	0.155	0.035	0.172	0.039	0.196	0.054	0.268
0.027	0.124	0.034	0.161	0.036	0.170	0.043	0.201	0.057	0.269
0.028	0.122	0.038	0.166	0.038	0.168	0.046	0.205	0.061	0.269
0.029	0.119	0.041	0.171	0.039	0.165	0.050	0.209	0.064	0.269
0.029	0.116	0.044	0.175	0.041	0.162	0.053	0.211	0.067	0.267
0.030	0.114	0.047	0.178	0.042	0.159	0.056	0.213	0.070	0.265
0.031	0.111	0.050	0.181	0.043	0.156	0.059	0.215	0.072	0.263
0.031	0.108	0.053	0.184	0.044	0.153	0.062	0.215	0.075	0.260
0.032	0.106	0.056	0.186	0.045	0.150	0.065	0.216	0.077	0.257
0.033	0.103	0.059	0.187	0.046	0.147	0.068	0.215	0.080	0.254
0.033	0.101	0.061	0.188	0.047	0.144	0.070	0.215	0.082	0.250
0.033	0.098	0.064	0.189	0.048	0.140	0.072	0.214	0.083	0.246
0.034	0.096	0.066	0.189	0.048	0.138	0.075	0.212	0.085	0.243
0.034	0.094	0.069	0.189	0.049	0.135	0.077	0.211	0.087	0.239
0.035	0.092	0.071	0.188	0.050	0.132	0.079	0.209	0.089	0.235
0.035	0.090	0.073	0.188	0.050	0.129	0.081	0.207	0.090	0.231
0.035	0.088	0.075	0.187	0.051	0.126	0.082	0.205	0.091	0.227
0.036	0.086	0.077	0.186	0.051	0.124	0.084	0.203	0.093	0.223

板的塑性内力系数 ξ_i （$\beta=1.0$）　　　　　　表 5-8

λ	α	ξ_1	ξ_2	ξ_3	ξ_4	ξ_5	ξ_6	ξ_7	ξ_8	ξ_9
2.00	0.25	0.046	0.060	0.048	0.062	0.049	0.083	0.064	0.088	0.093
2.10	0.23	0.047	0.061	0.049	0.063	0.050	0.086	0.065	0.091	0.095
2.20	0.21	0.048	0.063	0.050	0.065	0.051	0.089	0.067	0.093	0.097
2.30	0.19	0.049	0.064	0.050	0.066	0.051	0.092	0.068	0.095	0.099
2.40	0.17	0.050	0.065	0.051	0.067	0.052	0.094	0.068	0.097	0.100
2.50	0.16	0.051	0.067	0.052	0.068	0.052	0.096	0.069	0.099	0.102
2.60	0.15	0.052	0.068	0.052	0.069	0.053	0.098	0.070	0.100	0.103
2.70	0.14	0.052	0.068	0.053	0.070	0.053	0.099	0.071	0.102	0.104
2.80	0.13	0.053	0.069	0.053	0.070	0.054	0.101	0.071	0.103	0.105
2.90	0.12	0.053	0.070	0.054	0.071	0.054	0.102	0.072	0.104	0.106
3.00	0.11	0.054	0.071	0.054	0.071	0.055	0.103	0.072	0.105	0.107

板的塑性内力系数 ξ_i （$\beta=1.4$）　　　　　　表 5-9

λ	α	ξ_1	ξ_2	ξ_3	ξ_4	ξ_5	ξ_6	ξ_7	ξ_8	ξ_9
2.00	0.25	0.039	0.052	0.040	0.054	0.041	0.080	0.057	0.086	0.093
2.10	0.23	0.040	0.054	0.041	0.056	0.042	0.084	0.058	0.089	0.095
2.20	0.21	0.040	0.055	0.041	0.057	0.043	0.087	0.059	0.091	0.097
2.30	0.19	0.041	0.056	0.042	0.058	0.043	0.089	0.060	0.094	0.099
2.40	0.17	0.042	0.057	0.043	0.059	0.044	0.092	0.061	0.096	0.100
2.50	0.16	0.042	0.058	0.043	0.060	0.044	0.094	0.061	0.098	0.102
2.60	0.15	0.043	0.059	0.044	0.061	0.044	0.096	0.062	0.099	0.103
2.70	0.14	0.043	0.060	0.044	0.061	0.045	0.098	0.063	0.101	0.104
2.80	0.13	0.044	0.061	0.044	0.062	0.045	0.099	0.063	0.102	0.105
2.90	0.12	0.044	0.062	0.045	0.063	0.045	0.101	0.064	0.103	0.106
3.00	0.11	0.045	0.062	0.045	0.063	0.046	0.102	0.064	0.105	0.107

板的塑性内力系数 ξ_i （$\beta=1.8$）　　　　　　表 5-10

λ	α	ξ_1	ξ_2	ξ_3	ξ_4	ξ_5	ξ_6	ξ_7	ξ_8	ξ_9
2.00	0.25	0.033	0.046	0.034	0.049	0.036	0.077	0.051	0.084	0.093
2.10	0.23	0.034	0.048	0.035	0.050	0.036	0.081	0.052	0.087	0.095
2.20	0.21	0.035	0.049	0.036	0.051	0.037	0.084	0.053	0.090	0.097
2.30	0.19	0.035	0.050	0.036	0.052	0.037	0.087	0.054	0.092	0.099
2.40	0.17	0.036	0.051	0.037	0.053	0.037	0.090	0.055	0.095	0.100
2.50	0.16	0.036	0.052	0.037	0.054	0.038	0.092	0.055	0.097	0.102
2.60	0.15	0.037	0.053	0.037	0.054	0.038	0.094	0.056	0.098	0.103
2.70	0.14	0.037	0.054	0.038	0.055	0.038	0.096	0.056	0.100	0.104
2.80	0.13	0.038	0.054	0.038	0.055	0.039	0.098	0.057	0.101	0.105
2.90	0.12	0.038	0.055	0.038	0.056	0.039	0.099	0.057	0.103	0.106
3.00	0.11	0.038	0.055	0.039	0.056	0.039	0.101	0.057	0.104	0.107

λ	α	ξ_1	ξ_2	ξ_3	ξ_4	ξ_5	ξ_6	ξ_7	ξ_8	ξ_9
2.00	0.25	0.031	0.044	0.032	0.046	0.033	0.076	0.049	0.083	0.093
2.10	0.23	0.032	0.045	0.033	0.047	0.034	0.079	0.050	0.086	0.095
2.20	0.21	0.032	0.046	0.033	0.048	0.034	0.083	0.051	0.089	0.097
2.30	0.19	0.033	0.048	0.034	0.049	0.035	0.086	0.051	0.092	0.099
2.40	0.17	0.033	0.049	0.034	0.050	0.035	0.088	0.052	0.094	0.100
2.50	0.16	0.034	0.049	0.035	0.051	0.035	0.091	0.052	0.096	0.102
2.60	0.15	0.034	0.050	0.035	0.052	0.036	0.093	0.053	0.098	0.103
2.70	0.14	0.035	0.051	0.035	0.052	0.036	0.095	0.053	0.099	0.104
2.80	0.13	0.035	0.052	0.036	0.053	0.036	0.097	0.054	0.101	0.105
2.90	0.12	0.035	0.052	0.036	0.053	0.036	0.099	0.054	0.102	0.106
3.00	0.11	0.036	0.053	0.036	0.054	0.037	0.100	0.055	0.103	0.107

解：已知板厚为：$h=120\text{mm}$，$h_0=100\text{mm}$。

$\gamma=0.95$。$\lambda=\dfrac{7.2}{6}=1.2$，取 $\beta=1.8$，查表 5-7 得 ξ_4 $=0.03$，$C_4=0.14$，$\alpha=0.69$。

$$M_1=0.03\times9.76\times6^2=10.541\text{kN}\cdot\text{m/m}$$

$$A_{S1}^0=\frac{10.541\times10^6}{0.95\times100\times210}=528.37\text{mm}^2/\text{m}$$

$$A_{S1}=528.37-0.14\ (1.2\times590+420)$$

$$=370.45\text{mm}^2/\text{m}$$

$$A'_{S\text{I}}=1.8\times370.45=666.81\text{mm}^2/\text{m}$$

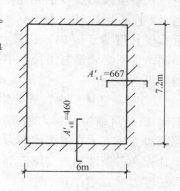

图 5-15　例 5-2 图

$$A_{S2}=0.69\times370.45=255.61\text{mm}^2/\text{m}$$

$$A'_{S\text{II}}=1.8\times255.61=460.10\text{mm}^2/\text{m}$$

【例 5-3】 有一块三边固端一边简支的双向板，$L_1=3\text{m}$，$L_2=7.5\text{m}$，活荷载 $Q_k=3\text{kN/m}^2$，可变荷载分项系数 $\gamma_Q=1.4$，永久荷载 $G_k=4.8\text{kN/m}^2$，永久荷载分项系数 $\gamma_G=1.2$，求跨中及支座的弯矩、配筋。钢筋采用 HRB335，混凝土采用 C20，板厚 $h=100\text{mm}$。

解：　　　$\gamma_Q Q_k+\gamma_G G_k=1.4\times3.0+1.2\times4.8=9.96\text{kN/m}^2$

$\lambda=7.5/3=2.5$，取 $\beta=1.4$，$h_0=80\text{mm}$，$\gamma_s=0.95$，$\alpha=1/\lambda^2=1/2.5^2=$ 0.16，查表 5-9，$\xi_2=0.058$。

$$M_1=0.058\times9.96\times3^2=5.2\text{kN}\cdot\text{m}$$

$$A_{S1}=\frac{5.2\times10^6}{0.95\times80\times300}=228\text{mm}^2，\text{配筋}\Phi\,8@200$$

$$A_{S2}=\alpha A_{S1}=0.16\times228=36.5\text{mm}^2，\text{配筋}\Phi\,6@200$$

$$A_{S\text{I}}=A'_{S\text{I}}=\beta A_{S1}=1.4\times228=319\text{mm}^2，\text{配筋}\Phi\,8/\Phi\,10@200$$

$$A_{SII} = \beta A_{S2} = 1.4 \times 36.5 = 51.1 \text{mm}^2，配筋 \Phi 6@200$$

【禁忌 11】 不熟悉楼层梁支承在主梁或剪力墙上按固接计算的条件

【正】 1. 《混凝土规范》8.3.1 条、11.6.7 条和《高规》6.5.4 条、6.5.5 条都规定，楼层框架梁在边柱非抗震设计的上部纵向钢筋和抗震设计的上部及下部纵向钢筋，锚固段当柱截面尺寸不足锚固长度时，纵向钢筋应伸至节点对边向下和向上弯折 15 倍直径，锚固段弯折前的水平投影长度不应小于 $0.4l_{ab}$ 或 $0.4l_{abE}$。

试验研究表明，锚固端的锚固能力由水平段的粘结能力和弯弧与垂直段的弯折锚固作用组成。在承受静力荷载为主的情况下，水平段投影长度的粘结能力起主导作用。当水平段投影长度不小于 $0.4l_{ab}$ 或 $0.4l_{abE}$ 时，垂直段长度为 $15d$ 时，已能可靠保证梁端的锚固，可不必满足总锚长不小于受拉锚固长度的要求。

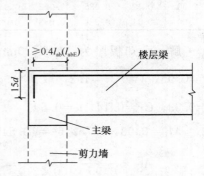

图 5-16 固接支座

2. 在现浇楼层中，框架结构、框剪结构、框架-核心筒结构及剪力增结构，次梁或主梁端跨边支座支承在主梁或剪力墙上，如果按固接计算必备条件是边支座上部纵向钢筋锚固直段长度 $\geqslant 0.4l_{ab}(l_{abE})$（图 5-16），否则按简支考虑。

3. 现浇梁边支座按简支计算时，实际会受到部分约束而并非真正简支支座。因此，《混凝土规范》9.2.6 条规定：应在支座区上部设置纵向构造钢筋，其截面面积不应小于梁跨中下问纵向受力钢筋计算所需截面面积的四分之一，且不应少于两根；该纵向构造钢筋自支座边缘向跨内伸出的长度不应小于 $0.2l_0$，此处，l_0 为该跨的计算跨度（支座锚固长度为 l_a）。

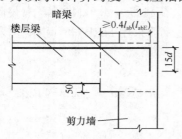

图 5-17 墙层部加厚暗梁构造要求（图 5-17）。

4. 在框架-核心筒结构的核心筒外周剪力墙厚度，上部楼层因从下到上逐渐变化而不能满足楼层梁固接条件时，处理的方法一般是按简支计算，如果为了提高结构整体抗侧刚度，在一些实际工程设计中核心筒外周剪力墙在楼层局部加厚满足楼层梁固接支座上部纵向钢筋锚固直段长度 $\geqslant 0.2l_{ab}(l_{abE})$，加厚部分高度取比楼层梁低 50mm，配筋按框剪结构带边框剪力墙

5. 楼层梁在剪力墙按固接计算时，在梁端剪力墙应设暗柱，并按计算确定

暗柱纵向钢筋。

【禁忌 12】 对主梁承受集中荷载时，设置附加横向钢筋不区分情况

【正】 1. 《混凝土规范》第 9.2.11 条规定，位于梁下部或梁截面高度范围内的集中荷载，应全由附加横向钢筋（箍筋、吊筋）承担，附加横向钢筋宜采用箍筋。设附加横向钢筋的目的是将集中荷载传递到梁的受压区，如果梁顶部设柱或搭搁预制钢筋混凝土梁、檩条及钢梁时，这些构件已直接落在梁的受压区，因此没必要再设附加横向钢筋。

2. 梁设附加横向钢筋应按下列构造要求：

（1）附加横向钢筋可采用箍筋或吊筋，为了施工方便尽可能采用附加箍筋，不采用或少采用吊筋。当设吊筋时，吊筋的下部应落到主梁的下边 ［图 5-18 (a)］。

（2）悬挑梁外端次梁的吊筋可按图 5-18 (b) 设置。

（3）当次梁高度大于主梁或悬挑梁外端有低于其下边的次梁时，可按图 5-18 (c) 设置吊筋。

（4）当主梁为次梁设附加箍筋作为附加横向钢筋时，应注意次梁边的箍筋应同时满足受剪承载力和为次梁传递集中荷载至受压区附加箍筋的需要，处理的方法可首先按受剪承载力设置箍筋，附加箍筋按需要设置在图 5-19 (a) 的 S 范围内，箍筋间距不宜小于 80mm。

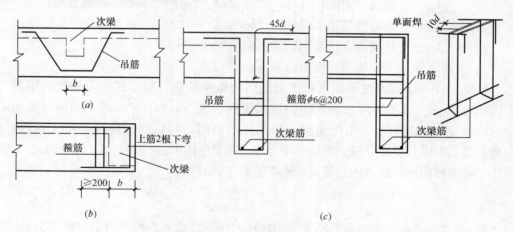

图 5-18　吊筋设置

3. 当楼盖结构中悬挑梁外端支承次梁时，宜按下列要求进行计算和构造处理：

（1）次梁高度与悬挑梁高度相同时，可按图 5-19 (b) 构造，悬挑梁上部弯下钢筋 A_{s1} 与 次梁边加密箍筋，应按吊筋验算其承载力：

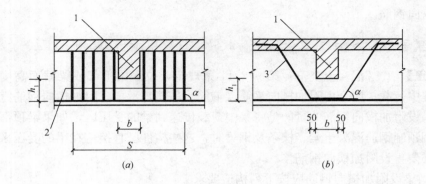

图 5-19 梁截面高度范围内有集中荷载作用时附加横向钢筋的布置

(a) 附加箍筋；(b) 附加吊筋

1—传递集中荷载的位置；2—附加箍筋；3—附加吊筋

$$F \leqslant (f_{yv}A_{sv} + f_y A_{s1})/1000 \quad (kN)$$

（2）次梁位置低于悬挑梁底面时，可按图 5-18（c）设置吊柱，吊柱的吊筋按下式验算其承载力：

$$F \leqslant f_y A_s / 1000 \quad (kN)$$

以上式中　F——次梁在悬挑梁外端的集中力（包括吊柱重）设计值（kN）；

$\quad f_{yv}$——箍筋抗拉强度设计值（MPa）；

$\quad A_{sv}$——箍筋截面面积（mm²），可取次梁边两个箍筋的截面总和；

$\quad f_y$——吊筋抗拉强度设计值（MPa）；

$\quad A_{s1}$——悬挑梁上部弯下钢筋截面面积（mm²）；

$\quad A_s$——吊柱筋截面面积总和（mm²）。

4. 位于梁下部或在梁截面高度范围内的集中荷载，应全部由附加横向钢筋（箍筋、吊筋）承担。附加横向钢筋应布置在长度 $S = 2h_1 + 3b$ 的范围内（见图 5-20）。附加钢筋宜优先采用箍筋。当采用吊筋时，其弯起段应伸至梁上边缘，且末端水平段长度在受拉区不应小于 $20d$，在受压区不应小于 $10d$（图 5-21）。

附加横向钢筋所需的总截面面积，应按下式计算：

$$A_{sv} \geqslant \frac{F}{f_{yv}\sin\alpha}$$

式中　A_{sv}——承受集中荷载所需的附加横向钢筋总截面面积，当采用附加吊筋时，A_{sv} 应为左、右弯起段截面面积之和；

$\quad F$——作用在梁内下部或梁截面内的集中荷载设计值；

$\quad \alpha$——附加横向钢筋与梁轴线间的夹角。吊筋弯起的夹角可为 45°或 60°。

附加横向钢筋当采用箍筋时，其承载力设计值见表 5-12；当采用吊筋时，其承载力设计值见表 5-13。

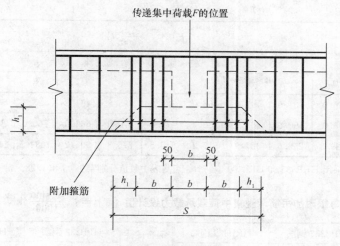

图 5-20　附加箍筋图

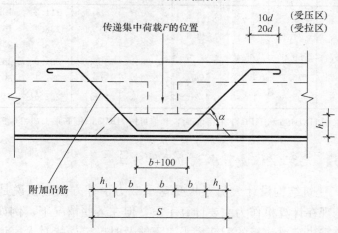

图 5-21　附加吊筋图
注：附加吊筋宜≥2ϕ12 变形钢筋不加弯钩。

梁中附加横向钢筋承受集中荷载承载力设计值表

附加箍筋承受集中荷载承载力设计值　　　　表 5-12

钢筋种类：HPB235

钢筋直径 （mm）	$[F] = f_{yv}\dfrac{A_{sv}}{1000}$ (kN)									
	每　侧　双　肢　箍　筋　个　数									
	1	2	3	4	5	6	7	8	9	10
6	23.8	47.5	71.3	95.0	118.8	142.5	166.3	190.0	213.8	237.5
8	42.2	84.4	126.7	168.9	211.1	253.3	295.6	337.8	380.0	422.2

钢筋直径 （mm）	$[F]=f_{yv}\dfrac{A_{sv}}{1000}$ (kN)									
	每 侧 双 肢 箍 筋 个 数									
	1	2	3	4	5	6	7	8	9	10
10	66.0	131.9	197.9	263.9	329.9	395.8	461.8	527.8	593.8	659.7
12	95.0	190.0	285.0	380.0	475.0	570.0	665.0	760.0	855.0	950.0
14	129.3	258.6	387.9	517.2	646.5	775.8	905.2	1034.5	1163.8	1293.1

注：当箍筋采用 HRB335 和 HPB300 钢筋时，可将表中数值分别乘 1.43 和 1.28。

每根附加吊筋承受集中荷载承载力设计值 $[F]=f_{yv}\dfrac{A_{sv}\sin\alpha}{1000}$(kN)　表 5-13

钢筋直径 （mm）	HPB235 钢筋		HRB335 钢筋		钢筋直径 （mm）	HPB235 钢筋		HRB335 钢筋	
	$\alpha=45°$	$\alpha=60°$	$\alpha=45°$	$\alpha=60°$		$\alpha=45°$	$\alpha=60°$	$\alpha=45°$	$\alpha=60°$
10	23.3	28.6	33.3	40.8	20	93.3	114.3	133.3	163.2
12	33.6	41.1	48.0	58.8	22	112.9	138.3	161.3	197.5
14	45.7	56.0	65.3	80.0	25	145.8	178.5	208.2	255.1
16	59.7	73.1	85.3	104.5	28	182.8	224.0	261.2	319.9
18	75.6	92.6	108.0	132.2	30	209.9	257.1	300.0	367.3
					32	238.8	292.5	341.2	417.9

注：当吊筋采用 HRB400 和 HPB300 的钢筋时，其值可按 HRB335 钢筋乘 1.2 和 0.9。

【禁忌 13】 忘记梁板受弯承载力手算方法

【正】 1. 建筑结构设计人员梁板受弯承载力手算方法应该说是最重要的基本功，即便是现在计算机作为主要计算手段，但在某些情况下，例如，到施工现场处理问题急需决定梁或板的配筋大小，不能及时确定，能对人家说"我回去上机计算后再告诉你"，好吗？作为从事结构设计的人员，简化计算的概念不应不掌握，必要的手算方法不能忘记。

2.《混凝土规范》6.2.12 条规定，T 形及倒 L 形截面梁位于受压区的翼缘计算宽度 b'_f（图 5-22），按表 5-14 所列各项中的最小值取用。

T 形及倒 L 形截面受弯构件翼缘计算宽度 b'_f　　　　表 5-14

考 虑 情 况	T 形 截 面		倒 L 形 截 面
	肋形梁（板）	独 立 梁	肋形梁（板）
按计算跨度 l_0 考虑	$\dfrac{1}{3}l_0$	$\dfrac{1}{3}l_0$	$\dfrac{1}{6}l_0$
按梁（肋）净跨距 s_n 考虑	$b+s_n$		$b+\dfrac{s_n}{2}$

考 虑 情 况		T 形 截 面		倒 L 形 截 面
		肋形梁（板）	独 立 梁	肋形梁（板）
按翼缘高度 h_f' 考虑	当 $h_f'/h_0 \geqslant 0.1$	—	$b+12h_f'$	—
	当 $0.1 > h_f'/h_0 \geqslant 0.05$	$b+12h_f'$	$b+6h_f'$	$b+5h_f'$
	当 $h_f'/h_0 < 0.05$	$b+12h_f'$	b	$b+5h_f'$

注：1. 如肋形梁在梁跨内设有的间距小于纵肋间距的横肋时，则可不遵守表列第三种情况的规定；

2. 对有加腋的 T 形和倒 L 形截面，当受压区加腋的高度 $h_h \geqslant h_f'$，且加腋的宽度 $b_h \leqslant 3h_h$ 时，则其翼缘计算宽度可按表列第三种情况规定分别增加 $2b_h$（T 形截面）和 b_h（倒 L 形截面）；

3. 独立梁受压区的翼缘板在荷载作用下经验算沿纵肋方向可能产生裂缝时，其计算宽度应取用腹板宽度 b。

3. 矩形截面或翼缘位于受拉边的 T 形截面梁正截面受弯承载力应按下列公式计算（图 5-23）。

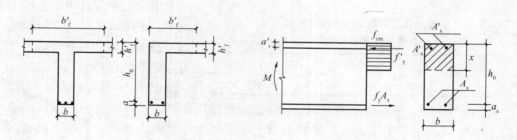

图 5-22 受压区翼缘
计算宽度

图 5-23 矩形截面受
弯构件正截面受弯承载力计算

持久、短暂设计状况

$$M \leqslant \alpha_1 f_c b x \left(h_0 - \frac{x}{2}\right) + f_y' A_s' (h_0 - a_s')$$

地震设计状况

$$\gamma_{RE} M \leqslant \alpha_1 f_c b x \left(h_0 - \frac{x}{2}\right) + f_y' A_s' (h_0 - a_s')$$

混凝土受压区高度 x 按下列公式确定：

$$\alpha_1 f_c b x = f_y A_s - f_y' A_s'$$

混凝土受压区的高度应符合下列要求：

$$\left. \begin{array}{l} x \geqslant 2a_s' \\ \text{无地震组合梁} \quad x \leqslant \xi_b h_0 \\ \text{有地震组合梁计入受压钢筋，一级} \quad x \leqslant 0.25h_0 \\ \text{二、三级} \quad x \leqslant 0.35h_0 \end{array} \right\} \quad (5\text{-}1)$$

且梁端纵向受拉钢筋的配筋率不宜大于 2.5%，不应大于 2.75%。

计算中考虑受压钢筋时，必须符合 $x \geqslant 2a_s'$ 的条件，当不符合时，正截面面受弯承载力可按下式计算：

$$M \text{ 或 } \gamma_{RE} M \leqslant f_y A_s (h - a_s - a_s')$$

式中　　M——弯矩设计值；

　　　　f_c——混凝土轴心抗压强度设计值；

　　　　h_0——截面的有效高度；

　　　　b——矩形截面的宽度或 T 形截面的腹板宽度；

　A_s、A_s'——受拉区、受压区纵向钢筋的截面面积；

　f_y、f_y'——钢筋的抗拉、抗压强度设计值；

　a_s、a_s'——纵向受拉钢筋、受压钢筋合力点至边缘的距离；

　　　　γ_{RE}——承载力抗震调整系数，为 0.75；

　　　　ξ_b——相对界限受压区高度，按表 5-15；

　　　　α_1——当 $\leqslant$C50 时，取 1.0；当 C80 时，取 0.94；C50～C80 时，其值按内插值取用。

混凝土强度等级≤C50 相对界限
受压区高度 ξ_b 值　　　　　　表 5-15

钢筋种类	HPB235	HPB300	HRB335	HRB400、RRB400
ξ_b	0.614	0.576	0.550	0.518

在实际工程设计中，一般不考虑受压钢筋，按单筋梁计算。当按单筋梁计算已超筋时，可考虑受压钢筋的作用。

当已知 M 或 $\gamma_{RE} M$、h、b、f_y、f_c、f_y'、A_s' 时，求所需梁的纵向受拉钢筋可以采用手算。

4. 翼缘位于受压区的 T 形截面梁的正截面受弯承载力计算，应按下列情况分别计算：

（1）当符合下列条件时，可按宽度为 b_f' 的矩形截面计算 ［图 5-24 (a)］。

$$f_y A_s \leqslant \alpha_1 f_c b_f' h_f' + A_s' f_y' \tag{5-2}$$

（2）当不符合公式（5-2）的条件时，计算中应考虑截面腹板受压区混凝土的工作 ［图 5-24 (b)］，其正截面受弯承载力按下列公式计算：

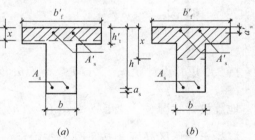

图 5-24　T 形截面受弯构件受压区高度位置
(a) $x \leqslant h_f'$; (b) $x \geqslant h_f'$

$$M \text{ 或 } \gamma_{RE} M \leqslant \alpha_1 f_c b x \left(h_0 - \frac{x}{2} \right) + \alpha_1 f_c (b_f' - b) \left(h_0 - \frac{h_f'}{2} \right) h_f' + f_y' A_s' (h_0 - a_s')$$

此时，受压区高度 x 按下列公式确定：

$$x = \frac{f_y A_s - f_y' A_s' - \alpha_1 f_c (b_f' - b) h_f'}{\alpha_1 f_c b} \tag{5-3}$$

式中 b_f'——T形截面受压区的翼缘计算宽度，按表5-14确定；

h_f'——T形截面受压区的翼缘高度。

按式（5-3）算得的混凝土受压区高度 x 应符合式（5-1）的要求。

5. 梁板截面配筋采用手算方法：

（1）已知梁截面 b（mm）、h（mm），弯矩设计值无抗震组合 M（N·mm）、有地震组合 $\gamma_{RE}M$，混凝土（≤C50）轴心受压设计值 f_c（N/mm²），钢筋受拉强度设计值 f_y（N/mm²）。

（2）$\alpha_s = \dfrac{M}{f_c b h_0^2}$ 或 $\alpha_s = \dfrac{\gamma_{RE}M}{f_c b h_0^2}$，$\xi = 1 - \sqrt{1 - 2\alpha_s}$，$\gamma_s = \dfrac{\alpha_s}{\xi}$。

（3）求单筋矩形梁受拉纵向钢筋截面面积 A_s（mm²）：

$$A_s = \frac{M}{f_y \gamma_s h_0}, 或 A_s = \frac{\gamma_{RE}M}{f_y \gamma_s h_0}$$

（4）求双筋矩形梁受拉纵向钢筋截面面积 A_s（mm²）：

已知受压纵向钢筋截面面积 A_s'，受压钢筋合力点至截面边距 a_s'，$M' = A_s' f_y'$ $(h_0 - a_s')$，$M_1 = M - M'$ 或 $M_1 = \gamma_{RE}M - M'$，$\alpha_s = \dfrac{M_1}{f_c b h_0^2}$，$A_{s1} = \dfrac{M_1}{\gamma_s f_y h_0}$

$$A_s = A_{s1} + A_s'$$

（5）求单筋T形梁受拉纵向钢筋截面面积 A_s（mm²）：

1）当 $x \leqslant h_f'$ 时，$\alpha_s = \dfrac{M}{f_c b_f' h_0^2}$ 或 $\alpha_s = \dfrac{\gamma_{RE}M}{f_c b_f' h_0^2}$

$$A_s = \frac{M}{\gamma_s f_y h_0}, 或 A_s = \frac{\gamma_{RE}M}{\gamma_s f_y h_0}$$

2）当 $x > h_f'$ 时（下式中 M'' 为 M 或 $\gamma_{RE}M$）

$$x = h_0 - \sqrt{h_0^2 - \frac{2M''}{f_c b} + 2\left(\frac{b_f'}{b} - 1\right)h_f'\left(h_0 - \frac{h_f'}{2}\right)}$$

$$A_s = \frac{f_c b}{f_y}\left[x + \left(\frac{b_f'}{b} - 1\right)h_f'\right]$$

（6）板已知弯矩设计值 M（N·mm），板厚 h，纵向钢筋受拉强度设计值 f_y，混凝土（≤C50）轴心受压强度设计值 f_c，求受拉纵向钢筋截面面积：

$$A_s = \frac{M}{0.95 f_y h_0} \quad (\text{mm}^2/\text{m})$$

【例 5-4】 已知矩形截面梁 $b \times h = 250\text{mm} \times 500\text{mm}$，弯矩设计值 $M = 169\text{kN·m}$，混凝土强度等级 C20，$f_c = 9.6\text{N/mm}^2$，钢筋 HRB335，$f_y = 300\text{N/mm}^2$，求受拉纵向钢筋截面面积。

解： $\alpha_s = \dfrac{M}{f_c b h_0^2} = \dfrac{169 \times 10^6}{9.6 \times 250 \times 465^2} = 0.326$

$$\xi = 1 - \sqrt{1 - 2\alpha_s} = 1 - \sqrt{1 - 2 \times 0.326} = 0.41, \gamma_s = \frac{\alpha_s}{\xi} = \frac{0.326}{0.41} = 0.795$$

$$A_s = \frac{M}{\gamma_s f_y h_0} = \frac{169 \times 10^6}{0.795 \times 300 \times 465} = 1524 (\text{mm}^2)$$

配筋率
$$\rho = \frac{A_s}{bh} = \frac{1524}{250 \times 500} = 1.22\%$$

【例 5-5】 已知弯矩设计值 $M = 220\text{kN} \cdot \text{m}$，其他条件同上题，因为单筋时已超最大配筋率，故设计成双筋梁，受压钢筋 $2 \, \Phi \, 16$，$A_s' = 402 \, \text{mm}^2$，求所需受拉纵向钢筋截面面积。

解：
$$M' = A_s' f_y' (h_0 - a_s') = 402 \times 300 \times (465 - 35)$$
$$= 51858000\text{N} \cdot \text{mm} = 51.858\text{kN} \cdot \text{m}$$
$$M_1 = M - M' = 220 - 51.858 = 168.142\text{kN} \cdot \text{m}$$
$$\alpha_{s1} = \frac{M_1}{f_c b h_0^2} = \frac{168.142 \times 10^6}{9.6 \times 250 \times 465^2} = 0.324$$

$$\xi = 1 - \sqrt{1 - 2\alpha_{s1}} = 1 - \sqrt{1 - 2 \times 0.324} = 0.407, \gamma_s = \frac{\alpha_{s1}}{\xi} = \frac{0.24}{0.407} = 0.796$$

$$A_{s1} = \frac{M_1}{\gamma_s f_y h_0} = \frac{168.142 \times 10^6}{0.796 \times 300 \times 465} = 1514 (\text{mm}^2)$$
$$A_s = A_{s1} + A_s' = 1514 + 402 = 1916 (\text{mm}^2)$$

【例 5-6】 已知 T 形截面梁，$b_f' = 500\text{mm}$，$h_f' = 100\text{mm}$，$b \times h = 250 \times 600\text{mm}$，混凝土强度等级为 C20，$f_c = 9.6\text{N/mm}^2$，钢筋 HRB335，$f_y = 300 \, \text{N/mm}^2$，弯矩设计值 $M = 310\text{kN} \cdot \text{m}$，求受拉钢筋截面面积。

解： 设 $a_s = 600\text{mm}$，$h_0 = 600 - 60 = 540\text{mm}$

$$f_c b_f' h_f' \left(h_0 - \frac{h_f'}{2} \right) = 9.6 \times 500 \times 100 \left(540 - \frac{100}{2} \right) / 10^6$$
$$= 235.2\text{kN} \cdot \text{m} < 310\text{kN} \cdot \text{m}$$

属于第二类 T 形截面 $x > h_f'$

$$x = h_0 - \sqrt{h_0^2 - \frac{2M}{f_c b} + 2\left(\frac{b_f'}{b} - 1 \right) h_f' \left(h_0 - \frac{h_f'}{2} \right)}$$

$$= 540 - \sqrt{540^2 - \frac{2 \times 310 \times 10^6}{9.6 \times 250} + 2 \times \left(\frac{500}{250} - 1 \right) \times 100 \times \left(540 - \frac{100}{2} \right)}$$

$$= 177.69\text{mm} < \xi_b h_0 = 0.55 \times 540 = 297\text{mm}$$

$$A_s = \frac{f_c b x + f_c (b_f' - b) h_f'}{f_r}$$

$$= \frac{9.6 \times 250 \times 177.69 + 9.6 \times (500 - 250) \times 100}{300}$$

$$= 2221.52 (\text{mm}^2)$$

配筋率 $\qquad \rho = \dfrac{A_s}{bh} = \dfrac{2221.52}{250 \times 600} = 1.48\%$

【禁忌 14】 忘记梁受扭截面承载力手算方法

【正】 1. 在工程设计中梁受扭的情况是常见的,例如,雨罩挑梁,支承端跨次梁的框架梁、上部剪力墙不与梁对中的转换梁等。目前由于普遍采用分析软件进行结构计算,对必要的手算方法几乎忘却,对梁受扭承载力的计算电算结果无从分析、判断其合理性,更难以手算方法作必要的校核验算。

2. 弯矩、剪力和扭矩共同作用下、且 $h_w/b \leqslant 6$ 的矩形、T 形、I 形和 $h_w/t_w \leqslant 6$ 的箱形截面凝土构件(图 5-25),其截面应符合下列公式的要求:

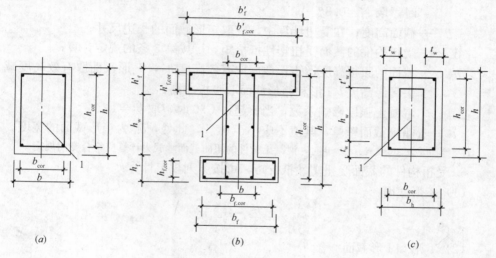

图 5-25 混凝土受扭构件截面尺寸

(a) 矩形截面($h \geqslant b$);(b) T 形、I 形;(c) 箱形截面($t_w \leqslant t'_w$)

1—弯矩、剪力作用平面

当 h_w/b(或 h_w/t_w) $\leqslant 4$ 时

$$\frac{V}{bh_0} + \frac{T}{0.8W_t} \leqslant 0.25\beta_c f_c$$

当 h_w/b(或 h_w/t_w) $= 6$ 时

$$\frac{V}{bh_0} + \frac{T}{0.8W_t} \leqslant 0.2\beta_c f_c$$

当 $4 < h_w/b$(或 h_w/t_w) < 6 时,按线性内插法确定。

当符合下列条件时:

$$\frac{V}{bh_0} + \frac{T}{W_t} \leqslant 0.7f_t + 0.05\frac{N_{p0}}{bh_0}$$

$$或 \qquad \frac{V}{bh_0} + \frac{T}{W_t} \leqslant 0.7f_t + 0.07\frac{N}{bh_0}$$

则可不进行构件受剪扭承载力计算，而仅需根据《混凝土规范》9.2.5 条、9.2.9 条和 9.2.10 条的规定，按构造要求配置钢筋。

式中　　T——扭矩设计值；

　　　　b——矩形截面的宽度，T 形或 I 形截面的腹板宽度，箱形截面的侧壁总厚度 $b=2t_w$；在受扭计算中，应取矩形截面的短边尺寸；

　　　N_{p0}——计算截面上混凝土法向应力等于零时的预应力钢筋及非预应力钢筋的合力，当 $N_{p0}>0.3f_cA_0$ 时，取 $N_{p0}=0.3f_cA_0$；

　　　　N——与剪力和扭矩设计值 V、T 相应的轴向压力设计值，当 $N>0.3f_cA$ 时，取 $N=0.3f_cA$；

　　　　h——截面高度；在受扭计算中，应取矩形截面的长边尺寸；

　　　W_t——受扭构件的截面受扭塑性抵抗矩，可按第 3 条的规定计算；

　　　h_w——截面的腹板高度；矩形截面取有效高度 h_0，T 形截面取有效高度减去翼缘高度，I 形和箱形截面取腹板净高；

　　　β_c——混凝土强度影响系数，当不超过 C50 时，取 $\beta_c=1$；

　　　t_w——箱形截面壁厚，其值不应小于 $b_h/7$，此处，b_h 为箱形截面的宽度。

注：当 $h_w/b>6$ 或 $h_w/t_w>6$ 时，混凝土构件的扭曲截面承载力计算应符合专门规定。

3. 受扭构件的截面受扭塑性抵抗矩，可按下列规定计算：

（1）矩形截面

$$W_t = \frac{b^2}{6}(3h-b)$$

（2）T 形和 I 形截面

$$W_t = W_{tw} + W'_{tf} + W_{tf}$$

对腹板、受压翼缘及受拉翼缘部分的矩形截面受扭塑性抵抗矩可分别按下列规定计算：

1）腹板

$$W_{tw} = \frac{b^2}{6}(3h-b)$$

2）受压及受拉翼缘

$$W'_{tf} = \frac{h'^2_f}{2}(b'_f - b)$$

$$W_{tf} = \frac{h^2_f}{2}(b_f - b)$$

式中　b'_f、b_f——截面受压区、受拉区的翼缘宽度；

　　　h'_f、h_f——截面受压区、受拉区的翼缘高度。

计算时取用的翼缘宽度尚应符合 $b'_f \leqslant b+6h'_f$ 及 $b_f \leqslant b+6h_f$ 的规定。

（3）箱形截面

$$W_t = \frac{b_h^2}{6}(3h - b_h) - \frac{(b_h - 2t_w)^2}{6}[3h_w - (b_h - 2t_w)]$$

式中 b_h、h——箱形截面的短边和长边。

4. 矩形截面纯扭构件的受扭承载力应按下列公式计算：

$$T \leqslant 0.35f_t W_t + 1.2\sqrt{\zeta} f_{yv} \frac{A_{st1} A_{cor}}{s} \qquad (5\text{-}4)$$

$$\zeta = \frac{f_y A_{stl} s}{f_{yv} A_{st1} u_{cor}} \qquad (5\text{-}5)$$

此处，对钢筋混凝土纯扭构件，其 ζ 值尚应符合 $0.6 \leqslant \zeta \leqslant 1.7$ 的要求，当 $\zeta > 1.7$ 时，取 $\zeta = 1.7$；对预应力混凝土纯扭构件，仅适用于偏心距 $e_{p0} \leqslant h/6$ 的情况，可在式（5-4）右边增加预应力有利影响项 $\left(0.05\dfrac{N_{p0}}{A_0}W_t\right)$，此时 ζ 值尚应符合 $\zeta \geqslant 1.7$ 的要求，但在计算时仅取 $\zeta = 1.7$。

式中 ζ——受扭构件纵向钢筋与箍筋的配筋强度比值；

A_{stl}——受扭计算中取对称布置的全部纵向非预应力钢筋截面面积；

A_{st1}——受扭计算中沿截面周边所配置箍筋的单肢截面面积；

f_{yv}——箍筋的抗拉强度设计值；

A_{cor}——截面核芯部分的面积，$A_{cor} = b_{cor} h_{cor}$，此处，$b_{cor}$ 和 h_{cor} 分别为从箍筋内表面计算的截面核芯部分的短边和长边的尺寸；

u_{cor}——截面核芯部分的周长，$u_{cor} = 2(b_{cor} + h_{cor})$；

A_0——构件的换算截面面积。

注：对预应力混凝土纯扭构件，当 $\zeta < 1.7$ 或 $e_{p0} > h/6$ 时，应按钢筋混凝土纯扭构件计算，不应考虑预应力有利影响项。

5. T 形和 I 形截面纯扭构件，可将其截面划分为几个矩形截面，分别按第 4 条进行受扭承载力计算。

每个矩形截面的扭矩设计值可按下列规定计算：

（1）腹板

$$T_w = \frac{W_{tw}}{W_t} T$$

（2）受压翼缘

$$T_f' = \frac{W_{tf}'}{W_t} T$$

（3）受拉翼缘

$$T_f = \frac{W_{tf}}{W_t} T$$

式中 T_w——腹板所承受的扭矩设计值；

T——构件截面所承受的扭矩设计值;

T_f'、T_f——受压翼缘、受拉翼缘所承受的扭矩设计值。

6. 箱形截面钢筋混凝土纯扭构件的受扭承载力应按下列公式计算:

$$T \leqslant 0.35 f_t \left(\frac{2.5 t_w}{b_h} \right) W_t + 1.2 \sqrt{\zeta} f_{yv} \frac{A_{st1} A_{cor}}{s}$$

此处,当 $2.5 t_w / b_h$ 值大于 1 时,应取为 1,计算中 b_h 应取箱形截面的短边尺寸;ζ 值应按第 4 条计算,且应符合 $0.6 \leqslant \zeta \leqslant 1.7$ 的要求,当 $\zeta > 1.7$ 时,取 $\zeta = 1.7$。

7. 在轴向压力和扭矩共同作用下矩形截面钢筋混凝土构件的受扭承载力应按下列公式计算:

$$T \leqslant 0.35 f_t W_t + 1.2 \sqrt{\zeta} f_{yv} \frac{A_{st1} A_{cor}}{s} + 0.07 \frac{N}{A} W_t$$

此处,ζ 值应按式(5-5)计算,且应符合 $0.6 \leqslant \zeta \leqslant 1.7$ 的要求,当 $\zeta > 1.7$ 时,取 $\zeta = 1.7$。

式中 N——与扭矩设计值 T 相应的轴向压力设计值,当 $N > 0.3 f_c A$ 时,取 $N = 0.3 f_c A$;

A——构件截面面积。

8. 在剪力和扭矩共同作用下矩形截面一般剪扭构件,其受剪扭承载力应按下列公式计算:

(1) 剪扭构件的受剪承载力

$$V \leqslant (1.5 - \beta_t)(0.7 f_t b h_0 + 0.05 N_{p0}) + 1.25 f_{yv} \frac{A_{sv}}{s} h_0 \tag{5-6}$$

式中 A_{sv}——受剪承载力所需的箍筋截面面积。

(2) 剪扭构件的受扭承载力

$$T \leqslant \beta_t \left(0.35 f_t W_t + 0.05 \frac{N_{p0}}{A_0} W_t \right) + 1.2 \sqrt{\zeta} f_{yv} \frac{A_{st1} A_{cor}}{s} \tag{5-7}$$

此处,ζ 值应按第 4 条的规定计算。

一般剪扭构件混凝土受扭承载力降低系数 β_t 应按下列公式计算:

$$\beta_t = \frac{1.5}{1 + 0.5 \dfrac{V W_t}{T b h_0}} \tag{5-8}$$

当 $\beta_t < 0.5$ 时,取 $\beta_t = 0.5$;当 $\beta_t > 1$ 时,取 $\beta_t = 1$。

对集中荷载作用下的矩形截面混凝土剪扭构件(包括作用有多种荷载,且其中集中荷载对支座截面或节点边缘所产生的剪力值占总剪力值的 75% 以上的情况），式（5-6）应改为：

$$V \leqslant (1.5 - \beta_t)\left(\frac{1.75}{\lambda + 1}f_t b h_0 + 0.05 N_{p0}\right) + f_{yv}\frac{A_{sv}}{s}h_0 \qquad (5-9)$$

且式（5-9）中的剪扭构件混凝土受扭承载力降低系数应改为按下列公式计算：

$$\beta_t = \frac{1.5}{1 + 0.2(\lambda + 1)\dfrac{VW_t}{Tbh_0}} \qquad (5-10)$$

式中 λ——计算截面的剪跨比，按《混凝土规范》第 6.3.4 条的规定取用。

9. T 形和 I 形截面剪扭构件的受剪扭承载力应按下列规定计算：

（1）剪扭构件的受剪承载力，按式（5-6）与式（5-5）或式（5-9）与式（5-10）进行计算，但计算时应将 T 及 W_t 分别以 T_w 及 W_{tw} 代替；

（2）剪扭构件的受扭承载力，可根据第 5 条的规定划分为几个矩形截面分别进行计算；腹板可按式（5-7）与式（5-8）或与式（5-10）进行计算，但计算时应将 T 及 W_t 分别以 T_w 及 W_{tw} 代替；受压翼缘及受拉翼缘可按第 4 条的规定进行计算，但计算时应将 T 及 W_t 分别以 T_f' 及 W_{tf}' 或 T_f 及 W_{tf} 代替。

10. 箱形截面钢筋混凝土剪扭构件的受剪扭承载力应按下列公式计算：

（1）剪扭构件的受剪承载力

$$V \leqslant 0.7(1.5 - \beta_t)f_t b h_0 + f_{yv}\frac{A_{sv}}{s}h_0 \qquad (5-11)$$

（2）剪扭构件的受扭承载力

$$T \leqslant 0.35\beta_t f_t\left(\frac{2.5t_w}{b_h}\right)W_t + 1.2\sqrt{\zeta}f_{yv}\frac{A_{st1}A_{cor}}{s}$$

此处，对 $2.5t_w/b_h$ 值和 ζ 值应按第 6 条的规定计算。

剪扭构件混凝土承载力降低系数 β_t 应按下列公式计算：

$$\beta_t = \frac{1.5}{1 + 0.5\dfrac{VW_t}{Tb_h h_0}}$$

当 $\beta_t < 0.5$ 时，取 $\beta_t = 0.5$；当 $\beta_t > 1$ 时，取 $\beta_t = 1$。

对集中荷载作用下独立的钢筋混凝土剪扭构件（包括作用有多种荷载，且其中集中荷载对支座截面或节点边缘所产生的剪力值占总剪力值的 75% 以上的情况），式（5-11）应改为

$$V \leqslant (1.5 - \beta_t)\frac{1.75}{\lambda + 1}f_t b h_0 + f_{yv}\frac{A_{sv}}{s}h_0 \qquad (5-12)$$

且式（5-12）的剪扭构件混凝土受扭承载力降低系数应改按式（5-10）计算。

11. 在弯矩、剪力和扭矩共同作用下的矩形、T形、I形和箱形截面混凝土弯剪扭构件，当符合下列条件时，可按下列规定进行承载力计算：

（1）当 $V \leqslant 0.35 f_t b h_0$ 或 $V \leqslant 0.875 f_t b h_0 / （\lambda + 1）$ 时，可仅按受弯构件的正截面受弯承载力和纯扭构件的受扭承载力分别进行计算；

（2）当 $T \leqslant 0.175 f_t W_t$ 或 $T \leqslant 0.175 \alpha_h f_t W_t$ 时，可仅按受弯构件的正截面受弯承载力和斜截面受剪承载力分别进行计算。

12. 矩形、T形、I形和箱形截面混凝土弯剪扭构件，纵向钢筋应按受弯构件的正载面受弯承载力和剪扭构件的受扭承载力分别按所需的钢筋截面面积和相应的位置进行配置，箍筋应按受剪承载力和受扭承载力分别按所需的箍筋截面面积和相应的位置进行配置。

13. 在轴向压力、弯矩、剪力和扭矩共同作用下的钢筋混凝土矩形截面框架柱，其受剪扭承载力应按下列公式计算：

（1）剪扭构件的受剪承载力

$$V \leqslant (1.5 - \beta_t)\left(\frac{1.75}{\lambda + 1} f_t b h_0 + 0.07N\right) + f_{yv} \frac{A_{sv}}{s} h_0$$

（2）剪扭构件的受扭承载力

$$T \leqslant \beta_t \left(0.35 f_t W_t + 0.07 \frac{N}{A} W_t\right) + 1.2 \sqrt{\zeta} f_{yv} \frac{A_{st1} A_{cor}}{s}$$

此处，β_t 应按式（5-10）、式（5-8）计算，ζ 值尚应符合第 4 条的规定。

式中　λ——计算截面的剪跨比，按《混凝土规范》第 6.3.12 条的规定取用。

14. 在轴向压力、弯矩、剪力和扭矩共同作用下的钢筋混凝土矩形截面框架柱，当 $T \leqslant 0.175 f_t W_t + 0.035 \frac{N}{A} W_t$ 时，可仅按偏心受压构件的正截面承载力和框架柱斜截面受剪承载力分别进行计算。

15. 在轴向压力、弯矩、剪力和扭矩共同作用下的钢筋混凝土矩形截面框架柱，纵向钢筋应按偏心受压构件正截面承载力和剪扭构件的受扭承载力分别按所需的钢筋截面面积和相应的位置进行配置，箍筋应按剪扭构件的受剪承载力和受扭承载力分别按所需的箍筋截面面积和相应的位置进行配置。

16. 对属于协调扭转的钢筋混凝土结构构件，在进行内力计算时，受相邻构件约束的支承梁的扭矩，宜考虑内力重分布的影响。

考虑内力重分布后的支承梁，应按弯剪扭构件进行承载力计算，配置的纵向钢筋和箍筋尚应符合第 17、18 条的规定。

注：当有充分依据时，也可采用其他设计方法。

17. 梁内受扭纵向钢筋的配筋率 ρ_{tl} 应按下式确定：

$$\rho_{tl} = \frac{A_{stl}}{bh}$$

式中 A_{stl}——沿截面周边布置的受扭纵向钢筋总截面面积。

受扭纵向钢筋的配筋率不应小于 $0.6\sqrt{\dfrac{T}{Vb}}\dfrac{f_t}{f_y}$，其中 b 应按第 2 条的规定取用；当 $T/(Vb) > 2.0$ 时，取 $T/(Vb) = 2.0$。

沿截面周边布置的受扭纵向钢筋的间距不应大于 200mm 和梁截面短边长度；除应在梁截面四角设置受扭纵向钢筋外，其余受扭纵向钢筋宜沿截面周边均匀对称布置。当梁支座边作用有较大扭矩时，受扭纵向钢筋应按受拉钢筋锚固在支座内。

在弯剪扭构件中，配置在截面弯曲受拉边的纵向受力钢筋，其最小配筋量不应小于按规定的弯曲受拉钢筋最小配筋率计算出的钢筋截面面积与按受扭纵向钢筋最小配筋率计算并分配到弯曲受拉边的钢筋截面面积之和。

对箱形截面构件，本条中的 b 均应以 b_h 代替。

18. 在弯剪扭构件中，剪扭箍筋的配筋率 ρ_{sv} 不应小于 $0.28f_t/f_{yv}$，配筋率 ρ_{sv} 仍按 $\rho_{sv} = A_{sv}/(bs)$ 计算，其中 A_{sv} 为配置在同一截面内箍筋各肢的全部截面面积。箍筋间距应符合《混凝土规范》表 9.2.9 的规定。其中受扭所需的箍筋应做成封闭式，且应沿截面周边布置；当采用复合箍筋时，位于截面内部的箍筋不应计入受扭所需的箍筋面积；受扭所需箍筋的末端应做成 135°弯钩，弯钩端头平直段长度不应小于 $10d$（d 为箍筋直径）。

在超静定结构中，考虑协调扭转而配置的箍筋，其间距不宜大于 $0.75b$，此处 b 按第 2 条的规定取用。

19. 扭曲截面承载力计算表见表 5-16、表 5-17、表 5-18。

混凝土强度设计值（N/mm²）   表 5-16

混凝土强度等级	C20	C25	C30	C35	C40
轴心抗压 f_c	9.6	11.9	14.3	16.7	19.1
轴心抗拉 f_t	1.1	1.27	1.43	1.57	1.71
$0.30f_c$	2.88	3.57	4.29	5.01	5.73
$0.25f_c$	2.40	2.97	3.57	4.17	4.77
$0.875f_t$	0.962	1.111	1.251	1.374	1.496
$0.70f_t$	0.770	0.889	1.001	1.099	1.197
$0.35f_t$	0.385	0.444	0.500	0.549	0.598
$0.175f_t$	0.192	0.222	0.250	0.275	0.299

矩形截面基本常数 表 5-17

b (mm)	h (mm)	$W_t \times 10^6$ (mm³)	$\dfrac{W_t}{bh_0}$ (mm)	$A_{cor} \times 10^4$ (mm²)	u_{cor} (mm)	b (mm)	h (mm)	$W_t \times 10^6$ (mm³)	$\dfrac{W_t}{bh_0}$ (mm)	$A_{cor} \times 10^4$ (mm²)	u_{cor} (mm)
150	150	1.125	65.217	1.00	400	350	500	23.479	144.265	13.50	1500
150	200	1.688	68.182	1.50	500	350	550	26.542	147.249	15.00	1600
150	250	2.250	69.767	2.00	600	350	600	29.604	149.705	16.50	1700
150	300	2.813	70.755	2.50	700	350	650	32.667	151.762	18.00	1800
150	350	3.375	71.429	3.00	800	350	700	35.729	153.509	19.50	1900
						350	750	38.792	155.012	21.00	2000
180	200	2.268	76.364	1.95	560	350	800	41.854	156.318	22.50	2100
180	250	3.078	79.535	2.60	660	350	850	44.917	157.464	24.00	2200
180	300	3.888	81.509	3.25	760						
180	350	4.698	82.857	3.90	860	400	400	21.333	146.119	12.25	1400
180	400	5.508	83.836	4.55	960	400	450	25.333	152.610	14.00	1500
180	450	6.318	84.578	5.20	1060	400	500	29.333	157.706	15.75	1600
						400	550	33.333	161.812	17.50	1700
200	200	2.667	80.808	2.25	6.00	400	600	37.333	165.192	19.25	1800
200	250	3.667	85.271	3.00	700	400	650	41.333	168.022	21.00	1900
200	300	4.667	88.050	3.75	800	400	700	45.333	170.426	22.75	2000
200	350	5.667	89.947	4.50	900	400	750	49.333	172.494	24.50	2100
200	400	6.667	91.324	5.25	1000	400	800	53.333	174.292	26.25	2200
200	450	7.667	92.369	6.00	1100	400	850	57.333	175.869	28.00	2300
200	500	8.667	93.190	6.75	1200	400	900	61.333	177.264	29.75	2400
						400	950	65.333	178.506	31.50	2500
220	250	4.275	90.388	3.40	740	400	1000	69.333	179.620	33.25	2600
220	300	5.485	94.088	4.25	840						
220	350	6.695	96.614	5.10	940	450	450	30.375	162.651	16.00	1600
220	400	7.905	98.447	5.95	10.40	450	500	35.438	169.355	18.00	1700
220	450	9.115	99.839	6.80	1140	450	550	40.500	174.757	20.00	1800
220	550	10.325	100.932	7.65	1240	450	600	45.563	179.204	22.00	1900
220	550	11.535	101.812	8.50	1340	450	650	50.625	182.927	24.00	2000
						450	700	55.688	186.090	26.00	2100
250	250	5.208	96.899	4.00	800	450	750	60.750	188.811	28.00	2200
250	300	6.771	102.201	5.00	900	450	800	65.813	191.176	30.00	2300
250	350	8.333	105.820	6.00	1000	450	850	70.875	193.252	32.00	2400
250	400	9.896	108.447	7.00	1100	450	900	75.938	195.087	34.00	2500
250	450	11.458	110.442	8.00	1200	450	950	81.000	196.721	36.00	2600
250	500	13.021	112.007	9.00	1300	450	1000	86.063	198.187	38.00	2700
250	550	14.583	113.269	10.00	1400	450	1100	96.188	201.651	42.00	2900
250	600	16.146	114.307	11.00	1500						
						500	500	41.667	179.211	20.25	1800
300	300	9.000	113.208	6.25	1000	500	550	47.917	186.084	22.50	1900
300	350	11.250	119.048	7.50	1100	500	600	54.167	191.740	24.75	2000
300	400	13.500	123.288	8.75	1200	500	650	60.417	196.477	27.00	2100
300	450	15.750	126.506	10.00	1300	500	700	66.667	200.501	29.25	2200
300	500	18.000	129.032	11.25	1400	500	750	72.917	203.963	31.50	2300
300	550	20.250	131.068	12.50	1500	500	800	79.167	206.972	33.75	2400
300	600	22.500	132.743	13.75	1600	500	850	85.417	209.611	36.00	2500
300	650	24.750	134.146	15.00	1700	500	900	91.667	211.946	38.25	2600
300	700	27.000	135.338	16.25	1800	500	950	97.917	214.026	40.50	2700
300	750	29.250	136.364	17.50	1900	500	1000	104.167	215.889	42.75	2800
						500	1100	116.667	220.126	47.25	3000
350	350	14.292	129.630	9.00	1200	500	1200	129.167	222.701	51.75	3200
350	400	17.354	135.845	10.50	1300						
350	450	20.417	140.562	12.00	1400						

$$单肢箍\frac{A_{sv1}}{s} \ (mm^2/mm)$$ 表 5-18

s	d	$\phi6$	$\phi8$	$\phi10$	$\phi12$
100		0.283	0.503	0.785	1.131
125		0.226	0.402	0.628	0.905
150		0.188	0.335	0.523	0.754
175		0.162	0.287	0.449	0.646
200		0.142	0.251	0.392	0.566
225		0.126	0.223	0.349	0.503
250		0.113	0.201	0.314	0.452
275		0.103	0.183	0.285	0.411
300		0.094	0.168	0.262	0.377

20. 梁受扭曲计算例题：

【例 5-7】 钢筋混凝土矩形截面纯扭梁，截面尺寸 $b \times h = 150mm \times 300mm$，承受扭矩设计值 $T = 3.6kN \cdot m$，混凝土采用 C30，纵筋、箍筋均采用 HPB235 级钢。

求：纵筋和箍筋的用量。

解：（1）计算截面 A_{cor}、u_{cor} 及 W_t

$$A_{cor} = b_{cor} \cdot h_{cor} = 100 \times 250 = 25000mm^2$$

$$u_{cor} = 2 \ (b_{cor} + h_{cor}) = 2 \ (100 + 250) = 700mm$$

$$W_t = \frac{b^2}{6} \ (3h - b) = \frac{150^2}{6} \times \ (3 \times 300 - 150) = 28.125 \times 10^5 mm^3$$

（2）验算截面尺寸

$$\frac{h_w}{b} = \frac{265}{150} = 1.76 < 4$$

$$\frac{T}{W_t} = \frac{36 \times 10^5}{28.125 \times 10^5} = 1.28N/mm^2$$

$$< 0.25f_c = 3.75N/mm^2$$

$$> 0.7f_t = 1.0N/mm^2$$

所以应按计算配置受扭钢筋。

（3）计算箍筋与纵筋

设 $\zeta = 1.2$ 由式（5-4）得

$$\frac{A_{st1}}{s} = \frac{T - 0.35f_t W_t}{1.2\sqrt{\zeta}f_{yv}A_{cor}} = \frac{36 \times 10^5 - 0.35 \times 1.43 \times 28.125 \times 10^5}{1.2\sqrt{1.2} \times 210 \times 25000}$$

$$= 0.318mm^2/mm$$

选用 $\phi8@150 \left(\frac{A_{st1}}{s} = 0.335mm^2/mm\right)$。

受扭纵筋计算，由式（5-5）知

$$A_{stl} = 1.2 \frac{A_{st1}}{s} u_{cor} = 1.2 \times 0.318 \times 700 = 267.1 \text{mm}^2$$

选用 $6\phi8$，$A_{stl} = 302 \text{mm}^2$。

【例 5-8】 条件同 ［例 5-7］，采用计算表计算。

解： （1）查表 5-16、表 5-17

$$A_{cor} = 2.5 \times 10^4 \text{mm}^2$$

$$u_{cor} = 700 \text{mm}$$

$$W_t = 2.813 \times 10^6 \text{mm}^3$$

（2）验算截面尺寸同 ［例 5-7］

（3）计算箍筋与纵筋

由式（5-4）得，箍筋

$$\frac{A_{sv1}}{s} = \frac{T - 0.35 f_t W_t}{1.2 \sqrt{\zeta} f_{yv} A_{cor}} = \frac{36 \times 10^5 - 0.500 \times 28.13 \times 10^5}{276 \times 25000} = 0.318 \text{mm}^2/\text{mm}$$

选用 $\phi8@150$。

由式（5-5）得纵筋

$$A_{stl} = 1.2 \times 0.318 \times 700 = 267.1 \text{mm}^2$$

选用 $6\phi8$，$A_{stl} = 302 \text{mm}^2$。

【例 5-9】 矩形截面弯扭构件截面尺寸 $b \times h = 200 \text{mm} \times 400 \text{mm}$，承受弯矩设计值 $M = 53.4 \text{kN} \cdot \text{m}$，扭矩设计值 $T = 9 \text{kN} \cdot \text{m}$，混凝土采用 C20，箍筋及纵筋均采用 HPB235 钢筋。

求：箍筋及纵筋数量。

解： （1）计算截面 A_{cor}、u_{cor} 及 W_t 查表 5-17 得

$$A_{cor} = 5.25 \times 10^4 \text{mm}^2$$

$$u_{cor} = 1000 \text{mm}$$

$$W_t = 6.667 \times 10^6 \text{mm}^3$$

（2）计算箍筋及纵筋

受弯纵筋截面面积（计算过程略）

$$A_s = 775 \text{mm}^2$$

受扭计算取 $\zeta = 1.2$。

由式（5-4）计算箍筋单肢截面面积

$$\frac{A_{st1}}{s} = \frac{T - 0.35 f_t W_t}{1.2 \sqrt{\zeta} f_{yv} A_{cor}} = \frac{9 \times 10^6 - 0.385 \times 6.667 \times 10^6}{276 \times 5.25 \times 10^4} = 0.443 \text{mm}^2/\text{mm}$$

选用 $\phi8@100 \left(\frac{A_{st1}}{s} = 0.503 \right)$。

由式（5-5）计算受扭纵筋截面面积

$$A_{stl} = 1.2 \times 0.443 \times 1000 = 532\text{mm}^2$$

受扭纵筋选用 8ϕ10（$A_{stl}=628\text{mm}^2$），沿截面四周均匀布置，其中截面受拉区的受弯纵筋截面面积可与受扭纵筋截面面积合并，即

$$A_s = 775 + 157 = 932\text{mm}^2$$

选用 3ϕ20（$A_s=942\text{mm}^2$），如图 5-26 所示。

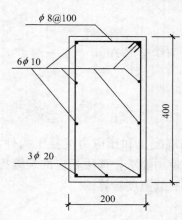

图 5-26 纵筋箍筋布置

ϕ8@100

6ϕ10

3ϕ20

400

200

【例 5-10】 矩形截面剪扭构件，截面尺寸 $b \times h = 150\text{mm} \times 300\text{mm}$，在均布荷载作用下，承受剪力设计值 $V = 40000\text{N}$，扭矩设计值 $T = 2.8\text{kN} \cdot \text{m}$，混凝土采用 C30，箍筋及纵筋均采用 HPB235。

求：箍筋及纵筋数量。

解：（1）计算截面 A_{cor}、u_{cor} 及 W_t，由表 5-17 得

$$A_{cor} = 2.5 \times 10^4 \text{mm}^2$$
$$u_{cor} = 700\text{mm}$$
$$W_t = 2.813 \times 10^6 \text{mm}^3$$

（2）受剪承载力计算

计算受扭承载力降低系数 β_t，一般剪扭构件由式（5-8）计算

$$\beta_t = \frac{1.5}{1 + 0.5 \times \dfrac{V}{T} \cdot \dfrac{W_t}{bh_0}} = \frac{1.5}{1 + 0.5 \times \dfrac{4 \times 10^4 \times 2.813 \times 10^6}{2.8 \times 10^6 \times 150 \times 265}} = 0.996$$

受剪承载力由式（5-6）计算

$$\frac{A_{sv}}{s} = \frac{V - 0.7(1.5 - \beta_t)f_t bh_0}{1.25 f_{yv} h_0}$$

$$= \frac{4 \times 10^4 - 0.7 \times (1.5 - 0.996) \times 1.43 \times 150 \times 265}{262.5 \times 265}$$

$$= 0.287\text{mm}^2/\text{mm}$$

受扭箍筋由式（5-7）计算

$$\frac{A_{st1}}{s} = \frac{T - 0.35 \cdot \beta_t f_t W_t}{1.2\sqrt{\zeta} f_{yv} A_{cor}}$$

$$= \frac{2.8 \times 10^6 - 0.35 \times 0.996 \times 1.43 \times 2.813 \times 10^6}{276 \times 2.5 \times 10^4}$$

$$= 0.203\text{mm}^2/\text{mm}$$

受剪及受扭单肢箍筋的总用量

$$\frac{A_{sv1}}{s} = \frac{1}{2} \times 0.287 + 0.203 = 0.347 \text{mm}^2/\text{mm}$$

选用 $\phi 8@125 \left(\dfrac{A_{sv1}}{s} = 0.402 \right)$。

（3）受扭纵筋计算

由式（5-5）计算

$$A_{stl} = 1.2 \frac{A_{stl}}{s} u_{cor} = 1.2 \times 0.203 \times 700 = 171 \text{mm}^2$$

选用 $4\phi 8$（$A_{stl} = 201 \text{mm}^2$）。

【禁忌 15】 忘记裂缝宽度验算的手算方法

【正】 1.《混凝土规范》7.1.1 条规定，钢筋混凝土和预应力混凝土构件，应根据该规范 3.4.5 条的规定，按所处环境类别和使用要求，选用相应的裂缝控制等级。并按下列规定进行受拉边缘应力或正截面裂缝宽度验算：

（1）一级——严格要求不出现裂缝的构件

在荷载效应的标准组合下应符合下列规定：

$$\sigma_{ck} - \sigma_{pc} \leqslant 0 \tag{5-13}$$

（2）二级——一般要求不出现裂缝的构件

在荷载效应的标准组合下应符合下列规定：

$$\sigma_{ck} - \sigma_{pc} \leqslant f_{tk} \tag{5-14}$$

对环境类别为二 a 类时，在荷载效应的准永久组合下宜符合下列规定：

$$\sigma_{cq} - \sigma_{pc} \leqslant f_{tk} \tag{5-15}$$

（3）三级——允许出现裂缝的构件

在荷载效应的标准组合下，并考虑长期作用影响的最大裂缝宽度，应符合下列规定：

$$w_{max} \leqslant w_{lim} \tag{5-16}$$

式中　σ_{ck}、σ_{cq}——荷载效应的标准组合、准永久组合下抗裂验算边缘的混凝土法向应力；

$\quad\quad\quad\sigma_{pc}$——扣除全部预应力损失后在抗裂验算边缘混凝土的预压应力；

$\quad\quad\quad f_{tk}$——混凝土的轴心抗拉强度标准值；

$\quad\quad\quad w_{max}$——按荷载效应的标准组合并考虑长期作用影响计算的构件最大裂缝宽度，按第 2 条的规定确定；

$\quad\quad\quad w_{lim}$——裂缝宽度限值，根据环境类别按《混凝土规范》表 3.4.5 选用。

2. 在矩形、T 形、倒 T 形和 I 形截面的钢筋混凝土受拉、受弯和偏心受压构件及预应力混凝土轴心受拉和受弯构件中，按荷载效应的标准组合并考虑长期作用影响的最大裂缝宽度（按 mm 计），可按下列公式计算：

$$w_{\max} = \alpha_{\mathrm{cr}} \psi \frac{\sigma_{\mathrm{s}}}{E_{\mathrm{s}}} \left(1.9 c_{\mathrm{s}} + 0.08 \frac{d_{\mathrm{eq}}}{\rho_{\mathrm{te}}} \right) \tag{5-17}$$

$$\psi = 1.1 - 0.65 \frac{f_{\mathrm{tk}}}{\rho_{\mathrm{te}} \sigma_{\mathrm{s}}} \tag{5-18}$$

$$d_{\mathrm{eq}} = \frac{\sum n_i d_i^2}{\sum n_i \nu_i d_i} \tag{5-19}$$

$$\rho_{\mathrm{te}} = \frac{A_{\mathrm{s}} + A_{\mathrm{p}}}{A_{\mathrm{te}}} \tag{5-20}$$

式中　α_{cr}——构件受力特征系数，按表 5-19 取用；

　　ψ——裂缝间纵向受拉钢筋应变不均匀系数：当 $\psi < 0.2$ 时，取 $\psi = 0.2$；当 $\psi > 1.0$ 时，取 $\psi = 1.0$；对直接承受重复荷载的构件，取 $\psi = 1.0$；

　　σ_{s}——按荷载效应准永久组合计算的钢筋混凝土构件纵向受拉钢筋的应力或按标准组合计算的预应力混凝土构件纵向受拉钢筋的等效应力，按第 3 条的规定计算；

　　c_{s}——最外层纵向受拉钢筋外边缘至受拉区底边的距离（mm）：当 $c_{\mathrm{s}} < 20$ 时，取 $c_{\mathrm{s}} = 20$；当 $c_{\mathrm{s}} > 65$ 时，取 $c_{\mathrm{s}} = 65$；

　　ρ_{te}——按有效受拉混凝土截面面积计算的纵向受拉钢筋配筋率；在最大裂缝宽度计算中，当 $\rho_{\mathrm{te}} < 0.01$ 时，取 $\rho_{\mathrm{te}} = 0.01$；

　　A_{te}——有效受拉混凝土截面面积，可按下列规定取用：对轴心受拉构件，取构件截面面积；对受弯、偏心受压和偏心受拉构件，取 $A_{\mathrm{te}} = 0.5bh + (b_{\mathrm{f}} + b) h_{\mathrm{f}}$，此处，$b_{\mathrm{f}}$、$h_{\mathrm{f}}$ 为受柱翼缘的宽度、高度；

　　A_{s}——非预应力纵向受拉钢筋的截面面积；

　　A_{p}——预应力纵向受拉钢筋的截面面积；

　　d_{eq}——纵向受拉钢筋的等效直径（mm）；

　　d_i——受拉区第 i 种纵向受拉钢筋的公称直径（mm）；

　　n_i——第 i 种纵向受拉钢筋的根数；

　　ν_i——第 i 种纵向受拉钢筋的相对粘结特性系数，可按表 5-20 取用。

注：1. 对直接承受吊车的但不需作疲劳验算的受弯构件，可将计算求得的最大裂缝宽度乘以系数 0.85；

　　2. 对 $e_0/h_0 \leqslant 0.55$ 的偏心受压构件，可不验算裂缝宽度。

构件受力特征系数 α_{cr}　　　　　表 5-19

类　　型	α_{cr}	
	钢筋混凝土构件	预应力混凝土构件
受弯、偏心受压	1.9	1.5
偏心受拉	2.4	—
轴心受拉	2.7	2.2

钢筋的相对粘结特性系数 ν_i　　　　　表 5-20

钢筋类别	非预应力钢筋		先张法预应力钢筋			后张法预应力钢筋		
	光面钢筋	带肋钢筋	带肋钢筋	螺旋肋钢丝	刻痕钢绞线	带肋钢筋	钢绞线	光面钢丝
ν_i	0.7	1.0	1.0	0.8	0.6	0.8	0.5	0.4

注：对环氧树脂涂层的带肋钢筋，其相对粘结特性系数应按表中系数的 0.8 倍取用。

3. 在荷载准永久组合或标准组合下钢筋混凝土构件纵向受拉钢筋应力或预应力混凝土构件纵向受拉钢筋等效应力 σ_{sk} 可按下列公式计算：

（1）钢筋混凝土构件的纵向受拉钢筋应力：

1）轴心受拉构件

$$\sigma_{sq} = \frac{N_q}{A_s} \tag{5-21}$$

2）偏心受拉构件

$$\sigma_{sq} = \frac{N_q e'}{A_s(h_0 - a'_s)} \tag{5-22}$$

3）受弯构件

$$\sigma_{sq} = \frac{M_q}{0.87 h_0 A_s} \tag{5-23}$$

4）偏心受压构件

$$\sigma_{sq} = \frac{N_q(e - z)}{A_s z}$$

$$z = \left[0.87 - 0.12(1 - \gamma'_f)\left(\frac{h_0}{e}\right)^2 \right] h_0 \tag{5-24}$$

$$e = \eta_s e_0 + y_s$$

$$\gamma'_f = \frac{(b'_f - b)h'_f}{bh_0}$$

$$\eta_s = 1 + \frac{1}{4000 e_0/h_0}\left(\frac{l_0}{h}\right)^2$$

式中　A_s——受拉区纵向非预应力钢筋截面面积：对轴心受拉构件，取全部纵向钢筋截面面积；对偏心受拉构件，取受拉较大边的纵向钢筋截面面积；对受弯、偏心受压构件，取受拉区纵向钢筋截面面积；

e'——轴向拉力作用点至受压区或受拉较小边纵向钢筋合力点的距离，$e'=e_0+0.5h-a'_s$；

e——轴向压力作用点至纵向受拉钢筋合力点的距离；

z——纵向受拉钢筋合力点至受压区合力点之间的距离，且不大于 $0.87h_0$；

η_s——使用阶段的轴向压力偏心距增大系数：当 $l_0/h \leqslant 14$ 时，取 $\eta_s=1.0$；

y_s——截面重心至纵向受拉钢筋合力点的距离；

γ'_f——受压翼缘截面面积与腹板有效截面面积的比值；当 $h'_f > 0.2h_0$ 时，取 $h'_f=0.2h_0$，其中，b'_f、h'_f 为受压区翼缘的宽度、高度；

N_q、M_q——按荷载准永久组合计算的轴向力值、弯矩值。

（2）预应力混凝土构件的纵向受拉钢筋等效应力：

1）轴心受拉构件

$$\sigma_{sk} = \frac{N_k - N_{p0}}{A_p + A_s}$$

2）受弯构件

$$\sigma_{sk} = \frac{M_k - N_{p0}(z - e_p)}{(A_p + A_s)z}$$

式中 A_p——纵向受拉预应力钢筋截面面积：对轴心受拉构件，取全部纵向预应力钢筋截面面积；对受弯构件，取受拉区纵向预应力钢筋截面面积，但对受拉区无粘结预应力钢筋，其截面面积 A_p 应改用 $0.3A_p$ 代替；

z——受拉区纵向非预应力和预应力钢筋合力点至受压区合力点的距离，可按式（5-24）计算，其中取 $e=e_p+M_k/N_{p0}$，此处，e_p 为混凝土法向预应力等于零时全部纵向预应力和非预应力钢筋的合力 N_{p0} 的作用点至受拉区纵向预应力和非预应力钢筋合力点的距离；M_2 为超静定后张法预应力混凝土结构构件中的次弯矩。

4. 在荷载效应的标准组合和准永久组合下，抗裂验算边缘的混凝土法向应力应按下列公式计算：

（1）轴心受拉构件：

$$\sigma_{ck} = \frac{N_k}{A_0}$$

$$\sigma_{cq} = \frac{N_q}{A_0}$$

(2) 受弯构件：

$$\sigma_{ck} = \frac{M_k}{W_0}$$

$$\sigma_{cq} = \frac{M_q}{W_0}$$

(3) 偏心受拉和偏心受压构件：

$$\sigma_{ck} = \frac{M_k}{W_0} + \frac{N_k}{A_0} \tag{5-25}$$

$$\sigma_{cq} = \frac{M_q}{W_0} + \frac{N_q}{A_0} \tag{5-26}$$

式中　N_k、M_k——按荷载效应的标准组合计算的轴向力值、弯矩值；

　　　N_q、M_q——按荷载效应的准永久组合计算的轴向力值、弯矩值；

　　　　　A_0——构件换算截面面积；

　　　　　W_0——构件换算截面受拉边缘的弹性抵抗矩。

5. 预应力混凝土受弯构件应根据《混凝土规范》第 3.4.5 条规定的裂缝控制等级，分别对斜截面混凝土主拉应力和主压应力进行验算：

(1) 混凝土主拉应力：

1) 对严格要求不出现裂缝的构件，应符合下列规定：

$$\sigma_{tp} \leqslant 0.85 f_{tk}$$

2) 对一般要求不出现裂缝的构件，应符合下列规定：

$$\sigma_{tp} \leqslant 0.95 f_{tk}$$

(2) 混凝土主压应力：

对一、二级裂缝控制等级构件，均应符合下列规定：

$$\sigma_{cp} \leqslant 0.6 f_{ck}$$

式中　σ_{tp}、σ_{cp}——混凝土的主拉应力、主压应力，按第 6 条的规定计算确定。

此时，应选择跨度内不利位置的截面，对该截面的换算截面重心处和截面宽度剧烈改变处进行验算。

6. 混凝土主拉应力和主压应力应按下列公式计算：

$$\left.\begin{array}{r}\sigma_{tp}\\ \sigma_{cp}\end{array}\right\} = \frac{\sigma_x + \sigma_y}{2} \pm \sqrt{\left(\frac{\sigma_x - \sigma_y}{2}\right)^2 + \tau^2}$$

$$\sigma_x = \sigma_{pc} + \frac{M_k y_0}{I_0}$$

$$\sigma_y = \frac{0.6 F_k}{bh}$$

$$\tau = \frac{(V_k - \sum \sigma_{pe} A_{pb} \sin\alpha_p) S_0}{I_0 b}$$

式中 σ_x——由预应力和弯矩值 M_k 在计算纤维处产生的混凝土法向应力；

    σ_y——由集中荷载标准值 F_k 产生的混凝土竖向压应力；

    τ——由剪力值 V_k 和预应力弯起钢筋的预加力在计算纤维处产生的混凝土剪应力；当计算截面上作用有扭矩时，尚应考虑扭矩引起的剪应力；对后张法预应力混凝土超静定结构构件，尚应考虑预加力引起的次剪应力；

    σ_{pc}——扣除全部预应力损失后，在计算纤维处由预加力产生的混凝土法向应力；

    y_0——换算截面重心至所计算纤维处的距离；

    V_k——按荷载效应的标准组合计算的剪力值；

    S_0——计算纤维以上部分的换算截面面积对构件换算截面重心的面积矩；

    σ_{pe}——预应力弯起钢筋的有效预应力；

    A_{pb}——计算截面上同一弯起平面内的预应力弯起钢筋的截面面积；

    α_p——计算截面上预应力弯起钢筋的切线与构件纵向轴线的夹角。

7. 裂缝宽度验算表见表 5-21、表 5-22。

$\dfrac{\alpha_{cr}}{E_s}$ 值 表 5-21

受力状态		轴心受拉	偏心受拉	受弯 偏心受压
钢筋种类	α_{cr}	2.7	2.4	1.9
HPB235 HPB300 $E_s=2.1\times10^5\,\mathrm{N/mm^2}$		1.28×10^{-5}	1.143×10^{-5}	0.9×10^{-5}
HRB335 HRB400 $E_s=2.0\times10^5\,\mathrm{N/mm^2}$		1.35×10^{-5}	1.2×10^{-5}	0.95×10^{-5}

短期刚度 $\alpha_E=\dfrac{E_s}{E_c}$ 值 表 5-22

混凝土强度等级 $E_c\times10^4\,\mathrm{N/mm^2}$	C20	C25	C30	C35	C40	C45	C50
钢筋种类	2.55	2.80	3.00	3.15	3.25	3.35	3.45
HPB235、HPB300 $E_s=21\times10^4\,\mathrm{N/mm^2}$	8.23	7.50	7.00	6.67	6.46	6.27	6.09
HRB335、HRB400、RRB400 $E_s=20\times10^4\,\mathrm{N/mm^2}$	7.84	7.14	6.67	6.35	6.15	5.97	5.80

8. 裂缝计算例题。

【例 5-11】 已知矩形截面简支梁，$b\times h=200\mathrm{mm}\times500\mathrm{mm}$，混凝土 C20，配

置 4 Φ 16 钢筋，$A_s = 804\text{mm}^2$，$M_q = 80\text{kN} \cdot \text{m}$，保护层厚度 $c_s = 25\text{mm}$，最大裂缝宽度允许值 $[w_{max}] = 0.3\text{mm}$，验算裂缝宽度。

解：
$$\rho_{te} = \frac{A_s}{0.5bh} = \frac{804}{0.5 \times 200 \times 500} = 0.0161$$

由式（5-23）计算

$$\sigma_{sq} = \frac{M_k}{0.87h_0 A_s} = \frac{80 \times 10^6}{0.87 \times 467 \times 804} = 245\text{N/mm}^2$$

$$h_0 = 500 - \left(25 + \frac{16}{2}\right) = 467\text{mm}$$

计算 ψ 值
用式（5-18）计算

$$\psi = 1.1 - \frac{0.65f_{tk}}{\rho_{te}\sigma_{sq}} = 1.1 - \frac{0.65 \times 1.54}{0.0161 \times 245} = 0.846$$

查表 5-21 得 $\dfrac{\alpha_{cr}}{E_s} = 0.95 \times 10^{-5}$。

将已知值代入式（5-17）

$$
\begin{aligned}
w_{max} &= \psi \cdot \frac{\alpha_{cr}}{E_s}\sigma_{sq}\left(1.9c_s + 0.08\frac{d_{eq}}{\rho_{te}}\right) \\
&= 0.846 \times 0.95 \times 10^{-5} \\
&\quad \times 245\left(1.9 \times 25 + 0.08 \times \frac{16}{0.0161}\right) \\
&= 0.25\text{mm} < 0.3\text{mm} \quad 符合要求
\end{aligned}
$$

【例 5-12】 已知矩形截面轴心受拉杆，$b \times h = 160\text{mm} \times 200\text{mm}$，配置 4 Φ 16 钢筋，$A_s = 804\text{mm}^2$，混凝土 C25，混凝土保护层厚度 $c_s = 25\text{mm}$，轴心拉力 $N_q = 145\text{kN}$，最大裂缝宽度允许值 $[w_{max}] = 0.2\text{mm}$，验算裂缝宽度。

解： 由式（5-20）得

$$\rho_{te} = \frac{A_s}{bh} = \frac{804}{160 \times 200} = 0.0251$$

由式（5-21）计算

$$\sigma_{sq} = \frac{N_q}{A_s} = \frac{145 \times 10^3}{804} = 180.35\text{N/mm}^2$$

由式（5-18）计算

$$\psi = 1.1 - \frac{0.65f_{tk}}{\rho_{te}\sigma_{sq}} = 1.1 - \frac{0.65 \times 1.78}{0.0251 \times 180.35} = 0.844$$

查表 5-21 得 $\dfrac{\alpha_{cr}}{E_s} = 1.35 \times 10^{-5}$。

将已知值代入式（5-17）

$$w_{max} = \psi \cdot \frac{\alpha_{cr}}{E_s}\sigma_{sq}\left(1.9c_s + 0.08\frac{d_{eq}}{\rho_{te}}\right)$$

$$= 0.844 \times 1.35 \times 10^{-5} \times 180.35 \times \left(1.9 \times 25 + 0.08 \times \frac{16}{0.0251}\right)$$

$$= 0.202 \text{mm} \doteq 0.2 \text{mm} \quad \text{符合要求}$$

【例 5-13】 已知矩形偏心受拉构件，$b \times h = 160\text{mm} \times 200\text{mm}$，轴向拉力 $N_q = 145\text{kN}$，偏心距 $e_0 = 30\text{mm}$，配量 4 Φ 16，$A_s = A_s' = 402\text{mm}^2$，混凝土 C25，混凝土保护层厚度 $c_s = 25\text{mm}$，最大裂缝宽度允许值 $[w_{max}] = 0.3\text{mm}$，验算裂缝宽度。

解： 由式（5-20）得

$$\rho_{te} = \frac{A_s}{0.5bh} = \frac{402}{0.5 \times 160 \times 200} = 0.0251$$

$$a_s = a_s' = c + \frac{d}{2} = 25 + \frac{16}{2} = 33\text{mm}$$

$$h_0 = h - a_s = 200 - 33 = 167\text{mm}$$

由式（5-22）计算

$$\sigma_{sq} = \frac{N_q e'}{A_s(h_s - a_s')} = \frac{145 \times 10^3 (30 + 0.5 \times 200 - 33)}{402(167 - 33)}$$

$$= 261.1 \text{N/mm}^2$$

由式（5-18）计算

$$\psi = 1.1 - \frac{0.65 f_{tk}}{\rho_{te}\sigma_{sq}} = 1.1 - \frac{0.65 \times 1.78}{0.0251 \times 261.1} = 0.923$$

查表 5-21 得 $\frac{\alpha_{cr}}{E_s} = 1.2 \times 10^{-5}$。

代入式（5-17）

$$w_{max} = \psi \frac{\alpha_{cr}}{E_s} \cdot \sigma_{sq} \left(1.9c_s + 0.08\frac{d_{eq}}{\rho_{te}}\right)$$

$$= 0.923 \times 1.2 \times 10^{-5} \times 261.1 \left(1.9 \times 25 + 0.08\frac{16}{0.0251}\right)$$

$$= 0.28 \text{mm} < 0.3 \text{mm} \quad \text{符合要求}$$

【例 5-14】 某工程框架梁截面 $400\text{mm} \times 700\text{mm}$，混凝土强度等级 C35，HRB335 钢筋，在均布荷载作用下支座（柱中）弯矩标准值为 $M_q = 431\text{kN} \cdot \text{m}$，实配钢筋为 6 Φ 25，$A_2 = 2945\text{mm}^2$，要求计算梁裂缝宽度（图 5-27）。

解：（1）由柱中支座弯矩按本禁忌第 2 条所述方法计算缝宽。

由式（5-20）得

$$\rho_{te} = \frac{A_s}{A_{te}} = \frac{2945}{0.5 \times 400 \times 700} = 0.021$$

由式（5-23）得

$$\sigma_{sq} = \frac{M_q}{0.87 h_0 A_s} = \frac{431 \times 10^6}{0.87 \times 665 \times 2945} = 253 \text{N/mm}^2$$

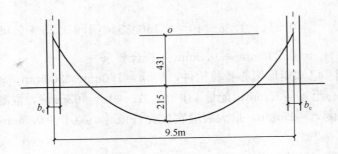

图 5-27　梁弯矩图

混凝土 C35，$f_{tk} = 2.2 \text{N/mm}^2$。

由式（5-18）得

$$\psi = 1.1 - 0.65 \frac{f'_{tk}}{\rho_{te} \sigma_{sq}} = 1.1 - 0.65 \frac{2.2}{0.021 \times 253} = 0.83$$

由表 5-21 得 $\dfrac{\alpha_{cr}}{E_s} = 0.95 \times 10^{-5}$，保护层 $c_s = 25 \text{mm}$。

由式（5-17）得裂缝宽度

$$w_{max} = \alpha_{cr} \frac{\sigma_{sq}}{E_s} \left(1.9 c_s + 0.08 \frac{d_{eq}}{\rho_{te}} \right)$$

$$= 0.83 \times 0.95 \times 10^{-5} \times 253 \times \left(1.9 \times 25 + 0.08 \frac{25}{0.021} \right)$$

$$= 0.285 \text{mm} < 0.3 \text{mm}$$

（2）当柱宽分别为 1200mm、1000mm、800mm、700mm 时，按柱边作为梁端计算出相应梁端弯矩 M'_k 及在已知配筋 $A_s = 2945 \text{mm}^2$ 时的裂缝宽度（见表 5-23）。

跨中 o 点为原点，抛物线方程

$$y = \frac{4f}{L^2} \left(\frac{L^2}{4} - x^2 \right) = -\frac{4 \times 646}{9.5^2} (22.56 - x^2) = 28.63(22.56 - x^2)$$

裂　缝　宽　度　　　　　　　　　表 5-23

柱宽 b_c(mm)	o点至柱边 x(m)	y(kN·m)	M'_q(kN·m)	M'_q/M_q	σ_{sq} (N/mm²)	ψ	w_{max} (mm)
1200	4.15	152.8	278.2	0.645	163.5	0.683	0.151
1000	4.25	128.8	320.2	0.743	187.9	0.738	0.188
800	4.35	104.1	326.9	0.758	191.9	0.745	0.194
700	4.40	91.6	339.4	0.787	199.2	0.758	0.204

从以上比较可以看出，按相同配筋，由柱中弯矩计算裂缝宽度为 0.285mm，当弯矩取柱边时按柱宽 700mm，裂缝宽度远小于规范允许值 0.3mm。因此，当

电算结果出现梁端裂缝超过规范允许值时，应分析其弯矩值取在柱边还是柱中，不应简单加钢筋。

9. 关于楼板的裂缝验算，单向板按线形构件梁一样作近似计算结果，裂缝宽度是偏大的。

双向楼板是属于面构件，配筋计算不论按弹性方法还是塑性方法，跨中和支座以最大弯矩点进行确定钢筋截面面积，并通跨布筋。裂缝计算也以最大弯矩点确定裂缝宽度是不真实的。因此，双向板的裂缝如何计算目前没有确切方法，而按线形构件计算裂缝宽度也无理论依据。

【禁忌 16】 对受弯构件的挠度计算方法不熟悉

【正】 1. 钢筋混凝土和预应力混凝土受弯构件在正常使用极限状态下的挠度，可根据构件的刚度用结构力学的方法计算。

在等截面构件中，可假定各同号弯矩区段内的刚度相等，并取用该区段内最大弯矩处的刚度。当计算跨度内的支座截面刚度不大于跨中截面刚度的两倍或不小于跨中截面刚度的二分之一时，该跨也可按等刚度构件进行计算，其构件刚度可取跨中最大弯矩截面的刚度。

受弯构件的挠度应按荷载效应标准组合并考虑荷载长期作用影响的刚度 B 进行计算，所求得的挠度计算值不应超过《混凝土规范》第 3.4.3 条规定的限值。

2. 矩形、T 形、倒 T 形和 I 形截面受弯构件的刚度 B，可按下列公式计算：

（1）采用荷载标准组合时

$$B = \frac{M_k}{M_q(\theta-1)+M_k} B_s \tag{5-27}$$

（2）采用荷载准永久组合时

$$B = \frac{B_s}{\theta}$$

式中 M_q——按荷载效应的准永久组合计算的弯矩值；

B_s——荷载效应的标准组合作用下受弯构件的短期刚度，按第 3 条的公式计算；

θ——考虑荷载的长期作用对挠度增大的影响系数，按第 5 条的规定采用。

3. 荷载效应的标准组合作用下受弯构件的短期刚度 B_s，可按下列公式计算：

（1）钢筋混凝土受弯构件：

$$B_s = \frac{E_s A_s h_0^2}{1.15\psi + 0.2 + \frac{6\alpha_E \rho}{1+3.5\gamma_f}} \tag{5-28}$$

（2）预应力混凝土受弯构件：

1）要求不出现裂缝的构件

$$B_{\mathrm{s}} = 0.85 E_{\mathrm{c}} I_0$$

2）允许出现裂缝的构件

$$B_{\mathrm{s}} = \frac{0.85 E_{\mathrm{c}} I_0}{\kappa_{\mathrm{cr}} + (1 - \kappa_{\mathrm{cr}}) \omega}$$

$$\kappa_{\mathrm{cr}} = \frac{M_{\mathrm{cr}}}{M_{\mathrm{k}}}$$

$$\omega = \left(1.0 + \frac{0.21}{\alpha_{\mathrm{E}} \rho}\right)(1 + 0.45 \gamma_{\mathrm{f}}) - 0.7$$

$$M_{\mathrm{cr}} = (\sigma_{\mathrm{pc}} + \gamma f_{\mathrm{tk}}) W_0$$

$$\gamma_{\mathrm{f}} = \frac{(b_{\mathrm{f}} - b) h_{\mathrm{f}}}{b h_0}$$

式中 ψ——裂缝间纵向受拉钢筋应变不均匀系数，按式（5-18）计算；当 $\psi <$ 0.2 时，取 $\psi = 0.2$；当 $\psi > 1.0$ 时，取 $\psi = 1.0$；对直接承受重复荷载的构件，取 $\psi = 1.0$；

α_{E}——钢筋弹性模量与混凝土弹性模量的比值，即 $E_{\mathrm{s}}/E_{\mathrm{c}}$；

ρ——纵向受拉钢筋配筋率：对钢筋混凝土受弯构件，取 $A_{\mathrm{s}}/(bh)$；对预应力混凝土受弯构件，取 $(A_{\mathrm{p}} + A_{\mathrm{s}})/(bh)$，对无粘结预应力钢筋，$A_{\mathrm{p}}$ 应改用 $0.3 A_{\mathrm{p}}$ 代替；

I_0——换算截面惯性矩；

γ_{f}——受拉翼缘截面面积与腹板有效截面面积的比值，其中 b_{f}、h_{f} 为受拉区翼缘的宽度、高度；

κ_{cr}——预应力混凝土受弯构件正截面的开裂弯矩 M_{cr} 与荷载的标准组合弯矩 M_{k} 的比值，当大于 1.0 时，取 1.0；

σ_{pc}——扣除全部预应力损失后，在抗裂验算边缘产生的混凝土预压应力；

γ——混凝土构件的截面抵抗矩塑性影响系数，可按第 4 条的规定确定。

注：对预压时预拉区出现裂缝的构件，B_{s} 应降低 10%。

4. 混凝土构件的截面抵抗矩塑性影响系数可按下列公式计算：

$$\gamma = \left(0.7 + \frac{120}{h}\right)\gamma_{\mathrm{m}}$$

式中 γ——混凝土构件的截面抵抗矩塑性影响系数；

γ_{m}——混凝土构件的截面抵抗矩塑性影响系数基本值，可按正截面应变保持平面的假定，并取受拉混凝土应力图形为梯形、受拉边缘混凝土极限拉应变为 $2 f_{\mathrm{tk}}/E_{\mathrm{c}}$ 确定；对常用的截面形状，γ_{m} 值可近似按表 5-24 取用；

h——截面高度（按 mm 计）；当 $h < 400$ 时，取 $h = 400$；当 $h > 1600$ 时，

取 $h=1600$；对圆形、环形截面，h 应以 $2r$ 代替，此处，r 为圆形截面半径和环形截面的外环半径。

5. 考虑荷载的长期作用对挠度长期增大的影响系数 θ 可按下列规定取用：

（1）钢筋混凝土受弯构件：

当 $\rho_s'=0$ 时，$\theta=2.0$；

当 $\rho_s'=\rho_s$ 时，$\theta=1.6$；

当 ρ_s' 为中间数值时，θ 按直线内插法取用。

对翼缘位于受拉区的倒 T 形截面，θ 应增加 20%。

式中　ρ_s——普通纵向受拉钢筋配筋率 $A_s/(bh)$；

ρ_s'——普通纵向受压钢筋配筋率 $A_s'/(bh)$。

截面抵抗矩塑性影响系数基本值 γ_m　　　　　　　　　　表 5-24

项次	1	2	3		4		5
截面形状	矩形截面	翼缘位于受压区的 T 形截面	对称 I 形截面或箱形截面		翼缘位于受拉区的 T 形截面		圆形和环形截面
			$b_f/b\leqslant2$ h_f/h 为任意值	$b_f/b>2$ $h_f/h<0.2$	$b_f/b\leqslant2$ h_f/h 为任意值	$b_f/b>2$ $h_f/h<0.2$	
γ_m	1.55	1.50	1.45	1.35	1.50	1.40	$1.6-0.24r_1/r$

注：1. r 为圆形、环形截面的外环半径，r_1 为环形截面的内环半径，对圆形截面取 r_1 为零；

2. 对 $b_f'>b_f$ 的 I 形截面，可按项次 2 与项次 3 之间的数值采用，对 $b_f'<b_f$ 的 I 形截面，可按项次 3 与项次 4 之间的数值采用；

3. 对于箱形截面，表中 b 值系指各肋宽度的总和。

（2）预应力混凝土受弯构件，取 $\theta=2.0$。

6. 预应力混凝土受弯构件在使用阶段的预加应力反拱值，可用结构力学方法按刚度 E_cI_0 进行计算，并应考虑预压应力长期作用的影响，此时，将计算求得的预加应力反拱值乘以增大系数 2.0；在计算中，预应力钢筋的应力应扣除全部预应力损失。

注：1. 对重要的或特殊的预应力混凝土受弯构件的长期反拱值，可根据专门的试验分析确定或采用合理的收缩、徐变计算方法经分析确定；

2. 对恒载较小的构件，应考虑反拱过大对使用的不利影响。

7. 钢筋混凝土受弯构件，在荷载效应的标准组合作用下短期刚度 B_s 由式（5-28）改为下式：

$$B_s=DA_sh_0^2\times10^5 \qquad (5-29)$$

式中 D 值见表 5-25。

受弯构件挠度计算 D 值

表 5-25

$$D=\frac{E_s}{1.15\psi+0.2+\alpha/(1+3.5\gamma'_f)}\times\frac{1}{10^5}$$

$\alpha=6\alpha_E\rho$　　$E_s=2\times10^5\text{N/mm}^2$

$\gamma'_f=\dfrac{(b'_f-b)h'_f}{bh_0}$　　$B_s=DA_sh_0^2\times10^5\text{N}\cdot\text{mm}^2$

钢筋种类 HRB335、HRB400

$\gamma'_f=0$

α / ψ	0.4	0.5	0.6	0.7	0.8	0.9	1.0
0.20	2.326	2.051	1.835	1.660	1.515	1.394	1.290
0.30	2.083	1.860	1.681	1.533	1.408	1.303	1.212
0.40	1.887	1.702	1.550	1.423	1.316	1.223	1.143
0.50	1.724	1.569	1.439	1.329	1.235	1.153	1.081
0.60	1.587	1.455	1.342	1.246	1.163	1.090	1.026
0.70	1.471	1.356	1.258	1.173	1.099	1.034	0.976
0.80	1.370	1.270	1.183	1.108	1.042	0.983	0.930
0.90	1.282	1.194	1.117	1.050	0.990	0.937	0.889
1.00	1.205	1.127	1.058	0.998	0.943	0.895	0.851
1.10	1.136	1.067	1.005	0.950	0.901	0.857	0.816
1.20	1.075	1.013	0.957	0.907	0.862	0.821	0.784
1.30	1.020	0.964	0.913	0.868	0.826	0.789	0.755
1.40	0.971	0.920	0.873	0.832	0.794	0.759	0.727
1.50	0.926	0.879	0.837	0.798	0.763	0.731	0.702
1.60	0.885	0.842	0.803	0.768	0.735	0.705	0.678

$\gamma'_f=0.1$

α / ψ	0.4	0.5	0.6	0.7	0.8	0.9	1.0
0.20	2.475	2.166	1.927	1.734	1.577	1.446	1.335
0.30	2.267	2.006	1.798	1.630	1.490	1.372	1.272
0.40	2.091	1.867	1.686	1.537	1.412	1.306	1.215
0.50	1.941	1.746	1.587	1.454	1.342	1.246	1.163
0.60	1.811	1.640	1.499	1.380	1.278	1.191	1.115
0.70	1.697	1.546	1.420	1.313	1.221	1.141	1.070
0.80	1.597	1.462	1.349	1.252	1.168	1.094	1.030
0.90	1.508	1.387	1.285	1.196	1.119	1.052	0.992
1.00	1.428	1.319	1.226	1.146	1.075	1.012	0.957
1.10	1.356	1.258	1.173	1.099	1.034	0.976	0.924
1.20	1.291	1.202	1.124	1.056	0.996	0.942	0.893
1.30	1.232	1.151	1.079	1.016	0.960	0.910	0.865
1.40	1.179	1.104	1.038	0.979	0.927	0.880	0.838
1.50	1.129	1.060	0.999	0.945	0.896	0.852	0.813
1.60	1.084	1.020	0.964	0.913	0.868	0.826	0.789

$\gamma'_f=0.2$

α / ψ	0.4	0.5	0.6	0.7	0.8	0.9	1.0
0.20	2.572	2.241	1.985	1.782	1.616	1.479	1.363
0.30	2.391	2.102	1.875	1.693	1.543	1.417	1.310
0.40	2.234	1.980	1.777	1.613	1.476	1.360	1.262
0.50	2.096	1.871	1.689	1.540	1.414	1.308	1.216

$\gamma'_f=0.3$

α / ψ	0.4	0.5	0.6	0.7	0.8	0.9	1.0
0.20	2.640	2.292	2.025	1.814	1.643	1.501	1.382
0.30	2.480	2.171	1.930	1.737	1.579	1.448	1.337
0.40	2.339	2.062	1.843	1.666	1.521	1.398	1.294
0.50	2.213	1.963	1.764	1.601	1.466	1.352	1.255

钢筋种类 HRB335、HRB400

$$D = \cfrac{E_s}{1.15\psi + 0.2 + \alpha/(1+3.5\gamma'_f)} \times \cfrac{1}{10^5} \qquad \alpha = 6\alpha_E\rho \qquad \gamma'_f = \cfrac{(b'_f - b)h'_f}{bh_0}$$

$$E_s = 2\times10^5\,\text{N/mm}^2 \qquad B_s = DA_s h_0^2 \times 10^5\,\text{N}\cdot\text{mm}^2$$

α \ ψ	$\gamma'_f=0.2$							$\gamma'_f=0.3$						
	0.4	0.5	0.6	0.7	0.8	0.9	1.0	0.4	0.5	0.6	0.7	0.8	0.9	1.0
0.60	1.974	1.773	1.609	1.473	1.358	1.259	1.174	2.099	1.873	1.691	1.541	1.416	1.309	1.218
0.70	1.866	1.685	1.536	1.412	1.306	1.215	1.135	1.997	1.791	1.624	1.485	1.368	1.269	1.182
0.80	1.769	1.606	1.470	1.355	1.257	1.173	1.099	1.904	1.716	1.562	1.433	1.324	1.231	1.149
0.90	1.682	1.533	1.409	1.303	1.213	1.134	1.064	1.820	1.647	1.505	1.385	1.283	1.195	1.118
1.00	1.602	1.467	1.353	1.255	1.171	1.097	1.032	1.742	1.584	1.452	1.340	1.244	1.161	1.088
1.10	1.530	1.406	1.301	1.211	1.132	1.063	1.001	1.671	1.525	1.405	1.297	1.207	1.129	1.060
1.20	1.464	1.351	1.253	1.169	1.095	1.030	0.973	1.606	1.470	1.356	1.258	1.173	1.099	1.033
1.30	1.404	1.299	1.209	1.130	1.061	1.000	0.946	1.545	1.419	1.312	1.220	1.140	1.070	1.008
1.40	1.348	1.251	1.167	1.094	1.029	0.972	0.920	1.489	1.372	1.272	1.185	1.109	1.043	0.984
1.50	1.297	1.207	1.128	1.060	0.999	0.945	0.896	1.437	1.327	1.233	1.152	1.080	1.017	0.961
1.60	1.249	1.165	1.092	1.288	0.970	0.919	0.873	1.388	1.286	1.197	1.120	1.052	0.992	0.939

α \ ψ	$\gamma'_f=0.4$							$\gamma'_f=0.5$						
	0.4	0.5	0.6	0.7	0.8	0.9	1.0	0.4	0.5	0.6	0.7	0.8	0.9	1.0
0.20	2.691	2.330	2.055	1.838	1.662	1.517	1.395	2.730	2.359	2.077	1.856	1.677	1.529	1.406
0.30	2.548	2.222	1.970	1.770	1.606	1.471	1.356	2.600	2.262	2.002	1.795	1.627	1.488	1.371
0.40	2.419	2.124	1.893	1.707	1.554	1.427	1.319	2.483	2.173	1.932	1.738	1.580	1.449	1.337
0.50	2.303	2.034	1.821	1.648	1.506	1.386	1.283	2.376	2.090	1.866	1.685	1.536	1.412	1.306
0.60	2.198	1.951	1.754	1.594	1.460	1.347	1.250	2.277	2.014	1.805	1.635	1.495	1.376	1.275
0.70	2.102	1.875	1.693	1.542	1.417	1.310	1.218	2.187	1.943	1.747	1.588	1.455	1.343	1.246
0.80	2.013	1.805	1.635	1.494	1.376	1.275	1.188	2.103	1.876	1.694	1.543	1.418	1.311	1.219
0.90	1.932	1.739	1.581	1.449	1.338	1.242	1.159	2.026	1.814	1.643	1.501	1.382	1.280	1.192

续表

$$D = \frac{E_s}{1.15\psi + 0.2 + \dfrac{\alpha'}{(1+3.5\gamma'_f)}} \times \frac{1}{10^5}$$

$\alpha = 6\alpha_E\rho$　$E_s = 2\times 10^5 \text{N/mm}^2$

$\gamma'_f = \dfrac{(b'_f - b)\,h'_f}{bh_0}$　$B_s = DA_s h_0^2 \times 10^5 \text{N·mm}^2$

钢筋种类 HRB335, HRB400

D $\diagdown$ ψ / α	$\gamma'_f = 0.4$							$\gamma'_f = 0.5$						
	0.4	0.5	0.6	0.7	0.8	0.9	1.0	0.4	0.5	0.6	0.7	0.8	0.9	1.0
1.00	1.858	1.678	1.531	1.407	1.302	1.211	1.132	1.954	1.756	1.595	1.461	1.348	1.251	1.167
1.10	1.788	1.622	1.483	1.367	1.267	1.181	1.106	1.887	1.702	1.550	1.423	1.316	1.223	1.143
1.20	1.724	1.569	1.439	1.329	1.235	1.153	1.081	1.824	1.651	1.508	1.388	1.285	1.197	1.120
1.30	1.664	1.519	1.397	1.293	1.204	1.126	1.057	1.766	1.603	1.468	1.353	1.256	1.171	1.097
1.40	1.609	1.472	1.357	1.259	1.174	1.100	1.034	1.711	1.558	1.429	1.321	1.228	1.147	1.076
1.50	1.556	1.429	1.320	1.227	1.146	1.075	1.013	1.659	1.515	1.393	1.290	1.201	1.123	1.055
1.60	1.508	1.387	1.285	1.196	1.119	1.052	0.992	1.611	1.474	1.359	1.260	1.175	1.101	1.035

D $\diagdown$ ψ / α	$\gamma'_f = 0.6$							$\gamma'_f = 0.7$						
	0.4	0.5	0.6	0.7	0.8	0.9	1.0	0.4	0.5	0.6	0.7	0.8	0.9	1.0
0.20	2.760	2.382	2.095	1.870	1.688	1.539	1.414	2.786	2.401	2.110	1.882	1.698	1.547	1.420
0.30	2.643	2.294	2.027	1.815	1.644	1.502	1.382	2.678	2.320	2.047	1.832	1.657	1.513	1.392
0.40	2.535	2.212	1.963	1.764	1.601	1.466	1.352	2.578	2.245	1.988	1.784	1.618	1.480	1.364
0.50	2.435	2.136	1.902	1.715	1.561	1.432	1.323	2.485	2.174	1.933	1.739	1.581	1.449	1.338
0.60	2.343	2.065	1.846	1.669	1.523	1.400	1.296	2.398	2.108	1.880	1.696	1.546	1.420	1.312
0.70	2.258	1.998	1.792	1.625	1.486	1.369	1.269	2.318	2.045	1.830	1.656	1.512	1.391	1.288
0.80	2.178	1.936	1.742	1.583	1.451	1.340	1.244	2.242	1.986	1.783	1.617	1.479	1.363	1.264
0.90	2.105	1.877	1.694	1.544	1.418	1.311	1.219	2.172	1.931	1.738	1.580	1.448	1.337	1.242
1.00	2.035	1.822	1.649	1.506	1.386	1.284	1.196	2.106	1.878	1.695	1.545	1.419	1.312	1.220
1.10	1.971	1.770	1.607	1.471	1.356	1.258	1.173	2.043	1.828	1.654	1.511	1.390	1.287	1.198
1.20	1.910	1.721	1.566	1.437	1.327	1.233	1.151	1.984	1.781	1.616	1.478	1.363	1.264	1.178
1.30	1.853	1.675	1.527	1.404	1.299	1.209	1.130	1.929	1.736	1.579	1.447	1.336	1.241	1.158

$$D = \frac{E_s}{1.15\psi + 0.2 + \dfrac{\alpha}{(1+3.5\gamma_f')}} \times \frac{1}{10^5} \qquad B_s = DA_s h_0^2 \times 10^5 \, N \cdot mm^2$$

$$\alpha = 6\alpha_E\rho \qquad \gamma_f' = \frac{(b_f'-b)h_f'}{bh_0}$$

$$E_s = 2\times10^5 \, N/mm^2$$

钢筋种类 HRB335、HRB400

D \ ψ $\diagdown$ α	$\gamma_f'=0.6$							$\gamma_f'=0.7$						
	0.4	0.5	0.6	0.7	0.8	0.9	1.0	0.4	0.5	0.6	0.7	0.8	0.9	1.0
1.40	1.799	1.631	1.491	1.373	1.273	1.186	1.110	1.877	1.694	1.543	1.418	1.311	1.219	1.139
1.50	1.748	1.589	1.456	1.343	1.247	1.164	1.091	1.827	1.653	1.510	1.389	1.286	1.198	1.121
1.60	1.700	1.549	1.422	1.315	1.222	1.142	1.072	1.780	1.615	1.477	1.362	1.263	1.177	1.103

D \ ψ $\diagdown$ α	$\gamma_f'=0.8$							$\gamma_f'=0.9$						
	0.4	0.5	0.6	0.7	0.8	0.9	1.0	0.4	0.5	0.6	0.7	0.8	0.9	1.0
0.20	2.806	2.417	2.122	1.891	1.706	1.553	1.426	2.824	2.430	2.132	1.899	1.712	1.559	1.430
0.30	2.707	2.342	2.064	1.845	1.668	1.522	1.400	2.731	2.360	2.078	1.857	1.677	1.530	1.406
0.40	2.613	2.272	2.010	1.801	1.632	1.492	1.374	2.644	2.295	2.028	1.816	1.644	1.502	1.383
0.50	2.527	2.206	1.958	1.760	1.598	1.464	1.350	2.563	2.233	1.979	1.777	1.612	1.475	1.360
0.60	2.445	2.144	1.909	1.720	1.565	1.436	1.326	2.486	2.175	1.933	1.740	1.582	1.450	1.338
0.70	2.369	2.085	1.862	1.682	1.533	1.409	1.304	2.413	2.119	1.889	1.704	1.552	1.425	1.317
0.80	2.297	2.029	1.817	1.645	1.503	1.384	1.282	2.345	2.067	1.847	1.670	1.523	1.401	1.296
0.90	2.230	1.977	1.775	1.611	1.474	1.359	1.260	2.281	2.016	1.807	1.637	1.496	1.378	1.276
1.00	2.166	1.926	1.734	1.577	1.446	1.335	1.240	2.220	1.969	1.768	1.605	1.470	1.355	1.257
1.10	2.106	1.879	1.696	1.545	1.419	1.312	1.220	2.162	1.923	1.732	1.575	1.444	1.333	1.238
1.20	2.050	1.834	1.659	1.514	1.393	1.290	1.201	2.107	1.879	1.696	1.545	1.419	1.312	1.220
1.30	1.996	1.790	1.623	1.485	1.368	1.268	1.182	2.055	1.838	1.662	1.517	1.395	1.292	1.202
1.40	1.945	1.749	1.589	1.456	1.344	1.247	1.164	2.005	1.798	1.630	1.490	1.372	1.272	1.185
1.50	1.896	1.710	1.557	1.429	1.320	1.227	1.146	1.958	1.760	1.598	1.464	1.350	1.253	1.169
1.60	1.850	1.672	1.525	1.402	1.298	1.208	1.129	1.913	1.723	1.568	1.438	1.328	1.234	1.152

$$D=\cfrac{E_s}{1.15\psi+0.2+\alpha/(1+3.5\gamma'_f)}\times\cfrac{1}{10^5} \qquad \gamma'_f=\cfrac{(b'_f-b)\,h'_f}{bh_0}$$

$$\alpha=6\alpha_E\rho \qquad E_s=2\times10^5\,\text{N/mm}^2 \qquad B_s=DA_s h_0^2\times10^5\,\text{N}\cdot\text{mm}^2$$

钢筋种类 HRB335, HRB400

$\dfrac{\gamma'_f\ \psi}{D}$ α	$\gamma'_f=1.0$							$\gamma'_f=1.2$						
	0.4	0.5	0.6	0.7	0.8	0.9	1.0	0.4	0.5	0.6	0.7	0.8	0.9	1.0
0.20	2.839	2.441	2.140	1.906	1.718	1.563	1.434	2.863	2.459	2.154	1.917	1.726	1.571	1.440
0.30	2.752	2.376	2.091	1.866	1.685	1.536	1.412	2.787	2.402	2.110	1.882	1.698	1.547	1.421
0.40	2.671	2.315	2.043	1.828	1.654	1.511	1.390	2.714	2.348	2.068	1.849	1.671	1.524	1.402
0.50	2.594	2.257	1.998	1.792	1.625	1.486	1.369	2.645	2.296	2.028	1.816	1.645	1.502	1.383
0.60	2.521	2.202	1.954	1.757	1.596	1.462	1.348	2.579	2.246	1.989	1.785	1.619	1.481	1.365
0.70	2.452	2.149	1.913	1.723	1.568	1.438	1.328	2.517	2.199	1.952	1.755	1.594	1.460	1.347
0.80	2.387	2.099	1.873	1.691	1.541	1.416	1.309	2.457	2.153	1.916	1.726	1.570	1.440	1.330
0.90	2.326	2.051	1.835	1.660	1.515	1.394	1.290	2.401	2.110	1.881	1.698	1.547	1.420	1.313
1.00	2.267	2.006	1.798	1.630	1.490	1.372	1.272	2.347	2.068	1.848	1.670	1.524	1.401	1.297
1.10	2.211	1.962	1.763	1.601	1.466	1.352	1.254	2.295	2.027	1.816	1.644	1.502	1.383	1.281
1.20	2.158	1.920	1.729	1.573	1.442	1.332	1.237	2.245	1.989	1.784	1.618	1.481	1.364	1.265
1.30	2.108	1.880	1.697	1.546	1.420	1.312	1.220	2.198	1.951	1.754	1.594	1.460	1.347	1.250
1.40	2.059	1.841	1.665	1.520	1.398	1.294	1.204	2.152	1.915	1.725	1.570	1.440	1.330	1.235
1.50	2.013	1.805	1.635	1.494	1.376	1.275	1.188	2.109	1.881	1.697	1.546	1.420	1.313	1.221
1.60	1.969	1.769	1.606	1.470	1.355	1.257	1.173	2.067	1.847	1.670	1.524	1.401	1.296	1.206

8. 挠度计算例题。

【例 5-15】 受均布荷载作用的矩形截面简支梁，$b \times h = 200mm \times 450mm$，$l = 5.2m$。荷载标准值：永久荷载（包括梁自重）$g = 5kN/m$，可变荷载 $p = 10kN/m$，相应的分项系数为 1.2 及 1.3。可变荷载准永久值系数为 0.5。混凝土 C20，HRB335 钢筋，配 3 Φ 16，$A_s = 603mm^2$。

求：跨中挠度。

解：（1）荷载的标准组合值

$$M_k = \frac{1}{8} \times (5 + 10) \times 5.2^2 = 50.7kN \cdot m$$

荷载的准永久组合值

$$M_q = \frac{1}{8} \times (5 + 0.5 \times 10) \times 5.2^2 = 33.8kN \cdot m$$

（2）求 ψ 值

$$\rho_{te} = \frac{A_s}{0.5bh} = \frac{603}{0.5 \times 200 \times 450} = 0.0134$$

$$\sigma_{sk} = \frac{M_k}{0.87A_s h_0} = \frac{50.7 \times 10^6}{0.87 \times 603 \times 415} = 232.9N/mm^2$$

$$\psi = 1.1 - \frac{0.65 f_{tk}}{\rho_{te} \cdot \sigma_{sk}} = 1.1 - \frac{0.65 \times 1.5}{0.0134 \times 232.9} = 0.788$$

（3）求短期刚度 B_s

$$\alpha_E = \frac{E_s}{E_c} = \frac{2.0 \times 10^5}{2.55 \times 10^4} = 7.84$$

$$\rho = \frac{A_s}{bh} = \frac{603}{200 \times 450} = 0.0067$$

代入式（5-28）

$$B_s = \frac{2.0 \times 10^5 \times 603 \times 415^2}{1.15 \times 0.788 + 0.2 + \dfrac{6 \times 7.84 \times 0.0067}{1 + 3.5 \times 0}}$$

$$= 1.461 \times 10^{13} N \cdot mm^2$$

（4）求长期刚度 B

由于 $\rho' = 0$，所以 $\theta = 2.0$，代入式（5-27）

$$B = \frac{50.7}{33.8 \times (2 - 1) + 50.7} \times 1.461 \times 10^{13}$$

$$= 8.77 \times 10^{12} N/mm^2$$

（5）求挠度 f

$$f = \frac{5}{384} \cdot \frac{(g + p)l^4}{B_n} = \frac{5 \times 15 \times 5.2^4 \times 10^{12}}{384 \times 8.77 \times 10^{12}} = 16.3mm$$

$$\frac{f}{L} = \frac{16 \leqq 6}{5200} = \frac{1}{319} < \frac{1}{200} = 26mm$$

【例 5-16】　条件同［例 5-15］采用计算图表计算跨中挠度。

【解】　(1) 由［例 5-15］知

$$\rho_{te} = 0.0134, \sigma_{sk} = 232.9N/mm^2, \psi = 0.788$$

(2) 求短期刚度 B_s

查表 5-22 得 $\alpha_E = 7.84$。

$$\alpha = 6\alpha_E\rho = 6 \times 7.84 \times 0.007265 = 0.3417$$

由 $\gamma_f' = 0$，$\psi = 0.788$，$\alpha = 0.3417$ 查表 5-21 得 $D = 1.39$，由公式（5-29）得：

$$B_s = DA_sh_0^2 \times 10^5$$

$$= 1.39 \times 603 \times 415^2 \times 10^5 = 1.44 \times 10^{13} N \cdot mm^2$$

其余计算同**【例 5-15】**。

9. 根据《混凝土规范》3.4.3 条注 3 规定，如果构件制作时预先起拱，且使用上也允许，则在验算挠度时，可将计算所得的挠度值减去起拱值；对预应力混凝土构件，尚可减去预加力所产生的反拱值。

根据《混凝土结构工程施工质量验收规范》（GB 50204—2002）（2011 年版）第 4.2.5 条规定，对跨度不小于 4m 的现浇钢筋混凝土梁、板，其模板应按设计要求起拱；当设计无具体要求时，起拱高度宜为跨度的 1/1000～3/1000。

现浇钢筋混凝土板、梁，当跨度等于大于 4m 时，计算所得的挠度值可减去起拱值后再满足规范规定的挠度限值。预起拱一般可取跨度的 1/400，预起拱值的要求应在施工图结构说明中写明。

第 6 章 框 架 结 构

【禁忌1】 框架结构布置双向大量采用铰接

【正】 1. 《高规》6.1.1 条规定，框架结构应设计成双向梁柱抗侧力体系。主体结构除个别部位外，不应采用铰接。

2. 框架结构是由梁、柱构件组成的空间结构，既承受竖向荷载，又承受风荷载和地震作用，因此，必须设计成双向形成刚架的抗水平风荷载和水平地震作用的结构体系，并且应具有足够的侧向刚度，以满足规范、规程所规定的楼层层间最大位移与层高之比的限值。

框架结构由于建筑使用功能或立面外形的需要，如图 6-1 所示在沿纵向边框架局部凸出，在纵向框架梁与横向框架梁相连的 A 点，常采用铰接处理。此类情况在框架结构中属于个别铰接，框架梁一端无柱。如果在 A 点再设柱或形成两根纵梁相连的扁大柱，

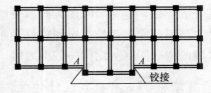

图 6-1 框架梁个别铰接

将使相邻双柱或扁柱，在水平地震作用下吸收大量楼层剪力，造成平面内各抗侧力的竖向构件（柱子）刚度不均匀，尤其当局部凸出部位在端部或平面中不对称，产生扭转效应。

【禁忌2】 抗震设计时采用单跨框架

【正】 1. 《高规》6.1.2 条规定，抗震设计的框架结构不应采用单跨框架。

2. 单跨框架是由两个柱单根梁形成，一旦发生地震，尤其超设防烈度的大震情况下，两个柱的其中一根遭受破坏，显而易见将使建筑容易倒塌，因为整体结构缺乏赘余的空间体系。1999 年 9 月 21 日，台湾发生的地震中，台中客运站因为是采用了双柱单跨框架，由于一侧柱破坏而导致全楼倒塌。

3. 非抗震设计的高层框架结构及抗震设计的低层和设防分类为丙类的多层框架结构，不宜采用单跨框架。

【禁忌3】 框架结构按抗震设计时采用部分由砌体墙承重的混合形式

【正】 1. 《高规》6.1.6 条规定（强制性条文）框架结构按抗震设计时，不

应采用部分由砌体墙承重之混合形式。框架结构中的楼、电梯间及局部出屋顶的电梯机房、楼梯间、水箱间等，应采用框架承重，不应采用砌体墙承重。

2. 当框架结构中的楼、电梯间采用砌体墙承重时，计算时不计入砌体墙的刚度，地震作用下反应远比仅按框架结构抗侧力刚度时大，而地震时砌体墙首先遭受破坏，框架结构又未按实际刚度确定内力及配筋，将造成各个击破使框架结构相继遭破坏，这是极危险的。

3. 1976年7月28日，唐山大地震波及到天津市，该市有的办公楼及多层工业厂房的框架结构，地震时承重砌体墙出现严重开裂，局部出屋顶的楼、电梯间因采用砌体承重墙，不仅严重开裂，甚至严重破坏甩出。

4. 有抗震设计的框架结构建筑中，楼、电梯间及局部出屋顶的电梯机房、楼梯间、水箱间等小房，也应采用框架承重，另设非承重填充墙。当楼、电梯间采用钢筋混凝土墙时，此种结构的适用高度可根据剪力墙设置的数量，取高度介于框架结构和框剪结构之间为宜，框架及剪力墙的抗震等级按框架结构确定，结构分析计算中，应考虑该剪力墙与框架的协同工作，并应注意剪力墙的平面布置宜分散对称，避免墙刚度大而承受竖向荷载面积小的情况，位移比和周期比应满足《高规》要求，最大层间位移角根据剪力墙数量可在 $1/550 \sim 1/700$ 之间，剪力墙的构造同框剪结构中的剪力墙。

【禁忌4】 有抗震设计的框架结构，不知采取哪些措施达到延性要求

【正】 结构或构件的延性要求不是通过计算确定的，而是通过采取一系列的构造措施实现的。框架结构要保证具有足够的延性，必须按规范、规程所规定的不同抗震等级采用相应构造措施，如梁和柱的剪压比（$\beta_v = \gamma_{RE}V/f_cbh_0$）、柱的轴压比、强剪弱弯、强柱弱梁、强节点、强框架柱底层底截面、梁端截面受压区高度限值、梁和柱端箍筋加密区及最小最大配筋率等，所谓强是采用增大系数的方法。为满足梁和柱的剪压比必须有足够截面尺寸及混凝土强度等级，而不是配置箍筋所能达到要求的，梁的剪压比对梁截面尺寸起控制作用，一般柱的截面剪压比不起控制作用，而剪跨比小于2（即短柱）的截面剪压比可能起控制作用。多层框架结构的柱截面是由水平地震作用下为满足位移（抗侧力刚度）确定，高层框架—剪力墙结构的柱截面是由轴压比要求确定的。

【禁忌5】 不了解框架结构中的次梁要不要考虑延性，构造与框架梁有何区别

【正】 框架梁、柱组成抗侧力结构，有抗震设计时应有足够的延性。框架结构中的次梁是楼板的组成部分，承受竖向荷载并传递给框架梁，有抗震设计与无抗震设计一样可不考虑延性，次梁箍筋按剪力确定，构造按非抗震时梁要求，没有 135°弯钩及 10 倍直径直段的要求；次梁跨中上面可设架立筋。

【禁忌6】 抗震设计的框架梁柱中心严重不重合

【正】 1.《高规》6.1.7 条规定：

（1）框架梁、柱中心线宜重合。当由于建筑要求梁柱中心线不能重合时，在计算中应考虑偏心对梁柱节点核心区受力和构造的不利影响；同时也应考虑梁荷载对柱子的偏心影响。

（2）梁、柱中心线之间的偏心距不宜大于柱宽的 1/4。当为 8 度及 9 度抗震设防时，如偏心距大于柱宽的 1/4 时，可采取增设梁的水平加腋（图 6-2）等措施。

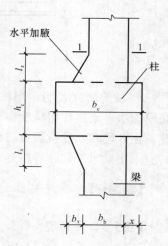

图 6-2 水平加腋梁平面

（3）梁的水平加腋厚度可取梁截面高度，其水平尺寸宜满足下列要求：

$$b_x/l_x \leqslant 1/2$$
$$b_x/b_b \leqslant 2/3$$
$$b_b + b_x + x \geqslant b_c/2$$

式中 b_x——梁水平加腋宽度；

l_x——梁水平加腋长度；

b_b——梁截面宽度；

b_c——柱截面宽度；

x——非加腋侧梁边到柱边的距离。

（4）梁采用水平加腋时，框架节点有效宽度 b_j 宜符合下列要求：

1）当 $x=0$ 时，按下式计算：

$$b_j \leqslant b_b + b_x$$

2）当 $x \neq 0$ 时，按式（6-1）、式（6-2）计算的较大值采用，且应满足式（6-3）的要求：

$$b_j \leqslant b_b + b_x + x \tag{6-1}$$
$$b_j \leqslant b_b + 2x \tag{6-2}$$
$$b_j \leqslant b_b + 0.5h_c \tag{6-3}$$

式中 h_c——柱截面高度。

2. 梁采用水平加腋时，在验算梁的剪压比（$\beta_v = V/\beta_c f_c bh_0$ 或 $\beta_v = \gamma_{RE} V/\beta_c f_c bh_0$）和受剪承载力时，一般不计加腋部分截面的有利影响，水平加腋部分侧面斜向设置水平钢筋直径不宜小于 12mm，间距不大于 200mm，两端锚入柱和梁内长度为 l_a 或 l_{aE}，附加箍筋直径不宜小于 8mm，间距不大于 200mm。当验算梁的剪压比和受剪承载力考虑加腋部分截面时，应分别对柱边截面和图 6-2

中 1-1 截面进行验算，水平加腋部分侧面斜向水平钢筋与上述相同，附加箍筋的直径和间距与梁端（抗震设计时加密区）箍筋相同（图 6-3）。

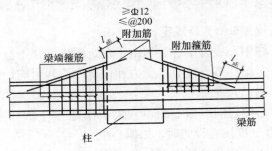

图 6-3　水平加腋配筋（平面）

3. 试验研究表明，当框架梁、柱中心线偏心距大于该方向柱宽的 1/4 时，在模拟水平地震作用试验中节点核心区不单出现斜裂缝，而且还有竖向裂缝，因此，在 8 度和 9 度抗震设防的框架梁、柱中心线的偏心距大于该方向柱宽的 1/4 时应采用梁水平加腋等措施。

【禁忌 7】　框架梁截面高度均按跨度的 1/10 确定

【正】 1.《高规》6.3.1 条规定，框架结构的主梁截面高度 h_b 可按 $\frac{1}{10}l_b \sim \frac{1}{18}l_b$ 确定，l_b 为主梁计算跨度；梁净跨与截面高度之比不宜小于 4。梁的截面宽度不宜小于 200mm，梁截面的高宽比不宜大于 4。

当梁高较小或采用扁梁时，除验算其承载力和受剪截面要求外，尚应满足刚度和裂缝的有关要求。在计算梁的挠度时，可扣除梁的合理起拱值；对现浇梁板结构，宜考虑梁受压翼缘的有利影响。

过去规定框架主梁的截面高度为计算跨度的 1/8～1/12，此规定已完全不能满足近年来大量兴建的高层建筑对于降低层高的要求。

2. 框架梁是框架和框架结构在地震作用下的主要耗能构件。因此梁，特别是梁的塑性铰区应保证有足够的延性。影响梁延性的诸因素有梁的剪跨比、截面剪压比、截面配筋率、压区高度比和配筋率等。按不同抗震等级对上述诸方面有不同的要求，在地震作用下，梁端塑性铰区保护层容易脱落，如梁截面宽度过小，则截面损失比例较大。为了对节点核心区提供约束以提高其受剪承载力，梁宽不宜小于柱宽的 1/2，如不能满足，则应考虑核心区的有效受剪截面。狭而高的梁截面不利于混凝土的约束，梁的塑性铰发展范围与梁的高跨比有关，当梁截面的高度与梁净跨之比小于 4 时，在反复受剪作用下交叉斜裂缝将沿梁的全跨发展，从而使梁的延性及受剪承载力急剧降低。为了改善其性能，可适当加宽梁的截面以降低梁截面的剪压比，并采取有效配筋方式，如设置交叉斜筋或沿梁全长加密箍筋及增设水平腰筋等。

3. 为了降低楼层高度，或争取室内有效净高度，框架梁设计成宽度较大的扁梁，其截面高度取 $h_b \geqslant (1/15 \sim 1/18)L_b$，$L_b$ 为框架梁的计算跨度。扁梁的有关要求如下：

(1) 采用扁梁时，楼板应现浇，梁中线宜与柱中线重合；当梁宽大于柱宽时，扁梁应双向布置（图6-4），扁梁的截面尺寸应符合下列要求，并应满足挠度和裂缝宽度的规定：

$$b_b \leqslant 2b_c$$
$$b_b \leqslant b_c + h_b$$
$$h_b \geqslant 16d$$

式中　b_c——柱截面宽度，圆形截面取直径的
　　　　　　0.8倍；

　　b_b、h_b——分别为梁截面宽度和高度；

　　d——柱纵筋直径。

框架的边梁不宜采用宽度大于柱截面在该
方向尺寸的扁梁。

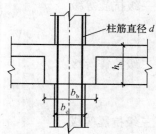

图 6-4　扁梁

(2) 采用扁梁时，除验算其承载力外，尚应注意满足挠度及剪压比的要求。在计算梁的挠度时，可以扣除梁的合理起拱值，并可考虑现浇板翼缘的有利影响。

(3) 扁梁的混凝土强度等级，当抗震等级为一级时，不应低于C30，当二、三、四级非抗震设计时，不应低于C20，扁梁的混凝土强度等级不宜大于C40。

(4) 扁梁纵向受力钢筋的最小配筋率，除应符合《混凝土规范》的规定外，尚不应小于0.3%，一般为单排放置，间距不宜大于100。锚入柱内的梁上部纵向钢筋宜大于其全部钢筋截面面积的60%，扁梁跨中上部钢筋宜有支座纵向钢筋（较大端）的1/4～1/3通长。

(5) 扁梁两侧面应配置腰筋，每侧的截面面积不应小于梁腹板截面面积 bh_w 的10%（h_w 为梁高减楼板厚度），直径不宜小于12mm，间距不宜大于200mm。

(6) 扁梁的箍筋肢距不宜大于200mm。

(7) 扁梁的截面承载力验算及有关构造要求除上述外同一般框架梁。梁柱节点核心区截面抗震验算见本章【禁忌15】。

【禁忌8】　框架梁抗震设计与非抗震设计不区分

【正】　1.《混凝土规范》和《高规》中凡没有指出非抗震设计或抗震设计的条文两者都适用，当有明确区分的条文在执行时应加以区分。

2. 按一级抗震等级设计时，现浇框架梁的混凝土强度等级不应低于 C30；按二～四级和非抗震设计时，不应低于 C20。框架梁的混凝土强度等级不宜大于 C40。

3. 框架梁的剪力设计值，应按下列规定计算：

(1) 持久、短暂设计状况（无地震组合）时，取考虑风荷载组合的剪力设计值。

(2) 地震设计状况（有地震组合）时，按抗震等级分为：

一级抗震等级

$$V_b = 1.3 \frac{(M_b^l + M_b^r)}{l_n} + V_{Gb} \tag{6-4}$$

二级抗震等级

$$V_b = 1.2 \frac{(M_b^l + M_b^r)}{l_n} + V_{Gb} \tag{6-5}$$

三级抗震等级

$$V_b = 1.1 \frac{(M_b^l + M_b^r)}{l_n} + V_{Gb} \tag{6-6}$$

9 度设防烈度和一级抗震等级的框架结构尚应符合：

$$V_b = 1.1 \frac{(M_{bua}^l + M_{bua}^r)}{l_n} + V_{Gb} \tag{6-7}$$

对四级抗震等级，取地震作用组合下的剪力设计值。

式中　M_{bua}^l、M_{bua}^r——框架梁左、右端考虑承载力抗震调整系数的正截面受弯承载力值；

　　　　M_b^l、M_b^r——考虑地震作用组合的框架梁左、右端弯矩设计值；

　　　　V_{Gb}——考虑地震作用组合时的重力荷载代表值产生的剪力设计值（9 度时高层建筑还应包括竖向地震作用标准值），可按简支梁计算确定；

　　　　l_n——梁的净跨。

在式 (6-7) 中，M_{bua}^l 与 M_{bua}^r 之和，应分别按顺时针和逆时针方向进行计算，并取其较大值。每端的考虑承载能力抗震调整系数的正截面受弯承载力值 M_{bua} 可按《混凝土规范》7.2 节有关公式计算，但在计算中应将纵向受拉钢筋的强度设计值以强度标准值代表，取实配的纵向钢筋截面面积，不等式改为等式，并在等式右边除以梁的正截面承载力抗震调整系数。

式 (6-4)、式 (6-5)、式 (6-6) 中，M_b^l 与 M_b^r 之和，应分别按顺时针方向和逆时针方向进行计算，并取其较大值。

4. 框架梁的纵向钢筋应符合下列要求：

(1) 对于非抗震设计框架梁，当不考虑受压钢筋时，受拉纵向钢筋的最大配

筋率 $\dfrac{A_s}{bh}$ 应不超过表 6-1。

非抗震设计框架梁纵向受拉钢筋最大配筋率 ρ_{max} （%） 表 6-1

钢筋种类	混凝土强度等级						
	C20	C25	C30	C35	C40	C45	C50
HPB 235	2.81	3.48	4.18	4.88	5.58	6.20	6.75
HRB 335	1.76	2.18	2.62	3.06	3.50	3.89	4.23
HRB 400	1.38	1.71	2.06	2.40	2.75	3.05	3.32

（2）对有地震作用组合的框架梁，为防止过高的纵向钢筋配筋率，使梁具有良好的延性，避免受压区混凝土过早压碎，故对其梁端纵向受拉钢筋的配筋率要严格限制，且不应超过表 6-2。

有地震组合框架梁纵向受拉钢筋最大配筋率 ρ_{max} （%） 表 6-2

钢筋种类	抗震等级	混凝土强度等级						
		C20	C25	C30	C35	C40	C45	C50
HPB 235	一级	1.14	1.42	1.70	1.99	2.27	2.50	
	二、三级	1.60	1.98	2.38	2.50			
HRB 335	一级	0.80	0.99	1.19	1.39	1.59	1.77	1.92
	二、三级	1.12	1.39	1.67	1.95	2.23	2.47	2.50
HRB 400	一级	0.67	0.83	0.99	1.16	1.33	1.47	1.60
	二、三级	0.93	1.16	1.39	1.62	1.86	2.06	2.25

（3）无地震组合的框架梁纵向受拉钢筋，必须考虑温度，收缩应力所需的钢筋数量，以防发生裂缝。因此，纵向受力钢筋的最小配筋率不应小于 0.20% 和 $45f_t/f_y$，见表 6-3。

非抗震梁钢筋的最小配筋百分率 （%） 表 6-3

钢筋种类	混凝土强度等级													
	C15	C20	C25	C30	C35	C40	C45	C50	C55	C60	C65	C70	C75	C80
HPB235	0.20	0.24	0.27	0.31	0.34	0.37	0.39	0.41	0.42	0.44	0.45	0.46	0.47	0.48
HRB335		0.20	0.20	0.21	0.24	0.26	0.27	0.28	0.29	0.31	0.31	0.32	0.33	0.33
HRB400 RRB400	—	0.20	0.20	0.20	0.20	0.21	0.23	0.24	0.25	0.25	0.26	0.27	0.27	0.28

注：1. 当配筋率 $45f_t/f_y \leqslant 0.20$ 时，表中取 0.2；

2. 防空地下室结构的受弯构件、偏心受压及偏心受拉构件的纵向受拉钢筋最小配筋率，当 C25~C35 时取 0.2；C40~C55 时取 0.30；C60 时取 0.35；

3. 采用 HPH300 钢筋时，按表中 HRB335 的值乘以 1.11。

（4）对有地震组合的框架梁，为保证有必要的延性和具有一定的承载力储备，纵向受拉钢筋的配筋率不应小于表6-4规定。

有地震组合框架梁纵向受拉钢筋最小配筋率 ρ_{min}（%）　　　　表6-4

抗震等级	梁中位置	
	支座（取较大值）	跨中（取较大值）
一 级	0.40 和 $80f_t/f_y$	0.30 和 $65f_t/f_y$
二 级	0.30 和 $65f_t/f_y$	0.25 和 $55f_t/f_y$
三、四级	0.25 和 $55f_t/f_y$	0.20 和 $45f_t/f_y$

（5）有地震组合的框架梁，为防止截面受压区混凝土过早被压碎而很快降低承载力，为提高延性，在梁两端箍筋加密区范围内，纵向受压钢筋截面面积 A'_s 应不小于表6-5的规定。

有地震组合框架梁端纵向受压钢筋最小配筋量 A'_s　　　　表6-5

抗震等级	一 级	二、三级
受压钢筋面积 A'_s	$0.5A_s$	$0.3A_s$

（6）梁截面上部和下部至少应各配置两根纵向钢筋，对抗震等级为一、二级时，其截面面积不应小于梁支座处上部钢筋中较大截面面积的四分之一，且钢筋直径不应小于14mm；三、四级时，钢筋直径不应小于12mm。

（7）一、二级抗震等级的框架梁，贯通中柱的每根纵向钢筋的直径，分别不宜大于与纵向钢筋相平行的柱截面尺寸的1/20；对圆形截面柱，不宜大于纵向钢筋所在位置柱截面弦长的1/20。

（8）高层框架梁宜采用直钢筋，不宜采用弯起钢筋。当梁扣除翼板厚度后的截面高度大于或等于450mm时，在梁的两侧面沿高度各配置梁扣除翼板后截面面积的0.1%纵向构造钢筋，其间距不应大于200mm，纵向构造钢筋的直径宜偏小取用，其长度贯通梁全长，伸入柱内长度按受拉锚固长度，如接头应按受拉搭接长度考虑。梁两侧纵向构造钢筋宜用拉筋连接，拉筋直径一般与箍筋相同，当箍筋直径大于10mm时，拉筋直径可采用10mm，拉筋间距为非加密区箍筋间距的2倍（图6-5）。

5.非抗震设计的框架梁和次梁，其纵向钢筋的配筋构造应符合下列要求：

（1）当梁端实际受到部分约束但按简支计算时，应在支座区上部设置纵向构造钢筋。也可用梁上部架立钢筋取代该纵向钢

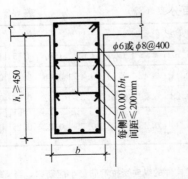

图6-5　梁侧面纵向构造
钢筋及拉筋布置

筋，但其面积不应小于梁跨中下部纵向受力钢筋计算所需截面面积的四分之一，且不少于两根。该附加纵向钢筋自支座边缘向跨内的伸出长度不应少于 $0.2l_0$，l_0 为该跨梁的计算跨度。

（2）在采用绑扎骨架的钢筋混凝土梁中，承受剪力的钢筋，宜优先采用箍筋。当设置弯起钢筋时，弯起钢筋的弯终点外应留有锚固长度，其长度在受拉区不应小于 $20d$，在受压区不应小于 $10d$。梁底层钢筋中角部钢筋不应弯起。

梁中弯起钢筋的弯起角宜取 45°或 60°。弯起钢筋不应采用浮筋。

（3）在梁的受拉区中，弯起钢筋的弯起点，可设在按正截面受弯承载力计算不需要该钢筋截面之前；但弯起钢筋与梁中心线的交点，应在不需要该钢筋的截面之外。同时，弯起点与按计算充分利用该钢筋的截面之间的距离，不应小于 $h_0/2$。

（4）梁支座截面负弯矩纵向受拉钢筋不宜在受拉区截断。如必须截断时，应按以下规定进行：

1）当 $V \leqslant 0.7f_tbh_0$ 时，应延伸至按正截面受弯承载力计算不需要该钢筋的截面以外不小于 $20d$ 处截断：且从该钢筋强度充分利用截面伸出的长度不应小于 $1.2l_a$。

2）当 $V > 0.7f_tbh_0$ 时，应延伸至按正截面受弯承载力计算不需要该钢筋的截面以外不小于 h_0 且不小于 $20d$ 处截断；且从该钢筋强度充分利用截面伸出的长度不应小于 $1.2l_a + h_0$。

3）若按上述规定确定的截断点仍位于与支座最大负弯矩对应的受拉区内，则应延伸至不需要该钢筋的截面以外不小于 $1.3h_0$ 且不小于 $20d$；且从该钢筋强度充分利用截面伸出的延伸长度不应小于 $1.2l_a + 1.7h_0$。

（5）非抗震设计时，受拉钢筋的最小锚固长度应取 l_a。钢筋接头可采用机械接头、搭接接头和焊接接头。受拉钢筋绑扎搭接接头的搭接长度应根据位于同一连接区段内搭接钢筋面积百分率按下式计算，且不应小于 300mm。

$$l_1 = \zeta l_a \tag{6-8}$$

式中　l_1——受拉钢筋的搭接长度；

　　　l_a——受拉钢筋的锚固长度，见表 6-6；

　　　ζ——受拉钢筋搭接长度修正系数，应按表 6-7 采用。

非抗震设计受拉钢筋的最小锚固长度 l_a　　　　表 6-6

钢筋类别	混凝土强度等级					
	C15	C20	C25	C30	C35	$\geqslant$C40
HPB235	$37d$	$31d$	$27d$	$24d$	$22d$	$20d$
HRB335	—	$38d$	$33d$	$29d$	$27d$	$25d$
HRB400 RRB400	—	$46d$	$40d$	$36d$	$32d$	$30d$

同一连接区段内搭接钢筋面积百分率（%）	≤25	50	100
受拉搭接长度修正系数 ζ	1.2	1.4	1.6

注：同一连接区段内搭接钢筋面积百分率取在同一连接区段内有搭接接头的受力钢筋与全部受力钢筋面积之比。

（6）非抗震设计时，框架梁和框架柱的纵向受力钢筋在框架节点区的锚固和搭接，应符合图 6-6 的要求。

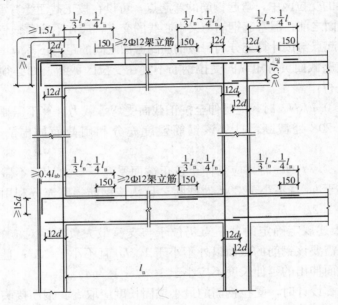

图 6-6　非抗震设计时框架梁、柱纵向钢筋在节点区的锚固要求

（7）次梁内架立钢筋的直径，当梁的跨度小于 4m 时，不宜小于 8mm；当梁的跨度等于 4～6m 时，不宜小于 10mm；当梁的跨度大于 6m 时，不宜小于 12mm。架立钢筋与纵向钢筋搭接长度，当直径 8mm 时为 100mm；当直径≥10mm 时为 150mm。

6. 有抗震设防时的框架梁，其纵向钢筋的配筋构造应符合下列要求：

（1）抗震设计时，钢筋混凝土结构构件纵向受力钢筋的锚固和连接，应符合下列要求：

1）纵向受拉钢筋的最小锚固长度应按下列各式采用：

　　一、二级抗震等级　　　　　$l_{aE}=1.15l_a$

　　　三级抗震等级　　　　　　$l_{aE}=1.05l_a$

　　　四级抗震等级　　　　　　$l_{aE}=1.00l_a$

式中　l_{aE}——抗震设计时受拉钢筋的锚固长度。

2）当采用搭接接头时，其搭接长度应不小于下式的计算值：

$$l_{lE} = \zeta\, l_{aE} \qquad\qquad (6\text{-}9)$$

式中　l_{lE}——抗震设计时受拉钢筋的搭接长度；

　　　l_{aE}——受拉钢筋最小抗震锚固长度，见表 6-8。

受拉钢筋最小抗震锚固长度 l_{aE}　　　　　　　　表 6-8

混凝土强度等级	一、二级抗震				三　级　抗　震			
	HRB335 级钢筋		HRB400 和 RRB400 级钢筋		HRB335 级钢筋		HRB400 和 RRB400 级钢筋	
	$d\leqslant25$	$d>25$	$d\leqslant25$	$d>25$	$d\leqslant25$	$d>25$	$d\leqslant25$	$d>25$
C20	$44d$	$48d$	$53d$	$58d$	$40d$	$44d$	$48d$	$53d$
C25	$38d$	$42d$	$46d$	$50d$	$35d$	$38d$	$42d$	$46d$
C30	$34d$	$37d$	$41d$	$45d$	$31d$	$34d$	$37d$	$41d$
C35	$31d$	$34d$	$37d$	$41d$	$28d$	$31d$	$34d$	$37d$
$\geqslant$C40	$29d$	$31d$	$34d$	$37d$	$26d$	$28d$	$31d$	$34d$

注：1. 当钢筋在混凝土施工过程中易受扰动（如滑模施工）时，其锚固长度应将表值乘以修正系数 1.1；

　　2. HRB335、HRB400 和 RRB400 级的环氧树脂涂层钢筋（用于三类环境的钢筋混凝土构件中），其锚固长度应将表值乘以修正系数 1.25；

　　3. 当 HRB335、HRB400 和 RRB400 级钢筋，在锚固区的混凝土保护层厚度$>3d$ 且配有箍筋时，其锚固长度可将表值乘以修正系数 0.8；

　　4. 当钢筋末端采用机械锚固时，其锚固长度可将表值乘以修正系数 0.6；

　　5. 四级抗震的锚固长度 l_{aE}，按 l_a 采用，即 $l_{aE}=l_a$。

3）受拉钢筋直径大于 28mm、受压钢筋直径大于 32mm 时，不宜采用搭接接头；

4）现浇钢筋混凝土框架梁纵向受力钢筋的连接方法，应遵守下列规定：一级宜采用机械接头，二、三、四级可采用搭接或焊接接头。

5）当采用焊接接头时，应检查钢筋的可焊性。

6）受力钢筋连接接头位置宜避开梁端、柱端箍筋加密区；允许采用满足等强度的高质量机械连接接头，且钢筋接头面积百分率不应超过 50%。

7）钢筋机械接头、搭接接头及焊接接头，尚应遵守有关标准、规范的规定。

（2）抗震设计时，框架梁和框架柱的纵向受力钢筋在框架节点区的锚固和搭接，应符合图 6-7 的要求。

7. 无地震组合梁中箍筋的间距应符合下列规定：

（1）梁中箍筋的最大间距宜符合表 6-9 的规定，当 $V>0.7f_tbh_0$ 时，箍筋的

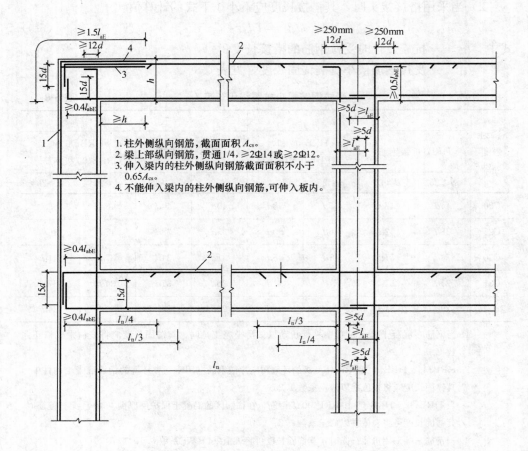

图 6-7　抗震设计时框架梁、柱纵向钢筋在节点内的锚固要求

配筋率 $\left(\rho_{\mathrm{sv}}=\dfrac{A_{\mathrm{sv}}}{bs}\right)$ 尚不应小于 $0.24f_{\mathrm{t}}/f_{\mathrm{yv}}$，见表 6-10，箍筋不同直径、肢数和间距的百分率值见表 6-11；

<table>
<tr><td colspan="3" align="center">无地震组合梁箍筋的最大间距（mm）</td><td align="right">表 6-9</td></tr>
<tr><td>h
V</td><td align="center">$\geqslant 0.7f_{\mathrm{t}}bh_0$</td><td align="center">$\leqslant 0.7f_{\mathrm{t}}bh_0$</td></tr>
<tr><td>$150<h\leqslant 300$mm</td><td align="center">150</td><td align="center">200</td></tr>
<tr><td>$300<h\leqslant 500$mm</td><td align="center">200</td><td align="center">300</td></tr>
<tr><td>$500<h\leqslant 800$mm</td><td align="center">250</td><td align="center">350</td></tr>
<tr><td>$h>800$mm</td><td align="center">300</td><td align="center">400</td></tr>
</table>

梁箍筋最小面积配筋率 ρ_{sv}（％）   表 6-10

箍筋种类	n 值	混凝土强度等级				
		C20	C25	C30	C35	C40
HPB 235	0.24	0.126	0.145	0.163	0.179	0.195
	0.26	0.136	0.157	0.177	0.194	0.212
	0.28	0.147	0.169	0.191	0.209	0.228
	0.30	0.157	0.181	0.204	0.224	0.244
HRB 335	0.24	0.088	0.102	0.114	0.126	0.137
	0.26	0.095	0.110	0.124	0.136	0.148
	0.28	0.103	0.118	0.133	0.147	0.160
	0.30	0.110	0.127	0.143	0.157	0.171

注：梁箍筋最小面积配筋率 $\rho_{sv}=\dfrac{A_{sv}}{bs}\geqslant nf_t/f_{yv}$；采用 HPB300 时按表中 HRB335 值乘 1.11。

箍筋配筋百分率值 $\rho_{sv}=\dfrac{n \cdot A_{sv}}{b \cdot s}$（％）   表 6-11

箍筋肢数 n	双 肢 箍				四 肢 箍			
直径	6	8	10	12	6	8	10	12
A_{sv}(mm²) 箍距 s（mm）	28.3	50.3	78.5	113.1	28.3	50.3	78.5	113.1
100	0.566	1.006	1.570	2.262	1.132	2.012	3.14	4.524
125	0.452	0.804	1.256	1.810	0.906	1.610	2.512	3.620
150	0.377	0.671	1.047	1.508	0.755	1.341	2.093	3.016
200	0.283	0.503	0.785	1.131	0.566	1.006	1.570	2.262
250	0.226	0.402	0.628	0.905	0.453	0.805	1.256	1.810
300	0.189	0.335	0.523	0.754	0.377	0.671	1.047	1.508

注：表中 b 取值为 100mm。

（2）当梁中配有计算需要的纵向受压钢筋时，箍筋应作成封闭式；箍筋的间距在绑扎骨架中不应大于 15d，在焊接骨架中不应大于 20d（d 为纵向受压钢筋的最小直径），同时在任何情况下均不应大于 400mm；当一层内的纵向受压钢筋多于 3 根时，应设置复合箍筋；当一层内的纵向受压钢筋多于 5 根且直径大于 18mm 时，箍筋间距不应大于 10d；当梁的宽度不大于 400mm，且一层内的纵向受压钢筋不多于 4 根时，可不设置复合箍筋；

（3）在受力钢筋搭接长度范围内应配置箍筋，箍筋直径不宜小于搭接钢筋直径的 0.25 倍；箍筋间距：当为受拉时，不应大于搭接钢筋较小直径的 5 倍，且不应大于 100mm；当为受压时，不应大于搭接钢筋较小直径的 10 倍，且不应大于 200mm。当受压钢筋直径大于 25mm 时，应在搭接接头两端面外 100mm 范围内各设置两根箍筋。

8. 有地震组合框架梁中箍筋的构造要求，应符合下列规定：

（1）梁端箍筋的加密区长度、箍筋最大间距和箍筋最小直径，应按表 6-12 的规定取用；当梁端纵向受拉钢筋配筋率大于 2%时，表中箍筋最小直径应增大 2mm；

（2）第一个箍筋应设置在距构件节点边缘不大于 50mm 处；

（3）梁箍筋加密区长度内的箍筋肢距：一级抗震等级不宜大于 200mm 及 20 倍箍筋直径的较大值；二、三级抗震等级不宜大于 250mm 及 20 倍箍筋直径较大值，四级抗震等级不宜大于 300mm；

（4）沿梁全长箍筋的配筋率 ρ_{sv} 应符合下列规定（表 6-13）：

一级抗震等级

$$\rho_{sv} \geqslant 0.30 f_t / f_{yv}$$

二级抗震等级

$$\rho_{sv} \geqslant 0.28 f_t / f_{yv}$$

三、四级抗震等级

$$\rho_{sv} \geqslant 0.26 f_t / f_{yv}$$

（5）非加密区的箍筋最大间距不宜大于加密区箍筋间距的 2 倍，且不大于表 6-12 规定；

（6）梁的箍筋应有 135°弯钩，弯钩端部直段长度不应小于 10d，d 为箍筋直径。

梁端箍筋加密区的构造要求　　　　　　　　　　表 6-12

抗震等级	箍筋加密区长度	箍筋最大间距	箍筋最小直径
一级	2h 或 500mm 二者中的较大值	纵向钢筋直径的 6 倍，梁高的 1/4 或 100mm 三者中的最小值	$\phi 10$
二级		纵向钢筋直径的 8 倍，梁高的 1/4 或 100mm 三者中的最小值	$\phi 8$
三级	1.5h 或 500mm 二者中的较大值	纵向钢筋直径的 8 倍，梁高的 1/4 或 150mm 三者中的最小值	$\phi 8$
四级		纵向钢筋直径的 8 倍，梁高的 1/4 或 150mm 三者中的最小值	$\phi 6$

注：箍筋最小直径除符合表中要求外，尚不应小于纵向钢筋直径的四分之一。

表 6-13

箍筋的最小配筋率 ρ_{sv}

抗震等级	钢筋种类	混凝土强度等级								
		C20	C25	C30	C35	C40	C45	C50	C55	C60
一级	HPB235	0.157	0.181	0.204	0.224	0.244	0.257	0.270		
	HRB335	0.110	0.127	0.143	0.157	0.171	0.180	0.189		
	HRB400 RRB400	0.092	0.106	0.119	0.130	0.142	0.150	0.158		
二级、弯扭构件	HPB235	0.146	0.169	0.191	0.209	0.228	0.240	0.252	0.261	0.272
	HRB335	0.102	0.118	0.133	0.146	0.159	0.168	0.176	0.183	0.190
	HRB400 RRB400	0.085	0.098	0.111	0.122	0.133	0.14	0.147		
三、四级	HPB235	0.136	0.157	0.177	0.194	0.211	0.228	0.234		
	HRB335	0.095	0.110	0.123	0.136	0.148	0.156	0.164		
	HRB400 RRB400	0.079	0.091	0.113	0.123	0.13	0.136	0.137		
非抗震	HPB235	0.125	0.145	0.163	0.179	0.195	0.205	0.216	0.224	0.233
	HRB335	0.088	0.101	0.114	0.125	0.136	0.144	0.151	0.157	0.163
	HRB400 RRB400	0.073	0.084	0.095	0.104	0.114	0.12	0.126		

注：表中最大配筋率计算公式：
一级抗震等级 $\rho_{sv} = 0.30 f_t / f_{yv}$
二级抗震等级、弯剪扭构件 $\rho_{sv} = 0.28 f_t / f_{yv}$
三、四级抗震 $\rho_{sv} = 0.26 f_t / f_{yv}$
非抗震结构 $\rho_{sv} = 0.24 f_t / f_{yv}$
当采用 HPB300 时，按表中 HRB335 的值乘 1.11。

273

【禁忌9】 框架柱抗震设计与非抗震设计不区分

【正】 1. 现浇框架柱的混凝土强度等级，当抗震等级为一级时，不得低于C30；抗震等级为二～四级及非抗震设计时，不低于C20。抗震设防烈度为8度时不宜大于C70，9度时不宜大于C60。

2. 框架柱截面尺寸，可根据柱支承的楼层面积计算由竖向荷载产生的轴力设计值 N_v（荷载分项系数可取1.30），按下列公式估算柱截面积 A_c，然后再确定柱边长。

（1）仅有风荷载作用或无地震作用组合时

$$N = (1.05 \sim 1.1)N_v \tag{6-10}$$

$$A_c \geqslant \frac{N}{f_c} \tag{6-11}$$

（2）有水平地震作用组合时

$$N = \zeta N_v \tag{6-12}$$

ζ 为增大系数，框架结构外柱取1.3，不等跨内柱取1.25，等跨内柱取1.2；框剪结构外柱取1.1～1.2，内柱取1.0。

有地震作用组合时柱所需截面面积为：

$$A_c \geqslant \frac{N}{\mu_N f_c} \tag{6-13}$$

式中　f_c——混凝土轴心抗压强度设计值；

μ_N——柱轴压比限值见《混凝土规范》表11.4.16。

当不能满足式（6-11）、式（6-13）时，应增大柱截面或提高混凝土强度等级。

3. 柱截面尺寸：非抗震设计时，不宜小于250mm，抗震设计时，四级不宜小于300mm，一、二、三级的不宜小于400mm，圆柱截面直径非抗震和四级抗震设计时，不宜小于350mm，一、二、三级时不宜小于450mm；柱剪跨比宜大于2，柱截面高宽比不宜大于3。

框架柱剪跨比可按下式计算：

$$\lambda = M/(Vh_0) \tag{6-14}$$

式中　λ——框架柱的剪跨比，反弯点位于柱高中部的框架柱，可取柱净高与2倍柱截面有效高度之比值；

　　　M——柱端截面组合的弯矩计算值，可取上、下端的较大值；

　　　V——柱端截面与组合弯矩计算值对应的组合剪力计算值；

　　　h_0——计算方向上截面有效高度。

4. 柱的剪跨比宜大于2，以避免产生剪切破坏。在设计中，楼梯间、设备层等部位难以避免短柱时，除应验算柱的受剪承载力以外，还应采取措施提高其延性和抗剪能力。

5. 无地震组合和有地震组合而抗震等级为四级的框架柱、柱端弯矩值取竖向荷载、风荷载或水平地震作用下组合所得的最不利设计值。

6. 抗震设计时，一、二、三级框架的梁、柱节点处，除顶层和柱轴压比小于 0.15 者外，柱端考虑地震作用的组合弯矩值应按下列规定予以调整：

框架结构：

二级

$$\Sigma M_c = 1.5\Sigma M_b$$

三级

$$\Sigma M_c = 1.3\Sigma M_b$$

四级

$$\Sigma M_c = 1.2\Sigma M_b$$

其他结构中的框架为：

一级抗震等级

$$\Sigma M_c = 1.4\Sigma M_b \qquad (6-15)$$

二级抗震等级

$$\Sigma M_c = 1.2\Sigma M_b \qquad (6-16)$$

三级和四级抗震等级

$$\Sigma M_c = 1.1\Sigma M_b \qquad (6-17)$$

9 度设防烈度和一级抗震等级的框架结构尚应符合

$$\Sigma M_c = 1.2\Sigma M_{bua} \qquad (6-18)$$

式中　ΣM_c——节点上、下柱端截面顺时针或逆时针方向组合弯矩设计值之和。上、下柱端的弯矩，可按弹性分析的弯矩比例进行分配；

ΣM_b——节点左、右梁端截面逆时针或顺时针方向组合弯矩设计值之和。节点左、右梁端均为负弯矩时，绝对值较小一端的弯矩应取零；

ΣM_{bua}——节点左、右梁端逆时针或顺时针方向实配的正截面抗震受弯承载力所对应的弯矩值之和，可根据实际配筋面积和材料强度标准值确定。

当反弯点不在柱高范围内时，柱端弯矩设计值可直接乘以强柱系数，一级取 1.4，二级取 1.2，三级取 1.1。

核心筒与外框筒或外框架之间的梁外端负弯矩设计值，应小于与该端相连的柱在考虑强柱系数后的上、下柱端弯矩设计值之和。

7. 抗震设计时，一、二、三级和四级框架结构的底层柱底截面的弯矩设计值，应分别采用考虑地震作用组合的弯矩值与增大系数 1.7、1.5、1.3 和 1.2 的乘积。

8. 抗震设计时，框架角柱应按双向偏心受力构件进行正截面承载力设计。一、二、三、四级框架角柱经按以第 6、7 条调整后的弯矩、剪力设计值应再乘以不小于 1.1 的增大系数。

9. 抗震设计时，框架柱端部截面组合的剪力设计值，一、二、三、四级应按下列公式调整；四级时可直接取考虑地震作用组合的剪力计算值。

框架结构：

二级

$$V_c = 1.3 \frac{(M_c^t + M_c^b)}{H_n}$$

三、四级

$$V_c = 1.2 \frac{(M_c^t + M_c^b)}{H_n}$$

其他结构类型的框架：

一级抗震等级

$$V_c = 1.4 \frac{(M_c^t + M_c^b)}{H_n} \tag{6-19}$$

二级抗震等级

$$V_c = 1.2 \frac{(M_c^t + M_c^b)}{H_n} \tag{6-20}$$

三、四级抗震等级

$$V_c = 1.1 \frac{M_c^t + M_c^b}{H_n} \tag{6-21}$$

9 度设防烈度和一级抗震等级的框架结构尚应符合

$$V_c = 1.2 \frac{(M_{cua}^t + M_{cua}^b)}{H_n} \tag{6-22}$$

式中　H_n——柱的净高；

M_c^t、M_c^b——分别为柱上、下端顺时针或逆时针方向截面组合的弯矩设计值，应符合以上第 6、7 条的要求；

M_{cua}^t、M_{cua}^b——分别为柱上下端顺时针或逆时针方向实配的正截面抗震受弯承载力所对应的弯矩值，可根据实配受压钢筋面积、材料强度标准值和轴向压力等确定。

10. 框架柱截面的组合最大剪力设计值应符合下列条件：

持久、短暂设计状况

$$V \leqslant 0.25\beta_c f_c b h_0 \tag{6-23}$$

地震设计状况

剪跨比大于 2　　$$V \leqslant \frac{1}{\gamma_{RE}} (0.2\beta_c f_c b h_0) \tag{6-24}$$

剪跨比不大于 2
$$V \leqslant \frac{1}{\gamma_{\text{RE}}} (0.15 \beta_{\text{c}} f_{\text{c}} b h_0) \qquad (6\text{-}25)$$

式中 V——剪力设计值；

b——矩形截面的宽度，T形截面、工字形截面的腹板宽度；

h_0——截面有效高度；

β_{c}——混凝土强度的折减系数。

框架柱的剪跨比可按下式计算：

$$\lambda = M^{\text{c}}/(V^{\text{c}} h_0) \qquad (6\text{-}26)$$

式中 V——梁、柱验算截面的剪力设计值；

λ——框架柱的剪跨比。反弯点位于柱高中部的框架柱，可取柱净高与计算方向 2 倍柱截面有效高度之比值；

M^{c}——柱端截面未经以上第 6、7、8 条调整的组合弯矩计算值，可取柱上、下端的较大值；

V^{c}——柱端截面与组合弯矩计算值对应的组合剪力计算值。

11. 柱的纵向钢筋配置，应符合下列规定：

（1）全部纵向钢筋的配筋率，非抗震设计不应大于 6%，抗震设计不应大于 5%；

（2）全部纵向钢筋的配筋率，不应小于表 6-14 的规定值，且柱每一侧纵向钢筋配筋率不应小于 0.2%。

柱纵向钢筋最小配筋百分率（%） 表 6-14

柱 类 型	抗 震 等 级				非抗震
	一级	二级	三级	四级	
中柱、边柱	0.9 (1.0)	0.7 (0.8)	0.6 (0.7)	0.5 (0.6)	0.5 (0.6)
角 柱	1.1	0.9	0.8	0.7	0.6
框支柱	1.1	0.9	—	—	0.7

注：1. 当混凝土强度等级大于 C60 时，表中的数值应增加 0.1；

2. 当采用 HPB300 和 HRB400 钢筋时，表中数值分别增加 0.1 和 0.05；

3. 表中括号内数值用于框架结构柱。

12. 柱的纵向钢筋配置，尚应满足下列要求：

（1）抗震设计时，宜采用对称配筋；

（2）抗震设计时，截面尺寸大于 400mm 的柱，一、二、三级其纵向钢筋间距不宜大于 200mm；四级和非抗震设计时，柱纵向钢筋间距不宜大于 300mm；柱纵向钢筋净距均不应小于 50mm；

（3）一级且剪跨比不大于 2 的柱，其单侧纵向受拉钢筋的配筋率不宜大于 1.2%，且应沿柱全长采用复合箍筋；

（4）边柱、角柱及剪力墙端柱考虑地震作用组合产生小偏心受拉时，柱内纵筋总截面面积宜比计算值增加 25%。

13. 柱纵向受力钢筋的连接方法，应遵守下列规定：

（1）框架柱：一、二级抗震等级及三级抗震等级的底层，宜采用机械接头，三级抗震等级的其他部位和四级抗震等级，可采用搭接或焊接接头；

（2）框支柱：宜采用机械接头；

（3）当采用焊接接头时，应检查钢筋的可焊性；

（4）位于同一连接区段内的受力钢筋接头面积率不宜超过 50%；

（5）当接头位置无法避开梁端、柱端箍筋加密区时，应采用机械连接接头，且钢筋接头面积率不应超过 50%；

（6）钢筋机械接头、搭接接头及焊接接头，尚应遵守有关标准、规范的规定。

14. 框架底层柱纵向钢筋锚入基础的长度应满足下列要求：

（1）在单独柱基、地基梁、筏形基础中，柱纵向钢筋应全部直通到基础底；

（2）箱形基础中，边柱、角柱与剪力墙相连的柱，仅一侧有墙和四周无墙的地下室内柱，纵向钢筋应全部直通到基础底，其他内柱可把四角的纵向钢筋通到基础底，其余纵向钢筋可伸入墙体内 45d。当有多层箱形基础时，上述伸到基础底的纵向钢筋，除四角钢筋外，其余可仅伸至箱形基础最上一层的墙底。

15. 非抗震设计时，柱中箍筋应符合以下规定：

（1）周边箍筋应为封闭式；

（2）箍筋间距不应大于 400mm，且不应大于构件截面的短边尺寸和最小纵向钢筋直径的 15 倍；

（3）箍筋直径不应小于最大纵向钢筋直径的 1/4，且不应小于 6mm；

（4）当柱中全部纵向受力钢筋的配筋率超过 3% 时，箍筋直径不应小于 8mm，箍筋间距不应大于最小纵向钢筋直径的 10 倍，且不应大于 200mm。箍筋末端应做成 135°弯钩，弯钩末端直段长度不应小于 10 倍箍筋直径，且不应小于 75mm；

（5）当柱每边纵筋多于 3 根时，应设置复合箍筋（可采用拉条）；

（6）柱内纵向钢筋采用搭接做法时，搭接长度范围内箍筋直径不应小于搭接钢筋最大直径的 0.25 倍；在纵向受拉钢筋的搭接长度范围内的箍筋间距不应大于搭接钢筋较小直径的 5 倍，且不应大于 100mm；在纵向受压钢筋的搭接长度范围内的箍筋间距不应大于搭接钢筋较小直径的 10 倍，且不应大于 200mm。

16. 抗震设计时，柱箍筋应在下列范围内加密：

（1）底层柱上端和其他各层柱两端应取矩形截面柱之长边尺寸（或圆形截面柱之直径）、柱净高之 1/6 和 500mm 三者之最大值范围内；

（2）底层柱刚性地面以上、下各 500mm 的范围内；

（3）底层柱柱根以上 1/3 柱净高的范围内；

（4）剪跨比不大于 2 的柱和因填充墙等形成的柱净高与截面高度之比不大于 4 的柱全高范围内；

（5）一级及二级框架的角柱的全高范围；

（6）需要提高变形能力的柱的全高范围。

17. 抗震设计时，柱箍筋加密区的箍筋最小直径和最大间距，应符合下列规定：

（1）一般情况下，应符合表 6-15 的要求；

柱端箍筋加密区的构造要求　　　表 6-15

抗震等级	箍筋最大间距 （mm）	箍筋最小直径 （mm）
一级	$6d$ 和 100 的较小值	10
二级	$8d$ 和 100 的较小值	8
三级	$8d$ 和 150（柱根 100）的较小值	8
四级	$8d$ 和 150（柱根 100）的较小值	6（柱根 8）

注：1. 表中 d 为柱纵向钢筋直径，单位为 mm；

2. 柱根指框架柱底部嵌固部位；

3. 一、二级柱，当箍筋直径不小于 14mm 且肢数大于 6 时，箍筋加密区间距允许适当放松。但不应大于 150mm。

（2）剪跨比不大于 2 的柱，箍筋间距不应大于 100mm，一级时尚不应大于 6 倍的纵向钢筋直径；

（3）三级框架柱截面尺寸不大于 400mm 时，箍筋最小直径允许采用 6mm；二级框架柱箍筋直径不小于 10mm、肢距不大于 200mm 时，除柱根外最大间距允许采用 150mm。

18. 柱箍筋加密区箍筋的体积配筋率应符合下列规定：

（1）柱箍筋加密区箍筋的体积配筋率，应符合下列规定：

$$\rho_v \geqslant \lambda_v \frac{f_c}{f_{yv}} \tag{6-27}$$

式中　ρ_v——柱箍筋加密区的体积配筋率，按以后第 22 条的规定计算，计算中应扣除重叠部分的箍筋体积，见表 6-17 至表 6-19；

f_c——混凝土轴心抗压强度设计值；当强度等级低于 C35 时，按 C35 取值；

f_{yv}——箍筋及拉筋抗拉强度设计值；

λ_v——最小配箍特征值，按表 6-16 采用。

柱箍筋加密区的箍筋最小配箍特征值 λ_v

表 6-16

抗震等级	箍筋形式	轴 压 比								
		≤0.3	0.4	0.5	0.6	0.7	0.8	0.9	1.0	1.05
一级	普通箍、复合箍	0.10	0.11	0.13	0.15	0.17	0.20	0.23	—	—
	螺旋箍、复合或连续复合矩形螺旋箍	0.08	0.09	0.11	0.13	0.15	0.18	0.21	—	—
二级	普通箍、复合箍	0.08	0.09	0.11	0.13	0.15	0.17	0.19	0.22	0.24
	螺旋箍、复合或连续复合矩形螺旋箍	0.06	0.07	0.09	0.11	0.13	0.15	0.17	0.20	0.22
三级四级	普通箍、复合箍	0.06	0.07	0.09	0.11	0.13	0.15	0.17	0.20	0.22
	螺旋箍、复合或连续复合矩形螺旋箍	0.05	0.06	0.07	0.09	0.11	0.13	0.15	0.18	0.20

注：1. 普通箍指单个矩形箍筋或单个圆形箍筋；螺旋箍指单个螺旋箍筋；复合箍指由矩形、多边形、圆形箍筋或拉筋组成的箍筋；复合螺旋箍指由螺旋箍与矩形、多边形、圆形箍筋或拉筋组成的箍筋；连续复合矩形螺旋箍指全部螺旋箍为同一根钢筋加工成的箍筋；

2. 在计算复合螺旋箍的体积配筋率时，其中非螺旋箍筋的体积应乘以换算系数 0.8；

3. 混凝土强度等级高于 C60 时，箍筋宜采用复合箍、复合螺旋箍或连续复合矩形螺旋箍；当轴压比不大于 0.6 时，其加密区的最小配箍特征值宜按表中数值增加 0.02；当轴压比大于 0.6 时，宜按表中数值增加 0.03。

（2）对一、二、三、四级抗震等级的框架柱，其箍筋加密区范围内箍筋的体积配筋率尚且分别不应小于 0.8%、0.6%、0.4% 和 0.4%。

19. 抗震设计时，柱箍筋设置应符合下列要求：

（1）箍筋应有 135°弯钩，弯钩端部直段长度不应小于 10 倍的箍筋直径，且不小于 75mm（图 6-8）；

（2）箍筋加密区的箍筋肢距，一级不宜大于 200mm；二、三级不宜大于 250mm 和 20 倍箍筋直径的较大值，四级不宜大于 300mm。每隔一根纵向钢筋宜在两个方向有箍筋约束；采用拉筋组合箍时，拉筋宜紧靠纵向钢筋并勾住封闭箍；

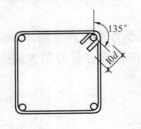

图 6-8 箍筋的弯钩

（3）剪跨比不大于 2 的柱宜采用复合螺旋箍或井字复合箍，其加密区体积配箍率不应小于 1.2%；设防烈度为 9 度时，不应小于 1.5%。

20. 抗震设计时，框架柱非加密区的箍筋，其体积配箍率不宜小于加密区的一半；其箍筋间距，不应大于加密区箍筋间距的 2 倍，且一、二级不应大于 10 倍纵向钢筋直径，三、四级不应大于 15 倍纵向钢筋直径。

表 6-17

HPB235 钢筋　柱箍筋体积配箍率 $\rho_v = \lambda_v f_c / f_{yv}$ 值（%）

混凝土强度等级	\多数 λ_v 值															
	0.05	0.06	0.07	0.08	0.09	0.10	0.11	0.13	0.15	0.17	0.18	0.19	0.20	0.21	0.22	0.24
≤C35	0.398	0.477	0.557	0.636	0.716	0.795	0.875	1.034	1.193	1.352	1.431	1.511	1.590	1.670	1.750	1.909
C40	0.455	0.546	0.637	0.728	0.819	0.909	1.000	1.182	1.364	1.546	1.637	1.728	1.819	1.910	2.001	2.183
C45	0.505	0.606	0.707	0.808	0.909	1.010	1.110	1.312	1.514	1.716	1.817	1.918	2.019	2.120	2.221	2.423
C50	0.550	0.660	0.770	0.880	0.990	1.100	1.210	1.430	1.650	1.870	1.980	2.090	2.200	2.310	2.420	2.640
C55	0.602	0.723	0.843	0.964	1.084	1.205	1.325	1.566	1.807	2.048	2.169	2.289	2.410	2.530	2.650	2.891
C60	0.655	0.786	0.917	1.048	1.179	1.310	1.440	1.702	1.964	2.226	2.357	2.488	2.619	2.750	2.881	3.143
C65	0.707	0.849	0.980	1.131	1.273	1.414	1.556	1.839	2.121	2.404	2.546	2.687	2.829	2.970	3.111	3.394
C70	0.757	0.909	1.060	1.211	1.363	1.514	1.666	1.969	2.271	2.574	2.726	2.877	3.029	3.180	3.331	3.634
C75	0.805	0.966	1.127	1.288	1.449	1.610	1.770	2.092	2.414	2.736	2.900	3.058	3.219	3.380	3.541	3.863
C80	0.855	1.026	1.197	1.368	1.539	1.710	1.880	2.222	2.564	2.906	3.077	3.248	3.419	3.590	3.761	4.103

表 6-18

HRB335 钢筋　柱箍筋体积配箍率 $\rho_v = \lambda_v f_c / f_{yv}$ 值（%）

混凝土强度等级	\多数 λ_v 值															
	0.05	0.06	0.07	0.08	0.09	0.10	0.11	0.13	0.15	0.17	0.18	0.19	0.20	0.21	0.22	0.24
≤C35	0.278	0.334	0.390	0.445	0.501	0.557	0.612	0.724	0.835	0.946	1.002	1.058	1.113	1.169	1.225	1.336
C40	0.318	0.382	0.446	0.509	0.573	0.637	0.700	0.828	0.955	1.082	1.146	1.210	1.273	1.337	1.401	1.528
C45	0.353	0.424	0.495	0.565	0.636	0.707	0.777	0.919	1.055	1.201	1.272	1.343	1.413	1.484	1.555	1.696
C50	0.385	0.462	0.539	0.616	0.693	0.770	0.847	1.001	1.155	1.309	1.386	1.463	1.540	1.617	1.694	1.848
C55	0.422	0.506	0.590	0.675	0.759	0.843	0.928	1.096	1.265	1.434	1.518	1.602	1.687	1.771	1.855	2.024
C60	0.458	0.550	0.642	0.733	0.825	0.917	1.008	1.192	1.375	1.558	1.650	1.742	1.833	1.925	2.017	2.200
C65	0.495	0.594	0.693	0.792	0.891	0.990	1.089	1.287	1.485	1.683	1.782	1.881	1.980	2.079	2.178	2.376
C70	0.530	0.636	0.742	0.848	0.954	1.060	1.166	1.378	1.590	1.802	1.908	2.014	2.120	2.226	2.332	2.544
C75	0.563	0.676	0.789	0.901	1.014	1.127	1.239	1.465	1.690	1.915	2.028	2.141	2.253	2.366	2.479	2.704
C80	0.598	0.718	0.838	0.957	1.077	1.197	1.316	1.556	1.795	2.034	2.154	2.274	2.393	2.513	2.633	2.872

注：当采用 HPB300 钢筋时，表中值应乘以 1.11。

框架柱箍筋加密区的箍筋最小体积配箍率（%）

表 6-19

混凝土强度等级	抗震等级	箍筋形式	柱轴压比								
			≤0.3	0.4	0.5	0.6	0.7	0.8	0.9	1.0	1.05
≤C35	一级	普通箍、复合箍	0.80	0.88	1.03	1.19	1.35	1.59	1.83		
		螺旋箍、复合或连续复合矩形螺旋箍	0.80	0.80	0.88	1.03	1.19	1.43	1.67		
	二级	普通箍、复合箍	0.64	0.72	0.88	1.03	1.19	1.35	1.51	1.75	1.91
		螺旋箍、复合或连续复合矩形螺旋箍	0.60	0.60	0.72	0.88	1.03	1.19	1.35	1.59	1.75
	三级	普通箍、复合箍	0.48	0.56	0.72	0.88	1.03	1.19	1.35	1.59	1.75
		螺旋箍、复合或连续复合矩形螺旋箍	0.40	0.48	0.56	0.72	0.88	1.03	1.19	1.43	1.59
C40	一级	普通箍、复合箍	0.91	1.00	1.18	1.36	1.55	1.82	2.09		
		螺旋箍、复合或连续复合矩形螺旋箍	0.80	0.82	1.00	1.18	1.36	1.64	1.91		
	二级	普通箍、复合箍	0.73	0.82	1.00	1.18	1.36	1.55	1.73	2.00	2.18
		螺旋箍、复合或连续复合矩形螺旋箍	0.60	0.64	0.82	1.00	1.18	1.36	1.55	1.82	2.00
	三级	普通箍、复合箍	0.55	0.64	0.82	1.00	1.18	1.36	1.55	1.82	2.00
		螺旋箍、复合或连续复合矩形螺旋箍	0.46	0.55	0.64	0.82	1.00	1.18	1.36	1.64	1.82
C45	一级	普通箍、复合箍	1.01	1.11	1.31	1.51	1.71	2.01	2.31		
		螺旋箍、复合或连续复合矩形螺旋箍	0.80	0.90	1.11	1.31	1.51	1.81	2.11		
	二级	普通箍、复合箍	0.80	0.90	1.11	1.31	1.51	1.71	1.91	2.21	2.41
		螺旋箍、复合或连续复合矩形螺旋箍	0.60	0.70	0.90	1.11	1.31	1.51	1.71	2.01	2.21
	三级	普通箍、复合箍	0.60	0.70	0.90	1.11	1.31	1.51	1.71	2.01	2.21
		螺旋箍、复合或连续复合矩形螺旋箍	0.50	0.60	0.70	0.90	1.11	1.31	1.51	1.81	2.01

混凝土强度等级	抗震等级	箍筋形式	柱轴压比								
			≤0.3	0.4	0.5	0.6	0.7	0.8	0.9	1.0	1.05
C50	一级	普通箍、复合箍	1.10	1.21	1.43	1.65	1.87	2.20	2.53		
		螺旋箍、复合或连续复合矩形螺旋箍	0.88	0.99	1.21	1.43	1.65	1.98	2.31	2.42	2.64
	二级	普通箍、复合箍	0.88	0.99	1.21	1.43	1.65	1.87	2.09		
		螺旋箍、复合或连续复合矩形螺旋箍	0.66	0.77	0.99	1.21	1.43	1.65	1.87	2.20	2.42
	三级	普通箍、复合箍	0.66	0.77	0.99	1.21	1.43	1.65	1.87	2.20	2.42
		螺旋箍、复合或连续复合矩形螺旋箍	0.55	0.66	0.77	0.99	1.21	1.43	1.65	1.98	2.20
C55	一级	普通箍、复合箍	0.84	0.93	1.10	1.27	1.43	1.69	1.94		
		螺旋箍、复合或连续复合矩形螺旋箍	0.80	0.80	0.93	1.10	1.27	1.52	1.77	1.86	2.02
	二级	普通箍、复合箍	0.68	0.76	0.93	1.10	1.27	1.43	1.60		
		螺旋箍、复合或连续复合矩形螺旋箍	0.60	0.60	0.76	0.93	1.10	1.27	1.43	1.69	1.86
	三级	普通箍、复合箍	0.51	0.59	0.76	0.93	1.10	1.27	1.43	1.69	1.86
		螺旋箍、复合或连续复合矩形螺旋箍	0.42	0.51	0.59	0.76	0.93	1.10	1.27	1.52	1.69
C60	一级	普通箍、复合箍	0.92	1.01	1.19	1.38	1.56	1.83	2.11		
		螺旋箍、复合或连续复合矩形螺旋箍	0.80	0.83	1.01	1.19	1.38	1.65	1.93	2.02	2.20
	二级	普通箍、复合箍	0.73	0.83	1.01	1.19	1.38	1.56	1.74		
		螺旋箍、复合或连续复合矩形螺旋箍	0.60	0.64	0.83	1.01	1.19	1.38	1.56	1.83	2.02
	三级	普通箍、复合箍	0.55	0.64	0.83	1.01	1.19	1.38	1.56	1.83	2.02
		螺旋箍、复合或连续复合矩形螺旋箍	0.46	0.55	0.64	0.83	1.01	1.19	1.38	1.65	1.83

混凝土强度等级	抗震等级	箍筋形式	柱轴压比								
			≤0.3	0.4	0.5	0.6	0.7	0.8	0.9	1.0	1.05
C65	一级	普通箍、复合箍	1.19	1.29	1.49	1.68	1.98	2.28	2.57		
		螺旋箍、复合或连续复合矩形螺旋箍	0.99	1.09	1.29	1.49	1.78	2.08	2.38		
	二级	普通箍、复合箍	0.99	1.09	1.29	1.49	1.78	1.98	2.18	2.48	2.67
		螺旋箍、复合或连续复合矩形螺旋箍	0.79	0.89	1.09	1.29	1.58	1.78	1.98	2.28	2.48
	三级	普通箍、复合箍	0.79	0.89	1.09	1.29	1.58	1.78	1.98	2.28	2.48
		螺旋箍、复合或连续复合矩形螺旋箍	0.69	0.79	0.89	1.09	1.39	1.58	1.78	2.08	2.28
C70	一级	普通箍、复合箍	1.27	1.38	1.59	1.80	2.12	2.44	2.76		
		螺旋箍、复合或连续复合矩形螺旋箍	1.06	1.17	1.38	1.59	1.91	2.23	2.54		
	二级	普通箍、复合箍	1.06	1.17	1.38	1.59	1.91	2.12	2.33	2.65	2.86
		螺旋箍、复合或连续复合矩形螺旋箍	0.85	0.95	1.17	1.38	1.70	1.91	2.12	2.44	2.65
	三级	普通箍、复合箍	0.85	0.95	1.17	1.38	1.70	1.91	2.12	2.44	2.65
		螺旋箍、复合或连续复合矩形螺旋箍	0.74	0.85	0.95	1.17	1.48	1.70	1.91	2.23	2.44

注：1. 普通箍指单个矩形箍和单个圆形箍；复合箍指由矩形、多边形、圆形箍或拉筋组成的箍筋；复合螺旋箍指由螺旋箍与矩形、多边形、圆形箍或拉筋组成的箍筋；连续复合矩形螺旋箍指全部螺旋箍为同一根钢筋加工而成的箍筋。

2. 剪跨比≤2.0的柱（短柱），宜采用复合螺旋箍或井字复合箍，其体积配箍率应≥1.2%，9度时应≥1.5%；

3. 抗震等级为四级时，其体积配箍率应≥0.4%；

4. 计算复合螺旋箍的体积配箍率时，其非螺旋箍的箍筋体积，应乘以换算系数 0.8%；

5. 体积配箍率计算中应扣除重叠部分的箍筋体积；

6. ≤C35～C50栏为采用HPB235钢筋时的数值，若采用HRB335钢筋时，表中数值乘以0.70；

7. C55～C70栏为采用HRB 335钢筋时的数值，若采用HPB300钢筋时，表中数值乘以0.78。

21. 柱的纵筋不应与箍筋、拉筋及预埋件等焊接。

22. 柱的箍筋体积配箍率 ρ_v 按下式计算，不同柱截面及配箍形的 ρ_v 值见表 6-20 至表 6-23。

$$\rho_v = \frac{\sum a_k l_k}{l_1 l_2 s} \qquad (6\text{-}28)$$

式中　a_k——箍筋单肢截面面积；

　　　l_k——对应于 a_k 的箍筋单肢总长度，重叠段按一肢计算；

　　l_1、l_2——柱核芯混凝土面积的两个边长（图 6-9）；

　　　s——箍筋间距。

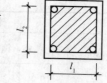

图 6-9　柱核芯

23. 框架柱的箍筋可采用图 6-10 所示的形式。当柱的纵向钢筋每边 4 根及 4 根以上时，宜采用井字形箍筋。

方形柱箍筋体积配箍率（百分率）ρ_v　　表 6-20

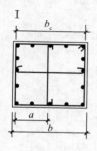 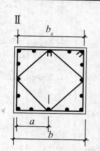 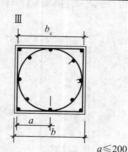 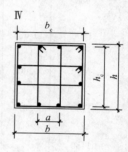

$a \leqslant 200$

箍筋形式（箍距 $s=100$mm）

柱截面 $b=h$ (mm)	$\phi 8$，箍筋形式为				$\phi 10$，箍筋形式为				$\phi 12$，箍筋形式为			
	I	II	III	IV	I	II	III	IV	I	II	III	IV
300	1.207	1.374	1.627	1.610	1.884	2.144	2.538	2.512	2.714	3.089	3.657	3.619
350	1.006	1.145	1.355	1.341	1.570	1.787	2.115	2.093	2.262	2.574	3.048	3.016
400	0.862	0.981	1.162	1.150	1.346	1.531	1.813	1.794	1.939	2.206	2.612	2.585
450	0.755	0.859	1.017	1.006	1.178	1.340	1.586	1.570	1.697	1.931	2.286	2.262
500	0.671	0.763	0.904	0.894	1.047	1.191	1.410	1.396	1.508	1.716	2.032	2.011
550			0.813	0.805			1.269	1.256			1.829	1.810
600			0.739	0.732			1.154	1.142			1.662	1.645
650			0.678	0.671			1.058	1.047			1.524	1.508
700			0.626	0.619			0.976	0.966			1.107	1.392

柱截面 $b=h$ (mm)	箍距 $s=100$mm 形式与 Ⅳ 相似								
	$\phi8$，箍筋肢数为			$\phi10$，箍筋肢数为			$\phi12$，箍筋肢数为		
	6	7	8	6	7	8	6	7	8
750	0.862	1.006	1.150	1.346	1.570	1.794	1.939	2.262	2.585
800	0.805	0.939	1.073	1.256	1.465	1.675	1.810	2.111	2.413
850	0.755	0.880	1.006	1.178	1.374	1.570	1.697	1.979	2.262
900	0.710	0.828	0.947	1.108	1.293	1.478	1.597	1.863	2.129
950	0.671	0.782	0.894	1.047	1.221	1.396	1.508	1.759	2.011
1000	0.635	0.741	0.847	0.992	1.157	1.322	1.429	1.667	1.905
1050	0.604	0.704	0.805	0.942	1.099	1.256	1.357	1.583	1.810
1100	0.575	0.671	0.766	0.897	1.047	1.196	1.293	1.508	1.723
1150		0.640	0.732		0.999	1.142		1.439	1.645
1200		0.612	0.700		0.956	1.092		1.377	1.574
1250		0.587	0.671		0.916	1.047		1.320	1.508
1300		0.563	0.644		0.879	1.005		1.267	1.448
1350			0.619			0.966			1.392
1400			0.596			0.930			1.340
1450			0.575			0.897			1.293
1500			0.555			0.866			1.248

注：1. 箍筋形式Ⅲ中的螺旋箍配箍率效率系数 1.3；
　　2. 当采用 $\phi14$ 和 $\phi16$ 时，可将表中 $\phi12$ 值分别乘 1.36 和 1.78。

方形柱Ⅲ类箍筋形式（圆形箍为螺旋箍）箍筋体积配箍率（百分率）ρᵥ

表 6-21

（方形箍与螺旋箍箍直径相同）方形箍距 s=100 (mm)

柱截面 b=h (mm)	Φ8, 螺旋箍距 s 为						Φ10, 螺旋箍距 s 为						Φ12, 螺旋箍距 s 为					
	40	50	60	70	80	100	40	50	60	70	80	100	40	50	60	70	80	100
500	1.588	1.360	1.208	1.099	1.018	0.904	2.479	2.123	1.885	1.716	1.588	1.410	3.571	3.058	2.716	2.472	2.288	2.032
550	1.430	1.224	1.087	0.989	0.916	0.813	2.231	1.910	1.697	1.544	1.430	1.269	3.214	2.752	2.444	2.225	2.060	1.829
600	1.300	1.113	0.988	0.899	0.833	0.739	2.028	1.737	1.542	1.404	1.300	1.154	2.922	2.502	2.222	2.022	1.872	1.662
650	1.191	1.020	0.906	0.824	0.763	0.678	1.859	1.592	1.414	1.287	1.191	1.058	2.679	2.294	2.037	1.851	1.716	1.524
700	1.100	0.942	0.836	0.761	0.705	0.626	1.716	1.470	1.305	1.188	1.100	0.976	2.473	2.117	1.880	1.711	1.584	1.407
750	1.021	0.874	0.777	0.707	0.654	0.581	1.594	1.365	1.212	1.103	1.021	0.907	2.296	1.966	1.746	1.589	1.471	1.306
800	0.953	0.816	0.725	0.660	0.611	0.542	1.487	1.274	1.131	1.029	0.953	0.846	2.143	1.835	1.630	1.483	1.373	1.219
850	0.893	0.765	0.679	0.618	0.572	0.508	1.394	1.194	1.060	0.965	0.893	0.793	2.009	1.720	1.528	1.390	1.287	1.143
900	0.841	0.720	0.640	0.582	0.539	0.478	1.312	1.124	0.998	0.908	0.841	0.747	1.891	1.619	1.438	1.309	1.212	1.076
950	0.794	0.680	0.604	0.550	0.509	0.452	1.239	1.061	0.943	0.858	0.794	0.705	1.786	1.529	1.358	1.236	1.144	1.016
1000	0.752	0.644	0.572	0.521	0.482	0.428	1.174	1.005	0.893	0.813	0.752	0.668	1.692	1.449	1.287	1.171	1.084	0.962
1100	0.681	0.583	0.518	0.471	0.436		1.062	0.910	0.808	0.735	0.681	0.604	1.531	1.311	1.161	1.059	0.981	0.871
1200	0.622	0.532	0.473	0.430			0.970	0.831	0.738	0.671	0.622	0.552	1.398	1.197	1.063	0.967	0.895	0.795
1300	0.572	0.490	0.435				0.892	0.764	0.679	0.618	0.572	0.508	1.286	1.101	0.978	0.890	0.824	0.731
1400	0.529	0.453	0.403				0.826	0.708	0.628	0.572	0.529	0.470	1.190	1.010	0.905	0.824	0.763	0.677
1500	0.493	0.422					0.769	0.659	0.585	0.532	0.493	0.438	1.108	0.949	0.843	0.767	0.710	0.631

注：柱箍筋肢距不宜大于 200mm，且每隔一根纵向钢筋宜在两个方向有箍筋约束；当采用拉筋组合箍时，拉筋宜紧靠并钩住纵向钢筋。

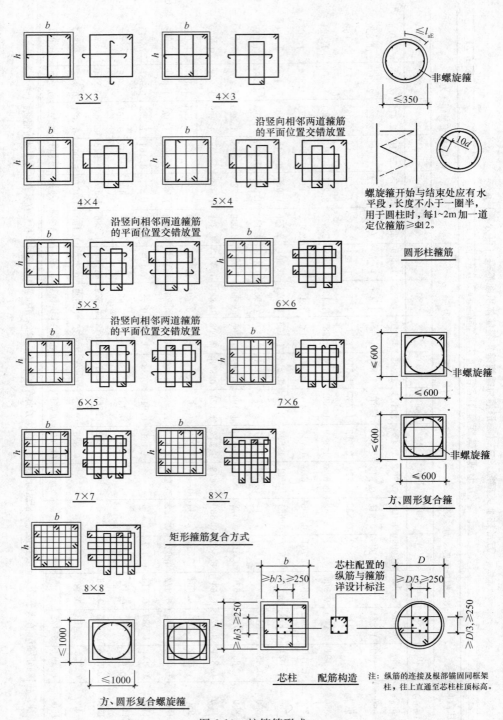

图 6-10　柱箍筋形式

圆形柱箍筋体积配筋率（百分率）（箍筋间距100mm）　　表 6-22

柱直径 d (mm)	$\phi8$	$\phi10$	$\phi12$	$\phi14$	柱直径 d (mm)	$\phi12$	$\phi14$
400	0.575	0.897	1.293	1.759	850	0.566	0.769
450	0.503	0.785	1.131	1.539	900	0.532	0.724
500	0.447	0.698	1.005	1.369	950	0.503	0.684
550	0.402	0.628	0.905	1.231	1000	0.476	0.648
600		0.571	0.823	1.119	1100	0.431	0.586
650		0.523	0.754	1.026	1200		0.535
700		0.483	0.696	0.947	1300		0.492
750		0.449	0.646	0.879	1400		0.456
800		0.419	0.603	0.821	1500		0.425

圆形截面柱螺旋箍体积配箍率（百分率）$\boldsymbol{\rho}_v$（d、s 单位：mm）　　表 6-23

柱直径 d	$\phi8$，螺旋箍距 s 为					$\phi10$，螺旋箍距 s 为				
	50	60	70	80	100	50	60	70	80	100
400	1.150	0.958	0.821	0.719	0.575	1.794	1.495	1.282	1.121	0.879
450	1.006	0.838	0.719	0.629	0.503	1.570	1.308	1.121	0.981	0.785
500	0.894	0.745	0.639	0.559	0.447	1.396	1.163	0.997	0.872	0.698
550	0.805	0.671	0.575	0.503	0.402	1.256	1.047	0.897	0.785	0.628
600	0.732	0.610	0.523	0.457		1.142	0.952	0.816	0.714	0.571
650	0.671	0.559	0.479	0.419		1.047	0.872	0.748	0.654	0.523
700	0.619	0.516	0.442			0.966	0.805	0.690	0.604	0.483
750	0.575	0.479	0.411			0.897	0.748	0.641	0.561	0.449
800	0.537	0.447				0.837	0.698	0.598	0.523	0.419
850	0.503	0.419				0.785	0.654	0.561	0.491	
900	0.473					0.739	0.616	0.528	0.462	
950	0.447					0.698	0.581	0.498	0.436	
1000	0.424					0.661	0.551	0.472	0.413	
1100						0.598	0.498	0.427		
1200						0.546	0.455			
1300						0.502	0.419			
1400						0.465				
1500						0.433				

柱直径 d	$\phi12$，螺旋箍距 s 为					$\phi14$，螺旋箍距 s 为				
	50	60	70	80	100	50	60	70	80	100
400	2.585	2.154	1.847	1.616	1.293	3.518	2.931	2.513	2.199	1.759
450	2.262	1.885	1.616	1.414	1.131	3.078	2.565	2.199	1.924	1.539
500	2.011	1.676	1.436	1.257	1.005	2.736	2.280	1.954	1.710	1.368
550	1.810	1.508	1.293	1.131	0.905	2.462	2.052	1.759	1.539	1.231
600	1.645	1.371	1.175	1.028	0.823	2.239	1.865	1.599	1.399	1.119
650	1.508	1.257	1.077	0.943	0.754	2.052	1.710	1.466	1.283	1.026
700	1.392	1.160	0.994	0.870	0.696	1.894	1.578	1.353	1.184	0.947
750	1.293	1.077	0.923	0.808	0.646	1.759	1.466	1.256	1.099	0.879
800	1.206	1.005	0.862	0.754	0.603	1.642	1.368	1.173	1.026	0.821
850	1.131	0.943	0.808	0.707	0.566	1.539	1.282	1.099	0.962	0.769
900	1.064	0.887	0.760	0.665	0.532	1.448	1.207	1.035	0.905	0.724
950	1.005	0.838	0.718	0.628	0.503	1.368	1.140	0.977	0.855	0.684
1000	0.952	0.794	0.680	0.595	0.476	1.296	1.080	0.926	0.810	0.648
1100	0.862	0.718	0.616	0.539	0.431	1.173	0.977	0.838	0.733	0.586
1200	0.787	0.656	0.562	0.492		1.071	0.892	0.765	0.669	0.535
1300	0.724	0.603	0.517	0.452		0.985	0.821	0.704	0.616	0.492
1400	0.670	0.559	0.479	0.419		0.912	0.760	0.651	0.570	0.456
1500	0.624	0.520	0.446			0.849	0.708	0.607	0.531	0.425

【禁忌 10】 框架梁、柱箍筋重叠过多

【正】 1. 框架梁由于柱距较大或扁梁，为受剪承载力需要设置多肢箍筋，尤其基础梁一般宽度大、箍筋肢数多，在一些工程设计中往往多个箍筋重叠（图6-11），既不便于施工浇筑混凝土，又浪费钢筋，应该采用方便施工的设置方法（图6-12）。

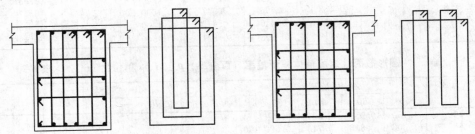

图 6-11 箍筋不合理布置　　　　图 6-12 箍筋合理布置

2. 多、高层建筑的框架柱，为满足侧向刚度和轴压比的需要，截面尺寸较大的情况下采取多肢井字复合箍筋，在一些工程设计中多个箍筋重叠形成铁板一块，柱的混凝土保护层与核心区分隔（图6-13），不利于混凝土的整体作用，又浪费钢筋，应该采用如图6-14中多肢井字复合箍筋的配置方法。

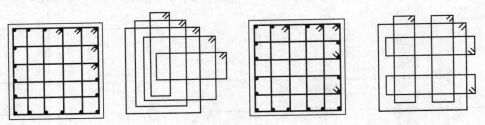

图 6-13 柱箍筋重叠　　　　图 6-14 柱箍筋合理布置

【禁忌 11】 框架梁在边柱纵向钢筋仅考虑锚固长度不注意直段锚长

【正】 1.《混凝土规范》9.3.4 条、11.6.7 条和《高规》6.5.4 条、6.5.5条都规定，楼层框架梁在边柱非抗震设计的上部纵向钢筋和抗震设计的上部及下部纵向钢筋，锚固段当柱截面尺寸不足锚固长度时，纵向钢筋应伸至节点对边向下和向上弯折 15 倍直径，锚固段弯折前的水平投影长度不应小于 $0.4l_a$ 或 $0.4l_{aE}$（图 6-6 和图 6-7）。

2. 试验研究表明，锚固端的锚固能力由水平段的粘结能力和弯弧与垂直段的弯折锚固作用组成。在承受静力荷载为主的情况下，水平段投影长度的粘结能力起主导作用。当水平段投影长度不小于 $0.4l_a$ 或 $0.4l_{aE}$ 时，垂直段长度为 $15d$ 时，已能可靠保证梁端的锚固，可不必满足总锚长不小于受拉锚固长度的要求。

【禁忌 12】 梁上托柱不按转换构件考虑

【正】 1. 在实际许多多、高层建筑中，由于使用功能或建筑体形的需要，在楼层局部为大空间，其顶部设转换梁或桁架承托上部楼层柱；有的建筑顶部收进或下部矩形顶部需成为圆形、椭圆形、多角形，设置转换梁承托上部柱。

2. 承托上部柱的转换构件，实属结构布置复杂和受力复杂的结构构件，应按《高规》的 5.1.12 条和 5.1.15 条规定，应采用至少两个不同力学模型的结构分析软件进行整体计算，宜按应力分析的结果校核配筋设计。其中应力分析即为局部补充计算，采用有限元等分析软件，或手算。按《高规》10.2.4 条规定，抗震设计的抗震等级为特一、一、二级转换构件水平地震作用下的计算内力应分别乘以增大系数 1.9、1.6、1.3；8 度抗震设计时转换构件尚应考虑竖向地震的影响，取该构件承受的重力荷载代表值的 10%。

【禁忌 13】 对梁柱斜截面受剪承载力的计算不熟悉

【正】 1. 在工程设计中梁柱斜截面受剪承载力的计算是很重要的工作内容，现在不少结构设计人员往往依赖电算，而对斜截面受剪的基本概念不重视，手算的方法不熟悉，遇到问题不能及时处理。

2. 梁的截面尺寸应符合下列要求：

（1）持久、短暂设计状况

当 $h_w/b \leqslant 4$ 时

$$V_b \leqslant 0.25\beta_c f_c b_b h_0 \tag{6-29}$$

当 $h_w/b \geqslant 6$ 时

$$V_b \leqslant 0.20\beta_c f_c b_b h_0 \tag{6-30}$$

（2）地震设计状况

跨高比大于 2.5 时

$$V'_b \leqslant \frac{1}{\gamma_{RE}}(0.20\beta_c f_c b_b h_0) \tag{6-31}$$

跨高比不大于 2.5 时

$$V'_b \leqslant \frac{1}{\gamma_{RE}}(0.15\beta_c f_c b_b h_0) \tag{6-32}$$

式中 V_b——梁剪力设计值；

β_c——系数，应按《高规》第 6.2.6 条采用。

3. 矩形、T 形和 I 形截面的一般框架梁，其斜截面受剪承载力应按下列公式计算：

持久、短暂设计状况仅配有箍筋时

$$V_b \leqslant 0.7 f_t bh_0 + f_{yv} \frac{A_{sv}}{s} h_0 \qquad (6-33)$$

地震设计状况仅配有箍筋时

$$V_b \leqslant \frac{1}{\gamma_{RE}} \left[0.42 f_t bh_0 + f_{yv} \frac{A_{sv}}{s} h_0 \right] \qquad (6-34)$$

对集中荷载作用下的框架梁（包括有多种荷载、且其中集中荷载对节点边缘产生的剪力值占总剪力值的 75% 以上的情况）其斜截面受剪承载力应按下列公式计算：

持久、短暂设计状况仅配有箍筋时

$$V_b \leqslant \frac{1.75}{\lambda+1} f_t bh_0 + f_{yv} \frac{A_{sv}}{s} h_0 \qquad (6-35)$$

地震设计状况仅配有箍筋时

$$V_b \leqslant \frac{1}{\gamma_{RE}} \left(\frac{1.05}{\lambda+1} f_t bh_0 + f_{yv} \frac{A_{sv}}{s} h_0 \right) \qquad (6-36)$$

计算截面至支座之间的箍筋，应均匀配置。

式中　λ——计算截面的剪跨比，可取 $\lambda=a/h_0$；当 $\lambda<1.5$ 时，取 1.5；当 $\lambda>3$ 时，取 $\lambda=3$；a 为集中荷载作用点至支座截面或节点边缘的距离；

V_b——构件斜截面上的最大剪力设计值；

A_{sv}——配置在同一截面内箍筋各肢的全部截面面积，$A_{sv}=nA_{sv1}$，其中，n 为同一截面内箍筋的肢数，A_{sv1} 为单肢箍筋的截面面积；

s——沿构件长度方向箍筋的间距；

f_{yv}——箍筋抗拉强度设计值。

4. 矩形、T 形和 I 形截面梁及矩形偏心受压、偏心受拉构件的斜截面承载力计算，可采用表 6-24。

5. 表中构件的有效高度 h_0 按下列规定取值：

一排纵向钢筋时

当 $h \leqslant 1000mm$，$h_0 = h - 35mm$

当 $h > 1000mm$，$h_0 = h - 40mm$

两排纵向钢筋时

当 $h \leqslant 1000mm$，$h_0 = h - 60mm$

当 $h > 1000mm$，$h_0 = h - 80mm$

6. 对矩形、T 形和 I 形截面的受弯构件抗剪承载力按下列公式计算：

持久、短暂设计状况

当 $h_w/b \leqslant 4$　　　　　　　$V \leqslant 0.25 f_c bh_0 = V_1$ 　　　　(6-37)

当 $h_w/b \geqslant 6$　　　　　　　$V \leqslant 0.20 f_c bh_0 = 0.8V_1$ 　　　(6-38)

当 $4 < h_w/b < 6$ 时，可将表 6-24 中的 V_1 值乘以表 6-25 修正系数。

地震设计状况时，跨高比大于 2.5 的框架梁：

$$V' \leqslant \frac{1}{\gamma_{RE}}(0.20 f_c bh_0) = 0.941 V_1 \tag{6-39}$$

当构件的剪力设计值 $V > V_1$ 或 $V' > 0.941 V_1$ 时，则应提高混凝土强度等级或加大构件截面尺寸，以满足剪压比的要求。

式中　V——无地震组合时的构件剪力设计值；

V'——有地震组合时的构件剪力设计值；

γ_{RE}——承载力抗震调整系数，取 0.85；

b——矩形截面宽度，T 形截面或 I 形截面的腹板宽度；

h_0——截面的腹板高度，矩形截面取有效高度 h_0；T 形截面取有效高度减去翼缘高度；I 形截面取腹板净高。

7. 表 6-24 中 V_c 值按下列条件确定：

持久、短暂设计状况的一般受弯构件

$$V_c = 0.7 f_t bh_0 \tag{6-40}$$

地震设计状况时的一般受弯构件

$$V'_c = 0.42 f_t bh_0 / \gamma_{RE} = 0.706 V_c \tag{6-41}$$

构件截面混凝土受剪承载力 V_1、V_c 设计值（kN）　　　表 6-24

梁截面 (mm)		混　凝　土　强　度　等　级									二排钢筋系数
		C20		C25		C30		C35		C40	
b	h	V_1	V_c	V_1	V_c	V_1	V_c	V_1	V_c	V_1	V_c	
180	250	92.9	29.8	115.1	34.4	138.3	38.7	161.6	42.5	184.8	46.3	0.884
	300	114.5	36.7	141.9	42.4	170.5	47.7	199.1	52.4	227.8	57.1	0.906
	350	136.1	43.6	168.7	50.4	202.7	56.7	236.7	62.3	270.7	67.9	0.921
	400	157.7	50.6	195.4	58.4	234.9	6.58	274.3	72.2	313.7	78.6	0.932
	450	179.3	57.5	222.2	66.4	267.0	74.8	311.9	82.1	356.7	89.4	0.940
	500	200.9	64.4	249.0	74.4	299.2	83.9	349.4	92.0	399.7	100.2	0.946
	550	222.5	71.4	275.8	82.4	331.4	92.8	387.0	101.9	442.6	111.0	0.951
	600	244.1	78.3	302.5	90.4	363.6	101.8	424.6	111.8	485.6	121.7	0.956
	650	265.7	85.2	329.3	98.4	395.7	110.8	462.2	121.6	528.6	132.5	0.959
	700	287.3	92.2	356.1	106.4	427.9	119.8	499.7	131.5	571.6	143.3	0.962
200	250	103.2	33.1	127.9	38.2	153.7	43.0	179.5	47.2	205.3	51.5	0.884
	300	127.2	40.8	157.7	47.1	189.5	53.0	221.3	58.2	253.1	63.4	0.906
	350	151.2	48.5	187.4	56.0	225.2	63.1	263.0	69.2	300.8	75.4	0.921
	400	175.2	56.2	217.2	64.9	261.0	73.1	304.8	80.2	348.6	87.4	0.932
	450	199.2	63.9	246.9	73.8	296.7	83.1	346.5	91.2	396.3	99.3	0.940
	500	223.2	71.6	276.7	82.7	332.5	93.1	388.3	102.2	444.1	111.3	0.946
	550	247.2	79.3	306.4	91.6	368.2	103.1	430.0	113.2	491.8	123.3	0.951
	600	271.2	87.0	336.2	100.4	404.0	113.1	471.8	124.2	539.6	135.3	0.956
	650	295.2	94.7	365.9	109.3	439.7	123.1	513.5	135.2	587.3	147.2	0.959
	700	319.2	102.4	395.7	118.2	475.5	133.1	555.3	146.2	635.1	159.2	0.962
	750	343.2	110.1	425.4	127.1	511.2	143.1	597.0	157.1	682.8	171.2	0.965
	800	367.2	117.8	455.2	136.0	547.0	153.1	638.8	168.1	730.6	183.1	0.967

梁截面 (mm)		混 凝 土 强 度 等 级										二排钢筋系数
		C20		C25		C30		C35		C40		
b	h	V_1	V_c	V_1	V_c	V_1	V_c	V_1	V_c	V_1	V_c	
220	250	113.5	36.4	140.7	42.0	169.1	47.3	197.5	52.0	225.8	56.6	0.884
	300	139.9	44.9	173.4	51.8	208.4	58.3	243.4	64.1	278.4	69.8	0.906
	350	166.3	53.4	206.2	61.6	247.7	69.4	289.3	76.2	330.9	82.9	0.921
	400	192.7	61.8	238.9	71.4	287.1	80.4	335.2	88.2	383.4	96.1	0.932
	450	219.1	70.3	271.6	81.2	326.4	91.4	381.2	100.3	435.9	109.3	0.940
	500	245.5	78.8	304.3	90.9	365.7	102.4	427.1	112.4	488.5	122.4	0.946
	550	271.9	87.2	337.1	100.7	405.0	113.4	473.0	124.5	541.0	135.6	0.951
	600	298.3	95.7	369.8	110.5	444.4	124.4	518.9	136.6	593.5	148.8	0.956
	650	324.7	104.2	402.5	120.3	483.7	135.4	564.9	148.7	646.0	161.9	0.959
	700	351.1	112.6	435.2	130.1	523.0	146.4	610.8	160.8	698.6	175.1	0.962
	750	377.5	121.1	468.0	139.8	562.3	157.4	656.7	172.9	751.1	188.3	0.965
	800	403.9	129.6	500.7	149.6	601.7	168.5	702.6	184.9	803.6	201.4	0.967
	850	430.3	138.1	533.4	159.4	641.0	179.5	748.6	197.0	856.1	214.6	0.969
	900	456.7	146.5	566.1	169.2	680.3	140.5	794.5	209.1	908.7	227.8	0.971
250	300	159	51.0	197.1	58.9	236.8	66.3	276.6	72.8	316.3	79.3	0.906
	350	189	60.6	234.3	70.0	281.5	78.8	328.8	86.5	376.0	94.3	0.921
	400	219	70.3	271.5	81.1	326.2	91.3	381.0	100.3	435.7	109.2	0.932
	450	249	79.9	308.6	92.2	370.9	103.8	433.1	114.0	495.4	124.2	0.940
	500	279	89.5	345.8	103.3	415.6	116.4	485.3	127.7	556.1	139.1	0.946
	550	309	99.1	383.0	114.4	460.3	128.9	537.5	141.5	614.8	154.1	0.951
	600	339	108.8	420.2	125.6	505.0	141.4	589.7	155.2	674.5	169.1	0.956
	650	369	118.4	457.4	136.7	549.6	153.9	641.9	169.0	734.1	184.0	0.959
	700	399	128.0	494.6	147.8	594.3	166.4	694.1	182.7	793.8	199.0	0.962
	750	429	137.6	531.8	158.9	639.0	178.9	746.3	196.4	853.5	214.0	0.965
	800	459	147.3	569.0	170.0	683.7	191.4	798.5	210.2	913.2	228.9	0.967
	850	489	156.9	606.1	181.1	728.4	203.9	850.6	223.9	972.9	243.9	0.969
	900	519	166.5	643.3	192.2	773.1	216.5	902.8	237.6	1032.6	258.8	0.971
	950	549	176.1	680.5	203.3	817.8	229.0	955.0	251.4	1092.3	273.8	0.973
	1000	579	185.8	717.7	214.5	862.5	241.5	1007.2	265.1	1152.0	288.8	0.974
300	350	226.8	72.8	281.1	84.0	337.8	94.6	394.5	103.8	451.2	113.1	0.921
	400	262.8	84.3	325.8	97.3	391.5	109.6	457.2	120.3	522.9	131.0	0.932
	450	298.8	95.9	370.4	110.7	445.1	124.6	519.8	136.8	594.5	149.0	0.940
	500	334.8	107.4	415.0	124.0	498.7	139.6	582.4	153.3	666.1	167.0	0.946
	550	370.8	119.0	459.6	137.3	552.3	154.6	645.0	169.8	737.7	184.9	0.951
	600	406.8	130.5	504.3	150.7	606.0	169.7	707.7	186.3	809.4	202.9	0.956
	650	442.8	142.1	548.9	164.0	659.6	184.7	770.3	202.8	881.0	220.8	0.959
	700	478.8	153.6	593.5	177.3	713.2	199.7	832.9	219.2	952.6	238.8	0.962
	750	514.8	165.2	638.1	190.7	766.8	214.7	895.5	235.7	1024.2	256.7	0.965
	800	550.8	176.7	682.8	204.0	820.5	229.7	958.2	252.2	1095.9	274.7	0.967
	850	586.8	188.3	727.4	217.4	874.1	244.7	1020.8	268.7	1167.5	292.7	0.969
	900	622.8	199.8	772.0	230.7	927.7	259.7	1083.4	285.2	1239.1	310.6	0.971
	950	658.8	211.4	816.6	244.0	981.3	274.8	1146.0	301.7	1310.7	328.6	0.973

梁截面 (mm)		混凝土强度等级										二排钢筋系数
		C20		C25		C30		C35		C40		
b	h	V_1	V_c	V_1	V_c	V_1	V_c	V_1	V_c	V_1	V_c	
300	1000	694.8	222.9	861.3	257.4	1035.0	289.8	1208.7	318.2	1382.4	346.5	0.974
	1100	763.2	244.9	946.0	282.7	1136.8	318.3	1327.6	349.5	1518.4	380.6	0.962
	1200	835.2	268.0	1035.3	309.4	1244.1	348.3	1452.9	382.4	1661.7	416.5	0.966
350	400	306.6	98.4	380.0	113.6	456.7	127.9	533.3	140.4	610.0	152.9	0.932
	450	348.6	111.8	432.1	129.1	519.3	145.4	606.4	159.6	693.6	173.9	0.940
	500	390.6	125.3	484.2	144.7	581.8	162.9	679.5	178.9	777.1	194.8	0.946
	550	432.6	138.8	536.2	160.2	644.4	180.4	752.5	198.1	860.7	215.7	0.951
	600	474.6	152.3	588.3	175.8	706.9	197.9	825.6	217.3	944.2	236.7	0.956
	650	516.6	165.7	640.4	191.3	769.5	215.5	898.7	236.5	1027.8	257.6	0.959
	700	558.6	179.2	692.4	206.9	832.1	233.0	971.7	255.8	1111.4	278.6	0.962
	750	600.6	192.7	744.5	222.5	894.6	250.5	1044.8	275.0	1194.9	299.5	0.965
	800	642.6	206.2	796.5	238.0	957.2	268.0	1117.8	294.2	1278.5	320.5	0.967
	850	684.6	219.6	848.6	253.6	1019.8	285.5	1190.9	313.5	1362.1	341.4	0.969
	900	726.6	233.1	900.7	269.1	1082.3	303.0	1264.0	332.7	1445.6	362.4	0.971
	950	768.6	246.6	952.7	284.7	1144.9	320.6	1337.0	351.9	1529.2	383.3	0.973
	1000	810.6	260.1	1004.8	300.2	1207.4	338.1	1410.1	371.2	1612.7	404.3	0.974
	1100	890.4	285.7	1103.7	329.8	1326.3	371.4	1548.9	407.7	1771.5	444.1	0.962
	1200	974.4	312.6	1207.8	360.9	1451.4	406.4	1695.0	446.2	1938.6	486.0	0.966
	1300	1058.4	339.6	1312.0	392.0	1576.6	441.4	1841.2	484.6	2105.8	527.9	0.968
	1400	1142.4	366.5	1416.1	423.2	1701.7	476.5	1987.3	523.1	2272.9	569.8	0.971
400	450	398.4	127.8	493.8	147.6	593.4	166.2	693.0	182.4	792.6	198.7	0.940
	500	446.4	143.2	553.3	165.3	664.9	186.2	776.5	204.4	888.1	222.6	0.946
	550	494.4	158.6	612.8	183.1	736.4	206.2	860.0	226.4	983.6	246.6	0.951
	600	542.4	174.0	672.3	200.9	807.9	226.2	943.5	248.4	1079.1	270.5	0.956
	650	590.4	189.4	731.8	218.7	879.4	246.2	1027.0	270.3	1174.6	294.5	0.959
	700	638.4	204.8	791.3	236.5	950.9	265.3	1110.5	292.3	1270.1	318.4	0.962
	750	686.4	220.2	850.8	254.2	1022.4	286.3	1194.0	314.3	1365.6	342.3	0.965
	800	734.4	235.6	910.3	272.0	1093.9	306.3	1277.5	336.3	1461.1	360.9	0.967
	850	782.4	251.0	969.8	289.8	1165.4	326.3	1361.0	358.3	1556.6	390.2	0.969
	900	830.4	266.4	1029.3	307.6	1236.5	346.3	1444.5	380.2	1652.1	414.2	0.971
	950	878.4	281.8	1088.8	325.4	1308.4	366.4	1528.0	402.2	1747.6	438.1	0.973
	1000	926.4	297.2	1148.3	343.1	1379.9	386.4	1611.5	424.2	1843.1	462.0	0.974
	1100	1017.6	326.5	1261.4	376.9	1515.8	424.4	177.02	466.0	2024.6	507.5	0.962
	1200	1113.6	357.3	1380.4	412.5	1658.8	464.5	1937.2	509.9	2215.6	555.4	0.966
	1300	1209.6	388.1	1499.4	448.0	1801.8	504.5	2104.2	553.9	2406.6	603.3	0.968
	1400	1305.6	418.9	1618.4	483.6	1944.8	544.5	2271.2	597.8	2597.6	651.2	0.971
	1500	1401.6	449.7	1737.4	519.2	2087.8	584.6	2438.2	641.8	2788.6	699.0	0.973
450	500	502.2	161.1	622.5	186.0	748.1	209.4	873.6	230.0	999.2	250.5	0.946
	550	556.2	178.4	689.4	206.0	828.5	232.0	967.5	254.7	1106.6	277.4	0.951
	600	610.2	195.8	756.4	226.0	908.9	254.5	1061.5	279.4	1214.0	304.3	0.956
	650	664.2	213.1	823.3	246.0	989.4	277.0	1155.4	304.2	1321.5	331.3	0.959
	700	718.2	230.4	890.3	266.0	1069.8	299.5	1249.4	328.9	1428.9	358.2	0.962

梁截面(mm)		混凝土强度等级									二排钢筋系数
		C20		C25		C30		C35		C40	
b	h	V_1	V_c	V_1	V_c	V_1	V_c	V_1	V_c	V_1	V_c	
450	750	772.2	247.7	957.2	286.0	1150.2	322.1	1343.3	353.6	1536.3	385.1	0.965
	800	826.2	265.1	1024.1	306.0	1230.7	344.6	1437.2	378.3	1643.8	412.1	0.967
	850	880.2	282.4	1091.1	326.0	1311.1	367.1	1531.2	403.0	1751.2	439.0	0.969
	900	934.2	299.7	1158.0	346.0	1391.6	389.6	1625.1	427.8	1858.7	465.9	0.971
	950	988.2	317.0	1224.9	366.0	1472.0	412.2	1719.0	452.5	1966.1	492.9	0.973
	1000	1042.2	334.4	1291.9	386.0	1552.4	434.7	1813.0	477.2	2073.5	519.8	0.974
	1100	1144.8	367.3	1419.1	424.0	1705.3	477.5	1991.5	524.2	2277.7	571.0	0.962
	1200	1252.8	401.9	1552.9	464.0	1866.1	522.5	2179.3	573.7	2492.5	624.8	0.966
	1300	1360.8	436.6	1686.8	504.1	2027.0	567.6	2367.2	623.1	2707.4	678.7	0.968
	1400	1468.8	471.2	1820.7	544.1	2187.9	612.4	2555.1	672.6	2922.3	732.6	0.971
	1500	1576.8	505.9	1954.6	584.1	2348.8	657.6	2743.0	722.0	3137.2	786.4	0.973
	1600	1684.8	540.5	2088.4	624.1	2509.6	702.7	2930.8	771.5	3352.0	840.3	0.974
	1700	1792.8	575.2	2222.3	664.1	2670.5	747.7	3118.7	820.9	3566.9	894.1	0.976
	1800	1900.8	609.8	2356.2	704.1	2831.4	792.8	3306.6	870.4	3781.8	948.0	0.977
500	550	618	198.3	766.1	228.9	920.6	257.7	1075.1	283.0	1229.6	308.2	0.951
	600	678	217.5	840.4	251.1	1009.9	282.8	1179.4	310.5	1348.9	338.1	0.956
	650	738	236.8	914.8	273.4	1099.3	307.8	1283.8	337.9	1468.4	368.1	0.959
	700	798	256.0	989.2	295.6	1188.7	332.8	1388.2	365.4	1587.7	398.0	0.962
	750	858	275.3	1063.6	317.8	1278.1	357.8	1492.6	392.9	1707.1	427.9	0.965
	800	918	294.5	1137.9	340.0	1367.4	382.9	1596.9	420.4	1826.4	457.8	0.967
	850	978	313.8	1212.3	362.3	1456.8	403.9	1701.3	447.8	1945.8	487.8	0.969
	900	1038	333.0	1286.7	384.5	1546.2	432.9	1805.7	475.3	2065.2	517.7	0.971
	950	1098	352.3	1361.1	406.7	1635.6	357.9	1910.1	502.8	2184.6	547.6	0.973
	1000	1158	371.5	1435.4	428.9	1724.9	483.0	2014.4	530.3	2303.9	577.5	0.974
	1100	1272	408.1	1576.7	471.2	1894.7	530.5	2212.7	582.5	2530.7	634.4	0.962
	1200	1392	446.6	1725.5	515.6	2073.5	580.6	2421.5	637.4	2769.5	694.3	0.966
	1300	1512	485.1	1874.2	560.1	2252.2	630.6	2630.2	692.4	3008.2	754.1	0.968
	1400	1632	523.6	2023.0	604.5	2431.0	680.7	2839.0	747.3	3247.0	814.0	0.971
	1500	1752	562.1	2171.7	649.0	2609.7	730.7	3047.7	802.2	3485.7	873.8	0.973
	1600	1872	600.6	2320.5	693.4	2788.5	780.8	3256.5	857.2	3724.5	933.7	0.974
	1700	1992	639.1	2469.2	737.9	2967.2	830.8	3465.2	912.2	3963.2	993.5	0.976
	1800	2112	677.6	2618.0	782.3	3146.0	880.9	3674.0	967.1	4202.0	1053.4	0.977

修 正 系 数　　　　　　　　　　　　　　表 6-25

$\dfrac{h_w}{b}$	4	4.2	4.4	4.6	4.8	5.0	5.2	5.4	5.6	5.8	6.0
修正系数	1	0.98	0.96	0.94	0.92	0.90	0.88	0.86	0.84	0.82	0.80

　　持久、短暂设计状况，集中荷载作用下的独立梁（包括作用有多种荷载，且其中集中荷载对支座截面或节点边缘所产生的剪力值占总剪力值的 75% 以上的情况）

$$V_{c1} = \frac{1.75}{\lambda + 1} f_t b h_0 = \beta V_c \qquad (6\text{-}42)$$

地震设计状况时，集中荷载作用下的框架梁

$$V'_{c1} = \frac{1}{\gamma_{RE}} \left(\frac{1.05}{\lambda + 1} f_t b h_0 \right) = 0.706 \beta V_c \qquad (6\text{-}43)$$

当一般受弯构件 $V \leqslant V_c$ 或 $V' \leqslant V'_c$ 时，有集中荷载作用的梁 $V \leqslant \beta V_c$ 或 $V' \leqslant$
$0.706 \beta V_c$ 时，箍筋可以按构造要求配置。

式中　　V——无地震组合时剪力设计值；

　　　　V'——竖向荷载效应与地震作用效应组合剪力设计值；

　　　　V_c——一般受弯构件，截面混凝土受剪承载力设计值，可从表 6-24
　　　　　　　查得；

V_{c1}、V'_{c1}——持久、短暂设计状况，地震设计状况时，集中荷载作用下梁的截
　　　　　　　面混凝土受剪承载力设计值；

　　　　β——与计算截面剪跨比 λ 值相关系数，其值见表 6-26。

						β 值				表 6-26	
λ	1.0	1.1	1.2	1.3	1.4	1.5	1.6*	1.7	1.8	1.9	2.0
β	1.25	1.19	1.136	1.087	1.042	1.000	0.961	0.926	0.893	0.862	0.833
λ	2.1	2.2	2.3	2.4	2.5	2.6	2.7	2.8	2.9	3.0	
β	0.806	0.781	0.757	0.735	0.714	0.694	0.676	0.658	0.641	0.625	

8. 当仅配有箍筋时，受剪承载力设计值按下列公式计算：

持久、短暂设计状况的一般受弯构件

$$V_{cs} = 0.7 f_t b h_0 + f_{yv} \frac{A_{sv}}{s} h_0 = V_c + V_s \qquad (6\text{-}44)$$

地震设计状况的一般受弯构件

$$V'_{cs} = \frac{1}{\gamma_{RE}} \left(0.42 f_t b h_0 + f_{yv} \frac{A_{sv}}{s} h_0 \right) = 0.706 V_c + 1.176 V_s \qquad (6\text{-}45)$$

对集中荷载作用下的梁，持久、短暂设计状况

$$V_{cs1} = \frac{1.75}{\lambda + 1} f_t b h_0 + 1.0 f_{yv} \frac{A_{sv}}{s} h_0 = \beta V_c + V_s \qquad (6\text{-}46)$$

地震设计状况

$$V'_{cs1} = \frac{1}{\gamma_{RE}} \left(\frac{1.05}{\lambda + 1} f_t b h_0 + f_{yv} \frac{A_{sv}}{s} h_0 \right) = 0.706 \beta V_c + 1.176 V_s \qquad (6\text{-}47)$$

当 $V_c < V \leqslant V_1$ 或 $V'_c < V' \leqslant 0.941 V_1$ 时，一般受弯构件，按 $V \leqslant V_{cs} = V_c + V_s$ 和 $V' \leqslant V'_{cs} = 0.706 V_c + 1.176 V_s$ 条件，选择合适的箍筋直径及间距；对集

中荷载作用下的梁，按 $V \leqslant V_{cs1} = \beta V_c + V_s$ 和 $V' \leqslant V'_{cs1} = 0.706\beta V_c + 1.176V_s$ 条件，选择合适的箍筋直径及间距。

V_c 和 V_s 可由表 6-24 和表 6-28、表 6-29 查得，β 值可从表 6-26 查得。

当箍筋采用 HRB400 钢筋时，V_s 值可按表 6-28、表 6-29 中 HRB335 钢筋相应值乘以 1.2。

9. 无地震组合时的一般受弯构件，当配有箍筋和弯起钢筋时，其受剪承载力设计值按下式计算：

$$V \leqslant V_{cs} + 0.8f_y A_{sb} \sin\alpha_s = V_c + V_s + V_{sb} \tag{6-48}$$

式中　V_{sb}——弯起钢筋受剪承载力设计值，见表 6-27；

V_c、V_s——见表 6-24 和表 6-28。

10. 矩形截面的偏心受压构件，其斜截面受剪承载力应按下列公式计算：

持久、短暂设计状况

$$V \leqslant \frac{1.75}{\lambda+1} f_t bh_0 + f_{yv} \frac{A_{sv}}{s} h_0 + 0.07N = \beta V_c + V_s + 0.07N \tag{6-49}$$

地震设计状况

$$V' \leqslant \frac{1}{\gamma_{RE}} \left(\frac{1.05}{\lambda+1} f_t bh_0 + f_{yv} \frac{A_{sv}}{s} h_0 + 0.056N \right)$$
$$= 0.706\beta V_c + 1.176V_s + 0.0659N \tag{6-50}$$

当偏心受压构件，符合下列条件时：

持久、短暂设计状况

$$V \leqslant \frac{1.75}{\lambda+1} f_t bh_0 + 0.07N = \beta V_c + 0.07N \tag{6-51}$$

每根弯起钢筋受剪承载力 V_{sb}（kN）

表 6-27

$$V_{sb} = \frac{0.8f_y A_{sb} \cdot \sin\alpha_s}{1000}$$

钢筋直径 (mm)	HPB235 钢筋		HRB335 钢筋		钢筋直径 (mm)	HPB235 钢筋		HRB335 钢筋	
	$\alpha_s=45°$	$\alpha_s=60°$	$\alpha_s=45°$	$\alpha_s=60°$		$\alpha_s=45°$	$\alpha_s=60°$	$\alpha_s=45°$	$\alpha_s=60°$
10	9.3	11.4	13.3	16.3	22	45.2	55.3	64.5	79.0
12	13.4	16.5	19.2	23.5	25	58.3	71.4	83.5	102.0
14	18.3	22.4	26.1	32.0	28	73.1	89.6	104.5	128.0
16	23.9	29.3	34.1	41.8	30	84.0	102.8	119.9	146.9
18	30.2	37.0	43.2	52.9	32	95.5	117.0	136.5	167.2
20	37.3	45.7	53.3	65.3					

注：1. 钢筋弯起角度一般为 45°，梁高大于 800mm 时，可用 60°；

　　2. 位于构件侧边的底层钢筋不应弯起；

　　3. 弯起钢筋采用 HRB400 钢筋时，V_{sb} 值可按表中 HRB335 钢筋相应值乘 1.2 采用。

地震设计状况

$$V' \leqslant \frac{1}{\gamma_{RE}}\left(\frac{1.05}{\lambda + 1}f_t bh_0 + 0.056N\right) = 0.706\beta V_c + 0.0659N \quad (6\text{-}52)$$

则均可不进行斜截面受剪承载力计算，仅需根据构造要求的规定配置箍筋。

式中　λ——偏心受压构件计算截面的剪跨比，无地震组合时，对框架结构的柱，可取 $\lambda = H_n / (2h_0)$；对框架-剪力墙结构的柱，可取 $\lambda = M / (Vh_0)$；当 $\lambda < 1$ 时，取 $\lambda = 1$；当 $\lambda > 3$ 时，取 $\lambda = 3$；此处，H_n 为柱净高，M 为计算截面上与剪力设计值 V 相应的弯矩设计值；对其他偏心受压构件，当承受均布荷载时，取 $\lambda = 1.5$；当承受集中荷载时（包括作用有多种荷载、且集中荷载对支座截面或节点边缘所产生的剪力值占总剪力值的 75% 以上的情况），取 $\lambda = a/h_0$；当 $\lambda < 1.5$ 时，取 $\lambda = 1.5$；当 $\lambda > 3$ 时，取 $\lambda = 3$；此处，a 为集中荷载至支座或节点边缘的距离。有地震组合时，框架柱其值取上、下端弯矩较大值 M 与对应的剪力 V 和柱截面有效高度 h_0 的比值，即 $M / (Vh_0)$；当框架结构中的框架柱的反弯点在柱层高范围内时，柱剪跨比也可采用 1/2 柱净高与柱截面有效高度 h_0 的比值；当 $\lambda < 1$ 时，取 $\lambda = 1$；当 $\lambda > 3$ 时，取 $\lambda = 3$；

N——与剪力设计值相应的轴向压力设计值；当 $N > 0.3f_c A$ 时，取 $N = 0.3f_c A$；A 为构件的截面面积；

V_c——见表 6-24 和表 6-29；

V——无地震组合时，剪力设计值；

V'——竖向荷载与地震作用组合设计值；

β——系数，见表 6-26。

11. 矩形截面的偏心受拉构件，其斜截面受剪承载力应按下列公式计算：

持久、短暂设计状况

$$V \leqslant \frac{1.75}{\lambda + 1}f_t bh_0 + f_{yv}\frac{A_{sv}}{s}h_0 - 0.2N = \beta V_c + V_s - 0.2N \quad (6\text{-}53)$$

地震设计状况

$$V' \leqslant \frac{1}{\gamma_{RE}}\left(\frac{1.05}{\lambda + 1}f_t bh_0 + f_{yv}\frac{A_{sv}}{s}h_0 - 0.2N\right)$$
$$= 0.706\beta V_c + 1.176V_s - 0.235N \quad (6\text{-}54)$$

式中　N——与剪力设计值 V 相应轴向拉力设计值；

其他符号同第 7 条。

式(6-53)、式(6-54) 右边的计算值小于 $f_{yv}\dfrac{A_{sv}}{s}h_0$ 时，应取等于 $f_{yv}\dfrac{A_{sv}}{s}h_0$，且 $f_{yv}\dfrac{A_{sv}}{s}h_0$ 值不得小于 $0.36f_t bh_0$。

箍筋受剪承载力设计值 V_{s1} (kN)　　HPB235 (Q235) 钢筋　　上行为双肢箍箍数值 下行为四肢箍箍数值　　表 6-28

$$V_s = 1.0 f_{yv} A_{sv} \frac{h_0}{1000s}$$

梁高 h (mm)	φ6, 箍距 s					φ8, 箍距 s						φ10, 箍距 s					φ12 箍距 s				
	100	125	150	200	250	100	125	150	200	250	300	100	150	200	250	300	100	150	200	250	300
300	31.5	25.2	21.0			55.9	44.8	37.3				87.4	58.3				125.9	83.9			
	62.9	50.3	42.0			111.9	89.5	74.6				174.8	116.5				251.8	167.8			
350	37.4	29.9	24.9	18.7		66.5	53.2	44.3	33.2			103.9	69.3	51.9			149.6	99.7	74.8		
	74.8	59.8	49.8	37.4		133.0	106.4	88.7	66.5			207.8	138.5	103.9			299.3	199.5	149.6		
400	43.3	34.7	28.9	21.7		77.1	61.6	51.4	38.5			120.4	80.3	60.2			173.4	115.6	86.7		
	86.6	69.3	57.8	43.3		154.1	123.3	102.7	77.1			240.8	160.5	120.4			346.8	231.2	173.4		
450	49.3	39.4	32.8	24.6		87.6	70.1	58.4	43.8			136.9	91.3	68.4			197.1	131.4	98.6		
	98.6	78.8	65.6	49.3		175.2	140.2	116.8	87.6			273.8	182.5	136.9			394.2	262.8	197.1		
500	55.2	44.2	36.8	27.6		98.2	78.5	65.4	49.1			153.4	102.2	76.7			220.9	147.2	110.4		
	110.4	88.3	73.6	55.2		196.3	157.0	130.9	98.2			306.8	204.5	153.4			441.8	294.5	220.9		
550	61.1	48.9	40.8	30.6	24.4	108.7	87.0	72.5	54.4	43.5		169.9	113.2	84.9	67.9		244.6	163.1	122.3	97.8	
	122.3	97.8	81.5	61.1	48.9	217.5	174.0	145.0	108.7	87.0		339.8	226.5	169.9	135.9		489.3	326.2	244.6	195.7	
600	67.1	53.7	44.7	33.5	26.8	119.3	95.4	79.5	59.6	47.7		186.4	124.2	93.2	74.5		268.4	178.9	134.2	107.3	
	134.2	107.3	89.4	67.1	53.7	238.6	190.9	159.0	119.3	95.4		372.7	248.5	186.4	149.1		536.8	357.8	268.4	214.7	
650	73.0	58.4	48.7	36.5	29.2	129.8	103.9	86.6	64.9	51.9		202.9	135.2	101.4	81.1		292.1	194.7	146.1	116.8	
	146.0	116.8	97.3	73.0	58.4	259.7	207.7	173.1	129.8	103.9		405.8	270.5	202.9	162.3		584.3	389.5	292.1	233.7	
700	78.9	63.2	52.6	39.5	31.6	140.4	112.3	93.6	70.2	56.2		219.4	146.2	109.7	87.7		315.9	210.6	157.9	126.3	
	157.9	126.3	105.3	78.9	63.2	280.8	224.6	187.2	140.4	112.3		438.7	292.5	219.4	175.5		631.8	421.2	315.9	252.7	

续表

$$V_s = 1.0 f_{yv} A_{sv} \frac{h_0}{1000s}$$

梁高 h (mm)	φ6 箍距 s					φ8 箍距 s						φ10 箍距 s					φ12 箍距 s				
	100	125	150	200	250	100	125	150	200	250	300	100	150	200	250	300	100	150	200	250	300
750	84.9	67.9	56.6	42.4	33.9	151.0	120.8	100.6	75.5	60.4		235.8	157.2	117.9	94.3		339.6	226.4	169.8	137.8	
	169.8	135.8	113.2	84.9	67.9	302.0	241.5	201.3	151.0	120.8		471.7	314.5	235.8	188.7		679.3	452.8	339.6	275.7	
800	90.8	72.7	60.5	45.4	36.3	161.5	129.2	107.7	80.7	64.6		252.3	168.2	126.2	100.9		363.4	242.3	181.7	145.3	
	181.7	145.3	121.1	90.8	72.7	323.0	258.4	215.3	161.5	129.2		504.7	336.5	252.3	201.9		726.8	484.5	363.4	290.7	
850						172.1	137.6	114.7	86.0	68.8	57.4	268.8	179.2	134.4	107.5	89.6	387.1	258.1	193.6	154.8	129.0
						344.1	275.3	229.4	172.1	137.6	114.7	537.7	358.4	268.8	215.1	179.2	774.3	516.2	387.1	309.7	258.1
900						182.6	146.1	121.7	91.3	73.0	60.9	285.3	190.2	142.7	114.1	95.1	410.9	273.9	205.4	164.3	137.0
						365.3	292.2	243.5	182.6	146.1	121.7	570.7	380.4	285.3	228.3	190.2	821.8	547.8	410.9	328.7	273.9
950						193.2	154.5	128.8	96.6	77.3	64.4	301.8	201.2	150.9	120.7	100.6	434.6	289.8	217.3	173.8	144.9
						386.4	309.1	257.6	193.2	154.5	128.8	603.6	402.4	301.8	241.5	201.2	869.3	579.5	434.6	347.7	289.8
1000						203.7	163.0	135.8	101.9	81.5	67.9	318.3	212.2	159.2	127.3	106.1	458.4	305.6	229.2	183.3	152.8
						407.5	326.0	271.6	203.7	163.0	135.8	636.6	424.4	318.3	254.6	212.2	916.8	611.2	458.4	366.7	305.6

箍筋受剪承载力设计值 V_{s1} (kN)　HRB335 (20MnSi) 钢筋

上行为双肢箍数值
下行为四肢箍数值

表 6-29

$$V_s = 1.0 f_{yv} A_{sv} \frac{h_0}{1000s}$$

梁高 h (mm)	Φ10, 箍距 s						Φ12, 箍距 s					
	100	125	150	200	250	300	100	125	150	200	250	300
500	219.1	175.3	146.1	109.6			315.5	252.4	210.4	157.8		
	438.2	350.6	292.3	219.1			631.1	504.9	420.7	315.5		

续表

$$V_s = 1.0 f_{yv} A_{sv} \frac{h_0}{1000s}$$

梁高 h (mm)	Φ10, 箍距 s						Φ12, 箍距 s					
	100	125	150	200	250	300	100	125	150	200	250	300
550	242.7	194.2	161.8	121.3	97.1		349.5	279.6	233.0	174.7	139.8	
	485.4	388.3	323.6	242.7	194.2		698.9	559.2	466.0	349.5	279.6	
600	266.2	213.0	177.5	133.1	106.5		383.4	306.7	255.6	191.7	153.4	
	532.5	426.0	355.0	266.2	213.0		766.8	613.4	511.2	383.4	306.7	
650	289.8	231.8	193.2	144.9	115.9		417.3	333.9	278.2	208.7	166.9	
	579.6	463.7	386.4	289.8	231.8		834.7	667.7	556.4	417.3	333.9	
700	313.4	250.7	208.9	156.7	125.3		451.3	361.0	300.8	225.6	180.5	
	626.7	501.4	417.8	313.4	250.7		902.5	722.0	601.7	451.3	361.0	
750	336.9	269.5	224.6	168.5	134.8		485.2	388.1	323.5	242.6	194.1	
	673.9	539.1	449.2	336.9	269.5		970.4	776.3	646.9	485.2	388.1	
800	360.5	288.4	240.3	180.2	144.2		519.1	415.3	346.1	259.6	207.6	
	721.0	576.8	480.7	360.5	288.4		1038.2	830.6	692.2	519.1	415.3	
850	384.1	307.2	256.0	192.0	153.6	128.0	553.0	442.4	368.7	276.5	221.2	184.3
	768.1	614.5	512.1	384.1	307.2	256.0	1106.1	884.9	737.4	553.0	442.4	368.7
900	407.6	326.1	271.7	203.8	163.0	135.9	587.0	469.6	391.3	293.5	234.8	195.7
	815.2	652.2	543.5	407.6	326.1	271.7	1174.0	939.2	782.6	587.0	469.6	391.3
950	431.2	344.9	287.4	215.6	172.5	143.7	620.9	496.7	413.9	310.4	248.4	207.0
	862.4	689.9	574.9	431.2	344.9	287.4	1241.8	993.5	827.9	620.9	496.7	413.9
1000	454.7	363.8	303.2	227.4	181.9	151.6	654.8	523.9	436.6	327.4	261.9	218.3
	909.5	727.6	606.3	454.7	363.8	303.2	1309.7	1047.7	873.1	654.8	523.9	436.6
1100	499.5	399.6	333.0	249.7	199.8	166.5	719.3	575.4	479.5	359.6	287.7	239.8
	999.0	799.2	666.0	499.5	399.6	333.0	1438.6	1150.9	959.1	719.3	575.4	479.5
1200	546.6	437.3	364.4	273.3	218.6	182.2	787.2	629.7	524.8	393.6	314.9	262.4
	1093.3	874.6	728.8	546.6	437.3	364.4	1574.3	1259.5	1049.6	787.2	629.7	524.8
1300	593.8	475.0	395.8	296.9	237.5	197.9	855.0	684.0	570.0	427.5	342.0	285.0
	1187.5	950.0	791.7	593.8	475.0	395.8	1710.1	1368.0	1140.0	855.0	684.0	570.0
1400	640.9	512.7	427.2	320.4	256.3	213.6	922.9	738.3	615.3	461.4	369.1	307.6
	1281.8	1025.4	854.5	640.9	512.7	427.2	1845.8	1476.6	1230.5	922.9	738.3	615.3
1500	688.0	550.4	458.7	344.0	275.2	229.3	990.7	792.6	660.5	495.4	396.3	330.2
	1376.0	1100.8	917.3	688.0	550.4	458.7	1981.5	1585.2	1321.0	990.7	792.6	660.5

【禁忌 14】 对剪跨比小于 2 的柱设计和措施概念不清

【正】 1. 框架的柱端一般同时存在着弯矩 M 和剪力 V，根据柱的剪跨比 $\lambda = M/(Vh_0)$ 来确定柱为长柱、短柱和极短柱，h_0 为与弯矩 M 平行方向柱截面有效高度。$\lambda > 2$（当柱反弯点在柱高度 H_0 中部时即 $H_0/h_0 > 4$）称为长柱；$1.5 < \lambda \leqslant 2$ 称为短柱；$\lambda \leqslant 1.5$ 称为极短柱。

试验表明：长柱一般发生弯曲破坏；短柱多数发生剪切破坏；极短柱发生剪切斜拉破坏，这种破坏属于脆性破坏。

抗震设计的框架结构柱，柱端的剪力一般较大，从而剪跨比 λ 较小，易形成短柱或极短柱，产生斜裂缝导致剪切破坏。柱的剪切受拉和剪切斜拉破坏属于脆性破坏，在设计中应特别注意避免发生这类破坏。

2. 高层建筑的框架结构、框架-剪力墙结构，外框架内核心筒结构等结构中，由于设置设备层，层高矮而柱截面大等原因，某些工程中短柱难以避免。如果同一楼层均为短柱，各柱之间抗侧刚度不很悬殊，这种情况下按有关规定进行内力分析和截面设计构造，结构安全是可以保证的。应避免同一楼层出现少数短柱，因为这少数短柱的抗侧刚度远大于一般柱的抗侧刚度，在水平地震作用或风荷载作用下吸收较大水平剪力，尤其在框架（纯框架）结构中的少数短柱，一旦地震超设防烈度的情况下，可能使少数短柱遭受严重破坏，同楼层柱各个击破，这对结构安全将是极大威胁。

因此，当剪力墙或核心筒作为主要抗侧力结构的框架-剪力墙结构和外框架内核心筒结构中出现短柱，与纯框架结构中出现短柱应有所不同，重视的程度应有所区分。纯框架结构的楼梯间平台处当设置柱间梁时常使支承该梁的柱形成短柱，为避免出现短柱和减弱楼梯的支撑作用，可在平台靠踏步处设梁，而梁两端设置从楼层框架梁上支承的小柱，平台板外端不再设梁而楼梯跑板外伸悬挑板（图 6-15）。

3. 9 度设防烈度的各类框架结构宜避免设计成普通钢筋混凝土短柱，否则应采用特殊构造措施，如采用型钢混凝土柱或钢管混凝土柱。

4. 避免发生粘着型及高压剪型破坏。

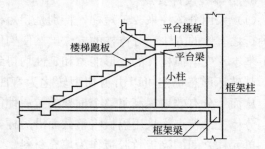

图 6-15 楼梯平台设小柱

5. 短柱变形能力应满足层间弹塑性位移角。

6. 梁柱节点受剪承载力应大于柱、梁受剪承载力。短柱框架破坏机制仍应为梁铰机制，当梁出现铰时，柱及节点核心区均不应受破坏。

7. 短柱的抗震设计应符合下列要求：

(1) 短柱宜采用复合箍筋、复合螺旋箍筋。复合箍筋指由矩形、多边形、或拉筋各自带有锚固弯钩组成的普通复合箍；复合螺旋箍指一个柱截面由一根钢筋加工成的复合箍；连续复合螺旋箍指全部（或分段）柱高的螺旋箍为同一根钢筋加工成的复合箍。

钢筋混凝土短柱之所以发生严重震害，在于它的受剪承载力及变形能力不足，因而设计短柱应致力于增加柱体受剪承载力及改善其变形能力。采用复合箍筋，其内箍既能增加受剪承载力，同时能约束混凝土，使混凝土在反复循环受剪后，不致剪切滑移，呈现出改善变形能力的效果。

(2) 复合箍筋柱的受剪承载力。

考虑地震作用组合的剪跨比 $\lambda \leqslant 2$ 的框架柱的受剪截面应符合下列条件：

$$V_c \leqslant \frac{1}{\gamma_{RE}}(0.15\beta_c f_c b h_0) \tag{6-55}$$

式中　β_c——混凝土强度影响系数：当混凝土强度等级不超过 C50 时，取 $\beta_c = 1.0$；当混凝土强度等级为 C80 时，取 $\beta_c = 0.8$；其间按线性内插法确定。

考虑地震作用组合的短柱的受剪承载力应符合下列规定：

$$V_c \leqslant \frac{1}{\gamma_{RE}}\left[\frac{1.05}{\lambda+1}f_t b h_0 + f_{yv}\frac{A_{sv}}{s}h_0\right] \tag{6-56}$$

式中　λ——短柱的计算剪跨比，取 $\lambda = M/(V h_0)$；当 $\lambda < 1.0$ 时，取 $\lambda = 1.0$。

8. 分体柱设计要点。

(1) 采用分体柱来改善短柱，特别是超短柱（剪跨比 $\lambda < 1.5$）的抗震性能是一种行之有效的方法。分体柱的方法虽然使构件的受弯承载力稍有降低，受剪承载力基本不变，但构件的变形能力和延性均得到显著提高，即使在高轴压比作用下，其破坏形态仍然可以由剪切型转化为弯曲型，实现了短柱变"长柱"的设想，从而十分有效地提高了整个框架的抗震性能。

分体柱的特点为采用隔板将整截面沿短柱方向分为等截面的单元柱并分别配筋，单元柱之间的隔板竹胶板作为填充材料。

分体柱适用于设防烈度为 7~9 度的框架、框架-剪力墙以及框支结构中剪跨比 $\lambda \leqslant 1.5$ 的短柱。

(2) 分体柱与分体柱框架的构造措施：

1) 分体柱的各个单元柱可以是方形截面也可以是矩形截面，如图 6-16 (a)、(b) 所示。单元柱的边长不宜小于 400mm；单元柱截面的长宽比 b_1/h_1 不宜大于

1.5；每个方向只能分为两个单元柱。

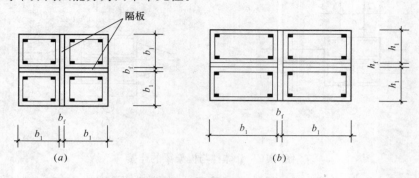

图 6-16　分体柱的截面形式

2）分缝宽度 b_f、h_f 均为 10～20mm，隔板可采用竹胶板。

3）分体柱上下端均应留有整截面过渡区（以下称过渡区），如图 6-17 所示，过渡区高度为 100mm。

4）与分体柱相邻的节点核芯区上下层柱的截面尺寸不得有变化，如图 6-18 所示。

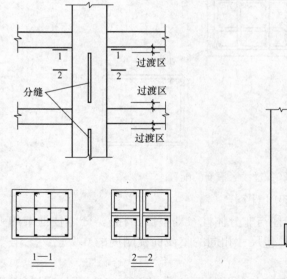

图 6-17　过渡区的设置

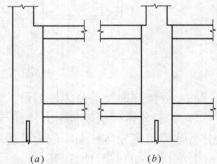

图 6-18　框架柱截面尺寸变化的规定

5）分体柱与框架梁不得有偏心，如图 6-19（a）所示，当框架梁的截面宽度较小时，可采用加腋的方式处理，如图 6-19（b）所示。

6）分体柱不得用于与剪力墙相连的柱。

7）分体柱过渡区段内箍筋应采用井字复合箍，内外肢应分开制作且外肢要

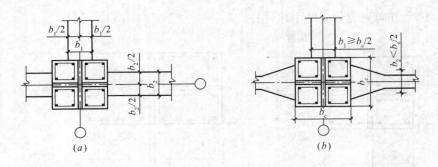

图 6-19　分体柱与框架梁的连接

比内肢加粗 2mm，如图 6-20 所示，过渡区内箍筋间距不应大于 50mm，在过渡内不得少于 3 道箍筋。

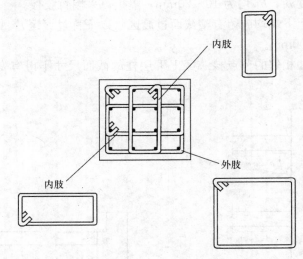

图 6-20　过渡区箍筋的配置

（3）分体柱框架与分体柱的设计计算：

1）一般分体柱框架包括分体柱与非分体柱（即整截面柱），分体柱框架的弹性分析计算可将分体柱刚度取为外包尺寸相同的整截面柱刚度的 0.7 倍。

2）分体柱的截面计算：

①分体柱的正截面承载力计算按各单元柱平均分担 M_c、N_c，用《混凝土规范》关于偏压柱的设计方法进行计算；

②应考虑轴向压力的偏心方向存在的附加偏心矩 e_a，其值应取不小于 10mm 和偏心方向单元柱截面尺寸的 1/30 两者中的较大值；

③分体柱的斜截面承载力计算按各单元平均分担 V_c，用《混凝土规范》关于框架柱的设计方法计算；

④分体柱的轴压比指各单元柱所承担的考虑地震作用组合的轴向压力设计值与单元柱的全截面面积和混凝土轴心抗压强度设计值乘积之比值。

3）分体柱的抗侧力刚度及层间位移的计算：

在对分体柱框架进行正常使用条件下的结构水平位移计算时，分体柱刚度按相应外包尺寸相同的整截面柱刚度的 0.7 倍考虑。

（4）分体柱框架梁柱节点的设计计算：

1）分体柱框架梁柱节点核芯区组合的剪力设计值计算同一般梁柱节点。

2）分体柱框架节点核芯区的截面抗震验算同一般梁柱节点，对上、下层柱均为分体柱的节点核芯区进行截面抗震验算时应将《抗震规范》附录 D 的式（D. 1. 3）、式（D. 1. 4）中的有效受剪面积（$b_j h_j$）乘以 0.8 折减系数。

3）节点核芯区箍筋应采用井字复合箍筋，内外肢应分开制作且外肢要比内肢加粗 2mm，如图 6-21 所示。

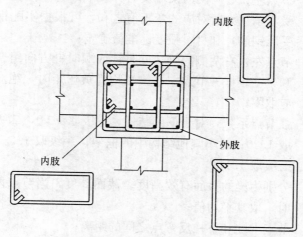

图 6-21　分体柱节点核芯区箍筋的配置

4）分体柱框架节点的其他构造要求与《混凝土规范》对相应的整截面柱框架节点的构造要求相同。

【禁忌 15】　不重视框架梁柱节点核芯区截面抗震受剪承载力验算

1.《高规》、《抗震规范》规定，抗震设计时，一、二、三级框架的节点核芯区，应进行抗震验算；四级框架的节点核芯区可不进行抗震验算。各抗震等级的框架节点均应符合构造措施的要求。

一、二、三级框架梁柱节点核芯区组合的剪力设计值 V_j，可按下列规定计算：

（1）屋顶层中间节点和端节点

$$V_j = \frac{\eta_{jb}\sum M_b}{h_{b0} - a'_s}$$

9 度时和一级框架结构尚应符合

$$V_j = \frac{1.15\sum M_{bua}}{h_{b0} - a'_s}$$

（2）其他层中间节点和端节点

$$V_j = \frac{\eta_{jb}\sum M_b}{h_{b0} - a'_s}\left(1 - \frac{h_{b0} - a'_s}{H_c - h_b}\right)$$

9 度时和一级框架结构尚应符合

$$V_j = \frac{1.15\sum M_{bua}}{h_{b0} - a'_s}\left(1 - \frac{h_{b0} - a'_s}{H_c - h_b}\right)$$

式中　$\sum M_{bua}$——节点左、右两侧的梁端反时针或顺时针方向实配的正截面抗震受弯承载力所对应的弯矩值之和，可根据实配钢筋面积（计入受压钢筋）和材料强度标准值确定；

$\sum M_b$——节点左、右两侧的梁端反时针或顺时针方向组合弯矩设计值之和，一级框架节点左右梁端均为负弯矩时，绝对值较小的弯矩应取零；

η_{jb}——强节点系数，对于框架结构，一级取 1.50，二级取 1.35，三级取 1.20；对于其他结构中的框架，一级取 1.35，二级取 1.20，三级取 1.10；

h_{b0}、h_b——分别为梁的截面有效高度、截面高度，当节点两侧梁高不相同时，取其平均值；

H_c——节点上柱和下柱反弯点之间的距离；

a'_s——梁纵向受压钢筋合力点至截面近边的距离。

2. 框架梁柱节点核芯区的受剪水平截面应符合下列条件：

$$V_j \leqslant \frac{1}{\gamma_{RE}}(0.3\eta_j \beta_c f_c b_j h_j)$$

式中　h_j——框架节点水平截面的高度，可取 $h_j = h_c$，此处，h_c 为框架柱的截面高度；

b_j——框架节点水平截面的宽度，按下列方法取值：当 b_b 不小于 $b_c/2$ 时，可取 b_c；当 b_b 小于 $b_c/2$ 时，可取 $b_b + 0.5h_c$ 和 b_c 二者中的较小者；此处，b_b 为梁的截面宽度，b_c 为柱的截面宽度。当梁柱轴线有偏心距 e_0 时，e_0 不宜大于柱截面宽度的 $1/4$，此时，节点宽度应取 0.5 $(b_b + b_c)$ + 0.25h_c - e_0，$b_b + 0.5h_c$ 和 b_c 三者中的最小值；

当梁宽大于柱宽时（图 6-22），按第 4 条扁梁节点计算；

f_c——混凝土轴心抗压强度设计值；

β_c——混凝土强度影响系数；

η_j——正交梁的结束影响系数。楼板为现浇，四侧各梁截面宽度不小于该侧柱截面宽度的 1/2，且正交方向梁高度不小于框架梁高度的 3/4 时，可采用 1.5，9 度时宜采用 1.25，其他情况均采用 1.0。

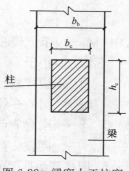

图 6-22 梁宽大于柱宽

3. 框架梁柱节点的受剪承载力，应按下列公式计算：

当设防烈度为 9 度时

$$V_j \leqslant \frac{1}{\gamma_{RE}}\left[0.9\eta_j f_t b_j h_j + \frac{f_{yv}A_{svj}}{s}(h_{b0}-a'_s)\right]$$

其他情况时

$$V_j \leqslant \frac{1}{\gamma_{RE}}\left[1.1\eta_j f_t b_j h_j + 0.05\eta_j N \frac{b_j}{b_c} + \frac{f_{yv}A_{svj}}{s}(h_{b0}-a'_s)\right]$$

式中　N——考虑地震作用组合的节点上柱底部的轴向压力设计值；当 N 大于 $0.5f_c b_c h_c$ 时，取 $0.5f_c b_c h_c$。当 N 为拉力时，取 $N=0$；

A_{svj}——配置在框架节点宽度 b_j 范围内同一截面箍筋各肢的全部截面面积；

h_{b0}——梁截面有效高度，节点两侧梁截面高度不等时取平均值；

f_{yv}——箍筋的抗拉强度设计值；

f_t——混凝土抗拉强度设计值；

s——箍筋间距；

γ_{RE}——承载力抗震调整系数，可采用 0.85。

4. 扁梁框架的梁柱节点按下列规定：

（1）楼板应为现浇，梁柱中心线宜重合。

（2）扁梁柱节点核芯区应根据梁上部纵向钢筋在柱宽范围内、外的截面面积比例，对柱宽以内及柱宽以外范围分别验算受剪承载力。

（3）核芯区验算方法除符合一般梁柱节点的要求外，尚应符合下列要求：

1）四边有梁的约束影响系数，验算核芯区的受剪承载力时可取 1.5；

2）按第 2 条验算核芯区剪力时，核芯区有效宽度可取梁宽与柱宽之和的平均值；

3）验算核芯区受剪承载力时，在柱宽范围的核芯区压应力有效范围纵横方向均可取梁宽与柱宽之和的平均值，轴力的取值同一般梁柱节点，柱宽以外的核芯区可不考虑轴力对受剪承载力的有利作用；

4）锚入柱内的梁上部钢筋宜大于其全部截面面积的 60%。

5. 圆柱截面梁柱节点，当梁中线与柱中线重合时，受剪的水平截面应符合下列条件：

$$V_j \leqslant \frac{1}{\gamma_{RE}} 0.3\eta_j \beta_c f_c A_j$$

式中　A_j——节点核芯区有效截面面积，当 b_b 不小于 $D/2$ 时，取 $0.8D^2$；当 b_b

小于 $D/2$ 但不小于柱直径的 0.4 倍时，取 $0.8D (b_b+D/2)$；

D——圆柱截面直径；

b_b——梁的有效宽度；梁的宽度不宜小于 $0.4D$；

η_j——梁对节点的约束影响系数；其值与矩形截面柱框架节点相同，柱宽

度按柱直径采用。

6. 圆柱截面框架节点的受剪承载力，应按下列公式计算：

当设防烈度为 9 度时

$$V_j \leqslant \frac{1}{\gamma_{RE}} \left(1.2\eta_j f_t A_j + 1.57 f_{yv} \cdot A_{sh} \frac{h_{b0} - a'_s}{s} + f_{yv} \cdot A_{sv} \frac{h_{b0} - a'_s}{s} \right)$$

其他情况时

$$V_j \leqslant \frac{1}{\gamma_{RE}} \left[\begin{matrix} 1.5\eta_j f_t A_j + 0.05\eta_j \dfrac{N}{D^2} A_j + 1.57 f_{yv} \cdot \\ A_{sh} \dfrac{h_{b0} - a'_s}{s} + f_{yv} A_{sv} \dfrac{h_{b0} - a'_s}{s} \end{matrix} \right]$$

式中　h_{b0}——梁的有效高度；

N——轴向力，取值同一般梁柱节点；

A_{sh}——单根圆形箍筋的截面面积；

A_{sv}——同一截面设计计算方向箍筋或拉筋的总截面面积。

7. 框架梁和框架柱的纵向受力钢筋在框架节点区的锚固和搭接应符合下列要求：

(1) 框架中间层中间节点处，框架梁的上部纵向钢筋应贯穿中间节点。贯穿中柱的每根纵向梁筋直径，对于 9 度设防烈度的各类框架和一级抗震等级的框架结构，当柱为矩形截面时，不宜大于柱在该方向截面尺寸的 1/25，当柱为圆形截面时，不宜大于纵向钢筋所在位置柱截面弦长的 1/25；对一、二、三级抗震等级，当柱为矩形截面时，不宜大于柱在该方向截面尺寸的 1/20，对圆柱截面，不宜大于纵向钢筋所在位置柱截面弦长的 1/20；

(2) 对于框架中间层中间节点、中间层端节点、顶层中间节点以及顶层端节点，梁、柱纵向钢筋在节点部位的锚固和搭接，应符合本章的相关规定，且将相应的 l_a 改为 l_{aE}，l_l 改为 l_{lE}。

8. 框架节点区箍筋的最大间距、最小直径宜按表 6-15 采用。节点区箍筋的肢距；一级抗震等级不宜大于 200mm；二、三级抗震等级不宜大于 250mm 和 20 倍箍筋直径中的较小者；四级抗震等级不宜大于 300mm。对一、二、三级抗震等级的框架节点，配筋特征值 λ_v 分别不宜小于 0.12、0.10 和 0.08，且其箍筋体积配筋率分别不宜小于 0.6%、0.5% 和 0.4%。当框架柱的剪跨比不大于 2 时，其节点核芯

区配箍特征值不宜小于核芯区上、下柱端配箍特征值中的较大值。

9. 框架梁柱节点的受剪承载力验算可以采用计算图表。

梁柱节点核芯区截面是否满足受剪承载力要求，可按下列公式验算：

（1）矩形截面柱框架节点

$$V_j \leqslant \frac{1}{\gamma_{RE}}(0.3\beta_c\gamma_j \, f_c b_j h_j) = V_{j1} b_j h_j$$

（2）圆柱截面框架节点

$$V_j \leqslant \frac{1}{\gamma_{RE}}0.3\eta_j\beta_c f_c A_j = V_{j1} A_j$$

式中　V_{j1} 见表 6-30。

$$\boldsymbol{V_{j1} = 0.3\eta_j\beta_c f_c / \gamma_{RE}}$$ 值（N/mm²）　　表 6-30

η_j	混凝土强度等级								
	C20	C25	C30	C35	C40	C45	C50	C55	C60
1.5	5.08	6.30	7.57	8.84	10.11	11.22	12.23	13.39	14.56
1.25	4.24	5.25	6.31	7.37	8.43	9.35	10.19	11.16	12.13
1.0	3.39	4.20	5.05	5.89	6.74	7.48	8.15	8.93	9.71

（3）框架节点的受剪承载力

1）矩形截面柱框架节点

$$V_j \leqslant [V_j] = \frac{1}{\gamma_{RE}}\left[1.1\eta_j f_t b_j h_j + 0.05\eta_j N \frac{b_j h_j}{b_c h_c} + \frac{f_{yv} A_{svj}}{s}(h_{b0} - a'_s) \right]$$

$$= (V_{jc1} + V_{jN})b_j h_j + V_{js1}$$

当设防烈度为 9 度时，应按下式

$$V_j \leqslant \frac{1}{\gamma_{RE}}\left[0.9\eta_j f_t b_j h_j + \frac{f_{yv} A_{svj}}{s}(h_{b0} - a'_s) \right]$$

$$\leqslant [V_j] = V_{jc2} b_j h_j + V_{js1}$$

2）圆柱截面框架节点

$$V_j \leqslant [V_j] = \frac{1}{\gamma_{RE}}\left(1.5\eta_j f_t A_j + 0.05\eta_j \frac{N}{D^2} A_j + 1.57 f_{yv} A_{sh} \frac{h_{b0} - a'_s}{s} \right.$$

$$\left. + f_{yv} A_{sv} \frac{h_{b0} - a'_s}{s} \right)$$

$$= V_{jc3} A_j + V_{jN} A_j + V_{js2} + V_{js1}$$

当设防烈度为 9 度时，应按下式

$$V_j \leqslant [V_j] = \frac{1}{\gamma_{RE}}\left(1.2\eta_j f_t A_j + 1.57 f_{yv} A_{sh} \frac{h_{b0} - a'_s}{s} + f_{yv} A_{sv} \frac{h_{b0} - a'_s}{s} \right)$$

$$= V_{jc4} A_j + V_{js2} + V_{js1}$$

式中 $V_{jci} = \dfrac{n\eta_j f_t}{\gamma_{RE}}$，其值见表 6-31；

$V_{jN} = \dfrac{0.05\eta_j \beta}{\gamma_{RE}}$，$\beta = \dfrac{N}{b_c h_c}$ 或 $\beta = \dfrac{N}{D^2}$，其值见表 6-32；

$V_{js} = \dfrac{f_{yv} A_{sv}}{\gamma_{RE} s}(h_{b0} - a'_s) = \dfrac{f_{yv} A_{sv}}{\gamma_{RE}} n$，其值见表 6-33。

$V_{jci} = n\eta_j f_t / \gamma_{RE}$ 值 （N/mm²）　　　　　　表 6-31

V_{jci}	n	η_j	混凝土强度等级								
			C20	C25	C30	C35	C40	C45	C50	C55	C60
V_{jc1}	1.1	1.5	2.14	2.47	2.78	3.05	3.32	3.49	3.67	3.80	3.96
		1.25	1.78	2.05	2.31	2.54	2.77	2.91	3.06	3.17	3.30
		1.0	1.42	1.64	1.85	2.03	2.21	2.33	2.45	2.54	2.64
V_{jc2}	0.9	1.5	1.75	2.02	2.27	2.49	2.72	2.86	3.00	3.11	3.24
		1.25	1.46	1.68	1.89	2.08	2.26	2.38	2.50	2.59	2.70
		1.0	1.16	1.34	1.51	1.66	1.81	1.91	2.00	2.08	2.16
V_{jc3}	1.5	1.5	2.91	3.36	3.79	4.16	4.53	4.76	5.00	5.19	5.40
		1.25	2.43	2.80	3.15	3.46	3.77	3.97	4.17	4.32	4.50
		1.0	1.94	2.24	2.52	2.77	3.02	3.18	3.34	3.46	3.60
V_{jc4}	1.2	1.25	1.94	2.24	2.52	2.77	3.02	3.18	3.34	3.46	3.60
		1.0	1.55	1.79	2.02	2.22	2.41	2.54	2.67	2.77	2.88

$V_{jN} = \dfrac{1}{\gamma_{RE}} 0.05\eta_j \beta$ 值 （N/mm²）　　　　　表 6-32

	β	2	3	4	5	6	7	8	9	10	11	12
V_{jN}	$\eta_j = 1$	0.118	0.176	0.235	0.294	0.353	0.412	0.471	0.529	0.588	0.647	0.706
	$\eta_j = 1.25$	0.147	0.221	0.294	0.368	0.441	0.515	0.588	0.662	0.735	0.809	0.882
	$\eta_j = 1.5$	0.176	0.265	0.353	0.441	0.529	0.618	0.706	0.794	0.882	0.971	1.059
	β	13	14	15	16	17	18	19	20	21	22	23	24
V_{jN}	$\eta_j = 1$	0.765	0.824	0.882	0.941	1.000	1.059	1.118	1.176	1.235	1.294	1.353	1.412
	$\eta_j = 1.25$	0.956	1.029	1.103	1.176	1.250	1.324	1.397	1.471	1.544	1.618	1.691	1.765
	$\eta_j = 1.5$	1.147	1.235	1.324	1.412	1.500	1.588	1.676	1.765	1.853	1.941	2.029	2.118
	β	25	26	27	28	29	30	31	32	33	34	35
V_{jN}	$\eta_j = 1$	1.471	1.529	1.588	1.647	1.706	1.765	1.824	1.882	1.941	2.000	2.059
	$\eta_j = 1.25$	1.838	1.912	1.985	2.059	2.132	2.206	2.279	2.353	2.426	2.500	2.574
	$\eta_j = 1.5$	2.206	2.294	2.382	2.471	2.559	2.647	2.735	2.824	2.912	3.000	3.088

注：$\beta = N/b_c h_c$，N 为上柱底部轴向压力设计值，b_c 和 h_c 为上柱截面的宽度和高度。

箍筋层数	$\phi 8$，箍筋肢数为					$\phi 10$，箍筋肢数为				
n	2	3	4	5	6	2	3	4	5	6
1	24.9	37.3	49.7	62.1	74.6	38.8	58.2	77.6	97.0	116.4
2	49.7	74.6	99.4	124.3	149.1	77.6	116.4	155.2	193.9	232.7
3	74.6	111.8	149.1	186.4	223.7	116.4	174.5	232.7	290.9	349.1
4	99.4	149.1	198.8	248.5	298.2	155.2	232.7	310.3	387.9	465.5
5	124.3	186.4	248.5	310.7	372.8	193.9	290.9	387.9	484.9	581.8
6	149.1	223.7	298.2	372.8	447.4	232.7	349.1	465.5	581.8	698.2
7	174.0	261.0	348.0	434.9	521.9	271.5	407.3	543.0	678.8	814.6
8	198.8	298.2	397.7	497.1	596.5	310.3	465.5	620.6	775.8	930.9
9	223.7	335.5	447.4	559.2	671.1	349.1	523.6	698.2	872.7	1047.3
10	248.5	372.8	497.1	621.4	745.6	387.9	581.8	775.8	969.7	1163.6

箍筋层数	$\phi 12$，箍筋肢数为					$\phi 14$，箍筋肢数为				
n	2	3	4	5	6	2	3	4	5	6
1	55.9	83.8	111.8	139.7	167.7	76.0	114.1	152.1	190.1	228.1
2	111.8	167.7	223.5	279.4	335.3	152.1	228.1	304.2	380.2	456.3
3	167.7	251.5	335.3	419.1	503.0	228.1	342.2	456.3	570.3	684.4
4	223.5	335.3	447.1	558.8	670.6	304.2	456.3	608.4	760.4	912.5
5	279.4	419.1	558.8	698.6	838.3	380.2	570.3	760.4	950.6	1140.7
6	335.3	503.0	670.6	838.3	1005.9	456.3	684.4	912.5	1140.7	1368.8
7	391.2	586.8	782.4	978.0	1173.6	532.3	798.5	1064.6	1330.8	1596.9
8	447.1	670.6	894.2	1117.7	1341.2	608.4	912.5	1216.7	1520.9	1825.1
9	503.0	754.4	1005.9	1257.4	1508.9	684.4	1026.6	1368.8	1711.0	2053.2
10	558.8	838.3	1117.7	1397.1	1676.5	760.4	1140.7	1520.9	1901.1	2281.3

注：当箍筋采用 HPB300 和 HRB335 时，其值按表中值分别乘以 1.28 和 1.43 后取用。

【例 6-1】　框架节点的受剪承载力计算。

某抗震等级为三级的高层框架结构，首层顶的梁柱中节点，横向左侧梁截面尺寸为 300mm×800mm，右侧梁截面尺寸为 300mm×600mm，纵向梁截面尺寸为 300mm×700mm，柱截面尺寸为 600mm×600mm（图 6-23），梁柱混凝土强度等级为 C30，$f_c=14.3\text{MPa}$，$f_t=1.43\text{MPa}$。节点左侧梁端弯矩设计值 $M_b^l=420.52\text{kN}\cdot\text{m}$，右侧梁端弯矩设计值 $M_b^r=249.48\text{kN}\cdot\text{m}$，上柱底部考虑地震作用组合的轴向压力设计值 $N=3484.0\text{kN}$，节点上下层柱反弯点之间的距离 $H_c=4.65\text{m}$。

求：1. 计算节点的剪力设计值；2. 验算节点的剪压比；3. 计算节点的受剪承载力。

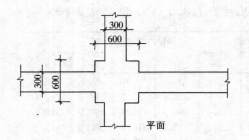
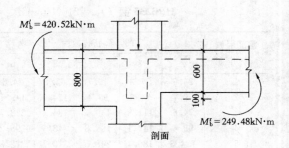

图 6-23　梁柱节点

解：1. 根据第 1 条（2）中柱节点剪力设计值为：

$$V_j = 1.2 \frac{M_b^l + M_b^r}{h_{b0} - a_s'}\left(1 - \frac{h_{b0} - a_s'}{H_c - h_b}\right)$$

本题节点左右侧梁高度不相等，按规定可取平均值，即 $h_b = 800 + 600/2 = 700\text{mm}$，$a_s'$ 取 60mm，$h_{b0} = 700 - 60 = 640\text{mm}$，已知 $M_b^l = 420.52\text{kN} \cdot \text{m}$，$M_b^r = 249.48\text{kN} \cdot \text{m}$，代入后得：

$$V_j = 1.2 \frac{420.52 + 249.48}{0.64 - 0.06}\left(1 - \frac{0.64 - 0.06}{4.65 - 0.70}\right)$$

$$= 1182.43\text{kN}$$

2. 验算节点的剪压比，按第 2 条要求：

$$V_j \leqslant \frac{1}{\gamma_{RE}}(0.30\eta_j f_c b_j h_j) = [V_j]$$

（1）确定节点约束系数 η_j，按规定，对四边有梁约束的节点，当两个方向梁的高差不大于框架主梁高度的 1/4、且梁宽不小于 1/2 柱宽时，η_j 取 1.5。本题梁宽 300mm，等于柱宽的 1/2，最小梁高度 600mm 与最大梁高度差 200mm 不大于 1/4，而且节点四边有梁，因此，η_j 取 1.5。

（2）确定框架节点截面的有效高度，按规定取 $h_j = h_c$；节点截面的宽度，按规定，当梁柱轴线重合，且 $b_b = b_c/2$ 时，取 $b_j = b_c = 600\text{mm}$。

（3）把已知值代入后得：

$$[V_j] = \frac{1}{0.85}(0.30 \times 1.5 \times 14.3 \times 600 \times 600)$$

$$= 2725411\text{N} = 2725.411\text{kN} > V_j = 1016.31\text{kN}$$

（4）按第 9 条采用计算图表 6-30，当 $\eta_j = 1.5$，混凝土强度等级 C30，查表 $V_{ji} = 7.57$，代入得

$$V_j = V_{j1} b_j h_j = 7.57 \times 600 \times 600 = 2725200\text{N} = 2725.20\text{kN}$$

满足要求。

3. 计算节点的受剪承载力，按第 3 条的要求：

$$V_j \leqslant \frac{1}{\gamma_{RE}}\left[1.1\eta_j f_t b_j h_j + 0.05\eta_j N \frac{b_j}{b_c} + \frac{f_{yv}A_{svj}}{s}(h_{b0}-a_s')\right] = [V_j]$$

(1) 按规定考虑地震作用组合的上柱底部轴向压力设计值 N 大于 $0.5f_c b_c h_c$ 时，取 N 等于 $0.5f_c b_c h_c$。已知 $N = 3484\text{kN}$，则

$$0.5f_c b_c h_c = 0.5 \times 14.3 \times 600 \times 600 = 2574000\text{N} = 2574\text{kN} < N$$

故取 $N = 2574\text{kN}$。

(2) 节点的箍筋配置按规定其最大间距，最小直径不宜小于本章表 6-15 规定的柱端加密区的数值，而且二级抗震等级箍筋体积配箍还不应小于 0.5%。当配置双向四肢井字复合箍筋 $\phi10@100$ 时，则

$$\rho_v = \frac{4a_k l_k}{l_1 l_2 s}100 = \frac{4 \times 78.54(550+550)}{550 \times 550 \times 100} \times 100 = 1.142\%$$

故节点区内配置四肢双向 $\phi10@100$ 箍筋。

(3) 把已知值代入后得：

$$[V_j] = \frac{1}{0.85}\left[1.1 \times 1.5 \times 1.43 \times 600 \times 600 + 0.05 \times 1.5 \times 257400 \times \frac{600}{600}\right.$$
$$\left. + \frac{210 \times 4 \times 78.54}{100} \times (640-60)\right]$$
$$= 1425117\text{N} = 1425.117\text{kN} > V_j = 1016.31\text{kN}$$

满足要求。

【禁忌 16】 框架主梁、次梁及连梁上开洞不重视必要的验算和构造要求

【正】 1. 框架梁或剪力墙的连梁，因机电设备管道的穿行需开孔洞时，应合理选择孔洞位置，并应进行内力和承载力计算及构造措施。

2. 孔洞位置应避开梁端塑性铰区，尽可能设置在剪力较小的跨中 $l/3$ 区域内，必要时也可设置在梁端 $l/3$ 区域内（图 6-24）。孔洞偏心宜偏向受拉区，偏心距 e_0 不宜大于 $0.05h$。小孔洞尽可能预留套管。当设置多个孔洞时，相邻孔洞边缘间净距不应小于 $2.5h_3$。孔洞尺寸和位置应满足表 6-34 的规定。孔洞长度与高度之比值 l_0/h_3 应满足：跨中 $l/3$ 区域内不大于 6；梁端 $l/3$ 区域内不大于 3。

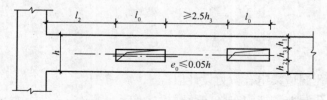

图 6-24 孔洞位置

分 类	跨中 $l/3$ 区域			梁端 $l/3$ 区域			
	h_3/h	l_0/h	h_1/h	h_3/h	l_0/h	h_1/h	l_2/h
非抗震设计	≤0.40	≤1.60	≥0.30	≤0.30	≤0.80	≥0.35	≥1.0
有抗震设防							≥1.5

3. 当矩形孔洞的高度小于 $h/6$ 及 100mm，且孔洞长度 l_3 小于 $h/3$ 及 200mm 时，其孔洞周边配筋可按构造设置。上、下弦杆纵向钢筋 A_{s2}、A_{s3} 可采用 $2\phi10\sim 2\phi12$，箍筋采用 $\phi6\sim\phi8$，间距不应大于 $0.5h_1$ 或 $0.5h_2$ 及 100mm，孔洞边竖向箍筋应加密（图 6-25）。

4. 当孔洞尺寸超过上项时，孔洞上、下弦杆的配筋应按计算确定，但不应小于按构造要求设置的配筋。

孔洞上、下弦杆的内力按下列公式计算（图 6-26）：

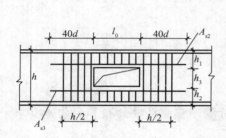
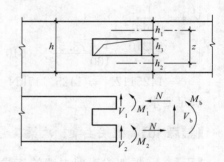

图 6-25　孔洞配筋构造　　　　　　图 6-26　孔洞内力

$$V_1 = \frac{h_1^3}{h_1^3 + h_2^3} V_b \cdot \lambda_b + \frac{1}{2} q l_0$$

$$V_2 = \frac{h_2^3}{h_1^3 + h_2^3} V_b \cdot \lambda_b$$

$$M_1 = V_1 \frac{l_0}{2} + \frac{1}{12} q l_0^2$$

$$M_2 = V_2 \cdot \frac{l_0}{2}$$

$$N = \frac{M_b}{z}$$

式中　V_b——孔洞边梁组合剪力设计值；

$\quad\quad q$——孔洞上弦杆均布竖向荷载；

$\quad\quad \lambda_b$——抗震加强系数，抗震等级为一、二级时，$\lambda_b = 1.5$；三、四级时，$\lambda_b = 1.2$；非抗震设计时，$\lambda_b = 1.0$；

M_b——孔洞中点处梁的弯矩设计值；

z——孔洞上、下弦杆之间的中心距离。

孔洞上、下弦杆截面尺寸应符合下列要求：

持久、短暂设计状况

$$V_i \leqslant 0.25\beta_1 f_c b h_0$$

地震设计状况

$$\text{跨高比 } l_0/h_i > 2.5 \quad V_i \leqslant \frac{1}{\gamma_{RE}}(0.20\beta_1 f_c b h_0)$$

$$\text{跨高比 } l_0/h_i \leqslant 2.5 \quad V_i \leqslant \frac{1}{\gamma_{RE}}(0.15\beta_1 f_c b h_0)$$

式中　V_i——上、下弦杆剪力设计值；

b、h_0——上、下弦杆截面宽度和有效高度；

h_i——上、下弦杆截面高度；

f_c——混凝土轴心抗压强度设计值；

γ_{RE}——承载力抗震调整系数，取 0.85；

β_1——当混凝土强度等级 ≤C50 时，取 0.8；C80 时取 0.74；C50～C80 之间时，取其内插值。

斜截面承载力和正截面偏心受压、偏心受拉承载力计算见《混凝土规范》有关计算公式。

孔洞上、下弦杆的箍筋除按计算确定外，应按有无抗震设防区别构造要求。有抗震设防的框架梁和剪力墙连梁，箍筋应按梁端部加密区要求全长（l_0）加密。在孔洞边各 $h/2$ 范围内梁的箍筋按梁端加密区设置。

孔洞上弦杆下部钢筋 A_{s2} 和下弦杆上部钢筋 A_{s3}，伸过孔洞边的长度不小于 40 倍直径。上弦杆上部钢筋 A_{s1} 和下弦杆下部钢筋 A_{s4} 按计算所需截面面积小于整梁的计算所需钢筋截面面积时，应按整梁要求通长；当大于整梁钢筋截面面积时，可在孔洞范围局部加筋来补定所需钢筋，加筋伸过孔洞边的长度应不小于 40 倍直径。

【例 6-2】　某工程 8m 跨度两端铰支梁，均布荷载设计值 150kN/m，梁截面 300×1200mm，混凝土强度等级 C30，$f_c = 14.3\text{N/mm}^2$，$f_t = 1.43\text{N/mm}^2$，纵向钢筋 HRB335，$f_y = 300\text{N/mm}^2$，箍筋 HPB300，$f_{yv} = 270\text{N/mm}^2$，距梁左端至洞中 1.8m 为通风道，开 600mm×300mm 孔洞，洞上边小梁为 300mm× 40mm，洞下边小梁为 300mm×500mm。计算梁跨中弯矩及配筋，梁端受剪承载力，洞口上、下梁承载力及配筋（图 6-27）。

解： 1. 计算梁跨中弯矩及配筋：

$$M = \frac{1}{8}gL^2 = \frac{1}{8}150 \times 8^2 = 1200\text{kN} \cdot \text{m}$$

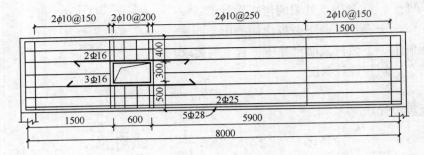

图 6-27 梁留洞

$$\alpha_s = \frac{M}{f_c b h_0^2} = \frac{1200 \times 10^6}{14.3 \times 300 \times 1140^2} = 0.215$$

$$\xi = 1 - \sqrt{1 - 2\alpha_s} = 1 - \sqrt{1 - 2 \times 0.215} = 0.245,$$

$$\gamma_s = \frac{\alpha_s}{\xi} = \frac{0.215}{0.245} = 0.878$$

$$A_s = \frac{M}{\gamma_s f_y h_0} = \frac{1200 \times 10^6}{0.878 \times 300 \times 1140} = 3996 \text{mm}^2$$

$$\rho = \frac{A_s}{bh} = \frac{3996}{300 \times 1200} = 1.11\% \quad 配 \quad \begin{array}{l} 2\,\Phi\,25 \\ 5\,\Phi\,28 \end{array}(4001\text{mm}^2)$$

2. 计算梁受剪承载力：

$$V = 150 \times 4 = 600 \text{kN}, h_w/b = 1200/300 = 4$$

$$V < 0.25\beta_c f_c b h_0 = 0.25 \times 1 \times 14.3 \times 300 \times 1140 = 1222650 \text{N} = 12226.5 \text{kN}$$

$$\frac{A_{sv}}{s} = \frac{V - \alpha_{cv} f_t b h_0}{f_{yv} h_0} = \frac{600 \times 10^3 - 0.7 \times 1.43 \times 300 \times 1140}{270 \times 1140} = 0.837$$

箍筋配 $2\phi10@150$，$\dfrac{A_{sv}}{s} = \dfrac{2 \times 78.54}{150} = 1.05$。

3. 计算洞口上下梁承载力及配筋：

（1）在洞口中

$$V = 600 - 150 \times 1.8 = 330 \text{kN}$$

$$M = 600 \times 1.8 - \frac{150 \times 1.8^2}{2} = 837 \text{kN} \cdot \text{m}$$

（2）洞口上梁

$$V_1 = \frac{h_1^3}{h_1^3 + h_2^2} V + \frac{1}{2} g l_0 = \frac{400^3}{400^3 + 500^3} \times 330 + \frac{150 \times 0.6}{2} = 157 \text{kN}$$

$$M_1 = V_1 \frac{l_0}{2} + \frac{1}{12} g l_0^2 = 157 \times \frac{0.6}{2} + \frac{150 \times 0.6^2}{12} = 51.6 \text{kN} \cdot \text{m}$$

$$N_1 = \frac{M}{Z} = \frac{837}{0.75} = 1116 \text{kN}$$

（3）洞口下梁

$$V_2 = \frac{h_2^3}{h_1^3 + h_2^3} V = \frac{500^3}{400^3 + 500^3} \times 330 = 218\text{kN}$$

$$M_2 = V_2 \frac{l_0}{2} = 218 \times \frac{0.6}{2} = 65.4\text{kN} \cdot \text{m}$$

$$N_2 = N_1 = 1116\text{kN}$$

（4）上梁

$$V_1 < 0.25 \times 14.3 \times 300 \times 365 = 391463\text{N} = 391.463\text{kN}$$

$$\frac{A_{sv}}{s} = \frac{157 \times 10^3 - 0.7 \times 1.43 \times 300 \times 365}{270 \times 365} = 0.481$$

箍筋配 $2\phi@200$，$\dfrac{A_{sv}}{s} = \dfrac{2 \times 78.54}{200} = 0.785$。

上梁属偏压构件，$e_0 = \dfrac{M_1}{N_1} = \dfrac{51.6 \times 10^6}{1116 \times 10^3} = 46.24\text{mm}$。

$$x = \frac{1116 \times 10^3}{14.3 \times 300} = 260\text{mm}, \quad \frac{x}{h_0} = \frac{260}{365} = 0.71 > 0.55 = \xi_b$$

属小偏心受压，按对称配筋。

$$\xi = \frac{N_1 - \xi_b \alpha_1 f_c b h_0}{\dfrac{N_1 e - 0.43 \alpha_1 f_c b h^2}{(\beta_1 - \xi_b)(h_0 - \alpha'_s)} + \alpha_1 f_c b h_0} + \xi_b$$

$$= \frac{1116 \times 10^3 - 0.55 \times 1 \times 14.3 \times 300 \times 365}{\dfrac{1116 \times 10^3 \times 231.24 \times 0.43 \times 1 \times 14.3 \times 300 \times 365^2}{(0.8 - 0.55)(365 - 35)} + 1 \times 14.3 \times 300 \times 365}$$

$$+ 0.55$$

$$= 0.70$$

其中

$$e = e_i + \frac{h}{2} - a = (46.24 + 20) + \frac{400}{2} - 35 = 231.24\text{mm}$$

$$A_s = A'_s = \frac{N_1 e - \xi(1 - 0.5\xi)\alpha_1 f_c b h_0^2}{f'_y(h'_0 - a_s)}$$

$$= \frac{1116 \times 10^3 \times 231.24 - 0.7 \times (1 - 0.5 \times 0.7) 1 \times 14.3 \times 300 \times 365^2}{300 \times (365 - 35)}$$

$$= 负值$$

按构造 $2\Phi16$

$$\rho = \frac{402}{300 \times 400} \times 100\% = 0.335\%$$

（5）下梁

$$\frac{A_{sv}}{s} = \frac{218 \times 10^3 - 0.7 \times 1.43 \times 300 \times 440}{270 \times 440} = 0.723$$

配箍筋 $2\phi10@200$ $\dfrac{A_{sv}}{s} = \dfrac{2 \times 78.54}{200} = 0.785$

下梁属偏拉构件，对于对称配筋的矩形截面，不论大、小偏心均可按《混凝土规范》（6.2.23-2）公式计算：

$$e' = \frac{M}{N} = \frac{65.4 \times 10^6}{1116 \times 10^3} = 58.6\text{mm}$$

$$A_s = \frac{Ne'}{f_h(h'_0 - a_s)} = \frac{1116 \times 10^3 \times 58.6}{300(440 - 35)} = 538\text{mm}^2$$

$$\rho = \frac{603}{300 \times 500} = 0.40\% \quad 配\ 3\ \Phi\ 16$$

第7章 剪力墙结构

【禁忌1】 对剪力墙缺乏总体概念

【正】 1. 剪力墙是钢筋混凝土多、高层建筑中不可缺少的基本构件，由于它是截面高度大而厚度相对很小的"片"状构件，虽然它有承载力大和平面内刚度大等优点，但也具有剪切变形相对较大、平面外较薄弱的不利性能；此外，开洞后的剪力墙形式变化多，受力状况比较复杂，因而了解剪力墙的特性，发挥其所长，克服其所短，是正确设计剪力墙的关键。

2. 固定在基础上的较高悬臂剪力墙，本身是静定的，它需要与其他构件协同工作组成超静定结构。它并不是唯一的剪力墙结构形式，但是，是剪力墙的一种基本形式，研究它有助于了解剪力墙的性能，实际上很多关于剪力墙墙肢的设计要求和规定是通过悬臂墙的试验得到的。

剪力墙是承受压（拉）、弯、剪的构件。在轴向压力和水平力的作用下，悬臂剪力墙破坏形态可以归纳为弯曲破坏、弯剪破坏、剪切破坏和滑移破坏几种形态，见图 7-1。弯曲破坏又分为大偏压破坏和小偏压破坏，大偏压破坏是具有延性的破坏形态，小偏压破坏的延性很小，而剪切破坏是脆性的。

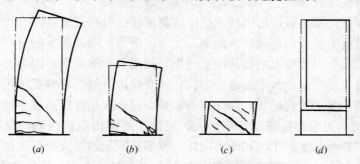

图 7-1 悬臂墙的破坏形态

（a）弯曲破坏；（b）弯剪破坏；（c）剪切破坏；（d）滑移破坏

3. 剪跨比 $\dfrac{M}{Vh_w}$ 表示截面上弯矩与剪力的相对大小，是影响剪力墙破坏形态的重要因素。由试验可知，$\dfrac{M}{Vh_w} \geqslant 2$ 时，以弯矩作用为主，容易实现弯曲破坏，延性较好；$2>\dfrac{M}{Vh_w}>1$ 时，很难避免出现剪切斜裂缝，视设计措施是否得当而可能弯坏，也可能剪坏，按照强剪弱弯合理设计，也可能实现延性尚好的弯剪破坏；$\dfrac{M}{Vh_w}\leqslant1$ 的剪力墙，一般都出现剪切破坏。在悬臂剪力墙中，破坏多数发生在内力最大的底部，剪跨比大的悬臂剪力墙表现为高墙（$H/h_w\geqslant2\sim3$），剪跨比中等的为中高墙（$H/h_w=1\sim2$），剪跨比很小的为矮墙（$H/h_w\leqslant1$），见图 7-1。

轴压比定义为截面轴向平均应力与混凝土轴心受压强度的比值，即 $\dfrac{N}{A_cf_c}$，是影响剪力墙破坏形态的另一个重要因素，轴压比大可能形成小偏压破坏，它的延性较小。设计时除了需要限制轴压比数值外，还要在剪力墙压应力较大的边缘配置箍筋，形成约束混凝土以提高混凝土边缘的极限压应变，改善其延性。

在实际工程中，滑移破坏很少见，可能出现的位置是施工缝截面。

4. 试验研究表明，剪力墙与梁、柱构件类似，在压弯共同作用下，实际影响延性最根本的原因是受压区相对高度，当受压区相对高度增加时，延性减小。上述各种对延性影响较大的因素都是因为它们对受压区高度有较大影响，因此可以得到：

（1）轴向压力大时，受压区相对高度大，延性降低；

（2）大偏心受压的剪力墙受压区高度小，其延性较小偏压剪力墙延性好；

（3）有翼缘或明柱的 I 字形剪力墙可减小受压区高度，延性较好；

（4）分布钢筋配筋率高，受压区加大，对弯曲延性不利，但它可以提高抗剪能力，防止脆性破坏；

（5）提高混凝土强度可以减小受压区高度，也可提高延性。

大多数剪力墙截面都是对称配筋，受压区很小，端部配筋数量对延性影响不大，但是如果剪力墙截面的端部配筋过小，相当于少筋截面，因为剪力墙截面高度大，沿剪力墙截面的水平裂缝会很长，使受拉边缘处的裂缝宽度过大，甚至造成受拉钢筋拉断的脆性破坏，因此剪力墙截面过长或端部配筋过少都是不利的。

5. 悬臂剪力墙都在底部弯矩最大，底截面可能出现塑性铰，底截面钢筋屈服以后由于钢筋和混凝土的粘结力破坏，钢筋屈服范围扩大而形成塑性铰区。塑性铰区也是剪力最大的部位，斜裂缝常常在这个部位出现，且分布在一定范围，反复荷载作用就形成交叉裂缝，可能出现剪切破坏。在塑性铰区要采取加强措施，称为剪力墙的加强部位。

通过静力试验实测理想的塑性铰区的长度一般小于或等于剪力墙截面高度 h_w，但是由动力试验和分析得到的塑性铰区范围更大一些，出于安全考虑，我国规范规定的底部加强部位范围大于塑性铰区长度（具体加强部位高度要求见《高规》第 7.1.4 条规定）。

【禁忌2】 结构布置沿两主轴方向抗侧力刚度悬殊

【正】 1. 现浇钢筋混凝土剪力墙结构，适用于住宅、公寓、饭店、医院病房楼等平面墙体布置较多的建筑。当住宅、公寓、饭店等建筑，在底部一层或多层需设置机房、汽车房、商店、餐厅等较大平面空间用房时，可以设计成上部为一般剪力墙结构，底部为部分剪力墙落到基础，其余为框架承托上部剪力墙的框支剪力墙结构。

2.《高规》7.1.1条规定，剪力墙结构中，剪力墙宜沿主轴方向或其他方向双向布置；抗震设计的剪力墙结构，应避免仅单向有墙的结构布置形式。剪力墙墙肢截面宜简单、规则。剪力墙的抗侧刚度不宜过大。

3. 剪力墙结构的抗侧力刚度和承载力均较大，为充分利用剪力墙的能力，减轻结构重量，增大剪力墙结构的可利用空间，墙不宜布置太密，使结构具有适宜的侧向刚度。

4. 剪力墙结构在矩形平面中，抗震设计时双方向的抗侧刚度宜接近，避免悬殊。衡量双方向抗侧刚度是否接近可检查电算结果中两个方向的第一振型的周期和楼层层间最大位移与层高之比 $\Delta u/h$ 是否接近。

【禁忌3】 较长的剪力墙不设弱连梁分成若干墙段

【正】 1.《高规》7.1.2条规定，较长的剪力墙宜开设洞口，将其分成，长度较为均匀的若干墙段，墙段之间宜采用弱连梁连接，每个独立墙段的总高度与其截面高度之比不宜小于3。墙肢截面高度不宜大于8m。

2. 剪力墙结构应具有延性，细高的剪力墙（高宽比大于3）容易设计成弯曲破坏的延性剪力墙，从而可避免脆性的剪切破坏。当墙的长度很长时，为了满足每个墙段高宽比大于3的要求，可通过开设洞口将长墙分成长度较小、较均匀的联肢墙或整体墙，洞口连梁宜采用约束弯矩较小的弱连梁（其跨高比宜大于6），使其可近似认为分成了独立墙段（图7-2）。此外，墙段长度较小时，受弯产生的裂缝宽度较小，墙体的配筋能够较充分地发挥作用。并且墙肢的平面长度（即墙肢截面高度）不宜大于8m。

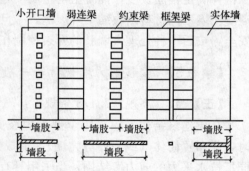

图7-2 剪力墙的墙段及墙肢示意图

3. 高宽比（h_w/l_w，h_w、l_w 为墙的总高和总宽）小于2的单层或多层墙，称为矮墙。由于矮墙具有较大的刚度和抗侧力能力，矮墙的抗震设计主要是承载力问题，试验研究表明，在满足承载力要求的条件下，采取有效措施，可以使矮墙具有一定的延性。矮墙在水平地震作用下的破坏形态为斜压、斜拉和水平滑移。维持较低的剪压比可以避免斜压破坏，配置足够的水平和竖向钢筋可以推迟斜拉和滑移破坏。

【禁忌4】　一个结构单元内少数大墙肢计算时不设洞口

【正】　1. 剪力墙结构的一个结构单元中，当有少量长度大于 8m 的大墙肢时，计算中楼层剪力主要由这些大墙肢承受，其他小的墙肢承受的剪力很小，一旦地震，尤其超烈度地震时，大墙肢容易首先遭受破坏，而小的墙肢又无足够配筋，使整个结构可能形成各个击破，这是极不利的。

2. 当墙肢长度超过 8m 时，应采用施工时墙上留洞，完工时砌填充墙的结构洞方法，把长墙肢分成短墙肢（图 7-3），或仅在

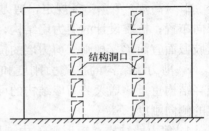

图 7-3　长墙肢留结构洞

计算简图开洞处理。计算简图开洞处理是指结构计算时设有洞，施工时仍为混凝土墙，当一个结构单元中仅有一段墙的墙肢长度超过 8m 或接近 8m 时，墙的水平分布筋和竖向分布筋按整墙设置，混凝土整浇；当一个结构单元中有两个及两个以上长度超过 8m 的大墙肢时，在计算洞处连梁及洞口边缘构件按要求设置，在洞口范围仅设置竖向 $\phi 8@250mm$、水平 $\phi 6@250mm$ 的构造筋，伸入连梁及边缘构件满足锚固长度，混凝土与整墙一起浇灌。这样处理可避免洞口因填充墙与混凝土墙不同材料因收缩出现裂缝，一旦地震按前一种处理大墙肢开裂不会危及安全，按后一种处理大墙肢的开裂控制在计算洞范围。

【禁忌5】　短肢剪力墙设计与一般剪力墙设计不区分

【正】　1.《高规》7.1.8 条规定：

高层建筑结构不应采用全部为短肢剪力墙的剪力墙结构。短肢剪力墙较多时，应布置筒体（或一般剪力墙），形成短肢剪力墙与筒体（或一般剪力墙）共同抵抗水平力的剪力墙结构，当采用具有较多短肢剪力墙的剪力墙结构时，应符合下列规定：

（1）其最大适用高度应比《高规》表 3.3.1-1 中剪力墙结构的规定值适当降低，且 7 度、8 度（0.2g）和 8 度（0.3g）抗震设计时分别不应大于 100m、80m和 60m；

（2）在规定的水平地震作用下，短肢剪力墙承担的底部地震倾覆力矩不宜大于结构总底部地震倾覆力矩的 50%；

（3）具有较多短肢剪力墙的剪力墙结构是指在规定的水平地震作用下，短肢剪力墙承担的底部倾覆力矩不小于结构底部总地震倾覆力矩的 30% 的剪力墙结构。

2.《高规》7.2.2 条规定：

（1）抗震设计时，各层短肢剪力墙在重力荷载代表值作用下产生的轴力设计值的轴压比，抗震等级为一、二、三时分别不宜大于 0.45、0.5 和 0.55；对于无翼缘或端柱的一字形短肢剪力墙，其轴压比限值相应降低 0.1；

（2）抗震设计时，除底部加强部位应按《高规》第 7.2.6 条调整剪力设计值外，其他各层短肢剪力墙的剪力设计值，一、二、三级抗震等级应分别乘以增大系数 1.4、1.2 和 1.1；

（3）抗震设计时，短肢剪力墙截面的全部纵向钢筋的配筋率，底部加强部位一、二级不宜小于 1.2%，三、四级不宜小于 1.0%；其他部位一、二级不宜小于 1.0%，三、四级不宜小于 0.8%；

（4）短肢剪力墙截面厚度底部加强部位不应小于 200mm，其他部位尚不应小于 180mm；

（5）7 度和 8 度抗震设计时，短肢剪力墙宜设置翼缘。一字形短肢剪力墙平面外不宜布置与之单侧相交的楼面梁。

3. 短肢剪力墙结构系指大部分墙肢截面高度与厚度之比 $4 < \dfrac{h_w}{b_w} \leq 8$ 的剪力墙与筒体或一般剪力墙组成的结构体系。短肢墙主要布置在房间分隔墙的交点处，根据抗侧力的需要及分隔墙相交的形式而确定适当数量，并在各墙肢间设置连系梁形成整体。这种结构系实属剪力墙结构的一种，它的特点为：

（1）结合建筑平面利用间隔墙布置墙体；

（2）短肢墙数量可根据抗侧力的需要确定；

（3）使建筑平面布置更具有灵活性；

（4）连接各墙的梁，主要位于墙肢平面内；

（5）由于减少了剪力墙而代之轻质砌体，可减轻房屋总重量；

（6）由于墙肢短为满足轴压比限值及构造需要，墙体厚度比一般剪力墙大。

短肢剪力墙结构，广东省等有地方性设计规范，但对它的抗震性能及其优缺点有不同的看法。我们认为采用何种结构体系应该因地制宜，必须考虑当地的基本情况，如抗震设防烈度、材料供应、施工条件、居住人的生活习惯等诸多因素。但就短肢剪力墙与一般剪力墙相比较，应注意下列几方面问题：

（1）由于采用短肢墙，同样高度的房屋墙体厚度就比一般剪力墙大，分隔墙采用轻质砌体，其厚度比墙肢小，因此必然房间一侧或两侧见梁，造成不简洁，同时砌体隔墙需要抹灰，有湿作业；

（2）短肢剪力墙结构中，除墙肢平面内有梁外，常垂直墙肢方向也有梁，此类梁由于支座上铁难以满足锚固（$0.4l_a$ 或 $0.4l_{aE}$）构造要求，同时整体计算中不计墙肢平面外作用，梁端只能按简支考虑；

（3）墙和梁与轻质砌体分隔墙之间，由于不同材料易产生裂缝，如采取措施避免或减少裂缝必然要增加造价，而一旦出现裂缝使住户有不安全感，尤其当住户原住过一般剪力墙结构房屋，新迁入住短肢墙房屋，对比之下更会感到不理解；

（4）采用短肢剪力墙结构，房屋总重量会比一般剪力墙结构减轻一些，但数值相差有限，因此在高度 20 层以内、地基土质较好（如北京等地）时，基础造价相差无几；混凝土用量会少一些，房屋刚度减小地震效应变小，但总用钢量增大，分隔墙也需造价，并有抹灰湿作业，工期会增加，因此，房屋的综合经济效益无明显优势；

（5）短肢剪力墙结构的抗震性能无疑比一般剪力墙结构要差，尤其设防烈度为 8 度房屋层数较多时，采用短肢剪力墙结构需要慎重；

（6）短肢剪力墙结构相当于偏截面柱的框架-剪力墙结构，由于墙边缘构件和楼层框架梁增多，建筑单位面积用钢量在一般剪力墙结构与框架-剪力墙结构之间，但其抗震性能远比框架-剪力墙结构差。

4.《高规》7.1.8 条中提到了"短肢剪力墙较多时"，但没有界定。一般情况下，短肢剪力墙较多的剪力墙结构中，短肢剪力墙承受的倾覆力矩可占结构底部总倾覆力矩的 30%～50%。《北京市建筑设计技术细则——结构专业》（2004 年 12 月，北京市规划委员批准作为地方标准，以下简称《北京细则》）对"短肢剪力墙较多"的剪力墙结构做了界定：多层和高层剪力墙结构以短肢剪力墙负荷的楼面面积占全部楼面面积分别超过 60% 和 50% 来界定。

5. 在剪力墙结构中，只有少量不符合墙肢截面高度与厚度之比大于 8 的墙肢，不属于短肢剪力墙与筒体（或一般剪力墙）共同抵抗水平力的剪力墙结构，这些少量小墙肢在剪力墙结构中是难免的。

《高规》7.1.7 条规定，矩形截面独立墙肢的截面高度 h_w 与截面厚度 b_w 之比不大于 4 时，宜按框架柱进行截面设计。

6. 短肢剪力墙或小墙肢，水平分布钢筋与边缘构件的箍筋宜一并考虑进行设置，水平分布钢筋按墙肢受剪承载力或构造确定，边缘构件箍筋按有关构造规定确定，两者比较应取大者。端部纵向钢筋按计算或构造确定，但应注意如果按全墙肢截面确定的构造最小配筋率，较大直径钢筋放两端，中部按竖向分布钢筋，不宜均匀布置竖向钢筋（图 7-4）。

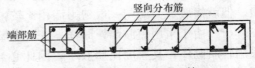

图 7-4　短肢墙或小墙肢配筋

【禁忌6】 不重视剪力墙结构设计要点

【正】 设计要点见表7-1。表中分项中的条号为《高规》的条文号。特一级抗震等级的剪力墙尚应按《高规》3.10.2条～3.10.5条规定。

剪力墙结构设计要点 表 7-1

分 项		规 定 内 容
剪力墙截面厚度 (7.2.1条)	底部加强部位	一、二级抗震等级：不应小于层高或无支长度的1/16，且不应小于200mm；无端柱或翼墙的一字形墙，不应小于层高的1/12，且不应小于220mm 三、四级抗震等级：不应小于层高或无支长度的1/20，且不应小于160mm
	其他部位	一、二级抗震等级：不应小于层高或无支长度的1/20，且不应小于160mm；无端柱或翼墙的一字形墙，不应小于层高的1/16，且不应小于180mm 三、四级抗震等级：不应小于层高或无支长度的1/25，且不应小于160mm
	各部位	非抗震设计时不应小于层高或无支长度的1/25，且不应小于160mm；分隔电梯井或管道井的墙可适当减小，但不宜小于160mm，当墙厚不能满足上列要求时，应按《高规》附录D计算稳定
混凝土强度等级（3.2.2条）		不应低于C20，带有筒体不应低于C30
剪力墙截面剪压比（7.2.7条）		无地震作用组合：0.25 有地震作用组合：剪跨比 λ 大于2.5时，$0.2/\gamma_{RE}=0.235$ 剪跨比不大于2.5时，$0.15/\gamma_{RE}=0.176$
墙肢分类（7.1.7条～7.1.8条）		一般剪力墙 $h_w/b_w>8$；短肢剪力墙厚度不大于300mm，$h_w/b_w=4\sim5$；当 $h_w/b_w\leqslant4$ 时，按框架柱进行截面设计
底部加强部位高度（7.1.4条）		一般剪力墙结构从地下室顶板算起可取墙肢总高度的1/10和底部两层二者的较大值
墙肢在重力荷载代表值作用下的轴压比 N/f_cA（7.2.2条、7.2.13条）		一、二、三级抗震等级底部加强部位：9度一级0.4，6、7、8度一级0.5，二、三级0.6。当 $4<h_w/b_w<8$ 时，一级0.45，二级0.5，三级0.55
剪力墙竖向和水平分布钢筋的配筋率，间距、直径（7.2.17条～7.2.19条）		一、二、三级抗震等级均不应小于0.25%，四级抗震等级和非抗震设计时均不应小于0.20%；钢筋间距均不宜大于300mm，钢筋直径均不应小于8mm，房屋顶层，长矩形平面房屋的楼梯间如电梯井、端开间的纵向墙、端山墙不应小于0.25%，钢筋间距不应大于200mm，竖向和水平分布钢筋的直径不宜大于墙厚度的1/10

分　项	规　定　内　容
剪力墙竖向和水平分布筋的构造（7.2.3条）	不应采用单排，$b_w \leqslant 400\text{mm}$ 时可采用双排；$400\text{mm} < b_w \leqslant 700\text{mm}$ 时宜采用三排；$b_w > 700\text{mm}$ 时宜采用四排； 拉接筋间距不应大于 600mm，直径不应小于 6mm，在约束边缘构件以外的拉接筋间距尚应适当加密
剪力墙底部加强部位墙肢截面剪力设计值增大系数 η_{vw}（7.2.6条）	一、二、三级抗震等级 η_{vw} 分别为 1.6、1.4、1.2，特一级为 1.9；9 度抗震设计时应按《高规》公式（7.2.6-2）
一级抗震等级剪力墙各截面弯矩和剪力设计值（7.2.5条）	底部加强部位以上部位，墙肢的组合弯矩设计值应乘以增大系数 1.2，剪力设计值应乘以增大系数 1.3
抗震设计时的双肢剪力墙（7.2.4条）	墙肢不宜出现小偏心受拉；当任一墙肢大偏心受拉时，另一墙肢的弯矩设计值及剪力设计值应乘以增大系数 1.25
剪力墙构造边缘构件设置部位（7.2.14 条及《抗震规范》6.4.5条）	一、二、三级抗震等级底部加强部位在重力荷载代表值作用下最大轴压比不大于下列值：9 度一级 0.1，6、7、8 度一级 0.2，二、三级 0.3，以及一、二、三级抗震等级的其他部位及四级抗震等级及非抗震设计的剪力墙设置构造边缘构件
剪力墙构造边缘构件设计要求（7.2.16条）	范围和计算纵向钢筋用量的截面面积 A_c 宜取《高规》图 7.2.16 中的阴影部分；纵向钢筋应满足受弯承载力要求。有抗震设计时最小配筋应按《高规》表 7.2.16 要求，箍筋、拉筋沿水平方向的肢距不宜大于 300mm，不应大于竖向钢筋间距的 2 倍，当有端柱时，端柱中纵向钢筋及箍筋宜按框架柱的构造要求。非抗震设计时，端部应按构造配置不少于 4 根 12mm 的纵向钢筋，应配置不少于 $\phi6@250$ 的拉筋。 抗震设计时，复杂高层建筑结构、混合结构、框架-剪力墙结构、简体结构以及 B 级高度剪力墙结构中的剪力墙（简体），纵向钢筋最小配筋应将《高规》表 7.2.16 中的 $0.008A_c$、$0.006A_c$、$0.005A_c$、$0.004A_c$ 分别代以 $0.009A_c$、$0.007A_c$、$0.006A_c$ 和 $0.005A_c$；箍筋的配置范围宜取《高规》图 7.2.16 中阴影部分，其配箍特征值 λ_v 不宜小于 0.1
剪力墙约束边缘构件设置部位（7.2.14条）	一、二、三级抗震等级轴压比大于表 7.2.14 时的底部加强部位及相邻的上一层的墙肢端部

分 项	规 定 内 容
一、二、三级抗震等级剪力墙约束边缘构件的设计要求（7.2.15条）	沿墙肢方向的长度 l_c 和箍筋配箍特征值 λ_v 宜符合《高规》表 7.2.15 的要求，且箍筋直径不应小于 8mm，箍筋或拉筋沿竖向间距一级和二、三级分别不宜大于 100mm 和 150mm。箍筋的配置范围按《高规》图 7.2.15 中的阴影面积，其体积配箍率应为： $$\rho_v = \lambda_v f_c / f_{yv}$$ 纵向钢筋最小截面面积，一级和二、三级分别不应小于《高规》图 7.2.15 中阴影面积的 1.2% 和 1.0%，且分别不应小于 8Φ16 和 6Φ16、6Φ14
水平施工处抗滑移验算（7.2.12条）	按一级抗震等级设计的剪力墙，其水平施工缝处的抗滑移能力宜按《高规》公式（7.2.12）验算
连梁及其刚度取值（5.2.1条、7.1.3条）	连梁的跨高比 $l_n/h_b<5$，当 $l_n/h_b \geqslant 5$ 时宜按框架梁进行设计。连梁刚度地震作用时折减系数不宜小于 0.5，但风荷载计算不折减
连梁的剪力设计值（7.2.21条）	无地震作用组合以及有地震作用组合的四级抗震等级时，应取考虑水平风荷载或水平地震作用组合的剪力设计值；有地震作用组合的一、二、三级抗震等级时，连梁的剪力设计值增大系数分别为 1.3、1.2 和 1.1，9 度抗震设计时应按《高规》公式（7.2.21-2）计算
连梁截面剪压比要求（7.2.22条）	无地震作用组合时为 0.25；有地震作用组合时，跨高比 $l_n/h_b>2.5$ 为 $0.20/\gamma_{RE}=0.235$，跨高比 $l_n/h_b \leqslant 2.5$ 为 $0.15/\gamma_{RE}=0.176$
连梁纵向钢筋配筋率（7.2.24条、7.2.25条）	见表 7.2.24 和表 7.2.25
连梁构造要求（7.2.27条）	顶面、底面纵向受力钢筋伸入墙内的锚固长度，抗震和非抗震设计分别不应小于 l_{aE} 和 l_a，且不应小于 600mm。墙体水平分布钢筋应作为连梁的腰筋在连梁范围内拉通，当连梁截面高度大于 700mm 时，其两侧腰筋的直径不应小于 8mm，间距不应大于 200mm，对跨高比不大于 2.5 时，两侧腰筋的面积配筋率不应小于 0.3%
连梁箍筋构造要求（7.2.27条）	抗震设计时，沿全长 l_n 箍筋构造应按框架梁梁端加密区构造要求；非抗震设计是沿全长 l_n 箍筋直径不应小于 6mm，间距不应大于 150mm；顶层连梁纵向钢筋伸入墙体的长度范围内，应配置间距不大于 150mm 的构造箍筋，直径同跨度内箍筋

【禁忌7】 不重视剪力墙的分类

【正】 1. 一般剪力墙的墙肢截面高度与厚度之比为大于 8；短肢剪力墙的墙肢截面高度与厚度之比为 4~8。

2. 剪力墙根据墙面开洞大小情况，分为整截面墙、整体小开口墙、联肢墙和壁式框架，它们的区分方法及受力特点可参见有关手册资料。

3. 剪力墙的墙肢截面高度 h_w 与厚度 b_w 之比小于 4 时均称为小墙肢。其中，当 h_w/b_w 不大于 3 时，宜按框架柱进行截面设计，轴压比、剪压比和箍筋体积率按相应抗震等级框架柱，纵向钢筋的配筋率在底部加强部位不应小于 1.2%，一般部位不应小于 1.0%，箍筋宜沿高加密；当 $4<h_w/b_w<5$ 时，抗震等级一、二级的剪力墙底部加强部位，在重力荷载代表值作用下的轴压比设计值的轴压比限值，一级（9 度）为 0.4，一级（7、8 度）为 0.5，二级为 0.6，三级时不宜大于 0.6，边缘构件的纵向钢筋、箍筋及竖向分布筋按剪力墙相应抗震等级设置，水平分布筋与边缘构件箍筋结合考虑。

4. 剪力墙的端部有相垂直的墙体时，作为翼墙其长度不小于墙厚的 3 倍，作为端柱其截面边长不小于墙厚的 2 倍（图 7-5）。

5. 剪力墙的墙肢两边均为跨高比（l_n/h）小于 5 连梁或一边为 $l_n/h<5$ 连梁而一边为 $l_n/h\geqslant5$ 非连梁时，此墙肢不作为一字墙；当墙肢两边均为 $l_n/h\geqslant5$ 非连梁或一边为连梁而另一边无翼墙或端柱的，此墙肢作为一字墙（图 7-6）。

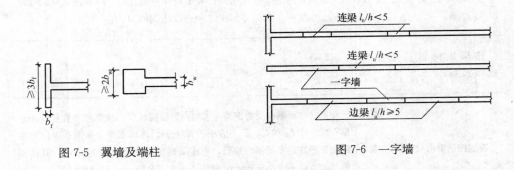

图 7-5 翼墙及端柱   图 7-6 一字墙

【禁忌8】 不熟悉剪力墙厚度怎样确定

【正】 1. 剪力墙墙肢截面厚度，除了应满足承载力要求以外，还要满足稳定的要求。工程结构中的楼板是剪力墙的侧向支承，可防止剪力墙由于平面外变形而失稳，与剪力墙平面外相交的墙体也是侧向支承。类似楼板中跨度与弯曲变形关系的规律，剪力墙最小厚度由楼层高度和无支长度两者中的较小值控制，见图 7-7 及表 7-2。

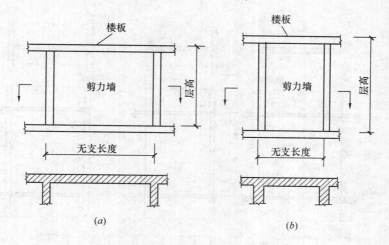

图 7-7 与剪力墙最小厚度有关的支承情况

(a) 层高比无支长度小；(b) 无支长度比层高小

剪力墙截面最小厚度　　　　　　　　　　表 7-2

部　　位	抗　震　等　级			非抗震
	一、二级		三、四级	
	一般剪力墙	一字形剪力墙		
底部加强部位	$H/16$，200mm	$h/12$，200mm	$H/20$，160mm	$H/25$，160mm
其他部位	$H/20$，160mm	$h/20$，180mm	$H/25$，160mm	
错层结构错层处	250mm			200mm

注：1. H 为层高或剪力墙无支长度中较小值；h 为层高；

　　2. 剪力墙井筒中，分隔电梯井或管道井的墙厚度可适当减小，但不小于 160mm。

2.《高规》7.2.1 条 1 款规定，墙厚应符合《高规》附录 D 验算墙体稳定验算要求：

（1）剪力墙墙肢应满足下式的稳定计算（图 7-8）：

$$q \leqslant \frac{E_c t^3}{10 l_0^2}$$

式中　q——作用于墙顶组合的等效竖向均布荷载设计值；

　　　E_c——剪力墙混凝土弹性模量；

　　　t——剪力墙墙肢截面厚度；

　　　l_0——剪力墙墙肢计算长度，应按第（2）款确定。

（2）剪力墙墙肢计算长度应按下式计算：

$$l_0 = \beta h$$

式中　β——墙肢计算长度系数，应按第（3）款确定；

　　　h——墙肢所在楼层的层高。

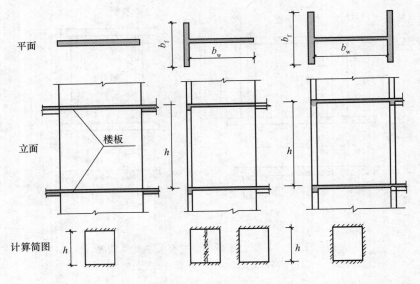

图 7-8　计算简图

（3）墙肢计算长度系数 β 应根据墙肢的支承条件按下列规定采用：

1）单片独立墙肢按两边支承板计算，取 β 等于 1.0。

2）T 形、L 形、槽形和工字形剪力墙的翼缘（图 7-9），采用三边支承板按式（7-1）计算；当 β 计算值小于 0.25 时，取 0.25。

$$\beta = \cfrac{1}{\sqrt{1+\left(\cfrac{h}{2b_f}\right)^2}} \tag{7-1}$$

式中　b_f——T 形、L 形、槽形、工字形剪力墙的单侧翼缘截面高度，取图 7-9 中各 b_{fi} 的较大值或最大值。

3）T 形剪力墙的腹板（图 7-9）也按三边支承板计算，但应将式（7-1）中的 b_f 代以 b_w。

4）槽形和工字形剪力墙的腹板（图 7-9），采用四边支承板按式（7-2）计算；当 β 计算值小于 0.2 时，取 0.2。

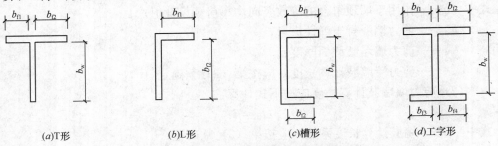

(a)T 形　　　　(b)L 形　　　　(c)槽形　　　　(d)工字形

图 7-9　剪力墙腹板与单侧翼缘截面高度示意

$$\beta = \frac{1}{\sqrt{1+\left(\dfrac{3h}{2b_w}\right)^2}} \tag{7-2}$$

式中　b_w——槽形、工字形剪力墙的腹板截面高度。

(4) 当 T 形、L 形、槽形、工字形剪力墙的翼缘截面高度或 T 形、L 形剪力墙的腹板截面高度与翼缘截面厚度之和小于截面厚度的 2 倍和 800mm 时，尚宜按下式验算剪力墙的整体稳定：

$$N \leqslant \frac{1.2E_c I}{h^2}$$

式中　N——作用于墙顶组合的竖向荷载设计值；

　　　I——剪力墙整体截面的惯性矩，取两个方向的较小值。

3. 对于剪力墙结构的一般墙段和框架-核心筒结构的核心筒墙厚度可按稳定计算确定；对于剪力墙结构中的一字形外墙，尤其在转角阳台或窗的一字形外墙，以及框剪结构中的非筒形剪力墙和框支层的落地剪力墙厚度宜按表 7-2 中的墙厚与层高的比值确定。

【禁忌9】　不重视多高层建筑剪力墙结构设计的细节

【正】　1. 抗震设防烈度为 6～9 度的丙类和乙类建筑中的高层一般剪力墙结构（框支剪力墙结构，详见第 10 章）适用于以下结构形式：

(1) 内外墙均为现浇混凝土墙结构；

(2) 纵、横内墙为现浇混凝土墙，外墙为壁式框架或框架的结构；

(3) 短肢剪力墙较多的剪力墙结构。

2. 较长的剪力墙宜开设洞口，将其分为长度较为均匀的若干墙段，墙段之间宜采用弱连梁连接，其跨高比宜大于 3，每个独立墙段的总高度与其截面高度之比不应小于 3，墙肢截面高度不宜大于 8m，每个墙段宜设计成有连梁连接的双肢墙或多肢墙，以保证连梁的耗能作用，一、二级剪力墙的洞口连梁，跨高比不宜大于 5，且梁截面高度不宜小于 400mm。

3. 剪力墙的门窗洞口宜上下对齐、成列布置，形成明确的墙肢和连梁，一、二、三级抗震等级的剪力墙底部加强部位不宜采用错洞墙，一、二、三级剪力墙所有部位均不宜采用叠合错洞墙。当无法避免时，应按有限元方法仔细计算分析，并在洞口周边采取加强措施，或采用其他轻质材料填充将叠合洞口转化为规则洞口。

4. 抗震设防烈度为 8 度及 8 度以上时，高层剪力墙结构不宜在外墙角部开设角窗，必须设置时应加强其抗震措施，如：

(1) 宜提高角窗两侧墙肢的抗震等级，并按提高后的抗震等级满足轴压比限值的要求；

（2）角窗两侧的墙肢应沿全高均设置约束边缘构件；

（3）抗震计算时应考虑扭转耦联影响；

（4）转角窗房间的楼板宜适当加厚、配筋适当加强；

（5）加强角窗窗台连梁的配筋与构造。

5. 较大跨度的楼面梁不宜支承在剪力墙连梁上，不可避免时应采取可靠措施，保证较大地震时该连梁不发生脆性破坏，如在连梁内设型钢等；承受大梁荷载的剪力墙及窗间墙宜设壁柱或暗柱承受大梁梁端弯矩，暗柱宽度可取梁宽加 2 倍墙厚，大梁与剪力墙的连接可采用半刚接计算，大梁在剪力墙支座处其纵向钢筋宜用直径较小钢筋并满足锚固要求。

6. 《高规》规定，钢筋混凝土剪力墙应进行平面内的斜截面受剪、偏心受压或偏心受拉、平面外轴心受压承载力计算，在集中荷载作用下，墙内无暗柱时还应进行局部受压承载力计算，按一级抗震等级设计的剪力墙，在水平施工缝处需进行抗滑移验算。

现在结构整体计算软件，有剪力墙平面内斜截面受剪、偏心受压或偏心受拉配筋的计算，没有《高规》规定的其他计算内容，需要设计人根据工程情况采用局部分析软件或手算进行必要的验算。

7. 一般剪力墙结构在水平地震作用下，竖向相当于箱形悬臂梁，其变形呈弯曲型，短肢剪力墙结构视其短肢墙数量多少，变形呈弯曲型或弯剪型。剪力墙结构的底部加强部位是容易屈服的部位，类似框架梁端箍筋加密区。

8. 《高规》和《抗震规范》规定：剪力墙底部加强部位的高度，应从地下室顶板算起。部分框支剪力墙结构可取框支层加框支层以上两层的高度及落地剪力墙总高度的 1/10 二者较大者；其他结构的剪力墙，房屋高度大于 24m 时，可取底部两层和墙体总高度的 1/10 二者的较大值；房屋高度不大于 24m 时，可取底部一层。当结构计算嵌固端位于地下一层的底板或以下时，底部加强部位尚宜向下延伸到计算嵌固端。条文说明规定：主楼与裙房相连时，主楼在裙房顶相邻上下层需要加强，此时加强部位高度也可伸延至裙房以上一层。

9. 计算时应注意的问题：

（1）剪力墙结构的内力与位移计算，目前已普遍采用电算。复杂平面和立面的剪力墙结构，应采用适合的计算模型进行分析。当采用有限元模型时，应在复杂变化处合理地选择和划分单元；当采用杆件模型时，宜采用施工洞或计算洞进行适当的模型化处理后进行整体计算，并应在此基础上进行局部补充计算分析。

（2）剪力墙结构当采用手算简化方法时，需根据墙体开洞情况分为实体墙、整截面墙、整体小开口墙、联肢墙和壁式框架，采用等效刚度协同工作方法进行分析。具体计算方法可见参考文献。

（3）抗震结构的剪力墙中连梁允许塑性调幅，当部分连梁降低弯矩设计值后，其余部位的弯矩设计值应适当提高，以满足平衡条件，可按折减系数不宜小于 0.50 计算连梁刚度。按风荷载整体结构分析时连梁刚度不折减。

（4）具有不规则洞口布置的错洞墙，可按弹性平面有限元方法进行应力分析，并按应力进行配筋设计。

10. 剪力墙结构的抗震等级，楼层竖向构件的最大水平位移和层间位移角与平均值之比、层间最大位移与层高之比等规定见本书第 3 章。

【禁忌 10】 不重视剪力墙截面设计

【正】 1. 按《高规》7.1.9 条规定：

剪力墙的截面设计，应进行正截面偏心受压、偏心受拉、平面外竖向荷载轴心受压和斜截面抗剪的承载力计算。墙体在集中荷载作用下（如支承楼面梁），还应进行局部受压承载力验算。

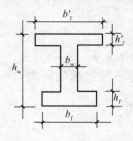

图 7-10 剪力墙截面

2. 矩形、T 形、I 形偏心受压剪力墙的正截面受压承载力可按《混凝土规范》的有关规定计算，也可按下列公式计算（图 7-10）：

持久、短暂设计状况

$$N \leqslant A'_s f'_y - A_s \sigma_s - N_{sw} + N_c$$

$$N\left(e_0 + h_{w0} - \frac{h_w}{2}\right) \leqslant A'_s f'_y(h_{w0} - a'_s) - M_{sw} + M_c$$

地震设计状况

$$\gamma_{RE} N' \leqslant A'_s f'_y - A_s \sigma_s - N_{sw} + N_c$$

$$\gamma_{RE} N'\left(e_0 + h_{w0} - \frac{h_w}{2}\right) \leqslant A'_s f'_y(h_{w0} - a'_s) - M_{sw} + M_c$$

当 $x > h'_f$ 时

$$N_c = \alpha_1 f_c b_w x + \alpha_1 f_c (b'_f - b_w) h'_f$$

$$M_c = \alpha_1 f_c b_w x\left(h_{w0} - \frac{x}{2}\right) + \alpha_1 f_c (b'_f - b_w) h'_f\left(h_{w0} - \frac{h'_f}{2}\right)$$

当 $x \leqslant h'_f$ 时

$$N_c = \alpha_1 f_c b'_f x$$

$$M_c = \alpha_1 f_c b'_f x\left(h_{w0} - \frac{x}{2}\right)$$

当 $x \leqslant \xi_b h_{w0}$ 时为大偏心受压

$$\sigma_s = f_y$$

$$N_{sw} = (h_{w0} - 1.5x) b_w f_{yw} \rho_w$$

$$M_{sw} = \frac{1}{2}(h_{w0} - 1.5x)^2 b_w f_{yw} \rho_w$$

当 $x > \xi_b h_{w0}$ 时为小偏心受压

$$\sigma_s = \frac{f_y}{\xi_b - 0.8}\left(\frac{x}{h_{w0}} - \beta_c\right)$$

$$N_{sw} = 0$$

$$M_{sw} = 0$$

式中　f_y、f'_y、f_{yw}——分别为剪力墙端部受拉、受压钢筋和墙体竖向分布钢筋强度设计值；

　　　　　　f_c——混凝土轴心受压强度设计值；

　　　　　　e_0——偏心距，$e_0 = M/N$ 或 $e_0 = \dfrac{M'}{N'}$；

　　　　M、N——无地震组合时组合弯矩和轴向压力设计值；

　　　M'、N'——有地震组合时组合弯矩和轴向压力设计值；

　　　　　　h_w——剪力墙截面高度；

　　　　　　b_w——剪力墙截面宽度；

　　　　　h_{w0}——剪力墙截面有效高度，$h_{w0} = h_w - a'_s$；

　　　　　　a'_s——剪力墙受压端部钢筋合力点到受压区边缘的距离，一般取 $a'_s = b_w$；

　　　　　　ρ_w——剪力墙竖向分布钢筋配筋率；

　　　　　　ξ_b——相对界限受压区高度；

　　　　　　b'_f——剪力墙 T 形或 I 形截面受压边翼缘宽度；

　　　　　　h'_f——剪力墙 T 形或 I 形截面受压边翼缘厚度；

　　　　　γ_{RE}——承载力抗震调整系数，取 0.85；

　　　　　　α_1——≤C50 时取 1.0，C80 时取 0.94，其间按直线内插法取用；

　　　　　　β_c——≤C50 时取 1.0，C80 时取 0.8，其间按直线内插法取用。

3. 矩形截面大偏心受压对称配筋（$A'_s = A_s$）时，正截面承载力按下列公式计算：

持久、短暂设计状况

$$A_s = A'_s = \frac{M + N\left(h_{w0} - \dfrac{h_w}{2}\right) + M_{sw} - M_c}{f_y(h_{w0} - a'_s)} \tag{7-3}$$

地震设计状况

$$A_s = A'_s = \frac{\gamma_{RE}\left[M' + N'\left(h_{w0} - \dfrac{h_w}{2}\right)\right] + M_{sw} - M_c}{f_y(h_{w0} - a'_s)} \tag{7-4}$$

其中
$$M_{sw} = \frac{1}{2}(h_{w0} - 1.5x)^2 \frac{A_{sw} f_{yw}}{h_{w0}}$$

$$M_c = \alpha_1 f_c b_w x \left(h_{w0} - \frac{x}{2} \right)$$

受压区高度 x 为：

持久、短暂设计状况

$$x = \frac{(N + A_{sw} f_{yw}) h_{w0}}{\alpha_1 f_c b_w h_{w0} + 1.5 A_{sw} f_{yw}}$$

地震设计状况

$$x = \frac{(\gamma_{RE} N' + A_{sw} f_{yw}) h_{w0}}{\alpha_1 f_c b_w h_{w0} + 1.5 A_{sw} f_{yw}}$$

式中　A_{sw}——剪力墙截面竖向分布钢筋总截面积。

在工程设计时先确定竖向分布钢筋的 A_{sw} 和 f_{yw}，求出 M_{sw} 和 M_c，然后按式 (7-3) 或式 (7-4) 计算墙端所需钢筋截面面积 $A_s = A_s'$。

4. 矩形截面小偏心受压对称配筋（$A_s = A_s'$）时，正截面承载力可近似按下列公式计算：

持久，短暂设计状况

$$A_s = A_s' = \frac{Ne - \xi(1 - 0.5\xi)\alpha_1 f_c b_w h_{w0}^2}{f_y'(h_{w0} - a_s')}$$

地震设计状况

$$A_s = A_s' = \frac{\gamma_{RE} N' e - \xi(1 - 0.5\xi)\alpha_1 f_c b_w h_{w0}^2}{f_y'(h_{w0} - a_s')}$$

式中的相对受压区高度 ξ 按以下公式计算：

持久，短暂设计状况

$$\xi = \frac{N - \xi_b \alpha_1 f_c b_w h_{w0}}{\dfrac{Ne - 0.43\alpha_1 f_c b_w h_{w0}^2}{(\beta_1 - \xi_b)(h_{w0} - a_s')} + \alpha_1 f_c b_w h_{w0}} + \xi_b$$

地震设计状况

$$\xi = \frac{\gamma_{RE} N' - \xi_b \alpha_1 f_c b_w h_{w0}}{\dfrac{\gamma_{RE} N' e - 0.43\alpha_1 f_c b_w h_{w0}^2}{(\beta_1 - \xi_b)(h_{w0} - a_s')} + \alpha_1 f_c b_w h_{w0}} + \xi_b$$

式中　$e = e_i + \dfrac{h_w}{2} - a_s$，$e_i = e_0 + e_a$，$e_a$ 取 20mm 和偏心方向截面尺寸的 1/30 两者中的较大值；

e_0——偏心距，非抗震设计和有抗震设防，分别为 $e_0 = M/N$ 和 $e_0 = M'/N'$；

a_s——剪力墙端部受拉钢筋合力点至截面近边缘的距离，一般 $a_s = a_s' = b_w$。

5. 对称配筋的矩形截面偏心受拉剪力墙的正截面承载力可按下列近似公式计算：

持久，短暂设计状况

$$N \leqslant \cfrac{1}{\cfrac{1}{N_{0u}} + \cfrac{e_0}{M_{wu}}}$$

地震设计状况

$$\gamma_{RE} N' \leqslant \cfrac{1}{\cfrac{1}{N_{0u}} + \cfrac{e_0}{M_{wu}}}$$

其中

$$N_{0u} = 2A_s f_y + A_{sw} f_{yw}$$

$$M_{wu} = A_s f_y (h_{w0} - a'_s) + A_{sw} f_{yw} \frac{(h_{w0} - a'_s)}{2}$$

式中　A_{sw}——剪力墙腹板竖向分布钢筋的全部截面面积。

偏心距分别为：$e_0 = M/N$；$e_0 = M'/N'$。

6. 按《高规》7.2.2 条~7.2.6 条规定：

（1）一级抗震等级剪力墙的底部加强部位以上部位，墙肢的组合弯矩和剪力设计值应乘以增大系数，其值可取 1.2 和 1.3。

（2）矩形截面独立墙肢的截面高度 h_w 不宜小于截面厚度的 4 倍，小于 4 倍时，宜按柱截面进行配筋计算及构造设计。

（3）抗震设计的双肢剪力墙中，墙肢不宜出现小偏心受拉。当任一墙肢大偏心受拉时，另一墙肢的弯矩设计值及剪力设计值应乘以增大系数 1.25。

如果双肢剪力墙中一个墙肢出现小偏心受拉，该墙肢会出现水平通缝而失去抗剪能力，则由荷载产生的剪力将全部转移到另一个墙肢而导致其抗剪承载力不足，因此应当避免墙肢出现小偏心受拉。在一个墙肢出现大偏心受拉时，因水平裂缝较大，它承受的部分剪力也会向另一墙肢转移，这时可将另一墙肢的剪力设计值增大，以提高其抗剪承载力。

（4）剪力墙底部加强部位截面的剪力设计值 V，特一、一、二、三级抗震时应按下式调整，二、三级的其他部位，四级抗震及无地震作用组合时可不调整。

$$V = \eta_{vw} V_w$$

9 度时一级应符合

$$V = 1.1 \frac{M_{mua}}{M_w} V_w$$

式中　V——考虑地震作用组合的剪力墙加强部位的剪力设计值；

V_w——考虑地震作用组合的剪力墙加强部位的剪力计算值；

M_{wua}——除以承载力抗震调整系数 γ_{RE} 后的正截面抗弯承载力，按实际配筋面积、材料强度标准值和轴向力设计值确定，有翼墙时考虑墙两侧各一倍翼墙厚度范围内配筋；

M_w——考虑地震作用组合的剪力墙底部截面的弯矩设计值；

η_{vw}——剪力增大系数，特一级为1.9，一级为1.6，二级为1.4，三级为1.2。

（5）有抗震设计的短肢剪力墙，底部加强部位按第8条要求调整设计剪力外，其他各层的短肢剪力墙设计剪力也应乘以增大系数，一级抗震等级乘以1.4，二级乘以1.2，三级为1.1。

7. 偏心受压剪力墙的斜截面受剪承载力应按下列公式进行计算：

（1）持久、短暂设计状况

$$V \leqslant \frac{1}{\lambda - 0.5}\left(0.5f_t b_w h_{w0} + 0.13N\frac{A_w}{A}\right) + f_{yh}\frac{A_{sh}}{s}h_{w0}$$

（2）地震设计状况

$$V \leqslant \frac{1}{\gamma_{RE}}\left[\frac{1}{\lambda - 0.5}\left(0.4f_t b_w h_{w0} + 0.1N\frac{A_w}{A}\right) + 0.8f_{yh}\frac{A_{sh}}{s}h_{w0}\right]$$

式中　N——剪力墙的轴向压力设计值，抗震设计时，应考虑地震作用效应组合；当N大于$0.2f_c b_w h_w$时，应取$0.2f_c b_w h_w$；

　　　A——剪力墙截面面积；

　　　A_w——T形或I形截面剪力墙腹板的面积，矩形截面时应取A；

　　　λ——计算截面处的剪跨比。计算时，当λ小于1.5时应取1.5，当λ大于2.2时应取2.2；当计算截面与墙底之间的距离小于$0.5h_{w0}$时，λ应按距墙底$0.5h_{w0}$处的弯矩值与剪力值计算；

　　　s——剪力墙水平分布钢筋间距。

8. 偏心受拉剪力墙的斜截面受剪承载力应按下列公式进行计算：

（1）持久、短暂设计状况

$$V \leqslant \frac{1}{\lambda - 0.5}\left(0.5f_t b_w h_{w0} - 0.13N\frac{A_w}{A}\right) + f_{yh}\frac{A_{sh}}{s}h_{w0}$$

上式右端的计算值小于$f_{yh}\dfrac{A_{sh}}{s}h_{w0}$时，取等于$f_{yh}\dfrac{A_{sh}}{s}h_{w0}$。

（2）地震设计状况

$$V \leqslant \frac{1}{\gamma_{RE}}\left[\frac{1}{\lambda - 0.5}\left(0.4f_t b_w h_{w0} - 0.1N\frac{A_w}{A}\right) + 0.8f_{yh}\frac{A_{sh}}{s}h_{w0}\right]$$

上式右端方括号内的计算值小于$0.8f_{yh}\dfrac{A_{sh}}{s}h_{w0}$时，取等于$0.8f_{yh}\dfrac{A_{sh}}{s}h_{w0}$。

9. 抗震设计时的高层剪力墙底部加强区其重力荷载代表值作用下的墙肢轴压比（$\mu_N = N/f_c A$）限值及可不设约束边缘构件的最大轴压比见表7-3。

10.《高规》规定的约束边缘构件：

（1）7.2.15条，一、二、三级抗震设计的剪力墙底部加强部位及其上一层的墙肢端部应设置约束边缘构件；一、二、三级抗震设计剪力墙的其他部位以及四级抗震设计和非抗震设计的剪力墙墙肢端部均应按《高规》第7.2.16条的要求设置构造边缘构件。

墙 肢 轴 压 比   表 7-3

墙肢类型	一级（9度）	一级（6、7、8度）	二级	三级
$h_w/b_w > 8$	0.4	0.5	0.6	0.6
$h_w/b_w = 4 \sim 8$	0.4	0.45	0.50	0.55
无翼缘一字墙	0.4	0.35	0.40	0.45
可不设约束边缘构件	0.10	0.20	0.30	0.30

注：1. $h_w/b_w \leqslant 4$ 时可按框架柱控制轴压比；

2. N 为重力荷载代表值下的轴压比设计值，可取 $N=$（恒载标准值＋活载标准值×组合系数）×1.2；

3. f_c 为混凝土轴心抗压强度设计值；

4. A 为剪力墙墙肢截面面积；

5. 特一级按表中一级。

（2）7.2.15条，剪力墙约束边缘构件的设计应符合图7-11的要求。

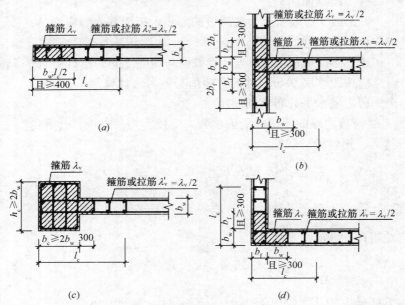

图 7-11 剪力墙的约束边缘构件

（*a*）暗柱；（*b*）有翼墙；（*c*）有端柱；（*d*）转角墙（L形墙）

（3）约束边缘构件内箍筋或拉筋沿竖向的间距，一级不宜大于100mm，二、三级不宜大于150mm；箍筋、拉筋沿水平方向的肢距不宜大于300mm，拉筋的水平间距不应大于竖向钢筋间距的2倍。

（4）箍筋的配筋范围如图 7-11 中的阴影面积所示，其体积配箍率 ρ_v 应按下式计算：

$$\rho_v = \lambda_v \frac{f_c}{f_{yv}}$$

式中 λ_v——约束边缘构件配箍特征值（表 7-4）；

ρ_v——箍筋体积配箍率，可计入箍筋、拉筋以及伸入约束边缘构件且符合下述条件的水平分布钢筋：在墙端有 90°弯折、且弯折段的搭接长度不小于 10 倍分布钢筋直径、水平钢筋之间设置足够的拉筋形成复合箍，计入的水平分布钢筋的体积配箍率不应大于 0.3 倍总体积配箍率；

f_c——混凝土轴心抗压强度设计值；混凝土强度等级低于 C35 时，应取 C35 的混凝土轴心抗压强度设计值；

f_{yv}——箍筋、拉筋或水平分布钢筋的抗拉强度设计值；

表 7-5 列出了适用于多层剪力墙轴压比 0.10～0.60 之间的约束边缘构件特征值 λ_v。表 7-5 也可用于高层剪力墙。

根据不同的特征值 λ_v 和不同混凝土强度等级，约束边缘构件箍筋体积配筋率 ρ 见表 7-6。

约束边缘构件沿墙肢的长度 l_c 及其配箍特征值 λ_v　　　表 7-4

项　　目	一级（9度）		一级（6、7、8度）		二、三级	
	$\mu_N \leqslant 0.2$	$\mu_N > 0.2$	$\mu_N \leqslant 0.3$	$\mu_N > 0.3$	$\mu_N \leqslant 0.4$	$\mu_N > 0.4$
l_c（暗柱）	$0.20h_w$	$0.25h_w$	$0.15h_w$	$0.20h_w$	$0.15h_w$	$0.20h_w$
l_c（翼墙或端柱）	$0.15h_w$	$0.20h_w$	$0.10h_w$	$0.15h_w$	$0.10h_w$	$0.15h_w$
λ_v	0.12（0.14）	0.20（0.24）	0.12（0.14）	0.20（0.24）	0.12	0.20

注：1. μ_N 为墙肢在重力荷载代表值作用下的轴压比，h_w 为墙肢的长度；

2. 剪力墙的翼墙长度小于其 3 倍厚度或端柱截面边长小于 2 倍墙厚时，视为无翼墙、无端柱；

3. l_c 为约束边缘构件沿墙肢的长度（图 7-11）。对暗柱不应小于墙厚和 400mm 的较大值；有翼墙或端柱时，不应小于翼墙厚度或端柱沿墙肢方向截面高度加 300mm；

4. 特一级时按表中括号内的值取。

约束边缘构件特征值 λ_v　　　表 7-5

	轴　压　比										
	0.10	0.15	0.20	0.25	0.30	0.35	0.40	0.45	0.50	0.55	0.60
一级（9度）	0.10	0.117	0.133	0.15	0.167	0.183	0.20				
一级（8度）			0.10	0.117	0.133	0.15	0.167	0.183	0.20		
二级					0.10	0.117	0.133	0.15	0.167	0.183	0.20
特一级			0.12	0.14	0.16	0.18	0.20	0.22	0.24		

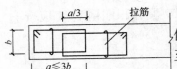

图 7-12　约束边缘构件箍筋

（5）为了发挥约束边缘构件的作用，约束边缘构件箍筋的长边不大于短边的 3 倍，且相邻两个箍筋应至少相互搭接 1/3 长边的距离（图 7-12）。

（6）剪力墙约束边缘构件阴影部分（图 7-11）的竖向钢筋除应满足正截面受压（受拉）承载力计算要求外，其配筋率特一、一、二、三级时分别不应小于 1.4%、1.2%、1.0% 和 1.0%，并分别不应少于 $8\phi18$、$8\phi16$、$6\phi16$ 和 $6\phi14$ 的钢筋。

（HRB335 钢）约束边缘构件体积配箍率 $\rho=\dfrac{f_c}{f_{yv}}\lambda_v$（%）　　　　表 7-6

混凝土强度等级	特　征　值 λ_v												
	0.10	0.117	0.12	0.133	0.14	0.15	0.16	0.167	0.18	0.183	0.20	0.22	0.24
C35	0.56	0.65	0.67	0.74	0.78	0.84	0.89	0.93	1.00	1.02	1.11	1.22	1.34
C40	0.64	0.74	0.76	0.85	0.89	0.96	1.02	1.06	1.15	1.17	1.27	1.40	1.53
C45	0.70	0.82	0.84	0.94	0.98	1.06	1.13	1.17	1.27	1.29	1.41	1.55	1.69
C50	0.77	0.90	0.92	1.02	1.08	1.16	1.23	1.29	1.39	1.41	1.54	1.69	1.85
C55	0.84	0.99	1.01	1.12	1.18	1.27	1.35	1.41	1.52	1.54	1.69	1.86	2.02
C60	0.92	1.07	1.10	1.22	1.28	1.38	1.47	1.53	1.65	1.68	1.83	2.02	2.20

注：箍筋采用 HPB235 和 HPB300 时，表中 ρ 值分别乘 1.43 和 1.11；
　　箍筋采用 HRB400 时，表中 ρ 值乘 0.83。

（7）约束边缘构件的箍筋体积率 ρ%，当不同墙厚、箍筋直径及间距时，参见表 7-7。

约束边缘构件箍筋体积率 ρ%　　　　表 7-7

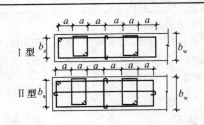

I 型：$\rho=\dfrac{[nb_a+2(n-1)a]a_v}{b_a\cdot(n-1)a\cdot s}$（%）

II 型：$\rho=\dfrac{[nb_a+3(n-1)a]a_v}{b_a\cdot(n-1)a\cdot s}$（%）

n——箍肢数；
a——箍肢距；
$b_a=b_w-30$；
s——箍间距（100mm）；
a_v——单肢箍截面面积。

类型	箍筋直径 肢距 a (mm) 墙厚 b_w (mm)	$\phi8$		$\phi10$		$\phi12$		$\phi14$	
		100	150	100	150	100	150	100	150
I 型	160	1.28	1.11	1.99	1.73	2.87	2.49	3.91	3.39
	180	1.17	1.01	1.83	1.57	2.64	2.26	3.59	3.08
	200	1.09	0.93	1.71	1.45	2.46	2.08	3.35	2.84

墙厚 b_w (mm)	$\phi8$		$\phi10$		$\phi12$		$\phi14$	
类型 ＼ 箍筋直径 ＼ 肢距 a (mm)	100	150	100	150	100	150	100	150
Ⅰ型 220	1.03	0.86	1.61	1.35	2.32	1.94	3.16	2.65
250	0.96	0.79	1.50	1.24	2.16	1.78	2.94	2.43
300	0.87	0.71	1.37	1.11	1.97	1.59	2.68	2.17
350	0.82	0.65	1.28	1.01	1.84	1.46	2.50	1.99
400	0.77	0.61	1.21	0.95	1.74	1.36	2.37	1.86
Ⅱ型 400	0.91	0.74	1.42	1.16	2.05	1.67	2.79	2.27
450	0.86	0.69	1.35	1.08	1.94	1.56	2.64	2.13
500	0.82	0.66	1.29	1.02	1.85	1.48	2.52	2.01
550	0.79	0.63	1.24	0.98	1.78	1.41	2.43	1.91
600	0.77	0.60	1.20	0.94	1.73	1.35	2.35	1.84
650	0.75	0.58	1.17	0.90	1.68	1.30	2.28	1.77
700	0.73	0.56	1.14	0.88	1.64	1.26	2.23	1.72

注：1. 当箍筋肢数 $n \leqslant 4$ 时，表中值乘 1.2；肢数 $n \geqslant 5$ 时表中值乘 1.1；

2. 表中当箍筋间距 s 按 100mm 计算，当 s 为 150mm 时，表中值除以 1.5。

（8）当构件为 T 形、L 形时可分别以一字形部分确定。约束边缘构件箍筋布置要求如图 7-13 所示，并应符合下列要求：

1）箍筋及拉筋的弯钩 135°，直段长度不应小于 10 倍箍筋直径，且不应小于 75mm；

2）阴影部分以箍筋为主，拉筋肢数不应多于总肢数的 1/3；

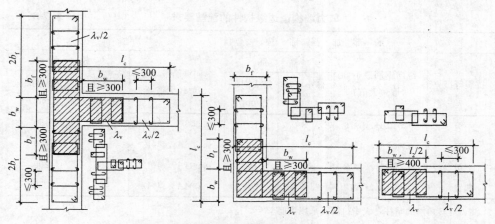

图 7-13　约束边缘构件箍筋、拉筋布置

3）阴影部分以外部分也应设封闭箍，箍筋及拉筋的体积率按阴影部分箍筋特征值 λ_v 的 1/2 确定，肢距不大于 300mm；

4）箍筋、拉筋的间距一、二级抗震等级分别不大于 100mm 和 150mm；

5）箍筋重叠不宜多于两个；

6）阴影部分以外墙水平分布筋不能全计入箍筋体积率，当水平分布筋锚固到阴影部分核芯区时可计入一部分作为箍筋配箍体积率。

11. 剪力墙构造边缘构件的设计宜符合下列要求：

（1）构造边缘构件的范围和计算纵向钢筋用量的截面面积 A_c 宜取图 7-14 中的阴影部分。

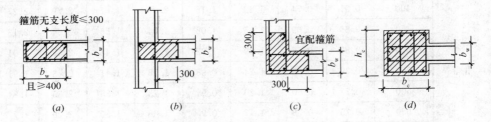

图 7-14　构造边缘构件

（a）暗柱；（b）有翼墙；（c）转角墙；（d）端柱

（2）构造边缘构件的竖向钢筋应满足受弯承载力要求。

（3）抗震设计时，构造边缘构件的最小配筋宜符合表 7-14 的规定，箍筋、拉筋的沿水平方向的肢距不宜大于 300mm，不应大于竖向钢筋间距的 2 倍。当剪力墙端部为端柱时，端柱中纵向钢筋及箍筋宜按框架柱的构造要求配置。

（4）非抗震设计时，剪力墙端部应按构造配置不少于 4 根 12mm 或 2 根 16mm 的纵向钢筋，沿纵向应配置不少于直径为 6mm、间距为 250mm 的拉筋。

剪力墙构造边缘构件的配筋要求　　　　　　表 7-8

抗震等级	底 部 加 强 部 位			其 他 部 位		
	纵向钢筋最小量（取较大值）	箍 筋		纵向钢筋最小量（取较大值）	拉 筋	
		最小直径（mm）	最大间距（mm）		最小直径（mm）	最大间距（mm）
一级	$0.010A_c$，6φ16	8	100	$0.008A_c$，6φ14	8	150
二级	$0.008A_c$，4φ14	8	150	$0.006A_c$，6φ12	8	200
三级	$0.005A_c$，4φ12	6	150	$0.004A_c$，4φ12	6	200
四级	$0.005A_c$，4φ12	6	200	$0.004A_c$，4φ12	6	250

注：对转角墙的暗柱，表中拉筋宜采用箍筋。

（5）B 级高度的复杂高层建筑结构、混合结构、框架-剪力墙结构、筒体结构中的一级剪力墙（筒体），其构造边缘构件的最小配筋应符合下列要求：

1）竖向钢筋最小配筋应将表 6-10 中的 $0.008A_c$、$0.006A_c$、$0.005A_c$ 和 $0.004A_c$ 分别代之以 $0.010A_c$、$0.008A_c$、$0.006A_c$ 和 $0.005A_c$；

2）箍筋的配筋范围宜取图 7-14 中阴影部分，其配箍特征值 λ_v 不宜小于 0.1。

（6）非抗震设计的剪力墙，墙肢端部应配置不少于 $4\phi12$ 的纵向钢筋，箍筋直径不应小于 6mm、间距不宜大于 250mm。

（7）特一级构造边缘构件纵向钢筋的配筋率不应小于 1.2%，且不小于 $6\phi16$。

（8）剪力墙洞口边是否设置约束边缘构件，要根据应力分布规律确定，图 7-15 表示开洞剪力墙的截面应力分布：（a）图的洞口小连梁跨高比小，墙肢应力分布接近直线，端部约束边缘构件的长度可按全截面计算，而洞口边缘应力不大，不需要设约束边缘构件；（b）图的洞口大连梁跨高比大，墙肢的应力分布在洞口边应力可能很大，就需要设约束边缘构件，而约束边缘构件的长度可按各自一个墙肢计算。剪力墙如果为多洞口联肢墙，各墙肢应力分布各不相同，规范、规程规定设置约束边缘构件仅为一般情况，设计时可根据工程情况区别处理。

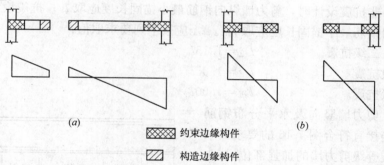

约束边缘构件

构造边缘构件

图 7-15　剪力墙截面端部和洞口的边缘构件

（a）截面应力分布接近直线的剪力墙；（b）墙肢拉、压应力较大的剪力墙

12. 为了防止混凝土墙体在受弯裂缝出现后立即达到极限抗弯承载力，配置的竖向分布钢筋必须大于或等于最小配筋百分率。同时为了防止斜裂缝出现后发生脆性的剪拉破坏，规定了水平分布钢筋的最小配筋百分率。

剪力墙分布钢筋的配置应符合下列要求（表 7-9）：

（1）一般剪力墙竖向和水平分布筋的配筋率，一、二、三级抗震设计时均不应小于 0.25%，四级抗震设计和非抗震设计时均不应小于 0.20%。

（2）一般剪力墙竖向和水平分布钢筋间距一般宜不大于 200，均不应大于 300mm；分布钢筋直径均不应小于 8mm。

设计类别	配筋要求	最小配筋率（%）	最大间距（mm）	最小直径（mm）
抗震设计	一、二、三级	0.25	300	8
	四级	0.20	300	8
非抗震设计		0.20	300	8
框支落地剪力墙		0.30（非抗震 0.25）	200	10

（3）特一级剪力墙水平、竖向分布钢筋最小配筋率，底部加强部位和一般部位分别为 0.4% 和 0.35%。

（4）抗震设计时，短肢剪力墙截面的全部纵向钢筋配筋率，在底部加强部位不宜小于 1.0%，一般部位不宜小于 0.8%。

（5）剪力墙竖向、水平分布钢筋的直径不宜大于墙肢截面厚度的 1/10。

（6）房屋顶层剪力墙以及长矩形平面房层的楼梯间和电梯间剪力墙、端开间的纵向剪力墙、端山墙的水平和竖向分布钢筋的最小配筋率不应小于 0.25%，钢筋间距不应大于 200mm。

13. 剪力墙钢筋锚固长度以及竖向及水平分布钢筋的连接要求如下：

（1）非抗震设计时，剪力墙纵向钢筋最小锚固长度应取 l_a；抗震设计时，剪力墙纵向钢筋最小锚固长度应取 l_{aE}。l_{aE} 应按下列要求取值：

一、二级抗震　　　　$l_{aE} = 1.15 l_a$

三级抗震　　　　　　$l_{aE} = 1.05 l_a$

四级抗震　　　　　　$l_{aE} = 1.00 l_a$

（2）剪力墙竖向及水平分布钢筋的搭接连接宜符合图 7-16 的要求，一、二级抗震等级剪力墙的加强部位，接头位置应错开，每次连接的钢筋数量不超过总数量的 50%，错开净距不小于 500mm。其他情况剪力墙的钢筋可在

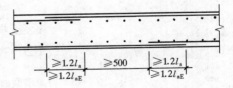

图 7-16　墙内分布钢筋的连接

同一部位连接。非抗震设计时，每根分布钢筋的搭接长度不应小于 $1.2l_a$；抗震设计时，不应小于 $1.2l_{aE}$。

（3）暗柱及端柱内纵向钢筋接头要求与框架柱相同，应符合有关规定。

14. 多高层建筑剪力墙中竖向和水平分布钢筋，不应采用单排配筋。当剪力墙截面厚度 b_w 不大于 400mm 时，可采用双排配筋；当 b_w 大于 400mm，但不大于 700mm 时，宜采用三排配筋；当 b_w 大于 700mm 时，宜采用四排配筋。受力钢筋可均匀分布成数排。各排分布钢筋之间的拉接筋间距不应大于 600mm，直径不应小于 6mm，在底部加强部位，约束边缘构件以外的拉接筋间距尚应适当

加密（图 7-17）。

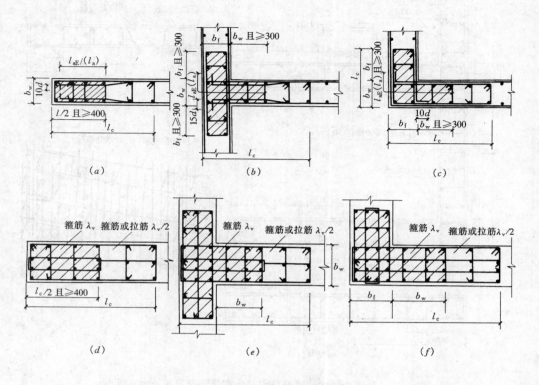

图 7-17　边缘构件配筋构造

(a)、(b)、(c) 墙厚＜400mm 时；(d)、(e)、(f) 墙厚≥400mm 时

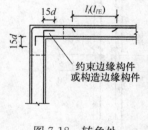

图 7-18　转角处
水平分布筋

15. 剪力墙水平分布筋在转角处，宜在边缘构件以外搭接，以避免转角处水平分布筋与边缘构件箍筋重叠（图 7-18），约束边缘构件箍筋与水平分布筋结合及短肢墙配筋见图 7-19，既有利于锚固作用，又可节省用钢量。

16. 抗震等级为一、二级的剪力墙结构，宜采用现浇楼板和预应力混凝土薄板或双钢筋混凝土薄板叠合楼板。叠合楼板与剪力墙的连接构造见图 7-20。

剪力墙结构当采用预应力整间大楼板时，大楼板与剪力墙的连接构造如图 7-21 所示。

17. 非抗震设计和抗震等级为三、四级的剪力墙结构，当外墙采用保温复合预制墙板并与现浇剪力墙连接成整体，其所有接缝均应能承受剪力、拉力和压力，以确保预制外墙板与现浇剪力墙共同工作。

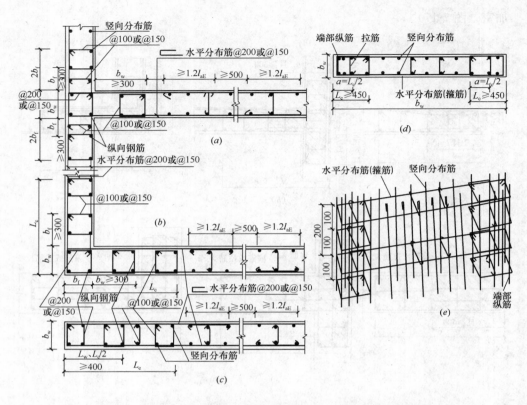

图 7-19 约束边缘构件箍筋与水平分布筋结合及短肢墙配筋图

(a)、(b) 有翼缘墙；(c) 一字形墙；(d)、(e) 短肢或小墙肢

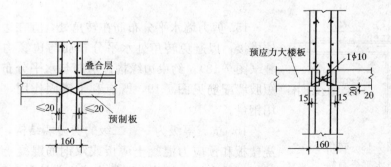

图 7-20 叠合楼板与剪力墙连接构造   图 7-21 大楼板与剪力墙连接

18. 剪力墙竖向分布钢筋连接构造如图 7-22 所示。

19. 剪力墙上当有非连续小洞口，且其各边长度小于 800mm 时，应在洞口周边配置两根直径不小于 ϕ8 的补强钢筋（图 7-23）。高度大于 50m 的剪力墙开有小洞口时，应将在洞口处被截断的水平和竖向分布钢筋集中补配在洞口边，补强钢筋的锚固长度有抗震设防时为 l_{aE}，非抗震设计时为 l_a。

20. 连梁开有洞口时，其内力计算及构造见第 6 章【禁忌 15】。

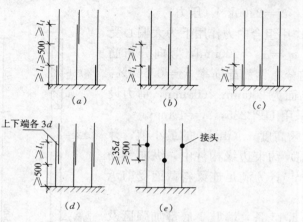

图 7-22　剪力墙竖向分布钢筋连接构造

(a) 一、二级抗震等级底部加强区，纵向钢筋 $d \leqslant 22$mm；(b) 一、二级抗震等级非加强区，纵向钢筋 $d \leqslant 22$mm；(c) 三、四级抗震等级及非抗震设计，纵向钢筋 $d \leqslant 22$mm；(d) 纵向钢筋 $d > 22$mm，绑条焊；(e) 纵向钢筋 $d > 22$mm，电渣压力焊或机构接头

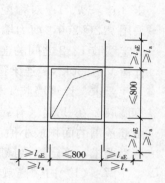

图 7-23　小洞口加筋

21. 剪力墙底层有局部开洞时，配筋构造可参照图 7-24，将门洞口暗柱的纵向钢筋锚入到下层。

22. 剪力墙有叠合错洞时，应采取构造措施使洞口周边形成暗框架，其构造要求如图 7-25 所示。

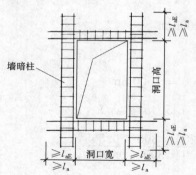

图 7-24　剪力墙底层局部开洞加筋

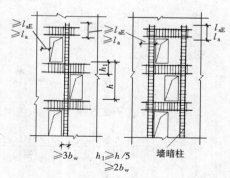

图 7-25　剪力墙叠合错洞加筋

【例 7-1】　某 12 层剪力墙结构底层的双肢墙，如图 7-26 所示。该建筑物建于 8 度的地震区，抗震等级二级。结构总高 36m，层高 3.0m，门洞 1520mm×2400mm。采用的混凝土强度等级为 C30。墙肢 1 正向地震作用的组合值为：

$$M = 1800\text{kN}\cdot\text{m}$$

$$V = 320\text{kN}$$

$$N = 2200\text{kN}（压力）$$

已知墙肢 1 在正向地震作用组合内力作用下为大偏心受压（$x \leqslant \xi_b h_{w0}$）；对称配筋；$a_s = a'_s = 200\text{mm}$，竖向分布筋采用 $\phi 12@200$，剪力墙竖向分布钢筋配筋率 $\rho_w = 0.565\%$。假定墙肢 1、2 之间的连梁断面为 $200\text{mm} \times 600\text{mm}$，剪力设计值 $V = 350\text{kN}$，连梁箍筋采用 HPB235，$a_s = 40\text{mm}$。

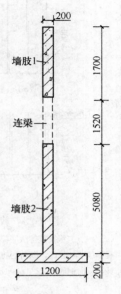

图 7-26 剪力墙截面

要求：计算墙肢 1 受压区高度 x（mm）的最小值；计算墙肢 2 在 T 端（有翼墙端）约束边缘构件中，纵向钢筋配筋范围的面积最小值（mm²）；为满足连梁斜截面受剪承载力要求，确定连梁箍筋。

解：(1) 由《高规》7.2.15 条，墙肢 1 底部加强区及其上一层的墙肢应设置约束边缘构件，其长度为

$$l_c = \max(0.20h_w, 1.5b_w, 450)$$
$$= \max(0.20 \times 1700, 1.5 \times 200, 450)$$
$$= 450\text{mm}$$

暗柱长度为

$$h_c = \max(b_w, l_c/2, 400)$$
$$= \max(200, 450/2, 400)$$
$$= 400\text{mm}$$

$$a_s = a'_s = h_c/2 = 200\text{mm}$$

根据《高规》7.2.8 条

$$h_{w0} = h_w - a_s = 1700 - 200 = 1500\text{mm}$$

$$\gamma_{RE} N = \alpha_1 \cdot f_c b_w x - (h_{w0} - 1.5x) b_w f_{yw} \rho_w$$

$$x = \frac{0.85 \times 2200 \times 10^3 + 1500 \times 200 \times 300 \times 0.565\%}{1.0 \times 14.3 \times 200 + 1.5 \times 200 \times 300 \times 0.565\%}$$

$$= 706\text{mm}$$

(2) 由《高规》7.2.15 条，应分为两条简单墙肢来考虑。

T 形墙部位的翼柱沿翼缘、腹板方向的长度分别为

$$h_{c1} = \max(b_w + 2b_f, b_w + 2 \times 300)$$
$$= \max(200 + 2 \times 200, 200 + 2 \times 300)$$

$$= 800\text{mm}$$
$$h_{c2} = \max(b_f + b_w, b_f + 300)$$
$$= \max(200 + 200, 200 + 300)$$
$$= 500\text{mm}$$

翼缘墙肢端部应设置约束边缘构件，其长度 l_c
$$l_c = \max(0.2h_w, 1.5b_w, 450)$$
$$= \max(0.2 \times 1200, 1.5 \times 200, 450)$$
$$= 450\text{mm}$$

暗柱长度为
$$h_c = \max(b_w, l_c/2, 400)$$
$$= \max(200, 450/2, 400)$$
$$= 400\text{mm}$$

则翼墙纵向钢筋配筋范围的最小长度为
$$l = h_{c1} + 2h_c = 800 + 2 \times 400 = 1600\text{mm} > h_w = 1200\text{mm}$$
取 $l = 1200\text{mm}$
$$A = lb_f = 1200 \times 200 = 2.4 \times 10^5 \text{mm}^2$$

(3) 连梁的跨高比 $\dfrac{l}{h} = \dfrac{1520}{600} = 2.53 < 5$，按《高规》7.2.22 条规定设计。

跨高比大于 2.5 时
$$\frac{1}{\gamma_{RE}}(0.20\beta_c f_c b_b h_{b0})$$
$$= \frac{1}{0.85}(0.20 \times 1.0 \times 14.3 \times 200 \times 560) = 376.85\text{kN}$$
$$> V = 350\text{kN}$$

按《高规》7.2.23 条，配双肢箍 $\phi12@100$ 时
$$V = \frac{1}{\gamma_{RE}}\left(0.42 f_t b_b h_{b0} + f_{yv} \cdot \frac{A_{sv}}{s} h_{b0}\right)$$
$$= \frac{1}{0.85} \times \left(0.42 \times 1.43 \times 200 \times 560 + 210 \times \frac{2 \times 113.1}{100} \times 560\right)$$
$$= 392.09\text{kN} > V_b = 350\text{kN}$$

配双肢箍 $\phi10@100$ 时
$$V_u = \frac{1}{0.85}\left(0.42 \times 1.43 \times 200 \times 560 + 210 \times \frac{2 \times 78.5}{100} \times 560\right)$$
$$= 296.35\text{kN} < V_b = 350\text{kN}$$

故应配置双肢箍 $\phi12@100$。

【例 7-2】 剪力墙的轴压比与纵向钢筋配置计算。

条件：在底部加强部位的一矩形截面剪力墙，总高 $H = 50\text{m}$，$b_w = 250\text{mm}$，

$h_{\mathrm{w}}=6000\mathrm{mm}$，抗震等级二级。纵筋 HRB335 级，$f_{\mathrm{y}}=300\mathrm{N/mm^2}$，箍筋 HPB235 级，$f_{\mathrm{y}}=210\mathrm{N/mm^2}$，C30，$f_{\mathrm{c}}=14.3\mathrm{N/mm^2}$，$f_{1}=1.43\mathrm{N/mm^2}$，$\xi_{\mathrm{b}}=0.55$，竖向分布钢筋为双排 $\phi10@200\mathrm{mm}$，墙肢底部截面作用有考虑地震作用组合的弯矩设计值 $M=18000\mathrm{kN\cdot m}$，轴力设计值 $N=3200\mathrm{kN}$。

要求：（1）验算轴压比。

（2）确定纵向钢筋（对称配筋）。

解：（1）查表 7-3 得轴压比限值为 0.6。

$$\frac{N}{f_{\mathrm{c}}A}=\frac{3200\times10^3}{14.3\times250\times6000}=0.249<0.6$$

满足要求，并可按构造边缘构件。

（2）根据图 7-11（a）纵向钢筋配筋范围沿墙肢方向的长度为：

$$\begin{cases} b_{\mathrm{w}}=250\mathrm{mm} \\ \dfrac{l_{\mathrm{c}}}{2}=\dfrac{0.2h_{\mathrm{w}}}{2}=\dfrac{0.2\times6000}{2}=600\mathrm{mm} \\ 400\mathrm{mm} \end{cases}$$

取最大值为 600mm。

纵向受力钢筋合力点到近边缘的距离 $a'_{\mathrm{s}}=\dfrac{600}{2}=300\mathrm{mm}$。

剪力墙截面有效高度 $h_{\mathrm{w0}}=h_{\mathrm{w}}-a'_{\mathrm{s}}=6000-300=5700\mathrm{mm}$。

（3）剪力墙竖向分布钢筋配筋率：

$$\rho_{\mathrm{w}}=\frac{nA_{\mathrm{sv}}}{bs}=\frac{2\times78.5}{250\times200}=0.314\%>\rho_{\mathrm{w}}^{\min}=0.25\%\ 满足规定。$$

（4）配筋计算：

假定 $x<\xi_{\mathrm{b}}h_{\mathrm{w0}}$，即 $\sigma_{\mathrm{s}}=f_{\mathrm{y}}$。因 $A_{\mathrm{s}}=A'_{\mathrm{s}}$，故 $A'_{\mathrm{s}}f_{\mathrm{y}}-A_{\mathrm{s}}\sigma_{\mathrm{s}}=0$，应用《高规》式（7.2.8-1）和式（7.2.8-3）

$$N\leqslant\frac{1}{\gamma_{\mathrm{RE}}}(A'_{\mathrm{s}}f_{\mathrm{y}}-A_{\mathrm{s}}\sigma_{\mathrm{s}}-N_{\mathrm{sw}}+N_{\mathrm{c}})$$

$$N_{\mathrm{c}}=a_1f_{\mathrm{c}}b_{\mathrm{w}}x=1.0\times14.3\times250x=3575x$$

应用《高规》式（7.2.8-8）

$$\begin{aligned} N_{\mathrm{sw}}&=(h_{\mathrm{w0}}-1.5x)b_{\mathrm{w}}f_{\mathrm{yw}}\rho_{\mathrm{w}} \\ &=(5700-1.5x)\times250\times210\times0.314\% \\ &=939645-247.3x \end{aligned}$$

合并三式得

$$3200\times10^3=\frac{1}{0.85}(0-939645+247.3x+3575x)$$

得

$$x=957\mathrm{mm}<\xi_{\mathrm{b}}h_{\mathrm{w0}}=0.55\times5700=3135\mathrm{mm}$$

原假定符合。

应用《高规》式（7.2.8-4）

$$M_c = \alpha_1 f_c b_w x \left(h_{w0} - \frac{x}{2} \right) = 1.0 \times 14.3 \times 250 \times 957 \times \left(5700 - \frac{957}{2} \right)$$

$$= 17864 \times 10^6 \, \text{N} \cdot \text{mm}$$

应用《高规》式（7.2.8-9）

$$M_{sw} = \frac{1}{2} (h_{w0} - 1.5x)^2 b_w f_{yw} \rho_w$$

$$= \frac{1}{2} (5700 - 1.5 \times 957)^2 \times 250 \times 210 \times 0.314\%$$

$$= 1499 \times 10^6 \, \text{N} \cdot \text{mm}$$

$$e_0 = \frac{M}{N} = \frac{18000 \times 10^6}{3200 \times 10^3} = 5625 \text{mm}$$

应用《高规》式（7.2.8-2）

$$N \left(e_0 + h_{w0} - \frac{h_w}{2} \right) = [A_s' f_y' (h_{w0} - a_s') - M_{sw} + M_c] / \gamma_{RE}$$

$$A_s = A_s' = \frac{\gamma_{RE} N (e_0 + h_{w0} - h_w/2) + M_{sw} - M_c}{f_y' (h_{w0} - a_s')}$$

$$= \frac{0.85 \times 3200 \times 10^3 \times (5625 + 5700 - 6000/2) + 1499 \times 10^6 - 17864 \times 10^6}{300 \times (5700 - 300)}$$

$$= 3876 \text{mm}^2$$

根据《高规》7.2.16 条及表 7-8 规定，纵向钢筋的最小截面面积

$$A_{s,\text{min}} = 0.8\% \times (250 \times 600) = 1200 \text{mm}^2$$

并不应小于 6ϕ14。

取 8 Φ 14，$A_s = 1232 \text{mm}^2$

【例 7-3】 剪力墙的剪压比与水平钢筋配置计算。

条件：有一矩形截面剪力墙，基本情况同【例 7-2】，已知距墙底 $0.5h_{w0}$ 处的内力设计弯矩值 $M = 16250 \text{kN} \cdot \text{m}$，剪力值 $V = 2600 \text{kN}$，轴力 $N = 3000 \text{kN}$。

要求：（1）验算剪压比。

（2）根据受剪承载力的要求确定水平分布钢筋。

解：（1）确定剪跨比。

根据《高规》7.2.7 条第 2 款的规定

$$\lambda = \frac{M}{V h_{w0}} = \frac{16250 \times 10^6}{2600 \times 10^3 \times 5700} = 1.1$$

（2）确定剪力设计值。

根据《高规》第 7.2.6 条

$$V_w = 1.4V = 1.4 \times 2600 = 3640 \text{kN}$$

（3）验算剪压比。

因 $\lambda = 1.1 < 2.5$

$$V \leqslant \frac{1}{\gamma_{RE}}(0.15\beta_c f_c b_w h_{w0})$$

查《高规》表 3.8.2 得 $\gamma_{RE} = 0.85$。

取 $\beta_c = 1.0$。

$$\frac{1}{\gamma_{RE}}(0.15\beta_c f_c b_w h_{w0}) = \frac{1}{0.85}(0.15 \times 1 \times 14.3 \times 250 \times 5700)$$
$$= 3596 \times 10^3 \, \text{N}$$
$$= 3596 \, \text{kN} \not> V = 3640 \, \text{kN}$$

因 $\frac{3640 - 3596}{3596} = 1.2\%$，基本满足要求。

(4) 确定水平分布钢筋。

应用《高规》式（7.2.10-2）

$$V \leqslant \frac{1}{\gamma_{RE}}\left[\frac{1}{\lambda - 0.5}\left(0.4 f_t b_w h_{w0} + 0.1 N \frac{A_w}{A}\right) + 0.8 f_{yh}\frac{A_{sh}}{s}h_{w0}\right]$$

因 $\lambda = 1.1 < 1.5$，取 $\lambda = 1.5$。

$A_w = A$，取 $\frac{A_w}{A} = 1.0$。

$0.2 f_c b_w h_w = 0.2 \times 14.3 \times 250 \times 6000 = 4290 \times 10^3 \, \text{N} > N = 3000 \times 10^3 \, \text{N}$

取 $N = 3000 \times 10^3 \, \text{N}$。

$$\frac{1}{\gamma_{RE}}\left[\frac{1}{\lambda - 0.5}\left(0.4 f_t b_w h_{w0} + 0.1 N \frac{A_w}{A}\right) + 0.8 f_{yh}\frac{A_{sh}}{s}h_{w0}\right]$$
$$= \frac{1}{0.85}\left[\frac{1}{1.5 - 0.5}(0.4 \times 1.43 \times 250 \times 5700 + 0.1\right.$$
$$\left. \times 3000 \times 10^3 \times 1) + 0.8 \times 210 \times \frac{A_{sh}}{s} \times 5700\right]$$
$$= 1311882 + 1126588\frac{A_{sv}}{s}$$

$$V = 3640 \times 10^3 \leqslant 1311882 + 1126588\frac{A_{sh}}{s}$$

解得

$$\frac{A_{sh}}{s} = 2.07 \, \text{mm}$$

取双排 $\phi 12$ 钢筋。

【例 7-4】 抗震设防烈度 8 度，抗震等级为一级的剪力墙结构，首层一墙段的墙肢截面为 $b_w = 200\text{mm}$，$h_w = 2200\text{mm}$，混凝土强度等级 C25，经分析并荷载效应和地震作用效应组合，剪力墙墙肢底部剪力设计值 $V'_w = 262.4\text{kN}$，弯矩设计值 $M_w = 414\text{kN} \cdot \text{m}$，轴向压力设计值 $N' = 465.7\text{kN}$，重力荷载代表值作用下墙股轴向压力设计值 $N = 1284\text{kN}$。要求进行截面设计。

解：（1）验算墙肢截面剪压比。

根据《高规》式（7.2.6-1）底部加强部位的剪力设计值为：

$$V_w = \eta_{wv}V'_w = 1.6 \times 262.4 = 419.84\text{kN}$$

剪跨比 $\lambda = M_w/(V'_w h_{w0}) = 414/(262.4 \times 2) = 0.79 < 2.5$，按《高规》式（7.2.7-3）：

$$V_w \leqslant \frac{1}{\gamma_{RE}}(0.15\beta_c f_c b_w h_{w0})$$

$$= \frac{1}{0.85}(0.15 \times 1 \times 11.9 \times 200 \times 2000)$$

$$= 840 \times 10^3\text{N} = 840\text{kN}$$

（2）斜截面受剪承载力验算。

配置水平分布钢筋 $\phi10@200$，配筋率 $\rho_v = \frac{393 \times 2}{1000 \times 200} = 0.393\% > 0.25\%$。

墙肢 $\lambda = 0.79 < 1.5$ 取 $\lambda = 1.5$，偏心受压时按《高规》式（7.2.10-2）：

$$V_w \leqslant \frac{1}{\gamma_{RE}}\left[\frac{1}{\lambda - 0.5}(0.4f_t b_w h_{w0} + 0.1N) + 0.8f_{yh}\frac{A_{sh}}{s}h_{w0}\right]$$

$$= \frac{1}{0.85}\left[\frac{1}{1.5 - 0.5}(0.4 \times 1.27 \times 200 \times 2000 + 0.1 \right.$$

$$\left. \times 465.7 \times 10^3) + 0.8 \times 210 \times \frac{78.54 \times 2}{200} \times 2000\right]$$

$$= 604.311 \times 10^3\text{N} = 604.31\text{kN}$$

（3）正截面偏心受压承载力验算。

竖向分布钢筋 $\phi10@200$ 双排，在墙肢中竖向分布钢筋总截面面积 $A_{sw} = \frac{2 \times 78.54 \times 1400}{200} = 1099.56\text{mm}^2$，按《高规》7.2.8 条：

$$x = \frac{(\gamma_{RE}N' + A_{sw}f_{yw})h_{w0}}{\alpha_1 f_c b_w h_{w0} + 1.5A_{sw}f_{yw}}$$

$$= \frac{(0.85 \times 465.7 \times 10^3 + 1099.56 \times 210) \times 2000}{1 \times 11.9 \times 200 \times 2000 + 1.5 \times 1099.56 \times 210}$$

$$= 245.5\text{mm} < \xi_b h_{w0} = 0.55 \times 2000 = 1100\text{mm}$$

属大偏心受压，按《高规》式（7.2.8-9）及式（7.2.8-4）：

$$M_{sw} = \frac{1}{2}(h_{w0} - 1.5x)^2 \frac{A_{sw}f_{yv}}{h_{w0}}$$

$$= \frac{1}{2}(1000 - 1.5 \times 245.5)^2 \times \frac{1099.56 \times 210}{2000}$$

$$= 1.537 \times 10^8\text{N} \cdot \text{mm}$$

$$M_c = \alpha_1 f_c b_w x\left(h_{w0} - \frac{x}{2}\right)$$

$$= 1 \times 11.9 \times 200 \times 245.5 \times \left(2000 - \frac{245.5}{2}\right)$$

$$= 10.97 \times 10^8 \text{N} \cdot \text{m}$$

对称配筋时，由《高规》式（7.2.8-2）得：

$$A_s = A_s' = \frac{\gamma_{RE}\left[M_w + N'\left(h_{w0} - \frac{h_w}{2}\right)\right] + M_{sw} - M_c}{f_y(h_{w0} - a_s')}$$

$$= \frac{0.85\left[414 \times 10^6 + 465.7 \times 10^3\left(2000 - \frac{2200}{2}\right)\right] + 1.537 \times 10^8 - 10.97 \times 10^8}{300(2000 - 200)}$$

= 负值

（4）验算墙肢截面轴压比。

重力荷载代表值作用下墙肢轴向压力设计值 $N = 1284\text{kN}$，轴压比为：

$$\mu_N = \frac{N}{Af_c} = \frac{1284 \times 10^3}{200 \times 2200 \times 11.9} = 0.245$$

轴压比小于表 7-3 的 8 度一级 0.5。

（5）按表 7-4 约束边缘构件范围 $l_c = 0.20h_w = 0.2 \times 2200 = 440\text{mm}$，阴影长度取 400mm，抗震等级一级时纵向钢筋截面面积为：

$$A_s = A_s' = 200 \times 400 \times 1.2\% = 960\text{mm}^2$$

且不应小于 $6\phi16$，故配置 $6\,\Phi\,16$。

（6）约束边缘构件箍筋采用 HPB235 钢筋，当轴压比 $\mu_N = 0.245$ 时，由表 7-5 取 λ_v 为 0.117，当 C25 时，按第 10 条（4）应按 C35 由表 7-6 得 $\rho = 0.65 \times 1.43 = 0.93$。采用 $\phi10@100$ I 型时体积配箍率为：

$$\rho_v = \frac{(2 \times 380 + 3 \times 170)78.54}{380 \times 170 \times 100} = 1.54\% \quad \text{满足要求}$$

（7）水平施工缝处抗滑移能力验算。

已知水平施工缝处竖向钢筋由竖向分布钢筋及两端暗柱纵向钢筋组成，按《高规》公式（7.2.12）：

$$V_{wj} < \frac{1}{\gamma_{RE}}(0.6f_yA_s + 0.8N')$$

$$419.84\text{kN} < \frac{1}{0.85}[0.6(1099.56 \times 210 + 12 \times 201.1 \times 300) + 0.8 \times 465.7 \times 10^3]$$

$$= 1112.33 \times 10^3\text{N} = 1112.33\text{kN}$$

【禁忌 11】 不熟悉剪力墙连梁设计有哪些规定

【正】 1. 连梁对于联肢剪力墙的刚度、承载力、延性等都有十分重要的影响，它又是实现剪力墙二道设防设计的重要构件。连梁两端承受反向弯曲作用，截面厚度较小，是一种对剪切变形十分敏感且容易出现斜裂缝和容易剪切破坏的构件。设计连梁的特殊要求是：在小震和风荷载作用下的正常使用状态下，它起着联系墙肢且加大剪力墙刚度的作用，它承受弯矩和剪力，不能出裂缝；在中震下它应当首先出现弯曲屈服，耗散地震能量；在大震作用下，可能、也允许它剪切破坏。连梁的设计成为剪力墙设计中的重要环节，应当了解连梁的性能和特点，从概念设计的需要和可能等方面对连梁进行设计。

工程中应用的大多数连梁都采用普通的受弯纵向钢筋和抗剪钢箍（简称普通配筋），它的延性较差；采用斜交叉配筋的连梁延性较好，但是受到条件的限制而应用较少。

2. 当连梁的跨高比大于 5 时，其正截面受弯承载力和斜截面受剪承载力应按对一般受弯构件的要求计算。跨高比较小的连梁受竖向荷载的影响较小，两端同向弯矩影响较大，两端同向的弯矩使梁反弯作用突出，见图 7-27。它的剪跨比可以写成：

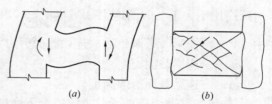

图 7-27　连梁变形及交叉斜裂缝

$$\frac{M}{Vh_l} = \frac{V \times l_l/2}{Vh_l} = \frac{l_l}{2h_l}$$

连梁的剪跨比与跨高比（l_l/h_l）成正比，跨高比小于 2，就是剪跨比小于 1。住宅、旅馆等建筑中，剪力墙连梁的跨高比往往小于 2，甚至不大于 1。试验表明，剪跨比小于 1 的钢筋混凝土构件，几乎都是剪切破坏，因而一般剪力墙结构中的连梁容易在反复荷载下形成交叉裂缝，导致混凝土挤压破碎而破坏。

3. 连梁两端截面的剪力设计值 V 应按下列规定确定：

（1）无地震作用组合以及有地震作用组合的四级剪力墙的连梁，应取考虑水平风荷载或水平地震作用组合的剪力设计值；

（2）一、二、三级剪力墙的连梁，其梁端截面组合的剪力设计值应按式（7-5）确定，9 度时一级剪力墙的连梁应按式（7-6）确定。

$$V = \eta_{vb} \frac{M_b^l + M_b^r}{l_n} + V_{Gb} \tag{7-5}$$

$$V = 1.1(M_{bua}^l + M_{bua}^r)/l_n + V_{Gb} \tag{7-6}$$

式中　M_b^l、M_b^r——分别为连梁左右端截面顺时针或反时针方向的弯矩设计值；

　　　M_{bua}^l、M_{bua}^r——分别为连梁左右端截面顺时针或反时针方向实配的抗震受弯承载力所对应的弯矩值，应按实配钢筋面积（计入受压钢筋）和材料强度标准值并考虑承载力抗震调整系数计算；

　　　l_n——连梁的净跨；

　　　V_{Gb}——在重力荷载代表值作用下，按简支梁计算的梁端截面剪力设计值；

η_{vb}——连梁剪力增大系数,一级取 1.3,二级取 1.2,三级取 1.1。

4. 连梁截面剪力设计值应符合下列要求:

(1) 永久、短暂设计状况

$$V \leqslant 0.25\beta_c f_c b_b h_{b0} \tag{7-7}$$

(2) 地震设计状况

跨高比大于 2.5 的连梁 $V \leqslant \dfrac{1}{\gamma_{RE}}(0.20\beta_c f_c b_b h_{b0})$ (7-8)

跨高比不大于 2.5 的连梁 $\quad V \leqslant \dfrac{1}{\gamma_{RE}}(0.15\beta_c f_c b_b h_{b0})$ (7-9)

式中 V——按第 3 条调整后的连梁截面剪力设计值;

$\quad\quad b_b$——连梁截面宽度;

$\quad\quad h_{b0}$——连梁截面有效高度。

5. 连梁的斜截面受剪承载力应符合下列规定:

(1) 永久、短暂设计状况

$$V \leqslant 0.7 f_t b_b h_{b0} + f_{yv}\frac{A_{sv}}{s}h_{b0}$$

(2) 地震设计状况

跨高比大于 2.5 的连梁 $\quad V \leqslant \dfrac{1}{\gamma_{RE}}\left(0.42 f_t b_b h_{b0} + f_{yv}\dfrac{A_{sv}}{s}h_{b0}\right)$

跨高比不大于 2.5 的连梁 $\quad V \leqslant \dfrac{1}{\gamma_{RE}}\left(0.38 f_t b_b h_{b0} + 0.9 f_{yv}\dfrac{A_{sv}}{s}h_{b0}\right)$

式中 V——按第 3 条调整后的连梁截面剪力设计值。

6. 连梁超筋时的处理。

(1) 剪力墙结构设计中连梁超筋是一种常见现象。在某段剪力墙各墙肢通过连梁形成整体,成为联肢墙或壁式框架,使此墙段具有较大的抗侧刚度,能达到此目的主要依靠连梁的约束弯矩。

(2) 连梁的超筋,实质是剪力不满足本节式(7-7)、式(7-8)、式(7-9)剪压比要求。从剪力墙的简化手算方法得知,连梁是作为沿高度连续化的连杆处理的,由总约束弯矩得每层连梁约束弯矩,再由约束弯矩得连梁剪力,从剪力得到弯矩。由于连梁一般由竖向荷载产生的剪力值较小,剪力主要因约束弯矩产生。

(3) 连梁易超筋的部位,竖向楼层在一般剪力墙结构中,总高度 1/3 左右的楼层;平面中,当墙段较长时其中部的连梁,某墙段中墙肢截面高度(即平面中的长度)大小悬殊不均匀时,在大墙肢连梁易超筋。

(4) 剪力墙的连梁不满足第 4 条的要求时,可采取如下措施:

1) 减小连梁截面高度或采取其他减小连梁刚度的措施;

2) 抗震设计剪力墙连梁的弯矩可塑性调幅;内力计算时已经按本章【禁忌 9】第 9 条(3)的规定降低了刚度的连梁,其弯矩值不宜再调幅,或限制再调幅范围。此时，应取弯矩调幅后相应的剪力设计值校核其是否满足第 4 条的规定。风荷载是经常作用的，连梁应始终保持弹性状态，不应出现塑性铰；

3）当连梁破坏对承受竖向荷载无明显影响时，可按独立墙肢的计算简图进行第二次多遇地震作用下的内力分析，墙肢截面按两次计算的较大值计算配筋。第二次计算时位移不限制。按此点即连梁支座为铰接。

7. 为实现连梁的强剪弱弯，第 3 条规定按强剪弱弯要求计算连梁剪力设计值，第 4 条又规定了名义剪应力的上限值，两条共同使用，就相当于限制了受弯配筋，连梁的受弯配筋不宜过大。但由于第 3 条是采用乘以增大系数的方法获得剪力设计值（与实际配筋量无关），容易使设计人员忽略受弯钢筋数量的限制，特别是在计算配筋值很小而按构造要求配置受弯钢筋时，容易忽略强剪弱弯的要求。

（1）跨高比（l/h_b）不大于 1.5 的连梁，其纵向钢筋的最小配筋率宜符合表 7-10 的要求；跨高比大于 1.5 的连梁，其纵向钢筋的最小配筋率可按框架梁的要求采用。

（2）抗震设防的剪力墙结构连梁中，单侧纵向钢筋的最大配筋率宜符合表 7-11 的要求；如不满足，则应按实配钢筋进行连梁强剪弱弯的验算。

<table>
<tr><th colspan="2">跨高比不大于 1.5 的连梁纵向钢筋
的最小配筋率（%）　表 7-10</th></tr>
<tr><td>跨高比</td><td>最小配筋率（采用较大值）</td></tr>
<tr><td>$l/h_b \leqslant 0.5$</td><td>0.20，$45f_t/f_y$</td></tr>
<tr><td>$0.5 < l/h_b \leqslant 1.5$</td><td>0.25，$55f_t/f_y$</td></tr>
</table>

<table>
<tr><th colspan="2">连梁纵向钢筋的
最大配筋率（%）　表 7-11</th></tr>
<tr><td>跨高比</td><td>最大配筋率</td></tr>
<tr><td>$l/h_b \leqslant 1.0$</td><td>0.6</td></tr>
<tr><td>$1.0 < l/h_b \leqslant 2.0$</td><td>1.2</td></tr>
<tr><td>$2.0 < l/h_b \leqslant 2.5$</td><td>1.5</td></tr>
</table>

8. 连梁按"强剪弱弯"配筋。

（1）对剪力墙结构，连梁是主要的耗能构件，其延性大小对整体结构的安全至关重要，限制其纵筋的最大配筋率，既能提高结构的安全度又能获得一定的经济效益。受剪截面不足的连梁，为确保其"强剪弱弯"并留有一定余量，可按 9 度一级抗震等级的连梁限制其抗弯能力。按第 3 条，9 度一级抗震等级的连梁的剪力设计值应满足：

$$V = 1.1(M_{bua}^l + M_{bua}^r)/l_n + V_{Gb} \tag{7-10}$$

连梁一般设计为对称配筋，此时有：

$$M_{bua}^l = M_{bua}^r = M_{bua} = \frac{f_{yk}A_s(h_{b0} - a_s')}{\gamma_{RE}} \tag{7-11}$$

式中　γ_{RE}——承载力抗震调整系数，梁受弯时取 0.75。

将式（7-11）代入式（7-10），得：

$$V = 1.1 \times 2M_{bua}/l_n + V_{Gb} = 1.1 \times 2\frac{f_{yk}A_s(h_{b0} - a_s')}{0.75l_n} + V_{Gb} \tag{7-12}$$

有地震组合按第 4 条规定：

跨高比＞2.5　　　　　$V \leqslant \dfrac{1}{\gamma_{RE}}(0.20\beta_c f_c b_b h_{b0})$　　　　　(7-13)

跨高比≤2.5　　　　　$V \leqslant \dfrac{1}{\gamma_{RE}}(0.15\beta_c f_c b_b h_{b0})$　　　　　(7-14)

将式（7-12）分别代入式（7-13）、式（7-14）可得：

跨高比＞2.5 时

$$2.2\frac{f_{yk}A_s(h_{b0}-a'_s)}{0.75l_n}+V_{Gb} \leqslant \frac{0.20\beta_c f_c b_b h_{b0}}{0.85}\qquad(7\text{-}15)$$

跨高比≤2.5 时

$$2.2\frac{f_{yk}A_s(h_{b0}-a'_s)}{0.75l_n}+V_{Gb} \leqslant \frac{0.15\beta_c f_c b_b h_{b0}}{0.85}\qquad(7\text{-}16)$$

令跨高比＞2.5 时

$$V_{Gb} = \alpha\frac{1}{0.85}0.20\beta_c f_c b_b h_{b0}$$

跨高比≤2.5 时

$$V_{Gb} = \alpha\frac{1}{0.85}0.15\beta_c f_c b_b h_{b0}$$

代入式（7-15）、式（7-16）整理后可得：

跨高比＞2.5 时

$$A_s \leqslant (1-\alpha)\frac{0.08l_n\beta_c f_c b_b h_{b0}}{f_{yk}(h_{b0}-a'_s)}\qquad(7\text{-}17)$$

跨高比≤2.5 时

$$A_s \leqslant (1-\alpha)\frac{0.06l_n\beta_c f_c b_b h_{b0}}{f_{yk}(h_{b0}-a'_s)}\qquad(7\text{-}18)$$

由式（7-17）、式（7-18）取等号即可求出连梁纵筋的最大值。

（2）设计中，当较多连梁截面不够时，应调整结构方案。当少量连梁截面不够时，一般发生在净跨较小的连梁，这类连梁一般刚度较大，地震作用产生的剪力很大，设计时应避免直接支承大梁。故重力荷载代表值作用下，只有板的局部荷载传到连梁上，连梁两端的 V_{Gb} 相对较小。根据不同工程数据，一般情况 $\alpha \leqslant 0.1$。另外，当连梁高度 h_b 在 $400 \sim 1000\text{mm}$ 之间，a_s，a'_s 均为 35mm 时，$h_{b0}/(h_{b0}-a'_s) \approx 1.04 \sim 1.11$。因此，偏安全地取 $h_{b0}/(h_{b0}-a'_s)=1.04$，并取 $\alpha = 0.1$，可将式（7-17）、式（7-18）进一步简化：

跨高比＞2.5 时

$$A_s = 0.075\beta_c f_c b_b l_n/f_{yk}\qquad(7\text{-}19)$$

当跨高比≤2.5 时

$$A_s = 0.056\beta_c f_c b_b l_n/f_{yk}\qquad(7\text{-}20)$$

从式（7-19）、式（7-20）的推导可看出，规范对连梁剪压比的限制实际上也限制了连梁纵筋的配筋量，而且，连梁净跨越不，限制越严格。理论上有可能出现如下两种情况：

1) 当梁高较小时，按式（7-19）、式（7-20）计算出的连梁纵筋有可能超过了梁的最大允许配筋率。此时，应调整连梁的跨高比，尤其当连梁跨度越大，跨高比不小于 5 时，按《高规》，宜按框架梁进行设计。连梁纵筋一般为上下对称配置，考虑纵筋受压，2.5% 的配筋率可适当放宽。

2) 当梁高较大时，按式（7-19）、式（7-20）计算出的连梁纵筋可能不满足最小配筋率要求。此时，除小开口墙体外，应设法降低连梁的高度（如形成开缝连梁）。当梁较高形成深梁时，最小配筋率应按深梁的要求。

(3) 依据式（7-17）、式（7-18）、式（7-19）、式（7-20）可制成表 7-12。

连梁箍筋、纵筋计算 表 7-12

混凝土强度等级	跨高比	抗剪承载力设计值 (kN) ($\times b_b h_{b0}/1000$)	箍筋最小值 A_{sv} (mm²) ($\times b_b$)		纵筋最大值 $A_s = A'_s$ (mm²) ($\times b_b l_n$)	
			HRB335	HRB400	HRB335	HRB400
C20	>2.5	2.259	0.486	0.405	0.002149	0.001800
	≤2.5	1.694	0.380	0.316	0.001605	0.001344
C25	>2.5	2.800	0.616	0.513	0.002664	0.002231
	≤2.5	2.100	0.484	0.403	0.001989	0.001666
C30	>2.5	3.365	0.753	0.628	0.003201	0.002681
	≤2.5	2.524	0.595	0.496	0.002390	0.002002
C35	>2.5	3.929	0.894	0.745	0.003739	0.003131
	≤2.5	2.947	0.709	0.591	0.002792	0.002338
C40	>2.5	4.494	1.034	0.862	0.004276	0.003581
	≤2.5	3.371	0.823	0.686	0.003193	0.002674
C45	>2.5	4.965	1.155	0.962	0.004724	0.003956
	≤2.5	3.724	0.921	0.768	0.003527	0.002954
C50	>2.5	5.435	1.275	1.063	0.005712	0.004331
	≤2.5	4.076	1.020	0.850	0.003861	0.003234
C55	>2.5	5.755	1.356	1.130	0.005476	0.004586
	≤2.5	4.316	1.086	0.905	0.004088	0.003424
C60	>2.5	6.039	1.425	1.188	0.005746	0.004812
	≤2.5	4.529	1.142	0.951	0.004290	0.003593

使用表 7-12 时应注意：

① 表中 b_b、h_{b0}、l_n 计算单位均为 mm；

② 表中箍筋为最小配筋面积，选择箍筋直径时可略偏大，表中箍筋间距为 100mm，若设计箍筋间距 s 不为 100mm，则需用表中数值乘以修正系数 $s/100$；

③表中纵筋 A_s (A'_s) 为最大配筋面积，与普通计算的选筋方法不同，应严格控制，同时，配筋也不能过少，至少应满足无地震组合的弯矩设计值；

④按上述方法配筋，连梁的抗剪抗弯能力均小于整体计算分析所得的结果，因此，应适当增加上下相邻层连梁的配筋，并注意核算连梁两侧剪力墙的强度（剪力墙一般为构造配筋，连梁承载力调整后，一般不需增加剪力墙的承载力）。

当 V_{Gb} 较大，超过了表中抗剪承载力设计值的 10% 时，表中纵筋最大值 $A_s = A'_s$ 应乘以 $(1-\alpha)/0.9$。

9. 连梁配筋应满足以下要求：

（1）连梁上下纵向受力钢筋伸入墙内的锚固长度不应小于：抗震设计时为 l_{aE}，非抗震设计时为 l_a，且不应小于 600mm。

（2）抗震设计的剪力墙中，沿连梁全长箍筋的构造要求应按框架梁梁端加密区箍筋构造要求采用；非抗震设计时，沿连梁全长的箍筋直径应不小于 6mm，间距不大于 150mm（图 7-28）。

（3）在顶层连梁伸入墙体的钢筋长度范围内，应配置间距不大于 150mm 的构造箍筋，构造箍筋直径应与该连梁的箍筋直径相同。

（4）截面高度大于 700mm 的连梁，在梁的两侧面应设置纵向构造钢筋（腰筋），沿高度间距不应大于 200mm，直径不应小于 10mm。宜将墙面水平分布钢筋拉通。

（5）在跨高比不大于 2.5 的连梁中，梁两侧的纵向分布筋（腰筋）的面积配筋率不应小于 0.3%，并宜将墙肢中水平钢筋拉通连续配置，以加强剪力墙的整体性。

（6）一、二级剪力墙底部加强部位跨高比不大于 2.0，墙厚≥400mm 的连梁，可采用斜向交叉配筋，以改善连梁的延性，每个方向的斜筋面积按下式计算（图 7-29）：

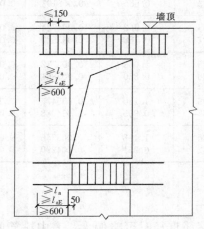
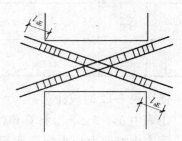

图 7-28　剪力墙连梁配筋构造　　　　图 7-29　剪力墙短连梁配斜筋

非抗震设计时

$$A_s \geqslant \frac{V_b}{2f_y \sin\alpha}$$

有抗震设防时

$$A_s \geqslant \frac{V_b \gamma_{RE}}{2f_y \sin\alpha}$$

式中 V_b ——连梁剪力设计值；

f_y ——斜筋的抗拉强度设计值；

α ——斜筋与连梁轴线夹角；

γ_{RE} ——承载力抗震调整系数，取 0.85。

（7）连梁配筋构造应符合图 7-30 要求。

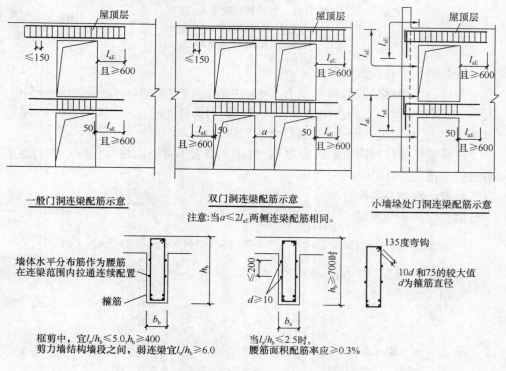

图 7-30　连梁截面构造

10. 剪力墙开小洞口和连梁开洞应符合下列要求：

（1）剪力墙开有边长小于 800mm 的小洞口，且在结构整体计算中不考虑其影响时，应在洞口上、下和左、右配置补强钢筋，补强钢筋的直径不应小于 12mm，截面面积应分别不小于被截断的水平分布钢筋和竖向分布钢筋的面积[图 7-31（a）]。

（2）穿过连梁的管理宜预埋套管，洞口上、下的截面有效高度不宜小于梁高的 1/3，且不宜小于 200mm，洞口处按计算确定补强钢筋，被洞口削弱的截面应进行承载力验算［图 7-31 (b)］圆洞宜用钢套管。

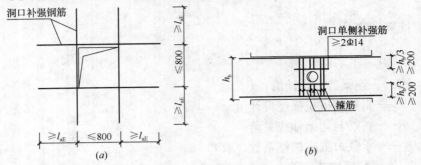

图 7-31　洞口补强配筋示意图

(a) 剪力墙洞口补强；(b) 连梁洞口补强

注：非抗震设计时，图中锚固长度为 l_a。

【例 7-5】　连梁的配筋计算。

条件：已知连梁的截面尺寸为 $b=160$mm，$h=900$mm，$l_n=900$mm，C30，$f_c=14.3$N/mm²，$f_t=1.43$N/mm²，纵筋 HRB335，$f_y=300$N/mm²，箍筋 HPB235，$f_y=210$N/mm²，抗震等级为二级。

由楼层荷载传到连梁上的剪力 V_{Gb} 很小，略去不计。由地震作用产生的连梁剪力设计值 $V_b=150$kN。

要求：纵筋及箍筋计算。

解：（1）连梁弯矩

$$M_b = V\frac{l_n}{2} = 150 \times 10^3 \times \frac{900}{2} = 67.5 \times 10^6 \text{N} \cdot \text{mm} = 67.5 \text{kN} \cdot \text{m}$$

查第 3 章表 3-7 得 $\gamma_{RE}=0.75$。

应用《混凝土规范》

$$M \leqslant \frac{1}{\gamma_{RE}} f_y A_s (h - a_s - a_s')$$

取 $a_s = a_s' = 35$mm。

$$A_s = \frac{\gamma_{RE} M}{f_y (h - a_s - a_s')} = \frac{0.75 \times 67.5 \times 10^6}{300 \times (900 - 35 - 35)} = 203 \text{mm}^2$$

选用 2 Φ 14，$A_s = 308$mm²。

（2）应用《高规》公式（7.2.21-1）及本章式（7-5）

$$V_b = \frac{1.2 \times (M_b + M_b')}{l_n} = \frac{1.2 \times (2 \times 67.5 \times 10^6)}{900} = 180 \times 10^3 \text{N}$$

因

$$\frac{l_n}{h} = \frac{900}{900} = 1.0 < 2.5$$

查第 3 章表 3-7 得 $\gamma_{RE}=0.85$，取 $\beta_c=1.0$，$h_0=865mm$。

应用《高规》式（7.2.22-3）及本章式（7-9）

$$\frac{1}{\gamma_{RE}}(0.15\beta_c f_c b_b h_{b0})=\frac{1}{0.85}(0.15\times1.0\times14.3\times160\times865)$$

$$=349\times10^3\,N>V_b=180\times10^3\,N，满足要求。$$

（3）所需箍筋

$$\frac{A_{sv}}{s}=\frac{\gamma_{RE}V_b-0.38f_t b_b h_{b0}}{0.9f_{yv}h_{b0}}$$

$$=\frac{0.85\times180\times10^3-0.38\times1.43\times160\times865}{0.9\times210\times865}$$

$$=0.476mm$$

（4）根据第 6 章表 6-12 的规定，箍筋最小直径 $\phi=8mm$，二肢箍筋最大间距

$$s=\frac{h_b}{4}=\frac{900}{4}=225mm；8d=8\times14=112mm\ 及\ 100mm$$

从上述三项中取最小值，即取 $s=100mm$。

$$\frac{A_{sv}}{s}=\frac{2\times50.3}{100}=1.006mm>0.476mm，可以。$$

【禁忌 12】 多层剪力墙结构设计和构造均按高层剪力墙结构

【正】 1. 多层剪力墙结构设计和构造的要求，在许多方面可低于高层剪力墙结构。除以下规定以外，其他要求与高层剪力墙结构相同。

2. 多层剪力墙结构，其适用范围为抗震设防烈度 6～9 度，层数与高度不超过表 7-13。

多层剪力墙结构适用范围 表 7-13

设防烈度	6 度	7 度	8 度	9 度
建筑层数	≤9	≤8	≤7	≤6
适用高度（m）	28	24	21	18

注：1. 房屋高度是指室外地面到主要屋面板板顶的高度（不包括局部突出的屋顶部分）；对带阁楼的坡屋面应算到山尖墙的 1/2 高度处；

2. 对于局部突出的屋顶部分的面积或带坡顶的阁楼的可使用部分（高度≥1.8m 部分）的面积超过标准层面层 1/2 时应按一层计算；

3. 超过表 7-13 适用范围的剪力墙结构应按高层剪力墙结构规定执行。

3. 多层剪力墙结构可以采用以下形式：

（1）内外墙均为现浇混凝土墙结构；

（2）内墙纵横墙均为现浇混凝土墙，外墙为壁式框架或框架；

（3）短肢剪力墙较多的剪力墙结构（短肢剪力墙及短肢剪力墙较多的剪力墙

结构的含义详见第 13 条）。

4. 多层剪力墙结构内外墙均为现浇混凝土墙时，墙的数量不必很多，多层剪力墙结构侧向刚度不宜过大，可采用横墙承重也可采用纵墙承重或纵、横墙共同承重，但剪力墙间距宜满足表 7-14 的要求。

剪力墙间距/楼板宽 表 7-14

设防烈度	6 度	7 度	8 度	9 度
现浇或叠合楼板	4	4	3	3
装配整体式楼板	3	3	2.5	——

注 1. 叠合楼板的整浇层应大于 60mm；
　　2. 装配整体式的面层不宜小于 50mm。

5. 多层剪力墙结构的抗震等级应符合表 7-15 的要求。

多层剪力墙结构抗震等级 表 7-15

设 防 烈 度		6 度	7 度			8 度		9 度
建筑类型	场地类型	0.05g	0.10g	0.15g	0.20g	0.30g	0.40g	
丙类建筑	Ⅰ	四	四	四	四	四	三	
	Ⅱ、Ⅲ	四	四	四	三	三	二	
	Ⅳ	四	四	三	三	三*	二	
乙类建筑	Ⅰ	四	四	四	三	三	二	
	Ⅱ、Ⅲ	四	三	三	二	二	二	
	Ⅳ	四	三	三*	二	二*	二*	

注 表中抗震等级二*、三*相应抗震措施详见第 7～11 条要求。

6. 多层剪力墙结构中的一般剪力墙墙肢的轴压比 $[N/(f_cA)]$，当抗震等级为二*、二级时均不宜超过 0.2；抗震等级为三*、三级时均不宜超过 0.25，短肢剪力墙的轴压比要求详见表 7-3。

N——重力荷载代表值作用下墙肢的轴向压力设计值；

A——剪力墙墙肢的截面面积；

f_c——混凝土轴向抗压强度设计值。

7. 结构设计计算：

（1）剪力墙结构一般嵌固部位取基础顶面；

（2）多层剪力墙结构底部加强部位宜取基础以上及±0.00 以上一层；

（3）承受大梁传来竖向集中荷载的剪力墙及窗间墙宜设暗柱或壁柱承受竖向荷载，暗柱宽度可取梁宽加 2 倍墙厚；

当大梁内力按程序计算时，计算大梁跨中弯矩时宜将大梁支座假设为铰接，梁端纵筋宜用直径较小钢筋以满足锚固要求，否则应设壁柱或暗柱，计算暗柱或壁柱，墙平面外弯矩宜与梁端弯矩对应。

8. 剪力墙和窗间墙及连梁的截面组合剪力设计值应满足：

（1）对于剪力墙应按剪跨比 λ 分别计算 $[\lambda = M/(Vh_{w0})]$

当 $\lambda > 2.5$ 时

$$V_w \leqslant \frac{1}{\gamma_{RE}}(0.2\beta_c f_c b_w h_{w0})$$

当 $\lambda \leqslant 2.5$ 时

$$V_w \leqslant \frac{1}{\gamma_{RE}}(0.15\beta_c f_c b_w h_{w0})$$

注：计算 λ 时，其中 M 和 V 应取按规范规定调整前的弯矩和对应的剪力。

式中　V_w——剪力墙和连梁的剪力设计值；

　　　　β_c——混凝土强度影响系数；

　　　　h_{w0}——剪力墙的截面有效高度。

对于二、三级窗间墙高宽比不大于 2 时

$$V_w = \frac{1}{\gamma_{RE}}(0.15\beta_c f_c b_w h_{w0})$$

（2）对于连梁应按跨高比（L/h_b）分别计算

当 $L/h_b > 2.5$ 时

$$V_b \leqslant \frac{1}{\gamma_{RE}}(0.2\beta_c f_c b_b h_{b0})$$

当 $L/h_b \geqslant 2.5$ 时

$$V_b \leqslant \frac{1}{\gamma_{RE}}(0.15\beta_c f_c b_b h_{b0})$$

式中　V_b——连梁剪力设计值；

　　　　b_b——连梁截面宽度；

　　　　h_{b0}——连梁截面有效高度。

9. 剪力墙的墙肢及连梁按《混凝土规范》要求进行截面设计。

10. 多层剪力墙结构采用程序计算时，剪力墙宜采用墙元或壳元模型进行分析。

11. 多层剪力墙墙肢结构底部加强部位和其他部位的墙肢和连梁的组合剪力设计值应乘以表 7-16 的增大系数 η_{vw}，四级抗震等级可不调整（即 $V = \eta_{vw} V_w$）。

剪力增大系数 η_{vw}　　　　表 7-16

结 构 部 位	抗　震　等　级			
	二*	二	三*	三
底部加强区的一般剪力墙	1.5	1.4	1.3	1.2
其他部位的一般剪力墙	1.0	1.0	1.0	1.0
底部加强区的短肢剪力墙	1.5	1.4	1.3	1.2
其他部位的短肢剪力墙	1.3	1.2	1.1	1.0
跨高比>2.5 的连梁	1.25	1.2	1.15	1.1

12. 抗震构造措施如下。

（1）楼、屋盖。

楼、屋盖宜现浇或采用现浇整体叠合板（现浇叠合层应大于 60mm），除 9 度外，也可采用带配筋整浇层的装配式空心楼板，空心楼板搭入墙内宜为 30mm，板端应伸出钢筋或在孔洞内另加短筋，锚入墙内或叠合梁内，叠合梁的箍筋应锚入整浇层内，空心预制楼板按简支考虑，预制板上的配筋整浇层厚度不宜小于 50mm，整浇层内双向配筋不小于 $\phi6@250$，且应锚入剪力墙以传递水平地震剪力。

（2）剪力墙的最小厚度。

剪力墙的最小厚度除应满足受压承载力和剪压比计算要求外，且不应小于层高或剪力墙无支长度的 1/25 及 140mm。当采用双排配筋的剪力墙厚度不宜小于 160mm，剪力墙采用预制空心楼板时，墙厚不应小于 160mm，二*、二、三*、三级窗间墙厚度不宜小于 180mm，四级窗间墙厚度不宜小于 160mm 且应采用双排配筋。

（3）剪力墙分布钢筋的最小配筋率和钢筋间距。

二级剪力墙的竖向和横向分布钢筋最小配筋率不应小于 0.25%，三级和四级墙的竖向和横向分布钢筋最小配筋率不应小于 0.2%，窗间墙的竖向和横向分布钢筋最小配筋率，二、三级时不应小于 0.25%，四级时不应小于 0.2%。二*与三*级剪力墙的最小配筋率要求分别同二级与三级。

剪力墙分布钢筋最大间距不应大于 300mm，钢筋直径不宜小于 $\phi8$。

（4）剪力墙的分布钢筋，二、二*级时应采用双层双排配筋，三、四级时除窗间墙外，当墙厚为 140mm 时，可采用单排配筋，采用单排配筋时，钢筋直径不宜小于 $\phi8$，钢筋间距不应大于 200mm。

（5）剪力墙的构造边缘构件。

剪力墙的轴压比不超过表 7-3 的限值时，剪力墙端部的配筋除满足计算要求外，其边缘构件范围及最小配筋量可按表 7-17 的构造要求。

边缘构件类型及构造要求　　　　　　　　　表 7-17

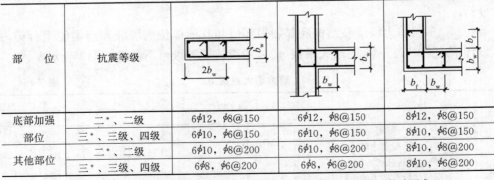

部　位	抗震等级			
底部加强部位	二*、二级	$6\phi12$，$\phi8@150$	$6\phi12$，$\phi8@150$	$8\phi12$，$\phi8@150$
	三*、三级、四级	$6\phi10$，$\phi6@150$	$6\phi10$，$\phi6@150$	$8\phi10$，$\phi6@150$
其他部位	二*、二级	$6\phi10$，$\phi8@200$	$6\phi10$，$\phi8@200$	$8\phi10$，$\phi8@200$
	三*、三级、四级	$6\phi8$，$\phi6@200$	$6\phi8$，$\phi6@200$	$8\phi10$，$\phi6@200$

注：1. 窗间墙截面长度不小于墙厚的 4 倍时，两端纵筋及箍筋可按边缘构件的构造要求；

　　2. 三级、四级剪力墙当建筑层数低于四层时，除底部加强部位以外，内墙门洞两侧边缘构件可仅配 $2\phi12$ 纵向钢筋和 $\phi6@200$ 形开口箍筋，与墙水平筋搭接 l_{aE}。

（6）多层剪力墙结构边缘构件的纵向钢筋及墙竖向、水平分布筋的接头均可采用搭接，具体构造应满足图 7-32 的要求。

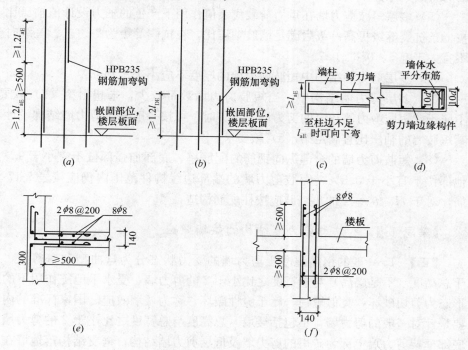

图 7-32　剪力墙配筋

（a）剪力墙边缘构件竖向钢筋连接构造；（b）剪力墙竖向墙体分布筋连接构造；（c）墙体有端柱时水平筋锚入端柱作法；（d）墙体水平分布筋端部作法；（e）水平筋锚入翼墙；（f）竖向筋楼层连接

（7）对于单排配筋的 140 厚的剪力墙，应在该墙与楼板或与其他墙相接的四边增设 $\phi 8@200$ 的加强筋，加强筋伸入墙内长度≥500mm，详见图 7-32（f）。

13. 短肢剪力墙较多的多层剪力墙结构。

（1）短肢剪力墙是指墙肢截面高度与厚度之比为 4～8 的剪力墙，当墙肢截面高度与厚度之比虽为 4～8，但墙肢两侧均与较强连梁（连梁净跨与连梁截面高度之比 $L_b/h_b \leqslant 2.5$）或翼墙相连时，可不作为"短肢剪力墙"。

（2）短肢剪力墙较多结构的定义可按结构中短肢剪力墙承受总竖向荷载的比例确定，对于多层剪力墙结构，可定义为当由短肢剪力墙重力负荷的面积占全部楼面面积超过 60％时，属于"短肢剪力墙较多的结构"。

（3）短肢剪力墙较多的结构中应设置筒体或一般剪力墙，形成短肢剪力墙与一般剪力墙共同抵抗水平力，多层"短肢剪力墙较多"的剪力墙结构，各层短肢剪力墙的总截面面积不宜超过本层总剪力墙截面面积的 2/3。

（4）对于短肢剪力墙较多的多层剪力墙结构，其短肢剪力墙的抗震等级应比一般多层剪力墙结构中剪力墙的抗震等级提高一级，并按表 7-16 规定采用相应的剪力增大系数。

（5）多层短肢剪力墙在重力荷载代表值作用下产生的轴力设计值轴压比，应按上条抗震等级提高一级后满足墙肢轴压比，在抗震等级为一、二、三级时分别不宜大于 0.5、0.6、0.7。

（6）多层剪力墙结构中短肢剪力墙的厚度不应小于 180mm。

（7）多层剪力墙结构中，当短肢剪力墙数量较少，未超出第（2）款要求，不属于"短肢剪力墙较多的剪力墙结构"时，可按一般多层剪力墙结构设计，但其短肢墙的轴压比宜满足第（5）款要求。

（8）短肢剪力墙的全部纵向钢筋的配筋率，底部加强部位不宜小于 1%，其他部位不宜小于 0.8%，短肢剪力墙的端部边缘构件范围内仍应按表 7-17 设箍筋，对于 $H_w/b_w \leq 4$ 的小墙肢应按柱配筋构造。

【禁忌 13】 不熟悉剪力墙结构的矮墙效应

【正】 1. 一般的钢筋混凝土剪力墙的受力状态分为弯曲型和弯剪型，而对于总高度（不是层高）与总宽度之比小于 2 的剪力墙，受水平地震作用下的破坏形态为剪切破坏，类似短柱，属于脆性破坏，称为矮墙效应。国家标准的内容主要是针对一般的剪力墙，不包括矮墙。总高度与总宽度之比小于 2 的剪力墙，如底部框架剪力墙上部为砖房的剪力墙及低层剪力墙结构；框支结构落地墙在框支层剪力较大，按剪跨比计算也可能出现矮墙效应。对于高宽比小于 1/2 的矮墙采取交叉斜筋控制斜拉和滑移是非常有效的措施。

2. 矮墙的稳定。

承受竖向荷载较小的矮墙在水平地震倾覆力矩作用下底部不宜出现拉力。

3. 边缘构件。

由于矮墙截面的抗弯刚度较大，在水平地震作用下，混凝土的压应变较小，一般不需要设置约束边缘构件。

4. 承载力验算。

（1）试验研究说明，矮墙承受反复水平剪力作用，其受剪承载力除了水平筋和竖向筋的贡献外，很大部分是通过混凝土承受的斜压力传到基础。当 $\frac{h_w}{l_w} < 1/2$ 时，竖向筋对受剪承载力的贡献大于水平钢筋的贡献。相同截面和相同配筋的矮墙，$\frac{h_w}{l_w} = 1/4$ 的受剪承载力与 $\frac{h_w}{l_w} = 1/2$ 的受剪承载力相差不大，$\frac{h_w}{l_w} = 1$ 的受剪承载力比 $\frac{h_w}{l_w} = 1/2$ 的受剪承载力约减小 20%。

（2）斜压破坏。

当墙截面承受的剪应力较大并配置足够的水平筋和竖向钢筋时，在大震作用下可能产生斜压破坏，特别是两端有翼墙的矮墙，在反复受剪作用下，可导致沿墙截面的全部范围产生交叉斜裂缝，这种破坏会使矮墙完全丧失受剪承载力。为了避免斜压破坏，应当限制剪应力。

$$\frac{h_w}{l_w} < 2, V \leqslant \frac{1}{\gamma_{RE}}(0.15 f_c b_w l_w)$$

$$\frac{h_w}{l_w} < \frac{1}{2}, V \leqslant \frac{1}{\gamma_{RE}}(0.10 f_c b_w l_w) \tag{7-21}$$

式中　b_w——墙肢厚度；

l_w——墙肢截面长度；

V——作用在矮墙上的剪力。

（3）斜拉破坏。

水平及竖向受剪配筋不足可能产生斜拉破坏。当 $\frac{h_w}{l_w} > 1/2$，矮墙斜拉破坏机理如图 7-33 所示。考虑剪力 V_w 均匀分布在矮墙顶部，矮墙屈服时，预期斜拉破坏面的夹角为 45°，破坏面承受的剪力为矮墙总剪力 V_w 的一部分，可近似按 $\frac{h_w}{l_w} V_w$ 考虑，当设置斜筋时，这部分剪力将由水平筋

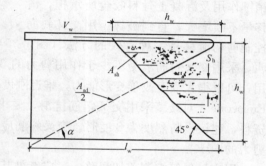

图 7-33　单层矮墙 $\left(\frac{h_w}{l_w} > \frac{1}{2}\right)$ 斜拉破坏

（截面为 A_{sh}，间距为 S_h）及斜筋（截面为 A_{sd}）的水平分量所承担，竖向筋主要起销键作用。

$$V = \frac{h_w}{l_w} V_w$$

$$= \frac{1}{\gamma_{RE}} \left(\frac{h_w}{S_h} f_{yh} A_{sh} + \frac{f_{yd} A_{sd}}{2} \cos\alpha \right) \tag{7-22}$$

式中　V——导致斜拉破坏的剪力；

f_{yh}——水平筋抗拉强度设计值；

f_{yd}——斜筋抗拉强度设计值。

当为多层时，V_w 为底层承受的剪力，在式（7-22）中取 h_w 为 h_{w-1}，见图 7-34，h_{w-1} 为底层的层高。试验研究表明，为了避免墙两端在斜拉破坏后墙体向外推出，在墙端部设置竖向边缘构件，

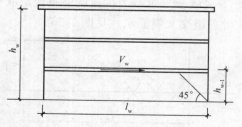

图 7-34　多层矮墙 $\left(\frac{h_w}{l_w} > \frac{1}{2}\right)$ 斜拉破坏

可以起到一定的约束作用，并应保证水平筋与竖向边缘构件的锚固。

（4）剪切滑移。

当 $\frac{h_{\mathrm{w}}}{l_{\mathrm{w}}} \leqslant 1/2$，对于只配横向和竖向钢筋的矮墙，按式（7-21）限制剪压比并配置足够的水平受剪钢筋及相应的竖向钢筋可以避免斜压或斜拉破坏。在反复受剪作用下混凝土产生横向裂缝，竖向钢筋屈服，导致沿墙底部水平滑移。沿滑移面的水平剪力主要由竖向钢筋的销键作用及混凝土骨料咬合所承担，滑移量不断增大，直到破坏。用交叉斜筋

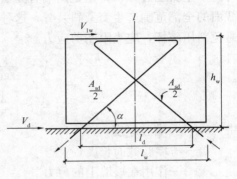

图 7-35　交叉斜筋

控制剪切滑移是一种有效的方法（图 7-35）。新西兰 Canterbury 大学的试验表明，采用交叉斜筋承受不少于作用剪力的 30%，对底部滑移起到明显的控制作用，可以很大程度改善变形能力，推迟刚度和受剪承载力的退化。欧洲抗震规范 Eurocode 8 对矮墙采用交叉斜筋抗滑，要求斜筋承担总剪力的 50%。参考以上资料，建议设防烈度为 8 度时，交叉斜筋应承担总剪力的 30%，9 度时宜承担总剪力的 50%。

用交叉斜筋控制剪切滑移，还应考虑其对受弯承载力的贡献。

当斜筋通过滑移面并产生受拉或受压屈服时，所承受的弯矩可按式（7-23）计算：

$$M = \frac{1}{\gamma_{\mathrm{RE}}}(0.5 l_{\mathrm{d}} A_{\mathrm{sd}} f_{\mathrm{yd}} \sin\alpha) \tag{7-23}$$

式中　A_{sd}——斜筋总截面面积；

　　　f_{yd}——斜筋抗拉强度设计值；

　　　l_{d}——斜筋的水平力臂；

　　　α——对称布置斜筋的倾角；

　　　γ_{RE}——承载力抗震调整系数，取 0.85。

多道交叉斜筋示意见图 7-36。

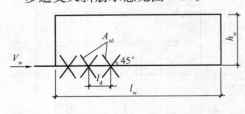

图 7-36　多道交叉斜筋

由于斜筋起到受弯及控制滑移双重作用，抗滑承载力 V_{d} 应按下式计算：

$$V_{\mathrm{d}} = \frac{1}{\gamma_{\mathrm{RE}}}\left[A_{\mathrm{sd}} f_{\mathrm{yd}}\left(\cos\alpha - \frac{l_{\mathrm{d}}}{2h_{\mathrm{w}}}\sin\alpha\right)\right] \tag{7-24}$$

由式（7-24）可以看出 α 和 l_d 愈小，斜筋抗滑作用愈大。单纯考虑墙底抗滑，可取 $l_\text{d}=0$，也就是交叉点位于滑动面上，斜筋与竖向钢筋共同起到抗滑作用。新西兰 T. Paulay 教授根据研究分析，建议矮墙抗震设计考虑水平筋、竖向筋及斜筋的共同作用，其配筋率关系可按下式确定。

$$\rho_\text{h} = 1.25\left[\frac{d_\text{s}}{h_\text{w}}\rho_\text{n} - \left(0.4\frac{l_\text{d}}{l_\text{w}}\frac{\tan\alpha}{2}\right)\frac{l_\text{w}}{h_\text{w}}\rho_\text{d}\right]$$

式中　　$\rho_\text{h} = \dfrac{A_\text{sh}}{(b_\text{w}s_\text{h})}$，水平配筋率；

　　　　$\rho_\text{n} = \dfrac{A_\text{st}}{(b_\text{w}s_\text{h})}$，竖向配筋率；

　　　　$\rho_\text{d} = A_\text{sd}\cos\alpha/(b_\text{w}l_\text{w})$，斜向筋配筋率；

　　　　A_sh——水平筋的全部截面面积（两侧）；

　　　　A_st——竖向筋的全部截面面积（两侧）；

　　　　A_sd——斜向筋的全部截面面积（两个方向）；

　　　　d_s——竖向筋重心距矮墙受压边的距离；

　　　　b_w——墙厚度；

　　　　l_w——矮墙截面长度；

　　　　α——斜筋的倾角；

　　　　h_w——矮墙的总高度；

　　　　s_h——水平筋及竖向筋的间距。

为了保证楼层剪力均匀传递到矮墙，在楼板与墙交接处宜设暗梁，暗梁内纵筋应能承受不少于所传递剪力 50% 的相应拉力。

5. 高层建筑地下室周边挡土墙的抗震设计。

以下计算只考虑墙的平面内地震剪力作用，实际设计尚应考虑土压力的作用。地下室挡土墙一般都较长，属于矮墙，主要由以下几方面考虑墙的抗震设计：

（1）根据墙的 $\dfrac{h_\text{w}}{l_\text{w}}$ 比值、剪压比限值及混凝土强度等级确定墙的厚度；

（2）验算各楼层部位水平配筋面积，由式（7-22）：

$$A_\text{sh} = \gamma_\text{RE}\frac{V_\text{w}S_\text{h}}{l_\text{w}f_\text{yh}} \tag{7-25}$$

式中　　V_w——矮墙沿高度的楼层部位剪力；

　　　　A_sh——墙截面内一排水平筋的截面面积；

　　　　S_h——水平筋的间距；

　　　　f_yh——水平筋抗拉强度设计值。

较长的挡土墙考虑温度应力作用，根据具体情况可采取提高水平配筋率、施加预应力及设温度缝等措施。

（3）确定墙截面的竖向钢筋配筋率。

已知水平配筋率 ρ_h，可由式（7-26）求竖向配筋率 ρ_n（未考虑配斜向钢筋）。

$$\rho_n = \frac{1.6h_w}{l_w}\rho_h \tag{7-26}$$

ρ_n，ρ_h 尚应满足剪力墙最小配筋率的构造要求。

（4）在地震作用下当地下室挡土墙的斜压和斜拉破坏得到控制后，其主要破坏机制是墙底水平滑移。当墙底部截面不满足式（7-27）要求时，应设置防滑交叉斜筋。

$$V_w \leqslant 0.6f_{yn}A_{st} + 0.8N \tag{7-27}$$

式中　V_w——挡土墙底部总地震剪力；

A_{st}——墙截面内竖向筋的全部截面面积；

f_{yn}——竖向筋的抗拉强度设计值；

N——按不利组合的轴向力设计值。

在墙底部两排墙筋中间采用 45°交叉斜筋，按式（7-27）确定斜筋向上伸出范围，并保证上、下两端锚固长度。每对交叉斜筋的间距为 l。

每对交叉斜筋承担的剪力 V_d 按下式计算：

$$V_d = \beta V_w \frac{l}{l_w} \tag{7-28}$$

式中　V_w——墙底部总地震剪力；

l——每对交叉斜筋的间距；

l_w——挡土墙长度；

β——抗滑筋承担部分剪力系数，8 度时取 $\beta=0.3$，9 度时取 $\beta=0.5$。抗滑交叉斜筋的承载力按下式验算：

$$V_d = \frac{1}{\gamma_{RE}}(2A_{sd}f_{yd}\cos\alpha) \tag{7-29}$$

当 $\alpha=45°$　　　$V_d = \frac{1.4}{\gamma_{RE}}A_{sd}f_{yd}$

式中　A_{sd}——单根斜筋的截面面积；

f_{yd}——斜筋抗拉强度设计值。

6. 矮剪力墙的设计可按以下步骤：

（1）承载力计算

1）由内力分析求得矮墙的弯矩 M_w、剪力 V_w 及轴向压力 N。矮墙的剪跨比可近似按 $\lambda = \dfrac{h_w}{l_w}$。

2）按剪力 V_w、$\dfrac{h_w}{l_w}$ 及混凝土强度求剪压比，根据剪压比限值确定墙厚。

3）按《混凝土规范》11.7.1 条及 6.2.19 条，进行正截面承载力计算求端部及腹部纵向配筋，并满足最小配筋率要求。

4）按《混凝土规范》11.7.3 条及 11.7.4 条，验算偏心受压，抗震受剪承载力，求水平配筋并满足最小配筋率，包括温度筋要求。

5）矮墙承受梁的集中荷载时，应设暗柱。墙厚不能满足梁筋锚固要求时应设扶壁柱。

（2）提高矮墙延性的验算及构造措施

以下要求只适用于抗震等级不低于一级的抗震墙。

1）按式（7-25）复核水平配筋。

2）已知水平配筋按式（7-26）求竖向筋（不少于按正截面计算的配筋率）。

3）按式（7-27）验算抗滑移，如不满足，可调整纵筋面积或按式（7-28）、式（7-29）设抗滑移斜筋。

4）矮墙两端设构造边缘构件，边缘构件横向范围应不小于墙水平筋的锚固长度，边缘构件的构造纵筋面积不宜小于构造边缘构件面积的 1%，箍筋间距不宜大于边缘构件横向长度的 1/4。

7. 少层剪力墙结构设计要点。

（1）结构体系及抗震等级

少层剪力墙结构指层数不超过 7 层，高度由 ±0 以上不超过 21m 的剪力墙结构体系，本体系可采用横墙承重也可采用纵墙承重。纵墙承重时，横墙间距不宜超过《抗震规范》表 7.1.5 的要求，设防烈度为 9 度时宜采用横墙承重体系。剪力墙墙肢截面长度不宜大于 6m，超过 6m 时，宜用弱连梁分段。

少层剪力墙结构的抗震等级可比多层、高层剪力墙结构的抗震等级适当降低，剪力墙的轴压比应限制在较低水平（表 7-18）。

抗震等级及轴压比限值（包括剪力墙及带窗洞的外墙）　　　　表 7-18

设防烈度	6 度	7 度	8 度	9 度
抗震等级	四	四	三	二
轴压比限值*		0.25	0.25	0.20

注：* 重力荷载代表值作用下的墙肢轴压比。

（2）抗震设计

墙肢的长度大于 6m 时，宜设结构洞口及弱连梁减小墙肢截面长度。

剪力墙的嵌固部位取基础顶面。

剪力墙的墙肢底部加强部位范围宜按房屋层数确定。不多于 5 层时取基础以上及 ±0 以上一层,大于 5 层时取基础以上及 ±0 以上二层。底部加强部位按《抗震规范》6.2.8 条及相应抗震等级采取剪力增大系数。承受大梁传来竖向荷载的剪力墙及窗间墙宜设暗柱承受竖向荷载。梁端纵筋应满足锚固要求,否则应设壁柱,壁柱宜考虑梁端约束弯矩的作用。计算带壁柱窗间墙的平面内受剪承载力时,可按墙与壁柱共同受力计算,壁柱的箍筋宜满足柱端加密区的构造要求。剪力墙和连梁及窗间墙的截面组合的剪力设计值应满足《抗震规范》6.2.9 条对剪压比的限值要求。二、三级窗间墙高宽比不大于 2 时,剪压比不宜大于 0.15。高宽比不大于 1.5 的二级窗间墙含有暗柱或壁柱时,宜考虑柱截面承担不少于窗间墙总剪力的 60%。二级剪力墙的墙肢底部加强部位的组合弯矩设计值应按墙肢底部截面组合弯矩设计值采用,其他部位按墙肢截面的组合弯矩设计值。

剪力墙的墙肢及连梁应按《混凝土规范》11.7 节的要求进行截面计算设计。墙肢截面长度和窗间墙截面长度不大于墙厚的 4 倍时,应按柱的要求进行设计。

(3) 抗震构造

1) 楼、屋盖

楼、屋盖宜现浇或采用现浇整体叠合板。除 9 度外,均可采用带配筋整浇层的装配式空心楼板。空心楼板搭入墙内宜为 30mm,板端应伸出钢筋或在孔洞内另加短筋,锚入墙内或叠合梁内,叠合梁的箍筋应锚入整浇层内。空心预制楼板按简支考虑,预制板上的配筋整浇层厚度不宜小于 50mm,整浇层内双向配筋不少于 $\phi6@250$,且应锚入剪力墙以传递水平地震剪力。

2) 剪力墙的最小厚度

采用双排配筋的抗震墙的厚度不应小于 140mm,三级剪力墙采用预制空心楼板时,墙厚不应小于 160mm,二、三级窗间墙厚度不应小于 180mm。四级及非抗震设计剪力墙采用单排配筋时,墙厚应为 140mm。四级窗间墙厚度不应小于 160mm 且应采用双排配筋。

3) 剪力墙的最小配筋率

二级剪力墙的竖向和水平分布钢筋最小配筋率不应小于 0.25%,三级和四级及非抗震设计剪力墙的竖向和水平分布钢筋最小配筋率不应小于 0.20%。窗间墙的竖向和水平分布钢筋最小配筋率,二、三级时不应小于 0.25%,四级及非抗震设计时不应小于 0.20%。

剪力墙的分布钢筋,二、三级时应采用双层双排配筋,四级时除窗间墙外可采用单排配筋,采用单排配筋时,钢筋直径不宜小于 $\phi8$,墙厚应为 140mm。

4）剪力墙的构造边缘构件

剪力墙的轴压比不超过表 7-18 的限值时，剪力墙端部的配筋除满足计算要求外，其边缘构件范围及最小配筋量可按表 7-19 的构造要求。

5）加强筋

少层剪力墙结构对于单排配筋的 140mm 厚的剪力墙，应在该墙与楼板或与其他墙相接的部位增设 $\phi8@200$ 的加强筋，加强筋伸入墙内长度≥500mm（图 7-37）。

<table>
<tr><td rowspan="2" colspan="2" align="center">边缘构件类别及构造要求</td><td align="right">表 7-19</td></tr>
</table>

部 位	抗震等级	边缘构件类别及构造要求		
		$2b_w$　b_w	b_w　b_w	b_w　b_w'
底部加强部位	二级	$6\phi12$，$\phi8@150$	$6\phi12$，$\phi8@150$	$8\phi12$，$\phi8@150$
	三级、四级	$6\phi10$，$\phi6@150$	$6\phi10$，$\phi6@150$	$8\phi10$，$\phi6@150$
其他部位	二级	$6\phi10$，$\phi8@200$	$6\phi10$，$\phi8@200$	$8\phi10$，$\phi8@200$
	三级、四级非抗震设计	$6\phi8$，$\phi6@200$	$6\phi8$，$\phi6@200$	$8\phi10$，$\phi6@200$

注：窗间墙截面长度不小于墙厚的 4 倍时，两端纵筋及箍筋可按边缘构件的构造要求。

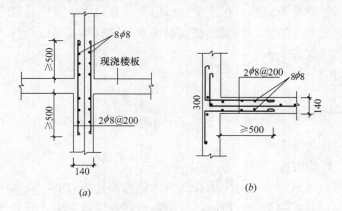

图 7-37　增设加强筋

（a）墙与楼板相连；（b）墙与墙相连

第8章 框架-剪力墙结构

【正】 1. 框架-剪力墙结构，亦称框架-抗震墙结构，简称框剪结构。它是框架结构和剪力墙结构组成的结构体系，既能为建筑使用提供较大的平面空间，又具有较大的抗侧力刚度。框剪结构可应用于多种使用功能的多、高层房屋，如办公楼、饭店、公寓、住宅、教学楼、试验楼、病房楼等。其组成形式一般有：

（1）框架与剪力墙（单片墙、联肢墙或较小井筒）分开布置，各自形成抗侧力结构；

（2）在框架结构的若干跨度内嵌入剪力墙（有边框剪力墙）；

（3）在单片抗侧力结构内连续布置框架和剪力墙；

（4）上述两种或几种形式的混合。

2. 框剪结构由框架和剪力墙两种不同的抗侧力结构组成，这两种结构的受力特点和变形性质是不同的。在水平力作用下，剪力墙是竖向悬臂弯曲结构，其变形曲线呈弯曲型 [图 8-1（a）]，楼层越高水平位移增长速度越快，顶点水平位移值与高度是四次方关系：

均布荷载时
$$u = \frac{qH^4}{8EI}$$

倒三角形荷载时
$$u = \frac{11q_{max}H^4}{120EI}$$

式中　H——总高度；

　　　EI——弯曲刚度。

在一般剪力墙结构中，由于所有抗侧力结构都是剪力墙，在水平力作用下各道墙的侧向位移曲线相类似，所以，楼层剪力在各道剪力墙之间是按其等效刚度 EI_{eq} 比例进行分配。

框架在水平力作用下，其变形曲线为剪切型 [图 8-1（b）]，楼层越高水平位移增长越慢，在纯框架结构中，各榀框架的变形曲线类似，所以，楼层剪力按框架柱的抗推刚度 D 值比例进行分配。

框剪结构，既有框架，又有剪力墙，它们之间通过平面内刚度无限大的楼板连接在一起，在水平力作用下，使它们水平位移协调一致，不能各自自由变形，在不考虑扭转影响的情况下，在同一楼层的水平位移必须相同。因此，框剪结构

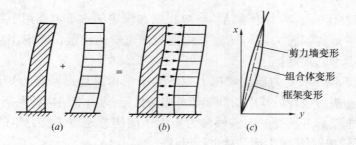

图 8-1 变形特征

在水平力作用下的变形曲线呈反 S 形的弯剪型位移曲线 [图 8-1 (c)]。

3. 框剪结构在水平力作用下，由于框架与剪力墙协同工作，在下部楼层，因为剪力墙位移小，它拉着框架变形，使剪力墙承担了大部分剪力；上部楼层则相反，剪力墙的位移越来越大，而框架的变形反而小，所以，框架除负担水平力作用下的那部分剪力以外，还要负担拉回剪力墙变形的附加剪力，因此，在上部楼层即使水平力产生的楼层剪力很小，而框架中仍有相当数值的剪力。

4. 框剪结构在水平力作用下，框架与剪力墙之间楼层剪力的分配比例和框架各楼层剪力分布情况，是随着楼层所处高度而变化，与结构刚度特征值 λ 直接相关（图 8-2）。

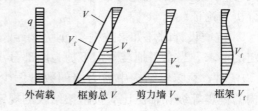

图 8-2 框剪结构受力特点

从图 8-2 可知，框剪结构中的框架底部剪力为零，剪力控制部位在房屋高度的中部甚至在上部，而纯框架最大剪力在底部。因此，当实际布置有剪力墙（如楼梯间墙、电梯井道墙、设备管道井墙等）的框架结构，必须按框剪结构协同工作计算内力，不应简单按纯框架分析，否则不能保证框架部分上部楼层构件的安全。

5. 框剪结构，由延性较好的框架、抗侧力刚度较大并有带边框的剪力墙和有良好耗能性能的连梁所组成，具有多道抗震防线，从国内外经受地震后震害调查表明，确为一种抗震性能很好的结构体系。

6. 框剪结构在水平力作用下，水平位移是由楼层层间位移与层高之比 $\Delta u/h$ 控制，而不是顶点水平位移进行控制。层间位移最大值发生在（0.4~0.8）H 范围的楼层，H 为建筑物总高度。具体位置应按均布荷载或倒三角形分布荷载，可从协同工作侧移法计算表中查出框架楼层剪力分配系数 ψ_f 或 ψ'_f 最大值位置确定。

7. 框剪结构在水平力作用下，框架上下各楼层的剪力取用值比较接近，梁、柱的弯矩和剪力值变化较小，使得梁、柱构件规格减少，有利于施工。

8. 抗震设计的框架-剪力墙结构，应根据在规定的水平力作用下结构底层框架部分承受的地震倾覆力矩与结构总地震倾覆力矩的比值，确定相应的设计方法，并应符合下列规定：

（1）框架部分承受的地震倾覆力矩不大于结构总地震倾覆力矩的10%时，按剪力墙结构进行设计，其中的框架部分应按框架-剪力墙结构的框架进行设计；

（2）当框架部分承受的地震倾覆力矩大于结构总地震倾覆力矩的10%但不大于50%时，按框架-剪力墙结构进行设计；

（3）当框架部分承受的地震倾覆力矩大于结构总地震倾覆力矩的50%但不大于80%时，按框架-剪力墙结构进行设计，其最大适用高度可比框架结构适当增加，框架部分的抗震等级和轴压比限值宜按框架结构的规定采用；

（4）当框架部分承受的地震倾覆力矩大于结构总地震倾覆力矩的80%时，按框架-剪力墙结构进行设计，但其最大适用高度宜按框架结构采用，框架部分的抗震等级和轴压比限值应按框架结构的规定采用。当结构的层间位移角不满足框架-剪力墙结构的规定时，可按《高规》第3.11节的有关规定进行结构抗震性能分析和论证。

9. 抗震设计时，如果按框架-剪力墙结构进行设计，剪力墙的数量须要满足一定的要求。当水平地震作用下剪力墙部分承受的倾覆力矩小于结构总倾覆力矩的50%时，意味着结构中剪力墙的数量偏少，框架承担较大的地震作用，此时结构的抗震等级和轴压比应按框架结权的规定执行；其最大适用高度和高宽比限值不宜再按框架-剪力墙结构的要求执行，但可比框架结构的要求适当放松。最大适用高度和层间位移比可比框架结构放松，视剪力墙的数量及剪力墙承受的地震倾覆力矩的比例，层间位移比可取1/550～1/700。

非抗震设计时，框架-剪力墙结构中剪力墙的数量和布置，应使结构满足承载力和位移要求。

【禁忌2】　不重视框架-剪力墙结构布置的有关规定和要求

【正】　1. 框架-剪力墙结构的最大适用高度、高宽比和层间位移限值应符合《高规》有关规定。

2. 框架-剪力墙结构的结构布置除应符合规范中有关框剪结构设计的规定外，其框架和剪力墙的布置尚应分别符合框架结构和剪力墙结构的有关规定。

3. 框架-剪力墙结构应设计成双向抗侧力体系，主体结构构件之间不宜采用铰接。抗震设计时，两主轴方向均应布置剪力墙。梁与柱或柱与剪力墙的中线宜重合，框架的梁与柱中线之间的偏心距不宜大于柱宽的1/4。

4. 框架-剪力墙结构中剪力墙的布置宜符合下列要求：

（1）剪力墙宜均匀对称地布置在建筑物的周边附近、楼电梯间、平面形状变化及恒载较大的部位；在伸缩缝、沉降缝、防震缝两侧不宜同时设置剪力墙。

（2）平面形状凹凸较大时，宜在凸出部分的端部附近布置剪力墙。

（3）剪力墙布置时，如因建筑使用需要，纵向或横向一个方向无法设置剪力墙时，该方向可采用壁式框架或支撑等抗侧力构件，但是，两方向在水平力作用下的位移值应接近。壁式框架的抗震等级应按剪力墙的抗震等级考虑。

（4）剪力墙的布置宜分布均匀，单片墙的刚度宜接近，长度较长的剪力墙宜设置洞口和连梁形成双肢墙或多肢墙，单肢墙或多肢墙的墙肢长度不宜大于 8m。单片剪力墙底部承担水平力产生的剪力不宜超过结构底部总剪力的 30%。

（5）纵向剪力墙宜布置在结构单元的中间区段内。房屋纵向长度较长时，不宜集中在两端布置纵向剪力墙，否则在平面中适当部位应设置施工后浇缝以减少混凝土硬化过程中的收缩应力影响，同时应加强屋面保温以减少温度变化产生的影响。

（6）楼电梯间、竖井等造成连续楼层开洞时，宜在洞边设置剪力墙，且尽量与靠近的抗侧力结构结合，不宜孤立地布置在单片抗侧力结构或柱网以外的中间部分。

（7）剪力墙间距不宜过大，应满足楼盖平面刚度的需要，否则应考虑楼盖平面变形的影响。

5. 在长矩形平面或平面有一向较长的建筑中，其剪力墙的布置宜符合下列要求：

（1）横向剪力墙沿长方向的间距宜满足表 8-1 的要求，当这些剪力墙之间的楼盖有较大开洞时，剪力墙的间距应予减小；

（2）纵向剪力墙不宜集中布置在两尽端。

6. 框剪结构中的剪力墙宜设计成周边有梁柱（或暗梁柱）的带边框剪力墙。纵横向相邻剪力墙宜连接在一起形成 L 形、T 形及口形等（图 8-3），以增大剪力墙的刚度和抗扭能力。

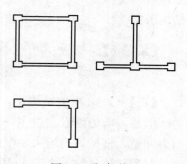

图 8-3 相邻剪力墙的布置

7. 有边框剪力墙的布置除应满足第 4 条外，尚应符合下列要求：

剪 力 墙 间 距（m） 表 8-1

楼盖形式	非抗震设计（取较小值）	抗震设防烈度		
		6 度、7 度（取较小值）	8 度（取较小值）	9 度（取较小值）
现　浇	≤5.0B，60	≤4.0B，50	≤3.0B，40	≤2.0B，30
装配整体	≤3.5B，50	≤3.0B，40	≤2.5B，30	—

注：1. 表中 B 为楼面宽度；

2. 装配整体式楼盖指装配式楼盖上设有配筋现浇层，现浇层应符合《高规》3.6.2 条的有关规定；

3. 现浇部分厚度大于 60mm 的预应力叠合楼板可作为现浇板考虑；

4. 当房屋端部未布置剪力墙时，第一片剪力墙与房屋端部的距离，不宜大于表中剪力墙间距的1/2。

（1）墙端处的柱（框架柱）应保留，柱截面应与该片框架其他柱的截面相同；

（2）剪力墙平面的轴线宜与柱截面轴线重合；

（3）与剪力墙重合的框架梁可保留，梁的配筋按框架梁的构造要求配置。该梁亦可做成宽度与墙厚相同的暗梁，暗梁高度可取墙厚的2倍。

8. 剪力墙上的洞口宜布置在截面的中部，避免开在端部或紧靠柱边，洞口至柱边的距离不宜小于墙厚的2倍，开洞面积不宜大于墙面积的1/6，洞口宜上下对齐，上下洞口间的高度（包括梁）不宜小于层高的1/5（图8-4）。

图8-4 剪力墙
的洞口布置

9. 剪力墙宜贯通建筑物全高，沿高度墙的厚度宜逐渐减薄，避免刚度突变。当剪力墙不能全部贯通时，相邻楼层刚度的减弱不宜大于30%，在刚度突变的楼层板应按转换层楼板的要求加强构造措施。

10. 框剪结构中，剪力墙应有足够的数量。当取基本振型分析框架部分承受的地震倾覆力矩大于结构总地震倾覆力矩的50%时，框架的抗震等级应按框架结构考虑。

【禁忌3】 框剪结构中剪力墙设置数量过多，不重视剪力墙的合理数量

【正】 1. 在框剪结构中，应当使剪力墙承担大部分由于水平作用产生的剪力。但是，剪力墙设置过多，使结构刚度过大，从而加大了地震效应，由于楼层剪力调整，框架内力增大，配筋增多，不经济。因此，框剪结构整体刚度不宜太大，层间位移比宜不大于1/1000。

2. 在设计有抗震设防的高层框剪结构时，采用本禁忌下述的剪力墙合理数量的简化确定方法，既可在初步设计阶段简捷地用手算，有效地控制框架梁柱截面和剪力墙的位置及尺寸，又可用于施工图阶段；在电算上机前确定满足位移限值所需要的构件合适截面，同时也可直接应用手算分析水平地震作用下框剪结构的内力和位移。

3. 本简化方法的假定条件和适用范围为：框架梁与剪力墙连接为铰接；结构基本周期考虑非承重砌体墙影响的折减系数 $\psi_T = 0.75$；结构高度不超过50m，质量和刚度沿高度分布比较均匀；满足弹性阶段层间位移比 $\Delta u/h$ 限制值；框架部分承受的地震倾覆力矩不大于结构总地震倾覆力矩的50%。

4. 当已知建筑物总高度 H、总重力荷载代表值 G_E、场地类别、设防烈度、地震影响系数最大值 α_{max}、设计地震分组、层间位移比 $\Delta u/h$ 限制值、框架总刚

度 C_f 时，可由表 8-2 查得参数 ψ，按下式求出参数 β：

$$\beta = \psi H^{0.45} \left(\frac{C_f}{G_E}\right)^{0.55}$$

已知 β 值后查表 8-3 得结构刚度特征值 λ。

ψ 值   表 8-2

设防烈度	$\Delta u/h$	α_{max}	设计地震分组	场地类别			
				I	II	III	IV
7 度	1/800	0.08	第一组	0.341	0.252	0.201	0.144
			第二组	0.290	0.224	0.168	0.127
			第三组	0.252	0.201	0.144	0.108
		0.12	第一组	0.228	0.168	0.134	0.096
			第二组	0.193	0.149	0.112	0.085
			第三组	0.168	0.134	0.096	0.072
8 度	1/800	0.16	第一组	0.171	0.126	0.101	0.072
			第二组	0.145	0.112	0.084	0.063
			第三组	0.126	0.101	0.072	0.054
		0.24	第一组	0.114	0.084	0.067	0.048
			第二组	0.097	0.075	0.056	0.042
			第三组	0.084	0.067	0.048	0.036
9 度	1/800	0.32	第一组	0.085	0.063	0.050	
			第二组	0.072	0.056	0.042	
			第三组	0.063	0.050	0.036	

β 值   表 8-3

λ	β	λ	β	λ	β
1.00	2.454	1.50	3.258	2.00	3.788
1.05	2.549	1.55	3.321	2.05	3.829
1.10	2.640	1.60	3.383	2.10	3.873
1.15	2.730	1.65	3.440	2.15	3.911
1.20	2.815	1.70	3.497		
1.25	2.897	1.75	3.550	2.20	3.948
1.30	2.977	1.80	3.602	2.25	3.985
1.35	3.050	1.85	3.651	2.30	4.020
1.40	3.122	1.90	3.699	2.35	4.055
1.45	3.192	1.95	3.746	2.40	4.085

已知 λ、H、C_f 时可由下式求得所需的剪力墙平均总刚度 EI_w（$kN \cdot m^2$）：

$$EI_w = \frac{H^2 C_f}{\lambda^2} \tag{8-1}$$

式中 C_f——框架平均总刚度（kN）：

$$C_f = \overline{D}\,\overline{h}$$

$\overline{D}$——各层框架柱平均抗推刚度 D 值，可取结构 $(0.5\sim0.6)H$ 间楼层的 D 值作为 $\overline{D}$；

$\overline{h}$——平均层高（m），$\overline{h}=H/n$，n 为层数；

H——总高度（m）；

G_E——总重力荷载代表值（kN）；

λ——框剪结构刚度特征值：

$$\lambda = \acute{H}\sqrt{\dfrac{C_f}{EI_w}}$$

Δu——弹性阶段层间位移。

5. 为满足剪力墙承受的地震倾覆力矩不小于结构总地震倾覆力矩的 50%，应使结构刚度特征值 λ 不大于 2.4。为了使框架充分发挥作用，达到框架最大楼层剪力 $V_{fmax}\geqslant0.2F_{Ek}$，剪力墙刚度不宜过大，应使 λ 值不小于 1.15。

6. 把式（8-1）求得的剪力墙刚度 EI_w 与实际结构布置的剪力墙刚度进行比较，当两者接近或求得的 EI_w 稍大时，则满足结构侧向位移限值的要求，可往下进行内力计算。如果求得的 EI_w 小于结构实际布置的剪力墙刚度，或 EI_w 比结构实际布置的剪力墙刚度大很多，此时应把结构实际布置的剪力墙进行调整。

7. 框剪结构为了满足位移限制值，在框架梁柱截面确定的条件下，调整剪力墙的刚度是比较合理的。但是，剪力墙刚度的增大虽然较多，而位移的减小都较少。在水平地震作用下，当其他条件不变的情况下，剪力墙刚度增加一倍，结构顶点位移或最大层间位移的减小仅为 13%～19%。

8. 有抗震设防的 9～16 层框剪结构，无论在纵向还是在横向，剪力墙刚度差别虽大，但相应框架所分配的剪力值都在一个较小幅度内变化。不同层数、不同墙率 α 比值的框架所分配的剪力 V_f 的比值如表 8-4 所示。

不同墙率比值的框架剪力比值   表 8-4

比 值	层 数						
	9	*10*	*12*				*16*
α_1/α_2	1.53	1.59	1.59	1.95	2.52	4.78	1.48
V_{f1}/V_{f2}	0.92	0.88	0.92	0.91	0.90	0.75	0.96

注：墙率 $\alpha_1=EI_{w1}/A$；框架相应分配剪力为 V_{f1}；墙率 $\alpha_2=EI_{w2}/A$；框架相应分配剪力为 V_{f2}；A 为楼层面积。

9. 为控制框剪结构中的剪力墙合理数量，当采用电算分析时在初步设计阶段按布置确定的梁柱截面大小和剪力墙位置，各楼层墙厚度及相应混凝土强度等级，整体计算结果中楼层层间最大位移与层高之比 $\Delta u/h$ 应满足 1/800，否则应调整剪力墙数量。

10. 本禁忌内容是作者工程实践的总结和研究的结果，其中一些概念对设计工作具有指导意义。尤其第7、8条在设计过程中或框剪结构改造中建筑专业、机电专业需要在剪力墙开洞时，判断结构要不要重新整体计算，开洞对结构整体刚度和框架的内力有多大影响具有重要参考价值。

11. 框剪结构完成了内力和位移计算之后，由于设备管道或建筑使用的需要，在剪力墙上增加洞口时，可按下列情况分别处理：

（1）当洞口位置设在剪力墙截面的中和轴附近，或洞口较小，墙截面惯性矩的减小在10%以内时，可只计算墙洞口的加筋，对其他剪力墙和框架的内力影响及结构位移影响可不考虑。

（2）当洞的位置偏离剪力墙截面中和轴较远，或洞口较大，墙截面惯性矩减小在10%以上，30%以内时，除计算洞口加筋以外，应按墙刚度比例增加未新加洞口墙的剪力和弯矩，相应调整配筋，对框架的内力和结构位移的影响可不考虑。

（3）当各层剪力墙普遍新增加洞口，且剪力墙总惯性矩（刚度）减少30%以上时，应重新计算结构位移和框架与剪力墙协同工作内力分配。

【禁忌4】 不区分结构竖向布置情况，各层框架总剪力均按 $0.2V_0$ 和 $1.5V_{f\,max}$ 二者的较小值调整

【正】 1.《高规》8.1.4条规定：抗震设计时，框架-剪力墙结构由地震作用产生的各层框架总剪力标准值应符合下列规定：

（1）满足式（8-2）要求的楼层，其框架总剪力标准值不必调整；不满足式（8-7）要求的楼层，其框架总剪力标准值应按 $0.2V_0$ 和 $1.5V_{f,max}$ 二者的较小值采用；

$$V_f \geqslant 0.2V_0 \tag{8-2}$$

式中 V_0——对框架柱数量从下至上基本不变的规则建筑，应取地震作用产生的结构底部总剪力标准值；对框架柱数量从下至上分段有规律变化的结构，应取每段最下一层结构的地震总剪力标准值；

V_f——地震作用产生的、未经调整的各层（或某一段内各层）框架所承担的地震总剪力标准值；

$V_{f,max}$——对框架柱数量从下至上基本不变的规则建筑，应取未经调整的各层框架所承担的地震总剪力标准值中的最大值；对框架柱数量从下至上分段有规律变化的结构，应取每段中未经调整的各层框架所承担的地震总剪力标准值中的最大值。

（2）按振型分解反应谱法计算地震作用时，第（1）款所规定的调整可在振

型组合之后进行。各层框架所承担的地震总剪力标准值调整后，应按调整前、后总剪力标准值的比值调整框架各柱和梁的剪力及端部弯矩标准值，框架在轴力标准值可不予调整。

2. 在实际工程中，由于建筑立面体形的多样化，框剪结构在上部收进或沿高度分段收进是常见的现象，此时框架楼层的调整应按《高规》所规定的处理，不能均按 $0.2V_0$ 即 20% 地震作用产生的结构底部总剪力标准值取用，否则使上部框架楼层剪力取值过大，甚至达到难以承受的程度。

3. 目前应用的某些电算结构分析软件，对框剪结构当 $V_f \leqslant 0.2V_0$ 时框架楼层总剪力的调整，只按 $0.2V_0$ 而没有按《高规》与 $1.5V_{f,max}$ 二者比较采用较小值的功能。

4. 框架-剪力墙结构在水平地震作用下，框架部分计算所得的剪力一般都较小。为保证作为第二道防线的框架具有一定的抗侧力能力，需要对框架承担的剪力予以适当地调整。

【禁忌 5】 框剪结构中的剪力墙构造按一般剪力墙结构的剪力墙考虑

【正】 1. 多、高层框剪结构的剪力墙宜采用现浇。

2. 有抗震设防的高层框剪结构截面设计，应首先注意使结构具备良好的延性，使延性系数达到 4～6 的要求。延性的要求是通过控制构件的轴压比、剪压比、强剪弱弯、强柱弱梁、强底层柱下端、强度部剪力墙、强节点等验算和一系列构造措施实现的。

3. 多、高层框剪结构的剪力墙应设计成带有梁柱的边框剪力墙，构造应符合下列要求：

(1) 带边框剪力墙的截面厚度应符合下列规定：

1) 抗震设计时，一、二级剪力墙的底部加强部位不应小于 200mm，且不应小于层高的 1/16；

2) 除第 1 项以外的其他情况下不应小于 160mm，且不应小于层高的 1/20。

(2) 带边框剪力墙的混凝土强度等级宜与边框柱相同。

(3) 与剪力墙重合的框架梁可保留，亦可做成宽度与墙厚相同的暗梁，暗梁截面高度可取墙厚的 2 倍或与该片框架梁截面等高。边框梁（包括暗梁）的纵向钢筋配筋率应按与剪力墙相同抗震等级框架梁纵向受拉钢筋支座的最小配筋百分率，梁纵向钢筋上下相等且连通全长，梁的箍筋按框架梁加密区构造配置，全跨加密。

(4) 剪力墙边框柱的纵向钢筋除按计算确定外，应符合《高规》第 6 章关于一般框架结构柱配筋的规定；剪力墙端部的纵向受力钢筋应配置在边柱截面内，边框柱箍筋间距应按加密区要求，且柱全高加密。

4. 剪力墙墙板的配筋、非抗震设计时，水平和竖向分布钢筋的配筋率均不应小于 0.2%，直径不应小于 8mm，间距不大于 300mm；有抗震设防时，水平和竖向分布钢筋的配筋率均不应小于 0.25%，直长不应小于 8mm，间距不大于 300mm。墙板钢筋应双排双向配置，双排钢筋之间应设置直径不小于 6mm，间距不大于 600mm 的拉接筋，拉接筋应与外皮水平钢筋钩牢。水平钢筋应全部锚入边柱内，锚固长度不应小于 l_a（非抗震设计）或 l_{aE}（抗震设计）。

【禁忌6】 屋顶层因使用功能需要，部分剪力墙被取消而不采取措施

【正】 1. 在某些办公楼、教学楼、饭店等建筑的多、高层框架结构或框剪结构中，由于建筑使用功能的需要，在顶部楼层去掉部分柱或剪力墙形成大空间，用做多功能厅、会议室、餐厅等。

2. 遇到此类建筑时，首先对大空间的平面位置选择应注意，在矩形平面房屋中宜选择在中部，尽可能避免靠端部，不要由于平面刚度严重不对称而产生大的扭转效应。

3. 当由于使用功能需要，大空间必须设置在房屋一端时，结构为了减小水平地震作用下的扭转效应，在端部该空旷层增设剪力墙或壁式框架，调整平面刚度的均匀性，满足楼层竖向构件最大水位移与平均位移的比值。

4. 大空间空旷层的侧向则度与其下一层的侧向刚度不宜太悬殊，空旷层的侧向刚度不宜小于其下一层侧向刚度的一半。为此可以将空旷层的柱、剪力墙截面加大或混凝土强度等级提高。

5. 空旷层顶的框架梁跨度比较大，按一般结构分析，在水平地震作用下的效应与竖向荷载作用下的效应组合，边柱上端的弯矩非常大，而相对轴力较小而出现大偏心受压，需要的纵向受力钢筋极多。为了避免这种情况，工程设计中可将竖向荷载作用下梁端弯矩进行较大的调幅，如调幅系数取 0.4～0.6，必要时在竖向荷载作用下边柱梁端按铰接。但此种处理时梁应有较大的刚度，使之竖向荷载作用下梁的挠度和梁端转角尽可能小些。

按此种处理，如果一旦出现裂缝，裂缝位置在柱端，即梁底外侧，此时对结构整体是安全的，极端的情况顶层形成铰接大梁。关于柱端可能的裂缝宽度，由于框架梁柱在水平地震作用下按刚接，竖向荷载作用下梁端按铰接或弯矩较大调幅，柱端部的纵向受力钢筋按这种受力状态下确定的，当梁的刚度较大梁端转角较小时，而且在没有地震情况下，柱纵向受力钢筋的实际应力很低。因此不可能柱端出现大裂缝。一旦地震时柱端出现较宽裂缝是允许的。

6. 空旷层的楼板和顶板应予以加强，其厚度均不宜小于 180mm。应采用双层双向配筋，且每层每个方向的配筋率不宜小于 0.25%。

【禁忌7】 剪力墙上开洞口不进行必要的验算

【正】 1.《高规》7.2.28 条规定，剪力墙上当有非连续小洞口，且其各边

长度小于 800mm 时，应将在洞口处被截断的钢筋按等截面面积配置在洞口四边，此补强钢筋锚固长度为洞边起 40 倍直径。

2. 当洞口边长大于 800mm 时，虽然，对结构整体刚度和内力配筋没有什么影响，但对剪力墙洞口周边墙体受力和配筋应进行计算，洞口周边的加筋可按下列方法计算：

(1) 单洞 [图 8-5 (a)]

洞口竖边每边拉力为：

$$T_V = \frac{h_0}{2(L - l_0)} V_w'$$

洞口水平边每边拉力为：

$$T_H = \frac{h_0}{2(H - h_0)} \frac{H}{L} V_w'$$

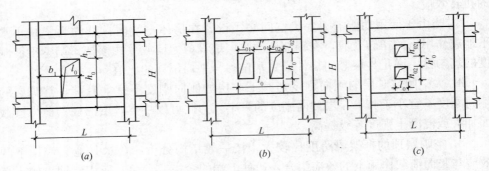

图 8-5　剪力墙开洞

每边配筋所需截面面积为：

$$A_s = \frac{T_V(T_H)\gamma_{RE}}{f_y} \tag{8-3}$$

当洞边距柱边 $b_1 < \dfrac{h_0}{4}$，且相邻跨无剪力墙时，则只能考虑剪力墙较宽一侧起作用，其较窄一侧可按构造配筋。

式中　V_w'——考虑洞口影响后的墙剪力设计值，$V_w' = \gamma V_w$；

V_w——剪力墙的剪力设计值；

γ——洞口对抗剪承载力的降低系数，取值为：

$$\left.\begin{array}{l} \gamma_1 = 1 - \dfrac{l_0}{L} \\[3mm] \gamma_2 = 1 - \sqrt{\dfrac{A_{0p}}{A_f}} \end{array}\right\} 取两者的较小值$$

A_{0p}——墙面洞口面积，$A_{0p} = l_0 h_0$；

A_f——墙面面积，$A_f = LH$；

f_y——钢筋抗拉强度设计值。

（2）水平并排洞 ［图 8-5 (b)］

① $l'_0 \leqslant 0.75 h_0$ 时，不考虑小墙垛，按两个洞口合并为一个洞口考虑，小墙垛两侧配筋按构造。

② $l'_0 > 0.75 h_0$ 时，按两个洞口考虑，洞口对抗剪承载力的降低系数为：

$$\left.\begin{array}{l} \gamma'_1 = 1 - \dfrac{l_{01} + l_{02}}{L} \\[3mm] \gamma'_2 = 1 - \sqrt{\dfrac{(l_{01} + l_{02}) h_0}{LH}} \end{array}\right\} \text{取两者的较小值}$$

$$\sqrt{\dfrac{A_{0p}}{A_f}} \leqslant 0.4, A_{0p} = (l_{01} + l_{02}) h_0, A_f = LH$$

洞口竖边每边拉力为：

$$T_V = \dfrac{h_0}{2(L - l_{01} - l_{02})} V'_w$$

洞口水平边每边拉力为：

$$T_H = \dfrac{l_0}{2(H - h_0)} \cdot \dfrac{H}{L} V'_w$$

（3）竖向并列洞口 ［图 8-5 (c)］

① $h'_0 \leqslant 0.75 l_0$ 时，按两个洞口合并成一个洞口考虑，洞口对抗剪承载力降低系数为：

$$\left.\begin{array}{l} \gamma'_1 = 1 - \dfrac{l_0}{L} \\[3mm] \gamma'_2 = 1 - \sqrt{\dfrac{A_{0p}}{A_f}} \end{array}\right\} \text{取两者的较小值}$$

$$\sqrt{\dfrac{A_{0p}}{A_f}} \leqslant 0.4, A_{0p} = l_0(h_{01} + h_{02}), A_f = LH$$

② $h'_0 > 0.75 l_0$ 时，按两个洞口考虑，竖向并列洞口每边拉力分别为：

$$T_V = \dfrac{h_0 \text{ 或 } h_{02}}{2(L - l_0)} V'_w$$

$$T_H = \dfrac{l_0}{2(H - h_{01} - h_{02})} \dfrac{H}{L} V'_w$$

水平并排洞和竖向并列洞每边所需钢筋截面面积的计算均按式（8-3）。

【禁忌 8】 剪力墙的边框柱和框架柱与剪力墙平面内相连的梁不正确处理

【正】 1. 在单片剪力墙的边框柱，墙平面内是墙体的组成部分，不再按框架柱考虑；墙的平面外边框柱属于框架柱，支承框架梁并共同组成抗侧力结构。边框柱在墙平面内按墙计算确定纵向钢筋，平面外按框架柱计算确定纵向钢筋，并满足构造所需最小配筋率。特一、一、二级抗震等级的剪力墙，在底部加强部位的边框柱，尚应满足约束边缘构件的箍筋和纵向钢筋构造要求。

2. 框架柱与剪力墙平面内相连的梁，且跨高比小于 5 的梁界定为连梁，其刚度折减系数不小于 0.5。框架柱与剪力墙平面外相连的梁或平面内跨高比大于等于 5 的梁，可不作为连梁，并与剪力墙相交支座按铰接处理。框架柱与剪力墙平面内相连的连梁或非连梁的框架梁，由于剪力墙刚度极大，这些梁与剪力墙相连的端支座按固接计算时剪力或弯矩往往超限，遇到此类情况工程设计可采用铰接处理。

【例 8-1】 某框剪结构的首层剪力墙，截面尺寸如图 8-6 所示，8 度设防，抗震等级一级，混凝土强度等级为 C35，$f_c = 16.7\text{N/mm}^2$，重力荷载标准值 $N_G = 5593.15\text{kN}$，地震作用轴力标

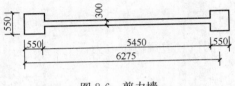

图 8-6 剪力墙

准值 $N_E = 2175\text{kN}$，组合弯矩标准值 $M_w = 33414\text{kN} \cdot \text{m}$，剪力标准值 $V_w = 1983\text{kN}$。

要求：承载力验算。

解：（1）截面应符合下列要求：

$$\text{剪跨比 } \lambda = \frac{M_w}{V_w h_{w0}} = \frac{33414}{1983 \times 6.275} = 2.68 > 2.5$$

$$\eta_{vw} \gamma_{Eh} V_w \leqslant \frac{1}{\gamma_{RE}} 0.20 f_c b_w h_{w0}$$

$$1.6 \times 1.3 \times 1983 = 4125\text{kN} < \frac{1}{0.85} \times 0.20 \times 16.7 \times 300 \times 6275/1000 = 7397\text{kN}$$

（2）偏心受压斜截面受剪：

$$N_G = 5593.15\text{kN}$$

$$N_w = \gamma_G N_G + \gamma_{Eh} N_E = 1.2 \times 5593.15 + 1.3 \times 2175 = 9539\text{kN}$$

$$N_w = N_G - \gamma_{Eh} N_E = 5593.15 - 1.3 \times 2175 = 2766\text{kN}$$

分布筋按规定最小配筋率为 0.25%，双排筋 $\Phi 12@120$，$\rho_w = 0.314\%$。

$$\eta_v \gamma_{Eh} V_w = 1.6 \times 1.3 \times 1983$$

$$= 4125\text{kN} < \frac{1}{\gamma_{RE}} \left[\frac{1}{\lambda - 0.5} \left(0.4 f_t b_w h_{w0} + 0.1 N_w \frac{A_w}{A} \right) + 0.8 f_{yh} \frac{A_{sh}}{s} h_{w0} \right]$$

$$= \frac{1}{0.85} \left[\frac{1}{2.68 - 0.5} \left(0.4 \times 1.57 \times 300 \times 6275 + 0.1 \times \right. \right.$$

$$\left. \left. 6563 \times 10^3 \times \frac{1.635}{2.442} \right) + 0.8 \times 300 \times \frac{226}{120} \times 6275 \right] / 1000$$

$$= 4216.7\text{kN}$$

$$0.2 f_c b_w h_w = 0.2 \times 16.7 \times 300 \times \frac{6550}{1000} = 6563 \text{kN}$$

（3）偏心受压正截面承载力验算：

工字形截面受压区高度为：

$$x = \frac{\gamma_{RE} N_w + A_{sw} f_{yw}}{f_c b'_f + \dfrac{1.5 A_{sw} f_{yw}}{h_{w0}}} = \frac{0.85 \times 2766 \times 10^3 + 10264 \times 300}{16.7 \times 550 + \dfrac{1.5 \times 10264 \times 300}{6275}} = 547 \text{mm}$$

其中 $A_{sw} = 226 \times \dfrac{5450}{120} = 10264 \text{mm}^2$。HRB335 级钢筋，$\xi_b = 0.55$。$\xi_b h_{w0} = 0.55 \times 6275 = 3451 \text{mm} > x = 547 \text{mm}$，属于大偏心受压。

当 $x < h'_f$ 时，对称配筋由《高规》式（7.2.8-2）得：

$$A'_s = A_s = \frac{\gamma_{RE} \left[M_w \gamma_{Eh} + N_w \left(h_{w0} - \dfrac{h_w}{2} \right) \right] + M_{sw} - M_c}{f'_y \left(h_{w0} - \dfrac{h'_f}{2} \right)}$$

$$M_{sw} = \frac{1}{2} (h_{w0} - 1.5x)^2 b_w f_{yw} \rho_w$$

$$= \frac{1}{2} (6275 - 1.5 \times 547)^2 \times 300 \times 300 \times 0.00314$$

$$= 42.04 \times 10^8 \text{N} \cdot \text{mm}$$

$$M_c = \alpha_1 f_c b'_f x \left(h_{w0} - \frac{x}{2} \right)$$

$$= 1.0 \times 16.7 \times 550 \times 547 \times \left(6275 - \frac{547}{2} \right)$$

$$= 301.53 \times 10^8 \text{N} \cdot \text{mm}$$

$$A'_s = A_s$$

$$= \frac{0.85 \times \left[33414 \times 10^6 \times 1.3 + 2766 \times \left(6275 - \dfrac{6550}{2} \right) \right] + 42.04 \times 10^8 - 301.53 \times 10^8}{300 \times \left(6275 - \dfrac{550}{2} \right)}$$

$$= 6100 \text{mm}^2$$

实配 8 Φ 25 + 4 Φ 28（6390mm²）。

（4）剪力墙在楼层处设置暗梁，暗梁宽度同墙厚，高度取墙厚的 2 倍，1 层顶为 600mm，2 层至 10 层顶为 500mm，暗梁上下纵向钢筋取一级框架梁支座纵向受拉钢筋的最小配筋率，即 $\rho_{min} = 0.40\%$ 和 $80 f_t / f_y$ 中取较大值。

当混凝土为 C35，$f_t = 1.57 \text{N/mm}^2$ 时

$$80 f_t / f_y = 80 \times \frac{1.57}{300} = 0.42$$

暗梁纵向钢筋：

1 层 $A_s = A'_s = 0.42\% \times 300 \times 600 = 756 mm^2$ 上下各 2 Φ 22。暗梁箍筋全跨为 2ϕ8@100。

剪力墙边框柱纵向钢筋按框架柱计算确定或按上述（3）中计算结果配置，箍筋当假定墙及边框平均轴压比为 0.6 时，由本书第 6 章表 6-16 查得箍筋最小配箍特征值 $\lambda_v = 0.15$，查表 6-17 当混凝土≤C35 时 $\rho_v = 1.193\%$；采用双向 4 肢复合箍 ϕ10@100 全高加密，由表 6-20 查得方形柱截面为 550mm×550mm 时，箍筋形式为复合箍，其体积配筋率为 1.27%，满足了构造要求。

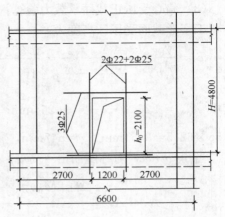

图 8-7　墙开洞

【例 8-2】　按［例 8-1］剪力墙，在墙中部设置洞口 120mm × 2100mm 时（图 8-7），计算洞口周边的加筋。

解：（1）校核是否属于整体小开口墙：

$$A_{op} = l_0 h_0 = 1200 \times 2100 = 2.52 \times 10^6 mm^2$$

$$A_f = LH = 6600 \times 4800 = 31.68 \times 10^6 mm^2$$

$$\sqrt{\frac{A_{op}}{A_f}} = \sqrt{\frac{2.52 \times 10^6}{31.68 \times 10^6}} = 0.282 < 0.40$$

（2）计算洞口对抗剪承载力的降低系数：

$$\left.\begin{array}{l} \gamma_1 = 1 - \dfrac{l_0}{L} = 1 - \dfrac{1200}{6600} = 0.82 \\[4mm] \gamma_2 = 1 - \sqrt{\dfrac{A_{op}}{A_f}} = 1 - \sqrt{\dfrac{2.52 \times 10^6}{31.68 \times 10^6}} = 0.718 \end{array}\right\} \text{取小值}$$

（3）计算洞口周边加筋：

$$V'_w = \gamma V_w = 0.718 \times 4125 = 2962 kN$$

1）洞口竖边每边拉力为：

$$T_V = \frac{h_0}{2(I - l_0)} V'_w = \frac{2100}{2 \times (6600 - 1200)} 2962 = 576 kN$$

钢筋采用 HRB335，$f_y = 300 N/mm^2$

$$A_s = \frac{\gamma_{RE} T_V}{f_y} = \frac{0.85 \times 576 \times 10^3}{300} = 1632 mm^2 , \text{配筋 2 Φ 22 + 2 Φ 25} (1742 mm^2)$$

2）洞口水平边每边拉力为：

$$T_{\mathrm{H}} = \frac{l_0}{2(H - h_0)} \frac{H}{L} V'_{\mathrm{w}} = \frac{1200}{2(4800 - 2100)} \times \frac{4800}{6600} \times 2962 = 479\mathrm{kN}$$

$$A_{\mathrm{s}} = \frac{0.85 \times 479 \times 10^3}{300} = 1357\mathrm{mm}^2，配筋 3\ \Phi\ 25(1473\mathrm{mm}^2)$$

第9章　板柱-剪力墙结构

【正】　1. 板柱-剪力墙结构，由于无楼层梁便于机电管道通行，争取了房屋的净高，有利于建筑物减小层高，在城市规划限制房屋总高度的条件下能争取增加层数，可多得到建筑面积以取得更好的经济效益。

2. 此类结构适用于商场、图书馆的阅览室和书库、仓储楼、饭店、公寓、多高层写字楼及综合楼等房屋，最大适用高度如表 9-1 所示。

板柱-剪力墙结构最大适用高度　　　　　　　　　　表 9-1

分　　项	非抗震设计	抗 震 设 防 烈 度			
		6 度	7 度	8 度	
				0.2g	0.3g
适用高度（m）	110	80	70	55	40

注：1. Ⅳ类场地上最大适用高度适当降低；
　　2. 9 度区不宜采用板柱剪力墙结构。

3. 此类结构采用现浇钢筋混凝土，水平构件以板为主，仅在外圈采用梁柱框架，竖向构件有柱和剪力墙或核心筒，抗水平地震作用主要靠剪力墙或核心筒，板柱结构侧向刚度较小。楼板对柱的约束较弱，不像框架梁为杆形构件，既对梁柱节点有较好的约束作用，做到强节点，又能做到塑性铰出现在梁端，达到强柱弱梁。因此，在水平地震作用下板柱结构侧向变形的控制和延性必须由剪力墙或核心筒来保证。

4. 板柱-剪力墙结构在水平力作用下侧向变形的特征与框架-剪力墙相似，属于弯剪型，接近弯曲型，侧向刚度由层间位移与层高的比值（$\Delta u/h$）控制。

5. 板柱-剪力墙结构系指楼层平面除周边框架柱间有梁，楼梯间有

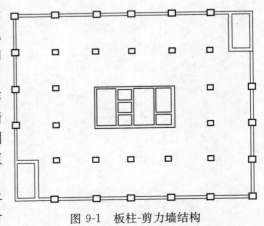

图 9-1　板柱-剪力墙结构

梁，内部多数柱之间不设梁，主
要抗侧力构件为剪力墙或核心筒
组成（图 9-1）。当楼层平面周边
框架柱间有梁，内部设有核心筒
及仅有一部分主要承受竖向荷载
不设梁的柱，此类结构属于框架
-核心筒结构（图 9-2），不作为
板柱-剪力墙结构对待。

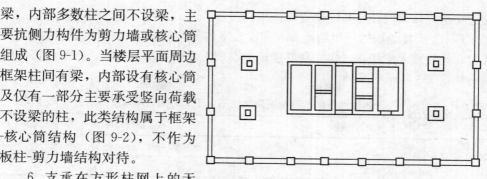

图 9-2　框架-核心筒结构

6. 支承在方形柱网上的无
梁楼板，其受力特征表现为板的
整体抗弯将在两个正交方向同时和同样出现。无梁平板必须设计成首先在一个方
向像仍有梁支承的单向板那样来传递 100％的全部荷载，然后在另一正交方向，
再完全一样地传递一次 100％的全部荷载。

【禁忌 2】　不重视板柱-剪力墙结构布置及设计要点

【正】　1. 应布置成双向抗侧力体系，两主轴方向均应设置剪力墙。

2. 房屋的顶层及地下一层顶板宜采用梁板结构。

3. 抗震设计时，各楼层横向及纵向剪力墙应能承担该方向全部地震作用，
板柱部分仍应能承担相应方向不小于地震作用的 20％；抗风设计时剪力墙能承
担不小于 80％相应方向流层风荷载作用下的剪力。

4. 抗震设计时，楼盖周边应设置边梁形成周边框架，剪力墙之间的楼、屋
盖长宽比，6、7 度不宜大于 3，8 度不宜大于 2。

5. 楼盖有楼电梯间等较大开洞时，洞口周围宜设置框架梁，洞边设边梁。

6. 抗震设计时，纵横柱轴线均应设置暗梁，暗梁宽可取与柱宽相同。

7. 无梁板可采用无柱帽板，当板不能满足冲切承载力要求且建筑许可时可
采用平托板式柱帽，平托板的长度和厚度按冲切要求确定，且每方向长度不宜小
于板跨度的 1/6，其厚度不小于 1/4 无梁板的厚度，平托板处总厚度不应小于 16
倍柱纵筋的直径。不能设平托板式柱帽时可采用型钢剪力架。

8. 楼板跨度在 8m 以内时，可采用钢筋混凝土平板。跨度较大而采用预应力
楼板且抗震设计时，楼板的纵向受力钢筋应以非预应力低碳钢筋为主，部分预应
力钢筋主要用作提高楼板刚度和加强板的抗裂能力。

9. 无梁楼板的板厚除应满足抗冲切要求外，尚应满足刚度的要求，其厚度
不宜小于表 9-2 的规定，且非抗震设计时不应小于 150mm，抗震设计时不应小
于 200mm。

10. 无梁楼盖的柱截面可按建筑设计采用方形、矩形、圆形和多边形。柱的

构造要求、截面设计与其他楼盖的柱相同。

11. 无梁楼盖根据使用功能要求和建筑室内装饰需要，可设计成有柱帽无梁楼盖和无柱帽无梁楼盖。多、高层建筑中常采用无柱帽无梁楼盖。柱帽形式常用的有如图 9-3 所示的 3 种。

无内梁且板的长跨与短跨之比不大于 2 时的最小厚度 表 9-2

非预应力楼板		预应力楼板	
无 托 板	有 托 板	无 托 板	有 托 板
$l/30$	$l/35$	$l/40$	$l/45$

注：1. 表中 l 为短跨方向跨度，托板尺寸应符合柱帽及托板的外形尺寸要求，边梁也应具有足够的刚度，边梁的相对截面抗弯刚度不应小于 0.8，否则按无边梁的要求取值；

2. 板厚应满足挠度的要求。

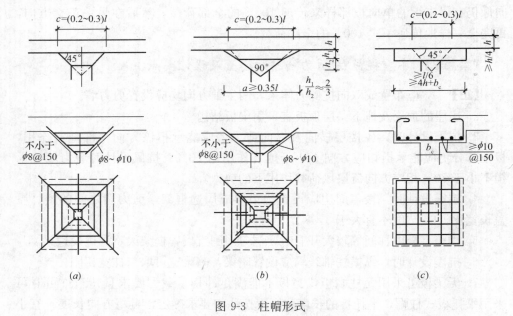

图 9-3 柱帽形式

【禁忌 3】 不注意计算的原则和细节

【正】 1. 无梁楼盖在竖向均布荷载作用下的内力计算，当符合下列条件时可采用经验系数法：

（1）每个方向至少有三个连续跨；

（2）任一区格内的长边与短边之比不大于 2；

（3）同一方向上的相邻跨度不相同时，大跨与小跨之比不大于 1.2；

（4）活荷载与恒荷载之比应不大于 3。

经验系数法可按下列公式计算：

x 方向总弯矩设计值

$$M_0 = \frac{1}{8}ql_y\left(l_x - \frac{2}{3}c\right)^2$$

y 方向总弯矩设计值

$$M_0 = \frac{1}{8}ql_x\left(l_y - \frac{2}{3}c\right)^2$$

柱上板带的弯矩设计值

$$M_c = \beta_1 M_0 \tag{9-1}$$

跨中板带的弯矩设计值

$$M_m = \beta_2 M_0 \tag{9-2}$$

式中　l_x、l_y——x 方向和 y 方向的柱距；

　　　　q——板的竖向均布荷载设计值；

　　　　c——柱帽在计算弯矩方向的有效宽度（图 9-3），无柱帽时，c 取柱宽度；

　　　　β_1、β_2——柱上板带和跨中板带弯矩系数，见表 9-3。

柱上板带和跨中板带弯矩系数　　　　　　　　　　　　表 9-3

部　　位	截面位置	柱上板带 β_1	跨中板带 β_2
端　　跨	边支座截面负弯矩	0.48	0.05
	跨中正弯矩	0.22	0.18
	第一个内支座截面负弯矩	0.50	0.17
内　　跨	支座截面负弯矩	0.50	0.17
	跨中正弯矩	0.18	0.15

注：1. 表中系数按 $l_x/l_y = 1$ 确定，当 $l_y/l_x \leqslant 1.5$ 时也可近似地取用；

　　2. 表中系数为无悬挑板时的经验值，当有较小悬挑板时仍可采用；如果悬挑板挑出较大且负弯矩大于边支座截面负弯矩时，应考虑悬臂弯矩对边支座及内跨弯矩的影响。

　　无梁楼盖在总弯矩量不变的条件下，允许将柱上板带负弯矩的 10% 调幅给跨中板带负弯矩。

　　2. 无梁楼盖在竖向荷载作用下，当不符合上条所列条件而不能采用经验系数法时，可采用等代框架法计算内力。当 $l_y/l_x \leqslant 2$ 时，板的有效宽度取板的全宽（图 9-4、图 9-5）：

$l_y/l_x = 1$ 柱上板带和跨中
板带弯矩分配系数　　　　表 9-4

位置	弯矩截面	柱上板带 β_1	跨中板带 β_2
内跨	支座截面 $-M$	0.75	0.25
	跨中截面 $+M$	0.55	0.45
端跨	边支座截面 $-M$	0.90	0.10
	跨中截面 $+M$	0.55	0.45
	第一间支座截面 $-M$	0.75	0.25

$$b_x = 0.5(l_{x1} + l_{x2})$$
$$b_y = 0.5(l_{y1} + l_{y2})$$

按等代框架分别采用弯矩分配法或其他方法计算出 x 方向和 y 方向总弯矩设计值

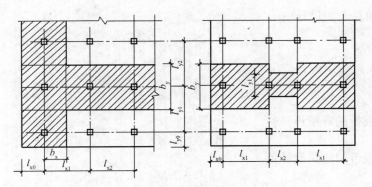

图 9-4 非抗震设计板带划分

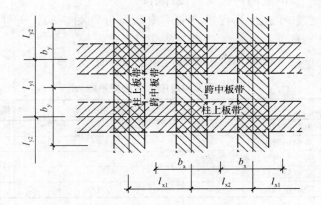

图 9-5 抗震设计无梁楼盖的板带划分 $(l_x \leqslant l_y)$

M_0 后，当 $l_y/l_x = 1 \sim 1.5$ 时，柱上板带和跨中板带的弯矩值仍按式 (9-1)、式 (9-2) 计算，而弯矩系数 β_1、β_2 按表 9-4 取用。

当 $l_x/l_y = 0.5 \sim 2$ 时，柱上板带和跨中板带弯矩值按式 (9-1)、式 (9-2) 计算，弯矩系数 β_1、β_2 则按表 9-5 取用。

表 9-4 和表 9-5 按板周边为连续时的数值取值。表 9-5 中括号内数值系用于有柱帽的无梁楼板。

$l_x/l_y = 0.5 \sim 2.0$ 柱上板带和跨中板带弯矩系数   表 9-5

l_x/l_y	$-M$		$+M$	
	柱上板带 β_1	跨中板带 β_2	柱上板带 β_1	跨中板带 β_2
0.50~0.60	0.55 (0.60)	0.45 (0.40)	0.50 (0.45)	0.50 (0.55)
0.60~0.75	0.65 (0.70)	0.35 (0.30)	0.55 (0.50)	0.45 (0.50)
0.75~1.33	0.70 (0.75)	0.30 (0.25)	0.60 (0.55)	0.40 (0.45)
1.33~1.67	0.80 (0.85)	0.20 (0.15)	0.75 (0.70)	0.25 (0.30)
1.67~2.0	0.85 (0.90)	0.15 (0.10)	0.85 (0.80)	0.15 (0.20)

3. 无梁楼盖的板柱结构在风荷载或水平地震作用下，可采用等代框架法计算内力和位移，并与剪力墙或筒体进行协同工作。

等代梁的有效宽度取下列公式计算：

$$b_y = 0.5l_x$$
$$b_x = 0.5l_y$$

按等代框架算得 x 方向和 y 方向某柱间总弯矩值 M_0 后，柱上板带和跨中板带的弯矩按式（9-1）、式（9-2）计算，弯矩系数 β_1、β_2 按表 9-5 取用。

4. 当采用空间结构软件进行无柱帽板柱-剪力墙结构内力分析时，可采用等代框架近似计算。

《高规》8.2.3 条规定，等代框架等代梁的宽度宜采用垂直于等代框架方向两侧柱距各 1/4；宜采用连续体有限元空间模型进行更准确的计算。

（1）内跨双向均无梁或墙时（均为无梁板）（图 9-6）：

1）截面输入：

无梁处等代梁宽度可取下列值：

$$b_y = l_x/2 \quad b_x = l_y/2$$

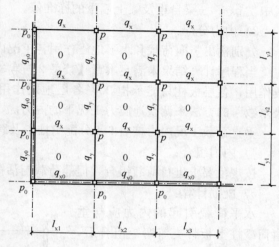

图 9-6　内跨双向无梁或墙

边梁截面按梁实际截面取（考虑部分翼缘）。

2）荷载输入：

①面荷载按 0 输入；

②两方向等代梁上线荷载分别为：

$$x\text{ 方向} \quad q_x = (q_1 + q_2 + p)l_y - q_1 \times b_x$$
$$y\text{ 方向} \quad q_y = (q_1 + q_2 + p)l_x - q_1 \times b_y$$

式中　q_1——板单位面积自重标准值；

q_2——板上其他单位面积上的恒载标准值；

p——单位面积上的活荷载标准值。

③考虑板传柱荷载重复，柱上应扣除，即在内柱上施加反向力：

$$p = -(q_1 + q_2 + p)l_xl_y$$

④无挑板的边梁上线荷载取：

$$q_{x0} = (q_1 + q_2 + p) \times \frac{l_{y1}}{2} + q_3$$

$$q_{y0} = (q_1 + q_2 + p) \times \frac{l_{x1}}{2} + q_3$$

⑤在边轴柱上分别施加反向力：

$$p_0 = -(q_1 + q_2 + p) \times \frac{1}{2} l_{x1} l_{y1} - q_3 \times l_x(\text{或} l_y)$$

⑥在角柱施加：

$$p_0 = -(q_1 + q_2 + p) \times \frac{1}{4} l_{x1} l_{y1} - q_3 \frac{(l_{x1} + l_{y1})}{2}$$

式中　q_3——梁自重及梁上墙重的标准值。

3）内力分配：

分别输出竖向荷载和水平地震作用各工况内力。

当程序计算结果未满足本章【禁忌2】第3条要求，即剪力墙未承担全部地震作用，各层板柱只能承担20%各层地震作用时，可采用修改"全楼地震力放大系数"的方法来调整地震力工况下的内力。

垂直荷载工况内力按表9-4分配给柱上及跨中板带。

4）内力组合：

按规范要求进行荷载组合，但静荷载与活荷载的分项系数宜统一取为1.3。

5）配筋计算：

水平荷载引起的内力应与垂直荷载柱上板带支座弯矩组合后，配柱上板带配筋，并将1/2支座配筋以暗梁方式配置在柱宽加两侧各1.5倍板厚范围内。

边梁处为偏于安全，由全部内力边框架梁承受，梁侧柱上板带范围内参考相邻跨中板带配筋。

（2）内跨一个方向有梁或墙，另一方向为无梁板时（图9-7）：

1）截面输入：

无梁处等代梁宽度同（1）款，有梁处按梁实际截面取。

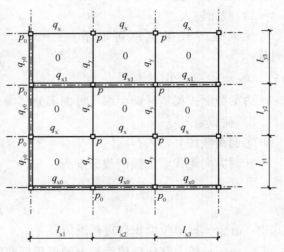

图9-7　内跨单向有梁或墙

2）荷载输入：

①面荷载按0输入。

②双向无梁处（同（1）款）：

$$q_x = (q_1 + q_2 + p)l_y - q_1 \times b_x$$
$$q_y = (q_1 + q_2 + p)l_x - q_1 \times b_y$$

③内柱上施加反向力：

$$p = -(q_1 + q_2 + p)l_x l_y$$

④有边梁处（同（1）款）：

$$q_{x0} = (q_1 + q_2 + p) \times \frac{l_{y1}}{2}$$

$$q_{y0} = (q_1 + q_2 + p) \times \frac{l_{x1}}{2}$$

⑤边柱施加反向力：

$$p_0 = -(q_1 + q_2 + p) \times \frac{1}{2} l_{x1} l_{y1}$$

⑥在角柱处施加反向力：

$$p_0 = -(q_1 + q_2 + p) \times \frac{1}{4} l_{x1} l_{y1}$$

⑦内跨单向有梁处：

$$q_{x1} = (q_1 + q_2 + p) \times l_y$$

$$q_{y1} = (q_1 + q_2 + p) \times l_x - q_1 b_y$$

⑧内柱上施加反向力：

$$p = -(q_1 + q_2 + p)l_x l_y$$

3）内力分配、内力组合和配筋计算与（1）类同。

5. 鉴于柱上板带弯矩分配较多，有时配筋过密不便于施工，在保证总弯矩不变的情况下，允许板带之间或支座与跨中之间各调 10%。

6. 无梁楼盖的端支座为框架梁或剪力墙时，竖向荷载作用下及风荷载或水平地震作用下内力的计算端跨度取至梁或剪力墙中，平行于框架梁或剪力墙边不设柱上板带。

7. 无梁楼盖在风荷载或水平地震、竖向荷载共同作用下的内力，应按有关规定进行组合。

8. 《高规》表 3.9.3 规定了板柱-剪力墙结构的抗震等级。《北京细则》按抗震设防分类、设防烈度、场地分类列出的板柱-剪力墙结构的抗震等级，见表 9-6。

板柱-剪力墙结构抗震等级　　　　　　　　　　　　　　　　　　表 9-6

构件	建筑类型	场地类型	6 度 0.05g		7 度 0.10g		0.15g		8 度 0.20g		0.30g
		高度(m)	≤35	>35	≤35	>35	≤35	>35	≤35	>35	≤35
框架、板柱及柱上板带	丙类建筑	Ⅱ	三	二	二	二	二	一	一	一	一
		Ⅲ、Ⅳ	三	二	二	二	二	一*	一	一*	
	乙类建筑	Ⅱ	二	二	二	二	特一	一*	特一		
		Ⅲ、Ⅳ	二	二	一*	一*	特一	一*	特一		

401

构件	建筑类型	场地类型	设防烈度 6度		7度				8度		
			0.05g		0.10g		0.15g		0.20g		0.30g
		高度(m)	≤35	>35	≤35	>35	≤35	>35	≤35	>35	≤35
剪力墙	丙类建筑	Ⅱ	二	二	二	一	二	一	二	一	一
		Ⅲ、Ⅳ	二	二	二	一	二	一	二	一*	一*
	乙类建筑	Ⅱ	二	一	特一	二	特一	一	特一	特一	
		Ⅲ、Ⅳ	二	一	特一	特一	特一	特一	特一	特一	

注：1. 板柱-剪力墙结构中的框架的抗震等级应与表中"板柱的柱"相同；

2. 抗震等级一*应比一级再加强；

3. 建筑场地为Ⅰ类时，除6度外可按表内降低一度所对应的抗震等级采取抗震构造措施，但抗震计算要求不应降低。

【禁忌4】 不熟悉截面设计的有关规定

【正】 1. 在竖向荷载、水平力作用下的板柱节点，其受冲切承载力计算中所用的等效集中反力设计值 $F_{l,\text{eq}}$ 可按下列情况确定：

(1) 传递单向不平衡弯矩的板柱节点。

当不平衡弯矩作用平面与柱矩形截面两个轴线之一相重合时，可按下列两种情况进行计算：

1）由节点受剪传递的单向不平衡弯矩 $\alpha_0 M_{\text{unb}}$，当其作用的方向指向图 9-8 的 AB 边时，等效集中反力设计值可按下列公式计算：

持久、短暂设计状况（无地震作用组合）时：

$$F_{l,\text{eq}} = F_l + \frac{\alpha_0 M_{\text{unb}} a_{\text{AB}}}{I_c} u_{\text{m}} h_0$$

地震设计状况（有地震作用组合）时：

$$F_{l,\text{eq}} = F_l + \left(\frac{\alpha_0 M_{\text{unb}} a_{\text{AB}}}{I_c} u_{\text{m}} h_0 \right) \eta_{\text{vb}}$$

$$M_{\text{unb}} = M_{\text{unb,c}} - F_l e_g \tag{9-3}$$

2）由节点受剪传递的单向不平衡弯矩 $\alpha_0 M_{\text{unb}}$，当其作用的方向指向图 9-8 的 CD 边时，等效集中反力设计值可按下列公式计算：

持久、短暂设计状况时：

$$F_{l,\text{eq}} = F_l + \frac{\alpha_0 M_{\text{unb}} a_{\text{CD}}}{I_c} u_{\text{m}} h_0$$

地震设计方法时：

$$F_{l,\text{eq}} = F_l + \left(\frac{\alpha_0 M_{\text{unb}} a_{CD}}{I_c} u_m h_0 \right) \eta_{vb}$$

$$M_{\text{unb}} = M_{\text{unb,c}} + F_l e_g \tag{9-4}$$

式中　F_l——在竖向荷载、水平荷载作用下，柱所承受的轴向压力设计值的层间差值减去冲切破坏锥体范围内板所承受的荷载设计值；

　　α_0——计算系数，按第 2 条计算；

　　M_{unb}——竖向荷载、水平荷载对轴线 2（图 9-8）产生的不平衡弯矩设计值；

　　$M_{\text{unb,c}}$——竖向荷载、水平荷载对轴线 1（图 9-8）产生的不平衡弯矩设计值；

a_{AB}、a_{CD}——轴线 2 至 AB、CD 边缘的距离；

　　I_c——按临界截面计算的类似极惯性矩，按第 2 条计算；

　　e_g——在弯矩作用平面内轴线 1 至轴线 2 的距离，按第 2 条计算；对中柱截面和弯矩作用平面平行于自由边的边柱截面，$e_g = 0$；

　　η_{vb}——板柱节点剪力增大系数，一级 1.7，二级 1.5，三级 1.3。

（2）传递双向不平衡弯矩的板柱节点。

当节点受剪传递的两个方向不平衡弯矩为 $\alpha_{0x} M_{\text{unb,x}}$、$\alpha_{0y} M_{\text{unb,y}}$ 时，等效集中反力设计值可按下列公式计算：

持久、短暂设计状况时：

$$F_{l,\text{eq}} = F_l + \tau_{\text{unb,max}} u_m h_0 \tag{9-5}$$

地震设计状况时：

$$F_{l,\text{eq}} = F_l + (\tau_{\text{unb,max}} u_m h_0) \eta_{vb} \tag{9-6}$$

$$\tau_{\text{unb,max}} = \frac{\alpha_{0x} M_{\text{unb,x}} a_x}{I_{cx}} + \frac{\alpha_{0y} M_{\text{unb,y}} a_y}{I_{cy}} \tag{9-7}$$

式中　$\tau_{\text{unb,max}}$——双向不平衡弯矩在临界截面上产生的最大剪应力设计值；

$M_{\text{unb,x}}$、$M_{\text{unb,y}}$——竖向荷载、水平荷载引起对临界截面周长重心处 x 轴、y 轴方向的不平衡弯矩设计值，可按式（9-3）或式（9-4）同样的方法确定；

　　α_{0x}、α_{0y}——x 轴、y 轴的计算系数，按第 2 条和第 3 条确定；

　　I_{cx}、I_{cy}——对 x 轴、y 轴按临界截面计算的类似极惯性矩，按第 2 条和第 3 条确定；

　　a_x、a_y——最大剪应力 τ_{max} 作用点至 x 轴、y 轴的距离。

（3）当考虑不同的荷载组合时，应取其中的较大值作为板柱节点受冲切承载力计算用的等效集中反力设计值。

2. 板柱节点考虑受剪传递单向不平衡弯矩的受冲切承载力计算中，与等效集中反力设计值 $F_{l,\text{eq}}$ 有关的参数和如图 9-8 所示的几何尺寸，可按下列公式计算：

（1）中柱处临界截面的类似极惯性矩、几何尺寸及计算系数可按下列公式计

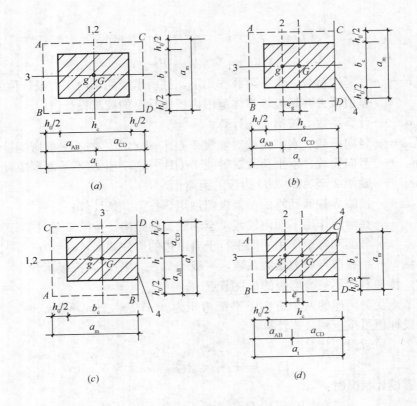

图 9-8　矩形柱及受冲切承载力计算的几何参数

(a) 中柱截面；(b) 边柱截面（弯矩作用平面垂直于自由边）；

(c) 边柱截面（弯矩作用平面平行于自由边）；(d) 角柱截面

1—通过柱截面重心 G 的轴线；2—通过临界截面周长

重心 g 的轴线；3—不平衡弯矩作用平面；4—自由边

算 [图 9-8 (a)]：

$$I_c = \frac{h_0 a_t^3}{6} + 2h_0 a_m \left(\frac{a_t}{2}\right)^2$$

$$a_{AB} = a_{CD} = \frac{a_t}{2}$$

$$e_g = 0$$

$$\alpha_0 = 1 - \frac{1}{1 + \frac{2}{3}\sqrt{\frac{h_c + h_0}{b_c + h_0}}}$$

（2）边柱处临界截面的类似极惯性矩、几何尺寸及计算系数可按下列公式

计算：

1）弯矩作用平面垂直于自由边 [图 9-8 (b)]

$$I_c = \frac{h_0 a_t^3}{6} + h_0 a_m a_{AB}^2 + 2h_0 a_t \left(\frac{a_t}{2} - a_{AB}\right)^2$$

$$a_{AB} = \frac{a_t^2}{a_m + 2a_t}$$

$$a_{CD} = a_t - a_{AB}$$

$$e_g = a_{CD} - \frac{h_c}{2}$$

$$\alpha_0 = 1 - \frac{1}{1 + \frac{2}{3}\sqrt{\frac{h_c + h_0/2}{b_c + h_0}}}$$

2）弯矩作用平面平行于自由边〔图 9-8 (c)〕

$$I_c = \frac{h_0 a_t^3}{12} + 2h_0 a_m \left(\frac{a_t}{2}\right)^2$$

$$a_{AB} = a_{CD} = \frac{a_t}{2}$$

$$e_g = 0$$

$$\alpha_0 = 1 - \frac{1}{1 + \frac{2}{3}\sqrt{\frac{h_c + h_0}{b_c + h_0/2}}}$$

（3）角柱处临界截面的类似极惯性矩、几何尺寸及计算系数可按下列公式计算〔图 9-8 (d)〕：

$$I_c = \frac{h_0 a_t^3}{12} + h_0 a_m a_{AB}^2 + h_0 a_t \left(\frac{a_t}{2} - a_{AB}\right)^2$$

$$a_{AB} = \frac{a_t^2}{2(a_m + a_t)}$$

$$a_{CD} = a_t - \alpha_{AB}$$

$$e_g = a_{CD} - \frac{h_c}{2}$$

$$\alpha_0 = 1 - \frac{1}{1 + \frac{2}{3}\sqrt{\frac{h_c + h_0/2}{b_c + h_0/2}}}$$

3. 在按式（9-5）至式（9-7）进行板柱节点考虑传递双向不平衡弯矩的受冲切承载力计算中，如将第 2 条的规定视作 x 轴（或 y 轴）的类似极惯性矩、几何尺寸及计算系数，则与其相应的 y 轴（或 x 轴）的类似极惯性矩，几何尺寸及计算系数，可将前述的 x 轴（或 y 轴）的相应参数进行置换确定。

4. 当边柱、角柱部位有悬臂板时，临界截面周长可计算至垂直于自由边的板端处，按此计算的临界截面周长应与按中柱计算的临界截面周长相比较，并取两者中的较小值。在此基础上，应按第 2 条和第 3 条的原则，确定板柱节点考虑受剪传递不平衡弯矩的受冲切承载力计算所用等效集中反力设计值 $F_{l,\mathrm{eq}}$ 的有关参数。

5. 楼板在局部荷载或无梁楼板集中反力作用下不配置箍筋或弯起钢筋时，其受冲切承载力应符合下列规定（图 9-9）：

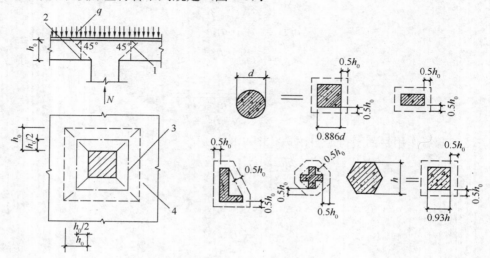

图 9-9　板受冲切承载力计算
1—冲切破坏锥体的斜截面；2—临界截面；3—临界截面的周长；
4—冲切破坏锥体的底面线

持久、短暂设计状况：

$$F_l \leqslant (0.7\beta_{\mathrm{h}} f_{\mathrm{t}} + 0.25\sigma_{\mathrm{pc,m}})\eta u_{\mathrm{m}} h_0 = \beta_{\mathrm{h}}\eta F_1 + 0.25\sigma_{\mathrm{pc,m}}\eta u_{\mathrm{m}} h_0 \quad (9\text{-}8)$$

地震设计状况：

$$F_l \leqslant 0.7\beta_{\mathrm{h}} f_{\mathrm{t}} \eta u_{\mathrm{m}} h_0 / \gamma_{\mathrm{RE}} = \beta_{\mathrm{h}}\eta F_1 / \gamma_{\mathrm{RE}} \quad (9\text{-}9)$$

式（9-8）、式（9-9）中的系数 η，应按下列两个公式计算，并取其中较小值：

$$\eta_1 = 0.4 + \frac{1.2}{\beta_{\mathrm{s}}}$$

$$\eta_2 = 0.5 + \frac{\alpha_{\mathrm{s}} h_0}{4 u_{\mathrm{m}}}$$

式中　F_l——局部荷载设计值或集中反力设计值；对板柱结构的节点，取柱所承受的轴向压力设计值的层间差值减去冲切破坏锥体范围内板所承受的荷载设计值；当有不平衡弯矩时，应按第 1 条的规定确定；

β_{h}——截面高度影响系数；当 $h \leqslant 800\mathrm{mm}$ 时，取 $\beta_{\mathrm{h}} = 1.0$；当 $h \geqslant 2000\mathrm{mm}$ 时，取 $\beta_{\mathrm{h}} = 0.9$，其间按线性内插法取用；

f_{t}——混凝土轴心抗拉强度设计值；

$\sigma_{\mathrm{pc,m}}$——临界截面周长上两个方向混凝土有效预压应力按长度的加权平均值，其值宜控制在 $1.0 \sim 3.5 \text{N/mm}^2$ 范围内；

u_m——临界截面的周长：距离局部荷载或集中反力作用面积周边 $h_0/2$ 处板垂直截面的最不利周长；

h_0——截面有效高度，取两个配筋方向的截面有效高度的平均值；

η_1——局部荷载或集中反力作用面积形状的影响系数；

η_2——临界截面周长与板截面有效高度之比的影响系数；

β_s——局部荷载或集中反力作用面积为矩形时的长边与短边尺寸的比值，β_s 不宜大于 4；当 $\beta_s < 2$ 时，取 $\beta_s = 2$；当面积为圆形时，取 $\beta_s = 2$；

α_s——板柱结构中柱类型的影响系数：对中柱，取 $\alpha_s = 40$；对边柱，取 $\alpha_s = 30$；对角柱，取 $\alpha_s = 20$；

F_1——见表 9-7。

6. 当板开有孔洞且孔洞至局部荷载或集中反力作用面积边缘的距离不大于 $6h_0$ 时，受冲切承载力计算中取用的临界截面周长 u_m，应扣除局部荷载或集中反力作用面积中心至开孔外边画出两条切线之间所包含的长度（图 9-10）。

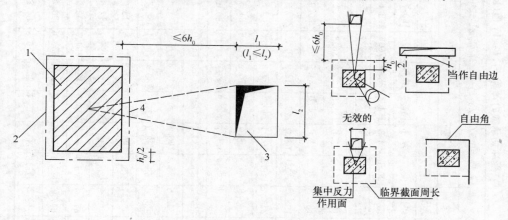

图 9-10　邻近孔洞时的临界截面周长

1—局部荷载或集中反力作用面；2—临界截面周长；3—孔洞；4—应扣除的长度

注：当图中 $l_1 > l_2$ 时，孔洞边长 l_2 用 $\sqrt{l_1 l_2}$ 代替。

7. 在局部荷载或集中反力作用下，当受冲切承载力不满足第 5 条的要求且板厚受到限制时，可配置箍筋或弯起钢筋。此时，受冲切截面应符合下列条件：

持久、短暂设计状况

$$F_l \leqslant 1.2 f_t \eta u_m h_0 = \eta F_3$$

地震设计状况

$$F_l \leqslant 1.2 f_t \eta u_m h_0 / \gamma_{RE} = \eta F_3 / \gamma_{RE}$$

配置箍筋或弯起钢筋的板，其受冲切承载力应符合下列规定：

受冲切承载力计算 F_1、F_2、F_3 值（kN）

表 9-7

$F_1=0.7f_tu_mh_0$，$F_2=0.5f_tu_mh_0$，$F_3=1.2f_tu_mh_0$　式中 $u_m=1000mm=1m$

板厚(mm)		C20			C25			C30			C35			C40			C45			C50		
h	h_0	F_1	F_2	F_3	F_1	F_2	F_3	F_1	F_2	F_3	F_1	F_2	F_3	F_1	F_2	F_3	F_1	F_2	F_3	F_1	F_2	F_3
100	80	61.6	44.0	105.6	71.1	50.8	121.9	80.1	57.1	137.2	87.9	62.8	150.7	95.8	68.4	164.1	100.8	72.0	172.8	105.8	75.6	181.5
110	90	69.3	49.4	118.7	80.0	57.1	137.1	90.1	64.3	154.4	98.9	70.6	169.6	107.7	77.0	184.7	113.4	81.0	194.4	119.1	85.0	204.1
120	100	77.0	55.0	132.0	88.9	63.4	152.3	100.1	71.4	171.5	109.9	78.4	188.5	119.7	85.4	205.1	126.0	90.0	216.0	132.3	94.4	226.7
130	110	84.7	60.4	145.1	97.8	69.8	167.6	110.1	78.6	188.8	120.9	86.3	207.2	131.7	94.0	225.7	138.6	99.0	237.6	145.5	104.0	249.5
140	120	92.4	66.0	158.4	106.7	76.1	182.8	120.1	85.8	205.9	131.9	94.1	226.0	143.6	102.6	246.3	151.2	108.0	259.2	158.8	113.4	272.1
150	130	100.1	71.4	171.5	115.6	82.6	198.0	130.1	93.0	223.1	142.9	102.0	245.9	155.6	111.1	266.7	163.8	117.0	280.8	172.0	122.8	294.8
160	140	107.8	77.0	184.8	124.5	88.8	213.4	140.1	100.1	240.2	153.9	109.8	263.8	167.6	119.7	287.3	176.4	126.0	302.4	185.2	132.3	317.5
180	160	123.2	88.0	211.2	142.2	101.6	243.9	160.2	114.4	274.5	175.8	125.6	301.5	191.5	136.8	328.3	201.6	144.0	345.6	211.7	151.1	362.8
200	180	138.6	99.0	237.6	160.0	114.3	274.3	180.2	128.7	308.9	197.8	141.3	339.1	215.5	153.8	369.4	226.8	162.0	388.8	238.1	170.1	408.2
220	195	150.1	107.3	257.4	173.3	123.8	297.1	195.2	139.4	334.6	214.3	153.0	267.3	233.4	166.7	400.1	245.7	175.4	421.1	258.0	184.3	442.3
250	225	173.2	123.7	297.1	200.0	142.8	342.8	225.2	160.8	386.0	247.3	176.6	421.9	269.3	192.4	461.7	283.5	202.4	485.9	297.7	212.6	510.3
280	255	196.3	140.3	336.6	226.7	161.8	388.6	255.2	182.3	437.6	280.2	200.1	480.4	305.2	218.0	523.2	321.3	229.4	550.7	337.4	241.0	578.3
300	275	211.7	151.4	363.0	244.5	174.6	419.1	275.3	196.6	471.9	302.2	215.8	518.0	329.2	235.1	564.3	346.5	247.4	593.9	363.8	259.8	623.6
350	325	250.2	178.7	429.0	288.9	206.4	495.3	325.3	232.4	557.7	357.2	255.1	612.3	389.0	277.8	666.8	409.5	292.4	701.9	430.0	307.1	737.1
400	375	288.7	206.3	495.0	333.4	238.1	571.4	375.4	268.1	643.5	412.1	294.4	706.5	448.9	320.6	769.5	472.5	337.4	809.9	496.1	354.4	850.5
450	425	327.2	233.7	561.0	377.8	269.8	647.6	425.4	303.8	729.2	467.1	333.6	800.7	508.7	363.4	872.1	535.5	382.4	917.8	562.2	401.6	964.9
500	475	365.7	261.9	627.0	422.3	301.6	723.9	475.5	339.6	815.1	522.0	376.8	894.8	568.6	406.1	974.7	598.5	427.4	1025.9	628.4	448.8	1077.2

（1）当配置箍筋时

持久、短暂设计状况

$$F_l \leqslant (0.5f_t + 0.25\sigma_{pc,m})\eta u_m h_0 + 0.8f_{yv}A_{svu}$$
$$= \eta F_2 + 0.25\sigma_{pc,m}\eta u_m h_0 + 0.8f_{yv}A_{svu} \tag{9-10}$$

地震设计状况

$$F_l \leqslant (0.5f_t\eta u_m h_0 + 0.8f_{yv}A_{svu})/\gamma_{RE}$$
$$= (\eta F_2 + 0.8f_{yv}A_{svu})/\gamma_{RE} \tag{9-11}$$

F_2、F_3 见表 9-7。

（2）当配置弯起钢筋时（无地震作用组合）

$$F_l \leqslant (0.5f_t + 0.25\sigma_{pc,m})\eta u_m h_0 + 0.8f_y A_{sbu}\sin\alpha$$

式中　A_{svu}——与呈 45°冲切破坏锥体斜截面相交的全部箍筋截面面积；

　　　A_{sbu}——与呈 45°冲切破坏锥体斜截面相交的全部弯起钢筋截面面积；

　　　α——弯起钢筋与板底面的夹角。

板中配置的抗冲切箍筋或弯起钢筋，应符合《混凝土规范》9.1.11 条的构造规定及本章【禁忌 5】的要求。

对配置抗冲切钢筋的冲切破坏锥体以外的截面，尚应按第 5 条的要求进行受冲切承载力计算，此时，u_m 应取配置抗冲切钢筋的冲切破坏锥体以外 0.5h_0 处的最不利周长。

注：当有可靠依据时，也可配置其他有效形式的抗冲切钢筋（如工字钢、槽钢、抗剪锚栓和扁钢 U 形箍等）。

【禁忌 5】　不重视构造的有关规定

【正】　1. 无梁楼板的抗剪钢筋，一般采用闭合箍筋、弯起钢筋和型钢，其构造要求如图 9-11 所示。箍筋直径不应小于 8mm，间距不应大于 $h_0/3$，肢距不大于 200mm，弯起钢筋可由一排或两排组成，弯起角度可根据板的厚度在 30°～45°之间选取，弯起钢筋的倾斜段应与冲切破坏锥体斜截面相交，其交点应在离集中反力作用面积周边以外 $h/2$～$2h/3$ 的范围内，弯起钢筋直径应不小于 12mm，且每一方向应不少于 3 根。

2. 无梁楼盖的柱上板带和跨中板带的配筋布置如图 9-12 所示。

3. 有抗震设防的板柱-剪力墙结构，沿外边缘各柱之间必须设梁，边缘梁截面的抗弯刚度 $E_c I_b$ 可考虑部分翼缘，其翼缘宽度如图 9-13（a）所示，板截面的抗弯刚度 $E_c I_s = E_c\left(\text{板宽}\times\dfrac{h^3}{12}\right)$，板宽取值如图 9-13（$b$）所示，要求梁、板刚度比 α 不应小于 0.8，即

$$\alpha = E_c I_b / E_c I_s \leqslant 0.8$$

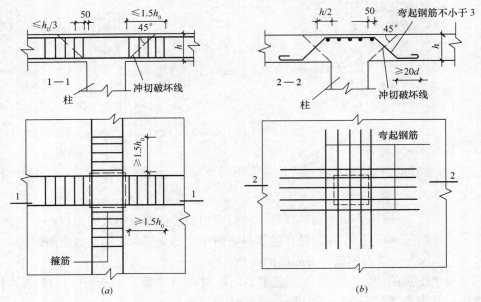

图 9-11　板中抗冲切钢筋布置

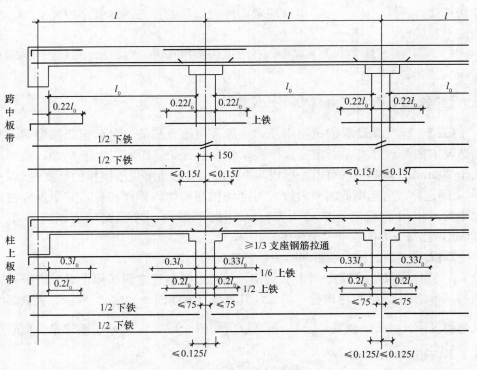

图 9-12　无梁楼盖配筋

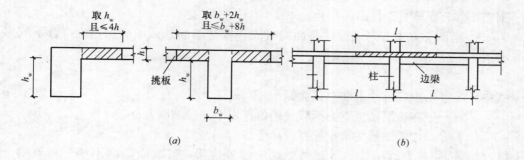

图 9-13 边缘梁翼缘及板宽取值

(a) 边梁翼缘宽度；(b) 板宽度

4. 围绕节点向外扩展到不需要配箍筋的位置，定义为临界截面（图 9-14），临界截面处求得集中反力设计值应满足式（9-8）、式（9-9）的要求，式中 u_m 值取临界截面的周长。冲切截面至临界截面之间的剪力均由双向暗梁承担，暗梁宽度取柱宽 b_c 及柱两侧各 $1.5h$（h 为板厚），暗梁箍筋应满足式（9-10）、式（9-11）的要求。当冲切面以外按式（9-10）、式（9-11）计算不需要配箍筋时，暗梁应设置构造箍筋，并应采用封闭箍筋，4 肢箍，直径不小于 8mm，间距不大于 300mm（图 9-15）。暗梁从柱面伸出长度不宜小于 $3.5h$ 范围，应采用封闭箍筋，间距不宜大于 $h/3$，肢距不宜大于 200mm，箍筋直径不宜小于 8mm。

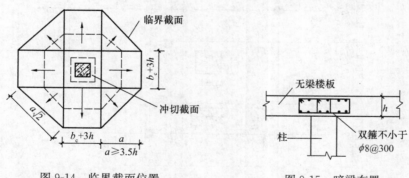

图 9-14 临界截面位置　　　　　　图 9-15 暗梁布置

5. 边缘框架梁因等代框架跨中板带边支座负弯矩而产生的扭矩，应按《混凝土规范》第 6 章 6.4 节及本书第 5 章进行扭曲截面承载力计算。

6. 无柱帽平板宜在柱上板带中设构造暗梁，暗梁宽度可取柱宽及柱两侧各不大于 1.5 倍板厚。暗梁支座上部钢筋面积应不小于柱上板带钢筋面积的 50%，暗梁下部钢筋不宜少于上部钢筋的 1/2。暗梁的构造箍筋应配置成四肢箍，直径应不小于 8mm，间距应不大于 300mm（图 9-15）。与暗梁相垂直的板底钢筋应置于暗梁下钢筋之上。

7. 无柱帽柱上板带的板底钢筋，宜在距柱面为 2 倍纵筋锚固长度以外搭接，钢筋端部宜有垂直于板面的弯钩。

8. 沿两个方轴方向通过柱截面的板底连续钢筋的总截面面积，应符合下式要求：

$$A_s \geqslant N_G / f_y$$

式中　A_s——板底连续钢筋总截面面积；

　　　N_G——在该层楼板重力荷载代表值作用下的柱轴压力；

　　　f_y——楼板钢筋的抗拉强度设计值。

9. 板柱-剪力墙结构的无梁楼盖，应设置边梁，其截面高度不小于板厚的 2.5 倍。边梁在竖向荷载作用下的弯矩和剪力，应根据直接作用在其上荷载及板带所传递的荷载进行计算。边梁的扭矩计算较困难，故板在边梁可按半刚接或铰接，考虑扭矩影响一般应按构造配置受扭箍筋，箍筋的直径和间距应按竖向荷载与水平力作用下的剪力组合值计算确定，且直径应不小于 8mm，间距不大于 200mm。

10. 无梁楼板上如需要开洞时，应满足受剪承载力的要求，且应符合图 9-16 的要求。各洞边加筋应与洞口被切断的钢筋截面面积相等。

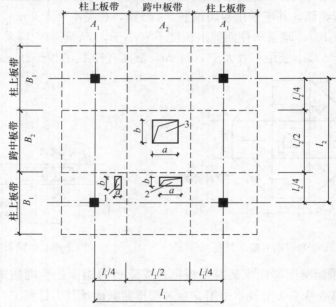

图 9-16　无梁楼板开洞要求

注：洞 1：$a \leqslant A_1 / 8$ 且 $\leqslant a_c / 4$，$b \leqslant B_1 / 4$ 且 $\leqslant b_c / 4$；其中，a_c 和 b_c 为相应方向
　　的柱宽度；

　　洞 2：$a \leqslant A_2 / 4$ 且 $b \leqslant B_1 / 4$；

　　洞 3：$a \leqslant A_2 / 2$ 且 $b \leqslant B_2 / 2$。

11. 设有平托板式柱帽时，平托板的钢筋应按柱上板带柱边正弯矩计算确定，按构造不小于 $\phi 10@150$ 双向，有抗震设防时，钢筋应锚入板内（图 9-17）。

12. 设有平托板式柱帽时，可将柱上板带支座弯矩 $M'_\text{支}$ 按以下折算成 $M''_\text{支}$，然后按平托板处有效高度 h'_0 计算柱上板带支座配筋，平托板以外的柱上板带支座配筋同跨中板带支座配筋（图 9-18），相应弯矩调整为：

$$M''_\text{支} = M'_\text{支}\left(\frac{L_1}{B_1}\right) - \left(\frac{L_1 - B_1}{L_2}\right)M_\text{支} \quad (9-12)$$

$$M''_\text{中} = M'_\text{中}\left(\frac{L_1}{B_1}\right) - \left(\frac{L_1 - B_1}{L_2}\right)M_\text{中} \quad (9-13)$$

式中 $M''_\text{支}$、$M''_\text{中}$——调整后的柱上板带支座弯矩和跨中弯矩；

     $M'_\text{支}$、$M'_\text{中}$——调整前的柱上板带支座弯矩和跨中弯矩；

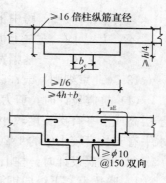

图 9-17 平托板配筋

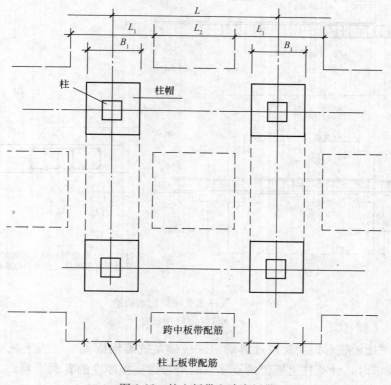

图 9-18 柱上板带和跨中板带

413

$M_支$、$M_中$——跨中板带的支座弯矩和跨中弯矩；

L_1、L_2——柱上板带和跨中板带的宽度；

B_1——柱帽宽度。

13. 《北京细则》5.7.5条规定：

(1) 抗震设计时，剪力墙墙厚对一、二级底部加强部位应≥200mm，且不小于层高或水平有支长度较小值的1/16；其他部位应≥160mm，且不小于层高或水平有支长度较小值的1/20。

(2) 抗震设计时，柱上板带暗梁配筋满足计算要求外，还应符合：

1) 暗梁上、下纵向钢筋应分别取柱上板带上下钢筋总截面面积的50%，且下部钢筋不宜小于上部钢筋的1/2。暗梁纵向钢筋应全跨拉通，其直径宜大于暗梁以外板带钢筋的直径，但不应大于相应柱截面边长的1/20。

2) 暗梁的箍筋，至少应配置四肢箍，直径不小于8mm，间距≤300mm。

在暗梁梁端≥2.5h范围内应设箍筋加密区，加密区箍筋间距为h/2与100mm的较小值（图9-19）。

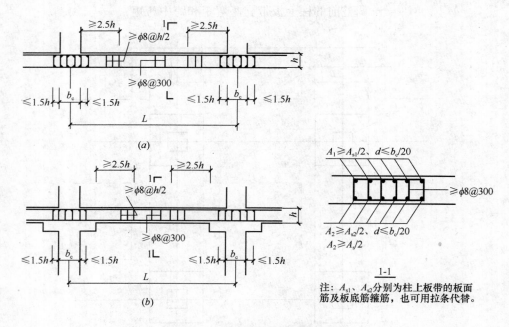

图 9-19　板柱体系暗梁配筋构造

(a) 无柱帽；(b) 有柱帽

3) 平托板底部钢筋应按计算确定并应满足抗震锚固要求。当平托板满足图9-20的要求时，计算柱上板带的支座筋时可考虑托板厚度的有利影响。

4) 双向板带配筋时，应考虑两个方向钢筋的实际有效高度。

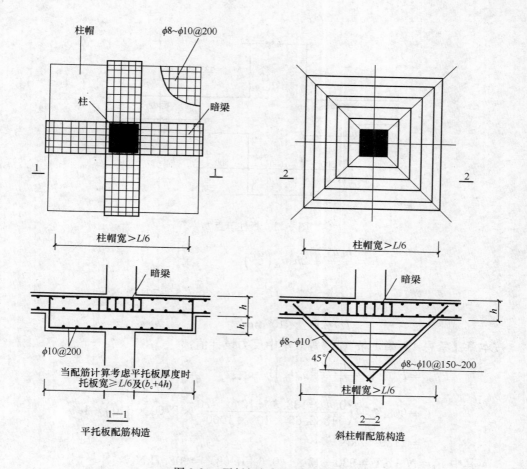

图 9-20 平托板与斜柱帽配筋构造

【例 9-1】 某板柱-剪力墙结构的楼层中柱，所承受的轴向压力设计值层间差值 $N=930\text{kN}$，板所承受的荷载设计值 $q=13\text{kN/m}^2$，水平地震作用节点不平衡弯矩 $M_{\text{unb}}=133.3\text{kN·m}$，楼板设置平托板（图 9-21），混凝土强度等级 C30，$f_t=1.43\text{N/mm}^2$，中柱截面 $600\text{mm}\times600\text{mm}$，计算等效集中反力设计值并进行抗冲切承载力验算，抗震等级一级。

解: (1) 验算平托板冲切承载力，已知平托板 $h_0=340\text{mm}$，$u_m=4\times940=3760\text{mm}$，$h_c=b_c=600\text{mm}$，$a_t=a_m=940\text{mm}$，$a_{\text{AB}}=a_{\text{CD}}=\dfrac{a_t}{2}=470\text{mm}$，$e_g=0$，于是得 $\alpha_0=1-\dfrac{1}{1+\dfrac{2}{3}\sqrt{\dfrac{h_c+h_0}{b_c+h_0}}}=0.4$，根据本章 **【禁忌 4】** 第 2 条 (1) 得中柱临界截面极惯性矩为:

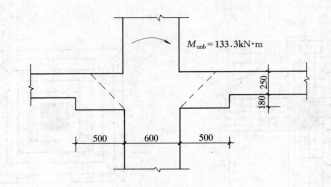

图 9-21　板柱节点

$$I_c = \frac{h_0 a_t^3}{6} + 2h_0 a_m \left(\frac{a_t}{2}\right)^2$$

$$= \frac{340 \times 940^3}{6} + 2 \times 340 \times 940 \times 470^2$$

$$= 1882.65 \times 10^8 \text{mm}^4$$

按本章【禁忌 4】第 1 条（1）等效集中反力设计值：

$$F_{l,\text{eq}} = F_l + \left(\frac{\alpha_0 M_{\text{unb}} a_{\text{AB}}}{I_c} u_m h_0\right)\eta_{\text{vb}}$$

$$= 908.7 + \left(\frac{0.4 \times 133.3 \times 10^6 \times 470}{1882.65 \times 10^8 \times 1000} \times 3760 \times 340\right) \times 1.3$$

$$= 1129.92 \text{kN}$$

其中 $F_l = N - qA' = 930 - 13 \times (0.6 + 0.68)^2 = 908.7 \text{kN}$。

按本章式（9-9）验算冲切承载力：

$$F_{l,\text{eq}} = 1129.92 \text{kN} \leqslant \frac{1}{\gamma_{\text{RE}}} 0.7 f_t u_m h_0 = [F_l]$$

$$[F_l] = \frac{1}{0.85} 0.7 \times 1.43 \times 3760 \times 340/1000$$

$$= 1505.50 \text{kN} \quad \text{满足要求}$$

本例中 $\beta_h = 1$，$\eta_1 = 1$，$\eta_2 = 1.4$，故取 $\eta = 1$。

利用表 9-7，当 $h_0 = 340 \text{mm}$ 时，由表中 $h_0 = 325 \text{mm}$ 和 $h_0 = 375 \text{mm}$，C30 插入得 $F_l = 340.33 \text{kN}$，代入后得：

$$[F_l] = 3760 F_l / 1000 \gamma_{\text{RE}}$$

$$= 3.76 \times 340.33 / 0.85$$

$$= 1505.46 \text{kN}$$

（2）验算平托板边冲切承载力，已知楼板 $h_0 = 230 \text{mm}$，$u_m = 4(1.6 + 0.23)$

$= 7.32\text{m} = 7320\text{mm}$，$\alpha_0 = 0.4$，$a_m = a_t = 1830\text{mm}$，$a_{AB} = a_{CD} = \dfrac{a_t}{2} = 915\text{mm}$，$e_g = 0$，于是得临界截面极惯性矩为：

$$I_c = \frac{230 \times 1830^3}{6} + 2 \times 230 \times 1830 \times 915^2 = 9.4 \times 10^{11}\text{mm}^4$$

$$F'_l = 930 - 2.06^2 \times 13 = 874.83\text{kN}$$

$$F'_{l,eq} = 874.83 + \left(\frac{0.4 \times 133.3 \times 10^6 \times 915}{9.4 \times 10^{11} \times 1000} \times 7320 \times 230\right) \times 1.3 = 962.21\text{kN}$$

$$\eta_1 = 1, \eta_2 = 0.5 + \frac{420 \times 230}{4 \times 7320} = 0.814$$

按式（9-9）验算冲切承载力：

$$[F_l] = \frac{1}{0.85} \times 0.7 \times 1.43 \times 7320 \times 230 \times 0.814/1000 = 1613.91\text{kN} > F'_{l,eq} \quad 满足要求$$

（3）在平托板边已满足式（9-9）的要求后，在距暗梁边 $3.5h = 875\text{mm}$ 临界截面必定满足式（9-9），因此，在暗梁从柱面起 875mm 范围配置 $6\phi8@80$ 箍筋，往外暗梁箍筋按构造为 $4\phi8@300$（图 9-22）。

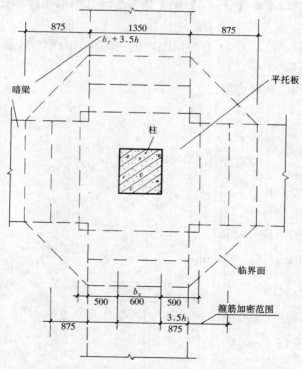

图 9-22　平托板、暗梁节点平面

【例 9-2】 某地下车库，柱距为 8.1m×8.1m，顶板采用无梁楼盖，不考虑抗震设防，顶板厚度为 400mm，柱子 700mm×700mm，平托板柱帽 2800mm×2800mm，厚 450mm，混凝土强度等级为 C40，钢筋采用 HRB400，顶板上方填土厚度 3m 作为花园（图 9-23）。

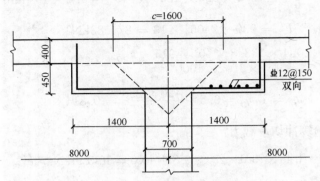

图 9-23 平托板柱帽

要求：按经验系数法计算柱上板带及跨中板带弯矩，验算中柱柱帽冲切承载力，采用一般方法与本章【禁忌 3】第 1 条方法计算中部某跨的配筋，并对钢筋用量进行比较。

解：混凝土 C40，$f_t = 1.71\text{MPa}$，$f_c = 19.1\text{MPa}$，钢筋 HRB400，$f_y = 360\text{MPa}$。

（1）地下室顶荷载设计值

花园活载 $10 \times 1.4 \times 0.7 = 9.8\text{kN/m}^2$

$$\left.\begin{array}{l} 填土 \ 18 \times 3 = 54 \\ 防水 \qquad 1.5 \\ 风道等 \quad 0.4 \\ 顶板 \ 25 \times 0.4 = 10 \end{array}\right\} 65.9 \times 1.35 = 88.97\text{kN/m}^2$$

合计 $9.8 + 88.97 = 98.77\text{kN/m}^2$

（2）柱帽冲切承载力验算

柱帽 $h = 850\text{mm}$，$h_0 = 810\text{mm}$

$$F_l = 8.1^2 \times 98.77 - (0.7 + 2 \times 0.81)^2 \times 98.77 = 5948.68\text{kN}$$

$$u_m = (810 + 700) \times 4 = 6040\text{mm}, \beta_h = 1.0, \eta = 1.0$$

$$[F_l] = 0.7\beta_h f_t \eta u_m h_0$$

$$= 0.7 \times 1.0 \times 1.71 \times 1 \times 6040 \times 810/1000$$

$$= 5846.20\text{kN} < F_l, 仅差 1.6\%, 基本满足。$$

柱帽外，$F_l = [8.1^2 - (2.8+0.72)^2] \times 98.77 = 5256.50\text{kN}$

$$u_m = (360+2800) \times 4 = 12640\text{mm}$$

$[F_l] = 0.7 \times 1.0 \times 1.71 \times 1 \times 12640 \times 360/1000 = 5446.83\text{kN} > F_l$

（3）弯矩计算

x 方向和 y 方向因为柱距相等，各弯矩相同，总弯矩设计值为：

$$M_0 = \frac{1}{8}ql_y\left(l_x - \frac{2}{3}c\right)^2$$

$$= \frac{1}{8}98.77 \times 8.1\left(8.1 - \frac{2}{3} \times 1.6\right)^2$$

$$= 4947.01\text{kN} \cdot \text{m}$$

柱上板带和跨中板带的弯矩系数按表9-3。

柱上板带：支座弯矩 $M'_支 = 0.5 \times 4947.01 = 2473.5\text{kN} \cdot \text{m}$

跨中弯矩 $M'_中 = 0.18 \times 4947.01 = 890.46\text{kN} \cdot \text{m}$

跨中板带：支座弯矩 $M_支 = 0.17 \times 4947.01 = 840.99\text{kN} \cdot \text{m}$

跨中弯矩 $M_中 = 0.15 \times 4947.01 = 742.05\text{kN} \cdot \text{m}$

当按式（9-12）、式（9-13）计算调整后弯矩为：

$$M''_支 = M'_支\left(\frac{L_1}{B_1}\right) - \left(\frac{L_1 - B_1}{L_2}\right)M_支$$

$$= 2473.5\left(\frac{4.05}{2.8}\right) - \left(\frac{4.05 - 2.8}{4.05}\right)840.99$$

$$= 3318.18\text{kN} \cdot \text{m}$$

$$M''_中 = M'_中\left(\frac{L_1}{B_1}\right) - \left(\frac{L_1 - B_1}{L_2}\right)M_中$$

$$= 890.46\left(\frac{4.05}{2.8}\right) - \left(\frac{4.05 - 2.8}{4.05}\right)742.05$$

$$= 1058.97\text{kN} \cdot \text{m}$$

（4）配筋计算

配筋计算按本书第 5 章【禁忌 13】第 5 条手算方法，$\alpha_s = \dfrac{M}{f_c bh_0^2}$，$\xi = 1 - \sqrt{1-2\alpha_s}$，$\gamma_s = \dfrac{\alpha_s}{\xi}$，$A_s = \dfrac{M}{f_y \gamma_s^2 h_0}$。

①采用一般方法计算：

柱上板带：支座 $\alpha_s = \dfrac{2473.5 \times 10^6}{19.1 \times 4050 \times 360^2} = 0.247$，$\gamma_s = 0.855$

$$A_s = \dfrac{2473.5 \times 10^6}{360 \times 0.855 \times 360 \times 4.05} = 5511.7 \text{mm}^2/\text{m} \quad \Phi 28@110$$

跨中 $\alpha_s = \dfrac{890.46 \times 10^6}{19.1 \times 4050 \times 360^2} = 0.089$，$\gamma_s = 0.953$

$A_s = 1780.17 \text{mm}^2/\text{m} \quad \Phi 16@110$

跨中板带：支座 $\alpha_s = \dfrac{840.99 \times 10^6}{18.1 \times 4050 \times 360^2} = 0.084$，$\gamma_s = 0.955$

$A_s = 1677.75 \text{mm}^2/\text{m} \quad \Phi 20@180$

跨中 $\alpha_s = \dfrac{742.05 \times 10^6}{19.1 \times 4050 \times 360^2} = 0.074$，$\gamma_s = 0.961$

$A_s = 1471.13 \text{mm}^2/\text{m} \quad \Phi 18@180$

②采用本章【禁忌 4】第 12 条方法计算得到支座及跨中弯矩后的配筋：

柱上板带：支座 $\alpha_s = \dfrac{3318.18 \times 10^6}{19.1 \times 2800 \times 810^2} = 0.095$，$\gamma_3 = 0.95$

$$A_s = \dfrac{3318.18 \times 10^6}{360 \times 0.95 \times 810 \times 2.8} = 4277.9 \text{mm}^2/\text{m} \quad \Phi 25@120$$

跨中 $\alpha_s = \dfrac{1058.97 \times 10^6}{19.1 \times 2800 \times 360^2} = 0.153$，$\gamma_s = 0.916$

$A_s = 3185.85 \text{mm}^2/\text{m} \quad \Phi 22@120$

跨中板带同一般方法，布筋范围宽为 5.1m。

（5）布置钢筋

如图 9-24 所示，按本章【禁忌 4】第 12 条方法，因为柱上板带支座配筋按柱帽有效高度计算，相比一般方法可节省钢筋约 13%。

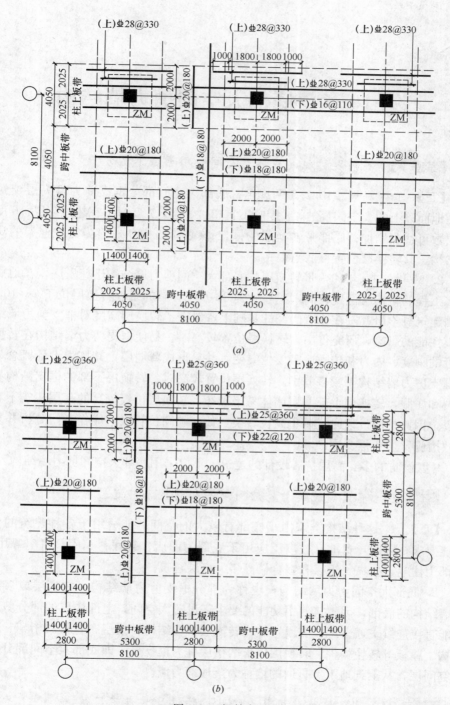

图 9-24 钢筋布置

(a) 一般方法计算；(b) 优化计算

第 10 章　底部大空间剪力墙结构

【正】　1.《高规》10.2.5 条规定：底部大空间部分框支剪力墙高层建筑结构在地面以上的大空间层数，8 度时不宜超过 3 层，7 度时不宜超过 5 层，6 度时其层数可适当增加；底部带转换层的框架-核心筒结构和外筒为密柱框架的筒中筒结构，其转换层位置可适当提高。

2. 20 世纪 90 年代，带转换层的底部大空间剪力墙结构迅速发展，在地震区许多工程的转换层位置较高，一般做到 3～6 层，有的工程转换层位于 7～10 层。中国建筑科学研究院在原有研究的基础上，研究了转换层高度对框支剪力墙结构抗震性能的影响，研究得出，转换层位置较高时，易使框支剪力墙结构在转换层附近的刚度、内力和传力途径发生突变，并易形成薄弱层，其抗震设计概念与底层框支剪力墙结构有较多差别。转换层位置较高时，转换层下部的框支结构易于开裂和屈服，转换层上部几层墙体易于破坏。转换层位置较高的高层建筑不利于抗震，因此抗震设计时宜避免高位转换，如必须高位转换，应作专门分析并采取有效措施，避免框支层破坏。

9 度设防的多、高层抗震设计的建筑，不应采用底部大空间剪力墙结构。

【正】　1. 这种结构类型由于底部有较大的空间，能适用于各种建筑的使用功能要求，因此，目前已被广泛应用于底部为商店、餐厅、车库、机房等用途，上部为住宅、公寓、饭店和综合楼等多、高层建筑。

2. 底部大空间剪力墙结构，也称为部分框支剪力墙结构，在高层或多层剪力墙结构的底部，因建筑使用功能的要求需设置大空间，上部楼层的部分剪力墙不能直接连续贯通落地，需设置结构转换层，在结构转换层布置梁、桁架、箱形结构、厚板等转换构件。转换层以下的楼层称为框支层，即底部大空间部分框支大空间层，从上到地下室贯通的墙称为落地剪力墙。

【正】　底部大空间剪力墙结构属于复杂建筑结构，从事此类结构设计人员必须熟悉和掌握《高规》的有关重要规定，其设计要点见表 10-1。

底部大空间剪力墙结构设计要点

表 10-1

分　项	规　定　内　容
厚板转换范围（《高规》第 10.2.4 条）	非抗震设计和 6 度抗震设计可采用，7、8 度抗震设计的地下室可采用
底部地面以上大空间层数（《高规》第 10.2.5 条）	8 度时不宜超过 3 层，7 度时不宜超过 5 层，6 度时其层数可适当增加
侧向刚度比、长矩形平面落地剪力墙间距、落地剪力墙与相邻框支柱的距离（《高规》第 10.2.16 条）	转换层上部结构与下部结构的侧向刚度比应符合《高规》附录 E 的规定； 落地剪力墙的间距 l：非抗震设计 $l \leqslant 3B$ 且 $l \leqslant 36$m；抗震设计时，底部为 1~2 层：$l \leqslant 2B$ 且 $l \leqslant 24$m，底部为 3 层及 3 层以上：$l \leqslant 1.5B$ 且 $l \leqslant 20$m，B 为楼盖宽度； 落地剪力墙与相邻框支柱的距离，1~2 层框支层不宜大于 12m，3 层及 3 层以上框支层不宜大于 10m
抗震等级（《高规》第 10.2.6 条、第 3.9.3 条、第 3.9.4 条）	转换层在 3 层及 3 层以上时，抗震等级均比《高规》表 3.9.3 和表 3.9.4 的规定提高一级，已为特一级的不再提高； B 级高度房屋的抗震等级，8 度特一级，7 度框支框架特一级，剪力墙一级；6 度一级； 转换层构件上部两层剪力墙属底部加强部位，其抗震等级采用底部加强部位剪力墙的抗震等级
转换层转换结构布置（《高规》第 10.2.9 条、第 10.1.5 条）	转换层上部的竖向抗侧力构件（墙、柱）宜直接落在转换层的主结构上。当结构竖向布置复杂，框支主梁承托剪力墙并承托转换次梁及其上剪力墙时，应进行应力分析，按应力校核配筋，并加强配筋构造措施。B 级高度的转换层不宜采用框支主、次梁方案
转换梁截面要求（《高规》第 10.2.8 条）	转换梁截面宽度不宜大于框支柱相应方向的截面宽度，不宜小于其上部墙厚的 2 倍，且不宜小于 400mm；梁截面高度不宜小于计算跨度的 1/8；框支梁可采用加腋梁； 转换梁的剪压比：无地震作用组合时为 0.20；有地震作用组合时为 $0.15/\gamma_{RE} = 0.176$
转换梁纵向钢筋（《高规》第 10.2.7 条）	梁上、下部纵向钢筋的最小配筋率，非抗震设计时分别不应小于 0.30%；抗震设计特一、一、二、三级分别不应小于 0.60%、0.50%、0.40% 和 0.3%； 偏心受拉的框支梁，其支座上部纵向钢筋至少应有 50% 沿梁全长贯通，下部纵向钢筋应全部直通到柱内；沿梁高应配置间距不大于 200mm、直径不小于 16mm 的腰筋，且每侧的截面面积不应小于腹板截面积 bh_w 的 1%
转换梁箍筋（《高规》第 10.2.7 条）	转换梁支座处（离柱边 1.5 倍梁高范围内）箍筋应加密，直径不应小于 10mm，间距不应大于 100mm，最小面积配箍率，非抗震设计时不应小于 $0.9 f_t/f_{yv}$；抗震设计时，特一、一、二和三级分别不应小于 $1.3 f_t/f_{yv}$、$1.2 f_t/f_{yv}$、$1.1 f_t/f_{yv}$ 和 $1.0 f_t/f_{yv}$； 跨中非加密范围箍筋直径同加密区，间距不大于 200mm

分　项	规　定　内　容
转换柱截面和轴压比（《高规》第 10.2.11 条、第 6.4.2 条）	转换柱截面宽度，非抗震设计时不宜小于 400mm，抗震设计时不应小于 450mm；柱截面高度，非抗震设计时不应小于框支梁跨度的 1/15，抗震设计时不宜小于框支梁跨度的 1/12；特一级抗震等级时，宜采用型钢混凝土柱子或钢管混凝土柱； 转换柱的轴压比，抗震等级一、二级时分别为 0.6 和 0.7； 转换柱的剪压比同转换梁
转换柱纵向钢筋（《高规》第 6.4.3 条、第 10.2.11 条、第 3.10.4 条）	转换柱纵向钢筋最小配筋率，非抗震设计时为 0.8%；抗震设计时特一级、一级和二级抗震等级分别为 1.6%、1.1% 和 0.9%，且纵向钢筋配筋率不宜大于 4.0%；纵向钢筋间距，抗震设计时不宜大于 200mm，非抗震设计时不宜大于 250mm，且均不应小于 80mm； 转换柱在上部墙体范围内的纵向钢筋应伸入上部墙体内不少于一层，其余柱筋应锚入梁内或板内
转换柱箍筋（《高规》第 10.2.10 条、第 10.2.11 条、第 3.10.4 条）	抗震设计时，特一级和一、二级加密区的配箍特征值应比《高规》表 6.4.7 规定的数值分别增加 0.03 和 0.02，且箍筋体积配箍率分别不应小于 1.6% 和 1.5%；箍筋应采用复合螺旋箍或井字复合箍，直径不应小于 10mm，间距不应大于 100mm 和 6 倍纵向钢筋直径的较小值，并应沿柱全高加密； 非抗震设计时，宜采用复合螺旋箍或井字复合箍，箍筋体积配箍率不宜小于 0.8%，直径不宜小于 10mm，间距不宜大于 150mm
落地剪力墙（《高规》第 10.2.19 条、第 10.2.20 条）	底部加强部位墙体的水平和竖向分布钢筋最小配筋率，抗震设计时不应小于 0.3%，非抗震设计时不应小于 0.25%；抗震设计时钢筋间距不应大于 200mm，直径不应小于 8mm； 底部加强部位墙体两端宜设置翼墙或端柱，抗震设计时尚应按《高规》第 7.2.15 条的规定设置约束边缘构件
转换层楼板（《高规》第 10.2.24 条、第 10.2.23 条、第 10.2.13 条）	抗震设计的矩形平面建筑的框支转换层楼板应按《高规》公式（10.2.24-1）、式（10.2.24-2）进行截面剪力承载力验算； 转换层楼板厚度不宜小于 180mm，应双层双向配筋，且每层每方向的配筋率不宜小于 0.25%，楼板钢筋应锚固在边梁或墙体内； 箱形转换结构的上、下楼板厚度不宜小于 180mm，板配筋时除应考虑弯矩计算外，也应考虑其自身平面内的拉力、压力的影响
厚板转换	当采用厚板转换时，设计要求见《高规》第 10.2.14 条
混凝土强度等级（《高规》第 3.2.2 条）	不应低于 C30

【正】 1.《高规》10.2.3 条规定，底部带转换层的高层建筑结构的布置应符合以下要求：

（1）落地剪力墙和筒体底部墙体应加厚；

（2）转换层上部结构与下部结构的侧向刚度比应符合《高规》附录 E 的规定，见本章【禁忌 7】第 2 条；

（3）框支层周围楼板不应错层布置；

（4）落地剪力墙和筒体的洞口宜布置在墙体的中部；

（5）框支剪力墙转换梁上一层墙体内不宜设边门洞，不宜在中柱上方设门洞；

（6）长矩形平面建筑中落地剪力墙的间距 l 宜符合以下规定：

非抗震设计：$l \leqslant 3B$ 且 $l \leqslant 36\mathrm{m}$；

抗震设计：

底部为 1～2 层框支层时：$l \leqslant 2B$ 且 $l \leqslant 24\mathrm{m}$；

底部为 3 层及 3 层以上框支层时：$l \leqslant 1.5B$ 且 $l \leqslant 20\mathrm{m}$。

其中 B——楼盖宽度。

（7）落地剪力墙与相邻框支柱的距离，1～2 层框支层时不宜大于 12m，3 层及 3 层以上框支层时不宜大于 10m。

2. 底部大空间剪力墙结构，从剪力墙布置可分为下列三类：

（1）底部由落地剪力墙或筒体和框架组成大空间，上部为一般剪力墙、鱼骨式（仅有内纵墙而外墙预制）剪力墙的底部大空间剪力墙结构（图 10-1）。

（2）底部由落地筒体、少数横墙和框架组成大空间，上部为筒体、小开间或大开间横墙、少纵墙组成的底部大空间上部少纵墙剪力墙结构（图 10-2）。

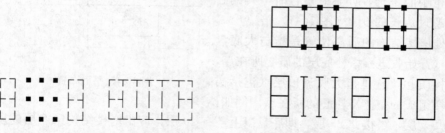

图 10-1　底部大空间剪力墙结构　　　　图 10-2　底部大空间上部少纵墙剪力墙结构

（3）底部由上层部分的落地剪力墙、筒体、框架和裙房的框架、剪力墙组成底部大底盘大空间，上部塔楼为一般剪力墙的大底盘剪力墙结构（图 10-3）。

3. 底部大空间剪力墙的最大适用高度应符合表 10-2 要求。

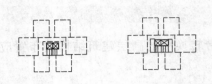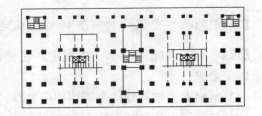

图 10-3　多塔楼大底盘剪力墙结构

最大适用高度（m）　　　　　　　　　　　　　表 10-2

房屋高度分级	A 级高度						B 级高度				
设防烈度	非抗震	6 度	7 度	8 度		9 度	非抗震	6 度	7 度	8 度	
				0.20g	0.30g					0.20g	0.30g
最大适用高度（m）	130	120	100	80	50	不应采用	150	140	120	100	80

4. 转换层上部的竖向抗侧力构件（墙、柱）宜直接落在转换层的主结构上。当结构竖向布置复杂，框支主梁承托剪力墙并承托转换次梁及其上剪力墙时，应进行应力分析，按应力校核配筋，并加强配筋构造措施。B 级高度框支剪力墙高层建筑的结构转换层，不宜采用框支主、次梁方案。

5. 大底盘大空间剪力墙结构设计按下列要求：

（1）大底盘大空间剪力墙，高层单塔楼宜布置在大底盘的正中间，双塔楼或多塔楼时，宜将塔楼布置在大底盘的对称位置。当高层塔楼不能对称布置时，在离塔楼较远端的裙房中宜布置剪力墙，以减少大底盘结构在水平地震作用下的扭转影响。

（2）底部大底盘大空间剪力墙结构，大底盘总长度与高层主楼的长度（或宽度）之比宜小于 2.5。高层主楼质量中心宜与大底盘的质量中心重合，如不能重合时，其偏心距不宜超过边长的 0.2（图 10-4）倍。

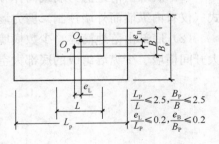

$$\frac{L_P}{L} \leqslant 2.5, \frac{B_P}{B} \leqslant 2.5$$
$$\frac{e_L}{L_P} \leqslant 0.2, \frac{e_B}{B_P} \leqslant 0.2$$

图 10-4　平面布置

此处塔楼结构的质心位置是指与大底盘顶相接（开始收进）塔楼底层的质心所在点，底盘结构质心位置是指大底盘顶层（包括裙房和主楼组成的整体）质心的所在点。例如，大底盘共 5 层，塔楼共 25 层，即底盘以上还有 20 层，应由塔楼结构第 6 层的质心与底盘结构第 5 层的质心偏心距是否超过底盘相应边长的 20% ，来确定要不要超限审查或调整结构方案。

（3）大底盘大空间剪力墙结构可按下列原则进行内力与位移计算：

当大底盘及主体结构布置不对称时，计算中均应考虑主体结构及底盘的质量中心及刚度中心不一致而产生的扭转。

7 度抗震设防，Ⅰ、Ⅱ类场地建筑物高度超过 100m 及 8 度抗震设防，Ⅰ、Ⅱ类场地的建筑高度超过 80m 时，地震作用的计算除应采用振型分解反应谱法外，还宜采用时程分析方法进行补充分析。当单塔楼采用振型分解反应谱法计算地震作用时，如建筑物高度在 50m 以下，可采取 3 个振型组合计算；如建筑物高度在 50m 以上，宜采取 6 个振型组合计算。

(4) 大底盘大空间剪力墙结构可按下列原则进行简化计算：

1) 底盘的长度或宽度稍大于主体结构，其比值小于 1.25 时，底盘对主体结构受力性能影响比较小，计算时可不考虑底盘质量及刚度的影响，按主体结构进行内力、位移分析。

2) 底盘的长度或宽度与主体结构的长度或宽度之比为 1.25～2.5，且底盘高度与主体结构高度之比大于 0.65 时，底盘对整个结构的受力性能起控制作用，计算时可将上部主体结构视为在底盘上突出的建筑物。按简化方法计算地震力时，可将转换层楼面上主体结构底部的剪力放大 3～4 倍，作用在底盘的顶部，然后对底盘结构进行内力、位移分析。

3) 底盘的长度或宽度与主体结构长度或宽度之比为 1.25～2.5，且底盘高度与主体结构高度之比小于 0.25 时，可根据具体工程的特点按以下规定进行内力、位移计算：

①考虑底盘裙房的质量与刚度加入主体结构中，以主体结构计算地震力，然后将 80% 的地震力加在主体结构上，20% 的地震力加在底盘的裙房上进行内力、位移分析。

②当裙房刚度小于或等于主体结构刚度的 0.3 时可仅考虑将裙房的质量加入主体结构中，以主体结构计算地震力，然后将 100% 的地震力加在主体结构上，另外 20% 的地震力加在底盘的裙房上进行内力、位移分析。

③大底盘裙房的框架和剪力墙在底部各层考虑承受 20%～30% 的层剪力，其框架和剪力墙可按一般框架-剪力墙结构的要求进行设计。框架梁与主楼结构宜采用刚接连接。当裙房中离主楼结构远端设有剪力墙时，设计中应考虑结构扭转影响，对剪力墙予以加强，其配筋构造要求与落地剪力墙相同。

【禁忌 5】 框支层层数不同抗震等级不区分

【正】 1. 部分框支剪力墙结构的抗震等级按表 10-3 规定。

部分框支剪力墙结构抗震等级　　　　　　　　表 10-3

建筑类别	结构部位	房屋高度分级	A 级					B 级		
		设防烈度	6 度		7 度		8 度	6 度	7 度	8 度
		房屋高度 (m)	≤80	>80	≤80	>80	<80	≤140	≤120	≤100

房屋高度分级		A		级			B	级	
丙类建筑	非底部加强部位剪力墙	四	三	三	二	二	二	一	一
	底部加强部位剪力墙	三	二	二	二			一	特一
	框支层框架		二		二	一		特一	特一
乙类建筑	非底部加强部位剪力墙	三	二	二	二				一*
	底部加强部位剪力墙	二	二	二	一*	一*	一	一*	特一
	框支层框架	二		二	一*	一*	一*	特一	特一

注：抗震等级一＊级可取比抗震等级一级要求高。

2.《高规》10.2.6 条规定，转换层在 3 层及 3 层以上时框支柱及落地剪力墙的底部加强部位的抗震等级应比表 10-3 提高一级，已为特一级不再提高，非底部加强部分剪力墙及非落地剪力墙不必放大。

【禁忌6】 剪力墙底部加强部位高度取得不当

【正】 1.《高规》10.2.2 条规定，底部大空间剪力墙结构的剪力墙底部加强范围可取框支层加上框支层（转换层）以上两层的高度及墙肢总高度的 1/10 二者的较大值。

2. 底部加强部位只有剪力墙、筒体（实为剪力墙组成）有此要求，加强部位相当于框架梁易屈服的支座边箍筋加密区。底部大空间剪力墙结构的剪力墙或筒体底部加强部位高度要求与剪力墙结构底部加强部位高度是不相同的，设计时应特别注意。

【禁忌7】 不重视设计的原则和细节

【正】 1. 底部大空间剪力墙结构是一种受力复杂、不利抗震的建筑结构，结构设计需遵循的原则是：

（1）减少转换

布置转换层上下主体竖向结构时，要注意尽可能多地布置成上下主体竖向结构连续贯通，尤其是在框架-核心筒结构中，核心筒宜尽量予以上下贯通。

（2）传力直接

布置转换层上下主体竖向结构时，要注意尽可能使水平转换结构传力直接，尽量避免多级复杂转换，更应尽量避免传力复杂、抗震不利、质量大、耗材多、不经济不合理的厚板转换。

（3）强化下部、弱化上部

为保证下部大空间整体结构有适宜的刚度、强度、延性和抗震能力，应尽量强化转换层下部主体结构刚度，弱化转换层上部主体结构刚度，使转换层上下部主体结构的刚度及变形特征尽量接近。如加大筒体尺寸、加厚筒壁厚度、提高混凝土强度等级，上部剪力墙开洞、开口、短肢、薄墙等。

(4) 优化转换结构

抗震设计时，当建筑功能需要不得已高位转换时，转换结构还宜优先选择不致引起框支柱（边柱）柱顶弯矩过大、柱剪力过大的结构形式，如斜腹杆桁架（包括支撑）、空腹桁架和宽扁梁等，同时要注意需使其满足承载力、刚度要求，避免脆性破坏。

(5) 计算全面准确

必须将转换结构作为整体结构中的一个重要组成部分，采用符合实际受力变形状态的正确计算模型进行三维空间整体结构计算分析。采用有限元方法对转换结构进行局部补充计算时，转换结构以上至少取两层结构进入局部计算模型，同时应计及转换层及所有楼层楼盖平面内刚度，计及实际结构三维空间盒子效应，采用比较符合实际边界条件的正确计算模型。必要时转换结构应采用手算补充。

整体结构宜进行弹性时程分析补充计算和弹塑性静力或动力分析校核，还应注意对整体结构进行重力荷载下准确施工模拟计算。

2. 带转换层高层建筑结构由于上、下层竖向构件不连续，结构竖向刚度发生变化，转换层上下楼层构件内力、位移容易发生突变，对抗震不利。

(1)《高规》附录 E 的 E.0.1 条规定的为剪切刚度，当转换层设置在 1.2 层时，可近似采用转换层上、下层结构等效剪切刚度比 γ_{e1} 表示转换层上、下层结构刚度的变化，γ_{e1} 宜接近 1，非抗震设计时 γ_{e1} 不应小于 0.4，抗震设计时 γ_{e1} 不应小于 0.5。γ_{e1} 可按下列公式计算：

$$\gamma_{e1} = \frac{G_1 A_1}{G_2 A_2} \times \frac{h_2}{h_1} \tag{10-1}$$

$$A_i = A_{wi} + \Sigma C_{ij} A_{cij} \quad (i=1,2) \tag{10-2}$$

$$C_{ij} = 2.5 \left(\frac{h_{cij}}{h_i}\right)^2 \quad (i=1,2) \tag{10-3}$$

式中　G_1、G_2——底层和转换层上层的混凝土剪变模量；

A_1、A_2——底层和转换层上层的折算抗剪截面面积，可按式（10-2）计算；

A_{wi}——第 i 层全部剪力墙在计算方向的有效截面面积（不包括翼缘面积）；

A_{cij}——第 i 层第 j 柱的截面面积；

C_{ij}——第 i 层第 j 柱截面面积折算系数，当计算大于 1 时取 1；

h_i——第 i 层的层高；

h_{cij}——第 i 层第 j 柱沿计算方向的截面高度。

（2）《高规》附录 E 的 E.0.2 条规定的为剪弯刚度，底部大空间层数大于 2 层时，其楼层侧向刚度比 γ_i 计算值不应小于 0.6。其转换层上部与下部结构的等效侧向刚度比 γ_{e2} 可采用图 10-5 所示的计算模型按式（10-2）计算。γ_{e2} 宜接近 1，非抗震设计时 γ_{e2} 不应小于 0.5，抗震设计时 γ_{e2} 不应小于 0.8。

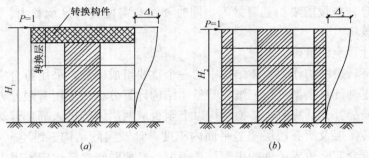

图 10-5 转换层上、下等效侧向刚度计算模型
(a) 计算模型 1—转换层及下部结构；(b) 计算模型 2—转换层上部部分结构

$$\gamma_{e2} = \frac{\Delta_2 H_1}{\Delta_1 H_2} \tag{10-4}$$

式中　γ_{e2}——转换层下、上结构的等效侧向刚度比；

　　　H_1——转换层及其下部结构（计算模型 1）的高度；

　　　Δ_1——转换层及其下部结构（计算模型 1）的顶部在单位水平力作用下的位移；

　　　H_2——转换层上部剪力墙结构（计算模型 2）的高度，应与转换层及其下部结构的高度相等或接近，且不大于 H_1；

　　　Δ_2——转换层上部剪力墙结构（计算模型 2）的顶部在单位水平力作用下的位移。

（3）地震剪力与层间位移的比值：该方法是按《抗震规范》3.4.3 条和 3.4.4 条的条文说明中建议的方法确定的。其刚度的计算公式为

$$K_i = \frac{V_i}{\delta_i}$$

但由于 δ_i 是由 V_i 和作用于该楼层的倾覆弯矩 M_i 共同作用产生的，而且还包括了因下一楼层的转动而导致的本楼层刚体转动位移，严格地讲，这里的 K_i 与上述两种方法计算的刚度含义并不相同。

上述（1）中所用计算方法仅考虑层剪切刚度；（2）和（3）中所用方法均考虑了剪切刚度和弯曲刚度，其值更符合结构实际变形特征。

（4）对于框支层多于一层的高位转换时转换层上部与下部结构的等效侧向刚

度比，SATWE 程序是用刚度串模型来计算的，即先将上部或下部结构各层的侧向刚度求倒数，得出位移后再求和，然后再求倒数得到上部或下部结构的刚度，从而得到上部或下部结构的等效侧向刚度比，这与《高规》附录 E.0.2 建议的方法是不同的。

下部或上部若干层的侧向串联刚度为 $k = 1/(1/k_1 + 1/k_2 \cdots + 1/k_n) = 1/(1/\Sigma k_j)$。其中 $k_1, k_2, \cdots, k_n$ 为下部或上部各层侧向刚度。

（5）转换层上、下层结构层间位移角比为

$$\theta_2/\theta_1 = \eta_\theta$$

式中　$\theta_1 = \Delta u_{i-1}/h_{i-1}$；

　　　$\theta_2 = \Delta u_{i+1}/h_{i+1}$；

　　　Δu_{i-1}——转换层下层（框支层）的层间位移；

　　　h_{i-1}——转换层下层的层高；

　　　Δu_{i+1}——转换层上层的层间位移；

　　　h_{i+1}——转换层上层的层高。

由于 Δu_{i-1} 和 Δu_{i+1} 是在水平地震作用下（超过 60m 还与 20% 风荷载组合）的层间位移，采用层间位移角比能较全面反映转换层上、下层结构的动力特征，因此更合理一些。参考文献 [82] 建议在 7 度抗震设计时转换层上、下结构层间位移角比一般宜不大于 1.2，且不应大于 1.5。8 度抗震设计时也可按上述限值。

参考文献 [20] 建议转换构件所在层的下层与上层相邻两层的层间变形角之比值为 $\gamma_{\theta i} = \dfrac{\theta_{i-1}}{\theta_i} = \dfrac{\Delta u_{i-1}}{h_{i-1}} \Big/ \dfrac{\Delta u_i}{h_i}$，如果该比值接近于 1，则变形曲线是连续均匀的，如果不小于 0.5，也不大于 2.0，则可认为层间变形基本均匀，在抗震结构中，宜控制得更严一些为好（如 0.7~1.4 之间）。

3. 底部大空间剪力墙结构的转换层楼板刚度直接决定其变形，并影响框支墙与落地剪力墙的内力分配与位移，因此必须加强转换层楼板的刚度及承载力。

转换层楼面必须采用现浇楼板，楼板厚度不宜小于 180mm。转换层楼板混凝土强度等级不宜低于 C30，并应采用双层双向配筋，每层每方向的配筋率不宜小于 0.25%。楼板边缘和较大洞口周边应设置边梁，其宽度不宜小于板厚的 2 倍，纵向钢筋单面配筋率不应小于 0.35%，接头宜采用机械连接或焊接，楼板中钢筋应锚固在边梁内。落地剪力墙和筒体外周围的楼板不宜开洞。与转换层相邻楼层的楼板也应适当加强。

【禁忌 8】　对框支层及底部加强部位结构内力的调整不熟悉

【正】　框支层的落地剪力墙、框支柱和转换构件，按《高规》规定，结构内力应调整增大。有关构件的内力调整增大系数见表 10-4。

带转换层底部加强部位结构内力调整增大系数　　　表 10-4

分　　项	《高规》规定
底部加强部位的范围（第 10.2.2 条）	转换层加上框支层以上两层的高度及房屋高度的 1/10 二者的较大值
转换柱承受的地震剪力标准值增大（第 10.2.17 条）	框支层为 1～2 层，框支柱所受剪力之和应取基底剪力的 20%；框支柱不多于 10 根，每根框支柱所受剪力应至少取基底剪力的 2%
	框支层为 3 层及 3 层以上，上列 20% 提高为 30%，2% 提高到 3%
按"强柱弱梁"的设计概念，框支柱柱端弯矩设计值乘以增大系数（第 10.2.11 条、第 3.10.4 条、第 6.2.1 条）	底层柱下端弯矩以及与转换构件相连的柱上端弯矩 特一级　1.8（角柱 1.98） 一级　　1.5（角柱 1.65） 二级　　1.3（角柱 1.43） 三级　　1.2（角柱 1.32）
	其他层框支柱柱端弯矩 特一级　1.68（角柱 1.85） 一级　　1.4（角柱 1.54） 二级　　1.2（角柱 1.32） 三级　　1.1（角柱 1.21）
框支柱由地震产生的轴力乘以增大系数（第 10.2.11 条、第 3.10.4 条）	特一级　1.8 一级　　1.5 二级　　1.3 三级　　1.2
按"强剪弱弯"的设计概念，对框支柱的剪力设计值乘以增大系数（第 10.2.11 条、第 3.10.4 条、第 6.2.3 条） 剪力增大是在柱端弯矩增大基础上再增大，实际增大系数可取弯矩和剪力增大系数的乘积	底层柱以及与转换构件相连柱 特一级　1.8×1.68=3.02（角柱 3.32） 一级　　1.5×1.4=2.1（角柱 2.31） 二级　　1.3×1.2=1.56（角柱 1.72） 三级　　1.2×1.1=1.32（角柱 1.45）
	其他层柱 特一级　1.68×1.68=2.82（角柱 3.10） 一级　　1.4×1.4=1.96（角柱 2.16） 二级　　1.2×1.2=1.44（角柱 1.58） 三级　　1.1×1.1=1.21（角柱 1.33）

分　项	《高规》规定
转换构件内力增大系数（第10.2.4条）	水平地震作用产生的计算内力 特一级　　1.9 一级　　　1.6 二级　　　1.3 三级　　　1.2 8度抗震设计时重力荷载标准值作用下的内力乘以增大系数1.1
框支层一般梁的剪力增大系数（第3.10.3条、第6.2.5条）	特一级　　1.56 一级　　　1.3 二级　　　1.2 三有　　　1.1
落地剪力墙底部加强部位弯矩调整（第10.2.18条）	取底部截面组合弯矩计算值乘以增大系数 特一级　　1.8 一级　　　1.5 二级　　　1.3 三级　　　1.1
落地剪力墙其他部位弯矩调整（第7.2.5条、第3.10.5条）	各截面组合弯矩计算值乘以增大系数 特一级　　1.3 一级　　　1.2 二、三级　1.0
落地剪力墙底部加强部位剪力调整（第3.10.5条、第7.2.6条）	按各截面的剪力计算值乘以增大系数 特一级　　1.9 一级　　　1.6 二级　　　1.4 三级　　　1.2
落地剪力墙其他部位剪力调整（第3.10.5条、第7.2.5条）	按各截面的剪力计算值乘以增大系数 特一级　　1.4 一级　　　1.3 二、三级　1.0

【禁忌9】　转换构件整体分析后不作局部计算

【正】　1. 带转换层的多、高层建筑，转换层的下部楼层由于设置大空间的要求，其刚度会产生突变，一般比转换层上部楼层的刚度小，设计时应采取措施减少转换层上、下楼层结构抗侧刚度及承载力的变化，以保证满足抗风、抗震设

433

计的要求。转换构件为重要传力部位，应保证转换构件的安全性。

2. 带转换层的多高层建筑结构，按《高规》第 10.2.6 条，特一、一、二、三级转换构件在水平地震作用下的计算内力应分别乘以增大系数 1.9、1.6、1.3、1.2。

3. 8 度抗震设计时除考虑竖向荷载、风荷载或水平地震作用外，还应考虑竖向地震作用的影响，转换构件的竖向地震作用，可采用反应谱方法或动力时程分析方法计算；作为近似考虑，也可将转换构件在重力荷载标准值作用下的内力乘以增大系数 1.1。

4. 转换层的水平构件，除整体分析以外，尚应作补充计算，补充计算可采用局部分析软件或手算方法。补充计算时，可将转换层顶作为基础底，按（恒＋活）标准值工况整体分析计算出各墙体（柱）竖向荷载下各构件上的 N_{qk}（kN），并折成均布荷载 q_k（kN/m）；按整体分析水平地震作用下在各振型组合时计算出各构件上的标准值 N_{Ek}（kN）和 M_{Ek}（kN·m），并把 N_{Ek} 折成均布荷载 q'_{Ek}（kN/m），把 M_{Ek} 折成两个三角形竖向荷载 q''_{Ek}。将上述标准值按不同抗震设防烈度和抗震等级，并按《高规》第 10.2.6 条规定折算成设计值，然后连同转换层有关荷载设计值，按水平转换构件单跨或多跨及与柱或落地墙连接情况，计算其弯矩、剪力等内力，当需要与风荷载组合时与之相叠加，按此计算结果与整体分析结果进行比较，截面设计时取较大值。

例如，有一水平地震作用下的转换梁上墙肢，作用有 N_{qk}、N_{Ek}、M_{Ek} 标准值（图 10-6），按不同抗震设防烈度和抗震等级折算成设计值。

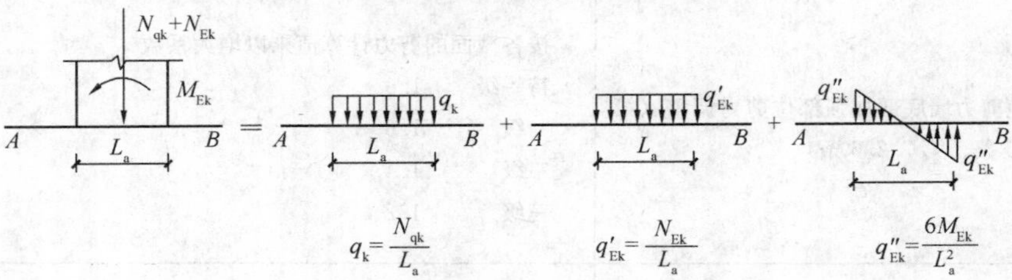

图 10-6 转换梁

（1）设防烈度为 8 度：

抗震等级为特一级

$$q = q_k(1.2 + 0.1 \times 1.3) + 1.3 \times 1.9 q'_{Ek}$$
$$= 1.33 q_k + 2.47 q'_{Ek}$$
$$q''_E = 1.3 \times 1.9 q''_{Ek} = 2.47 q''_{Ek}$$

抗震等级为一级

$$q = q_k(1.2 + 0.1 \times 1.3) + 1.3 \times 1.6 q'_{Ek}$$
$$= 1.33 q_k + 2.08 q'_{Ek}$$

$$q''_E = 1.3 \times 1.6 q''_{Ek}$$
$$= 2.08 q''_{Ek}$$

（2）设防烈度为 7 度，抗震等级为一级：

$$q = 1.2 q_k + 1.3 \times 1.6 q'_E$$
$$= 1.2 q_k + 2.08 q'_E$$
$$q''_E = 2.08 q''_{Ek}$$

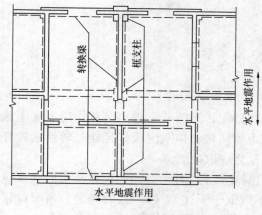

图 10-7 转换层平面示意

（3）设防烈度为 6 度、7 度，抗震等级为二级：

$$q = 1.2 q_k + 1.3 \times 1.3 q'_{Ek}$$
$$= 1.2 q_k + 1.69 q'_{Ek}$$
$$q''_E = 1.69 q''_{Ek}$$

水平地震作用应按四种工况比较：

1) x 方向由左向右；
2) x 方向由右向左；
3) y 方向由上向下；
4) y 方向由下向上。

对各水平转换构件应按上述四种工况确定其内力，取较大值进行截面设计（图 10-7）。

【禁忌 10】 不重视框支梁的构造规定

【正】 1. 框支梁（转换梁）受力复杂，宜在结构整体计算后，按有限元法进行详细分析，由于框支梁与上部墙体的混凝土强度等级及厚度的不同，竖向应力在柱上方集中，并产生大的水平拉应力，详细分析结果说明，框支梁一般为偏心受拉构件，并承受较大的剪力。当加大框支梁的刚度时能有效地减少墙体的拉应力。

2. 框支梁设计应符合下列要求：

（1）框支梁与框支柱截面中线宜重合；

（2）框支梁（转换梁）截面宽度 b_b 不宜小于上层墙体厚度的 2 倍，且不宜小于 400mm；当梁上托柱时，尚不应小于梁宽方向的柱截面宽度；梁截面高度 h_b 不宜小于计算跨度的 1/8，框支梁可采用加腋梁；

（3）当上部无完整的剪力墙不满足上述框支梁条件时，或上部为短肢墙，或上部为小柱网框架时，框支梁应按转换梁设计。

转换梁断面一般宜由剪压比控制计算确定，以避免脆性破坏和具有合适的含箍率，转换梁的适宜剪压比限值为：

持久、短暂设计状况时　剪压比$=V_{max}/\beta_c f_c bh_0 \leqslant 0.20$

地震设计状况时　剪压比$=\gamma_{RE}V_{max}/\beta_c f_c bh_0 \leqslant 0.15$

式中　V_{max}——转换梁支座截面最大组合剪力设计值；

　　　f_c——转换梁混凝土抗压设计强度；

　　　b——转换梁腹板宽度；

　　　h_0——转换梁截面有效高度；

　　　β_c——混凝土强度影响系数；

　　　γ_{RE}——承载力抗震调整系数，取 0.85。

初步确定转换梁断面时，可取 V_{max} 为

$$V_{max} = (0.6 \sim 0.8)G \tag{10-5}$$

式中　G——转换梁上按简支状态计算分配传来的所有重力荷载作用下支座截面剪力设计值，当上部剪力墙结构整体刚度较好且能与转换梁较好协同工作时，可取小值；反之应取大值。

（4）当框支梁上部的墙体开有门洞或梁上托柱时，该部位框支梁的箍筋应加密配置，箍筋直径、间距及配箍率不应低于下述第（9）款的规定；当洞口靠近梁端部时，可采用加腋梁或增大框支墙洞口连梁刚度等措施；

（5）梁纵向钢筋接头宜采用机械连接，同一截面内接头钢筋截面面积不应超过全部纵筋截面面积的 50％，接头位置应避开上部墙体开洞部位、梁上托柱部位及受力较大部位；

（6）梁上、下纵向钢筋和腰筋的锚固宜符合图 10-8 的要求；当梁上部配置多排纵向钢筋时，其内排钢筋锚入柱内的长度可适当减小，但不应小于钢筋锚固长度 l_a（非抗震设计）或 l_{aE}（抗震设计）；

（7）梁上、下部纵筋的最小配筋率，非抗震设计时分别不应小于 0.30％；抗震设计时，特一、一、二、三级分别不应小于 0.60％、0.50％、0.40％、0.30％；

（8）偏心受拉的框支梁，其支座上部纵筋至少应有 50％沿梁全长贯通，下部纵筋应全部直通到柱内；沿梁高应配置间距不大于 200mm、直径不小于 16mm 的腰筋；

（9）框支梁支座处（离柱边 $1.5h_b$ 范围内）箍筋应加密，加密区箍筋直径不应小于 10mm，间距不应大于 100mm。加密区箍筋最小面积含箍率，非抗震设计时不应小于 $0.9f_t/f_{yv}$，抗震设计时，特一、一、二和三级分别不应小于 $1.3f_t/f_{yv}$、$1.2f_t/f_{yv}$、$1.1f_t/f_{yv}$ 和 $1.0f_t/f_{yv}$。框支墙门洞下方梁的箍筋也应按上述要求加密。

3. 框支梁不宜开洞。若需开洞时，洞口位置宜远离框支柱边，以减小开洞

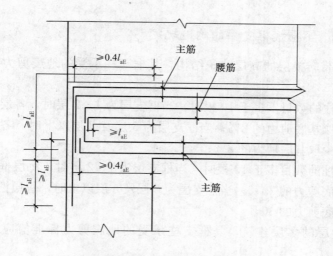

图 10-8　框支梁主筋和腰筋的锚固

注：非抗震设计时图中 l_{aE} 应取为 l_a。

部位上下弦杆的内力值。上下弦杆应加强抗剪配筋，开洞部位应配置加强钢筋，或用型钢加强。

4. 当竖向结构布置复杂，框支主梁承托剪力墙并承托转换次梁及其上剪力墙时，应进行应力分析，按应力校核配筋，并加强配筋构造措施。

5. 转换梁腰筋构造要求见表 10-5，上下部以梁高中点为分界。

转换梁腰筋构造要求　　　　　　　　　　　　　　表 10-5

所在范围	抗　震　设　计			非抗震设计
	特一级、一级	二　级	三　级	
下　部	≥2 Φ 20@100	≥2 Φ 18@100	≥2 Φ 16@100	≥2 Φ 12@100
上　部	≥2 Φ 20@200	≥2 Φ 18@200	≥2 Φ 16@200	≥2 Φ 12@200

转换梁腰筋尚应满足要求：

$$A_{sh} \geqslant s\, b_w (\sigma_x - f_t)/f_{yh}$$

式中　A_{sh}——腰筋截面积；

　　　s——腰筋间距；

　　　b_w——转换梁腹板断面宽度；

　　　σ_x——转换梁计算腰筋处最大组合水平拉应力设计值，地震作用组合时，乘以 $\gamma_{RE} = 0.85$；

　　　f_t——转换梁混凝土抗拉设计强度；

　　　f_{yh}——腰筋抗拉设计强度。

【正】 1. 带转换层的高层建筑结构，其框支柱承受的地震剪力标准值应按下列规定采用：

（1）框支柱的数目不多于 10 根时，当框支层为 1～2 层时，各层每根柱所受的剪力应至少取基底剪力的 2%；当框支层为 3 层及 3 层以上时，各层每根柱所受的剪力应至少取基底剪力的 3%；

（2）框支柱的数目多于 10 根时，当框支层为 1～2 层时，每层框支柱承受剪力之和应取基底剪力的 20%；当框支层为 3 层及 3 层以上时，每层框支柱承受剪力之和应取基底剪力的 30%。

2. 带转换层的多层建筑，其框支柱承受的地震剪力标准值应按下列规定采用：

（1）当框支柱的数目多于 10 根时，柱承受地震剪力之和不应小于该楼层地震剪力的 20%；

（2）当框支柱的数目不多于 10 根时，每根柱承受的地震剪力不应小于该楼层地震剪力的 2%。

3. 框支柱剪力调整后，应相应调整框支柱的弯矩及柱端梁（不包括转换梁）的剪力、弯矩、框支柱轴力可不调整。

由程序计算结果归纳得出：转换层以上部分，水平力大体上按各片剪力墙的等效刚度比例分配；在转换层以下，一般落地墙的刚度远远大于框支柱，落地墙几乎承受全部地震作用，框支柱的剪力非常小。考虑到在实际工程中转换层楼面会有显著的面内变形，从而使框支柱的剪力显著增加。12 层底层大空间剪力墙住宅模型试验表明：实测框支柱的剪力为按楼板刚性无限大计算值的 6～8 倍；且落地墙出现裂缝后刚度下降，也导致框支柱剪力增加。所以按转换层位置的不同，框支柱数目的多少，对框支柱的剪力作了不同的规定。

4. 框支柱设计应符合下列要求：

（1）柱内全部纵向钢筋配筋率：特一级抗震等级设计时不应小于 1.6%，一级不应小于 1.2%，二级不应小于 1.0%，三级不应小于 0.9%；非抗震设计时不应小于 0.7%。

（2）抗震设计时，框支柱箍筋应沿全高加密。

（3）抗震设计时，一、二级柱加密区的含箍特征值应比《高规》第 6 章表 6.4.7 中数值增加 0.02，三级时应符合《高规》第 6 章 6.4.7 条的规定；柱加密区箍筋体积配箍率，一、二级不应小于 1.5%，非抗震设计不应小于 1.0%，抗震等级一、二级的框支柱箍筋体积配箍率见表 10-6、表 10-7，特一级的框支柱箍筋体积配箍率不应小于 1.6%。

混凝土强度等级	抗震等级	箍筋形式	轴压比								
			≤0.3	0.4	0.5	0.6	0.65	0.7	0.75	0.8	0.85
≤C35	一级	井字复合箍	1.50					1.51	1.63		
		复合螺旋箍	1.50								
	二级	井字复合箍	1.50							1.51	1.59
		复合螺旋箍	1.50							1.50	1.50
C40	一级	井字复合箍	1.50			1.55	1.64	1.73	1.86		
		复合螺旋箍	1.50					1.55	1.68		
	二级	井字复合箍	1.50					1.55	1.64	1.73	1.82
		复合螺旋箍	1.50							1.55	1.64
C45	一级	井字复合箍	1.50	1.51	1.71	1.81	1.91	2.06			
		复合螺旋箍	1.50			1.51	1.61	1.71	1.86		
	二级	井字复合箍	1.50			1.51	1.61	1.71	1.81	1.91	2.01
		复合螺旋箍	1.50					1.51	1.61	1.71	1.81
C50	一级	井字复合箍	1.50	1.65	1.87	1.98	2.09	2.26			
		复合螺旋箍	1.50			1.65	1.76	1.87	2.04		
	二级	井字复合箍	1.50			1.65	1.76	1.87	1.98	2.09	2.20
		复合螺旋箍	1.50				1.54	1.65	1.76	1.87	1.98

注：1. 当采用 HPB300 和 HRB335 钢箍筋时，表中值乘以 0.78 和 0.7，但最小值不低于 1.50。

2. 计算复合螺旋箍的体积配箍率时，其非螺旋箍的箍筋体积应乘以换算系数 0.8。

3. 体积配箍率计算中应扣除重叠部分的箍筋体积。

4. 框支柱的剪跨比应≥1.5。

混凝土强度等级	抗震等级	箍筋形式	轴压比								
			≤0.3	0.4	0.5	0.6	0.65	0.7	0.75	0.8	0.85
C55	一级	井字复合箍	1.50				1.52	1.60	1.73		
		复合螺旋箍	1.50						1.56		
	二级	井字复合箍	1.50						1.52	1.60	1.69
		复合螺旋箍	1.50								1.52
C60	一级	井字复合箍	1.50			1.56	1.65	1.74	1.88		
		复合螺旋箍	1.50					1.56	1.70		
	二级	井字复合箍	1.50					1.56	1.65	1.74	1.83
		复合螺旋箍	1.50							1.56	1.65

混凝土强度等级	抗震等级	箍筋形式	轴 压 比								
			≤0.3	0.4	0.5	0.6	0.65	0.7	0.75	0.8	0.85
C65	一级	井字复合箍	1.50		1.68	1.88	2.08	2.18	2.33		
		复合螺旋箍	1.50			1.68	1.88	1.98	2.13		
	二级	井字复合箍	1.50			1.68	1.88	1.98	2.08	2.18	2.28
		复合螺旋箍	1.50				1.68	1.78	1.88	1.98	2.08
C70	一级	井字复合箍	1.50	1.59	1.80	2.01	2.23	2.33	2.49		
		复合螺旋箍	1.50		1.59	1.80	2.01	2.12	2.28		
	二级	井字复合箍	1.50		1.59	1.80	2.01	2.12	2.23	2.33	2.44
		复合螺旋箍	1.50			1.59	1.80	1.91	2.01	2.12	2.23
C75	一级	井字复合箍	1.58	1.69	1.92	2.14	2.37	2.48	2.65		
		复合螺旋箍	1.50		1.69	1.92	2.14	2.25	2.42		
	二级	井字复合箍	1.50		1.69	1.92	2.14	2.25	2.37	2.48	2.59
		复合螺旋箍	1.50			1.69	1.92	2.03	2.14	2.25	2.37
C80	一级	井字复合箍	1.68	1.80	2.03	2.27	2.51	2.63	2.81		
		复合螺旋箍	1.50	1.56	1.80	2.03	2.27	2.93	2.57		
	二级	井字复合箍	1.50	1.56	1.80	2.03	2.27	2.99	2.51	2.63	2.75
		复合螺旋箍	1.50		1.56	1.80	2.03	2.15	2.27	2.39	2.51

注：1. 当采用 HPB235 和 HPB300 钢箍筋时，表中值乘以 1.43 和 1.11。

2. 计算复合螺旋箍的体积配箍率时，其非螺旋箍的箍筋体积应乘以换算系数 0.8。

3. 体积配箍率计算中应扣除重叠部分的箍筋体积。

4. 框支柱的剪跨比应≥1.5。

（4）抗震设计时，框支柱应采用复合螺旋箍或井字复合箍，箍筋直径不应小于 10mm，间距不应大于 100mm 和 6 倍纵向钢筋直径的较小值。

5. 框支柱设计尚应符合下列要求：

（1）框支柱截面的组合最大剪力设计值应符合下列条件：

持久、短暂设计状况时　　　$V \leqslant 0.20\beta_c f_c bh_0$

地震设计状况时　　　　　　$V \leqslant \dfrac{1}{\gamma_{RE}}(0.15\beta_c f_c bh_0)$

（2）柱截面宽度，非抗震设计时不宜小于 400mm，抗震设计时不应小于 450mm；柱截面高度，非抗震设计时不宜小于框支梁跨度的 1/15，抗震设计时不宜小于框支梁跨度的 1/12。

（3）特一、一、二和三级框支层的柱上端和底层的柱下端截面的弯矩组合值应分别乘以增大系数 1.8、1.5、1.3 和 1.2；其他层柱端弯矩设计值应符合《高规》第 6 章的有关规定。

框支角柱的弯矩设计值和剪力设计值应分别在上述基础上乘以增大系数 1.1。

（4）有地震作用组合时，特一、一、二和三级框支柱由地震作用引起的轴力应分别乘以增大系数 1.8、1.5、1.3 和 1.2，但计算柱轴压比时不宜考虑该增大系数。

（5）纵向钢筋间距，抗震设计时不宜大于 200mm；非抗震设计时，不宜大于 250mm，且均不应小于 80mm。抗震设计时柱内全部纵向钢筋配筋率不宜大于 4.0%。

（6）框支柱在上部墙体范围内的纵向钢筋应伸入上部墙体内不少于一层，其余柱筋应锚入梁内或板内。锚入梁内的钢筋长度，从柱边算起不应小于 l_{aE}（抗震设计）或 l_a（非抗震设计）。

（7）非抗震设计时，框支柱宜采用复合螺旋箍或井字复合箍，箍筋体积配筋率不宜小于 0.8%，箍筋直径不宜小于 10mm，箍筋间距不宜大于 150mm。

（8）特一级及高位转换时，框支柱宜采用型钢混凝土柱或钢管混凝土柱。

6. 框支柱截面轴压比限值见《高规》第 6 章表 6.4.2 和《混凝土规范》表 11.4.16。

7. 框支柱节点区水平箍筋原则上可同柱箍筋配置，当框支梁、转换梁腰筋配置及拉通可靠锚固时，可按以下要求构造设置水平箍筋、拉筋：抗震等级特一级及一级时，不小于 Φ12@100，且需将每根柱纵筋钩住；抗震等级二级时，不小于 Φ10@100，且需至少将柱纵筋每隔一根钩住；抗震等级三级、非抗震设计时，不应小于 Φ10@200，且需至少将柱纵筋每隔一根钩住。

8. 框支柱纵筋在框支层内不宜设接头，若需设置，接头率应≤25%，且接头位置离开节点区≥500mm，接头采用可靠的机械或焊接连接。

【禁忌 12】 不重视落地剪力墙的设计和构造规定

【正】 1. 特一、一、二、三级落地墙力墙底部加强部位的弯矩设计值应按墙底截面有地震作用组合的弯矩值乘以增大系数 1.8、1.5、1.3、1.1 采用；其剪力设计值应按《高规》第 7 章 7.2 节第 7.2.6 条的规定进行调整，特一级的剪力增大系数应取 1.9。落地剪力墙墙肢不宜出现偏心受拉。

2. 当大空间楼层落地剪力墙的剪跨比 λ≤2.5 时，其截面剪压比应符合下列要求：

持久、短暂设计状况 $\qquad V_w \leqslant 0.2\beta_c f_c b_w h_{w0}$

地震设计状况 $\qquad V_w \leqslant \dfrac{1}{\gamma_{RE}} 0.15\beta_c f_c b_w h_{w0}$

式中 V_w——落地墙剪力设计值，按《高规》第 7 章 7.2 节第 7.2.6 条的规定采用，有地震作用组合时尚应符合上述第 1 条的规定。

3. 落地剪力墙、筒体截面轴压比限值见《高规》第 7 章 7.2 节有关规定。

4. 落地剪力墙底部加强部位墙体，其水平和竖向分布钢筋最小配筋率，抗震设计时不应小于 0.3%，非抗震设计时不应小于 0.25%；抗震设计时钢筋间距不应大于 200mm，钢筋直径不应小于 8mm。

5. 框支剪力墙结构剪力墙底部加强部位，墙体两端宜设置翼墙或端柱，并应按《高规》第 7 章 7.2 节第 7.2.5 条的规定设置约束边缘构件。

6. 落地剪力墙基础应有良好的整体性和抗转动的能力。

7. 有抗震设防的落地双肢剪力墙，当抗震等级为特一、一、二级，且轴向压应力 $\leqslant 0.2 f_c$ 及剪应力 $> 0.15 f_c$ 时，为了防止剪切滑移，在墙肢根部可设置交叉斜向钢筋，斜向钢筋宜放在墙体分布钢筋之间，采用根数不太多的较粗钢筋，一端锚入基础另一端锚入墙内，锚入长度为 l_{aE}（图 10-9）。

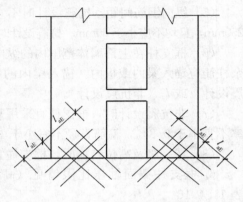

图 10-9 落地双肢剪力墙根部斜向钢筋

斜向钢筋截面面积，一般情况下按承担底部剪力设计值的 30% 确定，则

$$0.3V_w \leqslant A_s f_y \sin\alpha \tag{10-6}$$

式中 V_w——双肢剪力墙墙肢底部剪力设计值，应按《高规》第 7 章 7.2 节第 7.2.6 条和本禁忌第 1 条的规定取值；

A_s——墙肢斜向钢筋总截面面积；

f_y——斜向钢筋抗拉强度设计值；

α——斜向钢筋与地面夹角。

【禁忌 13】 不重视框支梁上部墙体及楼板设计和构造规定

【正】 1. 框支梁上部墙体的构造应满足下列要求：

（1）当框支梁上部的墙体开有边门洞时，洞边墙体宜设置翼缘墙、端柱或加厚（图 10-10），并应按《高规》第 7 章 7.2 节第 7.2.15 条约束边缘构件的要求进行配筋设计；

（2）框支梁上墙体竖向钢筋在转换梁内的锚固长度，抗震设计时不应小于 l_{aE}，非抗震设计时不应小于 l_a；

（3）框支梁上一层墙体的配筋宜按下式计算（图 10-11、图 10-12）：

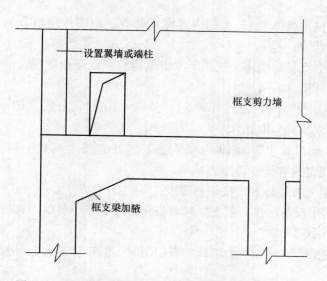

图 10-10　框支梁上墙体有边门洞时洞边墙体的构造措施

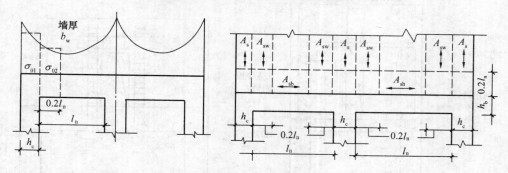

图 10-11　框支梁上方竖向压应力分布　　图 10-12　框支梁相邻上层剪力墙配筋

1）柱上墙体的端部竖向钢筋 A_s：

$$A_s = h_c b_w (\sigma_{01} - f_c)/f_y \tag{10-7}$$

2）柱边 $0.2l_n$ 宽度范围内竖向分布钢筋 A_{sw}：

$$A_{sw} = 0.2l_n b_w (\sigma_{02} - f_c)/f_{yw} \tag{10-8}$$

3）框支梁上的 $0.2l_n$ 高度范围内水平分布筋 A_{sh}：

$$A_{sh} = 0.2l_n b_w \sigma_{xmax}/f_{yh} \tag{10-9}$$

式中　l_n——框支梁净跨；

　　　h_c——框支柱截面高度；

　　　b_w——墙厚度；

　　　σ_{01}——柱上墙体 h_c 范围内考虑风荷载、地震作用组合的平均压应力设
　　　　　　计值；

σ_{02}——柱边墙体 $0.2l_n$ 范围内考虑风荷载、地震作用组合的平均压应力设计值；

σ_{xmax}——框支梁与墙体交接面上考虑风荷载、地震作用组合的水平拉应力设计值。

有地震作用组合时，公式（10-7）、公式（10-8）、公式（10-9）中 σ_{01}、σ_{02}、σ_{xmax} 均应乘以 γ_{RE}，γ_{RE} 取 0.85。

（4）转换梁与其上部墙体的水平施工缝处宜按《高规》第 7 章 7.2 节第 7.2.12 条的规定验算抗滑移能力。

2. 框支梁上方墙体开洞按下列要求：

（1）当利用设备层作为框支梁时，只允许跨中有小洞口，且框支柱宜伸到设备层顶部（图 10-13）；

（2）框支梁上方相邻剪力墙跨中有门洞时，洞口应设边框补强钢筋，构造如图 10-14 所示。

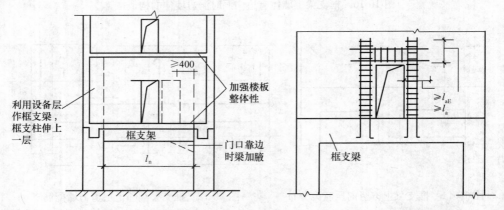

图 10-13　框支梁上方剪力墙有小洞口　　　图 10-14　框支梁上方剪力墙洞口加筋

3. 框支梁与上方墙体连接、上方相邻剪力墙有洞口时，施工图中应有大样图。

4. 框支梁上方相邻层剪力墙竖向分布筋不宜有接头。

5. 抗震设计的长矩形平面建筑框支层楼板，其截面剪力设计值应符合下列要求：

$$V_f \leqslant \frac{1}{\gamma_{RE}}(0.1\beta_c f_c b_f t_f) \tag{10-10}$$

$$V_f \leqslant \frac{1}{\gamma_{RE}}(f_y A_s) \tag{10-11}$$

式中　V_f——框支结构由不落地剪力墙传到落地剪力墙处框支层楼板组合的剪力

设计值，8 度时应乘以增大系数 2.0，7 度时应乘以增大系数 1.5；验算落地剪力墙时不考虑此增大系数；

b_f、t_f——分别为框支层楼板的验算截面宽度和厚度；

A_s——穿过落地剪力墙的框支层楼盖（包括梁和板）的全部钢筋的截面面积；

γ_{RE}——承载力抗震调整系数，可取 0.85；

β_c——混凝土强度影响系数。

6. 抗震设计的长矩形平面建筑框支层楼板，当平面较长或不规则以及各剪力墙内力相差较大时，可采用简化方法验算楼板平面内的受弯承载力。

【禁忌 14】 对箱形转换梁的设计和构造不了解

【正】 1. 多、高层建筑底部大空间剪力墙结构，有不少工程利用设备层（一般层高 2.2m）设计成箱形转换梁，既有利于框支层净高，又具有大的刚度控制挠度，而且当转换梁与上部墙不对中产生的较大扭矩可由箱形梁的上下楼板进行平衡。

2. 箱形梁作转换结构时，一般宜跨满层设置，且宜沿建筑周边环通构成"箱子"，满足箱形梁刚度和构造要求。混凝土强度等级不应低于 C30。

3. 箱形梁抗弯刚度应计入相连层楼板作用，楼板有效翼缘宽度为：$12h_i$（中梁）、$6h_i$（边梁），h_i 为箱形梁上下翼相连楼板厚度，不宜小于 180mm。板在配筋时应考虑自身平面内的拉力和压力的影响。

4. 箱形梁腹板断面厚度一般应由其剪压比控制计算确定，其限值同转换梁的剪压比限值，且不宜小于 400mm。

5. 箱形梁配筋按下列要求：

（1）箱形梁纵向钢筋配置宜如图 10-15 所示，与框支柱连接见图 10-8。

（2）箱形梁混凝土强度等级、开洞构造要求、纵向钢筋、箍筋构造要求同框支梁。

（3）箱形梁腰筋构造要求同转换梁。

（4）箱形梁上下翼缘楼板内横向钢筋不宜小于 Φ 12 @ 200 双层。

（5）箱形梁纵向钢筋边支座

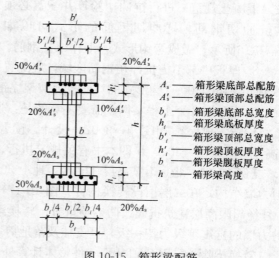

A_s —— 箱形梁底部总配筋
A_s' —— 箱形梁顶部总配筋
b_i —— 箱形梁底部总宽度
h_i —— 箱形梁底板厚度
b_i' —— 箱形梁顶部总宽度
h_i' —— 箱形梁顶板厚度
b —— 箱形梁腹板厚度
h —— 箱形梁高度

图 10-15 箱形梁配筋

构造、锚固要求见图10-8，所有纵向钢筋（包括梁翼缘柱外部分）均以柱内边起计锚固长度。

【禁忌15】　对转换厚板的设计和构造不了解

【正】　1.《高规》根据非地震区及6度设防地震区采用厚板转换工程的设计经验，规定了关于厚板的设计原则。在7度、8度抗震设计时转换厚板的应用缺乏设计使用经验，需进一步进行研究，并属超限审查工程。

2. 转换厚板的厚度可由抗弯、抗冲切计算确定。

转换厚板可局部做成薄板，薄板与厚板交界处可加腋；转换厚板亦可局部做成夹心板。

3. 转换厚板宜按整体计算时所划分的主要交叉梁系的剪力和弯矩设计值进行截面设计并按有限元法分析结果进行配筋校核。受弯纵向钢筋可沿转换板上、下部双层双向配置，每一方向总配筋率不宜小于0.6%。转换板抗剪箍筋的体积配筋率不宜小于0.45%。

4. 为防止转换厚板的板端沿厚度方向产生层状水平裂缝，宜在厚板外周边配置钢筋骨架网进行加强，且不小于Φ16@200双向。

5. 转换厚板上、下部的剪力墙、柱的纵向钢筋均应在转换厚板内可靠锚固。

6. 转换厚板上、下一层的楼板应适当加强，楼板厚度不宜小于150mm。

7. 厚板在上部集中力和支座反力作用下应按《混凝土规范》进行抗冲切验算并配置必须的抗冲切钢筋。抗冲切钢筋的形式可以如图10-16所示，做成弯钩形式，兼作架立钢筋。

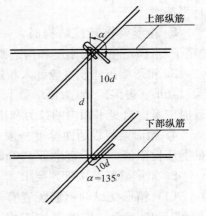

图10-16　抗冲切钢筋形式

8. 厚板中部不需抗冲切钢筋区域，应配置不小于Φ16@400直钩形式的双向抗剪兼架立钢筋。

以下介绍8个工程实例。需要注意的是：这些工程实例均按《高层建筑混凝土结构技术规程》（JGJ 3—2002）设计。读者在新工程设计时，有关规定应按《高规》（JGJ 3—2010），即本书有关规定执行。

【例10-1】　北京市某高层住宅楼，地上30层和34层，底部门厅局部大空间剪力墙结构，在二层顶设转换构件（图10-17），已属高层超限结构，在2003年4月经超限高层建筑抗震设防专项审查。转换梁、与转换梁相连的框支柱及落地剪力墙的抗震等级为特一级，框支柱及落地剪力墙的约束边缘构件采用型钢混凝土。转换梁除了采用SATWE软件整体计算外，还进行了补充计算，并以其内力结果进行截面设计。

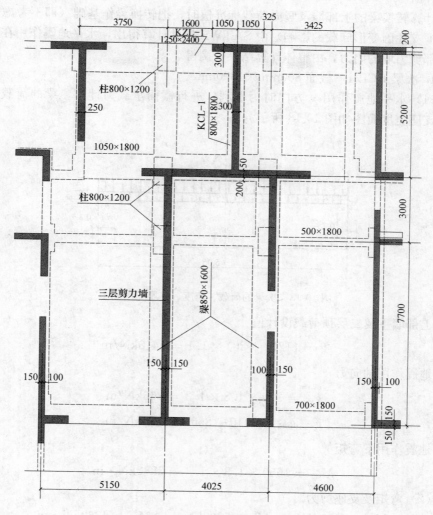

图 10-17 转换层平面

现取其次梁 KCL-1 和主梁 KZL-1 作为补充计算为例。为简化起见，地震作用下的内力均为水平地震作用与风荷载的组合值，重力荷载为恒载加 0.5 活载之和，按《高规》表 5.6.4 分项系数 γ_G 为 1.2，γ_{Eh} 为 1.3。根据《高规》10.2.6条，转换梁水平地震作用计算内力特一级时增大系数为 1.8，8 度抗震设计时转换构件应考虑竖向地震的影响取重力荷载的 10%。

该工程抗震设防 8 度，场地为Ⅲ类，设计地震分组为第一组，风荷载基本风压 0.45kN/m²，地面粗糙度 C 类。转换梁混凝土强度等级 C45，受压强度设计值 $f_c = 21.1\text{N/mm}^2$，抗拉强度设计值 $f_t = 1.80\text{N/mm}^2$，钢筋为 HRB400，钢筋强

度设计值 $f_y = 360\text{N}/\text{mm}^2$。

计算转换梁的上部墙及竖向荷载标准值时，把转换梁作基础（即不考虑转换梁及框支柱因变形卸载的影响）由 SATWE 软件计算得出，水平地震作用在转换梁上部剪力墙的内力，由整体计算结果中摘得。

1. 次梁 KCL-1，截面 800mm×1800mm

（1）水平地震作用 y 方向时为不利，进行截面承载力计算。梁的荷载、跨度、支座宽度简图如图 10-18 所示。

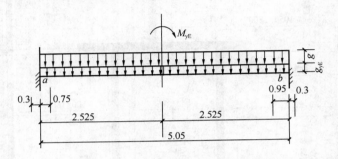

图 10-18　次梁的荷载、跨度、支座宽度简图

上部墙重及二层顶荷载设计值

$$g = (1262 + 20) \times 1.1 = 1410\text{kN/m}$$

地震作用轴向力

$$g_{yE} = 370 \times 1.8 \times 1.3 = 866\text{kN/m}$$

$$g + g_{yE} = 1410 + 866 = 2276\text{kN/m}$$

地震作用下弯矩

$$M_{yE} = 1659 \times 1.8 \times 1.3 = 3882\text{kN} \cdot \text{m}$$

（2）弯矩及支座剪力。

$$M_a^F = 3866\text{kN} \cdot \text{m}, M_b^F = 5808\text{kN} \cdot \text{m}, M_{中} = 4360\text{kN} \cdot \text{m}$$

$V_a = 4594\text{kN}, V_b = 6900\text{kN}$，至 KZL-1 边 $V_b' = 6900 - 2276 \times 0.95 = 4738\text{kN}$

（3）截面设计。

按《高规》10.2.9 条，$[V] = \dfrac{0.15 \times 21.1 \times 800 \times 1740}{0.85 \times 1000} = 5183\text{kN} > V_b'$，满足。

箍筋 6 Φ 12@100，$[V_b] = 7480\text{kN}$，满足。

a 支座，$M_a^F = 3866\text{kN} \cdot \text{m}$，$A_s = 6554\text{mm}^2$，18 Φ 28（11084mm²）

b 支座，$M_b^F = 5808\text{kN} \cdot \text{m}$，$A_s = 10014\text{mm}^2$，18 Φ 28（11084mm²）

跨中，$M_{中} = 4360\text{kN} \cdot \text{m}$，$A_s = 7392\text{mm}^2$，16 Φ 25（7854mm²）

2. 主梁 KZL-1，截面 1250mm×2400mm

（1）次梁 KCL-1，水平地震作用 y 方向时对截面起控制作用。又由于次梁 KCL-1 的传重实际从上部到转换梁逐层传递，因此将次梁传重分布在墙垛 2.1m 上。主梁上墙垛布置在一侧，在墙轴向力作用下一般应考虑梁产生扭矩，此工程的墙垛与垂直方向各层连在一体，将有效地抵抗梁的扭转，因此在主梁的剪压比和受剪承载力验算中不计扭矩影响。

梁的荷载、跨度及支座宽度简图如图 10-19 所示。

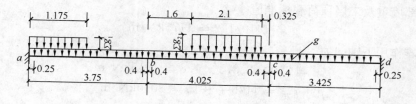

图 10-19　主梁荷载、跨度及支座宽度简图

二层顶荷载设计值 $g=19\times1.1=21$kN/m

KCL-1 传重 $6900/2.1=3286$kN/m

上部墙重 $g_1=2265\times1.1=2492$kN/m，$g_2=1575\times1.1=1733$kN/m

地震作用轴向力

$$g_{yE}^1=782\times1.8\times1.3=1830\text{kN/m}$$

$$g_{yE}^2=1032\times1.8\times1.3=2415\text{kN/m}$$

$\Sigma g_1=2492+1830=4322$kN/m，$\Sigma g_2=1733+3286+2415=7434$kN/m

（2）弯矩及支座剪力。

$M_{ab}^F=419$kN·m，$M_{ba}^F=M_{bc}^F=2919$kN·m，$M_{cb}^F=M_{cd}^F=4655$kN·m

$M_{dc}^F=1940$kN·m，$M_{bc}^{\text{中}}=4478$kN·m ，$V_{cb}=11139$kN

（3）截面设计。

按《高规》10.2.9 条，$[V]=\dfrac{0.15\times21.1\times1250\times2340}{0.85\times1000}=10891$kN，差 2.2%。

箍筋 8 ⚲ 12@100，$[V]=\dfrac{1}{0.85}$（$0.42\times1.8\times1250\times2340+1.25\times360\times$ $\dfrac{904.8}{100}\times2340$）$\times\dfrac{1}{1000}=13810kN>V_{cb}$，满足。

c 支座 $M_c^F=4655$kN·m，$A_s=5670$mm²，14 ⚲ 25（6872mm²）。

bc 跨中 $M_{bc}^{\text{中}}=4478$kN·m，$A_s=5454$mm²，14 ⚲ 25。

3. 按基于性能抗震设计

此工程如果按现在许多带转换层工程要求，按基于性能抗震设计，转换梁中震不屈服，重力荷载、水平地震作用取标准值，混凝土、钢筋强度按标准值，即各分项系数为 1.0。此时混凝土 C45，$f_{ck}=29.6\text{N/mm}^2$，$f_{tk}=2.52\text{N/mm}^2$，钢筋 HRB400，$f_{yk}=400\text{N/mm}^2$。中震时水平地震作用内力值可简化为由表 3-3 按小震时的 2.875 倍取，水平地震作用内力特一级增大系数仍为 1.8，考虑竖向地震影响为重力荷载的 10%。

（1）次梁 KCL-1 截面仍为 $800\text{mm}\times1800\text{mm}$，水平地震作用 y 向时计算简图为图10-18。

上部墙重及二层顶荷载标准值

$$g = 1410/1.2 = 1175\text{kN/m}$$

地震作用下轴向力

$$g_{yE} = 370\times2.875\times1.8 = 1915\text{kN/m}$$

$$g + g_{yE} = 1175 + 1915 = 3090\text{kN/m}$$

地震作用下弯矩

$$M_{yE} = 1659\times2.875\times1.8 = 8585\text{kN}\cdot\text{m}$$

1）弯矩及支座剪力标准值。

$$M_a^F = 4421\text{kN}\cdot\text{m}, M_b^F = 8713\text{kN}\cdot\text{m}, M_{中} = 7576\text{kN}\cdot\text{m}$$

$$V_b = 10352\text{kN}，至 KZL-1 边 V_b' = 10352 - 3090\times0.95 = 7417\text{kN}$$

2）截面设计。

$$[V] = \frac{0.15\times29.6\times800\times1740}{1000} = 6180\text{kN} < V_b' \quad \text{不满足}$$

为满足剪压比要求采用型钢混凝土，截面验算按《型钢混凝土组合结构技术规程》(JGJ 138—2001)（以下简称《型钢规程》），型钢截面如图 10-20 所示。采用 Q235 钢，强度标准值 $f_{ak}=235\text{N/mm}^2$，型钢钢板宽度比 b/t_f、h_w/t_w 均满足《高规》表 11.2.22 要求，按《型钢规程》5.1.4 条：

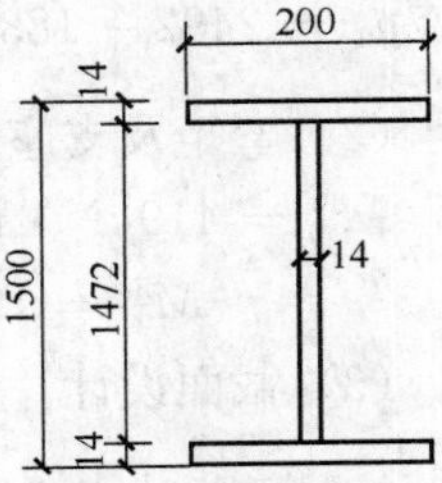

图 10-20　型钢截面

$$[V_b] = \frac{0.36\times29.6\times800\times1740}{1000} = 14833\text{kN} > V_b' \quad \text{满足}$$

$$\frac{f_{ak}t_w h_w}{f_{ck}bh_0} = \frac{235\times14\times1472}{29.6\times800\times1740} = 0.12 > 0.1 \quad \text{满足}$$

箍筋 6 Φ 12@100，按《型钢规程》5.1.5 条

$$[V_b] = \frac{0.06\times29.6\times800\times1740 + 0.8\times400\times\frac{678.6}{100}\times1740 + 0.58\times235\times14\times1472}{1000}$$

$$= 9059\text{kN} > V_b' \quad \text{满足}$$

因按中震不屈服验算，受剪承载力抗震调整系数 $\gamma_{RE}=1.0$。

支座弯矩由钢筋混凝土承受，跨中弯矩由钢筋混凝土与型钢共同承担。

$$M_a^F = 4421 \text{kN} \cdot \text{m}, A_s = 6562 \text{mm}^2 \quad 14 \, \Phi \, 25 (6872 \text{mm}^2)$$

$$M_b^F = 8713 \text{kN} \cdot \text{m}, A_s = 13360 \text{mm}^2 \quad 23 \, \Phi \, 28 (14162 \text{mm}^2)$$

跨中 $M_{中} = 7576 \text{kN} \cdot \text{m}$，按《型钢规程》5.1.2 条计算，跨中上部钢筋按支座的 1/4 截面为 $6 \, \Phi \, 28$，$A_s' = 3695 \text{mm}^2$，跨中下部钢筋 $14 \, \Phi \, 25$，$A_s = 6872 \text{mm}^2$，混凝土受压区高度按 $x = \dfrac{400 \times 6872}{800 \times 29.6} = 116 \text{mm}$，$\xi = x/h_0 = \dfrac{116}{1740} = 0.067$，$\delta_1 = \delta_2 = \dfrac{164}{1740} = 0.094$，$\delta_2 > 1.25 \times 116 = 145 \text{mm}$。

$$M_{aw} = \left[\frac{1}{2} \times 2 \times 0.094^2 + 2.5 \times 0.067 - (1.25 \times 0.067)^2 \right] \times 14 \times 1690^2 \times 235$$

$$= 1.59 \times 10^9 \text{N} \cdot \text{mm}$$

$$[M] = 29.6 \times 800 \times 116 \left(1740 - \frac{116}{2} \right) + 400 \times 3695(1740 - 35) +$$

$$235 \times 14 \times 200(1740 - 157) + 1.59 \times 10^9$$

$$= 9770 \times 10^6 \text{N} \cdot \text{mm} = 9770 \text{kN} \cdot \text{m} > M_{中}$$

3）按中震不屈服与小震作用下相比较，在截面相同和混凝土强度等级、钢筋一样的情况下，梁的剪压比需要采用型钢混凝土才能满足，支座 b 小震时为 $18 \, \Phi \, 28$，而中震不屈服需要 $23 \, \Phi \, 28$，相差 24%。

（2）主梁 KZL-1 截面仍为 $1250 \text{mm} \times 2400 \text{mm}$，计算简图为图 10-21。

二层顶荷载标准值 $g = 21/1.2 = 18 \text{kN/m}$

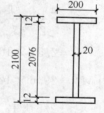

图 10-21 型钢截面

上部墙重标准值 $g_1 = \dfrac{2492}{1.2} = 2077 \text{kN/m}$，$g_2 = \dfrac{1733}{1.2} = 1444 \text{kN/m}$，KCL-1 传重 $10352/2.1 = 4930 \text{kN/m}$。

地震作用下轴向力

$$g_{yE}^1 = 782 \times 2.875 \times 1.8 = 4047 \text{kN/m}$$

$$g_{yE}^2 = 1032 \times 2.875 \times 1.8 = 5341 \text{kN/m}$$

$\Sigma g_1 = 2077 + 4047 = 6124 \text{kN/m}$，$\Sigma g_2 = 1444 + 4930 + 5341 = 11715 \text{kN/m}$

1）弯矩及支座剪力标准值。

$M_{ab}^F = 767 \text{kN} \cdot \text{m}, M_{ba}^F = M_{bc}^F = 4543 \text{kN} \cdot \text{m}, M_{cb}^F = M_{cd}^F = 7343 \text{kN} \cdot \text{m}$，

$M_{dc}^F = 3645 \text{kN} \cdot \text{m}, M_{bc}^{中} = 7046 \text{kN} \cdot \text{m}, V_{cb} = 17457 \text{kN}$。

2）截面设计。

$$[V] = \frac{0.15 \times 29.6 \times 1250 \times 2340}{1000} = 12987 \text{kN} < V_{cb} \quad 不满足$$

采用型钢混凝土时，Q235 钢，型钢如图 10-21 所示。

$$[V] = \frac{0.36 \times 29.6 \times 1250 \times 2340}{1000} = 31169 \text{kN} > V_{cb}$$

$$\frac{f_{ak}t_w h_w}{f_{ck}bh_0} = \frac{235 \times 20 \times 2076}{29.6 \times 1250 \times 2340} = 0.11 > 0.1 \quad 满足$$

箍筋 8 Φ 12@100，按《型钢规程》5.1.5 条

$$[V] = \frac{0.06 \times 29.6 \times 1250 \times 2340 + 0.8 \times 400 \times \frac{904.8}{100} \times 2340 + 0.58 \times 235 \times 20 \times 2076}{1000}$$

$$= 17628 \text{kN} > V_{cb}$$

支座弯矩由钢筋混凝土承受，跨中弯矩按型钢混凝土设计。

b 支座，$M_b = 4543 \text{kN} \cdot \text{m}$，$A_s = 4916 \text{mm}^2$，12 Φ 25（5890mm²）

c 支座，$M_c = 7343 \text{kN} \cdot \text{m}$，$A_s = 7997 \text{mm}^2$，14 Φ 28（8620mm²）

跨中 $M_{bc}^{中} = 7046 \text{kN} \cdot \text{m}$，按《型钢规程》5.1.2 条计算，跨中上部钢筋按支座 c 的 1/4 截面取 6 Φ 25，$A_s' = 2945 \text{mm}^2$（Φ 25 与 Φ 28 可直螺纹接头）。

混凝土受压区高度为 $x = \frac{400 \times 8620}{1250 \times 29.6} = 93 \text{mm}$，$\xi = x/h_0 = 93/2340 = 0.04$，$\delta_1 = \delta_2 = 162/2340 = 0.069$。

$$M_{aw} = \left[\frac{1}{2} \times 2 \times 0.069^2 + 2.5 \times 0.04 - (1.25 \times 0.04)^2 \right] \times 20 \times 2290^2 \times 235$$

$$= 2.52 \times 10^9 \text{N} \cdot \text{mm}$$

$$[M] = 29.6 \times 1250 \times 93 \left(2340 - \frac{93}{2} \right) + 400 \times 2945(2340 - 35) +$$

$$235 \times 12 \times 200(2290 - 156) + 2.52 \times 10^9$$

$$= 7230 \text{kN} \cdot \text{m} > M_{bc}^{中}$$

3）按中震不屈服与小震作用下相比较，在截面相同和混凝土强度等级、钢筋一样类型的情况下，c 支座左梁的剪压比需要采用型钢混凝土才能满足。c 支座小震时 $A_s = 5670 \text{mm}^2$，而中震不屈服需要 $A_s = 7997 \text{mm}^2$，相差 41%。

4. 几点说明

（1）本例的工程是 9 年前的设计，按当时要求没有对转换梁按中震不屈服进行设计，而是小震地震作用并作补充计算对转换梁进行截面设计。

（2）转换梁 KCL-1、KZL-1 进行小震地震作用与中震地震作用对比计算，可清晰地看到两者有明显差别，并说明对转换梁这种受力复杂的构件为了有较大的安全度按中震不屈服验算截面的必要性。

（3）KCL-1 算例中水平地震作用是按 y 方向由下向上（指平面图）作用进行计算的，因为此种工况对 KZL-1 最不利。当水平地震作用按 y 方向由上向下作用时 a 支座的负弯矩与现 b 支座的负弯矩相等，因此 a、b 支座配筋应相同，两

种工况下跨中弯矩相等。

【例 10-2】 山西省临汾市铸钢街拓宽改造工程。

工程概况：本工程地下 2 层地上 18 层，其中地下 1 层为设备夹层，地下 2 层为储藏室，地上 1 层 2 层为商业，3～18 层为住宅，框支层为地上 2 层，属高位转换。本工程抗震设防烈度 8 度，抗震设防分类丙类，设计地震分组第一组，设计基本地震加速度 $0.20g$，抗震等级一级。

1. 次梁转换次梁的手工补充计算

现在大量工程次梁上部为小墙肢或者墙体不连续，次梁为转换梁，受力很复杂，但是在 SATWE 整体计算中，无二次转换计算功能，次梁整体计算配筋较少，因此必须作补充计算。KZL5 次梁平面如图 10-22 所示。

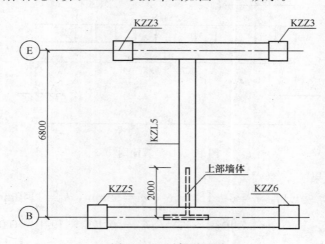

图 10-22　局部平面图

（1）按截面尺寸 600mm×1200mm（梁宽×梁高）

1）荷载计算

墙荷载取自 SATWE 计算结果。

①恒＋活标准值

$N_{qk} = 1758.22 + 379.95 \times 0.5 = 1948.2$kN，$q_k = N_{qk}/2.0 = 974.1$kN/m。

②地震作用

按四种工况，即 X 方向由左向右，X 方向由右向左；Y 方向由左向右，Y 方向由右向左取四种工况最大值计算。

计算标准值

$N_{Ek} = 112.5$kN，$q'_{Ek} = N_{Ek}/2 = 56.25$kN/m。

$M_{Ek} = 437.5$kN·m，$q''_{Ek} = 6 \times 437.5/(2 \times 2) = 656.25$kN/m。

③楼层荷载设计值计算

本层梁板 $g = 52.88$kN/m。

④墙荷载设计值计算

$q=974.1\times1.2\times1.1+1.3\times1.5\times52.88=1389\text{kN/m}$。

$q''=1.3\times1.5\times656.25=1280\text{kN/m}$。

2）计算简图

见图 10-23。

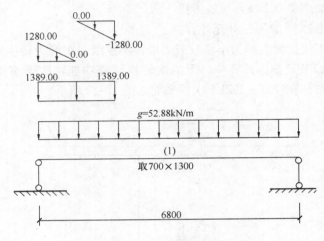

图 10-23　计算简图

3）计算结果

梁混凝土等级 C40，$f_c=19.1\text{N/mm}^2$，$a_s=60\text{mm}$，$h_0=1140\text{mm}$。

右端截面：$V=2674.73\text{kN}>\dfrac{0.15}{\gamma_{RE}}f_cbh_0=0.176\times19.1\times600\times1140/1000$

$=2299.33\text{kN}$。

剪压比超限，所以截面尺寸应改成 700mm×1300mm，重新计算剪压比。

（2）按截面尺寸 700mm×1300mm（梁宽×梁高）

计算结果 $V=2694.11\text{kN}<\dfrac{0.15}{\gamma_{RE}}f_cbh_0=0.176\times19.1\times700\times1240/1000$

$=2917.87\text{kN}$。

通过上述结果比较可以看出，二次转换结构手工计算很必要而且很重要，主要原因是现行软件自身存在缺陷，无二次转换计算功能。

2. 转换主梁的手工补充计算

主梁 KZL2 平面如图 10-24 所示。按截面尺寸 700mm×1500mm（梁宽×梁高）设计计算。

1）荷载计算

荷载取自 SATWE 计算结果。

①恒+活标准值

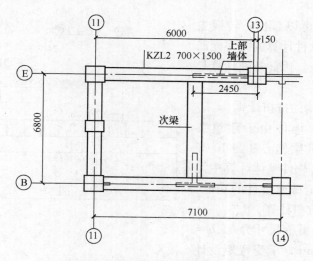

图 10-24　局部平面图

$N_{qk} = 2205.2 + 264.35 = 2469.55\text{kN}$，$q_k = 2469.55/2.45 = 1008\text{kN/m}$

②地震作用

按四种工况即 X 方向由左向右，X 方向由右向左；Y 方向由左向右，Y 方向由右向左取四种工况最大值计算。

计算标准值

$N_{Ek} = 1049\text{kN}$，$q'_{Ek} = 1049/2.45 = 428.2\text{kN/m}$。

$M_{Ek} = 1272\text{kN} \cdot \text{m}$，$q''_{Ek} = 6 \times 1272/(2.45 \times 2.45) = 1271.5\text{kN/m}$。

③楼层荷载设计值计算

本层梁板 $g = 62.78\text{kN/m}$。

④墙荷载设计值计算

$q = 1008 \times 1.2 \times 1.1 + 1.3 \times 1.5 \times 428.2 = 2165.55\text{kN/m}$。

$q'' = 1.3 \times 1.5 \times 1271.5 = 2479\text{kN/m}$。

⑤$F = 471\text{kN}$（次梁传来集中力设计值）

2）计算简图

见图 10-25（a）。

3）计算结果

见表 10-8。

计　算　结　果　　　　　　　　　　　　　　　　表 10-8

计算方法	SATWE 计算	手工计算	比　值
支座配筋（mm²）	5300	4880	0.921
跨中配筋（mm²）	6800	8958	1.3

由表 10-8 可以看出，转换主梁手工计算和软件计算的跨中配筋还是有较大出入，因此补充计算是必要的。

3. 转换结构的抗扭计算

KZL9 上部墙体由于建筑要求，墙体与转换梁偏心 [图 10-25 (b)]，SATWE 软件整体计算中无墙偏心产生扭矩截面设计的功能，必须手工进行抗扭计算。

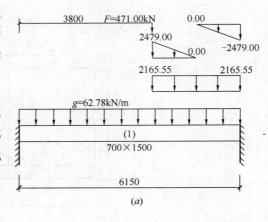

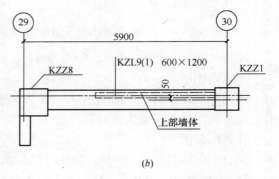

图 10-25　计算简图及平面图
(a) 计算简图；(b) 平面图

（1）KZL9 截面尺寸为 $b \times h = 600\text{mm} \times 1200\text{mm}$，承受弯矩设计值 $M = 1765.2 \text{ kN} \cdot \text{m}$，扭矩设计值 $T = 469.78\text{kN} \cdot \text{m}$，$V = 18596\text{kN}$，混凝土采用 C40，$f_t = 1.71\text{N/mm}^2$，箍筋及纵筋均采用 HRB400 钢筋，$f_y = 360\text{N/mm}^2$。

1）计算截面 A_{cor}，U_{cor} 及 W_t。

$$A_{cor} = 550 \times 1150$$
$$= 63.25 \times 10^4 \text{mm}^2$$
$$U_{cor} = 550 \times 2 \times 1150 \times 2$$
$$= 3400\text{mm}$$

$$W_t = b_2/6(3h - b) = 180 \times 10^6 \text{mm}^3$$

2）验算截面尺寸。

$$h_w/b = 1.7 < 4$$

$$T/W_t = 2.61\text{N/mm}^2 > 0.7 \times 1.71 = 1.197\text{N/mm}^2$$

所以应按计算配置抗扭钢筋。

3）计算箍筋与纵筋。

①抗扭箍筋计算。

设 $\zeta = 1.2$

$$A_{st1}/s = (T - 0.35f_t W_t)/1.2 \times \sqrt{1.2} \times f_{yv} \times A_{cor}$$
$$= (469.78 \times 1000000 - 0.35 \times 1.71 \times 180 \times 1000000)/1.2 \times 1.095$$
$$\times 360 \times 63.25 \times 10000$$
$$= 1.21\text{mm}^2/\text{mm}$$

②抗扭纵筋计算。

$$A_{st1} = 1.2 \frac{A_{st1}}{s} U_{cor} = 1.2 \times 1.21 \times 3400 = 4937\text{mm}^2, \quad 12 \; \underline{\Phi} \; 25(5889\text{mm}^2)$$

③抗剪箍筋计算。

$$V < \frac{1}{\gamma_{RE}} \left[0.42 f_t b h_0 + 1.25 f_{yv} \frac{A_{sv}}{s} h_0 \right]$$

$$\frac{A_{sv}}{s} = \frac{1859.6 \times 10^3 \times 0.85 - 0.42 \times 1.71 \times 600 \times 1140}{1.25 \times 360 \times 1140} = 2.12$$

$$A_{sv} = 212\text{mm}^2, 2 \; \underline{\Phi} \; 12(226.1\text{mm}^2)$$

4）实配箍筋 $\underline{\Phi}$ 12@100（4 肢），其中外侧 2 肢 $\underline{\Phi}$ 12@100 抗扭，$2 \times 113.1 = 226.1\text{mm}^2 > 121\text{mm}^2$，满足要求。

（2）构造要求。

在弯剪扭构件中，剪扭箍筋

$$\rho_{sv} = 0.28 \times f_t / f_{yv} = 0.133\%$$

$$\rho_{sv} = A_{sv}/b_s, \quad A_{sv} = 0.00133 \times 600 \times 100 = 79.8$$

抗扭纵筋

$$\rho_{tl} \geqslant 0.6 \sqrt{\frac{T}{V_b}} \times \frac{f_t}{f_y} = 0.6 \sqrt{\frac{469.78 \times 10^6}{1859.6 \times 10^3 \times 600}} \times \frac{1.71}{360}$$

$$= 0.00185$$

$$A_{st1} = 0.00185 \times 600 \times 1200 = 1332\text{mm}^2$$

（3）在 SATWE 整体计算中箍筋 $G = 11.7\text{cm}^2$，受剪箍筋 $A_s = 1170 \times 21/(36 \times 2) = 341.25\text{mm}^2$。

若按构造要求腰筋 $\underline{\Phi}$ 18@200，为 12 $\underline{\Phi}$ 18。

$A_{st1} = 3054\text{mm}^2$，而抗扭计算应采用 12 $\underline{\Phi}$ 25。

【例 10-3】 北京双擎大厦主楼地上 27 层，在 3 层为转换层，结构平面见图 10-26。验算ⓒ轴在③轴至④轴间转换大梁的剪力。

已知：转换层以上剪力墙、楼板和阳台作用到转换梁上荷载设计值 $q_1 = 1105\text{kN/m}$，本层梁、板等荷载设计值 $q_2 = 90\text{kN/m}$，转换梁截面 550mm × 2850mm，楼板厚 180mm，混凝土强度等级 C35，$f_c = 16.7\text{N/mm}^2$。上部剪力墙厚度 200mm，作用在梁外侧，转换梁净跨度为 5m。

解：（1）转换梁端剪力 $V_0 = (1105 + 90) \times \frac{5}{2} = 2987.5\text{kN}$。

剪力墙因与梁不对中，梁端扭矩为

$$T = 1105 \times 0.175 \times 2.5 = 483.44\text{kN} \cdot \text{m}$$

（2）转换梁抗扭抵抗矩 W_t 按 T 形计算，$b_f' = b + 6h_f = 0.55 + 6 \times 0.18 = 1.63\text{m}$。

矩形腹板 $W_{tw} = \frac{b^2}{6}(3h - b) = \frac{0.55^2}{6}(3 \times 2.85 - 0.55) = 0.403\text{m}^3$

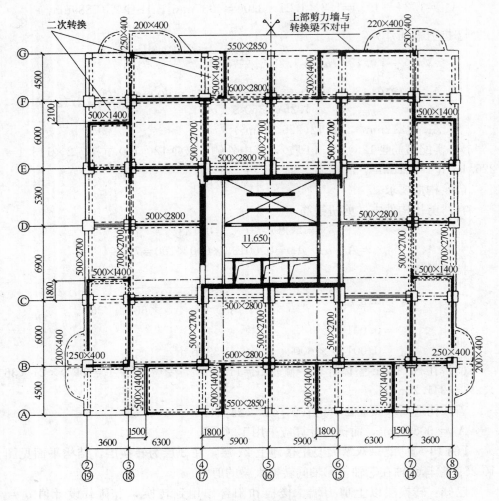

图 10-26 转换层结构平面布置

未注明的剪力墙厚度均为 200mm，楼板厚度均为 180mm

翼缘 $\quad W_{tf} = \dfrac{h_f^2}{2}(b_f - b) = \dfrac{0.18^3}{2}(1.63 - 0.55) = 0.0175\text{m}^3$

$$W_t = W_{tw} + W_{tf} = 0.403 + 0.0175 = 0.4205\text{m}^3$$

$h_w/b = 2.67/0.55 = 4.85$，剪力 $[\tau] = 0.23f_c = 0.23 \times 16.7 = 3.84\text{N/mm}^2$。

剪力和扭矩共同作用下

$$\dfrac{V}{bh_0} + \dfrac{T}{0.8W_t} = \dfrac{2987.5 \times 10^3}{550 \times 2790} + \dfrac{483.44 \times 10^6}{0.8 \times 0.4205 \times 10^9}$$

$$= 1.95 + 1.44 = 3.39\text{N/mm}^2 < 3.84\text{N/mm}^2 \quad \text{满足}$$

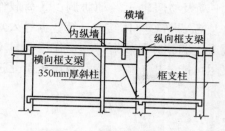

图 10-27 西苑饭店转换层

【例 10-4】 北京西苑饭店新楼梁式转换。

图 10-27 所示为北京西苑饭店新楼工程转换层结构，框支层中部纵向有落地剪力墙，上部有一道纵向剪力墙，位置与中间框支柱错开，为此，在该纵向剪力墙下设置纵向转换梁承托，纵向转换梁支承在横向转换梁上，这种传力方式间接。为使受力直接，在框支中柱上加了厚度比中柱薄的斜柱（由于该工程楼层为布置机电管道，层高为 5.3m，建筑吊顶净高较低，结构具有加斜柱条件）。该工程抗震设防烈度为 8 度，Ⅱ类场地，地下 2 层地上 3 层共 5 层为框支层，在 3 层顶转换，4 层横墙厚 300mm，是转换横梁的组成部分，3 层顶板厚 250mm。其上 4 层至 23 层为客房剪力墙结构，层高 2900mm。

【例 10-5】 盛大金磐超高层住宅框支结构设计。

盛大金磐工程位于上海市浦东陆家嘴地区，超高层住宅楼中的框支梁上的混凝土墙体不仅是分段布置在框支梁上，而且各墙肢轴线不完全在同一条轴线上，不能形成规范意义上的框支梁结构，具有特殊性。采用的型钢混凝土框支转换梁及框支柱内的钢筋与型钢重叠穿越，颇为复杂。下面主要介绍该超高层结构中框支部分的设计及在施工过程中的一些处理方法。

1. 框支层结构计算与分析

（1）计算程序与模型的选用

框支转换层楼板在地震中受力变形较大，其在整体电算中的模型选择很关键。由于工程转换梁跨度较大，房屋上部层数较多，地震时楼板将传递相当大的地震力，其在平面内的变形是不能忽略的，因此采用弹性板或弹性膜的模型较为适宜。由于弹性板的平面外刚度在整体计算中已被计入，相当于考虑了板对梁的卸荷作用，会使梁的设计偏于不安全。在进行整体结构分析时，将转换层楼板用弹性膜单元模拟。

（2）框支转换层的内力分析

工程分别采用了 SATWE 和 ETABS 结构计算程序进行整体计算和校核，并采用通用结构分析软件 ANSYS 对转换层部位进行专门的计算分析。

图 10-28 为 SATWE 计算程序针对转换层平面的内力计算结果。采用 AN-SYS 进行转换层分析时，框支部分计算模型是从整体结构中把相应框支效应比较明显的构件取出，并作适当的简化，再选用力学特征一致的结构单元分别进行建模，按照包络设计方法对其边界处理如下：①计算模型底部按嵌固（位于整体结构标高±0.000m 地下室顶板处）；②计算模型顶部节点位于转换层上一层楼盖

处，楼板采用平面无限刚假定，其 xy 平面平动及绕竖轴 z 转动协调；③荷载作用来自模型自重、楼板活荷载、边界外力（从 SATWE 整体结构计算数据导入）。需要补充说明的是，工程中框支大梁上的混凝土墙肢分段较短，其拱作用明显不如整片墙体，为使计算规模不至于太大，又尽可能分析准确，特意对墙板单元进行了超常细分。

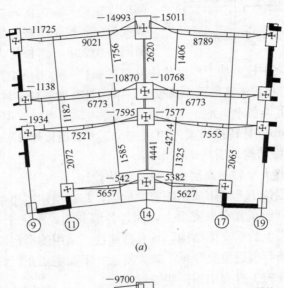

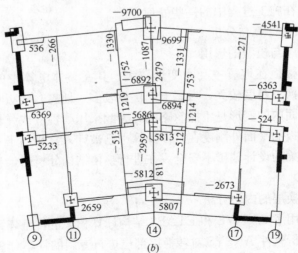

图 10-28　SATWE 计算的恒载下的转换层内力
(a) 弯矩 (kN·m)；(b) 剪力 (kN)

　　SATWE 程序计算的转换层构件受竖向活荷载作用的弯矩约为竖向恒荷载作用的 15%。通过框支转换层的内力分析可以发现：①由于框支梁上部的竖向墙体都是一段一段的分布，除作为集中竖向构件作用在框支梁上外，不可能完全像标准框支梁那样梁墙组成组合构件共同工作，也没有明显的内力拱出现；②竖向荷载作用下框支梁的弯矩分布类似于普通框架梁，跨中底部和支座上部弯矩最大；③竖向荷载作用下框支梁的剪力从跨内集中荷载作用处到梁端范围内最大；④框支梁刚度的改变对上部混凝土剪力墙应力的影响不同于标准框支梁上部墙体应力的改变，当加大框支梁刚度时，跨中上部剪力墙竖向应力分布逐渐增大，而跨端（包括端部非框支剪力墙部分）上部剪力墙的竖向应力则逐渐减小；⑤轴向力计算显示出的框支梁端为压力，跨中为拉力，框支梁的内力分布情况类似于一般受弯构件，而不具有规范意义上的框支梁全跨受拉等许多特点；⑥两个计算程序的计算变形走势相似，而且计算数值接近，证明了上述分析转换层结构所具有的自身特征。

2. 框支层结构设计

（1）框支转换大梁的抗剪设计

框支大梁的弯矩较大，计算裂缝为 0.13mm，计算挠度为 1/1149，其截面主要由剪力控制。工程不仅框支转换大梁上部承载的楼层数多（2 号楼达 40 层），而且转换大梁的跨度最大已超过 12m，加上跨中又有一些二级转换梁作用其上。剪力包络图表明框支梁最大梁端剪力达 19182kN。取宽 2000mm、混凝土强度等级 C50 的混凝土梁，仍无法满足抗剪的要求。若继续加大梁截面，会有悖于强柱弱梁的设计原则，若采用钢结构，会造成转换钢梁与其上混凝土剪力墙钢筋连接的困难。综合考虑，最终决定采用型钢混凝土转换梁。

（2）框支梁的抗扭转设计

上部剪力墙墙体中心线与转换梁中心线无法重合的现象在内外纵向框支梁上都存在，偏心的数值有时是变化的，这将对转换梁（主要是一级转换梁）产生一定的扭矩。SATWE 的扭矩计算结果为 1079kN·m，ANSYS 的扭矩计算结果为 997kN·m。笔者认为，受计算程序建模的限制，也难以通过程序准确计算因偏心造成的扭矩问题。如果简单地按上部墙体传下的竖向力乘以墙体中心线与梁中心线距离的方法来计算扭矩，忽略转换梁和转换层楼板与上部墙体及楼板的协同工作，又会造成其数值失真。因为楼板对梁具有很大的约束作用，梁相当一部分的扭矩会转为板的受弯而被抵消；另外，由于一、二级转换梁相互垂直，同样是缘于彼此间的相互约束，一级转换梁的扭矩也会被二级转换梁的弯矩抵消；再有，与转换梁上剪力墙垂直相交的那一部分剪力墙也会对梁的扭矩产生约束作用。综上所述，可以认为对于转换梁的受扭问题，应该在计算基础上，通过结构概念及构造来解决，而不是简单地通过计算加大配筋。具体的解决方法如下：

1）加强转换层楼板配筋。考虑抗震需要，方案阶段已确定转换层楼板厚度为 220mm，施工图设计时更有意提高其配筋率，使单层单向配筋率达到 0.34％，以进一步提高转换层楼板与框支大梁共同作用的能力。考虑到梁较宽，对边转换梁，板面钢筋不是简单地要求伸入梁内满足锚固要求即可，而是要求必须贯穿梁顶截面，以确保梁扭矩在板上的有效传递。

2）对于与一级转换梁垂直相交的二级转换梁要求沿建筑物横向全长贯通（即使某段梁上无剪力墙也要求贯穿过去）。这样做的目的是当扭矩沿一级转换梁长向分布作用时，每隔一定距离（一般是在 4～5m 左右），扭矩就可以被二级转换梁抵消。不仅如此，而且从转换层结构平面图中还可看出，在中部 KZL-2 和 KZL-3 之间又增加了一根截面为 1000mm×1500mm 的短梁，目的就是为了进一步加强两框支梁的整体刚度，使其能更好地共同工作，以提高其整体抗扭转能力。

3）对于转换梁上的剪力墙尽可能减少一字形墙肢，如无法避免时，则对该一字形墙肢按混凝土柱的有关要求进行设计，并要充分考虑到平面外的荷载作用及内力的相互影响。

（3）型钢混凝土梁的设计

1）型钢梁选型。

转换梁的型钢经过试算后决定选用 Q345B 钢，型钢的腹板厚为 30mm。采用宽翼缘会导致梁柱节点内部施工极其困难，不仅众多直径 32mm 的柱纵筋穿过型钢翼缘造成翼缘截面的较大损失，也难以做到节点区混凝土的密实，这是设计最为关心的问题。经权衡，在保证抗剪计算的前提下选用窄翼缘型钢，翼缘宽一般在 200～250mm，厚度为 50mm，这样在梁柱节点区，柱纵筋可以绕过型钢翼缘进入节点区。型钢混凝土框支大梁的截面示意见图 10-29。

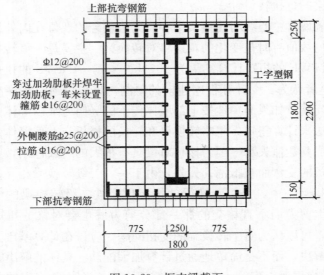

图 10-29　框支梁截面

2）型钢梁计算。

目前型钢混凝土梁的计算方法有三种，出于规范的统一性，在工程设计中仍采用《型钢规程》。

①按受弯构件计算不计入拉力的影响。工程中的框支梁不是常规意义上的偏拉构件，而是近似于受弯构件。另外，为了满足转换层上下刚度比的要求，同时也为了使转换层的水平力在落地剪力墙处能较好地直接传递，还有意减少了转换梁上的剪力墙，梁墙之间的整体性相对较弱，梁的受拉翼缘效应不明显。因此不特意考虑构件拉力的影响。

②计算中未计入型钢腹板的抗弯贡献。《型钢规程》5.1.2 条有关梁的受弯计算假定是腹板在局部范围内达到屈服，即正应力达到钢材抗拉设计强度 f，但公式中并未对腹板屈服的高度进行限制。对于对称布置的型钢梁来说，即使受压区混凝土被压溃，部分腹板仍处于弹性工作状态，见图 10-30。

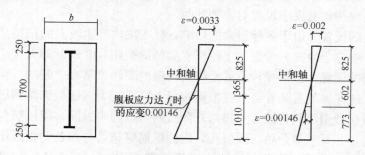

图 10-30　框支梁截面型钢应力应变示意图

工程框支梁高为 2200mm，近似取 $h_0=h$，假设名义受压区高度 $x_b=0.3h_0=660\text{mm}$，则实际受压区高度 $x=660\times1.25=825\text{mm}$，即中和轴位置距受压区边缘 825mm，距受拉区边缘为 1375mm。当腹板应力达到 $f_a=300\text{N/mm}^2$ 时，相应的应变为 $\varepsilon=300/(2.06\times10^5)=1.46\times10^{-3}$。如果受压区边缘混凝土纤维达到极限压应变 0.0033，则应力能达到 f_a 的腹板纤维距梁受拉边缘最大距离 $\Delta=1375-(1.46\times10^{-3}/0.0033)\times825=1010\text{mm}$。扣除翼缘及混凝土保护层厚度 150mm，受拉区应力能达到 f_a 的腹板高度所占受拉区腹板总高度的比值为（1010 −150）/（1375−150）=70.2%。如在上述计算中将混凝土受压边缘的最大应变定在应力达到抗压强度设计值 f_c 时的应变 0.002，则可算得受拉区应力能达到 f_a 的腹板高度至多相当于受拉区腹板总高度的 50.9%。如果在小震时受压区边缘混凝土纤维即已接近极限压应变，则在中震和大震时的安全性能将难以得到保证。对此，《钢骨混凝土结构技术规程》YB 9082—2006 中，对于型钢能承受的弯矩取为 $1.05Wf$，W 为型钢截面弹性抵抗矩，相当于对塑性发展进行了限制；与《型钢规程》假定型钢的抗拉强度设计值取为 $0.9f$，其实质也是对塑性发展进行了限制。因此，简单地假定腹板在局部范围内达到屈服，而不对塑性区高度进行限制显然是不妥的。

工程中型钢梁柱的节点是按照先在柱上焊短钢梁，梁与梁之间再进行栓焊混合连接的方法进行处理的。栓焊混合连接处一般的计算假定是翼缘承受弯矩，腹板承受剪力，如果腹板也承受了相当的弯矩，再考虑到节点处的 γ_{RE} 大于杆件的，则将导致腹板上的螺栓过多，净截面损失过大，进一步增加节点设计和施工的难度。为安全及简化起见，最终决定在计算中应考虑型钢翼缘全截面的抗弯作用，而不考虑腹板的抗弯贡献。

③型钢梁的稳定按照文献[8]相关要求进行控制。

3）型钢梁构造。

①加劲肋的设置。《型钢规程》仅要求在支座处和上翼缘受较大固定集中荷载处设置加劲肋。为了加强型钢与混凝土之间的约束以及粘结，决定在型钢上沿全长每隔 1m 设置对称加劲肋，如图 9-29 所示。此外在二级转换梁与型钢混凝土梁相交处，也按构造要求设置对称加劲肋。

②腰筋的设置。由于各种因素的影响，框支梁内产生较大的扭矩是在所难免的，在设计中应予以充分考虑。工程框支梁两侧腰筋取Φ25@200。

③拉筋的设置。按常规，拉筋是将梁两侧的腰筋拉结在一起的。但在型钢混凝土梁中，这样做就意味着必须在型钢腹板上穿孔。为保证型钢两侧混凝土的完整性，采用在型钢两侧各设置一排与外侧腰筋对应的内纵筋，使拉筋与内排纵筋拉结在一起，并要求加劲肋板预留孔，内侧纵筋穿越后与加劲肋板焊牢，拉筋勾紧内侧纵筋，以增强整体性。拉筋直径同箍筋直径（一般为 14mm 或 16mm），间距一般为 200mm。

④梁柱节点。柱箍筋的处理。设计采用在与箍筋位置对应的型钢腹板上设置加劲肋的办法，并对箍筋进行分段，使每一段箍筋分别与加劲肋焊接。箍筋通过加劲肋连接为一体，从总体上看，仍能形成封闭箍的效果，见图 10-31（a）。

由于柱中的型钢距柱顶有一定距离，梁顶纵筋可以在柱顶贯通、锚固。框支梁底纵筋的锚固处理分三种情况区别对待：对能绕过柱型钢的纵筋则在绕过后锚固或贯通；对不能直接绕过柱型钢的纵筋，则可以小角度弯折绕过柱型钢翼缘，在型钢核心区内弯锚，由于框支柱截面较大，所以均可满足水平段长度 $0.4 l_{aE}$ 的要求；对无法绕过柱型钢翼缘的纵筋（每根梁一般在 2～4 根左右），则在与梁纵筋对应的柱型钢翼缘外侧面加焊 T 形钢牛腿，纵筋与牛腿面相焊，同时在柱型钢翼缘内侧面增焊扁钢加劲肋，以利于传力，见图10-31（b）。

⑤梁的附加箍筋与吊筋设置。考虑到地震作用下二级转换梁对一级转换梁传力方向改变的可能性（如小震时二级转换梁作用在一级转换梁上的集中剪力是竖直向下的，而大震下该剪力方向变为竖直向上是有可能的，因其上墙肢可能受拉），吊筋的受力方向是单一的，而附加箍筋向上向下的剪力均可承受，工程均

464

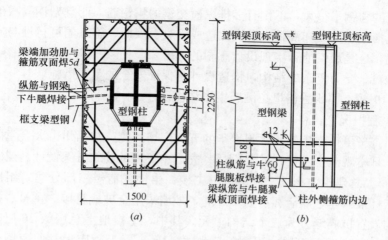

图 10-31　框支梁柱节点

(a) 节点核心区；(b) 型钢节点

选择以附加箍筋为主，吊筋为辅。但由于箍筋间距为 100mm，直径一般为 14mm、16mm，且箍筋为多肢套叠，所以如果再设置间距为 50mm 的附加箍筋，则箍筋间净距过小，无法施工，对此采用加大一、二级转换梁相交处箍筋直径的方法予以解决，以兼顾设计和施工的需要。

⑥梁最低配筋率。工程框支型钢大梁不仅承载巨大，而且抗震等级达特一级，其重要性远非一般型钢混凝土梁所能比，而从所配型钢的受力特性来看，由于设计中使用的是窄翼缘型钢，型钢翼缘板距混凝土梁底达 150~250mm，且未考虑腹板的抗弯贡献，大部分弯矩仍由钢筋混凝土来承担。因此，为安全计，对抗震等级为特一级的框支大梁采用 0.6% 的最低配筋率。

(4) 型钢混凝土框支柱的设计

作为特一级抗震构件的混凝土框支柱应当说是结构中最重要的竖向承重构件之一。按照主体结构中的总体设计原则，在钢筋混凝土框支柱中配以型钢，并控制轴压比不超过 0.6，以提高其强度和延性。同时控制框支柱全部纵向配筋率不小于 1.6%，柱端箍筋加密区最小配箍特征值不小于 0.18；实际设计中，各框支柱中所配置的十形型钢配钢率均在 6%~9% 之间。图 10-31 (a) 是框支柱的一种形式。

3. 结论

(1) 当工程中出现结构转换层一类的局部特殊结构形式时，应在结构整体计算后对局部特殊结构进行专门的有效受力分析，如所选计算软件的模型与局部结构的适应问题及分析结果的真实性等。

(2) 设计阶段不仅要保证结构自身的安全及合理性，也要考虑到施工的可操作性和施工质量的保证程度。例如工程框支梁柱均采用了型钢混凝土结构，型钢梁柱节点的含钢量很大，不仅有多排纵横交错的粗钢筋，而且型钢隔板的设置都给施工包括上层插筋和混凝土的浇注造成困难。因此，施工的可行性与施工质量密切相关，也是最终能否实现设计意图的关键。

（3）对于受力复杂的结构，构造设计是保证安全的重要措施。

【例 10-6】 福州香格里拉酒店主楼结构设计。

1. 工程概况

福州香格里拉酒店位于福州繁华的五一广场西侧，与福州市大会堂隔广达路相对望。日本观光企画设计社（KKS）完成本工程的建筑方案设计。建筑占地面积 7728m²，总建筑面积 57723m²，由主楼、裙楼、辅楼三部分建筑组成，按五星级酒店标准修建，酒店客房数 418 间，外墙采用全玻璃幕墙，主楼、裙楼、辅楼之间均设置抗震缝分为三个结构单元。其中，主楼地上总层数 26 层，结构总高度为 99m，设地下 1 层，层高 6m。主楼 1～5 层为酒店大堂、商场、会议中心、餐厅、健身中心、服务用房等公共空间，6～26 层为酒店客房，地下室为停车库、设备用房等，在 5 层与 6 层之间设有一层设备专业管道转换的技术层。主要层高：1～5 层分别为 6.0、5.0、5.0、5.5、4.0m，转换层 2.2m，标准层为 3.28m。主楼标准层平面呈棱形，长向为 70m，短向边长 9～20m。主楼结构形式为现浇钢筋混凝土框架-剪力墙结构；基础形式为大直径冲（钻）孔灌注桩，桩径 $\phi 1000 \sim \phi 1300$，持力层为中风化花岗岩或微风化花岗岩，持力层埋深约为 34m。

本工程于 2002 年 3 月 6 日动工，2005 年 1 月 8 日竣工。

2. 结构布置

主楼建筑的底层主要作为大堂接待区和休息厅（图 10-32），需要宽敞、高大、透亮的空间，而标准层是按内廊式布置两侧客房（图 10-33），层高只有 3.28m，走廊是连接着两端交通体的消防通道，也是设备管道集中的必经之路，限定结构在走廊处只允许设计 550mm 高的梁，或者梁高 800mm 但需预留孔洞供设备穿管。由于孔洞多又集中，故选择梁高 550mm 并在走廊两侧布置框架柱的方案。建筑师不允许这两根中柱同时落到一层的大堂，要求合并成一根柱并居中布置，所以在④、⑤轴处存在两根柱向一根柱转换的问题。而在⑥轴处正好是大堂的接待区、在②、③轴处是休息厅的正中央，这三个地方在一层处一根柱也不准设置，日本建筑师及其结构顾问单位主张将设备技术层作为结构转换层，形成在第 6 层的高位转换。此外，按照建筑师和业主的最早方案设计，在现 1 层①、②、③轴布置的四个 L 形墙曾被要求只能做成四根柱，因为休息厅要透过此处尽可能大的空间"吸纳"五一广场的景观，但整个建筑的抗侧力构件集中布置在⑦～⑧轴之间的楼电梯间处，偏心严重，导致结构严重扭转不规则。在初步设计阶段申请超限审查，审查会不同意采用高位转换和此严重扭转不规则的结构平面，

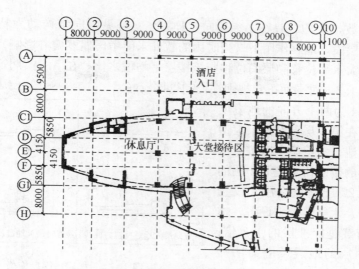

图 10-32　建筑一层平面

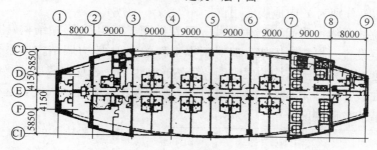

图 10-33　建筑标准层平面

建筑师这才同意结构做一些改进。首先，加强①～③轴的抗侧移刚度，除布置四个 L 形墙外，在③轴上从 3 层楼面起增设横向剪力墙、墙下设转换梁，解决了扭转不规则的问题；对④、⑤轴处的柱采用 V 形转换，利用设备技术层的空间实现高位转换；对②轴在标准层的横向框架梁，由于净跨达 11m、负荷面积大、荷载重的特点，采用型钢混凝土梁；在⑥轴处决定不再设中柱，但跨度 18m，经对宽扁梁、预应力梁、型钢混凝土梁等的分析计算，均不能满足需要，最终选定一层高的空腹桁架这种大跨度的梁式结构；对平面中部的 8 根框架柱在 6 层以下设计成型钢混凝土柱，既有效地控制截面要求，又增强了结构的承载力，提高抗震性能。

3. 结构计算与分析

本工程抗震设防烈度为 7 度，场地类别Ⅲ类，基本风压为 0.70kN/m^2，地面粗糙度按 B 类。

采用 SATWE 计算程序进行整体计算，振型数 36 个，振型组合采用 CQC 法。结构自振周期：$T_1 = 2.78\text{s}$（X），$T_2 = 2.55\text{s}$（Y），$T_3 = 2.09\text{s}$（T）；底部

地震剪力系数，X 向：1.79%；Y 向：1.97%。可见两向结构动力特性比较接近。在标准层段，地震作用下（当时用的软件未能考虑偶然偏心影响）各楼层竖向构件的最大水平位移和层间位移与该楼层平均值之比，在 X 向均小于 1.1，在 Y 向均小于 1.2，对平面扭转规则性控制得比较好。

图 10-34 为两个方向的地震反应力。由于在第 3 层上设置了大型的室内游泳池、多组桑拿房按摩水池等，本层的楼面荷载是第 4 层的 1.5 倍；第 27 层是屋面层，设置有空调机组、水箱等大型设备，本层的楼面荷载是标准层的 1.7 倍；所以，这两层的地震反应力明显较大。

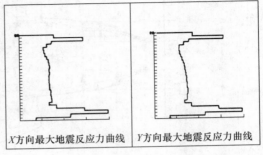

X方向最大地震反应力曲线　　Y方向最大地震反应力曲线

图 10-34　楼层地震反应力

图 10-35 分别为 Y 向地震作用下的楼层位移曲线、层间位移角曲线。尽管采用了两组 V 形柱结构转换、标准层每隔一层设置一榀空腹桁架，但对于本工程的框架-剪力墙结构体系而言，其产生的刚度变化相对于结构的层刚度，仍然影响很小，表现在楼层位移曲线、层间位移角曲线光滑、无畸变，计算出的上下层刚度也未突变。因此，这样的结构体系不致造成抗侧刚度分布的不规则。

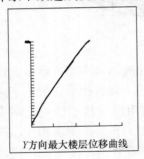
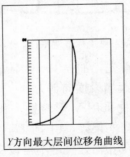

Y方向最大楼层位移曲线　　Y方向最大层间位移角曲线

图 10-35　Y 向地震楼层
位移曲线、位移角曲线

4. 主要构件的受力分析

V 形柱结构转换和空腹桁架的梁式结构，在力学分析上均属杆系结构，在结构计算时可拆散，直接按梁、柱、斜杆构件输入进行整体分析，只是在选取楼板刚度时要注意，应将 V 形柱、空腹桁架上下层弦杆的周围定义成弹性楼板，建议用"弹性膜"（即计算楼板的平面内刚度、忽略平面外刚度），或者定义成"零楼板"（即忽略楼板的刚度），才能计算出 V 形柱的斜柱段水平分力和空腹桁架上下层弦杆的轴力。在本工程计算时对这两种假定做了比较，最后按不考虑楼板的刚度（即"零楼板"）的计算作为设计依据。

（1）V 形柱。本工程的⑤轴处 V 形柱构造见图 10-36。V 形柱结构转换与其他结构转换形式相比，在竖向荷载作用下，具有传力直接、明确，传力路径短的优点。永久荷载工况下柱轴力分布见图 10-37。应当注意的是，V 形柱顶部横梁（L1）为平衡斜柱轴向力的水平分力会产生较大的拉力，在本例中达到 2500kN。在 Y 向地震作用下，V 形柱结构弯矩、剪力见图 10-38、图 10-39，可见并没有造成水平力传递途径的改变，沿 V 形柱水平力的传递是连续的、数值上也未突变。因此，以 V 形柱作为结构转换构件，不但不会造成结构竖向刚度的突变，而且受力明晰、传力连续，对结构抗震是有利的。在构造上，应控制斜柱的斜率，本工程为 1∶5；并采取措施处理 V 形柱顶部横梁的拉力；斜柱按一般框架柱设计即可。

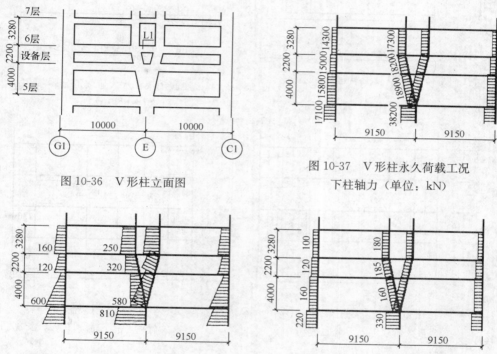

图 10-36　V 形柱立面图

图 10-37　V 形柱永久荷载工况
下柱轴力（单位：kN）

图 10-38　V 形柱 Y 向地震弯矩图
（单位：kN·m）

图 10-39　V 形柱 Y 向地震剪力图
（单位：kN）

（2）空腹桁架。本工程的空腹桁架是一榀水平刚架，由上下层弦杆、竖直腹杆和两端柱组成，它们之间的连接均为刚接，上下层弦杆代替了普通框架结构上下两层的框架梁，一层楼高，因此每隔一层设一榀空腹桁架，跨度为 18m，见图 10-40。在竖向荷载下，空腹桁架的上下层弦杆同时承受楼面荷载，通过腹杆协同受力，如同大跨度屋架一样；由于节点刚接，每根杆件均受弯矩、剪力、轴力，应按偏心受力构件进行正截面设计。在水平力作用下，就平面工作性能上，由于桁架层相对于开敞层而言，水平刚度很大，各竖杆参与抗侧力，但就本工程的框架-剪力墙结构体系，框架部分承受的水平力不超过 20%，桁架层与开敞层

469

比较，框架柱的受力没有显著区别，也即未改变框架-剪力墙结构整体的受力性能。图10-41～图10-45列出在永久荷载工况下和Y向地震作用下的内力分布。

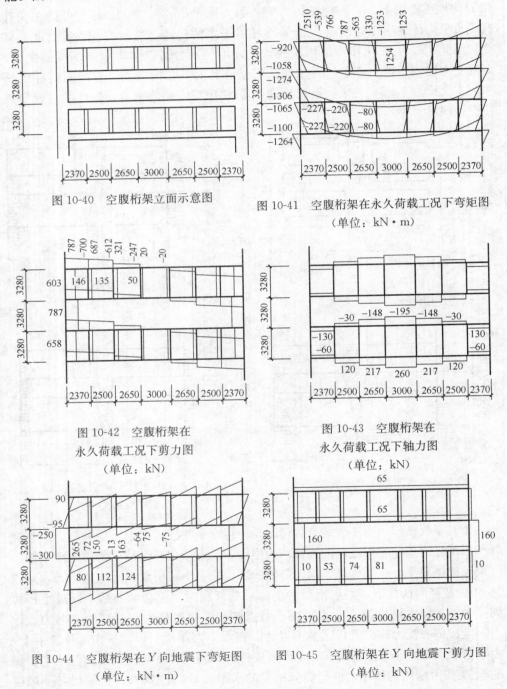

图10-40 空腹桁架立面示意图

图10-41 空腹桁架在永久荷载工况下弯矩图
（单位：kN·m）

图10-42 空腹桁架在
永久荷载工况下剪力图
（单位：kN）

图10-43 空腹桁架在
永久荷载工况下轴力图
（单位：kN）

图10-44 空腹桁架在Y向地震下弯矩图
（单位：kN·m）

图10-45 空腹桁架在Y向地震下剪力图
（单位：kN）

空腹桁架两端的框架柱与其他正常布置的框架柱相比，其弯矩、剪力要大得多，这是由于大跨度桁架的刚度引起的，因此对空腹桁架的两端框架柱设计成型钢混凝土柱，以与其他框架柱承载性能保持一致。上下层弦杆设计成型钢混凝土梁，腹杆采用组合 H 型钢构件，H 型钢主轴方向垂直于桁架平面，以适应弯矩、剪力的需要。

5. 结论

高层建筑采用 V 形柱结构可以适应不同柱网转换的需要，比一般梁式转换设计更合理、有效，充分发挥转换构件的力学功能。空腹桁架是一种大跨度的梁式结构，具有刚度大、节省材料、重量轻的特点，适合于大跨度框架结构。V 形柱结构转换和空腹桁架当应用于高层框架-剪力墙（筒体）结构中，只要剪力墙（筒体）作为主要抗侧构件布置合理，不致造成结构抗侧刚度分布的不规则、竖向抗侧力构件不连续，从而较好地实现结构要求与建筑功能的统一。

【例 10-7】 常熟华府世家箱形转换层结构设计。

1. 工程概况

常熟华府世家工程位于枫林路和海虞北路交汇处，总建筑面积约 9.5 万 m^2，共有 3 栋 32~33 层的高层住宅，2~4 层商业裙房，设 2 层地下室。建筑总高度约 99.6m，地下 2 层为六级人防。地下 1、2 层高均为 3.9m，1~4 层高分别为 5.4m、5.2m、3.5m、2.85m，5~33 层的层高均为 2.85m。三栋塔楼之间根据建筑布局自然设缝脱开，地下室连为一个整体，基础采用钻孔灌注桩，桩径 800mm，桩长约 50m。为实现从上部住宅到下部商场的功能转换，需要设置结构转换层。但在布置转换梁的过程中，发现有较多次梁抬墙的情况，这种多次转换传力路径长，框支主梁将承受较大的剪力、扭矩和弯矩，对抗震不利，所以决定采用整体性好的箱形转换结构。以 1 号楼为例介绍箱形转换结构的计算分析以及设计中的一些主要问题。

2. 结构布置

结构 1、2 层为商场，3 层及以上为住宅，图 10-46 为 3 层转换层结构平面。图中阴影部分为转换层以上标准层的竖向构件（剪力墙），而阴影部分下方为框支梁、框支柱以及落地剪力墙的轮廓线。一般框支柱截面 1200mm×1200mm，一般框支梁截面 800mm×2000mm，转换层上下层板厚均为 200mm，转换层以上剪力墙厚 200mm，转换层以下落地剪力墙厚 400mm。结构布置特点如下：

（1）由于平面布置复杂，为实现上、下竖向构件的转换，框支梁将承托剪力墙并承托转换次梁及其上剪力墙，即梁抬梁的二次转换现象不可避免，局部甚至是三次转换。中国建筑科学研究院抗震所进行的试验表明，在这种情况下，框支主梁易产生受剪破坏。必须进行应力分析，按应力校核结果配筋。但是要进行精确的应力分析是相当困难的，尤其是在复杂的地震力作用下，而采用整体性好的

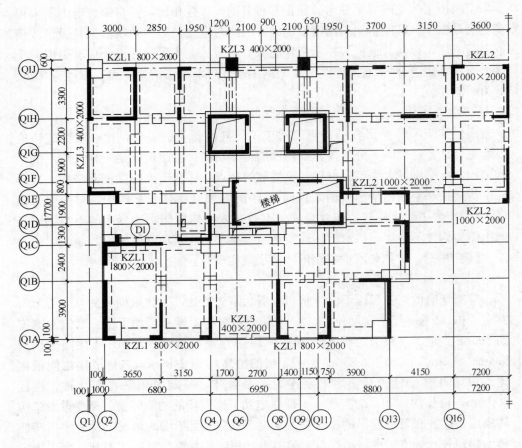

图 10-46 转换层结构布置图

箱形转换层，则可以从概念和构造上解决应力复杂的难题。

（2）框支梁上的墙体大多分段分布，作为集中竖向构件作用在梁上，而不是理想状态下的框支墙梁，即不会有明显的内力拱出现，框支梁主要是受弯构件而不是偏心受拉构件。

（3）由于建筑要求，有些框支梁的中心线不能和上部剪力墙中心线重合，将在框支梁上产生扭矩，而准确计算这种扭矩也很困难。不能简单地将上部剪力墙的垂直荷载乘以偏心距得到，因为上部结构有一个共同工作问题，上部结构的梁、板、墙均会抵消掉一部分扭矩。而箱形转换层的上、下层厚板承载力可形成一个力臂，可以抵消掉这种扭转作用。同时，箱形转换层整体受力，其共同作用能力和变形协调能力都大大提高。

（4）由于箱形转换层的梁板形成一个个封闭的空间，混凝土整浇后模板无法撤出，所以在框支梁的中间部位开了 $\phi600$ 的圆洞，使得每个封闭空间能形成对外撤出木板的通道。梁高 2m，圆洞直径小于梁高的 1/3。开洞尽量做到最少，并且靠近框支梁剪力较小的跨中部位。

3. 计算分析

（1）结构整体计算

华府世家按其使用功能的重要性，建筑抗震设防类别为丙类，抗震设防烈度为 6 度，设计基本地震加速度值为 $0.05g$，设计地震分组为第一组。根据岩土工程勘察报告，建筑场地类别为 Ⅲ 类，特征周期 $T_g = 0.55s$。设计基本风压 $0.5kN/m^2$，地面粗糙度 B 类。

计算发现，工程的风荷载起控制作用，以下分析中均取 y 向风荷载的计算结果。

采用 SATWE 和 PMSAP 两程序进行整体计算分析。因为转换层板在水平力作用下将承受较大的内力作用，其平面内的变形不能忽略，又由于弹性板模型在整体计算中要考虑其平面外刚度，对梁会产生卸荷作用，使得梁的设计偏于不安全，所以在整体计算分析时，转换层板采用弹性膜单元是合适的。结构转换层设在 2 层，计算时采用了剪弯刚度。进行整体分析时，考虑程序计算模式所限，没有输入转换层的下层板，而是将转换层作为一般梁式转换输入，但计算上下层侧向刚度比时，应考虑下层板的作用，将箱形转换层的高度平均分配给相邻的上、下两层。做上述简化后，转换层上、下侧向刚度比是比较接近真实情况的，而由于上、下层层高均较输入层高要小，得到的上、下层剪力墙、柱内力偏大，偏于安全。主要计算结果见表 10-9。

结 构 计 算 结 果　　　　　　　　　　　　表 10-9

计 算 程 序		SATWE		PMSAP	
自震周期（s）	T_1（平动系数）	2.5644（1.00）		2.5801	
	T_2（平动系数）	2.4009（0.61）		2.4123	
	T_3（扭转系数）	2.0996（0.61）		2.0424	
	方向	x 向	y 向	x 向	y 向
地震作用	剪重比 Q_0/W（%）	0.98	1.06	0.96	1.05
	最大层间位移角	1/2849	1/2407	1/3146	1/2002
	最大层间位移 平均层间位移	1.21	1.22	1.19	1.20
风荷载作用	总风力（kN）	2407	6041	2391	6002
	最大层间位移角	1/4261	1/1478	1/4440	1/1468
	最大位移比	1.20	1.03	1.22	1.05
	有效质量系数（%）	97.75	94.39	97.68	94.19
总质量（t）		38848		38859	

在结构竖向布置的刚度突变处（转换层），通过调整转换层以下剪力墙布置（数量和长短），控制水平力在各个方向作用时的结构转换层上、下结构的侧向刚度比，使 x 方向刚度比为 0.63，y 方向刚度比为 0.87，满足 γ_e 接近 1，且不大于 1.3 的要求。

因其平面布置明显为不规则结构，所以计算时考虑了双向地震作用，同时也考虑了偶然偏心的影响，通过调整平面布置，使其计算结果最大位移比控制在 1.4 以内。计算结果显示，扭转效应明显，为将周期比控制在 0.85 以内，通过增大周边刚度，减弱中心井筒刚度（中心井筒剪力墙开大洞），增大结构抗扭刚度，使其能满足规范要求。

（2）箱形转换层的局部有限元计算分析

采用 ANSYS 有限元软件进行计算，建模时从整体结构中把相应框支效应明显的构件取出并作适当简化，对其边界处理如下：①转换层向下取 1 层，底部取为嵌固；②转换层以上取 3 层，在上部施加荷载，荷载从 SATWE 整体结构计算数据提取。转换层及其上 3 层剪力墙和下一层墙、柱均采用 Solid65 实体单元模拟，楼面板采用 Shell63 板壳单元模拟。

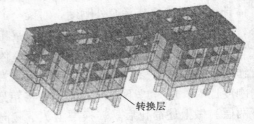

图 10-47　1 号楼模型

计算中荷载组合为（标准值）恒载＋活载＋0.6y 向风载。计算模型如图 10-47 所示。顶板、底板应力分析结果如图 10-48、图 10-49 所示。从图中可以看出，转换层的顶板和底板应力均不大，楼板不会开裂。图 10-50 是 KZL1 及其洞口 D1 处正应力分布，KZL1 及 D1 位置见图 10-46。由图 10-50 可见，开洞对框支梁的应力分布影响不大。

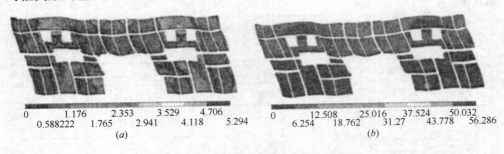

| 0 | 1.176 | 2.353 | 3.529 | 4.706 | |
| | 0.588222 | 1.765 | 2.941 | 4.118 | 5.294 |

| 0 | 12.508 | 25.016 | 37.524 | 50.032 | |
| | 6.254 | 18.762 | 31.27 | 43.778 | 56.286 |

(a)　　　　　　　　　　(b)

图 10-48　转换层顶板受拉区域应力（MPa）

(a) x 向；(b) y 向

4. 箱形转换层构件设计及施工

（1）转换梁的设计

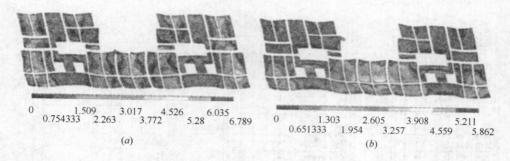

| 0 | | 1.509 | | 3.017 | | 4.526 | | 6.035 | |
| | 0.754333 | | 2.263 | | 3.772 | | 5.28 | | 6.789 |

(a)

| 0 | | 1.303 | | 2.605 | | 3.908 | | 5.211 | |
| | 0.651333 | | 1.954 | | 3.257 | | 4.559 | | 5.862 |

(b)

图 10-49　转换层底板受拉区域应力（MPa）

(a) x 向；(b) y 向

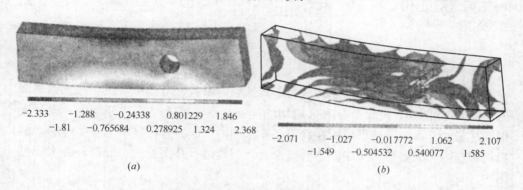

| −2.333 | | −1.288 | | −0.24338 | | 0.801229 | | 1.846 | |
| | −1.81 | | −0.765684 | | 0.278925 | | 1.324 | | 2.368 |

(a)

| −2.071 | | −1.027 | | −0.017772 | | 1.062 | | 2.107 | |
| | −1.549 | | −0.504532 | | 0.540077 | | 1.585 | |

(b)

图 10-50　转换梁及开洞处的有限元应力（MPa）

(a) 正应力分布；(b) 应力等值线分布

工程转换梁跨中底部和支座上部在竖向荷载作用下的弯矩最大，所以梁的弯剪配筋采用了 SATWE 整体计算配筋结果，而下层板的作用未考虑，即框支梁计算时取 T 形截面，而实际为工字形截面，将其作为安全储备。个别框支梁靠近支座处抗剪不够，通过加腋来解决。框支梁主筋全跨拉通，接头要求采用机械连接，箍筋也是全跨加密。主筋和箍筋均采用Ⅲ级钢，混凝土强度等级 C40。几个有代表性的框支梁的配筋断面如图 10-51 所示。

主、次梁相交处，采取以附加箍筋为主、以吊筋为辅的配筋方式。但由于箍筋间距为 100mm，直径 16mm 或 14mm，又是多肢套叠，如果再设置间距 50mm 的附加箍筋，则箍筋间距过小，无法施工，因此采用加大主、次梁相交处箍筋直径的方式来解决。

（2）转换层板的设计

转换层顶、底板均厚 200mm。ANSYS 计算结果显示，底板拉压应力略大于顶板，在顶板中设置双层双向拉通钢筋Φ 12@150，底板Φ 14@150，单层单向配筋率分别为 0.38% 和 0.5%。一方面满足构造要求；另一方面也满足应力校核需要，在局部拉应力较大区域，采取加强措施，适当增加配筋。

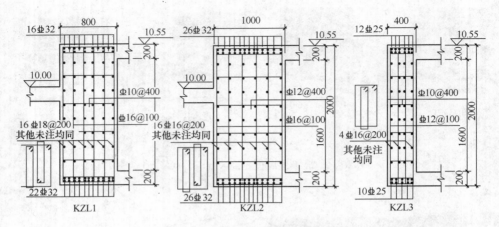

图 10-51　框支梁配筋断面

（3）施工中的问题

为便于施工拆除模板，及将来箱形转换层内设备管道检修，在一些大梁腹部开了 $\phi 600$ 的圆洞，使每个分隔区域均能连通。框支梁上是不宜开洞的，设计上做到尽量少开洞，并将洞口留在跨中 1/3 范围内。应力分析显示（图 10-50），洞口周围应力不大，应力集中并不明显。对开洞处进行补强处理，开洞补强大样见图 10-52。

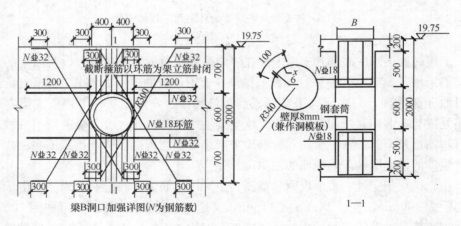

图 10-52　框支梁开洞补强

另外，整个箱体一次整浇是不可能的，考虑将水平施工缝留在下层板面上 300mm 高处，在施工缝面框支梁中适当增加构造钢筋。

5. 结论

（1）对由于平面布置复杂造成二次转换多的框支剪力墙结构，采用箱形转换可以增强转换层整体性，提高其抗震性能。

（2）对于框支梁中心线不能和上部剪力墙中心线重合所产生的扭矩，采用箱形转换层也能由上、下层板的承载力形成的力臂平衡掉。

（3）由于转换层上、下层板的共同作用，转换层层高可以取在箱形转换层中间而减小转换层计算层高。

（4）在转换梁中部开 $\phi600$ 圆洞，便于施工模板撤出，也可作为部分管线穿越的通道。

【例 10-8】 某高层建筑结构厚板转换层的设计。

1. 工程概况

在 7 度抗震设防地区，由于多种原因不得不突破规范的限制而采用厚板作为转换层时，就要求结构工程师仔细计算分析，采取针对性的构造措施，并经专家抗震审查方可进行。

建筑物位于上海，是集商业居住为一体的公寓式酒店。设计地上总建筑面积为 15940m²，地下建筑面积为 2295m²。地上 18 层，地下 1 层，总高 58.45m。其中地下层为停车库，1、2 层为商铺，3 层以上为公寓式酒店，地下层高为 4.3m，1 层高为 4.8m，2 层高 5.0m，标准层高 2.95m。结构类型为带转换层的复杂高层建筑结构，A 级高度，转换层位于 2 层。

抗震设防烈度 7 度，设计地震分组为第一组，设计基本地震加速度值 0.10g。建筑结构安全等级二级，建筑物抗震设防类别丙类，场地类别为 IV 类；场地特征周期为 0.9s，地基基础设计等级为乙级。剪力墙抗震等级：底部加强部位为二级；其余部位为三级。框架抗震等级为二级。地下室采用桩筏基础，主楼采用 $\phi800$ 钻孔灌注桩，桩长 31m，地下室其余部分采用 $\phi600$ 钻孔灌注桩，桩长 26m，作为抗拔桩。

结构布置如图 10-53 所示。其中斜线填充部分为转换层以下的剪力墙，墙厚为 300~350mm，框支柱截面为 800mm×1000mm~1000mm×1000mm；黑色填充部分为转换层以上公寓剪力墙，墙厚为 200~250mm。由于地处黄金位置，建设方坚持要求 1、2 层设计为大开间商铺，所以除中间电梯井、楼梯间剪力墙上下贯通外，上部结构其余剪力墙与下部墙体均错开布置且不在柱轴线上，无法满足框支梁构造要求，而且如果采用梁式转换，大量转换梁仅承受次梁及次梁上的剪力墙，无法与上部剪力墙共同作用，导致转换梁高超过 2m，梁底净高难以满足建筑要求，且转换次梁及次梁上的剪力墙的次数会超过 2 次。经过与专家讨论最后决定在 3 层楼面位置通过厚板转换把上部荷载传递至底层。5000mm×8700mm 柱网范围内转换层板厚 1000mm，10650mm×8700mm 柱网范围内转换层板厚 1500mm。转换层以下（含转换层）混凝土强度等级为 C35~C40，转换层以上为 C30。转换层以上共 16 层，每层荷载标准值 15.8~15.9kN/m²，传递至转换层总荷载 254kN/m²。

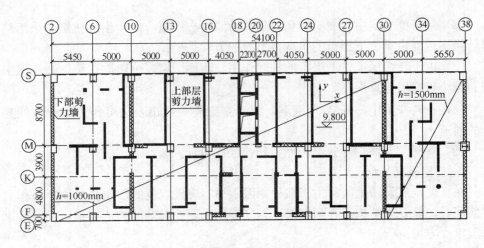

图 10-53　结构平面布置

2. 结构计算

采用结构设计软件 SATWE 和 PMSAP。在设计中遵守以下几点原则：①对主楼采用 50 年一遇风载进行强度核算；②采用两种以上符合实际情况的计算程序；③抗震设计采用振型分解法进行强度计算和变形验算，同时采用弹性动力时程分析法补充计算，以寻找结构的薄弱部位，振型组合数取 18 个；④对厚板转换层进行有限元分析，按弹性板 3 考虑，平面内无限刚，平面外有限刚。通过分析确定其内力分布及挠度，按应力校核配筋，使其满足抗冲切、抗剪、抗弯要求。

结构抗震分析以地下室顶板为上部结构嵌固端，采用刚性和转换层弹性楼板假定，SATWE 程序考虑双向扭转和＋5％偶然偏心，PMSAP 程序考虑主轴方向平扭耦联和＋5％偶然偏心地震作用。SATWE 程序选用上海 SHW1～3 三条地震波进行弹性时程分析、校核，两个程序对比计算结果：前三个振型结构动力特性基本一致，位移角及位移比比较接近，均满足规范要求，弹性时程校核位移基本连续，底部剪力与反应谱法计算的比值符合规范要求，说明对程序的选择合适，结构体系的计算结果可靠。结构整体分析主要计算结果见表 10-10、表 10-11。

SATWE 与 PMSAP 结果分析比较　　　　　　　　　　　　　表 10-10

		SATWE		PMSAP	
		x 向	y 向	x 向	y 向
最大层间位移角	地震作用	1/1016	1/1173	1/1082	1/1434
	风荷载	1/6153	1/6366	1/6910	1/7436
地震作用	总剪力（kN）	10074	11071	10353	10844
	剪重比（％）	4.31	4.74	4.40	4.61
	总弯矩（kN·m）	379804	429521	388599	418312

	SATWE		PMSAP	
	x 向	y 向	x 向	y 向
转换层上下剪弯刚度比 γ_e	1.125	0.908	1.312	1.243
刚重比	10.06	13.97	12.89	19.38
总重量（kN）	233745		234379	
周期（s） T_1	1.1977		1.1551	
T_2	0.9531		0.8784	
T_3	0.8208		0.7388	

底部总剪力比较（kN）　　　　　　　　　　　　表 10-11

计算方法	时程分析				反应谱法	
SHW-1	SHW-2	SHW-3	平均值	SATWE	PMSAP	
x 向	11519.7	11508.0	7774.9	10267.5	10074	10353
y 向	11136.1	16755.5	9070.4	12320.7	11071	10844

3. 厚板计算

以轴⑩～㊳交轴Ｅ～Ｓ区域为例，厚板转换层有限元主要计算结果见表 10-12。组合荷载下的弯矩，正应力有限元计算的极值点及等值线如图 10-54 所示。

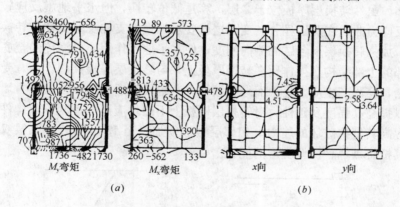

M_y弯矩　　　M_x弯矩　　　　　x向　　　　　y向

（*a*）　　　　　　　　　　　（*b*）

图 10-54　转换层板弯矩及正应力等值线

（*a*）弯矩（kN·m/m）；（*b*）正应力（kPa）

转换层厚板有限元计算结果分析表明，厚板满足抗剪、抗弯及抗冲切强度校核要求及挠度变形控制、裂缝控制的要求。转换法厚板属于薄板小挠度弯曲问题，从板壳理论可知，对转换层厚板起控制作用的是 M_x、M_y 及 M_{xy}，横向 Q_x、Q_y 及挤压应力 σ_z，均属于次要的应力。从弯矩及应力云图分析可知，在转换厚板的中部及与框支柱交接的部位，均属于弯矩及应力较大的位置，应加大配筋或加设暗梁。计算结果同时也表明虽然转换层厚板位于2层，算是低位转换，其水平地震反应也较大，楼层地震反应曲线在此层显著突变。这也要求加强框支柱及框支柱与转换层厚板的连接，使水平地震力能可靠传递至底层。

转换层厚板 SATWE 有限元计算最大值　　　　　　　表 10-12

挠度 w（mm）	M_x （kN·m）	M_y （kN·m）	Q_x （kN）	Q_y （kN）	层地震反应（kN）	
					x 向	y 向
2.4	1794	813	723	532	2100	1765

有限元计算结果还表明，厚板转换层最大挠度位于轴㉞与轴Ⓜ的交点，为2.4mm，挠跨比 1/4850，远小于规范限值。最不利冲切部位：中柱位于轴⑥交轴Ⓜ，冲切荷载/冲切抗力＝0.95＜1；边柱位于轴㉗交轴Ⓕ，冲切荷载/冲切抗力＝0.55＜1，也满足规范要求。转换层上部剪力墙传至厚板转换层上最大荷载为 713kN/m，冲切荷载/冲切抗力＝0.4＜1。厚板转换层设计时实际主要配筋：厚 1000mm 板，配筋Φ25@150，双层双向，每一方向总配筋率 0.68%＞0.6%；厚 1500mm 板，配筋Φ28@120，双层双向，每一方向总配筋率 0.7%＞0.6%，均满足计算及规范构造要求。厚板转换层裂缝宽度均在0.01～0.05mm 之间，满足规范要求。

4. 厚板转换对整体结构的影响

图 10-55 分别是地震作用下的层间位移角及楼层的地震反应力曲线。从计算结果可知，虽然转换层厚板位于 2 层，算是低位转换，但水平地震反应较大，楼层地震反应力曲线在此层显著突变。这就要求加强框支柱及框支柱与转换层厚板的连接，加强转换层下各层的侧向刚度，使水平地震作用能可靠传递至底层。转换层相邻的上部结构直接作用在转换厚板上，与转换层厚板共同作用，受力情况比较复杂，容易产生应力集中而导致破坏。这也要求适当加厚该层剪力墙及加强配筋，以提高其强度及延性。对转换层厚板上下层均应严格控制承重构件的轴压比，以提高其抵抗破坏的能力。相邻层楼板须加厚至 150mm 并且双层双向配筋以加强其抵抗破坏、协调变形的能力。

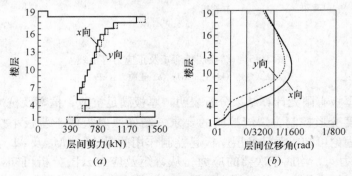

图 10-55　结构楼层反应
（a）层间剪力；（b）层间位移角

5. 主要构造措施

（1）由于存在平面扭转不规则，周围采取相应的加强措施。如加大转角部位的柱截面尺寸，提高加强部位墙体暗柱及墙体配筋率等。实际设计中加强部位墙体暗柱及框支柱纵筋配筋率均达到 1.5%。

（2）严格控制框支柱轴压比＜0.7，提高纵筋配筋率及体积配箍率以提高其强度和延性。轴压比较大的框支柱内设置型钢形成型钢混凝土组合柱，如图 10-56（a）所示，组合柱含型钢率＞4%。实际设计中框支柱轴压比均＜0.6。

（3）严格控制剪力墙轴压比＜0.6，提高约束边缘构件纵筋配筋率及配箍率以提高其强度和延性。落地剪力墙底部加强部位约束边缘构件宜设置型钢并上下各伸一层。实际设计中剪力墙轴压比均＜0.5。

（4）结构厚板转换层框支柱之间加设暗梁。转换层板双层双向配筋，每一方向总配筋率＞0.6%，其相邻层的楼层板厚加至 150mm，相邻的楼板配筋均相应加强。厚板转换层上下剪力墙均应在厚板内可靠锚固，实际设计中框支柱之间暗梁如图 10-56（b）所示。

（5）结构厚板转换层上部剪力墙位置加设暗梁，并加设吊筋。实际设计中暗梁宽为 2 倍上部墙厚，高同板厚，如图 10-56（c）所示。

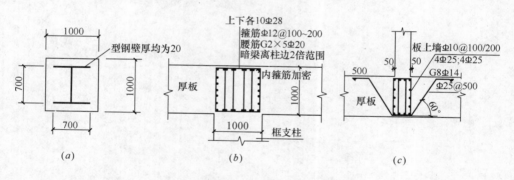

图 10-56　构造措施

（a）型钢混凝土组合柱；（b）框支柱间的暗梁；（c）墙下暗梁

6. 结论及体会

（1）通过工程的设计与实践，在采取合适的构造措施条件下，规范在 7 度区不宜采用厚板转换层的限制可以合理突破，便于上部建筑的布置。

（2）结构厚板转换层厚度一般控制在 $L/8 \sim L/4$，L 为框支柱轴网短跨。在满足抗剪、抗弯及抗冲切情况下，厚度尽可能减薄，以减小该层水平地震反应。

（3）尽可能增加落地剪力墙的数量，上下贯通，增加转换层相邻下部楼层的侧向刚度、楼板刚度及梁柱延性。建议转换层相邻下部楼层与转换层上层侧向剪切刚度比≥0.6。

（4）加强框支柱及其与转换层厚板的连接非常重要。建议框支柱承担的剪力大于基底剪力的 30%。

（5）合理增加结构抗扭刚度，从严控制结构最大位移比，建议最大位移比≤1.4，T_t/T_1≤0.85。

（6）由于结构厚板转换层厚度一般较大，应优先采用水化热小的水泥，添加15%左右的粉煤灰以减少混凝土施工过程中的水化热，并且添加适量的膨胀剂或膨胀纤维以部分解决混凝土收缩开裂问题。

第11章 筒体结构

【正】 1. 筒体结构由于其具有较强的侧向刚度而成为高层建筑结构的主要结构体系之一，筒体结构可根据平面墙柱构件布置情况分为下列 5 种：

(1) 筒中筒结构，由外部的框筒与内部的核心筒组成的筒中筒结构具有很强的抗侧向力的能力，在侧向力作用下，外框筒承受轴向力为主，并提供相应的抗倾覆弯矩，内筒则承受较大比例的侧向力产生的剪力，同时亦承受一定比例的抗倾覆弯矩。由于外筒由外周边间距一般在 4m 以内的密柱和高度较高的裙梁所组成，具有很大的抗侧力刚度和承载力。密柱框筒在下部楼层，为了建筑外观和使用功能的需要可通过转换层变大柱距〔图 11-1 (a)〕。

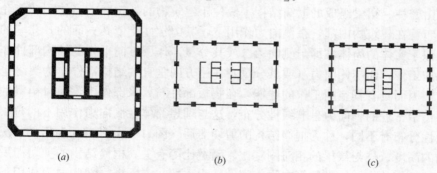

(a)   *(b)*   *(c)*

图 11-1 筒体结构平面
(*a*) 筒中筒结构平面；(*b*) 框架-核心筒平面；(*c*) 框筒结构平面

(2) 框架-核心筒结构，与框筒结构相反，利用建筑功能的需要在内部组成实体筒体作为主要抗侧力构件，在内筒外布置梁柱框架，其受力状态与框架-剪力墙结构相同，可以认为是一种抗震墙集中布置的框架-抗震墙结构，但由于其平面布置的规则性与内部的核心筒的稳定性及抗侧向力作用的空间有效性，其力学性能与抗震性能优于一般的框架-剪力墙结构，在我国近期的高层建筑发展中，是一种常见的结构体系，在内筒与周边框架之间，可根据楼盖结构设计的需要，另布置内柱，其平面布置示意见图 11-1 (*b*)。

(3) 框筒结构，以沿建筑外轮廓布置的密柱、裙梁组成的框架筒体为其抗侧力构件，内部布置梁柱框架主要承受由楼盖传来的竖向荷载，平面布置示意见图

11-1（c），其主要特点为可以提供很大的内部活动空间，但对钢筋混凝土结构来说，在建筑物内部总会具有布置实体墙体、筒体的条件，因此实际应用很少。

（4）多重筒结构，建筑平面上由多个筒体套成，内筒常由剪力墙组成，外周边可以是小柱距框筒，也可为开有洞口的剪力墙组成。

（5）束筒结构，由平面中若干密柱形成的框筒组成，也可由平面中多个剪力墙内筒、角筒组成。

我国所用形式大多为框架-核心筒结构和筒中筒结构，本章主要针对这两类筒体结构，其他类型的筒体结构可参照使用。

2. 筒体结构体系最早的应用是在 1963 年美国芝加哥的一幢 43 层高层住宅楼，其利用建筑物的外轮廓布置密柱、窗裙梁组成的框架筒体结构（Framed tube structure，简称框筒结构）作为其抗侧力构件，其后在世界各地应用这种结构体系相继建造了高度更高的超高层建筑，最具代表性的是于 2001 年"9·11事件"中被撞倒塌的美国纽约世界贸易中心双塔楼（钢结构筒中筒结构、高412m）及芝加哥市西尔斯大厦（钢结构成束筒结构、高 443m），我国深圳市的国贸大厦（高 159m、1985 年建成）及广州市广东国际大厦（高 199m、1992 年建成）则为全现浇钢筋混凝土筒中筒结构。

由密柱、裙梁组成的框筒结构一般位于建筑物的外轮廓，当使用功能允许时亦可布置在建筑物内部，在侧向力作用下，其力学性能依其立面的开孔率的不同而类似于实体的筒体，即与侧向力（或其分量）作用方向平行的结构部件作为腹板参加工作，而与侧向力（或其分量）作用方向垂直的结构部件作为翼缘也参加工作，因而具有其空间工作的性能。在腹板部件与翼缘部件中，通过裙梁的剪切变形传给密柱的轴向力呈非线性分布，这与理想筒体在侧向力作用下的拉、压应力线性分布有不同，称为框筒结构的剪切滞后（图11-2），其剪切滞后的状况与建筑物的高度、柱与裙梁的相对刚度比、高宽比等有关，框筒结构的剪切滞后状况表明其发挥整体结构抵抗侧向力作用的能力强弱。实际上，在侧向力作用下的实

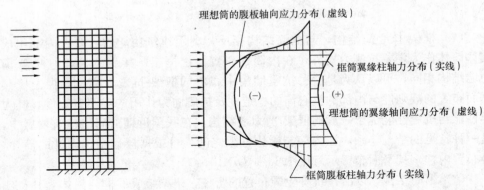

图 11-2　框筒结构的剪切滞后

体筒体的拉、压应力分布也同样存在着剪切滞后，而不同于理想筒体的线性分布。

【禁忌 2】 不深入了解筒中筒结构与框架-核心筒结构受力的不同特点

【正】 1. 筒中筒结构和框架-核心筒结构也是由框架和剪力墙筒体组成的结构，它们是否也属于双重抗侧力体系呢？我们需要先了解它们的性能，也要了解在什么条件下，它们可以设计为双重抗侧力体系。

在我国《高规》中，将筒中筒及框架-核心筒归入"筒体结构"，因为框架-核心筒结构中也具有剪力墙组成的实腹筒体，但是实际上筒中筒结构与框架-核心筒结构的组成和传力体系有很大区别，需要了解它们的异同，掌握不同的设计概念和要求。

2. 筒中筒结构的受力特点：

筒中筒结构是由框筒和实腹筒共同抵抗侧向力的结构。由密排柱和跨高比较小的裙梁构成密柱深梁框架，布置在建筑物周围形成框筒，见图 11-3（a）。在水平力作用下，框筒中除了腹板框架抵抗部分倾覆力矩外，翼缘框架柱承受较大的拉、压力，可以抵抗水平荷载产生的部分倾覆力矩。设计框筒需要注意的问题是柱轴力分布中的"剪力滞后"，影响剪力滞后的因素很多，影响较大的有：①柱距与裙梁高度；②角柱面积；③框筒结构高度；④框筒平面形状等。当结构布置和构件尺寸恰当时，可以使剪力滞后减小，柱子中的轴力分布相对均匀，框筒就能具有很大的抗侧移和抗扭刚度。

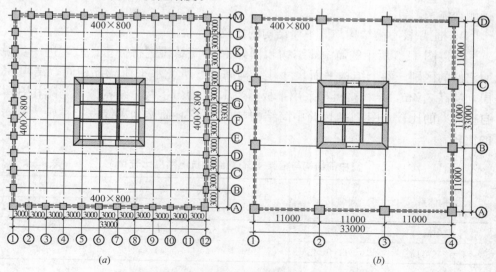

图 11-3　筒中筒结构与框架-核心筒结构平面
（a）筒中筒结构典型平面；（b）框架-核心筒结构典型平面

框筒与实腹筒组成的筒中筒结构,不仅增大了结构的抗侧刚度,还带来了协同工作的优点,实腹筒是以弯曲变形为主的,框筒的剪切型变形成分较大,二者通过楼板协同工作抵抗水平荷载,与框架-剪力墙结构协同工作类似,框筒与实腹筒的协同工作可使层间变形更加均匀;框筒上部、下部内力也趋于均匀;框筒以承受倾覆力矩为主,内筒则承受大部分剪力,内筒下部承受的剪力很大;外框筒承受的剪力一般可达到层剪力的 25% 以上,承受的倾覆力矩一般可达到 50% 以上,因此可以成为双重抗侧力体系。

3. 框架-核心筒结构受力特点:

当结构的周边为柱距较大的框架,而实腹筒布置在内部时,形成框架-核心筒结构,见图 11-3 (b)。它与筒中筒结构在平面形式上可能相似,但受力性能却有很大区别。

在水平荷载作用下,密柱深梁框筒的翼缘框架柱承受较大轴力,当柱距加大、裙梁的跨高比加大时,剪力滞后加重,柱轴力将随着框架柱距的加大而减小,但它们仍然会有一些轴力,也就是还有一定的空间作用,正是由于这一特点,有时把柱距较大的周边框架称为"稀柱筒体"。不过当柱距增大到与普通框架相似时,除角柱外,其他柱子的轴力将很小,由量变到质变,通常可忽略沿翼缘框架传递轴力的作用,就直接称之为框架以区别于框筒。框架-核心筒结构抵抗水平荷载的受力性能与筒中筒结构有很大的不同,它更接近于框架-剪力墙结构。由于周边框架柱数量少、柱距大,框架分担的剪力和倾覆力矩都少,核心筒成为抗侧力的主要构件,所以框架-核心筒结构必须通过采取措施才能实现双重抗侧力体系。

4. 框架-核心筒结构与筒中筒结构的比较:

现以图 11-3 所示的筒中筒结构和框架-核心筒结构进行分析比较,进一步说明它们的区别。两个结构平面尺寸、结构高度、所受水平荷载都相同,结构 55 层,层高 3.4m,结构楼板都采用平板。表 11-1 给出了两个结构侧移与结构基本自振周期的比较。图 11-4 为筒中筒结构与框架-核心筒结构翼缘框架柱轴力分布的比较。

简中筒结构与框架-核心筒结构抗侧刚度比较　　　　　　　　表 11-1

结构体系	周期（s）	顶 点 位 移		最大层间位移
		Δ (mm)	Δ/H	δ/h
简中筒	3.87	70.78	1/2642	1/2106
框架-核心筒	6.65	219.49	1/852	1/647

由表 11-1 可见,与筒中筒结构相比,框架-核心筒结构的自振周期长,顶点倾移及层间位移都大,表明框架-核心筒结构的抗侧刚度远远小于筒中筒结构。

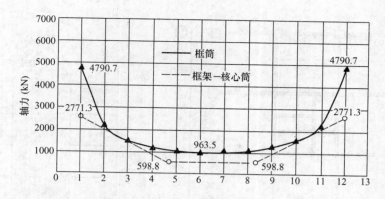

图 11-4　筒中筒与框架-核心筒翼缘框架承受轴力的比较

由图 11-4 可见，框架-核心筒翼缘框架的柱子不仅轴力小，柱数量又较少，翼缘框架承受的总轴力要比框筒小得多，轴力形成的倾覆力矩也小得多。结构主要是由①、④轴两片框架（腹板框架）和实腹筒协同工作抵抗侧力，角柱作为①、④轴两片框架的边柱而轴力较大。从①、④轴框架本身的抗侧刚度和抗弯、抗剪能力看，也比框筒的腹板框架小得多。因此，框架-核心筒结构抗侧刚度小得多。

表 11-2 中给出了筒中筒结构与框架-核心筒结构的内力分配比例，可见二者的差别。

筒中筒结构与框架-核心筒结构内力分配比较（%）　　　表 11-2

结构体系	基底剪力		倾覆力矩	
	实腹筒	周边框架	实腹筒	周边框架
筒中筒	72.6	27.4	34.0	66.0
框架-核心筒	80.6	19.4	73.6	26.4

（1）框架-核心筒结构的实腹筒承受的剪力占到 80.6%、倾覆力矩占到 73.6%，比筒中筒的实腹筒承受的剪力和倾覆力矩所占比例都大。

（2）筒中筒结构的外框筒承受的倾覆力矩占了 66%，承受的剪力占了 27.4%；而框架-核心筒结构中，外框架承受的倾覆力矩仅占 26.4%，承受的剪力占 19.4%。

比较说明，框架-核心筒结构中实腹筒成为主要抗侧力部分，而筒中筒结构中抵抗剪力以实腹筒为主，抵抗倾覆力矩则以外框筒为主。

5. 图 11-5 中框架-核心筒结构的楼板是平板，基本不传递弯矩和剪力，翼缘框架中间两根柱子的轴力是通过角柱传过来的，但轴力不大（稀柱框筒仍然有一些空间作用）。

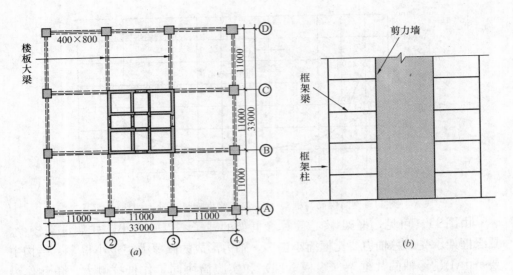

图 11-5　有梁板体系的框架-核心筒
(a) 结构平面；(b) 轴线②、③结构立面

　　提高中间柱子的轴力，从而提高其抗倾覆力矩能力的方法之一，是在楼板中设置连接外柱与内筒的大梁，如图 11-5 所示，所加大梁使②、③轴形成带有剪力墙的框架（剪力墙实腹筒仍然有较大空间作用）。图 11-6 给出了平板与梁板两种楼盖布置的框架-核心筒中，翼缘框架所受轴力的比较，后者结构除了楼盖采用梁板体系外，其他所有尺寸、荷载均与图 11-3 中的平板体系框架-核心筒相同。

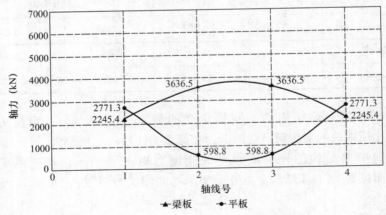

图 11-6　有、无楼板大梁的框架-核心筒翼缘框架轴力分布比较

　　由图 11-6 可见，采用平板楼盖的框架-核心筒中，翼缘框架中间柱的轴力很小，而采用梁板楼盖的框架-核心筒中，②、③轴框架柱的轴力反而比角柱更大。在这种体系中，主要抗侧力单元与荷载方向平行，其中②、③轴框架-剪力墙的

抗侧刚度大大超过①、④轴框架，它们边柱的轴力也相应增大。也就是说，该框架-核心筒结构中传力体系与框架-剪力墙结构类似。

6. 表 11-3 给出了它们基本自振周期、顶点位移的比较。可以看到，在楼板中增加大梁后，增加了结构的抗侧刚度，周期缩短，顶点位移减小。由表 11-4 给出的内力分配比较可见，加了大梁以后，由于翼缘框架柱承受了较大的轴力，使周边框架承受的倾覆力矩加大，而由于大梁使核心筒反弯，核心筒承受的倾覆力矩减少，承受的剪力略有增加，周边框架承受的剪力反而减少了。

有、无楼板大梁的框架-核心筒结构抗侧刚度比较　　　　　表 11-3

结　　　构	周期（s）	顶点位移		最大层间位移
		Δ（mm）	Δ/H	δ/h
框架-核心筒（平板）	6.65	219.49	1/852	1/647
框架-核心筒（梁板）	5.14	132.17	1/1415	1/1114

有、无楼板大梁的框架-核心筒结构内力分配比较（%）　　　　表 11-4

结　　　构	基 底 剪 力		倾 覆 力 矩	
	实腹筒	周边框架	实腹筒	周边框架
框架-核心筒（平板）	80.6	19.4	73.6	26.4
框架-核心筒（梁板）	85.8	14.2	54.4	45.6

在采用平板时，虽然也具有空间作用（稀柱框筒），使翼缘框架柱承受轴力，但是柱数量少，轴力也小，远远不能达到周边框筒所应起的作用。增加楼板大梁可使翼缘框架中间柱的轴力提高，从而充分发挥周边柱的作用。但是当周边柱与内筒相距较远时，楼板大梁的跨度大，梁高较大，为了保持楼层的净空，层高要加大，对于高层建筑而言，这是不经济的。为此另外一种可选择的充分发挥周边柱作用的方案是采用框架-核心筒-伸臂结构，将在【禁忌10】讨论。

7. 综上所述，一般情况下筒中筒结构的外框筒都能承担较多剪力和倾覆力矩，筒中筒结构都可以达到双重抗则力体系的要求，因此现行《高规》中没有再提出框筒与实腹筒剪力分配比例的要求。但是对于框架-核心筒结构，当外框架的柱距大，或柱子数量很少时，框架分担的剪力和倾覆力矩都很小，往往不能达到双重抗侧力体系的要求，这就是为什么《高规》中要对框架-核心筒提出剪力分配比例要求的原因，规程规定与钢筋混凝土框架-剪力墙结构的要求相同，即钢筋混凝土外框架抵抗的剪力必须调整增大到 $0.2V_0$，$1.5V_{f,max}$ 二者中较小值。

【禁忌3】　不了解筒体结构的最大适用高度及抗震等级

【正】　1. 筒体结构包括框架-核心筒结构和筒中筒结构，其适用高度应满足表 11-5 的要求。

房屋高度分级	A 级 高 度						B 级 高 度				
设防烈度	非抗震	6 度	7 度	8 度(0.2g)	8 度(0.3g)	9 度	非抗震	6 度	7 度	8 度(0.2g)	8 度(0.3g)
框架-核心筒	160	150	130	100	90	70	220	210	180	140	120
筒中筒	200	180	150	120	100	80	300	280	230	170	150

注：平面和竖向不规则的结构或Ⅳ类场地上的结构，最大适用高度应适当降低。

2. 按《高规》，A 级和 B 级高度筒体结构的抗震等级应符合表 11-6、表 11-7、表 11-8 的要求。

建筑类别	设防烈度（加速度） 场地类别 构件		6 度	7 度		8 度		9 度
			0.05g	0.10g	0.15g	0.20g	0.30g	0.40g
丙类建筑	Ⅱ类	框架	三	二	二	一	一	
		核心筒	二	二	二	一	一	
	Ⅲ Ⅳ类	框架	三	二	二	一*	一*	
		核心筒	二	二	二	一*	一*	
乙类建筑	Ⅱ类	框架	二	一	一		一	特一
		核心筒	二	一	一		一	特一
	Ⅲ Ⅳ类	框架	二	一	一*	特一	特一	特一
		核心筒	二	一	一*	特一	特一	特一

注：1. Ⅲ、Ⅳ类场地宜满足平面和竖向规则性要求，并加强基础结构的整体性。

2. Ⅰ类场地时，除 6 度外可按表内降低一度所对应的抗震等级采取抗震措施，但相应的计算要求不应降低。

3. 接近或等于高度分界时应结合房屋不规则程度及场地、地基条件适当确定抗震等级。

4. 一*级其抗震措施应比一级稍高，比特一级稍低。

5. 高度不超过 60m 时，其抗震等级允许按框架-剪力墙结构采用。

B 级高度框架-核心筒结构抗震等级　　　　表 11-7

建筑类别	场地类别	构件	6 度 0.05g	7 度 0.10g	0.15g	8 度 0.20g	0.30g
丙类建筑	Ⅱ类	框架	二	一	一	一	一
		核心筒	二	一	一	特一	特一
	Ⅲ Ⅳ类	框架	二	一	一*	一*	特一
		核心筒	二	一	一*	特一	特一
乙类建筑	Ⅱ类	框架				特一	特一
		核心筒		特一	特一	特一	特一
	Ⅲ Ⅳ类	框架			一*	特一	特一
		核心筒	一	特一	特一	特一	特一

注：1. Ⅲ、Ⅳ类场地宜满足平面和竖向规则性要求，并加强基础结构的整体性。

2. Ⅰ类场地时，除 6 度外可按表内降低一度所对应的抗震等级采取抗震措施，但相应的计算要求不应降低。

3. 接近或等于高度分界时应结合房屋不规则程度及场地、地基条件适当确定抗震等级。

4. 一* 级其抗震措施应比一级稍高，比特一级稍低。

A、B 级高度筒中筒结构抗震等级　　　　表 11-8

建筑类别		场地类别	构件	6 度 0.05g	7 度 0.10g	0.15g	8 度 0.20g	0.30g	9 度 0.40g
A 级高度	丙类建筑	Ⅱ类	内外筒	三	二	二	一	一	一
		Ⅲ Ⅳ类	内外筒	三	二	一	一	一*	特一
	乙类建筑	Ⅱ类	内外筒						特一
		Ⅲ Ⅳ类	内外筒	二	一	一*	特一	特一	特一
B 级高度	丙类建筑	Ⅱ类	内外筒	二	一	特一	特一	特一	专门研究
		Ⅲ Ⅳ类	内外筒	二	一	一*	特一	特一	
	乙类建筑	Ⅱ类	内外筒		特一	特一	特一	特一	专门研究
		Ⅲ Ⅳ类	内外筒		特一	特一	特一	特一	

注：1. Ⅲ、Ⅳ类场地宜满足平面和竖向规则性要求，并加强基础结构的整体性。

2. Ⅰ类场地时，除 6 度外可按表内降低一度所对应的抗震等级采取抗震措施，但相应的计算要求不应降低。

3. 接近或等于高度分界时应结合房屋不规则程度及场地、地基条件适当确定抗震等级。

4. 一* 级其抗震措施应比一级稍高，比特一级稍低。

【禁忌 4】 只顾平面布置中刚度对称和质量对称，不注意抗扭刚度

【正】 1. 图 11-7 为框架-核心筒结构，平面布置两主轴方向的质量和刚度完

全对称，但由于四周边的框架抗侧刚度较小，x 方向边框架距核心筒的距离较大，在计算扭转效应时考虑了偶然偏心后，楼层的最大弹性水平位移与平均位移之比和以扭转为主的第一周期与平动为主的第一周期有可能不满足《高规》4.3.5 条的规定〔图 11-7（a）〕。

2. 为了避免出现上述现象，在结构方案设计阶段做必要计算，与建筑专业协调采取措施。例如，在①轴，⑧轴柱沿 y 方向截面加大形成矩形，并把梁的截面增高；沿①轴、⑧轴原 4 根柱变为 7 根柱，同时增大梁截面高度；或在①轴、⑧轴适当布置剪力墙〔图 11-7（b）〕，这些均能提高抗扭刚度。

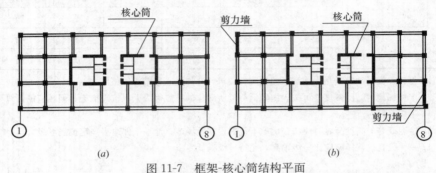

图 11-7　框架-核心筒结构平面

3. 筒中筒结构的外框筒柱及框架-核心筒结构的外框架柱一般常采用方形柱，现以筒中筒结构的外框筒柱和裙梁在相同截面面积而采用不同形状的效果作对比说明：

筒中筒结构的外框筒墙面上洞口尺寸，对整体工作关系极大，为发挥框筒的筒体效能，外框筒柱一般不宜采用正方形和圆形截面，因为在相同梁柱截面面积情况下，采用正方形截面，梁柱的受力性能远远差于扁宽梁柱（表 11-9）。

框筒受力性能与梁、柱截面形状的关系比较　　　　表 **11-9**

柱和裙梁的截面形状和尺寸	类型 1	类型 2	类型 3	类型 4
类　　型	1	2	3	4
开孔率（%）	44	50	55	89
框筒顶水平位移	100	142	232	313
轴力比 N_1/N_2	4.3	4.9	6.0	14.1

注：N_1 为角柱轴力；N_2 为中柱轴力。N_1/N_2 越大剪力滞后越明显，结构难以发挥空间整体作用。

【禁忌5】　　不注意筒体结构楼盖角区及楼面梁与内筒的连接构造

【正】　1. 角区楼板双向受力，梁可以采用三种布置方式（图 11-8）：

（1）角区布置斜梁，两个方向的楼盖梁与斜梁相交，受力明确。此种布置，

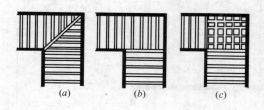

图 11-8 角区楼板、梁布置

斜梁受力较大，梁截面高，不便机电管道通行；楼盖梁的长短不一，种类较多。

（2）单向布置，结构简单，但有一根主梁受力大。

（3）双向交叉梁布置，此种布置结构高度较小，有利降低层高。

（4）单向平板布置，角部沿一方向设扁宽梁，必要时设部分预应力筋。

2. 楼盖外角板面宜设置双向或斜向附加钢筋（图 11-9），单层单向配筋率不宜小于 0.3%，防止角部面层混凝土出现裂缝。附加钢筋的直径不应小于 8mm，间距不宜大于 150mm。

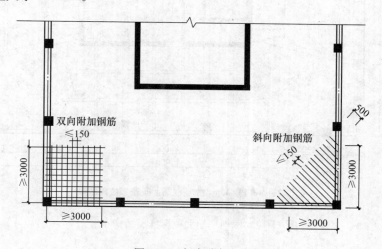

图 11-9 板角附加钢筋

3. 楼盖主梁不宜支承在核心筒外围墙的连梁上，可按图 11-10 把梁稍斜放直接支承在墙上，并且相邻层错开，使墙体受力均衡。

4. 楼盖主梁支承到核心筒外围墙角部时为了避免与筒体墙角部边缘钢筋交接过密影响混凝土浇筑质量，可把梁端边偏离 200～250mm（图 11-10）。

【禁忌6】 不重视框架-核心筒结构设计和构造的有关规定

【正】 1. 平面布置

（1）建筑平面形状及核心筒布置与位置宜规则、对称；

（2）建筑平面的长宽比宜小于 1.5，单筒的框架-核心筒最大不应大于 2.0；

（3）核心筒的较小边尺寸与相应的建筑宽度比不宜小于 0.4；

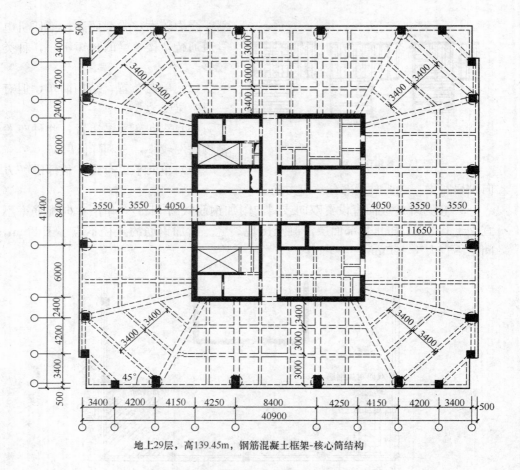

地上29层，高139.45m，钢筋混凝土框架-核心筒结构

图 11-10　深圳华润大厦标准层结构布置

（4）框架梁柱宜双向布置，梁、柱的中心线宜重合，如难实现时，宜在梁端水平加腋，使梁端处中心线与柱中心线接近重合，见图 11-11，梁、柱的截面尺寸、柱轴压比限值等应按框架、框架-抗震墙结构的要求控制；

（5）核心筒的内部墙肢布置宜均匀、对称；

（6）核心筒的外墙设置的洞口位置宜均匀、对称；相邻洞口间的墙体尺寸不宜小于 $4t$（核心筒外墙厚度）和 1.0m；不宜在角部附近开洞，当难避免时，洞口宽度宜≤1.2m，洞口高度宜≤2/3h（层高），且洞边至内墙角尺寸不小于500mm 或墙厚（取大值）；

（7）核心筒至外框柱的轴距不宜大于 12m，否则宜另设内柱以减小框架梁

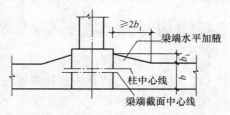

图 11-11　梁端水平加腋（平面）

494

高对层高的影响。

2. 竖向布置

（1）核心筒宜贯通建筑物全高；

（2）核心筒的外墙厚度一般应按无端柱条件考虑，一、二级底部加强部位的墙厚不应小于层高 1/12，其上部位墙厚不宜小于层高的 1/12；

核心筒的外墙厚度不应小于层高的 1/20 及 200mm，内墙不应小于 160mm；底部加强部位在重力荷载代表值作用下的墙肢轴压比不宜超过 0.4（一级、9度）、0.5（一级，6、7、8度）、0.6（二级）；

（3）核心筒底部加强部位及相邻上一层的墙厚应保持不变，其上部的墙厚及核心筒内部的墙体数量可根据内力的变化及功能需要合理调整，但其侧向刚度应符合竖向规则性的要求；

（4）核心筒外墙上的较大门洞（洞口宽大于 1.2m）宜竖向连续布置，以使其内力变化保持连续性；洞口连梁的跨高比不宜大于 4，且其截面高度不宜小于600mm，以便核心筒具有较强抗弯能力与整体刚度；

（5）框架结构沿竖向应保持贯通，不应在中下部抽柱收进；柱截面尺寸沿竖向的变化宜与核心筒墙厚的变化错开；

（6）框架-核心筒结构的最大适用高度为 150m（6 度）、130m（7 度）、100m（8 度 0.2g）、90m（8 度 0.3g）、70m（9 度），其适用的最大高宽比不宜超过 7（6、7 度）、6（8 度）、4（9 度）。

3. 楼盖结构

（1）应采用现浇梁板结构，使其具有良好的平面内刚度与整体性，以能确保框架与核心筒的协同工作；

（2）核心筒外缘楼板不宜开设较大的洞口；

（3）核心筒内部的楼板由于设置楼、电梯及设备管道间，开洞多，为加强其整体性，使其能有效约束墙肢（开口薄壁杆体）的扭转与翘曲及传递地震作用，楼板厚度不宜小于 120mm，宜双层配筋；

（4）楼面结构的梁不宜支承在核心筒外围的连梁上。

4. 计算要点

（1）内力分析可按一般框架-剪力墙结构的计算方法进行；

（2）核心筒可按门洞、施工洞或计算洞划分为若干个薄壁杆单元，与框架协同按空间杆-薄壁杆系模型进行结构内力分析；

（3）支承在核心筒外墙上的框架梁的支承条件可按以下情况分别确定：

①沿着梁的轴线方向有墙相连接时，可按刚接；

②核心筒外墙厚度大于 0.4l_{aE}（梁的纵向主筋锚固长度）且梁端内侧楼板无洞口时，可按刚接；

③梁支座处另设附墙柱时可按刚接；

④不满足以上条件的梁端支承宜按铰接。

（4）核心筒外墙门洞口的连梁的刚度折减系数不宜小于 0.5；当墙肢受弯承载能力很强且连梁的过早屈服或破坏对其承受竖向荷载影响不大时，可取较小的刚度折减系数，并按其内力分析结果，对墙肢进行截面设计。

【禁忌7】 不重视筒中筒结构的设计要点

【正】 1. 平面布置原则

（1）平面外形宜优先选用正方形或接近正方形的矩形平面，亦可选用圆形、正多边形、椭圆形等平面，内筒的布置宜双轴对称、居中；

（2）平面的长宽比（或长短轴比）不宜大于 2（不包括另加抗震墙情况）；内筒至框筒的轴距不宜大于 10m；

（3）内筒的较小边尺寸与相应的建筑宽度比宜为 0.35～0.40；

（4）内筒的内部墙肢布置宜均匀、对称；内筒的外围墙体上开设的洞口位置亦宜均匀、对称，不应在角部附近开设较大的逐层设置的门洞；如难于避免时，洞边至内墙角尺寸不宜小于 500mm 或墙厚（取大值），洞口的高度宜小于层高的 2/3；

（5）内筒的外围墙体厚度一般宜按无端柱条件考虑，一、二级底部加强部位的墙厚可为层高的 1/12，其上部位墙厚不宜小于层高的 1/15，但底部加强部位的墙厚还不应小于 200mm；内筒的内部墙体厚度可为层高的 1/20，不应小于 160mm，底部加强部位在重力荷载代表值作用下的墙肢轴压比不宜超过 0.4（一级、9 度）、0.5（一级、6、7、8 度）、0.6（二级）；

（6）为有效提高框筒的侧向刚度，框筒柱截面形状宜选用矩形（对圆形、椭圆形框筒平面为长弧形），如有需要可在其平面外方向另加壁柱成 T 形截面，短形框筒柱的截面宜符合以下要求：截面宽度不宜小于 300mm 和层高的 1/12（取较大值）；截面高宽比不宜大于 3 和小于 2；轴压比限值为 0.75（一级）、0.85（二级）；当带有壁柱时，对截面宽度的要求可放宽；当截面高宽比大于 3 时，尚应满足抗震墙设置约束边缘构件的要求；

（7）框筒的柱中距不宜大于 4m，宜沿框筒的周边均匀布置；

（8）角柱是保证框筒结构整体侧向刚度的重要构件，在侧向荷载作用下，角柱的轴向变形通过与其连接的裙梁在翼缘框架柱中产生竖向轴力并提供较大的抗倾覆弯矩，因此角柱的截面选择与框筒结构抗倾覆能力发挥有直接关系；从框筒结构的内力分布规律看，角柱在侧向荷载作用下的平均剪力要小于中部柱，在楼面荷载作用下的轴向压力也小于中部柱（楼盖结构设计时，应注意楼面荷载向角柱的传递，以避免在地震作用下角柱出现偏心受拉的不利情况），但从角柱所处位置与其重要性考虑，应使角柱比中部柱具有更强的承载能力，但又不宜将角柱截面设计得太大，一般宜取中柱截面的 1.0～2.0 倍；

（9）框筒裙梁的截面高度不宜小于其净跨的 1/4 及 600mm；梁宽宜与柱等宽或两侧各收进 50mm。

2. 竖向布置原则

（1）框筒及内筒宜贯通建筑物全高；

（2）筒中筒结构的外框筒及内筒的外圈墙厚在底部加强部位及以上两层范围内不宜变化；

（3）内筒外围墙上的较大门洞宜竖向连续布置（逐层布置）；

（4）筒中筒结构的最大适用高度为 180m（6 度）、150m（7 度）、120m（8 度）、80m（9 度），其适用的最大高宽比不宜超过 6（6、7 度）、5（8 度）、4（9 度）；从技术经济合理性考虑，筒中筒结构高度不宜低于 80m，高度比不宜小于 3；从筒中筒结构的抗侧向力作用的能力考虑，当结构设计有可靠依据且采取合理有效的抗震措施后，其最大适用高度与适用的最大高宽比可有较大幅度的提高（必要时须经超限审查）；

（5）框筒立面的开洞率宜控制在 0.5～0.6；

（6）内筒外围墙的门洞口连梁的跨高比不宜大于 3，且连梁截面高度不宜小于 600mm，以便内筒具有较强的整体刚度与抗弯能力。

3. 楼盖结构

（1）应采用现浇钢筋混凝土楼盖结构。

（2）楼盖结构的选择须考虑以下因素的影响：抗震设防烈度、楼盖结构的高度对层高的影响、建筑物竖向温度变化受楼盖约束的影响、楼盖结构的材料、楼盖结构的翘曲等，应通过技术经济的合理性综合分析选定楼盖结构的形式。一般可考虑以下两种形式：

无梁楼盖体系——在外框筒和内筒之间采用钢筋混凝土平板或配置后张预应力钢筋的平板，其结构高度最小，可降低层高，对建筑物外墙的竖向温度变化的约束也较小，采取适当构造措施后可假定楼盖与外框筒的连接为铰接，其适用跨度一般不大于 10m，但在地震作用下，楼盖对外框筒柱的约束较小会对其抗震性能、稳定有影响，宜在抗震设防烈度不高的地区采用。

有梁楼盖体系——在外框筒和内筒之间布置钢筋混凝土或后张预应力钢筋混凝土肋形梁或密肋楼盖，肋形梁的中距应与外框筒柱的中距相同，密肋的中距除按技术经济合理性确定外，尚应使外框筒柱中布置有密肋与其连结（肋宽适当加宽），密肋的高度宜取外框筒至内筒中距的 1/22～1/18，并沿外框筒周边设置与密肋高度相同的边肋以加强楼盖与外框筒的连结，有梁体系的适用跨度可大于 10m。框筒柱受肋形梁的约束，在侧向荷载与楼面荷载的作用下，在其平面内与平面外均会产生较大的弯矩，应按双向偏心受压杆件验算其承载能力。

（3）在侧向荷载作用下，框筒的角柱与其相邻的中柱由于剪切滞后的影响会有轴向变形差，其反映在楼盖结构中即为楼板角部的翘曲，对结构内力影响不大，但对角部的楼板会有影响，且顶部比底部影响大，须采取适当的构造措施。

（4）内筒的外围楼板不宜开设较大的洞口。

（5）钢筋混凝土平板或密肋楼板（普通混凝土或预应力混凝土）在内筒处的支承可考虑刚接。

（6）内筒内部的楼板厚度不宜小于 120mm，宜双层配筋，以使其能有效约束内筒墙肢（开口薄壁杆件）的扭转与翘曲。

（7）内筒的外围墙肢上的连梁不宜支承楼面结构的梁。

4. 计算要点

（1）框筒宜按带刚域的杆件（壁式框架）进行分析。

（2）内筒按门洞、计算洞所划分的开口薄壁杆的最大肢长小于总高度的 1/10 时，可与框筒协同按空间杆（带刚域）——薄壁杆系模型进行三维整体分析；否则宜按空间杆（带刚域）——墙板元模型进行三维整体分析。

（3）由于裙梁的存在，框筒柱的实际轴向变形将比按纯杆计算的轴向变形

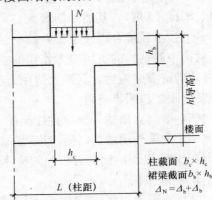

图 11-12　裙梁对柱轴向刚度的影响

小，国内的一些模型试验结果分析表明，如不考虑其影响，在侧向荷载作用下，外框筒的计算内力值将偏小；图 11-12 为裙梁对柱的轴向刚度的影响示意，在轴向力作用下，柱的层间变形为 $\Delta_N = \Delta_b + \Delta_c$。其中 Δ_c 为裙梁以下部分柱的变形，Δ_b 为裙梁部分在轴力 N 作用下的变形，Δ_b 可按平面应力问题求得，并以系数 β 对柱的单元轴向刚度进行修正。

$$K_c = \frac{E_c b_c h_c}{\beta h}$$

其中　$$\beta = \left(1 - \frac{h_b}{h} + \frac{h_c}{L} \cdot \frac{h_b}{h} \cdot \frac{b_c}{b_b} + \frac{8Lb_c}{3\pi^2 h b_b} \cdot \sum_{n=1}^{3}\sum_{m=1}^{\infty} \frac{A_m \cdot A_n}{m} \text{sh}^2(\alpha h_b)\right) \quad (11\text{-}1)$$

$$A_m = \frac{\sin(\alpha h_c)}{m(\text{sh}(2\alpha h_b) + 2\alpha h_b)}$$

$$A_n = \cos(\alpha h_c(2-n))$$

$$\alpha = \frac{m\pi}{L}$$

当框筒的基本参数确定后，由式（11-1）可算出修正系数 β，β 值小于 1。表 11-10 为框筒参数为某些确定值时的 β 系数值。

层高 h（mm）		3200		3600		3800	
裙梁断面（$b_b \times h_b$）		400×600	400×800	400×600	400×800	400×800	400×1000
柱距(l)和柱 截面($b_c \times h_c$) （mm）	3000 400×800	0.940	0.919	0.946	0.928	0.932	0.914
	3300 400×800	0.940	0.919	0.946	0.928	0.932	0.914
	3600 400×800	0.940	0.919	0.946	0.948	0.932	0.914
	4000 400×1000	0.939	0.920	0.946	0.929	0.932	0.915

从表 11-10 中可看出，裙梁高度的加大，柱的轴向刚度提高较明显。β 值与 h_b 及 h_b/h 的变化相关性比柱距 l 的变化要大。

（4）内筒外围墙门洞口的连梁刚度折减系数不宜小于 0.5；当与其相连的墙肢的抗弯承载能力很强且连梁的过早屈服或破坏对其承受竖向荷载影响不大时，可取较小的刚度折减系数。

（5）裙梁的刚度较早退化，会加大框筒的剪力滞后，从而使内筒受力增大，因此内筒宜适当考虑强震作用下内力重分配的影响。

【禁忌 8】 不熟悉筒体结构截面设计时内力应如何调整

【正】 1. 框架-核心筒结构的框架部分的内力调整参见框架-剪力墙结构的相关部分。

2. 筒中筒结构的框筒（外筒）柱除轴压比小于 0.15 者外，其梁柱节点应满足强柱弱梁的条件，即其柱端（壁框的刚域边缘，梁端同）组合的弯矩设计值符合下式要求：

$$\Sigma M_c = \eta_c \Sigma M_b$$

一级框筒（外筒）柱尚应满足

$$\Sigma M_c = 1.2 \Sigma M_{bua}$$

式中 ΣM_c——壁框刚域上下边处截面顺或反时针方向组合的弯矩设计值之和，可按弹性分析进行上下分配。

    ΣM_b——刚域左右边处截面反或顺时针方向组合的弯矩设计值之和；

    ΣM_{bua}——刚域左右边处截面反或顺时针方向实配的正截面抗震受弯承载力所对应的弯矩值之和；

    η_c——柱在刚域上下边处截面弯矩增大系数，取 1.68（特一级）、1.4（一级）、1.2（二级）、1.1（三级）。

当反弯点不在层高范围内时，刚域上下边处组合的弯矩设计值可取其计算值乘以 η_c。

3. 框筒的底层柱的下端的组合的弯矩设计值尚应分别乘以增大系数 1.8（特一级）、1.5（一级）、1.25（二级）、1.15（三级）。

4. 框筒柱端截面组合的剪力设计值应符合下式要求：

$$V = \eta_{vc}(M_c^b + M_c^t)/H_n$$

一级框筒柱尚应满足

$$V = 1.2(M_{cua}^t + M_{cua}^b)/H_n$$

式中　　V——柱端（刚域边缘处）截面组合的剪力设计值；

　　　　H_n——柱的上下刚域间净高；

　　M_c^t、M_c^b——柱上下刚域边缘处顺或反时针方向截面组合的弯矩设计值；

M_{cua}^t、M_{cua}^b——柱上下刚域边缘处顺或反时针方向实配的正截面抗震受弯承载力所对应的弯矩值；

　　　　η_{vc}——框筒柱剪力增大系数，取 1.68（特一级）、1.4（一级）、1.2（二级）、1.1（三级）。

5. 框筒的角柱及与其相邻的每侧各两根中柱经上述调整后的组合的弯矩设计值，剪力设计值尚应乘以不小于 1.10 的增大系数。

6. 框筒的裙梁当其跨高比大于 2.5 时，在刚域边缘处截面组合的剪力设计值应符合下式要求：

$$V = \eta_{vb}(M_b^l + M_b^r)/l_n + V_{Gb}$$

一级框筒裙梁尚应满足

$$V = 1.1(M_{bua}^l + M_{bua}^r)/l_n + V_{Gb}$$

式中　　　　V——裙梁刚域边缘处截面组合的剪力设计值；

　　　　l_n——裙梁左右刚域间的净跨；

　　　　V_{Gb}——裙梁在重力荷载代表值作用下，按简支梁分析的刚域边缘处截面剪力设计值；

　　M_b^l、M_b^r——裙梁左右刚域边缘处截面反或顺时针方向组合的弯矩设计值；

M_{bua}^l、M_{bua}^r——裙梁左右刚域边缘处截面反或顺时针方向实配的正截面抗震受弯承载力所对应的弯矩值，当裙梁跨高比不大于 2.5 时，宜按深梁确定其受弯承载能力；

　　　　η_{vb}——裙梁剪力增大系数，取 1.56（特一级）、1.3（一级）、1.2（二级）、1.1（三级）。

7. 核心筒、内筒在底部加强部位的墙肢截面组合剪力设计值应符合下式要求：

$$V = \eta_{vw}V_w$$

9 度时尚应符合

$$V = 1.1 \frac{M_{wua}}{M_w} V_w$$

式中　V——底部加强部位墙肢截面组合的剪力设计值；

　　V_w——底部加强部位墙肢截面组合的剪力计算值，其位置不一定在墙底处，应在底部加强部位的各楼层中选取最大值；

M_{wua}——底部加强部位墙肢截面按实配的抗震受弯承载力所对应的弯矩值；

M_w——底部加强部位在墙底处的墙肢截面组合的弯矩设计值；

η_{vw}——墙肢剪力增大系数，取 1.9（特一级）、1.6（一级）、1.4（二级）、1.2（三级）。

8. 核心筒、内筒一级剪力墙在底部加强部位以上一层的墙肢截面组合的弯矩设计值和组合剪力设计值应分别乘以增大系数 1.2 和 1.3。交接处相邻楼层按实配纵向钢筋面积、材料强度标准值与相应轴力计算的抗震受弯承载力所对应的弯矩值应接近，以避免形成薄弱层。

9. 核心筒、内筒常因开设门洞口而形成双肢墙肢，当任一墙肢为大偏心受拉时，另一墙肢的剪力设计值、弯矩设计值应乘以增大系数 1.25。

10. 核心筒、内筒跨高比大于 2.5 的连梁截面组合的剪力设计值宜按下式调整：

$$V = \eta_{vb} V_w$$

式中　V——核心筒、内筒底部加强部位连梁截面组合的剪力设计值；

V_w——连梁截面组合的剪力计算值；

η_{vb}——连梁剪力增大系数，取 1.56（特一级）、1.3（一级）、1.2（二级）、1.1（三级）。

11. 核心筒、内筒的墙肢及连梁、框筒裙梁、截面应符合下列要求：

剪跨比、跨高比大于 2.5 时

$$V \leqslant \frac{1}{\gamma_{RE}}(0.20 f_c b h_0)$$

剪跨比、跨高比不大于 2.5 时

$$V \leqslant \frac{1}{\gamma_{RE}}(0.15 f_c b h_0)$$

式中　V——墙肢、连梁、裙梁经调整后的组合的剪力设计值；

b——墙肢、连梁、裙梁的截面宽度；

h_0——墙肢、连梁、裙梁的截面有效高度（长度）。

12. 框筒裙梁、核心筒及内筒连梁斜截面受剪承载力应按下列公式计算：

跨高比大于 2.5 时

$$V_b \leqslant \frac{1}{\gamma_{RE}}\left(0.42 f_t b_b h_{b0} + f_{yv} \frac{A_{sv}}{s} h_{b0}\right)$$

跨高比不大于 2.5 时

$$V_b \leqslant \frac{1}{\gamma_{RE}}\left(0.38 f_t b_b h_{b0} + 0.9 f_{yv} \frac{A_{av}}{s} h_{b0}\right)$$

【禁忌9】 不重视筒体结构截面设计和构造的有关规定

【正】 1. 框架-核心筒结构的框架部分截面设计参见框架-剪力墙结构的相关部分。

2. 筒中筒结构的框筒（外筒）柱的轴压比限值按框架-剪力墙结构柱的规定值：一级 0.75，二级 0.85，三级 0.95。由于受裙梁的影响，框筒柱的剪跨比多数会小于 2，则轴压比限值应相应降低 0.05；当采用 C65、C70 混凝土时，轴压比限值还须减小 0.05。

3. 核心筒、内筒墙肢的平均轴压比（重力荷载作用下的最大轴力除以墙肢面积与混凝土轴心抗压强度设计值，即 $N/f_c A_w$）限值及允许按构造要求设置边缘构件的平均轴压比最大值见表 11-11。

核心筒、内筒墙肢的平均轴压比的允许值　　　　表 11-11

平均轴压比（$N/f_c A_w$）	一级（9 度）	一级（6、7、8 度）	二、三级
轴压比限值（设置约束边缘构件）	0.4	0.5	0.6
允许设置构造边缘构件的最大值	0.1	0.2	0.3

注：构造边缘构件只用于筒体内部次要的短墙肢和筒体以外另加的剪力墙处，如电梯间的分隔墙、设备管井隔墙等。

由表 11-11 中可看出，墙肢的边缘构件分为约束边缘构件与构造边缘构件，须依据其平均轴压比的大小分别设置，而约束边缘构件与构造边缘构件在配筋形式上的不同为：前者要求另配置箍筋与拉筋（拉筋的水平间距与竖筋间距相同），后者除底部加强部位宜按构造配置箍筋外，其他部位只要求配置满足构造要求的拉筋，约束边缘构件与构造边缘构件的配筋形式见图 11-13；当边缘构件邻近洞口时，应将边缘构件的长度扩大至洞口边，按扩大的边缘构件面积计算其构造配筋；当墙肢的长度小于 4 倍墙厚或 1.2m 时，该墙肢应按约束边缘构件配筋。

4. 核心筒、内筒的外围墙体上的墙肢均应设置约束边缘构件，筒内的墙肢一般宜设置约束边缘构件，筒内的次要短墙肢如电梯筒的隔墙、设备管井的隔墙及承受地震作用很小的墙肢等可按其所在部位及轴压比值的要求设置构造边缘构件，其配筋构造及要求见图 11-14。

5. 构件的剪压比数值直接与构件的截面选择相关，剪压比可由 $\dfrac{\gamma_{RE} V}{f_c b h_0}$ 计算，式中 V 为经内力调整的构件截面组合的剪力设计值，f_c 为混凝土轴心抗压强度设计值。

跨高比大于 2.5 的框筒的裙梁、内筒、核心筒上的连梁及剪跨比大于 2 的框筒柱、内筒、核心筒的墙肢，其剪压比限值为 0.2；跨高比不大于 2.5（≤2.5）的框筒裙梁、内筒、核心筒上的连梁及剪跨比不大于 2（≤2）的框筒柱、内筒、核心筒的墙肢，其剪压比限值为0.15；当不满足以上条件时，应调整bh_0数值、混凝土轴心抗压强度设计值，或减小连梁的刚度折减系数，以满足剪压比限值；如有条件时，框筒的裙梁、核心筒与内筒上的连梁的剪压比宜按0.125控制；当采用C65、C70级混凝土时，剪压比限值还须乘以相应的混凝土强度影响系数0.90、0.87。

6. 框筒的角柱应按双向偏心受压构件计算。在地震作用下，角柱不允许出现小偏心受拉，当出现大偏心受拉时，应考虑偏心受压与偏心受拉的最不利情

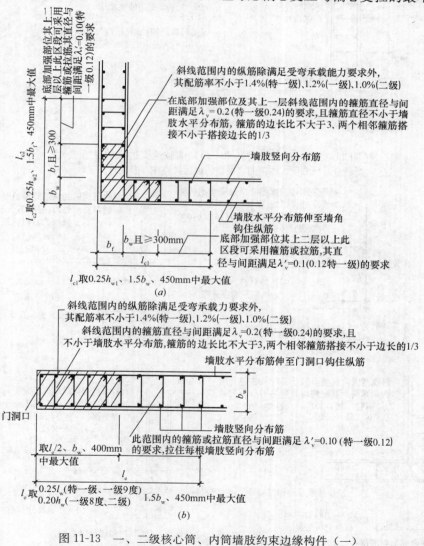

图11-13 一、二级核心筒、内筒墙肢约束边缘构件（一）

（a）核心筒、内筒外围墙体的转角约束边缘构件；

（b）核心筒、内筒的门洞口的约束边缘构件（沿全高不变）

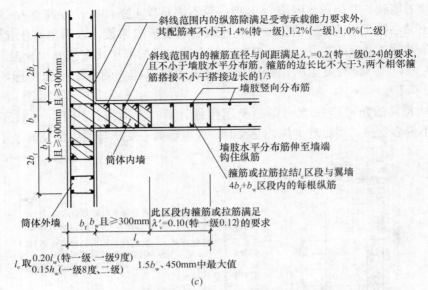

斜线范围内的纵筋除满足受弯承载能力要求外，其配筋率不小于1.4%(特一级)、1.2%(一级)、1.0%(二级)

斜线范围内的箍筋直径与间距满足$\lambda_v=0.2$(特一级0.24)的要求，且不小于墙肢水平分布筋，箍筋的边长比不大于3，两个相邻箍筋搭接不小于搭接边长的1/3

墙肢竖向分布筋

墙肢水平分布筋伸至墙端钩住纵筋

箍筋或拉筋拉结l_c段与翼墙$4b_f+b_w$区段内的每根纵筋

简体内墙

简体外墙

此区段内箍筋或拉筋满足$\lambda_v'=0.10$(特一级0.12)的要求

b_f、b_w且≥300mm

l_e

l_e取 $\begin{matrix}0.20l_w(特一级、一级9度)\\0.15h_w(一级8度、二级)\end{matrix}$ 1.5b_w、450mm中最大值

(c)

图 11-13 一、二级核心筒、内筒墙肢约束边缘构件（二）

（c）核心筒、内筒的有翼墙约束边缘构件（沿全高不变）

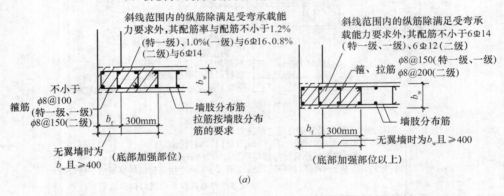

斜线范围内的纵筋除满足受弯承载能力要求外，其配筋率与配筋不小于1.2%(特一级)、1.0%(一级)与6Φ16、0.8%(二级)与6Φ14

不小于箍筋ϕ8@100(特一级、一级) ϕ8@150(二级)

墙肢分布筋拉筋按墙肢分布筋的要求

b_f 300mm

无翼墙时为b_w且≥400

（底部加强部位）

斜线范围内的纵筋除满足受弯承载能力要求外，其配筋不小于6Φ14(特一级、一级)、6Φ12(二级)

箍、拉筋 ϕ8@150(特一级、一级) ϕ8@200(二级)

墙肢分布筋

b_f 300mm

无翼墙时为b_w且≥400

（底部加强部位以上）

(a)

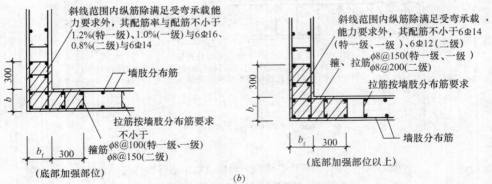

斜线范围内纵筋除满足受弯承载能力要求外，其配筋率与配筋不小于1.2%(特一级)、1.0%(一级)与6Φ16、0.8%(二级)与6Φ14

墙肢分布筋

拉筋按墙肢分布筋要求

不小于箍筋ϕ8@100(特一级、一级) ϕ8@150(二级)

b_f 300

（底部加强部位）

斜线范围内纵筋除满足受弯承载能力要求外，其配筋不小于6Φ14(特一级、一级)、6Φ12(二级)

箍、拉筋ϕ8@150(特一级、一级) ϕ8@200(二级)

拉筋按墙肢分布筋要求

墙肢分布筋

b_f 300

（底部加强部位以上）

(b)

图 11-14 一、二级核心筒、内筒墙肢构造边缘构件

（a）有翼、无翼墙构造边缘构件；（b）转角构造边缘构件

况；如角柱为非矩形截面，尚应进行弯矩（双向）、剪力和扭矩共同作用下的截面验算。

7. 框筒的中柱宜按双向偏心受压构件计算。当楼盖结构为有梁体系时，应考虑楼盖梁的弹性嵌固弯矩影响；当楼盖结构为平板或密肋楼板时，以等效刚度折算为等代梁考虑竖向荷载作用对柱的弹性嵌固弯矩的影响，等代梁的宽度可取框筒柱距，板与框筒连接处可按构造配置板顶钢筋，计算板跨中弯矩时可不考虑框筒对板的嵌固作用，裙梁应考虑板端嵌固弯矩引起的扭转作用。

8. 与角柱直接连结的裙梁对框筒结构的整体工作性能有较大影响，对其进行斜截面受剪承受力验算时，宜适当降低混凝土的受剪承载力的设计值，可按下式进行验算：

$$V_b \leqslant \frac{1}{\gamma_{RE}} \left(0.35 f_t b_b h_{b0} + 0.9 f_{yv} \frac{A_{sv}}{s} h_{b0} \right)$$

还应适当加强裙梁的腰筋配置，其直径不应小于 14mm，间距不大于 200mm。

9. 当采用空间薄壁杆计算模型时，核心筒、内筒的墙肢正截面承载力宜按双向偏心受压构件计算；当采用墙板元计算模型时，核心筒、内筒的墙肢正截面、斜截面承载能力可按离散的单片墙计算。

10. 一级核心筒、内筒墙肢施工缝截面受剪承载力应满足下式：

$$V_{wj} \leqslant \frac{1}{\gamma_{RE}} (0.6 f_y A_s + 0.8N) \tag{11-2}$$

式中 V_{wj}——墙肢施工缝处组合的剪力设计值；

A_s——施工缝处墙肢的竖向分布钢筋、竖向插筋、边缘构件（不含两侧翼墙）的竖向钢筋的总面积；

N——施工缝处不利组合的轴向力设计值，压力取正值，拉力取负值。

由于核心筒、内筒承受侧向荷载比值很大，对二级的核心筒、内筒的外围墙肢也宜按式（11-2）验算。

11. 核心筒、内筒上的连梁的跨高比不大于 2 时，为改善其抗震性能可采取以下方法：

（1）连梁的斜截面上受剪承载力设计值能满足验算要求时，可在连梁中间设置水平缝或控制缝，将连梁沿截面高度部分为两根连梁，以改变其跨高比；连梁剪力乘以 1.2 增大系数以考虑分配不均的影响；计算分析时应考虑设水平缝对刚度降低的影响。

（2）当连梁的截面宽度不小于 400 跨高比不大于 2，剪压比小于 0.15 时，可配置交叉暗柱承受连梁全部剪力，见图 11-15；跨高比不大于 2，剪压比小于 0.1 时，可采用常规受剪配筋，另配构造交叉斜筋，每方向斜筋不少于 2Φ16。

交叉暗柱的截面宽度（不计保护层）可取连梁宽度的 1/2，暗柱截面高度可取连梁宽度的 1/3，每肢暗柱的钢筋面积 A_s 可按下式计算：

$$A_s \geqslant \frac{\gamma_{RE} V_b}{2 f_y \sin\alpha}$$

式中　V_b——连梁经内力调整的组合剪力设计值；

　　　γ_{RE}——承载力抗震调整系数，取 0.85；

　　　α——交叉暗柱倾角，可近似取 $\alpha = \tan^{-1}\left(\dfrac{h_b - 0.35 b_b - 100}{l_b}\right)$；

　　　b_b——连梁截面宽度。

暗柱的箍筋直径不应小于 8mm，箍距不应大于 100mm。

配置交叉暗柱的连梁仍需按常规配置上下纵向钢筋及箍筋，纵向钢筋直径不宜小于 Φ 16，箍筋直径不小于 10mm，箍距不大于 200mm，并在连梁两侧加 Φ 10@200 的腰筋与 ϕ8 的拉筋；需要指出，当连梁跨高比不大于 2，剪压比接近 0.15 时，如以配置交叉暗柱来承受连梁的全部剪力有时是困难的，以图 11-15 所示连梁为例，连梁截面 $b_b \times h_b = 400mm \times 1200mm$，$l_b = 2000mm$，跨高比

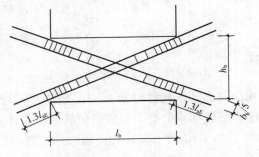

图 11-15　连梁配置交叉暗柱

1.67，混凝土 C40，其 $f_c = 19.1 N/mm^2$，$f_t = 1.71 N/mm^2$，钢筋 HRB335，$f_y = 300 N/mm^2$ 连梁的剪压比值为 0.15 时

$$V_b = \frac{1}{\gamma_{RE}} \times 0.15 \times b_b \times h_{b0} f_c = 1550 kN$$

如采用交叉暗柱，每肢所需总钢筋面积 $A_s \approx 5350 mm^2$（4 Φ 32＋4 Φ 28），而连梁的剪压比值较小时，取 0.06，则需总钢筋面积 $A_s \approx 2140 mm^2$（4 Φ 25），在实际工程中，核心筒、内筒上的连梁的剪压比可能大于 0.2，甚至接近 0.3，（特别在底部加强部位），如不能增加墙厚或提高混凝土强度等级来降低剪压比时，可考虑在连梁中间设水平缝或在连梁内配置型钢等措施。

12. 核心筒、内筒的墙肢竖向和水平分布钢筋应采用双排配筋；当墙厚大于 400mm 时，可按需要配置多于两排的双向钢筋。

13. 核心筒外围墙肢支承楼盖梁的附墙柱或暗柱除满足受压及受弯承载力（墙肢平面外）的要求外，其纵向钢筋总配筋率不小于 1.2%（一级）、1.0%（二级），0.8%（三级），箍筋与拉筋直径，间距满足配箍特征值 $\lambda_v = 0.20$（一、二级）、0.15（三级）的要求；见图 11-16。

14. 其他构造应符合下列要求：

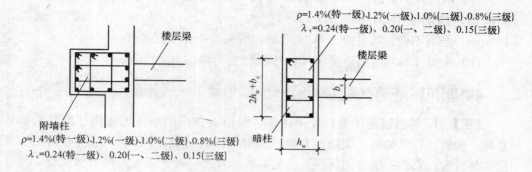

图 11-16 附墙柱、暗柱

（1）筒体结构的混凝土强度等级不宜低于 C30；

（2）框筒的裙梁上下纵向钢筋直径不应小于 16mm；腰筋的直径不宜小于 12mm，间距不宜大于 300mm；箍筋直径特一、一、二级不应小于 10mm，三级不应小于 8mm；箍筋间距特一、一、二级不应大于 100mm，三级不应大于 150mm 及 8d（取最小值，d 为纵向钢筋直径），箍筋间距沿裙梁净跨不变；

（3）框筒的柱截面纵向钢筋最小总配筋率为特一级中边柱 1.4％角柱 1.6％，一级 1.2％，二级 1.0％，三级 0.8％（含角柱）；中柱长边（框筒平面外方向）每一侧配筋率不应小于 0.25％；箍筋直径一、二级不应小于 10mm，三级不应小于 8mm，箍筋肢距不应大于 200mm，箍筋间距一、二级不大于 100mm，三级不大于 150mm 及 8d（取最小值，d 为纵向钢筋直径），箍筋间距沿柱高不变；

（4）核心筒、内筒上的连梁上下纵向钢筋直径不应小于 16mm，箍筋直径不应小于 10mm，间距不应大于 15mm 及 8d（d 为纵向钢筋直径），沿连梁净跨内不变，顶层连梁的纵向钢筋锚固长度范围内，也应按相同间距设置箍筋；连梁的腰筋直径不宜小于 12mm，腰筋间距不应大于 200mm；连梁的跨高比小于 2.5 时，上下纵向钢筋宜配置在上下 $0.2h_b$（连梁高度）范围内，纵向钢筋直径不宜小于 14mm；腰筋配置的配筋率不应小于 0.25％，间距不应大于 200mm，直径不应小于 10mm，拉筋直径不应小于 8mm，拉筋间距沿水平方向为 3 倍箍距，沿竖向为 2 倍腰筋间距；

（5）核心筒、内筒外围墙肢在底部加强部位及其上相邻一层的竖向、横向分布钢筋配筋率不应小于 0.4％及 0.35％（特一级），0.3％（一、二级），钢筋间距不应大于 200mm；

（6）核心筒、内筒墙肢的竖向、横向分布钢筋的直径不宜大于 1/10 墙肢厚度，竖向、横向分布钢筋的拉筋直径不应小于 8mm，拉筋间距不应大于 400mm（底部加强部位）、600mm（其他部位）；

（7）框筒柱的剪跨比 $\lambda \leqslant 2$ 但 $\geqslant 1.5$ 时，宜在截面设计时采取核芯柱的构造加强措施，箍筋直径不小于 12mm（特一、一、二级）、10mm（三级），箍距100mm，全高不变；当剪跨比 $\lambda < 1.5$ 时，应采取特殊加强措施；

（8）未提及的其他构造要求可参见框架-剪力墙的有关内容。

【禁忌 10】 不了解筒体结构带加强层的作用及设计要点

【正】 1. 加强层是伸臂、环向构件、腰桁架和帽桁架等加强构件所在层的总称，伸臂、环向构件、腰桁架和帽桁架等构件的功能不同，不一定同时设置，但如果设置，它们一般在同一层。凡是具有三者之一时，都可简称为加强层。伸臂主要应用于框架-核心筒-伸臂结构中。

2. 在高层建筑中都需要有避难层和设备层，通常都将伸臂和避难层、设备层设置在同一层，因此，结构工程师布置伸臂时要考虑建筑布置和设备层布置的要求，同时，也要从结构合理的角度与建筑师进行协商。作为结构工程师，必须了解伸臂位置对结构受力的影响，并知道其合理的位置，才能从结构的角度提出建议，制定出各方面都合理的综合优化布置方案。

关于优化布置的研究很多，研究时采用的计算简图各有差异，考虑的影响因素也有所不同，但是所得结果大同小异，从结构设计角度来说，着重于概念和大体的优化位置，因此可综合如下：

（1）当只设置一道伸臂时，最佳位置在底部固定端以上（0.60～0.67）H 之间，H 为结构总高度，也就是说设置一道伸臂时，大约在结构的 2/3 高度处设置伸臂效果最好。

（2）设置两道伸臂的效果会优于一道伸臂，侧移会更小；当设置两道伸臂时，如果其中一道设置在 $0.7H$ 以上（也可在顶层），则另一道设置在 $0.5H$ 处，可以得到较好的效果。

（3）设置多道伸臂时，会进一步减小位移，但位移减小并不与伸臂数量成正比，设置伸臂多于 4 道时，减小侧移的效果基本稳定。当设置多道伸臂时，一般可沿高度均匀布置。

以上是从概念上得到的一些大体的优化位置，具体设计时必须综合考虑建筑使用、结构合理、经济美观等各方面要求，得到综合最优的方案。

3. 高层建筑结构设置伸臂的主要目的是增大外框架柱的轴力，从而增大外框架的抗倾覆力矩，增大结构抗侧刚度，减小侧移。表 11-12 统计了高层建筑实际工程设置伸臂后侧移的减小幅度，由表中可见，对于一般框架-核心筒结构，伸臂可以使位移减小约 15%～20%，有时更多，而筒中筒结构设置伸臂减小侧移的幅度不大，只有 5%～10% 左右。原因是：伸臂的作用与框筒结构中的密柱深梁作用是重复的，密柱深梁已经使翼缘框架柱承受了较大的轴力，再用伸臂效果就不明显了。

应用伸臂结构效果实例

表 11-12

工程名称	结构形式	层数	伸臂效果 R_y	伸臂设置位置
上海锦江饭店	钢框架＋竖向支撑核心筒	44	85%	23 层，43 层
河南某大楼	钢筋混凝土筒-框架	34	82.76% 75.41%	18 层（一道） 9 层，20 层（两道）
深圳 深房广场大厦	框架-核心筒 （两个圆形筒）	52	58.5%～69.4%（Δ） 64%～68%（δ/h）	27 层，49 层（两道）
上海金陵大厦	钢筋混凝土框架-筒	37	88.1%	20 层，35 层（两道）
中山信联大厦	钢筋混凝土框架-筒	33	84%	15 层，34 层（两道）
广州合银广场	钢管混凝土外框架- 钢筋混凝土核心筒	56	82.8%	11 层，27 层，42 层（三道）
重庆万豪 国际会展大厦	钢框架-钢支撑核心筒	74	78.8%（Δ） 75.2%（δ/h）	23 层，41 层，54 层， 顶层（四道）
福州元洪城	钢筋混凝土框架-筒 钢筋混凝土筒-剪力墙	36 36	88.7% 95.36%	6 层，16 层，36 层
海口洛杉矶城	钢筋混凝土筒中筒	48	92.9%	35 层
深圳贤成大厦	钢筋混凝土筒中筒	60	97.34% 94.44%	52 层（裙梁刚度大） 52 层（裙梁刚度小）

注：R_y 为加伸臂后结构侧移/未加伸臂时结构侧移。

表中的海口洛杉矶城是钢筋混凝土筒中筒结构，48 层，高 161.40m，用空间结构分析程序计算比较了该结构设置伸臂或不设置伸臂的差别，伸臂设置在 35 层，是结构平面部分收进的楼层。分析比较了两种窗裙梁的情况：第一，窗裙梁愈大，设置伸臂减小位移的效果愈小（R_y 数值越大），因为窗裙梁加大，剪力滞后减小，柱子的轴力已经较大，设置伸臂的效果相对减小；第二，该结构的窗裙梁原设计为 0.90m，不设置伸臂时的层间位移及顶点位移都已经很小，分别为 1/1400 和 1/1900 左右，都已满足规范要求，原本就不需要用设置伸臂去减小位移。

在抗侧刚度较小的框架-核心筒结构中，设置伸臂可以增大抗侧刚度，减小侧移，但是伸臂会使结构内力发生突变，如果设计不当，或措施不恰当时容易造成薄弱层，影响内力突变幅度的因素是伸臂本身的刚度和伸臂的道数。比较一幢 70 层的框架-核心筒结构设置不同伸臂数量对核心筒剪力和弯矩的影响，其中设置一道伸臂时剪力和弯矩的突变最大，顶点位移降为 75.4%；设置两道伸臂时内力突变幅度减小，而顶点侧移降低更大；设置 4 道伸臂时内力突变幅度最小，而顶点位移降为原结构的 51.6%。

4. 筒体结构设有加强层应按下列要求:

(1) 9度设防时不应采用加强层;

(2) 在框架-核心筒结构的顶层及中间层(常利用设备层、避难层的空间)设置若干道具有较强刚度的水平加强构件与周边加强构件,并与建筑的外柱连接而组成加强层,在侧向力(风荷载、地震荷载)作用下,水平加强构件使与其联结的外柱产生附加轴向变形,周边加强构件则使相邻的柱共同分担附加轴向变形,由外柱的附加轴向变形产生的拉、压轴向力所组成的反力矩能减小侧向力作用下结构的水平变形,以满足设计的要求,其机理示意见图 11-17;

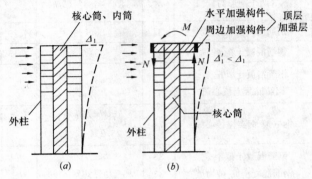

图 11-17 加强层的作用机理示意图
(a) 未设加强层;(b) 顶层设加强层

(3) 筒中筒结构的侧向刚度强,为提高其侧向刚度,还可在角部设置角筒(结合平面使用功能)、加大裙梁断面(利用窗台高度设置带水平缝的裙梁)等;框架-核心筒结构的侧向刚度主要由核心筒提供,为解决其在侧向力作用下不能满足变形要求的问题,通过设置加强层可以减小变形;

(4) 加强层的设置使结构的刚度沿竖向发生突变,在重力荷载和地震作用下的内力也产生突变,中间楼层也设置加强层时,其内力变化将更复杂;因受加强层的约束,环境温度的变化也会在结构构件中产生很大的温度应力;特别是这类结构经受地震作用检验的实例还未见报道,结构设计时应采取有效的抗震措施与构造加强措施;

(5) 周边加强构件的设置能使外围相邻柱的轴向变形接近,其内力变化也相对平缓;其设置效果与要求提供的刚度则须通过分析比较;

(6) 水平加强构件的结构形式有:实体梁、斜腹杆桁架、整层高的箱形梁、空腹桁架等,均须以核心筒为依托外伸或贯通核心筒向两侧外伸;

(7) 周边加强构件的结构形式有:实体梁、斜腹杆桁架、交叉腹杆桁架、空腹桁架等,直接与外柱连接,可沿周边贯通或按需要在某两对边设置;

(8) 加强层的设置与其位置选择应进行细致分析与优化比较,综合评价其设置效果，合理选定设置数量及位置；当设置一个加强层时，从加强层设置的地震响应考虑，宜设置在顶层（楼层地震剪力最小，内力突变的范围较小并在顶部）；

（9）水平加强构件布置的方向应根据控制侧向变形的需要，宜沿建筑物两个主轴方向同时布置水平加强构件；

（10）水平加强构件在平面上的布置应均匀对称（对建筑物的主轴），在每个加强方向不应少于 3 道；应充分利用核心筒的同一方向外墙、内墙外伸贯通建筑物全宽（实体梁），或从核心筒外伸并有效地连接支承、锚固于核心筒的外墙及同一方向的内墙上（桁架类），尽量避免外伸的水平加强构件对核心筒墙肢产生平面外弯曲变形，水平加强构件与外框架柱的连接宜采用铰接或半刚接，实体梁不宜全截面与柱连接；

（11）采用三维空间分析方法进行整体结构分析，计算模型中应合理反映水平加强构件与周边加强构件的实际工作状况；宜进行弹性或弹塑性时程分析作补充校核；

（12）加强层及其上下相邻层的框架柱、核心筒的抗震等级应提高一级，原为一级的应采取特殊的加强措施，如强柱系数 η_c、剪力增大系数 η_{ve} 可增大 20％，柱端加密区箍筋特征值 λ_v 增大 10％，增大柱纵向钢筋构造配筋百分率为 1.4％（中柱）、1.6％（角柱），核心筒墙肢竖向、水平分布筋最小配筋率提高为 0.35％，墙肢约束边缘构件的构造配筋率取 1.4％，配箍特征值增大 20％等；

（13）加强层及其上下相邻层的柱箍筋全高加密，轴压比限值降低 0.05，柱截面配筋宜采用核芯柱；

（14）加强层及其上下楼层的相关外柱有可能在地震组合作用下产生小偏心受拉，柱内纵向钢筋面积应比计算值增加 25％；柱纵向钢筋的连接应采用机械连接或焊接；

（15）加强层及其上下楼层的相关外梁受相邻柱的轴向变形差的影响，其纵向钢筋及箍筋宜适当加强；

（16）加强层及其上下相邻楼层的楼板刚度、配筋宜适当加强；

（17）水平加强构件、周边加强构件为实体梁时，由于其跨高比较小，配筋方式及分布筋的配筋率宜采用深受弯构件的要求；

（18）在施工程序及连接构造上应采取措施减小结构竖向温度变形及轴向压缩对加强层的影响；

（19）加强层的水平加强构件与边柱之间宜留后浇缝，待主体结构完工后补浇注，以减小其对核心筒与外柱在重力荷载作用下的竖向变形的影响，尽量减小重力荷载作用下的内力调整与转移。

【禁忌 11】 不了解筒中筒结构的转换层设计要点

【正】 1. 筒中筒结构的外框筒柱距较小（≤4m），在底部常难满足建筑使用功能的要求，为此需在底层或底部几层抽柱以扩大柱距，一般做法为保留角柱隔一抽一，由于底层（底部）抽柱，会使底层（底部）的侧向刚度降低，其内力也会变化，一般是框筒柱在重力荷载下的内力（轴力为主）做局部调整，地震作用下的内力（地震剪力为主）会有少量转移（通过楼盖结构转移到内筒），因而抽柱的楼层成为转换层。

2. 筒中筒结构的外框筒底层（底部）抽柱的工程实例在国外的同类建筑中早有见到，国内也对其进行过有关的试验与内力分析研究，基本的结论是技术上可行，不构成竖向刚度的突变与结构动力特性的变化，曾进行了筒中筒有机玻璃模型底层抽柱在侧向外力作用下的试验，其侧向变形与不抽柱的相近，模型的动力特性（周期、振型）也变化很小，内力分析研究也得到相近的结果，这是因为筒中筒结构的侧向刚度由内筒与外框筒组成，外框筒又是高次超静定结构，少量杆件的缺省不会对其内力特性构成变化，在确保底层（底部）所保留的柱子具有足够的承载能力的前提下，底层（底部）抽柱的筒中筒结构在重力荷载与地震荷载作用下的性能可以得到保证。

3. 筒中筒结构的外框筒底层（底部）抽柱应结合建筑使用功能与建筑立面设计进行，可以整层抽柱（保留角柱、隔一抽一），也可局部抽柱（但应注意抽柱位置的均匀对称，一般是位置在中部比靠近角柱有利）。

4. 筒中筒结构的外框筒底层（底部）抽柱后，可采取以下转换结构形式：梁转换、空腹桁架转换、斜撑转换、拱转换，见图 11-18。

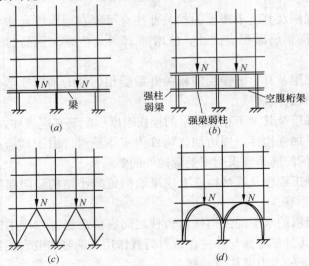

图 11-18　框筒抽柱转换结构形式

(a) 梁转换结构；(b) 空腹桁架转换结构；

(c) 斜撑转换结构；(d) 拱转换结构

需要说明的是，梁转换、空腹桁架转换图中的 N 值已非抽柱前的柱轴力，N 作用点处的附加竖向变形受其上部几层裙梁刚度的约束，抽柱前的柱轴力通过其上部有限层的裙梁的竖向变形的协调而转移到相邻的柱，因而梁与空腹桁架的实际受力不会很大，结构三维空间分析的结果能恰当地反映其实际受力状态，这与框支结构的框支梁的受力状态有较大不同，而斜撑转换、拱转换图中所示的 N 值与抽柱前的柱轴力值不会有变化，因其作用点处不产生附加竖向变形，转换层以上的框筒内力也不会产生变化，但需注意斜撑、拱产生的水平推力的传递与对角柱的影响。

5. 9 度设防时不应采用转换层，8 度转换层结构应考虑竖向地震作用，竖向地震作用代表值可取其重力荷载代表值的 10%。

6. 抽柱位置应均匀对称，从角柱对筒中筒结构的重要性考虑，整层抽柱时，应遵守"保留角柱（8 度宜保留角柱与相邻柱）、隔一抽一"的原则；局部抽柱时，不应连续抽去多于 2 根以上的柱，且其位置应在建筑物中部（对称主轴附近）。

7. 框筒的转换层高度不应超过 2 层（8 度）、3 层（6、7 度）。

8. 带转换层的筒中筒结构一般应进行不抽柱的三维空间整体分析与抽柱后的三维空间整体分析（其计算模型应能反映或模拟转换层结构的实际工作状态，转换层结构以下部分可取不带刚域杆单元即纯杆单元），并对其侧向变形与主要杆件的内力进行比较，其侧向层间变形不应有突变，框筒柱组合的轴力设计值增加不宜小于 80%，其组合的剪力设计值不宜增大 30%。

9. 采用斜撑转换、拱转换层结构时，宜采用抽柱前最大组合轴力设计值对其进行简化补充计算，并与整体空间三维计算结果相比较。

10. 框筒转换层结构以下的柱轴压比不宜大于 0.70（特一级、一级）、0.80（二级），截面调整时宜使其与转换层以上的柱的轴压比值相近，柱的剪压比值不宜大于 0.10。

11. 框筒转换层结构采用梁、空腹桁架转换时，其截面高度不宜加大，因其内力与梁、弦杆的刚度成正比，宽度宜取 b_c（柱宽）+100mm 以利于上部柱纵向钢筋的锚固；采用斜撑、拱转换时，宽度不宜小于 b_c+100；其截面尺寸宜取与框筒柱相同的轴压比控制确定。

12. 框筒转换层及以下层柱的弯矩增大系数 η_c、剪力增大系数 η_{vc} 均应增大 20%，柱箍筋特征值 λ_v 增大 10%，柱纵向钢筋构造配筋率为 1.4%（中柱）、1.6%（角柱）。

13. 斜撑转换、拱转换结构杆件不应出现小偏心受拉状况。

14. 框筒转换构件水平地震作用计算内力乘以增大系数 1.8（特一级）、1.5（一级）、1.3（二级）。

15. 采用空腹桁架转换、拱转换、斜撑转换时，应加强节点的配筋与连接锚固构造措施，防止应力集中的不利影响，空腹桁架的竖腹杆应按强剪弱弯进行配筋设计；梁转换时转换梁及其上三层的裙梁应按偏心受拉杆件进行配筋设计与构造处理。

16. 转换层楼板（空腹桁架转换层的楼板为上、下弦杆所在的楼层的楼板）厚度不应小于150mm，应采用双层双向配筋，除满足受弯承载力要求外，每层每个方向的配筋率不应小于0.25%。

17. 转换层在内筒与外框筒之间的楼板不应开设洞口边长与内外筒间距之比大于0.20的洞口，当洞口边长大于1000mm时，应采用边梁或暗梁（平板楼盖、宽度取2倍板厚）对洞口加强，开洞楼板除满足承载力要求外，边梁或暗梁的纵向钢筋配筋率不应小于1‰。

18. 开设少量洞口的转换层楼板在对洞口周边采取加强措施后，一般可不进行转换层楼板的抗震验算（楼板剪力设计值及其受剪承载力的验算）。

19. 转换层及其以下各层的框筒柱及其他杆件（裙梁、斜撑、拱、弦杆等）的箍筋直径应不小于12mm（特一级、一级）、10mm（二级），箍距不大于100mm（沿杆长不变），箍筋肢距不大于200mm，纵向钢筋连接应采用机械连接或焊接。

20. 采用梁转换、空腹桁架转换结构时，转换层以上三层的梁的纵向钢筋连接应采用机械连接或焊接，箍筋间距不变；转换梁及桁架下弦杆应按偏心受拉杆件设计。

以下介绍一些工程实例。

1. 国内一些框架-核心筒结构的工程情况见表 11-13 和表 11-14。

国内部分矩形框架-筒体结构工程一览表　　　　表 11-13

序号	工程名称	层数		高度(m)		平面尺寸(m)				筒体尺寸(m)		底层柱尺寸(mm)(混凝土等级)	底层筒体外筒厚度(mm)(混凝土等级)	设置加强层道数
		地上		地上		L		B		l	b			
		地下		地下		柱网尺寸		柱网尺寸						
1	深圳国际大厦东段	41		153.3		25.2		24.6		13.9	9.4	1200×2000(C60)	800(C60)	3
		3		12.3		3×8.4		3×8.2						
2	上海银桥大桥	28		98.6		33		33		14.3	14.3	1200×2000(C40)	500(C40)	0
		1		7.8		11.5,10,11.5								
3	南京鼓楼邮政通讯中心	29		99.8		26.8		26.8		11.8	11.8	1200×1200(C50)	350(C40)	0
		3		13.3		7.5,2×5.9,7.5								
4	广州天河娱乐广场	33		125.6		27.6		27.6		12.1	11.9	1800×1800(C45)	500(C45)	2
		3		12.6		9.4,8.8,9.4								

序号	工程名称	层数 地上	高度(m) 地上	平面尺寸(m) L 柱网尺寸	B 柱网尺寸	筒体尺寸(m) l	b	底层柱尺寸(mm)(混凝土等级)	底层筒体外筒厚度(mm)(混凝土等级)	设置加强层道数
		地下	地下	柱网尺寸	柱网尺寸					
5	深圳侨光广场	52	177	42.6	27.5	22.6	11.5		600	4
		5	19.5	7.5,9.7,8.2,9.7,7.5	8.0,11.5,8.0					
6	中山信联大厦	33	126.8	28	24.2	11	9	(C40)	(C40)	2
		1	7.6	8.5,11.0,8.5	7.6,9.0,7.6					
7	海口高新大厦	33	129.5	29	29	12.6	12.6	1000×1000 (SRC,C50)	800 (C50)	1
		2	10	8.2,3.8,5.0,3.8,8.2						
8	福州元洪城写字楼	36	125.2	38.4	34.4	17	11			3
		2	10.5	2.7,8.0,2×8.5, 8.0,2.7	2.7,9.0,11.0, 9.0,2.7					
9	佳木斯国泰大厦	43	162	28.8	28.8	14.4	14.4	1500×1500 (C60)	800 (C60)	3
		2	7	4×7.2						
10	上海中国名牌大厦	25	91.4	37.5	30	14.9	10.9	1000×1000 (C60)	300 (C60)	0
		2	10	5×7.5	4×7.5					
11	太原建设银行综合营业大厦	36	138.1	30	30.8	14.5	11.5			0
		2	8.8	10.0,10.8,10.0						
12	湖南国际贸易大厦	46	150.7	29.2	29.2	15.8	14		500	0
		4	16.5	2.6,6×4.0,2.6						
13	北京名人广场写字楼	38	129	42	42	18.5	18.5	1200×3000		30
		2	12.5	3.0,3×4.5,9.0,3×4.5,3.0						
14	海口爱华城写字楼	42	159	36	36	18	17.4	1400×1100 (C50)	1100 (C50)	0
		2		2×4.5,3×6.0,2×4.5						
15	南京新华大厦	50	170.4	38	30	20	12	1000×1000 (C50)	400 (C50)	0
		2	8.7	5.0,7×4.0,5.0	5.0,5×4.0,5.0					
16	广东公安厅指挥中心	33	117.6	32	28	15	12.8	1700×1700 (C45)	500 (C45)	0
		3	11.7	10.0,12.0,10.0	9.0,10.0,9.0					
17	深圳华强大厦	31	99.65	31	24.6	12.4	10.4			
		2	9.6	9.3,2×6.2,9.3	8.3,8.0,8.3					
18	广州广信大厦	47	152.9	45	40	17	16	1350×1350 (C60)	700 (C60)	0
		4	15.7	5×8.0,5.0	5×8.0					

序号	工程名称	层数(地上)	高度(m)(地上)	平面尺寸(m) L(柱网尺寸)	平面尺寸 B(柱网尺寸)	筒体尺寸 l	筒体尺寸 b	底层柱尺寸(mm)(混凝土等级)	底层筒体外筒厚度(mm)(混凝土等级)	设置加强层道数
19	深圳书城	28	103.8	30	30	14	12	1300×1300 (C45)	500 (C45)	0
		3	10.85	9.0,2×6.0,9.0						
20	南京信投大厦	28	98.6	28.8	28.8	12	12	1300×1300 (C40)	400 (C40)	0
		2	8.1	6.0,2×8.4,6.0						
21	昆明鑫泰大厦	30	105.2	33.6	33.6	16	16	Φ1200 (C60)	450 (C60)	0
		2	7	4.2,3×8.4,4.2						
22	上海复兴大厦一号主楼	44	159.2	28.2	28.2	12.6	12.6	1200×1400 (C60)	600 (C60)	2
		2	12.6	7.8,2×6.3,7.8						
23	重庆银星商城	28	101.2	43.6	34.2	14.5	10	1150×1150 (C40)	400 (C40)	0
		2	7.3	2×7.8,2×6.2,2×7.8	7.8,7.5,3.6,7.5,7.8					
24	福州世界金龙大厦	33	119	47.2	30.8	25.2	10	1600×1600 (C60)	700 (C60)	0
		3.5	12.5	11.0,3×8.4,11.0	10.0,10.8,10.0					
25	福州中山大厦	32	101.95	32	25	16	9	1200×1200 (C40)	600 (C40)	0
		2	7.5	4×8.0	8.0,9.0,8.0					

国内高层框架-筒体结构平面参数　　　　表 11-14

平面形状	工程名称	高度 H (m)	平面尺寸 L(m)	B(m)	H/B	L/B	内筒尺寸 l(m)	b(m)	H/b
正方形	北京岭南大酒店	72	29	29	2.47	1.00	11.2	10.6	6.8
	上海联谊大厦	105	32	27	3.89	1.18	16	10	10.5
	上海华东电管局	123	27	27	4.56	1.00	9	9	13.6
	上海爱建大厦	104	30.8	30.8	3.36	1.00	14	11.4	9.1
	江苏司法厅	62	22.4	22.4	2.78	1.00	8	8	7.75
	苏州雅都大酒店	98	27.6	27.6	3.54	1.00	10.8	10.8	9.1
	新疆维吾尔自治区工会大厦	86	22.8	22.8	3.77	1.00	11.9	5.9	14.5
	上海内贸中心	142	39	39	3.64	1.00	15.8	15.8	9
	新疆维吾尔自治区联合办公楼	105	28.8	28.8	3.64	1.00	15	15	7
	厦门金融大厦	91	30	30	3.03	1.00	12.5	10	9.1
	南宁桂信大厦	108	24	24	4.46	1.00	12	12	9
	深圳华联大厦	88	30.8	30.8	2.85	1.00	15.4	15.4	5.7

平面形状	工程名称	高度 H (m)	平面尺寸		H/B	L/B	内筒尺寸		H/b
			L(m)	B(m)			l(m)	b(m)	
圆 形	大理华侨饭店	54	24	24	2.25	1.00	11	11	4.9
	淄博齐鲁大厦	64	25	25	2.56	1.00	9	9	7.1
	淮南广播中心	67	18	18	3.72	1.00	6	6	11.1
六边形	上海金陵办公楼	140	28.8	28.8	4.86	1.00	14.4	10.8	13.0
三角形	北京金台饭店	64	29	29	2.20	1.00	15	15	4.2
	南京玄武饭店	76	32	32	2.38	1.00	17.5	17.5	4.3
	虹桥饭店	102	43.6	43.6	2.34	1.00	17.2	17.2	5.9
	上海沪办大楼	126	36	36	3.5	1.00	14.4	14.4	11.6
	成都岷山饭店	80	37.7	37.7	2.11	1.00	17.8	17.8	4.5
	成都物资贸易中心	63	40	40	1.58	1.00	20.2	20.2	3.1
	贵州省银行	68	30	30	2.27	1.00	10	10	6.8
	上海华厦宾馆	93	32	32	2.89	1.00	22	22	4.2

2. 国内一些筒中筒结构工程的平面参数见表 11-15。

国内筒中筒结构的平面参数　　　　　　　表 11-15

名 称	高度 H (m)	长 向			短 向			$\alpha_1 = \dfrac{lb}{LB}$	H/b	H/B	说 明
		L (m)	l (m)	l/L	B (m)	b (m)	b/B				
广东国际大厦	200	37	22.8	0.62	35	16.8	0.48	0.295	11.9	5.71	方形 国内最高混凝土建筑
深圳国贸中心	160	34	19.0	0.56	34	17.0	0.50	0.279	9.4	4.71	方形
台北国贸中心	143	50	29.4	0.59	50	17.6	0.35	0.205	8.1	2.86	方形
中国服装中心	112	32.5	16.5	0.51	32.5	16.5	0.51	0.257	6.8	3.45	方形
石家庄工贸中心	90	25.2	9.6	0.38	25.2	9.6	0.38	0.145	9.3	3.57	方形
厦门海滨大厦	89	29.3	11.8	0.40	29.3	11.8	0.40	0.160	7.6	3.04	方形
中国专利局	87	27.6	13.8	0.50	27.6	13.8	0.50	0.250	6.3	3.15	方形
贵阳筑苑大厦	82	25.2	10.8	0.43	25.2	8.4	0.33	0.142	9.8	3.25	方形
北京金融大厦	80	30	18.0	0.60	26.0	9.8	0.38	0.225	8.2	3.08	方形
香港华润大厦	170	56	40.4	0.72	36.4	10.4	0.28	0.205	16.4	4.67	长矩形
中央彩电中心	126	44	22.0	0.50	22.5	7.0	0.31	0.155	18.0	5.60	长矩形 9度设防

名　称	高度 H (m)	长　向			短　向			$\alpha_1 = \dfrac{lb}{LB}$	H/b	H/B	说　明
		L (m)	l (m)	l/L	B (m)	b (m)	b/B				
上海电讯大楼	125	54	30.0	0.56	34	10.0	0.29	0.164	12.5	3.68	长矩形
深圳外贸中心	135	43	25.2	0.58	31	10.8	0.34	0.204	12.5	4.35	长椭圆形
香港合和中心	216	45.8	18.8	0.41	45.8	18.8	0.41	0.168	11.4	4.72	圆形
石家庄电力楼	92	28	12.2	0.43	28	12.2	0.43	0.190	7.5	3.29	圆形
天津物资中心	86	27.5	13.3	0.48	27.5	13.3	0.48	0.233	6.4	3.13	正八边形
深圳航空大厦	120	47.6	16	0.33	41.2	13.8	0.33	0.112	8.7		正三角形
天津大酒店	107	46.8	21.6	0.46	41.4	17.8	0.43	0.210	5.9		正三角形
北京中信大厦	109	54.0	19.8	0.37	46.8	17.1	0.37	0.134	5.5		正三角形
闽南贸易大厦	100	54.7	20.0	0.37	47.4	18.0	0.38	0.140	5.5		正三角形
秦皇岛物资大厦	83	50.8	21.8	0.43	40	19.6	0.49	0.210	4.3		正三角形

注：正三角形平面截角后，取截角前尺寸为边长 L_2，取其高为 B；内筒同样取用 l、b。

【例 11-1】 北京富盛大厦商务写字楼，位于北京朝阳区惠新东街，靠近北四环，抗震设防 8 度，Ⅲ类场地，地下 4 层，地上 27 层，高度 99.9m，钢筋混凝土框架-核心筒结构，建筑面积为 83095m²，于 2003 年 5 月开工，2006 年 10 月竣工。

该工程地上部分结构布置及构造的特点：

1. 为适应现代写字楼使用功能，采用了框架-核心筒结构，有利于空间灵活布置。因受规划高度限制，地上主楼高度 99.9m。为了有更多建筑面积，又要保证写字楼国际标准净高 2.7m 的要求，标准层的层高 3.6m，而核心筒外墙中至外框架柱中跨距为 12.8m，楼层梁一般间距为 4.1m，采用了预应力混凝土梁，截面为 600mm×600mm。核心筒四角与外框架柱相连的预应力梁因跨度大，截面为 800mm×600mm（图 11-19），楼层梁和板的混凝土强度等级均为 C40。

2. 为了避免楼层梁支承在核心筒外墙的连梁上，各楼层的 YLB4、YLB5 斜向布置，并且为使核心筒外墙受竖向荷载均匀，在偶数与奇数楼层洞口两边变换位置。外框架与核心筒四角相连的斜向梁 YLB2，为了避免由于梁纵筋与核心筒边缘构件竖向钢筋集中而使浇灌混凝土困难，梁边离墙角拉开了距离。

3. 上部建筑外形要求四角外墙为实墙，结构采用了钢筋混凝土角墙，避免砌体填充墙，有利耐久性的同时增强了结构侧向刚度。

4. 楼层结构平面四个角部为了减小楼板跨度和柱 Z7 的稳定，设置了斜向布置的梁 YLB1 和 XLB1。

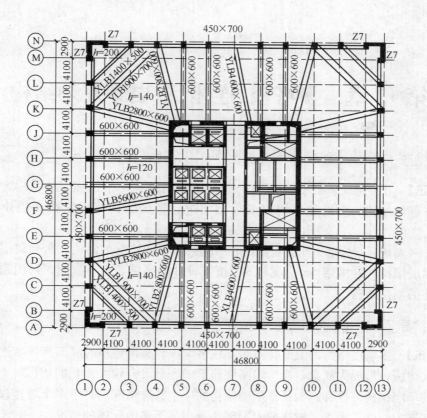

图 11-19　标准层顶板结构平面图

第12章 多塔楼、连体、错层等复杂结构

【禁忌1】 对复杂结构的内容及其应用范围不了解

【正】 1.《高规》第10章规定，带转换层的结构、带加强层的结构、错层结构、连体结构、多塔楼结构以及体型收进、悬挑结构等属复杂高层建筑结构。

2.《高规》规定，9度抗震设计时不应采用带转换层的结构、带加强层的结构、错层结构和连体结构；7度和8度抗震设计的高层建筑不宜同时采用超过两种上述的复杂结构。

【禁忌2】 不区分情况界定成多塔楼结构

【正】 多塔楼结构的主要特点是，在多个多、高层建筑的底部有一个连成整体的大裙房，形成大底盘；当1幢高层建筑的底部设有较大面积的裙房时，为带底盘的单塔结构，这种结构是多塔楼结构的一个特殊情况。对于多个塔楼仅通过地下室连为一体，地上无裙房或有局部小裙房但不连为一体的情况，一般不属大底盘多塔楼结构。

【禁忌3】 不重视多塔楼结构布置和构造的有关规定

【正】 1. 带大底盘的多高层建筑，结构在大底盘上一层突然收进，属竖向不规则结构；大底盘上有2个或多个塔楼时，结构振型复杂，并会产生复杂的扭转振动；如结构布置不当，竖向刚度突变、扭转振动反应及高振型影响将会加剧。因此，多塔楼结构（含单塔楼）设计中应遵守下述结构布置的要求：

（1）塔楼对底盘宜对称布置，上部塔楼结构的综合质心与底盘结构质心的距离不宜大于底盘相应边长的20%（《高规》第10.6.3条）。

1995年日本阪神地震中，有几幢带底盘的单塔楼建筑，在底盘上一层严重破坏。1幢5层的建筑，第一层为大底盘裙房，上部4层突然收进，而且位于大底盘的一侧，上部结构与大底盘结构质心的偏心距离较大，地震中第2层（即大底盘上一层）严重破坏；另一幢12层建筑，底部2层为大底盘，上部10层突然收进，并位于大底盘的一侧，地震中第3层（即大底盘上一层）严重破坏，第4

层也受到破坏。

中国建筑科学研究院建筑结构研究所等单位的试验研究和计算分析也表明，塔楼在底盘上部突然收进已造成结构竖向刚度和抗力的突变，如结构布置上又使塔楼与底盘偏心则更加剧了结构的扭转振动反应。因此，结构布置上应注意尽量减少塔楼与底盘的偏心。

（2）抗震设计时，带转换层塔楼的转换层不宜设置在底盘屋面的上层塔楼内（图 12-1），否则应采取有效的抗震措施（《高规》第 10.6.3 条）。

多塔楼结构中同时采用带转换层结构，这已经是两种复杂结构在同一工程中采用，结构的竖向刚度、抗力突变加之结构内力传递途

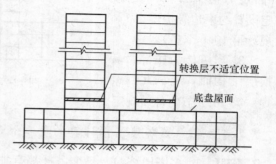

图 12-1　多塔楼结构转换层不适宜位置示意图

径突变，要使这种结构的安全能有基本保证已相当困难，如再把转换层设置在大底盘屋面的上层塔楼内，仅按规范和其他各项规定设计也很难避免该楼层在地震中破坏，设计者必须提出有效的抗震措施。上面介绍的日本阪神地震的震害很值得我们吸取经验教训。

（3）多塔楼建筑结构的各塔楼的层数、平面和刚度宜接近（《高规》第 10.6.3 条）。

中国建筑科学研究院建筑结构研究所等单位进行了多塔楼结构的有机玻璃模型试验和计算分析说明，当各塔楼的质量和刚度不同、分布不均匀时，结构的扭转振动反应大，高振型对内力的影响更为突出。如各塔楼层数和刚度相差较大时，宜将裙房用防震缝分开。

（4）结构布置中不允许上述 3 种不利的结构布置同时在一个工程中出现。

2. 多塔楼结构的设计除需符合《高规》的各项有关规定外，尚应满足下列补充加强措施：

（1）为保证多塔楼（含单塔楼）建筑结构底盘与塔楼的整体作用，底盘屋面楼板厚度不宜小于 150mm，并应加强配筋构造，板面负弯矩配筋宜贯通；底盘屋面的上、下层结构的楼板也应加强构造措施。当底盘楼层为转换层时，其底盘屋面楼板的加强措施应符合《高规》第 10.2.19 条及关于转换层楼板的规定（《高规》第 10.6.2 条）。

（2）抗震设计时，对多塔楼（含单塔楼）结构的底部薄弱部位应予以特别加强，图 12-2 所示为加强部位示意。多塔楼之间的底盘屋面梁应予加强；各塔楼与底部裙房相连的外围柱、剪力墙，从固定端至裙房屋面上一层的高度范围内，

柱纵向钢筋的最小配筋率宜适当提高，柱箍筋宜在裙房屋面上、下层的范围内全高加密；剪力墙宜按《高规》第 7.2.15 条的规定设置约束边缘构件（《高规》第 10.6.3 条）。

3. 当塔楼为底部带转换层结构时，应满足《高规》第 10.2 节的各项规定。

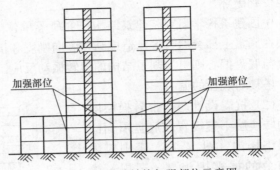

图 12-2　多塔楼结构加强部位示意图

【禁忌 4】　多塔楼结构计算的步骤混乱

【正】 1. 多塔楼结构，每个塔楼都有独立的迎风面，在计算风荷载时不考虑各塔楼的相互影响。每个塔楼都有独立的变形，各塔楼的变形仅与塔楼本身因素与底盘连接的关系和底盘的受力特性有关，各塔楼之间没有直接影响，而有通过底盘产生的间接影响。

2. 多塔结构，也应按《高规》3.4.5 条规定，在考虑偶然偏心影响的地震作用下，在刚性楼板假定条件下，楼层竖向构件的最大水平位移和层间位移与该楼层平均值比值，结构扭转为主的第一自振周期与平动为主的第一周期的比值，均应符合该条要求。

3. 位移比控制计算应考虑各塔楼之间的相互影响，将各塔楼连同底盘作为一个完整的系统进行分析，即采用"整体模型"，各塔楼每层为一块刚性楼板，各塔楼相互独立。计算出每个塔楼每层及底盘各层最大水平位移与平均水平位移的比值，最大层间位移与平均层间位移的比值。

在方案设计阶段各塔楼的位移控制计算也可如同周期比控制计算一样采用"离散模型"。但大底盘各楼层的位移控制应采用"整体模型"。

4. 周期比控制计算，由于目前没有计算多塔情况下每个振型的平动因子和扭转因子的方法，只能近似地采用"离散模型"，即将各塔楼分离开进行计算。

5. 多塔结构的构件内力分析和截面设计计算时，应将各塔楼连同底盘作为一个完整的系统进行分析，即采用"整体模型"，同时楼板也应根据具体情况，采用刚性或弹性假定。

在构件内力分析时，当楼层竖向构件最大水平位移和层间位移与平均值比值大于 1.2 倍时，还应按双向地震作用但不考虑偶然偏心影响进行计算；比值不大于 1.2 倍时，可按单向地震作用而考虑偶然偏心影响进行计算。单向地震作用和双向地震作用均应按扭转耦联振型分解法进行计算。

6. 采用 SATWE 分析软件，"整体模型"计算所得多塔结构的周期是整个结构系统的周期，一般情况下难以区分是哪个塔楼的周期。

【禁忌5】 不了解连体结构的抗震性能

【正】 1995 年日本阪神地震中，这种形式的连体结构大量破坏，架空连廊塌落，主体结构与连接体的连接部位结构破坏严重。两个建筑之间多个连廊的，高处连廊首先塌落，底部的连廊有的没有塌落；两个建筑高度不等或体型、平面和刚度不同，则连体破坏尤为严重，这因为两个建筑的地震反应差别太大，在地震中连体结构会出现复杂的 X、Y、θ 相互耦联的振动，扭转反应效应增大。1999 年台湾集集地震中，埔里酒厂一个三层房屋的架空连廊塌落，与连廊相接部位的主体结构破坏。

由计算分析及同济大学等单位进行的振动台试验说明：连体结构自振振型较为复杂，前几个振型与单体建筑有明显不同，除顺向振型外，还出现反向振型，因此要进行详细的计算分析；连体结构总体为一开口薄壁构件，扭转性能较差，扭转振型丰富，当第一扭转频率与场地卓越频率接近时，容易引起较大的扭转反应，易使结构发生脆性破坏。连体结构中部刚度小，而此部位混凝土强度等级又低于下部结构，从而使结构薄弱部位由结构的底部转为连体结构中塔楼的中下部，这是连体结构设计时应注意的问题。

架空的连体对竖向地震的反应比较敏感，尤其是跨度较大、自重较大的连体对竖向地震的影响更为明显。因此《高规》10.5.2 条规定，7 度 0.15g 和 8 度抗震设计时，连体结构的连体部分应考虑竖向地震的影响。此规定与第 4.3.2 条对大跨度结构的规定相同，只是错层结构不应在 9 度抗震设计中采用，该条规定中未提及 9 度抗震设计。6 度和 7 度 0.10g 抗震设计时，连体结构的连接体宜考虑竖向地震影响。

【禁忌6】 不重视连体结构的布置、计算和构造的有关规定

1.《高规》规定，连体结构各独立部分宜有相同或相近的体型、平面和刚度。7 度、8 度抗震设计时，层数和刚度相差悬殊的建筑不宜采用连体结构。特别是对于第二种形式的连体结构其两个主体宜采用双轴对称的平面形式，否则在地震中将出现复杂的相互耦联的振动，扭转影响大，对抗震不利。

2. 连体结构中连体与主体结构的连接方案是采用刚性连接还是非刚性连接，是一个关键问题。对第一种形式（架空连廊）连体结构如采用刚性连接，则结构设计及构造比较容易实现；抗震设计时，要防止架空连廊在罕遇地震作用下不塌落，无论采用刚性连接还是非刚性连接，《高规》都提出了比较严格的原则性要求。对第二种形式（凯旋门式）的连体结构，显然宜采用刚性连接方案，如设计合理，结构的安全是能得到保证的；若采用非刚性连接，则结构设计及构造相当困难，要使若干层高、体量颇大的连体具有安全可靠的支座，并能满足 X、Y 两个方向在罕遇地震作用下的位移要求，这是很难实现的。

3. 连接体结构与主体结构宜采用刚性连接。刚性连接时，连接体结构的主要结构构件应至少伸入主体结构一跨并可靠连接；必要时可延伸至主体部分的内筒，并与内筒可靠连接。

当连接体结构与主体结构采用滑动连接时，支座滑移量应能满足两个方向在罕遇地震作用下的位移要求，并应采取防坠落、撞击措施。计算罕遇地震作用下的位移时，应采用时程分析方法进行复核计算。

4. 连接体应加强构造措施。连接体的楼面可考虑相当于作用在一个主体部分的楼层水平拉力和面内剪力。连接体的边梁截面宜加大，楼板厚度不宜小于150mm，采用双层双向筋钢网，每层每方向钢筋网的配筋率不宜小于 0.25%。

连接体结构可设置钢梁、钢桁架和混凝土梁，混凝土梁在楼板标高处宜设加强型钢，该型钢伸入主体部分，加强锚固。

当有多层连接体时，应特别加强其最下面一至两个楼层的设计和结构。

5. 抗震设计时，连接体及连接体相邻的结构构件的抗震等级应提高一级采用，若原抗震等级为特一级则不再提高；非抗震设计时，应加强构造措施。

6. 《北京细则》规定，对于连体的各独立部分体型、平面、刚度相近时，连体与主体结构宜采用刚性连接，必要时连体结构可延伸至主体结构的内筒，并与内筒可靠连接。连体与主体结构采用刚性连接时，应注意连接部位的应力集中，应提高节点核心区的受剪承载力。当连体连接转薄弱时，需考虑结构整体计算和分开计算的不利情况。连体结构自振振型较为复杂，抗震计算时应进行详细计算分析，分析振型数宜取分析单体结构时振型数乘以独立结构数。

7. 低矮的弱连接架空连廊可采用滑动铰支承。为防止大震作用下滑动支承的架空连廊撞击或滑落的震害，其最小支座宽度应能满足架空连廊两侧主体结构大震作用下该高度处弹塑性水平变形要求。这个要求比《抗震规范》防震缝宽度要求要严得多。高层建筑物，大震下防震缝两侧建筑有可能发生碰撞损坏，防震缝宽基本上是由弹性中震下水平位移所控制。

由于两侧主体结构在地震作用下最不利最大相对变形不一定同时到达，参考IBC 2003《美国建筑规范》第 1620.4.5 款，采用随机振动方法，架空连廊与两侧主体结构在连廊跨度方向防震缝宽 W_c 为：

$$W_c \geqslant \sqrt{\Delta_1^2 + \Delta_2^2} \qquad (12\text{-}1)$$

式中　Δ_1、Δ_2——两侧建筑架空连廊高度处连廊跨度方向大震弹塑性水平位移，可按式（12-2）近似计算得到。

$$\Delta_1(\Delta_2) = 2\beta_{\text{大}}\,\Delta_{1E}(\Delta_{2E}) \qquad (12\text{-}2)$$

式中 $\Delta_{1E}(\Delta_{2E})$——两侧建筑架空连廊高度处连廊跨度方向小震反应谱弹性水平位移；

$\beta_{大}$——大震作用与小震作用之比，见表12-1；

2——计及大震作用下结构进入弹塑性阶段后结构弹性刚度退化影响。

$$\boldsymbol{\beta_{中}}(\boldsymbol{\beta_{大}})=中(大)震作用/小震作用 \qquad 表 12-1$$

抗震设防烈度	7 度	7.5 度	8 度	8.5 度	9 度
$\alpha^{小震}_{\max}$	0.08	0.12	0.16	0.24	0.32
$\alpha^{中震}_{\max}$	0.23	0.33	0.46	0.66	0.80
$\alpha^{大震}_{\max}$	0.50	0.72	0.90	1.20	1.40
$\beta_{中}$	2.875	2.75	2.875	2.75	2.5
$\beta_{大}$	6.25	6	5.625	5	4.375

则架空连廊跨度方向一侧最小支座宽度 b（如图12-3所示）应为：

$$b \geqslant W_c + b_c \qquad (12\text{-}3)$$

式中 W_c——连廊跨度方向防震缝宽，见式（12-1）；

b_c——架空连廊结构跨度方向的最小支承宽度。

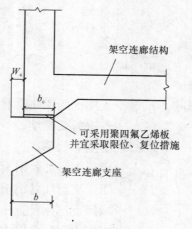

图 12-3 连廊支座

架空连廊结构

可采用聚四氟乙烯板并宜采取限位、复位措施

架空连廊支座

【例 12-1】 抗震设防烈度 8 度区，某架空连廊于 15m 高度处支承于两侧框架剪力墙结构，已知该高度处两侧结构连廊跨度方向小震反应谱弹性计算水平位移 $H/1200$。

求：该架空连廊最小支座宽度 b。

解：$\Delta_{1E}=\Delta_{2E}=H/1200=15000/1200=12.5\text{mm}$

$\Delta_1(\Delta_2) = 2\beta_{大}\,\Delta_{1E}(\Delta_{2E}) = 2 \times 5.625 \times 12.5 = 140.6\text{mm}$

$W_c = \sqrt{\Delta_1^2 + \Delta_2^2} = \sqrt{2 \times 140.6^2} = 199 > 70\text{mm}$（规范规定防震缝宽）

$b_c = 300\text{mm}$（架空连廊结构跨度方向最小支承宽度）

$b \geqslant W_c + b_c = 199 + 300 = 499\text{mm} \approx 500\text{mm}$

滑动支承架空连廊宽度方向最小支承长度 l，可采用与支承宽度 b 相同的方法计算确定，如式（12-4）：

$$l \geqslant W_L + l_c \qquad (12\text{-}4)$$

式中 W_L——架空连廊宽度方向防滑落长度，计算方法同式（12-1）、式（12-2）；

l_c——架空连廊结构宽度方向最小支承长度。

【禁忌7】 不熟悉连体结构橡胶支座有哪些规定

1. 板式橡胶支座的基本设计数据应按下列规定采用，其产品分类、技术要求、试验方法、检验规则等应符合现行《公路桥梁板式橡胶支座》（JT/T 4）的规定。

（1）支座使用阶段的平均压应力限值 $\sigma_c = 10.0 \text{MPa}$。

（2）常温下橡胶支座剪变模量 $G_e = 1.0 \text{MPa}$。

橡胶支座剪变模量随橡胶变冷而递增，当累计年最冷月平均温度的平均值为 $0 \sim -10 ℃$ 时，G_e 值应增大 20%；当低于 $-10 ℃$ 时，G_e 值应增大 50%；当低于 $-25 ℃$ 时，G_e 为 2MPa。

（3）橡胶支座抗压弹性模量和支座形状系数应按下列公式计算：

$$E_e = 5.4 G_e S^2$$

矩形支座
$$S = \frac{l_{0a} l_{0b}}{2 t_{es} (l_{0a} + l_{0b})}$$

圆形支座
$$S = \frac{d_0}{4 t_{es}}$$

式中　E_e——支座抗压弹性模量（MPa）；

　　　G_e——支座剪变模量；

　　　S——支座形状系数；

　　　l_{0a}——矩形支座加劲钢板短边尺寸；

　　　l_{0b}——矩形支座加劲钢板长边尺寸；

　　　d_0——圆形支座钢板直径；

　　　t_{es}——支座中间层单层橡胶厚度。

支座形状系数应在 $5 \leqslant S \leqslant 12$ 范围内取用。

（4）橡胶弹性体体积模量 $E_b = 2000 \text{MPa}$。

（5）支座与不同接触面的摩擦系数：

① 支座与混凝土接触时，$\mu = 0.3$；

② 支座与钢板接触时，$\mu = 0.2$；

③ 聚四氟乙烯板与不锈钢板接触（加硅脂）时，$\mu_f = 0.06$；当温度低于 $-25 ℃$ 时，μ_f 值增大 30%；当不加硅脂时，μ_f 值应加倍。当有实测资料时，也可按实测资料采用。

（6）橡胶支座剪切角 α 正切值限值：

① 当不计制动力时，$\tan\alpha \leqslant 0.5$；

② 当计入制动力时，$\tan\alpha \leqslant 0.7$。

2. 板式橡胶支座的计算。

(1) 板式橡胶支座有效承压面积按下列公式计算：

$$A_e = \frac{R_{ck}}{\sigma_c}$$

式中　A_e——支座有效承压面积（承压加劲钢板面积）；

　　　　R_{ck}——支座压力标准值，汽车荷载应计入冲击系数。

(2) 板式橡胶支座橡胶层总厚度应符合下列规定：

① 从满足剪切变形考虑，应符合下列条件：

不计制动力时　　　　　　　　$t_e \geqslant 2\Delta_l$

计入制动力时　　　　　　　　$t_e \geqslant 1.43\Delta_l$

当板式橡胶支座在横桥向平行于墩台帽横坡或盖梁横坡设置时，支座橡胶层总厚度应符合下列条件：

不计制动力时　　　　　　$t_e \geqslant 2\sqrt{\Delta_l^2 + \Delta_t^2}$

计入制动力时　　　　　　$t_e \geqslant 1.43\sqrt{\Delta_l^2 + \Delta_t^2}$

式中　t_e——支座橡胶层总厚度；

　　　　Δ_l——由上部结构温度变化、混凝土收缩和徐变等作用标准值引起的剪切变形和纵向力标准值（当计入制动力时包括制动力标准值）产生的支座剪切变形，以及支座直接设置于不大于 1‰纵坡的梁底面下，在支座顶面由支座承压力标准值顺纵坡方向分力产生的剪切变形；

　　　　Δ_t——支座在横桥向平行于不大于 2‰的墩台帽横坡或盖梁横坡上设置，由支座承压力标准值平行于横坡方向分力产生的剪切变形。

② 从保证受压稳定考虑，应符合下列条件：

矩形支座　　　　　　　　$\dfrac{l_a}{10} \leqslant t_e \leqslant \dfrac{l_a}{5}$

圆形支座　　　　　　　　$\dfrac{d}{10} \leqslant t_e \leqslant \dfrac{d}{5}$

式中　l_a——矩形支座短边尺寸；

　　　　d——圆形支座直径。

(3) 板式橡胶支座竖向平均压缩变形应符合下列规定：

$$\delta_{c,m} = \frac{R_{ck}t_e}{A_e E_e} + \frac{R_{ck}t_e}{A_e E_b}$$

$$\theta \cdot \frac{l_a}{2} \leqslant \delta_{c,m} \leqslant 0.07 t_e$$

式中 $\delta_{c,m}$——支座竖向平均压缩变形；

l_a——矩形支座短边尺寸或圆形支座直径；

θ——由上部结构挠曲在支座顶面引起的倾角，以及支座直接设置于不大于1‰纵坡的梁底面下，在支座顶面引起的纵坡坡角（rad）。

（4）板式橡胶支座加劲钢板应符合下列规定，且其最小厚度不应小于2mm。

$$t_s = \frac{K_p R_{ck}(t_{es,u} + t_{es,l})}{A_e \sigma_s}$$

式中 t_s——支座加劲钢板厚度；

K_p——应力校正系数，取1.3；

$t_{es,u}$、$t_{es,l}$——一块加劲钢板上、下橡胶层厚度；

σ_s——加劲钢板轴向拉应力限值，可取钢材屈服强度的0.65倍。

加劲钢板与支座边缘的最小距离不应小于5mm，上、下保护层厚度不应小于2.5mm。

（5）板式橡胶支座抗滑稳定应符合下列规定：

不计汽车制动力时 $\quad \mu R_{Gk} \geqslant 1.4 G_e A_g \dfrac{\Delta_l}{t_e}$

计入汽车制动力时 $\quad \mu R_{ck} \geqslant 1.4 G_e A_g \dfrac{\Delta_l}{t_e} + F_{bk}$

式中 R_{Gk}——由结构自重引起的支座反力标准值；

R_{ck}——由结构自重标准值和0.5倍汽车荷载标准值（计入冲击系数）引起的支座反力；

Δ_l——见第2条（2）款，但不包括汽车制动力引起的剪切变形；

F_{bk}——由汽车荷载引起的制动力标准值；

A_g——支座平面毛面积。

（6）聚四氟乙烯滑板式橡胶支座的摩擦力应符合下列规定：

不计汽车制动力时 $\quad \mu_f R_{Gk} \leqslant C_e A_g \tan\alpha$

计入汽车制动力时 $\quad \mu_f R_{ck} \leqslant C_e A_g \tan\alpha$

式中 μ_f——聚四氟乙烯与不锈钢板的摩擦系数，按第1条（5）款采用；

$\tan\alpha$——橡胶支座剪切角正切值的限值，不计制动力或计入制动力分别按第1条（6）款采用；

R_{ck}——由结构自重标准值和汽车荷载标准值（计入冲击系数）引起的支座反力；

A_g——支座平面毛面积。

3. 盆式橡胶支座应按现行《公路桥梁盆式橡胶支座》（JT 391）选用，但应符合下列要求：

（1）按竖向荷载（汽车应计入冲击系数）标准值组合计算的支座承压力 R_{ck} 与《公路桥梁盆式橡胶支座》表中"设计承载力"比较选用。

（2）固定支座在各方向和单向活动支座非滑移方向的水平力标准值，不得大于该标准"设计承载力"的 10%。

（3）计算的支座转动角度不得大于 0.02rad。

4. 公路桥梁板式橡胶支座。

（1）桥梁板式橡胶支座由多层橡胶片与薄钢板硫化、粘合而成，它有足够的竖向刚度，能将上部构造的反力可靠地传递给墩台；有良好的弹性，以适应梁端的转动；又有较大的剪切变形能力，以满足上部构造的水平位移。

（2）在上述的板式橡胶支座表面粘覆一层厚 1.5～3mm 的聚四氟乙烯板，就制作成聚四氟乙烯滑板式橡胶支座。它除了具有竖向刚度与弹性变形，能承受垂直荷载及适应梁端转动外，因聚四氟乙烯板的低摩擦系数，可使梁端在四氟板表面自由滑动，水平位移不受限制；特别适宜中、小荷载，大位移量的桥梁使用。

（3）板式橡胶支座不仅技术性能优良，还具有构造简单、价格低廉、无需养护、易于更换、缓冲隔震、建筑高度低等特点。因而在桥梁界颇受欢迎，被广泛应用。

【禁忌8】 不了解错层结构有哪些规定

【正】 1. 由于建筑使用功能的需要，楼层结构不在同一高度，当上下楼层楼面高差超过一般梁截面高度（一般为 600mm）时应按错层结构考虑。

2. 错层结构属竖向布置不规则结构；错层附近的竖向抗侧力结构受力复杂，难免会形成众多应力集中部位；错层结构的楼板有时会受到较大的削弱；剪力墙结构错层后会使部分剪力墙的洞口布置不规则，形成错洞剪力墙或叠合错洞剪力墙；框架结构错层则更为不利，往往形成许多短柱与长柱混合的不规则体系。

3. 中国建筑科学研究院抗震所等单位，做了两个错层剪力墙住宅结构模型振动台试验，其中一个模型模拟 32 层 98m 高的工程，该工程除错层外，平面布置也不规则，试验表明，错层结构加上扭转效应的影响，破坏比较严重；另一个模型模拟 35 层 98m 高的错层剪力墙住宅，其平面布置规则，此模型的破坏程度比平面不规则模型要轻。

4. 多、高层建筑尽可能不采用错层结构，特别对抗震设计的高层建筑应尽量避免采用，如建筑设计中遇到错层结构，则应按《高规》第 10.1.3 条的规定限制房屋高度，并需符合《高规》提出的各项有关要求。

错层两侧宜采用结构布置和侧向刚度相近的结构体系。

当房屋两部分因功能不同而使楼层错开时，宜首先采用防震缝或伸缩缝分为两个独立的结构单元。

5. 错层而又未设置伸缩缝、防震缝分开，结构各部分楼层柱（墙）高度不同，形成错层结构，应视为对抗震不利的特殊建筑，在计算和构造上必须采取相应的加强措施。抗震设计时，B 级高度的建筑不宜采用，9 度区不应采用错层结构，8 度区高度不宜大于 60m，7 度区高度不宜大于 80m。

6. 在框架结构、框架-剪力墙结构中有错层时，对抗震不利，宜避免。在平面规则的剪力墙结构中有错层，当纵、横墙体能直接传递各错层楼面的楼层剪力时，可不作错层考虑，且墙体布置应力求刚度中心与质量重心重合，计算时每一个错层可视为独立楼层。

【禁忌 9】 不熟悉错层结构的构造要求

【正】 1. 当错层高度不大于框架梁的截面高度时，可以作为同一楼层参加结构计算，这一楼层的标高可取两部分楼面标高的平均值。

当错层高度大于框架梁的截面高度时，各部分楼板应作为独立楼层参加整体计算，不宜归并为一层计算。此时每一个错层部分可视为独立楼层，独立楼层的楼板可视为在楼板平面内刚度无限大。

2. 当必须采用错层结构时，应采用三维空间分析程序进行计算。目前三维空间分析程序 TBSA、TBWE、TAT、SATWE、ETABS、TBSAP 等均可进行错层结构的计算。

3. 错层结构应尽量减少扭转影响，错层两侧宜设计成抗侧刚度和变形性能相近的结构体系，以减小错层处墙柱内力。

4. 错层结构在错层处的构件（图 12-4）要采取加强措施。

5. 抗震设计时，错层处框架柱的截面高度不应小于 600mm；混凝土强度等级不应低于 C30；箍筋应全柱段加密；抗震等级应提高一级采用，一级应提高至特一级，但抗震等级已经为特一级时，允许不再提高。

6. 错层结构错层处的框架柱受力复杂，易发生短柱受剪破坏，因此要求其满足设防烈度地震（中震）作用下性能水准 2 的设计要求。

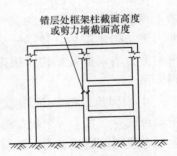

图 12-4 错层结构加强
部位示意图

7. 错层处框架柱的竖向钢筋配筋率不宜小于 1.5%，错层处框架柱也可采用型钢混凝土柱，箍筋体积配箍率不宜小于 1.5%，箍筋全柱段加密。错层处平面外受力的剪力墙，其截面厚度，非抗震设计时不应小于 200mm，抗震设计时不应小于 250mm，并均应设置与之垂直的墙肢或扶壁柱，抗震等级应提高一级采用。错层处剪力墙的混凝土强度等级不应低于 C30。水平和竖向分布钢筋的配筋率，非抗震设计时不应小于 0.3%，抗震设计时不应小于 0.5%。

以下介绍一些工程实例（按 2002 版《高规》设计）。

【例 12-2】 北京凯晨广场。

1. 工程概况

北京凯晨广场项目是一个办公建筑群，包括地上三幢内部相连的办公楼和地下餐饮及停车设施。零售和中庭在建筑首层，层高为 5.9m；每个办公楼都有 12 层的办公面积，层高为 3.9m；设备层位于顶层。单塔底座平面尺寸为 85m×38m，三塔间是宽 27m 的全高中庭空间。在不同的楼层，由 6 组连体结构横跨中厅将单体连在一起，形成多塔连体复杂高层建筑结构，结构设计基准期为 50 年，抗震设防烈度 8 度，基本地震加速度为 0.2g，场地类别为Ⅲ类，设计地震分组为第一组，抗震设防类别为乙类。

在六组连体结构中，四组为用作办公空间的连桥，以之字形的布置方式分别将三座单体结构的层 3、4 和层 9～13 相互连接贯通，形成一个整体；为了在中厅设置拉索幕墙，又在结构的层 11～13 分别架设两组 2 层高的交叉桁架作为拉索的支座，如图 12-5 和图 12-6 所示。连桥一般宽 18m（局部 27m），两侧为两个腹杆中心距 4.5m 的空腹刚架，桥中部为了满足建筑要求，变为腹杆间距 9m 的空腹桁架，桁架的腹杆和弦杆截面为 H 型钢，刚架之间用间距 3m 的 H 型钢次梁相连；交叉桁架宽 9m，为加强其刚度，除中层平面外四周均布置截面为圆钢的斜腹杆；建筑顶层，由跨度为 27m 的张弦梁玻璃屋顶作为两塔之间中庭的屋顶天窗。

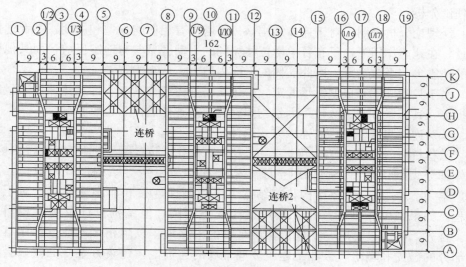

图 12-5　层 3～5 结构平面 (m)

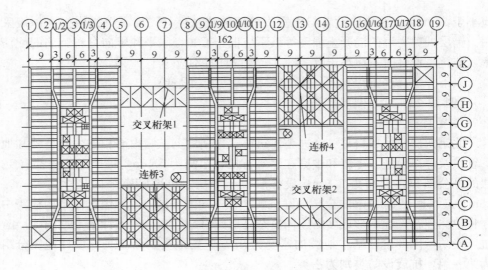

图 12-6　层 11～13 结构平面（m）

2. 概念设计

为保证连接体与高层塔楼整体协同工作，首先要从三塔连体结构概念设计入手。

（1）三塔连体结构的动力特性

《高规》第 10.5.1 条规定，连体结构各单体应具有相同或相近的体型、平面和刚度，且平面宜采用双轴对称布置。但规范并未规定连体所在位置等其他因素。为了解任意位置连体结构的动力特性，假定三单体振型周期相同，单体间任意连体结构位置、刚度不同，不计连体质量，对三塔连体结构的振型参与系数进行理论分析。

经理论分析表明，对于连体结构，只要塔楼有相似的振型和周期，不计连体质量，在地震作用下，只有各单塔位移相同的平动振型参与地震反应，而其他振型的地震参与系数为零。因此连体的平面内剪力、弯矩为零。

由于只对周期和振型做了假定，对于三塔连体结构，在不计连体惯性质量的前提下，其布置方式、数量等因素均不会对上述连体的内力造成影响。

（2）连体与主体结构的连接方式选择

工程抗震设防烈度为 8 度。三栋写字楼采用钢筋混凝土框架-核心筒结构；连体部分为钢结构，分别采用空腹钢桁架和交叉桁架等结构形式。根据《高规》第 10.5.4 条：连体结构与主结构可采用刚性连接和非刚性连接。对于本工程，如果采用非刚性连接，虽然结构受力明确，但结构设计及构造相当困难。首先，抗震设计时，支座要留出足够的滑移量，以阻止罕遇地震作用下连体部分的碰撞和塌落，破坏了建筑玻璃幕墙的连贯性，建筑方案立面效果会受影响。并且地震区滑动支座的构造还需专门研究，并解决支座老化更换等问题。其次，当取消连体时，结构模型实际上是大底盘三塔结构。如表 12-2 所示，每一个塔楼的第一周期都是扭转周期，单塔抗扭刚度较小。如果采用一端刚接、一端滑动的非刚性连接，扭转周期还会成为第一周期，并且由于连体质量的存在，造成与连体刚接部分塔楼质量偏心增加，地震作用下扭转效应增大。因而更不利于结构的抗震设计。

				单塔的周期比较						表 12-2

周期（s）	中塔	边塔	边塔/中塔	振型方向
T_1	1.08	1.02	1.06	扭转
T_2	1.02	0.94	1.08	x 向平动
T_3	0.96	0.76	1.26	y 向平动

如果采用刚性连接，当连体的刚度大于一定值时，结构的第二周期将由单塔的扭转周期变为整体的平动周期。单塔的周期比较如表 12-2 所示。x 向平动振型边塔与中塔周期比值非常接近；y 向平动振型边塔与中塔的周期比值为 1.26，边塔和中塔周期有一定差异，地震作用下连体平面内会产生一定的剪力。但考虑到单塔的自振周期均接近或小于 1s，结构总体位移不大，因此内力问题应该通过具体的构造措施予以解决。

综合上面的分析，三塔连体结构最终采取连廊和主体塔楼刚性连接的构造，连成了整体，如图 12-7 所示。

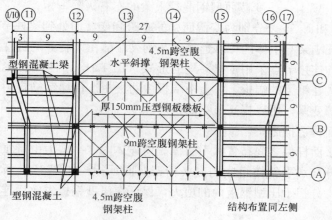

图 12-7　连桥 2 和主体结构连接平面（m）

3. 连体构造措施和验算方法

考虑到在大震中进入弹塑性阶段后，三塔的动力特性可能会产生差异，导致连体面内内力增加。为了保证连体与主体结构的可靠连接，在其竖向和水平向连接构造上采取了如下的加强措施。

(1) 构件竖向连接构造措施

图 12-8 为空腹刚架与主体结构的连接构造。与连体刚架相连的框架柱采用型钢混凝土组合结构，且抗震等级由原来的二级框架变为一级。钢梁插入主体结构并过渡为型钢混凝土梁，在型钢梁的腹板和上翼缘处加剪力栓钉，将型钢梁传来的轴力和弯矩传递给混凝土结构。

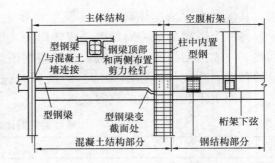

图 12-8 钢梁与混凝土主体结构连接示意

由于内部梁高受到限制，所以采取型钢梁加腋的方式，使截面由主体以外的 770～900mm，渐变到主体内的 300～500mm，这种构造方式使节点翼缘、肋板连续，传力途径明确；并且可以增大梁截面对梁柱节点的保护，使型钢梁柱节点抗剪能力提高。

对型钢混凝土梁、柱和梁柱节点的承载力计算以及构造要求，按《型钢规程》中一级抗震等级设计。考虑到梁加腋的影响，塑性铰应产生在型钢梁变截面处，因此型钢梁的极限弯矩如下式所示：

$$M_{\text{buE}} = M_{\text{buE}}^r + \left(\frac{M_{\text{buE}}^r + M_{\text{buE}}^l}{L_0} + V_d \right) L_1$$

式中 M_{buE}^r，M_{buE}^l ——变截面型钢混凝土梁的左右极限弯矩；

L_0 和 L_1 ——分别为变截面梁的净跨和变截面处到梁柱节点的距离。

为了保证刚架与主体的可靠连接以及钢梁端部在大震下的延性，空腹刚架弦杆与框架柱的连接节点采用了梁穿柱的形式（图 12-8），柱钢筋在穿过钢梁翼缘时断开，焊接在钢梁的端板上，上下端板由肋板相连传递钢筋应力。钢梁腹板在核心区内局部变厚，用以提高节点的抗剪强度。

(2) 平面构造措施

在连体平面杆件之间布置水平斜撑。使连体内水平剪力由承重系统的压型钢板和刚架弦杆与水平斜撑组成的交叉桁架共同承担，如图 12-7 所示。斜撑加强了平面刚度，分担了压型钢板内的剪力，保证在压型钢板失效后连体能继续传递内力。

压型钢板组合楼板内钢筋上下通长布置，并与主体结构混凝土板钢筋拉通，分别进行抗剪和抗弯验算。

4. 结构计算分析

对结构分别进行了振型分解反应谱分析、弹性时程分析和静力弹塑性分析。反应谱与时程分析时，假定每个单塔符合刚性楼板假定，只在连体处布置弹性楼板。时程分析选择了 ETABS 提供的两条三类场地波：EMC 波和 LWD

波。按《抗震规范》表 5.1.2-2 中 8 度多遇地震对应的地面加速度峰值 70cm/s² 对地震波进行调整。应用 STAWE 和 ETABS 两种软件进行反应谱对比计算分析，并作为构件设计的依据，连体结构和相邻框架按中震弹性设计，其他构件按小震弹性设计。且连体部分主要受力钢构件小震下的应力比限制在 0.8 以下，次要构件限制在 0.9 以下。应用 ETABS 进行时程分析和静力弹塑性分析，对结构整体动力特性、连体局部内力以及连体与主体连接部位的抗震性能设计进行评估。

（1）整体动力特性

对结构分别进行了单向地震作用和双向地震作用反应谱分析，并对 y 向进行时程分析。表 12-3 为多塔结构的主要振型特征，其中 1、2 阶为 x、y 向平动，第 3 振型是以平面扭转为主的扭转振型。其他振型为平扭耦联或双塔反向运动振型。

主要振型参与系数   表 12-3

振型		1	2	3	4	8	9
周期		1.14	1.02	0.96	0.54	0.46	0.42
振型参	y 向	0.59	0.00	0.00	0.00	0.11	0.00
与系数	y 向	0.00	0.62	0.00	0.09	0.01	0.12

如表 12-3 所示，其中 1、2 阶平动振型对 x、y 方向的地震反应贡献最大，分别达到了 0.59 与 0.62，而其他反向及扭转振型对水平地震作用下的贡献很小。

对比单、双向地震作用发现，二者结构的层间剪力差别很小，由此说明结构的振型在水平 x、y 方向及扭转上耦联效应很小，可以不考虑地震的双向作用效应。

通过对振型及时程函数的分析可知，连体结构的地震响应与前面的理论分析基本一致，即主要是平动振型参与地震反应，而其他振型的地震参与系数相对较小。两侧塔楼的局部扭转是由于两侧塔楼与中间塔楼在 y 向位移略微不同步所造成的。因此连体内部内力不会很大。

（2）连体内力分析

前面的理论分析并未考虑质量偏心对连体内力的影响。采用简化方法，假定每个单塔为一个平动加扭转的两自由度体系，对连体简化模型的试算结果表明，当各单塔的质心偏向同一方向时，连体平面内的剪力最大，且面内剪力随偏心距的增大而增大。为了对比结构不同偏心工况下连体内力的变化，分别对 y 向反应谱进行三塔无局部偏心、边塔局部 5% 偏心和三塔局部均为 5% 的质量偏心的三种计算工况。计算结果以层 12 左侧连体面内剪力为例，连体内力如表 12-4 所示。

偏心工况	无单塔偏心	边塔同向偏心 5%	三塔均偏心 5%
层剪力（kN）	1328	1438	1560
层弯矩（kN·m）	4925	5475	5837

不考虑局部偏心的连体内力最小，而考虑三塔均为 5% 质量偏心的连体结构内力最大，与前面的分析一致。两组时程分析得出的连体面内剪力时程函数峰值均小于反应谱分析结果。同理，连体内的轴向压力也用同样的方法求得，取内力较大值用于前面连体部分楼面的构造计算。

5. 结论

（1）单塔扭转为第一周期，连体与主体结构刚性连接后扭转变为第三周期。连体在一定程度上改善了结构的动力特性。对于三塔连体结构，当三塔的振型、周期接近且单塔无明显平扭耦联的情况下，不管连体位置如何，均适合采取连体与主体刚性连接方案。

（2）连体结构跨度大、静定次数低，为保证在大震下竖向平面内杆件有一定安全储备，采取了与连体相邻框架抗震等级提高一级、且连体和相邻框架按中震弹性计算的措施。通过静力弹塑性分析，证明了概念设计的正确性。

（3）对于单塔平扭耦联的连体结构，当单塔偏心距增大时，连体的平面内剪力和弯矩也成线性增长。在反应谱分析中，对每个单塔取 5% 的同向质量偏心。计算结果证明，取偏心后的面内剪力明显增大。

（4）连体结构产生了整体扭转和三塔反向振动的振型。但通过求解振型参与系数以及对比三塔的时程曲线和频谱特征可知，结构以平动为主，扭转和反向振型参与程度较低。这与理论分析一致。

6. 连桥与主体结构连接

连桥 2 的立面如图 12-9 所示，连桥空腹钢桁架下弦 GL1 与主体结构型钢混凝土柱连接见图 12-10，下弦工字钢贯通，柱的型钢不贯通而焊接在下弦工字钢的上下翼缘。

【例 12-3】 北京 SOHO 现代城 B 栋和 C 栋，均为地上 17 层办公楼，框架-剪力墙结构，在第 17 层两楼有一连廊，连廊的跨度为 20.7m，宽度为 42.4m。建筑立面要求，连廊的楼面钢梁高度及屋面网架矢高均不得大于 1.0m，屋面要做成弧形。楼面采用了工字钢梁主次梁结构，楼板采用以压型钢板作模板的钢筋混凝土楼板。B、C 栋与连廊楼面工字梁相连的柱采用了型钢混凝土，连廊楼层钢结构平面布置见图12-11。

B、C 栋连在一起后，总长度为 105m，又处于屋顶层。考虑到温度收缩及地震力引起的楼层位移，将主梁两端均做成滑动支座，滑动位移量采用抗震计算出的最大位移控制，梁两端各留出 8cm 的位移量。支座处主梁与牛腿之间各铺设

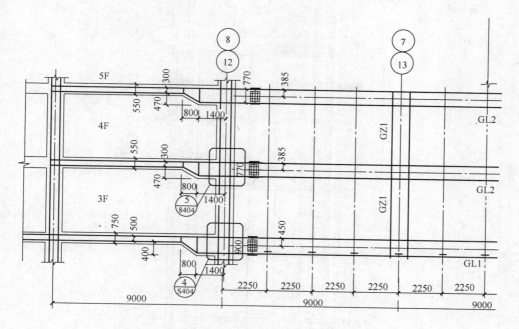

图 12-9　连桥 2 的立面

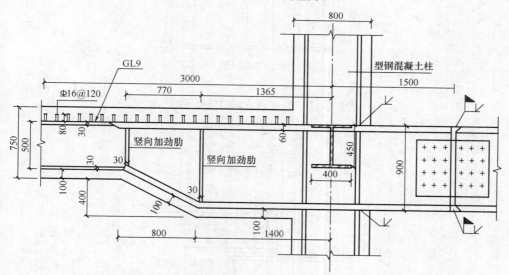

图 12-10　连桥空腹桁架下弦 GL1 与柱连接

2mm 厚聚四氟乙烯板，作为滑动垫（图 12-12）。以往滑动支座的传统做法是采用橡胶支座。而橡胶支座在抗老化方面尚存在问题，一旦橡胶老化，就不能保证支座的滑动。聚四氟乙烯板的优点是：强度高，耐腐蚀，抗老化，表面光滑易于滑动。

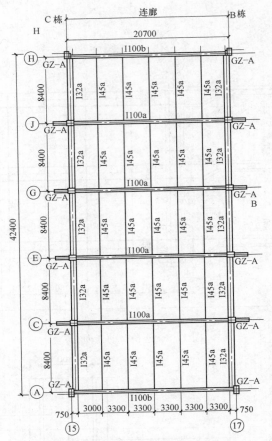

图 12-11　B、C栋连廊钢结构平面

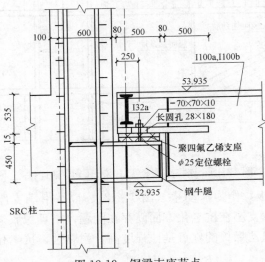

图 12-12　钢梁支座节点

连廊屋面采用球节点网架结构,并根据建筑要求做成弧形。为减轻屋面重量,网架屋面采用彩钢复合夹芯板。网架支座一端铰接,一端滑动。

【例 12-4】 北京上地开发区某办公楼,两座楼之间三层高连廊,跨度 32m,采用三层为一体的钢空腹桁架,与主体一端为固定铰支座,另一端为滑动铰支座,支承牛腿及相邻主体的柱采用了型钢混凝土,其细部大样见图 12-13～图12-15。

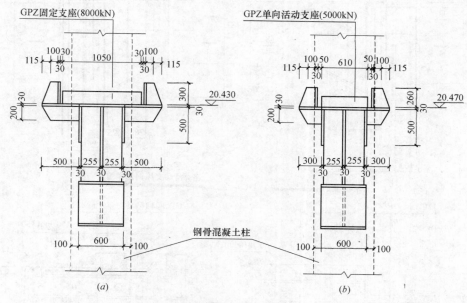

图 12-13 连廊支座钢骨正立面图

(a) 固定支座;(b) 滑动支座

【例 12-5】 北京某办公楼,两座楼之间 28.3m 跨度的连体钢梁与主楼采用铰接,其支座连接构造见图 12-16。

【例 12-6】 北京天鹅湾高档住宅社区。

1. 工程概况

本工程为北京天鹅湾高档住宅社区,位于北京市朝阳区青年路,是由 22 栋高层住宅及公建楼、大面积地下车库等组成的高档大型社区。其中有 4 栋住宅为三叠(三错层)楼,6 号楼地下 1 层,地上 25 层,地下 1 层为库房,1、2 层为商业用房,3 层以上为三错层住宅。建筑总长度为 40.0m,总宽度为 21.4m,房屋高度为 77.65m,采用剪力墙结构。结构的安全等级二级;$\gamma_0 = 1.0$;抗震设防烈度 8 度;计算烈度和抗震构造烈度均为 8 度;建筑的抗震设防类别丙类;场地土类型Ⅲ类;设计基本地震加速度值 0.20g;设计地震分组为第一组;场地特征周期 $T_g = 0.42$s(考虑等效剪切波速为 240m/s,特征周期进行了适当调整)。由于高度超限,按《超限高层建筑工程抗震设防专项审查技术要点》第二条属高层超限建筑。

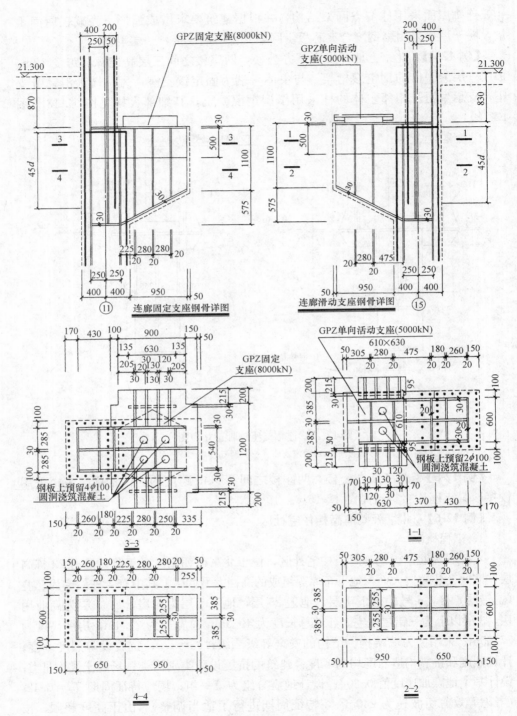

图 12-14　连廊支座大样

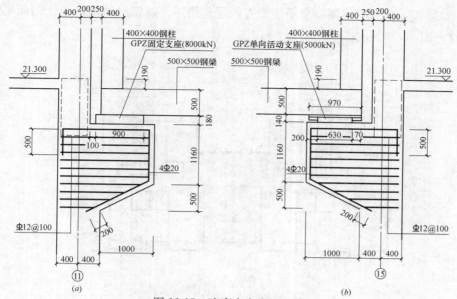

图 12-15　连廊支座牛腿配筋

(a) 固定支座；(b) 滑动支座

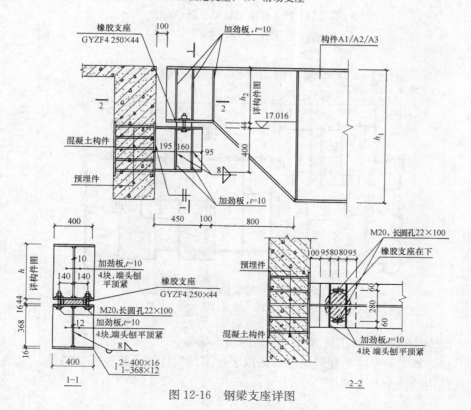

图 12-16　钢梁支座详图

本建筑 4～23 层每隔一个平层就有两层是错层，属错层结构，平、剖面见图 12-17～图 12-20。

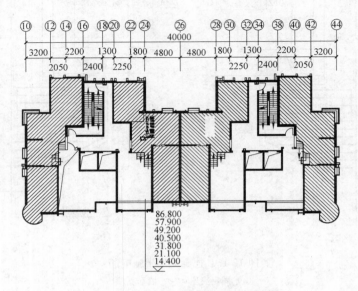

图 12-17　标准层错层下层平面图
（4F、7F、10F、13F、16F、19F、22F）

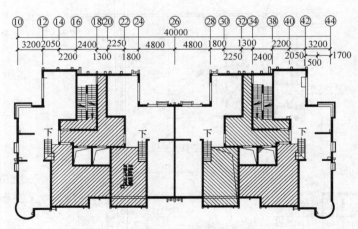

图 12-18　标准层错层上层平面图
（5F、8F、11F、14F、17F、20F、23F）

2. 针对超限采取比规范更加严格的技术措施

针对本工程存在的超限情况，采取了如下结构计算分析及抗震措施，以确保建筑结构的安全及合理。

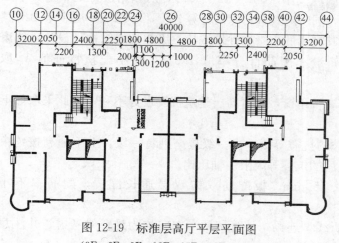
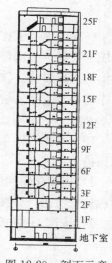

图 12-19　标准层高厅平层平面图　　　　图 12-20　剖面示意
（3F、6F、9F、12F、15F、18F、21F）

（1）为保证结构的整体安全性，采用 SATWE 和 PMSAP 两个不同力学模型的结构软件进行对比计算分析，错开的楼层各自作为一层，按楼板结构的布置分别采用刚性楼板及弹性楼板模型进行分析计算，并作为校核配筋设计的依据，以保证力学分析的可靠性。

（2）对错层部位的墙及转角窗的墙体分别采用有限元程序对其进行更加详细的分析计算。

（3）根据《高规》表 4.8.2 的规定，设防烈度为 8 度时，房屋高度不大于80m 的一般剪力墙结构，其剪力墙的抗震等级应为二级。但由于本工程考虑到有错层存在，根据《高规》第 10.4.5 条的规定，错层平面外的剪力墙的抗震等级应提高一级，考虑到错层且超限，所以整个结构的抗震等级按一级考虑，以提高结构的整体可靠性。

（4）由于错层处剪力墙平面外受力，受力情况比较复杂，为防止错层处剪力墙先于其他构件破坏，采取了以下加强措施：

1）错层处剪力墙适当加厚，取 250mm；

2）错层处平面外受力的剪力墙尽可能地设置与之垂直的墙肢或扶壁；

3）提高错层处剪力墙的水平和竖向分布钢筋的配筋率，取不小于 0.5%；

4）错层处剪力墙的边缘构件均按约束边缘构件考虑，并满足特一级的要求，约束边缘构件的全部纵向钢筋最小配筋百分率取 1.6%，最小配箍特征值 λ_v 取为 0.24；

5）考虑错层结构的楼板受力较复杂，本工程楼板适当加强，根据板块大小分别取 120～150mm 厚，楼板配筋采用双向双层配筋，每个方向单层钢筋的配筋率不小于 0.30%。

(5) 考虑本工程错层高度较小（600～1200mm），所以错层处的梁上、下层做成一根梁，并适当加宽，同时对其进行专门计算分析，考虑上下层水平力对其产生的扭转影响。该梁及其支座的边缘构件均按特一级约束边缘构件设计，约束边缘构件的全部纵向钢筋最小配筋百分率取 1.6%，最小配箍特征值 λ_v 取为 0.24。

(6) 本工程四角均设有转角窗，这对高层建筑抗震极为不利，为此采取如下加强措施：

1) 提高角窗两侧墙肢的抗震等级，由一级提高到特一级，上下通高按约束边缘构件考虑，并按提高后的抗震等级限制轴压比；

2) 该部分楼板厚取 150mm，板配筋双向双层通长配置，配筋率不小于 0.4%；

3) 转角窗部位设置折线型连梁，计算按两个方向均为悬臂梁考虑，并注意梁扭转的影响，并加强其配筋及构造；

4) 在转角处楼板内设暗梁，并加强其配筋及构造；

5) 转角处墙沿全高设约束边缘构件，其构造满足特一级的要求，约束边缘构件的全部纵向钢筋最小配筋百分率取 1.6%，最小配箍特征值 λ_v 取为 0.24。

3. 主要计算指标

整体计算分析先采用 SATWE 和 PMSAP 分析软件，然后根据超限审查意见又采用 ETABS 分析软件进行了补充计算，主要分析结果见表 12-5。

由以上三种不同的软件分析结果来看，两种模型的自振特性、风及地震作用下的位移和内力反应都十分接近。均能满足规范的要求，且未有异常现象出现。说明分析结果是可以作为设计依据的。

另对 6 号楼 1-P/1-10 轴处的柱底内力标准值在两种程序下的计算结果进行了比较，在恒、活荷载作用下 SATWE 和 ETABS 两种软件的计算结果非常吻合，在地震作用下 SATWE 的计算结果比 ETABS 的计算结果稍大。本设计采用 SATWE 的内力计算结果进行构件设计，但对一些薄弱部位还应与细部分析的结果进行比较。

4. 抗震超限专项审查意见及回复

审查意见一：本工程应采用比较符合结构实际受力情况的多个模型进行比较分析，建议再采用 ETABS 进行补充计算。

回复：6 号楼采用 ETABS 软件进行了补充计算，SATWE 和 ETABS 两种软件的主要计算结果见表 12-5。

审查意见二：错层部位的建筑结构布置应适当调整，避免采用异形柱、短肢墙和双梁等不利构件。

计 算 软 件			SATWE	PMSAP	ETABS
结构分析的主要结果	地震作用	多遇地震下基底剪力(kN)和基底剪重比(%) X方向	7660.01 3.51%	7764.83 3.53%	7564.84 3.6%
		Y方向	10206.60 4.68%	11067.44 4.03%	9967.44 4.7%
		周期折减系数	1.0	1.0	1.0
		顶点最大位移(mm) X方向	63.65	59.4	59.4
		Y方向	42.07	47.8	49.8
		最大层间位移角和位置 X方向	1/1101 19层(计算层)	1/1230 22层(计算层)	1/1030 22层(计算层)
		Y方向	1/1461 24层(计算层)	1/1496 24层(计算层)	1/1396 24层(计算层)
		质量参与系数 X方向	99.78%	95.2%	92%
		Y方向	98.97%	94.3%	94%
		最大扭转位移比和位置 X方向	1.12 3层(计算层)	1.198 2层(计算层)	1.198 2层(计算层)
		Y方向	1.23 5层(计算层)	1.178 10层(计算层)	1.178 10层(计算层)
	风作用	顶点最大位移(mm) X方向	14.70	10.74	10.6
		Y方向	15.05	15.45	
		最大层间位移角和位置 X方向	1/4486 15层(计算层)	1/5921 14层(计算层)	1/5921 14层(计算层)
		Y方向	1/4286 23层(计算层)	1/4587 22层(计算层)	
		最大扭转位移比和位置 X方向	1.09 2层(计算层)	1.170 2层(计算层)	1.170 2层(计算层)
		Y方向	1.02 2层(计算层)	1.12 2层(计算层)	
X、Y、扭方向的基本周期(s)			1.8978、1.3555、1.2362	1.85896、1.32128、1.21727	1.85896、1.32248、1.21927
T_t/T_1			0.651	0.654	0.655
结构重量			218184	219813	219813
地下一层墙体的最大轴压化			0.39	0.39	0.39

回复：对错层部位的建筑结构布置进行了调整，取消了原有的异形柱、短肢墙和双梁等不利构件。主要调整有以下几处：

(1) 6 号楼 2-13、2-15 轴上的洞口取消，避免出现短肢墙。

(2) 考虑错层较少，所以错层处的梁上、下层做成一根梁，同时对其进行专门计算分析，考虑上下层水平力对其产生的不利影响。该梁及其支座的边缘构件均按特一级约束边缘构件设计，约束边缘构件的全部纵向钢筋最小配筋百分率取1.6%，最小配箍特征值 λ_v 取为 0.24。

审查意见三：局部不落地墙体的水平转换构件应确保大震下的安全，并考虑竖向地震。

回复：本工程在顶部因建筑立面内收，造成个别墙体不能直接落在下部墙体上，形成高位转换，采用 SATWE 软件中的框支剪力墙有限元分析工具对局部不落地墙体的水平转换构件进行了有限元分析，保证结构在大震下不倒。

审查意见四：应复核转角窗、飘窗支承部位的内力，并采取相应的加强措施，如沿房屋全高设置约束边缘构件等。外墙转角处一字墙的端部也应加强。

回复：采用 SATWE 软件中的框支剪力墙有限元分析工具对转角窗进行有限元分析，同时对转角窗部的抗震墙采取了以下加强措施：

1）提高了角窗两侧墙肢的抗震等级，由一级提高到特一级，并按提高后的抗震等级限制轴压比。

2）该部分楼板厚取 150mm，板配筋双向双层通长配置，配筋率不小于 0.4%。

3）转角窗部位设置折线形连梁，计算按两个方向均为悬臂梁考虑，并注意梁扭转的影响，加强其配筋及构造。

4）在转角处楼板内设暗梁，并加强其配筋及构造。

5）转角处墙沿全高设约束边缘构件，其构造满足特一级的要求，约束边缘构件的全部纵向钢筋最小配筋百分率取 1.6%，最小配箍特征值 λ_v 取为 0.24。

审查意见五：穿层墙体应验算平面外稳定。

回复：对 6 号楼的穿层墙体选取最不利部位按《高规》附录 D 的规定进行了墙体稳定补充计算。

$$\beta = \frac{1}{1 + \left(\frac{h}{3b_w}\right)^2} = \frac{1}{1 + \left(\frac{4500}{3 \times 200}\right)^2} = 0.017$$

取 $\beta = 0.25$ $\quad l_0 = \beta h = 0.25 \times 4500 = 1125 \text{mm}^2$

$$\frac{E_c t^3}{10 l_0^2} = \frac{3 \times 10^4 \times 200^3}{10 \times 1125^2} = 18963 \text{N/mm}$$

作用于穿层墙体顶的最大等效竖向均布荷载设计值：

$$q = 1736 \text{N/mm} \leqslant \frac{E_c t^3}{10 l_0^2} = 18963 \text{N/mm}$$

满足稳定要求。

审查意见六：注意复核建筑设计与结构设计、图纸与计算的构件尺寸的一致性。

回复：建筑专业与结构专业设计人员对图纸进行了重新复核，并按照审查意见要求对部分平面进行了调整。结构专业根据以上调整修改计算模型，重新计算。计算结果均能满足规范的要求，且未出现异常现象。

5. 结语

通过本工程超限高层结构的抗震审查，得到以下几点体会：

（1）超限高层建筑的抗震设防审查是十分必要的，凡是通过专项审查的工程项目，可以明确该工程的抗震薄弱部位和薄弱程度，有针对性地采取比抗震规范更严的抗震措施，使之尽可能满足使用性能的要求，又确保整个结构达到抗震设防的要求，有利于避免或消除超限高层建筑的抗震安全隐患，有利于促进高层建筑技术进步和发展。

（2）超限高层建筑的设计审查要有可行性论证，明确超限的类型和程度，提出理论分析或试验研究等技术依据，采取有效的抗震加强措施，避免采用严重不规则结构。

（3）对一个超限高层结构，要达到国家规范的抗震设防目标，必然要采取比现行国家抗震规范更加有效的抗震技术措施，当然就需要较高的投资，这一情况应引起关注。

（4）本文三错层高层住宅超限设计的一些主要技术措施和计算分析方法对相关设计人员能起到一定的参考作用，要求结构设计人员从方案设计阶段开始就引起重视，可供类似工程参考。

第 13 章 混 合 结 构

【正】 1. 本章所述混合结构系指由外围钢框架或型钢混凝土、钢管混凝土框架与钢筋混凝土核心筒共同组成的框架-筒体结构以及由外围钢框筒或型钢混凝土、钢管混凝土框筒与钢筋混凝土内核心筒共同组成的筒中筒结构。

近几年来采用筒中筒体系的混合结构建筑日趋增多，如上海环球金融中心、广州西塔、北京国贸三期、大连世贸等，钢管混凝土结构因其优越的承载能力及延性，在高层建筑中越来越多地被采用，尽管采用型钢混凝土（钢管混凝土）构件与钢筋混凝土、钢构件组成的结构均可称为混合结构，构件的组合方式多种多样，所构成的结构类型会很多，但工程实际中使用最多的还是框架-核心筒及筒中筒混合结构体系，故本章仅列出上述两种结构体系。

2. 型钢混凝土框架可以是型钢混凝土梁与型钢混凝土柱（钢管混凝土柱）组成的框架，也可以是钢梁与型钢混凝土柱（钢管混凝土柱）组成的框架，外围的钢筒体可以是钢框筒、桁架筒或交叉网格筒。型钢混凝土外筒体主要指由型钢混凝土（钢管混凝土）构件构成的框筒、桁架筒或交叉网格筒。为减少柱子尺寸或增加延性而在混凝土柱中设置型钢，而框架梁仍为混凝土梁时，该体系不宜视为混合结构，此外对于体系中局部构件（如框支梁柱）采用型钢梁柱（型钢混凝土梁柱）也不应视为混合结构。

3. 混合结构是部分采用钢构件，部分采用钢筋混凝土构件，全部或者部分采用组合构件的结构，组合构件是指将钢材及钢筋混凝土材料结合在同一个构件中，例如钢骨混凝土柱、钢管混凝土柱、组合梁、组合板等。我国近几年超高层建筑中混合结构应用越来越多，根据中国建筑学会建筑结构分会高层建筑结构专业委员会 2006 年的统计，我国高度超过 200m 的 32 栋建筑中，有 15 栋为混合结构。例如，上海金茂大厦，地上 88 层，高 420m；深圳地王大厦，地上 81 层，高 325m；广州中信大厦，地上 80 层，高 322m 等早已建成使用；2007 年已完成结构的上海环球金融中心，地上 101 层，高 492m，成为世界上最高建筑之一，超过了台北市于 2003 年建成的 101 大楼地上 101 层高 448m 的高度；2007 年已完成主结构的北京国际贸易中心三期，地上 73 层，高 330m；2008 年年底封顶的广州珠江新城西塔，主塔 103 层，高 432m，采用钢筋混凝土内筒的混合筒中筒结构。

【禁忌2】 对混合结构的重要规定不了解

【正】 1. 钢-混凝土混合结构高层建筑适用的最大高度宜符合表 13-1 的要求。

混合结构适用的最大高度主要是依据已有的工程经验偏安全地确定的。近年来的试验和计算分析，对混合结构中钢结构部分应承担的最小地震作用有些新的认识，如果混合结构中钢框架承担的地震剪力过少，则混凝土核心筒的受力状态和地震下的表现与普通钢筋混凝土结构几乎没有差别，甚至混凝土墙体更容易破坏，因此对钢框架-核心筒结构体系适用的最大高度较 B 级高度的混凝土框架-核心筒体系适用的最大高度适当减少。

钢-混凝土混合结构房屋适用的最大高度（m）　　　　　　表 13-1

结 构 体 系		非抗震设防	抗震设防烈度			
			6	7	8	9
框架-筒体	钢框架-钢筋混凝土核心筒	210	200	160	120	70
	型钢（钢管）混凝土框架-钢筋混凝土核心筒	240	220	190	150	70
筒中筒	钢外筒-钢筋混凝土核心筒	280	260	210	160	80
	型钢（钢管）混凝土外筒-钢筋混凝土核心筒	300	280	230	170	90

注：1. 房屋高度指室外地面标高至主要屋面高度，不包括突出屋面的水箱、电梯机房、构架等的高度。

　　2. 当房屋高度超过表中数值时，结构设计应有可靠依据并采取进一步有效措施。

　　3. 平面和竖向均不规则的结构或Ⅳ类场地上的结构，最大适用高度应适当降低。

2. 钢-混凝土混合结构高层建筑的高宽比不宜大于表 13-2 的规定。

钢-混凝土混合结构适用的最大高宽比　　　　　　表 13-2

结构体系	非抗震设计	抗震设防烈度		
		6 度、7 度	8 度	9 度
框架-筒体	8	7	6	4
筒中筒	8	8	7	5

高层建筑的高宽比是对结构刚度、整体稳定、承载能力和经济合理性的宏观控制。钢（型钢混凝土）框架-钢筋混凝土筒体混合结构体系高层建筑，其主要抗侧力体系仍然是钢筋混凝土筒体，因此其高宽比的限值和层间位移限值均取钢筋混凝土结构体系的同一数值，而筒中筒体系混合结构的外围筒体抗侧刚度较大，承担水平力也较多，钢筋混凝土内筒分担的水平力相应减小，且外筒体延性相对较好，故高宽比要求适当放宽。

3. 钢-混凝土混合结构在风荷载及多遇地震作用下，按弹性方法计算的最大层间位移与层高的比值应符合《高规》第 3.7.3 条的有关规定；在罕遇地震作用下，结构的弹塑性层间位移应符合《高规》第 3.7.5 条的有关规定。

按弹性方法计算的最大层间位移与层高的比值 $\Delta u/h$ 不宜超过表 13-3 的规定。

$\Delta u/h$ 的限值 表 13-3

结构类型	$H \leqslant 150\text{m}$	$H \geqslant 250\text{m}$	$150 < H < 250\text{m}$
钢框架-混凝土筒体	1/800	1/500	1/800～1/500 线性插入
型钢混凝土框架-混凝土筒体			

注：H 指房屋高度。

4. 钢-混凝土混合结构房屋抗震设计时，混凝土筒体及型钢混凝土框架的抗震等级应按表 13-4 确定，并符合相应的计算和构造措施。

钢-混凝土混合结构抗震等级 表 13-4

结 构 类 型		6		7		8		9
钢框架-钢筋混凝土核心筒	高度（m）	≤150	>150	≤130	>130	≤100	>100	≤70
	钢筋混凝土核心筒	二	一	一	特一	一	特一	特一
型钢、钢管混凝土框架-钢筋混凝土核心筒	钢筋混凝土核心筒	二	一	一		一	特一	特一
	型钢、钢管混凝土框架	三	二	二		一		
钢外筒-钢筋混凝土核心筒	高度（m）	≤180	>180	≤150	>150	≤120	>120	≤90
	钢筋混凝土核心筒	二	一	一	特一	一	特一	特一
型钢、钢管混凝土外筒-钢筋混凝土核心筒	钢筋混凝土核心筒	二	一	一		一	特一	特一
	型钢、钢管混凝土外筒	三	二	二		一		

注：钢结构构件抗震等级，抗震设防烈度为 6、7、8、9 度时应分别取四、三、二、一级。

试验表明，钢框架-混凝土筒体结构在地震作用下，破坏首先出现在混凝土筒体底部，因此钢框架-混凝土筒体结构中筒体应较混凝土结构中的筒体采取更为严格的构造措施，以保证混凝土筒体的延性，对其抗震等级应适当提高，以保证混凝土筒体的延性；型钢混凝土柱-混凝土筒体及筒中筒体系的最大适用高度已较 B 级高度的钢筋混凝土结构略高，对本抗震等级要求也适当提高。

考虑到型钢混凝土构件节点的复杂性，且构件的承载力和延性可通过提高型钢的含钢率加以实现，故型钢混凝土构件仍不出现特一级。不同抗震等级钢结构构件的设计要求应符合《抗震规范》的相关规定。

【禁忌 3】 不熟悉结构设计有哪些要点

【正】 1. 弹性分析时，宜考虑钢梁与现浇混凝土楼板的共同作用，梁的刚度可取钢梁刚度的 1.5 ~ 2.0 倍，但应保证钢梁与楼板有可靠连接。弹塑性分析时，可不考虑楼板与梁的共同作用。

在弹性阶段，楼板对钢梁刚度的加强作用不可忽视。从国内外工程的经验来看，作为主要抗侧力构件的框架梁支座处尽管有负弯矩，但由于楼板钢筋的作用，其刚度增大作用仍然很大，故在整体结构计算时宜考虑楼板对钢梁刚度的加强作用，而框架梁构件设计时一般不按照组合梁设计。次梁设计一般由变形要求控制，其承载力有较大富裕，故一般也按照组合梁设计，但次梁及楼板作为直接受力构件的设计应有足够的安全储备以适应不同使用功能的要求，其设计采用的活载宜适当放大。

2. 结构弹性阶段的内力和位移计算时，构件刚度取值应符合下列规定：

(1) 型钢混凝土构件、钢管混凝土柱的刚度可按下列规定计算：

$$EI = E_c I_c + E_a I_a$$
$$EA = E_c A_c + E_a A_a$$
$$GA = G_c A_c + G_a A_a$$

式中　$E_c I_c$、$E_c A_c$、$G_c A_c$——分别为钢筋混凝土部分的截面抗弯刚度、轴向刚度及抗剪刚度；

$E_a I_a$、$E_a A_a$、$G_a A_a$——分别为型钢、钢管部分的截面抗弯刚度、轴向刚度及抗剪刚度。

(2) 无端柱型钢混凝土剪力墙可按相同截面的钢筋混凝土剪力墙计算轴向、抗弯、抗剪刚度；有端柱型钢混凝土剪力墙可按 H 形截面混凝土计算轴向和抗弯刚度，端柱中的型钢可折算为等效混凝土面积计入 H 形截面的翼缘面积，墙的抗剪刚度可只计入腹板混凝土面积。

(3) 钢板混凝土剪力墙可将钢板折算为等效混凝土面积计算轴向、抗弯、抗剪刚度。

在进行结构整体内力和变形分析时，型钢混凝土梁、柱及钢管混凝土柱的轴向、抗弯、抗剪刚度都按照钢与混凝土两部分刚度叠加的方法计算。

3. 竖向荷载作用计算时，宜考虑钢柱、型钢混凝土（钢管混凝土）柱与钢筋混凝土核心筒竖向变形差异引起的结构附加内力，计算竖向变形差异时宜考虑混凝土收缩、徐变、沉降及施工调整等因素的影响。

外柱与内筒的竖向变形差异时宜根据实际的施工工况进行计算，在施工阶段，宜考虑施工过程中已对这些差异的逐层进行调整的有利因素，也可考虑采取外伸臂桁架延迟封闭、楼面梁与外围柱及内筒体采用铰接等措施减小差异变形的影响，在外伸臂桁架永久封闭以后，后期的差异变形会对外伸臂桁架或楼面梁产生附加内力不利影响。

4. 当混凝土筒体先于外围框架结构施工时，应考虑施工阶段混凝土筒体在风力及其他荷载作用下的不利受力状态；型钢混凝土构件应验算在浇筑混凝土之前外围钢结构在施工荷载及可能的风载作用下的承载力、稳定及变形，并据此确定钢结构安装与浇注楼层混凝土的间隔层数。

混凝土筒体先于钢框架施工时，必须控制混凝土筒体超前钢框架安装的层次，否则在风荷载及其他施工荷载作用下，会使混凝土筒体产生较大的变形和应力。一般核心筒提前钢框架施工不宜超过 14 层，楼板混凝土浇筑迟于钢框架安装不宜超过 5 层。

5. 混合结构在多遇地震下的阻尼比可取为 0.04。抗风设计时，阻尼比可取为 0.02~0.04，对外框为钢框架且房屋高度较高时，阻尼比可取 0.02。

6. 抗震设计时，钢框架-钢筋混凝土核心筒结构框架部分按侧向刚度分配的楼层地震剪力应进行调整，调整后的剪力值不应小于结构底部总地震剪力的 20% 和按侧向刚度分配的框架部分各楼层地震剪力中最大值 1.8 倍二者的较小值，并应符合《高规》第 9.2.2 条的规定。框架部分最大楼层地震剪力不包括加强层及其相邻上下楼层的框架剪力。

型钢混凝土框架（钢管混凝土框架）-钢筋混凝土核心筒及筒中筒结构各层框架柱所承担的地震剪力应符合《高规》第 9.1.11 条的规定，型钢混凝土框架（钢管混凝土框架）-钢筋混凝土核心筒结构尚应符合《高规》第 9.2.2 条的规定。

7. 钢-混凝土混合结构体系的高层建筑，应由混凝土筒体或混凝土剪力墙承受主要的水平力，并应采取有效措施，保证混凝土筒体的延性。

钢框架-混凝土核心筒结构体系中的核心筒一般均承担了 85% 以上的水平剪力，所以必须保证核心筒具有足够的延性，试验表明，型钢混凝土剪力墙的延性比可大于 3，水平位移达 1/50 时，型钢剪力墙的承载力仅下降 10%。由于设置了型钢，剪力墙在弯曲时，能避免发生平面外的错断，同时也能减少钢柱与混凝土核心筒竖向变形差异产生的不利影响。

保证筒体的延性可采取下列措施：

(1) 通过增加墙厚控制剪力墙的剪应力水平；

(2) 剪力墙配置多层钢筋；

(3) 剪力墙的端部设置型钢柱，四周配以纵向钢筋及箍筋形成暗柱；

(4) 连梁采用斜向配筋方式；

(5) 在连梁中设置水平缝；

(6) 保证核心筒角部的完整性；

(7) 核心筒的开洞位置尽量对称均匀。

8. 有地震作用组合内力设计的型钢混凝土构件和钢构件的承载力抗震调整系数 γ_{RE} 可按表 13-5 和表 13-6 采用。

型钢（钢管）混凝土构件承载力抗震调整系数 γ_{RE}　　　　　表 13-5

正截面承载力计算				斜截面承载力计算	连　接
型钢混凝土梁	型钢混凝土及钢管混凝土柱	剪力墙	支撑	各类构件及节点	焊缝及高强螺栓
0.75	0.80	0.85	0.80	0.85	0.90

钢构件承载力抗震调整系数 γ_{RE}　　　　　表 13-6

强度破坏（梁，柱，支撑，节点板件，螺栓，焊缝）	屈曲稳定（柱，支撑）
0.75	0.80

9. 型钢混凝土梁的最大挠度应按荷载的短期效应组合并考虑长期效应组合影响进行计算，其计算值不应大于表 13-7 规定的最大挠度限值。

型钢混凝土梁的挠度限值　　　　　表 13-7

跨　　度	挠度限值（以计算跨度 l_0 计算）
$l_0 < 7m$	$l_0/200$（$l_0/250$）
$7m \leqslant l_0 \leqslant 9m$	$l_0/250$（$l_0/300$）
$l_0 > 9m$	$l_0/300$（$l_0/400$）

注：1. 构件制作时预先起拱，且使用上也允许，验算挠度时，可将计算所得挠度值减去起拱值；
　　2. 表中括号中的数值适用于使用上对挠度有较高要求的构件。

10. 型钢混凝土组合结构构件的最大裂缝宽度不应大于表 13-8 规定的最大裂缝宽度限值。

最大裂缝宽度限值（mm）　　　　　表 13-8

构件工作条件	最大裂缝宽度限值	构件工作条件	最大裂缝宽度限值
室内正常环境	0.3	露天或室内高湿度环境	0.2

【禁忌 4】　不熟悉结构布置的有关要求

【正】 1. 钢-混凝土混合结构房屋的结构布置除应符合本章的规定外，尚应符合《高规》3.4 节及 3.5 节的有关规定。

2. 钢-混凝土混合结构的平面布置宜符合下列要求：

（1）混合结构房屋的平面宜简单、规则、对称，具有足够的整体抗扭刚度，平面宜采用方形、矩形、多边形、圆形、椭圆形等规则平面，建筑的开间、进深宜统一；

（2）筒中筒结构体系中，当外围框架柱采用 H 形截面柱时，宜将柱截面强轴方向布置在外围框架（外围筒体）平面内；角柱宜采用方形、十字形或圆形截面；

（3）楼盖主梁不宜搁置在核心筒或内筒的连梁上。因为楼面梁使连梁受扭，对连梁受力非常不利，应予避免，如必须设置时，宜在核心筒洞上设置型钢混凝土梁或明梁。

3. 混合结构的竖向布置宜符合下列要求：

（1）结构的侧向刚度和承载力沿竖向宜均匀变化，构件截面宜由下至上逐渐减小，无突变；

（2）混合结构的外围框架柱沿高度宜采用同类结构构件。当采用不同类型结构构件时，应设置过渡层，且单柱的抗弯刚度变化不宜超过 30%；

（3）对于刚度突变的楼层，如转换层、加强层、空旷的顶层、顶部突出部分、型钢混凝土与钢框架的交接层及邻近楼层，应采取可靠的过渡加强措施；

（4）钢框架部分采用支撑时，宜采用偏心支撑和耗能支撑，支撑宜在两个主轴方向连续布置；框架支撑宜延伸至基础。

国内外的震害表明，结构沿竖向刚度或抗侧力承载力变化过大，会导致薄弱层的变形和构件应力过于集中，造成严重震害。竖向刚度变化时，不但刚度变化的楼层受力增大，而且上下邻近楼层的内力也会增大，所以加强时，应包括相邻楼层在内。对于型钢钢筋混凝土与钢筋混凝土交接的楼层及相邻楼层的柱子，应设置剪力栓钉，加强连接。另外，钢-混凝土混合结构的顶层型钢混凝土柱也需设置栓钉，因为一般来说，顶层柱子的弯矩较大。

偏心支撑的设置应能保证塑性铰出现在梁端，在支撑点与梁柱节点之间的一段梁能形成耗能梁段，其在地震荷载作用下，会产生塑性剪切变形，因而具有良好的耗能能力，同时保证斜杆及柱子的轴向承载力不至于降低很多。偏心支撑一般以双向布置为好，并且应伸至基础。还有另外一些耗能支撑，主要通过增加结构的阻尼来达到使地震力很快衰减的目的，这种支撑对于减少建筑物顶部加速度及减少层间变形较为有效。

4. 钢筋（型钢）混凝土内筒的设计宜符合下列要求：

（1）8、9 度抗震时，应在楼面钢梁或型钢混凝土梁与混凝土筒体交接处及混凝土筒体四角设置型钢柱；7 度抗震时，宜在上述部位设置型钢柱。

型钢柱的设置可放在楼面钢梁与核心筒的连接处，核心筒的四角及核心筒墙的大开口两侧。试验表明，钢梁与核心筒的交接处，由于存在一部分弯矩及轴力，而剪力墙的平面外刚度较小，很容易出现裂缝。因而一般剪力墙中以设置型钢柱为好，同时也能方便钢结构的安装，核心筒的四角因受力较大，设置型钢柱能使剪力墙开裂后的承载力下降不多，防止结构的迅速破坏。因为剪力墙的塑性铰一般出现在高度的 1/8 范围内，所以在此范围内，剪力墙四角的型钢柱宜设置栓钉。

（2）外伸臂桁架与核心筒墙体连接处宜设置构造型钢柱，型钢柱宜至少延伸至伸臂桁架高度范围以外上下各一层。

（3）钢框架-钢筋混凝土核心筒结构，抗震等级为一、二级的筒体底部加强部位分布钢筋的最小配筋率不宜小于0.35%，筒体一般部位的分布筋不宜小于0.30%，筒体每隔2~4层宜设置暗梁，暗梁的高度不宜小于墙厚，配筋率不宜小于0.30%。筒中筒结构和钢筋混凝土（钢管混凝土、型钢混凝土）框架-钢筋混凝土核心筒结构中，筒体剪力墙的构造要求同《高规》9.1.7条的规定。

（4）当连梁抗剪截面不足时，可采取在连梁中埋设型钢或钢板等措施。

5. 钢-混凝土混合结构中，钢框架平面内的梁柱宜采用刚性连接，楼面钢梁与混凝土核心筒的连接，如核心筒中设置型钢时，宜采用楼面钢梁与核心筒刚接，当核心筒中无型钢柱时，可采用铰接。加强层楼面钢梁与混凝土核心筒的连接宜采用刚接。

外框架采用梁柱刚接，能提高外框架的刚度及抵抗水平作用的能力。

6. 楼盖体系应具有良好的水平刚度和整体性，确保整个抗侧力结构在任意方向水平荷载作用下能协同工作，其布置宜符合下列要求：

（1）楼面宜采用压型钢板现浇混凝土组合楼板、现浇混凝土楼板或预应力叠合楼板，楼板与钢梁应可靠连接。压型钢板与钢梁连接可采用剪力栓钉，栓钉数量应通过计算确定。

（2）设备机房层、避难层及外伸臂桁架上下弦杆所在楼层的楼板宜采用钢筋混凝土楼板并进行加强。

（3）对于建筑物楼面有较大开口或为转换楼层时，应采用现浇楼板。对楼板大开口部位宜设置刚性水平支撑或采用考虑楼板变形的程序进行计算，并采取加强措施。

7. 混合结构中，当侧向刚度不足时，可设置刚度适宜的外伸臂桁架加强层，必要时可配合布置周边带状桁架。外伸臂桁架和周边带状桁架的布置应符合下列要求：

（1）外伸臂桁架和周边带状桁架宜采用钢桁架；

（2）外伸臂桁架应与抗侧力墙体刚接且宜伸入并贯通抗侧力墙体，上、下弦杆均应延伸至墙体内，墙体内宜设置斜腹杆；外伸臂桁架与外围框架柱宜采用铰接或半刚接，周边带状桁架与外框架柱的连接宜采用刚性连接；

（3）当布置有外伸桁架加强层时，应采取有效措施减少由于外框柱与混凝土筒体竖向变形差异引起的桁架杆件内力。

采用外伸桁架主要是将剪力墙的弯曲变形转换成框架柱的轴向变形以减小水平荷载下结构的侧移，所以必须保证外伸桁架与抗侧力墙体刚接。外柱相对桁架杆件来说，截面尺寸较小，而轴向力又较大，故不宜承受很大的弯矩，因而外柱与桁架宜采用铰接。外柱承受的轴向力要传至基础，因而外柱必须上下连续，不得中断。由于外柱与混凝土内筒存在的轴向变形不一致，会使外挑桁架产生很大的附加内力，因而外伸桁架宜分段拼装，在主体结构完成后，再安装封闭，形成整体。

8. 钢框架-混凝土核心筒结构体系中，当采用 H 形截面柱时，宜将强轴方向布置在框架平面内，角柱宜采用方形、十字形或圆形截面，并宜采用高强度钢材。

型钢混凝土组合结构构件中纵向受力钢筋的混凝土保护层最小厚度应符合《混凝土规范》的规定。型钢的混凝土保护层最小厚度，对梁不宜小于 100mm，且梁内型钢翼缘离两侧距离之和（$b_1 + b_2$），不宜小于截面宽度的 1/3；对柱不宜小于 120mm（图 13-1）。

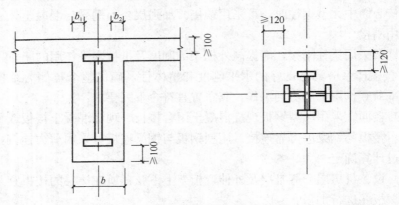

图 13-1　混凝土保护层最小厚度

9. 对于建筑物楼面有较大开口或为转换楼层时，应采用现浇楼板。对楼板大开口部位宜设置刚性水平支撑，宜采用考虑楼板变形的程序进行内力和位移计算，或采取加强措施。

【禁忌 5】　不熟悉型钢混凝土构件的有关构造要求

【正】　1. 型钢混凝土构件中完全包覆于混凝土中的型钢板件的宽厚比宜满足表 13-9 的要求。

型钢钢板宽厚比　　　　　　　　　表 13-9

钢　号	梁		柱			
			H、十、T 形		矩形钢管	圆钢管
	b/t_f	h_w/t_w	b/t_f	h_w/t_w	h_w/t_w	D/t_w
Q235	＜23	＜107	＜23	＜96	＜72	＜150
Q345	＜19	＜91	＜19	＜81	＜61	＜109
Q390	＜18	＜83	＜18	＜75	＜56	＜90

试验表明，由于混凝土及腰筋和箍筋对型钢的约束作用，在型钢混凝土中的型钢的宽厚比可较纯钢结构适当放宽，型钢混凝土中型钢翼缘的宽厚比可取为纯钢结构的 1.5 倍，腹板可取为纯钢结构的 2 倍，填充式箱形钢管混凝土可取为纯钢结构的 1.5～1.7 倍。

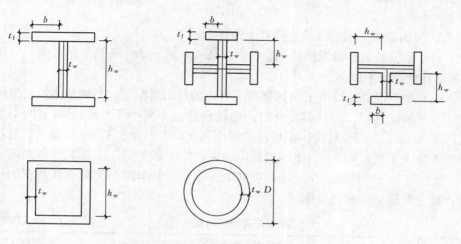

图 13-2　型钢钢板宽厚比

2. 型钢混凝土梁构件应满足下列构造要求：

（1）型钢混凝土梁的混凝土强度等级不宜低于 C30，型钢混凝土结构中的混凝土粗骨料最大直径不宜大于 25mm；型钢宜采用 Q235 及 Q345 级钢材，也可采用 Q390 或符合结构性能要求的其他钢材。

（2）型钢混凝土梁的最小配筋率不宜小于 0.30%。梁的纵向受力钢筋不宜超过二排；配置两排时，第二排钢筋宜配置在截面外侧。梁的纵筋宜避免穿过柱中型钢翼缘。当梁的腹板高度大于 450mm 时，在梁的两侧面应沿高度配置纵向构造钢筋，纵向构造钢筋的间距不宜大于 200mm。

（3）型钢混凝土梁中型钢的保护层厚度不宜小于 100mm，梁纵筋净间距及梁纵筋与型钢骨架的最小净距不应小于 30mm，且不小于粗骨料最大粒径的 1.5 倍及梁纵向钢筋直径的 1.5 倍。

（4）型钢混凝土梁中的纵向受力钢筋宜采用机械连接。如纵向钢筋需贯穿型钢柱腹板并以 90° 弯折固定在柱截面内时，抗震设计的弯折前直段长度不应小于 0.4 倍的钢筋抗震锚固长度 l_{aE}，弯折直段长度不应小于 15 倍纵向钢筋直径；非抗震设计的弯折前直段长度不应小于 0.4 倍的钢筋抗震锚固长度 l_a，弯折直段长度不应小于 12 倍纵向钢筋直径；

（5）梁上开洞不宜大于梁截面总高的 0.4 倍，且不宜大于内含型钢截面高度的 0.7 倍，并应位于梁高及型钢高度的中间区域。

（6）型钢混凝土悬臂梁自由端的纵向受力钢筋应设置专门的锚固件，型钢梁的上翼缘宜设置栓钉。型钢混凝土转换梁在梁端 1/4 跨度范围内，型钢上翼缘宜设置栓钉。栓钉的最大间距不宜大于 200，栓钉的最小间距沿梁轴线方向不应小于 6 倍的栓钉杆直径，垂直梁方向的间距不应小于 4 倍的栓钉杆直径，且栓钉中心至型钢板件边缘的距离不应小于 50mm。栓钉顶面的混凝土保护层厚度不应小于 15mm。

3. 型钢混凝土梁的箍筋应符合下列要求：

（1）箍筋的最小面积配筋率应符合《高规》第 6.3.4 条第 4 款和 6.3.5 条第 1 款的规定，且不应小于 0.15%。

（2）型钢混凝土梁应采用具有 135°弯钩的封闭式箍筋，弯钩的直段长度不应小于 8 倍箍筋直径。非抗震设计时，梁箍筋直径不应小于 8mm，箍筋间距不应大于 250mm。抗震设计时，梁箍筋的直径和间距应符合表 13-10 的要求，且箍筋间距不应大于梁高的 1/2；梁端箍筋应加密，加密区范围，一级取梁截面高度的 2.0 倍，二、三、四级取梁截面高度的 1.5 倍，当梁净跨小于梁截面高度的 4 倍时，梁全跨箍筋应加密设置。

梁箍筋直径和间距（mm）　　　　　　　表 13-10

抗震等级	箍筋直径	非加密区箍筋间距	加密区箍筋间距
一	≥12	≤180	≤120
二	≥10	≤200	≤150
三	≥10	≤250	≤180
四	≥8	250	200

4. 当考虑地震作用组合时，钢-混凝土混合结构中型钢混凝土柱的轴压比不宜大于表 13-11 的限值，轴压比可按下式计算：

$$\mu_N = N/(f_c A_c + f_a A_a)$$

式中　μ_N——型钢混凝土柱的轴压比；

　　　N——考虑地震组合的柱轴向力设计值；

　　　A_c——扣除型钢后的混凝土截面面积；

　　　f_c——混凝土的轴心抗压强度设计值；

　　　f_a——型钢的抗压强度设计值；

　　　A_a——型钢的截面面积。

轴压比的限值　　　　　　　　　　　表 13-11

抗震等级	一	二	三
轴压比限值	0.70	0.80	0.90

注：1. 框支层柱的轴压比应比表中数值减少 0.10 采用；

　　2. 剪跨比不大于 2 的柱，其轴压比应比表中数值减少 0.05 采用；

　　3. 当采用 C60 以上混凝土时，轴压比宜减少 0.05。

5. 型钢混凝土柱构件应满足下列构造要求：

(1) 型钢混凝土柱的混凝土强度等级不宜低于 C30，混凝土粗骨料的最大直径不宜大于 25mm。型钢柱中型钢的保护厚度不宜小于 150mm，柱纵筋净间距不宜小于 50mm，且不小于柱纵筋直径的 1.5 倍，柱纵筋与型钢的最小净距不应小于 30m，且不小于粗骨料最大粒径的 1.5 倍；

(2) 型钢混凝土柱的纵向钢筋最小配筋率不宜小于 0.8%，且必须在四角各配置一根直径不小于 16mm 的纵向钢筋；

(3) 柱中纵向受力钢筋的间距，不宜大于 300mm，间距大于 300mm 时，宜设置直径不小于 14mm 的纵向构造钢筋；

(4) 型钢混凝土柱的型钢含钢率不宜小于 4%；

(5) 型钢混凝土柱的箍筋应做成 135° 的弯钩，非抗震设计时弯钩箍筋直段长度不应小于 5 倍箍筋直径，抗震设计时弯钩箍筋直径长度不应小于 10 倍箍筋直径；

(6) 位于底部加强部位、房屋顶层以及型钢混凝土与钢筋混凝土交接层的型钢混凝土柱宜设置栓钉，型钢截面为箱形的柱子也宜设置栓钉，栓钉水平间距不宜大于 250mm；

(7) 型钢混凝土柱的长细比不宜大于 30。

6. 型钢混凝土柱箍筋的直径和间距，非抗震设计时，箍筋直径不应小于 8mm，箍筋间距不应大于 200mm；抗震设计时，应符合表 13-12 的规定，柱端箍筋应加密，加密区范围取柱矩形截面长边尺寸（或圆形截面直径）、柱净高的 1/6 和 500mm 三者的最大值，加密区箍筋最小体积配箍率应符合式（13-1）的规定；二级及剪跨比不大于 2 的柱，加密区箍筋最小体积配箍率尚不宜小于 0.8%，框支柱、一级角柱和剪跨比不大于 2 的柱，箍筋均应全高加密，箍筋间距均不应大于 100mm，非加密区箍筋最小体积配箍率不应小于加密区箍筋最小体积配箍率的一半。

$$\rho_v \geqslant 0.85\lambda_v f_c / f_y \tag{13-1}$$

式中　λ_v——柱最小配箍特征值，宜按本书第 6 章表 6-16 采用。

型钢混凝土柱箍筋直径和间距（mm）　　　　表 13-12

抗震等级	箍筋直径	非加密区箍筋间距	加密区箍筋间距
一	$\geqslant 12$	$\leqslant 150$	$\leqslant 100$
二	$\geqslant 10$	$\leqslant 200$	$\leqslant 100$
三、四	$\geqslant 8$	$\leqslant 200$	$\leqslant 150$

注：箍筋直径除应符合表中要求外，尚不应小于纵向钢筋直径的 1/4。

7. 型钢混凝土梁柱节点应满足下列构造要求：

(1) 型钢柱在梁水平翼缘处应设置加劲肋，其构造不应影响混凝土浇筑密实；

（2）箍筋间距不宜大于柱端加密区间距的 1.5 倍；箍筋直径不宜小于柱端箍筋加密区的箍筋直径；

（3）梁中钢筋穿过梁柱节点时，不宜穿过柱翼缘，需穿过柱腹板时，柱腹板截面损失率不宜大于 25%，当超过 25%时，则需进行补强，梁中主筋不得与柱型钢直接焊接。

楼面梁与核心筒（或剪力墙）的连接节点是非常重要的节点。当采用楼面无限刚度假定进行分析时，梁只承受剪力和弯矩。试验研究表明这些梁实际上还存在着轴力，试验中往往在节点处引起早期损坏，因此节点设计必须考虑轴向力的有效传递。

钢梁或型钢混凝土梁与混凝土筒体应有可靠连接，应能传递竖向剪力及水平力，当钢梁通过预埋件与混凝土筒体连接时，预埋件应有足够的锚固长度，连接做法可参考图 13-3。

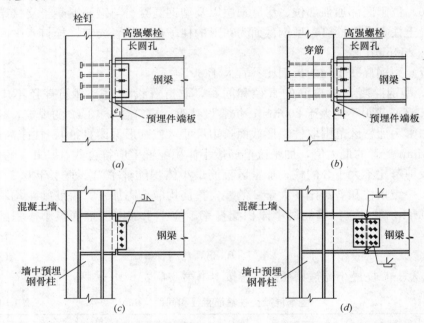

图 13-3　钢梁和型钢混凝土梁与混凝土核心筒的连接构造示意
(a) 铰接；(b) 铰接；(c) 铰接；(d) 刚接

楼面可采用轻质混凝土，其强度等级不宜低于 LC20；高层建筑钢-混凝土混合结构的内部隔墙应采用轻质隔墙。高层建筑层数较多，减轻结构构件及填充墙的自重是减轻结构重量的有效措施。

在抗震设计中，为了充分发挥钢筋的作用，同时考虑施工时，便于浇灌柱内混凝土，可采用四角集中配筋 [图 13-4 (a)、(b)]，中央电视台新址的巨型钢骨混凝土柱截面见图 13-4 (c)、(d)、(e)。

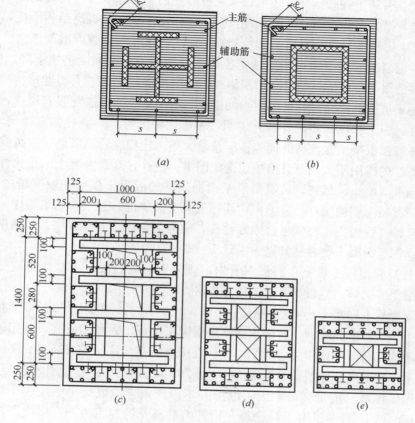

图 13-4　SRC 柱主要截面形式

　　抗震设计时，混合结构的钢筋混凝土筒体墙的构造设计应符合《高规》第9.1.7 条的规定。

　　钢-混凝土混合结构中结构构件的设计，尚应符合国家现行标准《钢结构设计规范》GB 50017、《高层民用建筑钢结构技术规程》JGJ 99、《混凝土结构设计规范》GB 50010、《型钢混凝土组合结构技术规程》JGJ 138 的有关规定。

　　型钢混凝土梁、柱、剪力墙的截面承载力的计算，详见参考文献［8］、［22］、［23］。

【禁忌 6】　不了解钢管混凝土柱有哪些设计要点

　　【正】 1. 高强混凝土是近 50 年来建筑材料方面最重要的发明，也是我国当前在高层建筑结构中需要大力推广使用的主要建筑结构材料。高强混凝土有许多优点：①抗压强度高。与普通强度混凝土相比，用作以受压为主的构件时，在相同荷载条件下，可以减小构件截面，增大使用面积；用于受弯构件时，能降低受压区高度，有利于提高延性，还可以采用较高配筋率，降低受弯构件高度，从而降低层高；减轻结构自重，减小基础负担。②弹性模量大，提高结构刚度，减小轴向变形。③密实性好，抗冻抗渗性能好，耐久性优于普通强度混凝土。

高强混凝土的主要缺点是单轴受压达到峰值应力后，强度迅速下降，应力-应变关系曲线下降段陡，塑性变形能力比普通强度混凝土差，为脆性材料。高强混凝土用于抗震框架柱时，采用限制轴压比和增加箍筋的方法克服其脆性，提高柱的延性。但工程设计和试验研究表明，轴压比限制过严，则柱的截面尺寸大，不能发挥高强混凝土强度高的优势；配箍量大到一定程度后，对继续改善高强混凝土的脆性的作用不大，而且给施工造成困难。此外，高强混凝土的抗火性能不如普通强度混凝土。目前，抗震房屋结构框架柱的混凝土强度一般不超过 C60。克服高强混凝土脆的缺点，成为推广高强混凝土的关键。近年来，工程中采取的方法就是将高强混凝土与钢组合或者叠合，成为组合柱或者叠合柱，包括钢管混凝土柱、钢管混凝土叠合柱和钢骨混凝土柱。

2. 将高强混凝土填充在圆形钢管内，成为钢管高强混凝土柱，是充分发挥高强混凝土的优势、克服其不足的最好方法。

钢管混凝土柱是 1897 年美国人 John Lally 发明的。20 世纪 50、60 年代，前苏联、美国、日本和欧洲一些国家对钢管混凝土进行了大量的研究，并用于房屋建筑和桥梁工程。美国于 20 世纪 60 年代在旧金山建造了一幢 175.3m 高的采用钢管混凝土柱的高层建筑，日本于 20 世纪 70 年代建造了一些钢管混凝土建筑。但由于施工困难、造价高等原因，应用并不广泛，管内混凝土强度也不高。20世纪 80 年代初，日本采用了泵送顶升钢管内混凝土的施工方法，解决了现场浇筑管内混凝土的施工难题。20 世纪 80 年代末开始，国内外越来越多的高层建筑采用钢管混凝土柱。由于管内填充高强混凝土比填充普通强度混凝土对于减小高层建筑柱的截面尺寸、增大结构的刚度更有效，所以促进了钢管高强混凝土柱的发展和应用。20 世纪 80 年代末、90 年代初建造的美国西雅图的联合广场大厦和太平洋第一中心大厦，其钢管内混凝土的强度达到 C100。日本阪神地震中，采用钢管混凝土柱的房屋建筑表现出了很好的抗震性能。1998 年，采用钢管混凝土柱、高 185.8m 的日本琦玉县雄狮广场住宅楼竣工。我国最早采用钢管混凝土柱的工程是 1966 年建造的北京地铁的北京站和前门站。我国第一幢采用钢管混凝土柱的高层建筑是 1992 年竣工的高 87.5m 的泉州市邮局大楼；1995 年建成的广州好世界广场大厦（33 层，高 116.3m）率先在管内填充 C60 高强混凝土，钢管高强混凝土柱逐渐得到工程界的认可。

钢管高强混凝土短柱在轴压力作用下，在混凝土与钢管之间出现径向压力，钢管壁受到环向拉力，钢管处于纵向受压、环向受拉的双向受力状态，管内混凝土受到钢管径向紧箍力的作用和轴向压力的作用，处于三向受压状态，混凝土的抗压强度和塑性变形能力大幅度提高，成为高强延性材料。根据试验结果，钢管高强混凝土短柱的轴压承载力可以用下式计算：

$$N_0 = f_{cc}A_{cc}(1+1.8\theta)$$

$$\theta = \frac{f_a A_a}{f_{cc} A_{cc}}$$

式中　f_{cc}——钢管内混凝土轴心抗压强度设计值；

A_{cc}——钢管内混凝土的截面面积；

A_a——钢管的截面面积；

f_a——钢管钢材的抗拉、抗压强度设计值；

θ——钢管混凝土套箍指标。

除了强度高、弹性模量大、塑性变形能力大，钢管高强混凝土柱还有许多优点：①管内混凝土可防止钢管向内屈曲，增强了钢管壁的稳定性；②钢管可以作为模板，省去了支模拆模的工料和费用；③钢管混凝土柱采用薄钢板，避免了厚钢板带来的一系列问题；④钢管兼有纵筋和箍筋的作用，无需绑扎钢筋；⑤钢管在工厂预制，现场安装就位，加快了施工进度；⑥管内浇筑混凝土和管外楼盖施工可以同时进行，互不干扰，可以根据需要采用逆作法，缩短工期。

钢管混凝土柱可以代替钢柱，用于钢结构；也可以代替钢筋混凝土柱，用于钢筋混凝土结构。钢梁或钢筋混凝土梁与钢管混凝土柱的连接，是钢管混凝土柱用于高层建筑的关键之一。连接应具有将梁端剪力和弯矩传递给钢管的能力，做到构造简单、整体性好、传力明确、安全可靠、节约材料和施工方便。

3. 我国采用钢管混凝土柱的高层建筑，绝大部分为钢筋混凝土结构。钢筋混凝土梁与钢管混凝土柱连接的钢管外剪力传递可以采用抗剪环、环形牛腿或承重销等；钢筋混凝土楼板与钢管混凝土柱连接的钢管外剪力传递可以采用台锥式环形深牛腿；钢筋混凝土梁与钢管混凝土柱的管外弯矩传递可采用井式双梁、环梁、穿筋单梁等。

4. 钢管混凝土单肢柱的轴向受压承载力应满足下列要求：

无地震作用组合时　　　　　　　$N \leqslant N_u$

有地震作用组合时　　　　　　　$N \leqslant N_u/\gamma_{RE}$

式中　N——轴向压力设计值；

N_u——钢管混凝土单肢柱的轴向受压承载力设计值。

钢管混凝土单肢柱的轴向受压承载力设计值应按下列公式计算：

$$N_u = \varphi_l \varphi_e N_0 \tag{13-2}$$

(1) 当 $\theta \leqslant [\theta]$ 时：

$$N_0 = 0.9A_c f_c (1+\alpha\theta) \tag{13-3}$$

(2) 当 $\theta > [\theta]$ 时：

$$N_0 = 0.9 A_c f_c (1 + \sqrt{\theta} + \theta) \qquad (13\text{-}4)$$

$$\theta = \frac{A_a f_a}{A_c f_c}$$

且在任何情况下均应满足下列条件：

$$\varphi_l \varphi_e \leqslant \varphi_0$$

式中 N_0——钢管混凝土轴心受压短柱的承载力设计值；

        θ——钢管混凝土的套箍指标；

        α——与混凝土强度等级有关的系数，按表 13-13 取值；

      $[\theta]$——与混凝土强度等级有关的套箍指标界限值，按表 13-13 取值，$[\theta]$
            $= 1/(\alpha - 1)^2$；

        A_c——钢管内的核心混凝土横截面面积；

        f_c——核心混凝土的抗压强度设计值；

        A_a——钢管的横截面面积；

        f_a——钢管的抗拉、抗压强度设计值；

        φ_l——考虑长细比影响的承载力折减系数，按第 7 条的规定确定；

        φ_e——考虑偏心率影响的承载力折减系数，按第 6 条的规定确定；

        φ_0——按轴心受压柱考虑的 φ_l 值。

系 数 α、$[\theta]$ 表 13-13

混凝土等级	≤C50	C55~C80
α	2.00	1.8
$[\theta]$	1.00	1.56

5. 对钢管混凝土柱承载力的计算采用基于实验的极限平衡理论，其主要特点是：

（1）不以柱的某一临界截面作为考察对象，而以整长的钢管混凝土柱，即所谓单元柱，作为考察对象，视之为结构体系的基本元件。

（2）应用极限平衡理论中的广义应力和广义应变概念，在试验观察的基础上，直接探讨单元柱在轴力 N 和柱端弯矩 M 这两个广义应力共同作用下的广义屈服条件（参见蔡绍怀著《现代钢管混凝土结构》）。

《高规》将长径比 $L/D \leqslant 4$ 的钢管混凝土柱定义为短柱，可忽略其受压极限状态的压曲效应（即 $P\text{-}\Delta$ 效应）影响，其轴心受压的破坏荷载（最大荷载）记为 N_0，是钢管混凝土柱承载力计算的基础。

短柱轴心受压极限承载力 N_0 的计算式（13-3）和式（13-4）系在总结国内外约 480 个试验资料的基础上，用极限平衡法导得的。试验结果和理论分析表明，该公式对于①钢管与核心混凝土同时受载，②仅核心混凝土直接受载，③钢管在弹性极限内预先受载，然后再与核心混凝土共同受载等加载方式均适用。

式（13-3）和式（13-4）右端的系数 0.9，是参照《混凝土规范》为提高包括螺旋箍筋柱在内的各种钢筋混凝土受压构件的安全度而引入的附加系数。

式（13-2）的双系数乘积规律是根据中国建筑科学研究院的系列试验结果确定的。经用国内外大量试验结果（约 360 个）复核，证明该公式与试验结果符合良好。在压弯柱的承载力计算中，采用该公式后，可避免求解 M-N 相关方程，从而使计算大为简化，用双系数表达的承载力变化规律也更为直观。

值得强调指出，套箍效应使钢管混凝土柱的承载力较普通钢筋混凝土柱有大幅度提高（可达 $30\%\sim50\%$），相应地，在使用荷载下的材料使用应力也有同样幅度的提高。经试验观察和理论分析证明，在规程规定的套箍指标 $\theta\leqslant3$ 和规程所设置的安全度水平内，钢管混凝土柱在使用荷载下仍然处于弹性工作阶段，符合极限状态设计原则的基本要求，不会影响其使用质量。

6. 钢管混凝土柱考虑偏心率影响的承载力折减系数 φ_e，应按下列公式计算：

当 $e_0/r_c \leqslant 1.55$ 时

$$\varphi_e = \frac{1}{1+1.85\dfrac{e_0}{r_c}}$$

$$e_0 = \frac{M_2}{N}$$

当 $e_0/r_c > 1.55$ 时

$$\varphi_e = \frac{0.3}{\dfrac{e_0}{r_c}-0.4}$$

式中　e_0——柱端轴向压力偏心距之较大者；

　　　r_c——核心混凝土横截面的半径；

　　　M_2——柱端弯矩设计值的较大者；

　　　N——轴向压力设计值。

7. 钢管混凝土柱考虑长细比影响的承载力折减系数 φ_l，应按下列公式计算：

当 $L_e/D > 4$ 时：

$$\varphi_l = 1 - 0.115\sqrt{L_e/D-4}$$

当 $L_e/D \leqslant 4$ 时：

$$\varphi_l = 1$$

式中　D——钢管的外直径；

　　　L_e——柱的等效计算长度，按第 9 条和第 10 条的规定确定。

8. 柱的等效计算长度应按下列公式计算：

$$L_e = \mu k L$$

式中　L——柱的实际长度；

μ——考虑柱端约束条件的计算长度系数,根据梁柱刚度比值,按现行国家标准《钢结构设计规范》GB 50017 确定;

k——考虑柱身弯矩分布梯度影响的等效长度系数,按第 9 条规定确定。

9. 钢管混凝土柱考虑柱身弯矩分布梯度影响的等效长度系数 k,应按下列公式计算:

(1) 轴心受压柱和杆件 [图 13-5 (a)]:$k = 1$

(2) 无侧移框架柱 [图 13-5 (b)、(c)]:$k = 0.5 + 0.3\beta + 0.2\beta^2$

(3) 有侧移框架柱 [图 13-5 (d)] 和悬臂柱 [图 12-5 (c)、(f)]

当 $e_0/r_c \leqslant 0.8$ 时,$k = 1 - 0.625\, e_0/r_c$ (13-5)

当 $e_0/r_c > 0.8$ 时,$k = 0.5$

当自由端有力矩 M_1 作用时 $k = (1 + \beta_1)/2$ (13-6)

并将式 (13-5) 与式 (13-6) 所得 k 值进行比较,取其中的较大值。

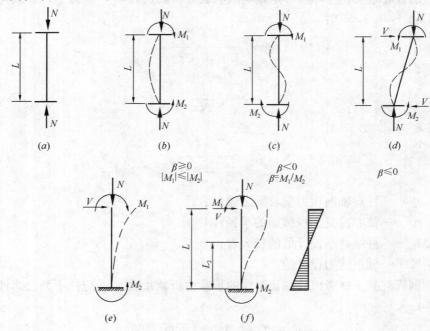

图 13-5 框架柱及悬臂柱计算简图

(a) 轴心受压;(b) 无侧移单曲压弯;(c) 无侧移双曲压弯;

(d) 有侧移双曲压弯;(e) 单曲压弯;(f) 双曲压弯

注:1. 无侧移框架系指框架中设有支撑架、剪力墙、电梯井等支撑结构,且其抗侧移刚度不小于框架抗侧移刚度的 5 倍者。有侧移框架系指框架中未设上述支撑结构或支撑结构的抗侧移刚度小于框架抗侧移刚度的 5 倍者。

2. 嵌固端系指相交于柱的横梁的线刚度与柱的线刚度的比值不小于 4 者,或柱基础的长和宽均不小于柱直径的 4 倍者。

式中　β——柱两端弯矩设计值之较小者 M_1 与较大者 M_2 的比值（$|M_1|\leqslant|M_2|$），$\beta=M_1/M_2$，单曲压弯时，β 为正值，双曲压弯时，β 为负值；

　　　　β_1——悬臂柱自由端力矩设计值 M_1 与嵌固端弯矩设计值 M_2 的比值，当 β_1 为负值（双曲压弯）时，则按反弯点所分割成的高度为 L_2 的子悬臂柱计算［图 13-5（f）］。

10. 钢管混凝土单肢柱的轴向受拉承载力应满足下列规定：

$$\frac{N}{N_{ut}}+\frac{M}{M_u}\leqslant 1$$

$$N_{ut}=A_aF_a$$

$$M_u=0.3r_cN_o$$

式中　N——轴向拉力设计值；

　　　　M——柱端弯矩设计值的较大者。

11. 当钢管混凝土单肢柱的剪跨 a（即横向集中荷载作用点至支座或节点边缘的距离）小于柱子直径 D 的 2 倍时，即需验算柱的横向受剪承载力，并应满足下列要求：

$$V\leqslant V_u$$

式中　V——横向剪力设计值；

　　　　V_u——钢管混凝土单肢柱的横向受剪承载力设计值。

12. 钢管混凝土单肢柱的横向受剪承载力设计值应按下列公式计算：

$$V_u=(V_o+0.1N')\left(1-0.45\sqrt{\frac{a}{D}}\right)$$

$$V_o=0.2A_cf_c(1+3\theta)$$

式中　V_o——钢管混凝土单肢柱受纯剪时的承载力设计值；

　　　　N'——与横向剪力设计值 V 对应的轴向力设计值；

　　　　a——剪跨，即横向集中荷载作用点至支座或节点边缘的距离。

注：横向剪力 V 必须以压力方式作用于钢管混凝土柱。

13. 钢管混凝土的局部受压应满足下式要求：

$$N_l\leqslant N_{ul}$$

式中　N_l——局部作用的轴向压力设计值；

　　　　N_{ul}——钢管混凝土柱的局部受压承载力设计值。

14. 钢管混凝土柱在中央部位受压时（图 13-6），局部受压承载力设计值应按下列公式计算：

$$N_{ul}=N_o\sqrt{\frac{A_l}{A_c}}$$

式中　N_o——局部受压段的钢管混凝土短柱轴心受压承载力设计值，按第 4 条
式（13-3）和式（13-4）计算；

　　　　A_l——局部受压面积；

　　　　A_c——钢管内核心混凝土的横截面面积。

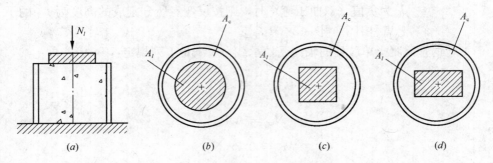

图 13-6　中央部位局部受压

15. 钢管混凝土柱在其组合界面附近受压时（图 13-7），局部受压承载力设计值应按下列公式计算：

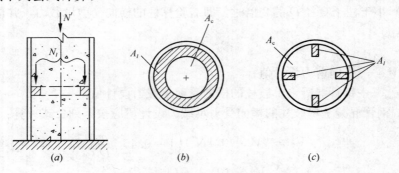

图 13-7　组合界面附近局部受压

当 $A_l / A_c \geqslant 1/3$ 时

$$N_{ul} = (N_o - N')\omega \sqrt{\frac{A_l}{A_c}}$$

当 $A_l / A_c < 1/3$ 时

$$N_{ul} = (N_o - N')\omega \sqrt{3} \cdot \frac{A_l}{A_c}$$

式中　N_o——局部受压段的钢管混凝土短柱轴心受压承载力设计值，按第 4 条
式（13-3）和式（13-4）计算；

　　　　N'——非局部作用的轴向压力设计值；

　　　　A_c——考虑局压应力分布状况的系数，当局压应力为均匀分布时，取 ω
$= 1$；当局压应力为非均匀分布时（例如与钢管内壁焊接的柔性

抗剪连接件），取 $\omega = 0.75$。

当局部受压承载力不足时，可将局压区段（等于钢管直径的 1.5 倍）的管壁加厚，予以补强。

注：这里所谓的柔性抗剪连接件包括节点构造中采用的内加强环、环形隔板、钢筋环和焊钉等。内衬管段和穿心牛腿（承重销）可视为刚性抗剪连接件。

16. 圆形钢管混凝土构件宜满足下列构造要求：

（1）钢管直径不宜小于 300mm；

（2）钢管壁厚不宜小于 6mm；

（3）钢管外径与壁厚的比值 D/t 宜在（20~90）（235/f_y）之间，f_y 为钢材的屈服强度；

（4）圆钢管混凝土柱的套箍指标 $\dfrac{f_a A_a}{f_c A_c}$，不应小于 0.5，也不宜大于 2.5；

（5）柱的长径比 l/D 不宜大于 20；

（6）轴向压力偏心率 e_0/r_c 不应大于 1.0，e_0 为偏心距，r_c 为核心混凝土横截面半径；

（7）钢管混凝土柱与框架梁刚性连接时，柱内或柱外应设置与梁上下翼缘位置对应的加劲肋。加劲肋设置于柱内时，应留孔以利混凝土浇灌。加劲肋设置于柱外时，应形成加劲环板。

圆形钢管的直径不宜过小，以保证混凝土浇筑质量。圆形钢管混凝土柱一般采用薄壁钢管，但钢管壁不宜太薄，以避免钢管壁屈曲。套箍指标是圆形钢管混凝土柱的一个重要参数，反映薄钢管对管内混凝土的约束程度。若套箍指标过小，则不能有效提高钢管内混凝土的轴心抗压强度和变形能力；若套箍指标过大，则对进一步提高钢管内混凝土的轴心抗压强度和变形能力作用不大。

17. 矩形钢管混凝土构件宜满足下列构造要求：

（1）钢管截面边长尺寸不宜小于 300mm；

（2）钢管壁厚不宜小于 6mm；

（3）钢管截面的高宽比不宜大于 2，当矩形钢管混凝土柱截面最大边尺寸大于 800mm 时，宜采取在柱子内壁上焊接栓钉、纵向加劲肋等构造措施；

（4）钢管管壁板件的边长与其厚度的比值不应大于 $60\sqrt{235/f_y}$；

（5）钢管混凝土柱的长细比 λ 不宜大于 80；

（6）矩形钢管混凝土柱的轴压比不宜大于表 13-14 的限值。

$$\mu_N = N/(f_c A_c + f_a A_a)$$

矩形钢管混凝土柱轴压比限值　　　　　　　　　　　　表 13-14

特一级、一级	二级	三级
0.70	0.80	0.90

为保证钢管与混凝土共同工作，矩形钢管截面边长之比不宜过大。为避免矩形钢管混凝土柱在丧失整体承载能力之前钢管壁板件局部屈曲，并保证钢管全截面有效，钢管壁板件的边长与其厚度的比值不宜过大。

18. 钢筋混凝土柱的直径较小时，钢梁与钢管混凝土柱之间可采用外加强环连接（图 13-8），外加强环应是环绕钢管混凝土柱的封闭的满环（图 13-9）。外加强环与钢管外壁应采用全熔透焊缝连接，外加强环与钢梁应采用栓焊连接。外加强环的厚度应不小于钢梁翼缘的厚度、

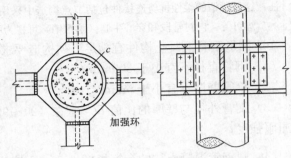

图 13-8 钢梁与钢管混凝土柱采用
外加强环连接构造

宽度 c 应不小于钢梁翼缘宽度的 0.7 倍。钢梁与直径较大的钢管混凝土柱连接时，可采用内加强环板连接（图 13-10），内加强环板与钢管内壁之间必须采用全熔透焊缝。梁与柱可采用现场直接连接，也可与带有悬臂梁段的柱在现场进行梁的拼接，可采用等截面悬臂梁段（图 13-11），也可采用不等截面悬臂梁段（图 13-12）。

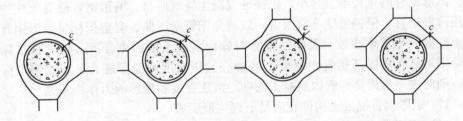

图 13-9 外加强环构造

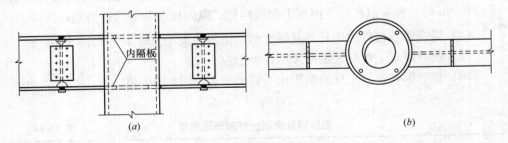

图 13-10 内加强环板连接构造
(a) 连接节点立面图；(b) 连接节点平面图

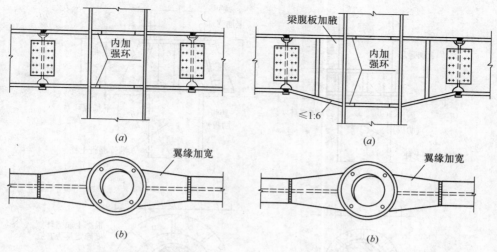

图 13-11　翼缘加宽的悬臂钢梁与
钢管混凝土柱连接构造
(a) 立面图；(b) 平面图

图 13-12　翼缘加宽、腹板加腋的悬臂钢梁与
钢管混凝土柱连接构造
(a) 立面图；(b) 平面图

19. 钢筋混凝土梁与钢管混凝土柱的连接构造应同时满足管外剪力传递及弯矩传递的受力要求。

20. 钢筋混凝土梁与钢管混凝土柱连接时，钢管外剪力传递可采用环形牛腿或承重销；钢筋混凝土无梁楼板或井式密肋楼板与钢管混凝土柱连接时，钢管外剪力传递可采用台锥式环形深牛腿，也可采用其他符合计算受力要求的连接方式传递管外剪力。

21. 环形牛腿、台锥工环形深牛腿可由呈放射状均匀分布的肋板和上下加强环组成（图 13-13）。肋板应与钢管壁外表面及上下加强环采用角焊缝焊接，上下加强环可分别与钢管壁外表面采用角焊缝焊接。环形牛腿的上下加强环、台锥式深牛腿的下加强环应打直径不小于 50mm 的圆孔。台锥式环形深牛腿下加强环的直径可由楼板的冲切强度确定。

22. 钢管混凝土柱的外径不小于 600mm 时可采用承重销传递剪力。由穿心腹板和上下翼缘板组成的承重销（图 13-14），其截面高度宜取框架梁截面高度的 0.5 倍，其平面位置应根据框架梁的位置确定。翼缘板在穿过钢管壁不少于 50mm 后可逐渐减窄。钢管与翼缘板之间、钢管与穿心腹板之间应采用全熔透坡口焊缝焊接，穿心腹板与对面的钢管壁之间或与另一方向的穿心腹板之间应采用角焊缝焊接。

23. 钢筋混凝土梁与钢管混凝土柱的管外弯矩传递可采用井式双梁、环梁、穿筋单梁和变宽度梁，也可采用其他符合受力分析要求的连接方式。

24. 井式双梁可采用图 13-15 所示的构造，梁的钢筋可从钢管侧面平行通过，

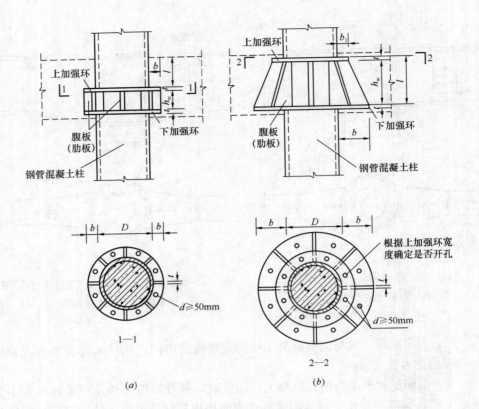

图 13-13　环形牛腿构造

(a) 环形牛腿；(b) 台锥式深牛腿

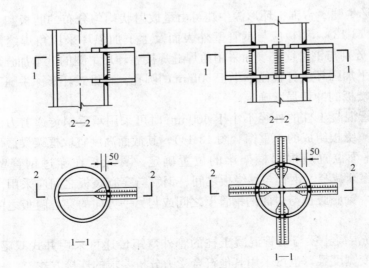

图 13-14　承重销构造

井式双梁与钢管之间应浇筑混凝土。

25. 钢筋混凝土环梁（图 13-16）的配筋应由计算确定。环梁的构造应符合下列规定：

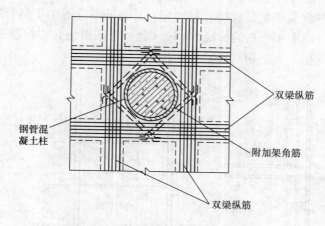

图 13-15　井式双梁构造示意图

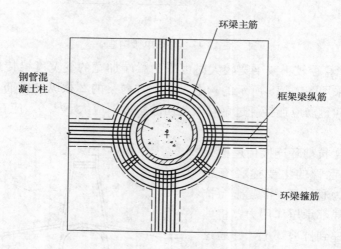

图 13-16　钢筋混凝土环梁构造

（1）环梁截面高度宜比框架梁高 50mm；

（2）环梁的截面宽度宜不小于框架梁宽度；

（3）框架梁的纵向钢筋在环梁内的锚固长度应满足《混凝土规范》的规定；

（4）环梁上、下环筋的截面积，应分别不小于框架梁上、下纵筋截面积的 0.7 倍；

（5）环梁内、外侧应设置环向腰筋，腰筋直径不宜小于 16mm，间距不宜大于 150mm；

（6）环梁按构造设置的箍筋直径不宜小于 10mm，外侧间距不宜大于 150mm。

26. 穿筋单梁可采用图 13-17 所示的构造。在钢管开孔的区段应采用内衬管段或外套管段与钢管壁紧贴焊接，衬（套）管的壁厚应不小于钢管的壁厚，穿筋孔的环向净矩 s 应不小于孔的长径 b，衬（套）管端面至孔边的净距 w 应不小于孔长径 b 的 2.5 倍。宜采用双筋并股穿孔。

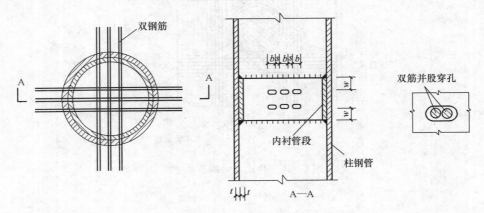

图 13-17　穿筋单梁构造

27. 钢管直径较小或梁宽较大时可采用梁端加宽的变宽度梁传递管外弯矩。变宽度梁可采用图 13-18 所示的构造，一个方向梁的 2 根纵向钢筋可穿过钢管，梁的其余纵向钢筋应连接绕过钢管，绕筋的斜度不应大于 1/6，应在梁变宽度处设置箍筋。

28. 环梁-抗剪环连接传递框架梁端剪力到钢管的主要途径有三个。途径一为通过环梁混凝土与抗剪环之间的局部承压作用力，将剪力由环梁传递到抗剪环上，并通过抗剪环与钢管间的焊缝将剪力传递到钢管上，由于抗剪环钢筋直径一般不大，由剪力引起的对钢管壁的局部弯矩很小；途径二为环梁混凝土与钢管之间的粘结作用；途径三为梁端弯矩引起环梁上（或下）端挤压钢管混凝土柱而提供的静摩擦

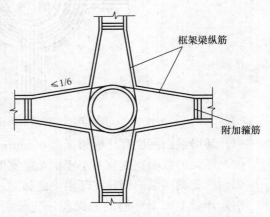

图 13-18　变宽度梁构造

力。一般情况下，途径三产生的静摩擦力很大，可以满足抗剪要求；途径二的作用力虽然也很大，但在地震作用下难以保证，一般不予考虑，作为安全储备；途

径一的作用力可以保证，设计时以该力为主进行验算。

框架梁端弯矩作用于环梁上，使环梁产生扭矩。环梁受负弯矩作用时，环梁下端挤压钢管混凝土柱，其反作用力将产生对环梁的抵抗扭矩，大大降低了对环梁的抗扭要求。楼板在平面内对环梁上部有很大的约束作用，减小了扭转产生的环梁与柱之间的相对脱离，由变形与内力关系可知，环梁内扭矩也会进一步减小。环梁受正弯矩作用比受负弯矩作用稍为不利，因为缺少了楼板的约束作用。对环梁传递弯矩机理更为简明的解释是：框架梁的梁端弯矩分解为对环梁上部和下部的一对拉力和压力，拉力由环梁上部环筋与楼板共同承担，压力由环梁下部的混凝土承担并传递扩散至钢管混凝土柱上。

对钢筋混凝土环梁连接的受力机理和抗震性能，进行了大量的试验研究，包括 37 个节点模型和 1 个足尺节点的静力单调加载试验，14 个节点模型在低周反复荷载作用下的试验。结果表明，环梁连接能有效地传递钢筋混凝土框架梁端的剪力和弯矩至钢管混凝土柱，连接节点具有良好的延性和耗能能力，可以实现"强连接弱构件"的抗震设计概念。在节点试验的基础上，完成了 1 个 2 层、两个水平方向各 2 跨的空间框架的拟动力试验，结果表明，在 8 度大震作用下，即使按"弱环梁-强框架梁"设计的环梁破坏，框架整体抵抗水平力的承载能力也基本没有下降。为了研究环梁与钢管界面的抗剪能力，进行了 3 个反复加载破坏后节点试件的钢管与环梁界面的抗剪试验，图 13-19 为其中一个试件的实测界面剪力-环梁与钢管间相对滑移的关系曲

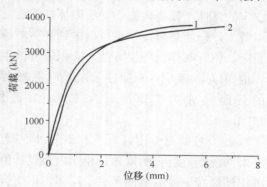

图 13-19　界面剪力-环梁与钢管间
相对滑移关系曲线

线。结果表明，即使环梁已经破坏、钢管与环梁之间有缝隙，由于抗剪环的作用，钢管与环梁的界面也有足够大的受剪能力，通过抗剪环传递剪力是可靠的；即使环梁与钢管之间已有相对滑移，环梁也不会从钢管上滑脱。

钢筋混凝土环梁连接率先用于 8 度设防的昆明邦克大厦，36 层，126.4m高，钢管直径 800mm，内填 C60 混凝土，1999 年竣工投入使用。据不完全设计，我国已建和在建的钢管混凝土高层建筑有 40 多幢，采用环梁连接的已超过 30 幢，最高的建筑是 59 层、250m 高的广东省通信枢纽综合楼。

【禁忌 7】　不了解钢管混凝土组合柱和叠合柱的构造要求

【正】　1. 在钢筋混凝土柱截面的中部设置圆钢管，成为钢管混凝土组合柱

（简称组合柱）。组合柱由钢管混凝土与钢筋混凝土组合而成，其截面如图13-20所示。与配置其他截面形式钢骨的钢骨混凝土柱相比，组合柱具有下述优势：①截面中部的钢管混凝土受到外围混凝土和钢管的双重约束，混凝土强度提高，钢管受到管内外的混凝土约束，不会发生屈曲或失稳，组合柱的轴心受压承载力为外围钢筋混凝土和核心钢管混凝土短柱轴心受压承载力之和；②钢管内可以填充高强、高弹模混凝土，使其承担的轴压

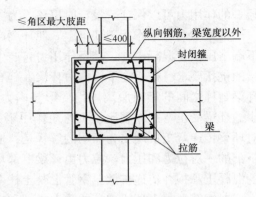

图 13-20　钢管混凝土组合柱和
叠合柱截面

力大于按截面面积比例分配的轴压力，降低钢管外混凝土承担的轴压力；③增强了柱端塑性铰区的转动能力，延缓小偏心破坏的过程，使小偏心受压破坏的柱具有一定的延性，提高大偏心受压破坏柱的延性；④核心钢管混凝土提高了柱的抗剪承载力，即使是短柱，也可以做到强剪弱弯；⑤钢管直径较小，容易穿过梁柱核心区，钢管制作、施工方便；⑥钢管外的混凝土起到抗火作用。南京新世纪大厦，地面以上 45 层，框架柱采用 C60 混凝土，为满足轴压比限值，钢筋混凝土柱的截面尺寸为 2200mm × 2200mm，改用组合柱，截面尺寸为 1400mm ×1400mm。

2. 组合柱的钢管内混凝土和钢管外混凝土是同时浇筑的，采用了钢管混凝土与钢筋混凝土组合的概念，相同内力设计值的组合柱的截面尺寸比钢骨混凝土柱或钢筋混凝土柱的截面尺寸小得多，但组合柱还没有充分发挥钢管混凝土受压承载力高的优势，尤其是管内填充 C80 甚至 C100 混凝土，而管外采用 C50 或 C60 混凝土时，组合柱并没有充分发挥钢管高强混凝土的抗压作用。解决的方法是钢管混凝土与钢筋混凝土叠合，成为钢管混凝土叠合柱。叠合柱截面形式与组合柱相同，如图 13-20 所示。

3. 钢管混凝土叠合柱是通过施工程序得以实现的。叠合柱的施工大体分为三步：①安装钢管，浇筑钢管内高强混凝土，成为钢管高强混凝土柱；②以钢管混凝土柱为楼盖梁的支柱，浇筑楼盖结构，浇筑时在柱周围的楼板上预留后浇孔；③钢管混凝土柱承受施工期的部分竖向荷载，钢管混凝土柱达到一定高度、承受的轴压力达到该柱轴压力设计值的 0.3～0.6 时，叠合浇筑钢管外的混凝土，成为叠合柱。

4. 除了具有组合柱的特点外，叠合柱的优势更加突出：①钢管内可以浇筑比组合柱的钢管内强度更高的高强混凝土，使钢管混凝土承担更多的轴压力，从

而减小柱的截面尺寸。②浇筑钢管外混凝土前，钢管混凝土已经承受了一部分轴压力；叠合后，剩余部分的轴压力由钢管混凝土和钢筋混凝土分担。与相同条件的组合柱比，叠合柱钢筋混凝土部分承担的轴压力减小、轴压比降低；若保持叠合柱钢筋混凝土部分的轴压比与组合柱的轴压比相同，则叠合柱的截面尺寸减小。③通过调整叠合比，即浇筑钢管外混凝土前钢管混凝土柱已经承担的轴压力与叠合柱的轴压力设计值的比值，可以控制钢管外混凝土的轴压比，实现大偏心受压。

叠合柱的最大特点是可以充分发挥高强混凝土抗压强度高、弹性模量高的优势，充分利用钢管高强混凝土的受压承载力，降低钢筋混凝土部分承担的轴压力。由于钢管外混凝土的约束作用，计算钢管混凝土的受压承载力时，可以不计钢管混凝土柱的长细比及弯矩引起的偏心率的影响。

5. 钢管混凝土叠合柱设计的关键之一是选择叠合比。要通过多次试算、仔细设计，使叠合柱的截面面积最小，使钢管混凝土和外围钢筋混凝土几乎同时达到其承载力。

采用钢管混凝土叠合柱的高层建筑结构是一种新型结构。高层建筑中，由下而上框架柱的轴压力减小，因此，钢管混凝土叠合柱结构的底部一些层可以采用叠合柱，中部一些层可以采用组合柱，顶部一些层可以采用钢筋混凝土柱。叠合柱结构可以采用钢筋混凝土楼盖，也可以采用钢-混凝土组合楼盖，或者也可以在梁跨度大的部位采用钢-混凝土组合楼盖，其他部位采用钢筋混凝土楼盖。

6. 钢筋混凝土梁与叠合柱（组合柱）可以采用钢管贯通型连接或钢板翅片转换型连接。上、下层钢管贯通梁柱节点核心区为钢管贯通型连接（图 13-21），梁的纵筋需穿过钢管壁，单筋穿过时在钢管壁开圆孔，并筋穿过时在钢管壁开长圆形孔，叠合柱和组合柱钢管壁开孔的截面损失率分别不宜大于 30% 和 50%，超过

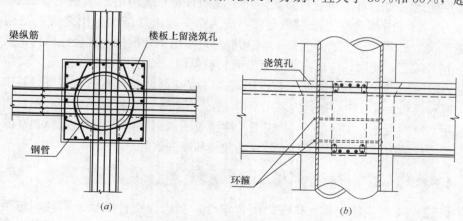

图 13-21　钢管贯通型连接节点

(a) 平面图；(b) 立面图

时在孔侧和孔间加焊竖向肋板或钢筋补强。核心区的钢管壁外表面焊接不少于两道闭合的钢筋环箍，以加强钢管与管外混凝土之间的粘结。上、下层钢管在节点核心区不贯通时，采用小直径厚壁核心钢管（简称小钢管）及钢板翅片（简称翅片）的钢板翅片转换型连接（图13-22），翅片的数量为4块，叠合柱和组合柱的小钢管截面积加翅片截面积之和分别不宜小于被连接的钢管截面积的60%和50%，翅片与小钢管之间沿全长采用双面角焊缝焊接，翅片和小钢管伸出梁顶面和梁底面不少于300mm，翅片插入上、下层钢管的安装槽内，并与钢管采用双面角焊缝、沿钢管与翅片连接部位全长焊接。在核心区的翅片外周设置封闭环箍。

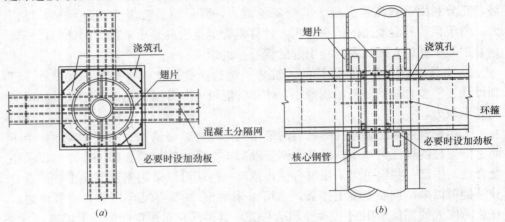

图 13-22 钢板翅片转换型连接节点
(a) 平面图；(b) 立面图

7. 从 1995 年开始，辽宁省建筑设计研究院开始研究叠合柱的设计方法并用于高层建筑。1995 年，叠合柱首先应用于沈阳日报社大厦的地下室逆作法施工。1996 年，辽宁省邮政枢纽采用叠合柱，成为第一幢上部结构采用叠合柱结构的高层建筑。至今，辽宁地区已有 19 幢高层建筑采用钢管混凝土叠合柱结构，其中 16 幢已经竣工、使用，包括：23 层辽宁省邮政枢纽、22 层沈阳和泰大厦、33 层沈阳电力双塔、28 层贵和大厦、30 层沈阳富林广场和 28 层沈阳远吉大厦等。其中远吉大厦和贵和大厦在核心钢管内采用 C100 高强混凝土；富林广场在核心钢管内设计采用 C90 混凝土，实际按 C100 施工，检测表明，钢管内混凝土达到 C100 的强度。叠合柱结构工程已取得了良好的社会效益和经济效益。

【禁忌 8】 不了解钢骨混凝土柱的构造要求

【正】 1. 在钢筋混凝土构件内配置钢骨，就成为钢骨混凝土构件，包括钢骨混凝土梁、柱和剪力墙，工程中钢骨混凝土柱和墙的应用多一些。钢骨混凝土也称为型钢混凝土。钢骨可直接采用型钢，也可用钢板焊接而成。根据钢骨的配置形式，钢骨可分为实腹式和空腹式，空腹式钢骨混凝土构件的受力性能和计算方法与普通钢筋混凝土构件基本相同，目前工程中已很少采用；实腹式钢骨混凝土构件具有良好的抗震性能。

2. 钢骨混凝土柱的截面形式见图 13-23。与钢柱和钢筋混凝土柱相比，钢骨混凝土柱的外包混凝土可以防止钢骨板件局部屈曲，并能提高钢构件的整体刚度，使钢材的强度得以充分发挥。其抗火性能优于钢结构。由于配置了钢骨，承载力比钢筋混凝土柱大大提高，尤其是抗剪承载力有很大提高，改善了结构的抗震性能。此外，钢骨架本身具有一定的承载力，可以承受施工阶段的荷载，并可将模板悬挂在钢骨架上，省去支撑，有利于加快施工速度，缩短施工周期。

图 13-23　钢骨混凝土柱截面形式

3. 钢骨与外包混凝土协调变形，是两者共同工作的条件。对于钢骨混凝土柱，当在外包混凝土中配置一定构造钢筋时，钢骨与外包混凝土能较好地共同工作，即使在破坏阶段外包混凝土也不会产生严重剥落，钢骨的塑性变形能力可以得到充分发挥，承载力不会显著下降。图 13-24 为钢骨混凝土柱配筋构造要求。

4. 钢骨混凝土柱截面的轴向刚度、抗弯刚度和抗剪刚度可采用钢骨的刚度与钢筋混凝土的刚度之和。当需要考虑混凝土的开裂及徐变影响，或对结构受力较大的部位进行结构变形计算时，可适当降低混凝土部分的刚度，降低系数可取 0.7～0.9。但钢骨混凝土柱的刚度不得小于同样截面的钢筋混凝土柱的刚度。

图 13-24　钢骨混凝土柱配筋构造要求

5. 钢骨混凝土柱在压力和弯矩作用下的正截面承载力计算可采用以下叠加方法计算：

$$\left.\begin{array}{l} N \leqslant N_{cy}^{ss} + N_{cu}^{rc} \\ M \leqslant M_{cy}^{ss} + M_{cu}^{rc} \end{array}\right\}$$

式中　N、M——钢骨混凝土柱承受的轴力和弯矩设计值；

　　　N_{cy}^{ss}、M_{cy}^{ss}——钢骨部分承担的轴力及相应的正截面受弯承载力；

　　　N_{cu}^{rc}、M_{cu}^{rc}——钢筋混凝土部分承担的轴力及相应的正截面受弯承载力。

根据一般叠加方法的塑性理论下限定理，对于任意轴力的分配，其正截面承载力的计算结果总小于其真实解，因此计算结果总是偏于安全的。

6. 钢骨混凝土柱轴压力限值不仅对结构的抗震性能有很大影响，同时也是确定柱的截面尺寸、钢骨含量及配筋构造等的重要依据。国内外反复荷载作用下钢骨混凝土柱的试验研究表明，当轴压力 N 与柱的轴心受压承载力 N_0 之比 $N/N_0 > 0.4 \sim 0.5$ 时，其抗震性能显著降低。因此，为保证钢骨混凝土柱的抗震性能，必需限制柱的轴压力。《钢骨混凝土结构技术规程》（YB 9082—2006）采用轴压力系数限制轴压力，并规定了不同结构类型中钢骨混凝土柱的轴压力系数限值。轴压力系数用下式计算：

$$n = \frac{N}{A_c f_c + A_{ss} f_{scy}}$$

式中　N——考虑地震作用组合的轴向压力设计值；

　　　f_{scy}——钢骨抗压强度设计值。

7. 梁柱连接是保证结构承载力和刚度的重要部位。钢骨混凝土梁和钢骨混凝土柱的连接，应能保证梁中钢骨部分承担的弯矩传递给柱中钢骨，梁中钢筋混凝土部分承担的弯矩传递给柱中钢筋混凝土。梁、柱钢骨连接的要求与钢结构梁柱连接的要求相同，在梁翼缘位置柱的钢骨内设置加劲肋。核心区部位钢骨和钢筋交错纵横，混凝土浇筑十分困难。采用的钢骨形式和连接方式要易于浇筑混凝土，保证核心区混凝土密实。柱中钢骨和主筋的布置要为梁中主筋穿过留出通道。梁中主筋不应穿过柱钢骨翼缘，也不得与柱钢骨直接焊接。钢骨腹板部分设置钢筋贯穿孔时，截面缺损率不应超过腹板面积的 20%。图13-25为梁柱钢骨连接图。

8. 钢筋混凝土梁与钢骨混凝土柱连接时，梁和柱的纵筋宜穿过核心区、保持连续。可以采用以下三种连接方式：

（1）如图 13-26（a）所示，柱钢骨的腹板开孔，梁的部分纵筋穿过柱腹板，梁的其他纵筋与柱钢骨上的连接套筒连接，在柱钢骨内套筒位置设置加劲肋。

（2）如图 13-26（b）所示，在与钢骨混凝土柱连接的梁端，设置一段钢梁与梁主筋搭接。钢梁的受弯承载力不小于该梁钢筋混凝土截面的受弯承载力。钢梁的高度不小于 0.8 倍梁高，长度不小于梁截面高度的 2 倍，

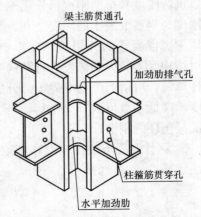

梁主筋贯通孔

加劲肋排气孔

柱箍筋贯穿孔

水平加劲肋

图 13-25　梁柱钢骨连接

且满足梁内主筋搭接长度要求。在钢梁的上、下翼缘上设置栓钉，栓钉间距不小于100mm，栓钉至钢骨板材边缘的距离不小于50mm。梁内不少于1/3主筋的面积穿过钢骨混凝土柱连续配置。从梁端至钢梁端部以外2倍梁高范围内，按钢筋混凝土梁端箍筋加密区的要求配置箍筋。

（3）如图13-26（c）所示，梁内部分主筋穿过钢骨混凝土柱连续配置，其他主筋在柱两侧截断，与柱钢骨伸出的钢牛腿焊接，钢牛腿的长度满足焊接强度要求。从梁端至钢牛腿端部以外2倍梁高范围内，按钢筋混凝土梁端箍筋加密区的要求配置箍筋。

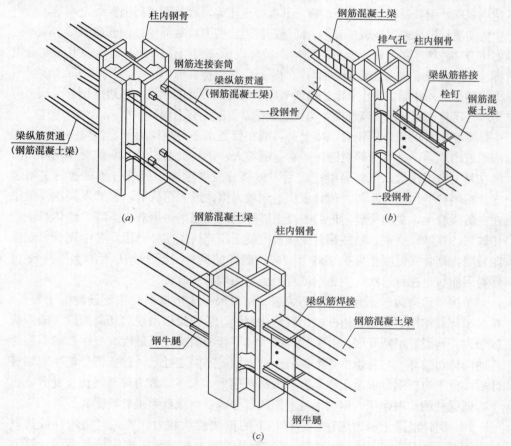

图 13-26　钢筋混凝土梁与钢骨混凝土柱连接构造

钢骨混凝土柱的钢骨板材受到混凝土的约束，一般不会发生局部压曲。但考虑到在破坏阶段由于混凝土对钢骨板材的约束作用减弱，以及由于箍筋等的配置形状不当而使混凝土保护层过早剥落，导致约束效果降低，所以为确保钢骨塑性变形能力的发挥，有必要限制钢骨板材的宽厚比。

9. 无边框钢骨混凝土剪力墙腹板的水平钢筋应在钢骨外绕过或与钢骨焊接。有边框钢骨混凝土剪力墙的边框柱和边框梁的钢骨与钢筋构造要求，与钢骨混凝土梁柱基本相同。剪力墙腹板内的水平钢筋应伸入边柱，有足够的锚固长度。当采用钢骨混凝土梁影响墙板混凝土的浇筑时，也可采用钢筋混凝土边框梁。

钢骨混凝土剪力墙腹板部分的竖向及水平分布筋的构造要求与钢筋混凝土剪力墙相同。此外，由于剪力墙端部钢骨往往承受较大拉力，钢骨应在基础内有可靠的锚固。

试验表明，压弯破坏的无边框钢骨混凝土剪力墙在达到最大荷载时，端部钢骨均达到屈服。钢骨屈服后，由于墙板下部混凝土压碎，以及钢骨周围混凝土剥落，会产生剪切滑移破坏或腹板剪压破坏。而钢筋混凝土剪力墙端部暗柱钢筋屈服后，除产生剪切滑移破坏，还可能产生平面外错断破坏，承载力很快降低，延性未得到充分发挥。设置钢骨暗柱，且钢骨强轴与墙面平行，可以提高剪力墙平面外的刚度，改善剪力墙的平面外性能，防止平面外错断破坏，提高剪力墙的延性。有边框钢骨混凝土剪力墙在压弯作用下的受弯性能，与无边框钢骨混凝土剪力墙基本相同。

剪切破坏的无边框钢骨混凝土剪力墙在反复水平荷载作用下，首先在剪力墙底部附近出现第一批弯剪斜裂缝；随着荷载增大，第一批斜裂缝不断扩展和延伸，同时在其上方出现第二批斜裂缝；之后，斜裂缝发展迅速，形成一条贯通的主斜裂缝。主斜裂缝出现后不久，荷载很快达到最大值。最大荷载后，裂缝发展主要集中在主斜裂缝上，主斜裂缝附近的混凝土破碎而逐渐崩落，承载力下降，墙体产生剪切破坏。在加载后期，暗柱钢骨受腹板混凝土压碎挤压向外凸出，并沿钢骨出现竖向裂缝，钢骨外混凝土保护层剥落。剪切破坏的钢骨混凝土剪力墙的水平荷载-位移滞回曲线呈捏拢形状，但比钢筋混凝土剪力墙有所改善。

单层单跨有边框钢骨混凝土剪力墙（钢骨混凝土边框梁柱＋钢筋混凝土腹板）在水平荷载作用下，先在边框柱出现弯曲裂缝，后在腹板出现剪切斜裂缝。随着荷载增大，斜裂缝不断开展，并形成许多大体平行的斜裂缝，最后腹板中部的斜裂缝连通而剪切破坏。与有边框钢筋混凝土剪力墙的不同之处是，腹板部分产生剪切破坏后，由于边框钢骨混凝土柱具有较大抗弯能力，水平承载力降低缓慢。此外，由于边框梁柱的约束作用，钢筋混凝土腹板部分的受剪承载力也有所提高。

10. 钢骨混凝土剪力墙在压弯作用下的正截面承载力计算，可将暗柱或边框柱中钢骨面积作为集中配置的钢筋，按钢筋混凝土剪力墙正截面承载力的计算方法进行。

无边框钢骨混凝土剪力墙的斜截面受剪承载力可按下式计算：

$$V_{wu} = V_{wu}^{rc} + V_{wu}^{ss}$$

式中　V_{wu}^{rc}——剪力墙钢筋混凝土腹板部分的受剪承载力，按规范公式计算；

　　　　V_{wu}^{ss}——无边框剪力墙钢骨部分销栓作用的受剪承载力。

有地震作用组合时 V_{wu}^{ss} 按下式计算：

$$V_{wu}^{ss} = \left[0.12 f_{ssy} \Sigma A_{ss}\right] \frac{1}{r_{RE}}$$

其中，A_{ss} 为无边框钢骨混凝土剪力墙端部钢骨的面积。V_{wu}^{ss} 的取值不大于 $0.25 V_{wu}^{rc}$。

对于有边框钢骨混凝土剪力墙的抗剪承载力，当采用钢筋混凝土墙板时，可取墙板部分与边框柱受剪承载力的叠加：

$$V_{wu} = V_{wu}^{rc} + \frac{1}{2} \Sigma V_{cu}$$

钢筋混凝土墙板部分的受剪承载力 V_{wu}^{rc}，仍按规范公式计算；V_{cu} 为一根钢骨混凝土边框柱的受剪承载力。

11. 由于钢骨混凝土柱中既配置钢骨，也配置钢筋，所以两者往往在施工中需要交错布置，这应给予特别的重视。在配筋设计时，要考虑钢骨与钢筋的相互关系、施工顺序以及混凝土工程的正常进行。

12. 钢骨混凝土构件在浇筑混凝土之前，要进行由钢骨组成的钢骨架施工阶段验算，验算在施工荷载与可能出现的风荷载作用下的承载力、稳定及位移。根据验算结果确定浇筑混凝土的楼层与钢骨架安装的最高楼层间隔要求。

【禁忌 9】 不了解端部设置型钢的剪力墙及钢板-混凝土组合剪力墙的构造要求

【正】 1. 当核心筒墙体承受的弯矩、剪力和轴力均较大时，核心筒墙体可采用型钢混凝土剪力墙或钢板混凝土剪力墙，钢板混凝土剪力墙构件的受剪截面及受剪承载力应符合本条的要求，其他截面承载力可按《型钢规程》进行截面设计。

本条所指钢板混凝土剪力墙指设置两端型钢暗柱、上下有型钢暗梁，中间设置钢板，形成的钢-混凝土组合剪力墙。

2. 为提高剪力墙的抗震性能，可以在墙肢的端部设置钢骨，成为无边框钢骨混凝土剪力墙［图 13-27 (a)］，常用于单片剪力墙或核心筒。无边框钢骨混凝土剪力墙中一般应使钢骨强轴与墙轴线平行，以增强墙板的平面外刚度。当剪力墙设置于钢骨混凝土柱之间或钢骨混凝土梁柱框架之间并形成整体时，则成为有边框剪力墙［图 13-27 (b)］，可用于框架-剪力墙结构。

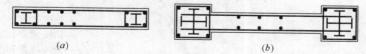

(a)   (b)

图 13-27   钢骨混凝土剪力墙的形式

(a) 无边框钢骨混凝土剪力墙；(b) 有边框钢骨混凝土剪力墙

3. 高层钢-混凝土混合结构体系是具有较好的抗风、抗震性能以及良好经济性的结构新体系，随着高层混合结构的迅速发展，针对核心筒剪力墙的研究成为工程界和学术界关注的热点。在实际工程中，特别是在高层和超高层混合结构体系设计中，钢筋混凝土剪力墙组成的筒体承担着绝大部分的地震剪力，在以往的个别设计中甚至剪力墙承担全部剪力，框架只承受竖向力，结构底层剪力墙剪跨比一般较小，同时轴压比很大，这样对结构底层剪力墙的要求就大大提高了，整个结构体系的抗震性能在很大程度上取决于混凝土筒体，为此必须采取有效措施保证混凝土筒体的承载力和延性。中国建筑科学研究院对不同配筋形式的混凝土剪力墙的受剪性能进行了试验研究。

改善剪力墙抗震性能的另一种思路是采用钢-混凝土组合剪力墙，发挥混凝土与钢两种材料各自的优势，我国及其他国家对侧面有混凝土薄墙板的钢板剪力墙进行了研究，在这些研究中混凝土仅作为对钢板的加强措施，未考虑其对承载力的贡献，同时试验中轴压比较小，高宽比较大。为此建研院通过 11 片高宽比为 1.5、高轴压比的钢板-混凝土组合剪力墙受剪性能的试验研究，考虑钢与混凝土的共同作用，综合比较墙身钢板与周围型钢不同连接方式影响，给出钢板-混凝土组合剪力墙的受剪承载力设计计算公式和受剪截面控制条件的建议公式。

构成组合结构的基本条件是钢和混凝土两种材料组合在一起时能够共同工作，这也是采用叠加原理进行强度计算的前提。下面结合基本试件 SRCW1 和四周焊接钢板-混凝土组合墙试件 SRCW7 的试验数据分析和有限元计算分析来进行焊接在一起的型钢和钢板与钢筋混凝土共同工作性能的讨论。

4. 试验过程的分析。

(1) 破坏过程。从试验中试件破坏过程看，SRCW1 在水平力 $P=140$kN 时，出现墙身斜裂缝；而 SRCW7 在水平力 $P=380$kN 时，才出现墙身斜裂缝。从裂缝分布看，钢筋混凝土试件斜裂缝出现较早且集中，而钢板混凝土墙斜裂缝出现明显推迟、分布分散且很细。墙体在达到最大承载力时，混凝土墙也破坏，说明在加载过程中，两者共同工作，共同抵抗外力。

(2) 应变分析。从应变分析看，加入钢板后，钢筋的应变发展明显减慢，从试件 SRCW1 和 SRCW7 相同位置处的钢筋应变-水平力滞回曲线看，在相同的顶点水平力作用下，钢板组合墙的钢筋应变明显小于普通钢筋混凝土墙。比如同样在水平力 $P=300$kN 时，SRCW1 试件某钢筋应变片应变量为 $850\mu\varepsilon$，而 SRCW7 试件相同位置的钢筋应变片应变量为 $250\mu\varepsilon$ 左右。说明了钢板在加载过程中参与受力的明显贡献。

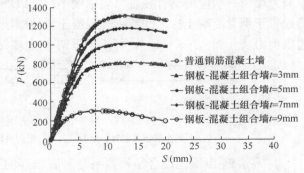

图 13-28　不同钢板厚度的钢板-混凝土组合墙
与普通墙水平力-位移曲线比较

（3）试验结果的分析。从图 13-28 的水平力-顶点位移曲线可以看到，基本试件与四周焊接钢板-混凝土组合墙两条曲线的差值即为型钢及钢板的受剪承载力贡献。在加载初期，组合墙初始刚度明显提高，整体表现为弹性；弹塑性上升段从试件开裂增多至荷载达到峰值，在这个过程中随着混凝土的开裂损伤以及部分退出工作，刚度降低，这时钢板分配的力逐渐增加，随着力不断加大，钢筋或钢板陆续进入屈服，也出现更多的混凝土损伤和退出工作，这时混凝土部分的荷载增加不断减小，在混凝土部分达到极限后，墙体整体骨架线出现了明显的转折，整体承载力也随即达到最大或基本进入平直段，这时主要利用钢板的极限强度和延性，但此后荷载增加已很有限，最后曲线进入下降段。

5. 有限元计算分析。

利用美国 HKS 公司产品 ABAQUS 对试验试件进行了三维实体模型的非线性有限元分析，混凝土采用三维实体单元 C3D8R，型钢采用平面壳元 S4R，纵筋和箍筋采用杆单元 T3D2，未考虑型钢、钢筋与混凝土之间的粘结滑移作用；混凝土采用塑性损伤模型，根据《混凝土规范》附录 C 中建议的曲线定义混凝土的单轴受压本构关系，计算中混凝土极限拉应变取 0.001，残余强度取 $0.1f_t$，f_t 取值参照实测 f_c；钢筋、型钢均采用双折线弹塑性模型，其屈服强度及极限强度均采用实测值，计算结果与试验值吻合效果较好，通过加载全过程有限元分析得到水平力-顶点位移曲线。对以下两种试件的计算结果进行比较研究，一种是普通钢筋混凝土墙，另一种是钢板-混凝土组合墙，尺寸及配筋同试验试件。钢板-混凝土组合墙中除计算钢板厚度 3mm 的试件外，同时计算了钢板厚度分别为 5mm、7mm、9mm 三种情况试件的水平力-顶点位移曲线。

结果反映了在整个加载受力过程中钢板与钢筋混凝土共同工作的特点。在钢筋混凝土逐渐达到极限承载力时，钢板也基本达到其最大承载力，墙体整体的水平力-位移曲线出现明显转折，即整体刚度发生明显变化，此后荷载的增加就很有限。这说明钢筋混凝土与钢板共同承受外荷载，即使当钢板很强时，比如厚度为 9mm，当钢筋混凝土部分破坏后，墙体的刚度仍然发生明显的变化，而且此后承载力的增加也已经是有限的了。

因此，只要保证钢与钢筋混凝土之间有可靠的连接，比如设置适量的栓钉等，就可以使两者共同变形，共同承受外荷载，而不会发生某一部分先承受外力，破坏后，另外部分才发挥作用，即不会出现各个击破的现象。

6. 钢板混凝土剪力墙的受剪截面应符合下列要求：

（1）持久，短暂设计状况

$$V_{cw} \leqslant 0.25 f_c b_w h_{w0}$$

$$V_{cw} = V - \left(\frac{0.3}{\lambda} f_a A_a + \frac{0.6}{\lambda - 0.5} f_p A_p \right)$$

（2）地震设计状况

$$V_{cw} \leqslant \frac{1}{\gamma_{RE}}(0.20f_c b_w h_{w0})$$

$$V_{cw} = V - \frac{1}{\gamma_{RE}}\left(\frac{0.25}{\lambda}f_a A_a - \frac{0.5}{\lambda - 0.5}f_p A_p\right)$$

式中　V——钢板混凝土剪力墙的墙肢截面剪力设计值；

$\quad\quad V_{cw}$——仅考虑墙脚截面钢筋混凝土部分承担的剪力；

$\quad\quad \lambda$——计算截面的剪跨比，当 $\lambda < 1.5$ 时，即 $\lambda = 1.5$；当 $\lambda > 2.2$ 时，即 $\lambda = 2.2$；当计算截面与墙底之间的距离小于 $0.5h_{w0}$ 时，λ 应按距离墙底 $0.5h_{w0}$ 处的弯矩值与剪力值计算；

$\quad\quad f_p$——剪力墙墙身钢板的抗压强度设计值；

$\quad\quad A_p$——剪力墙墙身钢板的横截面面积。

中国建筑科学研究院进行的试验研究表明，两端设置型钢或内藏钢板的混凝土组合剪力墙可以提供良好的耗能能力，其受剪截面限制条件可以考虑两端型钢和内藏钢板的作用，扣除两端型钢和内藏钢板发挥的抗剪作用后，对钢筋混凝土部分承担的剪力控制其平均剪应力。

7. 钢板混凝土剪力墙偏心受压时的斜截面受剪承载力，应按下列公式进行计算：

（1）持久、短暂设计状况

$$V \leqslant \frac{1}{\lambda - 0.5}\left(0.5f_t b h_0 + 0.13N\frac{A_w}{A}\right) + f_{yv}\frac{A_{sh}}{s}h + \frac{0.3}{\lambda}f_a A_a + \frac{0.6}{\lambda - 0.5}f_p A_p$$

（2）地震设计状况

$$V \leqslant \frac{1}{\gamma_{RE}}\left[\frac{1}{\lambda - 0.5}\left(0.4f_t b h_0 + 0.1N\frac{A_w}{A}\right) + 0.8f_{yv}\frac{A_{sh}}{s}h + \frac{0.25}{\lambda}f_a A_a + \frac{0.5}{\lambda - 0.5}f_p A_p\right]$$

式中　N——剪力墙的轴向压力设计值，当 $N > 0.2f_c b_w h_w$ 时，取为 $N = 0.2f_c b_w h_w$；

$\quad\quad f_a$——剪力墙端部暗柱中型钢的抗压强度设计值；

$\quad\quad A_a$——剪力墙一端暗柱中型钢截面面积。

中国建筑科学研究院进行的试验研究表明，两端设置型钢或内藏钢板的混凝土组合剪力墙，在满足《高规》11.4.14 条规定的构造要求时，其型钢和钢板可以充分发挥抗剪作用，因此截面受剪承载力公式中包含了两端型钢和内藏钢板对应的受剪承载力。

8. 型钢混凝土剪力墙、钢板混凝土剪力墙应符合下列构造要求：

（1）抗震设计时，一、二级抗震等级的型钢混凝土剪力墙、钢板混凝土剪力墙底部加强部位，其重力荷载代表值作用下墙肢的轴压比应按下列公式计算，并应符合《高规》第 7.2.13 条的规定。

$$\mu_N = N/(f_cA_c + f_aA_a + f'_aA'_a + f_pA_p)$$

式中 N——重力荷载代表值作用下墙肢的轴向压力设计值；

    A_c——剪力墙墙肢截面面积；

  A_a、A'_a——两端型钢截面面积；

  f_a、f'_a——两端型钢设计强度；

    A_p——剪力墙内藏钢板的截面面积；

    f_p——剪力墙内藏钢板的设计强度。

（2）型钢混凝土剪力墙、钢板混凝土剪力墙在楼层标高处宜设置暗梁。

（3）端部配置型钢的混凝土剪力墙，其混凝土的保护层厚度宜大于100mm；水平分布钢筋应绕过或穿过墙端型钢，且应满足钢筋锚固长度要求。

（4）周边有型钢混凝土柱和梁的现浇钢筋混凝土剪力墙，剪力墙的水平分布钢筋应绕过或穿过周边柱型钢，且应满足钢筋锚固长度要求；当采用间隔穿过时，宜另加补强钢筋。周边柱的型钢、纵向钢筋、箍筋配置应符合型钢混凝土柱的设计要求。

中国建筑科学研究院进行的试验研究表明，内藏钢板的钢板混凝土组合剪力墙可以提供良好的耗能能力，在计算轴压比时，可以考虑内藏钢板的作用。

9. 钢板混凝土剪力墙尚应符合下列构造要求：

（1）钢板混凝土剪力墙体中的钢板厚度不宜小于墙厚的1/15；

（2）钢板混凝土剪力墙的墙身配筋率不宜小于0.40%；

（3）钢板与周围型钢构件宜优先采用焊接；

（4）钢板与混凝土墙体之间连接件的构造要求可参照《钢结构设计规范》GB 50017中关于组合梁抗剪连接件构造要求相关部分，栓钉间距不宜大于300mm；

（5）在钢板墙角部1/5板跨且不小于1000mm范围内，钢筋混凝土墙体分布钢筋、抗剪栓钉间距宜适当加密；

（6）四周焊接钢板混凝土剪力墙节点可按图13-29采用。

在墙身中加入薄钢板，对于墙体承载力和破坏形态会产生显著影响，而钢板与周围构件的连接关系对于承载力和破坏形态的影响至关重要。从试验情况来看，钢板与周围构件的连接越强，则承载力越大。四周焊接的钢板组合剪力墙可显著提高剪力墙受剪承载能力，并具有与普通

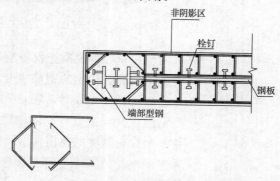

图13-29 钢板混凝土剪力墙节点

钢筋混凝土剪力墙基本相当或略高的延性系数。这对于承受很大剪力的剪力墙设计具有十分突出的优势。为充分发挥钢板的强度，建议钢板四周采用焊接的连接形式。

对于钢板混凝土剪力墙，为使钢筋混凝土墙有足够的刚度对墙身钢板形成有效的侧向约束，从而使钢板与混凝土能协同工作，应控制内置钢板的厚度。

对于墙身分布筋，考虑到：①钢筋混凝土墙与钢板共同工作，混凝土部分的承载力不宜太低，宜适当提高混凝土部分的承载力，使钢筋混凝土与钢板两者协调，提高整个墙体的承载力；②钢板组合墙的优势是可以充分发挥钢和混凝土的优点，混凝土可以防止钢板的屈曲失稳，为此宜适当提高墙身配筋。建议对于钢板组合墙的墙身配筋率不宜采小于 0.35%。

【禁忌 10】 对型钢混凝土梁的裂缝和挠度验算不熟悉

【正】 1. 型钢混凝土框架梁应验算裂缝宽度；最大裂缝宽度应按荷载的短期效应组合并考虑长期效应组合的影响进行计算。

2. 考虑裂缝宽度分布的不均匀性和荷载长期效应组合影响的最大裂缝宽度（按 mm 计）应按下列公式计算（图 13-30）：

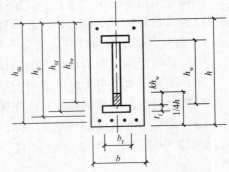

图 13-30 框架梁最大裂缝宽度计算

$$w_{\max} = 2.1 \psi \frac{\sigma_{sa}}{E_s} \left(1.9c + 0.08 \frac{d_e}{\rho_{te}} \right)$$

$$\psi = 1.1(1 - M_c/M)$$

$$M_c = 0.235bh^2 f_{tk}$$

$$\sigma_{sa} = \frac{M}{0.87(A_s \cdot h_{0s} + A_{af} \cdot h_{0f} + kA_{aw}h_{0w})}$$

$$d_e = \frac{4(A_s + A_{af} + kA_{aw})}{u}$$

$$u = n\pi d_s + (2b_f + 2t_f + 2kh_{aw}) \times 0.7$$

$$\rho_{te} = \frac{A_s + A_{af} + kA_{aw}}{0.5bh}$$

式中　　c——纵向受拉钢筋的混凝土保护层厚度；

ψ——考虑型钢翼缘作用的钢筋应变不均匀系数；当 $\psi < 0.4$ 时，取 $\psi = 0.4$；当 $\psi > 1.0$ 时，取 $\psi = 1.0$；

k——型钢腹板影响系数，其值取梁受拉侧 1/4 梁高范围中腹板高度与整个腹板高度的比值；

d_e、ρ_{te}——考虑型钢受拉翼缘与部分腹极及受拉钢筋的有效直径、有效配筋率；

σ_{sa}——考虑型钢受拉翼缘与部分腹板及受拉钢筋的钢筋应力值；

M_c——混凝土截面的抗裂弯矩；

A_s、A_{af}——纵向受力钢筋、型钢受拉翼缘面积；

A_{aw}、h_{aw}——型钢腹板面积、高度；

h_{0s}、h_{0f}、h_{0w}——纵向受拉钢筋、型钢受拉翼缘、kA_{aw}截面重心至混凝土截面受压边缘的距离；

n——纵向受拉钢筋数量；

u——纵向受拉钢筋和型钢受拉翼缘与部分腹板周长之和。

3. 型钢混凝土框架梁在正常使用极限状态下的挠度，可根据构件的刚度用结构力学的方法计算。

在等截面构件中，可假定各同号弯矩区段内的刚度相等，并取用该区段内最大弯矩处的刚度。

受弯构件的挠度应按荷载短期效应组合并考虑荷载长期效应组合影响的长期刚度 B_l 进行计算，所求得的挠度计算值不应大于表 13-7 规定的限值。

4. 当型钢混凝土框架梁的纵向受拉钢筋配筋率为 $0.3\%\sim1.5\%$ 范围时，其荷载短期效应和长期效应组合作用下的短期刚度 B_s 和长期刚度 B_l，可按下列公式计算：

$$B_s = \left(0.22 + 3.75\frac{E_s}{E_c}\rho_s\right)E_c I_c + E_a I_a$$

$$B_l = \frac{M_s}{M_l(\theta-1) + M_s}B_s$$

式中　E_c——混凝土弹性模量；

E_a——型钢弹性模量；

I_c——按截面尺寸计算的混凝土截面惯性矩；

I_a——型钢的截面惯性矩；

M_s——按荷载短期效应组合计算的弯矩值；

M_l——按荷载长期效应组合计算的弯矩值；

θ——考虑荷载长期效应组合对挠度增大的影响系数，按第 5 条采用。

5. 考虑荷载长期效应组合对挠度增大的影响系数 θ 可按下列规定采用：

当 $\rho_s' = 0$ 时，$\theta = 2.0$；

当 $\rho_s' = \rho_s$ 时，$\theta = 1.6$；

当 ρ_s' 为中间数值时，θ 按直线内插法取用。

此处，ρ_s、ρ_s' 分别为纵向受拉钢筋和纵向受压钢筋配筋率，$\rho_s = A_s/bh_0$，$\rho_s' = A_s'/bh_0$。

【禁忌 11】　不重视型钢（钢骨）混凝土结构的构造细部

【正】 1. 梁腹开孔应遵循以下规定：

（1）型钢混凝土梁需设孔洞时，孔洞形状可为圆形或矩形，条件允许时，应优先采用圆孔。

（2）按 9 度抗震设防的结构，梁上不允许开洞。

（3）梁的孔洞应位于梁腹的中部，且宜设置在梁剪力较小的区段（图 13-31）；孔洞中心距应大于孔洞平均直径的 3 倍（图 13-32）。

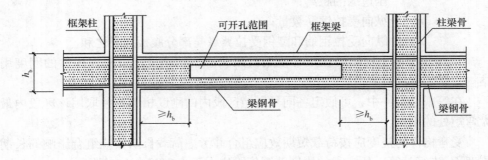

图 13-31　型钢混凝土梁的开孔范围

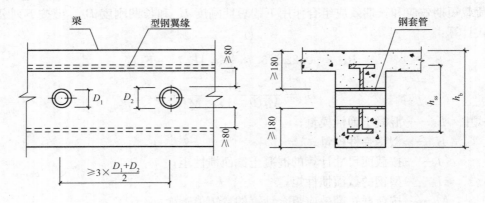

图 13-32　型钢混凝土梁的开孔尺寸和间距

（4）圆形孔洞的直径 D 或矩形孔洞的高度 h，应符合下列要求：

1）位于靠近支座的 1/4 跨度区段内，洞高不应大于梁截面高度的 0.3 倍和型钢截面高度的 0.5 倍。

2）位于离支座 1/4 跨度以外时，不应大于梁截面高度的 0.4 倍和型钢截面高度的 0.7 倍。

3）矩形孔洞的长度不宜大于梁截面高度的 0.8 倍。

（5）圆形孔洞周边宜采用钢套管补强（图 13-32）。管壁厚度不宜小于型钢腹板的厚度；套管与型钢腹板连接的角焊缝高度，取 0.7 倍腹板厚度。

（6）圆形孔洞也可采用带圆洞的方形钢板补强（图 13-33），在型钢腹板两侧各焊接一块厚度稍薄于型钢腹板厚度的方形钢板，方形钢板的洞边宽度取75～125mm。

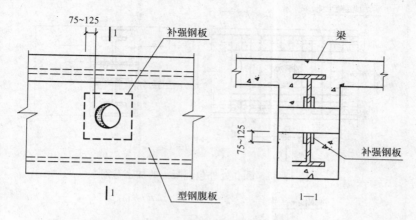

图 13-33　型钢混凝土梁腹板孔洞的钢板补强

（7）对于矩形孔洞，应沿孔洞周边在型钢腹板两侧设置纵向和横向加劲肋（图 13-34）。

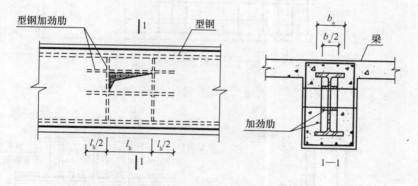

图 13-34　矩形洞边的纵、横加劲肋

（8）孔洞周边的外包混凝土部分存在应力集中现象，也应采用弯筋或加密箍筋及水平筋予以补强。采用加密箍筋补强时，从圆孔侧边（图 13-35）或矩形孔洞侧边（图 13-36）到两侧各 1/2 梁高范围内，均应符合表 13-10 箍筋加密区段的构造要求。

2. 梁柱连接构造见图 13-37～图 13-39。

3. 梁端与柱端的承载力比值。

由型钢混凝土柱与钢梁、型钢混凝土梁或钢筋混凝土梁组成的框架，梁端、柱端的型钢和外包混凝土的各自受弯承载力之和，应分别符合下列公式要求：

钢梁
$$0.5 \leqslant \frac{\sum M_c^a}{\sum M_b^a} < 2.0$$

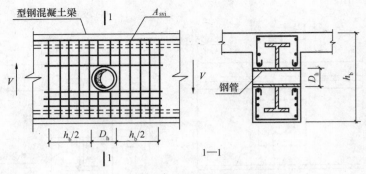

图 13-35　圆孔处外包混凝土的加密箍筋

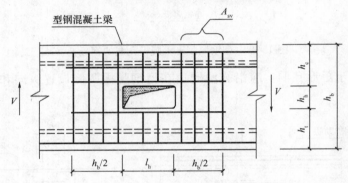

图 13-36　矩形孔洞处外包混凝土的加密箍筋

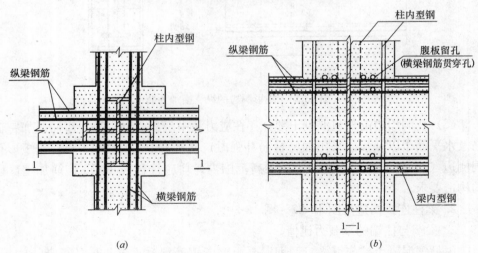

图 13-37　柱内钢骨腹板的梁纵筋预留孔

(a) 节点平面；(b) 节点竖剖面

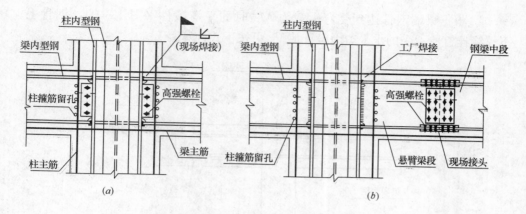

图 13-38　梁、柱型钢的连接方式

(a) 工地焊接；(b) 工地栓接

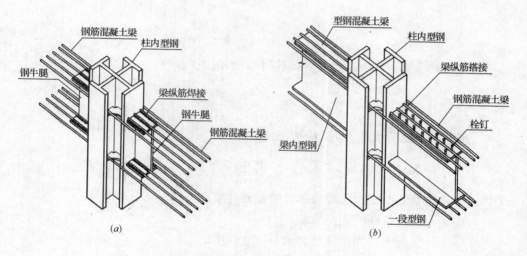

图 13-39　梁柱连接

(a) 梁的纵筋焊于钢牛腿上；(b) 框架节点两侧分别为型钢混凝土梁和钢筋混凝土梁

型钢混凝土梁 $\qquad 0.5 \leqslant \dfrac{\sum M_{\mathrm{c}}^{\mathrm{a}}}{\sum M_{\mathrm{b}}^{\mathrm{a}}} < 2.0$, $\qquad$ 且 $\dfrac{\sum M_{\mathrm{c}}^{\mathrm{rc}}}{\sum M_{\mathrm{b}}^{\mathrm{rc}}} \geqslant 0.5$

钢筋混凝土梁 $\qquad \dfrac{\sum M_{\mathrm{c}}^{\mathrm{rc}}}{\sum M_{\mathrm{b}}^{\mathrm{rc}}} \geqslant 0.5$

式中　$\sum M_{\mathrm{c}}^{\mathrm{a}}$——框架节点上、下柱端截面内部型钢受弯承载力之和；

$\qquad \sum M_{\mathrm{b}}^{\mathrm{a}}$——框架节点左、右梁端截面处钢梁或梁内型钢的受弯承载力之和；

$\qquad \sum M_{\mathrm{c}}^{\mathrm{rc}}$——框架节点上、下柱端的外包钢筋混凝土截面受弯承载力之和；

$\qquad \sum M_{\mathrm{b}}^{\mathrm{rc}}$——框架节点左、右梁端的钢筋混凝土截面受弯承载力之和。

4. 根据梁端钢骨达到受弯承载力 M_{yo}^{ss} 时的平衡条件（图 13-40），钢骨上、下翼缘栓钉所承受的水平剪力设计值 V_{st} 可按下式计算：

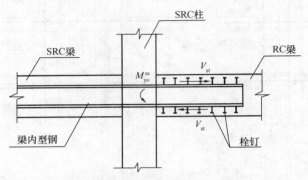

图 13-40　钢筋混凝土梁端部钢骨翼缘栓钉的受力状态

$$V_{st} = \frac{M_{yo}^{ss}}{h_b^{ss}}$$

钢骨上翼缘或下翼缘需要设置的栓钉数量 n_{st} 为：

$$n_{st} = \frac{V_{st}}{N_{st}}$$

一根栓钉的受剪承载力 N_{st} 应按下式计算：

$$N_{st} = 0.43 A_{st} \sqrt{E_c f_c}, \quad 且应符合 N_{st} \leqslant 0.7 A_{st} f_u^{st}$$

式中　h_b^{ss}——钢筋混凝土梁端部钢骨的截面高度；

A_{st}——栓钉钉杆的截面面积；

E_c、f_c——混凝土的弹性模量和轴心抗压强度；

f_u^{st}——栓钉钢材的极限抗拉强度最小值，但不得大于 $540N/mm^2$。

5. 震害表明，由结构下部的型钢混凝土柱直接转变为结构上部的钢柱或钢筋混凝土柱的楼层，由于材料和刚度的突变，结构往往产生较严重的破坏。因此，对于这类混合结构，应该设置过渡层。

在各种结构体系中，当结构的下部采用型钢混凝土柱、上部采用钢筋混凝土柱时，两者之间应设置过渡层（图 13-41）。由下部型钢混凝土柱转变为钢筋混凝土柱的第一层称为过渡层，过渡层的设计应符合下列要求：

（1）过渡层柱身构造要求

1）下层型钢混凝土柱内的钢骨（型钢芯柱），应伸至过渡层顶部框架梁的顶面高度处，过渡层柱内的钢骨截面尺寸可适当减小，一般可按构造要求设置。

2）为保证下层型钢混凝土柱内钢骨的内力，平稳可靠地向上层钢筋混凝土

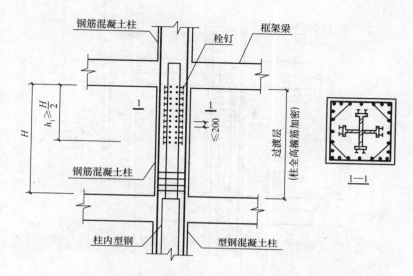

图 13-41　钢筋混凝土柱与型钢混凝土柱的过渡层

柱传递，过渡层柱的钢骨翼缘上应设置栓钉（图 13-41），栓钉的直径不应小于 19mm，水平和竖向中心距不应大于 200mm，栓钉至钢骨板件边缘的距离，不应大于 100mm，也不宜小于 50mm。必要时，栓钉数量可按第（2）款的方法或其他可靠方法计算确定，但实际配置数量不得少于上述的构造要求。

3）过渡层柱的竖向钢筋应按钢筋混凝土柱计算，不考虑其中钢骨的作用。

4）过渡层柱沿柱全高的箍筋配置，应符合《高规》关于钢筋混凝土柱端箍筋加密区段的规定。

（2）钢骨栓钉计算

1）栓钉剪力设计值的计算

①第一种思路——假定柱底钢骨截面达到屈服弯矩 M_{yo}^{ss}，该弯矩由柱底钢骨剪力产生的抵抗矩和栓钉提供的剪力来平衡（图 13-42）。钢骨侧面支承力的合力取柱底截面钢骨的受剪承载力 V_y^{ss}，其合力作用点到柱底截面的距离为（1/2～2/3）H；根据钢筋混凝土柱内钢骨的平衡条件，可以推导出：

钢骨一侧翼缘栓钉所承受的剪力设计值 V_{st} 为：

$$V_{st} = \frac{M_{yo}^{ss} - \beta V_y^{ss} H}{h_c^{ss}} \tag{13-7}$$

式中　M_{yo}^{ss}——过渡层柱底截面处钢骨的受弯承载力；

　　　V_y^{ss}——过渡层柱底截面处钢骨的受剪承载力；

　　　β——钢骨侧面支承力合力作用点的位置系数，可取 1/2～2/3；

　　H、h_c^{ss}——分别为过渡层柱的净高度和柱内钢骨的截面高度。

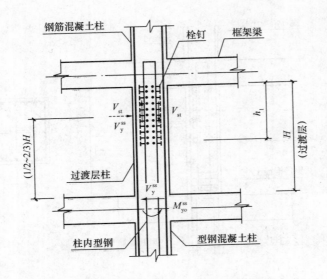

图 13-42　钢筋混凝土柱过渡层的栓钉计算

②第二种思路——认为柱内钢骨承担的轴力，是通过栓钉传递到混凝土。钢骨承担的轴力按钢骨和钢筋混凝土的承载力比例分配。该型钢混凝土柱上端承受的轴力为 N，则过渡层柱底截面处钢骨所承受的压力 N_{c}^{ss}，可按下式计算：

$$N_{c}^{ss} = \frac{f_{ss}A_{ss}}{f_{ss}A_{ss} + f_{c}A_{c}}N$$

设 n_f 为过渡层柱内钢骨可焊接栓钉的翼缘数量，则钢骨每侧翼缘栓钉所承受的剪力设计值 V_{st} 为：

$$V_{st} = \frac{N_{c}^{ss}}{n_{f}} \tag{13-8}$$

式中　　A_c、A_{ss}——过渡层钢筋混凝土柱的混凝土截面面积和柱内钢骨截面面积；

　　　　f_c、f_{ss}——混凝土的轴心抗压强度设计值和钢骨的抗压强度设计值。

2）栓钉数量

①栓钉剪力设计值的取值

钢骨每侧翼缘栓钉所承受的剪力设计值 V_{st}，取按式（13-7）和式（13-8）两者计算结果的较大值。

②每侧翼缘栓钉数量

过渡层钢筋混凝土柱的内部钢骨，其每侧翼缘上的栓钉数量 n_{st}，可按下式计算：

$$n_{st} = \frac{V_{st}}{N_{st}}$$

$$N_{st} = 0.43A_{st}\sqrt{E_{c}f_{c}}，\quad 且应符合 \ N_{st} \leqslant 0.7A_{st}f_{u}^{st}$$

式中　A_{st}、N_{st}——单根栓钉的钉杆截面面积和受剪承载力；

　　　　E_c、f_c——混凝土的弹性模量和轴心抗压强度设计值；

　　　　f_u^{st}——栓钉钢材的极限抗拉强度最小值，但不得大于 $540N/mm^2$，

　　　　　　采用 Q235 号钢制作的栓钉，取 $f_u^{st}=400N/mm^2$。

　　6. 在各种结构体系中，当结构的上部采用钢柱、下部采用型钢混凝土柱时，两者之间应设置结构过渡层。过渡层的设计应符合下列要求：

　　（1）过渡层柱身构造要求

　　1）过渡层的钢柱应按钢结构设计，其截面尺寸应不小于过渡层上一层的钢柱截面尺寸，并应按构造要求外包钢筋混凝土（图13-43）；但计算过渡层的承载力时，仅按钢柱截面计算，不考虑外包钢筋混凝土截面的作用。

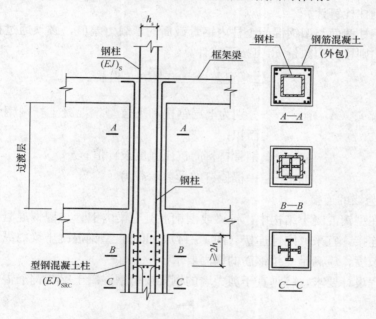

图 13-43　钢柱与型钢混凝土柱的过渡层

　　2）过渡层的钢柱，应向下伸入下一层型钢混凝土柱内，直至下层框架梁底面以下 2 倍钢柱截面高度处，并与该楼层型钢混凝土柱内的钢骨相连接，以便将钢柱的内力传递到过渡层以下的型钢混凝土柱内。

　　3）当楼房上部钢结构采用方（圆）形钢管时，过渡层下一楼层型钢混凝土柱内十字形钢骨的十字形腹板，应伸入钢管内不少于一倍钢柱截面高度，并相互焊接。

　　4）过渡层下一楼层型钢混凝土柱沿全高配置的箍筋，应符合钢筋混凝土柱端部加密箍筋的规定。

　　5）伸入下一层型钢混凝土柱内的一段钢柱，其翼缘上应设置栓钉，栓钉的

直径不应小于 19mm，水平和竖向间距不应大于 200mm，栓钉至钢骨板件边缘的距离不应大于 100mm，也不宜小于 50mm。

必要时，栓钉的数量可按第（2）款方法或其他可靠方法计算，但栓钉的实际设置数量，不得少于上述的构造要求。

6）由型钢混凝土柱向上部钢柱过渡时，楼层侧移刚度应逐渐减小，因此，过渡层的钢柱外包钢筋混凝土后，其整体截面刚度 $\overline{EJ}$ 应为下部型钢混凝土柱截面刚度 $(EJ)_{SRC}$ 与上部钢柱截面刚度 $(EJ)_s$ 的中间值。一般取：

$$\overline{EJ} = (0.4 \sim 0.6)[(EJ)_{SRC} + (EJ)_s]$$

7）过渡层钢柱的外包混凝土厚度，按刚度要求确定，但不应小于 50mm，外包混凝土的配箍可按构造要求确定。

（2）钢柱栓钉计算

假定钢柱截面与型钢混凝土柱内钢骨截面的承载力差值，必须通过栓钉传递给混凝土，则栓钉的数量 n_{st} 可按下式计算：

$$n_{st} = \frac{f_{ss}\big[(A_{ss})_s - (A_{ss})_{SRC}\big]}{N_{st}}$$

式中 $(A_{ss})_s$、$(A_{ss})_{SRC}$——分别为上层钢柱和下层型钢混凝土柱内钢骨的截面面积；

f_{ss}——钢骨材料的抗压强度设计值；

N_{st}——一根栓钉的受剪承载力。

7. 梁与墙的连接。

（1）在型钢混凝土结构中，钢梁或型钢混凝土梁内钢骨与型钢混凝土墙内型钢暗柱的连接，宜采取刚性连接（图 13-44）。此时，型钢混凝土梁内纵向钢筋伸入墙内的长度，应满足受拉钢筋的锚固要求。

若工程设计要求，将垂直于剪力墙的钢梁或型钢混凝土梁与钢筋混凝土墙体

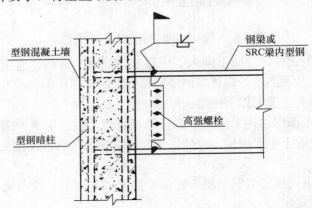

图 13-44　钢梁、型钢混凝土梁与型钢混凝土墙的刚性连接

做成刚接时，应参照图13-44在钢筋混凝土墙体的相应部位设置型钢暗柱，并将它与钢梁或型钢混凝土梁内钢骨形成刚性连接。

（2）钢梁或型钢混凝土梁内钢骨与钢筋混凝土墙体的连接，一般情况下宜作成铰接，其节点有以下三种连接方式：

1）在钢筋混凝土墙的对应部位安设预埋件，采用高强螺栓，将钢梁或型钢混凝土梁内钢骨的腹板与焊在预埋件上的竖向钢板相连接［图13-45（a）、（b）］。

2）在钢筋混凝土墙内设置预埋件，并在预埋件上加焊钢支托（钢牛腿），以支承钢梁或型钢混凝土梁。

3）当钢筋混凝土墙体较厚时，也可采取类似于钢梁在柱顶的支座连接方式，把钢梁或型钢混凝土梁搁置于墙窝内［图13-45（c）］。

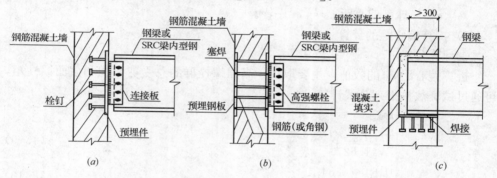

图13-45 钢梁或型钢混凝土梁与钢筋混凝土墙的铰接构造
(a) 栓钉锚件；(b) 钢筋加锚板；(c) 搁置于墙窝内

（3）构造要求：

1）不论是刚接还是铰接，型钢混凝土梁外包混凝土内的纵向钢筋均应伸入钢筋混凝土墙体内，其锚固长度以及梁与墙连接处的箍筋配置，均应符合《混凝土规范》的规定。

2）预埋件背面的焊接栓钉，其数量按计算确定。

（4）作用于铰接节点预埋件上的弯矩设计值 M 和剪力设计值 V（图13-46），按下列方法确定：

1）弯矩设计值

钢梁腹板与墙内预埋件竖向连接板之间采用高强螺栓连接时，预埋件除承受高

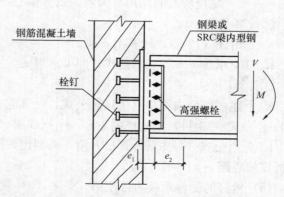

图13-46 作用于铰接支座处预埋件上的剪力和弯矩

强螺栓传来的竖向剪力 V 之外，还要承受由高强螺栓中心线相对于预埋件内表面的偏心所引起的附加弯矩，以及螺栓连接的嵌固作用所产生的弯矩。

预埋件承受的总弯矩，即作用于预埋件上的弯矩设计值 M，按下式计算：

$$M = M_1 + M_2 = V(e_1 + e_2) = V \cdot e$$

式中　M_1——高强螺栓群形心对预埋件的偏心所产生的主弯矩；

　　　M_2——螺栓群嵌固等因素引起的附加弯矩；

　　　V——预埋件的剪力设计值，即由钢梁或型钢混凝土梁内钢骨传来的竖向剪力；

　　　e_1——高强螺栓中心线到预埋件背面的水平距离；

　　　e_2——折算偏心距，按第 2) 款规定计算；

　　　e——计算偏心距，$e = e_1 + e_2$。

2) 折算偏心距的计算

①计算公式

折算偏心距 e_2 的数值，主要取决于高强螺栓群的总受剪面积和截面惯性矩，可通过试算法按下列公式计算：

$$V = kA_{sb}$$

$$k = \alpha \left(\frac{I_{sb}}{41.62} \right)^{\beta} \tag{13-9}$$

$$\alpha = \frac{0.64e_2 - 84.4}{1 - 0.4724e_2} \tag{13-10}$$

$$\beta = 0.296 + 0.0232e_2 - 0.54 \times 10^{-3} e_2^2 - 0.44 \times 10^{-5} e_2^3 \tag{13-11}$$

式中　V——预埋件的剪力设计值，以 10kN 为单位；

　　　k——与螺栓群截面惯性矩及折算偏心距有关的常数；

　　A_{sb}——高强螺栓群的总受剪截面面积（cm^2）；

　　I_{sb}——高强螺栓群的截面惯性矩（cm^4）；

　　　e_2——螺栓群嵌固作用等因素的折算偏心距，以 cm 计。

②计算步骤

a. 先由式 (13-9)，计算出 k 值。

b. 联立求解 k、α、β 三个公式，即可求得 e_2。

③计算图表

a. 上述一组公式不是直接运算公式，计算起来比较麻烦。图 13-47 是根据式 (13-9) ～式 (13-11) 绘制成的 k-I_{sb}-e_2 列线图。

b. 先由公式 (13-9) 计算出 k 值，再利用 k 值和 I_{sb} 值，查图 13-47，即可得到折算偏心距 e_2。

(5) 栓钉的受剪承载力可按第 5 条第 (2) 款 2) ②中所述方法计算。

8. 柱脚连接构造：

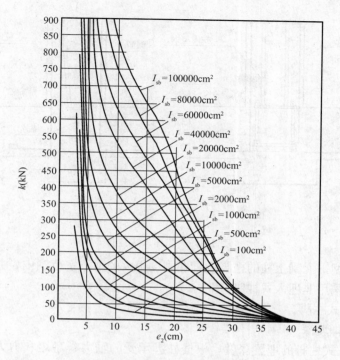

图 13-47　折算偏心距 e_2 列线图

（1）型钢混凝土柱的柱脚可分为：①埋入式柱脚（图 13-48）；②非埋入式柱脚（图 13-49），一般情况下宜采用埋入式柱脚。

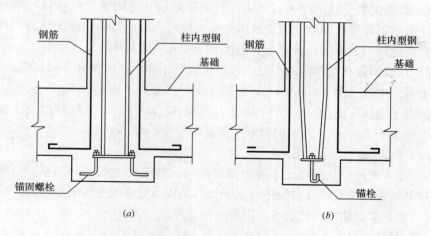

图 13-48　埋入式柱脚

（2）在抗震设防的结构中，当型钢混凝土柱的柱脚设置在刚度较大的地下室顶板以上时，应采用埋入式柱脚。

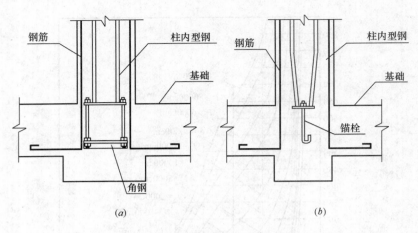

图 13-49　非埋入式柱脚

（3）若型钢混凝土柱的柱脚设置在刚度很大的地下室范围内，并采用可靠措施时，也可采用非埋入式柱脚。

9．埋入式柱脚。

（1）柱脚埋深

1）埋入式柱脚的埋置深度，根据柱脚承受的轴力、弯矩和剪力所建立的平衡方程式计算确定。

2）实际埋深还不应小于柱内钢骨（型钢芯柱）截面高度的 3 倍。

（2）保护层厚度

1）型钢混凝土柱的埋入式柱脚，除钢骨底板和地脚螺栓（锚栓）的抗弯作用外，需要钢骨侧面混凝土的支承压力参与抗弯，因此，柱脚埋入部分的外包混凝土必须达到一定厚度；否则，只能按非埋入式柱脚对待。

2）柱脚钢骨在基础内的混凝土保护层的最小厚度，应符合下列规定：

①对于中柱［图 13-50（a）］，混凝土保护层厚度不应小于 180mm；

②对于边柱［图 13-50（b）］和角柱［图 13-50（c）］，外侧的混凝土保护层厚度不应小于 250mm，内侧的混凝土保护层厚度不应小于 180mm。

（3）加劲肋

1）埋入式柱脚是深埋于混凝土基础梁内，其基础类似于杯形基础，柱内钢骨应在基础表面位置处设置较强的水平加劲肋以承受混凝土传来的压力。

2）水平加劲肋的形状应便于混凝土的浇灌。

（4）栓钉

1）型钢混凝土柱的柱脚部位以及上一楼层范围内的钢骨（型钢芯柱）翼缘外侧，应设置栓钉，以确保型钢与混凝土整体工作。

2）栓钉的直径不应小于 19mm，水平及竖向中心距不应大于 200mm。

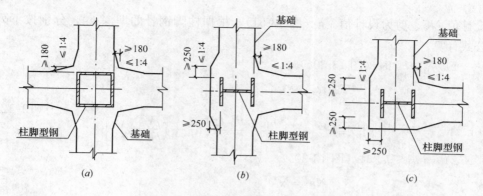

图 13-50　埋入式柱脚的混凝土保护层厚度

(a) 中柱；(b) 边柱；(c) 角柱

3）栓钉至钢骨板件边缘的距离不应小于 50mm，且不大于 100mm。

4）当有可靠依据时，栓钉的数量可按计算确定，但不应少于上述构造要求。

（5）柱脚受力特点

1）柱脚锚栓一般不用来承受柱脚底部的水平反力。

2）埋深较浅的柱脚 $[h_B \leqslant h_v$，图 13-51（b）$]$，是通过钢骨底板的摩擦力或抗剪键来抗剪。

3）埋深较大的柱脚 $[h_B > h_v$，图 13-51（a）$]$，除底板摩擦力抗剪外，还可发挥钢骨埋入部分的抗剪作用，因而受剪承载力较大。

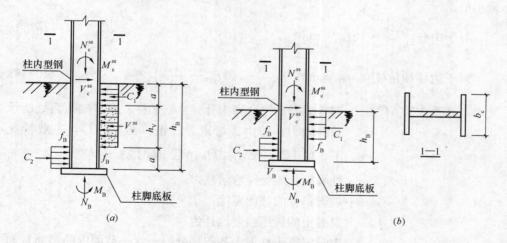

图 13-51　埋入式柱脚的内力传递

(a) 钢骨埋置较深时；(b) 钢骨埋置较浅时

（6）柱脚钢骨底板底面的内力

对于钢骨混凝土柱的埋入式柱脚，柱脚钢骨底板下的弯矩设计值 M_B、轴力

设计值 N_B、剪力设计值 V_B（图 13-51），根据柱脚钢骨的埋深 h_B，分别按下列公式计算：

1）$h_B > h_v$ 时（图 13-30a）

$$\left.\begin{array}{l} N_B = N_c^{ss} \\ V_B = 0 \\ M_B = M_c^{ss} + \dfrac{V_c^{ss} h_B}{2} - \dfrac{b_{se} f_B}{4}\left[h_B^2 - \left(\dfrac{V_c^{ss}}{b_{se} f_B}\right)^2\right] \end{array}\right\} \qquad (13\text{-}12)$$

2）当 $h_B \leqslant h_v$ 时（图 13-30b）

$$\left.\begin{array}{l} N_B = N_c^{ss} \\ V_B = V_c^{ss} \\ M_B = M_c^{ss} + V_c^{ss} h_B - \dfrac{b_{se} f_B}{4} h_B^2 \end{array}\right\} \qquad (13\text{-}13)$$

3）h_v 和 f_B 的计算

①柱脚钢骨受剪时，其埋入基础部分的侧面承压高度 h_v [图 13-51（a）]，按下式计算：

$$h_v = \frac{V_c^{ss}}{b_{se} f_B} \qquad (13\text{-}14)$$

②柱脚钢骨侧面的混凝土承压强度设计值 f_B，取混凝土的局部抗压强度、试验得出的混凝土承压强度最大值和箍筋受拉屈服时所提供的承压应力三者中的最小值：

对于中柱 $\qquad f_B = \min\left(f_c\sqrt{\dfrac{b_c}{b_{se}}}, 10 f_c\right) \qquad (13\text{-}15)$

对于边柱和角柱 $\qquad f_B = \min\left(f_c\sqrt{\dfrac{b_c}{b_{se}}}, 10 f_c, \dfrac{A_{sv} f_{yv}}{b_{se} S}\right) \qquad (13\text{-}16)$

式中　N_c^{ss}、V_c^{ss}、M_c^{ss}——钢骨混凝土柱柱脚钢骨（型钢芯柱）在基础顶面处所承受的轴力、剪力、弯矩设计值（图 13-51），一般情况下，取 $V_c^{ss} = 2M_{yo}^{ss}/H_n$，$M_c^{ss} = M_{yo}^{ss}$；

　　　　M_{yo}^{ss}——柱脚钢骨的受纯弯承载力；

　　　　b_c——柱脚钢骨的截面宽度；

　　　　f_c——混凝土的抗压强度设计值；

　　　A_{sv}、f_{yv}——钢骨混凝土柱埋入基础部分同一水平截面内的箍筋截面面积和箍筋抗拉强度设计值；

　　　　S——型钢混凝土柱埋入基础部分的箍筋竖向间距；

　　　　b_{se}——型钢混凝土柱的钢骨埋入基础部分的有效承压宽度，按图 13-52 和表 13-15 的规定采用。

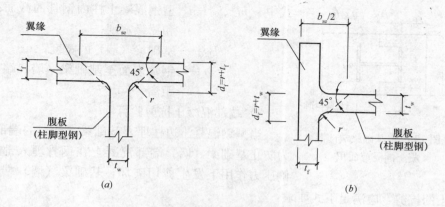

图 13-52　埋入式柱脚的钢骨有效承压宽度

(a) 钢骨翼缘表面；(b) 钢骨腹板面加翼缘侧面

钢骨埋入基础部分的有效承压宽度　　　　　表 13-15

钢骨截面形状及承压方向			
b_{se}	$t_w + 2d_f$	$2t_w + 2d_f$	$3t_w + 4d_f$

（7）基础梁端部混凝土强度验算

型钢混凝土柱埋入钢筋混凝土墙内或基础内时，除应按上述方法验算其受压、受剪和受弯承载力外，还应按下列方法验算墙或基础梁端部混凝土的抗剪。

1）剪力设计值

根据图 13-51 所示的钢骨埋入部分对混凝土的侧压力分布，柱脚钢骨作用于基础梁（墙）端部混凝土的剪力设计值 V_{Bt}，可按下列方法计算：

①当 $h_B > h_v$ 时 ［图 13-51 (a)］

$$V_{Bt} = 0.5 f_B b_{se} (h_B + h_v) \tag{13-17}$$

②当 $h_B \leqslant h_v$ 时 ［图 13-51 (b)］

$$V_{Bt} = 0.5 f_B b_{se} h_B \tag{13-18}$$

式中各符号的含义见式（13-12）～式（13-16）的说明。

2）混凝土受剪面积

型钢混凝土边柱所埋入的基础梁（墙），其端部混凝土的受剪面积 A_{cs}（图 13-53），可按下式计算：

$$A_{cs} = B_c \left(a + \frac{1}{2} h_c^{ss} \right) - \frac{1}{2} b_{sf} h_c^{ss} \tag{13-19}$$

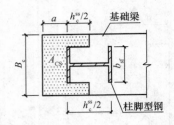

图 13-53　基础梁端部混
凝土的受剪面积

式中　h_c^{ss}、b_{sf} ——型钢混凝土柱内钢骨的截面高度
和翼缘宽度；

B_c ——基础梁（墙）的宽度；

a ——钢骨表面至基础梁（墙）端部的
距离。

3）端部混凝土抗剪验算

当型钢混凝土边柱埋入基础梁（墙）的端部时，
为防止基础梁（墙）端部混凝土在钢骨埋入部分的
侧压力作用下发生剪切破坏，基础梁（墙）端部混
凝土的抗剪，应满足下式要求：

$$V_{Bt} \leqslant f_t A_{cs}$$

式中　V_{Bt} ——型钢混凝土边柱埋入部分的钢骨，作用于基础梁（墙）端部混凝
土的剪力设计值，按式（13-17）或式（13-18）计算；

A_{cs} ——基础梁（墙）端部的混凝土受剪面积，按式（13-19）计算；

f_t ——基础梁（墙）端部混凝土的抗拉强度设计值。

（8）柱脚最大埋深

1）计算公式

设结构底层柱的净高为 H_n，并设反弯点位于柱高中点；取柱底截面处钢骨
的弯矩 $M_c^{ss} = M_{cy}^{ss}$，则钢骨的剪力 $V_c^{ss} = 2M_{cy}^{ss}/H_n$；再由式（13-14）得 $h_v =$
$V_c^{ss}/b_{se}f_B$，并令 $M_B = 0$（图 13-51），一并代入式（13-12），可求得柱脚的最大埋
深：

$$
\begin{aligned}
h_{B,max} &= \frac{V_c^{ss}}{b_{se}f_B} + \sqrt{2\left(\frac{V_c^{ss}}{b_{se}f_B}\right)^2 + \frac{4M_c^{ss}}{b_{se}f_B}} \\
&= \frac{2M_{cy}^{ss}}{b_{se}f_B H_n} + \sqrt{2\left(\frac{2M_{cy}^{ss}}{b_{se}f_B H_n}\right)^2 + \frac{4M_{cy}^{ss}}{b_{se}f_B}}
\end{aligned}
\tag{13-20}
$$

2）设计要求

①当柱脚钢骨的埋入深度大于 $h_{B,max}$ 时，柱脚的设计可不进行强度验算；基
础底板和地脚螺栓（锚栓）可按构造要求设置。

②当 $h_B < h_v$ 时，上面的最大埋深计算式（13-20）不再适用。

10. 非埋入式柱脚。

（1）构造要求

1）柱底锚固

①型钢混凝土柱的钢骨底端，应采用底板和锚栓与基础连接（图 13-54）。

②型钢混凝土柱的外包钢筋混凝土部分，其竖向钢筋伸入基础内的长度，应

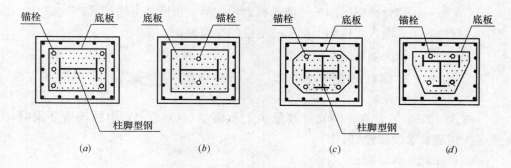

图 13-54 非埋入式柱脚的锚固

符合受拉钢筋的锚固要求。

2）栓钉

①非埋入式柱脚上面第一层，为将钢骨所承受的内力传给混凝土直至基础，应沿楼层全高，于型钢混凝土柱的钢骨翼缘上设置栓钉（图 13-55）。

②栓钉的直径不应小于 19mm，水平和竖向中心距不大于 200mm。

③栓钉至钢骨板件边缘的距离不应大于 100mm。

④当有可靠依据时，栓钉数量也可按计算确定。

（2）钢骨翼缘栓钉的计算

1）假定钢骨底板与基础为铰接，水平剪力为 V_{By}^{ss}；在非埋入式柱脚底板上面第一层（图 13-55），柱内钢骨在楼层柱顶截面处达到屈服弯矩 M_{yo}^{ss}。

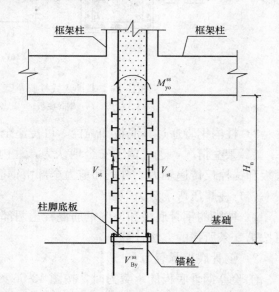

图 13-55 非埋入式柱脚的栓钉布置和受力状态

2）根据钢骨的平衡条件，钢骨-侧翼缘上的栓钉应承受的剪力设计值 V_{st}，以及钢骨一侧翼缘上的栓钉数量 n_{st}，可按下列公式计算：

$$V_{st} = \frac{M_{yo}^{ss} - V_{By}^{ss} H_n}{h_c^{ss}}$$

$$n_{st} = \frac{V_{st}}{N_{st}} \tag{13-21}$$

式中 M_{yo}^{ss}——钢骨柱脚底板上面第一层柱顶截面处钢骨的受弯承载力；

V_{By}^{ss}——钢骨底板底面的受剪承载力，按第 9 条所述方法计算；

H_n——非埋入式柱脚上部第一层柱的净高度；

h_c^{ss}——柱内钢骨的截面高度；

N_{st}——根栓钉的受剪承载力，按第 5 条第（2）款 2）②中所述方法计算。

按式（13-21）计算出的栓钉数量少于前面第（1）款 2）中的构造要求时，则应按构造要求设置栓钉。

（3）柱脚计算原则

1）型钢混凝土柱非埋入式柱脚的承载力，可视为柱内钢骨底板与基础连接的承载力与外圈钢筋混凝土矩形管状截面的承载力之和（图 13-56）。

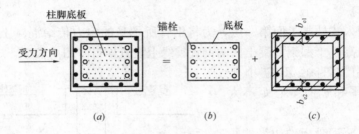

图 13-56　非埋入式柱脚承载力叠加示意图

(a) 柱脚；(b) 钢骨底板；(c) 外圈钢筋混凝土

2）柱内钢骨通过其底板和锚栓，可传递全部轴力、部分弯矩和部分剪力。

3）某些情况，也可偏于安全地认为，柱内钢骨与基础的连接属铰接，钢骨底板和锚栓仅传递轴力，弯矩和剪力全部由钢筋混凝土部分承担。

（4）柱脚压弯承载力

1）柱脚的钢骨底板和外圈钢筋混凝土两部分各自承担的轴力和弯矩设计值，可按第 9 条所述的方法计算。

2）钢骨底板承载力：

①验算钢骨底板的承载力时，按图 13-56（b）所示的矩形钢筋混凝土截面图形计算，锚栓仅作为受拉钢筋。

②预先确定钢骨底板的厚度和锚栓的数量和直径，则钢骨底板和锚栓所能发挥的受弯承载力，可按钢结构柱脚的设计方法计算，并采取措施确保锚栓拉力和底板下面混凝土承压的可靠性。

③当验算由钢骨底板下混凝土和柱脚锚栓所组成的钢筋混凝土截面的承载力时，应注意地脚螺栓对受压无效，不考虑其抗压强度。

3）外圈钢筋混凝土承载力：

验算柱脚第二部分的受弯承载力时，采取图 13-56（c）所示的矩形管状截面，按钢筋混凝土压弯构件的方法计算。

（5）柱脚受剪承载力

1）计算原则

①对于型钢混凝土柱的非埋入式柱脚，应验算其受剪承载力；必要时，可在钢骨底板下面增设抗剪键。

②非埋入式柱脚的受剪承载力，可由柱内钢骨底板和外包管状截面钢筋混凝土两部分［图 13-56（b）、（c）］的受剪承载力相加而得。

③为简化计算，钢骨底板下的受剪承载力，仅考虑作用于钢骨底板上的压力所产生的摩擦力，摩擦系数取 0.4。有地震作用组合时，则取摩擦系数为零。

④外圈管状混凝土截面的受剪承载力，由混凝土和锚入基础内的竖向钢筋（用于抗剪的附加竖筋）两部分所组成。

2）计算公式

非埋入式柱脚的受剪承载力，应满足下式要求：

无地震作用组合 $\qquad \gamma_0 V_B \leqslant V_{By}^{ss} + V_{Bu}^{rc}$

有地震作用组合 $\qquad V_B \leqslant \dfrac{1}{\gamma_{RE}}(V_{By}^{ss} + V_{Bu}^{rc})$

$$V_{By}^{ss} = \mu N_c^{ss}$$

$$V_{Bu}^{rc} = 0.07 f_c b_e h_0 + 0.5 f_{sy} A_s$$

式中　V_B——柱钢骨底板下的水平剪力设计值；

$\quad V_{By}^{ss}$——柱钢骨底板下的受剪承载力；

$\quad V_{Bu}^{rc}$——周围管状截面钢筋混凝土部分的受剪承载力；

$\quad \mu$——柱钢骨底板下的摩擦系数，无地震作用组合时，取 $\mu=0.4$，有地震作用组合时，取 $\mu=0$；

$\quad b_e$——周围管状混凝土截面的有效受剪宽度［图 13-56（c）］，$b_e = b_{e1} + b_{e2}$；

$\quad h_0$——周围管状混凝土截面沿受力方向的有效高度；

$\quad A_s$——柱脚处周围管状混凝土截面锚入基础内的竖向钢筋的截面面积；

$\quad N_c^{ss}$——基础顶面处柱脚钢骨所承担的最小轴力设计值；

$\quad \gamma_0$——结构重要性系数，安全等级为一级、二级的结构构件，分别取 1.1 和 1.0；

$\quad \gamma_{RE}$——柱脚连接的承载力抗震调整系数，按表 13-5 的规定，取 $\gamma_{RE}=0.9$。

以下介绍一些工程实例。

1. 我国至 2004 年底已建成的 150m 以上高层建筑混合结构见表 13-6。

全国至 2004 年已建 150m 以上混合结构超高层建筑　　表 13-16

序号	名　称	地点	设计单位	施工总包（结构施工单位）	±0至塔顶高度(m)	±0至屋面高度(m)	结构层 地上	结构层 地下	体系 材料	体系 结构	形状	建成年份
1	金茂大厦	上海	美国 SOM 华东建筑设计研究院 上海建筑设计院	上海建工集团 上海市一建公司 上海市机械 施工公司		420	88	3	M	框架-筒体	方形	1998
2	地王商业 大厦	深圳	深圳市建筑 设计研究总院 美国建筑设计 公司（建筑） 新日铁 茂盛工程顾 问公司（结构）	熊谷组（香港） 中建三局一公司 中建二局 南方公司	384	325	81	3	M	框架-筒体	矩形	1996
3	赛格广场	深圳	华艺设计顾问 有限公司	中建二局 南方公司	346	292	72	4	M	框架-筒体	八角形	2000
4	武汉民生 银行大厦	武汉	中信武汉建筑设计院	湖北省建六公司 杭萧钢构	330	281	68	3	M	筒中筒 钢偏心 支撑内筒		2004
5	招商银行 大厦	深圳	美国李益民建筑 事务所 深圳市 建筑设计研究总院	江苏华建		237	53	3	M	框架-筒体	方形	2001
6	浦东国际 金融大厦	上海	上海建筑设计研究院 日本日建事务所	中建一局	230	226	53	3	M	框架-筒体		2000
7	上海新世 界中心	上海	上海建筑设计研究院 加拿大 B+H 国际 建筑事务所 奥雅纳工程顾问 香港有限公司	上海建工集团 （七建）		217	58	3	M	框架-筒体		2002
8	长峰 大酒店	上海	美国 ARQ（建筑方案） 华东建筑设计研究院 （施工图设计）	上海建工集团 （一建）	229	213	56	3	M	框架-筒体		2003
9	京广中心	北京	日本设计事务所 株式会社熊谷组	熊谷组（香港） 香港中华重工	221	208	57	3	M	框架-剪 力墙	扇形	1990
10	合银广场	广州	广州市设计院	广东省一建	253	205	56	4	M	框架-筒体		2002
11	上海国际 航运大厦	上海	加拿大 B+W 公司 华东建筑设计研究院	上海住总集团 江南造船厂 中建一局	232	203	50	3	M	框架-筒体		1998
12	大连世贸 大厦	大连	中国建筑东北 设计研究院	中建二局 中建八局	242	202	51	4	M	框架-筒体		1998
13	广州新 中国大厦	广州	广东省建筑设计院	广州住宅 建设总公司	225	202	51	5	M	框架剪力 墙、筒体		1999

序号	名　称	地点	设　计　单　位	施工总包(结构施工单位)	±0至塔顶高度(m)	±0至屋面高度(m)	结构层 地上	结构层 地下	材料	体系 结构	形状	建成年份
14	大连远洋大厦	大连	大连市建筑设计院 冶金部建筑研究总院	中建八局		201	51	4	M	框架-筒体	方形	1998
15	上海银行大厦	上海	丹下健三都市建筑设计研究所 华东建筑设计研究院	上海第一建筑工程公司 上海冠达尔钢结构有限公司	230	200	46	3	M	型钢混凝土框架-混凝土筒体		2004
16	世界金融大厦	上海	香港利安顾问公司(建筑) 同济大学建筑设计院 美国霍克公司(结构)	协兴建筑有限公司(上海市七建公司)		198	46	3	M	框架-筒体	梭形	1997
17	福田保税区加福广场	深圳	深圳电子院设计公司	华西四建公司	218	192	58	3	M	剪力墙		2002
18	陕西信息大厦	西安	中国建筑西北设计研究院	陕西建筑工程总公司		189	52	3	M	筒中筒	椭圆	2000
19	上海华尔登广场办公楼	上海	陈世民建筑事务所 中船第九设计院	上海第二建筑有限公司	195	189	40	2	M	框架-筒体		2004
20	上海信息大楼	上海	上海建筑设计研究院 日本日建事务所	上海建工集团(四建)	288	185	41	4	M	框架-筒体		2001
21	京城大厦	北京	日本清水建设株式会社 总参工程兵四院 中船第九设计院	北京市五建公司 北京市机械施工公司	183	182	52	4	M	框架-剪力墙	方形	1991
22	上海森茂国际大厦	上海	日本藤田、大林组联合体 华东建筑设计研究院	日本藤田、大林组、日本新日铁 中建二局三公司	203	181	46	4	M	框架-筒体	方形	1997
23	世界广场	上海	上海建筑设计院 半顿-威尔逊建筑事务所 美国马丁·黄设计公司	中建三局一公司	200	172	43	3	M	框架-支撑	八角形	1997
24	上海力宝中心	上海	华东建筑设计院	日本大成建设		172	40	2	M	框架-筒体	矩形	1998
25	罗湖商务大厦	深圳	华艺设计顾问有限公司	深圳罗湖建安公司	228	170	45	3	M	框架-筒体		2003
26	新金桥大厦	上海	华东建筑设计院	中建三局一公司	212	167	42	2	M	框架-筒体	方形	1996
27	上海香格里拉酒店二期	上海	KPF建筑事务所 同济大学建筑设计研究院	香港协兴建筑工程公司	190	167	41	2	M	框架-筒体		2004

序号	名称	地点	设计单位	施工总包（结构施工单位）	±0至塔顶高度(m)	±0至屋面高度(m)	结构层 地上	结构层 地下	材料	体系 结构	形状	建成年份
28	中国保险大厦	上海	华东建筑设计院	上海市一建公司	197	167	42	3	M	框架-剪力墙	圆形	1998
29	新世界贸易中心	南京	南京市建筑设计研究院	南京市三建公司	176	166	45	2	M	框架-筒体		2002
30	北京财富中心一期	北京	中元国际工程设计研究院	中国新兴建设开发总公司	166	165	43	3	M	框架-筒体		2004
31	深圳发展中心	深圳	香港迪奥施嘉锡设计公司 华森设计顾问有限公司	中建三局一公司		163	41	1	M	框架-剪力墙	圆形	1990
32	上海银冠大厦	上海	美国 PEI COBB FREED 韩国 POS-AC 事务所 华东建筑设计院	中建三局		156	38	4	M	框架-筒体	矩形	1998
33	国贸大厦二期	北京	王欧阳（香港）公司 北京钢铁设计院	中建一局四公司		156	39	3	M	框架-筒体	棱形	1999
34	上海期货大厦	上海	美国 JY 建筑规划设计事务所 上海建筑设计研究院 美国马丁·黄设计公司	上海建工集团（一建）	187	156	42	3	M	框架-筒体		1999
35	苏州伊莎中心	苏州新区	苏州市建筑设计研究院	中建八局	168	150	42	2	M	框架-筒体		2003

2. 核心筒采用钢板混凝土墙的超高层建筑

（1）中钢天津响螺湾国际广场 T2 楼，位于天津滨海新区，地上 83 层，高 358m，采用筒中筒结构体系。外网筒的国内外首创的六边形网格构成，内筒采用型钢-钢筋混凝土筒体，墙角及洞边埋设型钢栓，在 136.8m 标高（32 层）以下采用钢板剪力墙，其周边由型钢柱、梁约束，以上为钢筋混凝土剪力墙。

（2）平安国际金融中心主楼，位于深圳市福田中心区，地上 111 层，结构高度 540m，结构顶部设钢结构塔，塔尖高度为 646m。主楼抗侧力体系由劲性钢筋混凝土核心筒＋外围巨型框架＋外围巨型支撑＋钢伸臂桥架组成，核心筒在底部加强部位采用钢板混凝土组合剪力墙。

（3）集办公、酒店和超豪华公寓等为一体的大连钻石塔，位于大连钻石湾的核心区，地上 100 层，结构高度为 435m，建筑高度 518m。结构体系由巨型框架＋斜柱次框架组成的外筒及钢筋混凝土核心筒组成。核心筒在低区采用了钢板混凝土组合剪力墙。

（4）中国国际贸易中心三期主楼，位于北京大北窑，地上 74 层，高 330m，采用外框筒-内核心筒结构。外框筒为型钢混凝土柱，内核心筒周边在 16 层以下采用钢板混凝土组合剪力墙。

（5）天津津塔，位于天津海河岸边兴安路北侧，地上 75 层，高度 336.9m，采用钢管混凝土框架＋核心钢板剪力墙＋外伸刚臂抗侧力体系。钢板剪力墙核心筒由钢管混凝土柱和内填结构钢板的宽翼缘钢梁组成。

3. 高宝金融大厦型钢混凝土框架-核心筒结构设计。

（1）工程概述

高宝金融大厦位于上海陆家嘴中心地区 X3-1 地块，银城西路与花园石桥路的拐角处，为一幢超高层办公写字楼，总建筑面积约 7.5 万 m²，设 3 层地下室，地下室平面长约 86m，宽约 74m。地面以上主楼长约 44m，宽约 42m，建筑平面呈 H 形，东侧地上 35 层，高 145.75m，西侧地上 42 层，高 178.35m。结构形式为型钢混凝土框架-核心筒结构。主楼在 14 与 15 层、28 与 29 层之间设避难层兼设备层。主要楼层平面及剖面见图 13-57。

本工程属于丙类建筑，抗震设防烈度为 7 度，设计地震分组为第一组，场地类别Ⅳ类，主楼为型钢混凝土框架-核心筒结构体系，框架和剪力墙抗震等级均为一级。

（2）主楼上部结构设计

1）结构体系介绍

根据建筑平面，利用中间的楼梯间、电梯间、设备机房周边的墙体布置剪力墙，形成筒体，外框柱间距 9m，与内筒间距为 13.6m。建筑从设计使用功能考虑，对柱断面尺寸提出了限制，因此结构设计外框柱采用型钢混凝土柱。低区墙、柱混凝土强度等级 C60，型钢材质 Q345B。最大柱断面 1500mm×1500mm，柱内型钢采用十字形，含钢率 7%～10.0%，最厚钢板 55mm。墙、柱混凝土强度等级和断面沿高度逐步减小。底层柱轴压比控制在 0.7 以内，墙轴压比控制在 0.5 以内。同时，从保证建筑有较高的净空高度及经济性两方面考虑，框架梁亦采用型钢混凝土梁，从而构成了型钢混凝土框架-钢筋混凝土核心筒的混合结构体系。标准层框架梁高度基本控制在 700mm 以内。由于建筑平面有较大凹口，角部抗侧刚度较差，为控制层间位移，型钢混凝土梁与核心筒的连接采用刚接，为保证梁柱节点刚性连接可靠，在该节点位置的剪力墙内设置型钢，与劲性梁内钢骨全焊连接。此外，部分核心筒连梁因剪力过大亦做成型钢混凝土梁，梁内型钢与墙体铰接，以方便剪力墙施工。

由于建筑物在北立面 2 轴和 3 轴间沿高度逐渐向内收进，造成核心筒剪力墙在第一避难层和第二避难层有两次内收，并使得平面上凹口逐渐加深，凹口两侧的框架相互独立，且为一跨。在 X 向地震力作用下，角点的位移在第二避难层

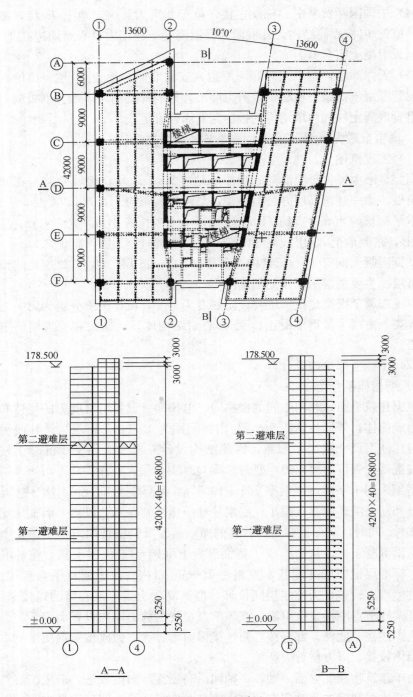

图 13-57 主楼标准层平面

以上比较大。为控制该处位移，采取了以下措施：

①利用第二避难层以上的楼梯间布置了剪力墙，以增加结构的抗侧刚度，并在第二避难层处设计了转换桁架以承受剪力墙传递的竖向荷载。

②利用第二避难层设置六榀 X 向伸臂桁架，连接框架柱和核心筒。桁架方向与芯筒 X 向剪力墙基本对齐，以达到抗侧力构件连续的要求。桁架高度为一个楼层高度，两个楼面的型钢混凝土框架梁作为上下弦杆，腹杆采用箱形截面钢梁。其中两榀伸臂桁架兼做转换桁架。

③增大西侧北面单跨框架梁的截面尺寸，由标准层的 800mm×700mm 增加到 800mm×1200mm，有效增加框架抗侧刚度。

经计算分析，以上三个措施对控制层间位移是有效的，满足了规范的要求。此外，由于建筑物在东侧的 33 层即为屋面，33 层以上仅有中间筒体和西侧框架，导致结构刚度偏置。为了控制由此产生的结构扭转，也需要利用西侧的楼梯间布置剪力墙。因此增加的剪力墙解决了控制 X 向层间位移和平面扭转两个问题，但同时造成结构高位转换。

2）主要计算分析

本工程采用高层建筑结构空间有限元分析软件 SATWE 进行结构方案比较、优化计算，以 ETABS 作验算。用振型分解反应谱法和时程分析法对结构在多遇地震下的响应作了分析，结果见表 13-17，表 13-18。

水平地震作用下振型分解反应谱法结果整理　　　　　表 13-17

指　标		程　序	
		SATWE	ETABS
周　期	T1	4.3116	4.1369
	T2	4.1190	3.9377
	T3（扭转）	3.3781	3.0897
最大层间位移角	X 向	1/697	1/725
	Y 向	1/770	1/836
扭转位移比	X 向	1.26	1.39
	Y 向	1.35	1.38
基底剪重比（%）	X 向	2.14	2.20
	Y 向	2.10	2.20

注：按《高规》第 4.6.3 条第 3 款，本建筑大屋面高度为 178.8m，插值可得层间位移控制值为 1/682。

从表中可看到，时程分析法与反应谱法计算结果基本接近。

考虑到本工程超限情况较多，还邀请同济大学做了罕遇地震下弹塑性静力推覆（Pushover）分析。它是按照一定的水平加载方式，对结构施加单调递增荷载直到将结构推至一个给定的目标位移状态或结构呈现不稳定状态为止，来分析结构进入弹塑性变形状态时的反应，能得到杆件出现塑性铰的先后顺序、结构中塑性铰的分布规律、结构的变形模式、结构的薄弱环节和结构倒塌破坏模式等。

水平地震作用下弹性时程分析结果整理　　　　　　表 13-18

指　　标			程　　序	
			SATWE	ETABS
最大层间位移角	X 向	SHW1-4	1/753	1/672
		SHW2-4	1/602	1/628
		SHW3-4	1/1023	1/769
		平均值	1/756	1/685
	Y 向	SHW1-4	1/1063	1/995
		SHW2-4	1/623	1/896
		SHW3-4	1/999	1/979
		平均值	1/846	1/967

　　7 度罕遇地震对于设计基本地震加速度值 0.10g 的地区，水平地震影响系数最大值 $\alpha_{max} = 0.45$。Ⅳ类场地上，特征周期 $T_g = 1.1\text{s}$，设计地震分组第一组。基于性能的抗震设计的能力谱法如图 13-58 所示。

　　SRC 柱采用 $P\text{-}M_y\text{-}M_z$ 相关塑性铰，以考虑轴力和弯矩交互作用的耦合；SRC 梁、混凝土梁、钢梁仅考虑两端出现弯曲屈服产生的塑性铰，即 $M_y\text{-}M_z$ 铰；桁架钢支撑考虑轴向荷载的轴力铰，剪力墙考虑采用剪力铰。塑性铰属性采用美国 FEMA273 的建议，由程序自动生成。骨架曲线如图 13-59 所示。图 13-59 中点 B 表示构件屈服转动起始点，点 C 表示结构失稳点，点 E 表示结构倒塌点，IO 表示结构可以直接使用，LS 表示结构能确保生命安全，CP 表示结构防止倒塌的控制点。

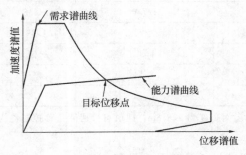

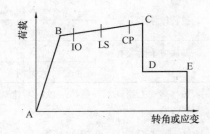

图 13-58　能力谱法示意图　　　　图 13-59　塑性铰变形的荷载-位移骨架曲线图

　　分析采用一阶模态和反应谱弹性分析下地震力两种加载模式，对 X 向和 Y

向分别加载。图 13-60 和图 13-61 显示的是 Y 向一阶模态加载下性能点处层间剪力值及层间位移角沿竖向的变化。综合分析结果见表 13-19。

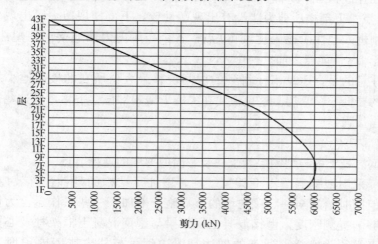

图 13-60　Y 向一阶模态加载下性能点处层间剪力图

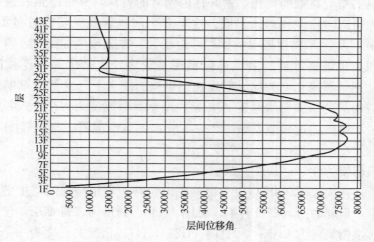

图 13-61　Y 向一阶模态加载下性能点处层间位移角

罕遇地震下 Pushover 分析结果　　　　　　　　　　　表 13-19

		性能点处最大位移（mm）	最大层间位移角（出现位置）	底部剪力（kN）
X 向	一阶模态	746.3	1/181(22 层)	77150
	反应谱	656.4	1/198(16 层)	91570
Y 向	一阶模态	806.4	1/1125(14 层)	58240
	反应谱	662.6	1/141(13 层)	66080

计算结果表明，罕遇地震下的层间位移角均小于规范规定的 1/100。SRC 柱基本保持在弹性状态；少部分 SRC 梁出现塑性铰，但塑性铰均刚进入塑性阶段未达到 IO 点；上部楼层剪力墙没有出现塑性铰，下部楼层剪力墙出现少量塑性铰，也是刚进入塑性阶段未达到 IO 点；各个楼层剪力墙连梁出现塑性铰较多，但也均处于 LS 性能点之前。

值得注意的是，Pushover 得到的层间位移最大值所在的楼层比小震下弹性分析得到的要低 6～10 层。这也说明在大震下薄弱部位会下移，对这些部位构造措施应适当加强。

3）细部节点设计

①型钢混凝土梁与型钢混凝土柱及芯筒剪力墙的连接节点

本工程采用型钢混凝土框架梁、柱，增加了结构的延性，有效控制了梁、柱断面，但同时给梁与柱、梁与墙的节点施工增加了一些工作量。为使整体结构具有足够的抗侧刚度，型钢混凝土框架梁与型钢混凝土框架柱及心筒外墙间的连接节点必须为刚接。通常的做法是梁内钢骨与柱内或墙内预埋型钢柱刚接，梁内纵筋布置在梁的两侧，避开柱内钢骨的翼缘，穿过型钢柱腹板与邻跨相接或当为边跨时伸至柱对边锚固。这里有个前提就是纵筋的数量不能过多。但本工程中，多数 X 向框架梁的梁端弯矩很大，在采用增加梁宽、增加型钢含钢率，采用新Ⅲ级钢等措施后纵筋数量还是较多。于是从等强连接的概念出发，将与柱钢骨翼缘相交的梁纵筋焊在钢牛腿的翼缘上，这部分钢筋面积等强代换得到需增加的牛腿翼缘厚度 Δt，梁内型钢翼缘厚度为 t_1、牛腿翼缘的厚度即为 $t_1 + \Delta t$。典型的连接节点如图 13-62 所示。型钢混凝土框架梁与剪力墙的连接与此相类似。

②转换桁架的设计

如前所述，为控制 30 层以上角部的侧向位移，利用楼梯间增加剪力墙以提高抗侧刚度，但同时造成高位转换，见图 13-63。利用第二避难层，使伸臂桁架同时作为转换桁架（图 13-63 中 HJ1、HJ2、HJ4）。桁架的高度为一个楼层的高度，上下弦即楼层的框架梁，为型钢混凝土梁。桁架腹杆的位置避开建筑通道，为箱形钢梁（BOX600×400×25×25），以解决平面外稳定问题。但有一片墙和桁架方向垂直，无法直接传递至转换桁架，必须设计成二次转换体系。经过权衡比较，采用混凝土深梁作二次转换构件，使上承剪力端与深梁能可靠连接。混凝土深梁与转换桁架的连接通过桁架的竖腹杆来传递。竖腹杆采用型钢混凝土截面，使其能同时与桁架杆件和混凝土深梁可靠连接。最终把力由桁架传至两端的劲性柱。深梁的部分梁底纵筋与钢柱劲板焊接，部分腰筋穿过桁架节点的两块钢板后锚固，见图 13-64。

（3）结论

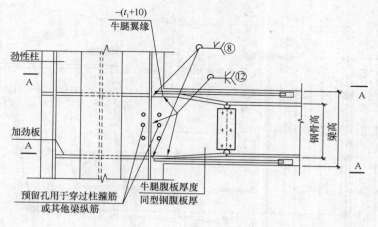

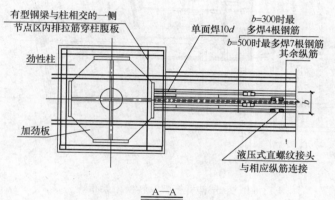

A—A

图 13-62　型钢梁与型钢柱连接节点

1）通过本工程的设计实践，采用型钢混凝土是提高结构抗震性能，减少梁、柱材料尺寸的有效方法。与钢筋混凝土结构相比较，除经济性较差外，施工也增加了一些难度。为方便施工，梁、柱内型钢尺寸不宜过大，以便于梁、柱节点钢筋连接。

2）由于建筑平面形状及立面设计均不规则，控制结构在地震下的侧向位移是本工程结构设计中的一大难点，结构设计采用高位转换来减小层间位移角。计算表明其控制侧向位移的效果是显著的。

3）设置伸臂桁架是减小层间位移角的有效手段。但应尽量使伸臂桁架处在核心筒主要剪力墙的延伸线上，才能较好地发挥伸臂桁架协调框架与核心筒共同工作的作用。

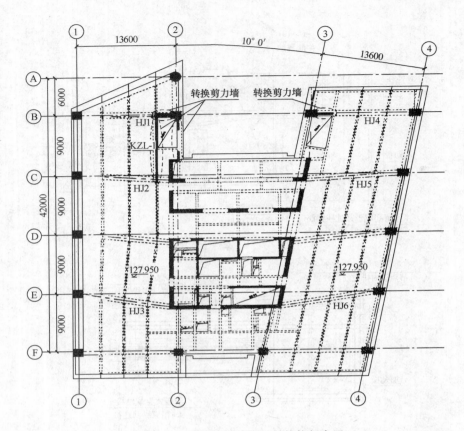

图 13-63 29 层伸臂桁架及转换桁架布置

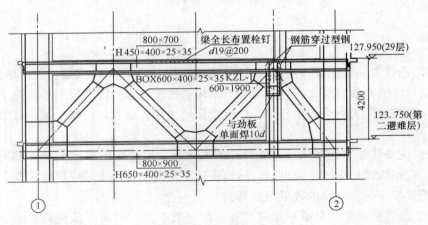

图 13-64 桁架 HJ1 立面图

第14章 其 他

【禁忌1】 不熟悉建筑结构抗震设防分类怎样划分

【正】《建筑工程抗震设防分类标准》(GB 50223—2008) 规定如下:

1. 建筑抗震设防类别划分, 应根据下列因素的综合分析确定:

(1) 建筑破坏造成的人员伤亡、直接和间接经济损失及社会影响的大小。

(2) 城市的大小、行业的特点、工矿企业的规模。

(3) 建筑使用功能失效后, 对全局的影响范围大小、抗震救灾影响及恢复的难易程度。

(4) 建筑各区段的重要性有显著不同时, 可按区段划分抗震设防类别。下部区段的类别不应低于上部区段。

(5) 不同行业的相同建筑, 当所处地位及地震破坏所产生的后果和影响不同时, 其抗震设防类别可不相同。

注: 区段指由防震缝分开的结构单元、平面内使用功能不同的部分或上下使用功能不同的部分。

2. 建筑工程应分为以下四个抗震设防类别:

(1) 特殊设防类: 指使用上有特殊设施, 涉及国家公共安全的重大建筑工程和地震时可能发生严重次生灾害等特别重大灾害后果, 需要进行特殊设防的建筑。以下简称甲类。

(2) 重点设防类: 指地震时使用功能不能中断或需尽快恢复的生命线相关建筑, 以及地震时可能导致大量人员伤亡等重大灾害后果, 需要提高设防标准的建筑。以下简称乙类。

(3) 标准设防类: 指大量的除 (1)、(2)、(4) 款以外按标准要求进行设防的建筑。以下简称丙类。

(4) 适度设防类: 指使用上人员稀少且震损不致产生次生灾害, 允许在一定条件下适度降低要求的建筑。以下简称丁类。

3. 各抗震设防类别建筑的抗震设防标准, 应符合下列要求:

(1) 丙类, 应按本地区抗震设防烈度确定其抗震措施和地震作用, 达到在遭遇高于当地抗震设防烈度的预估罕遇地震影响时不致倒塌或发生危及生命安全的严重破坏的抗震设防目标。

(2) 乙类, 应按高于本地区抗震设防烈度一度的要求加强其抗震措施; 但抗震设防烈度为 9 度时应按比 9 度更高的要求采取抗震措施；地基基础的抗震措施，应符合有关规定。同时，应按本地区抗震设防烈度确定其地震作用。

（3）甲类，应按高于本地区抗震设防烈度提高一度的要求加强其抗震措施；但抗震设防烈度为 9 度时应按比 9 度更高的要求采取抗震措施。同时，应按批准的地震安全性评价的结果且高于本地区抗震设防烈度的要求确定其地震作用。

（4）丁类，允许比本地区抗震设防烈度的要求适当降低其抗震措施，但抗震设防烈度为 6 度时不应降低。一般情况下，仍应按本地区抗震设防烈度确定其地震作用。

注：对于划为重点设防类而规模很小的工业建筑，当改用抗震性能较好的材料且符合抗震规范对结构体系的要求时，允许按标准设防类设防。

4. 标准仅列出主要行业的抗震设防类别的建筑示例；使用功能、规模与示例类似或相近的建筑，可按该示例划分其抗震设防类别。标准未列出的建筑宜划为丙类。

5. 防灾救灾建筑按下列规定：

以下适用于城市和工矿企业与防灾和救灾有关的建筑。

防灾救灾建筑应根据其社会影响及在抗震救灾中的作用划分抗震设防类别。

6. 医疗建筑的抗震设防类别，应符合下列规定：

（1）三级医院中承担特别重要医疗任务的住院、医技、门诊用房，抗震设防类别应划为甲类。

（2）二、三级医院的住院、医技、门诊用房，具有外科手术室或急诊科的乡镇卫生院的医疗用房，县级及以上急救中心的指挥、通信、运输系统的重要建筑，县级以上的独立采供血机构的建筑，抗震设防类别应划为乙类。

（3）工矿企业的医疗建筑，可比照城市的医疗建筑示例确定其抗震设防类别。

7. 消防车库及其值班用房，抗震设防类别应划为乙类。

8. 20 万人口以上的城镇和县及县级市防灾应急指挥中心的主要建筑，抗震设防类别不应低于乙类。

工矿企业的防灾应急指挥系统建筑，可比照城市防灾应急指挥系统建筑示例确定其抗震设防类别。

9. 疾病预防与控制中心建筑的抗震设防类别，应符合下列规定：

（1）承担研究、中试和存放剧毒的高危险传染病病毒任务的疾病预防与控制中心的建筑或其区段，抗震设防类别应划为甲类。

（2）不属于（1）的县、县级市及以上的疾病预防与控制中心的主要建筑，抗震设防类别应划为乙类。

10. 公共建筑和居住建筑应按下列规定：

（1）以下适用于体育建筑、影剧院、博物馆、档案馆、商场、展览馆、会展中心、教育建筑、旅馆、办公建筑、科学实验建筑等公共建筑和住宅、宿舍、公寓等居住建筑。

（2）公共建筑，应根据其人员密集程度、使用功能、规模、地震破坏所造成的社会影响和直接经济损失的大小划分抗震设防类别。

（3）体育建筑中，规模分级为特大型的体育场，大型、观众席容量很多的中型体育场和体育馆（含游泳馆），抗震设防类别应划为乙类。

参照《体育建筑设计规范》（JGJ 31—2003）关于使用要求和规模的分级，本条的使用要求中，特级指举办亚运会、奥运会级世界锦标赛的主场；甲级指举办全国性和单项国际比赛的场馆；大型体育场指观众座位容量不少于 40000 人，大型体育馆（含游泳馆）指观众座位容量不少于 6000 人。这些场馆要同时满足使用等级、规模的要求。划为乙类建筑是因其人员密集，疏散有一定难度，地震破坏造成的人员伤亡和社会影响很大，而且在地震时可作为避难场所。

使用要求的分级，可根据设计使用年限内的要求确定。

（4）文化娱乐建筑中，大型的电影院、剧场、礼堂、图书馆的视听室和报告厅、文化馆的观演厅和展览厅、娱乐中心建筑，抗震设防类别应划为乙类。

参照《剧场建筑设计规范》（JGJ 57—2000）和《电影院建筑设计规范》（JGJ 58—2008）关于规模的分级，标准中的大型剧场、电影院，指座位不少于 1200；大型娱乐中心指一个区段内上下楼层合计的座位明显大于 1200 同时其中至少有一个座位在 500 以上（相当于中型电影院的座位容量）的大厅。这类多层建筑中人员密集且疏散有一定难度，地震破坏造成的人员伤亡和社会影响很大，故列为乙类。

（5）商业建筑中，人流密集的大型的多层商场抗震设防类别应划为乙类。当商业建筑与其他建筑合建时应分别判断，并按区段确定其抗震设防类别。

借鉴《商店建筑设计规范》（JGJ 48—88）关于规模的分级，考虑近年来商场发展情况，大型商场指一个区段的建筑面积 25000m² 或营业面积 10000m² 以上的商业建筑，若营业面积指标按 JGJ 48 规定，取平均每位顾客 1.35m² 计算，则人流可达 7500 人以上。这类商业建筑一般需同时满足人员密集、建筑面积或营业面积符合大型规定、多层建筑等条件；所有仓储式、单层的大商场不包括在内。该标准 1995 年版关于商场营业额和固定资产的要求偏低，又不便掌握，新版予以取消。

当商业建筑与其他建筑合建时，包括商住楼或综合楼，其划分以区段按比照原则确定。例如，高层建筑中多层的商业裙房区段或者下部的商业区段为乙类，而上部的住宅可以为丙类。还需注意，当按区段划分时，若上部区段为乙类，则其下部区段也应为乙类。

对于人员密集的证券交易大厅，可按比照原则确定抗震设防类别。

（6）博物馆和档案馆中，大型博物馆，存放国家一级文物的博物馆，特级、甲级档案馆，抗震设防类别应划为乙类。

参照《博物馆建筑设计规范》（JGJ 66—1991）标准中的大型博物馆指建筑规模大于 $10000m^2$，一般适用于中央各部委直属博物馆和各省、自治区、直辖市博物馆。按照《档案馆建筑设计规范》（JGJ 25—2000），特级档案馆为国家级档案馆，甲级档案馆为省、自治区、直辖市档案馆，二者的耐久年限要求在 100 年以上。

考虑到国家二级文物为数量较多的文物，标准不再列入乙类建筑范畴。

（7）会展建筑中，大型展览馆、会展中心，抗震设防类别应划为乙类。

这类展览馆、会展中心，在一个区段的设计容纳人数一般在 5000 人以上。科技馆可比照展览馆确定其抗震设防类别。

（8）教育建筑中，幼儿园、小学、中学的教学用房以及学生宿舍和食堂，抗震设防类别应不低于乙类。

对于敬老院、福利院、残疾人的学校等地震时自救能力较弱人群使用的砌体房屋，可比照上述幼儿园相应提高抗震设防类别。

（9）科学实验建筑中，研究、中试生产和存放具有高放射性物品以及剧毒的生物制品、化学制品、天然和人工细菌、病毒（如鼠疫、霍乱、伤寒和新发高危险传染病等）的建筑，抗震设防类别应划为甲类。

在生物制品、化学制品、天然和人工细菌、病毒中，具有剧毒性质的，包括新近发现的具有高发危险性的病毒，列为甲类；而一般的剧毒物品列为乙类。这主要考虑该类剧毒物质的传染性，建筑一旦破坏的后果极其严重，波及面很广，且这类建筑数量不会很多。

（10）高层建筑中，当结构单元内经常使用人数超过 8000 人时，抗震设防类别宜划为乙类。

经常使用人数 8000 人，按《办公建筑设计规范》（JGJ 67—2006）的规定，大体人均面积为 $10m^2$/人计算，则建筑面积大致超过 $80000m^2$，结构单元内集中的人数特别多。考虑到这类房屋总建筑面积很大，多层时需分缝处理，在一个结构单元内集中如此多人数属于高层建筑，设计时需要进行可行性论证，其抗震措施一般需要专门研究，即提高的程度是按总体提高一度、提高一个抗震等级还是在关键部位采取比丙类建筑更严格的措施，可以经专门研究和论证确定。

（11）居住建筑的抗震设防类别不应低于丙类。

【禁忌2】 不熟悉基于性能的抗震设计要点

【正】 1. 基于性能的抗震设计是建筑结构抗震设计的一个新的重要发展，它的特点是：使抗震设计从宏观定性的目标向具体量化的多重目标过渡，业主

（设计者）可选择所需的性能目标；抗震设计中更强调实施性能目标的深入分析和论证，有利于建筑结构的创新，经过论证（包括试验）可以采用现行标准规范中还未规定的新结构体系、新技术、新材料；有利于针对不同设防烈度、场地条件及建筑的重要性采用不同的性能目标和抗震措施。这一方法是一种发展方向。目前，这一方法在工程中还未得到广泛的应用，还有一些问题有待研究改进，诸如：地震作用的不确定性、结构分析模型和参数的选用存在不少经验因素、模型试验和震害资料欠缺、对非结构和设施的抗震性能要求和震后灾害估计缺乏研究。但是，这一方法随着在工程中的不断应用，必然会趋于成熟。

基于性能的抗震设计理念和方法，自 20 世纪 90 年代在美国兴起，并日益得到工程界的关注。美国的 ATC 40(1996 年)、FEMA237(1997 年)提出了既有建筑评定、加固中使用多重性能目标的建议，并提供了设计方法。美国加州结构工程师协会 SEAOC 于 1995 年提出了新建房屋基于性能的抗震设计。1998 年和 2000 年，美国 FEMA 又发布了几个有关基于性能的抗震设计文件。2003 年美国 ICC(International Code Council)发布了《建筑物及设施的性能规范》，其内容广泛，涉及房屋的建筑、结构、非结构及设施的正常使用性能、遭遇各种灾害时(火、风、地震等)的性能、施工过程及长期使用性能，该规范对基于性能设计方法的重要准则作了明确的规定。日本也开始将抗震性能设计的思想正式列入设计和加固标准中，并已由建筑研究所(BRI)提出了一个性能标准。欧洲混凝土协会(CEB)于 2003 年出版了"钢筋混凝土建筑结构基于位移的抗震设计"报告。澳大利亚则在基于性能设计的整体框架以及建筑防火性能设计等方面做了许多研究，提出了相应的建筑规范(BCA 1996)。我国关于基于性能的抗震设计，在新颁布的《抗震规范》和《高规》中已有规定。

2. 复杂和"超限"高层建筑结构设计比较适合采用基于性能的抗震设计方法。这些工程都属于不规则结构，甚至是特别不规则结构。这些工程的抗震设计不能套用现行标准，缺少明确具体的目标、依据和手段，必须按照原建设部 2002 年第 111 号部长令《超限高层建筑工程抗震设防管理规定》，以及《全国超限高层建筑工程抗震设防审查专家委员会抗震设防专项审查办法》和 2010 年 7 月《超限高层建筑工程抗震设防专项审查技术要点》等的要求，设计者需要根据具体工程实际的超限情况，进行仔细的分析、专门的研究和论证，必要时还要进行模型试验，从而确实采取比标准规范的规定更加有效的具体的抗震措施，业主也需要提供相应的资助，设计者的论证还需要经过抗震设防专项审查，以期保证结构的抗震安全性能。这个设计程序某种意义上类似于抗震性能设计的基本步骤。这些年来，高层建筑工程抗震设防专项审查的实践表明，不少工程的设计和专项审查已经涉及基于性能抗震设计的理念和方法。有的工程的设计者主动提出采用基于性能的设计理念和要求，有的工程在抗震审查中由专家组的专家提出某些基于性能的设计要求。可以认为，目前在我国复杂和超限高层建筑工程中逐步采用基于性能抗震设计的时机已经成熟。

国内外历次大地震的震害经验已经充分说明，抗震概念设计是决定结构抗震性能的重要因素。按要求采用抗震性能设计的工程，一般不能完全符合抗震概念设计的要求。结构工程师应根据有关抗震概念设计的规定，与建筑师协调，改进结构方案，尽量减少结构不符合概念设计的情况和程度，不应采用严重不规则的结构方案。对于特别不规则的结构，可按规定进行抗震性能设计，但需慎重选用抗震性能目标，并进行深入的分析论证。

3. 结构抗震性能设计应分析结构方案不符合抗震概念设计的情况、选用适宜的结构抗震性能目标，并分析论证结构设计与结构抗震性能目标的符合性。

结构抗震性能目标应综合考虑抗震设防类别、设防烈度、场地条件、结构的特殊性、建造费用、震后损失和修复难易程度等各项因素后选定。结构抗震性能目标分为 A、B、C、D 四个等级，结构抗震性能分为 1、2、3、4、5 五个水准（表 14-1），每个性能目标均与一组在指定地震地面运动下的结构抗震性能水准相对应。

结构抗震性能目标 表 14-1

性能目标 性能水准 地震水准	A	B	C	D
多遇地震	1	1	1	1
设防烈度地震	1	2	3	4
预估的罕遇地震	2	3	4	5

地震地面运动一般分为三个水准，即多遇地震（小震）、设防烈度地震（中震）及预估的罕遇地震（大震）。在设定的地震地面运动下，与四级抗震性能目标对应的结构抗震性能水准的判别准则由本节的要求作出规定。A、B、C、D 四级性能目标的结构，在小震作用下均应满足第 1 抗震性能水准，即满足弹性设计要求；在中震或大震作用下，四种性能目标所要求的结构抗震性能水准有较大的区别。A 级性能目标是最高等级，中震作用下要求结构达到第 1 抗震性能水准，大震作用下要求结构达到第 2 抗震性能水准，即结构仍处于基本弹性状态；B 级性能目标，要求结构在中震作用下满足第 2 抗震性能水准，大震作用下满足第 3 抗震性能水准，结构仅有轻度损坏；C 级性能目标，要求结构在中震作用下满足第 3 抗震性能水准，大震作用下满足第 4 抗震性能水准，结构中度损坏；D 级性能目标是最低等级，要求结构在中震作用下满足第 4 抗震性能水准，大震作用下满足第 5 性能水准，结构有比较严重的损坏，但不致倒塌或发生危及生命的严重破坏。

鉴于地震地面运动的不确定性以及对结构在强烈地震下非线性分析方法（计算模型及参数的选用等）存在不少经验因素，缺少从强震记录、设计施工资料到实际震害的验证，对结构抗震性能的判断难以十分准确，尤其是对于长周期的超高层建筑或特别不规则结构的判断难度更大，因此在性能目标选用中宜偏于安全一些。例如：特别不规则的超限高层建筑或处于不利地段场地的特别不规则结构，可考虑选用 A 级性能目标；房屋高度或不规则性超过本规程适用范围很多时，可考虑选用 B 级或 C 级性能目标；房屋高度或不规则性超过适用范围较多时，可考虑选用 C 级性能目标；房屋高度或不规则性超过适用范围较少时，可考虑选用 C 级或 D 级性能目标。以上仅仅是举些例子，实际工程情况很多，需综合考虑各项因素，所选用的性能目标需征得业主的认可。

4. 结构抗震性能分析论证的重点是深入的计算分析和工程判断，找出结构有可能出现的薄弱部位，提出有针对性的抗震加强措施，必要的试验验证，分析论证结构可达到预期的抗震性能目标。一般需要进行如下工作：

（1）分析确定结构超过规范、规程适用范围及不符合抗震概念设计的情况和程度；

（2）认定场地条件、抗震设防类别和地震动参数；

（3）深入的弹性和弹塑性计算分析（静力分析及时程分析）并判断计算结果的合理性；

（4）找出结构有可能出现的薄弱部位以及需要加强的关键部位，提出有针对性的抗震加强措施；

（5）必要时，还需进行构件、节点或整体模型的抗震试验，补充提供论证依据，例如对规范、规程未列入的新型结构方案又无震害和试验依据或对计算分析难以判断、抗震概念难以接受的复杂结构方案；

（6）论证结构能满足所选用的抗震性能目标的要求。

5. 结构抗震性能水准可按表 14-2 进行宏观判别，各种性能水准结构的楼板均不应出现受剪破坏。

各性能水准结构预期的震后性能状况 表 14-2

结构抗震性能水准	宏观损坏程度	损 坏 部 位			继续使用的可能性
		普通竖向构件	关键构件	耗能构件	
第 1 水准	完好、无损坏	无损坏	无损坏	无损坏	一般不需修理即可继续使用
第 2 水准	基本完好、轻微损坏	无损坏	无损坏	轻微损坏	稍加修理即可继续使用
第 3 水准	轻度损坏	轻微损坏	轻微损坏	轻度损坏、部分中度损坏	一般修理后才可继续使用

结构抗震性能水准	宏观损坏程度	损 坏 部 位			继续使用的可能性
		普通竖向构件	关键构件	耗能构件	
第4水准	中度损坏	部分构件中度损坏	轻度损坏	中度损坏、部分比较严重损坏	修复或加固后才可继续使用
第5水准	比较严重损坏	部分构件比较严重损坏	中度损坏	比较严重损坏	需排险大修

注："普通竖向构件"是指"关键构件"之外的竖向构件；"关键构件"是指该构件的失效可能引起结构的连续破坏或危及生命安全的严重破坏；"耗能构件"包括框架梁、剪力墙连梁及耗能支撑等。

表14-2列出了五个性能水准结构地震后的预期性能状况，包括损坏情况及继续使用的可能性，据此可对各性能水准结构的抗震性能进行宏观判断。这里所说的"关键构件"可由结构工程师根据工程实际情况分析确定。例如：水平转换构件及其支承结构、大跨连体结构的连接体及其支承结构、大悬挑结构的主要悬挑构件、加强层伸臂和周边环带结构中的某些关键构件及其支承结构、长短柱在同一楼层且数量相当时该层各个长短柱、细腰型平面很窄的连接楼板、扭转变形很大部位的竖向（斜向）构件、重要的斜撑构件等。

6. 不同抗震性能水准的结构设计可按下列规定进行：

（1）第1性能水准的结构，应满足弹性设计要求。小震作用下，其承载力和变形应符合《高规》的有关规定；在中震作用下，全部结构构件的抗震承载力应符合下式要求：

$$\gamma_G S_{GE} + \gamma_{Eh} S_{Ekh}^* + \gamma_{Ev} S_{Ekv}^* \leqslant R_d/\gamma_{RE} \tag{14-1}$$

式中　　R_d、γ_{RE}——构件承载力设计值、构件承载力抗震调整系数；

S_{GE}、γ_G、γ_{Eh}、γ_{Ev}——同《高规》第5.6.3条；

S_{Ekh}^*——水平地震作用标准值的构件内力，不需乘以与抗震等级有关的增大系数；

S_{Ekv}^*——竖向地震作用标准值的构件内力，不需乘以与抗震等级有关的增大系数。

第1性能水准结构，要求全部构件的抗震承载力满足弹性设计要求。小震作用下，结构的层间位移、全部结构构件的承载力及结构整体稳定等均应满足《高规》有关规定；结构构件的抗震等级不宜低于《高规》的有关规定，需要特别加强的构件可适当提高抗震等级，已为特一级的不再提高。中震或大震作用下，构件承载力需满足弹性设计要求，如式（14-1），式中构件组合内力计算中不计入风荷载作用效应的组合，地震作用标准值的构件内力（S_{Ekh}^*、S_{Ekv}^*）计算中不需要乘以与抗震等级有关的增大系数。

（2）第2性能水准的结构，在中震或大震作用下，普通竖向构件及关键构件的抗震承载力宜符合式（14-1）的要求；耗能构件的受剪承载力宜符合式（14-1）的要求，其正截面承载力应符合下式要求：

$$S_{GE} + S_{Ekh}^* + 0.4 S_{Ekv}^* \leqslant R_k \qquad (14-2)$$

式中　　S_{GE}、S_{Ekh}^*、S_{Ekv}^*——与式（14-1）中 S_{GE}、S_{Ekh}^*、S_{Ekv}^* 相同；

　　　　　　R_k——材料强度标准值计算的截面承载力。

第2性能水准结构的设计要求与第1性能水准结构的差别是，框架梁、剪力墙连梁等耗能构件的正截面承载力（抗弯）只需要满足式（14-2）的要求，即满足"屈服承载力设计"。"屈服承载力设计"是指构件按材料强度标准值计算的承载力 R_k 不小于按重力荷载及地震作用标准值计算的构件组合内力，作用分项系数（γ_G、γ_E）及抗震承载力调整系数 γ_{RE} 均取1.0。

（3）第3性能水准的结构应进行弹塑性分析，在中震或大震作用下，普通竖向构件及关键部位构件的正截面承载力应符合式（14-2）的要求，其受剪承载力宜符合式（14-1）的要求；部分耗能构件进入屈服阶段，但抗剪承载力应符合式（14-2）的要求。大震作用下，结构薄弱部位的最大层间位移角应满足《高规》第3.7.5条的规定。

第3性能水准结构，允许部分框架梁、剪力墙连梁等耗能构件进入屈服阶段，竖向构件及关键构件承载力需满足"屈服承载力设计"的要求。整体结构进入弹塑性状态，应进行弹塑性分析。为方便设计，允许采用弹性方法计算竖向构件及关键部位构件的组合内力（S_{GE}、S_{EKh}^*、S_{EKv}^*），计算中可适当考虑结构阻尼比的增加（增加值一般不大于0.02）以及剪力墙连梁刚度的折减（刚度折减系数一般不小于0.3）。实际工程设计中，可以先对底部加强部位和薄弱部位的竖向构件承载力按上述方法计算，再通过弹塑性分析校核全部竖向构件均未屈服。

（4）第4性能水准的结构应进行弹塑性计算分析，在中震或大震作用下，关键构件的抗震承载力宜符合式（14-2）的要求；部分竖向构件以及大部分耗能构件进入屈服阶段，但钢筋混凝土构件的受剪截面应符合式（14-3）的要求，钢-混凝土组合剪力墙的受剪截面应符合式（14-4）的要求。大震作用下，结构薄弱部位的最大层间位移角应符合《高规》第3.7.5条的规定。

$$V_{GE} + V_{EK}^* \leqslant 0.15 f_{ck} b h_0 \qquad (14-3)$$

$$(V_{GE} + V_{EK}^*) - (0.25 f_{ak} A_a + 0.5 f_{pk} A_p) \leqslant 0.15 f_{ck} b h_0 \qquad (14-4)$$

式中　　V_{GE}——重力荷载代表值的构件剪力；

　　　　　V_{EK}^*——地震作用标准值的构件剪力，不需乘以与抗震等级有关的增大系数；

　　　　　f_{ak}——剪力墙端部暗柱中型钢的强度标准值；

　　　　　A_a——剪力墙端部暗柱中型钢截面面积；

　　　　　f_{pk}——剪力墙墙内钢板的强度标准值；

A_{p}——剪力墙墙内钢板的横截面面积。

第 4 性能水准结构，关键构件承载力仍应满足式（14-1）"屈服承载力设计"的要求，允许部分竖向构件及大部分框架梁、剪力墙连梁等耗能构件进入屈服阶段，但构件的受剪截面应满足截面限制条件，这是防止构件不发生脆性受剪破坏的最低要求。式（14-3）和式（14-4）中，V_{GE}、V_{Ek}^* 可按弹塑性计算结果取值，也可按弹性方法计算结果取值（一般情况下，此取值是偏于安全的）。结构的抗震性能必须通过弹塑性计算加以深入分析，例如：弹塑性层间位移角、构件屈服的次序及塑性铰分布、结构的薄弱部位、整体结构的承载力不发生下降等。整体结构的承载力可通过静力弹塑性方法进行估计。

（5）第 5 性能水准的结构应进行弹塑性计算分析，在大震作用下，关键构件的抗震承载力宜符合式（14-2）的要求；较多的竖向构件进入屈服阶段，但不允许同一楼层的竖向构件全部屈服；竖向构件的受剪截面应符合式（14-3）或式（14-4）的要求；允许部分耗能构件发生比较严重的破坏；结构薄弱部位的最大层间位移角应符合《高规》第 3.7.5 条的规定。

第 5 性能水准结构与第 4 性能水准结构的差别在于允许比较多的竖向构件进入屈服阶段，并允许部分"梁"等耗能构件发生比较严重的破坏。结构的抗震性能必须通过弹塑性计算加以深入分析，尤其应注意避免同一楼层的全部竖向构件进入屈服并宜控制整体结构的承载力不发生下降。如整体结构的承载力发生下降，也应控制下降的幅度不超过 5%。

7. 当采用弹性反应谱计算时，定义中震作用与小震作用之比为 $\beta_{\text{中}}$，大震作用与小震作用之比为 $\beta_{\text{大}}$，可有：

$$\beta_{\text{中}} = \frac{\alpha_{\max}^{\text{中震}}}{\alpha_{\max}^{\text{小震}}}$$

$$\beta_{\text{大}} = \frac{\alpha_{\max}^{\text{大震}}}{\alpha_{\max}^{\text{小震}}}$$

由《高规》表 4.3.7-1 可得 $\beta_{\text{中}}$（$\beta_{\text{大}}$）如表 14-3 所示。

$\beta_{\text{中}}$（$\beta_{\text{大}}$）＝中（大）震作用/小震作用　　表 14-3

抗震设防烈度	7 度	7.5 度	8 度	8.5 度	9 度
$\alpha_{\max}^{\text{小震}}$	0.08	0.12	0.16	0.24	0.32
$\alpha_{\max}^{\text{中震}}$	0.23	0.34	0.45	0.68	0.90
$\alpha_{\max}^{\text{大震}}$	0.50	0.72	0.90	1.20	1.40
$\beta_{\text{中}}$	2.875	2.75	2.875	2.75	2.5
$\beta_{\text{大}}$	6.25	6	5.625	5	4.375

设小震地震作用效应标准值/重力荷载效应标准值为 η，有：

$$\eta = S_{Es}/S_G$$

中震地震作用等效组合效应/小震地震作用等效组合效应之比 α，如表 14-4 所示。

$\alpha=$中震地震作用等效组合效应/小震地震作用等效组合效应　　表 14-4

η	0	0.05	0.1	0.15	0.2	0.25	0.3	0.4	0.5	0.6	0.7	0.8	0.9	<1
α	1	1.09	1.18	1.25	1.32	1.38	1.44	1.54	1.63	1.71	1.78	1.84	1.89	<1.94

由表 14-4 可见，中震作用等效组合效应恒大于小震作用等效组合效应，二者之比 α 随着地震作用效应增大而增大，最大增加幅度达 94%。结构构件受到的地震作用效应越大，要求结构构件承载力提高幅度越大，一般来讲，这样的结果对结构抗震性能是有所改善的。部分重要构件按《抗震规范》、《高规》等规范进行内力调整增大时，这部分重要构件承载力需要小中震双控，以保证结构具有适宜的承载力、延性、抗震安全储备。

中震作用下结构基本处于弹性状态，进入弹塑性大震阶段就可能实现少数选定的薄弱部位结构达到屈服阶段，整体结构仍具备一定的刚度和承载力，可达到结构受到少量破坏较易修复的抗震设防目标。

水平地震作用下弹性计算的结构水平位移（包括最大层间水平位移，最大水平位移）与地震作用大小直接呈线性关系。因此，弹性反应谱中震作用下结构水平位移与弹性反应谱小震作用下结构水平位移之比即为中震作用与小震作用之比，$\beta_中 = 2.8$。

按 C 级性能目标要求，弹性反应谱中震作用下，取单向偶然偏心或双向地震作用最不利情况的最大层间水平位移角，首先应满足现行规范对各类结构相应小震作用下层间水平位移角限值的要求。

同时，随着扭转变形不规则指标突破程度增大，扭转不利效应有所增大，地震作用下层间最大水平位移角限值随之需适当有所加严，以保证结构具备相适应的抗震性能，根据扭转不规则发散特性，建议如表 14-5 所示。

地震作用下层间最大水平位移角限值　　表 14-5

扭转变形指标 $\xi=U_{max}/\overline{U}$	1.2	1.3	1.4	1.5	1.6	1.7	1.8
中震下最大水平层间位移角限值 $[\theta]/[\theta_0]$	2.8	2.26	1.81	1.4	1.05	0.74	0.47
小震下最大水平层间位移角限值 $[\theta]/[\theta_0]$	1	1/1.24	1/1.55	1/2	1/2.67	1/3.78	1/6

注：$[\theta_0]$ 为现行规范对各类结构小震作用下层间水平位移角的限值。

由表 14-5 可以看到，位移限值加严实质是要求各类结构调整结构布置，减小扭转影响。结合承载力效应小震作用，中震作用双控，结合抗震构造措施，结构总体抗震性能得到了明显改善；大震作用下，少数部位结构进入屈服阶段，刚度有所退化，阻尼比有所增加，大震作用将有所降低，大震作用与小震作用之比 $\beta_{\text{大}}=5.625\sim6.25$，将有所降低。所以总体来说，满足中震作用位移限值要求，整体结构大震作用下弹塑性平均层间位移应可控制在 1/200 左右，远小于倒塌破坏验算的弹塑性层间位移角限值 1/100（剪力墙）、1/50（柱）。

综上所述，通过小震、中震作用承载力，位移效应双控，提高了结构刚度，提高了结构总体承载能力，再通过抗震构造措施，由于扭转不规则带来的各种不利影响，应可基本受到控制，可基本实现大震作用下结构只受到少量破坏的 C 级抗震设防目标。

按基于抗震性能设计方法，考虑中震和大震的构件弹性或不屈服计算时：

（1）按工程的设防烈度，分别取中震或大震的最大地震影响系数 α_{max}。

（2）风荷载效应不组合。

（3）弹性计算时为：

1）不考虑与抗震等级相关的地震组合内力增大系数；

2）考虑重力及地震作用的分项系数；

3）考虑材料分项系数（即材料为设计值）；

4）考虑抗震承载力调整系数 γ_{RE}。

（4）不屈服计算时为：

1）不考虑与抗震等级相关的地震组合内力增大系数；

2）重力及地震作用的分项系数均取为 1；

3）材料均取标准值；

4）不考虑抗震承载力调整系数 γ_{RE}（即取 l）。

8. 结构抗震性能设计时，弹塑性分析计算是很重要的手段之一，应符合下列要求：

（1）静力弹塑性方法和弹塑性时程分析法各有其优缺点和适用范围。高度不超过 150m 的高层建筑可采用静力弹塑性分析方法；高度超过 200m 时，应采用弹塑性时程分析法，高度在 150～200m 之间，可视结构不规则程度选择静力或时程分析法，高度超过 300m 的结构或新型结构或特别复杂的结构，为使弹塑性时程分析计算结果的合理性有较大的把握，应由两个不同单位进行独立的计算校核。

（2）弹塑性计算分析应以混凝土构件的实际配筋、型钢和钢构件的实际截面规格为基础，不应以估算的配筋和钢构件替代。

（3）复杂结构应进行施工模拟分析，应以施工全过程完成后的内力为初始状态。当施工方案与施工模拟计算不同时，应重新调整相应的计算。

（4）弹塑性时程分析宜采用双向或三向地震输入，计算结果宜取多组波计算结果的包络值。采用弹塑性时程分析的结构，其高度一般在 200m 以上或结构体系新型复杂。为比较有把握地检验结构可能具有的实际承载力和相应的变形，宜取多组波计算结果的最大包络值。计算中输入地震波较多时可取平均值。

（5）弹塑性计算分析是结构抗震性能设计的一个重要环节。然而，现有分析软件的计算模型以及恢复力特性、结构阻尼、材料的本构关系、构件破损程度的衡量、有限元的划分等均存在较多的人为经验因素。因此，弹塑性计算分析首先要了解分析软件的适用性，选用适合于所设计工程的软件，然后对计算结果的合理性应进行分析判断。工程设计中有时会遇到计算结果出现不合理或怪异现象，需要结构工程师与软件编制人员共同研究解决。

9. 现在有不少超高层建筑结构的某些构件及一些重要的转换构件采用了基于抗震性能的设计方法进行设计，工程实例有：

（1）北京市建筑设计研究院设计的深圳南山中心区 T106—0028 地块的 A 座办公、酒店，地上共 62 层，总高度为 300.8m，采用钢筋混凝土核心筒—型钢混凝土柱、钢梁框架结构，共设三道加强层，抗震设防为 7 度，按抗震性能化设计：

1）多遇地震（小震）作用下，结构处于弹性状态。

2）设防地震（中震）作用下，核心筒墙受剪承载力、外框架柱、伸臂桁架、腰桁架、角部 V 形支撑，应处于弹性；核心筒墙受弯承载力、楼面钢梁、墙体连梁按不屈服进行复核；楼板允许进入塑性。

3）罕遇地震（大震）作用下，核心筒墙受剪和受弯承载力、外框架柱、伸臂桁架、腰桁架、楼面钢梁、墙体连梁允许进入塑性，控制变形；角部 V 形支撑不屈服，控制变形；楼板允许开裂；层间位移角限值为 1/100。

（2）北京市建筑设计研究院设计的天津市塘沽滨海新区于家堡 03-22 地块办公主楼，地上 50 层，结构总高度为 214.2m，钢筋混凝土核心筒—圆钢管混凝土柱、钢梁框架结构，在高度 54.6m、109.2m、163.8m 共设置三道加强层，抗震设防为 7 度（基本地震加速度为 0.15g），按抗震性能化设计：钢筋混凝土筒体外圈墙、伸臂钢桁架贯通的内筒墙，满足偏拉、偏压承载力中震不屈服，受剪承载力满足中震弹性和大震下截面剪应力控制的要求；外柱和梁框架的地震剪力按加强层分隔分段取总地震剪力的 20% 和框架按刚度分配最大层剪力的 1.5 倍二者的较大值，关键部位同时满足中震弹性要求；加强层伸臂钢桁架按中震不屈服设计。

（3）北京环洋世纪国际建筑顾问有限公司设计的北京通州区宏鑫花园集商场、办公、酒店于一体的超高层塔楼，地上 29 层，高度 130m，塔楼与商业 7 层裙房连为一体，属大底盘建筑，塔楼采用框架—核心筒结构，裙房为乙类建筑采用框剪结构，抗震为 8 度设防。塔楼底部加强部位伸到裙房以上一层，加强部位的核心筒墙体，偏压、偏拉承载力按中震不屈服，受剪承载力按中震弹性，大震下剪压比控制。此工程由于高度超限、大底盘塔楼偏置、裙房周边大悬挑等，进行了超限高层建筑抗震设防专项审查。

（4）北京朝阳区三里屯某公寓式酒店，地下 4 层，地上 22 层，底部 4 层为大空间，通过设置转换层，上部为剪力墙结构，抗震设防烈度为 8 度，按抗震性能化设计：在多遇地震作用下整个结构的构件保持弹性状态；在中震作用下，转换梁、框支柱和落地剪力墙均应不屈服。此工程已属超限，进行了超限高层建筑抗震设防专项审查。

（5）华东建筑设计研究院设计的上海华敏帝豪大厦，地下 4 层，地上塔楼 63 层，高 228.6m，外型钢混凝土框架—钢筋混凝土内核心筒混合结构。抗震设防分类为乙类，抗震设防烈度为 7 度，风荷载采用 100 年重现期，基本风压 $W_0=0.6kN/m^2$。核心筒底部加强部位，墙抗剪承载力满足中震弹性，约束边缘构件的纵向钢筋及墙的竖向分布钢筋要求中震不屈服；加强层桁架要求中震不屈服，加强层及其上下相邻一层内筒在桁架方向的墙及框架柱要求中震弹性。

（6）深圳电子院设计的深圳现代商务大厦，地上 33 层，高度 189.2m，框架—核心筒结构，在第 6 层通过桁架转换将上部外框架密柱转换成下部落地大柱距，并采用型钢混凝土柱。抗震设防烈度为 7 度，风荷载按 100 年重现期，基本风压 $W_0=0.9kN/m^2$。结构的薄弱部位或重要部位的构件按中震不屈服要求进行设计。

（7）香港华艺设计顾问（深圳）有限公司设计的安徽某超限高层建筑，A、B 两幢塔楼，地下 2 层，地上 32 层高度 99.9m，框支剪力墙结构，抗震设防烈度为 7 度，风荷载按 100 年重现期，基本风压 $W_0=0.4kN/m^2$。两塔楼均在 5 层顶采用转换梁进行转换，重要构件转换梁、框支柱、底部加强部位剪力墙，按中震不屈服要求进行设计。

（8）中国建筑设计研究院上海分院设计的无锡会展中心，抗震设防分类为乙类，抗震设防烈度按 7 度，框剪结构，屋面采用跨度 94.5m 两外端分别悬挑 11.5m 和 9m 的菱形空腹钢桁架。与钢桁架连接的构件及连接要求在罕遇地震（大震）作用下处于弹性阶段。

（9）现代设计集团上海建筑设计研究院设计的上海浦东陆家嘴某高层钢—混凝土混合结构工程，地下 3 层，地上主楼 49 层，高度 200m，外钢框架—内钢筋混凝土核心筒结构。抗震性能目标：小震作用下结构构件均处于弹性阶段；中震作用下核心筒剪力墙钢筋不屈服；大震作用下结构不倒塌，最大层间位移角小于 1/120。

【禁忌 3】 不了解超限高层建筑工程专项审查的有关规定

【正】 1.2002 年 7 月 25 日，时任建设部部长汪光焘签布第 111 号令——"超限高层建筑工程抗震设防管理规定"指出，为了加强超限高层建筑工程的抗震设防管理，提高超限高层建筑工程抗震设计的可靠性和安全性，保证超限高层建筑工程抗震设防的质量，对抗震设防区内超出国家现行规范、规程所规定的适用高度和适用结构类型的高层建筑工程，体型特别不规则的高层建筑工程，以及有关规范、规程规定应进行抗震专项审查。

2. "第 111 号令"规定，超限高层建筑工程所在地的省、自治区、直辖市人民政府建设行政主管部门，负责组织省、自治区、直辖市超限高层建筑工程抗震设防专家委员会对超限高层建筑工程进行抗震设防专项审查。

审查难度大或审查意见难以统一的，工程所在地的省、自治区、直辖市人民政府建设行政主管部门可请全国超限高层建筑工程抗震设防专家委员会提出专项审查意见，并报国务院建设行政主管部门备案。

全国和省、自治区、直辖市的超限高层建筑工程抗震设防审查专家委员会委员分别由国务院建设行政主管部门和省、自治区、直辖市人民政府建设行政主管部门聘任。

超限高层建筑工程抗震设防专家委员会应当由长期从事并精通高层建筑工程抗震的勘察、设计、科研、教学和管理专家组成，并对抗震设防专项审查意见承担相应的审查责任。

在抗震设防区内进行超限高层建筑工程的建设时，建设单位应当在初步设计阶段向工程所在地的省、自治区、直辖市人民政府建设行政主管部门提出专项报告。

建设行政主管部门应当自接到抗震设防专项审查全部申报材料之日起 25 日内，组织专家委员会提出书面审查意见，并将审查结果通知建设单位。

超限高层建筑工程抗震设防专项审查费用由建设单位承担。

3. 超限高层建筑工程的勘察、设计、施工、监理，应当由具备甲级（一级及以上）资质的勘察、设计、施工和工程监理单位承担，其中建筑设计和结构设计应当分别由具有高层建筑设计经验的一级注册建筑师和一级注册结构工程师承担。

未经超限高层建筑工程抗震设防专项审查，建设行政主管部门和其他有关部门不得对超限高层建筑工程施工图设计文件进行审查。

超限高层建筑工程的施工图设计文件审查应当由经国务院建设行政主管部门认定的具有超限高层建筑工程审查资格的施工图设计文件审查机构承担。

施工图设计文件审查时应当检查设计图纸是否执行了抗震设防专项审查意见；未执行专项审查意见的，施工图设计文件审查不能通过。

4. 中华人民共和国住房和城乡建设部 2010 年 7 月 16 日印发的《超限高层建筑工程抗震设防专项审查技术要点》（建质〔2010〕109 号）如下：

第一章 总 则

第一条 为做好全国及各省、自治区、直辖市超限高层建筑工程抗震设防专家委员会的专项审查工作，根据《行政许可法》和《超限高层建筑工程抗震设防管理规定》（建设部令第111号），制定本技术要点。

第二条　下列工程属于超限高层建筑工程：

（一）房屋高度超过规定，包括超过《建筑抗震设计规范》（以下简称《抗震规范》）第6章钢筋混凝土结构和第8章钢结构最大适用高度、超过《高层建筑混凝土结构技术规程》（以下简称《高层混凝土结构规程》）第7章中有较多短肢墙的剪力墙结构、第10章中错层结构和第11章混合结构最大适用高度的高层建筑工程。

（二）房屋高度不超过规定，但建筑结构布置属于《抗震规范》、《高层混凝土结构规程》规定的特别不规则的高层建筑工程。

（三）房屋高度大于24米且屋盖结构超出《网架结构设计与施工规程》和《网壳结构技术规程》规定的常用形式的大型公共建筑工程（暂不含轻型的膜结构）。

超限高层建筑工程的主要范围参见附录一。

第三条　在本技术要点第二条规定的超限高层建筑工程中，属于下列情况的，建议委托全国超限高层建筑工程抗震设防审查专家委员会进行抗震设防专项审查：

（一）高度超过《高层混凝土结构规程》B级高度的混凝土结构，高度超过《高层混凝土结构规程》第11章最大适用高度的混合结构；

（二）高度超过规定的错层结构，塔体显著不同或跨度大于24m的连体结构，同时具有转换层、加强层、错层、连体四种类型中三种的复杂结构，高度超过《抗震规范》规定且转换层位置超过《高层混凝土结构规程》规定层数的混凝土结构，高度超过《抗震规范》规定且水平和竖向均特别不规则的建筑结构；

（三）超过《抗震规范》第8章适用范围的钢结构；

（四）各地认为审查难度较大的其他超限高层建筑工程。

第四条　对主体结构总高度超过350m的超限高层建筑工程的抗震设防专项审查，应满足以下要求：

（一）从严把握抗震设防的各项技术性指标；

（二）全国超限高层建筑工程抗震设防审查专家委员会进行的抗震设防专项审查，应会同工程所在地省级超限高层建筑工程抗震设防审查专家委员会共同开展，或在当地超限高层建筑工程抗震设防审查专家委员会工作的基础上开展；

（三）审查后及时将审查信息录入全国重要超限高层建筑数据库，审查信息包括超限高层建筑工程抗震设防专项审查申报表项目（附录二）和超限高层建筑工程抗震设防专项审查情况表（附录三）。

第五条　建设单位申报抗震设防专项审查的申报材料应符合第二章的要求。专家组提出的专项审查意见应符合第六章的要求。

对于本技术要点第二条（三）款规定的建筑工程的抗震设防专项审查，除参照第三章、第四章的相关内容外，应按第五章执行。

第二章　申报材料的基本内容

第六条　建设单位申报抗震设防专项审查时，应提供以下资料：

（一）超限高层建筑工程抗震设防专项审查申报表（申报表项目见附录二，至少5份）；

（二）建筑结构工程超限设计的可行性论证报告（至少5份）；

（三）建设项目的岩土工程勘察报告；

（四）结构工程初步设计计算书（主要结果，至少5份）；

（五）初步设计文件（建筑和结构工程部分，至少5份）；

（六）当参考使用国外有关抗震设计标准、工程实例和震害资料及计算机程序时，应提供理由和相应的说明；

（七）进行模型抗震性能试验研究的结构工程，应提交抗震试验研究报告。

第七条　申报抗震设防专项审查时提供的资料，应符合下列具体要求：

（一）高层建筑工程超限设计可行性论证报告应说明其超限的类型（如高度、转换层形式和位置、多塔、连体、错层、加强层、竖向不规则、平面不规则、超限大跨空间结构等）和程度，并提出有效控制安全的技术措施，包括抗震技术措施的适用性、可靠性，整体结构及其薄弱部位的加强措施和预期的性能目标。

（二）岩土工程勘察报告应包括岩土特性参数、地基承载力、场地类别、液化评价、剪切波速测试成果及地基方案。当设计有要求时，应按规范规定提供结构工程时程分析所需的资料。

处于抗震不利地段时，应有相应的边坡稳定评价、断裂影响和地形影响等抗震性能评价内容。

（三）结构设计计算书应包括：软件名称和版本，力学模型，电算的原始参数（是否考虑扭转耦连、周期折减系数、地震作用修正系数、内力调整系数、输入地震时程记录的时间、台站名称和峰值加速度等），结构自振特性（周期，扭转周期比，对多塔、连体类含必要的振型）、位移、扭转位移比、结构总重力和地震剪力系数、楼层刚度比、墙体（或筒体）和框架承担的地震作用分配等整体计算结果，主要构件的轴压比、剪压比和应力比控制等。

对计算结果应进行分析。采用时程分析时，其结果应与振型分解反应谱法计算结果进行总剪力和层剪力沿高度分布等的比较。对多个软件的计算结果应加以比较，按规范的要求确认其合理、有效性。

（四）初步设计文件的深度应符合《建筑工程设计文件编制深度的规定》的要求，设计说明要有建筑抗震设防分类、设防烈度、设计基本地震加速度、设计地震分组、结构的抗震等级等内容。

（五）抗震试验数据和研究成果，要有明确的适用范围和结论。

第三章　专项审查的控制条件

第八条　抗震设防专项审查的重点是结构抗震安全性和预期的性能目标。为此，超限工程的抗震设计应符合下列最低要求：

（一）严格执行规范、规程的强制性条文，并注意系统掌握、全面理解其准确内涵和相关条文。

（二）不应同时具有转换层、加强层、错层、连体和多塔等五种类型中的四种及以上的复杂类型。

（三）房屋高度在《高层混凝土结构规程》B级高度范围内且比较规则的高层建筑应按《高层混凝土结构规程》执行。其余超限工程，应根据不规则项的多少、程度和薄弱部位，明确提出为达到安全而比现行规范、规程的规定更严格的针对性强的抗震措施或预期性能目标。其中，房屋高度超过《高层混凝土结构规程》的B级高度以及房屋高度、平面和竖向规则性等三方面均不满足规定时，应提供达到预期性能目标的充分依据，如试验研究成果、所采用的抗震新技术和新措施、以及不同结构体系的对比分析等的详细论证。

（四）在现有技术和经济条件下，当结构安全与建筑形体等方面出现矛盾时，应以安全为重；建筑方案（包括局部方案）设计应服从结构安全的需要。

第九条　对超高很多或结构体系特别复杂、结构类型特殊的工程，当没有可借鉴的设计依据时，应选择整体结构模型、结构构件、部件或节点模型进行必要的抗震性能试验研究。

第四章　专项审查的内容

第十条　专项审查的内容主要包括：

（一）建筑抗震设防依据；

（二）场地勘察成果；

（三）地基和基础的设计方案；

（四）建筑结构的抗震概念设计和性能目标；

（五）总体计算和关键部位计算的工程判断；

（六）薄弱部位的抗震措施；

（七）可能存在的其他问题。

对于特殊体型或风洞试验结果与荷载规范规定相差较大的风荷载取值以及特殊超限高层建筑工程（规模大、高宽比大等）的隔震、减震技术，宜由相关专业的专家在抗震设防专项审查前进行专门论证。

第十一条　关于建筑结构抗震概念设计：

（一）各种类型的结构应有其合适的使用高度、单位面积自重和墙体厚度。结构的总体刚度应适当（含两个主轴方向的刚度协调符合规范的要求），变形特征应合理；楼层最大层间位移和扭转位移比符合规范、规程的要求。

（二）应明确多道防线的要求。框架与墙体、筒体共同抗侧力的各类结构中，框架部分地震剪力的调整应依据其超限程度比规范的规定适当增加。主要抗侧力构件中沿全高不开洞的单肢墙，应针对其延性不足采取相应措施。

（三）超高时应从严掌握建筑结构规则性的要求，明确竖向不规则和水平向不规则的程度，应注意楼板局部开大洞导致较多数量的长短柱共用和细腰形平面可能造成的不利影响，避免过大的地震扭转效应。对不规则建筑的抗震设计要求，可依据抗震设防烈度和高度的不同有所区别。

主楼与裙房间设置防震缝时，缝宽应适当加大或采取其他措施。

（四）应避免软弱层和薄弱层出现在同一楼层。

（五）转换层应严格控制上下刚度比；墙体通过次梁转换和柱顶墙体开洞，应有针对性的加强措施。水平加强层的设置数量、位置、结构形式，应认真分析比较；伸臂的构件内力计算宜采用弹性膜楼板假定，上下弦杆应贯通核心筒的墙体，墙体在伸臂斜腹杆的节点处应采取措施避免应力集中导致破坏。

（六）多塔、连体、错层等复杂体型的结构，应尽量减少不规则的类型和不规则的程度；应注意分析局部区域或沿某个地震作用方向上可能存在的问题，分别采取相应加强措施。

（七）当几部分结构的连接薄弱时，应考虑连接部位各构件的实际构造和连接的可靠程度，必要时可取结构整体模型和分开模型计算的不利情况，或要求某部分结构在设防烈度下保持弹性工作状态。

（八）注意加强楼板的整体性，避免楼板的削弱部位在大震下受剪破坏；当楼板在板面或板厚内开洞较大时，宜进行截面受剪承载力验算。

（九）出屋面结构和装饰构架自身较高或体型相对复杂时，应参与整体结构分析，材料不同时还需适当考虑阻尼比不同的影响，应特别加强其与主体结构的连接部位。

（十）高宽比较大时，应注意复核地震下地基基础的承载力和稳定。

第十二条　关于结构抗震性能目标：

（一）根据结构超限情况、震后损失、修复难易程度和大震不倒等确定抗震性能目标。即在预期水准（如中震、大震或某些重现期的地震）的地震作用下结构、部位或结构构件的承载力、变形、损坏程度及延性的要求。

（二）选择预期水准的地震作用设计参数时，中震和大震可仍按规范的设计参数采用。

（三）结构提高抗震承载力目标举例：水平转换构件在大震下受弯、受剪极限承载力复核。竖向构件和关键部位构件在中震下偏压、偏拉、受剪屈服承载力复核，同时受剪截面满足大震下的截面控制条件。竖向构件和关键部位构件中震下偏压、偏拉、受剪承载力设计值复核。

（四）确定所需的延性构造等级。中震时出现小偏心受拉的混凝土构件应采用《高层混凝土结构规程》中规定的特一级构造，拉应力超过混凝土抗拉强度标准值时宜设置型钢。

（五）按抗震性能目标论证抗震措施（如内力增大系数、配筋率、配箍率和含钢率）的合理可行性。

第十三条　关于结构计算分析模型和计算结果：

（一）正确判断计算结果的合理性和可靠性，注意计算假定与实际受力的差异（包括刚性板、弹性膜、分块刚性板的区别），通过结构各部分受力分布的变化，以及最大层间位移的位置和分布特征，判断结构受力特征的不利情况。

（二）结构总地震剪力以及各层的地震剪力与其以上各层总重力荷载代表值的比值，应符合抗震规范的要求，Ⅲ、Ⅳ类场地时尚宜适当增加（如10%左右）。当结构底部的总地震剪力偏小需调整时，其以上各层的剪力也均应适当调整。

（三）结构时程分析的嵌固端应与反应谱分析一致，所用的水平、竖向地震时程曲线应符合规范要求，持续时间一般不小于结构基本周期的5倍（即结构屋面对应于基本周期的位移反应不少于5次往复）；弹性时程分析的结果也应符合规范的要求，即采用三组时程时宜取包络值，采用七组时程时可取平均值。

（四）软弱层地震剪力和不落地构件传给水平转换构件的地震内力的调整系数取值，应依据超限的具体情况大于规范的规定值；楼层刚度比值的控制值仍需符合规范的要求。

（五）上部墙体开设边门洞等的水平转换构件，应根据具体情况加强；必要时，宜采用重力荷载下不考虑墙体共同工作的手算复核。

（六）跨度大于24m的连体计算竖向地震作用时，宜参照竖向时程分析结果确定。

（七）错层结构各分块楼盖的扭转位移比，应利用电算结果进行手算复核。

（八）对于结构的弹塑性分析，高度超过200m应采用动力弹塑性分析；高度超过300m应做两个独立的动力弹塑性分析。计算应以构件的实际承载力为基础，着重于发现薄弱部位和提出相应加强措施。

（九）必要时（如特别复杂的结构、高度超过 200m 的混合结构、大跨空间结构、静载下构件竖向压缩变形差异较大的结构等），应有重力荷载下的结构施工模拟分析，当施工方案与施工模拟计算分析不同时，应重新调整相应的计算。

（十）当计算结果有明显疑问时，应另行专项复核。

第十四条　关于结构抗震加强措施：

（一）对抗震等级、内力调整、轴压比、剪压比、钢材的材质选取等方面的加强，应根据烈度、超限程度和构件在结构中所处部位及其破坏影响的不同，区别对待、综合考虑。

（二）根据结构的实际情况，采用增设芯柱、约束边缘构件、型钢混凝土或钢管混凝土构件，以及减震耗能部件等提高延性的措施。

（三）抗震薄弱部位应在承载力和细部构造两方面有相应的综合措施。

第十五条　关于岩土工程勘察成果：

（一）波速测试孔数量和布置应符合规范要求；测量数据的数量应符合规定。

（二）液化判别孔和砂土、粉土层的标准贯入锤击数据以及粘粒含量分析的数量应符合要求；水位的确定应合理。

（三）场地类别划分、液化判别和液化等级评定应准确、可靠；脉动测试结果仅作为参考。

（四）处于不同场地类别的分界附近时，应要求用内插法确定计算地震作用的特征周期。

第十六条　关于地基和基础的设计方案：

（一）地基基础类型合理，地基持力层选择可靠。

（二）主楼和裙房设置沉降缝的利弊分析正确。

（三）建筑物总沉降量和差异沉降量控制在允许的范围内。

第十七条　关于试验研究成果和工程实例、震害经验：

（一）对按规定需进行抗震试验研究的项目，要明确试验模型与实际结构工程相符的程度以及试验结果可利用的部分。

（二）借鉴国外经验时，应区分抗震设计和非抗震设计，了解是否经过地震考验，并判断是否与该工程项目的具体条件相似。

（三）对超高很多或结构体系特别复杂、结构类型特殊的工程，宜要求进行实际结构工程的动力特性测试。

第五章　超限大跨空间结构的审查

第十八条　关于可行性论证报告：

（一）明确所采用的大跨屋盖的结构形式和具体的结构安全控制荷载和控制

目标。

（二）列出所采用的屋盖结构形式与常用结构形式在振型、内力分布、位移分布特征等方面的不同。

（三）明确关键杆件和薄弱部位，提出有效控制屋盖构件承载力和稳定的具体措施，详细论证其技术可行性。

第十九条 关于结构计算分析：

（一）作用和作用效应组合

设防烈度为 7 度（0.15g）及以上时，屋盖的竖向地震作用应参照时程分析结果按支承结构的高度确定。

基本风压和基本雪压应按 100 年一遇采用；屋盖体型复杂时，屋面积雪分布系数、风载体型系数和风振系数，应比规范要求增大或经风洞试验等方法确定；屋盖坡度较大时尚宜考虑积雪融化可能产生的滑落冲击荷载。尚可依据当地气象资料考虑可能超出荷载规范的风力。

温度作用应按合理的温差值确定。应分别考虑施工、合拢和使用三个不同时期各自的不利温差。

除有关规范、规程规定的作用效应组合外，应增加考虑竖向地震为主的地震作用效应组合。

（二）计算模型和设计参数

屋盖结构与支承结构的主要连接部位的构造应与计算模型相符。

计算模型应计入屋盖结构与下部结构的协同作用。

整体结构计算分析时，应考虑支承结构与屋盖结构不同阻尼比的影响。若各支承结构单元动力特性不同且彼此连接薄弱，应采用整体模型与分开单独模型进行静载、地震、风力和温度作用下各部位相互影响的计算分析的比较，合理取值。

应进行施工安装过程中的内力分析。地震作用及使用阶段的结构内力组合，应以施工全过程完成后的静载内力为初始状态。

除进行重力荷载下几何非线性稳定分析外，必要时应进行罕遇地震下考虑几何和材料非线性的弹塑性分析。

超长结构（如大于 400m）应按《抗震规范》的要求考虑行波效应的多点和多方向地震输入的分析比较。

第二十条 关于屋盖构件的抗震措施：

（一）明确主要传力结构杆件，采取加强措施。

（二）从严控制关键杆件应力比及稳定要求。在重力和中震组合下以及重力与风力组合下，关键杆件的应力比控制应比规范的规定适当加严。

（三）特殊连接构造及其支座在罕遇地震下安全可靠，并确保屋盖的地震作用直接传递到下部支承结构。

（四）对某些复杂结构形式，应考虑个别关键构件失效导致屋盖整体连续倒塌的可能。

第二十一条 关于屋盖的支承结构：

（一）支座（支承结构）差异沉降应严格控制。

（二）支承结构应确保抗震安全，不应先于屋盖破坏；当其不规则性属于超限专项审查范围时，应符合本技术要点的有关要求。

（三）支座采用隔震、滑移或减震等技术时，应有可行性论证。

第六章 专项审查意见

第二十二条 抗震设防专项审查意见主要包括下列三方面内容：

（一）总评。对抗震设防标准、建筑体型规则性、结构体系、场地评价、构造措施、计算结果等做简要评定。

（二）问题。对影响结构抗震安全的问题，应进行讨论、研究，主要安全问题应写入书面审查意见中，并提出便于施工图设计文件审查机构审查的主要控制指标（含性能目标）。

（三）结论。分为"通过"、"修改"、"复审"三种。

审查结论"通过"，指抗震设防标准正确，抗震措施和性能设计目标基本符合要求；对专项审查所列举的问题和修改意见，勘察设计单位应明确其落实方法。依法办理行政许可手续后，在施工图审查时由施工图审查机构检查落实情况。

审查结论"修改"，指抗震设防标准正确，建筑和结构的布置、计算和构造不尽合理、存在明显缺陷；对专项审查所列举的问题和修改意见，勘察设计单位落实后所能达到的具体指标尚需经原专项审查专家组再次检查。因此，补充修改后提出的书面报告需经原专项审查专家组确认已达到"通过"的要求，依法办理行政许可手续后，方可进行施工图设计并由施工图审查机构检查落实。

审查结论"复审"，指存在明显的抗震安全问题、不符合抗震设防要求、建筑和结构的工程方案均需大调整。修改后提出修改内容的详细报告，由建设单位按申报程序重新申报审查。

第七章 附 则

第二十三条 本技术要点由全国超限高层建筑工程抗震设防审查专家委员会办公室负责解释。

附录一：超限高层建筑工程主要范围的参照简表

房屋高度（m）超过下列规定的高层建筑工程 表一

结构类型		6 度	7 度 （含 0.15g）	8 度 （0.20g）	8 度 （0.30g）	9 度
混凝土结构	框架	60	50	40	35	24
	框架—抗震墙	130	120	100	80	50
	抗震墙	140	120	100	80	60
	部分框支抗震墙	120	100	80	50	不应采用
	框架—核心筒	150	130	100	90	70
	筒中筒	180	150	120	100	80
	板柱—抗震墙	80	70	55	40	不应采用
	较多短肢墙		100	60	60	不应采用
	错层的抗震墙和框架—抗震墙		80	60	60	不应采用
混合结构	钢外框—钢筋混凝土筒	200	160	120	120	70
	型钢混凝土外框—钢筋混凝土筒	220	190	150	150	70
钢结构	框架	110	110	90	70	50
	框架—支撑（抗震墙板）	220	220	200	180	140
	各类筒体和巨型结构	300	300	260	240	180

注：当平面和竖向均不规则（部分框支结构指框支层以上的楼层不规则）时，其高度应比表内数值降低
至少 10%。

同时具有下列三项及以上不规则的高层建筑工程（不论高度是否大于表一） 表二

序号	不规则类型	简要涵义	备注
1a	扭转不规则	考虑偶然偏心的扭转位移比大于 1.2	参见 GB 50011—3.4.2
1b	偏心布置	偏心率大于 0.15 或相邻层质心相差大于相应边长 15%	参见 JGJ 99—3.2.2
2a	凹凸不规则	平面凹凸尺寸大于相应边长 30% 等	参见 GB 50011—3.4.2
2b	组合平面	细腰形或角部重叠形	参见 JGJ 3—4.3.3
3	楼板不连续	有效宽度小于 50%，开洞面积大于 30%，错层大于梁高	参见 GB 50011—3.4.2
4a	刚度突变	相邻层刚度变化大于 70% 或连续三层变化大于 80%	参见 GB 50011—3.4.2
4b	尺寸突变	竖向构件位置缩进大于 25%，或外挑大于 10% 和 4m，多塔	参见 JGJ 3—4.4.5
5	构件间断	上下墙、柱、支撑不连续，含加强层、连体类	参见 GB 50011—3.4.2
6	承载力变变	相邻层受剪承载力变化大于 80%	参见 GB 50011—3.4.2
7	其他不规则	如局部的穿层柱、斜柱、夹层、个别构件错层或转换	已计入 1～6 项者除外

注：深凹进平面在凹口设置连梁，其两侧的变形不同时仍视为凹凸不规则，不按楼板不连续中的开洞
对待；
序号 a、b 不重复计算不规则项；
局部的不规则，视其位置、数量等对整个结构影响的大小判断是否计入不规则的一项。

序号	不规则类型	简要涵义
1	扭转偏大	裙房以上的较多楼层，考虑偶然偏心的扭转位移比大于 1.4
2	抗扭刚度弱	扭转周期比大于 0.9，混合结构扭转周期比大于 0.85
3	层刚度偏小	本层侧向刚度小于相邻上层的 50%
4	高位转换	框支墙体的转换构件位置：7 度超过 5 层，8 度超过 3 层
5	厚板转换	7~9 度设防的厚板转换结构
6	塔楼偏置	单塔或多塔与大底盘的质心偏心距大于底盘相应边长 20%
7	复杂连接	各部分层数、刚度、布置不同的错层 连体两端塔楼高度、体型或者沿大底盘某个主轴方向的振动周期显著不同的结构
8	多重复杂	结构同时具有转换层、加强层、错层、连体和多塔等复杂类型的 3 种

注：仅前后错层或左右错层属于表二中的一项不规则，多数楼层同时前后、左右错层属于本表的复杂连接。

其他高层建筑 表四

序号	简称	简要涵义
1	特殊类型高层建筑	抗震规范、高层混凝土结构规程和高层钢结构规程暂未列入的其他高层建筑结构，特殊形式的大型公共建筑及超长悬挑结构，特大跨度的连体结构等
2	超限大跨空间结构	屋盖的跨度大于 120m 或悬挑长度大于 40m 或单向长度大于 300m，屋盖结构形式超出常用空间结构形式的大型列车客运候车室、一级汽车客运候车楼、一级港口客运站、大型航站楼、大型体育场馆、大型影剧院、大型商场、大型博物馆、大型展览馆、大型会展中心，以及特大型机库等

注：表中大型建筑工程的范围，参见《建筑工程抗震设防分类标准》GB 50223。

说明：

1. 当规范、规程修订后，最大适用高度等数据相应调整。

2. 具体工程的界定遇到问题时，可从严考虑或向全国、工程所在地省级超限高层建筑工程抗震设防专项审查委员会咨询。

附录二：超限高层建筑工程抗震设防专项审查申报表项目

1. 基本情况（包括：建设单位，工程名称，建设地点，建筑面积，申报日期，勘察单位及资质，设计单位及资质，联系人和方式等）

2. 抗震设防标准（包括：设防烈度或设计地震动参数，抗震设防分类等）

3. 勘察报告基本数据（包括：场地类别，等效剪切波速和覆盖层厚度，液化判别，持力层名称和埋深，地基承载力和基础方案，不利地段评价等）

4. 基础设计概况（包括：主楼和裙房的基础类型，基础埋深，地下室底板和顶板的厚度，桩型和单桩承载力，承台的主要截面等）

5. 建筑结构布置和选型（包括：主楼高度和层数，出屋面高度和层数，裙房高度和层数，特大型屋盖的尺寸；防震缝设置；建筑平面和竖向的规则性；结构类型是否属于复杂类型；特大型屋盖结构的形式；混凝土结构抗震等级等）

6. 结构分析主要结果（包括：计算软件；总剪力和周期调整系数，结构总重力和地震剪力系数，竖向地震取值；纵横扭方向的基本周期；最大层位移角和位置、扭转位移比；框架柱、墙体最大轴压比；构件最大剪压比和钢结构应力比；楼层刚度比；框架部分承担的地震作用；时程法的波形和数量，时程法与反应谱法结果比较，隔震支座的位移；大型空间结构屋盖稳定性等）

7. 超限设计的抗震构造（包括：结构构件的混凝土、钢筋、钢材的最高和最低材料强度；关键部位梁柱的最大和最小截面，关键墙体和筒体的最大和最小厚度；短柱和穿层柱的分布范围；错层、连体、转换梁、转换桁架和加强层的主要构造；关键钢结构构件的截面形式、基本的连接构造；型钢混凝土构件的含钢率和构造等）

8. 需要重点说明的问题（包括：性能设计目标简述；超限工程设计的主要加强措施，有待解决的问题，试验结果等）

注：填表人根据工程项目的具体情况增减，自行制表，以下为示例。

超限高层建筑工程初步设计抗震设防审查申报表（示例）

编号：　　　　　　　　　　　　　　　　　　　　　　申报时间：

工程名称		申报人 联系方式	
建设单位		建筑面积	地上　万 m²　　地下　万 m²
设计单位		设防烈度	度（　g），设计　组
勘察单位		设防类别	类
建设地点		建筑高度 和层数	主楼　m(n=　)出屋面 地下　m(n=　)相连裙房　m
场地类别 液化判别	类，波速　　覆盖层 液化等级　　液化处理	平面尺寸 和规则性	长宽比
基础 持力层	类型　埋深　桩长(或底板厚度) 名称　　　承载力	竖向 规则性	高宽比
结构类型		抗震等级	框架　　　墙、筒 框支层　　加强层　　错层
计算软件		材料强度 （范围）	梁　　　　柱 墙　　　　楼板
计算参数	周期折减　楼面刚度(刚□弹□分段□) 地震方向(单□双□斜□竖□)	梁截面	下部　　　　剪压比 标准层

646

地上总重剪力系数（%）	$G_E=$　　平均重力 $X=$ $Y=$		柱截面	下部　　　轴压比 中部　　　轴压比 顶部　　　轴压比	
自振周期（s）	$X:$ $Y:$ $T:$		墙厚	下部　　　轴压比 中部　　　轴压比 顶部　　　轴压比	
最大层间位移角	$X=$ （$n=$　）对应扭转比 $Y=$ （$n=$　）对应扭转比		钢　梁 柱 支撑	截面形式　　　长细比	
扭转位移比（偏心5%）	$X=$ （$n=$　）对应位移角 $Y=$ （$n=$　）对应位移角		短柱 穿层柱	位置范围　　　剪压比 位置范围　　　穿层数	
时程分析	波形峰值	1　　2　　3	转换层 刚度比	位置 $n=$　　转换梁截面 X　　　　　　Y	
	剪力比较	$X=$ （底部），$X=$ （顶部） $Y=$ （底部），$Y=$ （顶部）	错层	满布　　局部(位置范围) 错层高度　　平层间距	
	位移比较	$X=$ （$n=$　） $Y=$ （$n=$　）	连体 含连廊	数量　　　支座高度 竖向地震系数　跨度	
弹塑性位移角	$X=$ （$n=$　） $Y=$ （$n=$　）		加强层 刚度比	数量　位置　形式(梁□桁架□) X　　　　　　Y	
框架承担的比例	倾覆力矩 $X=$　　　$Y=$ 总剪力　$X=$　　　$Y=$		多塔 上下偏心	数量　形式(等高□对称□大小不等□) X　　　　　　Y	
大型屋盖	结构形式　　　尺寸　　　支座高度　　　支座连接方式　　　最大位移 竖向振动周期　　　竖向地震系数　　　构件应力比范围				
超限设计简要说明	（性能设计目标简述；超限工程设计的主要加强措施，有待解决的问题等）				

附录三：

超限高层建筑工程专项审查情况表

工程名称				
审查 主持单位				
审查时间		审查地点		
审查专家组	姓名	职称		单位
组　长				
副组长				

审查组成员 （按实际人数增减）			
专家组 审查意见			
审查结论	通过□	修改□	复审□
主管部门给建 设单位的复函	（扫描件）		

【禁忌4】 对住宅建筑结构设计的特殊性缺乏了解

【正】 1. 住宅建筑是量大面广的建筑工程，住宅建筑结构设计与其他建筑结构设计有所不同，有其特殊性。它有如下基本要求：

（1）满足安全性和耐久性要求

随着经济和社会的发展，全国住房制度改革，经济计划时期的福利分房逐步由住房货币分配所取代，住宅成为商品。同时，由于我国人口多，人均土地越来越少，并需要有足够的绿化和人们活动环境，大中型城市高层住宅建筑目前仍呈不断发展趋势。住宅实行商品化后，应成为广大住户的耐用消费品，其使用寿命长是区别于其他消费品的主要特征，因此，结构安全性和耐久性是住宅结构设计的最基本的要求，结构体系的选择、材料的选用，都应该有利于抗风抗震，以及在使用寿命期间维修改造的可能性。

（2）满足舒适性要求

住宅建筑设计应该为住户起居的舒适性要求提供条件，例如，多种户型，灵活分隔室内空间，人居的热、光、声的环境等要求，为此结构设计应较好地配合建筑和机电专业，尽可能在居住空间中避免露柱露梁的压抑感和采用隔声较差的分隔墙材料，使室内简洁明快，隔声较好，给居住者创造一个幽静舒适的环境。结构方案中还应考虑住户日后改变分隔空间的可能性，当采用剪力墙结构时，宜用大开间布置。

（3）满足经济性要求

住宅作为商品，开发商为有利可图，要求投入少，经济效益好，购房者则要求房屋设计布局好，外观美，房价适中，质量上乘。因此，结构设计应根据房屋的建造地点、平立面体形、层数多少，在满足安全性、耐久性和舒适性要求的前提下采用经济合理的结构体系，在构件设计中应精打细算，严格执行规范构造要求，注意避免不必要的浪费。尤其在地基基础设计中更应该注意方案的经济比较，因为地基基础设计方案，合理与否对房屋造价至关重要。

（4）认真执行规范

在住宅建筑结构设计中，应注意认真执行规范，尤其关于伸缩缝间距。现在各大中城市工程中，多采用商品混凝土，而且强度等级较高，由于水泥用量多，坍落度大，在墙体、梁、板等构件常出现裂缝。住宅已成为商品，居住者一旦见到裂缝，就认为是次品，必然找开发商或本单位基建部门要求退换，或处理赔偿，甚至上诉法院解决。这些裂缝从结构上，虽然不是影响安全的有害裂缝，但居住者毕竟多数不是内行，再解释也无济于事，因此，如果设计者不执行规范要求，在工程中出现裂缝等问题必将造成许多麻烦。

2. 高层住宅建筑的结构体系发展过程。

（1）我国高层住宅大量兴建始于 20 世纪 70 年代，采用的结构体系是根据当地情况各不相同。北京较早地采用了大模板现浇内墙预制外墙板剪力墙结构体系，楼板结构在小开间住宅中早期采用预应力圆孔板，大开间住宅中采用预应力薄板及预制双钢筋薄板叠合楼板，随后曾采用一个房间一块预制板等形式，从 20 世纪 90 年代起基本均采用了现浇楼屋盖结构。北京还曾采用过框架—剪力墙结构及预制装配剪力墙结构，经过综合比较采用现浇剪力墙结构具有使用面积大、室内空间简洁、施工湿作业少及工期短、综合经济效益好等显著优点，因此至今它是北京居住建筑（包括住宅、公寓、饭店）的主要结构体系，约占总量的 80％以上。

高层居住建筑（包括住宅、公寓、饭店），一般要求在有效的占地范围内争取多的建筑面积，尤其北京按规划要求某些地段限制总高度的情况下，层高较低而净高可争取高一些，为此采用大开间现浇剪力墙结构有明显的优越性。采用现浇大开间剪力墙结构，可以做到房间内不露梁柱，简洁明快，承重墙与分隔墙结合，有效使用空间大，隔声效果好，当采用钢制模板或多层板模板时，墙面及楼板底表面平整不需要湿作业抹灰。此类结构具有整体性强，侧向刚度大，抗侧力性能好，用钢量少，施工周期短，造价低等优点。高层居住建筑大开间剪力墙结构，在设防烈度为 8 度，当层数 20 层以内时，墙体配筋一般均按构造。

为适应高层居住建筑底部较大使用空间的需要，可把部分剪力墙不落到底，形成底部大空间框支剪力墙结构。

（2）应用住宅建筑的短肢剪力墙结构，广东等省市有地区性设计规范，但对它的抗震性能及其优缺点有不同的看法。笔者认为采用何种结构体系应该因地制宜，必须考虑当地的基本情况，如抗震设防烈度，材料供应，施工条件，居住人的生活习惯等诸多因素。

短肢剪力墙系指大部分墙肢截面高度与厚度之比为 5～8 的剪力墙与筒体或一般剪力墙组成的结构体系。短肢墙主要布置在房间分隔墙的交点处，根据抗侧力的需要及分隔墙相交的形式而确定适当数量，并在各墙肢间设置连系梁形成整体。这种结构体系实属剪力墙结构的一种，它的特点为：

1）结合建筑平面利用间隔墙布置墙体；

2）短肢墙数量可根据抗侧力的需要确定；

3）使建筑平面布置更具有灵活性；

4）连接各墙的梁，主要位于墙肢平面内；

5）由于减少了剪力墙而代之轻质砌体，可减轻房屋总重量；

6）由于墙肢短为满足轴压比限值及构造需要，墙体厚度比一般剪力墙大。

（3）就短肢剪力墙与一般剪力墙相比较，我们认为有下列几方面问题：

1）由于采用短肢墙，同样高度的房屋墙体厚度就比一般剪力墙大，分隔墙采用轻质砌体，其厚度比墙肢小，因此必然房间一侧或两侧见梁，造成不简洁，同时砌体隔墙需要抹灰有湿作业；

2）短肢剪力墙结构中，除墙肢平面内有梁外，常垂直墙肢方向也有梁，此类梁由于支座上铁难以满足锚固（$0.4l_{Ea}$）构造要求，同时整体计算中不计墙肢平面外作用，梁端只能按简支考虑；

3）墙和梁与轻质砌体分隔墙之间，由于不同材料易产生裂缝，如采取措施避免或减少裂缝必然要增加造价，而一旦出现裂缝又使住户有不安全感，尤其当住户原住过一般剪力墙结构房屋，新迁入住短肢墙房屋，对比之下更会感到不理解；

4）采用短肢剪力墙结构，房屋总重量会比一般剪力墙结构减轻一些，但数值相差有限，因此对高度 20 层以内如北京等地的地基土质较好时，基础造价相差无几；混凝土用量会少一些，房屋刚度减小地震效应变小，但总用钢量增大，分隔墙也需造价，并有抹灰湿作业，工期会增加，因此，房屋的综合经济效益无明显优势；

5）短肢剪力墙结构的抗震性能无疑比一般剪力墙结构要差，尤其设防烈度为 8 度房屋层数较多时，采用短肢剪力墙结构需要慎重。

对短肢剪力墙结构，《高规》7.2.2 条，有 6 款具体规定，这些规定可概括为限制多、要求严。有关短肢墙的设计见第 7 章【禁忌 5】。

（4）近几年在住宅建筑结构，推广采用钢结构，在各地进行了试点，它具有绿色环保的意义，但由于造价比剪力墙结构高，大面积推广应用尚需有个过程。

（5）异形柱框架结构，有行业标准《混凝土异形柱结构技术规程》（JGJ 149—2006），此类结构主要应用在多层及低烈度地震设计的中高层建筑。

3. 厨房、卫生间楼板面局部降低。

在住宅、公寓、饭店等居住建筑中，厨房、卫生间需做防水处理，地面做法与相邻房间不同，通常要求结构板面比一般板面降低 30～50mm，以往常采用设置次梁。现在我们为了使房间内不露梁，在大开间楼板较厚情况下，在厨房、卫生间范围按建筑地面做法把板面局部降低，板底仍然平整。由于局部降低范围一般靠近墙边，对板刚度影响甚少，板正弯矩配筋按正常板厚确定，降低部分支座弯矩的配筋按减小后的板厚确定。

由于使用需要，当厨房、卫生间处楼板下降 300～400mm 时，形成局部凹槽楼板（以下简称凹槽板）。有的单位对这种凹槽板试验和计算表明，楼板的固端支座负弯矩和跨中最大弯矩均小于一般普通楼板；凹槽边上下板连接肋梁宽度大小对凹槽板变形影响较小；四边简支凹槽板的最大变形约为普通楼板的 50%～75%；在均布荷载作用下，肋梁附近楼板的应力分布与普通楼板有较大差别。因此，这种板支座和跨中弯矩可按普通楼板计算确定配筋；肋梁宽度可取 150mm 或 200mm，凹槽跨度≤2.5m 时可按构造配筋，上下各 2Φ12 或 2Φ14，箍筋 φ6@150；凹槽部分上下钢筋双向拉通；肋梁上面靠外侧按支座负钢筋配置，并在肋梁转角配 5 根放射钢筋，直径同外侧支座钢筋。如果下沉的凹槽跨度较大时，可采用有限元方法进行分析（图 14-1）。

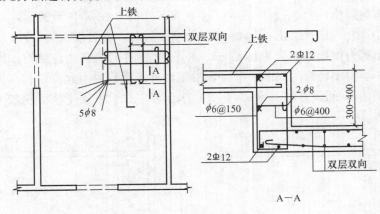

图 14-1　楼板局部下降

4. 阳台挑板与相邻楼板厚度差。

在居住建筑中，外挑阳台伸出长度 1.5～2m 是常见的，为了保证挑板有足够刚度，根部板厚一般取 1/12～1/10 外挑长度，但相邻房间楼板厚度一般均小于挑板根部的厚度。为了使阳台处的连梁（过梁）不承受过大扭矩，宜采取相邻房间楼板厚度与阳台挑板根部厚度差不超过 30mm，阳台挑板配筋按相邻楼板厚度计算确定。阳台挑板与楼板上皮标高相同时，挑板上钢筋伸入相邻楼板的长度与挑板长度相等，当挑板与楼板上皮标高不同时，则上述钢筋各自在过梁满足受拉锚固长度。

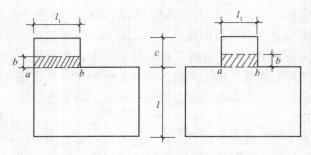

图 14-2　不规则楼板

5. 不规则楼板的计算与构造。

在居住建筑中由于平面使用功能的需要，常出现如图 14-2 所示的不规则楼板，以往处理方法在缺口 ab 处设梁，这样在过厅见梁影响观感。现在我们在设计中为使室内简洁舒适避免设梁，当 l_1 值较小时采用 $b=1m$ 的暗梁，即板搭板做法；当 l_1 值较大时板宽取 $l+c/2$ 计外板内力并配筋，在 l_1 范围内下部钢筋适当加强。楼板的承载力潜力较大，计算可作简化处理。

6. 外墙转角部位的处理。

随着建筑平立面体型的多样化，在不少的居住建筑外墙转角设置了角窗或挑阳台（图 14-3），我们遇到此类情况，结构设计作如下处理：

（1）剪力墙厚度 b_w 在底部加强部位不小于层高的 1/12，其他部位不小于层高的 1/15，且不小于180mm，墙端暗柱纵向钢筋适当加强；

（2）角窗部位，当 ab 长度较大，bc 长度较小时，在 bc 向设挑梁，ab 向设次梁，b 端支承在 bc 向挑梁上；当 ab、bc 长度接近时，各自按挑梁处理；

（3）角部为挑阳台时，有的沿 ab、bc 设窗或门，建筑允许结构如同角窗设置梁处理；当挑阳台为房间的一部分，沿阳台外缘设幕墙不允许结构如同角窗设置梁时，采用 ac 间设宽度 B 不小于1m 的暗梁，由于暗梁受荷面积较大，此时楼板厚度需取大一些。

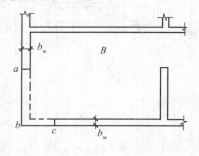 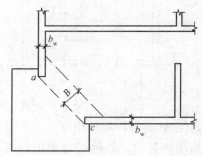

图 14-3　外墙转角部位

7. 平面大缺口。

在住宅、公寓塔式高层建筑中，为了使厨房有直接对外窗户，楼层平面常出现大缺口的复杂体型（图 14-4），各部分连接在电梯、楼梯间，造成各部分难以保证整体协同工作，当各部分伸出长度较大时问题更加突出。为了使各部分能达到整体变形协调，采取下列措施：

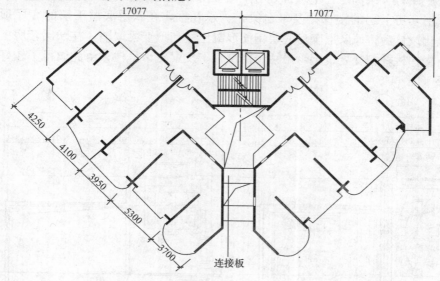

图 14-4　平面大缺口

（1）各部分在电梯间、楼梯间连接部位，楼板在任一方向的最小净宽度不宜小于 5m，板厚宜不小于 150mm，双层双向配筋，每层每方向的配筋率不宜小于 0.25%；

（2）在各部分外伸的端部每隔 2～3 层设置连接梁，此梁与墙直接相连，宽度可同墙厚，高度不小于 500mm，作为连杆考虑，纵向钢筋按计算确定，且不小于相应抗震等级柱的最小配筋率，箍筋应全跨加密；

（3）当各部分外伸长度不等，或建筑立面外观考虑不允许结构设连接梁时，可在距外端一定距离处，每隔 2～3 层设置连接板，其宽度不小于 1.5m，厚度不小于 180mm，双层双向配筋，每层每方向的配筋率不小于 0.25%，长方向上钢筋伸至相邻跨板长度不小于 1/2 板跨，下钢筋锚固入墙按受拉锚固长度，相邻跨楼板下钢筋适当加强，在连接板范围伸入连接板按搭接长度。

8. 跃层结构设计。

在高层住宅、公寓建筑中，为了多户型适应大业主的需要，在房屋顶部设跃层套房，上下楼层内设置楼梯沟通，下层主要用做客厅、厨房、客人卧室，上层为主人卧室、起居和书房，而客厅部位为有较大空间常通高两层。在跃层部位结构设计要避免常规做法，应注意密切配合建筑专业，争取有较好空间效果，想方设法减小结构构件高度，必要时结合建筑室内装饰采用钢管吊柱，悬挂在屋顶层反梁上，减小楼层梁跨度，有的部位可采用加厚楼板设暗梁不设明梁。此类建筑中楼梯往往是装饰品，楼梯的结构设计应达到轻巧美观的效果。

【例 14-1】 某高层住宅顶部设有跃层套房，原先设计时在跃层套房底层设柱支承跃层套房上层的楼梯梁及平台梁，为承托柱，在跃层底层下层的客厅顶设梁。优化设计后将原跃层套房底层钢筋混凝土柱和顶上梁取消，在跃层套房上层平台与楼梯栏杆相交处设钢管吊柱，由层顶上反梁支承吊柱，由此取得了较好空间效果（图 14-5）。

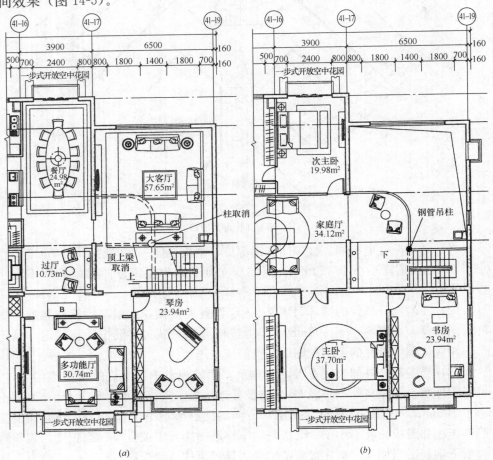

图 14-5 某高层住宅平面
(a) 跃层套房底层；(b) 跃层套房上层

【禁忌 5】 不熟悉楼层梁截面高度怎样满足某些使用功能的需要

【正】 某些建筑为通行机电专业的通风管道及电缆桥架等，避免因为梁上留洞造成结构施工麻烦和机电安装不便，并且为了降低层高，楼层框架梁或次梁截面高度分段不等高。例如，外框架—内核心筒结构，楼层梁在内筒边一段截面高度变小；有的框架梁中部或一侧截面高度变小（图 14-6）。

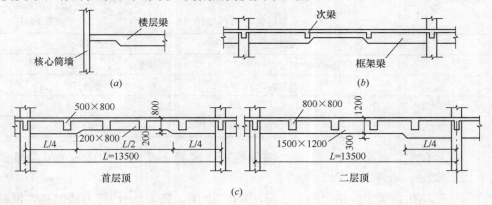

图 14-6　变截面梁
(*a*) 外框架—内核心筒结构；(*b*) 上海某大厦；(*c*) 北京东直门交通枢纽

【禁忌 6】　不重视经济指标

【正】　1. 我国随着房屋建筑商品化和设计工作与国际接轨，逐步要求进行限额设计，如建筑的总造价、结构单位面积用钢量和混凝土量等。因此，结构设计人员在设计时不仅应技术先进，而且应该经济合理，始终要贯彻安全、适用、经济的方针。

2. 结构设计为适应当前市场经济形势，应收集和积累有关房屋的造价，单位面积用钢量和混凝土量以及新结构新材料的信息。

3. 以下一些钢筋混凝土结构（按旧规范）和钢结构与钢筋混凝土结构超高层建筑经济指标情况供参考。

（1）广东江门市中远大厦，地上 31 层，短肢剪力墙 7 层以上为住宅，6 层以下为商业。大楼板厚 160mm，用钢 10.75kg/m²，总钢筋用量 72.7kg/m²。

（2）广州金燕花园，地上 26 层住宅，高 79m，短肢剪力墙厚 250mm、300mm，肋形楼盖，总钢筋用量 61.73kg/m²。

（3）深圳百花园住宅 2 栋 29 层，1 栋 30 层，地下 1 层，裙房 3 层，3 层顶转换，材料用量见表 14-6。

深圳百花园住宅材料用量　　　　　　　　　表 14-6

	上　部	全　部
混凝土 cm/m²	30.53	41.19
钢筋 kg/m²	68.21	81.18

（4）北京市底部大空间上部大开间剪力墙结构，用钢量为 54～71.7kg/m²，

混凝土 $0.5 \sim 0.59 \text{m}^3/\text{m}^2$，水泥 $216.9 \sim 243.5 \text{kg}/\text{m}^2$（表 14-7）。

高层住宅用料统计 表 14-7

层　数	混凝土（m^3/m^2）	钢筋（kg/m^2）
15～19	0.3～0.39	50～59
20～24	0.3～0.39	60～69
25～29	0.4～0.49	70～79
＞30	0.4～0.49	80～89

高层住宅，根据北京、上海、深圳统计：混凝土 $0.31 \sim 0.62 \text{m}^3/\text{m}^2$，钢 $25 \sim 129 \text{kg}/\text{m}^2$，水泥 $141 \sim 250 \text{kg}/\text{m}^2$。

（5）广州白天鹅宾馆，地下 1 层，地上 33 层，高 100m，剪力墙结构，混凝土用量地下 $0.53 \text{m}^3/\text{m}^2$，地上 $0.36 \text{m}^3/\text{m}^2$，用钢量地下 $92 \text{kg}/\text{m}^2$，地上 $58 \text{kg}/\text{m}^2$。

（6）深圳富临大酒店，地下 1 层，地上 28 层，高 98.1m，框支剪力墙结构，混凝土用量地下 $1.89 \text{m}^3/\text{m}^2$，地上 $0.45 \text{m}^3/\text{m}^2$；用钢量地下 $122 \text{kg}/\text{m}^2$，地上 $84 \text{kg}/\text{m}^2$。

（7）深圳国贸公寓，地下 1 层，地上 28 层，高 90.1m，框支剪力墙结构，混凝土用量地下 $0.23 \text{m}^3/\text{m}^2$，地上 $0.5 \text{m}^3/\text{m}^2$；用钢量地下 $13 \text{kg}/\text{m}^2$（桩基），地上 $58 \text{kg}/\text{m}^2$。

（8）北京农业工程大学 1 号、2 号塔楼，地上 18 层，高 64.3m，框架-筒体结构，地上部分混凝土用量 1 号：$33.5 \text{cm}/\text{m}^2$，2 号：$32 \text{cm}/\text{m}^2$；用钢 1 号：$48.8 \text{kg}/\text{m}^2$，2 号：$45.6 \text{kg}/\text{m}^2$。

（9）上海三幢超高层建筑工程概况与结构造价比较见表 14-8、表 14-9。

工程概况 表 14-8

工程名称	世界广场	上海森茂大厦	南京西路 1160 号商办大厦
地　点	上海（浦东）	上海（浦东）	上海（浦西）
投资单位	中国人保信托投资公司	日本森海外株式会社	上海雄元房地产公司
总承包单位	明泰房地产有限公司	日本藤田、大林组建设共同体	协兴建筑（香港）
高　度	150m	198m	193.13m
层　数	38	48	45
建成时间	1997 年底	1998 年 4 月	1998 年底
结构体系	框架全钢结构	钢筋混凝土核心筒，外框钢骨混凝土结构	框剪混凝土结构

工 程 名 称	世 界 广 场	上海森茂大厦	南京西路 1160 号商办大厦
基础形式	钻孔灌注桩	钢管桩加箱基	箱基
建筑功能	智能化综合写字楼	智能化综合写字楼	智能化综合写字楼
总建筑面积	83800m²	113000m²	136240m²
实际总投资额	13890 万美金	约 20000 万美金	约合 16200 万美金
总用钢量	11000t	13000t	15400t
其中型钢用量	约 10000t	8000t	400t
混凝土总用量	65636m³	63000m³	125964m³
基础混凝土用量	56576m³	32500m³	70964m³
上部结构混凝土用量	9060m³	30500m³	55000m³

结 构 造 价 比 较　　　　　　　　　　　表 14-9

项　　目	基础及地下室造价	上部结构造价	结构造价	结构造价/m²
世界广场	1657 万美金	1804 万美金	3461 万美金	413 美金
上海森茂大厦	1995 万美金	2276 万美金	4271 万美金	378 美金
南京西路 1160 号商办大厦	1923 万美金	1821 万美金	3744 万美金	275 美金

4. 一些工程材料用量和造价统计见表 14-10、表 14-11。

2000 年以前一些工程材料用量统计　　　　　　　　表 14-10

工 程 名 称	总建筑面积 (m²)	层 数 地下	层 数 地上	结构类型	用钢量 (kg/m²)	混凝土量 (m³/m²)	建造时间 (年)
北京地安门西大街住宅	22044	2	13	框架	76.4	0.39	1977
北京煤炭总公司商住楼	每层 1121		16	剪力墙	标准层 45	0.38	1988
北京新华印刷厂商住楼	每层 964		12	剪力墙	标准层 49	0.40	1987
北京塔院外交公寓	14567	3	17	剪力墙	60	0.40	1992
北京亚运村汇园公寓	18711	2	25	剪力墙	72		1989
北京国贸公寓	37131	2	34	框架-核心筒	标准层 106	0.48	1990
北京方庄住宅	27772	3	28	剪力墙	76	0.47	1993
北京建外丽晶苑公寓	30980	2	24	框架-核心筒	84	0.48	1995
北京阳光广场	总 4 幢 147000	3	31	框支剪力墙	122	0.67	1997
北京国际饭店	71747	3	27	剪力墙	95	0.58	1987
北京和平宾馆	34962	2	19	剪力墙	73	0.48	1988
北京新大都饭店	每层 1600		11	框　剪	87	0.60	1990
北京新世纪饭店	101250	2	31	框　剪	131	0.51	1991
上海商城公寓	45424	2	32	框　剪	122	0.61	1990
上海宛平公寓	16253	1	32	剪力墙	98	0.69	1991
上海宝隆宾馆	15994	1	21	框　剪	120	0.70	1988
上海锦沧文华大酒店	56417	1	29	框　剪	145	0.64	1990

工程名称	总建筑面积 (m²)	层数 地下	层数 地上	结构类型	造价 (元/m²)	用钢量 (kg/m²) 地下	用钢量 (kg/m²) 地上	混凝土量 (m³/m²)	建造时间 (年)
杭州逸天广场主楼	69047	1	16~22	剪力墙	1233	78		0.49	2004
杭州逸天广场地下车库	22791	1		框架	2398	217		1.60	2004
杭州银座公寓主楼	62339	1	15~25		1188		59	0.49	
杭州银座公寓地下室	9418	1				206		1.56	
杭州环球时代广场主楼	85583	1	21		1554		85	0.44	
杭州环球时代广场地下室	33699	1				161		1.03	
杭州毛家桥 1 号楼	26176	2	28		1040		54	0.35	
杭州毛家桥 1 号楼地下室	8156	2				216		1.21	
北京某住宅	121758	2	2~22 4~14	剪力墙	1442	74.93		0.53	均为 2000 年以后
北京某板式住宅	9903	1	11	剪力墙	1360	85.86		0.52	
北京某板式住宅	35356	1	17	剪力墙	1383	80.20		0.466	
北京某塔式住宅	12867	1	16	剪力墙	1219	71.90		0.532	
北京某办公楼	33290	2	19	框剪	1871	109.72		0.506	
北京某商住楼	91371	3	19	框剪	2137	127.66		0.543	
北京某办公楼	219473	4	24	框剪	1851	91.12		0.55	
北京某病房楼	37594	2	19	框剪	2854	103.66		0.451	
北京某教学楼	28362	0	6	框架	1349	83.11		0.471	

5. 建筑结构的选型、用料和造价实例。

（1）北京某住宅区的两层商业建筑，框架结构，地上部分采用钢结构、钢筋混凝土结构和预应力钢筋混凝土楼盖三种方案，造价比较见表 14-12。

分项	方案（一）	方案（二）		方案（三）	
结构体系	钢结构	钢筋混凝土结构		预应力钢筋混凝土结构	
柱网 (m)	8.4×12.6	8.4×8.4		8.4×12.6	
层高 (m)	首层 5.4　　　二层 4.8				
楼盖形式	梁、板组合	井字梁楼盖	井字梁楼盖	预应力暗梁夹芯板	预应力暗梁夹芯板
柱截面 (mm)	400×400	600×600	600×600	700×700	700×700
主梁截面 (mm)	350×1000	300×700	300×700	550×700	400×350
楼板厚度 (mm)	180	100、120	110、120	280	350
单方造价 (元/m²)	1762	1026	1020	1403	1426

（2）北京某住宅区的一层地下车库，2007 年结构造型时曾采用不同的楼盖和基础形式进行了用量及造价的比较。方案按纵横方向各为柱距 8.2m，共 5×8.2＝41m 进行测算，四种方案的组合及比较结果见表 14-13，表中结构造价包括

钢筋、模板、混凝土，其他造价包括土方（挖方、填方）、降水、护坡、防水、脚手架、垂直运输机械、水电费。

四种方案比较 表 14-13

项　目		方案（一）	方案（二）	方案（三）	方案（四）
楼盖形式		梁板式	梁板式	无梁楼盖平托板柱帽	无梁楼盖平托板柱帽
基础形式		梁板式筏基	独立柱防水板	梁板式筏基	独立柱防水板
层高（m）		4.6	4.0	4.0	3.4
基础	钢筋（kg/m²）	57.31	49.99	57.00	42.22
	混凝土（m³/m²）	0.56	0.71	0.56	0.72
地下柱、墙、楼盖	钢筋（kg/m²）	87.57	83.11	83.59	79.48
	混凝土（m³/m²）	0.50	0.48	0.54	0.53
钢筋用量合计（kg/m²）		144.88	133.10	140.59	121.70
结构造价（元/m²）		1370.9	1330.3	1372.2	1349.0
其他造价（元/m²）		1187.7	1220.4	1111.3	1127.8
总造价（元/m²）		2558.6	2550.7	2483.5	2476.8

（3）杭州某写字楼超高层建筑，建筑面积约 6 万 m²，地下 2 层，地上 36 层，高 147.4m，塔楼平面 37.2m×37.2m，框架-核心筒结构，在 2006 年方案设计阶段，对采用钢框架-钢筋混凝土核心筒结构和钢筋混凝土框架-核心筒结构两种方案，套用 2003 年版浙江省建筑工程预算定额进行了比较，其结果见表 14-14。

两种方案比较 表 14-14

项　目		钢筋混凝土框架-核心筒结构		钢框架-钢筋混凝土核心筒结构	
框架柱（mm）		950×1250		650×650×28×28（Q345B）	
框架梁（mm）		10.2m 跨	8.4m 跨	10.2m 跨（Q345B）	8.4m 跨（Q345B）
		400×800	350×550	550×220×9×14	550×220×9×12
楼板（mm）		普通混凝土板		普通混凝土板	
		110～100		100	
核心筒剪力墙厚度（mm）		外围	内部	外围	内部
		450～300	300～200	450～300	300～200
单位面积自重（kN/m²）		16.9		14.5	
单位面积造价（元/m²）	地上部位	431		612	
	地下室	362		348	
	桩基	93		83	
	大型机械等	129		64	
	合计	1015		1107	

注：构件尺寸以七层为例。

（4）北京中国国际贸易中心三期主楼，地下 3 层，地上 74 层高 330m，是北京目前最高建筑，建筑面积 20 万 m^2，基础采用桩筏，底标高 $-22.00m$，地上为外框筒和核心筒组成的钢-混凝土组合结构，外框筒所有柱为型钢混凝土，框架梁和腰桁架、伸臂桁架均为钢构件，核心筒周边为型钢混凝土柱和型钢梁及支撑框架，16 层以下墙体中设有钢板剪力墙。

钢结构加工总重量为 5 万 t，折合为 250kg/m^2。

（5）上海世茂国际广场，为浦西地区第一高楼，主楼地上 60 层高 246.16m，裙房地上 10 层高 48.43m，地下 3 层总建筑面积 17.1 万 m^2。基础为桩筏基础，地下室外壁和基础施工时的围护结构"两墙合一"，外壁采用地下连续墙。主楼采用带钢斜撑的外桁架式巨型混凝土框架-核心筒结构，裙房为钢筋混凝土框架-剪力墙结构。

钢筋用量 14920t，折合 14920000/171000 = 87.25kg/m^2，钢结构用材为 11840t，折合 69.24kg/m^2，混凝土总量 65000m^3，折合 0.38m^3/m^2，总造价 30 亿元，折合 17543.86 元/m^2。

（6）北京金融街 B7 大厦，两幢 24 层塔楼，地下 4 层，地上 24 层，高 99.2m，采用框架-核心筒结构，基础最大埋深 21m，持力层为卵石层，承载力标准值 $f_{ak}=350kPa$ 采用天然地基。主要构件的受力钢筋采用 HRB400 级，钢筋用量 94kg/m^2。

（7）北京金地中心，两幢塔楼，塔楼 A 地上 35 层高 149.27m，塔楼 B 地上 27 层高 96.91m，地下室均为 3 层，基础平板式筏基，钢筋混凝土灌注桩。地上均为框架-核心筒结构，塔楼 A 东、南面，塔楼 B 南面，为一般外框架，柱距 6m。塔楼 A 西、北面，塔楼 B 东、西、北面的主框架柱距 9m。主框架外梁三层，一道（3×4.1=12.3m），另设花格窗式次框架，建筑玻璃幕墙设在次框架里边，各层楼板不与外主框架外梁相连，由平行主框架外梁的次梁承托楼板并支承在内核心筒与外主框架柱相连的楼层主梁上，次梁外边与主框架柱有一段空隙，使主梁形成一"脖颈"，为主梁在"脖颈"段有足够延性和受剪承载力，设置了型钢。用钢量，在初步设计阶段，美国 SOM 建筑事务所提出地下部分（桩基除外）190kg/m^2，地上部分 95kg/m^2；完成施工后实际用量，基础及地下室为 227kg/m^2，地上部分塔楼 A 为 143kg/m^2，塔楼 B 为 117kg/m^2。

（8）北京凯晨广场，地下 4 层，天然地基，地上三幢 13 层办公楼，高 52.47m，由 6 组东西向连体相互沟通（图 12-5、图 12-6）。各楼采用框架-核心筒结构，连体采用钢结构，连体钢梁伸入相邻跨的楼层梁为型钢混凝土，与连体相连的框架柱也为型钢混凝土（图 12-8、图 12-9）。该工程建筑面积 195200m^2，其中地上 128400m^2，地下 66800m^2，钢筋用量地下部分为 181kg/m^2，地上部分为 87kg/m^2，型钢混凝土柱用钢材为 1801t，连体钢结构用钢材为 3289t。

参 考 文 献

[1] 中国建筑科学研究院. JGJ 3—2010 高层建筑混凝土结构技术规程[S]. 北京:中国建筑工业出版社,2010.

[2] 中国建筑科学研究院. GB 50011—2010 建筑抗震设计规范[S]. 北京:中国建筑工业出版社,2010.

[3] 中国建筑科学研究院. GB 50010—2010 混凝土结构设计规范[S]. 北京:中国建筑工业出版社,2010.

[4] 中国建筑科学研究院. GB 50009—2001 建筑结构荷载规范(2006 年版)[S]. 北京:中国建筑工业出版社,2001.

[5] 中国建筑科学研究院. GB 50007—2011 建筑地基基础设计规范[S]. 北京:中国建筑工业出版社,2012.

[6] 中国建筑科学研究院. JGJ 6—2011 高层建筑箱形与筏形基础技术规范[S]. 北京:中国建筑工业出版社,2011.

[7] 中国建筑科学研究院. JGJ 94—2008 建筑桩基技术规范[S]. 北京:中国建筑工业出版社,2008.

[8] 中国建筑科学研究院. JGJ 138—2001 型钢混凝土组合结构技术规程[S]. 北京:中国建筑工业出版社,2002.

[9] 中国建筑科学研究院. GB 50223—2008 建筑工程抗震设防分类标准[S]. 北京:中国建筑工业出版社,2008.

[10] 中华人民共和国建设部. 超限高层建筑工程抗震设防管理规定. 中华人民共和国建设部令第 111 号[S]. 2002.

[11] 中华人民共和国建设部. 关于印发《超限高层建筑工程抗震设防专项审查技术要点》的通知[S]. 2010.

[12] 郁彦. 高层建筑结构概念设计[M]. 北京:中国铁道出版社,1999.

[13] 胡庆昌. 钢筋混凝土房屋抗震设计[M]. 北京:地震出版社,1991.

[14] 胡庆昌,孙金墀,郑琪. 建筑结构抗震减震与连续倒塌控制[M]. 北京:中国建筑工业出版社,2007.

[15] 龚思礼主编. 建筑抗震设计手册(第二版)[M]. 北京:中国建筑工业出版社,2002.

[16] 徐培福主编. 复杂高层建筑结构设计[M]. 北京:中国建筑工业出版社,2005.

[17] 徐培福,黄小坤主编. 高层建筑混凝土结构技术规程理解与应用[M]. 北京:中国建筑工业出版社,2003.

[18] 王亚勇,戴国莹. 建筑抗震设计规范疑问解答[M]. 北京:中国建筑工业出版社,2006.

[19] 高立人,方鄂华,钱稼茹. 高层建筑结构概念设计[M]. 北京:中国计划出版社,2005.

[20] 方鄂华. 高层建筑钢筋混凝土结构概念设计[M]. 北京:机械工业出版社,2004.

[21] 陈岱林,李云贵,魏文郎. 多层及高层结构 CAD 软件高级应用[M]. 北京:中国建筑工业出版社,2004.

[22] 李国强. 多高层建筑钢结构设计[M]. 北京:中国建筑工业出版社,2004.

[23] 刘大海,杨翠如. 型钢钢管混凝土高楼计算和构造[M]. 北京:中国建筑工业出版社,2003.

[24] 《小康住宅建筑结构体系成套技术指南》编委员. 小康住宅建筑结构体系成套技术指南[M]. 北京:中国建筑工业出版社,2001.

[25] 王铁梦. 工程结构裂缝控制[M]. 北京:中国建筑工业出版社,1998.

[26] 王铁梦. 工程结构裂缝控制"抗与放"的设计原则及其在"跳仓法"施工中的应用[M]. 北京:中国建筑工业出版社,2007.

[27] 黄世敏,杨沈等. 建筑震害与设计对策[M]. 北京:中国计划出版社,2009.

[28] 傅学怡. 实用高层建筑结构设计(第二版)[M]. 北京:中国建筑工业出版社,2010.

[29] 中国有色工程设计研究总院主编. 混凝土结构构造手册(第三版)[M]. 北京:中国建筑工业出版社,2003.

[30] 赵西安编著. 钢筋混凝土高层建筑结构设计[M]. 北京:中国建筑工业出版社,1992.

[31] 包世华,方鄂华编著. 高层建筑结构设计(第二版)[M]. 北京:清华大学出版社,1990.

[32] 赵西安编著. 现代高层结构最新设计[M]. 北京:中国建筑科学院结构研究所资料室,1999 年 11 月.

[33] 李明顺主编. 混凝土结构设计规范算例[M]. 北京:中国建筑工业出版社,2003.

[34] 王亚勇,戴国莹著. 建筑抗震设计规范(GB 50011—2001)问答. 工程抗震,2002 年 1 期至 2003 年 3 期.

[35] 程懋堃主编. 高层建筑结构构造资料集[M]. 北京:中国建筑工业出版社,2005.

[36] 王素琼. 北京燕莎中心工程地基回弹与沉降观测结果的初步分析基础工程 400 例(上册)[M]. 北京:中国科学技术出版社,1995.

[37] 陶学康主编. 后张预应力混凝土设计手册[M]. 北京:中国建筑工业出版社,1996.

[38] 赵西安,李国胜等. 高层建筑结构设计与施工问答[M]. 上海:同济大学出版社,1991.

[39] 李国胜. 简明高层钢筋混凝土结构设计手册(第三版)[M]. 中国建筑工业出版社,2011.

[40] 李国胜,宋鸿金,林焕枢编. 实用建筑结构工程师手册[M]. 北京:中国建筑工业出版社,1997.

[41] 李国胜. 多高层钢筋混凝土结构设计中疑难问题的处理及算例(第二版)[M]. 北京:中国建筑工业出版社,2011.

[42] 李国胜. 混凝土结构设计禁忌及实例[M]. 北京:中国建筑工业出版社,2007.

[43] 李国胜. 怎样当好建筑结构设计专业负责人[M]. 北京:中国建筑工业出版社,2007.

[44] 李国胜. 多高层钢筋混凝土结构设计优化与合理构造(附实例)[M]. 北京:中国建筑工业出版社,2008.

[45] 李国胜. 高层混凝土结构抗震设计要点、难点及实例[M]. 北京:中国建筑工业出版社,2009.

[46] 李国胜. 多高层建筑转换层结构设计要点与实例[M]. 北京:中国建筑工业出版社,2010.

[47] 程懋堃,胡庆昌,李国胜等. 北京西苑饭店. 建筑结构优秀设计图集 1[M]. 北京:中国建筑

工业出版社,1997.

[48] 李国胜.北京西苑饭店新楼的基础设计.基础工程400例(上册)[M].北京:中国科学技术出版社,1995.

[49] 李国胜.高层旅馆建筑结构造型的研究[M].第十届全国高层建筑结构学术交流会论文集第一卷,1988.

[50] 李国胜.高层框架-剪力墙结构按新抗震规范确定剪力墙合理数的简化方法.第十一届全国高层建筑结构学术交流会论文集第三卷,1990.

[51] 李国胜,张学俭.高层建筑主楼与裙房之间基础的处理.建筑结构,1993年第9期.

[52] 李国胜.北京西苑饭店工程设计.建筑技术,1985年第7期.

[53] 李国胜.关于底部大空间剪力墙结构的转换层设计.建筑结构,2001年第7期.

[54] 李国胜.高层建筑板柱-剪力墙结构体系的设计.第十四届全国高层建筑结构学术交流会论文集第一卷.1996.

[55] 李国胜,李军军.高层主楼与裙房或地下车库之间的基础设计.建筑结构,2005年第7期.

[56] 李国胜.高层住宅建筑结构设计中的一些问题.第十七届全国高层建筑结构学术交流会论文集,2002.

[57] 李国胜,闫颖.高层建筑地下室及地下车库结构选型的经济比较.第十九届全国高层建筑结构学术交流会论文集.2006.

[58] 李国胜.多高层建筑基础底板的设计与构造.建筑结构.技术通讯,2007年9月,2007年11月,2008年1月.

[59] 李国胜."跳仓法"施工超长基础筏板及地下室外墙.建筑结构.技术通讯,2008年3月.

[60] 李国胜.建筑结构设计中一些问题的讨论,(一)、(二)、(三)、(四)、(五)建筑结构.技术通讯,2009年1月,2009年3月,2009年9月,2010年5月,2011年9月.

[61] 傅学怡.带转换层高层建筑结构设计.建筑结构学报,1999年第2期.

[62] 赵西安,郝瑞坤,黄宝清等.高层建筑转换层结构设计及工程实例.中国建筑科学院结构研究所,1993年3月.

[63] 徐培福,王翠坤,郝瑞坤等.转换层设置高度对框支剪力墙结构抗震性能的影响.建筑结构,2000年第1期.

[64] 张星熙,薛古营.高层建筑框架-筒体结构设计.建筑结构,2000年第12期.

[65] 胡庆昌,徐元根.昆仑饭店设计.第八届全国高层建筑结构学术交流会论文集.第一卷,1984.

[66] 张俏,柯长华,张国庆.高层剪力墙结构设计中常遇问题的解决方法.建筑结构,2006年6月.

[67] 王昌兴,严涛,沈军.钢筋混凝土剪力墙中连梁抗剪截面不足时的配筋设计.建筑结构,2006年7月.

[68] 张春浓,徐斌.凯晨广场多塔连体结构设计研究.建筑结构,2008年第1期.

[69] 刘军.北京SOHO现代城设计.第十八届全国高层建筑结构学术交流会论文集,2004.

[70] 魏利金,朱可义.试论北京某三叠(三错层)高层超限住宅结构设计.第十九届全国高层建筑结构学术交流会论文集,2006.

[71] 邱仓虎等.西安荣华国际大厦高位弱连接连体结构设计.第十九届全国高层建筑结构学

术交流会论文集,2006.

[72] 王载,任庆英.B7 大厦框架-核心筒高层及连体结构设计.第十九届全国高层建筑结构学术交流论文集,2006.

[73] 宋国华,李国胜.北京富盛大厦结构优化设计.第二十届全国高层建筑结构学术交流会论文集,2008.

[74] 朱杰,李晨.兰华国际大厦设计探讨.第十九届全国高层建筑结构学术交流会论文集,2006.

[75] 畅君文等.盛大金磐超高层住宅框支结构设计.建筑结构,2005 年 11 月.

[76] 黄小海.紫荆苑综合楼基础设计.第十五届全国高层建筑结构学术交流会论文集.1998.

[77] 胡世德主编.高层建筑施工(第二版)[M].北京:中国建筑工业出版社,1998.

[78] 傅学怡.整浇钢筋混凝土建筑结构抗震设计理念探究.建筑结构,2005 年第 5 期.

[79] 魏琏,王森.论水平地震作用下对称和规则结构的抗扭设计.建筑结构,2005 年第 5 期.

[80] 王志远,魏琏,蓝宗建.带局部凹槽楼板结构受力及变形的研究.建筑结构,2003 年第 1 期.

[81] 顾磊,傅学怡,陈宋良.宽扁梁转换结构在深圳大学科技楼中的应用.建筑结构,2006 年 9 月.

[82] 荣维生,王亚勇.层间位移角比在高层转换结构抗震设计中的应用.建筑结构,2007 年 8 月.

[83] 刘再扬.某高层建筑结构厚板转换层的设计.建筑结构,2007 年 8 月.

[84] 贾锋.常熟华府世家箱形转换层结构设计.建筑结构,2007 年 8 月.

[85] 黄秋来,邹祖华.福州香格里拉酒店主楼结构设计.第十九届全国高层建筑结构学术交流会论文集,2006.

[86] 北京市建筑设计技术细则——结构专业.北京市规划委员会,2004 年.

[87] 北京地区建筑地基基础勘察设计规范 DBJ 11—501—2009.

[88] 袁雅光等.高宝金融大厦型钢混凝土框架—核心筒结构设计.第二十层全国高层建筑结构学术交流会论文集,2008.

[89] 傅学怡.实用高层建筑结构设计(第二版)[M].北京:中国建筑工业出版社,2010.

[90] 徐建等.一、二级注册结构工程师专业考试复习教程(第六版)[M].北京:中国建筑工业出版社,2011.